"十二五"普通高等教育本科国家级规划教材

国家卫生健康委员会"十四五"规划教材

全 国 高 等 学 校 教 材

供八年制及"5+3"一体化临床医学等专业用

生物化学与分子生物学

Biochemistry and Molecular Biology

第4版

主　　编　方定志　焦炳华

副 主 编　高国全　陈 娟　解 军　张晓伟

数 字 主 编　方定志　焦炳华

数字副主编　高国全　陈 娟　解 军　张晓伟

人民卫生出版社

·北 京·

图书在版编目（CIP）数据

生物化学与分子生物学 / 方定志，焦炳华主编 . —
4 版 . —北京：人民卫生出版社，2023.10
全国高等学校八年制及"5+3"一体化临床医学专业
第四轮规划教材
ISBN 978-7-117-35384-7

Ⅰ. ①生… Ⅱ. ①方…②焦… Ⅲ. ①生物化学 – 高
等学校 – 教材②分子生物学 – 高等学校 – 教材 Ⅳ. ①Q5
②Q7

中国国家版本馆 CIP 数据核字（2023）第 188200 号

人卫智网	www.ipmph.com	医学教育、学术、考试、健康，
		购书智慧智能综合服务平台
人卫官网	www.pmph.com	人卫官方资讯发布平台

生物化学与分子生物学

Shengwu Huaxue yu Fenzi Shengwuxue

第 4 版

主　　编：方定志　焦炳华
出版发行：人民卫生出版社（中继线 010-59780011）
地　　址：北京市朝阳区潘家园南里 19 号
邮　　编：100021
E - mail：pmph @ pmph.com
购书热线：010-59787592　010-59787584　010-65264830
印　　刷：保定市中画美凯印刷有限公司
经　　销：新华书店
开　　本：850×1168　1/16　印张：43
字　　数：1272 千字
版　　次：2005 年 8 月第 1 版　　2023 年 10 月第 4 版
印　　次：2023 年 11 月第 1 次印刷
标准书号：ISBN 978-7-117-35384-7
定　　价：139.00 元
打击盗版举报电话：010-59787491　E-mail：WQ @ pmph.com
质量问题联系电话：010-59787234　E-mail：zhiliang @ pmph.com
数字融合服务电话：4001118166　E-mail：zengzhi @ pmph.com

融合教材阅读使用说明

融合教材即通过二维码等现代化信息技术，将纸书内容与数字资源融为一体的新形态教材。本套教材以融合教材形式出版，每本教材均配有特色的数字内容，读者在阅读纸书的同时，通过扫描书中的二维码，即可免费获取线上数字资源和相应的平台服务。

本教材包含以下数字资源类型

课件　视频　动画　图片

微课　习题　拓展阅读

本教材特色资源展示

获取数字资源步骤

①扫描教材封底二维码（箭头所示），激活获得授权。

②下载 APP 和电脑客户端。

③使用 APP 扫码功能（箭头所示），扫描书中二维码浏览资源。

④认证教师后，通过电脑客户端使用书中资源快速创建课程，或将资源复制到 PPT 中教学使用。

APP 及平台使用客服热线　　400-111-8166

读者信息反馈方式

欢迎登录"人卫 e 教"平台官网"medu.pmph.com"，在首页注册登录（也可使用已有人卫平台账号直接登录），即可通过输入书名、书号或主编姓名等关键字，查询我社已出版教材，并可对该教材进行读者反馈、图书纠错、撰写书评以及分享资源等。

全国高等学校八年制及"5+3"一体化临床医学专业
第四轮规划教材 修订说明

为贯彻落实党的二十大精神,培养服务健康中国战略的复合型、创新型卓越拔尖医学人才,人卫社在传承20余年长学制临床医学专业规划教材基础上,启动新一轮规划教材的再版修订。

21世纪伊始,人卫社在教育部、卫生部的领导和支持下,在吴阶平、裘法祖、吴孟超、陈灏珠、刘德培等院士和知名专家亲切关怀下,在全国高等医药教材建设研究会统筹规划与指导下,组织编写了全国首套适用于临床医学专业七年制的规划教材,探索长学制规划教材编写"新""深""精"的创新模式。

2004年,为深入贯彻《教育部 国务院学位委员会关于增加八年制医学教育(医学博士学位)试办学校的通知》(教高函〔2004〕9号)文件精神,人卫社率先启动编写八年制教材,并借鉴七年制教材编写经验,力争达到"更新""更深""更精"。第一轮教材共计32种,2005年出版;第二轮教材增加到37种,2010年出版;第三轮教材更新调整为38种,2015年出版。第三轮教材有28种被评为"十二五"普通高等教育本科国家级规划教材,《眼科学》(第3版)荣获首届全国教材建设奖全国优秀教材二等奖。

2020年9月,国务院办公厅印发《关于加快医学教育创新发展的指导意见》(国办发〔2020〕34号),提出要继续深化医教协同,进一步推进新医科建设、推动新时代医学教育创新发展,人卫社启动了第四轮长学制规划教材的修订。为了适应新时代,仍以八年制临床医学专业学生为主体,同时兼顾"5+3"一体化教学改革与发展的需要。

第四轮长学制规划教材秉承"精品育精英"的编写目标,主要特点如下:

1. 教材建设工作始终坚持以习近平新时代中国特色社会主义思想为指导,落实立德树人根本任务,并将《习近平新时代中国特色社会主义思想进课程教材指南》落实到教材中,统筹设计,系统安排,促进课程教材思政,体现党和国家意志,进一步提升课程教材铸魂育人价值。

2. 在国家卫生健康委员会、教育部的领导和支持下,由全国高等医药教材建设研究学组规划,全国高等学校八年制及"5+3"一体化临床医学专业第四届教材评审委员会审定,院士专家把关,全国医学院校知名教授编写,人民卫生出版社高质量出版。

3. 根据教育部临床长学制培养目标、国家卫生健康委员会行业要求、社会用人需求,在全国进行科学调研的基础上,借鉴国内外医学人才培养模式和教材建设经验,充分研究论证本专业人才素质要求、学科体系构成、课程体系设计和教材体系规划后,科学进行的,坚持"精品战略,质量第一",在注重"三基""五性"的基础上,强调"三高""三严",为八年制培养目标,即培养高素质、高水平、富有临床实践和科学创新能力的医学博士服务。

4. 教材编写修订工作从九个方面对内容作了更新:国家对高等教育提出的新要求;科技发展的趋势;医学发展趋势和健康的需求;医学精英教育的需求;思维模式的转变;以人为本的精神;继承发展的要求;统筹兼顾的要求;标准规范的要求。

5. 教材编写修订工作适应教学改革需要,完善学科体系建设,本轮新增《法医学》《口腔医学》《中医学》《康复医学》《卫生法》《全科医学概论》《麻醉学》《急诊医学》《医患沟通》《重症医学》。

6. 教材编写修订工作继续加强"立体化""数字化"建设。编写各学科配套教材"学习指导及习题集""实验指导/实习指导"。通过二维码实现纸数融合,提供有教学课件、习题、课程思政、中英文微课,以及视频案例精析(临床案例、手术案例、科研案例)、操作视频/动画、AR模型、高清彩图、扩展阅读等资源。

全国高等学校八年制及"5+3"一体化临床医学专业第四轮规划教材,均为国家卫生健康委员会"十四五"规划教材,以全国高等学校临床医学专业八年制及"5+3"一体化师生为主要目标读者,并可作为研究生、住院医师等相关人员的参考用书。

全套教材共48种,将于2023年12月陆续出版发行,数字内容也将同步上线。希望得到读者批评反馈。

全国高等学校八年制及"5+3"一体化临床医学专业 第四轮规划教材 序言

"青出于蓝而胜于蓝",新一轮青绿色的八年制临床医学教材出版了。手捧佳作,爱不释手,欣喜之余,感慨千百位科学家兼教育家大量心血和智慧倾注于此,万千名医学生将汲取丰富营养而茁壮成长,亿万个家庭解除病痛而健康受益,这不仅是知识的传授,更是精神的传承、使命的延续。

经过二十余年使用,三次修订改版,八年制临床医学教材得到了师生们的普遍认可,在广大读者中有口皆碑。这套教材将医学科学向纵深发展且多学科交叉渗透融于一体,同时切合了"环境-社会-心理-工程-生物"新的医学模式,秉持"更新、更深、更精"的编写追求,开展立体化建设、数字化建设以及体现中国特色的思政建设,服务于新时代我国复合型高层次医学人才的培养。

在本轮修订期间,我们党团结带领全国各族人民,进行了一场惊心动魄的抗疫大战,创造了人类同疾病斗争史上又一个英勇壮举!让我不由得想起毛主席《送瘟神二首》序言:"读六月三十日人民日报,余江县消灭了血吸虫,浮想联翩,夜不能寐,微风拂煦,旭日临窗,遥望南天,欣然命笔。"人民利益高于一切,把人民群众生命安全和身体健康挂在心头。我们要把伟大抗疫精神、祖国优秀文化传统融会于我们的教材里。

第四轮修订,我们编写队伍努力做到以下九个方面:

1. 符合国家对高等教育的新要求。全面贯彻党的教育方针,落实立德树人根本任务,培养德智体美劳全面发展的社会主义建设者和接班人。加强教材建设,推进思想政治教育一体化建设。

2. 符合医学发展趋势和健康需求。依照《"健康中国 2030"规划纲要》,把健康中国建设落实到医学教育中,促进深入开展健康中国行动和爱国卫生运动,倡导文明健康生活方式。

3. 符合思维模式转变。二十一世纪是宏观文明与微观文明并进的世纪,而且是生命科学的世纪。系统生物学为生命科学的发展提供原始驱动力,学科交叉渗透综合为发展趋势。

4. 符合医药科技发展趋势。生物医学呈现系统整合/转型态势,酝酿新突破。基础与临床结合,转化医学成为热点。环境与健康关系的研究不断深入。中医药学守正创新成为国际社会共同的关注。

5. 符合医学精英教育的需求。恪守"精英出精品,精品育精英"的编写理念,保证"三高""三基""五性"的修订原则。强调人文和自然科学素养、科研素养、临床医学实践能力、自我发展能力和发展潜力以及正确的职业价值观。

6. 符合与时俱进的需求。新增十门学科教材。编写团队保持权威性、代表性和广泛性。编写内容上落实国家政策、紧随学科发展、拥抱科技进步、发挥融合优势,体现我国临床长学制办学经验和成果。

7. 符合以人为本的精神。以八年制临床医学学生为中心，努力做到优化文字：逻辑清晰，详略有方，重点突出，文字正确；优化图片：图文吻合，直观生动；优化表格：知识归纳，易懂易记；优化数字内容：网络拓展，多媒体表现。

8. 符合统筹兼顾的需求。注意不同专业、不同层次教材的区别与联系，加强学科间交叉内容协调。加强人文科学和社会科学教育内容。处理好主干教材与配套教材、数字资源的关系。

9. 符合标准规范的要求。教材编写符合《普通高等学校教材管理办法》等相关文件要求，教材内容符合国家标准，尽最大限度减少知识性错误，减少语法、标点符号等错误。

最后，衷心感谢全国一大批优秀的教学、科研和临床一线的教授们，你们继承和发扬了老一辈医学教育家优秀传统，以严谨治学的科学态度和无私奉献的敬业精神，积极参与第四轮教材的修订和建设工作。希望全国广大医药院校师生在使用过程中能够多提宝贵意见，反馈使用信息，以便这套教材能够与时俱进，历久弥新。

愿读者由此书山拾级，会当智海扬帆！

是为序。

中国工程院院士
中国医学科学院原院长　　刘德培
北京协和医学院原院长
二〇二三年三月

主 编 简 介

方定志

临床医学学士，理学博士，四川大学华西基础医学与法医学院生物化学教授、博士研究生导师。全国科学技术名词审定委员会第二届生物化学与分子生物学名词审定编写委员会委员，教育部"全国医学(西医)专业来华留学生教育专家工作组"专家，中国生物化学与分子生物学会脂质与脂蛋白专业分会常务理事、副秘书长，四川省精品课程"生物化学"负责人。2004年教育部"新世纪优秀人才支持计划"入选者，第十一批四川省有突出贡献优秀专家。

从事教学工作至今38年。主持国际重大临床医学教学改革与研究子课题1项、教育部基础学科拔尖学生培养研究课题1项、四川省高等教育与人才培养改革项目3项。在国内率先主持编写并出版《医学教学方法》，率先在国内开设"医学教学方法"本科生课程和教师培训课程，发表教学论文30余篇。主持国家自然科学基金、四川省重大科技专项、四川省重点科技攻关项目等多项科研课题，在国家级中文及英文国际期刊发表论文124篇(98篇为第一作者或通讯作者)。编写教材及专著26部，其中主编专著1部、副主编国家级规划教材9部。曾获首届全国教材建设奖全国优秀教材(高等教育类)二等奖、四川省科学技术奖二等奖等奖励。

焦炳华

教授，博士研究生导师，海军军医大学基础医学院专业技术少将、生物化学与分子生物学教研室原主任。教育部科学技术委员会委员，教育部基础医学类教学指导委员会委员，全军军事训练条件建设专家，海军院校教育专家委员会委员，海军军医大学教学委员会副主任，中国生物化学与分子生物学会副监事长，《中国生物化学与分子生物学报》副主编，全军医学科学技术委员会生物化学与分子生物学专业委员会副主任委员。

主讲的"生物化学与分子生物学"课程为军队院校优质课程和上海市精品课程，带领的"现代生物工程"课程教学团队为国家级教学团队，主编的《现代生物工程》为解放军总后勤部院校精品教材。教学成果获得全国教育科研创新成果一等奖、上海市优秀教学成果奖一等奖和上海市普通高等院校优秀教材奖一等奖。荣获军队院校育才奖金奖、全军优秀教师、总后优秀教师、海军名师、上海市模范教师、海军军医大学特级优秀教员等荣誉称号。主要从事生物技术药物研究工作，第一完成人获国家一类新药证书1个，获中国发明专利金奖、军队和上海市科技进步奖二等奖等成果。

副主编简介

高国全

教授,博士研究生导师,现任中山大学中山医学院基础医学系主任、生物化学与分子生物学系主任。中国生物化学与分子生物学会教育专业分会主任委员,广东省生物化学与分子生物学学会理事长,《中山大学学报(医学版)》主编。入选教育部新世纪优秀人才,"广东特支计划"百千万工程领军人才,中山大学逸仙杰出学者,享受国务院政府特殊津贴。

从事教学工作至今37年。获国家级教学成果奖二等奖1项,广东省教学成果奖一等奖、二等奖3项。入选宝钢优秀教师和广东省高等学校教学名师。长期开展糖尿病、肿瘤研究工作;在 *PNAS*,*Diabetes*,*J Biol Chem* 等期刊发表论文100余篇;获教育部和广东省自然科学奖二等奖各1项,江苏省科技进步奖一等奖1项,发明专利授权4项。

陈 娟

教授,博士研究生导师,现任华中科技大学同济医学院基础医学院生物化学与分子生物学系副主任。中国生物化学与分子生物学会脂质与脂蛋白专业分会委员,湖北省暨武汉市生物化学与分子生物学学会常务理事。

从事教学和科研工作至今23年,主要从事细胞信号转导与神经退行性疾病的发病机制及治疗研究,近10年主持科研项目9项,发表SCI论文20余篇。主持教改课题2项,主编教材2部,副主编教材2部,以第二完成人获湖北省高等学校教学成果奖(研究生教育)二等奖。

副主编简介

解 军

教授,博士研究生导师,现任山西医科大学校长。全国人大代表,农工党中央委员,农工党山西省委会副主委,教育部基础医学教指委委员,国务院特约教育督导员,中国生物化学与分子生物学会常务理事(山西省学会理事长),煤炭环境致病与防治教育部重点实验室主任,国家级创业导师。

主讲的"生物化学与分子生物学"课程获国家一流课程;曾获国家级教学成果奖二等奖2项等;指导学生团队获中国国际"互联网+"大学生创新创业大赛金奖。科研聚焦出生缺陷与细胞再生,着重探索胚胎发育、功能性类器官等领域。在国际专业杂志发表论文80余篇,发明专利10余项。曾获山西省科技进步奖一等奖、山西省五一劳动奖章、山西省青年五四奖章等称号。

张晓伟

教授,博士研究生导师,北京大学医学部生物化学与生物物理学系副主任。全国高等学校医学专业研究生国家级规划教材评审委员会委员,北京生物化学与分子生物学会理事,《生理科学进展》常务编委。

从事生物化学与分子生物学教学工作24年。参与10部国家级规划教材的编写,其中担任研究生规划教材《医学分子生物学》主编,本科原国家卫生计生委规划教材《生物化学》(英文版)主编。主要研究方向为细胞衰老和肿瘤发生的分子机制及应用研究,主持国家自然科学基金委员会、北京市自然科学基金委员会、科技部、教育部等资助项目十余项。在衰老和肿瘤研究方面有重要发现,作为第一作者或通讯作者,发表SCI收录论文30余篇,以主要完成人获教育部自然科学奖一等奖。

前　言

为满足我国高等医学院校长学制临床医学专业生物化学与分子生物学教学的需要,全国高等学校八年制及七年制临床医学专业卫生部规划教材《生物化学》及《医学分子生物学》于 2005 年 8 月出版。随着学科的不断发展,国际生物化学联盟更名为国际生物化学与分子生物学联盟。接着,中国生物化学会更名为中国生物化学与分子生物学会。鉴于生物化学与分子生物学密不可分,2009 年启动《生物化学》和《医学分子生物学》的修订工作,全国高等医药教材建设研究会、卫生部教材办公室及人民卫生出版社组织专家进行了论证,决定将《生物化学》和《医学分子生物学》合并修订,定名为《生物化学与分子生物学》(第 2 版),于 2010 年 8 月出版,供全国高等学校八年制及七年制临床医学等专业用。本次是本教材的第三次修订,即编写八年制及"5+3"一体化临床医学专业第四轮规划教材《生物化学与分子生物学》(第 4 版)。

本次对"十二五"普通高等教育本科国家级规划教材《生物化学与分子生物学》(第 3 版)的修订工作,由全国 24 所综合类大学 / 医学院校的 26 位专家学者完成。这些专家学者是在单位推荐的基础上,经第四届全国高等学校八年制及"5+3"一体化临床医学专业规划教材评审委员会审定而被遴选。2021 年 7 月,全体编者在山西运城市召开了编写会议,确定了本次修订的原则、编写思路及全书的结构框架。全书共四篇 26 章。第一篇为生物分子结构与功能,包括第一章至第五章;第二篇为代谢及其调节,包括第六章至第十二章;第三篇为遗传信息传递,包括第十三章至第二十章;第四篇为分子生物学与分子医学,包括第二十一章至第二十六章。

八年制及"5+3"一体化临床医学专业第四轮规划教材《生物化学与分子生物学》(第 4 版)的编写,围绕高层次临床医生培养目标,着眼医学精英教育的需求,继续以"三基(基础理论、基本知识、基本技能)""五性(思想性、科学性、先进性、启发性、适用性)"为修订原则。既强调八年制及"5+3"一体化临床医学专业学生的后期课程学习,高层次临床医生对生物化学与分子生物学基础理论、基本知识、基本技能的要求,也注重结合临床,培养学生思考问题的能力、促进创新。统筹安排主教材、数字资源和配套教材内容,注重主教材、数字资源和配套教材之间及主教材各章节之间的衔接、规范和统一。本次修订,增加了一些新概念,更新了一些原有概念;增加了一些基本公认的新进展和新成果;增加、更新了一些生物化学与分子生物学基本理论、技术方法和研究策略。

本教材编写过程中,全体编者努力将严肃的科学作风、严谨的治学态度落实到编写的各阶段、各环节,终将本教材奉献给读者。但仍难免有不尽如人意之处,盼同行专家、使用本教材的师生和其他读者批评、指正。

方定志　焦炳华

2022 年 8 月

目　录

第二篇　代谢及其调节

第三篇　遗传信息传递

第四篇　分子生物学与分子医学

绪　论

扫码获取
数字内容

生物化学与分子生物学（biochemistry and molecular biology）是在分子水平上研究生命体化学本质的医学、生物学基础学科。最初，生物化学（biochemistry）也称为生理化学（physiological chemistry），主要采用化学、物理学和数学的原理和方法，研究生命体的化学组成、化学结构及其在生命过程中的化学变化规律。随着学科的不断发展和研究的不断深入，分析生物大分子的结构与功能，成为生物化学研究的热点和前沿，形成了分子生物学（molecular biology），把生物化学带入了一个新时期。1991年，国际生物化学联盟正式更名为国际生物化学与分子生物学联盟。1993年，中国生物化学会更名为中国生物化学与分子生物学会。本教材从第2版开始，将原来的《生物化学》与《医学分子生物学》合编在一起，成为《生物化学与分子生物学》。

第一节　生物化学与分子生物学的起源和发展动力

在社会的发展进程中，人类不断发挥求知的本性，在生产和生活实践中不断探索，为生物化学与分子生物学的形成和发展奠定了原始的基础。不同学科的科学家通力协作，融合各个学科的原理、方法和技术，孜孜不倦地求索，破解了一个又一个生物化学与分子生物学难题，大力推动了生物化学与分子生物学的发展，形成了今天的生物化学与分子生物学。

一、人类智慧和生产生活需要是生物化学与分子生物学形成和发展的源泉和原始动力

生物化学与分子生物学的根源在古希腊和中国。在中国，祖先们在食品加工、营养、医药等方面进行了不懈的探索，取得了许多重要技术发明和科学发现，对保障世界人民，尤其是中华民族的繁衍生息产生了十分重要的作用，是辉煌中国古代科技史的重要组成部分，也是生物化学与分子生物学形成和发展的源泉。

（一）酶学原理和技术广泛应用于古代食品加工

"酒、酱、饴、醋"等今天仍在国内外被广泛食用，其制作方法在中国古代就已经发明。公元前22世纪，中国古代人民已经能够酿酒，他们用曲与谷物一起发酵，以曲作酶，催化淀粉转化为酒，是古代经典的酶学实践。根据《周礼》的记载推测，中国古代人民在公元前12世纪以前就可以造酱。他们采用微生物与豆、谷一起发酵，利用微生物的酶，分解豆、谷中的物质，制作酱。同时期，饴的制作工艺已经成熟。饴为麦芽糖（maltose），中国先民利用大麦芽中的淀粉酶（amylase）水解谷物中的淀粉制作饴。另外，中国古代就发明了醋的制作方法。可见，中国古代劳动人民已经能够利用具有催化作用的生物活性物质加工、制作食品，虽然当时并没有将这些物质叫作酶。

（二）中国古代的平衡膳食思想促进了人民健康

合理的平衡膳食能促进和维护机体正常的物质和能量代谢，改善人体机能，国内外已经将调整膳食结构作为防治疾病的重要措施。在中国，先民们早就在"治未病"的医学思想影响下，特别注重以营养促进健康、治疗疾病。《黄帝内经·素问》根据食物的特性，将食物的功能分为"养""助""益""充"四大类，制定了"五谷为养、五果为助、五畜为益、五菜为充"的膳食指导原则。膳食治疗在周秦时代就已经出现，唐代开始就不断出现了各种相关专著。

（三）早期疾病治疗和药物制备方法中蕴含着丰富的生物化学原理

因碘缺乏引起的地方性甲状腺肿，在中国古代称为瘿病，可用富含碘的海产品防治。公元 4 世纪，葛洪著《肘后百一方》中就记载了用海藻酒治疗瘿病的方法。公元 8 世纪，王焘著《外台秘要》记载的 36 种治疗瘿病药物中，27 种为含碘植物。12 世纪 70 年代，欧洲也开始用海藻及海绵的灰分治疗这种疾病。中国从 11 世纪开始，用皂角汁从男性尿液中提炼一种叫秋石的结晶，用于疾病的治疗，具体方法在《本草纲目》等多种专著中记载。20 世纪 30 年代，国外也相继发明创造了类似的方法。其原理是利用皂角汁中的皂素，提纯类固醇激素。

二、多学科科学家不屈不挠的求索是生物化学与分子生物学形成和发展的关键

虽然中国先民的生产和生活实践，是生物化学与分子生物学的主要起源，对生物化学与分子生物学的形成和发展做出了重要贡献，但欧洲引领了近代生物化学的发展。特别是不同学科的科学家投入生物化学与分子生物学研究和由此带来的学科交叉融合，对推动生物化学与分子生物学的发展起了关键作用。

今天看来，生物化学融合化学、生物学、物理学等科学的原理和方法研究生命，是一件理所当然的事情。但在近代生物化学发展的初期，生物化学专家却需要很大的努力去说服其他学科的专家，发挥其学科的特点和优势，将其原理和方法与生物化学融合，从而研究生命。生物化学家 Hopkins F.G. 在这方面做出了巨大的努力，不仅极力倡导用化学的方法研究生命物质及生物化学反应，大力主张学术思想的交叉融合，还坚定地坚持生物化学应该主要研究所有生物最根本的生命规律，有力地推进了生物化学的发展，他的学术研究也在多个领域取得了优异的成果。

1828 年，德国化学家 Wöhler F. 采用化学方法，在体外合成了尿素，打破了化学方法不适合生命物质研究的观念。1896 年，德国化学家 Buchner E. 发现酵母的提取液仍然具有发酵作用，表明细胞的一些水溶性成分发挥作用不依赖完整的活细胞。随着一批化学家、医生和药剂师不断加入生命体的化学研究，特别是色谱技术等分析方法的成熟和运用，逐渐阐明了生命体的主要成分。1921 年，加拿大外科医生 Banting F. G. 从狗胰腺提取了胰岛素，并成功用于糖尿病治疗。20 世纪 30 年代前后，先后有一批化学家和物理学家意识到，生物学家研究的生物是由元素周期表里的化学元素组成的，应该可以用化学反应和物理的原子结构解释“生命是什么”这个科学史上最古老的问题。化学家 Hodgkin D.、Pauling L. 等采用 X 射线衍射分析复杂化合物结构，对阐明蛋白质的结构做出了重要贡献。生物化学家吴宪深入分析了蛋白质理化及生物学性质之间的关系，提出了蛋白质变性学说，于 1931 年在 *Chinese Journal of Physiology* 发表相关文章。该学说后来被完全证实，*Advances in Protein Chemistry* 于 1995 年再次刊登了这篇论文，同时配发了哈佛大学 Edsall J. T. 的述评。1945—1955 年，英国生物化学与分子生物学家 Sanger F. 完成了牛胰岛素一级结构的分析，使胰岛素成为第一个被阐明一级结构的生物体内蛋白质。20 世纪 60 年代，中国生物化学家与化学家通力合作，人工合成了与天然分子的化学结构相同并具有生物活性的牛胰岛素，不仅证实了生物大分子可化学合成，还阐明了蛋白质二硫键形成的高选择性及蛋白质一级结构对高级结构的决定作用。

（一）多学科科学家经过漫长而曲折的探索阐明了肌肉收缩的能量来源

肌肉收缩的能量来源研究，一直伴随生物化学的发展，走过了近 200 年的历史，早期出现过蛋白质、肌糖原等多种学说。生物学家 Fletcher W. 与 Hopkins F. G. 于 1898 年开始合作，发现肌肉收缩产生的乳酸，在无氧的条件下蓄积，但在有氧的情况下很快被分解。1910 年开始，生理学家 Hill A. V. 用物理学方法，发展了 Fletcher W. 和 Hopkins F. G. 用化学方法进行的研究，弄清了伴随肌肉收缩的产热过程（Hill A. V. 后来一直坚持肌肉收缩的产热研究 50 多年）。1919—1922 年，Meyerhof O. 将 Hill A. V. 产热学说与 Fletcher-Hopkins 乳酸生成学说联系起来开展研究，发现乳酸的产生与肌肉收缩的张力成正比，但即使在有氧的情况下，肌肉收缩产生的乳酸也只有 1/6~1/5 被氧化。Hopkins F. G. 读到 Meyerhof O. 的论文激动不已，安排自己的学生进行再研究，在取得重要成就的同时，也确认了

Meyerhof O. 的研究结果。Hopkins F. G. 对 Hill A. V. 和 Meyerhof O. 从物理和化学角度研究生命现象大加赞赏,并将其成果强烈推荐给了诺贝尔奖评选委员会,使他们分享了 1922 年的诺贝尔生理学或医学奖。

1929 年 12 月,Meyerhof O. 收到哥本哈根年轻生理学家 Lundsgaard E. 附有论文原稿的信,内容震撼了 Meyerhof O. 实验室所有人。信中提到:即使阻断乳酸生成,在有氧的状态下,只要用电刺激,肌肉同样会持续收缩。因此,乳酸学说受到了严峻的挑战。于是,Meyerhof O. 于 1930 年 5 月将 Lundsgaard E. 请到海德尔堡,在自己的见证下,进行了无乳酸肌肉收缩实验。虽然因为实验条件的原因,最初的几次实验均失败了,但 Lundsgaard E. 的实验结果最终得到了验证,"闪烁着诺贝尔光辉的乳酸学说"就此崩溃。Meyerhof O. 亲自发表论文,否定了自己的学说。乳酸学说被推翻,催生了肌酸磷酸学说。

(二)物理学家与生物学家共同构建了遗传信息从基因传递到蛋白质的理论框架

在孟德尔遗传规律被确认后,基因以何种形式存在、如何复制,就成了需要回答的问题。对此,物理学家 Schrödinger E. 提出:基因作为生物的遗传单位,"必然体现在染色体的精准分子排布上",有人理解为"欲真正理解生命,必须在分子水平上研究遗传学"。偏执地热衷于 DNA 的年轻动物学家 Watson J. 也受此影响,放弃之前对鸟类研究的兴趣,转向 DNA 分子结构研究。他从物理学家 Wilkins M. 那里了解到,如果制备得当,可以将 DNA 作为晶体进行 X 射线衍射分析。但衍射图像解析的难度很大,不仅要阅读出来,还得运用化学原理解释各种元素之间的链接,并用数学方法进行分析。于是,Watson J. 就与第二次世界大战时期做过海军物理专家的 Crick F. 合作,开展 DNA 结构研究。但 Watson J. 与 Crick F. 制作的 DNA 模型被 Wilkins M. 和 Franklin R.(特别擅长 X 射线衍射分析的化学家,当时也在进行 DNA 结构分析)完全否定。后来,Franklin R. 获得了更清晰的 DNA 照片,DNA 结构的骨架几乎跃然纸上。Watson J. 被这张照片震撼,形成了 DNA 结构的新构想,即 DNA 由两条相互缠绕的螺旋链组成。基于此,Watson J. 与 Crick F. 于 1953 年初制作了新模型,并认为自己找到了"基因以何种形式存在,如何复制"的答案,揭示了"生命之谜"。他们为此兴奋不已,以致 Watson J. 不时要提醒自己"保持清醒",以证明自己不是在梦中。1953 年 4 月 25 日,Watson J. 和 Crick F. 在《自然》杂志发表了自己的成果,同期还发表了 Wilkins M. 和 Franklin R. 的研究成果。

虽然 Watson J. 和 Crick F. 自认为找到了基因以何种形式存在、如何复制的答案,但大爆炸后通过中子俘获形成化学元素理论的创始人之一、理论物理学家 Gamow G. 觉察到了他们所面临的巨大挑战,即 DNA 序列所携带的遗传信息如何相互区分,比如一只猫怎样区别于一只老鼠。Gamow G. 意识到数字理论能够解决这个问题。Gamow G. 开始了相关研究,并为自己作为一个生物学家的"新生活"而兴奋。Gamow G. 宣称存在一套精准的遗传密码,通过 4 个碱基 A、G、T、C 中的 3 个形成的不同组合,将 DNA 中的遗传信息翻译成蛋白质中的氨基酸序列,使遗传信息可以在不同种属甚至不同个体之间相互区分。显然,这会产生一个新问题:取 4 个碱基中的 3 个组成一个遗传密码代表一个氨基酸,会有 64 个遗传密码,但组成蛋白质的氨基酸只有 20 种。为解决这个问题,Gamow G. 创立了遗传密码简并性理论,即某些氨基酸有多个密码。

另一个更具挑战的问题是遗传信息怎样传递。因为当时没有多少人相信核酸参与了蛋白质合成,更没有基因指导蛋白质合成的实验证据。对此,Gamow G. 组建了一个讨论小组,成员主要是物理学家和数学家,也包括 Watson J.。Crick F. 与该小组成员保持了信件联系,经常交换文件。受这些文件和信件的启发,并经多年的深入思考,作为物理学家的 Crick F. 提出了遗传学中心法则,从理论上解决了当时生物学家没有解决的基因功能及遗传信息传递问题;并精准预测,会有一种小的运载分子(tRNA)将氨基酸运输到蛋白质合成场所,通过序列分析可以获得大量的生物进化信息。至此,基因功能及遗传信息传递的理论框架形成,生物学的逻辑从此被永远改变。在此进程中,动物学家 Watson J. 比物理学家 Crick F. 在 DNA 物理结构的发现过程中发挥了更独特的作用;而物理学家 Crick F. 比动物学家 Watson J. 在阐述 DNA 功能方面发挥了更关键的作用,有力地支持了 DNA 双螺旋结构设想。

第二节　生物化学与分子生物学的发展历程

尽管古希腊和中国的先民很早就在生产和生活实践中认识到了一些生物化学规律,并应用于生产和生活实践,但直到 19 世纪,生物化学与分子生物学才真正发展成为一门独立的学科。之后,生物化学与分子生物学蓬勃发展,特别是近 50 年来,生物化学与分子生物学取得了许多重大突破,成为医学、药学和生物学等领域的前沿学科之一。在此发展过程中,根据各个时期的特点,生物化学与分子生物学可分为叙述生物化学、动态生物化学和机能生物化学三个阶段。由于第三个阶段以分子生物学崛起为主要特征,也有学者将机能生物化学阶段称为分子生物学阶段。

一、研究生物体的化学组成是叙述生物化学的主要内容

叙述生物化学是生物化学与分子生物学的起始阶段,从 18 世纪中叶持续至 20 世纪初,也称为静态生物化学,主要研究内容是从生物体分离、纯化各种物质到也在体外合成的相应物质,分析这些物质的结构及理化性质,以阐明生命体的化学组成与结构。在叙述生物化学阶段,发现了生物体内存在单糖及其异构体,阐明了麦芽糖、乳糖、淀粉、纤维素等二糖和多糖的基本组成和化学结构。从生命体中鉴定出了脂肪,提取了卵磷脂,发现了必需脂肪酸及其在维持生命健康中的重要作用。发现了蛋白质,证明多肽和蛋白质由不同氨基酸通过肽键连接形成,发现了必需氨基酸,体外合成了尿素和简单多肽。发现了生物催化剂,获得了脲酶、胃蛋白酶和胰蛋白酶结晶,证明了酶的化学本质是蛋白质。发现并分离了核酸。发现了维生素并证实了其在维持人体健康中的重要作用。发现了多种激素及其缺乏在疾病发生发展中的作用。

二、阐明生物体内物质代谢规律是动态生物化学的主要成果

在叙述生物化学阶段,弄清了生物体内物质的主要化学组成和结构之后,弄清它们在体内的化学变化规律,即生物体内的物质怎样被代谢,就成了生物化学与分子生物学需要解决的主要问题。生物化学与分子生物学的发展进入动态生物化学阶段。主要采用化学分析和放射性核素示踪技术等研究物质在生物体的来源、去路、相互转换过程及其与能量代谢的关系,使生物化学与分子生物学从 20 世纪 20 年代开始蓬勃发展。在动态生物化学阶段,阐明了糖酵解过程,弄清了脂肪酸 β-氧化途径,发现了三羧酸循环通路,阐明了氨代谢的尿素循环,弄清了细胞呼吸相关酶的性质和作用方式,提出了 ATP 生成的氧化磷酸化偶联机制,建立了“中间代谢”概念,形成了对主要中间代谢物、关键酶、代谢途径、代谢调节机制较清晰的认识,基本弄清了以主要中间代谢物为节点的糖、脂、蛋白质和氨基酸等主要营养物质的体内代谢网络。

三、分子生物学的形成是机能生物化学的主要标志

弄清生命物质的主要化学组成、在体内的代谢途径及其调节机制,对阐明生命活动规律具有重要意义,但无法解释不同生物之间的差异,特别是无法解释不同生物的特征和相应生物性状的代代相传(虽然在动态生物化学阶段已经形成了基因的概念)。一些科学家就提出了通过分析生物分子的精准分子结构研究生命现象,包括遗传。于是,分子生物学崛起,生物化学与分子生物学进入机能生物化学阶段,开始了对生物分子结构及其与功能关系的研究。完成了胰岛素和核糖核酸酶的氨基酸序列分析,发现了蛋白质的二级结构 α-螺旋。建立了 DNA 双螺旋结构模型,发现了信使 RNA,阐明了转运 RNA 的结构,在弄清它们的功能的基础上,形成了中心法则。提出了原核生物基因表达调控的操纵子学说,阐明了通过调节酶基因表达水平改变细胞代谢的机制。发现了 DNA 连接酶、限制性核酸内切酶、逆转录酶及各种载体,建立了 DNA 重组技术、测序技术和基因修饰技术等分子生物学技术并广泛应用,大力推动了临床诊断、医药产业和农业的发展。完成了人类基因组计划(human genome project），形成了组学（omics）和系统生物学（systems biology）的概念，完善了相关技术，并应用于基因、转录物、蛋白质、脂质、糖及代谢的研究。从此，生物化学与分子生物学进入了一个"整合科学"的全新发展时期，正吸引着医学、药学、生物学、化学、物理、数学、工程和计算机等领域的学者参与生物化学与分子生物学的研究。

四、中国近代生物化学与分子生物学经历了曲折的发展历程

最初，生物化学或生理化学是医学院校的一门基础课程，北京协和医学院于 1919 年成立了生理化学系；1924 年，吴宪担任生理化学系主任。1920—1941 年，吴宪与北京协和医学院的同事们在血液分析、营养学、蛋白质变性及免疫化学等方面做出了杰出的贡献，培养了一批进修生和研究生，他们后来成为其他医学院校生物化学的领军人物。1942 年，中国大部分大学和医学院由于战争原因西迁西南，在非常艰苦的条件下继续开展生物化学研究。在成都，中央大学（现南京大学）医学院生物化学系郑集带领学生继续进行营养学研究，开展生物化学教学，任帮哲和王应睐分别从美国和英国学成回国，加入郑集实验室；蓝天鹤在美国学成，通过各种渠道募集资金，购买从事生物化学研究需要的各种仪器、设备和试剂，带回国内，领导华西协合大学（现四川大学华西医学中心）生物化学系，开展蛋白质、肿瘤、酶学和小檗碱的抗菌作用等研究，创办了生物化学研究所。成都成为战时大后方的生物化学研究中心。第二次世界大战结束以后，西迁的大学和医学院校陆续回迁，生物化学的教学和研究逐渐恢复正常。

中华人民共和国成立后，生物化学与分子生物学得到了蓬勃发展，成立了专门研究机构，即中国科学院生物化学研究所（现中国科学院生物化学与细胞生物学研究所），把生物化学作为一门独立的学科发展，为国家培养出了一批生物化学专业人才。其组织多学科专家联合攻关，取得了人工合成具有生物活性的牛胰岛素等重大研究成果，不仅大力推动了生物化学与分子生物学的发展，也使中国在该领域达到了国际先进水平。

第三节　生物化学与分子生物学和其他学科的关系

生命体的存在形式多种多样，从简单的病毒，到单细胞生物，再到复杂的动、植物，具有极大的多样性。需要根据这些生命体的特点，从不同的角度、不同的层面进行研究，以认识它们的规律，这就形成了生命科学的不同学科。生物化学与分子生物学跟这些学科的关系十分密切。

一、生物化学与分子生物学是生命科学的重要基础和前沿学科

虽然生命体之间具有十分复杂的多样性，但生命的本质是共同的。生命体的化学元素组成相同，它们通过特定的化学规律形成生命体内共同的糖、脂质、蛋白质和核酸等生物大分子和各种小分子，与无机元素一起，组成各种复合体，形成细胞器、细胞，再构建成组织、器官、系统，最终形成各种复杂的生命体。这些生命体都需要与环境进行物质和能量交换，具有相同的代谢基本规律和代谢调节体系。各种生命体具有基本相同的信息（包括遗传信息）编码体系和传递体系，按基本相同的传递规律在体内、个体之间和亲子代之间传递。所以，无论从什么角度、什么层面认识这些生命体，都需要了解它们的化学组成、代谢及其调节规律、体内大分子的结构与功能的关系。生物化学与分子生物学就成了生命科学各学科的重要基础，相关研究及其成果往往成为生命科学的最新进展。

二、生物化学与分子生物学带领医学进入分子水平

医学，尤其是临床医学的基本任务，是诊断和治疗疾病。在现代医学形成以前，人们不知道疾病发生的物质基础，也没有以机体的物质或功能分析为基础的、系统的诊断学理论和方法，主要采用陆

地动植物、海洋生物、矿物质等的炮制品改善症状、减轻痛苦,没有针对发病机制进行疾病治疗的药物或方法,也缺乏有效的疾病预防措施。解剖学的形成,催生了现代医学的形成,人们开始从解剖结构认识正常人体和疾病。生物化学与分子生物学的形成和发展,使人们对人体的认识逐渐进入分子水平,从分子水平研究疾病的发生机制、诊断方法、治疗措施(包括药物治疗)。特别是 Pauling L. 于 1940 年采用 X 射线分析发现,珠蛋白结构改变导致了镰状红细胞贫血。1956 年,Ingram V. 证实珠蛋白第 6 位氨基酸由谷氨酸突变为缬氨酸是镰状红细胞贫血的致病原因。医学从此进入了分子医学新时代。生物化学与分子生物学不仅是重要的临床医学基础课程,也是医学研究的理论基础,还为临床技术、方法和药物的开发提供强大的技术支撑,是进展最快的医学前沿学科之一。

(一)生物化学与分子生物学带领医学从分子水平认识疾病的发生发展机制

镰状红细胞贫血发病机制的阐明,使人们第一次认识到一种疾病由特定分子的改变引起,从此开启了在分子水平研究疾病发生发展机制的新时代。早期从分子水平阐明发病机制的疾病均为先天性代谢疾病,即遗传性酶缺陷。低密度脂蛋白受体基因缺陷导致家族性高胆固醇血症机制的阐明,将疾病发生机制的认识推进到一个新的水平,即调节蛋白的缺陷也能导致疾病。癌基因、肿瘤抑制基因的发现及其功能的阐明,更是将调节蛋白改变在维持生命体正常功能和疾病发生发展中作用的认识推向高潮。今天,疾病发生发展机制的研究已经进入了一个全新的时代。什么原因,通过什么调节途径,调节了什么靶分子,引起了细胞的什么代谢或其他功能改变,导致了什么疾病或症状;已经成为疾病发生发展机制研究和对疾病发生发展机制认识的基本范式。只有完整回答了上述问题,才算弄清了机制。

(二)生物化学与分子生物学引领临床诊断进入分子诊断新时代

当在分子水平弄清发病机制后,就可能基于发病机制,在分子水平上准确诊断疾病。早期在分子水平阐明发病机制的遗传性代谢疾病,就是通过分析患者体内代谢物(缺陷酶的底物或产物)水平的变化,在分子水平上对疾病做出准确的诊断。后来,体内代谢物的分析被更广泛地开发,应用于疾病的诊断,并进一步发展到酶活性分析、蛋白质分子水平检测,包括异位酶活性分析和异位蛋白质分子水平检测。随着分子生物学技术的不断产生和发展,以核酸分子杂交技术、核酸扩增技术、基因芯片技术、基因测序技术等为基础,建立了一系列分子诊断方法,通过分析受检个体(或其携带的病原体)的遗传物质结构或表达水平变化,为疾病的预防、诊断、治疗和预后判断提供依据,大大提高了疾病诊断的准确性、特异性和效率。分子诊断已经成为体外诊断中最重要的发展方向和最快速的发展领域。

(三)生物化学与分子生物学的发展使临床治疗进入分子水平

在分子水平准确诊断疾病后,就可以针对特定的分子,进行特异的治疗。如早期建立的苯丙酮尿症诊断方法,在新生儿出生时就可以判断是否患有苯丙酮尿症,并通过调整膳食结构,限制苯丙氨酸摄入,就可以几乎消除苯丙酮尿症的临床症状。随着生物化学与分子生物学的进步和相应技术的发展,人们发现了一些蛋白质含量异常在疾病发生发展中的作用,先是用分离纯化的天然蛋白质治疗一些因蛋白质含量降低造成的疾病。后来,由于基因工程技术的成熟和应用,人们利用该技术产业化生产相应蛋白质,用于疾病的治疗。再后来,随着基因敲入技术的成熟,人们通过敲入正常基因,治疗基因缺陷疾病。对一些含量升高而导致疾病的蛋白质,人们采用抗体中和、抑制基因转录或 mRNA 翻译等方法降低相应蛋白质的含量,治疗相应疾病。上述一些技术的应用已经产业化,成为当今最活跃、最具发展前景的新兴产业,基因工程药物、基因工程疫苗已经广泛用于疾病的治疗和预防。另一些技术的产业化或临床应用正在走向成熟。特别是随着基因编辑技术的不断发展,人们正在努力探索在基因水平上纠正疾病的基因变异,采用"基因手术刀"进行"基因手术"已经展现出了美好的前景。

(方定志　焦炳华)

第一篇
生物分子结构与功能

机体是由数以亿万计分子量大小不等的分子组成。参与机体构成并发挥重要生物功能的生物大分子通常都有一定的分子结构规律，即一定的基本结构单位、按一定的排列顺序和连接方式形成的多聚体，由于分子两个末端的结构不同，基本结构单位的排列具有方向性。生物大分子不仅是生命体的结构基础，也是生命活动的分子基础。每一类生物大分子因其独特的结构而具有独特的功能。生物分子结构与功能的关系是生物化学与分子生物学最基础的内容。对结构的研究和了解有助于对功能更好的认识和理解。

蛋白质和核酸是构成生命体和生命活动最关键的生物大分子。这两类分子分别行使不同的生理功能。一方面，核酸具有传递遗传信息等功能，对核酸结构的了解，有助于理解遗传信息的复制、表达及调控。另一方面，几乎所有的生命活动过程都涉及蛋白质。核酸和蛋白质的存在与配合，是诸如遗传、繁殖、生长、运动、物质代谢等生命现象的基础。因此，研究机体的分子结构与功能必须先深入了解这两类生物大分子，也是从分子水平认识生命活动的核心分子。

蛋白质不是简单的线性肽链分子。肽链必须折叠成复杂的空间结构，才具有蛋白质的生物学功能。氨基酸的复杂组成使蛋白质有可能形成多种构象，但在生理条件下，每种蛋白质只有一种正确的构象（天然构象）使其能够发挥特定的生物学功能，即一种特定的构象决定一种特定的功能。然而，蛋白质的构象并不是固定不变的，许多蛋白质的构象可以发生适度改变，其三维结构（即构象）能够在不打断共价键的情况下发生改变，从而使蛋白质的功能发生变化（即变构效应）。这是机体内蛋白质功能调控的重要机制。

蛋白质的结构修饰也是调控蛋白质功能的重要方式。大部分修饰方式将在后面各篇介绍。本篇着重介绍糖基化修饰。糖基化修饰是蛋白质修饰中最复杂的一种。聚糖也是一类具有结构规律和复杂的生物大分子，可与蛋白质构成复合糖类，如糖蛋白和蛋白聚糖，在各种生命活动中发挥作用。糖与蛋白质结合后可形成特异的分子识别位点，从而产生更复杂的分子间相互作用，形成糖蛋白和蛋白聚糖的许多独特功能。聚糖与蛋白质的结合，既丰富了蛋白质的结构，也是聚糖发挥生物学功能的重要方式之一。

体内许多蛋白质是结合蛋白质，由蛋白质成分和非蛋白质成分组成。非蛋白质成分（主要是金属离子和维生素及其衍生物）是结合蛋白质发挥功能的必要组分。维生素及其衍生物主要是通过与蛋白质结合，作为结合蛋白质中的非蛋白质成分发挥生理功能。金属离子在体内的重要作用，在很大程度上也是因为许多蛋白质必须结合金属离子后才具有生物学功能。

酶是生物体内的催化剂，绝大多数的酶的化学本质是蛋白质；体内几乎所有的化学反应都由特异性的酶来催化，这为生物体能在温和的生理条件下进行复杂而周密的新陈代谢及其精细的时空调节提供了基本保证。大部分酶都是结合蛋白质，其功能活性不是单纯由组成蛋白质的氨基酸所决定的，还需要其他称为辅因子的化学物质。辅因子包括金属离子和小分子有机化合物，后者主要是水溶性维生素或其衍生物。

学习第一篇内容时，要重点掌握上述生物体内大分子的结构层次与形成规律、功能及基本的理化性质与应用，这对理解生命的本质具有重要意义，也为后续课程的学习打下基础。

（高国全）

第一章

蛋白质的结构与功能

【本章要点】

1. 氨基酸是蛋白质的基本组成单位；

2. 氨基酸排列顺序及肽链的空间排布决定蛋白质分子结构；

3. 蛋白质空间构象与功能有着密切关系，一级结构是空间构象的基础，也是功能的基础；

4. 蛋白质具有两性解离、胶体性质、紫外光吸收性质等理化特性；

5. 蛋白质的分离纯化是研究蛋白质结构与功能的重要基础；

6. 血浆中大多数蛋白质具有特殊的生物学功能。

蛋白质是生命活动最主要的载体，更是功能执行者。因此，蛋白质是生物体内最重要的生物大分子之一。1838 年，荷兰科学家 Mulder G. J. 引入 "protein"（源自希腊字 proteios，意为 primary）一词来表示这类分子。1833 年 Payen A. 从麦芽中分离淀粉酶，随后 Schwann T. 从胃液中分离到类似胃蛋白酶的物质，从而推动了以酶为主体的蛋白质研究；1864 年，血红蛋白被分离并结晶；19 世纪末，Fischer E. H. 证明蛋白质由氨基酸组成，并利用氨基酸合成了多种短肽；20 世纪初，Pauling L. 应用 X 射线衍射技术发现了蛋白质的二级结构——α-螺旋，随后 Sanger F. 完成了胰岛素一级结构测定；20 世纪中叶，各种蛋白质分析技术相继建立，促进了蛋白质研究迅速发展；1962 年，科学家确定了血红蛋白的四级结构；20 世纪 90 年代以后，随着人类基因组计划的实施和功能基因组与蛋白质组计划的展开，特别是对蛋白质复杂多样的结构功能、相互作用与动态变化的深入研究，使蛋白质结构与功能的研究达到新的高峰。

第一节　蛋白质的分子组成

蛋白质由氨基酸组成。无论是来自最古老的细胞还是最复杂的生命形式，所有蛋白质都是由氨基酸按特定线性序列共价连接形成的大分子。存在于自然界的氨基酸有 300 余种，但人体内组成蛋白质的氨基酸只有其中的 20 种，它们的排列顺序（一级结构）是由其编码基因所决定的。

蛋白质的元素组成相似，主要有碳（50%~55%）、氢（6%~7%）、氧（19%~24%）、氮（13%~19%）和硫（0~4%）。有些蛋白质还含有少量磷或金属元素铁、铜、锌、锰、钴、钼等，个别蛋白质还含有碘、硒等。各种蛋白质的含氮量很接近，平均为 16%。由于蛋白质是体内的主要含氮物质，因此测定生物样品的含氮量就可估算出样品中总蛋白质含量。每克样品含氮克数 × 6.25 × 100=100g 样品中蛋白质含量。

一、α-氨基酸是构成蛋白质的基本结构单位

构成蛋白质的氨基酸均属 L-型（甘氨酸除外），并且氨基（脯氨酸是亚氨基）连接在与羧基相连的 α-碳原子（α-carbon atom）上，因此称为 L-α-氨基酸（图 1-1）。氨基酸分子中的 α-碳原子为不对称碳原子（甘氨酸除外）。除氨基和羧基外，α-碳原子还连有一个氢原子和一个侧链（R 基团）。用于合成蛋白质的 20 种氨基酸又称为常见氨基酸（common amino acid）。

图 1-1　L-甘油醛和 L-氨基酸

自然界中也存在 D-型氨基酸,例如某些细菌的胞壁小肽和特殊的抗生素小肽中含有 D-型氨基酸。哺乳动物中也有一些不参与蛋白质组成的 D-型氨基酸,例如存在于前脑中的 D-丝氨酸和存在于脑及外周组织的 D-天冬氨酸。

二、氨基酸的侧链结构决定其种类和特性

构成蛋白质的 20 种氨基酸具有共同的核心结构,即氨基、羧基、氢原子连接于 α-碳原子,而差异则全部体现在与 α-碳原子相连接的侧链结构 α-R 基团上。α-R 基团赋予其氨基酸不同的极性,这一特点是将 20 种氨基酸分为五类的主要依据(表 1-1)。这些 α-R 基团的结构及其化学性质各不相同,是形成蛋白质结构和功能多样性的基础。α-R 基团的结构直接影响着多肽链生物合成后的折叠,有些 α-R 基团还可进一步发生化学修饰,即通过添加和去除某些功能基团而改变活性。氨基酸 R 基团的结构和极性不仅会直接影响所形成多肽链的结构,也是蛋白质执行多种功能的结构基础。

表 1-1　20 种氨基酸的结构式及分类

结构式	中文名	英文名	缩写	符号	等电点 (pI)
1. 非极性脂肪族 R 基团的氨基酸					
	甘氨酸	Glycine	Gly	G	5.97
	丙氨酸	Alanine	Ala	A	6.00
	缬氨酸	Valine	Val	V	5.96
	亮氨酸	Leucine	Leu	L	5.98
	异亮氨酸	Isoleucine	Ile	I	6.02
	脯氨酸	Proline	Pro	P	6.30
	甲硫氨酸	Methionine	Met	M	5.74
2. 芳香族 R 基团的氨基酸					
	苯丙氨酸	Phenylalanine	Phe	F	5.48

续表

结构式	中文名	英文名	缩写	符号	等电点（pI）
$HO-\langle\!\!\!\!\;\bigcirc\!\!\!\!\;\rangle-CH_2-\underset{\underset{NH_3^+}{\mid}}{CH}-COO^-$	酪氨酸	Tyrosine	Tyr	Y	5.66
色氨酸结构式	色氨酸	Tryptophan	Trp	W	5.89

3. 极性不带电荷 R 基团的氨基酸

结构式	中文名	英文名	缩写	符号	等电点（pI）
$\underset{\underset{OH}{\mid}}{CH_2}-\underset{\underset{NH_3^+}{\mid}}{CH}-COO^-$	丝氨酸	Serine	Ser	S	5.68
$\underset{\underset{SH}{\mid}}{CH_2}-\underset{\underset{NH_3^+}{\mid}}{CH}-COO^-$	半胱氨酸	Cysteine	Cys	C	5.07
$H_2N-\underset{\underset{O}{\|}}{C}-CH_2-\underset{\underset{NH_3^+}{\mid}}{CH}-COO^-$	天冬酰胺	Asparagine	Asn	N	5.41
$H_2N-\underset{\underset{O}{\|}}{C}-CH_2-CH_2-\underset{\underset{NH_3^+}{\mid}}{CH}-COO^-$	谷氨酰胺	Glutamine	Gln	Q	5.65
$CH_3-\underset{\underset{OH}{\mid}}{CH}-\underset{\underset{NH_3^+}{\mid}}{CH}-COO^-$	苏氨酸	Threonine	Thr	T	5.60

4. 带负电荷 R 基团（酸性）的氨基酸

结构式	中文名	英文名	缩写	符号	等电点（pI）
$^-OOC-CH_2-\underset{\underset{NH_3^+}{\mid}}{CH}-COO^-$	天冬氨酸	Aspartic acid	Asp	D	2.97
$^-OOC-CH_2-CH_2-\underset{\underset{NH_3^+}{\mid}}{CH}-COO^-$	谷氨酸	Glutamic acid	Glu	E	3.22

5. 带正电荷 R 基团（碱性）的氨基酸

结构式	中文名	英文名	缩写	符号	等电点（pI）
精氨酸结构式	精氨酸	Arginine	Arg	R	10.76
$\underset{\underset{NH_3^+}{\mid}}{CH_2}-CH_2-CH_2-CH_2-\underset{\underset{NH_3^+}{\mid}}{CH}-COO^-$	赖氨酸	Lysine	Lys	K	9.74
组氨酸结构式	组氨酸	Histidine	His	H	7.59

　　一般而言,非极性脂肪族氨基酸在水溶液中的溶解度小于极性中性氨基酸;芳香族氨基酸中苯基的疏水性较强,酚基和吲哚基在一定条件下可解离;酸性氨基酸的侧链都含有羧基;而碱性氨基酸的侧链分别含有氨基、胍基或咪唑基。

（一）侧链含烃链的氨基酸属于非极性脂肪族氨基酸

　　此类氨基酸的侧链为脂肪烃链。在蛋白质的立体结构中,这一类氨基酸多位于蛋白质内部,通过疏水键稳定蛋白质的结构。其中比较特殊的是甘氨酸、脯氨酸与甲硫氨酸。甘氨酸虽然是非极性的,但由于它的侧链很小,对蛋白质疏水作用没有实际贡献。脯氨酸的脂肪族侧链与 α-氨基中的 N 形成杂环,因此称为亚氨基酸;由于 N 的自由度受到杂环刚性结构的限制,因此含有脯氨酸的肽段的弹性下降,继而影响肽段的高级结构。甲硫氨酸为 2 个含硫氨基酸之一,其侧链为非极性的甲硫基团。

（二）侧链含芳香基团的氨基酸是芳香族氨基酸

此类氨基酸具有芳香侧链,性质属于相对非极性,都能参与疏水作用。其中苯丙氨酸的极性最小,酪氨酸的羟基和色氨酸的吲哚环会使得它们的极性较苯丙氨酸要强一些。

（三）侧链有极性但不带电荷的氨基酸是极性中性氨基酸

相对于非极性氨基酸来说,这一类氨基酸的侧链含有能与水形成氢键的基团,亲水性强,更易溶于水。其中丝氨酸和苏氨酸的极性来自羟基,天冬酰胺和谷氨酰胺的极性来自酰胺基,而半胱氨酸的极性来自其巯基。2 个半胱氨酸的巯基之间易于发生氧化反应形成二硫键（disulfide bond）（图 1-2）,生成的二聚化氨基酸称为胱氨酸（cystine）。二硫键在维持蛋白质的结构稳定中发挥着重要功能。

$$^-OOC-CH-CH_2-SH \quad HS-CH_2-CH-COO^- \xrightarrow{-2H} \ ^-OOC-CH-CH_2-S-S-CH_2-CH-COO^-$$

半胱氨酸　　　　　　　　半胱氨酸　　　　　　　　　　　胱氨酸

图 1-2　胱氨酸和二硫键

（四）侧链含酸性基团的氨基酸是酸性氨基酸

天冬氨酸和谷氨酸的 R 基团都含有羧基,在生理条件下带负电荷,属于酸性氨基酸（acidic amino acid）。

（五）侧链含碱性基团的氨基酸属于碱性氨基酸

赖氨酸、精氨酸和组氨酸的 R 基团分别含有氨基、胍基和咪唑基,在生理条件下均可发生质子化,使之带正电荷,属于碱性氨基酸（basic amino acid）。

脯氨酸的结构较为特殊。脯氨酸应属亚氨基酸,N 在杂环中移动的自由度受限制,但其亚氨基仍能与另一羧基形成肽键,常位于多肽链的转角处。脯氨酸在蛋白质合成加工时可被修饰成羟脯氨酸。

三、氨基酸具有共同或特异的理化性质

体内组成蛋白质的 20 种常见氨基酸具有共同的理化特性,包括氨基酸的酸碱性质、功能基团的化学反应等,这些理化共性和特性是进行氨基酸分离、纯化及定性、定量分析的依据。

（一）氨基酸具有两性电离性质

所有常见氨基酸都含有可解离的 α-氨基和 α-羧基,它们溶解在水中时呈现两性离子（zwitterion）状态,又称为兼性离子或偶极离子（dipolar ion）。两性离子既可以作为酸（质子供体）,又可以作为碱（质子受体）。

氨基酸的解离方式取决于其所处溶液的酸碱度,其解离常数的负对数 pK 值可通过测定滴定曲线求得。以甘氨酸为例,在低 pH 时,占优势的离子状态为 $^+H_3N\text{-}CH_2\text{-}COOH$,这种状态称为完全质子化状态,含有两个可释放质子的基团（—COOH 和—NH_3^+）。图 1-3 为甘氨酸的滴定曲线,当 0.1mol/L 甘氨酸溶于水时,溶液的 pH 约等于 6.0,分别以标准盐酸和氢氧化钠溶液进行滴定,可得到滴定曲线的A 段和 B 段。为了便于理解,可将曲线视为甘氨酸从完全质子化状态逐渐失去质子的过程,曲线中的A 段和 B 段,分别对应甘氨酸—COOH 和—NH_3^+ 基团的去质子化过程。在 A 段曲线的中点（pH 2.34 处）,—COOH 基团失去质子,等物质的量浓度的质子供体（$^+H_3N\text{-}CH_2\text{-}COOH$）和质子受体（$^+H_3N\text{-}CH_2\text{-}COO^-$）共存,此时曲线形状出现折点,pH 等于被滴定基团的 pK_a 值,即甘氨酸的—COOH 基团的 pK_a 值为 2.34（图中对应为 pK_{a1}）。当滴定继续,达到另一个重要的折点（pH 5.97 处）,这时—COOH 基团的质子基本移除,而移去—NH_3^+ 基团质子的过程刚刚开始,此时甘氨酸大部分以两性离子 $^+H_3N\text{-}CH_2\text{-}COO^-$ 的状

图1-3　甘氨酸的滴定曲线

态存在。滴定曲线的 B 段与移去甘氨酸的—NH_3^+基团的质子相对应，中点 pH 为 9.6，即甘氨酸的—NH_3^+基团的 pK_a 值为 9.6（图中对应为 pK_{a2}）。

R 基团不解离的氨基酸的滴定曲线类似于甘氨酸，一般而言，pK_{a1}（—COOH 的 pK 值）的范围在 2.0~3.0，pK_{a2}（—NH_3^+ 的 pK_a 值）的范围在 9.0~10.0 之间。侧链可解离的氨基酸有 3 个 pK_a 值，其滴定曲线有 3 个折点。

在某一特定 pH 的溶液中，氨基酸解离成阳离子和阴离子的趋势及程度相等，呈电中性，此时溶液的 pH 称为该氨基酸的等电点（isoelectric point，pI）。在图 1-3 甘氨酸滴定曲线中，在 pH 5.97 时，甘氨酸大部分以两性离子^+H_3N-CH_2-COO^-存在，为电中性，因此甘氨酸的 pI 值为 5.97。对于侧链没有可解离基团的氨基酸来说，其 pI 值是由 α-羧基和 α-氨基的 pK_a 值决定的，计算公式为：pI=1/2（$pK_{a1}+pK_{a2}$）。若一个氨基酸有 3 个可解离基团，会有 3 个 pK_a 值，即 pK_{a1}、pK_{aR}、pK_{a2}。pI 是其中两个 pK_a 值的平均值。这些氨基酸为两性离子时，碱性氨基酸中只有一个氨基解离，酸性氨基酸中只有一个羧基解离。改变 pH 时，碱性氨基酸需要两步反应转变为只带正电荷，酸性氨基酸需要两步反应转变为只带负电荷。计算等电点时，写出它们的电离式（三个解离反应），取两性离子两边的 pK_a 值的平均值。碱性氨基酸的 pI=1/2（$pK_{aR}+pK_{a2}$），酸性氨基酸的 pI=1/2（$pK_{a1}+pK_{aR}$）。

（二）氨基酸的茚三酮反应和紫外吸收性质可用于定量分析

1. 茚三酮反应可以对氨基酸做定量分析　茚三酮在弱酸性溶液中与 α-氨基酸共同加热，引起氨基酸氧化脱氨、脱羧反应；茚三酮水合物被还原，还原物可与氨基酸加热分解产生的氨结合，再与另一分子还原茚三酮缩合，生成蓝紫色的化合物，此即茚三酮反应（ninhydrin reaction）。产生的化合物最大吸收峰在 570nm 波长处。由于此吸收峰值的大小与氨基酸释放出的氨量成正比，因此可作为氨基酸定量分析方法。

2. 氨基酸具有紫外吸收性质　含共轭双键的氨基酸具有紫外吸收性质。根据氨基酸的吸收光谱（absorption spectrum），含有共轭双键的色氨酸、酪氨酸的最大吸收峰在 280nm 波长附近（图 1-4）。由于大多数氨基酸含有酪氨酸和色氨酸残基，且含量相对恒定，所以测定蛋白质溶液 280nm 的光吸收值（A_{280}），是分析溶液中蛋白质含量的快速、简便的方法。

四、氨基酸通过肽键连接形成肽或蛋白质

（一）氨基酸通过肽键相连形成肽

肽是由氨基酸通过肽键（peptide bond）连接而成的线

图1-4　芳香族氨基酸的紫外吸收峰

性大分子。肽键是由一个氨基酸的羧基与另一个氨基酸的氨基脱去一分子水而反应生成的酰胺键（图1-5）。蛋白质中肽键都是由α-羧基与α-氨基形成的α-肽键，某些活性肽中则可能存在非α-肽键。

图1-5　肽与肽键

两分子氨基酸脱去一分子水缩合成最简单的肽，即二肽；二肽通过与另一分子氨基酸脱水缩合生成三肽；以此类推，依次生成四肽、五肽……一般来说，由数个、十数个氨基酸组成的肽常称为寡肽（oligopeptide），而很多个氨基酸组成的肽称为多肽（polypeptide），两者之间没有严格界限。通常，多肽分子质量<10kD；而蛋白质则是由一条或多条肽链组成的更大分子，但两者经常通用。

肽链具有方向性，有游离氨基的一端称氨基末端（amino terminal）或N-端，有游离羧基的一端称为羧基末端（carboxyl terminal）或C-端。肽链中的氨基酸分子因脱水缩合而基团不全，故称为氨基酸残基（amino acid residue）。肽链根据由N-端至C-端参与其组成的氨基酸残基命名，例如由甘氨酸、丙氨酸和亮氨酸残基组成的三肽命名为甘氨酰丙氨酰亮氨酸。

（二）体内存在多种重要的生物活性肽

除蛋白质外，人体内还存在具有生物活性的小分子肽，在代谢调节、神经传导等方面起着重要的作用。这些活性肽有的先由核糖体途径合成大分子前体，然后再加工成小分子活性肽，如加压素（vasopressin）和催产素（oxytocin）等；有的经非核糖体途径生成，属于酶催化反应，因此被视为氨基酸的衍生物，如谷胱甘肽。

1. 谷胱甘肽是体内重要的还原剂　体内含有由三肽组成的还原型谷胱甘肽（glutathione），即γ-谷氨酰半胱氨酰甘氨酸。其第一个肽键与一般的肽键不同，由谷氨酸的γ-羧基与半胱氨酸的氨基形成（图1-6）。分子中半胱氨酸的巯基是该化合物的主要功能基团，所以常用缩写GSH表示还原型谷胱甘肽。GSH的巯基具有还原性，可作为体内重要的还原剂，保护蛋白质或酶分子中巯基使其免遭氧化，使蛋白质或酶处在活性状态。在谷胱甘肽过氧化物酶（glutathione peroxidase）的催化下，GSH可还原细胞内产生的H_2O_2，使其变成H_2O，与此同时，GSH被氧化成氧化型谷胱甘肽（GSSG），后者在谷胱甘肽还原酶（glutathione reductase）催化下，再生成GSH（图1-7）。

图1-6　谷胱甘肽　　　　图1-7　GSH与GSSG之间的转换

2. 体内有许多激素属寡肽或多肽　例如催产素（9肽）、加压素（9肽）、促肾上腺皮质激素（39肽）、促甲状腺素释放激素（3肽）等。促甲状腺素释放激素是一个结构特殊的三肽，其N-末端的谷氨酸环化成为焦谷氨酸（pyroglutamic acid），C-末端的脯氨酸残基酰胺化成为脯氨酰胺（图1-8），它由下丘脑分泌，可促进腺垂体分泌促甲状腺素。此外，促甲状腺素释放激素还可影响催乳素的分泌和抑制胰高血糖素的分泌。

3. 神经肽是脑内一类重要的肽　在神经传导过程中发挥重要作用的肽类称为神经肽（neuropeptide），其种类繁多。较早发现的有脑啡肽（5肽）、β-内啡肽（31肽）和强啡肽（17肽）等。近年发现的孤啡肽（17肽），其一级结构类似于强啡肽。它们与中枢神经系统产生痛觉抑制有密切关系，因此很早就被用于临床的镇痛治疗。除此以外，神经肽还包括P物质（10肽）、神经肽Y家族等。

图 1-8　促甲状腺素释放激素的结构

五、非常见氨基酸也具有重要的生物功能

非常见氨基酸（non-common amino acid）多为常见氨基酸的类似物、代谢衍生物，如甲基化、磷酸化、羟化、糖苷化、交联等，除此之外，还包括β-氨基酸、γ-氨基酸、δ-氨基酸及D-型氨基酸。蛋白质中的非常见氨基酸大多是在已掺入肽段的氨基酸残基上进行修饰，例如胶原蛋白中存在有4-羟脯氨酸和5-羟赖氨酸，肌球蛋白中存在有6-N-甲基赖氨酸。

硒代半胱氨酸（selenocysteine）的结构和半胱氨酸类似，只是其中的硫原子被硒取代，存在于少数酶中，如谷胱甘肽过氧化物酶、甲状腺素 5′-脱碘酶等。硒代半胱氨酸是在蛋白质合成时直接掺入而不是合成后再修饰的。

细胞内还有许多非常见氨基酸具有重要功能，但它们不参与蛋白质组成。例如鸟氨酸和瓜氨酸，它们是尿素循环和精氨酸合成过程中的重要中间代谢物（详见第九章）。

第二节　蛋白质的分子结构

蛋白质分子是由许多氨基酸通过肽键相连形成的生物大分子。人体内具有生理功能的蛋白质都是有序结构，每种蛋白质都有其一定的氨基酸种类、组成百分比、氨基酸排列顺序以及肽链空间的特定排布位置。因此由氨基酸排列顺序及肽链的空间排布等所构成的蛋白质分子结构，才真正体现蛋白质的特性，是每种蛋白质具有独特生理功能的结构基础。由于参与蛋白质生物合成的氨基酸有20种，且蛋白质的分子量均较大，因此蛋白质的氨基酸排列顺序和空间位置几乎是无穷尽的，为人体多达数以万计的蛋白质提供各异的氨基酸序列和特定的空间结构，使蛋白质完成生命所赋予的数以千万计的生理功能。

为了更好地理解和研究蛋白质的结构，1952年丹麦科学家Linderstrom-Lang K. U. 提出了蛋白质三级结构的概念；1958年，英国晶体学家Bernal J. D. 在研究蛋白质晶体结构时发现许多蛋白质是由相同的或不同的亚基组成，靠非共价键结合在一起，他将这种结构称为四级结构。现在蛋白质的一、二、三、四级结构的概念已由国际生物化学与分子生物学联盟（IUBMB）的生物化学命名委员会采纳并给出正式定义。蛋白质的空间构象涵盖了蛋白质分子中的每一原子在三维空间中的相对位置，它们是蛋白质特有性质和功能的结构基础。但并非所有的蛋白质都有四级结构，由1条肽链形成的蛋白质只有一级、二级和三级结构，由2条或2条以上肽链形成的蛋白质才有四级结构。

一、氨基酸残基的连接顺序决定蛋白质的一级结构

蛋白质的一级结构是理解蛋白质结构、作用机制以及生理功能的必要基础。在蛋白质/多肽中，从N-端至C-端的氨基酸排列顺序称为蛋白质一级结构（primary structure）。蛋白质一级结构中的主要化学键是肽键；此外，蛋白质分子中所有二硫键（disulfide bond）的位置也属于一级结构范畴。二硫键可使两条单独的肽链共价交联（链间二硫键），也可使一条肽链的局部成环（链内二硫键）。牛胰岛素是第一个被测定一级结构的蛋白质分子，由英国化学家Sanger F. 于1953年完成，因此他于1958年获得诺贝尔化学奖。图1-9为牛胰岛素的一级结构。胰岛素有A和B两条多肽链，A链有21个氨

A链 H₂N-甘-异亮-缬-谷-谷酰-半胱-半胱-苏-丝-异亮-半胱-丝-亮-酪-谷酰-亮-谷-天冬酰-酪-半胱-天冬酰-COOH
　　　　1　2　3　4　5　6　7　8　9　10　11　12　13　14　15　16　17　18　19　20　21

B链 H₂N-苯丙-缬-天冬酰-谷酰-组-亮-半胱-甘-丝-组-亮-缬-谷-丙-亮-酪-亮-缬-半胱-甘-谷-精-甘-苯丙-苯丙-
　　　　1　2　3　4　5　6　7　8　9　10　11　12　13　14　15　16　17　18　19　20　21　22　23　24　25
酪-苏-脯-赖-丙-COOH
26　27　28　29　30

图 1-9　牛胰岛素的一级结构

基酸残基，B 链有 30 个氨基酸残基。如果将肽链中氨基酸残基序列（sequence）标上数码，应以游离的氨基末端为"1"，依次向羧基末端排列。牛胰岛素分子中有 3 个二硫键，1 个位于 A 链内，另外 2 个二硫键位于 A、B 两链间。

　　体内种类繁多的蛋白质，其一级结构各不相同，目前已知一级结构的蛋白质数量已非常可观，并且还以更快的速度增加。蛋白质的一级结构是其空间构象和特异生物学功能的基础。然而，随着对蛋白质结构研究的深入，已认识到蛋白质一级结构并不是决定蛋白质空间构象的唯一因素。

框 1-1

Sanger F. 与多肽、核酸大分子测序

　　Sanger F. 生于 1918 年，1940 年在英国剑桥大学生物化学系师从 Neuberger A. 博士，开展氨基酸代谢研究，并于 1943 年获博士学位。后任剑桥分子生物学研究所蛋白质化学科主任。Sanger F. 科学建树颇丰，是剑桥帝国学院、皇家学会成员，也是美国科学院外籍院士、巴西科学院院士，并在英国、阿根廷、日本等很多科学机构享有最高荣誉。他 1943 年开始研究蛋白质结构、酶的活性中心；1953 年完成胰岛素的氨基酸序列测定，并于 1958 年获诺贝尔化学奖。此后发明 RNA 测序技术；1975 发明双脱氧 DNA 测序技术；完成几种噬菌体基因组、人线粒体基因组测序。他的技术发明和发现对蛋白质、人类基因组研究贡献不可限量，没有他就没有人类基因组计划的成功实施。应该说，他是生物化学、分子生物学，乃至生命科学领域的超级大师，位于剑桥大学附近的基因组研究中心 Wellcome Trust Sanger Institute 就是以他的名字命名的。

二、肽链主链的局部有规则重复构象形成蛋白质的二级结构

　　二级结构（secondary structure）是指组成蛋白质的肽链的主链的局部空间构象，也就是肽链主链骨架原子的相对空间位置，不涉及氨基酸残基侧链的构象。肽链主链骨架原子包括 N（氨基氮）、C_α（α-碳原子）和 C_0（羧基碳）3 个原子依次重复排列。蛋白质的二级结构主要包括 α-螺旋、β-折叠、β-转角和 Ω-环等。维系这些二级结构构象的稳定主要靠肽链内部和/或肽链间的氢键。

（一）参与肽键形成的 6 个原子在同一平面上

　　20 世纪 30 年代末，Pauling L. 和 Corey R. 应用 X 射线衍射技术研究氨基酸和寡肽的晶体结构，其目的是要获得一组标准键长和键角，以推导肽的构象，最终提出了肽单元（peptide unit）的概念。参与形成肽键的 4 个原子（C_0、O、N、H）和 2 个相邻的 C_α 原子（$C_{\alpha 1}$、$C_{\alpha 2}$）位于同一平面，这 6 个位于同一平面的原子构成了肽单元（图 1-10），其中的 $C_{\alpha 1}$ 和 $C_{\alpha 2}$ 或者羧基 O 和氨基 H 在平面上所处的位置几乎均为反式（trans）构型。在肽单元中，肽键 C-N 的键长为 0.132nm，介于 C-N 的单键长（0.149nm）和双键长（0.127nm）之间，具有部分双键性质，不能自由旋转，而 $C_{\alpha 1}$-C_0 键和 N-$C_{\alpha 2}$ 键都是单键，可以自由转动。通常把 $C_{\alpha 1}$-C_0 绕 $C_{\alpha 1}$ 旋转所得的键角标记为 ψ，而把 N-$C_{\alpha 2}$ 绕 $C_{\alpha 2}$ 旋转所得的键角标记为 φ。理论上 ψ 和 φ 可以是 -180°~+180° 间的任何数值，然而由于受到肽链骨架和氨基酸侧链原子间立体

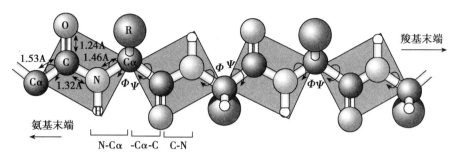

图 1-10　肽单元

位阻的限制,其中许多值实际上是不存在的。多肽链骨架可以看作是一系列连续的刚性平面,有共享的 C_α 旋转点,刚性的肽键限制了多肽链有可能形成的构象范围。肽键对于蛋白质构象的形成具有重要的约束力。

框 1-2

Pauling L. 和 Corey R. 发现 α-螺旋

美国加州理工学院的 Corey R.(1897—1971)精于计算,工作十分勤恳。Pauling L.(1901—1994)富有想象力,善于思考。Pauling L. 在化学键方面的实验是 Corey R. 计算键长、键角的基础。为了解析蛋白质的结构,两人测得了氨基酸结构的标准参数,分析构型,并制作了几种类型蛋白质结晶的 X 射线衍射图,潜心研究,历经 10 年,终于在 1951 年推测出了符合肽键不转而其他各键可自由旋转的多肽链构象是螺旋结构——α-螺旋。Pauling L. 在蛋白质研究领域颇有建树,与 Click F. 合作提出 α-角蛋白的两股链形成超螺旋的卷曲螺旋结构;他在"酶与底物相互作用"研究方面也有重要发现。基于 Pauling L. 对化学键性质的研究以及在对复杂物质结构阐述上的应用,他于 1954 年获诺贝尔化学奖。

(二) α-螺旋是常见的蛋白质二级结构

α-螺旋(α-helix)是蛋白质二级结构的主要形式之一。氨基酸具有手性特征,因此多肽螺旋亦有手性,即有右手螺旋和左手螺旋之分。L-氨基酰残基的 R 基团的空间干扰作用决定了它只能形成右手螺旋(right-handed helix)。对于一个多肽链来说,将右手呈半握拳状,伸出拇指,指示从 N-端→C-端行进方向,螺旋沿着其余卷曲的四指顺时针方向(自下向上看)上升,即为右手螺旋(图 1-11),此时其 ψ 为 –45°~–50°, φ 为 –60°。每 3.6 个氨基酸残基螺旋上升一圈,螺距为 0.54nm。氨基酸侧链(R-基团)伸向螺旋外侧。α-螺旋的每个肽键的 N-H 与氨基端的第 4 个肽键的羰基氧形成氢键,氢键的方向与螺旋长轴基本平行。α-螺旋中,全部肽键的羰基氧(O)和氨基氢(H)都可参与形成氢键(hydrogen bond),以稳固 α-螺旋结构。

由于氨基酸残基的侧链(R 基团)分布在 α-螺旋的外侧,其形状、大小、电荷会影响α-螺旋的形成。脯氨酸因其 α-碳原子位于

0.54nm
(3.6个氨基酸残基)

(a)　　　　　　(b)

图 1-11　α-螺旋

刚性环上,不易扭转,而且脯氨酸肽键连接的氮原子上没有氢,不能与其他氨基酸残基形成氢键,所以脯氨酸仅可以存在于 α-螺旋的第一个螺旋圈内,在其他部位出现时,都将引起在 α-螺旋的转折。甘氨酸的 R 基团为 H,空间占位很小,也不利于 α-螺旋的稳定。酸性或碱性氨基酸集中的区域,由于同性电荷相斥,不利于 α-螺旋的形成。较大的 R 基团(例如苯丙氨酸、色氨酸、异亮氨酸)集中的区域,也会妨碍 α-螺旋形成。

α-螺旋可位于蛋白质分子表面,也可全部或部分出现在分子内部。位于极性和非极性的界面的 α-螺旋常具有两性的特点,即由 3 至 4 个疏水氨基酸残基组成的肽段与由 3 至 4 个亲水氨基酸残基组成的肽段交替出现,使 α-螺旋上的疏水和亲水基团交替出现。这种两性 α-螺旋可见于血浆脂蛋白、多肽激素和钙调蛋白调节蛋白激酶等。肌红蛋白和血红蛋白分子中有许多肽链段呈 α-螺旋结构。毛发的角蛋白(keratin)、肌肉的肌球蛋白(myosin)以及血凝块中的血纤维蛋白(fibrin),它们的多肽链几乎全长都卷曲成 α-螺旋。数条 α-螺旋状的多肽链相互缠绕呈缆索状,从而增强其机械强度,并具有可伸缩性(弹性)。

(三) β-折叠使多肽链形成片层结构

β-折叠(β-sheet)是蛋白质二级结构的另一种主要形式。β-折叠呈折纸状(图 1-12)。在 β-折叠结构中,多肽链充分伸展,每个肽单元以 C_α 为旋转点,依次折叠成锯齿状结构,氨基酸残基侧链交替地位于锯齿状结构的上下方。所形成的锯齿状结构一般比较短,只含 5~8 个氨基酸残基,但两条以上肽链或一条肽链内的若干肽段的锯齿状结构可平行排列。平行排列的两条肽链走向可相同,也可相反(图 1-12)。两条肽链走向相同时,肽链重复节段为 0.65nm;相反时为 0.70nm。通过肽链间的肽键羰基氧和亚氨基氢形成氢键,从而稳固 β-折叠结构。形成 β-折叠的肽段要求氨基酸残基的侧链较小,才能允许两条肽段彼此靠近。在纤维状蛋白质中 β-折叠主要是平行形式,而球状蛋白质中反平行和平行两种形式都存在。许多蛋白质既有 α-螺旋又有 β-折叠,而蚕丝蛋白几乎都是 β-折叠结构。

图 1-12　β-折叠

(四) β-转角和 Ω-环在蛋白质分子中普遍存在

除 α-螺旋和 β-折叠外,蛋白质二级结构的其他形式还有 β-转角(β-turn)和 Ω-环(Ω-loop)。β-转角常发生于肽链进行 180° 反转回折时的转角上。β-转角通常有 4 个氨基酸残基组成,其第一个氨基酸残基的羰基氧(O)与第四个氨基酸残基的亚氨基氢(H)形成氢键,使之成为稳定的结构。β-转角的第二个残基常为脯氨酸,因为脯氨酸具有环状结构和固定的 φ 角,在一定程度上迫使 β-转角形成,促进多肽链自身回折。其他常见残基有甘氨酸、天冬氨酸、天冬酰胺和色氨酸等。

Ω-环是存在于球状蛋白质中的一种二级结构。这类肽段形状像希腊字母 Ω,所以称为 Ω-环。Ω-环可以看成是 β-转角的延伸,一般由长度不超过 16 个氨基酸残基的环组成,以 8 个氨基酸残基的Ω-环最为多见。Ω-环这种结构总是出现在蛋白质分子的表面,而且以亲水残基为主,在分子识别中可能起重要作用。

(五) 模体是蛋白质的超二级结构

在许多蛋白质分子中,可发现两个或两个以上具有二级结构的肽段,在空间上相互接近,形成一个有规则的二级结构组合,称为超二级结构(supersecondary structure),这个概念是由 Rossman M. 于1973 年提出。模体(motif)是具有特殊功能的超二级结构,它由两个或两个以上具有二级结构的肽段在空间上相互接近,形成一个特殊的空间构象。简单的模体往往是一个蛋白质肽链的一部分,由 2~3个二级结构折叠成相对简单的构象,例如 βαβ 环;简单的模体也可以进一步组合成更为复杂的模体,例如由一系列 βαβ 环排列成桶状结构称为 α/β 桶(α/β barrel)。图 1-13 列出了几种常见的模体形式。

模体或超二级结构具有特征性的氨基酸序列,并具有特定的功能。例如,在许多钙结合蛋白分子中通常有一个结合钙离子的模体,它由 α-螺旋-环-α-螺旋组成(图 1-13d),在环中有几个恒定的亲水侧链,侧链末端的氧原子通过氢键而结合钙离子。锌指结构(zinc finger)也是一种常见的模体,由1 个 α-螺旋和 2 个反平行的 β-折叠(图 1-13e),形似手指,具有结合锌离子功能。具有锌指结构的蛋白质都能与 DNA 或 RNA 结合。

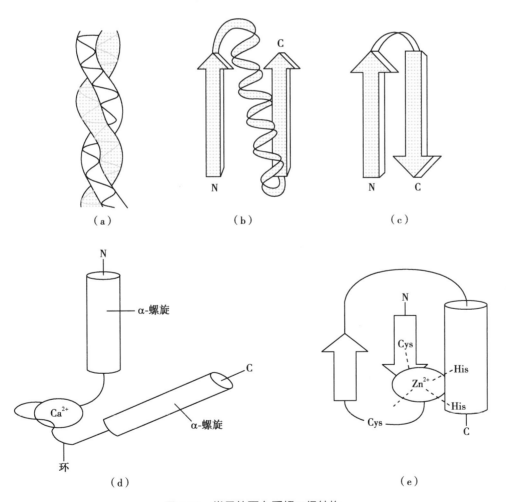

图 1-13　常见的蛋白质超二级结构

(a)、(b)、(c)分别是 αα、βαβ、ββ 型超二级结构;(d)为钙结合蛋白中结合钙离子的模体;(e)为锌指结构。

三、肽链在二级结构基础上折叠形成三级结构

(一)三级结构是指整条多肽链的空间排布

蛋白质的三级结构（tertiary structure）是指整条肽链中全部氨基酸残基的相对空间位置，即整条肽链所有原子在三维空间的排布位置，包括一级结构中相距甚远的肽段的空间位置关系。

肌红蛋白（myoglobin，Mb）是由 153 个氨基酸残基构成的单一肽链蛋白质，含有一个血红素辅基。图 1-14 显示肌红蛋白的三级结构，其多肽链具有 8 个 α-螺旋（从 N-端至 C-端标记为 A~H），占肌红蛋白氨基酸残基的 75%，螺旋之间由折转分开，其中有些是 β 转角。由于侧链基团的相互作用，多肽链缠绕形成一个球状分子，亲水的 R 基团多分布在球状表面，疏水的 R 基团位于分子内部，形成一个疏水的"口袋"，血红素位于"口袋"中。

（a）

血红素平面

（b）

图 1-14   肌红蛋白的三级结构

(二)维持三级结构稳定主要依靠非共价键

蛋白质三级结构的形成和稳定主要依靠弱的相互作用力或称非共价键、次级键维系，次级键虽然单个键的强度较弱，但总体数目庞大，而且彼此协同，所以仍然是维持三级结构的主要力量。这些非共价键主要有氢键、范德瓦耳斯力（van der Waals force）、疏水作用和离子键等（图 1-15）。在某些蛋白质分子中，二硫键在维系构象稳定方面也起着重要作用。

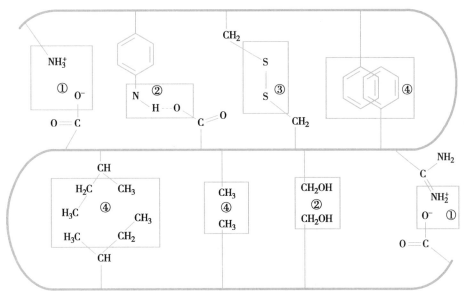

图 1-15 维持蛋白质分子构象的各种化学键
①离子键；②氢键；③二硫键；④疏水相互作用。

氢键除在稳定蛋白质二级结构中起重要作用外，还可在氨基酸侧链与侧链、侧链与介质水、主链与侧链等之间形成。范德瓦耳斯力是一种很弱的作用力，随两个非共价键原子或分子间距离变化而变化，但范德瓦耳斯力的数量大，并且具有加和效应等，是一种不可忽视的作用力。疏水作用是通过疏水基团或疏水侧链之间排开水而相互接近。离子键是正电荷与负电荷之间的一种静电相互作用。

（三）三级结构可含有功能各异的结构域

分子量较大的蛋白质常可折叠成多个结构较为紧密且稳定的区域，并行使各自功能，称为结构域（domain）。结构域是球状蛋白质分子中独立折叠的三维空间结构单位，呈珠（或球）状，结构紧密。即使是经过限制性蛋白酶水解，结构域与蛋白质的其他部分分离，其构象也不发生改变。一般而言，大多数结构域含有序列上连续的 100~200 个氨基酸残基，平均直径为 25Å。因而，分子质量较大的多肽/蛋白质的三级结构常可分割成 2 个以上的球状或纤维状的结构域，各行其功能。例如，由 2 个亚基构成的甘油醛-3-磷酸脱氢酶，每个亚基由 2 个结构域组成，N-端第 1~146 个氨基酸残基形成的第 1 个结构域可与 NAD^+ 结合，第 2 个结构域（第 147~333 氨基酸残基）与底物甘油醛-3-磷酸结合（图 1-16）。有些蛋白质各结构域之间接触较多并紧密，从结构上很难划分，因此，并非所有蛋白质的

图 1-16 甘油醛-3-磷酸脱氢酶亚基的结构域示意图

各结构域都明显可分。

（四）分子伴侣等参与蛋白质的折叠

蛋白质在体外适当的条件下，也能自发折叠成天然构象，说明一级结构是蛋白质三维结构的决定因素。但是这一过程往往需要数分钟到数天的时间，而在细胞内则只需要几分钟，这是因为细胞内含有辅助蛋白折叠的蛋白质，能协助多肽正确折叠。常见的辅助蛋白质有三类。①分子伴侣（molecular chaperone），包括热休克蛋白、伴侣蛋白、凝集素钙连蛋白、钙网素等。分子伴侣的主要功能是阻止蛋白质合成过程中疏水区域彼此互相接触可能发生的蛋白质错误折叠和聚集。②蛋白质二硫键异构酶，催化二硫键的位置变换，直至形成正确的配对。③肽基脯氨酰顺反异构酶，催化脯氨酸顺反异构体间的缓慢互换，从而加速含有脯氨酸的多肽的折叠。

四、具有完整三级结构的肽链结合在一起形成蛋白质的四级结构

体内有许多蛋白质分子由 2 条或多条肽链组成，每一条多肽链都有完整的三级结构，称为亚基（subunit）。亚基与亚基之间呈特定的三维空间排布，并以非共价键相连接，这种蛋白质分子中各个亚基的空间排布及亚基接触部位的布局和相互作用，称为蛋白质的四级结构（quaternary structure）。

在四级结构中，各亚基间的结合力主要是氢键和离子键，不包括共价键。若蛋白质分子含有 2 条多肽链，但多肽链之间通过二硫键而不是非共价键相连，此类蛋白质被认为是只具有三级结构的蛋白质。例如胰岛素含有 A 与 B 两条链，A、B 之间通过 2 个二硫键相连，整个胰岛素分子的空间结构为三级结构，而不具有四级结构。

由多个亚基构成的蛋白质称为多聚体（multimer），其亚基数量可以从 2 个到数十个，其中亚基数量较少的蛋白质又可称为寡聚体（oligomer）。由 2 个相同亚基组成的蛋白质称为同二聚体（homodimer），若亚基不同，则称异二聚体（heterodimer）。单独的亚基一般没有生物学功能，只有形成完整的四级结构才有生物学功能。血红蛋白是由 2 个 α 亚基和 2 个 β 亚基组成的四聚体，α 亚基和 β 亚基分别含有 141 个和 146 个氨基酸。两种亚基的三级结构颇为相似，且每个亚基都结合有 1 个血红素辅基（图 1-17）。4 个亚基通过 8 个离子键相连，形成血红蛋白的四聚体，具有运输 O_2 和 CO_2 的功能。但每 1 个亚基单独存在时，虽可结合氧且与氧亲和力增强，但在体内组织中难以释放氧。

五、蛋白质可按其结构或功能分类

（一）根据蛋白质分子组成分为单纯蛋白质和缀合蛋白质

单纯蛋白质（simple protein）只由氨基酸组成，缀合蛋白质（conjugated protein，又称结合蛋白质）除了氨基酸外还连接有其他化学基团，这些非氨基酸部分称为辅基（prosthetic group），绝大部分辅基是通过共价键方式与蛋白质部分相连。构成蛋白质辅基的种类很多，常见的有色素化合物、寡糖、脂类、磷酸、金属离子甚至分子质量较大的核酸。细胞色素 c（cytochrome c）是含有色素的结合蛋白质，其铁卟啉环上的乙烯基侧链与蛋白质部分的半胱氨酸残基以硫醚键相连，铁卟啉中的铁离子是细胞色素 c 的重要功能基团。免疫球蛋白是一类糖蛋白，作为辅基的数支寡糖链通过共价键与蛋白质部分连接。

（二）根据蛋白质形状分为纤维状蛋白质和球状蛋白质

通常把多肽链排列成线状或片状的蛋白质称为纤维状蛋白质（fibrous protein），而多肽链折叠成球形的蛋白质称为球状蛋白质（globular protein）。纤维状蛋白质多含有大量单一形式的二级结构，在生物体中起着支撑、维持形状和外部保护的支架作用，较难溶于水；球状蛋白质则含有多种二级结构，球状蛋白质包括酶、转运蛋白、动力蛋白、调节蛋白、免疫球蛋白和各种有其他功能的蛋白质，多数是可溶于水的。

（三）根据蛋白质功能进行分类

根据蛋白质功能可将蛋白质分为酶蛋白、调节蛋白、运输蛋白、结构蛋白等，也可根据蛋白质的定

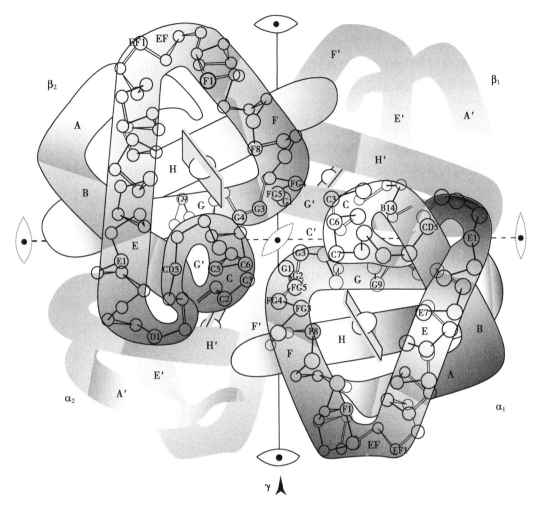

图 1-17 血红蛋白的四级结构示意图

位分布进行分类,如膜蛋白、核蛋白等。

（四）根据蛋白质结构特点进行分类

许多蛋白质具有类似的结构,在某些情况下反映了共同的进化起源。随着对肽/蛋白质结构和功能认识的深入,根据蛋白质的结构特点进行分类成为当前研究的新趋势。最具代表性、应用最为广泛的结构分类数据库有蛋白质结构分类数据库（SCOP 和 CATH）、蛋白质家族数据库（FSSP）。蛋白质结构分类数据库（Structural Classification of Proteins,SCOP）将蛋白质按照类（class）、折叠（folds）、超家族（superfamily）、家族（family）、结构域（domain）的层次进行分类,以反映它们结构和进化的相关性。SCOP 首先从总体上将蛋白质分成 11 类,其中最主要的四类为全 α 型、全 β 型、以平行 β 折叠为主的 α/β 型及以反平行 β 折叠为主的 α+β 型。然后,再将属于同一类的蛋白质按照折叠、超家族、家族、结构域的层次组织起来。例如,SCOP 1.75 版本有 46 456 个全 α 型蛋白质,该类下有 284 个折叠类。以人血清清蛋白为例,它属于全 α 类型下的第 251 个折叠类,该折叠类下有一个超家族,超家族包括一个家族,该家族又按结构域分为人血清清蛋白和维生素 D 结合蛋白两种,人血清清蛋白（PDB ID:1AO6）属于前者。

第三节 蛋白质结构与功能的关系

蛋白质的功能与其结构密切相关。具有不同生物学功能的蛋白质,通常具有不同的一级结构。蛋白质一级结构的变化,可导致其功能的改变。不同物种中具有相同功能的蛋白质的氨基酸序列虽然可能有一定的差异,但通常是相似或相同的。有些蛋白质的氨基酸序列也不是绝对固定不变的,而是有一定的可塑性。据估算,人类有 20%~30% 的蛋白质具有多态性(polymorphism),即在人类群体中的不同个体间,这些蛋白质存在着氨基酸序列的多样性,但几乎不影响蛋白质的功能。尽管蛋白质的结构与功能的关系很复杂,但总体而言,蛋白质的功能是由其结构决定的。

一、一级结构是形成蛋白质特性的奠基石

(一) 一级结构是空间构象和功能的基础

20 世纪 60 年代 Anfinsen C. B. 在研究核糖核酸酶时发现,蛋白质的功能与其三级结构密切相关,而特定三级结构以氨基酸顺序为基础。核糖核酸酶是一条含 124 个氨基酸残基的多肽链,有 4 对二硫键(Cys26 和 Cys84,Cys40 和 Cys95,Cys58 和 Cys110,Cys65 和 Cys72)(图 1-18a)。用尿素(或盐酸胍)和 β-巯基乙醇处理该酶溶液,分别破坏次级键和二硫键,使其二、三级结构遭到破坏,但肽键(一级结构中的氨基酸顺序)不受影响,此时该酶活性丧失。当用透析方法去除尿素和 β-巯基乙醇后,松散的多肽链循其特定的氨基酸序列,自发卷曲折叠成天然酶的空间构象,4 对二硫键也正确配对,这时酶活性又恢复至原来水平(图 1-18b)。这一现象充分证实了蛋白质一级结构是空间构象的基础。

图 1-18   牛核糖核酸酶一级结构与空间结构的关系
(a)牛核糖核酸酶的氨基酸序列;(b)β-巯基乙醇及尿素对牛核糖核酸酶的作用。

一级结构相似的多肽或蛋白质,其空间构象以及功能也相似。例如不同哺乳动物的胰岛素分子都由 A 和 B 两条链组成,一级结构也仅有个别氨基酸残基的差异(表 1-2),且二硫键的配对和空间构象也极相似。此外,垂体前叶分泌的促肾上腺皮质激素(ACTH)和促黑激素(α-MSH,β-MSH)共有一段相同的氨基酸序列(图 1-19),因此,ACTH 也可促进皮下黑色素生成但作用较弱。

表 1-2 哺乳类动物胰岛素 A 链氨基酸序列的差异

胰岛素	氨基酸残基序号			
	A5	A6	A10	A30
人	Thr	Ser	Ile	Thr
猪	Thr	Ser	Ile	Ala
狗	Thr	Ser	Ile	Ala
兔	Thr	Gly	Ile	Ser
牛	Ala	Gly	Val	Ala
羊	Ala	Ser	Val	Ala
马	Thr	Ser	Ile	Ala

注:A5 表示 A 链第 5 位氨基酸,其余类推。

图 1-19 ACTH、α-MSH 和 β-MSH 一级结构比较

(二) 一级结构提供重要的生物进化信息

蛋白质一级结构(氨基酸序列)比对常被用来预测蛋白质之间结构与功能的相似性。同源蛋白质的氨基酸序列具有明显的相似性,这种相似性称为序列同源(homology)。同源蛋白质在进化上是相关的,可分为直系同源(orthologs)和旁系同源(paralogs)。前者指来自不同物种由垂直家系进化而来的蛋白质,它们会典型地保留与原始蛋白相同的功能;后者是那些在一定物种中来源于基因复制的蛋白质,可能会进化出新的与原来有关的功能。

一般而言,在不同种属具有同样功能的蛋白质分子内,活性部位的氨基酸残基是保守的,其中相当部分甚至是不变的。越是重要的、普遍存在的蛋白质,在进化过程中,氨基酸残基的变异越少。最典型的例子是泛素(ubiquitin),它是一个含有 76 个氨基酸残基的蛋白质,参与调节蛋白质降解,即使在人类和果蝇这样差异巨大的生物中,它的氨基酸序列都是相同的。蛋白质中经常发生变异的氨基酸残基一般都是对蛋白质功能影响很小甚至没有影响的氨基酸残基。

一些广泛存在于生物界的蛋白质如细胞色素 c(cytochrome c),比较它们的一级结构,可以帮助了解物种进化间的关系(图 1-20)。物种越接近,则细胞色素 c 的一级结构越相似,其空间构象和功能也相似。例如猕猴与人类很接近,两者一级结构只相差 1 个氨基酸残基,即第 102 位氨基酸猕猴为精氨酸,人类为酪氨酸;人类和黑猩猩的细胞色素 c 一级结构完全相同。面包酵母菌与人类从物种进化看,两者相差极远,所以两者细胞色素 c 一级结构相差达 51 个氨基酸。灰鲸是哺乳动物,由陆上动物演化,它与猪、牛及羊只差 2 个氨基酸。

(三) 一级结构的改变可能引起疾病

蛋白质分子中起关键作用的氨基酸残基缺失或被替代,会严重影响空间构象乃至生理功能,甚至

导致疾病。在人类中目前发现的300多种遗传突变血红蛋白中,大多数都只有一个氨基酸残基被取代,有些对血红蛋白的结构和功能影响很小,有些则非常严重,例如镰状细胞贫血。正常的血红蛋白(称为血红蛋白 A,HbA)中,2 个 β 亚基的第 6 位氨基酸是谷氨酸,而在镰状细胞贫血患者的血红蛋白(称为血红蛋白 S,HbS)中,谷氨酸被缬氨酸替换,即酸性氨基酸被中性氨基酸替换。这一取代导致 β 亚基的表面产生了一个疏水的"黏性位点"。黏性位点使得脱氧血红蛋白 S 之间发生不正常的聚集,形成纤维样沉淀。这些沉淀的长纤维能扭曲并刺破红细胞,引起溶血和多种继发症状。这种因蛋白质分子结构发生变异所导致的疾病,称为"分子病",其病因为基因突变。

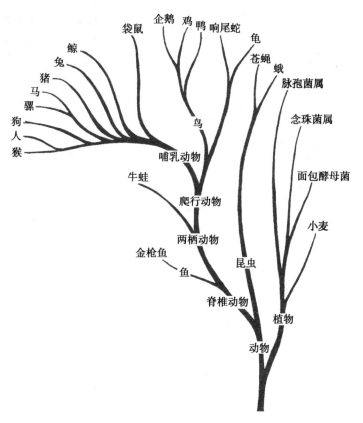

图 1-20　细胞色素 c 的生物进化树

二、蛋白质特定的空间结构决定其功能

体内蛋白质所具有的特定的空间构象都与其发挥特殊的生理功能有着密切的关系。例如角蛋白含有大量 α-螺旋结构,与角蛋白组织的坚韧性并富有弹性直接相关;而丝心蛋白分子中含有大量 β-折叠结构,致使蚕丝具有伸展和柔软的特性。许多蛋白质可由于构象改变而发生功能活性的变化。

(一) 蛋白质构象改变引起功能变化

肌红蛋白(Mb)和血红蛋白(Hb)与氧结合的特点是了解蛋白质空间结构与功能关系很好的例子。下面以肌红蛋白和血红蛋白为例,阐述蛋白质空间结构与功能的关系。

1. 肌红蛋白和血红蛋白都通过血红素辅基与氧结合　肌红蛋白和血红蛋白是体内能够携带氧的两种重要蛋白质,它们的携氧功能都是通过其辅基血红素来实现的。血红素由一个复杂的原卟啉环状结构组成,并结合一个亚铁离子(图 1-21)。亚铁离子有 6 个配位键,其中 4 个与卟啉环的 N 原子结合,另外 2 个与卟啉环平面垂直,其中一个配位键可与蛋白质来源的组氨酸残基结合,另一个配位键则与氧分子结合。

肌红蛋白(myoglobin,Mb)含有一个血红素(见图 1-14),因此一分子 Mb 只能结合一分子氧。血红素中 Fe^{2+} 的两个垂直于卟啉环的配位键之一与肌红蛋白的 93 位(又可称 F_8,代表 α-螺旋 F 中的第 8 个氨基酸)组氨酸残基结合,而另一个与氧分子结合的配位键接近第 64 位(E_7)组氨酸(见图 1-14b)。血红素分子中的两个丙酸侧链以离子键形式与肽链中的两个碱性氨基酸侧链上的正电荷相连,所以血红素辅基与蛋白质部分稳定结合。

血红蛋白和肌红蛋白的一级结构差别很大,但是 Hb 各亚基的三级结构与 Mb 极为相似。血红蛋白(hemoglobin,Hb)由 4 个亚基组成

图 1-21　血红素结构

（见图 1-17），每个亚基结构中间有一个疏水区域，可结合 1 个血红素并携带 1 分子氧，因此一分子 Hb 共结合 4 分子氧。成年人红细胞中的 HbA 主要由两条 α 肽链和两条 β 肽链（$\alpha_2\beta_2$）组成，α 肽链含 141 个氨基酸残基，β 肽链含 146 个氨基酸残基。胎儿期主要为 $\alpha_2\gamma_2$（HbF），胚胎期为 $\alpha_2\varepsilon_2$（Hbε）。Hb 亚基之间通过 8 对离子键（图 1-22），使 4 个亚基紧密结合形成亲水的球状蛋白。

2. 血红蛋白的构象变化影响结合氧的能力　Mb 与 Hb 均能可逆地与 O_2 结合，氧合蛋白占总蛋白的百分数（氧饱和度）随 O_2 浓度的变化而变化，氧解离曲线反映了它们的携氧功能。图 1-23 为 Mb 和 Hb 的氧解离曲线，前者为矩形双曲线，后者为 S 形曲线。由此可见，Mb 易与 O_2 结合，而 Hb 与 O_2 的结合在 O_2 分压较低时较难。Hb 与 O_2 结合的 S 形曲线提示 Hb 的 4 个亚基与 4 个 O_2 结合时平衡常数并不相同，而是有 4 个不同的平衡常数。根据 S 形曲线的特征可知，Hb 中第一个亚基与 O_2 结合以后，促进第二及第三个亚基与 O_2 的结合，当前 3 个亚基与 O_2 结合后，又大大促进第 4 个亚基与 O_2 结合，这种效应称为正协同效应（positive cooperative effect）。协同效应的定义是指一个亚基与其配体（Hb 中的配体为 O_2）结合后，能影响此寡聚体中另一个亚基与配体的结合能力。如果是促进作用则称为正协同效应，反之则为负协同效应。

图 1-22　脱氧血红蛋白亚基间和亚基内的离子键

图 1-23　肌红蛋白（Mb）与血红蛋白（Hb）的氧解离曲线

Pertutz M. 等利用 X 射线衍射技术分析血红蛋白和氧合血红蛋白晶体的三维结构时，发现脱氧血红蛋白和氧合血红蛋白的三维结构明显不同，这一现象解释了 Hb 与 O_2 结合的正协同效应。脱氧血红蛋白（未结合 O_2 时）的 α_1/β_1 和 α_2/β_2 呈对角排列，结构较为紧密，称为紧张态（tense state，T 态），T 态 Hb 与 O_2 的亲和力小。随着 O_2 的结合，4 个亚基的羧基末端之间的离子键（见图 1-22）断裂，其二级、三级和四级结构也发生变化，使 α_1/β_1 和 α_2/β_2 的长轴形成 15° 的夹角（图 1-24），结构显得相对松弛，称为松弛态（relaxed state，R 态）。图 1-25 显示 Hb 氧合与脱氧时 T

图 1-24　Hb 的 T 态和 R 态互变

态和 R 态相互转换的可能方式。T 态转变成 R 态是逐个结合 O_2 而完成的。

氧分子与 Hb 亚基结合后引起亚基构象变化的现象称为别构效应（allosteric effect）。小分子 O_2 称为别构效应剂（allosteric effector）。Hb 发生别构效应的机制是：脱氧血红蛋白中 Fe^{2+} 半径大于卟啉环中间的孔，因此 Fe^{2+} 高出卟啉环平面 0.075nm，而靠近 F_8 位组氨酸残基。当第 1 个 O_2 与血红素

图 1-25   Hb 氧合与脱氧构象转换示意图

Fe^{2+}结合后,使 Fe^{2+}的半径变小,进入到卟啉环中间的小孔中(图 1-26),引起 F 肽段等一系列微小的移动,同时影响附近肽段的构象,造成两个 α 亚基间离子键断裂,使亚基间结合松弛,可促进第二个亚基与 O_2 结合,依此方式可影响第三、第四个亚基与 O_2 结合,最后使 4 个亚基全处于 R 态。别构效应及别构调节在酶活性调节(详见第三章)、物质代谢调节(详见第十二章)中具有普遍意义。

图 1-26   血红素与 O_2 结合

3. 结构的差异决定了 Mb 和 Hb 具有不同的功能   肌红蛋白是只有三级结构的单链蛋白质,不存在别构协同效应。肌红蛋白和血红蛋白的结构不同,虽然都有携氧能力,但其生理功能不同。Hb 的主要功能是在肺与组织之间运输氧,而 Mb 的主要功能是在肌肉组织内贮存氧。从 Mb 和 Hb 的氧解离曲线可以看出,Mb 与 O_2 的亲和力明显高于 Hb。体内动脉血和肺部的氧分压(PO_2)约为 13kPa(1mmHg=133.322Pa),Mb 和 Hb 都能达到 95% 的氧饱和度。在肌肉中,休息时毛细血管中的 PO_2 大约 5kPa,此时 Hb 能维持 75% 左右的氧饱和度,肌肉活动时大量耗氧,PO_2 下降至 1.5kPa 左右,此时 Hb 的氧饱和度仅 10%,可以有效释放氧,以供给肌肉活动,而 Mb 仍能维持 80% 的氧饱和度,起到贮存氧的作用,Mb 只有在氧分压极低的情况下才释放 O_2。

（二）蛋白质构象改变可导致构象病

蛋白质的合成后加工和成熟过程中,多肽链的正确折叠对其正确构象形成和功能发挥至关重要。在一级结构不变的情况下,若蛋白质的折叠发生错误,构象发生改变,可影响功能,严重时可导致疾病发生,有人将此类疾病称为蛋白质构象病(protein conformational disease)。有些蛋白质错误折叠后相互聚集,常形成抗蛋白水解酶的淀粉样纤维沉淀,产生毒性而致病,表现为蛋白质淀粉样纤维沉淀的病理改变,这类疾病包括人纹状体脊髓变性、阿尔茨海默病、亨廷顿舞蹈症(Huntington disease)、牛海绵状脑病等。

牛海绵状脑病是由朊粒蛋白（prion protein，PrP）引起的一种人和动物神经退行性病变，PrP 与其他病原体最大的不同在于它不含核酸。PrP 是染色体基因编码的蛋白质，分子质量 33~35kD，它有两种构象：正常 PrP 的水溶性强，对蛋白酶敏感，二级结构为多个 α-螺旋，称为 PrP^C（细胞型）；致病 PrP 称为 PrP^{Sc}（瘙痒型），PrP^{Sc} 与 PrP^C 的一级结构完全相同，但 PrP^{Sc} 的构象为全 β-折叠，是 PrP^C 的构象异构体。外源或新生的 PrP^{Sc} 可以作为模板，通过复杂的机制使仅含 α-螺旋的 PrP^C 重新折叠成为仅含 β-折叠的 PrP^{Sc}，并可形成聚合体。由于 PrP^{Sc} 对蛋白酶不敏感，水溶性差，而且对热稳定，可以相互聚集，最终形成淀粉样纤维沉淀而致病。

三、蛋白质的化学修饰可调控其功能

基因通过转录和翻译表达的产物——蛋白质，并不一定是具有生物学功能的成熟蛋白质，新生蛋白质通常还需要进行蛋白质翻译后的化学修饰。如新合成的胶原蛋白（collagen）分子中多个脯氨酸残基被羟基化，使参与形成的胶原纤维趋于稳定。即使成熟的蛋白质发生化学修饰也常引起功能变化。许多合成后的蛋白质分子中的丝氨酸、苏氨酸、酪氨酸的羟基，在特定的激酶催化下均被磷酸化，形成磷酸化修饰的蛋白质，从而调节蛋白质的活性。相关内容将在第十七章中介绍。

第四节 蛋白质的理化性质

蛋白质由氨基酸组成，故其理化性质必然与氨基酸有相同或相似之处。例如，两性电离及等电点、紫外吸收性质、呈色反应等；但蛋白质又是生物大分子，必然具有小分子氨基酸没有的一些理化性质。

一、蛋白质具有两性解离性质

蛋白质分子除两端的氨基和羧基可解离外，氨基酸残基侧链中某些基团，如谷氨酸、天冬氨酸残基中的 γ-羧基和 β-羧基，赖氨酸残基中的 ε-氨基、精氨酸残基的胍基和组氨酸残基的咪唑基，在一定 pH 条件下也都可解离。当蛋白质溶液处于某一 pH 时，蛋白质解离成正、负离子的趋势相等，即成为兼性离子（zwitterion），净电荷为零，此时溶液的 pH 称为该蛋白质的等电点（isoelectric point，pI）。当溶液 pH 大于蛋白质等电点时，该蛋白质颗粒带负电荷，反之则带正电荷。

体内各种蛋白质的等电点不同，大多数接近 pH 5.0。所以在人体体液 pH 7.4 的环境下，大多数蛋白质解离成阴离子。少数蛋白质含碱性氨基酸较多，其等电点偏于碱性，称为碱性蛋白质，如鱼精蛋白、组蛋白等。也有少量蛋白质含酸性氨基酸较多，其等电点偏于酸性，称为酸性蛋白质，如胃蛋白酶和丝蛋白等。

二、蛋白质具有胶体性质

蛋白质属于生物大分子，分子质量可自 1 万至 100 万之间，其分子的直径可达 1~100nm，为胶粒范围之内。蛋白质颗粒表面大多为亲水基团，可吸引水分子，使颗粒表面形成一层水化膜，从而阻断蛋白质颗粒的相互聚集，防止溶液中蛋白质的沉淀析出。除水化膜是维持蛋白质胶体稳定的重要因素外，蛋白质颗粒表面带有电荷，也可起稳定的作用。若去除蛋白质胶体颗粒表面电荷和水化膜两个稳定因素，蛋白质极易从溶液中析出。

三、蛋白质空间结构破坏导致其变性

在某些物理和化学因素作用下，维系蛋白质空间结构的次级键（有时也包括二硫键）断裂，使其有序的空间结构变成无序的空间结构，从而导致其理化性质的改变和生物活性的丧失，称为蛋白质的变

性（denaturation）。一般认为蛋白质的变性主要发生二硫键和非共价键的破坏，不涉及一级结构中氨基酸序列的改变。蛋白质变性后，其理化性质及生物学性质发生改变，如溶解度降低、黏度增加、结晶能力消失、生物活性丧失和易被蛋白酶水解等。造成蛋白质变性的因素有多种，常见的有加热，加入乙醇等有机溶剂、强酸、强碱、重金属离子及生物碱试剂等。在临床医学上，变性因素常被应用来消毒及灭菌。此外，防止蛋白质变性也是有效保存蛋白质制剂（如疫苗等）的必要条件。

若蛋白质变性程度较轻，去除变性因素后，有些蛋白质仍可恢复或部分恢复其原有的构象和功能，称为复性（renaturation）。如图 1-18 所示，在核糖核酸酶溶液中加入尿素和 β-巯基乙醇，其分子中的 4 对二硫键被还原，并破坏了分子中的次级键，使空间构象遭到破坏，丧失生物活性。变性蛋白溶液如经透析方法去除尿素和 β-巯基乙醇后，核糖核酸酶又恢复其原有的构象，生物学活性也几乎全部重现。但是许多复杂结构的蛋白质变性后，空间构象严重被破坏，将不能复原，称为不可逆性变性。

蛋白质从溶液中析出的现象称为蛋白质沉淀。变性的蛋白质因其疏水侧链暴露，丧失水化膜，肽链相互缠绕聚集，因而易于从溶液中沉淀。但有时蛋白质发生沉淀，并不变性。例如向溶液中加入大量中性盐可夺去蛋白质水化膜并中和电荷，使得蛋白质析出，我们称之为盐析，而盐析沉淀的蛋白质未变性。乙醇、正丁醇、丙酮等有机溶剂可降低溶液的介电常数，夺取蛋白质水化膜，使蛋白质发生沉淀，此类沉淀的蛋白质在 4℃ 短时间内也不变性。加入有机盐和有机溶剂的沉淀法常用于蛋白质的分离和纯化。汞、铅、铜、银等重金属离子可与带负电荷的蛋白质结合，使蛋白质变性沉淀。临床上抢救重金属中毒的患者时，常用口服大量蛋白质（如牛奶）后催吐的方法。

蛋白质经强酸、强碱作用发生变性后，仍能溶解于强酸或强碱溶液中，若将 pH 调至等电点，则变性蛋白质立即结成絮状的不溶解物，这种现象称为蛋白质的结絮作用（flocculation）。此絮状物仍可溶解于强酸和强碱中。如再加热则絮状物可变成比较坚固的凝块，此凝块不易再溶于强酸和强碱中，这种现象称为蛋白质的凝固（coagulation）。实际上凝固是蛋白质变性后进一步发展的不可逆的结果。

四、蛋白质在紫外光谱区有特征性吸收峰

由于蛋白质分子中有含共轭双键的酪氨酸和色氨酸，因此在 280nm 紫外线波长处有特征性吸收峰。在此波长范围内，蛋白质溶液的光吸收值（A_{280}）与蛋白质含量成正比，因此可作蛋白质定量测定。

五、蛋白质呈色反应可用于蛋白质浓度测定

（一）蛋白质经水解后发生茚三酮反应

蛋白质经水解后产生氨基酸，因而可发生茚三酮反应（ninhydrin reaction）（详见本章第一节）。

（二）肽链中的肽键可与双缩脲试剂反应

蛋白质和多肽分子中肽键在稀碱溶液中与硫酸铜共热，呈现紫色或红色，称为双缩脲反应（biuret reaction）。因氨基酸不出现此反应，当蛋白质溶液中蛋白质的水解不断进行，氨基酸浓度上升，其双缩脲呈色的深度就逐渐下降，因此双缩脲反应可检测蛋白质水解程度。

（三）酚试剂呈色反应可提高蛋白质检测的灵敏度

酚试剂呈色反应是最常用的蛋白质定量方法，又称为 Lowry 法。此法的显色原理与双缩脲方法是相同的，只是加入了第二种试剂，即 Folin 酚试剂，以增加显色量，从而提高了检测蛋白质的灵敏度。在碱性条件下，蛋白质中的肽键与铜结合生成复合物。此复合物使酚试剂的磷钼酸还原，产生蓝色化合物，在一定条件下，利用吸光度与蛋白质浓度的线性关系做标准曲线可测定样品中蛋白质的浓度。

（四）考马斯亮蓝呈色反应可对蛋白质浓度进行快速检测

考马斯亮蓝 G-250 与蛋白质通过范德瓦耳斯力结合后颜色由红色变为蓝色，最大吸光度由 465nm 变成 595nm，通过测定 595nm 波长处光吸收的增加量可测定与其结合的蛋白质的量。这种方法干扰物少，是一种快速、灵敏的蛋白质浓度定量方法。

第五节　蛋白质的分离纯化与结构分析

　　为了研究一个蛋白质的结构和功能,需要将它从生物样品中分离、纯化出来。经典的方法是先破碎组织细胞,将蛋白质溶解于合适的溶液中,再利用蛋白质的理化特征,采用分步骤的分离纯化手段将溶液中的蛋白质相互分离,最终得到一个单一的蛋白质组分。继而再进一步对蛋白质的一级结构和三维结构进行分析测定。目前尚没有一种方法能纯化出所有蛋白质,每一种蛋白质的纯化过程都是许多方法综合应用的系列过程。

一、蛋白质的分离纯化基于蛋白质理化性质的差异

（一）蛋白质可根据分子量大小进行分离

　　利用各种蛋白质不同的分子质量和形状,可采用离心、透析、超滤、凝胶过滤层析等技术将其分离。

　　1. 利用凝胶过滤层析将蛋白质按分子量分离　层析(chromatography)又称色谱法。此法是利用待分离蛋白质在流动相与固定相之间不同的分配比例,根据溶液中待分离的蛋白质颗粒大小、电荷多少及亲和力等,使待分离的蛋白质组分在两相中反复分配,并以不同速度流经固定相,从而达到分离蛋白质的目的。层析种类很多,有离子交换层析(ion-exchange chromatography)、凝胶过滤层析(gel filtration chromatography)、亲和层析(affinity chromatography)以及薄层层析(thin layer chromatography,TLC)等。其中凝胶过滤层析和离子交换层析应用最广。

　　凝胶过滤层析是根据天然蛋白质相对分子质量大小进行分离的技术,又称分子筛层析。层析柱内填满带有微孔的胶粒(如葡聚糖凝胶颗粒),蛋白质溶液加于柱之顶部,随着溶液向下流动,小分子蛋白质能进入胶粒的微孔内,因而在柱中滞留时间较长,大分子蛋白质

图1-27　凝胶过滤层析分离蛋白质

（a）大球是葡聚糖凝胶颗粒(固定相);（b）蛋白质样品(流动相)上柱后,小分子蛋白质进入凝胶微孔,大分子蛋白质不能进入,故洗脱时大分子蛋白质先洗脱下来;（c）小分子蛋白质后洗脱出来。

不能进入微孔内而径直流出,因此不同大小的蛋白质分子得以分离(图1-27)。

　　2. 利用蛋白质颗粒沉降行为差异进行超速离心分离　超速离心法(ultracentrifugation)既可以用来分离纯化蛋白质也可以用作测定蛋白质的分子质量,其结果精确,并且可保留多聚蛋白质的活性。蛋白质在高达50万$\times g$(g为gravity,即重力加速度)的重力作用下,在溶液中逐渐沉降,直至其浮力(buoyant force)与离心所产生的力相等,此时沉降停止。不同蛋白质其密度与形态各不相同,因此用上述方法可将它们分开。蛋白质在离心场中的行为用沉降系数(sedimentation coefficient,S)表示,沉降系数(S)使用Svedberg单位(1S=10^{-13}秒)。S与蛋白质的密度和形状相关(表1-3)。

　　3. 利用透析和超滤法浓缩蛋白质　利用透析袋将大分子蛋白质与小分子化合物分开的方法称为透析(dialysis)。透析袋是用具有超小微孔的半透膜,如硝酸纤维素膜制成。该微孔一般只允许分子质量为10kD以下的化合物通过,蛋白质是高分子化合物,故留在袋内。将含有杂质的蛋白质溶液装入透析袋,再置于流动的水或缓冲液中,小分子物质透过薄膜,大分子蛋白质留于袋内。透析结束后还可以将透析袋再放入吸水剂(多为高分子聚合物,如聚乙二醇)中,则袋内水分透出袋外,袋内蛋

表 1-3   蛋白质的分子量和沉降系数

蛋白质	分子量	S	蛋白质	分子量	S
细胞色素 c（牛心）	13 370	1.17	血清清蛋白（人）	68 500	4.60
肌红蛋白（马心）	16 900	2.04	过氧化氢酶（马肝）	247 500	11.30
糜蛋白酶原（牛胰岛素）	23 240	2.54	脲酶（刀豆）	482 700	18.60
β-乳球蛋白（羊奶）	37 100	2.90	纤维蛋白原	339 700	7.60
血红蛋白（人）	64 500	4.50			

白质溶液得到浓缩。

应用正压或离心力使蛋白质溶液透过有一定分子量截留的超滤膜，达到分离和浓缩蛋白质溶液的目的，称为超滤（ultra-filtration）。商品化的超滤管使得此种方法简便易行，可根据需要选择不同孔径的超滤膜以截留不同分子质量的蛋白质，且回收率高，是纯化和浓缩蛋白质的常用方法。

（二）蛋白质可根据电荷性质进行分离

1. 利用离子交换层析分离带电荷不同的蛋白质   蛋白质是两性电解质，在某一特定 pH 时，各蛋白质的电荷量及性质不同，故可以通过离子交换层析得以分离。图 1-28 介绍的是阴离子交换层析，将阴离子交换树脂颗粒（如 DEAE 纤维素）填充在层析管内，由于阴离子交换树脂颗粒上带正电荷，能吸引溶液中的阴离子。然后再用含阴离子（如 Cl^-）的溶液洗柱，含负电量小的蛋白质首先被洗脱下来，之后再增加 Cl^- 浓度，含负电量多的蛋白质可被洗脱下来，从而达到分离的目的。

图 1-28   离子交换层析分离蛋白质

（a）样品全部交换并吸附到树脂上；（b）负电荷较少的分子用低浓度的 Cl^- 或其他负离子溶液洗脱；（c）电荷多的分子随 Cl^- 浓度增加依次洗脱；（d）洗脱图，A_{280} 表示为 280nm 的吸光度。

2. 利用电泳技术分离蛋白质   蛋白质在高于或低于其 pI 的溶液中为带电的颗粒，在电场中能向正极或负极移动。这种通过蛋白质在电场中泳动而达到分离各种蛋白质的技术，称为电泳（electrophoresis）。根据支撑物的不同，有薄膜电泳、凝胶电泳等。薄膜电泳是将蛋白质溶液点样于薄膜上，薄膜两端分别加正负电极，此时带正电荷的蛋白质向负极泳动，带负电荷的蛋白质向正极泳动；带电多、分子质量小的蛋白质泳动速率快；带电少、分子质量大的则泳动慢，于是蛋白质被分离。凝胶电泳的支撑物为琼脂糖、淀粉或聚丙烯酰胺凝胶。凝胶置于玻璃板上或玻璃管中，凝胶两端分别加上正、负电极，蛋白质即在凝胶中泳动。电泳结束后，用蛋白质显色剂显色，即可看到一条条已被分离的蛋白质色带。

若蛋白质样品和聚丙烯酰胺凝胶系统中加入带负电荷较多的十二烷基磺酸钠（SDS），使蛋白质颗粒表面覆盖一层 SDS 分子，导致蛋白质分子间的电荷差异消失，此时蛋白质在电场中的泳动速率仅与蛋白质分子量大小有关。加之聚丙烯酰胺凝胶具有分子筛效应，因而称为 SDS-聚丙烯酰胺凝胶电泳（SDS-polyacrylamide gel electrophoresis，SDS-PAGE），常用于蛋白质的分离和分子质量的测定。

在聚丙烯酰胺凝胶中加入一系列两性电解质载体，在电场中形成一个连续而稳定的线性 pH 梯度,也即 pH 从凝胶的正极向负极依次递增,电泳时被分离蛋白质处在偏离其等电点的 pH 位置时带有电荷而移动,至该蛋白质 pI 值相等的 pH 区域时,其净电荷为零而不再移动,这种通过蛋白质等电点的差异而分离蛋白质的电泳方法称为等电聚焦电泳(isoelectric equilibrium electrophoresis,IEE)。

双向凝胶电泳(two-dimentional gel electrophoresis,2-DGE),又称为二维电泳,是蛋白质组学研究中的一项最基本的技术。双向凝胶电泳的原理为第一向的蛋白质的 IEE,加之第二向的 SDS-PAGE,利用蛋白质等电点和分子质量差异,将蛋白质混合物在二维平面上分离。随着技术发展,包括 20 世纪 80 年代固相化 pH 梯度的完善而改善了双向凝胶电泳的可重复性。20 世纪 80 年代后期电喷雾质谱(electrospray ionization mass spectrometry,ESI/MS)和基质辅助的激光解析飞行时间质谱(matrix-assisted laser-desorption ionization time of flight mass spectrometry,MALDI/TOF/MS)技术发明及近年蛋白质双向电泳图谱的各种分析软件不断涌现,不仅使双向凝胶电泳的分辨率提高,还可获取蛋白质的更多参数甚至翻译后修饰等信息。

(三)改变蛋白质的溶解度进行蛋白质浓缩

1. 利用盐析法浓缩蛋白质　盐析(salting-out)是将硫酸铵、硫酸钠或氯化钠等加入蛋白质溶液,中和蛋白质表面电荷并破坏水化膜,导致蛋白质在水溶液中的稳定性因素被去除而沉淀。各种蛋白质盐析时所需的盐浓度及 pH 均不同。例如血清中的清蛋白及球蛋白,前者溶于 pH 7.0 左右的半饱和的硫酸铵溶液中,而后者则在此溶液中沉淀。当硫酸铵溶液达到饱和时,清蛋白也随之析出。所以盐析法可将蛋白质初步分离,但欲得纯品,尚需用其他方法。许多蛋白质经纯化后,在盐溶液中长期放置逐渐析出,成为整齐的结晶。

2. 利用有机溶剂沉淀浓缩蛋白质　利用与水互溶的有机溶剂(如甲醇、乙醇、丙酮等)能使蛋白质在水中的溶解度显著降低而沉淀。有机溶剂引起蛋白质沉淀的主要原因是加入有机溶剂使水溶液的介电常数降低,增加了两个相反电荷基团之间的吸引力,从而促进了蛋白质分子的聚集和沉淀。有机溶剂引起蛋白质沉淀的另一种解释认为与盐析相似,有机溶剂与蛋白质争夺水化膜,致使蛋白质脱除水化膜,而易于聚集形成沉淀。有机溶剂沉淀时,温度是重要的控制指标。根据沉淀对象、采用温度的不同,为防止生物大分子在较高温度时发生变性,一般要求在低温下进行,同时还要考虑有机溶剂与水混合时的放热现象。例如使用丙酮沉淀时,必须在 0~4℃低温下进行,丙酮用量一般是蛋白质溶液体积的 10 倍。蛋白质被丙酮沉淀后,应立即分离,否则蛋白质会变性。在实际生产中,常用的有机溶剂有乙醇、丙酮、异丙醇、三氯甲烷等。丙酮的介电常数小,沉淀能力强;而乙醇无毒,广泛应用于药品生产中。

(四)其他技术也可用于蛋白质分离

许多蛋白质具有与其结构相对应的专一分子发生可逆性结合的特征,如酶与底物及辅因子、抗原与抗体、激素与受体等,利用这种分子间的亲和力也可对蛋白质进行纯化分离,常用的方法有亲和层析、免疫沉淀等。在具体实验中,将抗体交联至固相化的琼脂糖珠上,利用特异抗体能识别并结合相应抗原蛋白的性质,使抗原抗体复合物从蛋白质混合溶液中沉淀分离,这就是免疫沉淀法(immunoprecipitation)。进一步将抗原抗体复合物溶于含十二烷基磺酸钠和二巯丙醇的缓冲液后加热,能使抗原从抗原抗体复合物分离而获得纯化。

二、蛋白质一级结构分析可采用氨基酸序列测定和核酸序列推测

1953 年 Sanger F. 首次完成胰岛素的氨基酸序列测定,揭开了蛋白质一级结构测定的序幕,随后科学家们又解开了 DNA 核苷酸序列如何决定蛋白质氨基酸序列的分子密码。随着方法学的不断改进和自动化分析仪器的产生,已有数千种蛋白质的氨基酸序列问世。要得到一个蛋白质的一级结构有两种基本策略:化学方法测定和通过核酸序列分析。

(一)用化学方法测定肽链的氨基酸序列

虽然细节上有了许多改变和革新,但 Sanger F. 发明的化学测序原理仍是目前氨基酸序列测定的

基本方法。实际操作中,要测得一个蛋白质肽链的氨基酸残基序列,常需要将以下几种分析方法结合起来。

1. 水解法分析已纯化蛋白质的氨基酸残基组分   蛋白质经盐酸水解后成为个别氨基酸,用离子交换树脂将各种氨基酸分开,测定它们的量,算出各氨基酸在蛋白质中的百分组成或个数(图1-29)。由于每个蛋白质的氨基酸组分都是不同的,这种方法得到的结果被看作蛋白质的指纹图谱。但是水解方法不能确定蛋白质的氨基酸序列。

图1-29 蛋白质水解后用离子交换层析分析其氨基酸组分

2. 标记和测定多肽链的N-端与C-端的氨基酸残基   Sanger F. 使用二硝基氟苯与多肽链N-端的α-氨基作用生成二硝基苯氨基酸,然后将多肽水解,分离出带有二硝基苯基的氨基酸。目前多用丹酰氯使之生成丹酰衍生物,该物质具有强烈荧光,更易鉴别。C-端的氨基酸残基可用羧肽酶将羧基端氨基酸残基水解下来。当鉴定了头、尾两端的氨基酸残基以后,此两头可作为整条肽链的标志点。

3. Edman降解法测定肽段的氨基酸序列   将待测肽段先与异硫氰酸苯酯反应,该试剂只与氨基末端氨基酸的游离α-氨基作用。再用冷稀酸处理,氨基末端残基即自肽链脱落下来,成为异硫氰酸苯酯衍生物(图1-30),用层析可鉴定为何种氨基酸衍生物。残留的肽链可继续与异硫氰酸苯酯作用。从N-端向C-端依次逐个鉴定出氨基酸的排列顺序。

图1-30 肽链的氨基酸末端测定法

自动化测序仪也是利用该方法的原理,以正确的比例混合试剂,分离并测定产物,十分灵敏,一般只需几个微克的蛋白质样品就能测定整个氨基酸序列。但是由于其化学反应的效率不是100%,每个循环中,没有参加上一个循环的肽链分子将释放游离氨基酸,造成反应的本底不断加大,最终无法再确认哪一个才是原始肽链上顺序脱下的氨基酸。即使现代的自动测序仪可达到每个循环 99% 的效率,也只能够测定肽链中相邻的 50 个氨基酸残基。

4. 大的蛋白质需分解成较小片段测序　为了弥补 Edman 降解法测序的局限性,需要将多肽链分解成小片段(包括打断二硫键),分别进行测序,最后确定各片段在肽链中的先后顺序以及二硫键的位置。切割多肽链的方法有胰蛋白酶法、胰凝乳蛋白酶法、溴化氰活化法等。胰蛋白酶能水解赖氨酸或精氨酸的羧基所形成的肽键,所以如果蛋白质分子中有 4 个精氨酸及赖氨酸残基,则可得 5 个片段。胰凝乳蛋白酶水解芳香族氨基酸(苯丙氨酸、酪氨酸及色氨酸)羧基侧的肽键,溴化氰水解甲硫氨酸羧基侧的肽键。由水解生成的肽段,可用离子层析或其他层析方法将其分离纯化;如用双向纸电泳,可以得到肽图(图 1-31),由此分析肽段的多少。一般需采用数种水解法,分析出各肽段中的氨基酸顺序,然后经过组合排列对比,最终得出完整肽链中氨基酸顺序的结果。

图 1-31　人血红蛋白双向肽图

5. 质谱法测定肽段的氨基酸排列顺序　以往质谱(mass spectrometry,MS)仅用于小分子挥发物质的分析,由于新的离子化技术的出现,如基质辅助激光解析/电离质谱(matrix-assisted laser desorption/ionization mass spectrometry,MALDI/MS)和电喷雾电离质谱(electrospray ionization mass spectrometry,ESI/MS)技术开始用于生物大分子的分析。其原理是:通过电离源将蛋白质分子转化为气相离子,然后利用质谱分析仪的电场、磁场将具有特定质量与电荷比值(m/z 值)的蛋白质离子分离开来,经过离子检测器收集分离的离子,确定离子的 m/z 值,分析鉴定未知蛋白质。实际工作中常用串联质谱(MS/MS)来对短肽进行测序,这种建立在质谱技术上的测序方法可以在几分钟内测定短肽 20~30 个氨基酸残基的序列。目前高分辨质谱可以代替 Edman 降解,尤其针对低丰度蛋白质更为适合。

(二) 用核酸序列来推演蛋白质中的氨基酸序列

近年来,人们开始通过核酸序列来推演蛋白质中的氨基酸序列。蛋白质中的氨基酸顺序是从信使 RNA(mRNA)中核苷酸序列翻译过来的,因此只要找到相应的 mRNA 测出它的核苷酸顺序,氨基酸序列也就清楚了。此方法先分离编码蛋白质的基因,测定 DNA 序列,排列出 mRNA 序列,按照三联密码的原则推演出氨基酸的序列。目前多数蛋白质的氨基酸序列都是通过此方法而获知的。

三、蛋白质的空间结构可采用仪器分析和生物信息学方法预测

解析蛋白质空间结构对于研究蛋白质结构与功能的内在关系至关重要,也为蛋白质或多肽药物的结构改造而提供理论依据。由于蛋白质的空间结构十分复杂,因而其测定的难度也较大,而且还需昂贵的仪器设备和先进的技术。随着结构生物学的发展,蛋白质二级结构和三维空间结构的测定也已普遍开展。

(一) 圆二色光谱可估算蛋白质二级结构比例

圆二色光谱(circular dichroism,CD)作为一种二级结构估算的量化工具在蛋白质研究中具有重要作用。通常采用 CD 测定溶液状态下的蛋白质二级结构含量。CD 对二级结构非常敏感,α-螺旋的 CD 峰有 222nm 处的负峰、208nm 处的负峰和 198nm 处的正峰 3 个成分;而 β-折叠的 CD 谱不固定。可见测定含 α-螺旋较多的蛋白质,所得结果更为准确。蛋白质 CD 信号反映了二级结构的总和,可以估算一个未知蛋白质的二级结构的比例,且具有很高的精确度。

(二) X 射线衍射和核磁共振技术用于三维空间结构分析

X 射线衍射(X-ray diffraction)和核磁共振(nuclear magnetic resonance,NMR)是研究蛋白质三维空间结构较准确的方法。通常采用的 X 射线衍射,首先将蛋白质制备成晶体。迄今为止,并非所有

纯化蛋白质都能制备成满意的能供三维结构分析的晶体。例如糖蛋白,由于蛋白质分子中糖基化位点和某些位点的糖链结构存在不均一性,很难获得糖蛋白的晶体。X 射线射至蛋白质晶体上,可产生不同方向的衍射,X 线片则接受衍射光束,形成衍射图。这种衍射图即 X 射线穿过晶体的一系列平行剖面所表示的电子密度图。然后借助计算机绘制出三维空间的电子密度图。如一个肌红蛋白的衍射图有 25 000 个斑点,通过对这些斑点的位置、强度进行计算,可得出其空间结构。此外,近年建立的二维核磁共振技术,也已用于测定蛋白质三维空间结构。

(三) 采用生物信息学方法预测三维空间结构

在蛋白质研究领域,生物信息学着重于研究、分析蛋白质的氨基酸序列谱,从中鉴定诸如模体的结构特征、蛋白质家族或分类等。基于蛋白质之间存在氨基酸序列相似性,常可应用同源性检索算法(homology-searching algorithms)将蛋白质家族进行鉴定与分类。此法主要根据蛋白质在同一位置氨基酸的相同或相似程度,如极性、疏水性或质量大小等,给予"序列相似性"评分,以了解 2 个蛋白质的同源程度。同时,同源性检索算法也允许多肽链序列中片段的插入或缺失,使之能给出 2 个蛋白质之间最大可能的同源程度。具体来说,即是将新获得的氨基酸序列与 SWEISS-PROT、GenBank 或 EMBL 等序列数据库中所有的氨基酸序列进行比较,从而获得同源蛋白质信息。但值得注意的是,有些蛋白质的氨基酸序列并不具有同源性,但在空间结构上却存在相似性。

氨基酸序列信息还可用来预测蛋白质的二级结构。二级结构预测的基础是氨基酸残基具有优先选择特定的构象状态的性质。Chou P. Y. 和 Fasman G. D. 建立的二级结构预测算法,是利用从数据库中获得已知的蛋白质结构数据,用特定的氨基酸在二级结构中出现的频率与其他所有残基的频率的比值来预测的。如果比值为 1,表示这个特定位置的氨基酸在二级结构中随机分布;如比值大于 1,说明这个氨基酸残基倾向出现于此位点。如有足够多的氨基酸残基能在二级结构中定位,从理论上可确定由螺旋、转角和肽链组装成的折叠结构。

由于蛋白质空间结构的基础是一级结构,近年来根据蛋白质的氨基酸序列预测其三维空间结构,受到科学家的关注。预测蛋白质空间结构的方法主要有两类:从头预测法(ab initio)和同源建模法(homology modeling)。从头预测法是用分子力学、分子动力学的方法,根据物理化学的基本原理,计算蛋白质分子的空间结构。从理论上说,从头预测法是最为理想的蛋白质结构预测方法,它要求方法本身可以只根据蛋白质的氨基酸序列来预测蛋白质的二级结构和高级结构,但现在还不能完全达到这个要求。同源建模法又称为比较建模法,是根据大量已知的蛋白质三维结构来预测序列已知而结构未知的蛋白质结构。开展此类工作时参考 NCBI 等国际综合性生物信息学资源是必不可少的。最近,随着人工智能技术的发展,人工智能系统 AlphaFold 在蛋白质的三维结构预测方面又取得了一系列突破,最新数据显示 AlphaFold 已预测出超过 100 万个物种的 2.14 亿个蛋白质结构,为更清晰地认识蛋白质的进化和功能提供了新的机会。

第六节　血浆蛋白质

一、采用电泳法可将血浆蛋白质分成若干组分

人血浆总蛋白质浓度为 60~80g/L,他们是血浆主要的固体成分。电泳法是分离、分析血浆蛋白质的主要方法。采用醋酸纤维素膜电泳,可将血浆蛋白质分为 5 个组分,按泳动快慢依次为:清蛋白、α_1-球蛋白、α_2-球蛋白、β-球蛋白和 γ-球蛋白。而采用聚丙烯酰胺凝胶电泳(PAGE)可分离出 100 种以上血浆蛋白质。血浆蛋白质的主要类型包括:抗蛋白酶、血液凝固蛋白、酶、激素、免疫相关蛋白、炎症反应蛋白、转运或结合蛋白等。

血浆中不仅有单纯蛋白质,也有结合蛋白质,如糖蛋白、脂蛋白等。许多血浆蛋白质可以高亲和性、高专一性地结合其配体,以发挥作为配体储存库、控制配体运输及其分布的作用。

二、血浆中大多数蛋白质具有特殊的生物学功能

(一)血浆蛋白质大多数属于分泌型蛋白质

大部分血浆蛋白质在肝中合成,γ-球蛋白(γ-globulin)由浆细胞合成。内皮细胞也能合成部分血浆蛋白质。通常,血浆蛋白质在位于粗面内质网膜结合的多聚核糖体上合成,多以前体形式出现,而后经过高尔基体修饰、加工,释放入血浆,所以多数为分泌型蛋白质。绝大多数血浆蛋白质为糖蛋白,所以这些蛋白质分子上含有 N-或 O-相连的寡糖链。但清蛋白例外,它不含任何糖基。

(二)清蛋白是血浆中含量最多的蛋白质

人血浆中清蛋白(albumin)的浓度为 32~56g/L,占总蛋白的 52%~65%。肝中每天合成清蛋白约 12g,占肝合成总蛋白的 25%,约为分泌蛋白的 50%。由于清蛋白的分子量较小,且血浆中含量高,因而对维持人血浆的正常渗透压很重要。渗透压的 75%~80% 由清蛋白维持。若清蛋白减少可引起严重水肿。有一种称为无清蛋白血症的患者却表现中度水肿,这可能是其他蛋白质代偿性合成增加的结果。

血浆清蛋白具有结合各种配体分子的能力,例如非酯化脂肪酸、钙、一些类固醇激素、胆红素等。清蛋白还能和一些药物,如青霉素、磺胺、阿司匹林等结合。此外清蛋白对铜的运输也起重要作用。

(三)很多血浆蛋白质具有特殊的结合功能

1. 前清蛋白运输维生素 A 维生素 A 又称视黄醇,是脂溶性维生素。血浆中的维生素 A 为非酯化型,它与视黄醇结合蛋白(retinol binding protein,RBP)结合而被转运。后者又与已结合甲状腺素的前清蛋白(prealbumin,PA),形成维生素 A-RBP-PA 复合物。当复合物运至靶组织后,与特异受体结合而被利用。

2. 运铁蛋白是铁的转运载体 铁是人体所必需的微量元素。运铁蛋白(transferrin)是运输铁的主要物质,铁蛋白(ferritin)则是储存铁的主要物质。运铁蛋白是分子质量为 76kD 的糖蛋白,属于 β_1 球蛋白,在肝中合成。1mol 的运铁蛋白可运输 2mol 的 Fe^{3+}。血浆中运铁蛋白的浓度约为 300g/L,可结合 300μg/L 铁。游离铁对机体有毒性,但其与运铁蛋白结合后无毒性作用。运铁蛋白主要通过血液循环将铁运至需铁的组织,如骨髓及其他器官。许多组织的细胞膜有运铁蛋白的受体,当运铁蛋白与之结合后,通过胞吞作用进入细胞,在溶酶体的酸性 pH 条件下使之与铁分离。脱铁铁蛋白(apoferritin)在溶酶体内并不被降解,可通过与受体结合重回到细胞膜,再进入血液,重新行使运铁使命。

3. 甲状腺素结合球蛋白运输甲状腺素 体内 1/3~1/2 的三碘甲状腺原氨酸(T_3)和四碘甲状腺原氨酸(T_4)存在于甲状腺外,大多数在血液中与两种特异的结合蛋白,即甲状腺结合球蛋白(TBG)和甲状腺结合前清蛋白(TBPA)结合。TBG 为一种糖蛋白,通常 TBG 与 T_3、T_4 结合的亲和力为 TBPA 的 100 倍。正常状态下,TBG 以非共价键与血浆中的 T_3、T_4 结合,在血液中游离的甲状腺素与结合的甲状腺素含量处于动态平衡。

4. 结合珠蛋白-血红蛋白复合物(Hp-Hb 复合物)可防止血红蛋白在肾小管沉积 结合珠蛋白(heptoglobin,Hp)是一种血浆糖蛋白,可与细胞外的血红蛋白(Hb)非共价结合为复合物。细胞外血红蛋白主要来自衰老的红细胞。每天降解的血红蛋白有 10% 进入血液循环中,余下的 90% 仍存在于衰老的红细胞中。Hp 的分子质量为 90kD,Hb 的分子质量为 65kD,二者复合物的分子质量则为 155kD。这种复合物不能通过肾小球进入肾小管,所以不会沉积于肾小管内;但游离的 Hb 却能进入肾小管。因而 Hp-Hb 复合物可避免由 Hb 造成的肾损伤,这种复合物还可以防止 Hb 从肾丢失,从而可保存其中的铁。Hp 也是一种急性反应蛋白,在急性炎症时血浆中 Hp 可升高。

5. 血浆铜蓝蛋白可结合铜 血浆铜蓝蛋白属于 α_2 球蛋白,血浆中 90% 的铜由其运输。每个铜蓝蛋白可结合 6 个铜原子,其余 10% 的铜与清蛋白结合。

6. 免疫球蛋白参与机体的防御机制 免疫球蛋白(主要是抗体)在电泳时主要出现于 γ-球蛋白

区域,占血浆蛋白质的 20%,某些 β-球蛋白和 α₂-球蛋白也是免疫球蛋白。Ig 由 B 淋巴细胞系中的特殊细胞——浆细胞所产生。Ig 能识别、结合特异抗原,形成抗原-抗体复合物,并激活补体系统从而解除抗原对机体的损伤。

小结

用于合成蛋白质的 20 种氨基酸均属 L-α-氨基酸(甘氨酸除外),又称为常见氨基酸,根据 R 基团的特征可分为非极性脂肪族 R 基团的氨基酸、芳香族 R 基团的氨基酸、极性不带电荷 R 基团的氨基酸、带正电荷(碱性)R 基团的氨基酸以及带负电荷(酸性)R 基团的氨基酸。R 基团决定了不同氨基酸的差异性、理化性质和功能。氨基酸 R 基团的结构和极性直接影响所形成的多肽链结构。氨基酸在体内还参与物质代谢、信号转导等重要的生理活动。氨基酸属于两性离子,每种氨基酸都具有特征性的解离常数和等电点。茚三酮反应、紫外吸收特性可用于氨基酸的定性和定量分析。

氨基酸可通过肽键相连成肽或蛋白质,形成肽键的 6 个原子处于同一平面,构成刚性的肽单元。肽单元是构建蛋白质结构的基本单位,蛋白质或肽链实际是由肽单元连接和折叠形成。

蛋白质一级结构主要是指蛋白质分子中以肽键相连的氨基酸排列顺序,还包括二硫键的位置。二级结构是指蛋白质主链局部的空间结构,不涉及氨基酸残基侧链构象,主要有 α-螺旋、β-折叠、β-转角和 Ω-环等,以氢键维持其稳定性。三级结构是指多肽链主链和侧链的全部原子的空间排布位置。三级结构的形成和稳定主要靠次级键。模体和结构域是常见的蛋白质共有折叠方式。模体是指几个二级结构及其连接部分形成的特别稳定的折叠模式。结构域是球状蛋白质分子中独立折叠的三维空间结构单位。四级结构是指蛋白质亚基之间的缔合,也主要靠非共价键维系。蛋白质可根据组成成分、形状、结构特征和功能进行分类。

蛋白质一级结构是空间构象和功能的基础。一级结构相似的蛋白质,其空间构象及功能也相近。若蛋白质的一级结构发生改变则影响其正常功能。蛋白质空间构象与功能有着密切关系。若蛋白质的折叠发生错误,尽管其一级结构不变,仍可因构象改变而影响其功能,严重时可导致蛋白质构象病。

蛋白质的空间构象破坏,可导致其理化性质的变化和生物活性的丧失,即变性。蛋白质发生变性后,只要其一级结构未遭破坏,仍可在一定条件下复性,恢复原有的空间构象和功能。

蛋白质具有两性电解质、胶体性质、紫外光吸收性质等理化特性。通常利用蛋白质的理化性质,采取不损伤蛋白质结构和功能的方法来纯化蛋白质,并做进一步的蛋白质结构与功能研究。

(李 仲)

思考题

1. 根据蛋白质一级结构中氨基酸排列顺序可以预测蛋白质的空间构象。假设有下列氨基酸序列:

| 1 | 5 | 10 | 15 | 20 |

Ile-Ala-His-Thr-Tyr-Gly-Pro-Glu-Ala-Ala-Met-Cys-Lys-Try-Glu-Ala-Gln-Pro-Asp-Gly-

| 25 | 27 |

Met-Glu-Cys-Ala-Phe-His-Arg

(1)预测在该序列的哪一部位可能会出现 β-转角?

(2)何处可能形成链内二硫键?

(3)假设该序列只是大的球蛋白的一部分,下面氨基酸残基中哪些可能分布在蛋白质的外表面,哪些分布在内部?

　　天冬氨酸;异亮氨酸;苏氨酸;缬氨酸;谷氨酸;赖氨酸

　　2. 为什么要对食品进行热加工? 热加工之后对蛋白质会有什么影响?

　　3. 影响蛋白质变性的因素有哪些? 这些因素具体是如何影响蛋白质结构的?

　　4. 举例说明蛋白质结构与功能之间的关系。

　　5. 为什么鸡蛋清可用作铅中毒或汞中毒的解毒剂?

第二章
核酸的结构与功能

【本章要点】

1. 核苷酸的结构、分类与命名；
2. 3′,5′-磷酸二酯键与核酸的一级结构；
3. DNA双螺旋模型的结构特点；
4. DNA在真核生物细胞核中的盘绕方式；
5. 细胞中主要RNA的种类与结构特点；
6. 核酸的理化性质及变性、复性与杂交。

核酸（nucleic acid）是以核苷酸为基本组成单位聚合而成的生物信息大分子，具有复杂的结构和重要的生物学功能。核酸可以分为脱氧核糖核酸（deoxyribonucleic acid，DNA）和核糖核酸（ribonucleic acid，RNA）两类。真核生物DNA存在于细胞核和线粒体内，携带遗传信息，并通过复制的方式将遗传信息进行传代。细胞以及个体的基因型（genotype）是由这种遗传信息所决定的。在绝大多数生物中，RNA是DNA的转录产物，参与遗传信息的复制和表达。真核生物RNA存在于胞质溶胶、细胞核和线粒体内。在某些病毒中，RNA也可以作为遗传信息的载体。

第一节 核酸的化学组成和一级结构

核酸在核酸酶作用下水解成核苷酸（nucleotide），而核苷酸完全水解后可释放出等物质的量的碱基、戊糖和磷酸。这表明构成核酸的基本组分之间具有一定的对应关系。DNA的基本组成单位是脱氧核糖核苷酸（deoxyribonucleotide），而RNA的基本组成单位是核糖核苷酸（ribonucleotide）。

$$核酸（DNA 和 RNA）\longrightarrow 核苷酸 \begin{cases} 磷酸 \\ 核苷 \begin{cases} 碱基（嘌呤和嘧啶） \\ 核糖或脱氧核糖 \end{cases} \end{cases}$$

一、核苷酸和脱氧核苷酸是核酸的基本组成单位

碱基（base）是核苷酸的基本组分之一。碱基是含氮的杂环化合物，分为嘌呤（purine）和嘧啶（pyrimidine）两类（图2-1）。常见的嘌呤包括腺嘌呤（adenine，A）和鸟嘌呤（guanine，G），常见的嘧啶包括尿嘧啶（uracil，U）、胸腺嘧啶（thymine，T）和胞嘧啶（cytosine，C）。DNA中的碱基有A、G、C和T；而RNA中的碱基有A、G、C和U。碱基的各个原子分别加以编号以便于区分。杂环上的酮基和氨基受到所处环境pH的影响，可使嘌呤和嘧啶碱基存在两种互变异构体（图2-2）。鸟嘌呤、尿嘧啶和胸腺嘧啶有酮式（keto）-烯醇式（enol）互变异构体，在体液的中性条件下以酮式为主。腺嘌呤和胞嘧啶存在氨基（amino）-亚氨基（imino）互变异构体，在体液的中性条件下以氨基为主。这种结构互变体（tautomer）为碱基之间形成氢键提供了结构基础。杂环以何种结构互变体存在，取决于环境pH以及杂环的质子解离常数的大小。

图 2-1 构成核苷酸的嘌呤和嘧啶的化学结构式

嘌呤

鸟嘌呤
(2-氨基-6-氧嘌呤)

腺嘌呤
(6-氨基嘌呤)

嘧啶

尿嘧啶
(2,4-二氧嘧啶)

胸腺嘧啶
(5-甲基尿嘧啶)

胞嘧啶
(2-氧-4-氨基嘧啶)

酮式-烯醇式互变异构体

氨基-亚氨基互变异构体

图 2-2 碱基的互变异构式

核糖（ribose）是核苷酸的另一基本组分。核苷酸中的核糖均为氧环式。为了有别于碱基的原子，核糖的碳原子标以 C-1′、C-2′、…、C-5′（图 2-3）。核糖有 β-D-核糖（β-D-ribose）和 β-D-2-脱氧核糖（β-D-2-deoxyribose）。两者的差别仅在于 C-2′ 原子所连接的基团。核

β-D-核糖

β-D-2-脱氧核糖

图 2-3 构成核苷酸的核糖和脱氧核糖的化学结构式

糖 C-2′ 原子上接有一个羟基，而脱氧核糖 C-2′ 原子上则没有羟基。核糖存在于 RNA 中，而脱氧核糖存在于 DNA 中。脱氧核糖的化学稳定性比核糖好，这种结构的差异使得 DNA 分子比 RNA 分子具有更好的化学稳定性，从而使 DNA 成为遗传信息的载体。

碱基与核糖或脱氧核糖组成核苷（nucleoside）或脱氧核苷（deoxynucleoside）。核糖的 C-1′ 原子和嘌呤的 N-9 原子或嘧啶的 N-1 原子通过缩合反应形成了 β-N-糖苷键（β-N-glycosidic bond）。由于空间位阻效应，β-N-糖苷键不能自由旋转，故对于糖环而言，碱基可以有顺式（syn）和反式（anti）两种不同的空间构象（图 2-4）。在天然条件下，核糖或脱氧核糖的糖苷键大多处在反式构象上。在双链 DNA 中，只有反式构象体才能进行正常的碱基配对。

糖苷键

反式脱氧腺苷

顺式脱氧腺苷

图 2-4 脱氧腺苷中碱基的顺式和反式构象

核苷或脱氧核苷 C-5′ 原子上的羟基可以与磷酸反应，脱水后形成磷酯键，生成核苷酸（nucleotide）或脱氧核苷酸（deoxynucleotide）。虽然核糖上的游离羟基均可与磷酸发生酯化反应，但是生物体内的酯化反应多发生在 C-5′ 原子的羟基上，形成 5′-核苷酸或 5′-脱氧核苷酸。根据连接的磷酸基团的数目不同，核苷酸可分为核苷一磷酸（nucleoside monophosphate，NMP）、核苷二磷酸（nucleoside diphosphate，NDP）和核苷三磷酸（nucleoside triphosphate，NTP）。核苷三磷酸的磷原子分别命名为 α、β 和 γ 磷原子以示区别（图 2-5）。构成核酸的碱基、核苷以及核苷酸的中英文名称见表 2-1 和表 2-2。表中核苷和核苷酸名称均采用缩写，如腺

图 2-5   核苷酸的化学结构

表 2-1   构成 RNA 的碱基、核苷以及核苷酸

碱基	核苷	核苷酸
腺嘌呤 Adenine, A	腺苷 adenosine	腺苷一磷酸 adenosine monophosphate, AMP
鸟嘌呤 Guanine, G	鸟苷 guanosine	鸟苷一磷酸 guanosine monophosphate, GMP
胞嘧啶 Cytosine, C	胞苷 cytidine	胞苷一磷酸 cytidine monophosphate, CMP
尿嘧啶 Uracil, U	尿苷 uridine	尿苷一磷酸 uridine monophosphate, UMP

注：AMP 的英文名称还有 adenylate 或 adenylatic acid；其他核苷酸和脱氧核苷酸亦有类似多种英文名称。

表 2-2   构成 DNA 的主要碱基、核苷以及核苷酸

碱基	脱氧核苷	脱氧核苷酸
腺嘌呤 Adenine, A	脱氧腺苷 deoxyadenosine	脱氧腺苷一磷酸 deoxyadenosine monophosphate, dAMP
鸟嘌呤 Guanine, G	脱氧鸟苷 deoxyguanosine	脱氧鸟苷一磷酸 deoxyguanosine monophosphate, dGMP
胞嘧啶 Cytosine, C	脱氧胞苷 deoxycytidine	脱氧胞苷一磷酸 deoxycytidine monophosphate, dCMP
胸腺嘧啶 Thymine, T	脱氧胸苷 deoxythymidine	脱氧胸苷一磷酸 deoxythymidine monophosphate, dTMP

苷代表腺嘌呤核苷。

除了构成核酸外，核苷酸以及它们的衍生物还具有许多重要的生物学功能。例如，环腺苷一磷酸（cyclic AMP，cAMP）和环鸟苷酸（cyclic GMP，cGMP）是细胞信号转导过程中的第二信使，具有调控代谢和基因表达的作用(图 2-5)。细胞内一些参与物质代谢的酶分子的辅酶结构中含有腺苷酸，如烟酰胺腺嘌呤二核苷酸（nicotinamide adenine dinucleotide，NAD⁺）、烟酰胺腺嘌呤二核苷酸磷酸（nicotinamide adenine dinucleotide phosphate，NADP⁺）、黄素腺嘌呤二核苷酸（flavin adenine dinucleotide，FAD）。NAD⁺和 FAD 是生物氧化体系的重要组成部分，在传递氢或电子的过程中具有重要的作用。此外，核苷酸及其衍生物还具有重要的药用价值。例如，6-巯基嘌呤（6-mercaptopurine，

6-MP)和5-氟尿嘧啶(5-fluorouracil,5-FU)因与天然碱基具有相似性,可以干扰肿瘤细胞的核苷酸代谢、抑制核酸合成而发挥抗肿瘤效用。

二、核酸的一级结构是核苷酸的连接方式和排列顺序

脱氧核糖核苷三磷酸 C-3′ 原子的羟基能够与另一个脱氧核糖核苷三磷酸的 α-磷酸基团缩合,生成含有 3′,5′-磷酸二酯键(3′,5′-phosphodiester bond)的二脱氧核苷酸分子。这个分子一端是 C-5′ 原子的磷酸基团,另一端是 C-3′ 原子的羟基。C-3′ 原子的羟基可以继续与第三个脱氧核糖核苷三磷酸的 α-磷酸基团反应,生成含有二个 3′,5′-磷酸二酯键的三脱氧核苷酸分子。这样的反应可以在末端脱氧核苷酸分子 C-3′ 原子的羟基上重复进行,生成一条由 3′,5′-磷酸二酯键连接的多聚脱氧核糖核苷酸链,即 DNA 链(图 2-6)。多聚核苷酸链的 5′-端是磷酸基团,3′-端是羟基,而且只能从 3′-端得以延长,从而使得 DNA 链具有了 5′→3′ 的方向性。交替的磷酸基团和脱氧核糖构成 DNA 链的骨架。

图 2-6　多聚核苷酸的化学结构式

与 DNA 相似,RNA 链也是多个核苷酸分子通过 3′,5′-磷酸二酯键连接形成的线性大分子,并且也具有 5′→3′ 的方向性。虽然核糖核酸的 C-2′ 原子也有一个羟基,但是 RNA 链的磷酸二酯键仍然在 C-3′ 和 C-5′ 原子之间形成。它与 DNA 的差别在于:①RNA 的糖环是核糖而不是脱氧核糖;②RNA 的嘧啶是胞嘧啶和尿嘧啶,而没有胸腺嘧啶,所以构成 RNA 的四种基本核苷酸是 AMP、GMP、CMP 和 UMP。

核酸的一级结构(primary structure)定义为构成 RNA 的核苷酸或 DNA 的脱氧核苷酸之间的连接方式与自 5′-端至 3′-端的排列顺序,即核苷酸序列(nucleotide sequence)。由于四种核苷酸之间的差异在于碱基的不同,因此核酸的一级结构也就是碱基序列(base sequence)(图 2-7)。按照规定,核苷酸的排列顺序和书写方向是自左向右,即自 5′-端向 3′-端。

5′ AGGTCAATCCAG 3′

5′ p-ApGpGpTpCpApApTpCpCpApG -OH 3′

5′ AGGTCAATCCAG 3′

AGGTCAATCCAG

图 2-7　核酸的一级结构

单链 DNA 分子和 RNA 分子的大小常用核苷酸数目(nucleotide,nt)表示,双链 DNA 则用碱基对(base pair,bp)或千碱基对(kilobase pair,kb)数目来表示其大小。小的核酸片段(<50bp)常称为寡核苷酸(oligonucleotide)。自然界中的 DNA 和 RNA 的长度可以高达几十万个碱基。DNA 携带的遗传信息依靠其碱基排列顺序。可以想象,一个由 N 个脱氧核苷酸组成的 DNA 会有 4^N 种可能的排列组合,提供了巨大的遗传信息编码潜力。

第二节　DNA 的空间结构与功能

构成 DNA 的所有原子在三维空间的相对位置关系是 DNA 的空间结构（spatial structure）。DNA 的空间结构可分为二级结构和高级结构。

一、DNA 的二级结构是右手双螺旋结构

（一）DNA 双螺旋结构模型建立的基础是其碱基组成特点和 X 射线衍射图分析

20 世纪 50 年代初，美国生物化学家 Chargaff E. 利用层析和紫外吸收光谱等技术研究了 DNA 的化学组分，提出了有关 DNA 中四种碱基组成的 Chargaff E. 规则：①不同生物个体的 DNA，其碱基组成不同；②同一个体不同器官或不同组织的 DNA 具有相同的碱基组成；③对于一种生物体特定组织来源的 DNA，其碱基组成不随其年龄、营养状态和环境而变化；④对于一个特定的生物体而言，腺嘌呤（A）与胸腺嘧啶（T）的物质的量相等，鸟嘌呤（G）与胞嘧啶（C）的物质的量相等，这一规则暗示了 DNA 的碱基之间存在着某种对应的关系。

1951 年 11 月，英国帝国学院的 Franklin R. 获得了高质量的 DNA 分子 X 射线衍射照片。分析结果提示，DNA 是螺旋状的分子。Watson J. 和 Crick F. 综合前人的研究结果，提出了 DNA 分子的双螺旋结构（double helix）模型。他们将该发现以论文的形式发表在 1953 年 4 月 25 日的 *Nature* 杂志上。这一发现揭示了生物界遗传性状得以世代相传的分子机制，它不仅解释了当时已知的 DNA 理化性质，而且还将 DNA 的功能与结构联系起来，从而奠定了现代生命科学的基础。DNA 双螺旋结构揭示了 DNA 作为遗传信息载体的物质本质，为 DNA 作为复制模板和基因转录模板提供了结构基础。DNA 双螺旋结构的发现被认为是生物学发展史上的里程碑。

框 2-1

Watson J. 和 Crick F.

Watson J. 于 1950 年获动物学博士（印第安纳大学），同年赴英国从事博士后研究。1951 年他第一次看到了由 Wilkins M. 拍摄的 DNA 的 X 射线衍射图像后，激发了研究核酸结构的兴趣。而后他在剑桥大学的卡文迪许实验室结识了 Crick F.。两人为揭示 DNA 空间结构的奥秘开始了密切合作。当时，Crick F. 正在攻读博士学位，其论文课题就是利用 X 射线衍射研究蛋白质分子的 α-螺旋结构。根据 Franklin R. 的高质量的 DNA 分子 X 射线衍射图像和前人的研究成果，他们于 1953 年提出了 DNA 双螺旋结构的模型。Watson J.、Crick F. 和 Wilkins M. 因此而分享了 1962 年的诺贝尔生理学或医学奖。

（二）DNA 是反平行的右手双螺旋

Watson J. 和 Crick F. 提出的 DNA 双螺旋结构具有下列特征。

1. DNA 由两条多聚脱氧核糖核苷酸链组成　两条 DNA 链围绕着同一个螺旋轴形成右手螺旋（right-handed helix）的结构（图 2-8）。两条链中一条链的 5′→3′ 方向是自上而下，而另一条链的 5′→3′ 方向是自下而上，呈现反向平行（anti-parallel）的特征。DNA 双螺旋结构的直径为 2.37nm，螺距为 3.54nm。

2. 脱氧核糖与磷酸位于外侧　由脱氧核糖和磷酸基团构成的亲水性骨架（backbone）位于双螺旋结构的外侧，而疏水的碱基位于内侧（图 2-9）。从外观看，DNA 双螺旋结构的表面存在一个大沟（major groove）和一个小沟（minor groove）。

3. DNA 双链之间形成互补碱基对　碱基的化学结构以及 DNA 双链的反向平行特征决定了两条链之间特殊的相互作用方式：一条链上的腺嘌呤与另一条链上的胸腺嘧啶形成了两个氢键；一条链

图 2-8 DNA 双螺旋结构的示意图

DNA 两条链的走向为反向平行,两条链围绕同一轴构成右手螺旋。两条链上的碱基形成了互补的碱基对。

图 2-9 DNA 双螺旋结构的俯视图

为清晰起见,图中只显示了双链中的一条。脱氧核糖和磷酸基团构成的亲水性骨架位于双螺旋结构的外侧,而疏水的碱基位于内侧。

上的鸟嘌呤与另一条链上的胞嘧啶形成了三个氢键(图 2-10)。这种碱基对应关系称为碱基互补配对(complementary base pairing),也称为 Watson-Crick 配对,DNA 的两条链则称为互补链(complementary strand)。碱基对平面与双螺旋结构的螺旋轴垂直。平均而言,每一个螺旋有 10.5 个碱基对,每两个碱基对之间的相对旋转角度约为 34.2°,每两个相邻的碱基对平面之间的垂直距离为 0.34nm。

图 2-10 互补碱基对的形成

腺嘌呤与胸腺嘧啶通过两个氢键形成碱基对;鸟嘌呤与胞嘧啶通过三个氢键形成碱基对。反向平行的特点使得碱基对与磷酸骨架的连接呈非对称性,由此在双螺旋的结构中形成了一个大沟和一个小沟。

4. 碱基对的疏水作用力和氢键共同维持着 DNA 双螺旋结构的稳定 相邻的两个碱基对的平面在旋进过程中会发生大 π 键电子云的相互重叠(overlapping),由此产生了疏水性的碱基堆积力(base stacking interaction)(图 2-11)。这种碱基堆积力和互补链之间碱基对的氢键共同维系着 DNA 双螺旋结构的稳定,并且前者的作用更为重要。

图 2-11 碱基堆积力示意图

（三）DNA 双螺旋结构具有多样性

1951 年 11 月,Franklin R. 获得了两个 DNA 分子晶体,其中的一个是在 92% 相对湿度下得到的, Franklin R. 将其称为 B 型-DNA 晶体。这是 DNA 在生理条件下最稳定的结构。Watson J. 和 Crick F. 提出的 DNA 双螺旋结构模型是依据 B 型-DNA 晶体的 X 射线衍射图像。Franklin R. 得到的另外一个 DNA 分子晶体是在约 70% 相对湿度下得到的,称为 A 型-DNA 晶体。人们发现虽然 A 型-DNA 仍然保存着右手螺旋的双链结构,但是它的空间结构参数不同于 B 型-DNA(表 2-3)。这说明 DNA 的结构不是刚性不变的,溶液的离子强度或相对湿度的变化可以使 DNA 双螺旋结构的沟槽、螺距、旋转角度等发生变化。1979 年,美国科学家 Rich A. 等人在研究人工合成的 CGCGCG 的晶体结构时,意外地发现这种 DNA 具有左手螺旋(left-handed helix)的结构特征(图 2-12)。后来证明这种结构在天然 DNA 分子中同样存在,称为 Z 型-DNA。不同结构的 DNA 在功能上可能有所差异,与基因表达的调节和控制相适应。DNA 双螺旋结构的多样性与 DNA 骨架的化学键性质密不可分。由于连接 DNA 骨架原子(-P-O5′-C5′-C4′-C3′-O3′-P-)的化学键都是单键,可以允许原子绕化学键转动,由此 DNA 骨架表现出了构象的灵活性。沿着 DNA 的 5′→3′ 方向,从 P 原子开始,定义了六个二面角,α、β、γ、δ、ε 和 ζ。由于空间位阻效应以及结构内力的牵制,每一种结构的 DNA 都对应着一组特定的六个二面角组合。

表 2-3 不同构象 DNA 的结构参数

参数类型	A 型-DNA	B 型-DNA	Z 型-DNA
螺旋旋向	右手螺旋	右手螺旋	左手螺旋
螺旋直径	2.55nm	2.37nm	1.84nm
每一螺旋的碱基对数目	11 个	10.5 个	12 个
螺距	2.53nm	3.54nm	4.56nm
相邻碱基对之间的垂直间距	0.23nm	0.34nm	0.38nm
糖苷键构象	反式	反式	嘧啶为反式,嘌呤为顺式,反式和顺式交替
相邻碱基对之间的转角	33°	34.2°	每个二聚体为−60°
使构象稳定的相对环境湿度	75%	92%	—
碱基对平面法线与主轴的夹角	19°	1°	9°
大沟特征	窄深	宽深	平坦
小沟特征	宽浅	窄深	窄深

B型-DNA　　　　　　A型-DNA　　　　　　Z型-DNA

图 2-12　不同类型的 DNA 双螺旋结构

(四) DNA 可以形成多链结构

在 DNA 双螺旋结构中,除了互补的 A-T 和 G-C 碱基对的氢键外,核苷酸还能形成额外的氢键。在酸性的溶液中,胞嘧啶的 N-3 原子被质子化,可与鸟嘌呤的 N-7 原子形成氢键,同时,胞嘧啶的 N-4 的氢原子也可与鸟嘌呤的 O-6 形成氢键(图 2-13)。这种氢键称为 Hoogsteen 氢键。Hoogsteen 氢键的形成并不破坏 Watson-Crick 氢键,这样就形成了 C$^+$GC 的三链结构(triplex),其中 GC 链之间是以 Watson-Crick 氢键结合,而 C$^+$G 链之间是以 Hoogsteen 氢键结合。同理,DNA 也可以形成 TAT 的三链结构。通过 Hoogsteen 氢键结合的第三条链位于 DNA 双链的大沟里。形成三链结构的碱基特征是中间的一条是富含嘌呤的序列。

真核生物染色体 DNA 的 3′-端称为端粒(telomere),这是一段富含 G 与 T 的重复序列。例如人染色体端粒区的碱基序列是 TTAGGG,这个序列的重复度可以高达上万次。端粒 DNA 的 3′-端是单链结构,因此可以自身回折形成一种特殊的 G-四链体结构(G-quadruplex)。这个 G-四链体结构的基本单元是由 4 个鸟嘌呤通过 8 个 Hoogsteen 氢键形成的 G-四链体平面(G-tetrad 或 G-quartet)(图 2-13)。若干个 G-链体平面的堆积使富含鸟嘌呤的重复序列形成了特殊的 G-四链体结构。人们推测这种 G-四链体结构是用来保护端粒的完整性。随着研究的深入,人们还发现大部分基因的启动子以及 mRNA 的 5′-端非翻译区(5′-untranslated region, 5′-UTR)都是富含鸟嘌呤的序列,提示这些序列有可能通过形成 G-四链体结构对基因转录和蛋白质合成进行适度的调控。由于鸟嘌呤的糖苷键构象、四条链的走向以及四条链的连接方式的不同,G-四链体结构表现出了结构的多样性。

二、DNA 在二级结构基础上盘绕折叠成高级结构

生物体的 DNA 是长度十分可观的大分子,如人体细胞中 23 对染色体的总长度可达 2 米之长。因此,DNA 必须在双螺旋结构的基础上,经过一系列的盘绕和压缩,形成致密的结构后,方可组装在细胞核内。

线性 DNA 在溶液中是以能量最低的状态存在的,此时为松弛 DNA(relaxed DNA)。如果将 DNA 的两端固定,使之旋进过度或旋进不足,DNA 双链就会因额外的张力而发生扭曲,这种扭曲称为 DNA 双链的超螺旋(superhelix; supercoil)结构。旋进过度的方向与 DNA 双链的螺旋方向相同时,形成正超螺旋(positive supercoil),反之则形成负超螺旋(negative supercoil)。例如一个 B 型 DNA 含有 2 000 个碱基对,大约有 200 个旋转,将其两端连接则形成了闭合环状的 DNA,这是能量最低的松弛态。如果在两端连接之前,将 DNA 顺着右手螺旋方向增加 2 个螺旋,然后再连接成环,增加的 2 个螺旋产生

图 2-13　DNA 的多链螺旋结构

（a）由 Watson-Crick 氢键和 Hoogsteen 氢键共同构成的三链结构；
（b）由 Hoogsteen 氢键构成的 G-四链体结构。

的应力就会使 DNA 形成两个正超螺旋。相反,如果将双链的 DNA 分子逆着右手螺旋方向减少 2 个螺旋,然后再连接成环,减少的 2 个螺旋而产生的应力则使 DNA 形成两个负超螺旋。这 3 种不同空间构象的 DNA 彼此之间具有了拓扑异构体(topoisomer)的关系。

自然条件下的 DNA 都是以负超螺旋的构象存在的,也就是说,DNA 的实际螺旋数要少于它含有的碱基对数目理论上对应的螺旋数。负超螺旋状态有利于解开 DNA 双链。DNA 的复制、转录、组装等许多过程都需要解开双链才能进行。生物体可以通过 DNA 的不同超螺旋结构来控制其功能状态。

（一）原核生物 DNA 和线粒体 DNA 可形成环状超螺旋结构

绝大部分原核生物的 DNA 是环状的双螺旋分子,在细胞内进一步盘绕后,形成了类核(nucleoid)结构。类核结构中的 80% 是 DNA,其余是蛋白质。在细菌 DNA 中,超螺旋结构可以相互独立存在,形成超螺旋区(图 2-14)。各区域间的 DNA 可以有不同程度的超螺旋结构。分析表明,在大肠埃希菌的 DNA 中,平均每 200bp 就有一个负超螺旋形成。

线粒体和叶绿体是真核细胞中含有核外遗传物质的细胞器。线粒体 DNA(mitochondrial DNA,

图 2-14　原核生物的超螺旋结构

mtDNA）是闭合环状的双螺旋结构。人 mtDNA 的长度是 16 569bp，编码了 37 个基因，包括 13 个蛋白质、2 个 rRNA 和 22 个 tRNA。

（二）真核生物 DNA 以核小体为单位形成高度有序的致密结构

真核生物的核 DNA 以非常有序的形式组装在细胞核内。在细胞周期的大部分时间里以松散的染色质（chromatin）形式出现，而在细胞分裂期，则形成高度致密的染色体（chromosome），在光学显微镜下可以观察到。处在这样一种致密结构中的 DNA 不但要完成复制和转录等复杂的生物过程，而且还要随时能够对自身进行监测和修复。可想而知，DNA 在真核生物细胞核内是处在一种极为复杂的动态变化之中的。

在电子显微镜下观察到的染色质呈现串珠样的结构（图 2-15a）。每一个珠状体就是一个基本组成单位，称为核小体（nucleosome）。核小体是由 DNA 和 H1、H2A、H2B、H3 和 H4 等 5 种组蛋白（histone，H）共同构成的（图 2-15b）。两分子的 H2A、H2B、H3 和 H4 形成一个八聚体的组蛋白核心（histone core），长度约 150bp 的 DNA 双链以左手螺旋方式在组蛋白八聚体上盘绕 1.75 圈，形成核小体的核心颗粒（core particle）。核心颗粒是尺寸约 11nm×6nm 的盘状颗粒。核小体的核心颗粒之间的 DNA（约 50bp）和组蛋白 H1 共同构成了连接区，使 DNA 形成串珠状的结构（图 2-15c）。这是 DNA 在核内形成致密结构的第一层次折叠，使 DNA 的长度压缩为原来的 1/7~1/6。

染色质细丝进一步盘绕形成外径为 30nm、内径为 10nm 的中空螺旋管（solenoid）。每圈螺旋由 6 个核小体组成，组蛋白 H1 位于螺旋管的内侧，起着稳定螺旋管的作用。这是 DNA 的第二层次折叠，使其长度又减少为原来的 1/6。中空螺旋管进一步卷曲和折叠形成直径为 400nm 的超螺旋管纤维，使染色体的长度又压缩为原来的 1/40。之后，染色质纤维进一步压缩成染色单体，在核内组装成染色体（图 2-16）。在

（a）

（b）

（c）

图 2-15　真核生物 DNA 形成核小体示意图

（a）电子显微镜下 DNA 染色质的串珠样结构；（b）核小体的核心颗粒结构，约 150bp 长的 DNA 双链盘绕在组蛋白八聚体上；（c）核小体的核心颗粒由约 50bp 长的 DNA 双链连接在一起，形成串珠样的结构。

图 2-16   DNA 双链折叠盘绕形成的高度有序致密染色体示意图

分裂期形成染色体的过程中,DNA 长度被压缩为原来的 1/10 000~1/8 000,从而将近 2m 长的 DNA 有效地组装在直径只有数微米的细胞核中。整个折叠和组装过程是在蛋白质参与的精确调控下实现的。

真核生物染色体有端粒和着丝粒(centromere)两个功能区。端粒是染色体末端膨大的粒状结构,由染色体末端 DNA(即端粒 DNA)与 DNA 结合蛋白构成。端粒在维持染色体结构的稳定和维持复制过程中 DNA 的完整性方面有重要作用,还与衰老及肿瘤的发生发展有关。着丝粒是两个染色单体的连接位点,富含 A、T 序列。细胞分裂时,着丝粒可分开,使染色体均等有序地进入子代细胞。

三、DNA 是生命遗传的主要物质基础

人们早在 20 世纪 30 年代就已经知道了染色体是遗传物质,也知道了 DNA 是染色体的组成部分。但是直到 1944 年,美国细菌学家 Avery O. 才首次证明了 DNA 是细菌遗传性状的转化因子。他们从有荚膜的致病的Ⅲ型肺炎球菌中提取出 DNA,这种 DNA 可以使另一种无荚膜的非致病性的Ⅱ型肺炎球菌转变为致病菌,而蛋白质和多糖物质没有这种功能。如果 DNA 被脱氧核糖核酸酶降解后,则失去转化功能。但是已经转化了的细菌,其后代仍保留了合成Ⅲ型荚膜的能力。这些实验结果证明了 DNA 是携带生物体遗传信息的物质基础。

DNA 是生物体遗传信息的载体,并为基因复制和转录提供了模板。它是生命遗传的物质基础,也是个体生命活动的信息基础。基因是携带遗传信息的 DNA 片段,它们的序列信息意义及其在 DNA 整个分子上的排布特点将在第十三章详述。DNA 具有高度稳定性的特点,用来保持生物体系遗传的相对稳定性。同时,DNA 又表现出高度复杂性的特点,它可以发生各种重组和突变,适应环境的

变迁,为自然选择提供机会,使大自然表现出生物的多样性。

第三节　RNA 的结构与功能

RNA 与 DNA 一样,在生命活动中发挥着同样重要的作用。目前已知,RNA 和蛋白质共同担负着基因的表达和表达调控功能。RNA 通常以单链形式存在,但可以通过链内的碱基配对形成局部的双螺旋二级结构和空间的高级结构。RNA 比 DNA 小得多,但是它的种类、大小和结构却远比 DNA 复杂(表 2-4),这与它的功能多样化密切相关。

表 2-4　真核细胞内主要的 RNA 种类及功能

种类	细胞定位	功能
信使 RNA messenger RNA(mRNA)	细胞核、胞质溶胶、线粒体	蛋白质的合成模板
核内不均一 RNA heterogeneous nuclear RNA(hnRNA)	细胞核	mRNA 的前体
转运 RNA transfer RNA(tRNA)	细胞核、胞质溶胶、线粒体	转运氨基酸
核糖体 RNA ribosomal RNA(rRNA)	细胞核、胞质溶胶、线粒体	构成核糖体
非编码 RNA non-coding RNA(ncRNA)	细胞核、胞质溶胶	参与 hnRNA 的剪接和转运以及 tRNA 的加工和修饰

一、mRNA 是蛋白质生物合成的模板

20 世纪 40 年代,科学家发现细胞质内蛋白质的合成速度与 RNA 水平相关。1960 年,Jacob F. 和 Monod J. 等人用放射性核素示踪实验证实,一类大小不一的 RNA 才是细胞内合成蛋白质的真正模板。后来这类 RNA 被证明是在核内以 DNA 为模板合成得到的,然后转移至细胞质内。这类 RNA 被命名为信使 RNA(messenger RNA,mRNA)。

在生物体内,mRNA 的丰度最小,占细胞 RNA 总量的 2%~5%。但是 mRNA 的种类最多,约有 10^5 种之多,而且它们的大小也各不相同。在所有的 RNA 中,mRNA 的寿命最短。真核细胞在细胞核内新生成的 mRNA 的初级产物比成熟的 mRNA 大得多,称为核内不均一 RNA(heterogeneous nuclear RNA,hnRNA)。hnRNA 经过一系列的加工处理成为成熟的 mRNA。真核生物的 mRNA 的一般结构如图 2-17 所示。

图 2-17　真核生物 mRNA 的结构示意图

1. 真核生物 mRNA 的 5′-端有特殊帽结构　大部分真核生物 mRNA 的 5′-端有一反式的 7-甲基鸟嘌呤-三磷酸核苷(m^7Gppp),称为 5′-帽结构(5′-cap structure)。原核生物 mRNA 没有这种特殊的帽结构(图 2-18)。mRNA 的帽结构可以与一类称为帽结合蛋白(cap-binding protein,CBP)的分子结合形成复合体。这种复合体有助于维持 mRNA 的稳定性,协同 mRNA 从细胞核向细胞质转运,以及

图 2-18   真核生物 mRNA 的 5′-帽结构

在蛋白质生物合成中促进核糖体和翻译起始因子的结合。

2. 真核生物 mRNA 的 3′-端有多聚腺苷酸尾   在真核生物 mRNA 的 3′-端,有一段由 80~250 个腺苷酸连接而成的多聚腺苷酸结构,称为多聚腺苷酸尾或多 A 尾[poly（A）-tail]。mRNA 的多 A 尾在细胞内与 poly（A）结合蛋白[poly（A）-binding protein,PABP]结合,每 10~20 个腺苷酸结合一个 PABP 单体。目前认为,这种 3′-多 A 尾结构和 5′-帽结构共同维持 mRNA 的稳定性,负责 mRNA 从细胞核向细胞质的转运以及翻译起始的调控。去除 3′-多 A 尾和 5′-帽结构可导致细胞内的 mRNA 迅速降解。

多数原核生物 mRNA 也有 poly（A）尾。与真核生物不同的是,原核生物 mRNA 的 poly（A）尾可以含有 4 种不同的核苷酸,而以 A 的含量最高,长度一般不超过 15 个 A,其作用也与真核生物 mRNA 的 poly（A）尾不同。

3. mRNA 的碱基序列决定蛋白质的氨基酸序列   mRNA 为蛋白质的生物合成提供模板。成熟的 mRNA 由编码区和非编码区组成。编码区是成熟 mRNA 的 5′-端起的第一个 AUG（起始密码子）与终止密码子之间的核苷酸序列,此序列决定多肽链的氨基酸序列,称为可读框（open reading frame,ORF）。可读框的两侧是非编码序列或称非翻译区（untranslated region,UTR）,5′-端和 3′-端的非翻译区分别称作 5′-UTR 和 3′-UTR。

二、tRNA 是蛋白质合成中的氨基酸转运载体

转运 RNA（transfer RNA,tRNA）作为活化氨基酸的载体,参与蛋白质的生物合成。tRNA 占细胞总 RNA 的 15%,并具有较好的稳定性。目前已知的 tRNA 都是由 74~95 个核苷酸组成的。一种 tRNA 只能携带一种氨基酸,但是一种氨基酸可以对应一种以上的 tRNA。运载同一种氨基酸的 tRNA 称为同工 tRNA（isoacceptor tRNA）。尽管每一种 tRNA 都有特定的碱基组成和空间结构,但是它们具有一些共性。

1. tRNA 含有多种稀有碱基   稀有碱基（rare base）是指除 A、G、C、U 外的一些碱基,包括双氢尿嘧啶（DHU）、假尿嘧啶核苷（pseudouridine,ψ）和甲基化的嘌呤（m⁷G,m⁷A）等（图 2-19）。正常的嘧啶是杂环的 N-1 原子与戊糖的 C-1′ 原子连接形成糖苷键,而假尿嘧啶核苷则是杂环的 C-5 原子与戊糖的 C-1′ 原子相连。tRNA 中的稀有碱基占所有碱基的 10%~20%。tRNA 分子中的稀有碱基均是转录后修饰而成的。

2. tRNA 含有茎-环结构　tRNA 存在着一些核苷酸序列，能够通过互补配对的原则，形成局部的、链内的双螺旋结构。这些双螺旋结构中不能配对的序列则膨出形成环状或襻状结构。这样的结构称为茎-环结构（stem-loop structure）或发夹结构（hairpin structure）。这些茎-环结构的存在使tRNA 的二级结构呈现似三叶草（cloverleaf）的形状（图 2-20）。位于两侧的茎-环结构含有稀有碱基，

图 2-19　tRNA 分子中的稀有碱基

因此它们依据各自特有的碱基种类分别称为 DHU 环和 TψC 环。位于下方的茎-环结构是反密码子环（anticodon loop）。位于上方的则是氨基酸接纳茎（acceptor stem），亦称氨基酸臂。虽然 TψC 环与DHU 环在三叶草形的二级结构上各处一方，但是氢键的作用使得它们在空间上相距很近。X 射线衍射图像分析表明，所有的 tRNA 具有相似的倒 L 形的空间结构。

图 2-20　tRNA 的二级结构和三级结构

（a）tRNA 的二级结构似三叶草，具有四个茎和四个环结构，其中 3′-端的腺苷酸是氨基酸的连接位点；
（b）tRNA 的三级结构呈倒 L 形。

3. tRNA 的 3′-端可连接氨基酸　5′-末端的 7 个核苷酸和靠近 3′-端的一段形成了 tRNA 的氨基酸接纳茎。所有 tRNA 的 3′-端都是以 CCA 三个核苷酸结束的，它是在 tRNA 核苷酸转移酶（nucleotidyl transferase）催化下接到 tRNA 的 3′-末端的一个未成对的碱基上，因此 tRNA 的 3′-端有 4 个未成对的核苷酸。氨基酸通过酯键连接在腺嘌呤核苷酸的 2′ 或 3′-羟基上，生成氨酰 tRNA。此时，tRNA 成为氨基酸的载体，而连接在 tRNA 的氨基酸则称为被活化的氨基酸。有些氨基酸只有一种 tRNA 作为载体，而有的则可有几种 tRNA 作为载体，以适应 mRNA 所具有的密码子简并性。不同氨基酸 tRNA 的命名是在 tRNA 的右上角标注 3 个字母的氨基酸英文简称，如酪氨酸的 tRNA 是 tRNA^{Tyr}。

4. tRNA 的反密码子能够识别 mRNA 密码子　tRNA 的反密码子环由 7~9 个核苷酸组成，其中居中的 3 个核苷酸构成了一个反密码子。次黄嘌呤核苷酸（也称肌苷酸，缩写成 I）常出现于反密码子中。这个反密码子可以通过碱基互补的原则关系识别 mRNA 的密码子。例如，携带酪氨酸的tRNA 反密码子是 -GUA-，可以与 mRNA 上编码酪氨酸的密码子 -UAC- 互补配对（图 2-21）。在蛋白质生物合成中，氨酰 tRNA 的反密码子依靠碱基互补的方式辨认 mRNA 的密码子，从而正确地选择活化氨基酸进行肽链的合成（详见第十七章）。

三、rRNA 参与组成的核糖体是蛋白质生物合成的场所

核糖体 RNA（ribosomal RNA，rRNA）是细胞内含量最多的 RNA，约占 RNA 总量的 80% 以上。rRNA 与核糖体蛋白（ribosomal protein）共同构成核糖体（ribosome），它为蛋白质生物合成所需要的 mRNA、tRNA 以及多种蛋白质因子提供了相互结合和相互作用的空间环境。

原核生物有 3 种 rRNA，依照分子量的大小分为 5S、16S、23S（S 是大分子物质在超速离心沉降中的沉降系数）。它们与不同的核糖体蛋白结合分别形成了核糖体的大亚基（large subunit）和小亚基（small subunit）。真核生物的 4 种 rRNA 也利用相类似的方式构成了核糖体的大亚基和小亚基（表 2-5）。将纯化的核糖体蛋白和 rRNA 在试管内混合，不需加入酶或 ATP 就可以自动组装成有活性的大亚基和小亚基。

图 2-21　tRNA 反密码子与 mRNA 密码子相互识别示意图

在蛋白质生物合成过程中，通过正确的碱基配对，mRNA 密码子与 tRNA 所携带的氨基酸之间建立了一一对应的关系。

表 2-5　核糖体的组成

组成	原核生物（以大肠埃希菌为例）	真核生物（以小鼠肝为例）
小亚基	30S	40S
rRNA	16S　1 542 个核苷酸	18S　1 874 个核苷酸
蛋白质	21 种　占总重量的 40%	33 种　占总重量的 50%
大亚基	50S	60S
rRNA	23S　2 940 个核苷酸	28S　4 718 个核苷酸
	5S　120 个核苷酸	5.8S　160 个核苷酸
		5S　120 个核苷酸
蛋白质	31 种　占总重量的 30%	49 种　占总重量的 35%

人们已经测定了 rRNA 的核苷酸序列，并推测出了它们的空间结构，如真核生物 18S rRNA 的二级结构呈花状（图 2-22）。众多的茎-环结构为核糖体蛋白的结合和组装提供了结构基础。原核生物 16S rRNA 的二级结构也极为相似。

四、组成型非编码 RNA 直接或间接参与蛋白质合成

在上述三种 RNA 中，mRNA 是编码 RNA，tRNA 和 rRNA 都是非编码 RNA，除此之外，真核细胞中还存在着其他类型的非编码 RNA（non-coding RNA，ncRNA）。非编码 RNA 是指不能翻译为蛋白质的功能性 RNA 分子，作为关键因子参与调控细胞内部分生理及病理过程，大致可以分为管家非编码 RNA（housekeeping non-coding RNA）和调控型非编码 RNA（regulatory non-coding RNA）。

管家非编码 RNA 属于组成型表达，故也称为组成型非编码 RNA。这些 RNA 都直接或间接地参与了蛋白质的合成。目前已报道管家非编码 RNA 种类较多，除 tRNA 和 rRNA 外，还包含很多其他类型。

1. **指导 RNA 参与 mRNA 编辑** 指导 RNA（guide RNA，gRNA）由独立的基因转录而来，其序列与被编辑的 mRNA 互补。在 mRNA 编辑过程中，gRNA 与被编辑的 mRNA 结合并指导在 mRNA 中加入 U，引起移码和阅读框的改变。

2. **转运-信使 RNA 兼具 tRNA 和 mRNA 的功能** 转运-信使 RNA（transfer-messenger RNA，tmRNA）是原核生物的一种特殊 RNA，其 5′ 和 3′ 末端具有类似 tRNA 的茎-环结构，中间具有编码序列，功能上既可转运氨基酸，又可当作翻译的模板。在翻译无法正常终止时，tmRNA 可以引导核糖体的释放。

图 2-22 真核生物的 18S rRNA 的二级结构

众多的茎-环结构为蛋白质的相互作用提供了结构基础。

3. **端粒酶 RNA 是端粒复制的模板** 端粒是真核细胞染色体 DNA 末端的重复序列，会因复制的进行而不断缩短。端粒酶具有逆转录酶活性，可以利用自身携带的 RNA 作为模板合成 DNA，从而延长端粒（详见第十五章）。

4. **胞质小 RNA 参与蛋白质的转运** 胞质小 RNA（small cytoplasmic RNA，scRNA）存在于细胞质中，与 6 种蛋白质共同形成信号识别颗粒（signal recognition particle，SRP），引导含有信号肽的蛋白质进入内质网定位合成（详见第十七章）。

5. **核内小 RNA 参与 RNA 的剪接** 核内小 RNA（small nuclear RNA，snRNA）有 5 种，分别称为 U1、U2、U4、U5、U6。它们均位于细胞核内，与多种蛋白质形成复合体，识别 hnRNA 上外显子和内含子的接点，参与真核细胞 hnRNA 的内含子加工剪接（详见第十六章）。

6. **核仁小 RNA 参与 rRNA 的加工** 核仁小 RNA（small nucleolar RNA，snoRNA）定位于核仁，主要参与 rRNA 的甲基化和假尿嘧啶合成。rRNA 中约 5% 的核糖 C-2′ 被甲基化。参与甲基化修饰的酶中含有 C/D 类的 snoRNA，其中 C 代表 RUGAUGA 保守序列（R 代表 A 或 G），D 代表 CUGA 保守序列。rRNA 中的尿嘧啶可在假尿苷合酶（pseudouridine synthase）作用下，由 N-1 与 C-1′ 连接变位成 C-5 与 C-1′ 连接，形成假尿嘧啶核苷（pseudouridine，ψ）。此过程需 H/ACA snoRNA 的参与，其 3′-末端含有 ACA 保守序列。

五、调控型非编码 RNA 参与基因表达的调控

具有调控作用的非编码 RNA 按其大小分为两类：长链非编码 RNA（long non-coding RNA，lncRNA）和短链非编码 RNA（short non-coding RNA，sncRNA）。通常将长度大于 200nt 的非编码 RNA 称为 lncRNA，而短链非编码 RNA 的长度一般小于 200nt。sncRNA 包括 siRNA、miRNA 和 piRNA。

调控型非编码 RNA 参与转录调控、RNA 的剪切和修饰、mRNA 的稳定和翻译调控、蛋白质的稳定和转运、染色体的形成和结构稳定等细胞重要功能，进而调控胚胎发育、组织分化、器官形成等基本的生命活动，以及某些疾病（如肿瘤、神经系统疾病等）的发生和发展过程。调控型非编码 RNA 大致有 4 种（表 2-6）。

1. **lncRNA 具有多样化的生物学功能** lncRNA 一般是指大于 200nt 的 RNA，在结构上类似于 mRNA，但序列中不存在开放读框，不参与或很少参与蛋白质的编码。lncRNA 位于细胞核内或细胞质内，有多种不同的来源（详见第十六章）。lncRNA 具有复杂的生物学功能，并与一些疾病的发病机制密切相关。它可以与 DNA、RNA 或蛋白质发生相互作用，参与转录调控、翻译调控、表观遗传修饰、翻译后修饰和 RNA 与蛋白质稳定性调节等多种生物学过程。最新的研究还发现，lncRNA 可以与雄

表2-6　调控型非编码 RNA 的种类及生物学功能

种类	长度	来源	主要功能
lncRNA	>200nt	多种途径	功能多样
miRNA	~22nt	含发夹结构的 pre-miRNA	基因沉默
siRNA	~22nt	长双链 RNA	基因沉默
piRNA	~30nt	长单链前体或起始转录产物等多途径	基因沉默

激素受体结合,参与相关的信号转导途径。lncRNA 的相关功能仍有待进一步研究。

2. **微 RNA 是内源性的基因表达调节物**　微 RNA(microRNA,miRNA)是一类长度在 22nt 左右的单链 RNA,由细胞的特定基因编码,经转录和 Dicer 酶剪切加工后形成。miRNA 的特点主要表现为保守性、基因簇集现象和特异性表达。到目前为止,约 2 000 个 miRNA 从蠕虫、蝇类、人类体内鉴别出来。miRNA 对基因表达、细胞周期调控乃至发育都产生深远而复杂的影响。miRNA 是由相应的基因转录后加工而成(详见第十六章)。成熟的 miRNA 通过与特定的蛋白质形成复合物而在转录后水平调控基因的表达(详见第十九章)。

3. **小干扰 RNA**　小干扰 RNA(small interfering RNA,siRNA)分为内源性和外源性。外源性 siRNA 来源于外源入侵基因表达的长的双链 RNA 分子(包括 RNA 病毒复制子、转座子或转基因靶点等),经 Dicer 酶剪切为具有特定长度和特定序列的小片段 RNA,装载至 AGO 蛋白,诱导相应 mRNA 降解。

与 miRNA 不同,真核细胞内没有特定的基因编码内源性 siRNA。细胞内的各种 RNA 分子可通过分子内或分子间的互补序列结合,形成双链 RNA 分子或局部的 RNA 双链。当双链中存在可被 Dicer 酶识别的序列时,就可被 Dicer 酶识别、加工,产生内源性 siRNA(详见第十六章)。

4. **piRNA 在哺乳动物生殖细胞中调节基因沉默**　piRNA 是从哺乳动物生殖细胞中分离得到的一类长度约为 30nt 的小 RNA。这种小 RNA 与 Piwi 蛋白家族成员相结合才能发挥它的调控作用,故命名为 piRNA(Piwi interacting RNA)。目前认为,piRNA 主要存在于哺乳动物的生殖细胞和干细胞中,通过与 Piwi 亚家族蛋白结合形成 piRNA 复合物(piRC)来调控基因沉默。

六、特殊 RNA 可具有酶的催化活性

1926 年,Sumner J. B. 首次从刀豆中分离出脲酶结晶,证明酶的本质是蛋白质,长期以来,这一直是人们的共识。但是,20 世纪 80 年代,Cech T. R. 和 Altman S. 各自独立地发现了具有催化活性的 RNA,从根本上改变了人们对酶的认识。

1982 年,Cech T. R. 等在研究四膜虫 rRNA 剪接时发现,rRNA 前体在鸟苷酸和 Mg^{2+} 存在时可自发切除 413 个核苷酸的内含子,并将两个外显子拼接起来,反应过程不需要任何蛋白质的参与。Cech T. R. 将这种具有催化活性的 RNA 定义为核酶(ribozyme),以区别于传统的具有催化活性的蛋白质。

RNase P 是用于加工 tRNA 前体 5′-端的核酸内切酶,由 RNA 和蛋白质两部分组成。1983 年,Altman S. 等发现,在高浓度 Mg^{2+} 条件下,大肠埃希菌 RNase P 的 RNA 组分可表现出催化 tRNA 前体成熟的活性,而蛋白质组分在任何情况下都无此催化活性。

此后,多种不同形式的核酶陆续被发现。按照核酶作用方式的不同,可以将其分为催化分子内反应和催化分子间反应两种类型。第一种类型主要是自我剪接和自我剪切,如四膜虫 rRNA 等的自我剪接以及在一些 RNA 病毒中发现的基因组的自我剪切加工;第二种类型比较少见,如 RNase P 对 tRNA 的剪切以及 23S rRNA 的肽酰基转移酶活性。

核酶的发现具有重要的生物学意义。据推测,具有催化活性的 RNA 很可能是生物进化过程中残存的分子“化石”,在早期的生命形式中,具有催化活性的生物分子可能就是核酸。通过对核酶作用机制的研究,还可以指导我们设计并人工合成核酶,专一性降解特定的靶序列,从而达到抗病毒的目的。

第四节　核酸的理化特性与分子间相互作用

　　作为一种生物大分子,核酸的功能也是由其结构所决定并受结构变化的影响。对核酸的理化性质和结构变化特点的了解,不仅能够加深对核酸结构与功能的认识,而且能衍生出许多在医学研究中有重要价值的概念、技术和研究策略。

一、核酸的分子结构决定其基本物理特性

　　核酸特殊的分子结构还决定了核酸的各种物理特性。核酸为多元酸,具有较强的酸性。DNA 和 RNA 都是线性高分子,因此它们溶液的黏滞度极大。在提取高分子量 DNA 时,DNA 在机械力的作用下易发生断裂,为基因组 DNA 的提取带来一定困难。一般而言,RNA 远小于 DNA,溶液的黏滞度也小得多。

　　溶液中的核酸分子在引力场中可以下沉。在超速离心形成的引力场中,环状、超螺旋和线性等不同构象的核酸分子的沉降速率有很大差异,这是超速离心法提取和纯化核酸的理论基础。

二、核酸分子具有强烈的紫外吸收特性

　　嘌呤和嘧啶都含有共轭双键。因此,碱基、核苷、核苷酸和核酸在紫外波段有较强的光吸收。在中性条件下,它们的最大吸收值在 260nm 附近(图 2-23)。根据 260nm 处的吸光度(absorbance,A_{260})

图 2-23　5 种碱基的紫外线吸收光谱(pH 7.0)

或光密度（optical density, OD_{260}），可以确定出溶液中的 DNA 或 RNA 的含量。利用 260nm 与 280nm 的吸光度比值（A_{260}/A_{280}）还可以判断所提取的核酸样品的纯度，DNA 纯品的 A_{260}/A_{280} 应为 1.8；而 RNA 纯品的 A_{260}/A_{280} 应为 2.0。

三、核酸双链可以变性解离为单链

某些理化因素（温度、pH、离子强度等）会导致 DNA 双链互补碱基对之间的氢键发生断裂，使 DNA 双链解离为单链。这种现象称为 DNA 变性（DNA denaturation）。虽然 DNA 变性破坏了 DNA 的空间结构，但不会改变它的核苷酸序列（图 2-24）。

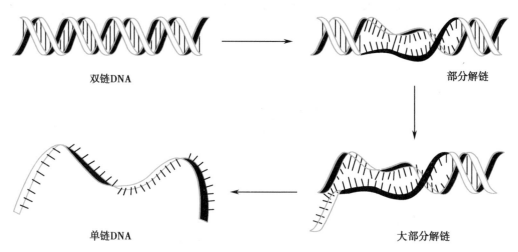

图 2-24   DNA 解链过程示意图

在变性条件下，DNA 双链经历部分解链，大部分解链，直到全部解离为两条单链。

双链 RNA 也可以变性解离成为单链 RNA。

在 DNA 解链过程中，由于有更多的共轭双键暴露出来，DNA 溶液在 260nm 处的吸光度也随之增加。这种现象称为 DNA 的增色效应（hyperchromic effect）（图 2-25）。测量 DNA 溶液在 260nm 处的吸光度变化是判定 DNA 双链是否发生变性的一个最简单和常用的方法。实验室最常用的使 DNA 变性的方法之一是加热。以在 260nm 处的吸光度（A_{260}，或称光密度，OD_{260}）相对于温度作图，所得的曲

图 2-25   DNA 变性的增色效应和解链曲线

线称为 DNA 的解链曲线（melting curve）（图 2-25）。从曲线中可以看出，DNA 双链从开始解链到完全解链，是在一个相当窄的温度范围内完成的。在解链过程中，紫外吸光度的变化 ΔA_{260} 或 ΔOD_{260} 达到最大变化值的一半时所对应的温度定义为 DNA 的解链温度或熔解温度（melting temperature，T_m）。在此温度时，50% 的 DNA 双链解离成为单链。DNA 的 T_m 值与 DNA 链的长度、GC 含量以及溶液的离子强度等相关。GC 的含量越高，T_m 值越高；离子强度越高，T_m 值也越高。T_m 值可以根据 DNA 的长度、GC 含量以及离子浓度来计算。小于 20bp 寡核苷酸片段的 T_m 值可用公式 $T_m=4（G+C）+2（A+T）$ 来估算，其中 G、C、A 和 T 是寡核苷酸片段中所含相应碱基的个数。

四、变性的核酸可以复性成双链

当变性条件缓慢地除去后，两条解离的互补链可重新互补配对，恢复为原来的双螺旋结构，这一现象称为复性（renaturation）。例如，热变性的 DNA 经缓慢冷却后可以复性，这一过程也称为退火（annealing）。如果将热变性的 DNA 迅速冷却至 4℃以下，两条解离的互补链则不能形成双链，所以 DNA 不能发生复性。这一特性被用来保持 DNA 的变性状态。

如果将不同种类的单链 DNA 或 RNA 放在同一溶液中，只要两种核酸单链之间存在着一定程度的碱基配对关系，它们就有可能形成杂化双链（heteroduplex）。这种杂化双链可以在不同的 DNA 单链之间形成，也可以在 RNA 单链之间形成，或者在 DNA 单链和 RNA 单链之间形成（图 2-26）。这种现象称为核酸杂交（nucleic acid hybridization）。核酸分子杂交是分子生物学的常用实验技术。这一原理可以用来研究 DNA 片段在基因组中的定位、鉴定核酸分子间的序列相似性、检测靶基因在待检样品中存在与否等。DNA 印迹、RNA 印迹、斑点印迹、PCR 扩增、基因芯片等核酸检测手段都是利用了核酸分子杂交的原理（详见第二十一章）。

图 2-26　核酸分子复性和杂交的示意图

来自不同样品的双链 DNA₁ 和双链 DNA₂ 解离后，如果它们有同源序列，当温度缓慢降低时，单链的 DNA₁ 可以和单链的 DNA₂ 形成互补的杂化双链。

五、核酸可与其他分子发生相互作用

除了核酸分子之间杂交之外，核酸还可以与周围环境中的分子发生各种各样的相互作用。这些分子可以是有机小分子，也可以是生物大分子。这些相互作用可以是特异性的，也可以是非特异性的。作用的方式可以是共价的，也可以是非共价的。作用部位可以是核酸的碱基或磷酸骨架，也可以是戊糖环。

核酸与核酸分子间相互作用的最好例子是 mRNA 的加工。snRNA 的 U1 特异性地识别 hnRNA 内含子中 5′-端的 GU 序列，U2 识别内含子中的腺苷酸分支点，U4、U5 和 U6 的加入使 hnRNA 内含子形成了套索结构，并在 U2/U6 的催化下完成了转酯反应，剔除内含子，连接相邻的两个外显子（详见第十六章）。

核酸与蛋白质的相互作用是核酸发挥其生物学功能的重要条件。DNA 双螺旋的大沟足以容纳蛋白质的 α-螺旋结构，它的磷酸骨架和碱基上的化学基团可以与蛋白质残基侧链基团形成氢键或产生离子相互作用。基因表达及其调控都需要通过蛋白质与核酸的相互作用而得以实现。例如,RNA聚合酶和一些转录因子特异性地结合到基因的启动子上,进而启动转录过程。另外,许多基因表达调控蛋白都是通过结合特定的 DNA 序列而发挥对基因表达的调控作用。

DNA 也可以与有机小分子以沟槽结合、嵌插结合和黏附结合的方式发生相互作用。沟槽结合是有机小分子在核酸双螺旋小沟一侧,与 AT 碱基对中的胸腺嘧啶 C-2 的羰基氧或腺嘌呤 N-3 形成氢键。抗肿瘤药物分子多以这种方式结合在原癌基因上。嵌插结合是具有平面特征的小分子嵌插在相邻的两个碱基对之间。它们的作用是结合 DNA 后,阻滞或抑制 DNA 的复制、DNA 的转录以及蛋白质的生物合成,从而达到遏制细胞生长的目的。极性小分子也可以通过离子作用结合在 DNA 双螺旋结构的表面,但是一般不具有序列特异性。

六、核酸可以被化学修饰

核酸的结构决定核酸的功能。在通过复制或转录产生 DNA 或 RNA 分子后,这些分子的结构不是一成不变的。核酸分子可以在碱基、磷酸骨架和戊糖上发生化学修饰,从而可以控制、改变,甚至消除核酸的功能。

最常见的化学修饰是 DNA 甲基化。在甲基转移酶的作用下,鸟嘌呤 N-7 原子、腺嘌呤 N-6 原子以及胞嘧啶 C-5 原子都可以被甲基化。甲基化修饰可提高 DNA 的稳定性,使生物能够保护自身的遗传稳定性。而在基因转录调控区的 DNA 序列中,CpG 岛(CpG island)的甲基化修饰是控制基因表达的重要方式。mRNA 同样可以发生碱基的甲基化修饰,并影响 mRNA 的加工、转运、翻译和降解。

在戊糖环上的化学修饰多是核苷酸 C-2′ 原子的羟基甲基化。

化学修饰还包括脱去某些化学基团,例如脱氨酶可以脱去胞嘧啶上的氨基使其成为尿嘧啶。紫外线和放射性等辐射可能造成 DNA 链中相邻的嘧啶碱基之间发生链内的共价交联,形成嘧啶二聚体,其结果是使 DNA 丧失了复制的能力。DNA 的磷酸骨架中还能够发生磷硫酰化修饰,导致 DNA 降解而失去功能。

七、核酸酶可以催化核酸水解

核酸酶是所有可以水解核酸的酶。依据核酸酶底物的不同可以将其分为脱氧核糖核酸酶(deoxyribonuclease,DNase),又称 DNA 酶,以及核糖核酸酶(ribonuclease,RNase),又称 RNA 酶。DNA酶能够专一性地催化脱氧核糖核酸的水解,而 RNA 酶能够专一性地催化核糖核酸的水解。按照对底物二级结构的专一性,核酸酶还有单链酶和双链酶之分。

依据对底物的作用方式可将核酸酶分为核酸外切酶(exonuclease)和核酸内切酶(endonuclease)。核酸外切酶仅能水解位于核酸分子链末端的磷酸二酯键。根据其作用的方向性,它们还有 5′→3′ 核酸外切酶和 3′→5′ 核酸外切酶之分。从 5′-端开始切除核苷酸的称为 5′→3′ 核酸外切酶,从 3′-端开始切除核苷酸的称为 3′→5′ 核酸外切酶。而核酸内切酶只可以在 DNA 或 RNA 分子链的内部水解磷酸二酯键。有些核酸内切酶要求酶切位点具有核酸序列特异性,称为限制性核酸内切酶(restriction endonuclease,RE)。一般而言,酶切位点的核酸序列具有回文结构,核酸序列的长度为 4~8bp。限制性核酸内切酶识别该序列后,可以将两条 DNA 单链同时切断(详见第二十二章)。此外,有些核酸内切酶则没有序列特异性。

细胞内的核酸酶一方面参与 DNA 的合成与修复及 RNA 合成后的剪接等重要的基因复制和基因表达过程;另一方面负责清除多余的、结构和功能异常的核酸,同时也可清除侵入细胞的外源性核酸,这些作用对于维持细胞的正常活动具有重要意义。核酸酶可以分泌到细胞外,例如在人体消化液中的核酸酶可以降解食物中的核酸。特别是限制性核酸内切酶,由于它能够特异性地识别酶切位点,已经成为分子生物学研究中的重要工具酶。目前已发现的限制性内切酶约有 3 000 种。

有些核酸酶属于多功能酶。例如,有些 DNA 聚合酶同时具有核酸外切酶活性,在 DNA 复制过程中可以切除错配的碱基,保证 DNA 生物合成的精确性。

小结

核苷酸由碱基、戊糖和磷酸基团组成。它们通过糖苷键和磷酸酯键连接在一起形成核苷酸。DNA 和 RNA 是线性的多聚核苷酸生物大分子。DNA 由含有 A、G、C 和 T 的脱氧核糖核苷酸组成,而 RNA 由含有 A、G、C 和 U 的核糖核苷酸组成。

DNA 由两条反向平行的多聚脱氧核糖核苷酸链组成,DNA 的一级结构是核苷酸从 5′-端到 3′-端的排列顺序。DNA 的二级结构是双螺旋结构。形成双螺旋结构后,DNA 在真核细胞内还将进一步折叠成核小体、螺旋管、染色质纤维空管,最后组装成为染色体。DNA 的生物学功能作为生物遗传信息的载体。

RNA 包括 mRNA、tRNA、rRNA 及其他非编码 RNA。成熟的 mRNA 是蛋白质生物合成的模板。tRNA 在蛋白质合成过程中作为活化氨基酸的运载体。rRNA 与核糖体蛋白组成核糖体,为蛋白质生物合成提供场所。其他非编码 RNA 则具有种类、结构和功能的多样性,是基因表达调控中必不可少的分子。

碱基、核苷、核苷酸和核酸都具有强烈的紫外吸收特性。双链 DNA 可以解离成为两条单链,即发生变性。50% 的 DNA 双链解离时的温度称为 DNA 的解链温度(T_m)。在适当条件下,热变性的两条 DNA 互补单链可重新形成 DNA 双链,称为复性。无论是 DNA 还是 RNA,只要它们满足碱基配对关系,就可以形成 DNA-DNA、RNA-RNA,或 RNA-DNA 的杂化双链,即互补杂交。

(徐 磊)

思考题

1. 一些抗肿瘤或抗病毒药物往往是核苷的类似物。请查询一些抗肿瘤药物或抗病毒药物的分子结构,并尝试分析它们为什么能够抑制 DNA 或 RNA 的合成。

2. 根据核酸的结构,DNA 与 RNA 均可通过碱基互补配对形成双链。但是在细胞中,DNA 分子均为双链,而 RNA 分子绝大部分是单链,其生物学意义何在?

第三章

酶与酶促反应

【本章要点】

1. 基本概念：多酶体系、缀合酶、酶的活性中心、同工酶、酶原、米氏常数；
2. 酶对底物的专一性和多元催化作用；
3. 影响酶促反应速率的因素及其影响机制；
4. 酶活性的别构调节和化学修饰调节；
5. 酶在疾病的发生、诊断及治疗中的作用。

酶（enzyme）是具有催化功能的蛋白质。有些 RNA 也具有催化作用，这样的 RNA 称为核酶（ribozyme）（详见第二章）。1810 年，法国化学家 Gay-Lussac J. L. 发现酵母能把糖转变为乙醇。1833 年，法国科学家 Payen A. 和 Personz J. 从麦芽中提取出一种能使淀粉水解产生葡萄糖的物质，并将这种物质称为淀粉酶（diastase）。1857 年，法国著名科学家 Pasteur L. 认为发酵是酵母细胞中酵素（ferment）催化的结果。1878 年，德国生理化学家 Kühne F. W. 提出 enzyme 一词，中文译作酶。1897 年，德国生物学家 Büchner E. 成功地用酵母提取液实现了发酵。1926 年，美国科学家 Sumner J. B. 首次从刀豆中得到脲酶结晶，并证明脲酶是蛋白质。至今，人们已陆续发现了数千余种酶。

生物体内的物质代谢过程几乎都是在酶的催化下进行的。随着人们对酶的分子结构与功能、酶促反应动力学等研究的深入和发展，逐步形成了一门专门学科——酶学（enzymology）。酶与医学的关系十分密切，人体许多疾病与酶的异常密切相关，有多种酶被用于疾病的诊断和治疗。酶学研究不仅在医学领域具有重要意义，而且对科学实践、工农业生产实践亦影响深远。

第一节　酶的分子结构与功能

酶的化学本质是蛋白质。酶与其他蛋白质一样，具有一级、二级、三级，乃至四级结构。单纯酶即为单纯蛋白质，结合酶则是结合蛋白质。酶分子的结构决定其功能，酶蛋白的结构差异是其形成不同功能特点的基础。

框 3-1

酶是蛋白质的证明

1926 年，美国生物化学家 Sumner J. B.（1887—1955）首次成功地从南美热带植物刀豆中分离结晶出脲酶，并证明脲酶是蛋白质，进而推测所有的酶都是蛋白质。由于缺乏其他实验例证，因此存在着长期争论。Northrop J. H.（1891—1987）也是美国生物化学家，他主要研究酶的分离纯化与结晶。1930—1938 年，他先后将胃蛋白酶、胰蛋白酶及其他消化酶结晶出来，并发现它们也是蛋白质，从而结束了有关酶的化学本质的争论。由于他们对酶学研究的突出贡献，他们与从烟草花叶病毒中纯化出核蛋白的美国生物化学家 Stanley W. M.（1904—1971）共同分享了 1946 年的诺贝尔化学奖。

一、酶具有不同的蛋白结构和组织形式

不同的酶具有不同的蛋白结构和组织形式，因而造就了不同的催化功能。

（一）单体酶仅含有一条多肽链

由一条多肽链构成的酶称为单体酶（monomeric enzyme），如牛胰核糖核酸酶 A、溶菌酶、羧肽酶 A 等。

（二）寡聚酶含有两条或两条以上多肽链

寡聚酶（oligomeric enzyme）是由两条或两条以上相同或不同的多肽链（即亚基）通过非共价键相互作用组成的酶。绝大多数寡聚酶含偶数亚基，但个别寡聚酶含奇数亚基。例如，蛋白激酶 A 和磷酸果糖激酶-1 均含有 4 个亚基，荧光素酶含有 3 个亚基。

（三）多酶体系是由几种催化功能不同的酶彼此聚合而成

多酶体系（multienzyme system）是由几种催化功能不同的酶彼此聚合而成的多酶复合物（multienzyme complex）。构成多酶体系的各种酶在结构和功能上作为一个整体，其催化过程如同流水线，上一个酶的产物即成为下一个酶的底物，形成连续反应。例如，哺乳动物丙酮酸脱氢酶复合体是由丙酮酸脱氢酶、二氢硫辛酰胺转乙酰酶和二氢硫辛酰胺脱氢酶等构成（详见第七章）。

（四）多功能酶是在一条肽链上含有多种不同催化功能的酶

在一条肽链上含有多个具有催化功能的活性部位，每个活性部位都催化不同化学反应，这样的酶称为多功能酶（multifunctional enzyme），或称串联酶（tandem enzyme）。多功能酶的形成是进化过程中基因融合的结果。例如，哺乳动物体内的脂肪酸合酶复合体是由 2 条相同肽链组成的同二聚体（homodimer），其每条肽链上都含有 6 种酶和 1 个酰基载体蛋白（acyl carrier protein，ACP）结构域，从肽链的 N-端到 C-端依次是：β-酮脂肪酰合酶、丙二酰/乙酰转移酶、水合酶、烯脂肪酰还原酶、β-酮脂肪酰还原酶、ACP 和硫酯酶）（详见第八章）。

二、辅因子是缀合酶的重要组分

根据酶分子的组成，可将酶分为单纯酶和缀合酶。

（一）单纯酶仅含有氨基酸组分

仅由氨基酸残基组成的酶称为单纯酶（simple enzyme）。单纯酶水解后的产物除了氨基酸外，没有其他组分。例如，脲酶、一些消化（蛋白）酶、淀粉酶、脂酶、核糖核酸酶等。

（二）缀合酶既含有蛋白质组分又含有非蛋白质组分

缀合酶（conjugated enzyme）由蛋白质组分和非蛋白质组分共同组成，其中蛋白质部分称为酶蛋白（apoenzyme），非蛋白质部分称为辅因子（cofactor）。酶蛋白主要决定酶催化反应的特异性及其催化机制；辅因子主要决定酶催化反应的类型。酶蛋白与辅因子结合形成的复合物称为全酶（holoenzyme）。酶蛋白和辅因子单独存在时均无催化活性，只有全酶才具有催化作用。

酶的辅因子按其与酶蛋白结合的紧密程度与作用特点不同可分为辅酶（coenzyme）与辅基（prosthetic group）。辅酶与酶蛋白的结合疏松，可以用透析或超滤的方法除去。在酶促反应中，辅酶作为底物接受质子或基团后离开酶蛋白，参加另一酶促反应并将所携带的质子或基团转移出去，或者相反。辅基则与酶蛋白结合紧密，不能通过透析或超滤将其除去。在酶促反应中，辅基不能离开酶蛋白。

酶的辅因子多为小分子的有机化合物或金属离子。作为辅因子的有机化合物多为 B 族维生素的衍生物或铁卟啉化合物，它们在酶促反应中主要参与传递电子、质子（或基团）或起运载体作用（表3-1）。金属离子是最常见的辅因子，如 K^+、Na^+、Mg^{2+}、Cu^{2+}（Cu^+）、Zn^{2+}、Fe^{2+}（Fe^{3+}）、Mn^{2+}等（表3-2）。约 2/3 的酶含有金属离子。有些酶可以同时含有几种不同类型的辅因子，如细胞色素 c 氧化酶既含有血红素又含有 Cu^+/Cu^{2+}，琥珀酸脱氢酶同时含有铁和 FAD。

金属离子可以通过不同方式发挥辅因子的作用:①作为酶活性中心的组成部分参加催化反应,使底物与酶活性中心的必需基团形成正确的空间排列,有利于酶促反应的发生;②作为连接酶与底物的桥梁,形成三元复合物;③中和电荷,减小静电斥力,有利于底物与酶的结合;④通过与酶结合而稳定酶的空间构象,稳定酶的活性中心;⑤在反应中传递电子。有的金属离子与酶结合紧密,提取过程中不易丢失,这类酶称为金属酶(metalloenzyme),如碱性磷酸酶(含 Mg^{2+})等。有的金属离子虽为酶的活性所必需,但与酶的结合并不紧密(可逆结合),甚至仅与底物相连接,这类酶称为金属激活酶(metal activated enzyme)。如己糖激酶催化 ATP 的 γ-磷酸基转移给葡萄糖产生葡萄糖-6-磷酸的反应时,须先形成 Mg^{2+}-ATP-酶中间复合物。

表 3-1　B 族维生素的活性衍生物及其在酶促反应中的作用

B 族维生素	活性衍生物	英文缩写	所转移基团
维生素 B_1	硫胺素焦磷酸	TPP	醛基
维生素 B_2	黄素单核苷酸	FMN	氢原子
	黄素腺嘌呤二核苷酸	FAD	氢原子
维生素 B_6	磷酸吡哆醛	PLP	氨基
维生素 PP	烟酰胺腺嘌呤二核苷酸(辅酶Ⅰ)	NAD	氢原子、电子
	烟酰胺腺嘌呤二核苷酸磷酸(辅酶Ⅱ)	NADP	氢原子、电子
泛酸	辅酶 A	CoA	酰基
	酰基载体蛋白	ACP	酰基
生物素	羧基生物素	—	二氧化碳
叶酸	四氢叶酸	FH_4	一碳单位
维生素 B_{12}	甲基钴胺素	—	甲基
	5′-脱氧腺苷钴胺素	—	邻位碳原子上基团易位

表 3-2　某些金属酶和金属激活酶

金属酶	金属离子	金属激活酶	金属离子
过氧化氢酶	Fe^{2+}	丙酮酸激酶	K^+、Mg^{2+}
过氧化物酶	Fe^{2+}	丙酮酸羧化酶	Mn^{2+}、Zn^{2+}
β-内酰胺酶	Zn^{2+}	蛋白激酶	Mg^{2+}、Mn^{2+}
固氮酶	Mo^{2+}	精氨酸酶	Mn^{2+}
核糖核苷酸还原酶	Mn^{2+}	磷脂酶 C	Ca^{2+}
羧肽酶	Zn^{2+}	细胞色素 c 氧化酶	Cu^{2+}
超氧化物歧化酶	Cu^{2+}、Zn^{2+}、Mn^{3+}	己糖激酶	Mg^{2+}
碳酸酐酶	Zn^{2+}	脲酶	Ni^{2+}

三、酶的活性中心是酶分子中结合底物并催化反应的特定部位

酶活性中心(active center)或活性部位(active site)是酶分子中能与底物特异地结合并催化底物转变为产物的具有特定三维结构的区域。酶的辅因子多参与酶活性中心的组成。

(一)酶分子中的必需基团与酶的活性密切相关

酶分子中存在各种化学基团,其中那些与酶的活性密切相关的基团称作酶的必需基团(essential group)。这些必需基团在一级结构上可能相距较远,但在空间结构上彼此靠近,形成具有一定构象的

空间区域。酶的必需基团常见的有 Ser 的羟基、His 的咪唑基、Cys 的巯基、Asp 的 β-羧基和 Glu 的 γ-羧基等(表 3-3)。

表 3-3 某些酶活性中心上的必需基团

酶	活性中心上的必需基团位置
胰蛋白酶	His42,Ser180,Asp87
弹性蛋白酶	His57,Asp102,Ser195,Asp194,Ile16
羧肽酶	Arg145,Tyr248,Glu270
溶菌酶	Glu35,Asp52,Asp102,Trp108
乳酸脱氢酶	Asp30,Asp53,Lys58,Tyr85,Arg101,Glu140,Arg171,His195,Lys250
α-胰凝乳蛋白酶	His57,Asp102,Asp194,Ser195,Ile16

酶的必需基团有的位于酶的活性中心内,有的位于酶的活性中心外。位于酶活性中心内的必需基团分为结合基团(binding group)和催化基团(catalytic group)。结合基团与底物或产物结合,催化基团催化底物发生化学反应,转变成产物。酶活性中心外的必需基团虽然不直接参与底物结合和催化作用,却为维持酶活性中心的空间构象所必需(图 3-1)。

图 3-1 酶的活性中心示意图

(二)酶活性中心的构象有利于结合底物并催化反应

酶的活性中心是酶分子中很小的具有三维结构的裂隙或凹陷区域,且多由疏水氨基酸残基组成,形成疏水"口袋"(图 3-2)。这种微环境可排除水分子的干扰,有利于结合基团与底物结合、催化基团催化反应。例如,溶菌酶(lysozyme)是一种能有效地催化细菌细胞壁肽聚糖中糖苷键水解的内切糖苷酶,其活性中心是一裂隙结构,可以容纳 6 个 N-乙酰氨基葡糖环(A、B、C、D、E、F)。溶菌酶的催化基团是 35 位 Glu 和 52 位 Asp,催化 D 环的糖苷键断裂,101 位 Asp 和 108 位 Trp 是该酶的结合基团(图 3-3)。

图 3-2 弹性蛋白酶、胰凝乳蛋白酶和胰蛋白酶活性中心"口袋"示意图

图 3-3　溶菌酶的活性中心

四、同工酶催化相同的化学反应

(一) 同工酶是长期进化过程中基因趋异的产物

同工酶(isoenzyme)是指催化的化学反应相同,但酶分子的结构、理化性质乃至免疫学性质不同的一组酶。从分子遗传学角度考量,同工酶也可解释为"由不同基因或复等位基因编码,催化相同反应,但呈现不同理化性质的一组多态型酶"。由同一基因转录的 mRNA 前体经过不同的剪接过程,生成的多种不同 mRNA 翻译产物(一系列酶)也属于同工酶。

下面以动物的乳酸脱氢酶(lactate dehydrogenase,LDH)为例来阐释同工酶的含义。动物的乳酸脱氢酶(LDH)是一种含锌的四聚体酶,催化乳酸与丙酮酸之间的氧化还原反应(详见第七章)。LDH 的亚基有两种类型:骨骼肌型(M 型)和心肌型(H 型)。两型亚基以不同的比例组成 5 种同工酶(图 3-4)。在 LDH 的活性中心附近,两种亚基之间有少数的氨基酸残基不同,如 M 亚基的 30 位为丙氨酸残基,H 亚基则为谷氨酰胺残基;另外,H 亚基中的酸性氨基酸残基较多。这些差别导致 LDH 同工酶在相同 pH 条件下的解离程度不同,分子表面电荷不同。两种亚基的氨基酸序列和构象差异,导致各同工酶对底物的亲和力不同。例如,LDH_1 对乳酸的亲和力较大($K_m=4.1 \times 10^{-3}$mol/L),而 LDH_5 对乳酸的亲和力较小($K_m=14.3 \times 10^{-3}$mol/L),这主要是 H 亚基对乳酸的 K_m 小于 M 亚基的 K_m 的缘故。体外催化反应时,LDH_1 的最适 pH 为 9.8,LDH_5 为 7.8。

图 3-4　乳酸脱氢酶同工酶的亚基组成

（二）同工酶的表达具有时空特异性

同工酶存在于同一个体的不同组织，以及同一细胞的不同亚细胞结构。同一个体不同发育阶段和不同组织器官中，编码不同亚基的基因开放程度不同，合成的亚基种类和数量不同，形成不同的同工酶谱。因此，同工酶在生物体内的表达分布具有时空特异性。例如，大鼠出生前 9 天心肌 LDH 同工酶是 M_4，出生前 5 天转变为 HM_3，出生前 1 天为 H_2M_2 和 HM_3，出生后第 12 天至第 21 天则是 H_3M 和 H_2M_2。成年大鼠心肌 LDH 同工酶主要是 H_4 和 H_3M。表 3-4 列出了人体各组织器官中 LDH 同工酶的分布。

表 3-4　人体各组织器官 LDH 同工酶谱　　　　　　　　（单位:%）

LDH 同工酶	红细胞占酶总活性	白细胞占酶总活性	血清占酶总活性	骨骼肌占酶总活性	心肌占酶总活性	肺占酶总活性	肾占酶总活性	肝占酶总活性	脾占酶总活性
LDH_1（H_4）	43	12	27	0	73	14	43	2	10
LDH_2（H_3M）	44	49	34.7	0	24	34	44	4	25
LDH_3（H_2M_2）	12	33	20.9	5	3	35	12	11	40
LDH_4（HM_3）	1	6	11.7	16	0	5	1	27	20
LDH_5（M_4）	0	0	5.7	79	0	12	0	56	5

（三）测定血清同工酶谱有助于诊断疾病

当组织细胞病变时，该组织细胞的同工酶可释放入血。因此，血浆同工酶活性、同工酶谱分析有助于疾病诊断和预后判定。例如，肌酸激酶（creatine kinase，CK）是由 M 型（肌型）和 B 型（脑型）亚基组成的二聚体酶。脑中含 CK_1（BB 型），心肌中含 CK_2（MB 型），骨骼肌中含 CK_3（MM 型）。CK_2 仅见于心肌，且含量很高，约占人体总 CK 含量的 14%~42%。正常血液中的 CK 主要是 CK_3，几乎不含 CK_2。心肌梗死后 3~6 小时，血中 CK_2 活性升高，12~24 小时达峰值（升高近 6 倍），3~4 天恢复正常。因此，CK_2 常作为临床上心肌梗死的早期诊断指标之一，CK_2 增高的程度能较准确地反映心肌梗死的范围，其高峰出现时间是否提前有助于判断溶栓治疗是否成功。

第二节　酶的工作原理

酶与一般催化剂一样，在化学反应前后都没有质和量的改变，只能催化热力学允许的化学反应；降低反应的活化能；只能加速反应的进程，而不改变反应的平衡点，即不改变反应的平衡常数。由于酶的化学本质是蛋白质，因此酶促反应又具有不同于一般催化剂催化反应的特点和反应机制。

一、化学反应具有热力学和动力学特性

（一）热力学性质涉及反应平衡和能量平衡

1. **反应平衡可用平衡常数来描述**　任何一个化学反应在正向反应与逆向反应速率相等时，反应便不再有产物的净生成，且自由能也最小。这时的化学反应状态称为反应平衡（reaction equilibrium）。反应平衡可用平衡常数（equilibrium constant，K_{eq}）来描述。平衡常数是指化学反应达到平衡时，反应产物浓度积与剩余底物浓度积之比。若有一反应为 $S_1 + S_2 \rightleftharpoons P_1 + P_2$，则其平衡常数为：

$$K_{eq} = \frac{[P_1]_{eq}[P_2]_{eq}}{[S_1]_{eq}[S_2]_{eq}} \qquad (3-1)$$

在一定的温度下，K_{eq} 与反应的初始浓度无关，它反映化学反应的本性。K_{eq} 越大则反应越倾向于产物的生成，即正向反应进行得越完全；K_{eq} 越小则逆向反应的程度越大。所以，K_{eq} 是化学反应可能进行的最大限度的量度。

2. 自由能变是化学反应的动力　化学热力学是研究化学反应过程中能量变化的科学。Gibbs J. W. 综合考虑了焓（enthalpy, H）和熵（entropy, S）两个因素，于1878年提出了一个新的状态函数——自由能（free energy）。自由能是可用于做功的能量。反应物的自由能（G）与其焓、温度（T）和熵相关，等于其焓减去绝对温度和熵的乘积，即 $G=H-TS$。

在生物系统中，生物分子在等温、等压条件下，其化学反应中能量的变化可用自由能变（ΔG）来量度。自由能变是指化学反应中产物与底物之间的自由能之差。

$$\Delta G=G_{产物}-G_{底物}=H_{产物}-H_{底物}-T(S_{产物}-S_{底物})$$

$$\Delta G=\Delta H-T\Delta S \tag{3-2}$$

自由能变是化学反应的动力，影响化学反应的方向。$\Delta G<0$ 的化学反应有能量的释放，释能反应（exergonic reaction）可自发进行。$\Delta G>0$ 的化学反应为吸能反应（endergonic reaction），必须向反应系统中提供足够的能量，化学反应才能进行。如果 $\Delta G=0$，则化学反应的正向与逆向的反应速率相等，反应处于平衡状态。反应的自由能变可以用来预测化学反应发生的可能性和反应自发进行的方向，但不能说明反应进行的快慢。

3. 标准自由能变与平衡常数有关　生物化学常采用标准自由能变（$\Delta G'^\circ$）来研究酶促反应的热力学。标准自由能变是指在标准状况下的自由能变。标准状况设定反应体系的压力为1个大气压（101.3kPa），温度为298K（25℃），pH 为7.0，反应的底物浓度和产物浓度均为 1mol/L。在反应 $S_1+S_2 \rightleftharpoons P_1+P_2$ 中，其自由能变（ΔG）与标准自由能变（$\Delta G'^\circ$）的关系式为：

$$\Delta G = G'^\circ + TR\ln\frac{[P_1][P_2]}{[S_1][S_2]} \tag{3-3}$$

式中 R 为气体常数[8.315J/(mol·K)]，T 为绝对温度（298K，即25℃），$[P_1][P_2]/[S_1][S_2]$ 即为标准状况下的平衡常数 K'_{eq}。此时方程式（3-3）可写成：

$$\Delta G=\Delta G'^\circ+RT\ln K'_{eq} \tag{3-4}$$

从方程式（3-3）可知，ΔG 受底物浓度的影响。在反应达到平衡时，反应的自由能不再变化，即 $\Delta G=0$，由此从方程式（3-4）得到：

$$\Delta G'^\circ=-RT\ln K'_{eq} \tag{3-5}$$

从方程式（3-5）可知，标准自由能变与平衡常数密切相关。具有不同平衡常数的反应具有不同的标准自由能变。已知某反应的平衡常数便可求得该反应的标准自由能变。

（二）动力学性质是对反应速率的描述

反应的自由能变可以预测化学反应的可能性和反应自发进行的方向，但不能说明反应进行的快慢。动力学则是研究化学反应速率及其影响因素的科学。在一定条件下，如果反应体系的总体积在反应中保持不变，反应速率（velocity, v）可用反应体系中底物或产物的浓度随时间进程的变化率来表示。任何反应速率均由底物浓度和速率常数（rate constant, k）所决定。例如，单底物反应 S→P，其反应速率可以表示为 $v=k[S]$；对于双底物反应，$v=k[S_1][S_2]$。

二、酶能够极大地降低反应的活化能

（一）催化剂能降低反应的活化能

1. 活化能是化学反应的能障　任何一种热力学允许的化学反应均有自由能的改变。含自由能较低的反应物（酶学上称为底物）分子，很难发生化学反应。只有达到或超过一定能量水平的分子，才有可能发生相互碰撞并进入化学反应过程，这样的分子称为活化分子。若将低自由能的底物分子（基态）转变为能量较高的过渡态（transition state）分子，化学反应就有可能发生。活化能（activation energy）是指在一定温度下，1mol 底物（substrate）从基态转变成过渡态所需要的自由能，即过渡态中间物比基态底物高出的那部分能量。活化能是化学反应的能障（energy barrier）。欲使反应速率加快，可给予底物活化能(如加热)或降低反应的活化能,从而使基态底物更容易转化为过渡态。与一般催化剂相比,酶能使底物分子获得更少的能量便可进入过渡态,即酶能使反应活化能降低的幅度更大,从而加快反应速率(图3-5)。

图 3-5　酶促反应活化能

2. 活化能的降低可使反应速率呈指数上升　化学反应速率与自由能变化的关系可用下述方程式表示:

$$v = -\frac{d[S]}{dt} = \frac{k_B T}{h}[S]e^{-\Delta G^*/RT} \tag{3-6}$$

式中[S]代表底物浓度,k_B是玻尔茨曼常数,h是普朗克常数,ΔG^*代表反应的活化能。在标准状态下,[S]=1mol/L,T=298K,RT=0.59,$(k_B T/h)$=$6.2 \times 10^{12} s^{-1}$。假定反应的活化能$\Delta G^*$=41.8kJ/mol。将这些数据代入(3-5)式,反应速率v=2.7×10^5mmol·s^{-1}。若反应活化能降低为原来的1/2,即ΔG^*=20.9kJ/mol时,反应速率v=1.3×10^9mmol·s^{-1}。由此可见,反应活化能降低为原来的1/2,反应速率可提高约5 000倍,呈现指数上升。

（二）酶能加速化学反应而不改变反应的平衡点

从反应热力学可知,任何化学反应均趋向最后达到其平衡点。反应达到平衡时自由能的变化仅取决于底物与产物的自由能之差,而与采取什么样的途径无关。因为催化剂不能改变反应的ΔG,所以从方程式$\Delta G'^{\circ} = -RT\ln K'_{eq}$可知,催化剂不能改变反应的平衡常数。酶与一般催化剂一样,只加快反应速率,使其缩短到达反应平衡的时间,而不能改变反应的平衡点。

三、酶对底物具有极高的催化效率和高度专一性

酶作为一种催化剂,它具有一般催化剂的共同性质。但作为一种生物催化剂,酶又因为其化学本质是蛋白质而具有与一般催化剂不同的特点。

（一）酶对底物具有极高的催化效率

酶的催化效率通常比无催化剂时的自发反应高$10^8 \sim 10^{20}$倍,比一般无机催化剂高$10^7 \sim 10^{13}$倍。例如,在过氧化氢分解成水和氧的反应($2H_2O_2 \rightarrow 2H_2O + O_2$)中,无催化剂时反应的活化能75 312J/mol;用胶体钯作催化剂时,反应的活化能降至48 953J/mol;用过氧化氢酶催化时,反应活化能降至8 368J/mol(表3-5)。

表 3-5   某些酶与一般催化剂催化效率的比较

底物	催化剂	反应温度/℃	速率常数
苯甲酰胺	H^+	52	2.4×10^{-6}
	OH^-	53	8.5×10^{-6}
	α-胰凝乳蛋白酶	25	14.9
尿素	H^+	62	7.4×10^{-7}
	脲酶	21	5.0×10^6
H_2O_2	Fe^{2+}	56	22
	过氧化氢酶	22	3.5×10^6

(二) 酶对底物具有高度专一性

与一般催化剂不同,酶对其所催化的底物和反应类型具有严格的特异性(或称选择性)。一种酶只作用于一种或一类化合物,或一种化学键,催化一定的化学反应并产生一定的产物,这种现象称为酶的专一性(specificity)。根据各种酶对其底物结构要求的严格程度不同,酶的专一性可分为绝对专一性和相对专一性。

1. 某些酶对其底物具有极其严格的绝对专一性   有的酶仅对一种特定结构的底物起催化作用,产生具有特定结构的产物。酶对底物的这种极其严格的选择性称为绝对专一性(absolute specificity)。例如,脲酶仅水解尿素,对甲基尿素则无反应(图 3-6)。

某些酶仅催化其底物的一种立体异构体,产生特定的产物,酶对底物空间构型的选择性称为立体专一性(stereospecificity),这种专一性也归属于酶的绝对专一性。根据酶对旋光异构和几何异构的专一性可分为旋光专一性(optical rotation specificity)和几何专一性(geometric specificity)。例如,乳酸脱氢酶仅催化 L-乳酸脱氢生成丙酮酸,而对 D-乳酸无作用(图 3-7),这种选择性属于酶的旋光专一性。延胡索酸酶催化反-丁烯二酸(延胡索酸)加水生成苹果酸,而对顺-丁烯二酸(马来酸)不起作用(图 3-8)。此种专一性则属于酶的几何专一性。

图 3-6   脲酶催化尿素水解的绝对专一性   图 3-7   乳酸脱氢酶催化 L-乳酸脱氢的立体专一性

图 3-8   延胡索酸酶催化延胡索酸的几何专一性

2. **多数酶对其底物具有相对专一性**　许多酶可对一类化合物或一种化学键起催化作用,这种对底物分子不太严格的选择性称为相对专一性(relative specificity)。例如,蔗糖酶不仅水解蔗糖,也可水解棉子糖中的同一种糖苷键(图 3-9)。消化系统的蛋白酶仅对构成肽键的氨基酸残基种类有专一性,而对具体的蛋白质无严格要求(图 3-10)。

图 3-9　蔗糖酶对糖苷键的专一性

图 3-10　消化道中各种蛋白酶催化蛋白质水解时对肽键的专一性

(三)酶活性和酶量具有可调节性

体内酶的活性和酶量受代谢物和/或激素的调节。从结果来考量,酶活性的调节有激活和抑制两种方式;从机制来考量,酶活性调节有别构调节和酶促化学修饰调节。酶在体内既可以合成,也可以降解。细胞内酶含量的变化可调节酶的总活性。机体通过对酶活性和酶量的精确调节,以适应内外环境的变化。

(四)酶具有不稳定性

酶是蛋白质。在某些理化因素(如强酸、强碱、高温、重金属盐等)的作用下,酶可因蛋白质变性而失去催化活性。因此,酶促反应通常是在常温、常压和接近于中性的缓冲体系中进行。

四、酶对底物具有多元催化作用

(一)酶与底物间的相互作用可产生多种效应

1. **酶与底物结合时相互诱导发生构象改变**　1958 年,美国生物化学家 Koshland D. E. 提出酶-底物结合的诱导契合假说(induced-fit hypothesis),认为酶在发挥催化作用之前必须先与底物结合,这种结合不是锁与钥匙式的机械关系,而是在酶与底物相互接近时,其结构相互诱导、相互变形和相互适应,进而结合成酶-底物复合物(图 3-11)。此假说后来得到 X-射线衍射分析的有力支持。酶构象的变化有利于其与底物结合,并使底物转变为不稳定的过渡态,使其易受酶的催化攻击转化为产物。过渡态的底物与酶活性中心的结构最相吻合,两者在过渡态达到最优化。

底物

酶-底物复合物

酶

图 3-11   酶与底物结合的诱导契合作用示意图

框 3-2

酶与底物的"诱导契合"假说的提出

1894 年,德国化学家 Fisher E. H.(1852—1919)等人针对酶对底物的专一性提出了酶与底物结合的"锁钥假说",即酶与底物的结合方式就好像一把锁配一把钥匙一样,在它们相互作用之前,底物的结构和酶活性中心的结构就十分吻合,即它们的结构具有互补性。该假说认为,底物至少有 3 个功能团与酶的 3 个功能团相结合。底物与酶的反应基团都需有特定的空间构象,如果有关基团的位置发生改变,则不可能发生结合反应。但是锁钥假说具有较大的局限性。因为科学家发现当底物与酶结合时,酶分子上的某些基团常常发生明显的变化。另外,酶常常能够催化同一个生物化学反应中正逆两个方向的反应。因此,"锁钥假说"把酶和底物的结构看成是固定不变的,不符合实际,也与大量实验证明不吻合。

1958 年,Koshland D. E.(1920—2007)提出了酶与底物结合的"诱导契合"假说,认为酶并不是事先就以一种与底物互补的形状存在,而是在受到诱导之后才形成互补的形状。酶与底物在空间距离上彼此接近时,酶分子与底物分子相互诱导,使它们的构象发生有利于相互结合的变化,从而互补契合,进行反应,形成酶-底物复合物。当反应结束后,产物从酶活性中心上释放出来,酶的活性中心又恢复了原来的构象。后来,科学家对羧肽酶等进行了 X 射线衍射研究,研究结果有力地支持了这个假说。最终,"诱导契合"假说取代了"锁钥假说"。

2. 酶-底物过渡态复合物形成过程中释放结合能   酶与底物相互诱导契合形成过渡态复合物过程中,过渡态底物与酶的活性中心以次级键(氢键、离子键、疏水键、范德瓦耳斯力)相结合,这一过程是释能反应,所释放的能量称为结合能(binding energy)。结合能可以抵消一部分活化能,是酶促反应降低活化能的主要能量来源。酶与过渡态底物结合时可生成数个次级键,每形成一个次级键,可以提供 4~30kJ/mol 的结合能。

3. 邻近效应和定向排列有利于底物形成过渡态   如果酶催化两个底物相互作用,那么限制它们在酶活性中心的运动则有利于反应。结合能的释放可使两个底物聚集到酶的活性中心部位,并与酶活性中心内的结合基团稳定地结合,进入最佳的反应位置和最佳的反应状态(过渡态)。同时,这两个过渡态分子的相互靠近,形成利于反应的正确定向关系。这种现象称为邻近效应(proximity effect)和定向排列(orientation arrange)(图 3-12)。该过程是将分子间的反应转变成类似分子内的反应,使反应速率显著提高。当酶催化单个底物反应时,邻近效应和定向效应可使酶的催化基团

底物A

底物B

酶

酶-底物复合物

图 3-12   酶与底物的邻近效应与定向排列

与底物的反应基团更容易接触。X 射线衍射分析已经证明在溶菌酶及羧肽酶中存在着邻近效应和定向排列作用。

4. 表面效应有利于底物和酶的接触与结合　酶的活性中心多是其分子内部疏水的"口袋",酶促反应发生在这样的疏水环境中,可使底物分子脱溶剂化(desolvation),排除周围大量水分子对酶和底物分子中功能基团的干扰性吸引或排斥,防止两者之间形成水化膜,利于底物和酶分子的密切接触与结合。酶与底物相互作用这种现象称为表面效应(surface effect)。

(二)酶对底物具有普通酸-碱催化作用和共价催化作用

1. 酶对底物兼有普通酸-碱催化作用　一般催化剂发挥催化作用时,仅有一种解离状态,只有酸催化或只有碱催化,很少同时具有酸-碱催化功能。普通酸-碱催化作用(general acid-base catalysis)是通过弱酸和弱碱介导质子转移的一种催化机制。酶具有两性解离性质,分子内不同基团的 pK 值不等,解离程度不一。即使同一种功能基团,由于各自在蛋白质分子中所处的微环境不同,其解离度也可不同,即酶活性中心上有些基团是质子供体(酸),有些是质子受体(碱)(表 3-6),这些基团在酶活性中心的准确定位有利于质子的转移,因此酶在催化反应过程中兼有普通酸-碱催化作用。

表 3-6　酶分子中参与普通酸-碱催化作用的基团

氨基酸残基	酸(质子供体)	碱(质子受体)	pKa
谷氨酸(γ-羧基)	—COOH	—COO⁻	4.32
天冬氨酸(β-羧基)	—COOH	—COO⁻	3.96
赖氨酸(ε-氨基)	—$\overset{+}{N}H_3$	—NH₂	10.80
半胱氨酸(巯基)	—SH	—S⁻	8.33
精氨酸(胍基)	—NH—C(=NH₂⁺)(NH₂)	—NH—C(=NH)(NH₂)	12.48
酪氨酸(苯酚基)	⬡—OH	⬡—O⁻	10.11
组氨酸(咪唑基)	HN⬠NH⁺	HN⬠N	6.00

例如,天冬氨酸蛋白酶家族的酶(如胃蛋白酶、溶酶体组织蛋白酶)享有共同的普通酸-碱催化机制。这些酶催化蛋白质底物水解时,利用它们活性位点的两个保守的天冬氨酸残基同时充当酸或碱催化剂。在第一步反应中,充当普通碱的 Asp X 通过从水分子汲取一个质子而激活水分子,使水分子更具有亲核性。然后这个亲核物攻击所要水解肽键上亲电的羰基碳,形成一个四面体形的过渡态中间物。在第二步反应中,Asp Y 充当普通酸,通过提供一个质子给所断裂肽键形成氨基,促使四面体形过渡态中间物裂解,随后 Asp X 上的质子再穿梭给 Asp Y,使酶分子恢复到初始状态(图 3-13)。

2. 酶对底物兼有亲核催化作用和亲电子催化作用　共价催化作用(covalent catalysis)是指催化剂与反应物形成共价结合的中间物,降低反应活化能,然后把被转移基团传递给另外一个反应物的催化作用。当酶催化底物反应时,它可通过其活性中心上的亲核催化基团给底物中具有部分正电性的原子提供一对电子,形成共价中间物(亲核催化),或通过其酶活性中心上的亲电子催化基团与底物分子的亲核原子形成共价中间物(亲电子催化),使底物上被转移基团传递给其辅酶或另外一个底物。因此,酶既可起亲核催化作用,又可起亲电子催化作用。

实际上,酶催化反应时,常可包括几种催化机制。例如,胰凝乳蛋白酶(chymotrypsin)催化蛋白底物水解时,既涉及普通酸-碱催化作用,又涉及共价催化作用。胰凝乳蛋白酶活性位点的 His57、

图 3-13   天冬氨酸蛋白酶的普通酸-碱催化机制
图中弯箭头表示电子运动方向。

Asp102 和 Ser195 处于成键的距离内,它们以 Asp102-His57-Ser195 顺序排列,形成一个充当质子穿梭器(proton shuttle)的电荷中继系统。胰凝乳蛋白酶的催化机制:①底物结合启动 His57 的普通碱催化作用,使 Ser195 羟基上的 H⁺经 His57 传递给 Asp102,激活 Ser195,增强 Ser195 羟基氧的亲核性。Ser195 亲核攻击蛋白底物分子中肽键上亲电子的羰基碳(共价催化作用),形成第一个四面体形的过渡态中间物。②H⁺由 Asp102 回传给 His57,此时的 His57 发挥普通酸催化作用,将 H⁺转移给所断裂的肽键形成新的—NH₂,促使肽键断裂,释放出 R₁-NH₂,产生过渡态的共价酰基-酶复合物。③随之水分子进入活性位点,His57 再通过其普通碱催化作用,使水分子中的一个 H⁺经 His57 传递给 Asp102,激活水分子,水分子的羟基氧亲核攻击酰基-Ser195 的羰基碳,产生第二个过渡态四面形中间物。④电荷中继系统再把 H⁺由 Asp102 传回 Ser195,促使第二个四面体形中间物裂解,释放出 HOOC-R₂,同时酶分子也恢复原来的构象(图 3-14)。

图 3-14 胰凝乳蛋白酶的催化机制
图中弯箭头表示电子运动方向。

第三节 酶促反应动力学

　　酶促反应动力学又称酶动力学（enzyme kinetics），是研究酶促反应的速率以及各种因素对酶促反应速率影响的学科。酶促反应速率可受多种因素的影响，例如，底物浓度、酶浓度、温度、pH、激活剂、抑制剂等。在研究酶的结构与功能的关系以及探讨酶的作用机制时，需要酶促反应动力学数据加以说明,在探讨某些药物的作用机制和酶的定量分析等方面,也需要掌握酶促反应动力学的知识。

一、采用酶促反应初速率研究酶促反应动力学

(一)酶活性是指酶催化化学反应的能力

研究酶促反应动力学经常涉及酶的活性(activity)。其衡量尺度是酶促反应速率的大小。酶促反应速率可用单位时间内底物的减少量或产物的生成量来表示。由于底物的消耗量不易测定,所以实际工作中经常是测定单位时间内产物的生成量。

同一种酶因测定条件和方法不同,酶活性单位可有不同的标准。1961 年 IUB 酶学委员会规定统一采用国际通用酶活性单位(active unit),一个国际通用酶活性单位是指在 25℃、测量的最适条件下,1 分钟内能引起 1μmol 底物发生反应的酶量,以 U 表示。1972 年国际纯粹化学和应用化学联合会(IUPAC)建议采用开特(Katal,Kat)来表示酶活性单位,1Kat 是指在特定条件下,每秒转化 1mol 底物所需的酶量。$1U=16.67 \times 10^{-9}Kat$。在酶的纯化过程中常用比活性(specific activity)来比较酶的纯度。比活性单位是指每毫克蛋白质所含酶的单位数。比活性越高,表示其纯度也越高。

(二)酶促反应初速率是反应刚刚开始时测得的反应速率

为了防止各种因素对所研究的酶促反应速率的干扰,最简单的方法是测定酶促反应的初速率(initial velocity)。酶促反应初速率是指反应刚刚开始,各种影响因素尚未发挥作用时的酶促反应速率,即反应时间进程曲线为直线部分时的反应速率(图 3-15)。

测定酶促反应初速率的条件是底物浓度[S]高于酶浓度[E]。对于一个典型的酶促反应来说,酶浓度一般在纳摩每升水平,[S]比[E]高 5~6 个数量级。这样,在反应进行时间不长(如反应开始 60 秒之内)时,底物的消耗很少(<5%),可以忽略不计。此时,随着反应时间的延长,产物量增加,反应速率与酶浓度成正比。下面提及的"反应速率"均指反应初速率。

图 3-15　酶促反应初速率

(三)有两类方法可用来测定底物或产物的变化量

根据底物或产物的理化性质,可采用直接测定法或间接测定法对酶促反应中底物或产物的变化量进行检测。

1. 直接测定法是对底物或产物量的变化进行直接检测　有些酶促反应的底物或产物可以不用任何辅助反应便可直接测定。直接检测底物和产物量的变化,即为直接测定法(direct assay)。例如,细胞色素 c(cytochrome c,Cyt c)氧化酶催化还原型 Cyt c-Fe^{2+}生成氧化型 Cyt c-Fe^{3+}的反应,Cyt c-Fe^{2+}对 550nm 的光有吸收,而 Cyt c-Fe^{3+}则没有。通过直接检测反应液在 550nm 处吸光度的减少量可反映 Cyt c-Fe^{2+}的减少程度。

$$Cyt\ c\text{-}Fe^{2+} \xrightarrow{\quad Cyt\ c氧化酶\quad} Cyt\ c\text{-}Fe^{3+}$$

（在550nm处有光吸收）　　　　　e　　　　（在550nm处无光吸收）

2. 间接测定法是利用辅助反应对底物或产物量的变化进行检测　有些酶促反应的底物或产物不能直接被检测,必须使用某些辅助试剂才能检测。这样的测定方法即为间接测定法(indirect assay)。

（1）测定其他反应物或产物量的变化:在一些反应中,虽然酶促反应的直接产物和底物不能直接检测,但可以检测反应体系中的其他物质。例如,二氢乳清酸脱氢酶催化二氢乳清酸与泛醌反应,生

成乳清酸和泛醇,泛醇再与氧化型 2,6-二氯酚靛酚(在 610nm 处有光吸收)反应,生成还原型 2,6-二氯酚靛酚(在 610nm 处无光吸收),因此检测反应液在 610nm 处吸光度下降的程度,可反映泛醇的生成量。

（2）利用酶偶联法测定反应的底物或产物量的变化:在一个初始酶促反应的基础上,再偶联其他酶促反应并对偶联反应的产物进行检测,可间接反映待测酶促反应的底物(或产物)的变化量。这种方法即为酶偶联测定法(enzyme-linked assay)。例如,测定谷丙转氨酶活性时,可以将其催化的转氨基反应与乳酸脱氢酶(指示酶)催化的反应偶联进行。NADH 在 340nm 处有光吸收,NAD^+ 在 340nm 处无光吸收,因此通过检测 NADH 在 340nm 处吸光度下降的长度来计算谷丙转氨酶的活性。

二、底物浓度对酶促反应速率的影响呈矩形双曲线

酶促反应速率与底物浓度密切相关。在酶浓度和其他反应条件不变的情况下,反应初速率(v)对底物浓度[S]作图呈矩形双曲线(图 3-16)。从图中可知,当[S]很低时,v 随[S]的增加而升高,呈线性关系(曲线的 a 段),反应呈一级反应。继续增加[S],v 上升的幅度不断变缓,呈现出一级反应与零级反应的混合级反应(曲线的 b 段)。当[S]增加到一定数值后,所有酶的活性中心均被底物所饱和,v 便不再增加(曲线的 c 段),v 达最大速率(maximum velocity,V_{max}),此时的反应可视为零级反应。

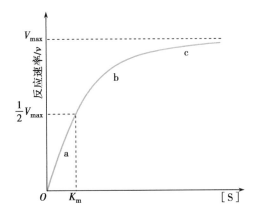

图 3-16　底物浓度对酶促反应速率的影响
a:一级反应;b:混合级反应;c:零级反应。

（一）酶促反应速率与底物浓度的关系可用米氏方程表示

1. 米氏方程可以很好地解释底物浓度曲线　1902 年,Henri V. 提出了酶-底物复合物学说:首先酶（E）与底物（S）生成酶-底物复合物（ES）,然后 ES 分解生成产物（P）,并使 ES 中的酶游离出来,即:$E+S \rightleftharpoons ES \longrightarrow E+P$。

1913 年德国化学家 Michaelis L. 和加拿大科学家 Menten M. L. 根据酶-底物复合物学说,经过大量

实验,将 ν 对[S]的矩形曲线加以数学处理,得出单底物 ν 与[S]的数学关系式: $\nu = \dfrac{V_{max}[S]}{K_m+[S]}$,即著名的米氏方程(Michaelis equation)。式中 K_m 为米氏常数(Michaelis constant), V_{max} 为最大反应速率。当[S]很低时([S]<<K_m),方程式分母中的[S]可以忽略不计,米氏方程可以简化为: $\nu = \dfrac{V_{max}}{K_m}[S]$。此时 ν 与[S]成正比,反应呈一级反应(相当于图 3-16 中曲线的 a 段)。当[S]很高时([S]>>K_m),米氏方程中 K_m 可以忽略不计,此时 $\nu=V_{max}$,反应呈零级反应(相当于图 3-16 中曲线的 c 段)。

2. 米氏方程揭示了单底物反应的动力学特性　米氏方程的推导基于这样的假设(或前提):①反应是单底物反应;②测定的反应速率为初速率(即反应刚刚开始,各种影响因素尚未发挥作用时的酶促反应速率);③当[S]>>[E]时,在初速率范围内,底物的消耗很少(<5%),可以忽略不计。

根据酶-底物复合物学说,反应体系为:

$$E + S \underset{k_2}{\overset{k_1}{\rightleftharpoons}} ES \overset{k_3}{\longrightarrow} E + P \tag{3-7}$$

在酶促反应中,酶以游离酶和 ES 的形式存在。若以[Et]代表总酶浓度,则游离酶浓度[E]=[E_t]-[ES]。在反应系统中,ES 的生成速率=k_1([E_t]-[ES])[S],ES 的分解速率=k_2[ES]+k_3[ES]。当反应系统处于稳态时,ES 的生成速率等于 ES 的分解速率,即: k_1([E_t]-[ES])[S]=k_2[ES]+k_3[ES],经整理得:

$$\frac{([E_t]-[ES])[S]}{[ES]} = \frac{k_2+k_3}{k_1} \tag{3-8}$$

令

$$\frac{k_2+k_3}{k_1} = K_m \tag{3-9}$$

将(3-9)式代入(3-8)式并整理得:

$$[ES] = \frac{[E_t][S]}{K_m+[S]} \tag{3-10}$$

由于在初速率范围内,反应体系中剩余的底物浓度(>95%)远超过生成的产物浓度,因此,逆反应可不予考虑,整个反应的速率与 ES 的浓度成正比,即 $\nu=k_3$[ES],将其与(3-10)式合并整理得:

$$\nu = \frac{k_3[E_t][S]}{K_m+[S]} \tag{3-11}$$

当所有的酶均形成 ES 时(即[ES]=[E_t]),反应达 V_{max},即 $V_{max}=k_3$[E_t],代入(3-11)式即得米氏方程:

$$\nu = \frac{V_{max}[S]}{K_m+[S]} \tag{3-12}$$

(二)动力学参数可用来比较酶促反应的动力学性质

1. K_m 值等于 ν 为 V_{max} 一半时的[S]　当 ν 等于 V_{max} 的一半时,米氏方程可以表示为:

$$\frac{V_{max}}{2} = \frac{V_{max}[S]}{K_m+[S]}$$

经整理得 K_m=[S],即 K_m 值等于反应速率为最大反应速率一半时的底物浓度。K_m 具有与底物相同的浓度单位。

2. K_m 值是酶的特征性常数　K_m 值的大小并非固定不变,它与酶的结构、底物结构、反应环境的 pH、温度和离子强度有关,而与酶浓度无关。各种酶的 K_m 值是不同的。一般来说,细胞内底物浓度低的酶比底物浓度高的酶具有较低的 K_m 值。酶的 K_m 值多在 $10^{-6} \sim 10^{-2}$ mol/L 范围(表 3-7)。

表 3-7　某些酶对其底物的 K_m 值

酶	底物	K_m/(mol·L^{-1})
己糖激酶（脑）	ATP	4×10^{-4}
	D-葡萄糖	5×10^{-5}
	D-果糖	1.5×10^{-3}
碳酸酐酶	HCO$_3^-$	2.6×10^{-2}
胰凝乳蛋白酶	甘氨酰酪氨酰甘氨酸	1.08×10^{-1}
	N-苯甲酰酪氨酰胺	2.5×10^{-3}
β-半乳糖苷酶	D-乳糖	4.0×10^{-3}
过氧化氢酶	H$_2$O$_2$	2.5×10^{-2}
溶菌酶	己-N-乙酰氨基葡糖	6.0×10^{-3}

3. K_m 在一定条件下可反映酶对底物的亲和力　米氏常数 K_m 是单底物反应中 3 个速率常数的综合，即 $K_m = \dfrac{k_2 + k_3}{k_1}$。已知，$k_3$ 为限速步骤的速率常数。当 $k_3 \ll k_2$ 时，$K_m \approx k_2/k_1$。即相当于 ES 分解为 E+S 的解离常数（dissociation constant，K_d）。此时，K_m 可反映酶对底物的亲和力。K_m 越大，酶对底物的亲和力越小；K_m 越小，酶对底物的亲和力则越大。但是，并非所有的酶反应都是 $k_3 \ll k_2$，有时甚至 $k_3 \gg k_2$，这时的 K_m 不能确切反映酶对底物的亲和力。

4. V_{max} 是酶被底物完全饱和时的反应速率　当所有的酶均与底物形成 ES 时（即 [ES]=[E$_t$]），反应速率达到最大，即 $V_{max} = k_3[E_t]$。

5. k_{cat} 代表酶的转换数　当酶促反应达到最大反应速率时，k_3 用 k_{cat} 表示，即 $k_{cat} = V_{max}/[E_t]$。k_{cat} 表示酶被底物完全饱和时，单位时间内每个酶分子（或活性中心）催化底物转变成产物的分子数。因此，k_{cat} 也称为酶的转换数（turnover number），单位是 s^{-1}。若知道 [E$_t$] 和 V_{max}，便可求得酶的转换数。多数酶的转换数在 $1 \sim 10^4$ s^{-1} 之间。例如，延胡索酸酶对其底物延胡索酸的转换数为 8×10^2。

6. 在低底物浓度时，k_{cat}/K_m 代表酶的催化效率　当 [S] $\ll K_m$ 时，（3-10）式中分母的 [S] 可以忽略不计，可简化为 $v = \dfrac{k_{cat}}{K_m}[E_t][S]$。

即当 [S] $\ll K_m$ 时，v 与 [E$_t$] 和 [S] 成正比，反应为二级反应。k_{cat}/K_m 是此二级反应的速率常数，其单位是 L·mol^{-1}·s^{-1}。此时反应速率的大小取决于 E 和 S 由于相互扩散而相互碰撞的速率。这种扩散控制的碰撞速率（diffusion-controlled rate of encounter，DCRE）的上限是 $10^8 \sim 10^9$ L·mol^{-1}·s^{-1}。k_{cat}/K_m 越接近此数据，酶的催化效率越高。因此，k_{cat}/K_m 可以代表酶的催化效率（表 3-8）。

表 3-8　某些 k_{cat}/K_m 值接近 DCRE 的酶

酶	(k_{cat}/K_m)/(L·mol^{-1}·S^{-1})	酶	(k_{cat}/K_m)/(L·mol^{-1}·S^{-1})
乙酰胆碱酯酶	1.6×10^8	延胡索酸酶	1.6×10^8
碳酸酐酶	8.3×10^7	丙糖磷酸异构酶	2.4×10^8
过氧化氢酶	4×10^7	β-内酰胺酶	1×10^8
巴豆酸酶	2.8×10^8	超氧化物歧化酶	7×10^9

（三）采用作图法可求得酶促反应的动力学参数

酶促反应的 v 对 [S] 作图为矩形双曲线，从此曲线上很难准确地求得反应的 V_{max} 和 K_m。于是，人们对米氏方程进行种种变换，采用直线作图法求得 V_{max} 和 K_m。其中以林-贝（Lineweaver-Burk）作图法最为常用。

1. 林-贝作图法是求得 V_{max} 和 K_m 的最常用方法 林-贝作图法又称双倒数作图法。将米氏方程的两边同时取倒数,并加以整理,则得出一线性方程式,即林-贝方程式:

$$\frac{1}{v} = \frac{K_m}{V_{max}} \cdot \frac{1}{[S]} + \frac{1}{V_{max}}$$

以 $1/v$ 对 $1/[S]$ 作图得一直线。直线在纵轴的截距为 $1/V_{max}$,在横轴截距为 $-1/K_m$(图 3-17)。

2. 其他一些作图法也可较准确地求取 V_{max} 和 K_m 若在上述双倒数方程式两边同时乘以$[S]$,则得:

$$\frac{[S]}{v} = \frac{K_m}{V_{max}} + \frac{1}{V_{max}} \cdot [S]$$

以$[S]/v$ 对$[S]$作图也得一直线。直线的斜率为 $1/V_{max}$,横轴截距为 $-K_m$。此作图法称为海涅斯-沃尔弗(Hanes-Wolff)作图法(图 3-18)。

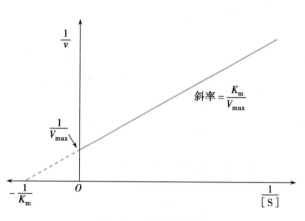

图 3-17　林-贝作图法

若将米氏方程两边均除以$[S]$,再进行整理,得另一方程式:

$$v = V_{max} - K_m \cdot \frac{v}{[S]}$$

以 v 对 $v/[S]$ 作图,得斜率为 $-K_m$ 而纵轴截距为 V_{max} 的直线。此作图法称为伊迪-霍夫斯蒂(Eadie-Hofstee)作图法(图 3-19)。

图 3-18　海涅斯-沃尔弗作图法

图 3-19　伊迪-霍夫斯蒂作图法

三、酶浓度与酶促反应速率呈正相关

当$[S] \gg [E]$时,随着酶浓度的增加(如$[E]_1 > [E]_2 > [E]_3$),酶促反应速率增大(图 3-20a),但$[E]$的变化并不影响酶促反应的 K_m。由于$[S] \gg [E]$,反应中$[S]$浓度的变化量可以忽略不计,反应速率 v 与$[E]$呈线性关系(图 3-20b)。

四、温度对酶促反应速率具有双重影响

温度对酶促反应速率的影响有两重性。一方面,随着反应体系温度的升高,底物分子的热运动

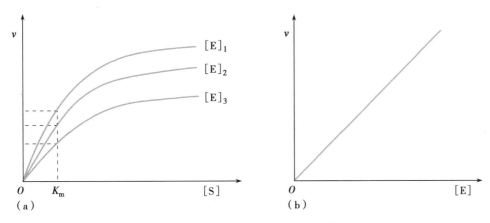

图 3-20　酶浓度与酶促反应速率的关系

加快,增加分子碰撞机会,提高酶促反应速率;另一方面,当温度升高达到一定临界值时,温度的升高可使酶蛋白变性,使酶促反应速率下降。大多数酶在 60℃时开始变性,80℃时多数酶的变性已不可逆。酶促反应速率达到最大时,反应系统的温度称为酶的最适温度(optimum temperature)。反应系统的温度低于最适温度时,温度每升高 10℃,反应速率可增加 1.7~2.5 倍。当反应温度高于最适温度时,反应速率则因酶的变性失活而降低。哺乳动物组织中酶的最适温度多在 35~40℃之间(图 3-21)。

图 3-21　温度对酶活性的影响

能在较高温度生存的生物,细胞内酶的最适反应温度亦较高。1969 年从美国黄石国家森林公园火山温泉中分离得到一种能在 70~75℃环境中生长的水生嗜热菌(*Thermus aquaticus*)。从该菌的 YT1 株中提取到耐热的 *Taq* DNA 聚合酶,其最适温度为 72℃,95℃时的半衰期为 40 分钟。*Taq* DNA 聚合酶作为工具酶已经广泛应用于分子生物学实验中。

　　酶的最适温度不是酶的特征性常数,它与反应时间有关。酶在短时间内可以耐受较高的温度。因此,反应时间短,最适反应温度可能会高一些;如果反应时间长,最适温度则可能低一些。酶在低温下活性降低,随着温度的回升酶活性逐渐恢复。医学上用低温保存酶和菌种等生物制品就是利用酶的这一特性。临床上采用低温麻醉时,机体组织细胞中的酶在低温下活性下降,物质代谢速率减慢,组织细胞耗氧量减少,对缺氧的耐受性升高,对机体具有保护作用。

五、pH 通过改变酶的解离状态影响酶促反应速率

　　酶是蛋白质,具有两性解离性质。在不同的 pH 条件下,酶分子中可解离的基团呈现不同的解离状态。酶活性中心的一些必需基团需要在一定的 pH 条件下,保持特定的解离状态才能表现出酶的活性。酶活性中心外的一些基团也只有在一定的解离状态下才能维系酶的正确空间构象。例如,提高 pH 可因去除组氨酸残基咪唑基的正电荷而影响它与底物的结合。此外,底物和辅因子也可因 pH 的改变影响其解离状态。酶促反应速率达到最大时反应系统的 pH 称为酶的最适 pH(optimum pH),此时酶的催化活性最高(图 3-22),如胰蛋白酶的最适 pH 为 7.8。在最适 pH 时,酶、底物和辅因子的解离状态均有利于酶发挥其最大的催化活性。人体内酶的最适 pH 多在 6.5~8.0 之间。但也有少数酶例外,如胃蛋白酶的最适 pH 为 1.8,精氨酸酶的最适 pH 为 9.8。

六、激活剂能提高酶促反应速率

使酶从无活性变为有活性或使酶活性增加的物质称为酶的激活剂(activator)。酶的激活剂大多数是金属离子,如 Mg^{2+}、K^+、Mn^{2+}等。某些有机化合物对酶也有激活作用(如胆汁酸盐是胰脂酶的激活剂)。按酶对激活剂的依赖程度不同,可将激活剂分为两类:必需激活剂和非必需激活剂。必需激活剂(essential activator)为酶促反应所必需,如缺乏则测不到酶的活性。大多数金属离子属于必需激活剂。必需激活剂参与酶与底物的结合,但激活剂本身不能被转化为产物。非必需激活剂(non-essential activator)可以提高酶的催化活性,但不是必需的。即使这类激活剂不存在时,酶仍有一定的活性。如 Cl^-对唾液淀粉酶的激活作用便属此类。

图 3-22　pH 对酶活性的影响

七、抑制剂能降低酶促反应速率

在酶促反应中,凡能与酶结合而使酶的催化活性下降或消失,但又不引起酶变性的物质称为酶的抑制剂(inhibitor,I)。抑制剂可与酶活性中心内或活性中心外的必需基团结合,从而抑制酶的活性。加热、强酸、强碱等理化因素导致酶发生不可逆变性而使酶失活,这种情况则不属于抑制作用范畴。根据抑制剂与酶是否共价结合及抑制效果的不同,酶的抑制剂可分为不可逆性抑制剂(irreversible inhibitor)和可逆性抑制剂(reversible inhibitor)。

(一)不可逆性抑制剂与酶共价结合

不可逆性抑制剂和酶活性中心上的必需基团共价结合,使酶失去活性,这种抑制称为不可逆性抑制作用。此类抑制剂不能用透析、超滤等方法予以去除。根据抑制剂作用的专一性和作用机制不同,可将不可逆性抑制剂分为三类:基团特异性抑制剂(group-specific inhibitor)、底物类似物(substrate analog)和自杀性抑制剂(suicide inhibitor)。

1. 基团特异性抑制剂与酶分子中特异的基团共价结合　这类抑制剂与酶活性中心上的必需基团共价结合,使酶失去活性。

(1)有机磷化合物是羟基酶的不可逆性抑制剂:有机磷化合物是常用的杀虫剂(如甲拌磷、内吸磷、对硫磷、保棉丰、氧化乐果、甲基对硫磷、二甲硫吸磷、敌敌畏、敌百虫、乐果、氯硫磷、乙基稻丰散等)。这类化合物是羟基酶的不可逆性抑制剂,它们能专一地与乙酰胆碱酯酶活性中心上 Ser200 的羟基不可逆共价结合,形成无活性的磷酰化乙酰胆碱酯酶(acetylcholinesterase,AchE)。AchE 的失活,导致乙酰胆碱在神经-肌肉接头处堆积,引起胆碱能神经兴奋,患者可出现恶心、呕吐、多汗、肌肉震颤、瞳孔缩小、惊厥等一系列症状。

$$R_1O \diagdown \quad \diagup O \qquad\qquad\qquad R_1O \diagdown \quad \diagup O$$
$$\qquad P \qquad + \quad HO—E \longrightarrow \qquad P$$
$$R_2O \diagup \quad \diagdown X \qquad\qquad\qquad R_2O \diagup \quad \diagdown O—E$$
$$\qquad\qquad\qquad\qquad\qquad HX$$

有机磷化合物　　羟基酶　　　　　　　　磷酰化酶

R_1,烷基、羟胺基等;R_2,烷基、羟胺基、氨基等;X,卤基、烷氧基、酚氧基等。

临床上抢救有机磷中毒患者时,需要静脉缓慢注射 AchE 复活剂解磷定和阿托品。解磷定是肟类化合物,常用的有氯解磷定(pralidoxime chloride)和碘解磷定(pralidoxime iodide)。解磷定能使 AchE 游离出来而使酶复活,解除有机磷中毒症状。阿托品是抗胆碱药,有阻断乙酰胆碱对副交感神经和中枢神经系统毒蕈碱受体（M受体）的作用,有缓解M样症状的作用,对烟碱样症状（N样症状）无效。阿托品不能使失活的AchE复活。

解磷定 　　磷酰化酶 　　　　　磷酰化解磷定 　　游离的羟基酶

（2）重金属离子是巯基酶的不可逆性抑制剂:低浓度的重金属离子（Hg^{2+}、Ag^+、Pb^{2+}等）及As^{3+}等可与巯基酶活性中心上的半胱氨酸残基的巯基共价结合,使酶失去活性。例如,路易斯气（一种化学毒气）能不可逆地抑制体内巯基酶的活性,从而引起神经系统、皮肤、黏膜、毛细血管等病变和代谢功能紊乱。

路易斯气 　　　巯基酶 　　　　失活的酶 　　　酸

二巯丙醇（British anti-lewisite,BAL）可以解除这类抑制剂对巯基酶的抑制。

失活的酶 　　　　BAL 　　　　巯基酶 　　BAL与砷化物的复合物

2. 底物类似物可共价地修饰酶的活性中心 与基团特异性抑制剂不同,底物类似物与底物的结构相似,可特异地与酶的活性中心共价结合,不可逆地抑制酶的活性。此类抑制剂可作为亲和标记物,用来定性酶活性中心的功能基团。例如,甲苯磺酰基-L-苯丙氨酸氯甲基酮（tosyl-L-phenylalanine chloromethyl ketone,TPCK）含有与胰凝乳蛋白酶天然底物相同的特异性基团（苯环）,可进入酶的活性中心并与活性中心组氨酸残基咪唑环共价结合,抑制胰凝乳蛋白酶的活性（图3-23）。

3. 自杀性抑制剂需经酶促反应转变后呈现抑制作用 自杀性抑制剂是一种特殊类型的不可逆性抑制剂。这类抑制剂相对来说是反应惰性的化合物,它们在结构上与酶的底物相似,因此它们可以作为酶的"底物"与酶结合,形成"酶-底物复合物",并经酶的催化转变为真正的抑制物,该抑制物

胰凝乳蛋白酶 　　　TPCK对胰凝乳蛋白酶活性中心组氨酸残基咪唑环的修饰 　　胰凝乳蛋白酶的天然底物

图 3-23 　TPCK对胰凝乳蛋白酶活性中心组氨酸残基咪唑环的亲和标记

进一步与酶活性中心上的必需基团共价结合,从而产生对酶的不可逆性抑制作用。有人将这种抑制剂称为自杀性底物(suicide substrate)。自杀性抑制剂的作用机制可用于药物的研发。例如,用于治疗锥虫引起的非洲锥虫病(African trypanosomiasis)的药物二氟甲基鸟氨酸(difluoromethylornithine,DFMO)就是这样研发的。DFMO 作为鸟氨酸脱羧酶(ornithine decarboxylase,ODC)的自杀性抑制剂,在结构上与 ODC 的底物鸟氨酸相似。DFMO 首先在鸟氨酸脱羧酶的催化下,与 ODC 的辅酶磷酸吡哆醛(pyridoxal phosphate,PLP)脱水形成席夫碱(Schiff base),此席夫碱再经 ODC 的催化脱羧脱氟,最终形成酶-抑制剂共价复合物,使 ODC 失去催化活性(图 3-24)。DFMO 对 ODC 的抑制作用使得腐胺的生成减少,进一步又减少了精胺和亚精胺的生成。这些多胺化合物参与 DNA 的组装,快速分裂的细胞对多胺的需求量大。锥虫的 ODC 稳定,而哺乳动物和人体的 ODC 进行着不断的快速降解和合成的转换,因此 DFMO 对人体细胞几乎没有影响。

图 3-24　二氟甲基鸟氨酸(DFMO)的自杀性抑制作用

(二) 可逆性抑制剂与酶非共价结合

可逆性抑制剂可以与游离酶结合,形成二元复合物 EI;也可以与 ES 结合,形成三元复合物 IES。所形成的 EI 和 IES 均不能进一步生成产物。可逆性抑制剂与酶非共价结合,可以通过透析、超滤或稀释等物理方法将抑制剂除去,使酶的催化活性恢复。可逆性抑制作用遵守米氏方程。根据可逆性抑制剂作用的机制,可分为竞争性抑制剂、反竞争性抑制剂和混合性抑制剂。

1. 竞争性抑制剂与底物竞争结合酶的活性中心　竞争性抑制剂的结构与底物结构相似或部分相似,可与底物共同竞争与酶的活性中心结合,从而抑制酶的活性。这种抑制作用称为竞争性抑制作用(competitive inhibition)。

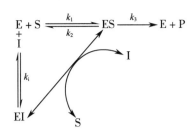

反应式中 k_i 为 EI 的解离常数,又称抑制常数。抑制剂与酶形成二元复合物 EI,增加底物浓度可使 EI 转变为 ES。

竞争性抑制剂对酶的抑制程度取决于底物抑制剂的相对浓度及它们与酶的亲和力。如果在反应体系中增加底物浓度,可降低甚至解除抑制剂的抑制作用。例如,琥珀酸脱氢酶催化琥珀酸脱氢生成延胡索酸,如在该反应中加入与琥珀酸结构相似的丙二酸或戊二酸,则可使酶活性降低。而且,丙二酸或戊二酸与酶的亲和力明显大于琥珀酸与酶的亲和力。当丙二酸与琥珀酸的浓度比为 1:50 时,酶活性便被抑制 50%;若增加琥珀酸浓度,此抑制作用可被削弱。

按照米氏方程的推导方法,竞争性抑制剂存在时的米氏方程为:

$$v = \frac{V_{\max}[S]}{K_m\left(1+\dfrac{[I]}{k_i}\right)+[S]}$$

将上述方程两边同时取倒数,则得其双倒数方程为:

$$\frac{1}{v} = \frac{K_m}{V_{\max}}\left(1+\frac{[I]}{k_i}\right)\frac{1}{[S]} + \frac{1}{V_{\max}}$$

以 $1/v$ 对 $1/[S]$ 作图可发现竞争性抑制剂存在时的动力学特点(图 3-25):①随着抑制剂浓度的增加,直线的斜率加大,直线在纵轴上的截距不变,即当[S]足够高时,v 仍可达到最大反应速率 $V_{\max}$;②直线在横轴上的截距变小,说明竞争性抑制剂存在时的表观 $K_m\left[\left(1+\dfrac{[I]}{k_i}\right)K_m\right]$ 大于无抑制剂时的 K_m 值,而且随着抑制剂浓度的增加,表观 K_m 值进一步加大。

例如,磺胺类药物能竞争性抑制细菌的二氢蝶酸合酶(dihydropteroate synthase),从而抑制细菌的生长繁殖。细菌利用鸟苷三磷酸(GTP)从头合成四氢叶酸(FH₄)

图 3-25　竞争性抑制作用的双倒数作图

（图 3-26），其中 6-羟甲基-7,8-二氢蝶呤焦磷酸和对氨基苯甲酸生成 7,8-二氢蝶酸这步反应是由二氢蝶酸合酶来催化。磺胺类药物与对氨基苯甲酸的化学结构相似，竞争性地与二氢蝶酸合酶结合，抑制 FH_2 以至 FH_4 合成，干扰一碳单位代谢，进而干扰核酸合成，使细菌的生长受到抑制。根据竞争性抑制的特点，服用磺胺类药物时必须保持血液中足够高的药物浓度，以发挥其有效的抑菌作用。人类可直接利用食物中的叶酸，故体内核酸合成不受磺胺类药物的干扰。

图 3-26　磺胺类药物抑菌的作用机制

2. 反竞争性抑制剂只与酶-底物复合物结合　此类抑制剂也是与酶活性中心外的调节位点结合。与非竞争性抑制剂不同的是，反竞争性抑制剂不能与游离的酶结合，当底物与酶结合后，酶才能与抑制剂结合，通过形成三元复合物 IES，使中间产物 ES 的量下降，抑制酶促反应。这种抑制作用称为反竞争性抑制作用（uncompetitive inhibition）。

$$E + [S] \underset{k_2}{\overset{k_1}{\rightleftharpoons}} ES \overset{k_3}{\longrightarrow} E + P$$
$$+$$
$$I$$
$$\updownarrow k_i'$$
$$IES$$

反竞争性抑制剂存在时的米氏方程为：

$$v = \frac{V_{max}[S]}{K_m + \left(1 + \dfrac{[I]}{k_i'}\right)[S]}$$

此方程式的双倒数形式为：

$$\frac{1}{v} = \frac{K_m}{V_{max}} \cdot \frac{1}{[S]} + \frac{1}{V_{max}}\left(1 + \frac{[I]}{k_i'}\right)$$

以 $1/v$ 对 $1/[S]$ 作图，得一直线图形（图 3-27）。反竞争性抑制剂不改变直线的斜率，但使酶促反应的表观 $V_{max}\left[\dfrac{V_{max}}{\left(1 + \dfrac{[I]}{k_i'}\right)}\right]$ 降低，这是由于一部分 ES 与 I 结合，生成不能转变为产物 IES 的缘故。反竞争性抑制剂使酶促反应的表观 $K_m\left[\dfrac{K_m}{\left(1 + \dfrac{[I]}{k_i'}\right)}\right]$ 也降低。这是由于 IES 的形成使 ES 量下降，增加酶

图 3-27　反竞争性抑制作用双倒数作图

对底物的亲和力,从而增进酶与底物的结合。

3. 混合性抑制剂既可与酶结合也可与酶-底物复合物结合　混合性抑制剂与酶活性中心外的某个部位结合,它既可与游离酶结合形成 EI,也可与 ES 结合形成 IES,这种抑制作用称为混合性抑制作用(mixed inhibition)。

$$
\begin{array}{ccc}
\text{E + S} \underset{k_2}{\overset{k_1}{\rightleftharpoons}} & \text{ES} & \xrightarrow{k_3} \text{E + P} \\
+ & & + \\
\text{I} & & \text{I} \\
\Big\Updownarrow k_i & & \Big\Updownarrow k_i' \\
\text{EI + S} \rightleftharpoons & \text{IES}
\end{array}
$$

混合性抑制剂存在时的米氏方程为:

$$
v = \frac{V_{\max}[S]}{K_m\left(1 + \dfrac{[I]}{k_i}\right) + [S]\left(1 + \dfrac{[I]}{k_i'}\right)}
$$

该方程式的双倒数形式为:

$$
\frac{1}{v} = \frac{K_m}{V_{\max}}\left(1 + \frac{[I]}{k_i}\right) \cdot \frac{1}{[S]} + \frac{1}{V_{\max}}\left(1 + \frac{[I]}{k_i'}\right)
$$

以 $1/v$ 对 $1/[S]$ 作图得直线图(图 3-28)。

混合性抑制剂存在时,直线的斜率增大,表观 $K_m\left[\dfrac{\left(1 + \dfrac{[I]}{k_i}\right)K_m}{\left(1 + \dfrac{[I]}{k_i'}\right)}\right]$ 增大,表观 $V_{\max}\left[\dfrac{V_{\max}}{\left(1 + \dfrac{[I]}{k_i'}\right)}\right]$ 下降,

即混合性抑制剂影响着酶对底物的亲和力。

当 $k_i = k_i'$ 时,此时的混合性抑制作用即是非竞争性抑制作用(noncompetitive inhibition)。因此非竞争性抑制作用是混合性抑制作用的一种特殊情况。此时的这种混合性抑制剂可称为非竞争性抑制剂。

图 3-28　混合性抑制作用双倒数作图

非竞争性抑制作用时的米氏方程为：

$$v = \frac{V_{\max}[S]}{K_m\left(1 + \frac{[I]}{k_i}\right) + [S]\left(1 + \frac{[I]}{k_i}\right)}$$

整理后得：

$$v = \frac{V_{\max}[S]}{(K_m + [S])\left(1 + \frac{[I]}{k_i}\right)}$$

该方程式的双倒数形式为：

$$\frac{1}{v} = \frac{K_m}{V_{\max}}\left(1 + \frac{[I]}{k_i}\right)\frac{1}{[S]} + \frac{1}{V_{\max}}\left(1 + \frac{[I]}{k_i}\right)$$

以 1/v 对 1/[S]作图得直线图(图 3-29)。

图 3-29　非竞争性抑制作用双倒数作图

非竞争性抑制作用时,直线的斜率增大,K_m 不变,即非竞争性抑制剂不影响酶对底物的亲和力,但酶促反应的表观 $V_{max}\left[\dfrac{V_{max}}{\left(1+\dfrac{[\,I\,]}{k_i'}\right)}\right]$ 下降。

可逆性抑制作用的比较见表 3-9。

表 3-9 可逆性抑制作用的比较

抑制作用类型	I 与 E 的结合产物	动力学特征		双倒数作图		
		表观 K_m	表观 V_{max}	横轴截距	纵轴截距	斜率
无抑制剂	—	K_m	V_{max}	$-\dfrac{1}{K_m}$	$\dfrac{1}{V_{max}}$	$\dfrac{K_m}{V_{max}}$
竞争性抑制剂	EI	$\left(1+\dfrac{[\,I\,]}{k_i}\right)K_m$	V_{max}	$-\dfrac{1}{\left(1+\dfrac{[\,I\,]}{k_i}\right)K_m}$	$\dfrac{1}{V_{max}}$	$\dfrac{\left(1+\dfrac{[\,I\,]}{k_i}\right)K_m}{V_{max}}$
反竞争性抑制剂	IES	$\dfrac{K_m}{\left(1+\dfrac{[\,I\,]}{k_i'}\right)}$	$\dfrac{V_{max}}{\left(1+\dfrac{[\,I\,]}{k_i'}\right)}$	$-\dfrac{\left(1+\dfrac{[\,I\,]}{k_i'}\right)}{K_m}$	$\dfrac{\left(1+\dfrac{[\,I\,]}{k_i'}\right)}{V_{max}}$	$\dfrac{K_m}{V_{max}}$
混合性抑制剂	EI 和 IES	$\dfrac{\left(1+\dfrac{[\,I\,]}{k_i}\right)K_m}{\left(1+\dfrac{[\,I\,]}{k_i'}\right)}$	$\dfrac{V_{max}}{\left(1+\dfrac{[\,I\,]}{k_i'}\right)}$	$-\dfrac{\left(1+\dfrac{[\,I\,]}{k_i'}\right)}{\left(1+\dfrac{[\,I\,]}{k_i}\right)K_m}$	$\dfrac{\left(1+\dfrac{[\,I\,]}{k_i'}\right)}{V_{max}}$	$\dfrac{\left(1+\dfrac{[\,I\,]}{k_i}\right)K_m}{V_{max}}$
非竞争性抑制剂	EI 和 IES	K_m	$\dfrac{V_{max}}{\left(1+\dfrac{[\,I\,]}{k_i'}\right)}$	$-\dfrac{1}{K_m}$	$\dfrac{\left(1+\dfrac{[\,I\,]}{k_i'}\right)}{V_{max}}$	$\dfrac{\left(1+\dfrac{[\,I\,]}{k_i'}\right)K_m}{V_{max}}$

注:抑制剂存在时酶的 K_m 和 V_{max} 分别称为表观 K_m 和表观 V_{max}。

第四节 酶活性的调节

细胞内许多酶的活性是可以调节的。通过适当的调节,这些酶可在有活性和无活性或高活性和低活性两种状态之间转变。机体通过调节细胞内酶的活性来调整细胞内物质代谢的总速率,甚至改变反应的方向,使得机体不断地适应内外环境的变化。酶活性的调节大多是通过对关键酶的活性进行调节。一个代谢途径的总反应速率常常只取决于该途径的某一种酶或某几种酶活性的变化,这样的酶催化的反应通常是该途径中的单向反应,而且催化的反应速率最慢,因此称为关键酶(key enzyme)或限速酶(rate-limiting enzyme)。关键酶的活性可受底物、产物和多种代谢物或效应剂的调节。酶活性的调节包括快速调节和缓慢调节。快速调节是对细胞内现有酶活性的直接调节;缓慢调节是通过改变细胞内的酶含量,从而调节细胞内酶的总活性。

一、别构调节和化学修饰调节可快速调节酶活性

(一)别构调节是由别构效应剂引起的非共价可逆调节

某些化合物与酶活性中心外的部位非共价可逆结合,引起酶构象改变,从而改变酶的催化活性,酶活性的这种调节方式称为别构调节(allosteric regulation)。

1. 别构效应剂与别构酶的调节部位结合   能引起酶发生别构调节的代谢物称为别构效应剂（allosteric effector）或别构调节物（allosteric modulator），根据别构效应剂对酶的调节效果分为别构激活剂（allosteric activator）和别构抑制剂（allosteric inhibitor）。别构效应剂可以是代谢途径的终产物、中间产物、酶的底物或其他物质。受别构效应剂调节的酶称为别构酶（allosteric enzyme）。以底物作为别构效应剂的酶称为同促酶（homotropic enzyme），具有别构调节作用的底物通常产生激活效应；以非底物分子作为别构效应剂的酶称为异促酶（heterotropic enzyme）。

别构酶属于调节酶（regulatory enzyme）。大多数别构酶由几个（通常是偶数）亚基构成，别构酶的各亚基之间以非共价键相互作用。别构酶分子中与别构效应剂结合的部位称为调节部位（regulatory site）或别构部位（allosteric site），与底物结合并催化底物反应的部位称为催化部位（catalytic site）或活性部位（active site）。有些别构酶的调节部位和催化部位存在于同一亚基上，另有一些别构酶的调节部位和催化部位存在于不同亚基上，故有催化亚基和调节亚基的称谓。别构效应剂与别构酶的调节部位结合后，可改变催化部位的构象，从而改变催化部位结合底物的能力或催化底物反应的能力。

2. 别构酶各亚基间具有协同作用   在多亚基的别构酶中，亚基的构象改变可以相互影响而产生协同效应（cooperativity）。别构效应剂与酶的一个亚基结合，引起亚基发生构象改变，继而引起相邻亚基发生构象改变。如果后续亚基的构象改变增加其对别构效应剂的亲和力，使效应剂与酶的结合越来越容易，则此协同效应称为正协同效应（positive cooperative effect）；反之则称为负协同效应（negative cooperative effect）。以底物为别构效应剂所引起的构象改变增加或降低后续亚基对底物的亲和力，称为同种协同效应（homotropic cooperativity）；非底物效应剂引起的构象改变增加或降低后续亚基对底物的亲和力，称为异种协同效应（heterotropic cooperativity）。

3. 别构酶的动力学不遵守米氏方程   当底物能够通过正协同效应影响别构酶的亚基活性时，底物浓度-反应速率曲线不是矩形双曲线，而是呈"S"形曲线（图 3-30），与血红蛋白的氧结合曲线相同。与血红蛋白的别构一样，许多别构酶也有两种构象形式，即紧缩态（tense state，T state）和松弛态（relaxed state，R state）；T 态和 R 态对底物的亲和力或催化活性不同。别构效应剂通过引起别构酶各亚基 R 态与 T 态互变，改变酶的催化速率。

同促酶未与底物结合时，酶分子处于与底物亲和力低的 T 态构象，第 1 个底物与酶的结合较难，底物浓度-反应速率曲线上升较缓慢。一旦第 1 个底物与酶的亚基之一结合，产生正协同效应，使邻近亚基逐

图 3-30   别构酶的底物浓度-反应速率曲线

步变成对底物亲和力高的 R 态，底物浓度-反应速率曲线急剧上升，形成"S"形曲线的中部。随后，大多数酶被底物逐渐饱和，反应速率增幅减慢；直至所有酶的亚基均变成 R 态构象，反应达最大速率。

非底物别构激活剂结合异促酶时，可使酶分子的所有亚基均转变成 R 态构象，酶的 K_m 值降低（V_{max} 不变），即底物与酶的亲和力增加。这时较低的底物浓度即可达到较高的反应速率，所以，非底物别构激活剂使底物-速率曲线左移，几乎近似矩形双曲线。相反，别构抑制剂对 T 态构象有高亲和力，它们与酶结合后将酶"固定"于 T 态构象，增加了底物与酶结合的难度，使酶的 K_m 值增加。这时需要较高浓度的底物才能将 T 态构象转变成 R 态构象，所以别构抑制剂使底物-速率曲线右移。（图 3-30）

（二）化学修饰调节是经酶促反应进行的共价可逆调节

一些酶分子中的某些基团可在其他酶的催化下，共价结合某些化学基团，同时又可在另一种酶的催化下，将已结合在酶分子上的这些化学基团除去，从而引起酶分子构象的改变而影响酶的活性，酶活性的这种调节方式称为酶的化学修饰（chemical modification）调节或共价修饰（covalent modification）调节。化学修饰后的酶从无活性或低活性变为有活性或高活性，或者相反。

　　酶的共价修饰有多种形式（详见第十二章），其中最常见的形式是酶蛋白的磷酸化与去磷酸化。酶蛋白的磷酸化是在蛋白激酶的催化下，来自 ATP 的 γ-磷酸基共价地结合在酶蛋白的 Ser、Thr 或 Tyr 残基的侧链羟基上。反之，磷酸化的酶蛋白在磷蛋白磷酸酶（简称蛋白磷酸酶）催化下，磷酸酯键被水解而脱去磷酸基（图 3-31）。

图 3-31　酶的磷酸化与去磷酸化反应

　　共价修饰可引起级联放大效应。在一个连锁反应中，一个酶被磷酸化或去磷酸化激活后，其他酶可同样的依次被其上游的酶共价修饰而激活，引起原始信号的放大，这种多步共价修饰的连锁反应称为级联反应（cascade reaction）。级联反应的主要作用是产生快速、高效的放大效应。例如，肾上腺素对血糖的调节就是一个级联反应过程（图 3-32）。

图 3-32　肾上腺素调节血糖浓度的级联反应

二、酶原需经激活后才具有催化活性

　　有些酶在细胞内合成及初分泌时，只是没有活性的酶的前体，只有经过蛋白质水解作用，去除部分肽段后才能成为有活性的酶。这些无活性的酶的前体称为酶原(zymogen),酶原的激活是不可逆的。例如,胃肠道的蛋白水解酶、一些具有蛋白质水解作用的凝血因子、免疫系统的补体等在初分泌时均以酶原的形式存在。酶原在特定的场所和一定条件下被转变成有活性的酶,此过程称为酶原的激活。酶原激活的机制是分子内部一个或多个肽键的断裂,引起分子构象的改变,从而暴露或形成酶的活性中心。酶原的激活过程是不可逆的。例如,胰蛋白酶原进入小肠时,肠激酶(需 Ca²⁺)或胰蛋白酶自肽链 N-端水解掉一个六肽后,引起酶分子构象改变,形成酶活性中心,于是无活性的胰蛋白酶原转变成有活性的胰蛋白酶(图 3-33)。表 3-10 列出了一些酶原的激活过程。

图 3-33　胰蛋白酶原的激活

表 3-10　酶原的激活过程

酶原	激活因素	激活形式	激活部位
胃蛋白酶原	H⁺或胃蛋白酶	胃蛋白酶+六肽	胃
胰凝乳蛋白酶原	胰蛋白酶	α-胰凝乳蛋白酶+两个二肽	小肠
弹性蛋白酶原	胰蛋白酶	弹性蛋白酶+几个肽段	小肠
羧肽酶原 A	胰蛋白酶	羧肽酶 A+几个肽段	小肠

酶原的存在和酶原的激活具有重要的生理意义。消化道蛋白酶以酶原形式分泌可避免胰腺的自身消化和细胞外基质蛋白遭受蛋白酶的水解破坏,同时还能保证酶在特定环境和部位发挥其催化作用。生理情况下,血管内的凝血因子不被激活,不发生血液凝固,可保证血流畅通。一旦血管破损,一系列凝血因子被激活,使凝血酶原活化生成凝血酶,后者催化纤维蛋白原转变成纤维蛋白,产生血凝块以阻止大量失血,对机体起保护作用。

三、酶含量的变化可缓慢调节酶的总活性

酶是机体的组成成分,各种酶都处于不断合成与降解的动态平衡过程中。因此,细胞除直接改变现有酶的活性外,还可以通过改变酶的合成与分解的速率来调整酶的含量。从而可调控酶的总活性,进而影响酶促反应速率。酶含量的调节属于缓慢调节。

(一)酶蛋白合成可被诱导或阻遏

某些底物、产物、激素、生长因子及某些药物等可以在基因转录水平上影响酶蛋白的生物合成。通过诱导基因转录而促进酶合成的物质称为诱导物(inducer),诱导物诱发酶蛋白合成的作用称为诱导作用(induction)。反之,通过抑制基因转录而减少酶蛋白合成的物质称为辅阻遏物(co-repressor),辅阻遏物通过激活阻遏蛋白而抑制基因的转录,这种作用称为阻遏(repression)。酶基因被诱导表达后,尚需经过翻译后的加工修饰等过程,所以从诱导酶的合成到其发挥效应,一般需要几小时以上方可见效。但是,一旦酶被诱导合成后,即使去除诱导因素,酶的活性仍然持续存在,直到该酶被降解或抑制。因此,与酶活性的调节相比,酶合成的诱导与阻遏是一种缓慢而长效的调节。例如,胰岛素可诱导合成 HMG-CoA 还原酶,促进体内胆固醇合成,而胆固醇则阻遏 HMG-CoA 还原酶的合成;糖皮质激素可诱导磷酸烯醇式丙酮酸羧化激酶的合成,促进糖异生。镇静催眠类药物苯巴比妥可诱导肝微粒体单加氧酶合成。

(二)酶的降解与一般蛋白质降解途径相同

细胞内各种酶的半衰期相差很大。如鸟氨酸脱羧酶的半衰期很短,仅 30 分钟;而乳酸脱氢酶的半衰期可长达 130 小时。组织蛋白的降解途径有:①组织蛋白降解的溶酶体途径(非 ATP 依赖性蛋白质降解途径),由溶酶体内的组织蛋白酶非选择性催化分解一些膜结合蛋白、长半衰期蛋白和细胞外的蛋白;②组织蛋白降解的细胞质途径(ATP 依赖性泛素-蛋白酶体介导的蛋白降解途径),该途径主要降解异常或损伤的蛋白质,以及几乎所有短半衰期(10 分钟~2 小时)的蛋白质(详见第九章)。

第五节　酶的分类与命名

1961 年,国际生物化学联合会(IUB)[现为国际生物化学与分子生物学联盟(The International Union of Biochemistry and Molecular Biology,IUBMB)]酶学委员会提出酶的系统命名方案及酶的分类方法。

一、根据酶促反应的类型分类

IUB 最初依据酶催化反应的类型将酶分为六大类。2018 年,IUBMB 命名委员会在原来六大类酶的基础上,增设了第七大类酶——易位酶类。

(一)催化氧化还原反应的酶属于氧化还原酶类

氧化还原酶类(oxidoreductases)包括催化传递电子、氢以及需氧参加反应的酶。例如,乳酸脱氢酶、琥珀酸脱氢酶、细胞色素 c 氧化酶、过氧化氢酶、过氧化物酶等。

(二)催化底物之间基团转移或交换的酶属于转移酶类

转移酶类(transferases)催化底物间发生基团转移或基团交换反应。例如,甲基转移酶、氨基转移酶和转硫酶等。

(三)催化底物发生水解反应的酶属于水解酶类

水解酶(hydrolase)类按其所水解的底物不同可分为蛋白酶、核酸酶、脂肪酶和脲酶等。根据蛋白酶对底物蛋白的作用部位,可进一步分为内肽酶和外肽酶。同样,核酸酶也可分为核酸外切酶和核酸内切酶。

(四)催化从底物移去一个基团并形成双键的反应或其逆反应的酶属于裂合酶类

裂合酶类(lyases)催化一种底物非水解地裂解成两种产物并产生双键的反应或其逆反应。例如,脱水酶、脱羧酶、醛缩酶、水化酶等。许多裂合酶的反应方向相反,一个底物去掉双键,并与另一底物结合形成一个分子。

(五)催化同分异构体相互转化的酶属于异构酶类

异构酶类(isomerases)催化分子内部基团的位置互变,几何或光学异构体互变,以及醛酮互变。

例如,变位酶、表构酶、异构酶、消旋酶等。

(六)催化两种底物形成一种产物的酶属于连接酶类

连接酶类(ligases)(旧称合成酶类,synthetases)催化两种底物形成一种产物。此类酶催化分子间的缩合反应,或同一分子两个末端的连接反应。例如,DNA 连接酶、氨酰 tRNA 合成酶、谷氨酰胺合成酶等。

系统命名法最初将催化合成反应的合酶(synthase)和合成酶进行了区分,合酶催化反应时不需要 ATP 供能,而合成酶需要。后来的国际理论与应用化学联盟(IUPAC)-国际生物化学与分子生物学联盟(IUBMB)的生物化学命名联合委员会(Joint Commission on Biochemical Nomenclature,JCBN)规定:无论利用 NTP 与否,合酶能够被用于催化合成反应的任何一种酶。例如,GMP 合酶(或称 GMP 合成酶)、腺苷酸代琥珀酸合酶(或称腺苷酸代琥珀酸合成酶)、谷胱甘肽合酶(或称谷胱甘肽合成酶)。

(七)催化离子或分子易位的酶属于易位酶类

易位酶类(translocases)催化离子或分子跨膜转运或在细胞膜内进行易位反应的酶,即催化离子或分子从面 1 到面 2(side 1 to side 2)的一类酶。例如,线粒体蛋白质转运 ATPase(EC7.4.2.3;原属 EC3.6.3.51)、泛醇氧化酶(转运 H^+;EC7.1.1.7;原属 EC1.10.3.10)、Na^+,K^+-交换 ATPase(EC7.2.2.13;原属 EC3.6.3.9)、细胞色素 c 氧化酶(EC7.1.1.9;原属 EC1.9.3.1)。

二、酶的系统名称和推荐名称

(一)酶的系统命名法可反映酶的多种信息(比较烦琐)

以往的习惯命名法常不能充分反映酶的相关信息,甚至出现一酶多名等现象。当时的国际生物化学学会(IUB)酶学委员会根据酶的分类、酶催化的整体反应,于 1961 年提出系统命名法。该法规定每个酶有一个系统名称和编号。名称标明了酶的底物及反应性质;底物名称之间以":"分隔。编号由 4 个阿拉伯数字组成,前面冠以 EC(Enzyme Commission)。这 4 个数字中第 1 个数字是酶的分类号,第 2 个数字代表在此类中的亚类,第 3 个数字表示亚-亚类,第 4 个数字表示该酶在亚-亚类中的序号(表 3-11)。系统命名适合从事酶学及相关专业工作者应用。

表 3-11 酶的分类与命名举例

酶的分类	系统名称	编号	催化反应	推荐名称
氧化还原酶类	L-乳酸:NAD^+-氧化还原酶	EC1.1.1.27	L-乳酸+NAD^+ ⇌ 丙酮酸+NADH+H^+	L-乳酸脱氢酶
转移酶类	L-丙氨酸:α-酮戊二酸氨基转移酶	EC2.6.1.2	L-丙氨酸+α-酮戊二酸 ⇌ 丙酮酸+L-谷氨酸	谷丙转氨酶
水解酶类	1,4-α-D-葡聚糖-聚糖水解酶	EC3.2.1.1	水解含有 3 个以上 1,4-α-D-葡萄糖基的多糖中 1,4-α-D-葡萄糖苷键	α-淀粉酶
裂合酶类	D-果糖-1,6-二磷酸 D-甘油醛-3-磷酸裂合酶	EC4.1.2.13	D-果糖-1,6-二磷酸 ⇌ 磷酸二羟丙酮+D-甘油醛-3-磷酸	果糖二磷酸醛缩酶
异构酶类	D-甘油醛-3-磷酸醛-酮-异构酶	EC5.3.1.1	D-甘油醛-3-磷酸 ⇌ 磷酸二羟丙酮	磷酸丙糖异构酶
连接酶类	L-谷氨酸:氨连接酶	EC6.3.1.2	ATP+L-谷氨酸+NH_3 ⟶ ADP+P_i+L-谷氨酰胺	谷氨酰胺合成酶
易位酶类	泛醇:氧气氧化还原酶(转运 H^+)	EC7.1.1.3	2 泛醇+O_2+$nH^+_{[面1]}$ ⟶ 2 泛醌+$2H_2O$+$nH^+_{[面2]}$	泛醇氧化酶(转运 H^+)

(二)酶的推荐名称简便而常用

由于系统名称较烦琐,国际酶学委员会还同时为每一个酶从常用的习惯名称中挑选出一个推荐名称。推荐名称简便,适宜非酶学专业人员应用。

第六节　酶 与 医 学

酶在生命活动中的重要作用使酶学研究成为医学研究中非常重要的领域。酶可以作为疾病诊断和治疗的靶点,也可成为治疗疾病的药物。

一、酶与疾病的发生、诊断及治疗密切相关

若体内酶的质和量发生异常,机体的物质代谢必然出现异常,甚至导致疾病的发生。许多疾病又常常伴随酶活性的改变。临床上常通过测定组织、器官,体液,特别是血液中一些酶活性的改变,作为某些疾病的诊断或辅助诊断指标。有些酶可作为药物治疗疾病。

(一)许多疾病与酶的质和量的异常相关

1. 酶的先天性缺陷是先天性疾病的重要病因之一　基因突变可造成一些酶的先天性缺陷,导致相关疾病的发生。如酪氨酸酶缺陷引起白化病,苯丙氨酸羟化酶缺陷引起苯丙酮尿症,葡萄糖-6-磷酸脱氢酶缺陷引起溶血性贫血,肝细胞中葡萄糖-6-磷酸酶缺陷,可引起Ⅰa型糖原贮积症。

2. 酶原异常激活和酶活性异常改变可引起疾病　除酶基因突变,酶原异常激活和酶活性异常改变也可成为疾病的原发病因。急性胰腺炎是由于胰蛋白酶原在胰腺中被激活,胰腺细胞遭到水解破坏所致。酶的各种竞争性抑制剂、不可逆性抑制剂可通过影响酶的活性而诱发疾病。有机磷农药抑制胆碱酯酶活性可产生乙酰胆碱堆积的临床症状。

3. 一些疾病可引起酶活性改变　一些原发疾病引起酶活性的改变可进一步加重病情和引发继发病或并发症。例如,严重肝病时,可因肝合成的凝血因子减少而影响血液凝固;肝糖原合成与分解的酶活性下降可引起饥饿性低血糖。慢性酒精中毒患者可因乙醇、乙醛的氧化产生过量的 NADH,抑制三羧酸循环和激活脂肪酸和胆固醇的生物合成,引起脂肪肝和动脉硬化。

(二)体液中酶活性的改变可作为疾病的诊断指标

组织器官损伤可使其组织特异性的酶释放入血,有助于对组织器官疾病的诊断。如急性肝炎时,血清谷丙转氨酶活性升高;急性胰腺炎时血、尿淀粉酶活性升高;前列腺癌患者血清酸性磷酸酶含量升高;骨癌患者血中碱性磷酸酶含量升高;卵巢癌和睾丸肿瘤患者血中胎盘型碱性磷酸酶升高。因此,测定血清中酶的增多或减少可用于辅助诊断和预后判断。

(三)酶作为药物可用于疾病的治疗

1. 有些酶作为助消化的药物　酶作为药物最早用于助消化。如消化腺分泌功能下降所致的消化不良,可服用胃蛋白酶、胰蛋白酶、胰脂肪酶、胰淀粉酶等予以纠正。

2. 有些酶用于清洁伤口和抗炎　在清洁化脓伤口的洗涤液中,加入胰蛋白酶、溶菌酶、木瓜蛋白酶、菠萝蛋白酶等可加强伤口的净化、抗炎和防止浆膜粘连等。在某些外敷药中加入透明质酸酶可以增强药物的扩散作用。

3. 有些酶具有溶解血栓的疗效　临床上常用链激酶、尿激酶及纤溶酶等溶解血栓,用于治疗心、脑血管栓塞等疾病。

(四)有些药物通过抑制或激活体内某种酶的活性起治疗作用

有些药物通过抑制某些酶的活性,纠正体内代谢紊乱。如抗抑郁药通过抑制单胺氧化酶而减少儿茶酚胺的灭活,治疗抑郁症。洛伐他汀通过竞争性抑制 HMG-CoA 还原酶的活性,抑制胆固醇的生物合成,降低血胆固醇。给新生儿服用苯巴比妥可诱导肝细胞 UDP-葡萄糖醛酸基转移酶的生物合成,减轻新生儿黄疸,防止出现胆红素脑病。

二、酶可作为试剂用于生物化学分析

(一)酶偶联测定法中的指示酶或辅助酶

当有些酶促反应的底物或产物不能被直接测定时,可偶联另一种或两种酶,使初始反应产物定量地转变为可测量的某种产物,从而测定初始反应的底物、产物或初始酶活性。这种方法称为酶偶联测定法。若偶联一种酶,这个酶即为指示酶(indicator enzyme);若偶联两种酶,则前一种酶为辅助酶(auxiliary enzyme),后一种酶为指示酶。例如,临床上测定血糖时,利用葡萄糖氧化酶将葡萄糖氧化为葡萄糖酸,并释放 H_2O_2;过氧化物酶(proxidase)催化 H_2O_2 与 4-氨基安替比林及苯酚反应生成水和红色醌类化合物,测定红色醌类化合物在 505nm 处的吸光度即可计算出血糖浓度。此反应中的过氧化物酶即为指示酶。

(二)酶标记测定法中的标记酶

临床上经常需检测许多微量分子,过去一般都采用免疫同位素标记法。鉴于同位素应用限制,现今多以酶标记代替同位素标记。例如,酶联免疫吸附测定(enzyme-linked immunosorbent assay,ELISA)就是利用抗原-抗体特异性结合的特点,将标记酶与抗体偶联,对抗原或抗体做出检测的一种方法。常用的标记酶有辣根过氧化物酶、碱性磷酸酶、葡萄糖氧化酶、β-D-半乳糖苷酶等。

(三)基因工程常用的工具酶

有些酶已经常规用于基因工程操作过程中。例如,Ⅱ型限制性核酸内切酶、DNA 连接酶、逆转录酶、DNA 聚合酶等。

小结

酶是具有催化功能的蛋白质。单体酶只由一条肽链构成,寡聚酶由两条以上肽链构成,多酶体系由几种不同的酶聚合而成,多功能酶在一条肽链上含有多个催化不同反应的活性部位。单纯酶仅由氨基酸残基组成。缀合酶由酶蛋白和辅因子两部分构成;酶蛋白决定了反应的特异性和催化机制,辅因子决定了反应的类型。只有全酶才具有催化活性。辅因子多为金属离子或小分子有机化合物,后者多为 B 族维生素的衍生物或铁卟啉化合物。

酶的活性中心是酶分子中能与底物结合并催化底物生成产物的具有三维结构的特定区域,多是裂缝、裂隙或疏水"口袋",为催化底物反应提供了一个疏水的微环境。

同工酶是催化相同的化学反应,但酶分子的结构、理化性质,乃至免疫学性质不同的一组酶。同工酶的表达具有时空特异性。

酶不同于一般催化剂的最显著特点是:酶对底物具有高度的催化效率和高度的专一性。酶和底物相互作用所衍生出的结合能是酶用以降低反应活化能所用的自由能的主要来源。

酶与底物结合时发生诱导契合作用,形成酶-底物复合物。酶与底物相互作用时可有邻近效应、定向排列和表面效应,酶对底物的催化作用机制包括普通酸碱催化作用和共价催化作用。

酶促反应动力学是研究酶促反应速率及影响因素,如底物浓度、酶浓度、温度、pH、激活剂和抑制剂等影响。酶促反应速率(v)与[S]的关系可用米氏方程 $\left(v=\dfrac{V_{max}[S]}{K_m+[S]} \right)$ 定量阐释。K_m 是 v 为 V_{max} 一半时的底物浓度,是酶的特征性常数。在一定的条件下,K_m 可以代表酶对底物的亲和力。采用双倒数作图法能准确求得 K_m 和 V_{max}。[E]与 v 呈正相关,温度对 v 具有双重影响,pH 的变化影响着酶和底物的解离状态,从而影响酶促反应速率。激活剂和抑制剂分别能提高和降低酶促反应速率。

酶的抑制剂分为不可逆性抑制剂和可逆性抑制剂,前者与酶分子不可逆共价结合,后者与酶分子可逆非共价结合。可逆性抑制剂包括竞争性、反竞争性和混合性抑制剂。竞争性抑制剂与底物竞争结合酶的活性中心,使酶促反应的表观 K_m 增高,但 V_{max} 不变。反竞争性抑制剂只与 ES 结合,引起表观K_m和表观V_{max}均降低。混合性抑制剂既能与 E 结合,也能与 ES 结合,表观K_m和表观V_{max}均降低。非竞争性抑制作用是混合性抑制作用的一种特殊情况,非竞争性抑制剂使表观V_{max}下降,但不改变K_m。

酶活性的调节包括细胞现有酶活性的调节和改变细胞酶含量调节酶的总活性。别构调节和化学修饰调节是酶活性调节的两种重要方式。别构调节是别构效应剂与别构酶的调节部位非共价可逆结合;化学修饰是通过酶促反应进行的对酶分子的共价修饰。酶的化学修饰有多种形式,其中最常见的是酶的磷酸化与去磷酸化。酶原是细胞初始合成和分泌时不具有催化活性的酶的前体物,酶原需在特定的场所被激活后,才能成为具有催化活性的酶。酶原的激活过程是不可逆的。

酶与医学的关系非常密切。许多疾病与酶的质和量的异常有关,而多种疾病也伴随着体液酶的变化。临床上有多种酶用于疾病的诊断和鉴别诊断,有些酶还可作为临床药物用于疾病的治疗。

（田余祥）

思考题

1. 何谓酶原和酶原的激活? 有什么生理意义?
2. 影响酶促反应速率的因素有哪些? 它们各自的影响机制如何?
3. 比较各种可逆性抑制作用的动力学互有什么差别?
4. 当一个样品中混有抑制剂时,怎样来鉴别这是可逆性抑制剂还是不可逆性抑制剂?
5. 测定酶的活性时,应当注意控制哪些条件?
6. 欲使一个酶促反应的速率(v)达到最大反应速率(V_{max})的 80%,[S]与K_m的关系如何?

第四章

糖蛋白和蛋白聚糖的结构与功能

【本章要点】

1. 糖蛋白的分类、结构特点及聚糖的功能；
2. 蛋白聚糖的组成及其主要功能；
3. 糖蛋白和蛋白聚糖的合成过程；
4. 特异的聚糖结构被细胞用来编码重要信息。

糖缀合物（glycoconjugate）指糖与蛋白质、脂质等分子以共价键相互连接而形成的复合物。体内的糖缀合物主要包括糖蛋白（glycoprotein）、蛋白聚糖（proteoglycan）和糖脂（glycolipid）。通常把糖缀合物中的糖部分称作聚糖（glycan）。在细胞内，聚糖参与并影响糖蛋白从初始合成至最后亚细胞定位的各个阶段及其功能。聚糖不仅影响蛋白质折叠、稳定性和细胞内运输，而且作为糖蛋白的组分参与细胞识别、细胞黏附、细胞分化、免疫识别、细胞信号转导、微生物致病和肿瘤转移等生命过程。聚糖使蛋白质的结构更丰富、功能更复杂。此外，糖生物学（glycobiology）研究表明，特异的聚糖结构被细胞用来编码若干重要信息。本章主要介绍糖蛋白和蛋白聚糖的结构与功能。

框 4-1

糖类化合物的研究经历了三个阶段

糖类化合物的研究经历了糖化学、糖生物化学、糖生物学三个阶段。19 世纪早期，科学家演绎出植物可通过光合作用将 CO_2、H_2O 和光能转化为有机物和 O_2，最先在蓝-绿藻确定的这种有机物就是葡萄糖。1820 年，Liebig J. V. 确定食物含有碳水化合物等。1833 年，Payen A. 在发现淀粉酶的同时，发现了植物细胞壁中的纤维素，将其鉴定并命名为多糖。此后化学家开展糖的立体异构体和投射分子式预测；Fischer E. H. 根据不对称碳原子，将碳水化合物区分为 D-、L-构型。1925 年，Haworth W. N. 提出葡萄糖以封闭环状结构及 α、β 构型存在。1937 年，Hanes C. S. 提出淀粉的螺旋状构象。1950 年，现代物理技术发展证明了 Fischer E. H. 的投射结构预测。糖生物化学研究积累了大量资料，特别是 20 世纪 80 年代糖缀合物分子中聚糖的多种功能相继被发现，糖类不再被看作仅是生物体的产能物质和结构物质。1988 年，糖生物学概念被提出。糖缀合物的结构与功能不断被揭示；聚糖的功能涉及蛋白质折叠、稳定性和细胞内运输，以及细胞识别、黏附和迁移等重要的生理作用，是继核酸和蛋白质后的又一类重要的生物大分子。糖组是指一种细胞或一个生物体中全部聚糖种类，而糖组学（glycomics）包括聚糖种类、结构鉴定、糖基化位点分析、蛋白质糖基化的机制和功能等研究，是对蛋白质与聚糖间的相互作用和功能的全面分析。当今以高通量、高效率技术探讨个体全部聚糖的结构、功能以及代谢为主体内容的糖组学研究正在蓬勃发展。

第一节　糖蛋白的结构与功能

在蛋白质合成后的修饰中,糖基化是最复杂的一种修饰作用。体内蛋白质约 1/3 为糖蛋白,执行着不同的功能。糖蛋白中的聚糖不但能影响蛋白部分的构象、聚合、溶解及降解,还参与糖蛋白的相互识别、结合等功能。本节主要介绍蛋白质糖基化修饰的主要方式和特点,以及聚糖对蛋白质结构与功能的影响。

一、聚糖是组成糖缀合物的主要组分

(一)糖蛋白和蛋白聚糖是重要的糖缀合物

聚糖是由单糖通过糖苷键聚合而成的寡糖或多糖。就结构而论,糖蛋白和蛋白聚糖均由共价连接的蛋白质和聚糖两部分组成,而糖脂由聚糖与脂类物质组成。体内还存在蛋白质、糖与脂类三位一体的糖缀合物,主要利用糖基磷脂酰肌醇(glycosylphosphatidyl inositol,GPI)将蛋白质锚定于细胞膜中。

(二)聚糖与蛋白质可通过两种方式连接

组成糖蛋白分子中聚糖的单糖有 7 种:葡萄糖(glucose,Glc)、半乳糖(galactose,Gal)、甘露糖(mannose,Man)、N-乙酰半乳糖胺(N-acetylgalactosamine,GalNAc)、N-乙酰葡糖胺(N-acetylglucosamine,GlcNAc)、岩藻糖(fucose,Fuc)和 N-乙酰神经氨酸(N-acetylneuraminic acid,NeuAc)。

由上述单糖构成结构各异的聚糖可经两种方式与糖蛋白的蛋白质部分连接。因此,根据连接方式不同,可将糖蛋白聚糖分为 N-连接聚糖(N-linked glycan)和 O-连接聚糖(O-linked glycan)。N-连接聚糖是指聚糖与蛋白质分子中天冬酰胺残基的酰胺氮相连形成的糖链;O-连接聚糖是指聚糖与蛋白质分子中丝氨酸或苏氨酸羟基相连形成的糖链(图 4-1)。这样,糖蛋白也相应分成 N-连接糖蛋白和 O-连接糖蛋白。

图 4-1　糖蛋白糖链的 N-连接和 O-连接
X 为脯氨酸以外的任何氨基酸。

(三)糖蛋白和蛋白聚糖中的组分存在较大差异

大多数真核细胞都能合成一定数量和类型的糖蛋白和蛋白聚糖,分布于细胞表面、细胞内分泌颗粒和细胞核内;也可被分泌出细胞,构成细胞外基质成分。糖蛋白分子中蛋白质重量百分比大于聚糖。糖蛋白分子因蛋白质种类不同而含糖量不一,有的可达 20%,有的仅为 5% 以下。蛋白聚糖中聚糖所占重量在一半以上,甚至高达 95%,以致大多数蛋白聚糖中聚糖分子质量高达 10 万 kD 以上。由于糖蛋白和蛋白聚糖中的聚糖结构迥然不同,因此两者在合成途径和功能上存在显著差异。

糖蛋白分子中单糖种类和组成比、聚糖的结构也存在显著差异。不同种属、组织的同一种糖蛋白的 N-连接聚糖的含量和结构可以不同。即使是同一组织中的某种糖蛋白,不同分子的同一糖基化位点的 N-连接聚糖结构也可以不同,这种糖蛋白聚糖结构的不均一性称为糖形(glycoform)。

二、N-连接聚糖是糖蛋白最常见的聚糖

(一)N-连接糖蛋白的糖基化序列段为 Asn-X-Ser/Thr

蛋白质等非糖生物分子与糖形成共价结合的反应称糖基化。聚糖中的 N-乙酰葡糖胺与多肽

链中天冬酰胺残基的酰胺氮以共价键连接,形成 *N*-连接糖蛋白,但是并非糖蛋白分子中所有天冬酰胺残基都可连接聚糖。只有特定的氨基酸序列,即 Asn-X-Ser/Thr 3 个氨基酸残基组成的序列段(sequon)才有可能,这一序列段称为糖基化位点(见图 4-1)。1 个糖蛋白分子可存在若干个 Asn-X-Ser/Thr 序列段,这些序列段只能视为潜在糖基化位点,能否连接上聚糖还取决于周围的立体结构等。

(二)*N*-连接聚糖都有分支的五糖核心

根据结构可将 *N*-连接聚糖分为 3 型:高甘露糖型、复杂型和杂合型。这 3 型 *N*-连接聚糖都有一个由 2 个 GlcNAc 和 3 个 Man 组成的分支的五糖核心(GlcNAc$_2$Man$_3$)(图 4-2)。两个 GlcNAc 以 $\beta_{1,4}$-糖苷键相连,其中一个 GlcNAc 与糖基化位点 Asn-X-Ser/Thr 序列段的 Asn 连接,另一个 GlcNAc 以 $\beta_{1,4}$-糖苷键与 Man 连接,Man 再与另外两个 Man 分别以 $\alpha_{1,3}$-糖苷键和 $\alpha_{1,6}$-糖苷键连接,组成糖链的 1,3 和 1,6 臂。

复杂型 *N*-连接聚糖五糖核心的内侧 Man 有时还可有以 $\beta_{1,4}$-糖苷键连接的 GlcNAc,称为平分型 GlcNAc;而核心内侧的 GlcNAc 可有以 $\alpha_{1,6}$-糖苷键连接的岩藻糖(Fuc),称为核心岩藻糖(图 4-2)。

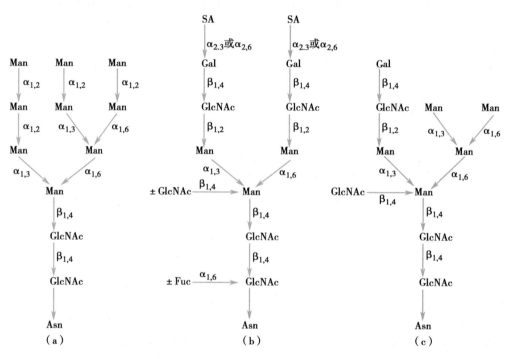

图 4-2　*N*-连接聚糖的分型
(a)高甘露糖型;(b)复杂型;(c)杂合型
Man:甘露糖;GlcNAc:*N*-乙酰葡糖胺;SA:唾液酸;Gal:半乳糖;Fuc:岩藻糖;Asn:天冬酰胺;± :为可有可无的糖基。

(三)*N*-连接聚糖合成是以长萜醇作为聚糖载体

N-连接聚糖的合成场所是粗面内质网和高尔基体,可与蛋白质肽链的合成同时进行。在内质网上以长萜醇(dolichol)作为聚糖载体(图 4-3a),在糖基转移酶(glycosyltransferase)的作用下,先将 UDP-GlcNAc 分子中的 GlcNAc 转移至长萜醇,然后再逐个加上糖基。糖基必须活化成 UDP 或 GDP 的衍生物,才能作为糖基供体参与反应。每一步反应都有特异的糖基转移酶催化,直至形成含有 14 个糖基的长萜醇焦磷酸聚糖结构,后者作为一个整体被转移至肽链的糖基化位点中的天冬酰胺的酰胺氮上;然后聚糖链依次在内质网和高尔基体进行加工,先由糖苷水解酶除去葡萄糖和部分甘露糖,然后再加上不同的单糖,转为各型成熟的 *N*-连接聚糖。

在生物体内,有些糖蛋白的加工过程较为简单,仅形成较为单一的高甘露糖型聚糖,有些形成杂

图4-3　N-连接聚糖从内质网到高尔基体加工的过程

合型,而有些糖蛋白则通过多种加工过程形成复杂型聚糖。图4-3b显示3型不同的聚糖从内质网到高尔基体加工的过程。不同组织的同一种糖蛋白的聚糖结构可以不同,说明N-连接聚糖存在极大的多样性。即使同一种糖蛋白,其相同糖基化位点的聚糖结构也可不同,显示出相当大的微观不均一性,这可能与不完全糖基化以及糖苷酶和糖基转移酶缺乏绝对专一性有关。

（四）五糖核心外侧的糖基组成外链（又称天线）

高尔基体中的糖基转移酶按规定顺序发挥作用,将某些特异性的精细末端加到共同的核心结构上,从而产生复杂型N-连接聚糖的外链结构。在哺乳动物体内,高甘露糖型和杂合型是复杂型合成时的中间产物。复杂型N-连接聚糖的五糖核心外侧的糖基组成外链,五糖核心中1,3臂的Man可在其第2位和第4位分别以$\beta_{1,2}$-糖苷键和$\beta_{1,4}$-糖苷键连接一个或两个GlcNAc;而1,6臂的Man则可在其第2位和第6位分别以$\beta_{1,2}$-糖苷键和$\beta_{1,6}$-糖苷键连接一个或两个GlcNAc。

现在已习惯借用电子学上的术语"天线（antenna）"来形象地表示复杂型N-连接聚糖的分支结构。所以,复杂型N-连接聚糖有单、双、三、四天线之分。N-连接聚糖外链中各种糖基的组成和连接方式较多,组成上可含有GlcNAc、Gal、唾液酸（sialic acid,SA）等。唾液酸为N-乙酰神经氨酸或其酯及其醇羟基的衍生物,高等动物中的唾液酸主要是乙酰神经氨酸。酸性N-连接聚糖的外端一般是唾液酸,中性N-连接聚糖则一般以半乳糖或岩藻糖为外端。N-连接聚糖外链最常见的连接方式的顺序从外向内是:唾液酸-半乳糖-N-乙酰葡糖胺。有少数的N-连接聚糖可含N-乙酰半乳糖胺和末端硫酸基团。图4-4为四天线聚糖示意图,其两条外链连于$\alpha_{1,3}$Man的C_2位和C_4位上,另两条外链连于$\alpha_{1,6}$Man的C_2位和C_6位上,故又称为$C_{2,4}$-$C_{2,6}$四天线N-连接聚糖。

$$
\begin{array}{l}
SA\alpha_2 \text{—} 6(3)Gal\beta_1 \text{—} 4GlcNAc\beta_1 \\
SA\alpha_2 \text{—} 6(3)Gal\beta_1 \text{—} 4GlcNAc\beta_1
\end{array}
\begin{array}{c}6\\2\end{array} Man\alpha_1
\begin{array}{c}6\end{array}
$$

$$
\begin{array}{l}
SA\alpha_2 \text{—} 6(3)Gal\beta_1 \text{—} 4GlcNAc\beta_1 \\
SA\alpha_2 \text{—} 6(3)Gal\beta_1 \text{—} 4GlcNAc\beta_1
\end{array}
\begin{array}{c}4\\2\end{array} Man\alpha_1
\begin{array}{c}3\end{array}
$$

$$Man\beta_1 \text{—} 4GlcNAc\beta_1 \text{—} 4GlcNAc\beta_1 \text{—} Asn$$

图 4-4　复杂型 *N*-连接聚糖的五糖核心外侧的糖基组成外链

SA：唾液酸；Gal：半乳糖；GlcNAc：*N*-乙酰葡糖胺；Man：甘露糖；Asn：天冬酰胺。

三、*O*-连接聚糖结构丰富多样

（一）*N*-乙酰半乳糖胺与 Ser/Thr 的羟基连接

聚糖中的 *N*-乙酰半乳糖胺与多肽链的丝氨酸或苏氨酸残基的羟基以共价键相连而形成 *O*-连接糖蛋白。它的糖基化位点的确切序列还不清楚，但通常存在于糖蛋白分子表面丝氨酸和苏氨酸比较集中且周围常有脯氨酸的序列中，提示 *O*-连接糖蛋白的糖基化位点由多肽链的二级结构、三级结构决定。

O-连接聚糖常由 *N*-乙酰半乳糖胺与半乳糖构成核心二糖（图 4-5），核心二糖可重复延长及分支，再连接上岩藻糖、*N*-乙酰葡糖胺等单糖。与 *N*-连接聚糖合成不同，*O*-连接聚糖合成是在多肽链合成后进行的，而且不需要聚糖载体。在 GalNAc 转移酶作用下，将 UDP-GalNAc 中的 GalNAc 基转移至多肽链的丝氨酸（或苏氨酸）的羟基上，形成 *O*-连接，然后再在特异性的糖基转移酶的作用下逐个加上活化糖基。整个过程在内质网开始，到高尔基体内完成。

图 4-5　*O*-连接聚糖常由 *N*-乙酰半乳糖胺与半乳糖构成核心二糖

GalNAc：*N*-乙酰半乳糖胺；Gal：半乳糖；GlcNAc：*N*-乙酰葡糖胺；SA：唾液酸。

（二）糖基与羟赖氨酸的羟基连接

这类糖基只存在于胶原中，只有一个半乳糖（Gal）或其外侧再连有葡萄糖（Glc），组成 Glc-Gal二糖。

四、蛋白质的 *N*-乙酰葡糖胺修饰是可逆的单糖基修饰

（一）*N*-乙酰葡糖胺与 Ser/Thr 连接

蛋白质糖基化修饰除 *N*-连接聚糖修饰和 *O*-连接聚糖修饰外，还有 β-*N*-乙酰葡糖胺单糖基修饰（*O*-GlcNAc）。蛋白质的 *O*-GlcNAc 糖基化修饰是在 *O*-GlcNAc 糖基转移酶（*O*-GlcNAc transferase，OGT）作用下，将 β-*N*-乙酰葡糖胺以共价键方式结合于蛋白质的 Ser/Thr 残基上，反应不在内质网和

高尔基体中进行,而是主要存在于细胞质或胞核中。β-*N*-乙酰葡糖胺与 Ser/Thr 连接的糖基化修饰主要发生于膜蛋白和分泌蛋白。

(二) *O*-GlcNAc 糖基化修饰是可逆的

蛋白质发生 *O*-GlcNAc 糖基化后,又可经特异性的 β-*N*-乙酰葡糖胺酶(*O*-GlcNAcase)的作用去除糖基,*O*-GlcNAc 糖基化与去糖基化是个动态可逆的过程。糖基化后,蛋白质肽链的构象将发生改变,从而影响蛋白质功能。可见,蛋白质在 OGT 与 *O*-GlcNAcase 作用下的这种糖基化过程与蛋白质磷酸化调节具有相似特征。此外,*O*-GlcNAc 糖基化位点也经常位于蛋白质 Ser/Thr 磷酸化位点处或其邻近部位。糖基化后即会影响磷酸化的进行,反之亦然。因此,某些蛋白质的 *O*-GlcNAc 糖基化与 Ser/Thr 磷酸化可能是一种相互拮抗的修饰行为,共同参与信号通路调节过程。

五、聚糖组分影响糖蛋白的结构和功能

蛋白质糖基化后,其聚糖组分并不仅仅是使分子量增大。聚糖组分可对蛋白质的结构与功能产生重要影响,可影响糖蛋白从初始合成至最后亚细胞定位的各个阶段。

(一) 聚糖参与糖蛋白新生肽链的折叠或聚合

不少糖蛋白的 *N*-连接聚糖参与新生肽链的折叠,维持蛋白质正确的空间构象。如用 DNA 定点突变的方法去除某一病毒 G 蛋白的两个糖基化位点,此 G 蛋白就不能形成正确的链内二硫键而错配成链间二硫键,空间构象也发生改变。运铁蛋白受体有 3 个 *N*-连接聚糖,分别位于 Asn251、Asn317 和 Asn727。已发现 Asn727 与肽链的折叠和运输密切相关,Asn251 连接有三天线复杂型聚糖,此聚糖能影响亚基聚合,帮助形成正确的二聚体。在哺乳动物新生蛋白质折叠过程中,具有凝集素活性的分子伴侣——钙连蛋白(calnexin)和/或钙网蛋白(calreticulin)等,通过识别并结合折叠中的肽链聚糖部分,帮助蛋白质进行准确折叠,同样也能使错误折叠的蛋白质进入降解系统。

(二) 聚糖可影响糖蛋白在细胞内分拣和投送

糖蛋白的聚糖影响糖蛋白在细胞内的分拣和投送的典型例子是溶酶体酶合成后向溶酶体的定向投送。溶酶体酶在内质网合成后,其聚糖末端的甘露糖在高尔基体被磷酸化成甘露糖-6-磷酸,后者是其分拣和投送信号,与溶酶体膜上的甘露糖-6-磷酸受体识别、结合,定向转送至溶酶体内。若聚糖链末端甘露糖不被磷酸化,那么溶酶体酶只能被分泌至血浆,而溶酶体内几乎没有酶,可导致疾病产生。

(三) 聚糖可稳固多肽链的结构及延长半衰期

糖蛋白的聚糖通常存在于蛋白质表面环或转角的序列处,并突出于蛋白质的表面。有些糖链可能通过限制与它们连接的多肽链的构象自由度而起结构性作用。*O*-连接聚糖常成簇地分布在蛋白质高度糖基化的区段上,有助于稳固多肽链的结构。一般来说,去除聚糖的糖蛋白,容易受蛋白酶水解,说明聚糖可保护肽链,延长半衰期。

(四) 聚糖可参与糖蛋白的功能

有些酶的活性依赖其聚糖,如羟基甲基戊二酸单酰辅酶 A 还原酶(HMG-CoA reductase)去聚糖后其活性降低 90% 以上;脂蛋白脂酶 *N*-连接聚糖的核心五糖为酶活性所必需。当然,蛋白质的聚糖也可起屏障作用,抑制糖蛋白的作用。

(五) 聚糖成分介导蛋白质之间的相互识别

聚糖中单糖间的连接方式有 1,2 连接、1,3 连接、1,4 连接和 1,6 连接;这些连接又有 α 和 β 之分。这种结构的多样性是聚糖分子识别作用的基础。

糖蛋白与其他蛋白质分子相互作用时,糖蛋白中的聚糖可以是介导蛋白质分子相互作用的关键成分。猪卵细胞透明带中分子质量为 55kD 的 ZP-3 蛋白,含有 *O*-连接聚糖,能识别精子并与之结合。受体与配体识别、结合也需聚糖的参与。如整合蛋白与其配体纤连蛋白结合,依赖完整的整合蛋白 *N*-连接聚糖的结合;若用聚糖加工酶抑制剂处理 K562 细胞,使整合蛋白聚糖改变成高甘露糖型或杂

合型,均可降低其与纤连蛋白识别和结合的能力。

细胞表面糖缀合物的聚糖还能介导细胞-细胞的结合。血液循环中的白细胞需通过沿血管壁排列的内皮细胞,才能渗出血管至炎症组织。白细胞表面存在一类黏附分子称选凝素(selectin),能识别并结合内皮细胞表面糖蛋白分子中的特异聚糖结构,白细胞以此与内皮细胞黏附,进而通过其他黏附分子的作用,使白细胞移动并完成渗出血管的过程。

免疫球蛋白G(IgG)属于 N-连接糖蛋白,其聚糖主要存在于 Fc 段。IgG 的聚糖可结合单核细胞或巨噬细胞上的 Fc 受体,并与补体 C1q 的结合和激活以及诱导细胞毒等过程有关。若去除 IgG 的聚糖结构,其铰链区的空间构象遭到破坏,上述与 Fc 受体和补体的结合功能就会丢失。

六、凝集素可识别糖蛋白介导多种生物学过程

凝集素(lectin)是一类专一而高亲和地与糖非共价结合的蛋白质。因其能凝集红细胞(含血型物质),故称凝集素。红细胞的血型物质含糖达 80%~90%。ABO 血型物质是存在于细胞表面糖脂中的聚糖组分。ABO 系统中血型物质 A 和 B 均是在血型物质 O 的聚糖非还原端各加上 GalNAc 或 Gal,仅一个糖基之差,使红细胞能识别不同的抗体,产生不同的血型。细菌表面存在各种凝集素样蛋白,可识别人体细胞表面的聚糖结构而侵袭细胞。

凝集素包括植物凝集素和动物凝集素,不同来源凝集素的特点、分布及作用机制各不相同。通常凝集素结合糖的活动都是在蛋白质结构域中的糖识别域(carbohydrate recognition domain,CRD)内进行。凝集素具有多价结合能力,并且与含碳水化合物残基的糖链相互作用体现高专一性。凝集素具有一个以上同糖结合的位点,糖结合位点能特异性地结合与之分子互补的糖链。单糖环具有亲水面和疏水面,亲水面靠氢键与凝集素结合,疏水面与凝集素蛋白质的疏水氨基酸形成疏水相互作用。这些相互作用的总和使得凝集素对某种特异性糖基产生高专一性和高亲和力。例如 P-型凝集素天然配体是溶酶体酶上磷酸化的高甘露糖型聚糖。而 E-选凝素天然配体是白细胞表面表达的 L-选凝素上的唾液酸化和岩藻糖基化聚糖。

第二节　蛋白聚糖的结构与功能

糖胺聚糖(glycosaminoglycan,GAG)共价连接于核心蛋白(core protein),可形成一种复杂的糖缀合物——蛋白聚糖(proteoglycan,PG)。核心蛋白种类颇多,加之核心蛋白相连的糖胺聚糖链的种类、长度以及硫酸化的程度等复杂因素,使蛋白聚糖的种类更为繁多。

一、蛋白聚糖结构变化多、种类多

一种蛋白聚糖可含有一种或多种糖胺聚糖。糖胺聚糖是由一个糖胺(葡糖胺或半乳糖胺)和一个糖醛酸(葡糖醛酸或艾杜糖醛酸)组成的二糖单位重复连接而成,重复连接过程中不形成分支。其由于糖胺聚糖的二糖单位含有糖胺而得名。除糖胺聚糖外,蛋白聚糖还含有一些 N-连接或 O-连接聚糖。蛋白聚糖的分子量很高,不同的蛋白聚糖之间分子量差别较大,多肽链长度、多糖链的数目、分布、长度和硫酸基团分布上差别也很明显。

(一)核心蛋白含有与糖胺聚糖结合的结构域

与糖胺聚糖链共价结合的蛋白质称为核心蛋白,核心蛋白均含有相应的糖胺聚糖取代结构域。一些蛋白聚糖通过核心蛋白特殊结构域锚定在细胞表面或细胞外基质的大分子中。

核心蛋白最小的蛋白聚糖称为丝甘蛋白聚糖(serglycan),含有肝素,主要存在于造血细胞和肥大细胞的贮存颗粒中,是一种典型的细胞内蛋白聚糖。

饰胶蛋白聚糖(decorin)的核心蛋白分子质量为 36kD,富含亮氨酸重复序列的模体,它因能修饰胶原蛋白而得名。

黏结蛋白聚糖(syndecan)的核心蛋白分子质量为 32kD,含有胞质结构域、插入膜质的疏水结构域和胞外结构域,胞外结构域连有硫酸肝素和硫酸软骨素,是细胞膜表面主要蛋白聚糖之一。

蛋白聚糖聚合体(aggrecan)是细胞外基质的重要成分之一,由透明质酸长聚糖两侧经连接蛋白而结合许多蛋白聚糖而成,由于糖胺聚糖上羧基或硫酸根均带有负电荷,彼此相斥,所以在溶液内蛋白聚糖呈瓶刷状。

(二) 糖胺聚糖是含己糖醛酸和己糖胺组成的重复二糖单位

体内重要的糖胺聚糖有硫酸软骨素(chondroitin sulfate)、硫酸皮肤素(dermatan sulfate)、硫酸角质素(keratan sulfate)、透明质酸(hyaluronic acid)和肝素(heparin)(图 4-6),也包括硫酸类肝素(heparan sulfate)。除透明质酸外,其他的糖胺聚糖都带有硫酸化部位。

硫酸软骨素的二糖单位由 N-乙酰半乳糖胺和葡糖醛酸组成,最常见的硫酸化部位是 N-乙酰半乳糖胺残基的 C_4 和 C_6 位。单个聚糖约有 250 个二糖单位,许多这样的聚糖与核心蛋白以 O-连接方式相连,形成蛋白聚糖。

硫酸角质素的二糖单位由半乳糖和 N-乙酰葡糖胺组成。它所形成的蛋白聚糖可分布于角膜中,也可与硫酸软骨素共同组成蛋白聚糖聚合物,分布于软骨和结缔组织中。

硫酸皮肤素分布广泛,其二糖单位与硫酸软骨素很相似,仅一部分葡糖醛酸为艾杜糖醛酸所取代,所以硫酸皮肤素含有 2 种糖醛酸。葡糖醛酸转变为艾杜糖醛酸是在聚糖合成后进行,由差向异构酶催化。

肝素的二糖单位为葡糖胺和艾杜糖醛酸,葡糖胺的氨基氮和 C_6 位均带有硫酸。肝素合成时都是葡糖醛酸,然后差向异构化为艾杜糖醛酸,并随之进行 C_2 位硫酸化。肝素所连的核心蛋白几乎仅由丝氨酸和甘氨酸组成。肝素分布于肥大细胞内,有抗凝作用。硫酸类肝素是细胞膜成分,突出于细胞外。

透明质酸的二糖单位为葡糖醛酸和 N-乙酰葡糖胺。1 个透明质酸分子可由 50 000 个二糖单位组成,但它所连的蛋白质部分很小。透明质酸分布于关节滑液、眼的玻璃体及疏松的结缔组织中。

图 4-6　体内重要的糖胺聚糖

二、蛋白聚糖由糖胺聚糖共价连接于核心蛋白所组成

在内质网上,先合成核心蛋白的多肽链;多肽链合成的同时,以 O-连接或 N-连接的方式在丝氨酸或天冬酰胺残基上连接聚糖。聚糖的延长和加工修饰主要在高尔基体内进行,以单糖的 UDP 衍生物为供体,在多肽链上逐个加上单糖,而不是先合成二糖单位。每一单糖都有其特异性的糖基转移酶,使聚糖依次延长。聚糖合成后再予以修饰,糖胺的氨基来自谷氨酰胺,硫酸则来自"活性硫酸"(3′-磷酸腺苷-5′-磷酰硫酸)。差向异构酶可将葡糖醛酸转变为艾杜糖醛酸。

三、蛋白聚糖最主要的功能是构成细胞间基质

在细胞基质中各种蛋白聚糖以特异的方式与弹性蛋白、胶原蛋白相连,赋予基质特殊的结构。基质中含有大量透明质酸,可与细胞表面的透明质酸受体结合,影响细胞与细胞的黏附,细胞迁移、增殖和分化等细胞行为。由于蛋白聚糖中的糖胺聚糖是多阴离子化合物,结合 Na^+、K^+,从而吸收水分子;糖的羟基也是亲水的,所以基质内的蛋白聚糖可以吸引、保留水而形成凝胶,小分子化合物可自由扩散但阻止细菌通过,起保护作用。

四、各种蛋白聚糖的特殊功能

除了存在于细胞间基质外,细胞表面有众多类型的蛋白聚糖,大多数含有硫酸肝素,分布广泛。在神经发育、细胞识别结合和分化等方面起重要的调节作用。有些细胞还存在丝甘蛋白聚糖,它的主要功能是与带正电荷的蛋白酶、羧肽酶或组织胺等相互作用,参与这些生物活性分子的贮存和释放。

蛋白聚糖还存在于软骨、腱和各种黏液中。其作用也是多种多样的,除了减少摩擦、抗冲击和机械支持功能外,还能作为活跃的生物活性物质参与细胞识别,在调节生理活动中起积极作用。例如,肝素是重要的抗凝剂,能使凝血酶失活;此外,肝素还能特异地与毛细血管壁的脂蛋白脂肪酶结合,促使后者释放入血。在软骨中硫酸软骨素含量丰富,维持软骨的机械性能。角膜的胶原纤维间充满硫酸角质素和硫酸皮肤素,使角膜透明。在肿瘤组织中各种蛋白聚糖的合成发生改变,与肿瘤的增殖和转移有关。

框 4-2

蛋白聚糖的异常表达与肿瘤转移密切相关

蛋白聚糖是细胞间基质的重要成分。在细胞基质中蛋白聚糖以特异的方式与弹性蛋白、胶原蛋白相连,赋予基质特殊的结构。糖链可与多种蛋白质分子相互作用,如生长因子、转录因子、细胞外间质蛋白、酶及蛋白酶抑制剂等,在许多细胞活动中起重要作用。

在正常组织中,蛋白聚糖的总量及各成分所占比例相对稳定,从而保证了机体正常功能的发挥。在肿瘤组织中,蛋白聚糖代谢异常,主要表现在成分比例异常改变。大部分恶性肿瘤中透明质酸的表达水平远高于正常组织;肝癌中硫酸软骨素和硫酸皮肤素异常增多,而硫酸类肝素含量减少。

研究表明,蛋白聚糖异常表达与肿瘤的转移密切相关。蛋白聚糖可介导血管内皮细胞生长因子与受体的结合,诱导肿瘤血管形成;透明质酸可以与肿瘤细胞表面的透明质酸受体结合,有助于肿瘤细胞附着于细胞间基质及基底膜上,为肿瘤细胞的浸润提供位点,启动基质降解;此外,细胞间基质的降解产物和基质重构也可直接或间接促进肿瘤细胞的迁移。

第三节   聚糖的生物学信息与功能

聚糖结构的多样性和复杂性很可能赋予其携带大量生物学信息的能力。本章第一节、第二节介绍了聚糖在细胞间通信、蛋白质折叠、蛋白质转运与定位、细胞黏附和免疫识别等功能,即聚糖携带生物学信息的表现。目前对聚糖携带生物学信息的详细方式、传递途径所知甚少,但已初步了解一些基本特点。

框 4-3

糖缀合物中聚糖蕴藏着大量的生物学信息

　　生物体内的大分子聚糖被认为是继蛋白质和核酸后又一蓬勃发展的研究领域,形成了一门研究糖缀合物结构与功能的新兴学科糖生物学(glycobiology)。越来越多的证据表明,细胞利用特异的聚糖编码有关蛋白质在细胞内分拣、投送、定位或分泌、延长糖蛋白半衰期、新生肽链的折叠和缔合、细胞-细胞识别和黏着、细胞分化、组织发育以及胞外信号等的重要信息。

　　应用现代先进技术分析聚糖结构,揭示了糖蛋白聚糖结构的复杂性与多样性,其信息密度远比核酸或蛋白质的大。每一聚糖都有一个独特的能被蛋白质阅读并与蛋白质相结合的三维空间构象,即糖密码(sugar code)。已知构成聚糖的单糖种类与单糖序列是特定的,即存在于同一糖蛋白同一糖基化位点的聚糖结构通常是相同的。这为"糖蛋白中聚糖合成规律可能由糖密码控制"假设提供了线索。

一、聚糖的有序合成取决于糖基转移酶

　　各类聚糖的生物合成与核酸、蛋白质的生物合成不同,其不需要模板的指导,聚糖中的糖基序列或不同糖苷键的形成,主要取决于糖基转移酶的特异性识别糖基底物和催化作用。依靠多种糖基转移酶特异性地、有序地将供体分子中糖基转运至接受体上,在不同位点以不同糖苷键的方式,形成有序的聚糖结构。

　　鉴于糖基转移酶(一类蛋白质)由基因编码,所以糖基转移酶遵循了基因至蛋白质信息流的规律,将信息传递至聚糖分子;另外,聚糖(如血型物质)作为某些蛋白质组分与生物表型密切相关,体现了生物学信息。

二、聚糖空间结构多样性是其携带信息的基础

　　聚糖结构具有复杂性与多样性。糖缀合物中的各种聚糖结构存在单糖种类、化学键连接方式及分支异构体的差异,形成千变万化的聚糖空间结构。尽管哺乳动物单糖种类有限,但由于单糖连接方式、修饰方式的差异,使存在于聚糖中的单糖结构不计其数。例如,2 个相同己糖的连接就有 α 及β-1,2 连接、1,3 连接、1,4 连接和 1,6 连接,共 8 种方式,加之聚糖中的单糖修饰(如甲基化、硫酸化、乙酰化、磷酸化等),因此从理论上计算,组成糖缀合物中聚糖的己糖结构可能达 10^{12} 之多(尽管并非所有的结构都天然存在)。目前已知糖蛋白 N-连接聚糖中的己糖结构已有 2 000 种。这种聚糖序列结构多样性是其携带生物学信息的基础。

三、聚糖空间结构多样性受基因编码的糖基转移酶和糖苷酶调控

　　聚糖空间结构的多样性提示其所含信息量可能不亚于核酸。每一聚糖都有一个独特的能被蛋白质阅读并与蛋白质(如凝集素等)相结合的三维空间构象,这就是现代糖生物学家假定的糖密码(sugar code)。如果真的存在糖密码的话,那么糖密码是如何产生的,其上游(分子)又是何物? 这是糖生物学研究领域面临的挑战。

　　已知构成聚糖的单糖种类与单糖序列是特定的,即存在于同一糖蛋白、同一糖基化位点的聚糖结构通常是相同的(但也存在不均一性),提示"糖蛋白聚糖合成规律可能由糖密码控制"。目前,从糖缀合物中聚糖的生物合成过程(包括糖基供体、合成所需酶类、合成的亚细胞部位、合成的基本过程)得知,聚糖的合成受基因编码的糖基转移酶和糖苷酶调控。糖基转移酶的种类繁多,已被克隆的糖基转移酶就多达 130 余种,其主要分布于内质网或高尔基体,参与聚糖的生物合成。

　　除了受糖基转移酶和糖苷酶调控外,聚糖结构可能还受其他因素的影响与调控,"糖密码"所涉

机制可能远比糖基转移酶/糖苷酶调控复杂。

小结

在细胞表面和细胞间质中存在着丰富的糖蛋白和蛋白聚糖。两者都由蛋白质部分和聚糖部分所组成。糖蛋白可分 N-连接和 O-连接两种类型，前者聚糖以共价键方式与糖基化位点，即 Asn-X-Ser/Thr 中的天冬酰胺的酰胺氮连接，后者与糖蛋白特定 Ser/Thr 残基侧链的羟基共价结合。N-连接聚糖可分成高甘露糖型、复杂型和杂合型，它们都由 14 个糖基的长萜醇焦磷酸聚糖结构经加工而成。

蛋白聚糖由糖胺聚糖和核心蛋白组成。体内重要的糖胺聚糖有硫酸软骨素、硫酸类肝素、透明质酸等。蛋白聚糖是主要的细胞外基质成分，它与胶原蛋白以特异的方式相连而赋予基质以特殊的结构。

糖蛋白分子中的聚糖不但影响新生肽链的折叠、运输及糖蛋白生物活性，还参与糖蛋白的相互识别、结合等许多生物学功能。在细胞基质中各种蛋白聚糖与弹性蛋白、胶原蛋白以特异的方式相连而赋予基质特殊的结构。细胞表面的蛋白聚糖影响细胞与细胞的黏附、细胞迁移、增殖和分化等细胞生物学行为。

糖缀合物中的各种聚糖结构存在单糖种类、化学键连接方式及分支异构体的差异，形成千变万化的聚糖空间结构，其复杂程度远高于核酸或蛋白质结构，很可能赋予其具有携带大量生物学信息的能力。聚糖空间结构的多样性受到多种因素的调控。

（解　军）

思考题

1. 试举例说明糖蛋白结构在病理情况下的可能改变。
2. 何谓糖密码？试述其可能的决定机制。

第五章
维生素与无机元素

【本章要点】

1. 维生素定义、分类、名称及活性形式；

2. 脂溶性维生素（维生素 A、维生素 D、维生素 E 和维生素 K）的生理功能及缺乏症；

3. 水溶性维生素（B 族维生素和维生素 C）的生理功能及缺乏症；

4. 微量元素在体内的分布及重要的生理功能；

5. 钙、磷在体内代谢及调节。

维生素（vitamin）是维持正常生命活动过程所必需的一组结构互不相关的低分子有机化合物。人体内不能合成维生素或合成量很少，不能满足机体的需要，必须由食物供给。维生素不是机体组织的组成成分，也不是供能物质；然而在调节人体物质代谢和维持正常生理功能等方面却发挥着极其重要的作用，是必需营养素。按其溶解性不同，可分为脂溶性维生素（lipid-soluble vitamin）和水溶性维生素（water-soluble vitamin）两大类。

无机元素对维持人体正常生理功能也是必不可少的，按人体每日需要量的多少可分为微量元素（trace element；microelement）和常量元素（macroelement）。微量元素指人体每日需要量在 100mg 以下的化学元素，主要包括铁、碘、铜、锌、锰、硒、氟、钼、钴、铬等。常量元素主要有钠、钾、氯、钙、磷、镁等。钠、钾、氯的代谢将在病理生理学中详细介绍。

第一节　脂溶性维生素

脂溶性维生素包括维生素 A、维生素 D、维生素 E 和维生素 K，除了直接参与影响特异的代谢过程外，还可与细胞内核受体结合，影响特定基因的表达。脂溶性维生素是疏水性化合物，能溶解于脂肪，常随脂类物质吸收，在血液中与脂蛋白或特异性结合蛋白结合而运输，不易被排泄，主要储存在肝脏，故无须每日供给。脂溶性维生素结构不一，执行不同的生物化学与生理功能。脂类吸收障碍和食物中长期缺乏脂溶性维生素可引起相应的缺乏症，而摄入过多可发生中毒。

一、维生素 A 主要与视蛋白构成视色素

（一）视黄醇是天然维生素 A 的主要形式

维生素 A（vitamin A；又称视黄醇，retinol）是由 β-白芷酮环和 2 分子异戊二烯构成的不饱和一元醇。一般所说的天然维生素 A（指 A_1；图 5-1），主要存在于哺乳动物和咸水鱼肝脏中。维生素 A_2（3-脱氢视黄醇）则存在于淡水鱼肝中。

维生素 A 在动物性食物（如肝、肉类、蛋黄、乳制品、鱼肝油）中含量丰富，主要以酯的形式存在，在小肠内受酯酶的作用而水解，生成的视黄醇进入小肠黏膜上皮细胞后又重新被酯化，并掺入乳糜微粒（chylomicron，CM），通过淋巴转运。乳糜微粒中的视黄醇酯可被肝细胞和其他组织摄取。视黄醇酯在肝细胞中被水解为游离视黄醇。一部分视黄醇与视黄醇结合蛋白（retinol binding protein，RBP）相结合并分泌入血。在血液中，约 95% 的 RBP 与甲状腺素视黄质运载蛋白（transthyretin，TTR）相结

合。在靶组织,视黄醇与细胞表面特异受体结合并被摄取利用。在细胞内,视黄醇与细胞视黄醇结合蛋白(cellular retinal binding protein,CRBP)结合。肝细胞内过多的视黄醇则转移到肝内星形细胞,再以视黄醇酯的形式储存。

植物中无维生素 A,但含有维生素 A 原(provitamin A)的多种胡萝卜素(carotene),其中以 β-胡萝卜素(β-carotene;图 5-1)最为重要。β-胡萝卜素可在小肠黏膜细胞中被加双氧酶加氧分解生成 2 分子视黄醇,但由于 β-胡萝卜素的吸收率仅为 1/3,而在体内的转化率仅为 1/2,所以实际上 β-胡萝卜素转化为维生素 A 的转化当量仅为 1/6。

视黄醇

视黄醛

全反-视黄酸

9-顺-视黄酸

β-胡萝卜素

图 5-1   天然维生素 A 结构式

(二) 视黄醇、视黄醛和视黄酸是维生素 A 的活性形式

细胞内一些依赖 NADH 的醇脱氢酶催化视黄醇和视黄醛(retinal)之间的可逆反应。视黄醛在视黄醛脱氢酶的催化下,又不可逆地氧化生成视黄酸(retinoic acid;又称维甲酸)。视黄醇、视黄醛和视黄酸是维生素 A 的活性形式。

1. 视黄醛与视蛋白的结合维持正常视觉功能   在感受弱光或暗光的人视网膜杆状细胞内,全反式视黄醇在异构酶的作用下转变成 11-顺视黄醇,后者在还原酶的催化下生成 11-顺视黄醛。11-顺视黄醛与视蛋白(opsin)结合生成视紫红质(rhodopsin)。弱光可使视紫红质中 11-顺视黄醛和视蛋白分别发生构型和构象改变,生成含全反视黄醛的光视紫红质(photorhodopsin)。光视紫红质再经一系列构象变化,生成变视紫红质 II(metarhodopsin II),后者引起视觉神经冲动并随之水解释放全反视黄醛和视蛋白。全反视黄醛经还原生成全反视黄醇,从而完成视循环(图 5-2)。

图 5-2   视循环过程

2. 视黄酸对基因表达和组织分化具有调节作用　维生素 A 及其代谢中间产物在人体生长、发育和细胞分化等过程中起着十分重要的调控作用。全反式视黄酸(all-*trans* retinoic acid,ATRA;又称全反式维甲酸)和 9-顺视黄酸可结合相应的细胞内核受体,与 DNA 反应元件结合,调节某些基因的表达。视黄酸具有促进上皮细胞分化与生长、维持上皮组织正常角化过程的作用。ATRA 可使银屑病角化过度的表皮正常化而用于银屑病的治疗。视黄酸对于免疫系统细胞的分化也具有重要的作用。

3. 维生素 A 和胡萝卜素是有效的抗氧化剂　维生素 A 和胡萝卜素是有效的捕获活性氧的抗氧化剂,在体内具有清除自由基和防止脂质过氧化的作用。

4. 维生素 A 及其衍生物可抑制肿瘤生长　维生素 A 及其衍生物有延缓或阻止癌前病变、拮抗化学致癌剂的作用。维生素 A 及其衍生物 ATRA 具有诱导肿瘤细胞分化和凋亡、增加癌细胞对化疗药物的敏感性等作用。动物实验表明,摄入维生素 A 及其衍生物 ATRA 可诱导肿瘤细胞的分化和减轻致癌物质的作用。

（三）维生素 A 缺乏或过量摄入均引起疾病

若视循环的关键物质 11-顺视黄醛的补充不足,视紫红质合成减少,对弱光敏感性降低,从明处到暗处看清物质所需的时间(暗适应时间)延长,严重时会发生"夜盲症"。维生素 A 缺乏可引起严重的上皮角化、眼结膜黏液分泌细胞的丢失与角化及糖蛋白分泌的减少,这些均可引起角膜干燥,出现眼干燥症(xerophthalmia)。因此,维生素 A 又称抗眼干燥症维生素。

维生素 A 的摄入量超过视黄醇结合蛋白的结合能力,游离的维生素 A 可造成组织损伤。成人连续几个月每天摄取 50 000IU 以上、幼儿在一天内摄取超过 18 500IU;或成人一次服用 200mg 视黄醇或视黄醛,或每日服用 40mg 维生素 A 多日,均可出现维生素 A 中毒表现。其症状主要有:头痛、恶心、共济失调等中枢神经系统表现;肝细胞损伤和高脂血症;长骨增厚、高钙血症、软组织钙化等钙稳态失调表现以及皮肤干燥、脱屑和脱发等皮肤表现。

框 5-1

维生素 A 衍生物全反式维甲酸的抗癌作用

全反式维甲酸是维生素 A 的一种天然衍生物,又称为维 A 酸。维 A 酸治疗白血病的方法早在 20 世纪 80 年代就由中国科学家王振义提出,是目前国内治疗急性早幼粒细胞白血病、骨髓异常增生(白血病前期),尤其是早幼粒细胞白血病的临床首选治疗药物之一,被誉为 20 世纪 90 年代国际抗肿瘤药物的三大发现之一。

二、维生素 D 的活性形式是 $1,25\text{-}(OH)_2\text{-}D_3$

（一）维生素 D 是类固醇衍生物

维生素 D(vitamin D)是类固醇(steroid)衍生物,为环戊烷多氢菲类化合物(图 5-3)。天然的维生素 D 有维生素 D_3 和维生素 D_2 两种。鱼油、蛋黄、肝富含维生素 D_3(胆钙化醇,cholecalciferol)。人体皮下储存有从胆固醇生成的 7-脱氢胆固醇,即维生素 D_3 原,在紫外线的照射下,可转变成维生素 D_3。适当的日光浴足以满足人体对维生素 D 的需要。植物中含有麦角固醇,在紫外线的照射下,分子内 B 环断裂转变成维生素 D_2(麦角钙化醇,ergocalciferol)。

图 5-3　环戊烷多氢菲类化合物结构式

进入血液的维生素 D_3 主要与血浆中维生素 D 结合蛋白(vitamin D binding protein,DBP)相结合而运输。在肝微粒体 25-羟化酶的催化下,维生素 D_3 被羟化生成 25-羟维生素 D_3(25-OH-D_3;图 5-4)。

$$维生素D_3 \xrightarrow[\text{25-羟化酶}]{\text{肝}} 25\text{-}(OH)\text{-}D_3 \xrightarrow[\text{24-羟化酶}]{\text{肾}} 24,25\text{-}(OH)_2\text{-}D_3$$

图 5-4   维生素 D_3 在体内的转变

25-OH-D_3 是血浆中维生素 D_3 的主要存在形式,也是维生素 D_3 在肝中的主要储存形式。25-OH-D_3 在肾小管上皮细胞线粒体 1α-羟化酶的作用下,生成维生素 D_3 的活性形式 1,25-二羟维生素 D_3〔1,25-(OH)$_2$-D_3〕。1,25-(OH)$_2$-D_3 经血液运输至靶细胞发挥其对钙、磷代谢等的调节作用。25-OH-D_3 和 1,25-(OH)$_2$-D_3 在血液中均与 DBP 结合而运输。

肾小管上皮细胞还存在 24-羟化酶,催化 25-OH-D_3 进一步羟化生成无活性的 24,25-(OH)$_2$-D_3。1,25-(OH)$_2$-D_3 通过诱导 24-羟化酶和阻遏 1α-羟化酶的生物合成来控制其自身的生成量(图 5-4)。

(二) 1,25-(OH)$_2$-D_3 具有调节血钙和组织细胞分化的功能

1. 调节血钙水平是 1,25-(OH)$_2$-D_3 的重要作用   1,25-(OH)$_2$-D_3 与其他类固醇激素相似,在靶细胞内与特异的核受体结合,进入细胞核,调节相关基因的表达。1,25-(OH)$_2$-D_3 还可通过信号转导途径使钙通道开放,发挥其对钙、磷代谢的快速调节作用。1,25-(OH)$_2$-D_3 促进小肠对钙、磷的吸收,影响骨组织的钙代谢,从而维持血钙和血磷的正常水平,促进骨骼和牙齿的钙化。

2. 1,25-(OH)$_2$-D_3 还具有影响细胞分化的功能   大量研究表明,肾外组织细胞也具有羟化 25-OH-D_3 生成 1,25-(OH)$_2$-D_3 的功能。皮肤、大肠、前列腺、乳腺、心、脑、骨骼肌、胰岛 β 细胞、单核细胞和活化的 T 和 B 淋巴细胞等均存在维生素 D 受体。1,25-(OH)$_2$-D_3 具有调节这些组织细胞分化等功能。1,25-(OH)$_2$-D_3 对某些肿瘤细胞还具有抑制增殖和促进分化的作用。低日照与大肠癌和乳腺癌的高发病率和死亡率有一定的相关性。

(三) 维生素 D 缺乏或摄入过量均引起疾病

当缺乏维生素 D 时,儿童可患佝偻病(rickets),成人可发生软骨病(osteomalacia)。因此,维生素 D 又称抗佝偻病维生素。

长期每日摄入 25μg 维生素 D 可能引起中毒,特别是对维生素 D 较敏感的人更易中毒。其症状主要有异常口渴、皮肤瘙痒、厌食、嗜睡、呕吐、腹泻、尿频以及高钙血症、高钙尿症、高血压、软组织钙化等。由于皮肤储存 7-脱氢胆固醇有限,多晒太阳不会引起维生素 D 中毒。

三、维生素 E 主要与动物生殖功能有关

(一) 维生素 E 是生育酚类化合物

维生素 E(vitamin E)是苯骈二氢吡喃的衍生物,包括生育酚(tocopherol)(图 5-5)和三烯生育酚(tocotrienol)两类,每类又分 α、β、γ 和 δ 四种。天然维生素 E 主要存在于植物油、油性种子和麦芽等中,以 α-生育酚分布最广、活性最高。在正常情况下,20%~40% 的 α-生育酚可被小肠吸收。在机体内,维生素 E 主要存在于细胞膜、血浆脂蛋白和脂库中。

图 5-5   生育酚结构式

(二) 维生素 E 具有抗氧化等多种功能

1. 维生素 E 是体内最重要的脂溶性抗氧化剂   维生素 E 作为脂溶性抗氧化剂和自由基清除剂,主要对抗生物膜上脂质过氧化所产生的自由基,保护生物膜的结构与功能。维生素 E 捕捉过氧化脂

质自由基,形成反应性较低且相对稳定的生育酚自由基,后者可在维生素 C 或谷胱甘肽的作用下,被还原生成非自由基产物生育醌。维生素 E 对细胞膜的保护作用使细胞维持正常的流动性。

2. 维生素 E 具有调节基因表达的作用　　维生素 E 除具有强的抗氧化剂作用外,还具有调节信号转导过程和基因表达的重要作用。维生素 E 可以上调或下调生育酚的摄取和降解相关的基因、脂类摄取与动脉硬化的相关基因、表达某些细胞外基质蛋白的基因、细胞黏附与炎症的相关基因以及细胞信号系统和细胞周期调节的相关基因等。因此,维生素 E 具有抗炎、维持正常免疫功能和抑制细胞增殖的作用,并可降低血浆低密度脂蛋白(LDL)的浓度。维生素 E 在预防和治疗冠状动脉粥样硬化性心脏病、肿瘤和延缓衰老方面具有一定的作用。

3. 维生素 E 促进血红素的合成　　维生素 E 能提高血红素合成的关键酶 δ-氨基-γ-酮戊酸(δ-aminolevulinic acid, ALA)合酶和 ALA 脱水酶的活性,从而促进血红素的合成。

（三）维生素 E 缺乏可引起轻度贫血

维生素 E 一般不易缺乏,在严重的脂类吸收障碍和肝严重损伤时可引起缺乏症,表现为红细胞数量减少、脆性增加等溶血性贫血症状。偶尔也可引起神经障碍。动物缺乏维生素 E 时其生殖器官发育受损,甚至不育。人类尚未发现因维生素 E 缺乏所致的不孕症。临床上常用维生素 E 治疗先兆流产及习惯性流产。维生素 E 缺乏症是由于血中维生素 E 含量低而引起,主要发生在婴儿,特别是早产儿。新生儿缺乏维生素 E 可引起贫血。

与维生素 A 和维生素 D 不同,人类尚未发现维生素 E 中毒症,即使一次服用高出常用量 50 倍的剂量,也尚未见到中毒现象。

四、维生素 K 的主要功能是促进凝血

（一）维生素 K 是 2-甲基-1,4-萘醌的衍生物

维生素 K(vitamin K)是 2-甲基-1,4-萘醌的衍生物。广泛存在于自然界的维生素 K 有维生素 K_1 和维生素 K_2。维生素 K_1 又称植物甲萘醌或叶绿醌(phylloquinone),主要存在于深绿色蔬菜(如甘蓝、菠菜、莴苣等)和植物油中。维生素 K_2 是肠道细菌的产物。维生素 K_3 是人工合成的水溶性甲萘醌,可口服及注射。(图 5-6)

图 5-6　维生素 K 结构式

维生素 K 主要在小肠被吸收,随乳糜微粒而被代谢。体内维生素 K 的储存量有限,脂类吸收障碍可引发维生素 K 缺乏症。

（二）维生素 K 在凝血及骨代谢中发挥重要作用

1. 维生素 K 是凝血因子合成所必需的辅酶　　血液凝血因子Ⅱ、Ⅶ、Ⅸ、Ⅹ及抗凝血因子蛋白 C 和蛋白 S 在肝细胞中以无活性前体形式合成,其分子中的 4~6 个谷氨酸残基需羧化成 γ-羧基谷氨酸(Gla)残基才能转变为活性形式。此反应由 γ-羧化酶催化,而许多 γ-谷氨酰羧化酶的辅酶是维生素 K。因此,维生素 K 是凝血因子合成所必需的。

2. 维生素 K 对骨代谢具有重要作用　　维生素 K 依赖蛋白不仅存在于肝中,还存在于各组织中。例如,骨中骨钙蛋白(osteocalcin)和骨基质 γ-羧基谷氨酸蛋白均是维生素 K 依赖蛋白。研究表明,服用低剂量维生素 K 的妇女,其股骨颈和脊柱的骨盐密度明显低于服用大剂量维生素 K 时的骨盐密度。

此外,维生素 K 对减少动脉钙化也具有重要的作用。大剂量的维生素 K 可以降低动脉硬化的危险性。

(三) 维生素 K 缺乏可引起出血

成人每日对维生素 K 的需要量为 $60\sim80\mu g$,因维生素 K 广泛分布于动、植物组织,且体内肠道细菌也能合成,一般不易缺乏。因维生素 K 不能通过胎盘,新生儿出生后肠道内又无细菌,所以新生儿有可能会缺乏维生素 K。维生素 K 缺乏的主要症状是易出血。引发脂类吸收障碍的疾病,如胰腺疾病、胆管疾病及小肠黏膜萎缩或脂肪便等均可出现维生素 K 缺乏症。长期应用抗生素及肠道灭菌药也可能引起维生素 K 缺乏。

第二节　水溶性维生素

水溶性维生素包括 B 族维生素 (B_1、B_2、PP、B_6、B_{12}、生物素、泛酸和叶酸)、硫辛酸和维生素 C。水溶性维生素主要构成酶的辅因子,是许多酶活性所必需的。水溶性维生素依赖食物提供,体内过剩的水溶性维生素可随尿排出体外,体内很少蓄积,一般不发生中毒现象,但供给不足时往往导致缺乏症。

一、维生素 B_1 的活性形式是硫胺素焦磷酸

(一) 维生素 B_1 主要在肝及脑中催化生成硫胺素焦磷酸

维生素 B_1 又名硫胺素 (thiamine;图 5-7),主要存在于豆类和种子外皮 (如米糠)、胚芽、酵母和瘦肉中。硫胺素易被小肠吸收,入血后主要在肝及脑组织中经硫胺素焦磷酸激酶的催化生成硫胺素焦磷酸 (thiamine pyrophosphate,TPP)。TPP 是维生素 B_1 的活性形式,占体内硫胺素总量的 80%。

图 5-7　维生素 B_1 结构式

(二) 维生素 B_1 在糖代谢中具有重要作用

TPP 是 α-酮酸氧化脱羧酶多酶复合物的辅酶,参与线粒体内丙酮酸、α-酮戊二酸和支链氨基酸的 α-酮酸的氧化脱羧反应。TPP 在这些反应中转移醛基。TPP 也是戊糖磷酸途径中转酮酶的辅酶,参与转糖醛基反应。此外,合成乙酰胆碱所需的乙酰辅酶 A 主要来自丙酮酸的氧化脱羧反应。因此,维生素 B_1 对神经传导也十分重要。

(三) 维生素 B_1 缺乏可引起脚气病

维生素 B_1 缺乏时,糖代谢中间产物丙酮酸的氧化脱羧反应发生障碍,血中丙酮酸和乳酸堆积。由于以糖有氧分解供能为主的神经组织供能不足,以及神经细胞膜髓鞘磷脂合成受阻,导致慢性末梢神经炎和其他神经肌肉变性病变,即脚气病 (beriberi)。严重者可发生水肿、心力衰竭。

维生素 B_1 缺乏时,乙酰辅酶 A 的生成减少,影响乙酰胆碱的合成。同时,由于维生素 B_1 缺乏减弱对胆碱酯酶的抑制,使乙酰胆碱分解加强,影响神经传导。主要表现为消化液分泌减少,胃蠕动变慢,食欲缺乏,消化不良等。

> **框 5-2**
>
> #### 维生素 B_1 的发现
>
> 荷兰医生 Eijkman C. 是第一位用现代实验方法研究维生素的人。19 世纪东南亚各国流行脚气病。荷兰政府认为脚气病是细菌引起的,于是派出一个调查团前往爪哇。Eijkman C. 参加了这一工作。他在偶然的实验中发现,实验室里的鸡患了一种奇怪的病,从走路不稳开始,身体自下而上发生麻痹,如不进行特殊治疗则会很快死亡。鸡所患病的这种神经变化与脚气病相似。Eijkman C. 发现,鸡的这种病与把带有外壳的粗谷饲料更换成煮沸的精米有关。患鸡可以通过

在饲料中加入谷糠予以治疗。他指出,糙米的米皮中含有一种保护素(即维生素 B₁),所以他提倡人们吃"粗米"、喝米糠水来防治脚气病。Eijkman C. 虽然没有提出此保护素的确切结构,他却是最先发现食物中含有生命必需的微量物质的人,为维生素的营养学研究奠定了基础。Eijkman C. 荣获了 1929 年的诺贝尔生理学或医学奖。

二、维生素 B₂ 是 FMN 和 FAD 的组成成分

(一) 维生素 B₂ 在体内经酶促催化转变成活性形式

维生素 B₂ 又名核黄素(riboflavin;图 5-8),奶与奶制品、肝、蛋类和肉类等是维生素 B₂ 的丰富来源。核黄素主要在小肠上段通过转运蛋白主动吸收。吸收后的核黄素在小肠黏膜黄素激酶的催化下转变成黄素单核苷酸(flavin mononucleotide,FMN),后者在焦磷酸化酶的催化下进一步生成黄素腺嘌呤二核苷酸(flavin adenine dinucleotide,FAD),FMN 及 FAD 是维生素 B₂ 的活性形式。

维生素 B₂ 异咯嗪环上的第 1 和第 10 位氮原子与活泼的双键连接,此 2 个氮原子可反复接受或释放氢,因而具有可逆的氧化还原性。还原型核黄素及其衍生物呈黄色,在 450nm 处有吸收峰。核黄素虽然对热稳定,但对紫外线敏感,易降解为无活性的产物。

图 5-8　维生素 B₂ 结构式

(二) FMN 及 FAD 是体内氧化还原酶的辅基

FMN 及 FAD 是体内氧化还原酶(如脂肪酰 CoA 脱氢酶、琥珀酸脱氢酶、黄嘌呤氧化酶等)的辅基,主要起供氢体的作用。它们参与氧化呼吸链、脂肪酸和氨基酸的氧化以及三羧酸循环。

(三) 维生素 B₂ 缺乏症是一种常见的营养缺乏病

维生素 B₂ 缺乏时,可引起口角炎、唇炎、阴囊炎、眼睑炎以及畏光等症状。用光照疗法治疗新生儿黄疸时,在破坏皮肤胆红素的同时,核黄素也可同时遭到破坏,引起新生儿维生素 B₂ 缺乏症。

三、维生素 PP 是 NAD 和 NADP 的组成成分

(一) 维生素 PP 是吡啶衍生物

维生素 PP 包括烟酸(nicotinic acid)和烟酰胺(nicotinamide)(图 5-9),曾分别称尼克酸和尼克酰胺,两者均属吡啶衍生物。维生素 PP 广泛存在于自然界。食物中的维生素 PP 均以烟酰胺腺嘌呤二核苷酸(NAD⁺)或烟酰胺腺嘌呤二核苷酸磷酸(NADP⁺)的形式存在,它们在小肠内被水解生成游离的维生素 PP,并被吸收。运输到组织细胞后,维生素 PP 再合成辅酶 NAD⁺ 或 NADP⁺。NAD⁺ 和 NADP⁺ 是维生素 PP 在体内的活性形式。过量的维生素 PP 随尿排出体外。

图 5-9　维生素 PP 结构式

体内色氨酸代谢也可生成维生素 PP,但效率较低,60mg 色氨酸仅能生成 1mg 烟酸。

(二) NAD⁺ 和 NADP⁺ 是多种不需氧脱氢酶的辅酶

NAD⁺ 和 NADP⁺ 在体内是多种不需氧脱氢酶的辅酶,分子中的烟酰胺部分具有可逆的加氢及脱氢的特性。

(三) 维生素 PP 缺乏可引起癞皮病

人类维生素 PP 缺乏症称为癞皮病(pellagra),主要表现有皮炎、腹泻及痴呆。皮炎常对称地出现

于暴露部位;痴呆则是神经组织变性的结果。

抗结核药物异烟肼的结构与维生素 PP 相似,两者有拮抗作用,长期服用异烟肼可能引起维生素 PP 缺乏。

近年来,烟酸已作为药物用于临床治疗高胆固醇血症。烟酸能抑制脂肪动员,使肝中 VLDL 的合成下降,从而降低血浆胆固醇。但大量服用烟酸或烟酰胺(每日 1~6g)会引发血管扩张、脸颊潮红、痤疮及胃肠不适等毒性症状。长期日服用量超过 500mg 可引起肝损伤。

四、泛酸是辅酶 A 和酰基载体蛋白的组成成分

(一)泛酸广泛存在于动、植物组织

泛酸(pantothenic acid)又称遍多酸、维生素 B₅,由二甲基羟丁酸和 β-丙氨酸组成(图 5-10),因广泛存在于动、植物组织中而得名。泛酸在肠内被吸收后,经磷酸化并与半胱氨酸反应生成 4-磷酸泛酰巯基乙胺,后者是辅酶 A(CoA)及酰基载体蛋白(acyl carrier protein,ACP)的组成部分。

$$HO-CH_2-\overset{\overset{\displaystyle CH_3}{|}}{\underset{\underset{\displaystyle CH_3}{|}}{C}}-\overset{\overset{\displaystyle}{|}}{\underset{\underset{\displaystyle OH}{|}}{CH}}-\overset{\overset{\displaystyle}{\|}}{\underset{\underset{\displaystyle O}{}}{C}}-NH-CH_2-CH_2-\overset{\overset{\displaystyle}{\|}}{\underset{\underset{\displaystyle O}{}}{C}}-OH$$

图 5-10 泛酸结构式

(二)辅酶 A 和酰基载体蛋白参与酰基转移反应

CoA 和 ACP 是泛酸在体内的活性型,CoA 及 ACP 构成酰基转移酶的辅酶,广泛参与糖、脂类、蛋白质代谢及肝的生物转化作用。约有 70 多种酶需 CoA 及 ACP 作为辅酶。泛酸缺乏症很少见。

(三)泛酸缺乏可引起胃肠功能障碍等疾病

泛酸缺乏的早期易疲劳,并引发胃肠功能障碍等疾病,如食欲缺乏、恶心、腹痛、溃疡、便秘等症状;严重时最显著特征是出现下肢神经痛综合征,主要表现为脚趾麻木,步行时摇晃,周身酸痛等。若病情继续恶化,则会产生易怒、失眠等症状。

五、生物素是多种羧化酶的辅基

(一)人肠道细菌能合成生物素

生物素(biotin;图 5-11)又称维生素 H、维生素 B₇、辅酶 R 等,在肝、肾、酵母、蛋类、花生、牛乳和鱼类等食品中含量较多,啤酒含量较高,人肠道细菌也能合成。生物素为无色针状结晶体,耐酸而不耐碱,氧化剂及高温可使其失活。

图 5-11 生物素结构式

(二)生物素具有重要的生理作用

生物素是体内多种羧化酶的辅基,在全羧化酶合成酶(holocarboxylase synthetase)的催化下与羧化酶蛋白中赖氨酸残基的 ε-氨基以酰胺键共价结合,形成生物胞素(biocytin)残基,羧化酶则转变成有催化活性的酶。生物素作为丙酮酸羧化酶、乙酰 CoA 羧化酶等的辅基,参与 CO_2 固定过程,是脂肪与碳水化合物代谢所必需的。

生物素除了作为羧化酶的辅基外,还有其他重要的生理作用。生物素参与细胞信号转导和基因表达;生物素还可使组蛋白生物素化,从而影响细胞周期、基因转录和 DNA 损伤修复。

(三)生物素缺乏也可导致机体不适

生物素的来源极为广泛,人体肠道细菌也能合成,很少出现缺乏症。新鲜鸡蛋清中有一种抗生物素蛋白(avidin),生物素与其结合而不能被吸收。鸡蛋清加热后,这种蛋白因遭破坏而失去作用。长期使用抗生素可抑制肠道细菌的生长,也可能造成生物素的缺乏;主要症状是疲乏、恶心、呕吐、食欲缺乏、皮炎及脱屑性红皮病。

六、维生素 B_6 的活性形式是磷酸吡哆醛

(一) 维生素 B_6 的醛胺形式可相互转变

维生素 B_6 包括吡哆醇(pyridoxine)、吡哆醛(pyridoxal)和吡哆胺(pyridoxamine;图 5-12),其活性形式是磷酸吡哆醛。体内约 80% 的维生素 B_6 以磷酸吡哆醛的形式存在于肌肉中,并与糖原磷酸化酶相结合。

吡哆醇　　　　　　　　吡哆醛　　　　　　　　吡哆胺

图 5-12　维生素 B_6 结构式

维生素 B_6 广泛存在于动、植物食物中。肝、鱼、肉类、全麦、坚果、豆类、蛋黄和酵母均是维生素 B_6 的丰富来源。维生素 B_6 的磷酸酯在小肠碱性磷酸酶的作用下水解,以去磷酸化的形式被吸收。吡哆醛和磷酸吡哆醛是血液中的主要运输形式。

(二) 磷酸吡哆醛的辅酶作用多种多样

1. 磷酸吡哆醛是多种酶的辅酶　磷酸吡哆醛是体内百余种酶的辅酶,参与氨基酸脱氨基与转氨作用、鸟氨酸循环、血红素的合成和糖原分解等,在代谢中发挥着重要作用。

磷酸吡哆醛是谷氨酸脱羧酶的辅酶,增加大脑抑制性神经递质 γ-氨基丁酸的生成,临床上常用维生素 B_6 治疗小儿惊厥、妊娠呕吐和精神焦虑等。磷酸吡哆醛还是血红素合成过程中的 ALA 合酶的辅酶。维生素 B_6 缺乏时,血红素的合成受阻,造成小细胞低色素性贫血和血清铁增高。

高同型半胱氨酸血症(hyperhomocysteinemia)是心血管疾病、血栓生成和高血压的危险因子。2/3 以上的高同型半胱氨酸血症与叶酸、维生素 B_{12} 和维生素 B_6 的缺乏有关。维生素 B_6 是催化同型半胱氨酸分解代谢酶的辅酶,对治疗上述疾病有一定的作用。

2. 磷酸吡哆醛可终止类固醇激素的作用　磷酸吡哆醛可以将类固醇激素-受体复合物从 DNA 中移去,终止这些激素的作用。维生素 B_6 缺乏时,可增加人体对雌激素、雄激素、皮质激素和维生素 D 作用的敏感性,与乳腺、前列腺和子宫的激素依赖性肿瘤的发展有关。

(三) 维生素 B_6 过量可引起中毒

人类未发现维生素 B_6 缺乏的典型病例。抗结核药异烟肼能与磷酸吡哆醛的醛基结合,使其失去辅酶作用;所以在服用异烟肼时,应补充维生素 B_6。

维生素 B_6 与其他水溶性维生素不同,过量服用维生素 B_6 可引起中毒。日摄入量超过 200mg 可引起神经损伤,表现为周围神经病。

七、叶酸的活性形式是四氢叶酸

(一) 叶酸在二氢叶酸还原酶作用下生成四氢叶酸

叶酸(folic acid;图 5-13)因绿叶中含量丰富得名,又称蝶酰谷氨酸。酵母、肝、水果和绿叶蔬菜是叶酸的丰富来源。肠道细菌也有合成叶酸的能力。植物中的叶酸多含 7 个谷氨酸残基,谷氨酸之间以 γ-肽键相连。仅牛奶和蛋黄中含蝶酰单谷氨酸。

食物中的蝶酰多谷氨酸在小肠被水解,生成蝶酰单谷氨酸。后者易被小肠上段吸收,在小肠黏膜上皮细胞二氢叶酸还原酶的作用下,生成叶酸的活性型 5,6,7,8-四氢叶酸(5,6,7,8-tetrahydrofolic acid, FH_4)。含单谷氨酸的甲基四氢叶酸是四氢叶酸在血液循环中的主要形式。在体内各组织中,四氢叶

$$H_2N-\text{（喋啶环）}-CH_2-N-\text{（苯环）}-C-N-CH-CH_2-CH_2-COOH$$

图 5-13　叶酸结构式

酸主要以多谷氨酸形式存在。

（二）四氢叶酸是一碳单位的载体

四氢叶酸是体内一碳单位转移酶的辅酶,分子中 N^5、N^{10} 是一碳单位的结合位点。一碳单位在体内参加嘌呤、胸腺嘧啶核苷酸等多种物质的合成。

治疗肿瘤的药物甲氨蝶呤和氨蝶呤因其结构与叶酸相似,能抑制二氢叶酸还原酶的活性,使四氢叶酸合成减少,进而抑制体内胸腺嘧啶核苷酸的合成,起到治疗肿瘤的作用。

（三）叶酸缺乏可导致巨幼细胞贫血

叶酸在食物中含量丰富,肠道细菌也能合成,一般不发生缺乏症。孕妇及哺乳期应适量补充叶酸,可以降低胎儿脊柱裂和神经管缺乏的危险性。口服避孕药或抗惊厥药能干扰叶酸的吸收及代谢,如长期服用此类药物时应考虑补充叶酸。

叶酸缺乏时,DNA 合成受到抑制,骨髓幼红细胞 DNA 合成减少,细胞分裂速度降低,细胞体积变大,造成巨幼细胞贫血(megaloblastic anemia)。叶酸缺乏可引起高同型半胱氨酸血症,增加动脉粥样硬化、血栓生成和高血压的危险性。每日服用 $500\mu g$ 叶酸有益于预防冠心病的发生。叶酸缺乏可引起 DNA 低甲基化(hypomethylation),增加发生癌症(如结肠癌、直肠癌)的危险性。

八、维生素 B_{12} 的主要功能是参与一碳单位代谢

（一）维生素 B_{12} 是唯一含金属元素的维生素

维生素 B_{12} 含有金属元素钴(图 5-14),又称钴胺素(cobalamin),仅由微生物合成,酵母和动物肝含量丰富,不存在于植物中。维生素 B_{12} 在体内的主要存在形式有氰钴胺素、羟钴胺素、甲钴胺素和 5'-脱氧腺苷钴胺素。后两者是维生素 B_{12} 的活性型。

食物中的维生素 B_{12} 常与蛋白质结合,在胃酸和胃蛋白酶的作用下,维生素 B_{12} 得以游离并与来自唾液的亲钴蛋白(cobalophilin)结合。在十二指肠,亲钴蛋白-B_{12} 复合物经胰蛋白酶的水解作用游

氰钴胺素：------------R=—CN
羟钴胺素：------------R=—OH
甲钴胺素：------------R=—CH₃
5'-脱氧腺苷钴胺素：--R=—5'-脱氧腺苷

图 5-14　维生素 B_{12} 结构式

离出维生素 B_{12},后者需要与由胃黏膜细胞分泌的内因子(intrinsic factor,IF)紧密结合生成 IF-B_{12} 复合物,才能被回肠吸收。IF 是分子量为 50kD 的糖蛋白,只与活性型维生素 B_{12} 以 1:1 结合。当胰腺功能障碍时,因亲钴蛋白-B_{12} 不能分解而排出体外,导致维生素 B_{12} 缺乏症。在小肠黏膜上皮细胞内,IF-B_{12} 分解并游离出维生素 B_{12}。维生素 B_{12} 再与转钴胺素Ⅱ(transcobalamin Ⅱ)蛋白结合进入并存在于血液中。转钴胺素Ⅱ-B_{12} 复合物与细胞表面受体结合后进入细胞,在细胞内维生素 B_{12} 转变成羟钴胺素、甲钴胺素或进入线粒体转变成 5′-脱氧腺苷钴胺素。肝内还有一种转钴胺素Ⅰ,可与维生素 B_{12} 结合而贮存于肝内。

(二)维生素 B_{12} 影响一碳单位的代谢和脂肪酸的合成

维生素 B_{12} 是 N^5-CH_3-FH_4 甲基转移酶(甲硫氨酸合成酶)的辅酶,催化同型半胱氨酸甲基化生成甲硫氨酸。维生素 B_{12} 缺乏时,不仅引起甲硫氨酸合成减少,同时影响四氢叶酸的再生,组织中游离的四氢叶酸含量减少,一碳单位的代谢受阻,造成核酸合成障碍。

5′-脱氧腺苷钴胺素是 L-甲基丙二酰 CoA 变位酶的辅酶,催化琥珀酰 CoA 的生成。当维生素 B_{12} 缺乏时,L-甲基丙二酰 CoA 大量堆积。因 L-甲基丙二酰 CoA 的结构与脂肪酸合成的中间产物丙二酰 CoA 相似,从而影响脂肪酸的正常合成。

(三)维生素 B_{12} 缺乏可导致巨幼细胞贫血等多种疾病

维生素 B_{12} 广泛存在于动物性食物中,正常膳食者很少发生缺乏症,偶见于有严重吸收障碍疾病的患者及长期素食者。当 B_{12} 缺乏时,核酸合成障碍阻止细胞分裂而产生巨幼红细胞性贫血,即恶性贫血。同型半胱氨酸的堆积可造成高同型半胱氨酸血症,增加动脉硬化、血栓生成和高血压的危险性。维生素 B_{12} 缺乏可导致神经类疾病,其原因是脂肪酸的合成异常而影响髓鞘质的转换,造成髓鞘质变性退化,引发进行性脱髓鞘。

九、α-硫辛酸是硫辛酸乙酰转移酶的辅酶

α-硫辛酸(α-lipoic acid)的结构是 6,8-二硫辛酸,能还原为二氢硫辛酸,为硫辛酸乙酰转移酶的辅酶,如丙酮酸脱氢酶复合体中的二氢硫辛酰胺酰基转移酶。

α-硫辛酸有抗脂肪肝和降低血胆固醇的作用;另外,它很容易进行氧化还原反应,故可保护巯基酶免受重金属离子毒害。目前,尚未发现人类有硫辛酸的缺乏症。

十、维生素 C 是某些羟化酶的辅酶和抗氧化剂

(一)维生素 C 可氧化还原互变

维生素 C 又称 L-抗坏血酸(L-ascorbic acid;图 5-15),呈酸性。抗坏血酸分子中 C_2 和 C_3 羟基可以氧化脱氢生成脱氢抗坏血酸,后者又可接受氢,再还原成抗坏血酸。还原型抗坏血酸是细胞内与血液中的主要存在形式。血液中脱氢抗坏血酸仅为抗坏血酸的 1/15。

图 5-15　维生素 C 结构式

人体不能合成维生素 C,必须由食物供给。维生素 C 极易从小肠吸收。维生素 C 广泛存在于新鲜蔬菜和水果中。植物中的抗坏血酸氧化酶能将维生素 C 氧化灭活为二酮古洛糖酸。所以,久存的水果和蔬菜中维生素 C 含量会大量减少。干种子中虽然不含维生素 C,但其幼芽可以合成;所以豆芽等是维生素 C 的丰富来源。维生素 C 对碱和热不稳定,烹饪不当可引起维生素 C 的大量丢失。

(二)维生素 C 参与体内重要的生理反应

1. 维生素 C 是一些羟化酶的辅酶　维生素 C 是维持体内含铜羟化酶和 α-酮戊二酸-铁羟化酶活性必不可少的辅因子。在含酮羟化酶催化的反应中,Cu^+ 被氧化生成 Cu^{2+},后者在维生素 C 的专一作用下,再被还原为 Cu^+。

需要维生素 C 的羟化酶在体内催化许多重要的反应。如苯丙氨酸代谢过程中,对羟苯丙酮酸羟

化酶催化对羟苯丙酮酸羟化生成尿黑酸。多巴胺 β-羟化酶催化多巴胺羟化生成去甲肾上腺素,参与肾上腺髓质和中枢神经系统中儿茶酚胺的合成。胆汁酸合成的限速酶 7α-羟化酶,可将 40% 的胆固醇正常转变成胆汁酸。胶原脯氨酸羟化酶和赖氨酸羟化酶分别催化前胶原分子中脯氨酸和赖氨酸残基的羟化,促进成熟的胶原分子的生成。此外,体内肉碱合成过程需要两个依赖维生素 C 的羟化酶;肾上腺皮质类固醇合成过程中的羟化作用也需要维生素的 C 参与。

2. 维生素 C 作为抗氧化剂可直接参与体内氧化还原反应　维生素 C 具有保护巯基的作用,它可使巯基酶的—SH 保持还原状态。维生素 C 在谷胱甘肽还原酶作用下,将氧化型谷胱甘肽(G—S—S—G)还原成还原型谷胱甘肽(G—SH)。还原型 G—SH 能清除细胞膜的脂质过氧化物,起到保护细胞膜的作用。

维生素 C 能使红细胞中高铁血红蛋白(MHb)还原为血红蛋白(Hb),使其恢复运氧能力。小肠中的维生素 C 可将 Fe^{3+} 还原成 Fe^{2+},有利于食物中铁的吸收。

维生素 C 作为抗氧化剂,影响细胞内活性氧敏感的信号转导途径(如 NF-κB 和 AP-1),从而调节基因表达和细胞功能,促进细胞分化。

3. 维生素 C 具有增强机体免疫力的作用　维生素 C 可促进体内抗菌活性、NK 细胞活性,促进淋巴细胞增殖和趋化作用,提高吞噬细胞的吞噬能力,促进免疫球蛋白的合成;从而提高机体免疫力。临床上用于心血管疾病、病毒性疾病等的支持性治疗。

(三)维生素 C 严重缺乏可引起坏血病

维生素 C 是胶原蛋白形成所必需的物质,有助于保持细胞间质物质的完整,当严重缺乏时可引起坏血病(scurvy)。表现为毛细血管脆性增强,易破裂;牙龈腐烂、牙齿松动;骨折及创伤不易愈合等。由于机体在正常状态下可储存一定量的维生素 C,坏血病的症状常在维生素 C 缺乏 3~4 个月后出现。

维生素 C 缺乏直接影响胆固醇转化,引起体内胆固醇增多,是动脉硬化的危险因素之一。

第三节　微量元素

微量元素绝大多数为金属元素,在体内一般结合成化合物或络合物,广泛分布于各组织中,含量较恒定。微量元素主要来自食物,动物性食物含量较高,种类也较植物性食物多。微量元素通过与酶、其他蛋白质、激素和维生素等结合而在体内发挥多种多样的作用。其主要生理作用为:①酶的辅因子。人体内一半以上酶的活性部位含有无机元素,许多酶需要金属离子才有活性或高活性(详见第六章)。②参与体内物质运输。如血红蛋白含 Fe^{2+} 参与 O_2 的运输,碳酸酐酶含锌参与 CO_2 的运输。③参与激素和维生素的形成;如碘是甲状腺素合成的必需成分,钴是维生素 B_{12} 的组成成分等。

一、铁是体内含量最多的微量元素

(一)运铁蛋白和铁蛋白分别运输和储存铁

铁(iron)是体内含量最多的一种微量元素,成年男性平均含铁量约为每千克体重 50mg,女性约为每千克体重 30mg。

铁的吸收部位主要在十二指肠及空肠上段。无机铁只有 Fe^{2+} 可以通过小肠黏膜细胞。酸性 pH、维生素 C 和谷胱甘肽可将 Fe^{3+} 还原为 Fe^{2+},有利于铁的吸收。鞣酸、草酸、植酸、大量无机磷酸、含磷酸的抗酸药等可与铁形成不溶性或不能吸收的铁复合物,从而影响铁的吸收。络合物中铁的吸收率大于无机铁,氨基酸、柠檬酸、苹果酸等能与铁离子形成络合物,有利于铁的吸收。

吸收的 Fe^{2+} 在小肠黏膜上皮细胞中氧化为 Fe^{3+},并与铁蛋白(ferritin)结合。铁(Fe^{3+})在血液中与运铁蛋白(transferrin)结合而运输。正常人血清运铁蛋白浓度为 200~300mg/dl(25~40μmmol/L)。

体内多余的铁通过结合铁蛋白而储存,主要储存于肝、脾、骨髓、小肠黏膜、胰等器官和组织中。铁蛋白是由 24 个亚基组成的中空分子,其内可结合多达 4 500 个铁离子。

小肠黏膜上皮细胞的生命周期为 2~6 天,储存于细胞内的铁蛋白中的铁随着细胞的脱落而排泄于肠腔。这几乎是体内铁的唯一排泄途径。

(二)体内铁主要存在于含铁卟啉和非铁卟啉的蛋白质中

铁是血红蛋白、肌红蛋白、细胞色素系统、铁硫蛋白、过氧化物酶及过氧化氢酶等的重要组成部分,在气体运输、生物氧化和酶促反应中均发挥重要作用。体内铁约 75% 存在于铁卟啉化合物中,25% 存在于非铁卟啉类含铁化合物(如含铁的黄素蛋白、铁硫蛋白、运铁蛋白等)中。成年男性及绝经后的妇女每日约需铁约 10mg,生育期妇女每日需铁约 15mg,儿童在生长发育期、妇女在妊娠哺乳期对铁的需求量增加。

(三)铁的缺乏与中毒均可引起严重的疾病

铁的缺乏可引起小细胞低色素性贫血。引起缺铁性贫血的原因不限于铁摄入的不足,急性大量出血、慢性少量出血(如消化道溃疡、女性月经期失调性出血等)以及儿童生长期和妇女妊娠、哺乳期得不到铁的额外补充等,均可引起缺铁性贫血。

Fe^{2+} 非常活泼,可与氧反应产生羟自由基和过氧化自由基。Fe^{2+} 还像重金属离子那样,与体内蛋白质结合,破坏其结构。所以体内铁在储存与运输过程中均为 Fe^{3+},并与特异的蛋白相结合。铁摄入过剩,部分铁蛋白变性生成血铁黄素(hemosiderin),体内铁沉积过多时,可出现血色素沉积症(hemochromatosis),引起器官损伤,可出现肝硬化、肝癌、糖尿病、心肌病、皮肤色素沉着、内分泌紊乱、关节痛等。

二、锌是含锌金属酶和锌指蛋白的组成成分

(一)清蛋白和金属硫蛋白分别参与锌的运输和储存

锌(zinc)在人体内的含量仅次于铁,为 1.5~2.5g。成人每日需锌 15~20mg。肉类、豆类、坚果、麦胚等含锌丰富。锌主要在小肠被吸收,但不完全。某些地区的谷物中含有较多的能与锌形成不溶性复合物的 6-磷酸肌醇,从而影响锌的吸收。血中锌与清蛋白或运铁蛋白结合而运输。血锌浓度为 0.1~0.15mmol/L。体内储存的锌主要与金属硫蛋白(metallothionein)结合。锌主要经粪排泄,其次为尿、汗、乳汁等。

(二)锌参与体内的多种生理作用

锌是含锌金属酶的组成成分,与 80 多种酶的活性有关,如碳酸酐酶、铜-锌-超氧化物歧化酶、醇脱氢酶、羧基肽酶 A 和 B、DNA 和 RNA 聚合酶等。许多蛋白质,如反式作用因子、类固醇激素和甲状腺素受体的 DNA 结合区,都有锌参与形成的锌指结构。锌指结构在转录调控中起重要作用。锌是重要的免疫调节剂、生长辅因子,在抗氧化、抗细胞凋亡和抗炎中均起重要作用。锌也是合成胰岛素所必需的元素。

(三)锌缺乏可引起多种疾病

锌的补充依赖体外摄入,如果各种原因引起锌的摄入不足或吸收困难,均可引起锌的缺乏。锌缺乏可引起消化功能紊乱、生长发育滞后、智力发育不良,皮肤炎症、伤口愈合缓慢、脱发、神经精神障碍等;儿童可出现发育不良和睾丸萎缩。

三、铜是含铜酶和铜结合蛋白的组成成分

(一)铜在血液中主要与铜蓝蛋白结合而运输

成人体内铜(copper)的含量为 80~110mg;肌肉中约占 50%,10% 存在于肝。成人每日需铜 1~3mg,孕妇和青少年需求量可略有增加。铜主要在十二指肠被吸收。血液中约 60% 的铜与铜蓝蛋白(ceruloplasmin)紧密结合,其余的与清蛋白疏松结合或与组氨酸形成复合物。铜主要随胆汁排泄。

(二)铜是多种含铜酶的辅基

铜是体内多种含铜酶的辅基,含铜酶多以氧分子或氧的衍生物为底物。如细胞色素 c 氧化酶、多

巴胺 β-羟化酶、单胺氧化酶、酪氨酸酶、胞质超氧化物歧化酶等。铜蓝蛋白可催化 Fe^{2+} 氧化成 Fe^{3+}，后者结合运铁蛋白，有利于铁的运输。

（三）铜缺乏可导致小细胞低色素性贫血等疾病

铜缺乏的特征性表现为小细胞低色素性贫血、白细胞减少、出血性血管改变、骨脱盐、高胆固醇血症和神经疾病等。铜摄入过多也会引起中毒现象，如蓝绿粪便、唾液以及行动障碍等。

四、锰是多种酶的组成成分和活性剂

（一）大部分锰与血浆中 γ-球蛋白和清蛋白结合而运输

正常人体内含锰（manganese）12~20mg。成人每日需 2~5mg。锰主要在小肠被吸收，入血后大部分与血浆中 γ-球蛋白和清蛋白结合而运输。少量与运铁蛋白结合。锰在体内主要储存于骨、肝、胰和肾。锰主要通过胆汁排泄，少量随胰液排出，尿中排泄很少。

（二）体内锰对多种酶具有激活作用

锰金属酶有精氨酸酶、谷氨酰胺合成酶、磷酸烯醇式丙酮酸脱羧酶、Mn-超氧化物歧化酶、RNA 聚合酶等。体内锰对多种酶的激活作用可被镁所代替。体内正常免疫功能、血糖与细胞能量调节、生殖、消化、骨骼生长、抗自由基等均需要锰。缺锰时生长发育会受到影响。

（三）过量摄入锰可引起中毒

过量摄入锰可引起中毒。锰可抑制呼吸链中复合物 I 和 ATP 酶的活性，造成氧自由基的过量产生。锰干扰多巴胺的代谢，可导致精神病和帕金森神经功能障碍（锰狂症）。

五、硒以硒半胱氨酸形式参与抗氧化功能

（一）大部分硒与 α-球蛋白和 β-球蛋白结合而运输

人体含硒（selenium）为 14~21mg。成人日需要量在 30~50μg。硒在十二指肠被吸收。入血后与 α-球蛋白和 β-球蛋白结合，小部分与 VLDL 结合而运输；主要随尿及汗排泄。

（二）硒以硒半胱氨酸形式参与多种重要硒蛋白的组成

硒在体内以硒半胱氨酸（selenocysteine）的形式存在于近 30 种蛋白质中。这些含硒半胱氨酸的蛋白质称为硒蛋白（selenoprotein）。谷胱甘肽过氧化物酶、硒蛋白 P、硫氧还蛋白还原酶、碘甲腺原氨酸脱碘酶均属硒蛋白。谷胱甘肽过氧化物酶是重要的含硒抗氧化蛋白，通过氧化谷胱甘肽来降低细胞内 H_2O_2 的含量，保护细胞。碘甲腺原氨酸脱碘酶可激活或去激活甲状腺激素，这是硒通过调节甲状腺激素水平来维持机体生长、发育与代谢的重要途径。此外，硒还参与辅酶 Q 和辅酶 A 的合成。

（三）硒缺乏可引发多种疾病

缺硒可引发多种疾病，如糖尿病、心血管疾病、神经变性疾病、某些癌症等。世界上不同地区的土壤中含硒量不同，影响食用植物中硒的含量，从而影响人类硒的摄取量。克山病便是由于地域性生长的庄稼中含硒量低引起的地方性心肌病。

由于硒的抗氧化作用，服用硒（如 200μg/d）或含硒制剂可以明显降低发生某些癌症（如前列腺癌、肺癌、大肠癌）的危险性。硒摄入过多也会引起中毒症状。

六、碘是甲状腺素合成的必需成分

（一）碘在甲状腺中富集

成人体内含碘（iodine）30~50mg，其中约 30% 集中在甲状腺内，用于合成甲状腺激素。60%~80% 以非激素的形式分散于甲状腺外。成人每日需碘 100~300mg。碘的吸收部位主要在小肠。碘主要随尿排出，尿碘约占总排泄量的 85%，其他由汗腺排出。

（二）碘参与甲状腺激素组成的同时具有抗氧化作用

碘在人体内的一个主要作用是参与甲状腺激素的合成。碘的另一重要功能是抗氧化作用。在含

碘细胞中有 H_2O_2 和脂质过氧化物存在时,碘可作为电子供体发挥作用。碘可与活性氧竞争细胞成分和中和羟自由基,防止细胞遭受破坏。碘还可以与细胞膜多不饱和脂肪酸的双键接触,使之不易产生自由基。因此,碘在预防癌症方面有一定的积极作用。

(三)碘缺乏可引起地方性甲状腺肿

缺碘可引起地方性甲状腺肿,严重可致发育停滞、痴呆,如胎儿期缺碘可致呆小病。若摄入碘过多又可致高碘性甲状腺肿,表现为甲状腺功能亢进及一些中毒症状。

七、钴是维生素 B_{12} 的组成成分

(一)钴参与合成维生素 B_{12}

人体每日对钴(cobalt)的最少需要量为 $1\mu g$。来自食物中的钴必须在肠内经细菌合成维生素 B_{12} 后才能被吸收利用。钴主要从尿中排泄。体内的钴主要以维生素 B_{12} 的形式发挥作用(详见本章第二节)。

(二)钴缺乏可引起巨幼红细胞性贫血等疾病

钴的缺乏可使维生素 B_{12} 缺乏,而维生素 B_{12} 缺乏可引起巨幼红细胞性贫血等疾病。由于人体排钴能力强,很少有钴蓄积的现象发生。

八、氟与骨、牙的形成及钙、磷代谢密切相关

(一)氟主要与球蛋白结合而运输

成人体内含氟(fluorine)2~6g,其中 90% 分布于骨、牙中,少量存在于指甲、毛发及神经、肌肉中。氟的生理需要量每日为 0.5~1.0mg。氟主要从胃肠和呼吸道吸收,入血后与球蛋白结合;小部分以氟化物形式运输。血中氟含量约为 $20\mu mol/L$。氟主要通过尿排泄。

(二)氟主要被羟基磷灰石吸附参与代谢

氟可被羟基磷灰石吸附,生成氟磷灰石,从而加强对龋齿的抵抗作用,与骨、牙的形成及钙、磷代谢密切相关。

(三)氟缺乏可引起骨质疏松

缺氟可致骨质疏松,易发生骨折;牙釉质受损易碎。氟过多可引起骨脱钙和白内障,并可影响肾上腺、生殖器官等多种功能。

九、铬通过铬调素增强胰岛素的作用

(一)铬的最好来源是肉类

整粒的谷类、豆类、海藻类、啤酒酵母、乳制品和肉类是铬(chromium)的最好来源,尤其肝脏和其他内脏是生物有效性高的铬的来源。每日摄入铬 30~40μg 便足以满足人体的需要。

(二)铬与胰岛素的作用关系密切

铬是铬调素(chromodulin)的组成成分。铬调素通过促进胰岛素与细胞受体的结合,增强胰岛素的生物学效应。铬缺乏主要表现在胰岛素的有效性降低,造成葡萄糖耐量受损,血清胆固醇和血糖上升。动物实验证明,铬还具有预防动脉硬化和冠心病的作用,并为生长发育所需要。

(三)铬失调对人体具有危害

因膳食因素所致铬摄取不足而引起的缺乏症未见报道。但过量摄入可出现铬中毒。六价铬的毒性比三价铬高约 100 倍,但不同化合物毒性不同。临床上铬及其化合物主要侵害皮肤和呼吸道,出现皮肤黏膜的刺激和腐蚀作用,如皮炎、溃疡、咽炎、胃痛、胃肠道溃疡,伴有周身酸痛、乏力等,严重者发生急性肾衰竭。

> **框 5-3**
>
> ### 老年人的特殊营养需求
>
> 　　老年人有其特殊的代谢特点。例如,维生素 B_6 的吸收和利用随年龄的增长而降低。老年人胃产生内因子的能力下降,容易发生维生素 B_{12} 缺乏。同型半胱氨酸生成甲硫氨酸和半胱氨酸时需要叶酸、维生素 B_{12} 和维生素 B_6 的参与,这些维生素的缺乏可导致高同型半胱氨酸血症,而后者是动脉硬化的危险因子。如果老年人不爱晒太阳,可使皮肤维生素 D_3 的生成减少;同时随年龄的增长,肾羟化 25-OH-D_3 生成 1,25-$(OH)_2D_3$ 的能力减弱。这些均可导致骨质疏松。老年人体内铬转化为铬调素的能力下降,与老年人糖尿病密切相关。此外,老年人锌的摄取和吸收减少,导致味觉迟钝、皮炎和免疫功能减弱。维生素 A 的吸收随年龄而增加,而肝清除维生素 A 的能力降低,所以老年人不但对维生素 A 的需要量下降,而且还要防止维生素 A 中毒的发生。

第四节　钙、磷及其代谢

　　钙(calcium)是人体内含量最多的无机元素之一,成人含量约为 30mol(1 200g/70kg 体重),仅次于碳、氢、氧和氮。正常成人含磷(phosphorus)约 19.4mol(600g/70kg 体重)。钙和磷不仅是骨的重要成分,还具有其他许多重要的生理作用。

一、钙、磷在体内分布及其功能

(一)钙既是骨的主要成分又具有重要的调节作用

　　人体内 99% 以上的钙分布于骨中,以羟基磷灰石[hydroxyapatite,$Ca_{10}(PO_4)_6(OH)_2$]的形式存在。钙构成骨和牙的主要成分,起着支持和保护作用。

　　成人血浆(或血清)中的钙含量为 2.25~2.75mmol/L(9~11mg/dl),不到人体总量的 0.1%,约一半是游离 Ca^{2+};另一半为蛋白结合钙,主要与清蛋白结合,少量与球蛋白结合。游离钙与蛋白结合钙在血浆中呈动态平衡状态。血浆 pH 可影响它们的平衡,当血浆 pH 偏酸性时,蛋白结合钙解离,血浆游离钙增多;当 pH 升高时,蛋白结合钙增多,而游离钙减少。平均每增减 1 个 pH 单位,每 100ml 血浆游离钙浓度相应改变 0.42mmol(1.68mg)。血钙的正常水平对于维持骨骼内骨盐的含量、血液凝固过程和神经、肌肉的兴奋性具有重要的作用。

　　分布于体液和其他组织中的钙不足总钙量的 1%。细胞外液游离钙的浓度为 1.12~1.23mmol/L;细胞内钙浓度极低,且 90% 以上储存于内质网和线粒体内,胞质溶胶钙浓度仅 0.01~0.1mol/L。胞质钙作为第二信使在信号转导中发挥许多重要的生理作用。肌肉中的钙可启动骨骼肌和心肌细胞的收缩。

(二)磷是体内许多重要生物分子的组成成分

　　磷主要分布于骨(约占 85.7%),其次为各组织细胞(约 14%),仅少量(约 0.03%)分布于体液。成人血浆中无机磷的含量约为 1.1~1.3mmol/L(3.5~4.0mg/dl)。

　　磷除了构成骨盐成分、参与成骨作用外,还是核酸、核苷酸、磷脂、辅酶等重要生物分子的组成成分,发挥各自重要的生理功能。

　　正常人血液中钙和磷的浓度相当恒定,每 100ml 血液中钙与磷含量之积为一常数,即[Ca]×[P]=35~40。因此,血钙降低时,血磷会略有增加。

(三)钙、磷代谢紊乱可引起多种疾病

　　维生素 D 缺乏可引起钙吸收障碍,导致儿童佝偻病(rickets)和成人骨软化症(osteomalacia)。骨基质丧失和进行性骨骼脱盐可导致中、老年人骨质疏松症(osteoporosis)。甲状旁腺功能亢进与维

生素 D 中毒可引起高钙血症（hypercalcemia）、尿路结石等。甲状旁腺功能减退症可引起低钙血症（hypocalcemia）。

高磷血症常见于慢性肾病患者，与冠状动脉、心瓣膜钙化等严重心血管并发症密切相关；是引起继发性甲状旁腺功能亢进、维生素 D 代谢障碍、肾性骨病等的重要因素。维生素 D 缺乏也可减少肠磷酸盐的吸收，是引起低磷血症的原因之一。

二、钙、磷代谢与骨的代谢密切相关

（一）钙和磷的吸收与排泄的影响因素较多

牛奶、豆类和叶类蔬菜是人体内钙的主要来源。十二指肠和空肠上段是钙吸收的主要部位。钙盐在酸性溶液中易溶解，凡使消化道内 pH 下降的食物均有利于钙的吸收。维生素 D 能促进钙和磷的吸收。碱性磷酸盐、草酸盐和植酸盐可与钙形成不溶解的钙盐，不利于钙的吸收。钙的吸收随年龄的增长而下降。

正常成人肾小球每日滤过约 9g 游离钙，肾小管对钙的重吸收量与血钙浓度相关。血钙浓度降低可增加肾小管对钙的重吸收率，而血钙较高时吸收率下降。肾对钙的重吸收受甲状旁腺激素的严格调控。

成人每日进食 1.0~1.5g 磷，食物中的有机磷酸酯和磷脂在消化液中磷酸酶的作用下，水解生成无机磷酸盐并在小肠上段被吸收。钙、镁、铁可与磷酸根生成不溶性化合物而影响其吸收。

肾小管对血磷的重吸收也取决于血磷浓度，血磷浓度降低可提高磷的重吸收率；血钙增加可降低磷的重吸收；pH 降低可增加磷的重吸收。甲状旁腺激素抑制血磷的重吸收，增加磷的排泄。

（二）骨内钙、磷的代谢是体内钙、磷代谢的主要组成

由于体内大部位钙和磷存在于骨中，所以骨内钙、磷的代谢成为体内钙、磷代谢的主要组成。血钙与骨钙的相互转化对维持血钙浓度的相对稳定具有重要意义。人体内钙、磷代谢与动态平衡见图 5-16。

图 5-16　人体内（按每日每千克体重计算）钙、磷代谢与动态平衡

三、钙、磷代谢受三种激素的调节

调节钙和钙代谢的主要激素有 1,25-(OH)$_2$-D$_3$、甲状旁腺激素（parathyroid hormone，PTH）和降钙素（calcitonin，CT）。主要调节的靶器官有小肠、肾和骨。血钙与血磷在 1,25-(OH)$_2$-D$_3$、PTH 和 CT 的协同作用下维持其正常的动态平衡（表 5-1）。

表 5-1　1,25-(OH)₂-D₃、PTH 和 CT 对钙、磷代谢的调节

激素	小肠吸收钙	溶骨	成骨	尿钙	尿磷	血钙	血磷
1,25-(OH)₂-D₃	↑↑	↑	↑	↓	↓	↑	↑
PTH	↑	↑↑	↓	↓	↑	↑	↓
CT	↓	↓↓	↑	↑	↑	↓	↓

（一）维生素 D 促进小肠钙的吸收和骨盐沉积

活性维生素 D［1,25-(OH)₂-D₃］对钙、磷代谢作用的主要靶器官是小肠和骨。1,25-(OH)₂-D₃ 与小肠黏膜细胞特异的胞质受体结合后，进入细胞核，刺激钙结合蛋白的生成。后者作为载体蛋白促进小肠对钙的吸收；同时磷的吸收也随之增加。生理剂量的 1,25-(OH)₂-D₃ 可促进骨盐沉积，同时还可刺激成骨细胞分泌胶原，促进骨基质的成熟，有利于成骨。

（二）甲状旁腺激素具有升高血钙和降低血磷的作用

甲状旁腺激素（PTH）是甲状旁腺分泌的由 84 个氨基酸残基组成的蛋白质，其主要作用靶器官是骨和肾。PTH 刺激破骨细胞的活化，促进骨盐溶解，使血钙与血磷增高。PTH 促进肾小管对钙的重吸收，抑制对磷的重吸收。同时 PTH 还可刺激肾合成 1,25-(OH)₂-D₃，从而间接地促进小肠对钙、磷的吸收。PTH 的总体作用是使血钙升高。

（三）降钙素是唯一降低血钙浓度的激素

降钙素（CT）是甲状腺 C 细胞合成的由 32 个氨基酸残基组成的多肽，其作用靶器官为骨和肾。CT 通过抑制破骨细胞的活性、激活成骨细胞，促进骨盐沉积，从而降低血钙与血磷含量。CT 还抑制肾小管对钙、磷的重吸收。CT 的总体作用是降低血钙与血磷。

小结

维生素是维持人体正常生命活动所必需且机体不能合成或合成量不足，从而必须由食物供给的一类小分子有机化合物。分为脂溶性和水溶性维生素两大类。脂溶性维生素包括维生素 A、维生素 D、维生素 E、维生素 K，水溶性维生素包括 B 族维生素、硫辛酸和维生素 C。

维生素 A 可转化为视黄醛，参与视循环；转化的视黄酸参与维持上皮组织的正常形态与生长。1,25-(OH)₂-D₃ 主要作用于小肠和骨，维持正常的钙、磷代谢。维生素 E 是重要的脂溶性抗氧化剂，与动物的生殖功能相关，还参与细胞信号转导，与基因调节有关。维生素 K 作为羧化酶的辅因子参与包括凝血因子在内的蛋白翻译后的修饰过程。

水溶性维生素多以辅酶形式发挥作用。维生素 B₁ 的辅酶形式是焦磷酸硫胺素，是 α-酮酸氧化脱羧酶及戊糖磷酸途径中转酮酶的辅酶。维生素 B₂ 的活性形式是 FAD 和 FMN，是体内氧化还原酶的辅基。维生素 PP 的活性形式是 NAD⁺ 和 NADP⁺，是多种不需氧脱氢酶的辅酶。泛酸的活性形式是辅酶 A 和酰基载体蛋白，构成酰基转移酶的辅酶。生物素是多种羧化酶的辅基。维生素 B₆ 的辅酶形式是磷酸吡哆醛和磷酸吡哆胺，是转氨酶的辅酶。叶酸的辅酶形式是四氢叶酸，是一碳单位的载体。维生素 B₁₂ 主要是甲基转移酶的辅酶。维生素 C 是一些羟化酶的辅酶，同时又是一种强还原剂。

微量元素绝大多数为金属元素。在体内一般结合成化合物或络合物，广泛分布于各组织中，含量较恒定。微量元素通过形成结合蛋白、酶、激素和维生素等在体内发挥作用，包括参与构成酶活性中心或辅酶、参与体内物质运输、参与激素和维生素的形成等重要生理作用。

钙、磷主要以无机盐形式存在于体内，约 99.7% 以上的钙与 87.6% 以上的磷以羟磷灰石的形式存在于骨骼和牙齿中，骨是人体内的钙、磷存储库和代谢的主要场所。钙、磷代谢受 PTH、CT 和 1,25-(OH)₂-D₃ 调控，并维持血钙与血磷浓度的相对恒定。

（朱华庆）

思考题

1. 试述维生素 A 缺乏时,为什么会患夜盲症?
2. 哪些维生素的缺乏与巨幼细胞贫血的发生发展有关? 其可能机制是什么?
3. 高蛋白膳食使何种维生素的需要量增多? 为什么?
4. 简述 B 族维生素的主要种类、活性形式和作用。
5. 什么是微量元素? 试述微量元素发挥生理作用的主要形式和机制。

第二篇
代谢及其调节

生命活动的基本特征之一是生物体内各种物质按一定规律不断进行的新陈代谢,以实现生物体与外环境的物质交换、自我更新,以及机体内环境的相对稳定。物质代谢包括分解代谢与合成代谢两个方面,并处于动态平衡。体内的许多物质(糖、脂类、蛋白质)通过分解代谢过程不断消耗,许多损伤或修饰的物质也通过分解代谢而被清除;消耗和清除的物质通过两方面来源获得补充,一是食物,二是体内的合成代谢。物质的分解代谢也是合成代谢所需的能量与合成材料(小分子和基团)的来源。

机体内的能量代谢包括能量的产生或释放、能量在体内的贮存或利用。体内的能量代谢与物质代谢偶联在一起。物质分解代谢通常伴有能量的释放和贮存,其中最为重要的是物质氧化时伴有ADP磷酸化而产生ATP,为生命活动直接提供能量。ATP是体内能量代谢中的核心分子,体内的合成代谢通常需要消耗ATP以提供能量。此外,ATP分子中的高能磷酸基团可转移至其他核苷酸,生成GTP、CTP、UTP等,而这些核苷酸则在体内多种反应中参与底物分子的活化,是物质代谢不可或缺的因素。

本篇介绍体内几类营养物质的代谢过程及其调节。包括糖代谢、脂质代谢、氨基酸代谢、核苷酸代谢,以及这些物质的分解代谢如何通过偶联氧化磷酸化而产生ATP。这些营养物质代谢(包括分解代谢和合成代谢)所涉及的化学反应都是由酶催化进行的。每一个代谢过程都涉及多种酶催化的多个反应,这些反应依次有序地进行,形成特定的代谢途径(即有序进行的多个酶促反应的组合)。体内的物质代谢并不是由各个代谢途径各自孤立地进行,不同物质代谢途径之间存在相互联系、相互影响,形成复杂的代谢网络。

除营养物质之外,体内有许多来自体外或在体内产生的非营养物质(即不能彻底分解供能或提供合成材料的物质)。除了合成一些重要物质(如胆汁酸、血红素等)外,机体对非营养物质的代谢主要是生物转化作用,通过酶促反应使这些物质水溶性提高、极性增强,易于排出体外。

各种物质代谢之间有着广泛的联系,而且机体具有精密调节物质代谢的能力,使其构成一个统一的整体。各个代谢途径的反应速度是依据机体的需要进行调节的。代谢途径的调节是对关键酶的调节,通过调控关键酶的活性而控制代谢途径的反应速度。调控关键酶活性的因素包括:小分子别构调节剂(底物、产物、中间产物)、因微环境变化而产生的信号、随机体状态变化而产生的激素等;它们形成多层次的网络式调控机制,以保证体内物质代谢的正常进行。正常的物质代谢是生命过程所必需的,所有代谢途径的正常运行是机体维持正常功能的基础,而物质代谢的紊乱往往是一些疾病发生的重要原因。因此,物质代谢是生物化学的重要组成内容。

学习这一篇时,要注意掌握各类物质代谢的基本反应途径、关键酶与主要调节环节、重要生理意义、各类物质代谢的相互联系与调节规则,以及代谢异常与疾病关系等。要了解各代谢途径之间的联系。除了脱氢和还原反应外,代谢过程中的大部分反应都与基团有关。因此,熟悉营养物质中的常见基团,对于理解物质代谢中涉及的化学反应十分有益。

(陈　娟)

第六章
生物氧化与能量代谢

扫码获取
数字内容

【本章要点】

1. 氧化还原酶的种类、功能及催化的氧化还原反应类型；
2. 线粒体氧化体系的组分与功能以及氧化呼吸链的组成与功能；
3. 氧化磷酸化的偶联部位与偶联机制、调节及影响因素；
4. ATP 的生成、转移、储存和利用；
5. 胞质溶胶中生成的 NADH 进入线粒体进行氧化磷酸化的两种穿梭机制；
6. 体内反应活性氧类的来源与清除以及抗氧化物体系的种类与功能。

生物体内的物质可通过加氧、脱氢、失去电子的方式被氧化，也可以通过脱氧、加氢、获得电子的方式被还原。生物体内发生的所有氧化还原反应被统称为生物氧化（biological oxidation）。营养物质经三羧酸循环或其他代谢途径脱氢产生的氢原子是生物氧化过程中产生的主要还原性电子载体（$H \longleftrightarrow H^+ + e^-$），以还原当量 $NADH + H^+$ 或 $FADH_2$ 的形式存在。机体进行有氧呼吸时，将这些载体携带的电子通过电子传递链中连续的氧化还原反应传递至氧分子，最终使质子与氧结合生成水，电子传递过程中释放的能量使 ADP 磷酸化生成 ATP，ATP 作为能量载体参与机体的各种生命活动。此外，在细胞微粒体、内质网等内发生的氧化反应主要是对底物（多为非营养物质）进行氧化修饰、转化等，并无 ATP 的生成。本章重点介绍线粒体氧化体系及能量的产生机制。

第一节　氧化还原酶

生物体内的有机化合物通过各种化学反应参与机体的代谢过程，而氧化还原反应是其中重要的反应类型之一。某个物质失去的电子会同时传递给另一个物质，因此氧化反应与还原反应总是相伴进行。与自然界发生的氧化还原反应不同的是，生物氧化反应条件温和，需在酶的催化下逐步进行。催化氧化还原反应的酶，在酶的分类中属于氧化还原酶类（oxidoreductases）。营养物质经过多步酶促反应被逐渐氧化，逐步释放能量，而且能量的捕获和利用也是逐步进行的。

一、生物氧化由氧化还原酶催化

生物氧化是氧化还原酶催化的酶促反应，需要有辅因子参与。金属离子、有机化合物及某些蛋白质分子等都可作为辅酶或辅基参与生物氧化反应。如 Fe^{2+} 可以通过失去 1 个电子被氧化成 Fe^{3+}；O_2 可以通过接受电子被还原为 H_2O；小分子有机化合物如 $NADH/NAD^+$ 在传递电子（electron，e^-）的过程中伴有质子（proton，H^+）的传递而发生氧化还原反应。某些蛋白质（如细胞色素 c）通过其辅基中金属离子得失电子参与反应；很多酶（如三羧酸循环中的脱氢酶）通过 $NAD^+/NADH$、$FAD/FADH_2$ 传递电子和质子。因此，能够传递电子、质子的生物分子都能参与生物氧化过程，其中一些在传递电子的同时也传递质子。通常，将 1mol 的氢原子（含 1 个质子和 1 个电子）称为 1 个还原当量（reducing equivalent）。机体代谢途径产生的 $NADH + H^+$、$FADH_2$ 等都是还原当量，是具有还原性的电子载体，以辅因子的方式传递氢。

这些氧化还原酶通过催化电子得失、脱/加氢(包括加水脱氢/脱水)和加氧实现氧化还原反应。根据其催化反应性质的不同,可将其分为氧化酶和不需氧脱氢酶两大类。

二、氧化酶以氧为直接受氢体

氧化酶(oxidase)是一大类酶的统称,泛指催化有氧分子(O_2)参与反应的酶。这些酶又可分为4组,即直接将氧还原生成水的氧化酶、需氧脱氢酶(aerobic dehydrogenase)、加氧酶(oxygenase)以及氢过氧化物酶(hydroperoxidase)。它们分别存在于不同亚细胞结构中,多数氧化酶仅催化物质间的转化,并不参与ATP的生成。

(一)某些氧化酶直接将氧还原生成水

由这类酶催化的反应是通过金属离子辅基将电子直接传递给氧。如细胞色素c氧化酶(cytochrome c oxidase),以铁离子或铜离子为辅基,电子通过Fe^{2+}/Fe^{3+}以及Cu^+/Cu^{2+}之间的传递,直接还原O_2,生成H_2O;此反应释放的能量可参与ATP的生成。抗坏血酸氧化酶(ascorbate oxidase)是一种蓝铜氧化酶(blue copper oxidase),其活性中心含Cu^{2+},可通过Cu^{2+}/Cu^+之间的电子传递催化抗坏血酸(维生素C)氧化脱氢生成脱氢抗坏血酸和H_2O。

(二)需氧脱氢酶直接将氧还原成过氧化氢

需氧脱氢酶多为黄素酶类(flavoenzyme),其辅基是黄素单核苷酸(flavin mononucleotide,FMN)与黄素腺嘌呤二核苷酸(flavin adenine dinucleotide,FAD),酶蛋白与FMN、FAD结合紧密,因而称为黄素酶。黄素酶种类多,如醛脱氢酶、黄嘌呤氧化酶、L-氨基酸氧化酶等,它们催化的脱氢反应以O_2为直接受氢体,产物为H_2O_2。黄嘌呤氧化酶(xanthine oxidase)可催化次黄嘌呤(hypoxanthine)及黄嘌呤(xanthine)氧化生成尿酸(uric acid)和H_2O_2。

(三)加氧酶和氢过氧化物酶直接将氧加到底物分子

加氧酶和氢过氧化物酶主要存在于微粒体中,可以直接将氧原子加到底物分子,参与体内某些代谢物、药物及毒物的转化或清除。

三、不需氧脱氢酶不以氧为直接受氢体

催化底物脱氢而又不以氧作为直接受氢体的酶称为不需氧脱氢酶(anaerobic dehydrogenases)。这类酶催化的反应并不将氢(H^++e^-)直接传递给O_2,而是使氢活化并传递给辅酶或辅基,生成还原型辅酶或辅基,这些还原型产物再进行质子/电子的传递。不需氧脱氢酶主要参与三类反应:①作为质子或电子载体,间接将质子或电子传递给O_2生成H_2O并释放能量,此反应与ATP的生成有关;②催化代谢物间的氧化还原反应,促进代谢物之间氢的交换;③通过催化可逆的反应,促进还原当量在细胞内的转运或穿梭。有些不需氧脱氢酶以烟酰胺腺嘌呤核苷酸、黄素核苷酸为受氢体(详见本章第二节);而某些氧化还原酶以金属离子为电子载体,如泛醌-细胞色素c还原酶(复合体Ⅲ)以血红素(heme)为辅基,血红素结合的铁离子可通过$Fe^{2+} \longleftrightarrow Fe^{3+}+e^-$反应来传递电子。

第二节　线粒体氧化体系与呼吸链

线粒体氧化体系的主要功能是为机体提供能量,包括热能、ATP等。糖、脂类、蛋白质等营养物质在线粒体内被彻底氧化分解为CO_2和H_2O的过程中释放能量,该过程不但需要酶的逐步催化,而且能量也逐渐释放并储存在ATP中。在营养物质被氧化的过程中常发生脱氢反应,脱下来的氢(H^++e^-)以$NADH+H^+$、$FADH_2$等形式存在。$NADH+H^+$和$FADH_2$在线粒体经一系列的酶催化逐步脱氢、失电子而被氧化,最终将电子和H^+传递给氧而生成水,同时释放能量用于生成ATP。由此可见,在线粒体内存在多种参与氧化还原反应的传递质子和电子的组分。

一、线粒体氧化体系含多种传递质子和电子的组分

线粒体氧化体系主要是将糖、脂肪、蛋白质等营养物质代谢产生的$NADH+H^+$、$FADH_2$中的H^+和e^-传递给氧生成水并释放能量合成ATP。线粒体中参与此过程传递质子和电子的组分通常是一些金属离子、小分子有机化合物、某些蛋白质等。

（一）NAD^+、FMN、FAD 和泛醌可同时传递质子和电子

线粒体中NAD^+、FMN、FAD和泛醌都能在传递电子的同时传递质子。NAD^+接受1个质子和2个电子还原为$NADH+H^+$（图6-1）。FMN和FAD接受2个质子和2个电子转变为$FMNH_2$和$FADH_2$，反应是逐步进行的（图6-2），可在双、单电子传递体间进行电子传递。

1. 烟酰胺腺嘌呤核苷酸通过接受和释放单质子及双电子传递氢原子 烟酰胺腺嘌呤二核苷酸（nicotinamide adenine dinucleotide，NAD^+）及其结构中核糖的2位羟基被磷酸化后生成的烟酰胺腺嘌呤二核苷酸磷酸（nicotinamide adenine dinucleotide phosphate，$NADP^+$）是烟酰胺（维生素PP）的衍生物，它们都通过烟酰胺环传递H^+和电子:烟酰胺环中的五价氮原子，能接受2H中的双电子成为三价氮，为双电子传递体，同时烟酰胺环接受一个H^+进行加氢反应。由于此反应只能接受1个H^+和2个e^-，游离出一个H^+在溶液中;因此将还原型的NAD^+写成$NADH+H^+$（简写为NADH），还原型的$NADP^+$写成$NADPH+H^+$（简写为NADPH;图6-1）。

图 6-1 $NAD(P)^+$的加氢和$NAD(P)H$的脱氢反应
（a）$NAD(P)^+$的结构式;（b）加氢和脱氢反应。

NAD^+和$NADP^+$是糖酵解、三羧酸循环、脂肪酸β-氧化、戊糖磷酸途径等代谢途径以及穿梭机制中许多脱氢酶的辅酶，有传递电子和质子的功能。如NAD^+是丙酮酸脱氢酶复合体的辅酶之一，催化丙酮酸生成乙酰辅酶A和NADH。

2. 黄素核苷酸衍生物通过可逆的加氢和脱氢反应传递氢原子 黄素单核苷酸（FMN）和黄素腺嘌呤二核苷酸（FAD）是维生素B_2与核苷酸形成的有机化合物,是黄素蛋白（flavoprotein）的辅基,它们均通过维生素B_2中的异咯嗪环进行可逆的加氢和脱氢反应。异咯嗪环可接受1个H^+和1个e^-形成不稳定的FMNH和FADH,再接受1个H^+和1个e^-转变为还原型$FMNH_2$和$FADH_2$;反之,$FMNH_2$、$FADH_2$氧化时也逐步脱去e^-和H^+转变为FMN和FAD,属于单、双电子传递体（图6-2）。FMN、FAD是琥珀酸脱氢酶、脂肪酰CoA脱氢酶、NADH-泛醌还原酶等的辅基,发挥传递氢和电子的作用。

3. 有机化合物泛醌通过等量接受和释放质子与电子传递氢原子 泛醌（ubiquinone）又称辅酶Q（coenzyme Q，CoQ/Q）,是一种脂溶性醌类化合物,其结构中异戊二烯单位的数目因物种而异,人体内的Q是10个异戊二烯单位连接的侧链,用Q_{10}表示。Q侧链的疏水特性使其能够在线粒体内膜中自

图 6-2   FMN/FAD 的加氢和 FMNH$_2$/FADH$_2$ 的脱氢反应

由扩散。Q 结构中的苯醌部分接受 1 个 e^- 和 1 个 H^+ 还原为半醌（QH），再接受 1 个 e^- 和 1 个 H^+ 还原为二氢泛醌（QH$_2$）。反之，QH$_2$ 可逐步失去 H^+ 和 e^- 被氧化为泛醌。因此 Q 可进行双、单电子的传递，通过等量接受和释放 H^+ 与 e^- 传递氢原子（图 6-3）。

图 6-3   泛醌的加氢和二氢泛醌的脱氢反应

（二）铁硫蛋白和细胞色素只传递电子

1. 铁硫蛋白通过 Fe^{2+} 与 Fe^{3+} 的互变传递单电子   氧化呼吸链含有多种铁硫蛋白（iron-sulfur protein，Fe-S），后者因含铁硫中心（iron-sulfur center）而得名。铁硫中心是 Fe 离子通过与无机硫（S）原子及铁硫蛋白中半胱氨酸残基的 SH 连接而成。铁硫中心有多种形式，可以是单个 Fe 离子与 4 个半胱氨酸残基的 SH 相连，也可以是 2 个、4 个 Fe 离子通过与无机硫原子及半胱氨酸残基的 SH 连接，形成 Fe$_2$S$_2$、Fe$_4$S$_4$（图 6-4）。铁硫中心通过 $Fe^{2+} \longleftrightarrow Fe^{3+} + e^-$ 的可逆反应，每次传递一个电子，因此铁硫蛋白是单电子传递体。

2. 细胞色素通过辅基中的 Fe 传递单电子   细胞色素（cytochrome，Cyt）是一类含血红素样辅基的蛋白质。各种还原型细胞色素均有 3 个特征性的 α、β、γ 可见光吸收峰（表 6-1）；氧化型细胞色素在 3 个吸收峰处的吸光度值有明显改变，可作为分析细胞色素种类和状态的指标。根据吸光度和最大吸收波长不同，可将其分为细胞色素 a、b、c（Cyt a、Cyt b、Cyt c）三类及不同的亚类（图 6-5）。各种

图 6-4 线粒体中铁硫中心的结构

表 6-1 各种还原型细胞色素的主要光吸收峰

细胞色素	波长/nm		
	α	β	γ
a	600	—	439
b	562	532	429
c	550	521	415
c_1	554	524	418

血红素a

血红素b

血红素c

图 6-5 组成氧化呼吸链中细胞色素的 3 种血红素辅基的结构

细胞色素光吸收的差异是由于血红素中卟啉环的侧链基团以及血红素在蛋白质中所处环境不同所致。血红素 a（Cyt a 的辅基）的卟啉环侧链中，与原卟啉Ⅸ环相连的 1 个甲基被甲酰基取代，1 个乙烯基连接一条聚异戊二烯长链；血红素 b（Cyt b 的辅基，其铁卟啉是铁-原卟啉Ⅸ）的结构与血红蛋白中的血红素相同。血红素 a 和 b 都通过非共价键与 Cyt a 和 Cyt b 蛋白紧密相连。而 Cyt c 蛋白，其血红素卟啉环（铁-原卟啉Ⅸ环）的乙烯基侧链通过共价键与蛋白质中半胱氨酸残基的 SH 相连。血红素中的铁离子可进行 $Fe^{2+} \leftrightarrow Fe^{3+}+e^-$ 反应，因此细胞色素蛋白可通过辅基血红素中的铁离子发挥单电子传递体的作用。参与呼吸链组成的细胞色素有 Cyt a、Cyt a_3、Cyt b、Cyt c_1 和 Cyt c 5 种，而 Cyt b_5 和 Cyt P_{450} 主要在肝的微粒体中起作用。

二、线粒体内膜上的各组分构成参与氧化还原反应的酶复合体

采用含胆酸、脱氧胆酸去污剂的溶液破裂线粒体内膜结构提取线粒体膜蛋白，经硫酸铵分级分离纯化得到 4 种复合体，复合体 Ⅰ、Ⅲ 和 Ⅳ 完全镶嵌在线粒体内膜中，复合体 Ⅱ 镶嵌在内膜的基质侧。这些复合体实质上是线粒体内膜上参与氧化还原反应的酶复合体（enzyme complex），通过其辅酶或辅基中的递质子/电子组分参与电子传递过程，这些递质子/电子组分大多位于复合体的内部。（表 6-2）

表 6-2　人线粒体呼吸链酶复合体

复合体	酶名称	质量/kD	多肽链数	功能辅基	含结合位点
复合体Ⅰ	NADH-泛醌还原酶	850	42	FMN，Fe-S	NADH（基质侧） CoQ（脂质核心）
复合体Ⅱ	琥珀酸-泛醌还原酶	140	4	FAD，Fe-S	琥珀酸（基质侧） CoQ（脂质核心）
复合体Ⅲ	泛醌-细胞色素 c 还原酶	250	11	血红素 b_L，b_H，c_1；Fe-S	Cyt c（膜间隙侧）
细胞色素 c		13	1	血红素 c	Cyt c_1，Cyt a
复合体Ⅳ	细胞色素 c 氧化酶	162	13	血红素 a，血红素 a_3，Cu_A，Cu_B	Cyt c（膜间隙侧）

注：CoQ 因其侧链的疏水特性而能在线粒体内膜中自由扩散，Cyt c 作为可溶性蛋白在复合体Ⅲ和Ⅳ之间自由移动，故 CoQ 和 Cyt c 均不参与酶复合体的组成。

由于辅酶/辅基类型不同，与蛋白结合的方式不同，发生氧化还原反应的机制不同，这些递质子/电子组分具有不同的氧化还原电位（oxidation-reduction potential 或 redox potential），决定了它们在电子传递过程中的排列次序不同。这些参与电子传递（即氧化还原反应）的一系列酶复合体各组分按一定顺序排列在线粒体内膜中，形成一个连续传递电子/质子的反应链，称为电子传递链（electron transfer chain）。由于此体系需要消耗氧，与需氧细胞的呼吸过程有关，故又称为氧化呼吸链（oxidative respiratory chain）或呼吸链（respiratory chain）。复合体是线粒体内膜呼吸链的天然存在形式，参与电子传递过程，同时驱动产生跨线粒体内膜的质子梯度。（图 6-6）

（一）复合体Ⅰ传递电子并将质子泵出线粒体内膜

1. 复合体Ⅰ是 NADH-泛醌还原酶　呼吸链的复合体 Ⅰ（complex Ⅰ）又称为 NADH-泛醌还原酶（NADH-ubiquinone reductase），是呼吸链的主要入口。在 4 个复合体中，复合体 Ⅰ 含亚基最多，分子质量最大，含黄素蛋白（flavoprotein）、铁硫蛋白等，其辅基为 FMN 和多个 Fe-S 中心。复合体 Ⅰ 的构象呈"L"形，有两条臂，横臂嵌于线粒体内膜中为疏水蛋白部分，含 1 个 Fe-S 辅基；另一条臂伸向线粒体基质，包括两部分：黄素蛋白及 FMN 和 2 个 Fe-S 辅基，铁硫蛋白及 3 个 Fe-S 辅基（见图 6-6）。

2. 复合体Ⅰ将一对电子从 NADH 传递给泛醌并泵出 4 个质子　复合体 Ⅰ 催化 NADH+H^+→NAD^++QH_2 反应，将 NADH 的还原当量传递至 Q，生成 QH_2。其电子传递顺序如下：NADH→FMN→Fe-S→Q。复合体 Ⅰ 中突出于基质侧的黄素蛋白辅基 FMN 接受 NADH 中的 2 个质子和 2 个电子生成

图 6-6　电子传递链中酶复合体组成及电子传递示意图

$FMNH_2$,将电子传递给 Fe-S,再经嵌于线粒体内膜中疏水蛋白的 Fe-S 将电子传递给内膜中的 Q,泛醌被还原为 QH_2。泛醌不包含在复合体中,而是作为内膜中可移动的电子载体,在各复合体间募集、穿梭传递还原当量,在电子传递和质子移动的偶联中起核心作用(图 6-6)。

复合体 I 可催化两个过程同时进行:将一对电子从 NADH 传递给泛醌的过程中,同时偶联质子的泵出过程,将 4 个 H^+ 从内膜基质侧(negative side,显负电)泵到内膜胞质溶胶侧(positive side,显正电),泵出质子所需的能量来自电子传递过程(图 6-6)。

(二)复合体 II 只传递电子而没有质子泵功能

1. 复合体 II 是琥珀酸-泛醌还原酶　呼吸链的复合体 II(complex II)又称为琥珀酸-泛醌还原酶(succinate-Q reductase),实际上就是三羧酸循环中的琥珀酸脱氢酶。人体的复合体 II 又称黄素蛋白 2(FP2),由 4 个亚基组成,以 FAD、Fe-S 和血红素 b(heme b_{566})为辅基。其中 2 个疏水亚基(细胞色素结合蛋白)将复合体锚定于内膜,含有血红素 b 辅基和 Q 结合位点;另外 2 个亚基位于基质侧,分别是黄素蛋白(含 FAD 辅基和底物琥珀酸的结合位点)、铁硫蛋白(含 3 个 Fe-S 辅基)。(图 6-6)

2. 复合体 II 的功能是催化还原当量从琥珀酸传递给泛醌,但无质子泵功能　复合体 II 介导的电子传递次序是:琥珀酸→FAD→Fe-S→Q(图 6-7)。该电子传递过程释放的自由能较小,而且复合体 II 是在线粒体内膜的基质侧,没有跨内膜的结构,因此复合体 II 没有质子泵的功能。血红素 b 辅基没有参与该电子传递过程,它结合此过程中"漏出"的电子,防止单电子从琥珀酸传递给分子氧而产生活性氧。

代谢途径中另外一些以 FAD 为辅基的脱氢酶,如脂肪酰 CoA 脱氢酶、α-磷酸甘油脱氢酶、胆碱脱氢酶等,将底物脱下的 $2H^+$ 经 FAD 直接传递给泛醌而进入呼吸链。

(三)复合体 III 将电子从还原型泛醌传递给细胞色素 c 并泵出质子

1. 复合体 III 是泛醌-细胞色素 c 还原酶　呼吸链的复合体 III(complex III)又称泛醌-细胞色素 c 还原酶(ubiquinone cytochrome c reductase)。人复合体 III 含有细胞色素 b(b_{562},b_{566})、细胞色素 c_1 和一种可移动的铁硫蛋白。

在生理状态下,人复合体 III 为同二聚体,每个单体中有 11 个亚基。其中铁硫蛋白(含 2 个 Fe-S)和 Cyt c_1 都有球形结构域,并以疏水区段锚定于内膜。Cyt b 亚基有 2 个不同的血红素辅基:对电子亲和力较低的称血红素 b_L(即 b_{566}),靠近膜间隙侧;亲和力较高的,称 b_H(b_{562}),接近内膜基质侧。这 3 个核心蛋白亚基负责完成电子传递、QH_2 的氧化和 Cyt c 的还原。复合体 III 有 2 个 Q 结合位点,分别邻近膜间隙和基质侧,称为 Q_P 和 Q_N 位点(图 6-8)。

2. 复合体 III 通过"Q 循环"将电子从 QH_2 传递 Cyt c 并泵出 4 个质子　由于 Q 是双电子载体,而 Cyt c 是单电子载体,所以复合体 III 将电子从 QH_2 传递给 Cyt c 的过程是通过一个称为"Q 循环"(Q

图 6-7 复合体Ⅱ（琥珀酸-泛醌还原酶）介导的电子传递

图 6-8 复合体Ⅲ（泛醌-细胞色素 c 还原酶）同二聚体的结构

cycle）的复杂机制来完成的（图 6-9）。简单而言，在 1 次 Q 循环中，结合在复合体Ⅲ的 Q_P 位点的 QH_2 将其中一个电子经 Fe-S 传递给膜间隙侧的 Cyt c_1，后者再传递给 Cyt c；另一个电子经 Cyt b 传递给结合在复合体Ⅲ的 Q_N 位点的 Q 使之转变为·Q^-；位于 Q_P 位点的 QH_2 失去 2 个电子后转变为 Q 重新释放到内膜中。随后另一分子的 QH_2 再结合于 Q_P 位点重复上述电子传递过程，使 Q_N 位点的·Q^- 能够再接受一个电子并接受来自基质的 $2H^+$ 被还原为 QH_2。因此，一次 Q 循环的结果是，有 2 分子 QH_2 被氧化，生成 1 分子 Q 和 1 分子 QH_2，将 2 个电子经 Cyt c_1 传递给 2 分子 Cyt c，同时向膜间隙释放 $4H^+$：

$$QH_2+2Cyt\ c（氧化态）+2H^+（基质）\longrightarrow Q+2Cyt\ c（还原态）+4H^+$$

Cyt c 是氧化呼吸链中唯一的水溶性球状蛋白，与线粒体内膜的胞质溶胶侧表面疏松结合，不包含在上述复合体中。Cyt c 从复合体Ⅲ中的 Cyt c_1 获得电子传递到复合体Ⅳ。

（四）复合体Ⅳ将电子从细胞色素 c 传递给氧并泵出质子

1. 复合体Ⅳ是细胞色素 c 氧化酶 人复合体Ⅳ（complex Ⅳ）又称为细胞色素 c 氧化酶（cytochrome c oxidase）。复合体Ⅳ包含 13 个亚基，其中亚基 SU1~SU3 构成复合体Ⅳ的核心结构，含所有必需的

图 6-9　Q 循环

Fe、Cu 离子结合位点，负责电子传递、Cyt c 的氧化和 O_2 的还原，其他 10 个亚基分布其周围起调节作用。SU2 亚基中的半胱氨酸—SH 可结合 2 个 Cu 离子，每个 Cu 离子都可传递电子，形成一个双核中心（binuclear center）的功能单元 Cu_A 中心，其结构类似 Fe_2S_2（图 6-10）。亚基 SU1 含有 2 个血红素辅基，分别为血红素 a 和 a_3（与蛋白质合称 Cyt a+a_3），与血红素 a_3 邻近处还结合 1 个 Cu 离子 Cu_B，这样，血红素 a_3 中的 Fe 离子和 Cu_B 就形成了第二个双核中心——血红素 a_3-Cu_B（Fe-Cu）中心（图 6-11）。

图 6-10　复合体Ⅳ（细胞色素 c 氧化酶）Cu_A 中心

图 6-11　复合体Ⅳ（细胞色素 c 氧化酶）的血红素 a_3-Cu_B 中心

2. 复合体Ⅳ将还原型 Cyt c 的电子传递给 O_2 生成 H_2O 并泵出 2 个质子　从 Cyt c 将电子经复合体Ⅳ传递给氧的顺序为：Cyt c→Cu_A 中心→血红素 a→血红素 a_3-Cu_B 中心→O_2（图 6-12）。

复合体Ⅳ传递电子的过程主要由双核中心完成，还原型 Cyt c 的电子经 Cu_A 双核中心传递到 Cyt a，再到 Cyt a_3-Cu_B（Fe-Cu）双核中心。1 分子 O_2 需要从 Fe-Cu 中心接受 4 个电子，并从线粒体基质获得 $4H^+$，方可还原成 2 分子 H_2O。Fe-Cu 传递电子、结合 O_2 的基本过程为：Cyt a 传递第一个、第二个电子到氧化态的 Cyt a_3-Cu_B 双核中心（Cu^{2+} 和 Fe^{3+}），使双核中心的 Cu^{2+} 和 Fe^{3+} 被还原为 Cu^+ 和 Fe^{2+}，并使双核中心结合 O_2，形成过氧桥连接的 Cu_B 和 Cyt a_3，相当于 2 个电子传递给结合的 O_2。Fe-Cu 中心再获得 $2H^+$ 和第 3 个电子，O_2 分子键断开，Cyt a_3 出现 Fe^{4+} 中间态；再接受第 4 个电子，Fe^{4+} 还原为 Fe^{3+} 并形成 Cu_B^{2+} 和 Cyt a_3 的 Fe^{3+} 各结合 1 个 OH 基团的中间态。最后再获得 $2H^+$，Fe-Cu 中心解离出 2 个 H_2O

图 6-12　复合体Ⅳ的电子传递过程

分子后恢复至初始氧化状态(图 6-13)。生成的 H_2O 通过亚基Ⅰ、Ⅲ间的亲水通道排入胞质溶胶侧。

　　上述 O_2 获得电子过程所产生的强氧化性·O_2^- 和 O_2^{2-} 离子中间物始终和双核中心紧密结合,被束缚于复合体Ⅳ分子表面而不释放到周围介质,故不会对细胞组分造成损伤。

　　复合体Ⅳ也有质子泵功能,每传递 1 个电子到 Fe-Cu 中心就有 1 个 H^+ 跨内膜转移到膜间隙,并从

图 6-13　复合体Ⅳ中 Cyt a_3-Cu_B 中心还原 O_2 生成水的过程

基质吸收 1 个 H^+。在复合体Ⅳ中有两个质子通道,一个通道使基质中 H^+ 到达 Fe-Cu 中心,与氧分子结合;另一个通道使 H^+ 跨内膜转移到膜间隙。相当于每传递 2 个电子使 $2H^+$ 跨内膜向胞质溶胶侧转移。总反应结果为:

$$4Cyt\ c(还原态)+8H^+(基质)+O_2 \longrightarrow 4Cyt\ c(氧化态)+4H^+(胞质溶胶)+2H_2O$$

三、线粒体中有两条重要的呼吸链

(一) 4 种复合体与泛醌和细胞色素 c 组成两条重要的呼吸链

呼吸链中各组分的排列顺序可根据其标准氧化还原电位来确定。简单来讲,标准氧化还原电位 $E°$(单位:电压,Volts)是指在特定条件下,参与氧化还原反应的组分对电子的亲和力大小。电位高的组分对电子的亲和力强,易接受电子。相反,电位低的组分倾向于给出电子。因此,呼吸链中的电子应从电位低的组分向电位高的组分进行传递(表 6-3)。另外,也可利用其他实验证明呼吸链组分的排列顺序,如利用呼吸链特异的抑制剂阻断某一组分后观察电子传递;检测呼吸链各组分氧化/还原态特有的吸收光谱,观察离体线粒体各组分被氧化的顺序;体外呼吸链复合体重组等。

表 6-3　呼吸链中各种氧化还原对的标准氧化还原电位

氧化还原对	$E°/V$	氧化还原对	$E°/V$
$NAD^+/NADH+H^+$	−0.32	Cyt c_1 Fe^{3+}/Fe^{2+}	0.22
$FMN/FMNH_2$	−0.219	Cyt c Fe^{3+}/Fe^{2+}	0.254
$FAD/FADH_2$	−0.219	Cyt a Fe^{3+}/Fe^{2+}	0.29
Cyt $b_L(b_H)$ Fe^{3+}/Fe^{2+}	0.05(0.10)	Cyt a_3 Fe^{3+}/Fe^{2+}	0.35
$Q_{10}/Q_{10}H_2$	0.06	$1/2O_2/H_2O$	0.816

线粒体内膜呼吸链由 4 个复合体、介于复合体Ⅰ或Ⅱ与Ⅲ之间的泛醌以及介于复合体Ⅲ与Ⅳ之间的细胞色素 c 共同组成。复合体Ⅱ并不是处于复合体Ⅰ的下游,复合体Ⅰ和复合体Ⅱ各自获取还原当量,分别向泛醌传递。因此,4 个复合体与泛醌和细胞色素 c 组成了两条电子传递链。

一条称为 NADH 呼吸链,从 NADH 开始到还原 O_2 生成 H_2O(见图 6-6)。电子传递顺序是:

$$NADH \rightarrow 复合体Ⅰ \rightarrow CoQ \rightarrow 复合体Ⅲ \rightarrow Cyt\ c \rightarrow 复合体Ⅳ \rightarrow O_2$$

另一条称 $FADH_2$ 呼吸链,或琥珀酸氧化呼吸链,即底物脱下 2H 直接或间接转给 FAD 生成 $FADH_2$,再经泛醌到 O_2 而生成 H_2O(见图 6-6)。电子传递顺序是:

$$琥珀酸 \rightarrow 复合体Ⅱ \rightarrow CoQ \rightarrow 复合体Ⅲ \rightarrow Cyt\ c \rightarrow 复合体Ⅳ \rightarrow O_2$$

(二) NADH 和 $FADH_2$ 分别是两条氧化呼吸链的质子和电子供体

物质代谢过程中,各种脱氢酶催化底物脱下的成对氢原子以还原当量形式存在,如 NADPH、NADH、$FADH_2$、$FMNH_2$。这些还原当量通过参与氧化还原反应行使各自的功能。机体内的 NADPH 通常是还原反应的辅酶,传递的电子和质子主要用于生物合成途径中的还原反应、羟化反应、抗氧化等。$FMNH_2$ 是许多黄素酶的辅基,与酶蛋白结合紧密,不能在不同的酶之间传递电子,主要是帮助黄素酶短暂地持有氢/电子,作为中间体传递氢/电子给下游分子。

在线粒体中,NADH 和 $FADH_2$ 是氧化呼吸链的电子供体。营养物质的分解代谢如糖酵解、三羧酸循环、脂肪酸氧化产生大量的还原性辅酶/辅基(NADH 和 $FADH_2$)。NADH 是许多脱氢酶的辅酶,是水溶性的电子载体,可在不同酶之间进行电子传递。细胞胞质溶胶中的 NADH 可以在糖异生中发挥作用,也可以通过穿梭机制进入线粒体基质。

呼吸链的复合体Ⅰ即为 NADH 脱氢酶,可使线粒体 NADH 所携带的还原当量通过氧化呼吸链彻底氧化并释能。因此,NADH 是线粒体的 NADH 呼吸链的电子供体。复合体Ⅱ是三羧酸循环中的琥珀酸脱氢酶,通过结合底物琥珀酸并将还原当量传递给辅基 FAD,生成的 $FADH_2$ 直接进入呼吸链进行氧化释能。因此,$FADH_2$是琥珀酸氧化呼吸链的电子供体。

四、胞质溶胶中的 NADH 通过不同穿梭机制进入线粒体呼吸链

线粒体基质与胞质溶胶之间有线粒体内、外膜相隔,外膜对物质的通透性高、选择性低,内膜则相反,对物质的进出有高度的选择性。内膜含有转运蛋白体系,对进出内膜的各种物质进行选择性转运,以保证线粒体内生物氧化的顺利进行(表 6-4)。

表 6-4   线粒体内膜的某些转运蛋白对代谢物的转运

转运蛋白	进入线粒体	出线粒体
ATP-ADP 转位酶	ADP^{3-}	ATP^{4-}
磷酸盐转运蛋白	$H_2PO_4^- + H^+$	—
二羧酸转运蛋白	HPO_4^{2-}	苹果酸
α-酮戊二酸转运蛋白	苹果酸	α-酮戊二酸
谷氨酸-天冬氨酸转运蛋白	谷氨酸	天冬氨酸
单羧酸转运蛋白	丙酮酸	OH^-
三羧酸转运蛋白	苹果酸	三羧酸
碱性氨基酸转运蛋白	鸟氨酸	瓜氨酸
肉碱转运蛋白	脂肪酰肉碱	肉碱

线粒体内生成的 NADH 可直接参加氧化磷酸化过程,但在胞质溶胶中生成的 NADH 不能自由穿过线粒体内膜,可通过两种穿梭机制(shuttle mechanism)将其还原当量转运进入线粒体,然后进行氧化磷酸化。这两种穿梭机制将还原当量转运进入线粒体的方式不同,因而生成不同数量的 ATP。

1. α-磷酸甘油穿梭主要存在于脑和骨骼肌中   如图 6-14 所示,胞质溶胶中的 NADH 在磷酸甘油脱氢酶(glycerophosphate dehydrogenase)的催化下,使磷酸二羟丙酮还原为 α-磷酸甘油,后者通过线粒体外膜,再经位于线粒体内膜近胞质溶胶侧含 FAD 辅基的磷酸甘油脱氢酶催化下氧化,生成磷酸二羟丙酮及 $FADH_2$。还原当量 $FADH_2$ 直接将 2H 传递给泛醌进入呼吸链。需要指出的是,此机制是 $FADH_2$ 将 NADH 携带的一对电子从内膜的胞质溶胶侧直接传递给泛醌进行氧化磷酸化,因此,1 分子的 NADH 经此穿梭能产生 1.5 分子 ATP。

2. 苹果酸-天冬氨酸穿梭主要存在于肝和心肌中   穿梭机制需要 2 种内膜转运蛋白和 4 种酶协同参与,将胞质溶胶中的 NADH 转入线粒体呼吸链。胞质溶胶中的 NADH 脱氢,使草酰乙酸还原成

图 6-14   α-磷酸甘油穿梭

苹果酸,苹果酸经内膜上的转运蛋白进入线粒体基质后重新生成草酰乙酸和 NADH。线粒体基质中的草酰乙酸转变为天冬氨酸后重新被转运回到胞质溶胶,而 NADH 通过 NADH 呼吸链进行氧化,生成 2.5 个 ATP 分子(图 6-15)。

图 6-15　苹果酸-天冬氨酸穿梭
①苹果酸脱氢酶;②谷草转氨酶;③α-酮戊二酸转运蛋白;④天冬氨酸-谷氨酸转运蛋白。

第三节　氧化磷酸化与 ATP 的生成、转运及利用

生物氧化是机体获得能量的重要方式。在机体能量代谢中,ATP 是重要的能量载体分子。细胞内由 ADP 磷酸化生成 ATP 的方式有两种,一种是底物水平磷酸化,能够产生少量的 ATP;另一种是氧化磷酸化,是体内产生 ATP 的主要方式。人体内 90% 的 ATP 是在线粒体中产生,合成 ATP 所需的能量由线粒体呼吸链提供,此呼吸链将营养物质脱氢反应产生的还原当量,通过线粒体呼吸链上一系列由酶催化的氧化还原反应,逐步失去电子,最终使氢质子与氧结合生成水。电子传递过程伴随着能量的逐步释放,此释能过程与驱动 ADP 磷酸化生成 ATP 相偶联,即还原当量的氧化过程与 ADP 的磷酸化过程相偶联,因此称为氧化磷酸化(oxidative phosphorylation)。氧化磷酸化在线粒体中进行,包含两个关键过程,一是电子传递,二是将电子传递过程中释放的能量用于产生 ATP。

一、氧化呼吸链产生质子跨膜梯度驱动 ATP 合酶合成 ATP

电子在呼吸链传递的过程中逐步释放能量,其中部分能量被用于将 ADP 磷酸化,从而使能量以生成 ATP 的形式被储存起来。电子的氧化过程与 ADP 磷酸化过程相偶联的机制是体内生成 ATP 的主要方式,而 ATP 的合成是由呼吸链的质子泵建立的跨膜质子梯度驱动 ATP 合酶来完成的。

(一) 复合体 I、III、IV 是氧化磷酸化偶联部位

呼吸链中的 4 个复合体及其他组分都能够传递电子,并在传递过程中逐渐释放能量,用于合成 ATP。理论推测的呼吸链中能够产生足够的能量,促使 ATP 合成的部位称为氧化磷酸化的偶联部位。可根据下述实验方法及数据大致确定。

1. 根据 P/O 比值推测氧化磷酸化偶联部位　一对电子通过氧化呼吸链传递给 1 个氧原子生成 1 分子 H_2O,其释放的能量使 ADP 磷酸化生成 ATP,此过程需要消耗氧和磷酸。P/O 比值(P/O ratio)是指氧化磷酸化过程中,每消耗 0.5mol O_2 所需磷酸的物质的量。P/O 比值也等于一对电子通过呼吸链传递给氧原子所能生成的 ATP 分子数。

实验证明,通过 NADH 呼吸链传递电子,P/O 比值约为 2.5,说明传递一对电子需消耗 1 个氧原子和 2.5 分子的磷酸,因此,一对电子通过 NADH 氧化呼吸链传递,可偶联生成 2.5 分子 ATP。如果通过琥珀酸呼吸链传递电子,P/O 比值约为 1.5,即传递一对电子可偶联生成 1.5 分子 ATP。NADH 氧化呼吸链与琥珀酸氧化呼吸链 P/O 比值的差异提示,在 NADH 和泛醌之间(复合体 I)存在 1 个氧化磷酸化偶联部位。另外,采用抗坏血酸作为底物,直接通过 Cyt c 传递电子,其 P/O 比值接近 1,推测 Cyt c 和 O$_2$(复合体Ⅳ)之间存在 1 个偶联部位;因为此实验中测得的 P/O 比值小于 1.5,因此推测在泛醌和 Cyt c 之间(复合体Ⅲ)有一个偶联部位。

2. 根据自由能变化确定偶联部位　在恒温/恒压条件下,总能量中能做功的部分称为自由能(free energy,G)。根据热力学公式,pH 7.0 时标准自由能变化($\Delta G^{\circ\prime}$)与还原电位变化($\Delta E^{\circ\prime}$)之间存在以下关系:$\Delta G^{\circ\prime}=-nF\Delta E^{\circ\prime}$。式中 n 为传递电子数;F 为法拉第常数(96.5kJ/mol·V)。

根据复合体 I、Ⅲ、Ⅳ 的电子传递过程的还原电位差进行计算,相对应的 $\Delta G^{\circ\prime}$ 分别约为 -69.5kJ/mol、-36.7kJ/mol、-112kJ/mol,而生成 1mol ATP 需能量约 30.5kJ,说明这 3 个部位均提供足够生成 1mol ATP 所需的能量。

(二)跨线粒体内膜的质子电化学梯度是氧化磷酸化偶联的基础

英国科学家 Mitchell P. 提出的化学渗透假说(chemiosmotic hypothesis)阐明了还原当量的氧化与 ADP 磷酸化相偶联的机制。其基本要点是:电子经氧化呼吸链传递时释放能量,通过复合体 I、Ⅲ、Ⅳ 的质子泵功能,驱动 H$^+$ 从线粒体基质泵至内膜的胞质溶胶侧。由于质子不能自由穿过线粒体内膜返回基质,这种质子的泵出引起内膜两侧的质子浓度和电位的差别(胞质溶胶侧质子的浓度和正电性高于线粒体基质),从而形成跨线粒体内膜的质子电化学梯度(H$^+$ 浓度梯度和跨膜电位差),储存电子传递释放的能量。当质子顺浓度梯度回流至基质时释放储存的势能,驱动 ADP 与 Pi 生成 ATP。如一对电子自 NADH 传递至氧可释放约 -220kJ/mol 的能量,同时将 10 个 H$^+$ 从基质转移至内膜胞质溶胶侧,形成的 H$^+$ 梯度储存约 -200kJ/mol,当质子顺浓度梯度回流时用于驱动 ATP 合成。

框 6-1

Mitchell P. 与化学渗透学说

Mitchell P.(1920—1992)一直从事线粒体功能研究,特别是 ADP 是如何磷酸化生成 ATP 的研究。基于 Keilin D. 于 1929 年通过对动物、植物和微生物细胞色素研究提出的有氧氧化和呼吸链的概念,Mitchell P. 着重研究与呼吸链和光氧化还原系统相关的 3 个问题——"What is it?""What does it do?""How does it do it?"Mitchell P. 分离了线粒体内膜的各种酶,分析这些酶在 ADP 转变为 ATP 过程中都是如何发挥作用的,以及它们之间的功能有何差别。在此基础上,他于 1961 年提出了"化学渗透学说",揭示了"质子流通过复合体 F$_0$ 的释能运动驱动 F$_1$ 使 ADP 磷酸化生成 ATP"的机制。他的发现对生物能量学理论、细胞能量的储存、离子/代谢物转运、细胞稳态等生命科学的各个方面都产生了巨大影响。由于 Mitchell P. 创建的化学渗透理论阐明了氧化磷酸化的偶联机制,他于 1978 年获得了诺贝尔化学奖。

化学渗透假说已得到广泛的实验支持:包括氧化磷酸化需依赖完整封闭的线粒体内膜;线粒体内膜对 H$^+$、OH$^-$、K$^+$、Cl$^-$ 是不通透的;电子传递链可驱动形成能够测定的跨内膜电化学梯度;降低内膜外的质子浓度,能使 ATP 的生成减少等。

呼吸链电子传递过程驱动质子从线粒体基质转移到内膜的胞质溶胶侧的机制虽已有叙述,但还不完全清楚。实验证明,一对电子经复合体 I、Ⅲ 和Ⅳ传递时分别向内膜的胞质溶胶侧泵出 4H$^+$、4H$^+$ 和 2H$^+$。呼吸链电子传递、氧化磷酸化及各种抑制剂的作用位点见图 6-16。

(三)质子顺浓度梯度回流时驱动 ATP 合酶合成 ATP

呼吸链中复合体质子泵作用形成的跨线粒体内膜的 H$^+$ 浓度梯度和电位差,储存了电子传递过程

图 6-16 化学渗透假说示意图及各种抑制剂对电子传递链的影响

所释放的能量。当质子顺浓度梯度回流至基质时,可释放这些能量,ATP 合酶(ATP synthase)则利用这些能量催化 ADP 与 Pi 生成 ATP。ATP 合酶又称复合体 V(complex V),位于线粒体内膜上。ATP 合酶是多蛋白组成的蘑菇样结构,含 F_1(亲水部分;F_1 表示第一个被鉴定的与氧化磷酸化相关的因子)和 F_o(疏水部分;F_o 表示寡霉素敏感,oligomycin-sensitive)两个功能结构域。F_1 为线粒体基质侧的蘑菇头状突起,催化 ATP 合成;而 F_o 的大部分结构嵌入线粒体内膜中,组成离子通道,用于质子的回流。

动物细胞中,线粒体 F_1 部分由 $\alpha_3\beta_3\gamma\delta\varepsilon$ 亚基复合体和寡霉素敏感蛋白(oligomycin sensitive conferring protein,OSCP,易与寡霉素结合而失去活性)、IF_1 等亚基组成。IF_1 可调节 ATP 的合成。3 个 α、β 亚基间隔排列,像橘子瓣样围绕 γ 亚基形成六聚体。α、β 亚基是同源蛋白,每组 $\alpha\beta$ 结合 1 分子 ATP,形成 $\alpha\beta$ 功能单元。每个 β 亚基有 1 个催化中心,但 β 亚基必须与 α 亚基结合才有活性。F_o 镶嵌在线粒体内膜中,它由疏水的 a、b_2、$c_{9\sim12}$ 亚基组成,形成跨内膜质子通道。动物细胞线粒体 F_o 还有其他辅助亚基。c 亚基为脂蛋白,由短环连接的 2 个反向跨膜 α 螺旋组成(图 6-17),9~12 个 c 亚基围成环状结构;a 亚基紧靠 c 亚基环状结构的外侧,含 5 个跨膜 α 螺旋并形成 2 个半穿透线粒体内膜、不连通的亲水质子半通道,分别开口于内膜的基质侧和胞质溶胶侧(图 6-17),两个半通道内口则分别与 1 个 c 亚基相对应;2 个 b 亚基呈长轴状,两端分别是亲水和疏水结构,亲水端与 F_1 相连,而疏水端嵌入内膜与 F_o 的疏水亚基结合,对整个蛋白的结构起支撑作用(图 6-18)。

现在认为,ATP 合酶通过 F_1、F_o 各亚基有序组装,形成可旋转的发动机样结构,完成质子回流并驱动 ATP 合成。F_o 中起支撑作用的 b 亚基通过长的亲水端锚定 F_1 的 α 亚基,并通过 δ 和 $\alpha_3\beta_3$ 稳固结合,而嵌入内膜的疏水端与 F_o 中的 a 亚基结合,使 a、b_2 和 $\alpha_3\beta_3$、δ 亚基组成稳定的发动机定子部分。F_1 中的 γ 和 ε 亚基共同形成中心轴,上端穿过 $\alpha_3\beta_3$ 的六聚体,γ 亚基可与其中 1 组 $\alpha\beta$ 功能单元中的 β 亚基疏松结合(相互作用),影响 β 亚基活性中心构象;下

图 6-17 ATP 合酶 F_o 中 a 亚基和 c 亚基的结构

图 6-18　ATP 合酶结构和质子的跨内膜流动机制模式图

（a）F_o-F_1 复合体组成可旋转的发动机样结构，F_1 的 α_3、β_3 和 δ 亚基以及 F_o 的 a、b_2 亚基共同组成定子部分，而 F_1 的 γ、ε 亚基及 F_o 的 c 亚基环组成转子部分；（b）F_o 的 a 亚基有 2 个质子半通道，分别开口于内膜两侧，并与 1 个对应的 c 亚基相互作用，质子顺梯度从 a 亚基开口于胞质溶胶侧的质子半通道进入，与 c 亚基结合，随 c 亚基旋转到 a 亚基开口于基质侧的质子半通道时排入线粒体基质。

端与嵌入内膜的 c 亚基环紧密结合，使 c 亚基环、γ 和 ε 亚基组成"转子"部分（图 6-18a）。

　　胞质溶胶侧高浓度质子形成的强大势能驱动质子从 F_o 的 a 亚基胞质溶胶侧进入半通道，当内口对应的 1 个 c 亚基关键 Asp61 残基所带负电荷被 H^+ 中和后，c 亚基能与疏水内膜相互接触而发生转动，当其转到能接触连通基质侧另一半通道内口的位置时，H^+ 梯度势能又迫使该 c 亚基 Asp61 结合的 H^+ 从半通道出口顺梯度释放进入线粒体基质。同理，各 c 亚基可依次进行上述循环，从高浓度的胞质溶胶侧获得 H^+，再通过半通道向低浓度基质释放 H^+，导致 c 环和 γ、ε 亚基相对 $\alpha_3\beta_3$ 转动（图 6-18b）。这样，质子顺梯度向基质回流，驱动转子部分围绕定子部分旋转，使 F_1 中的 $\alpha\beta$ 功能单元利用质子回流所释放的能量催化 ADP 和 Pi 结合而生成 ATP。

　　由此可知，跨内膜质子电化学梯度势能是 ATP 合酶转动的驱动力。ATP 合酶在转动过程中，γ 亚基依次和各 β 亚基接触，其相互作用发生周期性变化，并使每个 β 亚基活性中心构象循环改变，促进 ATP 合成和释放。

　　ATP 合成的结合变构模型（binding change model）和旋转催化机制（rotational catalysis mechanism）认为，β 亚基有 3 种构象：疏松型（L）无催化活性，与底物 ADP 和 Pi 疏松结合；紧密型（T）有 ATP 合成活性，可紧密结合 ATP；开放型（O）无活性，与 ATP 亲和力低。每组 $\alpha\beta$ 功能单元中的 β 亚基催化中心构象随着转动而循环改变时，底物 ADP 和 Pi 先结合于 L 型 β 亚基，质子流能量驱动该 β 亚基变构为 T 型，用于合成 ATP，再转变到 O 型时，促使该 β 亚基释放出 ATP（图 6-19）。ATP 合酶转子循环一周生成 3 分子 ATP。

　　目前的实验数据表明，合成 1 分子 ATP 需要 4 个质子，其中 3 个质子通过 ATP 合酶穿线粒体内膜回流进基质，另 1 个质子用于转运 ADP、Pi 和 ATP。每分子 NADH 经氧化呼吸链传递泵出 $10H^+$，生成约 2.5（10/4）分子 ATP，而琥珀酸氧化呼吸链每传递 2 个电子泵出 $6H^+$，生成 1.5（6/4）分子 ATP。

图 6-19　ATP 合酶的工作机制

β 亚基的三种构象:O 开放型;L 疏松型;T 紧密结合型。质子回流驱动 γ 亚基旋转致使各组 β 亚基构象相互转化,依次结合底物、生成、释出产物 ATP。

Boyer P. 和 Walker J. 解析 ATP 合酶与 ATP 生成

　　Boyer P. 主要从事酶学研究,他在氧化磷酸化及 ATP 合酶研究中的卓越成就揭示了 ATP 合酶催化的分子机制。膜结合的 ATP 合酶存在于各种生物中,高度保守。Boyer P. 等研究者应用化学衍生、构象探针、^{18}O 交换磷酸、定位突变等创新性实验技术,证明 ATP 合成的“结合变构”机制(the binding change mechanism)。Walker J. 专注于膜生物学研究,对牛心和真细菌线粒体 ATP 合酶的结构进行了深入探讨。Mitchell P. 和 Walker J. 两人在不同实验室揭示了跨膜质子浓度差驱动 ATP 合酶合成 ATP 的机制,他们与 Skou J.(Na$^+$-K$^+$-ATP 合酶研究)共同获得了 1997 年诺贝尔化学奖。

二、ATP-ADP 转位酶反向转运 ATP 和 ADP 出入线粒体

　　线粒体内膜富含 ATP-ADP 转位酶(ATP-ADP translocase),又称腺苷酸移位酶(adenine nucleotide translocase)。该酶是由 2 个 30kD 亚基组成的二聚体,形成跨膜蛋白通道,结合内膜胞质溶胶侧的 ADP^{3-}(在细胞 pH 条件下,ADP 呈解离状态)转运至线粒体基质中,同时从基质转运出 ATP^{4-},使 ADP^{3-}进入基质,ATP^{4-}从基质中移出并紧密偶联,维持线粒体内外腺苷酸水平基本平衡。此时,胞质溶胶中的 H$_2$PO$_4^-$经磷酸盐转运蛋白(phosphate transporter)与 H$^+$同向转运到线粒体基质(图 6-20)。进入线粒体后,H$_2$PO$_4^-$与 ADP 脱水缩合生成 ATP,然后以 ATP^{4-}的形式转运出线粒体,H$^+$则留在了线粒体内。因此,每分子 ATP 在线粒体中生成并转运到胞质溶胶时还需多 1 个 H$^+$转入线粒体基质。

图 6-20　ATP、ADP、Pi 的转运

三、ATP 在机体能量代谢中起核心作用

(一)高能磷酸化合物水解时释放较多的自由能

　　生物体能量代谢有明显的特点:其一,细胞内生物大分子体系多通过弱键能的非共价键维系,不能承受能量的大增或大量释放的化学过程,故代谢反应都是有序逐步进行、能量逐步得失;其二,生物体不直接利用营养物质的化学能,需要使之转变为细胞可以利用的能量形式,如 ATP 的化学能。ATP

是高能磷酸化合物,可直接为生理活动供能。所谓高能磷酸化合物是指那些水解时能释放较大自由能且含有磷酸基的化合物,通常其水解时的标准自由能变化(释放)$\Delta G^{\circ\prime}$大于25kJ/mol。水解时释放能量较多的磷酸酯键,称为高能磷酸键,用"~P"表示。事实上,并不存在键能特别高的化学键;相反,共价键的断裂是需要提供能量的,而高能磷酸键水解时,高能化合物底物转变为产物,产物比底物具有更低的自由能,因而释放的能量较多。为了简便起见,仍然称之为高能磷酸键、高能磷酸化合物。生物体内常见的高能化合物包括高能磷酸化合物和含有辅酶A的高能硫酯化合物等(表6-5)。

表6-5   一些重要有机磷酸化合物水解标准自由能变化(释放)

化合物	$\Delta G^{\circ\prime}$	
	kJ/mol	(kcal/mol)
磷酸烯醇式丙酮酸	−61.9	(−14.8)
氨基甲酰磷酸	−51.4	(−12.3)
甘油酸-1,3-二磷酸	−49.3	(−11.8)
肌酸磷酸	−43.1	(−10.3)
ATP→ADP+Pi	−30.5	(−7.3)
乙酰辅酶A	−31.5	(−7.5)
ADP→AMP+Pi	−27.6	(−6.6)
焦磷酸	−27.6	(−6.6)
葡萄糖-1-磷酸	−20.9	(−5.0)

(二)ATP是体内最重要的高能磷酸化合物

1. ATP是体内能量捕获和释放利用的重要分子   体内营养物分解产生的能量大约40%用于产生ATP。ATP是细胞储存能量的重要方式,也是细胞可以直接利用的能量形式。ATP可水解生成ADP和Pi,或AMP和焦磷酸(PPi)。在标准状态下,ATP水解时的$\Delta G^{\circ\prime}$为−30.5kJ/mol(−7.3kcal/mol)。在活细胞中,ATP、ADP和无机磷浓度比标准状态低得多,而pH比标准状态的pH7.0高,ATP和ADP的磷酸基都处于解离状态,显示ATP^{4-}和ADP^{3-}的多电荷负离子形式,并与细胞内Mg^{2+}形成复合物。考虑到浓度等各种影响因素,细胞内ATP水解时的$\Delta G^{\circ\prime}$可能达到−52.3kJ/mol(−12.5kcal/mol),可用于驱动与之偶联的反应。因此,ATP在生物能量学上最重要的意义在于,其水解反应(释放大量自由能)与需要供能的反应偶联,使这些反应在生理条件下可以进行。如营养物质分解代谢产生的ATP直接用于各种代谢物的活化反应、合成生物大分子的反应等,通过ATP使分解代谢与合成代谢紧密相连。

另外,ATP还可直接通过水解反应为耗能的跨膜转运、肌肉收缩、蛋白构象的改变等重要的生命过程提供能量。

2. ATP是体内能量转移和磷酸核苷化合物相互转变的核心   ATP末端的高能磷酸酯键水解释放的能量位于各种磷酸化合物的磷酸酯键释放能量的中间位置。既方便从释能更多的化合物中获得能量,由ADP生成ATP;又可直接水解ATP释能以驱动那些需要供能的反应,使ATP在能量转移时发挥重要作用。

细胞中存在的腺苷酸激酶(adenylate kinase)可催化ATP、ADP、AMP间互变:

$$ATP+AMP \longrightarrow 2ADP$$

UTP、CTP、GTP可为糖原、磷脂、蛋白质合成时提供能量,但它们一般不能从营养物质氧化过程中直接生成,需要在核苷二磷酸激酶的催化下,从ATP中获得~P生成:

$$ATP+NDP \longrightarrow ADP+NTP(N=U、C、G)$$

3. ATP通过转移自身基团提供能量   由于ATP分子中的高能磷酸键水解释放能量多,易释放Pi、PPi基团,很多酶促反应由ATP通过共价键与底物或酶分子相连,将ATP分子中的Pi、PPi或者

AMP 基团转移到底物或酶蛋白上而形成中间产物,经过化学转变后再将这些基团水解而形成终产物。因此,ATP 通过共价键参与酶促反应并提供能量,而不仅仅是单纯的水解反应。另外,ATP 也能通过这种基团转移的方式,将能量有效地转移给底物分子,使其获得更多的自由能而活化,有利于进行下一步的反应。例如,ATP 给葡萄糖提供磷酸基和能量,合成的葡萄糖-6-磷酸进入糖酵解或其他代谢途径后容易进行后续反应。

4. 肌酸磷酸是储存能量的高能化合物　ATP 充足时,通过转移末端~P 给肌酸,生成肌酸磷酸
(creatine phosphate,CP),储存于需能较多的骨骼肌、心肌和脑组织中。当 ATP 迅速消耗时,肌酸磷酸可将~P 转移给 ADP,生成 ATP,用于补充 ATP 的不足(图 6-21)。另外,磷酸烯醇式丙酮酸、甘油酸-1,3-二磷酸等高能化合物中的磷酸基也易转移给 ADP,迅速合成 ATP。所以,ATP 在体内能量捕获、转移、储存和利用过程中处于中心位置(图 6-22)。

图 6-21　高能磷酸键在 ATP 和肌酸间的转移

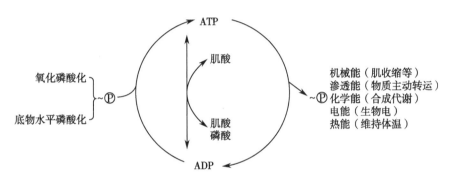

图 6-22　机体能量的产生、储存和利用以 ATP 为中心

第四节　氧化磷酸化的调节和影响因素

ATP 是机体最主要的能量载体,其生成量主要取决于氧化磷酸化的速率。机体根据自身能量的需求,通过调节氧化磷酸化来调节 ATP 的合成。另外,凡是能影响呼吸链组分和 ATP 合酶功能的因素,都会通过干扰氧化磷酸化而影响 ATP 的生成。

一、体内能量状态可调节氧化磷酸化速率

电子的传递和 ADP 的磷酸化是氧化磷酸化的根本,通常线粒体中氧的消耗量是被严格调控的,其消耗量取决于 ADP 的含量。因此,正常机体中氧化磷酸化速率主要受 ADP 的浓度、ATP/ADP 比率来调节,只有在底物 ADP 和 Pi 充足时,电子传递的速率和耗氧量才会提高。

细胞内 ADP 的浓度以及 ATP/ADP 的比值能够迅速感应机体能量状态的变化。当机体蛋白质合成等耗能代谢途径活跃时,对能量的需求大为增加,ATP 分解为 ADP 和 Pi 的速率增加,使 ATP/ADP 的比值降低、ADP 的浓度增加;ADP 进入线粒体后迅速用于磷酸化,氧化磷酸化随之加速,耗氧量增加,合成的 ATP 用于满足需求;直到 ATP/ADP 的比值回升至正常水平后,氧的消耗恢复至起始水平,氧化磷酸化速率也随之放缓。通过这种方式使 ATP 的合成速率适应机体的生理需要。另外,ADP 的浓度也同时调节三羧酸循环、糖酵解代谢途径,满足氧化磷酸化对还原当量的需求。ADP 的浓度较低时,氧化磷酸化速率降低,同时通过别构调节的方式抑制糖酵解、降低三羧酸循环的速率,减少还原当量的产生。因此,细胞内 ADP 的水平能够协调调节产能的相关途径,包括还原当量的生成量、氧化磷酸化的速率、氧的消耗等。

二、抑制剂通过不同机制阻断氧化磷酸化过程

(一) 呼吸链抑制剂阻断电子的传递

呼吸链抑制剂(inhibitors)能在特异部位阻断呼吸链中电子传递,包括复合体Ⅰ、Ⅱ、Ⅲ、Ⅳ的抑制剂(见图 6-16)。例如,鱼藤酮(rotenone)、粉蝶霉素 A(piericidin A)及异戊巴比妥(amobarbital)是复合体Ⅰ的抑制剂,它们能够与铁硫蛋白结合,阻断电子从铁硫中心到泛醌的传递,从而抑制 NADH 的氧化。萎锈灵(carboxin)、噻吩甲酰等是复合体Ⅱ的抑制剂,可与琥珀酸脱氢酶结合抑制 $FADH_2$ 的电子传递。抗霉素 A(antimycin A)阻断 Cyt b_H 到泛醌间的电子传递,噻唑菌醇则作用于复合体Ⅲ的 Q 结合位点,都是复合体Ⅲ抑制剂。CN^-、N_3^- 可紧密结合复合体Ⅳ中氧化型 Cyt a_3,阻断电子由 Cyt a 到 Cu_B-Cyt a_3 的传递。CO 与还原型 Cyt a_3 结合,直接阻断电子传递给 O_2。在火灾事故中,室内装饰材料中的 N 原子和 C 原子经高温可形成 HCN,产生的 CN^- 和燃烧不完全形成的 CO 可使细胞内呼吸停止,危及生命。

(二) 解偶联剂阻断 ADP 的磷酸化过程

解偶联剂(uncoupler)可使氧化与磷酸化反应分离(即解偶联),电子能够经呼吸链正常传递,复合体的质子泵作用虽建立了跨内膜的质子浓度差,但由此储存的能量不能使 ADP 磷酸化合成 ATP。其基本机制是质子不经过 ATP 合酶回流至基质来驱动 ATP 的合成,而是经过其他途径进入基质,因而 ATP 的合成受到抑制。如二硝基苯酚(dinitrophenol,DNP)为脂溶性物质,可自由穿过线粒体内膜,其结构中酚羟基甚易解离,进入基质时可释出 H^+,返回胞质溶胶侧时结合 H^+,从而破坏了电化学梯度。

机体也存在内源性解偶联剂,能使组织产热增加,如人(尤其是新生儿)、哺乳动物中存在含有大量线粒体的棕色脂肪组织,其线粒体内膜中富含一种特别的蛋白,称解偶联蛋白 1(uncoupling protein 1,UCP1)。它是由 2 个 32kD 亚基组成的二聚体,在线粒体内膜上形成质子通道,内膜胞质溶胶侧的 H^+ 可经此通道返回线粒体基质,使氧化磷酸化解偶联而不合成 ATP,质子浓度梯度储存的能量以热能形式释放,因此棕色脂肪组织是产热御寒组织。新生儿硬肿症即是因为缺乏棕色脂肪组织,不能维持正常体温而使皮下脂肪凝固所致。现已发现在骨骼肌等组织的线粒体中存在 UCP1 的同源蛋白 UCP2、UCP3,但无解偶联作用。UCP2 表达下降可促进肥胖的发生,UCP2 还能负调控胰岛素的分泌,因此与 2 型糖尿病的发病有关。另外,体内游离脂肪酸也利用质子的结合与解离,促进质子回流至线粒体基质中。

(三) ATP 合酶抑制剂同时抑制电子传递和 ATP 的生成

这类抑制剂对电子传递及 ADP 磷酸化均有抑制作用。例如寡霉素(oligomycin)可结合 ATP 合酶的 F_o 亚基,二环己基碳二亚胺(dicyclohexylcarbodiimide,DCC 或 DCCI)共价结合 F_o 的 c 亚基谷氨酸残基,阻断质子从 F_o 质子半通道回流,抑制 ATP 合酶活性,从而抑制 ATP 的生成。由于质子回流至基质依赖于 ATP 合酶,其功能丧失导致线粒体内膜两侧质子电化学梯度增高,从而抑制呼吸链质子泵的功能、抑制电子传递。

抑制剂能使氧化磷酸化的速率降低,对氧的消耗减少,严重阻碍 ATP 的合成。

三、甲状腺激素促进氧化磷酸化和产热

甲状腺激素(thyroid hormone)可诱导细胞膜上 Na^+、K^+-ATP 酶的生成,使 ATP 加速分解为 ADP 和 Pi,ADP 增多则促进氧化磷酸化。甲状腺激素(T_3)还可诱导解偶联蛋白基因表达,引起物质氧化释能、产热比率均增加,但 ATP 合成相对减少,导致机体耗氧量和产热同时增加,所以甲状腺功能亢进患者表现基础代谢率增高。

四、线粒体 DNA 突变可影响氧化磷酸化并导致疾病

线粒体是能量代谢最重要的亚细胞器,在细胞内含量丰富、更新速率快,以满足机体对能量的需

求。线粒体的另一重要特性是含有 DNA,可自主进行 DNA 合成,其表达产物直接参与呼吸链中复合体的组成。因此线粒体 DNA(mitochondrial DNA,mtDNA)对线粒体的更新、维持呼吸链的功能都极为重要。

(一)线粒体功能蛋白质由核基因组/线粒体基因组共同编码

与线粒体功能相关的蛋白质有 1 000 多种,主要由存在于细胞核的基因编码,部分由线粒体基因编码。人的线粒体 DNA 编码 13 种呼吸链中复合体的相关蛋白,包括:复合体 I 中疏水部分的 7 个亚基 ND1~ND6 和 ND4L;复合体 III 中的 Cyt b;复合体 IV 中的 SU1~SU3 亚基,以及 ATP 合酶中的 ATP6、ATP8 亚基。线粒体基因编码的 tRNA 和 rRNA 参与线粒体蛋白质的合成。因此,线粒体 DNA 缺陷会导致氧化磷酸化功能损伤和能量代谢障碍,并且引起细胞结构、功能的病理生理改变,发生线粒体病(mitochondrial diseases)。

(二)线粒体基因突变可导致能量代谢障碍和疾病

与细胞核内的基因组 DNA 相比,线粒体 DNA(mtDNA)易发生突变,其突变率远高于核内的基因组 DNA。主要原因是:mtDNA 缺乏组蛋白、DNA 结合蛋白的保护,相对"裸露",容易受到损伤;线粒体缺乏损伤修复系统,DNA 受到损伤后不易修复而发生突变;线粒体的基因序列常有部分区域重叠,各种位点的突变都可能累及重要的功能域,导致功能丧失;线粒体自身更新快,其 DNA 合成很活跃,但催化复制的 DNA 聚合酶 γ 不具校读功能;不能纠正 DNA 合成过程中的碱基错配而导致突变;线粒体除消耗氧用于进行氧化磷酸化外,还是产生反应活性氧的主要部位(详见本章第五节),活性氧的强氧化性极易对 DNA 造成损伤,也是引起线粒体 DNA 突变的主要诱因。

线粒体 DNA 突变会直接影响呼吸链的功能,使氧化磷酸化的能力降低,ATP 合成减少,导致能量代谢障碍,与多种疾病的发生有关。体细胞线粒体 DNA 突变数量会随着年龄增长而积累。当突变超过一定阈值,野生型 mtDNA 的数量不足以维持呼吸链的正常功能时,导致组织或器官功能异常,就可能出现临床表现。能量需求高的组织如骨骼肌、脑、心、肾等更易受突变影响。因此,mtDNA 突变与耗能较多的神经系统疾病有关,如遗传性视神经病变、利氏病(Leigh disease,亚急性坏死性脑脊髓病)等;与能量代谢异常的疾病有关,如糖尿病;8-oxo-dG 导致的碱基错配也是多种肿瘤常见的突变。另外,mtDNA 突变的累积,氧化磷酸化能力的降低,使活性氧生成增多,能够导致神经元变性或过度凋亡(细胞的程序化死亡),是衰老相关的退行性疾病,如帕金森综合征、阿尔茨海默病(老年性痴呆症)的病因之一。

(三)核基因突变也能造成线粒体功能障碍

线粒体蛋白生物合成受核基因组和线粒体基因组两套遗传系统共同调控。核基因编码 900 多种线粒体功能必需的酶和蛋白质,还包括聚合酶、装配因子、转运蛋白、代谢酶等,需在胞质溶胶合成后转运到线粒体内。因此,相关核基因的突变造成线粒体功能障碍,特别是氧化磷酸化的缺陷,也将导致线粒体疾病。

第五节　微粒体氧化与机体抗氧化体系

除了营养物质相关的氧化还原反应外,体内(细胞内)还存在多种氧化还原反应。如非营养物质的转化、生物大分子的氧化还原修饰等。这些氧化还原反应对维持机体正常功能、防止机体(细胞)损伤具有重要的意义。线粒体呼吸链是机体获取能量的重要机制,但同时也是产生活性氧、引起细胞氧化损伤的原因之一,因而机体有相应的保护防御机制。

一、细胞微粒体中存在加氧酶类

加氧酶类,可分为加单氧酶(monooxygenase)和加双氧酶(dioxygenase)。

（一）微粒体细胞色素 P_{450} 单加氧酶催化底物分子羟化

微粒体细胞色素 P_{450} 单加氧酶催化 O_2 中的一个氧原子加入底物（RH）分子，另一个氧原子被NADPH提供的氢还原成 H_2O，又称为混合功能氧化酶（mixed function oxidase）或羟化酶（hydroxylase）。这类酶富含于肝和肾上腺的微粒体，参与类固醇激素、胆汁酸及胆色素等的生成，以及药物、毒物的生物转化过程，其反应式如下：

$$RH+NADPH+H^+ +O_2 \longrightarrow ROH+NADP^+ +H_2O$$

加氧酶类在体内含量最丰富、反应最复杂，其中较重要的是含核黄素及细胞色素的酶体系。细胞色素 P_{450} 单加氧酶需要细胞色素 P_{450}（cytochrome P_{450}，Cyt P_{450}）参与，还原型 Cyt P_{450} 与 CO 结合后在波长 450nm 处出现最大吸收峰。Cyt P_{450} 属于 Cyt b 类，通过辅酶血红素中 Fe 离子价键变化进行单电子传递。细胞色素 P_{450} 在生物中广泛分布，哺乳动物 Cyt P_{450} 分属 10 个基因家族。人 Cyt P_{450} 有几百种同工酶，可特异性地对不同的底物进行羟化。某些组织的线粒体内膜上也存在加单氧酶。

加单氧酶催化的反应过程涉及 NADPH、黄素蛋白、以 Fe-S 为辅基的铁氧化还原蛋白和 Cyt P_{450}。反应机制为：NADPH 首先将电子交给黄素蛋白；黄素蛋白再将电子递给以 Fe-S 为辅基的铁氧化还原蛋白。与底物结合的氧化型 Cyt P_{450} 接受铁氧化还原蛋白的 1 个 e^- 后，转变成还原型 Cyt P_{450}，与 O_2 结合形成 $RH \cdot P_{450} \cdot Fe^{2+} \cdot O_2$，Cyt P_{450} 铁卟啉中 Fe^{2+} 将电子交给 O_2 形成 $RH \cdot P_{450} \cdot Fe^{3+} \cdot O_2^-$，再接受铁氧化还原蛋白的第 2 个 e^-，使氧活化（O_2^{2-}）。此时 1 个氧原子使底物（RH）羟化（ROH），另 1 个氧原子与来自 NADPH 的质子结合生成 H_2O（图 6-23）。

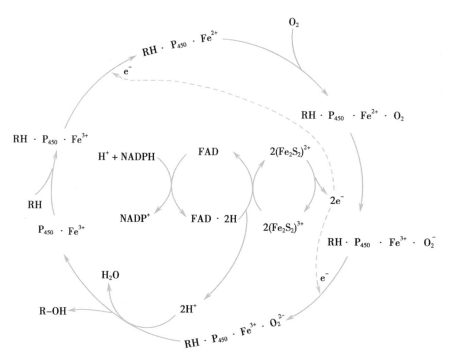

图 6-23　微粒体细胞色素 P_{450} 加单氧酶反应机制

（二）微粒体加双氧酶催化底物分子的双键加入两个氧原子

加双氧酶中，部分酶以 Fe 离子为辅基，如肝中尿黑酸加双氧酶可催化尿黑酸氧化成丁烯二酰乙酰乙酸。3-羟基邻胺苯甲酸加双氧酶可促进 3-羟基邻胺苯甲酸氧化，进而再转变为烟酸。也有部分酶的辅基为血红素，如肝中的色氨酸加双氧酶，可催化色氨酸氧化成甲酰犬尿酸原（图 6-24）。

二、反应活性氧类主要来源于线粒体氧化呼吸链

反应活性氧类（reactive oxygen species，ROS）主要指 O_2 得到单电子的还原产物，包括超氧阴离子

色氨酸 → 甲酰犬尿酸原

色氨酸加双氧酶
（O_2）

图 6-24 色氨酸加双氧酶催化的加双氧反应

（$\cdot O_2^-$）、羟自由基（$\cdot OH$）、过氧化氢（H_2O_2）及其衍生的 $\cdot HO_2\cdot$ 等。这些未被完全还原的氧分子，化学性质非常活泼，氧化性远远大于 O_2，合称为反应活性氧类。

O_2 得到单个电子产生超氧阴离子（$\cdot O_2^-$），超氧阴离子通过逐步的还原反应而产生不同的产物，如 H_2O_2、羟自由基（$\cdot OH$）、H_2O（图 6-25）。

$$O_2 \xrightarrow{e^-} O_2^-\cdot \xrightarrow{e^-+2H^+} H_2O_2 \xrightarrow[H_2O]{e^-+H^+} \cdot OH \xrightarrow{e^-+H^+} H_2O$$

图 6-25 ROS 逐步还原的产物

线粒体呼吸链是 ROS 产生的主要部位，细胞内 95% 以上活性氧来自线粒体。呼吸链的各复合体在传递电子的过程中，"漏出"的电子能够直接传递给氧，产生部分被还原的氧，因而得到 ROS 这样的"副产物"，特别是 $\cdot O_2^-$ 的产生主要源自呼吸链。细胞正常呼吸时，大约有 1%~5% 的氧会接受漏出的电子而形成 ROS，当细胞受损伤、呼吸链电子传递功能受到影响时，会产生更多的 ROS。

线粒体 ROS 主要在复合体 I（20%）和复合体 III（80%）中生成。复合体 I 到 QH_2 的电子传递、复合体 III 通过 Q 循环传递电子的过程都是单电子传递，泛醌接受单电子生成的半醌型泛醌（$QH\cdot$）在内膜中自由移动，通过非酶促反应直接将单个电子泄漏给 O_2 而生成 $\cdot O_2^-$，因此半醌自由基（$QH\cdot$）是 $\cdot O_2^-$ 的单电子来源。

除呼吸链外，生物体还有其他酶系可产生 ROS。但这些酶产生的 ROS 远低于线粒体呼吸链。胞质溶胶中的黄嘌呤氧化酶、微粒体中的细胞色素 P_{450} 氧化还原酶等催化的反应，需要氧为底物，也可产生 $\cdot O_2^-$。细胞过氧化物酶体中，FAD 将从脂肪酸等底物获得的电子交给 O_2 可生成 H_2O_2 和 $\cdot OH$。另外，细菌感染、组织缺氧等病理过程，电离辐射、吸烟、药物等外源因素也可使细胞产生大量的 ROS。呼吸链产生的 $\cdot O_2^-$ 大部分流向基质（70%~80%），会引起线粒体 DNA 损伤；小部分可通过不同方式释放到线粒体内膜的胞质溶胶侧，与其他途径产生的 ROS 一起在细胞的胞质溶胶、细胞核中发挥作用，影响细胞的功能。

框 6-3

细胞内活性氧的检测方法

2′,7′-二氯二氢荧光素二乙酸酯（2′,7′-Dichlorodihydrofluorescein diacetate，DCFH-DA），也称为 2′,7′-二氯荧光素二乙酸酯，常用来检测细胞内的活性氧。DCFH-DA 本身没有荧光，可以自由穿过细胞膜，进入细胞内之后，可以被细胞内的酯酶水解生成 2′,7′-二氯二氢荧光素（也称为 2′,7′-二氯荧光素，DCFH），DCFH 不能通透细胞膜从而使其装载到细胞内。细胞内的 ROS 可将无荧光的 DCFH 氧化生成有荧光的 2′,7′-二氯荧光素（DCF）；检测 DCF 的荧光就可以知道细胞内活性氧的水平。DCFH-DA 可能对广泛的氧化反应具有反应性，这些氧化反应在细胞内氧化应激期间可能会增加；因此，该探针广泛用于监测细胞氧化还原过程。

ROS 生成量的不同,对细胞产生的影响也不同。正常生理条件下,少量的 H_2O_2 有一定生理作用,如在粒细胞和吞噬细胞中,H_2O_2 可氧化杀死入侵的细菌;甲状腺细胞中产生的 H_2O_2 可使 $2I^-$ 氧化为 I_2,进而使酪氨酸碘化生成甲状腺激素。少量的 ROS 还是对细胞增殖、凋亡等具有重要调控作用的信号分子。

衰老、疾病、强烈刺激因素等造成线粒体呼吸链损伤时,因为电子漏出增多、ROS 生成量的骤增和积聚,极易诱发氧化应激,引起蛋白质、脂质、DNA 等各种生物大分子的损伤,甚至破坏细胞的正常结构和功能,对机体有致命损害。线粒体基质中的顺乌头酸酶,其铁硫中心易被 $\cdot O_2^-$ 氧化而丧失功能,直接影响三羧酸循环的功能。$\cdot O_2^-$ 还可迅速氧化一氧化氮(NO),产生过氧亚硝酸盐($ONOO^-$,也属于 ROS),后者能使脂质氧化、蛋白质硝基化而损伤细胞膜和膜蛋白。正常情况下,机体可以通过抗氧化酶类及抗氧化物及时清除活性氧,防止其累积造成有害影响。

三、机体抗氧化体系可清除反应活性氧

机体利用各种抗氧化酶、小分子抗氧化剂等,形成重要的防御体系以对抗 ROS 的损害。正常细胞线粒体内外都存在清除 $\cdot O_2^-$ 等 ROS 的各种氧化还原酶体系,共同参与氧化还原反应的调控,使 ROS 产生和清除的过程处于动态平衡;维持正常细胞内 $\cdot O_2^-$ 为 $10^{-11} \sim 10^{-10}$ mol/L、H_2O_2 为 10^{-9} mol/L 的生理安全浓度。

分布广泛的超氧化物歧化酶(superoxide dismutase,SOD)可催化一分子 $\cdot O_2^-$ 氧化生成 O_2,另一分子 $\cdot O_2^-$ 还原生成 H_2O_2:

$$2\cdot O_2^- + 2H^+ \longrightarrow H_2O_2 + O_2$$

哺乳动物细胞有 3 种 SOD 同工酶,在胞外、胞质溶胶中存在活性中心含 Cu^{2+}/Zn^{2+} 的 Cu/Zn-SOD;线粒体 SOD 活性中心含 Mn^{2+},称 Mn-SOD。SOD 的酶活性很强,是人体防御内、外环境中超氧离子损伤的重要酶,可使细胞内 $\cdot O_2^-$ 的浓度迅速降低 4~5 个数量级。*Cu/Zn-SOD* 基因缺陷使 $\cdot O_2^-$ 不能及时清除而损伤神经元,可引肌萎缩侧索硬化。另外,敲除线粒体内 *Mn-SOD* 基因的小鼠出生后 10 天内即死亡,但敲除胞质溶胶中 *Cu/Zn-SOD* 基因的小鼠则存活,提示细胞中线粒体内源产生 $\cdot O_2^-$ 等的毒害作用和线粒体抗氧化系统的重要性。

生成的 H_2O_2 可被过氧化氢酶(catalase)分解为 H_2O 和 O_2。过氧化氢酶主要存在于过氧化物酶体、胞质溶胶及微粒体中,含有 4 个血红素辅基,催化活性极强,每秒可催化超过 40 000 个底物分子转变为产物。其催化反应如下:

$$2H_2O_2 \longrightarrow 2H_2O + O_2$$

过氧化物酶(peroxidase)存在于动物组织的红细胞、白细胞和乳汁中,以血红素为辅基,可催化 H_2O_2 直接氧化酚类和胺类等底物,催化反应如下:

$$R + H_2O_2 \longrightarrow RO + H_2O \text{ 或 } RH_2 + H_2O_2 \longrightarrow R + 2H_2O$$

谷胱甘肽过氧化物酶(glutathione peroxidase,GPx)也是体内防止活性氧损伤的重要酶,可去除 H_2O_2 和其他过氧化物类(ROOH)。GPx 含硒(Se)代半胱氨酸残基(由 Se 原子取代半胱氨酸中的 S 原子),是活性必需基团。在细胞胞质溶胶、线粒体以及过氧化物酶体中,GPx 通过还原型谷胱甘肽(GSH)将 H_2O_2 还原为 H_2O,将 ROOH 转变为醇,同时产生氧化型谷胱甘肽(GS-SG),催化的反应如下:

$$H_2O_2 + 2GSH \longrightarrow 2H_2O + GS\text{-}SG \text{ 或 } 2GSH + ROOH \longrightarrow GS\text{-}SG + H_2O + ROH$$

反应生成的 GS-SG 可经谷胱甘肽还原酶催化,由 $NADPH+H^+$ 提供还原当量,再转变成 GSH。还原型的谷胱甘肽也可发挥抗氧化作用,抵抗活性氧对蛋白质中—SH 的氧化。体内其他小分子抗氧化剂有抗坏血酸(维生素 C),可以清除 $\cdot OH$ 自由基,生成的脱氢抗坏血酸,再经还原酶催化转变为还原型;维生素 E 能捕捉并清除生物膜内 ROS,产生的维生素 E 自由基可被抗坏血酸还原再生为维生素 E。二者的偶联作用可消除自由基对膜内脂质、蛋白质的损伤。另外还有 β-胡萝卜素、泛醌等。它们

与体内的抗氧化酶共同组成人体抗氧化物体系。

 小结

生物氧化是生物体内发生的氧化还原反应,由多种氧化还原酶类催化完成。在不同的亚细胞结构中,不同的氧化还原酶作用于特定的底物,其产物各具特点,发挥各自的功能。

线粒体是极为重要的细胞器,其主要功能是对营养物质代谢产生的还原当量 NADH、$FADH_2$ 进行氧化磷酸化并合成 ATP,为生命活动提供能量。线粒体内膜中几种具有电子传递功能的酶复合体与泛醌和细胞色素 c 组成氧化呼吸链,酶复合体的辅酶或辅基发挥传递氢/电子作用。氧化磷酸化的实质是通过呼吸链对还原当量 NADH、$FADH_2$ 进行氧化,产生的能量驱动 ATP 合酶将 ADP 磷酸化产生 ATP。

线粒体内有两条呼吸链,由 4 种酶复合体与泛醌和细胞色素 c 按序组成。NADH 呼吸链的组成及电子传递顺序是:NADH→复合体 I→CoQ→复合体 III→Cyt c→复合体 IV→O_2,传递一对电子可生成 2.5 分子 ATP;$FADH_2$ 呼吸链的组成及电子传递顺序是:琥珀酸→复合体 II→CoQ→复合体 III→Cyt c→复合体 IV→O_2,传递一对电子可生成 1.5 分子 ATP。

呼吸链的作用是传递还原当量的氢/电子,同时建立跨线粒体内膜的质子梯度差而储存能量。呼吸链复合体 I、III 和 IV 有质子泵功能,在完成一对电子传递过程中,各向内膜胞质溶胶侧泵出 $4H^+$、$4H^+$ 和 $2H^+$,形成跨线粒体内膜的质子电化学梯度(电荷和浓度梯度),储存电子传递释放的能量。跨内膜质子梯度势能是 ATP 合酶工作的驱动力,用于结合 ADP 和 Pi 并生成、释出 ATP。ATP 在体内能量捕获、转移、储存和利用过程中处于中心位置。胞质溶胶中生成的 NADH 须通过 α-磷酸甘油穿梭或苹果酸-天冬氨酸穿梭机制将还原当量转运进入线粒体,然后再进入呼吸链进行氧化磷酸化。

正常机体氧化磷酸化速率主要受 ADP/ATP 调节,也可因外源、内源性的抑制剂而降低或丧失功能。主要有呼吸链传递抑制剂、解偶联剂、ATP 合酶抑制剂分别通过不同的作用机制抑制氧化磷酸化的功能。线粒体基因和相关核基因突变造成线粒体氧化磷酸化功能障碍,可引起线粒体病,特别是耗能较多的神经、骨骼系统容易产生疾病。

体内反应活性氧类(ROS)主要来源于呼吸链。ROS 产生过多会对机体产生危害,机体存在抗氧化酶类及抗氧化物体系能及时清除活性氧,维护机体的正常功能。

(李冬民)

 思考题

1. 根据呼吸链的结构和作用特点,哪些方法可以分析其功能的变化?

2. 能量代谢是机体代谢的重要组成部分,活细胞、机体代谢产生的能量如何定量分析?

3. 糖酵解、三羧酸循环如何影响氧化磷酸化的速率?

4. 线粒体是重要的能量代谢细胞器,它是如何影响神经退行性病变、肿瘤发生发展的?

5. 体内 ROS 是如何产生的?有何作用?如何定量分析细胞内 ROS 的含量?

6. 解偶联剂与白色脂肪、棕色脂肪的关系是什么?解偶联剂有助于减肥吗?

第七章

糖 代 谢

【本章要点】

1. 糖代谢概述；

2. 糖的无氧氧化和有氧氧化；

3. 糖原的合成与分解；

4. 葡萄糖的其他代谢途径；

5. 血糖及其调节；

6. 糖代谢异常与临床疾病。

糖是机体生命活动所需的一种重要营养物质。糖的主要生理功能是为生命活动提供能源和碳源。人体所需能量的 50%~70% 来自糖。1mol 葡萄糖完全氧化成为二氧化碳和水可释放 2 840kJ/mol（679kcal/mol）的能量。其中约 34% 转化储存于 ATP，以供应机体生理活动所需的能量。葡萄糖不仅是机体的主要供能物质，也是机体的重要碳源，糖代谢的中间产物可转变成其他的含碳化合物，如氨基酸、脂肪酸、核苷酸等。此外，糖还参与组成机体组织结构，参与组成糖蛋白和糖脂，调节细胞信息传递等。糖的磷酸衍生物可用于合成许多重要的生物活性物质，如 NAD^+、FAD、ATP 等。除葡萄糖外，其他的单糖如果糖、半乳糖、甘露糖等所占比例很小，而且是通过转变为葡萄糖代谢的中间产物进行代谢。因此，本章重点介绍葡萄糖在机体内的代谢。

第一节　糖代谢概述

糖是人类食物的主要成分，约占食物总量的 50% 以上。机体主要从食物获取糖类物质，经消化吸收后，糖类物质在体内经历一系列复杂化学反应，满足机体多种生理活动的需要。

一、糖在小肠内消化吸收

人类食物中的糖主要有植物淀粉、动物糖原以及麦芽糖、蔗糖、乳糖、葡萄糖等。人体内没有 β-糖苷酶，不能消化食物中所含的纤维素，但纤维素具有刺激肠蠕动等作用，也是维持健康所必需。食物中的糖以淀粉为主。唾液和胰液中都有 α-淀粉酶（α-amylase），可水解淀粉分子内的 α-1,4-糖苷键。由于食物在口腔停留的时间很短，所以淀粉消化主要在小肠内进行。在胰液 α-淀粉酶作用下，淀粉被水解为麦芽糖（maltose）、麦芽三糖（约占 65%）及含分支的异麦芽糖和由 4~9 个葡萄糖残基构成的 α-极限糊精（α-limit dextrin；约占 35%）。寡糖在小肠黏膜刷状缘进一步消化，α-糖苷酶（包括麦芽糖酶）水解麦芽糖和麦芽三糖，α-极限糊精酶（α-limit dextrinase；包括异麦芽糖酶）可水解 α-1,4-糖苷键和 α-1,6-糖苷键，将 α-极限糊精和异麦芽糖水解成葡萄糖（glucose）。肠黏膜细胞还存在有蔗糖酶和乳糖酶等分别水解蔗糖和乳糖。有些人因乳糖酶缺乏，在食用牛奶后发生乳糖消化吸收障碍，而引起腹胀、腹泻等症状。

糖被消化成单糖后才能在小肠被吸收，再经门静脉进入肝。小肠黏膜细胞对葡萄糖的摄入是一个依赖特定载体转运的、主动耗能的过程，在吸收过程中同时伴有 Na^+ 的转运。这类葡萄糖转运体称为钠依赖的葡萄糖转运体(sodium-dependent glucose transporter,SGLT),它们主要存在于小肠黏膜和肾小管上皮细胞中(图7-1)。

图 7-1　钠依赖的葡萄糖转运体

二、糖代谢主要指葡萄糖在体内分解与合成的复杂过程

葡萄糖被吸收入血后,在体内代谢首先需进入细胞。这是依赖一类葡萄糖转运体(蛋白)实现的。现已发现人体内有14种葡萄糖转运体(glucose transporter,GLUT),分别在不同的组织细胞中起作用。其中GLUT1~GLUT5的功能较为明确,如GLUT1存在于脑、肌肉、脂肪等器官、组织中;GLUT2主要存在于肝和胰腺的β细胞中;GLUT4则主要存在于脂肪和肌组织。葡萄糖经转运体运输进入细胞后,经过复杂的化学反应而满足机体生理功能的各种需求。

糖代谢是指葡萄糖在体内分解与合成的复杂过程,包括葡萄糖经历一系列复杂化学反应而形成不同产物的过程,也包括非糖物质通过复杂化学反应而生成葡萄糖的过程。葡萄糖在不同类型细胞中的代谢途径有所不同,其分解代谢方式还在很大程度上受氧供状况的影响:在供氧充足时,葡萄糖进行有氧氧化,彻底氧化成 CO_2 和 H_2O;在缺氧时,则进行糖酵解生成乳酸。此外,葡萄糖也可进入戊糖磷酸途径等进行代谢,以发挥不同的生理作用。葡萄糖可经合成代谢聚合生成糖原,储存在肝或肌肉组织。有些非糖物质如乳酸、氨基酸等还可经糖异生途径转变成葡萄糖或糖原。

框 7-1

葡萄糖转运体晶体结构的解析

葡萄糖进入细胞需借助细胞膜上的葡萄糖转运体(glucose transporter)而实现。葡萄糖转运体存在于身体各个组织细胞中,根据转运方式的不同可为两大类:一类是钠依赖的葡萄糖转运体(sodium-dependent glucose transporter,SGLT),主要存在于小肠黏膜和肾小管上皮细胞,能逆浓度梯度转运葡萄糖,此过程需要消耗能量;另一类为易化扩散的葡萄糖转运体(GLUT),主要介导葡萄糖在血液与组织细胞之间的转运,此转运过程是顺浓度梯度的,不需要能量。机体的GLUT共有14种,目前研究较多的是GLUT1、GLUT2、GLUT3、GLUT4。GLUT1是研究最早、最深入的一种膜运输蛋白,分布于众多组织细胞,尤其分布于红细胞和血脑屏障等上皮细胞中,主要负责葡萄糖进入红细胞和跨越血脑屏障,其表达和功能异常与很多疾病相关。在许多实体瘤中发现 GLUT1过表达,肿瘤细胞进行着有氧糖酵解,代谢产生的ATP远少于有氧氧化,因此,需要大量摄入葡萄糖以满足肿瘤细胞快速增殖对能量的需求。

关于葡萄糖跨膜转运的研究历史约有100年。1977年 Kasahara 和 Hinkle 首次从红细胞中分离得到了 GLUT1,1985年 GLUT1的基因序列被鉴定。在随后的几十年间,解析 GLUT1 的三维结构、阐明其转运葡萄糖的机制是该领域最前沿的热点问题,也是 GLUT1 研究难以突破的瓶颈,因为膜蛋白的表达、纯化和结晶等相关技术极具挑战性,世界多国的顶尖实验室都致力于此方向的研究,但始终未能成功。2012年,当时在清华大学任职的颜宁及其团队解析了 GLUTs 大肠埃希菌同源蛋白 XylE 的晶体结构。在此研究的基础上,该团队又分别在2014年和2015年首次解析了人源葡萄糖转运蛋白 GLUT1 和 GLUT3 的三维晶体结构,从而清晰地揭示了葡萄糖跨膜转运的分子结构基础,这些成果都发表在《自然》杂志上。诺贝尔化学奖得主 Kobilka B. K. 对此研究成果给予了高度肯定:"对于 GLUT1 的结构解析本身是极富挑战、极具风险的工作,这是一项

伟大的成就"。美国科学院院士、膜转运蛋白研究专家 Kaback R. 认为："人们终于首次成功解析了人源膜转运蛋白在原子分辨率水平上的晶体结构，这是 50 年以来的一项重大成就"。

第二节　糖的无氧氧化

在缺氧条件下，葡萄糖经酵解生成丙酮酸进而还原为乳酸（lactate），称为乳酸发酵（lactic acid fermentation）。由一分子葡萄糖裂解为两分子丙酮酸（pyruvate）的过程则称为糖酵解（glycolysis）。在某些植物、脊椎动物组织和微生物，酵解产生的丙酮酸转变为乙醇和 CO_2，即乙醇发酵（ethanol fermentation）。在有氧条件下，丙酮酸可彻底氧化分解为 CO_2 和 H_2O，即糖的有氧氧化（aerobic oxidation）。所以，糖酵解是糖代谢的核心途径。因为人体内糖的无氧氧化（anaerobic oxidation）产物主要是乳酸，所以本节仅讨论以生成乳酸为代谢产物的糖无氧氧化过程。

一、糖的无氧氧化分为糖酵解和乳酸生成两个阶段

葡萄糖经无氧氧化生成乳酸的过程包括两个阶段（图 7-2）：第一阶段是糖酵解，第二阶段为乳酸生成。除葡萄糖外，其他己糖也可转变成磷酸己糖而进入糖酵解。糖的无氧氧化途径的全部反应在胞质溶胶进行。

（一）一分子葡萄糖经糖酵解分解为两分子丙酮酸

1. 葡萄糖磷酸化成为葡萄糖-6-磷酸　葡萄糖进入细胞后发生磷酸化反应，生成葡萄糖-6-磷酸（glucose-6-phosphate，G-6-P）。催化此反应的是己糖激酶（hexokinase），需要 Mg^{2+}。这个反应的 $\Delta G^{\circ}{}'$ 为 –16.7kJ/mol（–4.0kcal/mol），是不可逆反应。哺乳动物体内已发现有 4 种己糖激酶同工酶（Ⅰ~Ⅳ型）。肝细胞中存在的是Ⅳ型，称为葡萄糖激酶（glucokinase）。它对葡萄糖的亲和力很低，K_m 值为 10mmol/L 左右，而其他己糖激酶的 K_m 值在 0.1mmol/L 左右。葡萄糖激酶的另一个特点是受激素调控。这些特性使葡萄糖激酶在维持血糖水平和糖代谢中起着重要的作用。

2. 葡萄糖-6-磷酸转变为果糖-6-磷酸　这是由磷酸己糖异构酶催化的醛糖与酮糖间的异构反应。葡萄糖-6-磷酸转变为果糖-6-磷酸（fructose-6-phosphate，F-6-P）是需要 Mg^{2+} 参与的可逆反应。

3. 果糖-6-磷酸转变为果糖-1,6-二磷酸　这是第二个磷酸化反应，需 ATP 和 Mg^{2+}，由磷酸果糖激酶-1（phosphofructokinase-1，PFK-1）催化，是非平衡反应，倾向于生成果糖-1,6-二磷酸（fructose-1,6-bisphosphate，F-1,6-BP）。

4. 磷酸己糖裂解成 2 分子磷酸丙糖　此步反应是可逆的，由醛缩酶催化，因为有利于己糖的合成，所以称为醛缩酶。最终产生 2 分子丙糖，即磷酸二羟丙酮（dihydroxyacetone phosphate）和甘油醛-3-磷酸（glyceraldehyde-3-phophate）。

5. 磷酸二羟丙酮转变为甘油醛-3-磷酸　甘油醛-3-磷酸和磷酸二羟丙酮是同分异构体，在磷酸丙糖异构酶（phosphotriose isomerase）催化下可相互转变。当甘油醛-3-磷酸在下一步反应中被移去后，磷酸二羟丙酮迅速转变为甘油醛-3-磷酸，继续进行酵解。

上述 5 步反应为酵解途径中的耗能阶段，1 分子葡萄糖的分解代谢消耗 2 分子 ATP，产生 2 分子甘油醛-3-磷酸。而在后面 5 步反应中，磷酸丙糖转变成丙酮酸，总共生成 4 分子 ATP，所以为能量的释放和储存阶段。

6. 甘油醛-3-磷酸氧化为甘油酸-1,3-二磷酸　反应中甘油醛-3-磷酸的醛基氧化成羧基及羧基的磷酸化均由甘油醛-3-磷酸脱氢酶催化，以 NAD^+ 辅酶接受氢和电子。参加反应的还有无机磷酸，当甘油醛-3-磷酸的醛基氧化脱氢成羧基即与磷酸形成混合酸酐。混合酸酐是一种高能化合物，其磷酸键水解时 $\Delta G^{\circ}{}'$ =-61.9kJ/mol（–14.8kcal/mol），可将能量转移至 ADP，生成 ATP。

图 7-2　糖的无氧氧化

7. 甘油酸-1,3-二磷酸转变成甘油酸-3-磷酸　磷酸甘油酸激酶（phosphoglycerate kinase）催化混合酸酐上的磷酸从羧基转移到 ADP，形成 ATP 和甘油酸-3-磷酸，反应需要 Mg^{2+}。这是酵解过程中第一次产生 ATP 的反应，将底物的高能磷酸基直接转移给 ADP 生成 ATP，这种 ADP 或其他核苷二磷酸的磷酸化作用与底物的脱氢作用直接相偶联的反应称为底物水平磷酸化作用。磷酸甘油酸激酶催化的此反应是可逆反应，逆反应则需消耗 1 分子 ATP。

8. 甘油酸-3-磷酸转变为甘油酸-2-磷酸　磷酸甘油酸变位酶（phosphoglycerate mutase）催化磷酸基从甘油酸-3-磷酸的 C_3 位转移到 C_2 位，这步反应是可逆的，需要 Mg^{2+}。

9. 甘油酸-2-磷酸脱水生成磷酸烯醇式丙酮酸　烯醇化酶（enolase）催化甘油酸-2-磷酸脱水生成磷酸烯醇式丙酮酸（phosphoenolpyruvate，PEP）。尽管这个反应的标准自由能改变比较小，但反应时可引起分子内部的电子重排和能量重新分布，形成了 1 个高能磷酸键，这就为下一步反应做了准备。

10. 磷酸烯醇式丙酮酸的高能磷酸基转移至 ADP 生成丙酮酸和 ATP　酵解途径的最后一步反应是由丙酮酸激酶（pyruvate kinase）催化的，丙酮酸激酶的作用需要 K^+ 和 Mg^{2+} 参与。反应最初生成烯醇式丙酮酸，但烯醇式迅速经非酶促反应转变为酮式。在胞内这个反应是不可逆的。这是糖酵解途径中第二次底物水平磷酸化。

（二）丙酮酸被还原为乳酸

这一反应由乳酸脱氢酶催化,丙酮酸还原成乳酸所需的氢原子由 NADH 提供,后者来自上述第 6 步反应中的甘油醛-3-磷酸的脱氢反应。在缺氧情况下,这对氢用于还原丙酮酸生成乳酸,NADH 重新转变成 NAD^+,糖酵解才能继续进行。

二、糖酵解的调节可通过三个关键酶调控

糖酵解中大多数反应是可逆的。这些可逆反应的方向、速率由底物和产物浓度控制。催化这些可逆反应酶活性的改变,并不能决定反应的方向。酵解途径中有 3 个非平衡反应:己糖激酶/葡萄糖激酶、磷酸果糖激酶-1 和丙酮酸激酶催化的反应。这 3 个反应基本上是不可逆的,是酵解途径流量的3 个调节点,分别受别构效应剂和激素的调节。

（一）磷酸果糖激酶-1 对调节酵解途径的流量最重要

调节酵解途径流量最重要的是磷酸果糖激酶-1 的活性。磷酸果糖激酶-1 是四聚体,受多种别构效应剂的影响。ATP 和柠檬酸是此酶的别构抑制剂。磷酸果糖激酶-1 有 2 个 ATP 结合位点,一是活性中心内的催化部位,ATP 作为底物结合;另一个是活性中心以外的与别构效应剂结合的部位,与ATP 的亲和力较低,因而需要较高浓度 ATP 才能与之结合并抑制酶的活性。磷酸果糖激酶-1 的别构激活剂有 AMP、ADP 和果糖-2,6-二磷酸(fructose-2,6-bisphosphate,F-2,6-BP)。AMP 可与 ATP 竞争结合别构调节部位,抵消 ATP 的抑制作用。

果糖-2,6-二磷酸是磷酸果糖激酶-1 最强的别构激活剂,在生理浓度范围(μmol/L)内即可发挥效应。其作用是与 AMP 一起取消 ATP、柠檬酸对磷酸果糖激酶-1 的别构抑制作用。果糖-2,6-二磷酸由磷酸果糖激酶-2(phosphofructokinase-2,PFK-2)催化果糖-6-磷酸 C_2 磷酸化而成;果糖二磷酸酶-2(fructosebisphosphatase-2,FBP-2)则可水解其 C_2 位磷酸,使其转变成果糖-6-磷酸(图 7-3)。

图 7-3　磷酸果糖激酶-1 的活性调节

磷酸果糖激酶-2/果糖二磷酸酶-2 是一个双功能酶,在酶蛋白中具有 2 个分开的催化中心。除了 AMP 和柠檬酸可对激酶活性进行别构调节外(图 7-3),磷酸果糖激酶-2/果糖二磷酸酶-2 还可在激素作用下,以化学修饰方式进行调节。胰高血糖素通过 cAMP 及依赖 cAMP 的蛋白激酶(PKA)磷酸化其 32 位丝氨酸,磷酸化后其激酶活性减弱而磷酸酶活性升高。磷蛋白磷酸酶将其去磷酸后,酶活性的变化则相反。

（二）丙酮酸激酶是糖酵解的第二个重要的调节点

丙酮酸激酶是糖酵解的第二个重要的关键酶。果糖-1,6-二磷酸是丙酮酸激酶的别构激活剂,而 ATP 则有抑制作用。此外,在肝内丙氨酸也有别构抑制作用。丙酮酸激酶还受化学修饰调节。依赖 cAMP 的蛋白激酶(PKA)和依赖 Ca^{2+}、钙调蛋白的蛋白激酶均可使其磷酸化而失活。胰高血糖素可通过 cAMP 激活 PKA 而抑制丙酮酸激酶活性。

（三）己糖激酶受到反馈抑制调节

己糖激酶受其反应产物葡萄糖-6-磷酸的反馈抑制,但葡萄糖激酶分子内不存在葡萄糖-6-磷酸

的别构调节部位,故不受葡萄糖-6-磷酸的影响。长链脂肪酰 CoA 对其有别构抑制作用,这在饥饿时减少肝和其他组织摄取葡萄糖有一定意义。胰岛素可诱导葡萄糖激酶基因的转录,促进该酶的合成。

糖无氧氧化是体内葡萄糖分解供能的一条重要途径。对于绝大多数组织,特别是骨骼肌,调节流量是为适应这些组织对能量的需求。当消耗能量多、细胞内 ATP/AMP 比例降低时,磷酸果糖激酶-1 和丙酮酸激酶均被激活,加速葡萄糖的分解。反之,细胞内 ATP 的储备丰富时,通过糖无氧氧化分解的葡萄糖就减少。肝的情况不同,正常进食时,肝仅氧化少量葡萄糖,主要由氧化脂肪酸获得能量;进食后,胰高血糖素分泌减少,胰岛素分泌增加,果糖-2,6-二磷酸合成增加,经糖酵解途径分解加速,主要是生成乙酰 CoA 以合成脂肪酸;饥饿时胰高血糖素分泌增加,抑制了果糖-2,6-二磷酸的合成和丙酮酸激酶的活性,即抑制糖酵解,这样才能有效地进行糖异生,维持血糖水平(详见本章第六节糖异生)。

三、糖无氧氧化可不利用氧而快速供能

糖无氧氧化最主要的生理意义在于迅速提供能量,这对肌肉收缩更为重要。肌肉内 ATP 含量很低,仅 5~7μmol/g 新鲜组织,只要肌肉收缩几秒即可耗尽。这时即使氧不缺乏,但因葡萄糖进行有氧氧化反应过程比糖酵解长,来不及满足需要,通过糖无氧氧化则可迅速得到 ATP。当机体缺氧或剧烈运动,肌肉局部血流不足,能量主要通过糖无氧氧化获得。红细胞没有线粒体,完全依赖糖无氧氧化供应能量。神经元、白细胞、骨髓细胞等代谢极为活跃,即使不缺氧也常由糖无氧氧化提供部分能量。糖无氧氧化时每分子磷酸丙糖有 2 次底物水平磷酸化,可生成 2 分子 ATP。因此 1mol 葡萄糖可生成 4mol ATP,在葡萄糖和果糖-6-磷酸发生磷酸化时共消耗 2mol ATP,故净得 2mol ATP。1mol 葡萄糖经糖无氧氧化生成 2 分子乳酸可释放 196kJ/mol(46.9kcal/mol)的能量。在标准状态下 ATP 水解为 ADP 和 Pi 时 $\Delta G^{\circ}{}' = -30.5kJ/mol$($-7.29kcal/mol$),所以可储能 61kJ/mol(14.6kcal/mol),效率为 31%。

四、其他单糖可转变成糖酵解的中间产物

除葡萄糖外,其他己糖如果糖、半乳糖和甘露糖也都是重要的能源物质,它们可转变成糖酵解的中间产物磷酸己糖而进入糖酵解提供能量。

(一)果糖被磷酸化后进入糖酵解

果糖是膳食中重要的能源物质,水果和蔗糖中含有大量果糖,从食物摄入的果糖每天约有 100g。果糖的代谢一部分在肝,一部分被周围组织(主要是肌和脂肪组织)摄取。在肌和脂肪组织中,己糖激酶使果糖磷酸化生成果糖-6-磷酸。果糖-6-磷酸可进入糖酵解分解,在肌组织中也可合成糖原。

在肝中,葡萄糖激酶与己糖(包括果糖)的亲和力很低,因此果糖在肝的代谢不同于肌组织。肝内存在特异的果糖激酶,催化果糖磷酸化生成果糖-1-磷酸,后者被特异的果糖-1-磷酸醛缩酶(B 型醛缩酶)分解成磷酸二羟丙酮及甘油醛。甘油醛在丙糖激酶催化下磷酸化成甘油醛-3-磷酸。这些果糖代谢产物恰好是糖酵解的中间代谢产物,可循糖酵解氧化分解,也可逆向进行糖异生,促进肝内糖原储存。

(二)半乳糖转变为葡萄糖-1-磷酸进入糖酵解

半乳糖和葡萄糖是立体异构体,它们仅仅在 C_4 位的构型上有所区别。牛乳中的乳糖是半乳糖的主要来源,半乳糖在肝内转变为葡萄糖(图 7-4)。尿苷二磷酸半乳糖(uridine diphosphate galactose,UDP-Gal)不仅是半乳糖转变为葡萄糖的中间产物,也是半乳糖供体,用以合成糖脂、蛋白聚糖和糖蛋白。另外,由于差向异构酶反应可自由逆转,用于合成糖脂、蛋白聚糖和糖蛋白的半乳糖并不必依赖食物,而可由 UDPG 转变生成。

图 7-4　半乳糖的代谢

（三）甘露糖转变为果糖-6-磷酸进入糖酵解

甘露糖在结构上是葡萄糖 C_2 位的立体异构物。它在日常饮食中含量甚微,是多糖和糖蛋白的消化产物。甘露糖在体内通过两步反应转变成果糖-6-磷酸而进入糖酵解代谢。首先,甘露糖在己糖激酶的催化下,磷酸化生成甘露糖-6-磷酸,接着被磷酸甘露糖异构酶催化转变为果糖-6-磷酸,从而进入糖酵解进行代谢转变,生成糖原、乳酸、葡萄糖、戊糖等(图 7-5)。

图 7-5　甘露糖的代谢

第三节　糖的有氧氧化

葡萄糖在有氧条件下彻底氧化成水和二氧化碳的反应称为有氧氧化(aerobic oxidation)。有氧氧化是糖氧化的主要方式,绝大多数细胞都通过这种方式获得能量。糖的有氧氧化可概括如图 7-6所示。

一、糖的有氧氧化反应分为三个阶段

第一阶段葡萄糖经酵解途径分解成丙酮酸。第二阶段丙酮酸进入线粒体内氧化脱羧生成乙酰

图 7-6 葡萄糖有氧氧化概况

CoA。第三阶段为三羧酸循环,并偶联进行氧化磷酸化。

(一)葡萄糖经糖酵解分解为丙酮酸

同糖无氧氧化第一阶段。

(二)丙酮酸进入线粒体氧化脱羧生成乙酰 CoA

丙酮酸在线粒体经过 5 步反应,氧化脱羧生成乙酰 CoA（acetyl-CoA）的总反应式为:丙酮酸$+NAD^++HSCoA \longrightarrow$ 乙酰 $CoA+NADH+H^++CO_2$。

此反应由丙酮酸脱氢酶复合体催化。在真核细胞中,该酶复合体存在于线粒体中,是由丙酮酸脱氢酶(E_1),二氢硫辛酰胺转乙酰基酶(E_2)和二氢硫辛酰胺脱氢酶(E_3)3 种酶按一定比例(依生物体不同而异)组合成多酶复合物。在哺乳动物细胞中,酶复合体由 60 个转乙酰基酶组成核心,周围排列 20 或 30 个丙酮酸脱氢酶和 6 个二氢硫辛酰胺脱氢酶。参与反应的辅酶/辅基有硫胺素焦磷酸酯(TPP)、硫辛酸、FAD、NAD^+及 CoA。硫辛酸是带有二硫键的八碳羧酸,通过与转乙酰基酶的赖氨酸 ε-氨基相连,形成与酶结合的硫辛酰胺而成为酶的柔性长臂,可将乙酰基从酶复合体的一个活性部位转到另一个活性部位。丙酮酸脱氢酶的辅基是 TPP,二氢硫辛酰胺脱氢酶的辅基/辅酶是 FAD、NAD^+。

丙酮酸脱氢酶复合体催化的反应可分 5 步描述(图 7-7):①丙酮酸脱羧形成羟乙基-TPP,TPP 噻唑环上的 N 与 S 之间活泼的碳原子可释放出 H^+,而成为负碳离子,与丙酮酸的羰基作用,产生 CO_2,同时形成羟乙基-TPP;②由二氢硫辛酰胺转乙酰基酶(E_2)催化使羟乙基-TPP-E_1 上的羟乙基被氧化成乙酰基,同时转移给硫辛酰胺,形成乙酰硫辛酰胺-E_2;③二氢硫辛酰胺转乙酰基酶(E_2)还催化乙酰硫辛酰胺上的乙酰基转移给辅酶 A 生成乙酰 CoA 后,离开酶复合体,同时氧化过程中的 2 个电子使硫辛酰胺上的二硫键还原为 2 个巯基;④二氢硫辛酰胺脱氢酶(E_3)使还原的二氢硫辛酰胺脱氢重新

图 7-7 丙酮酸脱氢酶复合体作用机制

生成硫辛酰胺,以进行下一轮反应,同时将氢传递给 FAD,生成 $FADH_2$;⑤在二氢硫辛酰胺脱氢酶(E_3)催化下,将 $FADH_2$ 上的 H 转移给 NAD^+,形成 $NADH+H^+$。

在整个反应过程中,中间产物并不离开酶复合体,这就使得上述各步反应得以迅速完成,而且因没有游离的中间产物,所以不会发生副反应。丙酮酸氧化脱羧反应的 $\Delta G^{\circ\prime}$=-39.5kJ/mol(-9.44kcal/mol),故反应是不可逆的。

（三）乙酰 CoA 进入三羧酸循环以及氧化磷酸化生成 ATP

三羧酸循环的第一步是乙酰 CoA 与草酰乙酸缩合成 6 个碳原子的柠檬酸,然后柠檬酸经过一系列反应重新生成草酰乙酸,完成一轮循环。通过三羧酸循环,乙酰 CoA 的 2 个碳原子被氧化成 CO_2。在每一个循环中,有 1 次底物水平磷酸化,可生成 1 分子 ATP;有 4 次脱氢反应,氢的接受体分别为 NAD^+ 或 FAD,生成 3 分子 NADH 和 1 分子 $FADH_2$,它们既是三羧酸循环中的脱氢酶的辅酶/辅基,又是电子传递链的第一个环节。电子传递链是由一系列氧化还原系组成,它们的功能是将 H^+/电子依次传递至氧,生成水(详见第八章)。在 H^+/电子沿电子传递链传递过程中能量逐步释放,同时伴有 ADP 磷酸化成 ATP,将能量储存于 ATP 中,即氧化与磷酸化反应是偶联在一起的。

二、三羧酸循环将乙酰 CoA 彻底氧化

三羧酸循环(tricarboxylic acid cycle,TCA cycle)亦称柠檬酸循环(citric acid cycle),这是因为该循环反应中第一个中间产物是含有三个羧基的柠檬酸。由于该学说由 Krebs H. A. 提出,故此循环又称为 Krebs 循环。

> **框 7-2**
>
> #### Krebs H. A. 对代谢研究的贡献
>
> Krebs H. A.(1900—1981)1933 年前曾经做过 Kaiser Wilhelm 生物研究所 Warburg O. H. 教授的助手,1934 年之后,先后在英国剑桥大学、谢菲尔德大学从事生物化学研究。Krebs H. A. 在代谢研究方面有两个重大发现:尿素循环和三羧酸循环。其中三羧酸循环是能量代谢和物质转变的枢纽,称为 Krebs 循环。其发现过程有一个小趣事:"1937 年,Krebs H. A. 利用鸽子胸肌的组织悬液,测定了在不同有机酸作用下丙酮酸氧化过程的耗氧率,从而推理得出结论'一系列有机三羧酸和二羧酸以循环方式存在,可能是肌肉中碳水化合物氧化的主要途径'。Krebs H. A. 将这一发现投稿至 *Nature* 编辑部,遗憾的是被拒稿。接着 Krebs H. A. 改投荷兰的杂志 *Enzymologia*,2 个月内论文就得以发表。1953 年,Krebs H. A. 因发现这两大重要循环获得诺贝尔生理学或医学奖"。此后,他经常用这段拒稿经历鼓励青年学者专注于自己的研究兴趣,坚持自己的学术观点。1988 年,在 Krebs H. A. 辞世 7 年后,*Nature* 杂志公开表示,拒绝 Krebs H. A. 的论文是有史以来所犯的最大错误。

（一）三羧酸循环将乙酰 CoA 彻底氧化

三羧酸循环是由一系列酶促反应构成的循环反应系统,在反应过程中,首先由乙酰 CoA(主要来自 3 大营养物质的分解代谢)与草酰乙酸缩合生成含 3 个羧基的柠檬酸(citric acid),再经过 4 次脱氢、2 次脱羧,生成 4 分子还原当量(reducing equivalent,一般指以氢原子或氢离子形式存在的一个电子或一个电子当量)和 2 分子 CO_2,又重新生成草酰乙酸。三羧酸循环由八步反应组成(图 7-8)。

1. 乙酰 CoA 与草酰乙酸缩合成柠檬酸　柠檬酸合酶(citrate synthase)催化 1 分子乙酰 CoA(acetyl-CoA)与 1 分子草酰乙酸缩合成柠檬酸,缩合反应所需能量来自乙酰 CoA 的高能硫酯键。由于高能硫酯键水解时可释出较多的自由能,$\Delta G^{\circ\prime}$ 为-31.4kJ/mol(-7.5kcal/mol),使反应成为单向、不可逆反应。柠檬酸合酶对草酰乙酸的 K_m 很低,即使线粒体内草酰乙酸的浓度很低,反应也可以迅速进行。

图 7-8 三羧酸循环

| 草酰乙酸 | 乙酰CoA | | 柠檬酸 | 辅酶A |

2. 柠檬酸经顺乌头酸酶转变为异柠檬酸 柠檬酸与异柠檬酸(isocitrate)的异构化可逆互变反应由顺乌头酸酶催化。原来在 C_3 的羟基转到 C_2 上,反应的中间产物顺乌头酸仅与酶结合在一起以复合物的形式存在。

柠檬酸　　　　　　[酶-顺乌头酸]复合物　　　　　　异柠檬酸

3. 异柠檬酸氧化脱羧转变为 α-酮戊二酸 异柠檬酸在异柠檬酸脱氢酶(isocitrate dehydrogenase)催化下氧化脱羧产生 CO_2,其余碳链骨架部分转变为 α-酮戊二酸(α-ketoglutarate),脱下的氢由 NAD^+ 接受,生成 $NADH+H^+$。这是三羧酸循环反应中的第一次氧化脱羧,释出的 CO_2 可被视作乙酰 CoA 的 1 个碳原子氧化产物。

异柠檬酸 → α-酮戊二酸（NAD⁺ / NADH+H⁺，Mg²⁺，CO₂）

4. α-酮戊二酸氧化脱羧生成琥珀酰 CoA 三羧酸循环途径中发生的第二次氧化脱羧反应是 α-酮戊二酸氧化脱羧生成琥珀酰 CoA（succinyl CoA）。α-酮戊二酸氧化脱羧时释放出的自由能很多，足以形成高能硫酯键。这样，一部分能量就可以高能硫酯键的形式储存在琥珀酰 CoA 内。催化 α-酮戊二酸氧化脱羧的酶是 α-酮戊二酸脱氢酶复合体（α-ketoglutarate dehydrogenase complex），其组成和催化反应过程与丙酮酸脱氢酶复合体类似，这就使得 α-酮戊二酸的脱羧、脱氢、形成高能硫酯键等反应可迅速完成。

α-酮戊二酸 + NAD⁺ + HS-CoA ⟶ 琥珀酰CoA + NADH + H⁺ + CO_2

5. 琥珀酰 CoA 合成酶催化底物水平磷酸化反应 这步反应产物是琥珀酸。当琥珀酰 CoA 的高能硫酯键水解时，$\Delta G^{o\prime}$ 约 -33.4kJ/mol（-7.98kcal/mol）。它可与 GDP 的磷酸化偶联，生成高能磷酸键；反应是可逆的，由琥珀酰 CoA 合成酶（succinyl-CoA synthetase）催化。这是底物水平磷酸化的又一例子，是三羧酸循环中唯一直接生成高能磷酸键的反应。

琥珀酰CoA → 琥珀酸（GDP+Pᵢ / GTP，+ HSCoA）

6. 琥珀酸脱氢生成延胡索酸 反应由琥珀酸脱氢酶（succinate dehydrogenase）催化。该酶结合在线粒体内膜上，是三羧酸循环中唯一与内膜结合的酶。其辅基是 FAD，还含有铁硫中心，来自琥珀酸的电子通过 FAD 和铁硫中心经电子传递链被传递至氧，并释放能量生成 1.5 分子 ATP（详见第六章）。

琥珀酸 → 延胡索酸（FAD / FADH₂）

7. 延胡索酸加水生成苹果酸 延胡索酸酶（fumarate hydratase）催化此可逆反应。

$$
\begin{array}{c}
\text{COO}^- \\
| \\
\text{C—H} \\
|| \\
\text{H—C} \\
| \\
\text{COO}^-
\end{array}
+ \text{H}_2\text{O} \rightleftharpoons
\begin{array}{c}
\text{COO}^- \\
| \\
\text{HO—C—H} \\
| \\
\text{H—C—H} \\
| \\
\text{COO}^-
\end{array}
$$

延胡索酸　　　　　　苹果酸

8. 苹果酸脱氢生成草酰乙酸　三羧酸循环的最后反应由苹果酸脱氢酶（malate dehydrogenase）催化。苹果酸脱氢生成草酰乙酸；脱下的氢由 NAD^+ 接受，生成 $NADH+H^+$。细胞内的草酰乙酸不断地被用于柠檬酸合成，故这一可逆反应向生成草酰乙酸的方向进行。

$$
\begin{array}{c}
\text{COO}^- \\
| \\
\text{HO—C—H} \\
| \\
\text{H—C—H} \\
| \\
\text{COO}^-
\end{array}
\xrightarrow[\qquad]{\text{NAD}^+ \quad \text{NADH+H}^+}
\begin{array}{c}
\text{COO}^- \\
| \\
\text{C=O} \\
| \\
\text{CH}_2 \\
| \\
\text{COO}^-
\end{array}
$$

苹果酸　　　　　　　草酰乙酸

（二）一次三羧酸循环生成 2 分子 CO_2

在三羧酸循环反应过程中，从 2 个碳原子的乙酰 CoA 与 4 个碳原子的草酰乙酸缩合成 6 个碳原子的柠檬酸开始，反复地脱氢氧化。羟基氧化成羧基后，通过脱羧方式生成 CO_2。二碳单位进入三羧酸循环后，生成 2 分子 CO_2，这是体内 CO_2 的主要来源。脱氢反应共有 4 次。其中 3 次脱氢（3 对氢或 6 个电子）由 NAD^+ 接受，1 次（1 对氢或 2 个电子）由 FAD 接受。这些电子传递体将电子传给氧时才能生成 ATP。三羧酸循环本身每循环一次只能以底物水平磷酸化生成 1 个 ATP。

三羧酸循环的总反应为：

$$\text{CH}_3\text{CO}\sim\text{SCoA}+3\text{NAD}^++\text{FAD}+\text{GDP}+\text{Pi}+2\text{H}_2\text{O} \longrightarrow 2\text{CO}_2+3\text{NADH}+3\text{H}^++\text{FADH}_2+\text{HSCoA}+\text{GTP}$$

每一次三羧酸循环消耗一分子乙酰 CoA 中的乙酰基（2 个 C），产生 2 分子 CO_2，但并非直接将乙酰基的 2 个碳原子氧化。用 ^{14}C 标记乙酰 CoA 进行的实验证明，生成的 2 个 CO_2 的碳原子 1 个来自乙酰 CoA，另一个来自草酰乙酸。这是由于中间反应过程中碳原子置换所致。从这个意义上讲，最后再生的草酰乙酸被更新了，但含量既没有增加，也没有减少。

另外，三羧酸循环的中间产物（包括草酰乙酸在内）本身并无量的变化。不能通过三羧酸循环从乙酰 CoA 合成草酰乙酸或其他中间产物；同样，这些中间产物也不能直接在三羧酸循环中被氧化成 CO_2 和 H_2O。三羧酸循环中的草酰乙酸主要来自丙酮酸的直接羧化，也可通过苹果酸脱氢生成。无论何种来源，其最终来源是葡萄糖。

（三）三羧酸循环在三大营养物质代谢中占核心地位

1. 三羧酸循环是一条"两用代谢途径"　三羧酸循环在绝大多数生物中是分解代谢途径，并且它也是一个准备提供大量自由能的重要系统。循环的中间产物仅需适量就可维持该循环的分解功能。然而，多种生物合成途径也利用三羧酸循环的中间产物作为合成反应的起始物。因此三羧酸循环可看作两用代谢途径（amphibolic pathway），既是分解代谢，又可为合成代谢提供原料。这些利用和添补三羧酸循环中间产物的反应如图 7-9 所示。

2. 三羧酸循环是三大营养物质的最终代谢通路　糖、脂肪、氨基酸在体内进行生物氧化都将产生乙酰 CoA，然后进入三羧酸循环进行降解，三羧酸循环中只有一个底物水平磷酸化反应生成高能磷酸键。循环本身并不是释放能量、生成 ATP 的主要环节。其作用在于通过 4 次脱氢，为氧化磷酸化反应生成 ATP 提供还原当量。

3. 三羧酸循环是糖、脂肪、氨基酸代谢联系的枢纽　三大营养物质可在一定程度上通过三羧酸循环相互转变。柠檬酸是将乙酰 CoA 运输至胞质溶胶的载体，柠檬酸在胞质溶胶中裂解产生的乙酰CoA 是合成脂肪酸和胆固醇的原料（详见第八章）。许多氨基酸的碳架是三羧酸循环的中间产物，通过草酰乙酸可转变为葡萄糖(详见本章第六节糖异生);反之,由葡萄糖提供的丙酮酸转变成的草酰乙酸及三羧酸循环中的其他二羧酸则可用于合成一些非必需氨基酸,如天冬氨酸、谷氨酸等(详见第九章)。此外,琥珀酰 CoA 可用于与甘氨酸合成血红素。因而,三羧酸循环是提供生物合成的前体的重要途径。

图 7-9　三羧酸循环的两用代谢功能

三、糖有氧氧化是机体获得 ATP 的主要方式

三羧酸循环中 4 次脱氢反应产生的 NADH 和 FADH$_2$ 可传递给电子传递链产生 ATP。除三羧酸循环外,其他代谢途径中生成的 NADH 或 FADH$_2$ 也可经电子传递链传递生成 ATP。例如,糖酵解途径中甘油醛-3-磷酸脱氢时生成的 NADH,在氧供应充足时就可进入电子传递链,而不再用于还原丙酮酸变为乳酸。NADH 的氢经电子传递链传递给氧时,可生成 2.5 分子 ATP;FADH$_2$ 的氢则只能生成 1.5 分子 ATP。加上底物水平磷酸化生成的 1 分子 ATP,乙酰 CoA 经三羧酸循环彻底氧化分解共生成 10 分子 ATP。若从丙酮酸脱氢开始计算,共产生 12.5 分子 ATP。1mol 的葡萄糖彻底氧化生成 CO_2 和 H_2O,可净生成 30 或 32mol ATP(表 7-1)。

表 7-1　葡萄糖有氧氧化生成的 ATP

反应阶段	反应	辅酶/辅基	最终获得 ATP
第一阶段	葡萄糖 ⟶ 葡萄糖-6-磷酸	—	-1
	果糖-6-磷酸 ⟶ 果糖-1,6-二磷酸	—	-1
	2×甘油醛-3-磷酸 ⟶ 2×甘油酸-1,3-二磷酸	2NADH(胞质溶胶)	3 或 5[*]
	2×甘油酸-1,3-二磷酸 ⟶ 2×甘油酸-3-磷酸		2
	2×磷酸烯醇式丙酮酸 ⟶ 2×丙酮酸	—	2
第二阶段	2×丙酮酸 ⟶ 2×乙酰 CoA	2NADH(线粒体)	5
第三阶段	2×异柠檬酸 ⟶ 2×α-酮戊二酸	2NADH(线粒体)	5
	2×α-酮戊二酸 ⟶ 2×琥珀酰 CoA	2NADH	5
	2×琥珀酰 CoA ⟶ 2×琥珀酸	—	2
	2×琥珀酸 ⟶ 2×延胡索酸	2FADH$_2$	3
	2×苹果酸 ⟶ 2×草酰乙酸	2NADH	5
	由一个葡萄糖总共获得	—	30 或 32

注:[*] 获得 ATP 的数量取决于还原当量进入线粒体的穿梭机制。

四、糖有氧氧化的调节是基于能量的需求

机体代谢反应途径主要通过对关键酶构调节和化学修饰调节,保证中间产物适量生成而避免过量造成的浪费,从而维持相对的稳定。在糖的有氧氧化过程中,丙酮酸通过三羧酸循环代谢的速率在两个水平受到调节:丙酮酸脱氢酶复合体催化丙酮酸转变成乙酰 CoA,通过对丙酮酸脱氢酶复合体

的调节可影响乙酰 CoA 的生成；乙酰 CoA 进入三羧酸循环后，其代谢速率受到三羧酸循环中关键酶的调节。

（一）丙酮酸脱氢酶复合体的活性有两种快速调节方式

丙酮酸脱氢酶复合体的活性可通过别构调节和化学修饰 2 种方式进行快速调节。丙酮酸脱氢酶复合体的反应产物乙酰 CoA 及 NADH 对酶有反馈抑制作用，当乙酰 CoA/CoA 比例升高时，酶活性被抑制。NADH/NAD$^+$比例升高可能也有同样的作用。此外，ATP 对丙酮酸脱氢酶复合体有抑制作用，AMP 则能将酶激活。当乙酰 CoA 充足时，或 ATP/ADP 和 NADH/NAD$^+$比值增高时，丙酮酸脱氢酶复合体的活性被别构抑制，从而阻止过量乙酰 CoA 生成。而当机体需要能量时，或 ATP/ADP 降低时，该酶被 AMP 等别构激活，大量产生乙酰 CoA。

丙酮酸脱氢酶复合体可被丙酮酸脱氢酶激酶磷酸化。复合体中的脱氢酶组分的丝氨酸残基的羟基可在蛋白激酶作用下磷酸化，磷酸化后酶复合体构象改变，失去活性。磷蛋白磷酸酶能去除丝氨酸残基的磷酸基，使之恢复活性。乙酰 CoA 和 NADH 除对酶有直接抑制作用外，还可间接通过增强丙酮酸脱氢酶激酶的活性而使其失活（图 7-10）。

图 7-10　丙酮酸脱氢酶复合体的调节

（二）三羧酸循环受到多种方式的调节

1. 三羧酸循环受底物、产物和关键酶活性调节　三羧酸循环的速率和流量主要受 3 种因素的调控（图 7-11）：底物的供应量，产物的堆积量，细胞的能量状态。

（1）三羧酸循环中有 3 个关键酶：在三羧酸循环中有 3 步不可逆反应，即由柠檬酸合酶、异柠檬酸脱氢酶和 α-酮戊二酸脱氢酶催化的反应。这三个酶都受到多种因素调节：①底物影响，乙酰 CoA 和草酰乙酸作为柠檬酸合酶的底物，其含量随细胞代谢状态而改变，从而影响柠檬酸合成的速率。②产物反馈抑制，异柠檬酸脱氢酶和 α-酮戊二酸脱氢酶的催化产物有 NADH，NADH 对柠檬酸合酶、异柠檬酸脱氢酶、α-酮戊二酸脱氢酶这三个关键酶都有抑制作用。此外，柠檬酸抑制柠檬酸合酶的活性；琥珀酰 CoA 抑制 α-酮戊二酸脱氢酶和柠檬酸合酶的活性。③能量状态的调节作用，ATP 可抑制柠檬酸合酶和异柠檬酸脱氢酶的活性；ADP 则是柠檬酸合酶和异柠檬酸脱氢酶的别构激活剂。④Ca^{2+}的调节作用，当线粒体内 Ca^{2+}浓度升高时，Ca^{2+}不仅可直接与异柠檬酸脱氢酶和 α-酮戊二酸脱氢酶结合，降低其对底物的 K_m 而增强酶活性，也可激活丙酮酸脱氢酶复合体，从而推动三羧酸循环和有氧氧化的进行。

（2）三羧酸循环与上游和下游反应协调：在正常情况下，糖酵解和三羧酸循环的速度是相协调的。这样，在酵解途径中产生了多少丙酮酸，三羧酸循环就正好需要多少丙酮酸来提供乙酰 CoA。这种协调不仅通过高浓度的 ATP、NADH 的抑制作用,亦通过柠檬酸对磷酸果糖激酶-1 的别构抑制作用而实现。氧化磷酸化的速率则从下游对三羧酸循环的运转产生调控作用。如果氧化磷酸化速度减慢,NADH 就会积累,从而抑制柠檬酸合酶和 α-酮戊二酸脱氢酶活性,降低三羧酸循环的运行速率。

2. 三羧酸循环的多种酶以复合体形式存在于线粒体 过去通常认为三羧酸循环中的酶是线粒体中的可溶性成分(琥珀酸脱氢酶除外,它与线粒体内膜相偶联)。这可能是因为在酶蛋白分离过程中细胞裂解,破坏了细胞内的高级组织结构所致。目前逐渐有证据显示这些酶在线粒体中是以多种酶组成的复合体形式存在:如有些从三羧酸循环中分离得到的酶能共同形成超分子聚合体;有些酶与线粒体的内膜偶联;有些酶在线粒体

图 7-11　三羧酸循环的调控

基质中移动时,其扩散速度比在溶液中的单纯蛋白分子的扩散速度慢。这种酶复合体称为代谢区室(metabolon),它在细胞内能够有效地将代谢中间产物从一种酶传递给另一种酶。这些酶在细胞内形成的具有高级结构的复合体具有高效介导中间产物流通的功能,因此也可影响代谢的速率。

(三)腺苷酸是调节糖有氧氧化的重要核苷酸

有氧氧化的调节是为了适应机体或器官对能量的需要,有氧氧化全过程中许多酶的活性都受细胞内 ATP/ADP 或 ATP/AMP 比例的影响,因而能得以协调。当细胞消耗 ATP 以致 ATP 水平降低,ADP 和 AMP 浓度升高时,磷酸果糖激酶-1、丙酮酸激酶、丙酮酸脱氢酶复合体及三羧酸循环中的相关酶,乃至氧化磷酸化反应的酶均可被激活,从而加速有氧氧化,补充 ATP。反之,当细胞内 ATP 含量丰富时,上述酶的活性降低,氧化磷酸化亦减弱。在两种比例中,ATP/AMP 对有氧氧化的调节作用更为明显。当 ATP 被转变成 ADP 后,细胞可通过腺苷酸激酶利用 ADP 再产生一些 ATP:2ADP⟶ATP+AMP。ATP 和 ADP 同时消耗,ATP/ADP 的变化要相对小一些。细胞内 ATP 的浓度约为 AMP 的 50 倍。由于 AMP 的浓度很低,所以每生成 1 分子 AMP,ATP/AMP 的变动比 ATP/ADP 的变动大得多,从而发挥有效的调节作用。

五、糖有氧氧化可抑制糖无氧氧化

酵母菌在无氧时进行生醇发酵;若将其转移至有氧环境,生醇发酵即被抑制。有氧氧化抑制生醇发酵(或无氧氧化)的现象称为巴斯德效应(Pasteur effect);肌组织也有这种情况。缺氧时,丙酮酸不能进入三羧酸循环,而在胞质溶胶中转变成乳酸。通过糖无氧氧化消耗的葡萄糖为有氧时的 7 倍。关于丙酮酸的代谢去向,由 NADH 去路决定。有氧时 NADH 可进入线粒体内氧化,丙酮酸就进行有氧氧化而不生成乳酸。缺氧时 NADH 以丙酮酸作为氢接受体,使后者还原生成乳酸。所以有氧抑制了糖无氧氧化。缺氧时通过糖无氧氧化途径分解的葡萄糖增加是由于缺氧时氧化磷酸化受阻,ADP 与 Pi 不能合成 ATP,ADP/ATP 比例升高,反映在胞质溶胶内磷酸果糖激酶-1 及丙酮酸激酶活性增强。

Warburg 效应

肿瘤细胞具有独特的代谢规律。以糖代谢为例,肿瘤细胞消耗的葡萄糖远远多于正常细胞;更重要的是,即使在有氧时,肿瘤细胞中葡萄糖也不彻底氧化而是被分解生成乳酸,这种现象由德国生物化学家 Warburg O. H. 所发现,故称 Warburg 效应(Warburg effect)。

肿瘤细胞为何偏爱这种低产能的代谢方式,成为近年来的研究热点。Warburg 效应使肿瘤细胞获得生存优势,至少体现在两方面:一是提供大量碳源,用以合成蛋白质、脂类、核酸,满足肿瘤快速生长的需要;二是关闭有氧氧化通路,避免产生自由基,从而逃避细胞凋亡。肿瘤选择Warburg 效应的根本机制在于对关键酶的调节。例如,肿瘤组织中往往过量表达 M2 型丙酮酸激酶(PKM2),并且其二聚体形式占主体,能够诱发 Warburg 效应。异柠檬酸脱氢酶 1/2(IDH1/2)在神经胶质瘤中常发生基因突变,突变后促进体内产生 2-羟戊二酸(2-HG),该产物积累与肿瘤发生、发展密切相关。此外,肿瘤组织中戊糖磷酸途径比正常组织更为活跃,有利于进行生物合成代谢,目前认为一部分原因是肿瘤抑制基因 TP53 发生突变,从而失去了对葡萄糖-6-磷酸脱氢酶的抑制作用。这些肿瘤代谢特征已成为疾病诊治的新依据和突破点。

第四节　戊糖磷酸途径

细胞内的葡萄糖通过有氧氧化分解,生成大量 ATP,这是葡萄糖分解代谢的主要途径。此外尚存在其他代谢途径,戊糖磷酸途径(pentose phosphate pathway)就是另一重要途径。葡萄糖经此途径代谢的主要意义是产生磷酸核糖和 NADPH,而不是生成 ATP。

一、戊糖磷酸途径分为两个阶段

戊糖磷酸途径在胞质溶胶中进行,其过程可分为两个阶段。第一阶段是氧化反应,葡萄糖-6-磷酸生成戊糖磷酸、NADPH 及 CO_2;第二阶段是非氧化反应,包括一系列基团转移,重新生成六碳糖(图 7-12)。

(一)葡萄糖-6-磷酸在氧化阶段生成戊糖磷酸和 NADPH

首先,葡萄糖-6-磷酸由葡萄糖-6-磷酸脱氢酶(glucose-6-phosphate dehydrogenase)催化脱氢,生

图 7-12　戊糖磷酸途径

成 6-磷酸葡萄糖酸内酯（6-phosphogluconolactone），在此反应中 NADP⁺为电子受体，平衡趋向于生成 NADPH，需要 Mg²⁺参与。6-磷酸葡萄糖酸内酯在内酯酶（lactonase）的作用下水解为 6-磷酸葡萄糖酸（6-phosphogluconate），后者在 6-磷酸葡萄糖酸脱氢酶作用下再次脱氢并自发脱羧而转变为核酮糖-5-磷酸，同时生成 NADPH 及 CO_2。核酮糖-5-磷酸在异构酶作用下，即转变为核糖-5-磷酸；或者在差向异构酶作用下，转变为木酮糖-5-磷酸。在第一阶段，葡萄糖-6-磷酸生成核糖-5-磷酸的过程中，同时生成 2 分子 NADPH 及 1 分子 CO_2。

葡萄糖-6-磷酸　　6-磷酸葡萄糖酸内酯　6-磷酸葡萄糖酸　　　核酮糖-5-磷酸　　核糖-5-磷酸

（二）经过基团转移反应产生磷酸己糖和磷酸丙糖

在第一阶段中共生成 1 分子戊糖磷酸和 2 分子 NADPH。前者用以合成核苷酸，后者用于许多化合物的合成代谢。但细胞合成代谢中 NADPH 的消耗量远大于核糖，因此，多余的戊糖磷酸进入第二阶段反应，经过一系列基团转移反应，每 3 分子戊糖磷酸转变成 2 分子磷酸己糖和 1 分子磷酸丙糖。

第二阶段的基团转移反应可分为两类。一类是转酮醇酶（transketolase）反应，转移含 1 个酮基、1 个醇基的 2 碳基团；另一类是转醛醇酶（transaldolase）反应，转移 3C 单位。接受体都是醛糖。首先由转酮醇酶从木酮糖-5-磷酸带出一个 2C 单位（羟乙醛）转移给核糖-5-磷酸，产生景天糖-7-磷酸和甘油醛-3-磷酸；反应需 TPP 作为辅基并需 Mg²⁺参与。接着由转醛醇酶从景天糖-7-磷酸转移 3C 的二羟丙酮基给甘油醛-3-磷酸生成赤藓糖-4-磷酸和果糖-6-磷酸。最后赤藓糖-4-磷酸在转酮醇酶催化下可接受来自木酮糖-5-磷酸的羟乙醛基，生成果糖-6-磷酸和甘油醛-3-磷酸。

木酮糖-5-磷酸　　核糖-5-磷酸　　　　　景天糖-7-磷酸　　　甘油醛-3-磷酸

景天糖-7-磷酸　　　　　赤藓糖-4-磷酸　　果糖-6-磷酸

赤藓糖-4-磷酸　木酮糖-5-磷酸　　　果糖-6-磷酸　　甘油醛-3-磷酸

戊糖磷酸之间的互相转变由相应的异构酶、差向异构酶催化，这些反应均为可逆反应。戊糖磷酸途径总的反应为：3×葡萄糖-6-磷酸+6NADP$^+$ ⟶ 2×果糖-6-磷酸+甘油醛-3-磷酸+6NADPH+6H$^+$+3CO$_2$。

由戊糖磷酸途径产生的果糖-6-磷酸和甘油醛-3-磷酸可进入糖酵解途径进行分解代谢，因此戊糖磷酸途径也称戊糖磷酸旁路（pentose phosphate shunt）。但果糖-6-磷酸也可经磷酸己糖异构酶催化转变为葡萄糖-6-磷酸，重新进入戊糖磷酸途径。

二、戊糖磷酸途径主要受 NADPH/NADP$^+$ 比值的调节

葡萄糖-6-磷酸可进入多条代谢途径。葡萄糖-6-磷酸脱氢酶是戊糖磷酸途径的关键酶，其活性决定葡萄糖-6-磷酸进入此途径的流量。摄取高碳水化合物饮食，尤其在饥饿后进食时，肝内此酶含量明显增加，以适应脂肪酸合成时 NADPH 的需要。戊糖磷酸途径的流量取决于 NADPH 的需求。NADPH 是葡萄糖-6-磷酸脱氢酶的抑制剂，而 NADP$^+$ 是该酶的激活剂。因此，此酶活性的快速调节，主要受 NADPH/NADP$^+$ 比例的影响。比例升高，戊糖磷酸途径被抑制；比例降低时被激活。

三、戊糖磷酸途径是 NADPH 和戊糖磷酸的主要来源

（一）戊糖磷酸途径为核酸生物合成提供核糖

核糖是核酸和游离核苷酸的组成成分。体内的核糖并不依赖从食物摄入，而是通过戊糖磷酸途径生成。葡萄糖既可经葡萄糖-6-磷酸脱氢、脱羧的氧化反应产生磷酸核糖，也可通过糖酵解的中间产物甘油醛-3-磷酸和果糖-6-磷酸经过前述的基团转移反应生成磷酸核糖。两种方式的相对重要性因物种而异。人类主要通过氧化反应生成核糖。肌组织缺乏葡萄糖-6-磷酸脱氢酶，磷酸核糖靠基团转移反应生成。

（二）戊糖磷酸途径提供 NADPH 作为供氢体参与多种代谢反应

NADPH 与 NADH 不同，携带的氢不是通过电子传递链氧化释出能量，而是参与许多代谢反应，发挥不同的功能。

1. NADPH 是体内许多合成代谢的供氢体 例如从乙酰 CoA 合成脂肪酸、胆固醇（详见第八章）；又如机体合成非必需氨基酸时，先由 α-酮戊二酸与 NADPH 及 NH$_3$ 生成谷氨酸。谷氨酸可与其他 α-酮酸进行转氨基反应而生成相应的氨基酸（详见第九章）。

2. NADPH 参与体内羟化反应　有些羟化反应与生物合成有关,例如:从鲨烯合成胆固醇,从胆固醇合成胆汁酸、类固醇激素等。有些羟化反应则与生物转化(biotransformation)有关(详见第十一章)。许多羟化反应需要 NADPH 提供氢。

3. NADPH 用于维持谷胱甘肽的还原状态　谷胱甘肽(glutathione,GSH)是一个三肽。2 分子 GSH 可以脱氢氧化成为氧化型谷胱甘肽(GSSG),后者可在谷胱甘肽还原酶作用下被 NADPH 重新还原成为还原型谷胱甘肽(reduced glutathione)。

$$2G\text{—}SH \underset{NADP^+ \quad NADPH+H^+}{\overset{A \qquad AH_2}{\rightleftarrows}} G\text{—}S\text{—}S\text{—}G$$

还原型谷胱甘肽是体内重要的抗氧化剂,可保护一些含—SH 的蛋白质或酶免受氧化剂(尤其是过氧化物)的损害。在红细胞中还原型谷胱甘肽更具有重要作用——保护红细胞膜的完整性。葡萄糖-6-磷酸脱氢酶缺陷者,其红细胞不能经戊糖磷酸途径得到充分的 NADPH,难以使谷胱甘肽保持于还原状态,此时红细胞尤其是衰老的红细胞易于破裂,发生溶血性黄疸。这种溶血现象常在食用蚕豆(强氧化剂)后诱发,故称为蚕豆病。

第五节　糖原的合成与分解

糖原(glycogen)是葡萄糖的多聚体,是动物体内糖的储存形式。摄入的糖类除满足供能外,大部分转变成脂肪(甘油三酯)储存于脂肪组织内,只有一小部分以糖原形式储存。糖原作为葡萄糖储备的生物学意义在于当机体需要葡萄糖时,它可以迅速被动用于急需,而脂肪则不能。肝和骨骼肌是贮存糖原的主要组织器官,但肝糖原和肌糖原的生理意义不同。肝糖原是血糖的重要来源,这对于一些依赖葡萄糖作为能量来源的器官、组织、细胞(如脑、红细胞等)尤为重要。而肌糖原主要为肌肉收缩提供急需的能量。

一、糖原合成将葡萄糖连接成多聚体

糖原合成(glycogenesis)是指由葡萄糖生成糖原的过程,主要发生在肝和骨骼肌。糖原合成时,葡萄糖先活化,再连接形成直链和支链。

(一) 葡萄糖活化为尿苷二磷酸葡萄糖

葡萄糖在葡萄糖激酶作用下磷酸化成为葡萄糖-6-磷酸,后者再转变成葡萄糖-1-磷酸。这是为葡萄糖与糖原分子连接做准备。葡萄糖-1-磷酸与尿苷三磷酸(UTP)反应生成尿苷二磷酸葡萄糖(uridine diphosphate glucose,UDPG)及焦磷酸。此反应可逆,由 UDPG 焦磷酸化酶(UDPG pyrophosphorylase)催化。UDPG 可看作"活性葡萄糖",在体内充当葡萄糖供体。由于焦磷酸在体内迅速被焦磷酸化酶水解,使反应向生成 UDPG 的方向进行。在体内,焦磷酸水解有利于合成代谢反应的进行。

葡萄糖-1-磷酸　　　　　　　　　　　　　　　　UDPG

(二) UDPG 中的葡萄糖基连接形成链状分子

在糖原合酶(glycogen synthase)作用下,UDPG 的葡萄糖基转移给糖原引物的糖链末端,形成 α-1,4-糖苷键。糖原引物是细胞内原有的较小的糖原分子。上述反应反复进行,可使糖链不断延长。

游离葡萄糖不能作为 UDPG 的葡萄糖基的接受体。如果细胞内的糖原已经耗尽,糖原的重新合成则依赖于一种糖原蛋白(glycogenin)作为葡萄糖基的受体,糖原蛋白是一种蛋白-酪氨酸-葡萄糖基转移酶,它可对其自身进行化学修饰,将 UDPG 分子的葡萄糖基转移连接到自身的酪氨酸残基上,结合到糖原蛋白上的葡萄糖分子即成为糖原合成的引物(图 7-13)。

图 7-13　糖原引物的生成

(三)分支酶催化形成糖原的大量分支

在糖原合酶的作用下,糖链只能延长,不能形成分支。当糖链长度达到 12~18 个葡萄糖基时,分支酶(branching enzyme)将一段糖链(约 6~7 个葡萄糖基)转移到邻近的糖链上,以 α-1,6-糖苷键相接,从而形成分支(图 7-14)。分支的形成不仅可增加糖原的水溶性,更重要的是可增加非还原端数目,以便磷酸化酶能迅速分解糖原。糖原合成还有一条三碳途径(详见本章第六节糖异生)。

(四)糖原合成是耗能的过程

从葡萄糖合成糖原是耗能的过程。葡萄糖磷酸化时消耗 1 个 ATP,糖原合酶反应中生成的 UDP 必须利用 ATP 重新生成 UTP,即 ATP 中的高能磷酸键转移给了 UTP,因此反应虽消耗 1 个 ATP,但无高能磷酸键的损失。而焦磷酸水解成 2 分子磷酸时又损失 1 个高能磷酸键,故共消耗 2 个 ATP。

图 7-14　分支酶的作用

二、糖原分解是从非还原端进行磷酸解

糖原分解(glycogenolysis)是指肝糖原分解成为葡萄糖的过程。由肝糖原分解而来的葡萄糖-6-

磷酸,除了水解成葡萄糖而释出之外,也可经糖酵解或戊糖磷酸途径等进行代谢。但当机体需要补充血糖(如饥饿)时,后两条代谢途径均被抑制,肝糖原则绝大部分分解成葡萄糖释放入血。肌糖原分解产生的葡萄糖-6-磷酸进入糖酵解途径。

(一) 糖原磷酸化酶分解 α-1,4-糖苷键

糖原分解的第一步是从糖链的非还原端开始,在糖原磷酸化酶(glycogen phosphorylase)作用下分解 1 个葡萄糖基,生成葡萄糖-1-磷酸,糖原磷酸化酶只能分解 α-1,4-糖苷键,对 α-1,6-糖苷键无作用。由于是磷酸解生成葡萄糖-1-磷酸而不是水解成游离葡萄糖,自由能变动较小,反应是可逆的。但细胞内无机磷酸盐的浓度约为葡萄糖-1-磷酸的 100 倍,所以反应只能向糖原分解方向进行。

(二) 脱支酶分解 α-1,6-糖苷键

当糖链上的葡萄糖基逐个磷酸解至分支点约 4 个葡萄糖基时,由于位阻,糖原磷酸化酶不能再发挥作用。这时由葡聚糖转移酶(glucan transferase)将 3 个葡萄糖基转移到邻近糖链的末端,仍以 α-1,4-糖苷键连接。剩下 1 个以 α-1,6-糖苷键与糖链形成分支的葡萄糖基被 α-1,6-葡萄糖苷酶水解成游离葡萄糖。除去分支后,糖原磷酸化酶即可继续发挥作用。目前认为葡聚糖转移酶和 α-1,6-葡萄糖苷酶是同一酶的两种活性,合称脱支酶(debranching enzyme)(图 7-15)。在糖原磷酸化酶和脱支酶的共同作用下,最终产物中约 85% 为葡萄糖-1-磷酸,15% 为游离葡萄糖。葡萄糖-1-磷酸转变为葡萄糖-6-磷酸后,由葡萄糖-6-磷酸酶(glucose-6-phosphatase)水解成葡萄糖释放入血。葡萄糖-6-磷酸酶只存在于肝、肾中,而不存在于肌肉中。所以只有肝和肾可补充血糖;肌糖原不能分解成葡萄糖,只能进行糖酵解或有氧氧化。

三、糖原合成与分解受到彼此相反的调节

糖原的合成与分解的过程中,只有部分反应是可逆的;实际上是两条代谢途径(图 7-16),可分别进行调控,而且是反向调控。当糖原合成途径活跃时,分解途径则被抑制,才能有效地合成糖原;反之亦然。

图 7-15　脱支酶的作用

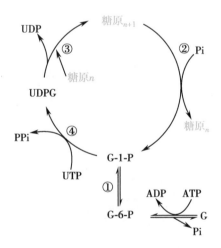

图 7-16　糖原合成与分解
①磷酸葡萄糖变位酶;②UDPG 焦磷酸化酶;③糖原合酶和分支酶;④糖原磷酸化酶和脱支酶。

糖原合成途径中的糖原合酶和糖原分解途径中的糖原磷酸化酶都是催化不可逆反应的关键酶。这两个酶分别是两条代谢途径的调节点,其活性决定不同途径的代谢速率,从而影响糖原代谢的方向。糖原合酶和糖原磷酸化酶的快速调节有化学修饰和别构调节两种方式。

(一) 糖原磷酸化酶是糖原分解的关键酶

1. 糖原磷酸化酶的活性通过磷酸化和去磷酸化进行调节　肝糖原磷酸化酶有磷酸化和去磷酸

化两种形式。当该酶14位丝氨酸被磷酸化时,活性很低的糖原磷酸化酶(称为磷酸化酶b)就转变为活性强的糖原磷酸化酶(称为磷酸化酶a)。这种磷酸化过程由糖原磷酸化酶b激酶催化。糖原磷酸化酶b激酶也有两种形式。去磷酸的糖原磷酸化酶b激酶没有活性,在蛋白激酶A作用下被磷酸化而激活,其去磷酸则由磷蛋白磷酸酶-1催化(图7-17)。

蛋白激酶A也有活性及无活性两种形式,其活性受cAMP调节。ATP在腺苷酸环化酶作用下生成cAMP,而腺苷酸环化酶的活性受激素调节。cAMP在体内很快被磷酸二酯酶水解成AMP,蛋白激酶A随即转变为无活性型。这种通过一系列酶促反应将信号放大的连锁反应称为级联放大系统(cascade system),与酶含量调节相比(一般以小时或天计),反应快、效率高。其有两个意义:一是放大效应;二是级联中各级反应都存在可以被调节的方式。

2. 糖原磷酸化酶的活性也可受别构调节 葡萄糖是糖原磷酸化酶的别构调节剂。当血糖升高时,葡萄糖进入肝细胞,与磷酸化酶a的别构调节部位结合,引起构象改变,暴露出磷酸化的第14位丝氨酸,然后在磷蛋白磷酸酶-1催化下去磷酸化而失活。因此,当血糖浓度升高时,可降低肝糖原的分解。这种调节方式速度更快,仅需几毫秒。

(二)糖原合酶是糖原合成的关键酶

糖原合酶亦分为a、b两种形式。糖原合酶a有活性,磷酸化成糖原合酶b则失去活性(图7-17)。蛋白激酶A可将糖原合酶的多个丝氨酸残基磷酸化而使之失活。此外,磷酸化酶b激酶也可磷酸化其中1个丝氨酸残基,使糖原合酶失活。

(三)磷酸化修饰对两个关键酶进行反向调节

糖原磷酸化酶和糖原合酶的活性都是通过磷酸化和去磷酸化进行调节。两种酶磷酸化和去磷酸化的方式相似,但效果不同,糖原磷酸化酶经磷酸化修饰被激活,而糖原合酶经磷酸化后则活性受到抑制(图7-17)。这种精细的调控,避免了由于分解、合成两个途径同时进行所造成的ATP的浪费。

使磷酸化酶a、糖原合酶和磷酸化酶b激酶去磷酸化的磷蛋白磷酸酶-1的活性也受到精细调节。磷蛋白磷酸酶抑制物是胞内一种蛋白质,与此酶结合后可抑制其活性。此抑制物本身具活性的磷酸化形式也是由蛋白激酶A调控的(图7-17)。

(四)糖原合成与分解可由激素反向调节

糖原合成与分解的生理性调节主要靠胰岛素和胰高血糖素。胰岛素抑制糖原分解,促进糖原合

图7-17　糖原合成、分解关键酶的化学修饰调节

成,其具体机制尚未确定,可能通过激活磷蛋白磷酸酶-1 而加速糖原合成、抑制糖原分解。胰高血糖素可诱导生成 cAMP,激活蛋白激酶 A,促进糖原分解。肾上腺素也可通过 cAMP 促进糖原分解,但可能仅在应激状态发挥作用。

(五) 肌组织和肝的糖原代谢调节特点不同

骨骼肌内糖原代谢的两个关键酶的调节与肝糖原不同。这是因为肌糖原的生理功能不同于肝糖原,肌糖原不能补充血糖,仅仅为骨骼肌活动提供能量。因此,在糖原分解代谢时,肝主要受胰高血糖素的调节,而骨骼肌主要受肾上腺素调节。骨骼肌内糖原合酶及磷酸化酶的别构效应物主要为 AMP、ATP 及葡萄糖-6-磷酸。AMP 可激活磷酸化酶 b,而 ATP、葡萄糖-6-磷酸可抑制磷酸化酶 a,但对糖原合酶有激活作用,使肌糖原的合成与分解受细胞内能量状态的控制。当肌肉收缩、ATP 被消耗时,AMP 浓度升高,而葡萄糖-6-磷酸水平亦低,这就使得肌糖原分解加快,合成被抑制。而当静息时,肌内 ATP 及葡萄糖-6-磷酸水平较高,有利于糖原合成。

Ca^{2+} 的升高可引起肌糖原分解增加。当神经冲动引起胞内、Ca^{2+} 升高时,因为磷酸化酶 b 激酶的 δ 亚基就是钙调蛋白(calmodulin),Ca^{2+} 与其结合,即可激活磷酸化酶 b 激酶,促进磷酸化酶 b 磷酸化成磷酸化酶 a,加速糖原分解。这样,在神经冲动引起肌肉收缩的同时,即加速糖原分解,以获得肌肉收缩所需能量。

第六节 糖 异 生

体内糖原的储备有限,正常成人每小时可由肝释出葡萄糖 210mg/kg 体重,照这样计算,如果没有补充,10 多个小时肝糖原即被耗尽,血糖来源断绝。但事实上即使禁食 24 小时,血糖仍保持正常范围。这时除了周围组织减少对葡萄糖的利用外,主要还是依赖肝将氨基酸、乳酸等转变成葡萄糖,不断补充血糖。这种从非糖化合物(乳酸、甘油、生糖氨基酸等)转变为葡萄糖或糖原的过程称为糖异生(gluconeogenesis)。糖异生的主要器官是肝。肾在正常情况下糖异生能力只有肝的 1/10,长期饥饿时肾糖异生能力则可大为增强。

一、糖异生不完全是糖酵解的逆反应

从丙酮酸生成葡萄糖的具体反应过程称为糖异生(gluconeogenesis)。葡萄糖经糖酵解分解生成丙酮酸时,$\Delta G^{\circ\prime}$ 为-502kJ/mol(-120kcal/mol)。从热力学角度而言,由丙酮酸生成葡萄糖不可能全部经酵解途径逆行。酵解途径与糖异生途径的多数反应是共有的、可逆的,但酵解途径中有 3 个不可逆反应——磷酸烯醇式丙酮酸→丙酮酸、果糖-6-磷酸→果糖-1,6-二磷酸和葡萄糖→葡萄糖-6-磷酸,在糖异生途径中须由另外的反应和酶代替。

(一) 丙酮酸经丙酮酸羧化支路转变为磷酸烯醇式丙酮酸

1. 丙酮酸转变成磷酸烯醇式丙酮酸　糖酵解途径中磷酸烯醇式丙酮酸由丙酮酸激酶催化生成丙酮酸。在糖异生途径中其逆过程由 2 个反应组成。催化第一个反应的是丙酮酸羧化酶(pyruvate carboxylase),其辅基为生物素。CO_2 先与生物素结合,需消耗 ATP;然后活化的 CO_2 再转移给丙酮酸生成草酰乙酸。第二个反应由磷酸烯醇式丙酮酸羧激酶催化草酰乙酸转变成磷酸烯醇式丙酮酸。反应中消耗一个高能磷酸键,同时脱羧。上述两步反应共消耗 2 个 ATP。

丙酮酸　　　　　　　　草酰乙酸　　　　　　　磷酸烯醇式丙酮酸

2. 反应过程中需要将草酰乙酸运输出线粒体　由于丙酮酸羧化酶仅存在于线粒体,故胞质溶胶中的丙酮酸必须进入线粒体,才能羧化生成草酰乙酸。而磷酸烯醇式丙酮酸羧激酶在线粒体和胞质溶胶中都存在,因此草酰乙酸可在线粒体中直接转变为磷酸烯醇式丙酮酸再进入胞质溶胶,也可在胞质溶胶中被转变为磷酸烯醇式丙酮酸。但是,草酰乙酸不能直接透过线粒体膜,需借助两种方式将其转运入胞质溶胶(图7-18)。一种方式是经苹果酸脱氢酶作用,将其还原成苹果酸,然后通过线粒体膜进入胞质溶胶,再由胞质溶胶中苹果酸脱氢酶将苹果酸脱氢氧化为草酰乙酸而进入糖异生反应途径。另一种方式是经谷草转氨酶的作用,生成天冬氨酸后再运输出线粒体,进入胞质溶胶中的天冬氨酸再经胞质溶胶中谷草转氨酶的催化而恢复生成草酰乙酸。

图 7-18　糖异生途径

在糖异生途径随后反应中,甘油酸-1,3-二磷酸还原成甘油醛-3-磷酸时,需 NADH 供氢。当以乳酸为原料异生成糖时,其脱氢生成丙酮酸时已在胞质溶胶中产生了 NADH 以供利用;而以丙酮酸或生糖氨基酸为原料进行糖异生时,NADH 必须由线粒体提供,这些 NADH 可来自脂肪酸 β-氧化或三羧酸循环,通过将草酰乙酸还原成苹果酸,运输到线粒体外,苹果酸再脱氢转变成草酰乙酸,产生 NADH 以供利用。

（二）果糖-1,6-二磷酸转变为果糖-6-磷酸

此反应由果糖二磷酸酶-1 催化（图 7-18）。C_1 位的磷酸酯进行水解是放能反应，所以反应易于进行。

（三）葡萄糖-6-磷酸水解为葡萄糖

此反应由葡萄糖-6-磷酸酶催化（图 7-18）。与果糖-1,6-二磷酸转变为果糖-6-磷酸类似，由葡萄糖-6-磷酸转变为葡萄糖也是磷酸酯水解反应，而不是葡萄糖激酶催化反应的逆反应，热力学上是可行的。

因为有丙酮酸羧化酶、磷酸烯醇式丙酮酸羧激酶、果糖二磷酸酶-1 及葡萄糖-6-磷酸酶分别催化的反应代替了酵解途径中 3 个不可逆反应，从而使整个反应途径可以逆向进行，所以乳酸、丙氨酸等生糖氨基酸（详见第九章）可通过丙酮酸异生为葡萄糖。

二、糖异生和糖酵解通过两个底物循环进行调节而彼此协调

糖异生与糖酵解是方向相反的两条代谢途径，其中 3 个限速步骤分别由不同的酶催化底物互变，称为底物循环（substrate cycle）。当催化互变反应的两种酶活性相等时，代谢不能向任何方向推进，结果仅是无谓地消耗 ATP 而释放热能，形成无效循环（futile cycle）。如果两种酶活性不相等，代谢就会朝着酶活性强的方向进行。要进行有效的糖异生，就必须抑制糖酵解；反之亦然。这种协调主要依赖对两个底物循环的调节。

（一）第一个底物循环在果糖-6-磷酸与果糖-1,6-二磷酸之间进行

糖酵解时，果糖-6-磷酸磷酸化成果糖-1,6-二磷酸；糖异生时，果糖-1,6-二磷酸去磷酸而成果糖-6-磷酸，由此构成一个底物循环。在细胞内，催化这两个反应的酶活性常呈相反的变化。果糖-2,6-二磷酸、AMP 激活磷酸果糖激酶-1，同时抑制果糖二磷酸酶-1 的活性，因此促进糖酵解、抑制糖异生。胰高血糖素通过 cAMP 和蛋白激酶 A 将磷酸果糖激酶-2 磷酸化而失活，降低肝细胞内果糖-2,6-二磷酸水平，从而促进糖异生、抑制糖酵解。胰岛素则有相反的作用。

目前认为，果糖-2,6-二磷酸水平是肝内糖酵解和糖异生的主要调节信号。进食后，胰高血糖素/胰岛素比例降低，果糖-2,6-二磷酸水平升高，糖酵解增强而糖异生减弱。饥饿时，胰高血糖素分泌增加，果糖-2,6-二磷酸水平降低，糖异生增强而糖酵解减弱。维持底物循环虽然损失一些 ATP，但却可使代谢调节更为灵敏、精细。

（二）第二个底物循环在磷酸烯醇式丙酮酸和丙酮酸之间进行

果糖-1,6-二磷酸是丙酮酸激酶的别构激活剂，通过果糖-1,6-二磷酸可将两个底物循环相联系和协调。胰高血糖素可抑制果糖-2,6-二磷酸合成，从而减少果糖-1,6-二磷酸的生成，这就可降低丙酮酸激酶的活性。胰高血糖素还通过 cAMP 使丙酮酸激酶磷酸化而抑制其活性，使糖异生增强而糖酵解减弱。肝内丙酮酸激酶可被丙氨酸抑制。饥饿时，丙氨酸是主要的糖异生原料，故丙氨酸的这种抑制作用有利于丙氨酸异生成糖。

乙酰 CoA 是丙酮酸羧化酶的激活剂，同时又是丙酮酸脱氢酶的抑制剂。饥饿时，大量脂肪酰 CoA 在线粒体内进行 β-氧化，生成大量乙酰 CoA。这样既抑制了丙酮酸脱氢酶，阻止丙酮酸继续氧化，又激活了丙酮酸羧化酶，使其转变为草酰乙酸，从而加速糖异生。

胰高血糖素可通过 cAMP 快速诱导磷酸烯醇式丙酮酸羧激酶基因的表达,增加酶的合成。相反,胰岛素可显著降低磷酸烯醇式丙酮酸羧激酶 mRNA 水平,并对 cAMP 有对抗作用,说明胰岛素对该酶有重要的调节作用。

三、糖异生的主要生理意义是维持血糖浓度恒定

(一)维持血糖浓度恒定是糖异生最重要的生理作用

空腹或饥饿时,机体可利用氨基酸、甘油等异生成葡萄糖,以维持血糖浓度恒定。正常成人的脑组织不能利用脂肪酸,主要利用葡萄糖供给能量;红细胞没有线粒体,完全通过糖无氧氧化获得能量;骨髓、神经等组织由于代谢活跃,经常进行糖无氧氧化。这样,即使在饥饿状况下机体也需消耗一定量的葡萄糖,以维持生命活动。此时这些葡萄糖全部依赖糖异生生成。

糖异生的主要原料为乳酸、氨基酸及甘油。乳酸来自肌糖原分解。肌肉内糖异生活性低,生成的乳酸不能在肌肉内重新合成糖,经血液转运至肝后异生成糖。这部分糖异生主要与运动强度有关。而在饥饿时,糖异生的原料主要为氨基酸和甘油。饥饿早期,随着脂肪组织中脂肪的分解加速,运送至肝的甘油增多,每天约可生成 10~15g 葡萄糖,但糖异生的主要原料为氨基酸。肌肉的蛋白质分解成氨基酸后以丙氨酸和谷氨酰胺形式运至肝,每天生成约 90~120g 葡萄糖,约需分解 180~200g 蛋白质;长期饥饿时,每天消耗这么多蛋白质是无法维持生命的。经过适应,脑每天消耗的葡萄糖可减少,其余依赖酮体供能。这时甘油仍可异生提供约 20g 葡萄糖,所以每天消耗的蛋白质可减少至 35g 左右。

(二)糖异生是补充或恢复肝糖原储备的重要途径

糖异生是肝补充或恢复糖原储备的重要途径,这在饥饿后进食更为重要。肝糖原的合成并不完全是利用肝细胞直接摄入的葡萄糖。肝灌注实验表明,如果灌注液中加入一些可异生成糖的甘油、谷氨酸、丙酮酸、乳酸,可使肝糖原迅速增加。以放射性核素标记不同碳原子的葡萄糖输入到动物后,分析其肝糖原中葡萄糖标记的情况,结果表明,相当一部分摄入的葡萄糖先分解成丙酮酸、乳酸等三碳化合物,后者再异生成糖,合成糖原。这既解释了肝摄取葡萄糖的能力低,但仍可合成糖原,又可解释为什么进食 2~3 小时内,肝仍要保持较高的糖异生活性。合成糖原的这条途径称为三碳途径。

(三)肾糖异生增强有利于维持酸碱平衡

长期饥饿时,肾糖异生增强,有利于维持酸碱平衡。长期禁食后,肾糖异生作用增强。发生这一变化的原因可能是饥饿造成的代谢性酸中毒所致。此时体液 pH 降低,促进肾小管中磷酸烯醇式丙酮酸羧激酶的合成,从而使糖异生作用增强。另外,当肾中 α-酮戊二酸因异生成糖而减少时,可促进谷氨酰胺脱氨生成谷氨酸以及谷氨酸的脱氨反应,肾小管细胞将 NH_3 分泌入管腔,与原尿中 H^+ 结合,降低原尿 H^+ 浓度,有利于"排氢保钠"作用的进行,对防止酸中毒有重要作用。

四、肌肉收缩产生的乳酸在肝中糖异生形成乳酸循环

肌肉收缩(尤其是氧供应不足时)通过糖无氧氧化生成乳酸。肌肉内糖异生活性低,所以乳酸通

图 7-19   乳酸循环

过细胞膜弥散进入血液后,再入肝异生为葡萄糖。葡萄糖释入血液后又可被肌肉摄取,这就构成了一个循环,称为乳酸循环,又称 Cori 循环(图 7-19)。乳酸循环的形成是由于肝和肌肉组织中酶的特点所致。肝内糖异生活跃,又有葡萄糖-6-磷酸酶可水解葡萄糖-6-磷酸,释出葡萄糖。肌肉除糖异生活性低外,又没有葡萄糖-6-磷酸酶。肌肉内生成的乳酸既不能异生成糖,更不能释放出葡萄糖。乳酸循环的生理意义就在于既可避免损失乳酸,又可防止乳酸堆积引起酸中毒。乳酸循环是耗能的过程,2 分子乳酸异生成葡萄糖需消耗 6 分子 ATP。

第七节   葡萄糖的其他代谢途径

细胞内葡萄糖除了氧化分解供能或进入戊糖磷酸途径外,还可代谢生成葡萄糖醛酸、多元醇、甘油酸-2,3-二磷酸等重要代谢产物。

一、糖醛酸途径生成葡萄糖醛酸

糖醛酸途径(glucuronate pathway)是指以葡萄糖醛酸为中间产物的葡萄糖代谢途径,在糖代谢中所占比例很小。首先,葡萄糖-6-磷酸转变为尿苷二磷酸葡萄糖(UDPG),过程详见糖原合成。然后在 UDPG 脱氢酶催化下,UDPG 氧化生成尿苷二磷酸葡萄糖醛酸(uridine diphosphate glucuronic acid,UDPGA)。后者再转变为木酮糖-5-磷酸,与戊糖磷酸途径相衔接(图 7-20)。

对人类而言,糖醛酸途径的主要生理意义是生成活化的葡萄糖醛酸——UDPGA。葡萄糖醛酸是组成蛋白聚糖的糖胺聚糖(如透明质酸、硫酸软骨素、肝素等)的组成成分(详见第三章)。此外,葡萄糖醛酸在肝内生物转化过程中参与很多结合反应(详见第十一章)。

二、多元醇途径可产生少量多元醇

葡萄糖代谢还可生成一些多元醇,如山梨醇(sorbitol)、木糖醇(xylitol)等,称为多元醇途径(polyol pathway)。这些代谢过程仅局限于某些组织,在葡萄糖代谢中所占比例极小。例如,在醛糖还原酶作用下,由 NADPH+H$^+$ 供氢,葡萄糖可还原生成山梨醇。在 2 种木糖醇脱氢酶催化下,糖醛酸途径中的 L-木酮糖可生成中间产物木糖醇,后者再转变为 D-木酮糖。

葡萄糖-6-磷酸
↓
葡萄糖-1-磷酸
↓
UDPG
↓
UDPGA
↓
1-磷酸葡萄糖醛酸
↓
葡萄糖醛酸
↓
L-古洛糖酸
↓
L-木酮糖
↓
木糖醇
↓
D-木酮糖
↓
木酮糖-5-磷酸
↓
戊糖磷酸途径

图 7-20   糖醛酸途径

多元醇本身无毒且不易通过细胞膜,在肝、脑、肾上腺、眼等器官具有重要的生理、病理意义。例如,生精细胞可利用葡萄糖经山梨醇生成果糖,使得人体精液中果糖浓度超过 10mmol/L。精子以果糖作为主要能源,而周围组织主要利用葡萄糖供能,这样就为精子活动提供了充足的能源保障。1 型糖尿病患者血糖水平高,透入眼中晶状体的葡萄糖增加从而生成较多的山梨醇,山梨醇在局部增多可使渗透压升高而引起白内障。

三、甘油酸-2,3-二磷酸旁路调节血红蛋白的运氧能力

红细胞内的糖酵解存在侧支循环——甘油酸-2,3-二磷酸旁路(2,3-BPG shunt pathway;图 7-21),即在甘油酸-1,3-二磷酸(1,3-BPG)处形成分支,生成中间产物甘油酸-2,3-二磷酸(2,3-BPG),再转变成甘油酸-3-磷酸而返回糖酵解。此支路仅占糖酵解的 15%~50%,但是由于 2,3-BPG 磷酸酶的活性较低,

2,3-BPG 的生成大于分解,导致红细胞内 2,3-BPG 升高。

红细胞内 2,3-BPG 的主要生理功能是调节血红蛋白(Hb)运氧。2,3-BPG 是一个负电性较高的分子,可与血红蛋白结合,结合部位在 Hb 分子 4 个亚基的对称中心孔穴内。2,3-BPG 的负电荷基团与组成孔穴侧壁的 2 个 β 亚基的带正电荷基团形成盐键(图7-22),从而使 Hb 分子的 T 构象更趋稳定,降低与 O_2 的亲和力。当血液通过氧分压较高的肺部时,2,3-BPG 的影响不大;而当血液流过氧分压较低的组织时,2,3-BPG 则显著增加 O_2 释放,以供组织需要。人体能通过改变红细胞内 2,3-BPG 的浓度来调节对组织的供氧。在氧分压相同的条件下,随 2,3-BPG 浓度增大,释放的 O_2 增多。

图7-21 甘油酸-2,3-二磷酸旁路

图7-22 甘油酸-2,3-二磷酸与血红蛋白的结合

第八节 血糖及其调节

血糖(blood glucose)指血中的葡萄糖。血糖水平相当恒定,维持在 3.9~6.0mmol/L 之间,这是进入和移出血液的葡萄糖平衡的结果。适当调控血糖的来源和去路,维持稳定的血糖水平,是维持机体正常代谢和正常的生理功能的必要条件。

一、血糖的来源和去路相对平衡

血糖的来源为肠道吸收、肝糖原分解和糖异生生成葡萄糖释入血液内。血糖的去路则为周围组织以及肝的摄取利用。这些组织中摄取的葡萄糖的利用、代谢各异。某些组织用其氧化供能;肝、肌肉用其合成糖原;脂肪组织和肝可将其转变为甘油三酯等。

以上这些代谢过程在机体不断地进行,但是在不同状态下有很大的差异,这与机体能量来源、消耗等有关。糖代谢的调节不是孤立的,它还涉及脂肪及氨基酸的代谢。血糖水平保持恒定是糖、脂肪、氨基酸代谢协调的结果;也是肝、肌肉、脂肪组织等各器官组织代谢协调的结果。

二、血糖水平的平衡主要受到激素调节

调节血糖水平的激素主要有胰岛素、胰高血糖素、肾上腺素和糖皮质激素等。血糖水平的恒定是这些激素联合作用的结果。

(一)胰腺分泌胰岛素和胰高血糖素应对血糖的变化

胰腺的 β 细胞产生胰岛素(insulin);α 细胞产生胰高血糖素(glucagon)。当食用高碳水化合物时,葡萄糖从肠道进入血液使血糖升高,导致胰岛素分泌增加。胰岛素可促进血糖进入组织细胞氧化分解,合成肝糖原和转化成非糖物质,它还可通过抑制胰高血糖素的分泌抑制肝糖原分解和糖异生,从而达到迅速降低血糖的效果。当机体消耗血糖使其浓度降低时,胰岛素分泌减少而胰高血糖素分泌增加,从而促进肝糖原分解,升高血糖。但是胰高血糖素的分泌增加又对胰岛素的分泌起促进作用,胰高血糖素促进肝糖原分解的同时,胰岛素分泌增加很快发挥相反的降血糖作用。这样,通过拮抗作用使肝糖原分解缓慢进行,使血糖在正常浓度范围内保持较小幅度的波动。

1. 胰岛素是降低血糖的主要激素　胰腺释放的胰岛素主要受血液供给胰岛的血糖水平的调节。当血糖升高时,GLUT2 载体将葡萄糖运输至 β 细胞,被己糖激酶Ⅳ(葡萄糖激酶)转化为葡萄糖-6-磷酸后进入糖酵解。葡萄糖代谢活跃使 ATP 增加,导致细胞膜上 ATP 调控的 K^+ 通路关闭。K^+ 外流减少使细胞膜去极化,导致细胞膜上电压调控的 Ca^{2+} 通路开放。Ca^{2+} 流入触发细胞外排释放胰岛素。副交感神经和交感神经的刺激也能分别增加或者抑制胰岛素的释放。一个简单的反馈回路控制着激素分泌:胰岛素通过刺激各组织的葡萄糖摄入来降低血糖;而血糖的降低,可使己糖激酶所催化的反应减弱而被 β 细胞检测到,从而减少或者停止胰岛素的分泌。这个反馈调节持续不断地维持血糖浓度相对恒定。

胰岛素刺激骨骼肌和脂肪组织的葡萄糖摄入,葡萄糖转化成葡萄糖-6-磷酸。在肝内,胰岛素激活糖原合酶,使糖原磷酸化酶失活,促进糖原合成。

胰岛素还能刺激过剩燃料的储存,例如以脂肪的形式储存。在肝中,胰岛素可激活糖酵解途径将葡萄糖-6-磷酸氧化成丙酮酸,也可促进丙酮酸氧化成乙酰 CoA。如果不需要进一步氧化分解供能,乙酰 CoA 在肝中就被用于合成脂肪酸,这些脂肪酸再生成甘油三酯以血浆极低密度脂蛋白(VLDL)的形式输出至全身组织。VLDL 甘油三酯释放的脂肪酸可被脂肪细胞摄入,胰岛素可促进脂肪细胞利用这些脂肪酸合成甘油三酯。简单地说,胰岛素促使多余的血糖转变成两种储存形式——糖原(存在于肝和骨骼肌)和甘油三酯(存在于脂肪组织)。

2. 胰高血糖素是升高血糖的主要激素　血糖升高或血内氨基酸升高可刺激胰高血糖素的分泌。当饮食中碳水化合物摄取几个小时后,大脑和其他器官氧化葡萄糖的作用可导致血糖水平轻微降低。血糖降低触发胰高血糖素的分泌并减少胰岛素的释放。高蛋白食物也可刺激胰高血糖素的分泌。

胰高血糖素可通过几个方面的作用升高血糖。它能通过激活糖原磷酸化酶和使糖原合酶失活来刺激肝糖原的分解;这两种效应均是由 cAMP 依赖的关键酶磷酸化来实现的。胰高血糖素在肝中可抑制葡萄糖分解(糖酵解),促进葡萄糖(糖异生途径)合成。以上两种效应都与果糖-2,6-二磷酸的量减少有关。通过抑制果糖-6-磷酸激酶-2,激活果糖二磷酸酶-2,从而减少果糖-2,6-二磷酸的合成,后者是磷酸果糖激酶-1 最强的别构激活剂,又是果糖二磷酸酶-1 的抑制剂;于是糖酵解被抑制,糖异生加速。胰高血糖素也可通过依赖 cAMP 的磷酸化抑制肝内丙酮酸激酶的活性,从而阻止磷酸烯醇式丙酮酸转化为丙酮酸及丙酮酸进入三羧酸循环被氧化;而磷酸烯醇式丙酮酸的累积有利于糖异生。胰高血糖素通过刺激参加糖异生作用的磷酸烯醇式丙酮酸羧激酶的合成而使这种效果增强。

总之,在肝中胰高血糖素通过刺激糖原分解,促进糖异生及阻止糖酵解来输出葡萄糖,从而使血糖恢复到正常水平。

尽管调节的主要靶器官是肝,胰高血糖素也能作用于脂肪组织。它通过引起 cAMP 依赖的甘油三酯脂肪酶磷酸化,促使甘油三酯的释放。活化的脂肪酶释放游离脂肪酸,这些脂肪酸被运送至肝和其他组织,提供能量。胰高血糖素的作用就是通过肝刺激葡萄糖的合成和释放,动员脂肪组织释放脂肪酸来作为葡萄糖的替代品,给除了大脑以外的其他器官提供能量。胰高血糖素所有的作用都是通过 cAMP 依赖的蛋白磷酸化作用调控的。

（二）机体升高血糖的激素还有肾上腺素和糖皮质激素

1. 肾上腺素是强有力的升高血糖的激素　肾上腺素（adrenaline；epinephrine）是强有力的升高血糖的激素。给动物注射肾上腺素后血糖水平迅速升高，可持续几小时，同时血中乳酸水平也升高。肾上腺素的作用机制是通过肝和肌肉的细胞膜受体、cAMP、蛋白激酶级联激活磷酸化酶，加速糖原分解。在肝糖原分解为葡萄糖；在肌肉则经糖无氧氧化生成乳酸，并通过乳酸循环间接升高血糖水平。肾上腺素主要在应激状态下发挥调节作用；对经常性，尤其是进食情况引起的血糖波动没有生理意义。

2. 糖皮质激素可升高血糖　糖皮质激素（glucocorticoid）作用机制有三方面：①促进肌蛋白质分解而使糖异生的原料增多，同时使磷酸烯醇式丙酮酸羧激酶的合成加强，从而加速糖异生；②通过抑制丙酮酸的氧化脱羧，阻止体内葡萄糖的分解利用；③协同增强其他激素促进脂肪动员的效应，促进机体利用脂肪酸供能。

第九节　糖代谢异常与临床疾病

正常的糖代谢是维持机体正常生理功能的必要条件。糖代谢异常可导致机体功能的紊乱，严重时可导致疾病的发生。糖代谢异常主要包括葡萄糖贮存和动员的异常，以及血糖水平异常。

一、先天性酶缺陷导致糖原贮积症

糖原贮积症（glycogen storage disease）是一类遗传性代谢病，其特点为体内某些器官、组织中有大量糖原堆积。引起糖原贮积症的原因是患者先天性缺乏与糖原代谢有关的酶类。根据所缺陷的酶在糖原代谢中的作用，受累的器官部位不同，糖原的结构亦有差异，对健康或生命的影响程度也不同。例如，缺乏肝磷酸化酶时，婴儿仍可成长，肝糖原沉积导致肝大，并无严重后果。缺乏葡萄糖-6-磷酸酶，以致不能动用糖原维持血糖，则将引起严重后果。溶酶体的 α-葡萄糖苷酶可分解 α-1,4-糖苷键和 α-1,6-糖苷键。缺乏此酶所有组织均受损，常因心肌受损而突然死亡。糖原贮积症分型见表 7-2。

表 7-2　糖原贮积症分型

型别	缺陷的酶	受害器官、组织、细胞	糖原结构
I	葡萄糖-6-磷酸酶缺陷	肝、肾	正常
II	溶酶体 α1→4 和 1→6 葡萄糖苷酶	所有组织	正常
III	脱支酶缺失	肝、肌肉	分支多，外周糖链短
IV	分支酶缺失	所有组织	分支少，外周糖链特别长
V	肌磷酸化酶缺失	肌肉	正常
VI	肝磷酸化酶缺陷	肝	正常
VII	肌肉和红细胞磷酸果糖激酶缺陷	肌肉、红细胞	正常
VIII	肝磷酸化酶激酶缺陷	脑、肝	正常

二、糖代谢障碍导致血糖水平异常及糖尿病

正常人体内存在一整套精细的调节糖代谢的机制，在一次性食入大量葡萄糖之后，血糖水平不会出现大的波动和持续升高。人体对摄入的葡萄糖具有很大耐受能力的现象，称为葡萄糖耐量（glucose tolerance）或耐糖现象。临床上因糖代谢障碍可发生血糖水平紊乱。

（一）低血糖是指健康人群空腹血糖浓度低于 2.8mmol/L

健康人群血糖浓度低于 2.8mmol/L（糖尿病患者空腹血糖浓度低于 3.9mmol/L）称为低血糖

（hypoglycemia）。低血糖影响脑的正常功能，因为脑细胞所需的能量主要来自葡萄糖的氧化。当血糖水平过低时，就会影响脑细胞的功能，从而出现头晕、倦怠无力、心悸等，严重时出现昏迷，称为低血糖休克。如不及时给患者静脉补充葡萄糖，可导致死亡。出现低血糖的病因有：①胰源性（胰岛 β-细胞功能亢进、胰岛 α-细胞功能低下等）；②肝源性（肝癌、糖原贮积症等）；③内分泌异常（垂体功能低下、肾上腺皮质功能低下等）；④肿瘤（胃癌等）；⑤饥饿或不能进食者等。

（二）高血糖是指空腹血糖高于 7.0mmol/L

空腹血糖浓度高于 7.0mmol/L 称为高血糖（hyperglycemia）。当血糖浓度高于 8.96~10.08mmol/L，则超过了肾小管的重吸收能力，则可出现糖尿，这一血糖水平称为肾糖阈。持续性高血糖和糖尿，特别是空腹血糖和糖耐量曲线高于正常范围主要见于糖尿病（diabetes mellitus）。遗传性胰岛素受体缺陷也可引起糖尿病的临床表现。某些慢性肾炎、肾病综合征等引起肾对糖的重吸收障碍也可出现糖尿，但血糖及糖耐量曲线均正常。生理性高血糖和糖尿可因情绪激动、交感神经兴奋、肾上腺素分泌增加，从而使得肝糖原大量分解所致。临床上静脉滴注葡萄糖速度过快，也可使血糖迅速升高并出现糖尿。

（三）糖尿病是最常见的糖代谢紊乱疾病

糖尿病是一种因部分或完全胰岛素缺失，或细胞胰岛素受体减少，或受体敏感性降低导致的疾病，它是除了肥胖症之外最常见的内分泌紊乱性疾病。

由于胰岛素调节血糖水平，故糖尿病患者的血糖水平升高。当血糖水平超过肾糖阈，则使葡萄糖从尿液中排出。糖尿病的特征即为高血糖和糖尿。临床上将糖尿病分为两型，胰岛素依赖型（1 型）和非胰岛素依赖型（2 型）。1 型多发生于青少年，主要与遗传有关，定位于人类组织相容性复合体上的单个基因或基因群，是自身免疫病。2 型糖尿病和肥胖关系密切，可能是由细胞膜上胰岛素受体丢失所致。

糖尿病常伴有多种并发症，包括视网膜毛细血管病变、白内障以及神经轴突萎缩和脱髓鞘（导致运动神经元、传感器和自主神经功能障碍）、动脉硬化性疾病和肾病。这些并发症的严重程度与血糖水平升高的程度直接相关。

三、高糖刺激产生损伤细胞的生物学效应

引起糖尿病并发症的生化机制仍不太清楚，目前认为血中持续的高糖刺激能够使细胞生成晚期糖化终产物（advanced glycation end product，AGE），同时发生氧化应激。例如，红细胞通过葡萄糖转运体 GLUT1 摄取血中的葡萄糖，首先使血红蛋白的氨基发生不依赖酶的糖化作用（hemoglobin glycation），生成糖化血红蛋白（glycated hemoglobin，GHB），此过程与酶催化的糖基化反应（glycosylation）不同。GHB 可进一步反应生成 AGE，如羧甲基赖氨酸、甲基乙二醛等，它们与体内多种蛋白发生广泛交联，对肾、视网膜、心血管等造成损伤。AGE 还能被其受体（AGER）识别，激活多条信号通路，产生活性氧而诱发氧化应激，使细胞内多种酶类、脂质等发生氧化，从而丧失正常的生理功能。氧化应激又可进一步促进 AGE 的形成及交联，二者交互作用，共同参与糖尿病并发症的发生与发展。

红细胞的寿命约为 120 天，因此糖化血红蛋白（GHB）的数量可间接反映血糖的平均浓度，比利用葡萄糖氧化酶进行血糖的实时检测更为简便。一般来说，正常情况下，GHB 约占血红蛋白总量的 5%，相当于 120mg/100ml；糖尿病未经治疗时，GHB 最高可达到血红蛋白总量的 13%，相当于 300mg/100ml；治疗糖尿病时，最佳方案是将 GHB 控制在血红蛋白总量的 7% 左右。

小结

糖类的主要生物学功能是在机体代谢中提供能源和碳源，也是组织和细胞结构的重要组成成分。

　　葡萄糖的分解代谢主要包括无氧氧化、有氧氧化和戊糖磷酸途径。糖原合成与分解是葡萄糖在体内储存和动用的方式,糖异生是体内合成葡萄糖的途径。

　　糖无氧氧化是在不需氧情况下葡萄糖生成乳酸的过程,在胞质溶胶中进行,分两个阶段:即糖酵解和丙酮酸还原成乳酸。糖酵解阶段有底物水平磷酸化,生成ATP。糖酵解的关键酶是磷酸果糖激酶-1、丙酮酸激酶、己糖激酶。

　　糖有氧氧化是指葡萄糖在有氧条件下彻底氧化生成水和 CO_2 的反应过程;在胞质溶胶和线粒体中进行,分三个阶段:糖酵解,丙酮酸氧化脱羧生成乙酰CoA,三羧酸循环和氧化磷酸化。除了通过底物水平磷酸化产生ATP,三羧酸循环主要产生NADH和$FADH_2$,经氧化磷酸化产生更多的ATP。糖有氧氧化的关键酶包括磷酸果糖激酶-1、丙酮酸激酶、己糖激酶、丙酮酸脱氢酶复合体、柠檬酸合酶、异柠檬酸脱氢酶、α-酮戊二酸脱氢酶。

　　戊糖磷酸途径在胞质溶胶中进行,产生磷酸核糖和NADPH。关键酶是葡萄糖-6-磷酸脱氢酶。

　　肝糖原和肌糖原是体内糖的储存形式。肝糖原在饥饿时补充血糖,肌糖原通过无氧氧化为肌收缩供能。糖原合成与分解的关键酶分别为糖原合酶、糖原磷酸化酶。

　　糖异生是指非糖物质在肝和肾转变为葡萄糖或糖原的过程,饥饿时补充血糖。关键酶是丙酮酸羧化酶、磷酸烯醇式丙酮酸羧激酶、果糖二磷酸酶-1、葡萄糖-6-磷酸酶。

　　血糖是指血中的葡萄糖。血糖水平相对恒定,受多种激素的调控。胰岛素具有降低血糖的作用;而胰高血糖素、肾上腺素、糖皮质激素有升高血糖的作用。糖代谢紊乱可导致高血糖及低血糖,糖尿病是最常见的糖代谢紊乱疾病。

(陈　娟)

思考题

　　1. 请比较甘油、乳酸、丙酮酸、草酰乙酸、α-酮戊二酸、异柠檬酸彻底分解产能情况。

　　2. 在进食、饥饿不同情况下,肝是如何维持血糖恒定的?

　　3. 剧烈运动时,肌肉收缩产生大量的乳酸,试述其主要代谢去路。

　　4. 1型糖尿病病因是胰岛 β 细胞功能障碍,导致胰岛素分泌减少。试结合胰岛素对糖、脂代谢的调节作用,分析患者体内可能发生哪些糖、脂代谢的异常?

第八章

脂 质 代 谢

【本章要点】

1. 脂质的组成及基本特性；

2. 脂质的消化吸收过程；

3. 脂肪动员，脂肪酸 β-氧化，酮体的生成、利用及其调节；

4. 甘油三酯及脂肪酸的合成及其调节；

5. 磷脂及胆固醇代谢概述；

6. 血浆脂蛋白及其代谢。

生物体内的脂质（lipid）种类多、结构复杂，决定了脂质生物学功能的多样性和复杂性。脂质分子不由基因编码，独立于从基因到蛋白质的遗传信息系统之外，不易溶于水是其最基本的特性，决定了脂质在以基因到蛋白质为遗传信息系统、以水为基础环境的生命体内的特殊性，也决定了脂质在生命活动或疾病发生发展中作用的独特性。一些原来认为与脂质关系不大甚至不相关的生命现象和疾病，可能与脂质及其代谢关系十分密切。近年来种种迹象表明，在分子生物学取得重大进展基础上，脂质及其代谢研究正再次成为生命科学、医学和药学等的前沿领域。

> 框 8-1
>
> ### 脂质在生命活动和疾病的发生发展过程中发挥着独特的作用
>
> 1904 年 Knoop F. 通过动物实验首先提出了脂肪酸 β-氧化假说，1944 年 LeLoir L. 采用无细胞体系验证了 β-氧化机制，1953 年 Lehninger A. 发现 β-氧化在线粒体进行，"活泼乙酸"即乙酰辅酶 A 的发现（Lynen F.，1951 年）揭示了脂肪酸分解供能过程。放射性核素示踪技术的应用证明乙酰辅酶 A 是脂肪酸生物合成的基本原料，丙二酸单酰辅酶 A 的发现演绎了脂肪酸生物合成过程（1950 年）。血浆不同密度脂蛋白（1930—1970 年）、脂蛋白受体（1960—1970 年）的陆续发现，揭示了血浆脂质的运输和代谢。脂质作为细胞信号传递分子的发现和脂质代谢异常在动脉粥样硬化、心脑血管疾病发生发展中作用的证实，表明脂质在正常生命活动、健康、疾病发生发展中发挥了十分重要的作用。脂质研究正再次成为生命科学和医药学最活跃的领域，在疾病发生发展中作用的研究正从脂蛋白异常血症、动脉粥样硬化、心脑血管疾病扩展到代谢性疾病、退行性疾病、免疫系统疾病、感染性疾病、神经精神疾病和肿瘤等。

第一节　脂质的构成、功能及分析

一、脂质是种类繁多、结构复杂的一类大分子物质

脂质是脂肪和类脂的总称。脂肪即甘油三酯（triglyceride，TG），也称三脂肪酰基甘油（triacylglycerol）。类脂包括固醇及其酯、磷脂和糖脂等。

(一)甘油三酯是甘油的脂肪酰酯

甘油三酯是甘油的三个羟基分别被相同或不同的脂肪酰酯化形成的酯,其脂肪酰链组成复杂,长度和饱和度多种多样。体内还存在甘油一酯(monoacylglycerol)和甘油二酯(diacylglycerol,DAG)。

$$
\begin{array}{llll}
\text{甘油} & \text{甘油一酯} & \text{甘油二酯} & \text{甘油三酯}
\end{array}
$$

(二)脂肪酸是脂肪烃的羧酸

脂肪酸(fatty acid)的结构通式为 $CH_3(CH_2)_nCOOH$。高等动、植物脂肪酸碳链长度一般在 14~20 之间,为偶数碳(表8-1)。脂肪酸系统命名法根据脂肪酸的碳链长度命名;碳链含双键,则标示其位置。Δ 编码体系从羧基碳原子起计双键位置,ω 或 n 编码体系从甲基碳原子起计双键位置。不含双键的脂肪酸为饱和脂肪酸(saturated fatty acid),不饱和脂肪酸(unsaturated fatty acid)含一个或以上双键。含一个双键的脂肪酸称为单不饱和脂肪酸(monounsaturated fatty acid);含两个及以上双键的脂肪酸称为多不饱和脂肪酸(polyunsaturated fatty acid)。根据双键位置,多不饱和脂肪酸分属于 ω-3、ω-6、ω-7 和 ω-9 四簇(表8-2)。高等动物体内的多不饱和脂肪酸由相应的母体脂肪酸衍生而来,但 ω-3、ω-6 和 ω-9 簇多不饱和脂肪酸不能在体内相互转化。

表 8-1　常见的脂肪酸

习惯名	系统名	碳原子数和双键数	簇	分子式
饱和脂肪酸				
月桂酸(lauric acid)	n-十二烷酸	12:0	—	$CH_3(CH_2)_{10}COOH$
豆蔻酸(myristic acid)	n-十四烷酸	14:0	—	$CH_3(CH_2)_{12}COOH$
软脂酸(palmitic acid)	n-十六烷酸	16:0	—	$CH_3(CH_2)_{14}COOH$
硬脂酸(stearic acid)	n-十八烷酸	18:0	—	$CH_3(CH_2)_{16}COOH$
花生酸(arachidic acid)	n-二十烷酸	20:0	—	$CH_3(CH_2)_{18}COOH$
山嵛酸(behenic acid)	n-二十二烷酸	22:0	—	$CH_3(CH_2)_{20}COOH$
木蜡酸(lignoceric acid)	n-二十四烷酸	24:0	—	$CH_3(CH_2)_{22}COOH$
单不饱和脂肪酸				
棕榈(软)油酸(palmitoleic acid)	9-十六碳一烯酸	16:1	ω-7	$CH_3(CH_2)_5CH=CH(CH_2)_7COOH$
油酸(oleic acid)	9-十八碳一烯酸	18:1	ω-9	$CH_3(CH_2)_7CH=CH(CH_2)_7COOH$
异油酸(vaccenic acid)	反式11-十八碳一烯酸	18:1	ω-7	$CH_3(CH_2)_5CH=CH(CH_2)_9COOH$
神经酸(nervonic acid)	15-二十四碳单烯酸	24:1	ω-9	$CH_3(CH_2)_7CH=CH(CH_2)_{13}COOH$
多不饱和脂肪酸				
亚油酸(linoleic acid)	9,12-十八碳二烯酸	18:2	ω-6	$CH_3(CH_2)_4(CH=CHCH_2)_2(CH_2)_6COOH$
α-亚麻酸(α-linolenic acid)	9,12,15-十八碳三烯酸	18:3	ω-3	$CH_3CH_2(CH=CHCH_2)_3(CH_2)_6COOH$

续表

习惯名	系统名	碳原子数和双键数	簇	分子式
γ-亚麻酸（γ-linolenic acid）	6,9,12-十八碳三烯酸	18：3	ω-6	$CH_3(CH_2)_4(CH=CHCH_2)_3(CH_2)_3COOH$
花生四烯酸（arachidonic acid）	5,8,11,14-二十碳四烯酸	20：4	ω-6	$CH_3(CH_2)_4(CH=CHCH_2)_4(CH_2)_2COOH$
timnodonic acid（EPA）	5,8,11,14,17-二十碳五烯酸	20：5	ω-3	$CH_3CH_2(CH=CHCH_2)_5(CH_2)_2COOH$
clupanodonic acid（DPA）	7,10,13,16,19-二十二碳五烯酸	22：5	ω-3	$CH_3CH_2(CH=CHCH_2)_5(CH_2)_4COOH$
cervonic acid（DHA）	4,7,10,13,16,19-二十二碳六烯酸	22：6	ω-3	$CH_3CH_2(CH=CHCH_2)_6CH_2COOH$

表 8-2　多不饱和脂肪酸

簇	母体多不饱和脂肪酸	结构
ω-7	软油酸	9-16：1
ω-9	油酸	9-18：1
ω-6	亚油酸	9,12-18：2
ω-3	亚麻酸	9,12,15-18：3

（三）磷脂可分为甘油磷脂和鞘磷脂两类

磷脂（phospholipid）由甘油或鞘氨醇、脂肪酸、磷酸和含氮化合物组成。含甘油的磷脂称为甘油磷脂（glycerophosphatide），结构通式如下。因取代基团-X 不同，形成不同的甘油磷脂（表 8-3）。

表 8-3　体内几种重要的甘油磷脂

HO-X	X 取代基团	甘油磷脂名称
水	—H	磷脂酸
胆碱	$-CH_2CH_2\overset{+}{N}(CH_3)_3$	磷脂酰胆碱（卵磷脂）
乙醇胺	$-CH_2CH_2\overset{+}{N}H_3$	磷脂酰乙醇胺（脑磷脂）
丝氨酸	$-CH_2CH-COO^-$ 上有 $\overset{+}{N}H_3$	磷脂酰丝氨酸
肌醇		磷脂酰肌醇
甘油	$-CH_2CHOHCH_2OH$	磷脂酰甘油

续表

HO-X	X 取代基团	甘油磷脂名称
磷脂酰甘油	CH_2OCOR_1 R_2OCOCH $-CH_2CHOHCH_2O-\overset{O}{\underset{O^-}{\overset{\|}{\underset{\|}{P}}}}-OCH_2$	二磷脂酰甘油(心磷脂)

含鞘氨醇(sphingosine)或二氢鞘氨醇(dihydrosphingosine,sphinganine)的磷脂称为鞘脂。鞘氨醇的氨基以酰胺键与 1 分子脂肪酸结合成神经酰胺(ceramide),为鞘脂的母体结构。鞘脂的结构通式如下,因取代基-X 不同,可分为鞘磷脂(sphingophospholipid)和鞘糖脂(sphingoglycolipid)两类。鞘磷脂的取代基为磷酸胆碱或磷酸乙醇胺,鞘糖脂的取代基为葡萄糖、半乳糖或唾液酸等。

神经酰胺　　　　　　　　　　鞘脂

(四)胆固醇以环戊烷多氢菲为基本结构

胆固醇属类固醇(steroid)化合物,由环戊烷多氢菲(perhydrocylopentanophenanthrene)母体结构衍生形成。因 C_3 羟基氢是否被取代或 C_{17} 侧链(一般为 8~10 个碳原子)不同而衍生出不同的类固醇。动物体内最丰富的类固醇化合物是胆固醇(cholesterol),植物不含胆固醇而含植物固醇,以 β-谷固醇(β-sitosterol)最多,酵母含麦角固醇(ergosterol)。

环戊烷多氢菲　　　　　胆固醇

β-谷固醇　　　　　麦角固醇

二、脂质具有多种复杂的生物学功能

(一)甘油三酯是机体重要的能源物质

由于性质独特,甘油三酯是机体重要供能和储能物质。第一,甘油三酯氧化分解产能多,1g 甘油三酯彻底氧化可产生 38kJ 能量,而 1g 蛋白质或 1g 碳水化合物彻底氧化只产生 17kJ 能量;第二,甘油三酯疏水,储存时不带水分子,占体积小;第三,机体有专门的储存组织——脂肪组织。甘油三酯是脂肪酸的重要储存库。甘油二酯还是重要的细胞信号分子。

(二)脂肪酸具有脂肪酰化作用并能衍生成具有重要生理活性的衍生物

脂肪酸能脂肪酰化甘油、胆固醇,生成脂肪、磷脂和胆固醇酯,也能脂肪酰化蛋白质等生物大分子,改变其特性,调节其生物学功能。一些多不饱和脂肪酸具有更多、更复杂的生理功能。

1. 必需脂肪酸由食物提供　人体自身不能合成,必须由食物提供的脂肪酸称为必需脂肪酸(essential fatty acid)。人体缺乏 Δ^9 及以上去饱和酶,不能合成亚油酸(18:2,$\Delta^{9,12}$)、α-亚麻酸(18:3,$\Delta^{9,12,15}$),必须从含有 Δ^9 及以上去饱和酶的植物性食物中获得,为必需脂肪酸。花生四烯酸(20:4,$\Delta^{5,8,11,14}$)虽能在人体以亚油酸为原料合成,但消耗必需脂肪酸,也有将其归为必需脂肪酸。

2. 多不饱和脂肪酸可衍生为生物活性物质　前列腺素、血栓噁烷、白三烯是二十碳多不饱和脂肪酸衍生物。前列腺素(prostaglandin,PG)以前列腺酸(prostanoic acid)为基本骨架,有一个五碳环和两条侧链(R_1 及 R_2)。

花生四烯酸　　　　　　　　　前列腺酸
($20:4,\Delta^{5,8,11,14}$)

根据五碳环上取代基团和双键位置不同,前列腺素分为 PGA~PGI 共 9 型。体内 PGA、PGE 及 PGF 较多。

前列腺素 R_1 及 R_2 侧链的双键数目在字母右下角标示。根据双键数目,前列腺素又分为 1、2、3 类。PGG_2 和 PGH_2 是 PG 合成的中间产物。PGI_2 带双环,除五碳环外,还有一个含氧的五碳环,又称为前列腺环素(prostacyclin)。

1类　　　　　　　　2类　　　　　　　　3类

PGF$_1$α　　　　　　　　　　PGF$_2$α

血栓噁烷（thromboxane A_2，TXA_2）有前列腺酸样骨架但又不同，五碳环被含氧噁烷取代。

$$血栓噁烷A_2$$

白三烯（leukotriene，LT）不含前列腺酸骨架，有 4 个双键，所以在 LT 右下角标以 4。白三烯合成的初级产物为 LTA_4，在 5、6 位上有一氧环。如在 12 位加水引入羟基，并将 5、6 位环氧键断裂，则为 LTB_4。如 LTA_4 的 5、6 位环氧键打开，6 位与谷胱甘肽反应则可生成 LTC_4、LTD_4 及 LTE_4 等衍生物。过敏反应慢反应物质（slow reacting substances of anaphylatoxis，SRS-A）就是这 3 种衍生物的混合物。

$$白三烯A_4（LTA_4）$$

前列腺素、血栓噁烷和白三烯具有很强生物活性。PGE_2 能诱发炎症，促进局部血管扩张，使毛细血管通透性增加，引起红、肿、热、痛等症状。PGE_2、PGA_2 能使动脉平滑肌舒张，有降血压作用。PGE_2 及 PGI_2 能抑制胃酸分泌，促进胃肠平滑肌蠕动。卵泡产生的 PGE_2、$PGF_{2\alpha}$ 在排卵过程中起重要作用。$PGF_{2\alpha}$ 可使卵巢平滑肌收缩，引起排卵。子宫释放的 $PGF_{2\alpha}$ 能使黄体溶解。分娩时子宫内膜释出的 $PGF_{2\alpha}$ 能使子宫收缩加强，促进分娩。

血小板产生的 TXA_2、PGE_2 能促进血小板聚集和血管收缩，促进凝血及血栓形成。血管内皮细胞释放的 PGI_2 有很强的舒血管及抗血小板聚集作用，抑制凝血及血栓形成。可见 PGI_2 有抗 TXA_2 作用。北极地区因纽特人摄食富含甘碳五烯酸的海水鱼类食物，能在体内合成 PGE_3、PGI_3 及 TXA_3。PGI_3 能抑制花生四烯酸从膜磷脂释放，抑制 PGI_2 及 TXA_2 合成。由于 PGI_3 活性与 PGI_2 相同，而 TXA_3 活性较 TXA_2 弱得多，因此因纽特人抗血小板聚集/抗凝血作用较强，被认为是他们不易患心肌梗死的重要原因之一。

过敏反应慢反应物质（SRS-A）是 LTC_4、LTD_4 及 LTE_4 的混合物，其支气管平滑肌收缩作用较组胺、$PGF_{2\alpha}$ 强 100~1 000 倍，作用缓慢而持久。LTB_4 能调节白细胞功能，促进其游走及趋化作用，刺激腺苷酸环化酶，诱发多形核白细胞脱颗粒，使溶酶体释放水解酶类，促进炎症及过敏反应发展。IgE 与肥大细胞表面受体结合后，可引起肥大细胞释放 LTC_4、LTD_4 及 LTE_4。这 3 种物质能引起支气管及胃肠平滑肌剧烈收缩，LTD_4 还能使毛细血管通透性增加。

（三）磷脂是重要的结构成分和信号分子

1. 磷脂是构成生物膜的重要成分　磷脂分子具有亲水端和疏水端，在水溶液中可聚集成脂质双层，是生物膜的基础结构。细胞膜中能发现几乎所有的磷脂，甘油磷脂中以磷脂酰胆碱（phosphatidylcholine，PC）、磷脂酰乙醇胺（phosphatidylethanolamine，PE）、磷脂酰丝氨酸（phosphatidylserine）含量最高，而鞘磷脂中以神经鞘磷脂为主。各种磷脂在不同生物膜中所占比例不同。磷脂酰胆碱（也称卵磷脂，lecithin）是细胞膜的主要成分之一，心磷脂（cardiolipin）是线粒体膜的主要脂质。

2. 磷脂酰肌醇是第二信使的前体　磷脂酰肌醇（phosphatidylinositol）4、5 位被磷酸化生成的磷脂酰肌醇-4,5-二磷酸（phosphatidylinositol-4,5-bisphosphate，PIP_2）是细胞膜磷脂的重要成分，主要存在于细胞膜的内层。在激素等刺激下可分解为甘油二酯（DAG）和三磷酸肌醇（inositol triphosphate，IP_3），均能在胞内传递细胞信号。

（四）胆固醇是生物膜的重要成分和具有重要生物学功能类固醇物质的前体

1. 胆固醇是细胞膜的基本结构成分　胆固醇 C_3 羟基亲水，能在细胞膜中以该羟基存在于磷脂的极性端之间，疏水的环戊烷多氢菲和 C_{17} 侧链与磷脂的疏水端共存于细胞膜。胆固醇是动物细胞膜的另一基本结构成分，但亚细胞器膜含量较少。环戊烷多氢菲环使胆固醇比细胞膜其他脂质更强直，是决定细胞膜性质的重要分子。

2. 胆固醇可转化为一些具有重要生物学功能的类固醇化合物　体内一些内分泌腺，如肾上腺皮质、睾丸、卵巢等能以胆固醇（酯）为原料合成类固醇激素，胆固醇在肝可转变为胆汁酸，在皮肤可转化为维生素 D_3。

三、脂质组分的复杂性决定了脂质分析技术的复杂性

脂质是不溶于水的大分子有机化合物，加之组成多样、结构复杂，脂质的分析技术、方法通常也很复杂。一般需先提取分离，还可能需要进行酸、碱或酶处理，然后再根据其特点、性质和分析目的，选择不同分析方法进行分析。

（一）脂质提取一般采用有机溶剂

通常根据脂质的性质，采用不同的有机溶剂抽提不同的脂质，中性脂质用乙醚、三氯甲烷、苯等极性较小的有机溶剂抽提，膜脂用乙醇、甲醇等极性较大的有机溶剂抽提。血浆脂质的常规临床定量分析通常不需要抽提、分离，直接采用酶法测定。抽提获得的脂质为粗纯物，需进一步分离后分析。

（二）脂质分离可采用层析

层析也称色谱，是脂质分离最常用和最基本方法，有柱层析和薄层层析（thin-layer chromatography，TLC）两种形式。通常采用硅胶为固定相，三氯甲烷等有机溶剂为流动相。由于极性较高脂质（如磷脂）与硅胶的结合比极性较低、非极脂质（如甘油三酯）紧密，所以硅胶对不同极性脂质的吸附能力不同。抽提获得的混合脂质通过层析系统时，非极性脂质移动速度较极性脂质快，从而将不同极性脂质分离，用于下一步分析。

（三）根据分析目的和脂质性质选择分析方法

脂质分离后，常常需要进行定量或定性分析。层析后用碱性蕊香红、罗丹明或碘等染料显色，然后扫描显色的斑点可进行定量分析。也可通过显色斑点对比样品与已知脂质（标准品）的迁移率进行定性分析。还可以洗脱、收集层析分离的脂质，采用适当的化学方法（如滴定、比色等）测定含量。更精细的定量、定性分析，可根据分析目的和脂质性质，选用质谱法、红外分光光度法、荧光法、核磁共振、气-液色谱法（gas-liquid chromatography）等分析。

（四）复杂的脂质分析还需特殊处理

脂质的组成及结构复杂，对其分析常常需要特殊处理。如甘油三酯、胆固醇酯、磷脂中的脂肪酸多种多样、结构差异大。对其分析需经特殊处理，使其释放，再结合前述方法分析。甘油三酯、磷脂、胆固醇酯可用稀酸和碱处理使脂肪酸释放，鞘脂则需强酸处理才能释放脂肪酸。采用特定的磷脂酶可特异释放磷脂特定分子部位的脂肪酸。

第二节　脂质的消化吸收

一、胆汁酸盐协助脂质消化酶消化脂质

脂质不溶于水，在以水为基础环境的消化道，不能与消化酶充分接触。胆汁酸盐有较强乳化作用，能降低脂-水间的界面张力，将脂质乳化成细小微团（micelle），使脂质消化酶吸附在乳化微团的脂-水界面，极大地增加消化酶与脂质接触面积，促进脂质消化。含胆汁酸盐的胆汁、富含脂质消化酶的胰液分泌后进入十二指肠，所以小肠上段是脂质消化的主要场所。

胰腺分泌的脂质消化酶包括胰脂酶(pancreatic lipase)、辅脂酶(colipase)、磷脂酶 A_2(phospholipase A_2, PLA_2)和胆固醇酯酶(cholesterol esterase)。胰脂酶特异水解甘油三酯 1、3 位酯键,生成 2-甘油一酯(2-monoglyceride)及 2 分子脂肪酸。辅脂酶(M_r, 10kD)在胰腺泡以酶原形式存在,分泌入十二指肠腔后被胰蛋白酶从 N-端水解,移去五肽而激活。辅脂酶本身不具脂酶活性,但可通过疏水键与甘油三酯结合(K_d, 1×10^{-7}mol/L),通过氢键与胰脂酶结合(分子比为 1:1;K_d 值为 5×10^{-7}mol/L),将胰脂酶锚定在乳化微团的脂-水界面,使胰脂酶与脂肪充分接触,水解脂肪。辅脂酶还可防止胰脂酶在脂-水界面上变性、失活。可见,辅脂酶是胰脂酶发挥脂肪消化作用必不可少的辅因子。2-甘油一酯可被异构酶转变成 1-甘油一酯,继续被胰脂酶水解,生成脂肪酸和甘油。胰磷脂酶 A_2 催化磷脂 2 位酯键水解,生成脂肪酸(fatty acid)和溶血磷脂(lysophosphatide)。胆固醇酯酶水解胆固醇酯(cholesterol ester, CE),生成胆固醇(cholesterol)和脂肪酸。溶血磷脂、胆固醇可协助胆汁酸盐将食物脂质乳化成更小的混合微团(mixed micelle)。这种微团体积更小,极性更大,易穿过小肠黏膜细胞表面的水屏障被黏膜细胞吸收。

二、吸收的脂质主要通过淋巴系统进入血液循环

脂质消化产物主要在十二指肠下段及空肠上段被吸收。脂肪水解产生的 2-甘油一酯大部分被直接吸收,小部分被进一步异构、水解为甘油和脂肪酸。脂质消化产生的长链(12~26C)脂肪酸、胆固醇和溶血磷脂等,在小肠进入肠黏膜细胞。长链脂肪酸在小肠黏膜细胞首先被转化成脂肪酰 CoA(acyl-CoA),再在滑面内质网脂肪酰 CoA 转移酶(acyl-CoA transferase)催化下,由 ATP 供能,被转移至 2-甘油一酯羟基上,重新合成甘油三酯。最后与粗面内质网上合成的载脂蛋白(apolipoprotein, apo)B48、C、AI、AIV 等及磷脂、胆固醇共同组装成乳糜微粒(chylomicron, CM),被肠黏膜细胞分泌,经淋巴系统进入血液循环。少量中(6~10C)、短链(2~4C)脂肪酸及甘油,被肠黏膜细胞摄取后,通过门静脉进入血液循环。

三、脂质消化吸收在维持机体脂质平衡中具有重要作用

体内脂质过多,尤其是饱和脂肪酸、胆固醇过多,在肥胖、高脂血症(hyperlipidemia)、动脉粥样硬化(atherosclerosis)、2 型糖尿病(type 2 diabetes mellitus, T2DM)、高血压和肿瘤等疾病的发生发展中具有重要作用。小肠被认为是介于机体内、外脂质间的选择性屏障。脂质通过该屏障过多会导致其在体内堆积、代谢障碍,促进上述疾病发生。小肠的脂质消化、吸收能力具有很强的可塑性。脂质本身可刺激小肠,增强脂质消化吸收能力。这不仅能促进摄入增多时脂质的消化吸收,保障体内能量、必需脂肪酸、脂溶性维生素供应,也能增强机体对食物缺乏环境的适应能力。小肠脂质消化吸收能力调节的分子机制可能涉及小肠的特殊分泌物质或特异的基因表达产物,可能是预防体脂过多、治疗相关疾病、开发新药物、采用膳食干预措施的新靶标。

第三节 甘油三酯代谢

一、甘油三酯氧化分解产生大量 ATP 供机体需要

(一)储存脂肪的分解代谢从脂肪动员开始

脂肪动员(fat mobilization)指储存在白色脂肪细胞内的脂肪在脂肪酶作用下,逐步水解,释放游离脂肪酸和甘油供其他组织细胞氧化利用的过程(图 8-1)。

甘油三酯以脂滴(lipid droplet, LD)的形式存在于细胞中,脂滴表面有脂肪组织甘油三酯脂肪酶(adipose triglyceride lipase, ATGL)、Perilipin-1 等多种酶或蛋白质分子。胞质溶胶中有激素敏感性甘油三酯脂肪酶(hormone-sensitive triglyceride lipase, HSL)、也称激素敏感性脂肪酶(hormone sensitive

图 8-1   脂肪的动员

AC：腺苷酸环化酶；ATGL：脂肪组织甘油三酯脂肪酶；ATP：腺苷三磷酸；cAMP：环腺苷一磷酸；HSL：激素敏感性脂肪酶；MGL：甘油一酯脂肪酶；G_s：兴奋性 G 蛋白；PKA：蛋白激酶 A。

lipase，HSL）。早期认为，脂肪动员由激素敏感性脂肪酶催化完成，后来发现还需多种酶和蛋白质参与。脂肪在脂肪细胞内分解的第一步主要由脂肪组织甘油三酯脂肪酶催化，分解甘油三酯，生成甘油二酯及脂肪酸。第二步主要由激素敏感性脂肪酶催化，水解甘油二酯，生成甘油一酯和脂肪酸。最后在甘油一酯脂肪酶（monoacylglycerol lipase，MGL）的催化下，分解甘油一酯，生成甘油和脂肪酸。

脂肪动员由多种内、外刺激通过激素触发。当禁食、饥饿或交感神经兴奋时，肾上腺素、去甲肾上腺素、胰高血糖素等分泌增加，作用于白色脂肪细胞膜受体，激活腺苷酸环化酶，使腺苷酸环化成 cAMP，激活 cAMP 依赖蛋白激酶，使胞质溶胶内 Perilipin-1 和激素敏感性脂肪酶磷酸化。磷酸化 Perilipin-1 一方面激活脂肪组织甘油三酯脂肪酶，另一方面使因磷酸化而激活的激素敏感性脂肪酶从胞质溶胶转移至脂滴表面，它们的共同作用将甘油三酯水解成甘油一酯和脂肪酸，最后由甘油一酯脂肪酶水解成甘油和脂肪酸。这些能够激活脂肪酶、促进脂肪动员的激素称为脂解激素。而胰岛素、前列腺素 E_2 等能对抗脂解激素的作用，降低脂肪酶活性，抑制脂肪动员，称为抗脂解激素。

游离脂肪酸不溶于水，不能直接在血浆中运输。血浆清蛋白具有结合游离脂肪酸的能力（每分子清蛋白可结合 7 分子游离脂肪酸），能将脂肪酸运送至全身，主要由心、肝、骨骼肌等摄取利用。

（二）甘油转变为甘油-3-磷酸后被利用

甘油可直接经血液运输至肝、肾、肠等被利用。在甘油激酶（glycerokinase）作用下，甘油转变为甘油-3-磷酸；然后脱氢生成磷酸二羟丙酮，循糖代谢途径分解或转变为葡萄糖。肝的甘油激酶活性最高，脂肪动员产生的甘油主要被肝摄取利用，而脂肪组织及骨骼肌因甘油激酶活性很低，对甘油的摄取利用很有限。

$$CH_2OH$$
$$HO{-}CH$$
$$CH_2OH$$
甘油

$$\xrightarrow[\text{甘油激酶}]{ATP \quad ADP}$$

$$CH_2OH$$
$$HO{-}CH$$
$$CH_2O{-}\textcircled{P}$$
甘油磷酸

$$\xleftrightarrow[\text{甘油磷酸脱氢酶}]{NAD^+ \quad NADH+H^+}$$

$$CH_2OH$$
$$C{=}O$$
$$CH_2O{-}\textcircled{P}$$
磷酸二羟丙酮

$$\longleftrightarrow \text{糖酵解}$$

（三）β-氧化是脂肪酸分解的核心过程

> **框 8-2**
>
> #### 脂肪酸 β-氧化学说
>
> 　　1904 年,Knoop F. 采用不能被哺乳动物分解的苯基标记脂肪酸 ω-甲基,喂饲犬并检测尿液中的代谢产物。发现不论碳链长短,如果标记脂肪酸碳原子的数量为偶数,尿中排出苯乙酸;如果标记脂肪酸碳原子的数量是奇数,尿中排出苯甲酸。据此,Knoop F. 提出脂肪酸在体内氧化分解从羧基端 β-碳原子开始,每次断裂 2 个碳原子,即"β-氧化学说"。

　　除脑组织外,大多数组织均能氧化分解脂肪酸,以肝组织、心肌、骨骼肌能力最强。在 O_2 供充足时,脂肪酸可经脂肪酸活化、转移至线粒体、β-氧化（β-oxidation）生成乙酰 CoA 及乙酰 CoA 进入三羧酸循环彻底氧化 4 个阶段,释放大量 ATP。

　　1. 脂肪酸活化为脂肪酰 CoA　脂肪酸被氧化分解前必须先活化,由内质网、线粒体外膜上的脂肪酰 CoA 合成酶（acyl-CoA synthetase）催化生成脂肪酰 CoA,需 ATP、CoA-SH 及 Mg^{2+} 参与。

$$\text{脂肪酸+CoA-SH} \xrightarrow[\underset{ATP \qquad AMP}{Mg^{2+}}]{\text{脂肪酰CoA合成酶}} \text{脂肪酰CoA+PP}_i$$

　　脂肪酰 CoA 含高能硫酯键,不仅可提高反应活性,还可增加脂肪酸的水溶性,因而提高脂肪酸代谢活性。活化反应生成的焦磷酸（PP_i）立即被细胞内焦磷酸化酶水解,可阻止逆向反应进行,故 1 分子脂肪酸活化实际上消耗 2 个高能磷酸键。

　　2. 脂肪酰 CoA 进入线粒体　催化脂肪酸氧化分解的酶系存在于线粒体基质,活化的脂肪酰 CoA 必须进入线粒体才能被氧化分解。脂肪酰 CoA 不能直接透过线粒体内膜,需要肉碱（carnitine,或称 L-β 羟-γ-三甲氨基丁酸）协助转运。线粒体外膜存在的肉碱脂肪酰转移酶 I（carnitine acyltransferase I）催化脂肪酰 CoA 与肉碱合成脂肪酰肉碱（acyl carnitine）,后者在线粒体内膜肉碱-脂肪酰肉碱转位酶（carnitine-acylcarnitine translocase deficiency）作用下,通过内膜进入线粒体基质,同时将等分子肉碱转运出线粒体。进入线粒体的脂肪酰肉碱,在线粒体内膜内侧肉碱脂肪酰转移酶 II 作用下,转变为脂肪酰 CoA 并释出肉碱（图 8-2）。

　　脂肪酰 CoA 进入线粒体是脂肪酸 β-氧化的限速步骤,肉碱脂肪酰转移酶 I 是脂肪酸 β-氧化的关键酶。当饥饿、高脂低糖膳食或糖尿病时,机体没有充足的糖供应,或不能有效利用糖,需脂肪酸供能,肉碱脂肪酰转移酶 I 活性增加,脂肪酸氧化分解增强。相反,饱食后脂肪酸合成加强,丙二酸单酰 CoA 含量增加,抑制肉碱脂肪酰转移酶 I 活性,使脂肪酸的氧化分解被抑制。

　　3. 脂肪酰 CoA 分解产生乙酰 CoA、FADH$_2$ 和 NADH　线粒体基质中存在由多个酶结合在一起形成的脂肪酸 β-氧化酶系,在该酶系多个酶顺序催化下,从脂肪酰基 β-碳原子开始,进行脱氢、加水、

图 8-2　脂肪酰 CoA 进入线粒体的机制

再脱氢及硫解四步反应(图 8-3),完成一次 β-氧化。

(1)脱氢生成烯脂肪酰 CoA:脂肪酰 CoA 在脂肪酰 CoA 脱氢酶(acyl-CoA dehydrogenase)催化下,从 α、β 碳原子各脱下一个氢原子,由 FAD 接受生成 $FADH_2$,同时生成反式-Δ^2-烯脂肪酰 CoA。

(2)加水生成羟脂肪酰 CoA:反式-Δ^2-烯脂肪酰 CoA 在烯脂肪酰 CoA 水化酶(enoyl-CoA hydratase)催化下,加水生成 L-β-羟脂肪酰 CoA。

(3)再脱氢生成 β-酮脂肪酰 CoA:L-β-羟脂肪酰 CoA 在 β-羟脂肪酰 CoA 脱氢酶(β-hydroxyacyl CoA dehydrogenase)催化下,脱下 2H,由 NAD^+ 接受生成 $NADH+H^+$,同时生成 β-酮脂肪酰 CoA。

(4)硫解产生乙酰 CoA:β-酮脂肪酰 CoA 在酮脂肪酰 CoA 硫解酶(ketoacyl-CoA-thiolase)催化下,加 CoA-SH 使碳链在 β 位断裂,生成 1 分子乙酰 CoA 和少 2 个碳原子的脂肪酰 CoA。

经过上述四步反应,脂肪酰 CoA 的碳链被缩短 2 个碳原子。脱氢、加水、再脱氢及硫解反复进行,最终完成脂肪酸 β-氧化。生成的 $FADH_2$、NADH 经呼吸链氧化,与 ADP 磷酸化偶联,产生 ATP。生成的乙酰 CoA 在线粒体通过三羧酸循环彻底氧化;在肝中乙酰 CoA 还转变成酮体,通过血液运送至肝外组织氧化利用。

4. 脂肪酸氧化分解是机体 ATP 的重要来源　脂肪酸彻底氧化分解生成大量 ATP。以软脂酸为例,1 分子软脂酸彻底氧化分解需进行 7 次 β-氧化,生成 7 分子 $FADH_2$、7 分子 NADH 及 8 分子乙酰 CoA。在 pH 7.0、25℃的标准条件下氧化磷酸化,每分子 $FADH_2$ 产生 1.5 分子 ATP;每分子 NADH 产生 2.5 分子 ATP;每分子乙酰 CoA 经三羧酸循环彻底氧化产生 10 分子 ATP。因此 1 分子软脂酸彻底分解氧化共生成$(7 \times 1.5)+(7 \times 2.5)+(8 \times 10)=108$分子 ATP。因为脂肪酸活化消耗 2 个高能磷酸键,相当于 2 分子 ATP,所以 1 分子软脂酸彻底分解氧化净生成 106 分子 ATP。

(四)不同的脂肪酸有不同的氧化方式

1. 不饱和脂肪酸 β-氧化需转变构型　不饱和脂肪酸也在线粒体进行 β-氧化。不同的是,饱和脂肪酸 β-氧化产生的烯脂肪酰 CoA 是反式 Δ^2 烯脂肪酰 CoA,而天然不饱和脂肪酸中的双键是顺式。因双键位置不同,不饱和脂肪酸 β-氧化产生的顺式 Δ^3 烯脂肪酰 CoA 或顺式 Δ^2 烯脂肪酰 CoA 不能继续 β-氧化。顺式 Δ^3 烯脂肪酰 CoA 在线粒体特异 Δ^3 顺→Δ^2 反烯脂肪酰 CoA 异构酶(Δ^3-cis→Δ^2-trans enoyl-CoA isomerase)催化下转变为 β-氧化酶系能识别的反式 Δ^2 构型,继续 β-氧化。顺式 Δ^2 烯脂肪酰 CoA 虽然也能水化,但形成的 D(−)-β-羟脂肪酰 CoA 不能被线粒体 β-氧化酶系识别。在 D(−)-β-羟脂肪酰 CoA 表异构酶(epimerase,又称差向异构酶)催化下,右旋异构体[D(−)型]转变为 β-氧化酶系能识别的左旋异构体[L(+)型],继续 β-氧化。

2. 超长碳链脂肪酸需先在过氧化物酶体氧化成较短碳链脂肪酸　过氧化物酶体(peroxisome)存在脂肪酸 β-氧化的同工酶系,能将超长碳链脂肪酸(如 C_{20}、C_{22})氧化成较短碳链脂肪酸。氧化第一步

图 8-3　脂肪酸的 β-氧化

反应在以 FAD 为辅基的脂肪酸氧化酶作用下脱氢,脱下的氢与 O_2 结合成 H_2O_2,而不是进行氧化磷酸化;进一步反应释出较短碳链脂肪酸,在线粒体内 β-氧化。

3. 丙酰 CoA 转变为琥珀酰 CoA 进行分解氧化　人体含有极少量奇数碳原子脂肪酸,经 β-氧化生成丙酰 CoA;支链氨基酸氧化分解亦可产生丙酰 CoA。丙酰 CoA 彻底分解氧化需经 β-羧化酶及异构酶作用,转变为琥珀酰 CoA,进入三羧酸循环彻底氧化。

4. 脂肪酸氧化还可从甲基端进行　即 ω-氧化(ω-oxidation)。与内质网紧密结合的脂肪酸 ω-氧化酶系由羟化酶、脱氢酶、NADP、NAD^+ 及细胞色素 P_{450} (cytochrome P_{450},Cyt P_{450})等组成。脂肪酸 ω-甲基碳原子在脂肪酸 ω-氧化酶系作用下,经 ω-羟基脂肪酸、ω-醛基脂肪酸等中间产物,形成 α,ω-二羧酸。这样,脂肪酸就能从任一端活化并进行 β-氧化。

（五）脂肪酸在肝分解可产生酮体

脂肪酸在肝内 β-氧化产生的大量乙酰 CoA，还被转变成酮体（ketone body），向肝外输出。酮体包括乙酰乙酸（acetoacetate；30%）、β-羟丁酸（β-hydroxybutyrate；70%）和丙酮（acetone；微量）。

1. 酮体在肝生成　酮体生成以脂肪酸 β-氧化产生的乙酰 CoA 为原料，在肝线粒体由酮体合成酶系催化完成（图 8-4）。

图 8-4　酮体的生成

（1）2 分子乙酰 CoA 缩合成乙酰乙酰 CoA：由乙酰乙酰 CoA 硫解酶（thiolase）催化，释放 1 分子 CoA-SH。

（2）乙酰乙酰 CoA 与乙酰 CoA 缩合成羟基甲基戊二酸单酰 CoA：由 3-羟基 3-甲基戊二酸单酰 CoA 合酶（3-hydroxy-3-methyl glutaryl CoA synthase，HMG-CoA synthase）催化，生成 3-羟基 3-甲基戊二酸单酰 CoA（3-hydroxy-3-methyl glutaryl CoA，HMG-CoA），释放出 1 分子 CoA-SH。

（3）HMG-CoA 裂解产生乙酰乙酸：在 HMG-CoA 裂解酶（HMG-CoA lyase）作用下完成，生成乙酰乙酸和乙酰 CoA。

（4）乙酰乙酸还原成 β-羟丁酸：由 NADH 供氢，在 β-羟丁酸脱氢酶（β-hydroxybutyrate dehydrogenase）催化下完成。

少量乙酰乙酸无须酶的催化可以直接转变成丙酮。

2. 酮体在肝外组织氧化利用　肝组织有活性较强的酮体合成酶系，但缺乏利用酮体的酶系。肝外许多组织具有活性很强的酮体利用酶，能将酮体重新裂解成乙酰 CoA，通过三羧酸循环彻底氧化。所以肝内生成的酮体需经血液运输至肝外组织氧化利用。

（1）乙酰乙酸利用需先活化：乙酰乙酸活化有两条途径。在心、肾、脑及骨骼肌线粒体，由琥珀酰 CoA 转硫酶（succinyl-CoA thiophorase）催化生成乙酰乙酰 CoA。

$$\text{乙酰乙酸} \quad \text{琥珀酸CoA} \xrightleftharpoons[]{\text{琥珀酰CoA转硫酶}} \text{乙酰乙酰CoA} \quad \text{琥珀酸}$$

在肾、心和脑线粒体，由乙酰乙酸硫激酶（acetoacetate thiokinase）催化，直接活化生成乙酰乙酸 CoA。

（2）乙酰乙酰 CoA 硫解生成乙酰 CoA：由乙酰乙酰 CoA 硫解酶（acetoacetyl-CoA thiolase）催化。

$$CH_3COCH_2CO{\sim}SCoA \xrightarrow[CoA\text{-}SH]{\text{乙酰乙酰CoA硫解酶}} 2CH_3CO{\sim}SCoA$$

β-羟丁酸的利用是先在 β-羟丁酸脱氢酶催化下，脱氢生成乙酰乙酸，再转变成乙酰 CoA 被氧化。正常情况下，丙酮生成量很少，可经肺呼出。

3. 酮体是肝向肝外组织输出能量的重要形式　酮体分子小，溶于水；能在血液中运输，还能通过血脑屏障、肌组织的毛细血管壁，很容易被运输到肝外组织利用。心肌和肾皮质利用酮体能力大于利用葡萄糖的能力。脑组织虽然不能氧化分解脂肪酸，却能有效利用酮体。当葡萄糖供应充足时，脑组织优先利用葡萄糖氧化供能；但在葡萄糖供应不足或利用障碍时，酮体是脑组织的主要能源物质。

正常情况下，血中仅含少量酮体，为 0.03~0.5mmol/L（0.3~5mg/dl）。在饥饿或糖尿病时，由于脂肪动员加强，酮体生成增加。严重糖尿病患者血中酮体含量可高出正常人数十倍，导致酮症酸中毒（ketoacidosis）。血酮体超过肾阈值，便可随尿排出，引起苯丙酮尿症（phenylketonuria，PKU）。此时，血丙酮含量也大大增加，通过呼吸道排出，产生特殊的"烂苹果气味"。

4. 酮体生成受激素及代谢物调节

（1）餐食状态影响酮体生成：饱食后胰岛素分泌增加，脂解作用受抑制，脂肪动员减少，酮体生成减少。饥饿时，胰高血糖素等脂解激素分泌增多，脂肪动员加强，脂肪酸 β-氧化及酮体生成增多。

（2）糖代谢影响酮体生成：餐后或糖供给充分时，糖分解代谢旺盛、供能充分，脂肪酸氧化分解减少，肝内酮体生成被抑制。相反，饥饿或糖利用障碍时，脂肪酸氧化分解增强，生成乙酰 CoA 增加；同时因糖来源不足或糖代谢障碍，草酰乙酸减少，乙酰 CoA 进入三羧酸循环受阻，导致乙酰 CoA 大量堆积，酮体生成增多。

（3）丙二酸单酰 CoA 抑制酮体生成：糖代谢旺盛时，乙酰 CoA 及柠檬酸增多，别构激活乙酰 CoA 羧化酶，促进丙二酸单酰 CoA 合成，后者竞争性抑制肉碱脂肪酰转移酶 I，阻止脂肪酰 CoA 进入线粒体进行 β-氧化，从而抑制酮体生成。

二、不同来源脂肪酸在不同器官以不完全相同的途径合成甘油三酯

（一）肝、脂肪组织及小肠是甘油三酯合成的主要场所

体内甘油三酯合成在胞质溶胶中完成，以肝合成能力最强。但肝不是甘油三酯的储存器官，合成的甘油三酯需与载脂蛋白（载脂蛋白 B100 等）及磷脂、胆固醇组装成极低密度脂蛋白（very low density lipoprotein，VLDL）分泌入血，运输至肝外组织。营养不良、中毒，以及必需脂肪酸、胆碱或蛋白质缺乏等可引起肝细胞 VLDL 生成障碍，导致甘油三酯在肝细胞蓄积，产生脂肪肝。白色脂肪细胞可大量储存甘油三酯，是机体储存甘油三酯的脂库。

（二）甘油和脂肪酸是合成甘油三酯的基本原料

机体能将葡萄糖分解代谢的中间产物转化成甘油-3-磷酸，也能利用葡萄糖分解代谢中间产物乙酰 CoA（acetyl-CoA）合成脂肪酸。人和动物即使完全不摄取，亦可由糖转化合成大量甘油三酯。小肠黏膜细胞主要利用摄取的甘油三酯消化产物重新合成甘油三酯，当其以乳糜微粒形式运送至脂肪

组织、肝等组织、器官后,脂肪酸亦可作为这些组织细胞合成甘油三酯的原料。脂肪组织还可水解极低密度脂蛋白甘油三酯,释放脂肪酸用于合成甘油三酯。

(三) 甘油三酯合成有甘油一酯和甘油二酯两条途径

1. 脂肪酸活化成脂肪酰 CoA　脂肪酸作为甘油三酯合成的基本原料,须在脂肪酰 CoA 合成酶(acyl-CoA synthetase)的催化下,活化成脂肪酰 CoA(acyl-CoA)才能参与甘油三酯合成。

$$脂肪酸+CoA\text{-}SH \xrightarrow[\underset{ATP \quad AMP}{Mg^{2+}}]{脂肪酰CoA合成酶} 脂肪酰CoA+PP_i$$

2. 小肠黏膜细胞以甘油一酯途径合成甘油三酯　由脂肪酰 CoA 转移酶催化、ATP 供能,将脂肪酰 CoA 的脂肪酰基转移至 2-甘油一酯羟基上合成甘油三酯。

3. 肝和脂肪组织细胞以甘油二酯途径合成甘油三酯　以葡萄糖酵解途径中间产物转变生成的甘油-3-磷酸为起始物,先合成 1,2-甘油二酯,最后通过酯化甘油二酯羟基生成甘油三酯。

合成甘油三酯的三分子脂肪酸可为同一种脂肪酸,也可是 3 种不同脂肪酸。肝、肾等器官含有甘油激酶,可催化游离甘油磷酸化生成甘油-3-磷酸,供甘油三酯合成。脂肪细胞甘油激酶活性很低,不能直接利用甘油合成甘油三酯。

三、脂肪酸合成需先合成软脂酸再加工

(一) 软脂酸由乙酰 CoA 在脂肪酸合酶催化下合成

1. 软脂酸在胞质溶胶中合成　催化哺乳类动物脂肪酸合成的酶存在于肝、肾、脑、肺、乳腺及脂肪组织等多种组织的胞质溶胶中,肝的活性最高(合成能力是脂肪组织的 8~9 倍),是人体合成脂肪酸

的主要场所。虽然脂肪组织能以葡萄糖代谢的中间产物为原料合成脂肪酸,但脂肪组织的脂肪酸来源主要是小肠消化吸收的外源性脂肪酸和肝合成的内源性脂肪酸。

2. 乙酰 CoA 是软脂酸合成的基本原料　用于软脂酸(palmitic acid)合成的乙酰 CoA 主要由葡萄糖分解供给,在线粒体内产生,不能自由透过线粒体内膜,需通过柠檬酸-丙酮酸循环(citrate pyruvate cycle;图 8-5)进入胞质溶胶。在此循环中,乙酰 CoA 首先在线粒体内柠檬酸合酶(citrate synthase)催化下,与草酰乙酸缩合生成柠檬酸;后者通过线粒体内膜载体转运进入胞质溶胶,被 ATP-柠檬酸裂解酶(citrate lyase)裂解,重新生成乙酰 CoA 及草酰乙酸。进入胞质溶胶的乙酰 CoA 用于软脂酸的合成。进入胞质溶胶的草酰乙酸不能自由透过线粒体内膜,需在苹果酸脱氢酶(malate dehydrogenase)作用下,由 NADH 供氢,还原成苹果酸,可再经线粒体内膜载体转运至线粒体内,脱氢生成草酰乙酸,开始新一轮循环。但苹果酸主要在苹果酸酶(malic enzyme)作用下氧化脱羧,产生 CO_2 和丙酮酸;脱下的氢将 $NADP^+$ 还原成 NADPH。丙酮酸可通过线粒体内膜上的载体转运至线粒体内,重新生成线粒体内的草酰乙酸,然后继续与乙酰 CoA 缩合,将乙酰 CoA 运转至胞质溶胶,用于软脂酸合成。

软脂酸合成还需 ATP、NADPH、HCO_3^-(CO_2)及 Mn^{2+} 等原料。NADPH 主要有两个来源,一是戊糖磷酸途径,二是在上述乙酰 CoA 转运过程中,胞质溶胶苹果酸酶催化的苹果酸氧化脱羧。

3. 一分子软脂酸由 1 分子乙酰 CoA 与 7 分子丙二酸单酰 CoA 缩合而成

(1)乙酰 CoA 转化成丙二酸单酰 CoA:是软脂酸合成的第一步反应,催化此反应的乙酰 CoA 羧化酶(acetyl-CoA carboxylase)是脂肪酸合成的关键酶,以 Mn^{2+} 为激活剂,含生物素辅基,起转移羧基作用。该羧化反应为不可逆反应,过程如下:

$$酶-生物素+HCO_3^-+ATP \longrightarrow 酶-生物素-CO_2+ADP+P_i$$
$$酶-生物素-CO_2+乙酰 CoA \longrightarrow 酶-生物素+丙二酸单酰 CoA$$
$$\overline{总反应:ATP+HCO_3^-+乙酰 CoA \longrightarrow 丙二酸单酰 CoA+ADP+P_i}$$

图 8-5　柠檬酸-丙酮酸循环
乙酰 CoA 首先在线粒体内与草酰乙酸缩合生成柠檬酸,通过线粒体内膜上的载体转运进入胞质溶胶;胞质溶胶中 ATP 柠檬酸裂解酶使柠檬酸裂解释出乙酰 CoA 及草酰乙酰。进入胞质溶胶的乙酰 CoA 可用以合成脂肪酸,而草酰乙酸则在苹果酸脱氢酶的作用下,还原成苹果酸。苹果酸也可在苹果酸酶的作用下分解为丙酮酸,再转运入线粒体,最终均形成线粒体内的草酰乙酸,再参与转运乙酰 CoA。

乙酰 CoA 羧化酶活性受别构调节及化学修饰调节。该酶有两种存在形式,一种为单体分子,无催化活性;另一种是具有催化活性的多聚体,通常由 10~20 个单体分子线状排列构成。柠檬酸、异柠檬酸可使单体聚合成多聚体,别构激活该酶;软脂酰 CoA 及其他长链脂肪酰 CoA 可使多聚体解聚成单体,别构抑制该酶活性。乙酰 CoA 羧化酶还可在 AMP 激活的蛋白激酶(AMP-activated protein kinase,AMPK)催化下发生酶蛋白(79、1 200 及 1 215 位丝氨酸残基)磷酸化而失活。胰高血糖素能激活该蛋白激酶,抑制乙酰 CoA 羧化酶活性;胰岛素能通过蛋白磷酸酶的去磷酸化作用,使磷酸化的乙酰 CoA 羧化酶去磷酸化恢复活性。高糖膳食可促进乙酰 CoA 羧化酶蛋白合成,增加酶活性。

(2)软脂酸经 7 次缩合、还原、脱水、再还原循环合成:各种脂肪酸生物合成过程基本相似,均以丙二酸单酰 CoA 为基本原料,从乙酰 CoA 开始,经反复加成反应完成,每次(缩合—还原—脱水—再还原)循环延长 2 个碳原子。16 碳软脂酸合成需经 7 次循环反应。

催化大肠埃希菌脂肪酸合成的是脂肪酸合酶复合体(fatty acid synthase complex),其核心由 7 种独立的酶/多肽组成,包括脂肪酰基载体蛋白(acyl carrier protein,ACP)、丙二酸单酰/乙酰 CoA-ACP 转移酶(malonyl/acetyl-CoA-ACP transferase,MAT;以下简称丙二酸单酰/乙酰转移酶)、β-酮脂肪酰-ACP 合酶(β-ketoacyl-ACP synthase,KS;β-酮脂肪酰合酶)、β-酮脂肪酰-ACP 还原酶(β-ketoacyl-ACP reductase,KR;β-酮脂肪酰还原酶)、β-羟脂肪酰-ACP 脱水酶(β-hydroxyacyl-ACP dehydratase,HD;脱水酶)、烯脂肪酰-ACP 还原酶(enoyl-ACP reductase,ER;烯脂肪酰还原酶)及硫酯酶(thioesterase,TE)。细菌脂肪酰基载体蛋白是一种小分子蛋白质,以 4′-磷酸泛酰巯基乙胺(4′-phosphopantetheine)为辅基,其巯基(酶-泛-SH)能结合脂肪酰,是脂肪酰基载体。此外,细菌脂肪酸合酶体系还有至少另外 3 种成分。

哺乳类动物脂肪酸合酶(fatty acid synthase)是由两个相同亚基(M_r,240kD)首尾相连形成的二聚体(M_r,480kD)。每个亚基含有 3 个结构域。结构域 1 含有丙二酸单酰/乙酰转移酶(MAT)及 β-酮脂肪酰合酶(KS),与底物的"进入"、缩合反应相关。结构域 2 含有 β-酮脂肪酰还原酶(KR)、β-羟脂肪酰脱水酶(HD)及烯脂肪酰还原酶(ER),催化还原反应;该结构域还含有一个肽段,具有与细菌脂肪酰基载体蛋白(ACP)相同的辅基(含酶-泛-SH)和类似的作用。结构域 3 含有硫酯酶,与脂肪酸的释放有关。3 个结构域之间由柔性的区域连接,使结构域可以移动,利于各酶之间的协调、连续作用。

细菌、动物脂肪酸合成过程类似。细菌软脂酸合成步骤(图 8-6)包括:①乙酰 CoA 在丙二酸单酰/乙酰转移酶作用下被转移至 ACP 的巯基(—SH),再从 ACP 转移至 β-酮脂肪酰合酶的半胱氨酸巯基上。②丙二酸单酰 CoA 在丙二酸单酰/乙酰转移酶作用下,先脱去 HSCoA,与 ACP 的—SH 连接。③缩合,β-酮脂肪酰合酶上连接的乙酰基与 ACP 上的丙二酸单酰基缩合,生成 β-酮丁酰 ACP,释放 CO_2。④加氢,由 NADPH 供氢,β-酮丁酰 ACP 在 β-酮脂肪酰还原酶作用下加氢,还原成 D(−)-β-羟丁酰 ACP。⑤脱水,D(−)-β-羟丁酰 ACP 在 β-羟脂肪酰脱水酶作用下,脱水生成反式 Δ^2 烯丁酰 ACP。⑥再加氢,NADPH 供氢,反式 Δ^2 烯丁酰 ACP 在烯脂肪酰还原酶作用下,再加氢生成丁酰 ACP。

丁酰-ACP 是脂肪酸合酶复合体催化合成的第一轮产物。通过这一轮反应,即脂肪酰基转移、缩合、还原、脱水、再还原等步骤,产物碳原子由 2 个增加至 4 个。然后,丁酰由 ACP 的巯基(酶-泛-SH)转移至 β-酮脂肪酰合酶的半胱氨酸巯基(即酶-半胱-SH)上,ACP 的巯基又可与另一丙二酸单酰基结合,进行缩合、还原、脱水、再还原等步骤的第二轮循环。经 7 次循环后,生成 16 碳软脂酰-ACP;由硫酯酶水解,软脂酸从脂肪酸合酶复合体释放。软脂酸合成的总反应式为:

$$CH_3COSCoA+7HOOCCH_2COSCoA+14NADPH+14H^+ \longrightarrow CH_3(CH_2)_{14}COOH+7CO_2+6H_2O+8HSCoA+14NADP^+$$

脂肪酸合酶复合体催化合成软脂酸,更长碳链脂肪酸及不饱和脂肪酸的合成通过不同的途径对软脂酸加工、延长完成。

图 8-6 软脂酸的生物合成

经过第一轮反应,即酰基转移、缩合、还原、脱水、再还原等步骤,碳原子由 2 个增加至 4 个,形成脂肪酸合酶催化合成的第一轮产物丁酰-E。此时,丁酰连接在酶的 ACP 巯基(E_2-泛-SH)上,接着被转移至 β-酮脂肪酰合酶的半胱氨酸巯基(E_1-半胱-SH),ACP 巯基(E_2-泛-SH)继续接受丙二酰基,进行缩合、还原、脱水、再还原等步骤的第二轮反应。经过 7 次循环之后,生成 16 个碳原子的软脂酰-E_2,然后经硫酯酶的水解,即生成终产物游离的软脂酸。

（二）软脂酸延长在内质网和线粒体内进行

1. 内质网脂肪酸延长途径以丙二酸单酰 CoA 为二碳单位供体　该途径由内质网脂肪酸延长酶体系催化，NADPH 供氢，每通过一轮缩合、加氢、脱水及再加氢等循环反应延长 2 个碳原子；循环反复进行可使碳链延长。过程与软脂酸合成相似，但脂肪酰基不是以 ACP 为载体，而是连接在 CoA-SH 上进行。该酶体系可将脂肪酸延长至 24C，但以 18C 硬脂酸为主。

2. 线粒体脂肪酸延长途径以乙酰 CoA 为二碳单位供体　该途径在线粒体脂肪酸延长酶体系作用下，软脂酰 CoA 与乙酰 CoA 缩合，生成 β-酮硬脂酰 CoA；再由 NADPH 供氢，还原为 β-羟硬脂酰 CoA；接着脱水生成 α,β-烯硬脂酰 CoA。最后，烯硬脂酰 CoA 由 NADPH 供氢，还原为硬脂酰 CoA。通过缩合、加氢、脱水和再加氢等反应，每轮循环延长 2 个碳原子；一般可延长至 24 或 26 个碳原子，但仍以 18C 硬脂酸为最多。

（三）不饱和脂肪酸的合成需多种去饱和酶催化

经上述脂肪酸合成途径合成的产物均为饱和脂肪酸，人体含不饱和脂肪酸，主要有软油酸（16：1，Δ^9）、油酸（18：1，Δ^9）、亚油酸（18：2，$\Delta^{9,12}$），α-亚麻酸（18：3，$\Delta^{9,12,15}$）及花生四烯酸（20：4，$\Delta^{5,8,11,14}$）等。由于只含 Δ^4、Δ^5、Δ^8 及 Δ^9 去饱和酶（desaturase），缺乏 Δ^9 以上去饱和酶，人体只能合成软油酸和油酸等单不饱和脂肪酸，不能合成亚油酸、α-亚麻酸等多不饱和脂肪酸。植物因含有 Δ^9、Δ^{12} 及 Δ^{15} 去饱和酶，能合成 Δ^9 以上多不饱和脂肪酸。人体所必需的多不饱和脂肪酸必须从食物（主要是从植物油脂）中摄取。

（四）脂肪酸合成受代谢物和激素调节

1. 代谢物通过改变原料供应量和乙酰 CoA 羧化酶活性调节脂肪酸合成　ATP、NADPH 及乙酰 CoA 是脂肪酸合成原料，可促进脂肪酸合成；脂肪酰 CoA 是乙酰 CoA 羧化酶的别构抑制剂，抑制脂肪酸合成。凡能引起这些代谢物水平有效改变的因素均可调节脂肪酸合成。例如，高脂膳食和脂肪动员可使细胞内脂肪酰 CoA 增多，别构抑制乙酰 CoA 羧化酶活性，抑制脂肪酸合成。进食糖类食物后，糖代谢加强，NADPH、乙酰 CoA 供应增多，有利于脂肪酸合成；糖代谢加强还使细胞内 ATP 增多，抑制异柠檬酸脱氢酶，导致柠檬酸和异柠檬酸蓄积并从线粒体运至胞质溶胶，别构激活乙酰 CoA 羧化酶，促进脂肪酸合成。

2. 胰岛素是调节脂肪酸合成的主要激素　胰岛素可通过增强蛋白磷酸酶活性，使乙酰 CoA 羧化酶去磷酸化而激活，促进脂肪酸合成。此外，胰岛素可促进脂肪酸合成磷脂酸，增加脂肪合成。胰岛素还能增加脂肪组织脂蛋白脂肪酶活性，增加脂肪组织对血液甘油三酯脂肪酸摄取，促使脂肪组织合成脂肪贮存。该过程长期持续，与脂肪动员之间失去平衡，会导致肥胖。

胰高血糖素能增加蛋白激酶活性，使乙酰 CoA 羧化酶磷酸化而降低活性，抑制脂肪酸合成。胰高血糖素也能抑制甘油三酯合成，甚至减少肝细胞向血液释放脂肪。肾上腺素、生长激素能抑制乙酰 CoA 羧化酶，调节脂肪酸合成。

3. 脂肪酸合酶可作为药物治疗的靶点　脂肪酸合酶的活性改变与一些疾病有关。如脂肪酸合酶基因在很多肿瘤组织高表达；动物研究证明，脂肪酸合酶抑制剂可明显减慢肿瘤的生长，减轻体重，是极有潜力的抗肿瘤和抗肥胖的候选药物。

第四节　磷 脂 代 谢

一、磷脂酸是甘油磷脂合成的重要中间产物

（一）甘油磷脂合成的原料来自糖、脂质和氨基酸代谢

合成甘油磷脂的酶存在于人体各组织细胞内质网，以肝、肾及肠等活性最高。甘油磷脂合成的基本原料包括甘油、脂肪酸、磷酸盐、胆碱（choline）、丝氨酸、肌醇（inositol）等。甘油和脂肪酸主要由葡

萄糖转化而来,甘油骨架 2 位的多不饱和脂肪酸为必需脂肪酸,只能从食物(植物油)摄取。胆碱可由食物供给,亦可由丝氨酸及甲硫氨酸合成。丝氨酸是合成磷脂酰丝氨酸的原料,脱羧后生成乙醇胺又是合成磷脂酰乙醇胺的原料。乙醇胺从 S-腺苷甲硫氨酸获得 3 个甲基生成胆碱。甘油磷脂合成还需 ATP、CTP。ATP 供能,CTP 参与乙醇胺、胆碱、甘油二酯活化,形成 CDP-乙醇胺、CDP-胆碱、CDP-甘油二酯等活化中间物。

$$\text{HOCH}_2\text{CHCOOH} \xrightarrow[\text{CO}_2]{} \text{HOCH}_2\text{CH}_2\text{NH}_2 \xrightarrow[\text{3S-腺苷甲硫氨酸}]{} \text{HOCH}_2\text{CH}_2\text{N}^+(\text{CH}_3)_3$$

丝氨酸　　　　乙醇胺　　　　　　　　　　　　　胆碱

乙醇胺激酶　ATP → ADP

胆碱激酶　ATP → ADP

$$\text{P}-\text{OCH}_2\text{CH}_2\text{NH}_2$$
磷酸乙醇胺

$$\text{P}-\text{OCH}_2\text{CH}_2\text{N}^+(\text{CH}_3)_3$$
磷酸胆碱

CTP:磷酸乙醇胺胞苷酰转移酶　CTP → PPi

CTP:磷酸胆碱胞苷酰转移酶　CTP → PPi

$$\text{CDP}-\text{OCH}_2\text{CH}_2\text{NH}_2$$
CDP-乙醇胺

$$\text{CDP}-\text{OCH}_2\text{CH}_2\text{N}^+(\text{CH}_3)_3$$
CDP-胆碱

CDP-胆碱

CDP-甘油二酯

(二) 甘油磷脂合成有两条途径

1. 磷脂酰胆碱和磷脂酰乙醇胺主要通过甘油二酯途径合成　甘油二酯是该途径的重要中间物,胆碱和乙醇胺被活化成 CDP-胆碱(CDP-choline)和 CDP-乙醇胺(CDP-ethanolamine)后,分别与甘油二酯缩合,生成磷脂酰胆碱(phosphatidylcholine,PC)和磷脂酰乙醇胺(phosphatidylethanolamine,PE)。这两类磷脂占组织及血液磷脂 75% 以上。

磷脂酰胆碱是真核生物细胞膜含量最丰富的磷脂,在细胞增殖和分化过程中具有重要作用,对维持正常细胞周期具有重要意义。一些疾病如肿瘤、阿尔茨海默病(Alzheimer's disease)和脑卒中(stroke)等的发生与磷脂酰胆碱代谢异常密切相关。国内外科学家们正在努力探讨磷脂酰胆碱代谢在细胞增殖、分化和细胞周期中的作用,在如肿瘤、阿尔茨海默病和脑卒中等疾病发生中的作用及其机制。一旦取得突破,将为相关疾病的预防、诊断和治疗提供新靶点。

尽管磷脂酰胆碱也可由S-腺苷甲硫氨酸提供甲基,使磷脂酰乙醇胺甲基化生成,但这种方式合成量仅占人磷脂酰胆碱合成总量10%~15%。哺乳类动物细胞磷脂酰胆碱的合成主要通过甘油二酯途径完成。该途径中,胆碱需先活化成CDP-胆碱,所以也称CDP-胆碱途径(CDP-choline pathway),CTP:磷酸胆碱胞苷转移酶(CTP:phosphocholine cytidylyltransferase,CCT)是关键酶,它催化磷酸胆碱(phosphocholine)与CTP缩合成CDP-胆碱。后者向甘油二酯提供磷酸胆碱,合成磷脂酰胆碱。

人CCT有α和β两种亚型,分别由 PCYT1A 和 PCYT1B 编码。CCTβ又有β$_1$和β$_2$两种剪接变异体。CCTα、β$_1$和β$_2$分别由367、330和372个氨基酸残基组成,含4个结构域,氨基酸残基73~323是高度同源序列,β剪接变异体之间的差异仅在323位氨基酸残基之后的C末端(图8-7)。氨基酸残基1~72为N-端结构域,CCTα在该结构域中含有一个核靶向作用区。氨基酸残基73~235为催化结构域,其中HXGH和RTEGISTS两个CTP结合基序是胞苷转移酶家族的特征序列,能与CTP结合;两个CTP结合基序之间的赖氨酸残基高度保守,能结合磷酸胆碱。氨基酸残基236~299称为膜结合结构域(membrane-binding domain)或结构域M(domain M),为双性α-螺旋(amphipathic α helix)结构区,能与中性脂质和阴离子脂质结合。C末端是磷酸化结构域(phosphorylation domain),也称结构域P(domain P),含多个丝氨酸残基,能被磷酸化。

CCT活性通过游离形式与膜结合形式之间的转换进行调节。游离CCT无活性,当其与膜(包括内质网膜和核膜)结合后,转变为活性CCT。CCT通过膜结合结构域感应膜双分子层的弯曲弹性张力

图8-7　CTP:磷酸胆碱胞苷转移酶(CCT)氨基酸序列结构示意图

（curvature elastic stress），使游离酶蛋白与膜结合或使膜结合酶蛋白解离，从而调节酶活性。磷脂酰胆碱含量是膜双分子层弯曲弹性张力的决定因素之一，磷脂酰胆碱缺乏的膜，能促进 CCT 与其结合，使 CCT 转变为活性形式，促进磷脂酰胆碱合成。CCT 活性还受转录水平调节。CCTα 活性的调节主要与细胞增殖、分化和细胞周期有关。

磷脂酰丝氨酸也可由磷脂酰乙醇胺羧化或乙醇胺与丝氨酸交换生成。

2. 磷脂酰肌醇、磷脂酰丝氨酸及心磷脂主要通过 CDP-甘油二酯途径合成 肌醇、丝氨酸无须活化，CDP-甘油二酯是该途径重要的中间物，与丝氨酸、肌醇或磷脂酰甘油缩合，生成磷脂酰肌醇、磷脂酰丝氨酸及心磷脂。

甘油磷脂合成在内质网膜外侧面进行。胞质溶胶存在一类促进磷脂在细胞内膜之间交换的蛋白质，称磷脂交换蛋白（phospholipid exchange protein），催化不同种类磷脂在膜之间交换，使新合成的磷脂转移至不同细胞器膜上，更新膜磷脂。例如在内质网合成的心磷脂可通过这种方式转至线粒体内膜，构成线粒体内膜特征性磷脂。

Ⅱ型肺泡上皮细胞可合成由 2 分子软脂酸构成的特殊磷脂酰胆碱，生成的二软脂酰胆碱是较强乳化剂，能降低肺泡表面张力，有利于肺泡伸张。新生儿肺泡上皮细胞合成二软脂酰胆碱障碍，会引起肺不张。

二、甘油磷脂由磷脂酶催化降解

生物体内存在多种降解甘油磷脂的磷脂酶（phospholipase），包括磷脂酶 A_1、A_2、B、C 及 D，它们分别作用于甘油磷脂分子中不同的酯键（图 8-8），降解甘油磷脂。

溶血磷脂 1 具较强的表面活性，能使红细胞膜或其他细胞膜破坏引起溶血或细胞坏死。溶血磷脂还可进一步水解，如溶血卵磷脂在溶血磷脂酶 B（即磷脂酶 B）作用下，水解与甘油骨架 1 位—OH 缩合的酯键，释放出脂肪酸，溶血磷脂就失去对细胞膜结构的溶解作用。

图 8-8　磷脂酶的甘油磷脂水解作用
X 为取代基团。

三、鞘氨醇是鞘脂合成的重要中间产物

人体鞘磷脂主要由鞘氨醇、脂肪酸、磷酸及胆碱构成，少数鞘磷脂的含氮碱为乙醇胺，而不是胆碱。人体各组织细胞内质网均存在合成鞘氨醇的酶，以脑组织活性最高。合成鞘氨醇的基本原料是软脂酰 CoA、丝氨酸，还需磷酸吡哆醛、NADPH 及 FAD 等辅酶参加。在磷酸吡哆醛参与下，由内质网 3-酮二氢鞘氨醇合成酶催化，软脂酰 CoA 与 L-丝氨酸缩合并脱羧生成 3-酮二氢鞘氨醇（3-ketodihydrosphingosine），再由 NADPH 供氢、3-酮二氢鞘氨醇还原酶催化，生成二氢鞘氨醇。

在脂肪酰转移酶催化下，二氢鞘氨醇的氨基与脂肪酰 CoA 进行酰胺缩合，生成 N-脂肪酰二氢鞘氨醇，然后去饱和生成 N-脂肪酰鞘氨醇，即神经酰胺（ceramide）。最后从磷脂酰胆碱获得胆碱，生成鞘磷脂。也可以通过 UDP 携带，获得糖基，生成鞘糖脂。

$$CH_3(CH_2)_{12}CH=CH-CHOH$$
$$CHNHCO(CH_2)_nCH_3$$
$$CH_2-P-O-CH_2CH_2N^+(CH_3)_3$$
$$OH$$

鞘磷脂

四、神经鞘磷脂在神经鞘磷脂酶催化下降解

神经鞘磷脂酶（sphingomyelinase）存在于脑、肝、脾、肾等细胞溶酶体中，属磷脂酶 C 类，能使磷酸酯键水解，产生磷酸胆碱及 N-脂肪酰鞘氨醇。如先天性缺乏此酶，则鞘磷脂不能降解，在细胞内积存，引起肝、脾大及阿尔茨海默病等鞘磷脂沉积病。

第五节　胆固醇代谢

一、体内胆固醇来自食物和内源性合成

胆固醇有游离胆固醇（free cholesterol, FC），亦称非酯化胆固醇（unesterified cholesterol）和胆固醇酯（cholesterol ester）两种形式，广泛分布于各组织，约 1/4 分布在脑及神经组织，约占脑组织 20%。肾上腺、卵巢等类固醇激素分泌腺胆固醇含量达 1%~5%。肝、肾、肠等内脏及皮肤、脂肪组织，胆固醇含量约为每 100g 组织 200~500mg，以肝最多。肌组织含量约为每 100g 组织 100~200mg。

（一）体内胆固醇合成的主要场所是肝

除成年动物脑组织及成熟红细胞外，几乎全身各组织均可合成胆固醇，肝是主要的合成器官，其次是小肠。合成胆固醇的酶存在于胞质溶胶及光面内质网膜。

（二）乙酰 CoA 和 NADPH 是胆固醇合成的基本原料

^{14}C 及 ^{13}C 标记乙酸甲基碳及羧基碳，与肝切片孵育证明，乙酸分子中的 2 个碳原子均参与构成胆固醇，是合成胆固醇唯一碳源。乙酰 CoA 是葡萄糖、氨基酸及脂肪酸在线粒体分解代谢的中间产物，不能自由透过线粒体内膜，需在线粒体内与草酰乙酸缩合生成柠檬酸，通过线粒体内膜载体进入胞质溶胶，裂解成乙酰 CoA，作为胆固醇的合成原料。每转运 1 分子乙酰 CoA，由柠檬酸裂解成乙酰 CoA 时消耗 1 分子 ATP。胆固醇合成还需 NADPH 供氢、ATP 供能。合成 1 分子胆固醇需 18 分子乙酰 CoA、36 分子 ATP 及 16 分子 NADPH。

（三）胆固醇合成由以 HMG-CoA 还原酶为关键酶的一系列酶促反应完成

胆固醇合成过程复杂，有近 30 步酶促反应，大致可划分为三个阶段（图 8-9）。

1. 乙酰 CoA 在内质网合成甲羟戊酸　2 分子乙酰 CoA 在乙酰乙酰 CoA 硫解酶作用下，缩合成乙酰乙酰 CoA；再在 3-羟基 3-甲基戊二酸单酰 CoA 合酶（3-hydroxy-3-methyl glutaryl CoA synthase, HMG-CoA synthase）作用下，与 1 分子乙酰 CoA 缩合成 3-羟基 3-甲基戊二酸单酰 CoA（3-hydroxy-3-methyl glutaryl CoA, HMG-CoA）。在线粒体中，HMG-CoA 被裂解生成酮体；而在胞质溶胶生成的 HMG-CoA，则在内质网 HMG-CoA 还原酶（HMG-CoA reductase）作用下，由 NADPH 供氢，还原生成甲羟戊酸（mevalonic acid, MVA）。HMG-CoA 还原酶是合成胆固醇的关键酶。

$$2CH_3COCoA \xrightarrow[HSCoA]{硫解酶} CH_3COCH_2COCoA \xrightarrow[\substack{CH_3COCoA \quad HSCoA}]{HMG\text{-}CoA合酶}$$

$$\underset{\text{羟基甲基戊二酸单酰CoA}}{\overset{\displaystyle COOH}{\underset{\displaystyle COCoA}{\overset{|}{\underset{|}{\underset{}{HO-C-CH_3}}}}}} \xrightarrow[2NADPH+2H^+ \quad 2NADP^+ \quad HSCoA]{HMG\text{-}CoA还原酶} \underset{\text{甲羟戊酸（MVA）}}{\overset{\displaystyle COOH}{\underset{\displaystyle CH_2OH}{\overset{|}{\underset{|}{\underset{}{HO-C-CH_3}}}}}}$$

2. 甲羟戊酸经 15 碳化合物转变成 30 碳鲨烯　甲羟戊酸经脱羧、磷酸化生成活泼的异戊烯焦磷酸（Δ^3-isopentenyl pyrophosphate, IPP）和二甲基丙烯焦磷酸（3,3-dimethylallyl pyrophosphate, DPP）。3 分子 5 碳焦磷酸化合物（IPP 及 DPP）缩合成 15 碳焦磷酸法尼酯（farnesyl pyrophosphate, FPP）。在内质网鲨烯合酶（squalene synthase）催化下，2 分子 15 碳焦磷酸法尼酯经再缩合、还原生成 30 碳多烯烃——鲨烯（squalene）。

3. 鲨烯环化为羊毛固醇后转变为胆固醇　30 碳鲨烯结合在胞质溶胶固醇载体蛋白（sterol

图 8-9　胆固醇的生物合成

carrier protein,SCP)上,经内质网单加氧酶、环化酶等催化,环化成羊毛固醇,再经氧化、脱羧、还原等反应,脱去 3 个甲基,生成 27 碳胆固醇。在脂肪酰 CoA:胆固醇脂肪酰转移酶(acyl-CoA:cholesterol acyltransferase,ACAT)作用下,细胞内游离胆固醇能与脂肪酰 CoA 缩合,生成胆固醇酯储存。

(四)胆固醇合成通过 HMG-CoA 还原酶调节

1. HMG-CoA 还原酶活性具有与胆固醇合成相同的昼夜节律性　动物实验发现,大鼠肝胆固醇合成有昼夜节律性:午夜最高,中午最低。进一步研究发现,肝 HMG-CoA 还原酶活性也有昼夜节律性:午夜最高,中午最低。可见,胆固醇合成的周期节律性是 HMG-CoA 还原酶活性周期性改变的结果。

2. HMG-CoA 还原酶活性受别构调节、化学修饰调节和酶含量调节　胆固醇合成产物甲羟戊酸、胆固醇及胆固醇氧化产物 7β-羟胆固醇、25-羟胆固醇是 HMG-CoA 还原酶的别构抑制剂。胞质溶胶 cAMP 依赖性蛋白激酶可使 HMG-CoA 还原酶磷酸化丧失活性,蛋白磷酸酶可催化磷酸化的 HMG-CoA 还原酶去磷酸化恢复酶活性。细胞内胆固醇含量增加,会抑制 HMG-CoA 还原酶基因转录,酶蛋白合成减少,活性降低。

3. 细胞胆固醇含量是影响胆固醇合成的主要因素之一　主要通过改变 HMG-CoA 还原酶合成影响胆固醇合成。该酶在肝细胞的半衰期约为 4 小时,如酶蛋白合成被阻断,酶蛋白含量在几小时内便降低。细胞胆固醇升高可抑制 HMG-CoA 还原酶合成,从而抑制胆固醇合成。反之,降低细胞胆固醇含量,可解除胆固醇对酶蛋白合成的抑制作用。此外,胆固醇及其氧化产物如 7β-羟胆固醇、25-羟胆固醇可以通过别构调节对 HMG-CoA 还原酶活性产生较强抑制作用。

4. 餐食状态影响胆固醇合成　饥饿或禁食可抑制肝合成胆固醇。研究发现,大鼠禁食 48 小时,胆固醇合成减少 11 倍,禁食 96 小时减少 17 倍,但肝外组织的合成减少不多。禁食除使 HMG-CoA 还原酶活性降低外,乙酰 CoA、ATP、NADPH 不足也是胆固醇合成减少的重要原因。相反,摄取高糖、高饱和脂肪酸膳食,肝 HMG-CoA 还原酶活性增加,乙酰 CoA、ATP、NADPH 充足,胆固醇合成增加。

5. 胆固醇合成受激素调节 胰岛素及甲状腺素能诱导肝细胞 HMG-CoA 还原酶合成,增加胆固醇合成。甲状腺素还能促进胆固醇在肝转变为胆汁酸,所以甲状腺功能亢进患者血清胆固醇含量降低。胰高血糖素能通过化学修饰调节使 HMG-CoA 还原酶磷酸化失活,抑制胆固醇合成。糖皮质激素能抑制并降低 HMG-CoA 还原酶活性,减少胆固醇合成。

二、转化为胆汁酸是胆固醇的主要去路

胆固醇的母核环戊烷多氢菲在体内不能被降解,所以胆固醇不能像糖、脂肪那样在体内被彻底分解;但其侧链可被氧化、还原或降解转变为其他具有环戊烷多氢菲母核的产物,或参与代谢调节,或排出体外。

在肝被转化成胆汁酸(bile acid)并随胆汁排出是胆固醇在体内代谢的主要去路。胆固醇是肾上腺皮质、睾丸、卵巢等合成类固醇激素的原料。肾上腺皮质细胞储存大量胆固醇酯,含量可达 2%~5%,90% 来自血液,10% 自身合成。肾上腺皮质球状带、束状带及网状带细胞以胆固醇为原料分别合成醛固酮、糖皮质激素及雄激素。睾丸间质细胞以胆固醇为原料合成睾酮,卵泡内膜细胞及黄体以胆固醇为原料合成雌二醇及孕酮。胆固醇可在皮肤被氧化为 7-脱氢胆固醇,经紫外线照射转变为维生素 D_3。

第六节 血浆脂蛋白代谢

一、血脂是血浆所有脂质的统称

血浆脂质包括甘油三酯、磷脂、胆固醇及其酯,以及游离脂肪酸等。磷脂主要有卵磷脂(磷脂酰胆碱,约 70%)、神经鞘磷脂(约 20%)及脑磷脂(磷脂酰乙醇胺,约 10%)。血脂有两种来源,外源性脂质从食物摄取入血,内源性脂质由肝细胞、脂肪细胞及其他组织细胞合成后释放入血。血脂不如血糖恒定,受膳食、年龄、性别、职业以及代谢等影响,波动范围较大(表 8-4)。

表 8-4 正常成人 12~14 小时空腹血脂的组成及含量

组成	血浆含量		空腹时主要来源
	mg/dl	mmol/L	
总脂	400~700(500)	—	
甘油三酯	10~150(100)	0.11~1.69(1.13)	肝
总胆固醇	100~250(200)	2.59~6.47(5.17)	肝
胆固醇酯	70~200(145)	1.81~5.17(3.75)	—
游离胆固醇	40~70(55)	1.03~1.81(1.42)	—
总磷脂	150~250(200)	48.44~80.73(64.58)	肝
卵磷脂	50~200(100)	16.1~64.6(32.3)	肝
神经磷脂	50~130(70)	16.1~42.0(22.6)	肝
脑磷脂	15~35(20)	4.8~13.0(6.4)	肝
游离脂肪酸	5~20(15)	—	脂肪组织

注:括号内为均值。

二、血浆脂蛋白是血脂的运输及代谢形式

(一) 血浆脂蛋白是脂质与蛋白质的复合体

1. 血浆脂蛋白中的蛋白质主要是载脂蛋白　迄今已从人血浆脂蛋白分离出 20 多种载脂蛋白 (apolipoprotein, apo), 主要有 apo A、B、C、D 及 E 等五大类 (表 8-5), 还有 apo H、J、L、M 及 O 等。载脂蛋白在不同脂蛋白的分布及含量不同, apo B48 是乳糜微粒 (chylomicron, CM) 特征载脂蛋白, 低密度脂蛋白 (low density lipoprotein, LDL) 几乎只含 apo B100, 高密度脂蛋白 (high density lipoprotein, HDL) 主要含 apo A I 及 apo A II。

表 8-5　人血浆脂蛋白中主要蛋白质的特性、功能及含量

载脂蛋白	分子质量/kD	氨基酸数	分布	功能	血浆含量 */(mg/dl)
A I	28 300	243	HDL	激活 LCAT, 结合 ABC 转运蛋白	123.8 ± 4.7
A II	17 500	77X2	HDL	抑制 LCAT	33 ± 5
A IV	46 000	371	HDL, CM	激活 LPL; 胆固醇转运和清除	17 ± 2^Δ
B100	512 723	4 536	VLDL, LDL	结合 LDL 受体	87.3 ± 14.3
B48	264 000	2 152	CM	胆固醇转运和清除	—
C I	6 500	57	CM, VLDL, HDL	—	7.8 ± 2.4
C II	8 800	79	CM, VLDL, HDL	激活 LPL	5.0 ± 1.8
C III	8 900	79	CM, VLDL, HDL	抑制 LPL	11.8 ± 3.6
D	22 000	169	HDL		10 ± 4^Δ
E	34 000	299	CM, VLDL, HDL	促进 VLDL 和 CM 残粒的清除	3.5 ± 1.2
J	70 000	427	HDL	结合转运脂质, 补体激活	10^Δ
(a)	500 000	4 529	LP(a)	抑制纤溶酶活性	0~120^Δ
CETP	64 000	493	HDL, d>1.21	转运胆固醇酯	0.19 ± 0.05^Δ
PTP	69 000	—	HDL, d>1.21	转运磷酯	—

注:* 四川大学华西基础医学与法医学院生物化学与分子生物学教研室、载脂蛋白研究室对 625 例成都地区正常成人的测定结果;

^Δ 国外报道参考值;

CETP:胆固醇酯转运蛋白;LPL:脂蛋白脂肪酶;PTP:磷酯转运蛋白。

2. 不同脂蛋白具有相似的基本结构　大多数载脂蛋白如 apo A I、A II、C I、C II、C III 及 E 等均具双性 α-螺旋 (amphipathic α helix) 结构, 不带电荷的疏水氨基酸残基构成 α-螺旋非极性面, 带电荷的亲水氨基酸残基构成 α-螺旋极性面。在脂蛋白表面, 非极性面借其非极性疏水氨基酸残基与脂蛋白内核疏水性较强的甘油三酯 (triglyceride, TG) 及胆固醇酯 (cholesterol ester, CE) 以疏水键相连, 极性面则朝外, 与血浆的水相接触。磷脂及游离胆固醇 (free cholesterol, FC) 具有极性及非极性基团, 可以借非极性疏水基团与脂蛋白内核疏水性较强的 TG 及 CE 以疏水键相连, 极性基团朝外, 与血浆的水相接触。所以, 脂蛋白是以 TG 及 CE 为内核, 载脂蛋白、磷脂及 FC 单分子层覆盖于表面的复合体, 一般呈球状, 保证不溶于水的脂质能在水相的血浆中正常运输和代谢。

(二) 血浆脂蛋白可用电泳法和超速离心法分类

不同脂蛋白所含脂质和蛋白质不一样, 其理化性质如密度、颗粒大小、表面电荷、电泳行为、免疫学性质及生理功能均有不同 (表 8-6), 可将脂蛋白分为不同种类。

表 8-6　血浆脂蛋白的分类、性质、组成及功能

分类	密度法	乳糜微粒	极低密度脂蛋白	低密度脂蛋白	高密度脂蛋白
	电泳法		前 β-脂蛋白	β-脂蛋白	α-脂蛋白
性质	密度	<0.95	0.95~<1.006	1.006~<1.063	1.063~1.210
	S_f 值	>400	>20~400	0~20	沉降
	电泳位置	原点	α_2-球蛋白	β-球蛋白	α_1-球蛋白
	颗粒直径/nm	80~500	25~<80	20~<25	5~17
组成/%	蛋白质	0.5~2	5~10	20~25	50
	脂质	98~99	90~95	75~80	50
	甘油三酯	80~95	50~70	10	5
	磷脂	5~7	15	20	25
	胆固醇	1~4	15	45~50	20
	游离胆固醇	1~2	5~7	8	5
	酯化胆固醇	3	10~12	40~42	15~17
载脂蛋白组成/%	apo A I	7	<1	—	65~70
	apo A II	5	—	—	20~25
	apo AIV	10	—	—	—
	apo B100	—	20~60	95	—
	apo B48	9	—	—	—
	apo C I	11	3	—	6
	apo C II	15	6	微量	1
	apo CIII0~2	41	40	—	4
	apo E	微量	7~15	<5	2
	apo D	—	—	—	3
合成部位		小肠黏膜细胞	肝细胞	血浆	肝、肠、血浆
功能		转运外源性甘油三酯及胆固醇	转运内源性甘油三酯及胆固醇	转运内源性胆固醇	逆向转运胆固醇

　　1. 电泳法按电场中的迁移率对血浆脂蛋白分类　不同脂蛋白的质量和表面电荷不同,在同一电场中移动的快慢不一样。α-脂蛋白(α-lipoprotein)泳动最快,相当于 α_1-球蛋白位置;β-脂蛋白(β-lipoprotein)相当于 β-球蛋白位置;前 β-脂蛋白(pre-β-lipoprotein)位于 β-脂蛋白之前,相当于 α_2-球蛋白位置;乳糜微粒不泳动,留在原点(点样处;图 8-10)。

　　2. 超速离心法按密度对血浆脂蛋白分类　不同脂蛋白因含脂质和蛋白质种类和数量不同,密度不同。将血浆在一定密度盐溶液中超速离心,脂蛋白会因密度不同而漂浮或沉降,通常用 Svedberg 漂

图 8-10　血浆脂蛋白琼脂糖凝胶电泳谱

浮率（S_f）表示脂蛋白上浮或下沉特性。在 26℃、密度为 1.063 的 NaCl 溶液及离心力为 1 达因克的力场中，每秒上浮 10^{-13}cm 为 $1S_f$ 单位，即 $1S_f=10^{-13}$cm/（s·dyn·g）。CM 含脂最多，密度最小，易上浮；其余脂蛋白按密度由小到大依次为极低密度脂蛋白、低密度脂蛋白和高密度脂蛋白；分别相当于电泳分类中的 CM、前 β-脂蛋白、β-脂蛋白及 α-脂蛋白。

人血浆还有中密度脂蛋白（intermediate density lipoprotein，IDL）和脂蛋白 a［lipoprotein（a），Lp（a）］。IDL 是 VLDL 在血浆中向 LDL 转化的中间产物，组成及密度介于 VLDL 及 LDL 之间。Lp（a）的脂质成分与 LDL 类似，蛋白质成分中，除含一分子载脂蛋白 B100 外，还含一分子载脂蛋白 A（apolipoprotein A），是一类独立脂蛋白，由肝产生，不转化成其他脂蛋白。因蛋白质及脂质含量不同，HDL 还可分成亚类，主要有 HDL_2 及 HDL_3。

三、不同来源脂蛋白具有不同功能和不同代谢途径

（一）乳糜微粒主要转运外源性甘油三酯及胆固醇

来自食物的外源性脂质，经消化吸收后在体内的转运主要通过 CM 在血浆中的代谢实现，所以 CM 代谢途径又称外源性脂质转运途径（图 8-11）。小肠黏膜细胞用摄取的长链脂肪酸再合成甘油三酯，并与合成及吸收的磷脂和胆固醇加上 apo B48、AⅠ、AⅡ、AⅣ等组装成新生 CM，经淋巴管入血，从 HDL 获得 apo C 及 E，并将部分 apo AⅠ、AⅡ、AⅣ转移给 HDL，形成成熟 CM。apo CⅡ激活骨骼肌、心肌及脂肪组织等毛细血管内皮细胞表面脂蛋白脂肪酶（lipoprotein lipase，LPL），使 CM 中磷脂，特别是 TG 逐步水解，产生溶血磷脂及大量甘油、脂肪酸。

图 8-11　乳糜微粒的代谢
A：载脂蛋白 A；B48：载脂蛋白 B48；C：载脂蛋白 C；Ch：胆固醇；CM：乳糜微粒；E：载脂蛋白 E；HDL：高密度脂蛋白；LCAT：卵磷脂：胆固醇脂肪酰转移酶；LDLR：低密度脂蛋白受体；LPL：脂蛋白脂肪酶；LRP：低密度脂蛋白受体相关蛋白；TG：甘油三酯。

随着 CM 内核 TG 不断被水解，释出大量脂肪酸被心肌、骨骼肌、脂肪组织等肝外组织摄取利用，CM 颗粒不断变小，表面过多的 apo AⅠ、AⅡ、AⅣ、C、磷脂及胆固醇离开 CM 颗粒，形成新生 HDL。CM 最后转变成富含 CE、apo B48 及 apo E 的 CM 残粒（remnant），通过 apo E 被细胞膜 LDL 受体（low density lipoprotein receptor，LDLR）和 LDL 受体相关蛋白（LDL receptor related protein，LRP）识别、结合并被肝细胞摄取后彻底降解。apo CⅡ是 LPL 不可缺少的激活剂，无 apo CⅡ时，LPL 活性很低；加入 apo CⅡ后，LPL 活性是原来的 10~50 倍。正常人 CM 在血浆中代谢迅速，半衰期为 5~15 分钟，因此正常人空腹 12~14 小时血浆中不含 CM。

（二）极低密度脂蛋白主要转运内源性甘油三酯

内源性甘油三酯和胆固醇主要在肝合成，以 VLDL 形式分泌入血。VLDL 是运输内源性 TG 的主要转运形式，其血浆代谢产物 LDL 是运输内源性胆固醇的主要转运形式，VLDL 及 LDL 代谢途径又称内源性脂质转运途径（图 8-12）。肝细胞以葡萄糖分解代谢中间产物为原料合成 TG，也可利用食物来源的脂肪酸和机体脂肪酸库中的脂肪酸合成 TG，再与 apo B100 以及磷脂、胆固醇等组装成 VLDL。小肠黏膜细胞亦可合成少量 VLDL。

图 8-12　极低密度脂蛋白的代谢及低密度脂蛋白的形成
A:载脂蛋白 A;AⅠ:载脂蛋白 AⅠ;B100:载脂蛋白 B100;C:载脂蛋白 C;CE:胆固醇酯;Ch:胆固醇;CM:乳糜微粒;E:载脂蛋白 E;HDL:高密度脂蛋白;IDL:中密度脂蛋白;LCAT:卵磷脂:胆固醇脂肪酰转移酶;LDL:低密度脂蛋白;LDLR:低密度脂蛋白受体;LPL:脂蛋白脂肪酶;LRP:低密度脂蛋白受体相关蛋白;TG:甘油三酯;VLDL:极低密度脂蛋白。

VLDL 分泌入血后，从 HDL 获得 apo C 和 E，其中 apo CⅡ激活肝外组织毛细血管内皮细胞表面的 LPL。和 CM 代谢一样，VLDL 中 TG 在 LPL 作用下，水解释出脂肪酸和甘油供肝外组织利用;同时，VLDL 表面的 apo C、磷脂及胆固醇向 HDL 转移，而 HDL 中的 CE 又转移到 VLDL。该过程不断进行，VLDL 中 TG 不断减少，CE 逐渐增加，apo B100 及 E 相对增加，颗粒逐渐变小，密度逐渐增加，转变为 IDL。IDL 胆固醇及 TG 含量大致相等，载脂蛋白则主要是 apo B100 及 E。肝细胞膜 LDLR 和 LRP 可识别和结合 IDL，因此部分 IDL 被肝细胞摄取、降解。未被肝细胞摄取的 IDL(在人约占总 IDL 的 50%，在大鼠约占 10%)，其 TG 被 LPL 及肝脂肪酶（hepatic lipase，HL）进一步水解，表面 apo E 转移至 HDL。这样，IDL 中剩下的脂质主要是 CE，剩下的载脂蛋白只有 apo B100，转变为 LDL。VLDL 在血液中的半衰期为 6~12 小时。

（三）低密度脂蛋白主要转运内源性胆固醇

人体多种组织、器官能摄取、降解 LDL，肝是主要器官，约 50%LDL 在肝降解。肾上腺皮质、卵巢、睾丸等组织摄取及降解 LDL 能力亦较强。血浆 LDL 降解既可通过 LDL 受体（LDLR）途径（图 8-13）完成，也可通过单核-吞噬细胞系统完成。正常人血浆 LDL 每天约 45% 被清除，其中 2/3 经 LDL 受体途径，1/3 经单核-吞噬细胞系统。血浆 LDL 半衰期为 2~4 天。

图 8-13 低密度脂蛋白受体代谢途径

ACAT:脂肪酰 CoA:胆固醇脂肪酰转移酶。

1974 年,Goldstein J. L. 和 Brown M. S. 首先在人成纤维细胞膜表面发现了能特异结合 LDL 的 LDL 受体。他们纯化了该受体,证明它是 839 个氨基酸残基构成的糖蛋白,分子质量 160 000。后来发现,LDL 受体广泛分布于全身,特别是肝、肾上腺皮质、卵巢、睾丸、动脉壁等组织的细胞膜表面,能特异识别、结合含 apo B100 或 apo E 的脂蛋白,故又称 apo B/E 受体(apo B/E receptor)。当血浆 LDL 与 LDL 受体结合后,形成受体-配体复合物在细胞膜表面聚集成簇,经内吞作用进入细胞,与溶酶体融合。在溶酶体蛋白水解酶作用下,apo B100 被水解成氨基酸;CE 则被胆固醇酯酶水解成 FC 和脂肪酸。FC 在调节细胞胆固醇代谢上具有重要作用:①抑制内质网 HMG-CoA 还原酶,从而抑制细胞自身胆固醇合成;②从转录水平抑制 LDL 受体基因表达,抑制受体蛋白合成,减少细胞对 LDL 进一步摄取;③激活内质网脂肪酰 CoA:胆固醇脂肪酰转移酶(ACAT),将 FC 酯化成 CE 在胞质溶胶贮存。同时,FC 还有重要的生理功能:①被细胞膜摄取,构成重要的膜成分;②在肾上腺、卵巢及睾丸等固醇激素合成细胞,可作为类固醇激素的合成原料。LDL 被该途径摄取、代谢的量,取决于细胞膜上受体量。肝、肾上腺皮质、性腺等组织 LDL 受体数目较多,故摄取 LDL 亦较多。

血浆 LDL 还可被修饰成如氧化修饰 LDL(oxidized LDL,Ox-LDL),被清除细胞即单核-吞噬细胞系统中的巨噬细胞及血管内皮细胞清除。这两类细胞膜表面有清道夫受体(scavenger receptor,SR)可与修饰 LDL 结合而清除血浆修饰 LDL。

(四)高密度脂蛋白主要逆向转运胆固醇

HDL 可按密度分为 HDL_1、HDL_2 及 HDL_3。HDL_1 也称作 HDLc,仅存在于摄取高胆固醇膳食后的血浆,正常人血浆主要含 HDL_2 及 HDL_3。新生 HDL 主要由肝合成,小肠可合成部分。在 CM 及 VLDL 代谢过程中,其表面 apo A I、A II、A IV、C 以及磷脂、胆固醇等脱离亦可形成。新生 HDL 能从肝外组织细胞接受胆固醇,通过血液循环转运到肝,转化为胆汁酸排出,部分胆固醇也可直接随胆汁排入肠腔,实现胆固醇逆向转运(reverse cholesterol transport,RCT;图 8-14)。

RCT 第一步是胆固醇自肝外细胞包括动脉平滑肌细胞及巨噬细胞等移出至 HDL。新生 HDL 存在于细胞间液中,富含磷脂及 apo A I,含较少 FC,呈盘状,根据电泳位置将其称为前 β_1-HDL。能与肝外细胞表面的 B 族 I 型清道夫受体(scavenger receptor class B type I,SR-B I)结合,在 ATP 结合盒转运蛋白 A1(ATP-binding cassette transporter A1,ABCA1)和 G1 的作用下,将细胞内的胆固醇转移至新生 HDL 上。ABCA1 主要将胆固醇转移至小颗粒 HDL,甚至未结合脂质的 apo A I 分子上,ABCG1 主要将胆固醇转移至较大颗粒的 HDL 上。可见,新生 HDL 是细胞胆固醇移出不可缺少的接受体

图 8-14 胆固醇逆向转运途径

A:载脂蛋白 A;AⅠ:载脂蛋白 AⅠ;B48:载脂蛋白 B48;B100:载脂蛋白 B100;C:载脂蛋白 C;CE:胆固醇酯;Ch:胆固醇;CM:乳糜微粒;E:载脂蛋白 E;HDL:高密度脂蛋白;LCAT:卵磷脂:胆固醇脂肪酰转移酶;LDL:低密度脂蛋白;SR-BⅠ:B 族Ⅰ型清道夫受体;TG:甘油三酯;VLDL:极低密度脂蛋白。

（acceptor）。

RCT 第二步是 HDL 接受的胆固醇被酯化及胆固醇酯转入 HDL 内核。新生 HDL 从肝外细胞接受的胆固醇,分布在 HDL 表面。apo AⅠ激活卵磷脂:胆固醇脂肪酰转移酶(lecithin:cholesterol acyl transferase,LCAT),将 HDL 表面卵磷脂的 2 位脂肪酰基转移至胆固醇 3 位羟基,生成溶血卵磷脂及 CE。生成的 CE 随即转入 HDL 内核,表面则可继续接受肝外细胞胆固醇,消耗的卵磷脂也可从肝外细胞补充。该过程不断进行,HDL 内核 CE 不断增加,双脂层盘状 HDL 逐步膨胀为单脂层球状 HDL,颗粒逐步增大,密度逐渐减小,形成 HDL_3,最终转变为成熟的富含胆固醇的 HDL_2。

在 HDL 成熟过程中,酯化后形成的 CE 可在胆固醇酯转运蛋白(cholesterol ester transfer protein,CETP)的作用下,与 VLDL 中的 TG 交换,将 TG 由 VLDL 转移至 HDL,将 CE 由 HDL 转移至 VLDL。

RCT 最后一步在肝进行。成熟 HDL 经血液运输至肝,被肝细胞膜 SR-BⅠ识别、结合,CE 被肝细胞选择性摄取;被 CETP 从 HDL 转移至 VLDL 的 CE,在 VLDL 被转变成 LDL 后,通过 LDL 受体被肝细胞摄取。CE 通过这两条途径进入肝细胞后,被水解释放出胆固醇,转化成胆汁酸或直接以胆固醇通过胆汁排出。机体通过这种机制,还可将外周组织衰老细胞膜中的胆固醇转运至肝代谢并排出。HDL 的血浆半衰期为 3~5 天。

除参与 RCT 外,HDL 还是 apo CⅡ贮存库。CM 及 VLDL 进入血液后,需从 HDL 获得 apo CⅡ才能激活 LPL,水解其 TG。CM 及 VLDL 中 TG 水解完成后,apo CⅡ又回到 HDL。

四、血浆脂蛋白代谢紊乱导致脂蛋白异常血症

(一) 不同脂蛋白的异常改变引起不同类型脂蛋白异常血症

血清脂质水平异常升高,超过正常范围上限称高脂血症(hyperlipidemia)。在目前临床实践中,高脂血症指血清胆固醇或/和甘油三酯超过正常范围上限;一般以成人空腹 12~14 小时血清甘油三酯超过 2.26mmol/L(200mg/dl),总胆固醇(total cholesterol,TC)超过 6.21mmol/L(240mg/dl),儿童总胆固醇超过 4.14mmol/L(160mg/dl)为高脂血症诊断标准。事实上,在高脂血症患者血浆中,一些脂

蛋白脂质含量升高,而另外脂蛋白脂质含量可能降低。因此,有人认为将高脂血症称为脂蛋白异常血症(dyslipoproteinemia)更为合理,甚至有人直接将其称为血脂异常。传统的分类方法将脂蛋白异常血症分为六型(表8-7)。随着研究的不断深入和临床工作的需要,发展形成了非高密度脂蛋白胆固醇(non-high density lipoprotein cholesterol, non-HDL-C)概念,并与TG、TC、高密度脂蛋白胆固醇(high density lipoprotein cholesterol, HDL-C)和低密度脂蛋白胆固醇(low density lipoprotein cholesterol, LDL-C)一起,按理想水平、合适水平、边缘升高、升高和降低等层次,制定了与世界各国人群相适应的血脂分层标准。

表8-7   脂蛋白异常血症分型

分型	血浆脂蛋白变化	血脂变化	
I	乳糜微粒升高	甘油三酯↑↑↑	胆固醇↑
IIa	低密度脂蛋白升高	胆固醇↑↑	—
IIb	低密度及极低密度脂蛋白同时升高	胆固醇↑↑	甘油三酯↑↑
III	中间密度脂蛋白升高(电泳出现宽β带)	胆固醇↑↑	甘油三酯↑↑
IV	极低密度脂蛋白升高	甘油三酯↑↑	—
V	极低密度脂蛋白及乳糜微粒同时升高	甘油三酯↑↑↑	胆固醇↑

脂蛋白异常血症还可分为原发性和继发性两大类。原发性脂蛋白异常血症发病原因不明,已证明有些是遗传性缺陷。继发性脂蛋白异常血症是继发于其他疾病如糖尿病、肾病和甲状腺功能减退等。

(二) 血浆脂蛋白代谢相关基因遗传性缺陷引起脂蛋白异常血症

参与脂蛋白代谢的关键酶如LPL及LCAT,载脂蛋白如AI、B、CII、CIII和E,以及脂蛋白受体如LDL受体等的遗传性缺陷,都能导致血浆脂蛋白代谢异常,引起脂蛋白异常血症。在这些已经阐明发病分子机制的遗传性缺陷中,Brown M. S. 及 Goldstein J. L. 对LDL受体研究取得的成就最为重大,他们不仅阐明了LDL受体的结构和功能,而且证明了LDL受体缺陷是引起家族性高胆固醇血症的重要原因。LDL受体缺陷是常染色体显性遗传,纯合子携带者细胞膜LDL受体完全缺乏,杂合子携带者LDL受体数目减少一半,其LDL都不能正常代谢,血浆胆固醇分别高达15.6~20.8mmol/L(600~800mg/dl)及7.8~10.4mmol/L(300~400mg/dl),携带者在20岁前就发生典型的冠心病症状。

小结

脂质能溶于有机溶剂但不溶于水,分子中含脂肪酰基或能与脂肪酸起酯化反应。脂肪(甘油三酯)是机体重要的能量物质,胆固醇、磷脂及糖脂是生物膜的重要组分,参与细胞识别及信号传递,还是多种生物活性物质的前体。多不饱和脂肪酸衍生物具有重要的生理功能。

甘油三酯水解生成甘油和脂肪酸。甘油经活化、脱氢、转化成磷酸二羟丙酮后,循糖代谢途径代谢。脂肪酸活化后进入线粒体,经脱氢、加水、再脱氢及硫解4步反应的重复循环完成β-氧化,生成乙酰CoA,并最终彻底氧化,释放大量能量。肝β-氧化生成的乙酰CoA还能转化成酮体,经血液运输至肝外组织利用。

肝、脂肪组织及小肠是合成甘油三酯的主要场所,肝合成能力最强;基本原料为甘油和脂肪酸,主要分别由糖代谢提供和糖转化形成。小肠黏膜细胞以脂肪酰CoA酯化甘油一酯合成甘油三酯,肝细胞及脂肪细胞以脂肪酰CoA酯化甘油二酯合成甘油三酯。

人体脂肪酸合成的主要场所是肝,基本原料乙酰CoA需先羧化为丙二酸单酰CoA。在胞质溶胶脂肪酸合酶体系催化下,由NADPH供氢,通过缩合、还原、脱水、再还原4步反应的7次循环合成16

碳软脂酸。更长碳链脂肪酸的合成在肝细胞内质网和线粒体中通过对软脂酸加工、延长完成。脂肪酸脱氢可生成不饱和脂肪酸,但人体不能合成多不饱和脂肪酸,只能从食物摄取。

甘油磷脂合成以磷脂酸为重要的中间产物,需 CTP 参与。甘油磷脂的降解由磷脂酶 A、B、C 和 D 催化完成。神经鞘磷脂的合成以软脂酰 CoA、丝氨酸和胆碱为基本原料,先合成鞘氨醇,再与脂肪酰 CoA、CDP-胆碱合成神经鞘磷脂。

胆固醇合成以乙酰 CoA 为基本原料,先合成 HMG-CoA,再逐步合成胆固醇。HMG-CoA 还原酶是胆固醇合成的关键酶。细胞内胆固醇含量是胆固醇合成的重要调节因素,无论是外源性还是自身合成,只要升高了细胞胆固醇含量,都能抑制胆固醇合成。胆固醇在体内可转化成胆汁酸、类固醇激素和维生素 D_3。

脂质以脂蛋白形式在血中运输和代谢。超速离心法将血浆脂蛋白分为乳糜微粒、极低密度脂蛋白、低密度脂蛋白和高密度脂蛋白。CM 主要转运外源性甘油三酯及胆固醇,VLDL 主要转运内源性甘油三酯,LDL 主要转运内源性胆固醇,HDL 主要逆向转运胆固醇。

(方定志)

思考题

1. 血浆甘油三酯异常升高的患者是否需要控制淀粉类食物的摄入? 为什么?

2. 血浆胆固醇异常升高的患者应怎样调整自己的膳食结构? 理论根据是什么?

3. 治疗血浆胆固醇异常升高有哪些可能的措施? 理论根据是什么?

4. 一个肥胖者希望减肥,可以从哪些方面着手? 可以采取哪些可能的措施? 理论根据是什么?

第九章

氨基酸代谢

【本章要点】

1. 体内氨基酸代谢库的来源与去路;

2. 氮平衡、必需氨基酸及食物蛋白质营养互补作用;

3. 蛋白质的消化、吸收及腐败作用;

4. 氨基酸的脱氨基作用、氨在血液中的转运形式及尿素循环;

5. 氨基酸碳骨架的代谢及个别氨基酸代谢概述。

食物中的蛋白质是人体的重要营养物质,主要为人体提供氨基酸。氨基酸在人体内不仅可作为蛋白质合成的原料,还能转变成一些不用于蛋白质合成的氨基酸和多种重要的生理活性物质。氨基酸在机体的物质代谢和能量代谢中具有重要的意义,与机体正常功能密不可分。利用氨基酸合成蛋白质的过程将在第十七章介绍,本章重点介绍氨基酸在体内代谢的相关内容。

第一节　氨基酸代谢概述

体内的氨基酸处于不断地被获取、利用和消耗的动态变化过程中。除了用于蛋白质生物合成之外,氨基酸在分解代谢和代谢转换过程中不断被消耗,而体内消耗掉的氨基酸主要依赖食物蛋白质进行补充。

一、外源性氨基酸和内源性氨基酸构成氨基酸代谢库

通过消化食物蛋白质而吸收氨基酸(外源性氨基酸)、体内组织蛋白质降解产生氨基酸以及少量合成氨基酸(内源性氨基酸),是体内氨基酸的主要来源。这些氨基酸分布于体内各处参与代谢,称为氨基酸代谢库(amino acid metabolic pool)。氨基酸代谢库中的氨基酸,在体内可用于蛋白质的合成、氧化供能及其他的代谢转换等(图9-1)。氨基酸代谢库通常以游离氨基酸总量计算。由于氨基酸不能自由通过细胞膜,所以氨基酸代谢库在体内的分布是不均一的,肌肉中氨基酸占代谢库的50%以上,肝内氨基酸约占10%,肾内氨基酸约占4%,血浆氨基酸约占1%~6%。

二、氨基酸可用于蛋白质合成或被代谢消耗

(一)大部分氨基酸用于蛋白质生物合成

体内氨基酸的主要用途是合成蛋白质或多肽。从食物蛋白质消化、吸收的氨基酸大部分用于体内蛋白质的合成。体内组织蛋白质,主要是骨骼肌蛋白降解所产生的氨基酸,大部分也被重新用于蛋白质合成。就数量而言,从食物获取的氨基酸主要是满足体内蛋白质合成的需要。

(二)氨基酸通过分解代谢和代谢转换而被消耗

氨基酸是水溶性物质,但不会被机体排泄。正常人尿中排出的游离氨基酸极少。氨基酸主要通过分解代谢和代谢转换而被机体消耗。

1. 氨基酸的碳骨架可进入能量代谢　氨基酸不会随尿排出,但体内也不能贮存过多的氨基酸。

图 9-1　氨基酸代谢概况

当氨基酸代谢库中的氨基酸过多时,尤其是因食物蛋白质与人体蛋白质的氨基酸组成差异造成某些类型的氨基酸超过机体合成蛋白质的需要时,这些氨基酸就会进入分解代谢,彻底氧化,产生能量。机体每日产生的能量约有 18% 来自氨基酸的氧化分解。

当机体处于饥饿状态时,会主动降解一些蛋白质,释放氨基酸。这些氨基酸并不直接氧化供能,而是转变成葡萄糖或酮体;产生的葡萄糖可满足饥饿时机体对葡萄糖的需要,酮体也可进入能量代谢。

2. 氨基酸代谢转换可产生多种物质　许多氨基酸可通过代谢转变而产生其他含氮化合物,包括神经递质、核苷酸、激素及其他多种生理活性物质,此外还可以产生一些重要的化学基团,用于调节许多重要分子的功能,或者用于非营养物质的代谢(转化)。机体利用氨基酸所产生的物质见表 9-1。

表 9-1　氨基酸衍生的重要含氮化合物

氨基酸	衍生的化合物	生理功用
天冬氨酸、谷氨酰胺、甘氨酸	嘌呤碱	含氮碱基、核酸成分
天冬氨酸、谷氨酰胺	嘧啶碱	含氮碱基、核酸成分
甘氨酸	卟啉化合物	血红素、细胞色素
甘氨酸、精氨酸、甲硫氨酸	肌酸、肌酸磷酸	能量储存
色氨酸	5-羟色胺、烟酸	神经递质、维生素
苯丙氨酸、酪氨酸	儿茶酚胺、甲状腺素	神经递质、激素
酪氨酸	黑色素	皮肤色素
谷氨酸	γ-氨基丁酸	神经递质
甲硫氨酸、鸟氨酸	精胺、亚精胺	细胞增殖促进剂
半胱氨酸	牛磺酸	结合型胆汁酸成分

三、氮平衡状态反映氨基酸的摄入与消耗状态

体内每时每刻都在发生氨基酸的消耗,使体内的氨基酸减少;每日进食又可补充。氨基酸的摄入和消耗的状态可用氮平衡(nitrogen balance)来描述。食物中的含氮物质绝大部分是蛋白质,在体内被降解为氨基酸。机体通过尿、粪所排出的含氮物质主要是由氨基酸分解代谢产生的,或由氨基酸转

换生成。因此,测定尿与粪中的含氮量(排出氮)及摄入食物的含氮量(摄入氮)可以反映体内氨基酸的代谢状况。

体内氮保持总平衡,即机体摄入氮 = 排出氮,这是正常成人的氨基酸代谢状态。氮的正平衡,即摄入氮>排出氮,反映了摄入的氨基酸较多地用于体内蛋白质合成,而分解代谢相对较少,儿童、孕妇和恢复期患者属于此种情况。氮的负平衡,即摄入氮<排出氮,提示蛋白质摄入量不足或过度降解,氨基酸被过多分解而排泄,见于饥饿或消耗性疾病患者。

第二节　体内氨基酸的来源

体内氨基酸的来源包括外源性氨基酸和内源性氨基酸。内源性氨基酸不能保证机体的需要,需提供足够的食物蛋白质以获得机体所需的氨基酸。氨基酸对正常代谢和各种生命活动十分重要。对于生长发育期的儿童和康复期的患者,供给足量、优质的蛋白质尤为重要。

一、外源性蛋白质消化成氨基酸和寡肽后被吸收

(一) 氨基酸可分为必需氨基酸和非必需氨基酸

用于合成蛋白质的氨基酸有 20 种,其中 9 种氨基酸人体自身不能合成,包括:缬氨酸、异亮氨酸、亮氨酸、苏氨酸、甲硫氨酸、赖氨酸、苯丙氨酸、色氨酸和组氨酸。这些氨基酸只能从食物蛋白质中获取,因而称为必需氨基酸(essential amino acid)。其余的 11 种氨基酸均可以在人体内合成,称为营养非必需氨基酸(non-essential amino acid)。其中,精氨酸虽能在人体内合成,但合成量不多,需要从食物中补充。因此,精氨酸被视为半必需氨基酸(semiessential amino acid),也有人将其归为必需氨基酸。

(二) 必需氨基酸决定食物蛋白质的营养价值

从食物蛋白质中获取氨基酸是人体氨基酸的主要来源。根据氮平衡实验计算,在不进食蛋白质时,成人每天最低分解约 20g 蛋白质。然而,摄入 20g 食物蛋白质却不能补充体内分解的蛋白质,这是由于食物蛋白质与人体蛋白质中氨基酸组成的差异,人体需要摄入更多的食物蛋白质才能获得足够的必需氨基酸。就食物蛋白质的营养价值而言,含有必需氨基酸种类多、数量足的蛋白质,其营养价值高,反之则营养价值低。由于动物性蛋白质所含必需氨基酸的种类、比例与人类需求相近,故营养价值高。营养价值低的蛋白质若混合食用,则必需氨基酸可以互相补充,从而提高其营养价值,称为食物蛋白质的互补作用。不过,即使是混合食用,也需要较多的食物蛋白质才能满足机体的需要。成人每天最低摄入 30~50g 蛋白质,才能使摄入的各种氨基酸都达到人体所需量。为了长期保持氮平衡,我国营养学会推荐成人每天的蛋白质需要量为 80g。

(三) 食物蛋白质在胃和肠道被消化成氨基酸和寡肽

食物蛋白质的消化是人体从食物中获取氨基酸的必要条件,未经消化的蛋白质不能被直接吸收进入体内。消化还可以消除食物蛋白质的抗原性,避免食物蛋白质引起的过敏反应和毒性反应。口腔的唾液中没有水解蛋白质的酶类,食物蛋白质的消化自胃开始,而主要的消化过程则在小肠进行。

1. 食物蛋白质的消化在胃中起始　食物蛋白质进入胃后,经胃蛋白酶(pepsin)的作用进行部分消化。食物可刺激胃黏膜分泌胃泌素(gastrin),胃泌素则促进胃黏膜壁细胞分泌盐酸、主细胞分泌胃蛋白酶原(pepsinogen)。胃蛋白酶原在经盐酸或胃蛋白酶的自身催化作用下,水解掉酶原 N-端碱性前体片段,生成有活性的胃蛋白酶。胃蛋白酶的最适反应 pH 是 1.5~2.5,酸性的胃液能使蛋白质变性,有利于蛋白质的水解。胃蛋白酶主要识别和水解由芳香族氨基酸的羧基所形成的肽键,因而只是将蛋白质部分降解。由于食物在胃中停留的时间短,蛋白质消化不完全,只产生少量氨基酸,主要的产物是多肽。此外,胃蛋白酶还具有凝乳作用,使乳汁中的酪蛋白(casein)与 Ca^{2+} 凝集成凝块,使乳汁在胃中的停留时间延长,有利于乳汁中蛋白质的消化。

2. 蛋白质在小肠被水解成氨基酸和寡肽　小肠是食物蛋白质消化的主要部位。胰和肠黏膜细胞分泌的多种蛋白酶和肽酶在小肠内将食物中的蛋白质进一步水解成氨基酸和寡肽。

（1）胰液蛋白酶消化蛋白质产生寡肽和少量氨基酸：食物蛋白质在小肠内的消化主要依靠胰酶完成，这些酶的最适 pH 为 7.0 左右。胰液中的蛋白酶基本上分为两类，即内肽酶（endopeptidase）和外肽酶（exopeptidase）。内肽酶包括胰蛋白酶（trypsin）、糜蛋白酶（chymotrypsin）和弹性蛋白酶（elastase），这些酶主要识别和水解由特定氨基酸形成的肽键，因而可以特异性地水解蛋白质内部的一些肽键，使较大的肽链断裂成较小的肽链。外肽酶包括羧基肽酶 A（carboxyl peptidase A）及羧基肽酶 B（carboxyl peptidase B）两种。前者主要水解除脯氨酸、精氨酸、赖氨酸以外的多种氨基酸残基组成的 C-端肽键，后者主要水解由碱性氨基酸组成的 C-端肽键。因此，外肽酶自肽链的羧基末端开始，将氨基酸残基逐个水解下来。

胰腺细胞所产生的各种蛋白酶和肽酶都是以无活性酶原的形式分泌，这些酶原进入十二指肠后被肠激酶（enterokinase）激活。由十二指肠黏膜细胞分泌的肠激酶被胆汁激活后，水解各种酶原，使之激活成为相应的有活性的酶。其中，胰蛋白酶原激活为胰蛋白酶后，又能激活糜蛋白酶原、弹性蛋白酶原和羧基肽酶原。胰蛋白酶的自身激活作用较弱。由于胰液中各种蛋白酶均以酶原形式存在，同时胰液中还存在胰蛋白酶抑制剂，能保护胰腺组织免受蛋白酶的自身消化。

（2）小肠黏膜细胞的消化酶将寡肽水解成氨基酸：食物蛋白质经胃液和胰液中蛋白酶的消化后，所得到的产物中仅有 1/3 是氨基酸，其余 2/3 是寡肽。寡肽的水解主要在小肠黏膜细胞内进行。小肠黏膜细胞中存在两种寡肽酶（oligopeptidase）：氨基肽酶（aminopeptidase）和二肽酶（dipeptidase）。氨基肽酶从氨基末端逐步水解寡肽，最后剩下二肽，被二肽酶水解成氨基酸（图 9-2）。

图 9-2　蛋白水解作用示意图

（四）氨基酸和寡肽在小肠中通过主动转运机制被吸收

1. 氨基酸转运载体通过耗能过程转运氨基酸　肠黏膜细胞膜上具有转运氨基酸的载体蛋白，能与氨基酸和 Na^+ 形成三联体，将氨基酸和 Na^+ 转运至细胞，Na^+ 则借钠泵排出细胞外，该过程与葡萄糖的吸收载体系统类似。具有不同侧链结构的氨基酸和小肽是通过不同的载体转运吸收的。在小肠黏膜的刷状缘氨基酸转运蛋白（transporter）包括中性氨基酸转运蛋白（分为极性和疏水性两种）、碱性氨基酸转运蛋白、酸性氨基酸转运蛋白、亚氨基酸转运蛋白、β-氨基酸转运蛋白。结构相似的氨基酸由同一载体转运，因而在吸收过程中相互竞争结合载体。含量多的氨基酸，转运的量就相对大一些。

氨基酸的主动转运不仅存在于小肠黏膜细胞，类似的作用也存在于肾小管细胞、肌细胞等细胞膜上,这对于这些细胞浓集氨基酸具有重要作用。

2. 肽转运体系将寡肽转运,进入肠黏膜细胞   肠黏膜细胞上还存在着吸收二肽或三肽的转运体系。此种转运也是一个耗能的主动吸收过程。吸收作用在小肠近端较强,故肽吸收入细胞甚至先于游离氨基酸。不同二肽的吸收具有相互竞争作用。

二、未被消化吸收的蛋白质被肠道细菌代谢

在食物通过小肠的过程中,并非所有的蛋白质都被彻底消化和完全吸收。肠道细菌的蛋白酶可将残留的蛋白质水解成氨基酸,肠道细菌即可利用这些氨基酸进行代谢并获取能量。肠道细菌对这部分未被消化的蛋白质及未被吸收的消化产物的代谢作用,称为腐败作用(putrefaction)。这些蛋白质和氨基酸被肠道细菌代谢的过程中,会产生许多对人体有害的物质,但在此过程也会产生少量脂肪酸及维生素等可被机体利用的物质。

(一)肠道细菌将氨基酸脱羧基产生胺类物质

肠道细菌将氨基酸分解代谢的过程中,可将氨基酸脱羧基产生相应的胺(amine)。例如,组氨酸脱羧基生成组胺,赖氨酸脱羧基生成尸胺,色氨酸脱羧基生成色胺,酪氨酸脱羧基生成酪胺等。这些胺类若被人体吸收,可能对机体产生有害的影响。如酪胺和由苯丙氨酸脱羧基生成的苯乙胺,若不能在肝内分解而进入脑组织,则可分别经羟化形成 β-羟酪胺和苯乙醇胺,它们的化学结构与儿茶酚胺类似,称为假神经递质(false neurotransmitter),可取代正常神经递质儿茶酚胺,阻碍神经冲动传递,使大脑发生异常抑制,这可能是发生肝性脑病的原因之一。

苯乙醇胺   β-羟酪胺   多巴胺   去甲肾上腺素

假神经递质   儿茶酚胺

(二)肠道细菌将氨基酸脱氨基生成氨

肠道细菌对氨基酸的代谢也可通过脱氨基作用开始,脱氨基作用所产生的氨(ammonia),是肠道中氨的重要来源之一。此外,人体内产生的尿素排泄入肠道后,可被肠道细菌产生的尿素酶水解而生成氨。降低肠道的 pH,氨以铵盐的形式排出体外,可减少氨的吸收。

(三)腐败作用产生其他有害物质

除了胺类和氨以外,通过腐败作用还可产生其他有害物质,例如苯酚、吲哚、甲基吲哚及硫化氢等。正常情况下,这些有害物质大部分随粪便排出,只有小部分被吸收,经肝的生物转化作用增加这些物质的水溶性,易于排出体外,故不会发生中毒现象。

三、体内蛋白质降解释放氨基酸

虽然机体依靠食物蛋白质获取氨基酸,但机体的氨基酸代谢库中的游离氨基酸并非全部来自食物蛋白质。在人体的生命活动中,蛋白质被不断地降解和重新合成。因此,机体氨基酸代谢库亦包含由体内蛋白质降解所产生的氨基酸。

(一)体内蛋白质被不断地转换更新

所有生命体的蛋白质都在不断更新,体内的任何蛋白质都会被降解,又不断地被重新合成。体

内蛋白质的降解与合成的动态平衡,称为蛋白质转换(protein turnover)。人体每日更新体内蛋白质总量的 1%~2%,其中主要是肌肉蛋白质。所释放的氨基酸有 70%~80% 被重新用于合成蛋白质,其余 20%~30% 被降解。

不同蛋白质的降解速率不同,因而在细胞内有长寿蛋白质和短寿蛋白质。蛋白质降解的速率用半衰期($t_{1/2}$)表示,半衰期是指将浓度或数量减少 50% 所需要的时间。不同蛋白质的半衰期不同:例如,人肝中蛋白质的半衰期短的小于 30 分钟,长的大于 150 小时,肝中大部分蛋白质的半衰期为 1~8 天;血红蛋白、结缔组织中的一些蛋白质的半衰期可达 180 天以上。

(二)体内蛋白质降解是机体不同状况下的特定需要

1. 蛋白质降解是蛋白质功能调控的机制之一 例如,酶活性的调节包括活性调节和酶量调节两个方面,而酶量的调节就是通过合成与降解来实现的。许多调节酶的半衰期都较短,例如色氨酸加氧酶、酪氨酸转氨酶、HMG-CoA 还原酶,它们的半衰期为 0.5~2 小时。而许多调控基因表达的蛋白质的半衰期都低于 30 分钟,如果某些因素导致这些蛋白质的半衰期延长,则会导致其所调控的基因表达异常。这些具有调节功能的蛋白质在需要时合成,随后被迅速降解,降解释放的氨基酸即进入氨基酸代谢库。

2. 损伤的结构蛋白更新是维系其功能的基础 组织细胞的结构蛋白多为长寿蛋白质,但仍然以一定的速率被降解。细胞代谢过程中经常产生影响蛋白质结构的物质,尤其是氧化物,可通过氧化作用而损伤蛋白质。这些蛋白质即通过特定的机制被降解,细胞则重新合成相同的蛋白质以替代被降解的蛋白质,以维系其正常的功能。

3. 饥饿状态引起蛋白质降解而释放氨基酸并通过糖异生补充血糖 在机体处于饥饿状态时,机体会降解一部分蛋白质,释放出氨基酸。氨基酸分解代谢的中间产物通过糖异生途径转变成葡萄糖,对维持血糖水平具有重要意义。

(三)真核细胞内有两条主要的蛋白质降解途径

细胞内存在与肠道消化食物蛋白质的酶相似的酶,如内肽酶、氨基肽酶和羧基肽酶。然而,这些酶并不能任意水解细胞内的蛋白质,否则细胞将被迅速破坏。细胞内蛋白质降解是主动调节过程,主要通过两条途径来降解细胞内蛋白质,即不依赖 ATP 的溶酶体降解途径和依赖 ATP 的泛素-蛋白酶体途径。

1. 外在和长寿蛋白质在溶酶体通过 ATP-非依赖的途径降解 细胞内的溶酶体(lysosome)的主要功能是进行细胞内消化,可降解从细胞外摄入的蛋白质、细胞膜蛋白和胞内长寿蛋白质。溶酶体含有多种蛋白酶,称为组织蛋白酶(cathepsin)。根据溶酶体完成生理功能的不同阶段可将其分为初级溶酶体、次级溶酶体和残体。初级溶酶体由高尔基体分泌形成,含有多种水解酶原,只有当溶酶体破裂,或其他物质进入,酶原才被激活。初级溶酶体内的水解酶包括蛋白酶(组织蛋白酶)、核酸酶、脂酶、磷酸酶、硫酸酯酶、磷脂酶类等 60 余种,这些酶均属于酸性水解酶,反应的最适 pH 为 5 左右。初级溶酶体膜有质子泵,将 H^+ 泵入溶酶体,使其 pH 降低。次级溶酶体是正在进行或完成消化作用的消化泡,内含水解酶和相应底物,异噬溶酶体(phagolysosome)消化外源的物质,自噬溶酶体(autophagolysosome)消化来自细胞本身的各种组分。残体又称后溶酶体(post-lysosome),已失去水解酶活性,仅留未消化的残渣。残体可通过外排作用排出细胞,也可能留在细胞内逐渐累积。

具有摄入胞外物质能力的细胞,可通过内吞作用摄入胞外的蛋白质,由溶酶体的组织蛋白酶将其降解。溶酶体亦可清除细胞自身无用的生物大分子、衰老的细胞器等,即自体吞噬过程,并将所吞噬的蛋白质降解。

2. 异常和短寿蛋白质通过 ATP-依赖的泛素化蛋白酶体途径降解 细胞内的异常蛋白质和短寿蛋白质主要通过依赖 ATP 的泛素-蛋白酶体途径降解。降解过程包括两个阶段:首先是泛素与被选择降解的蛋白质共价连接,然后是蛋白酶体(proteasome)识别被泛素标记的蛋白质并将其降解。

泛素(ubiquitin)是一个由 76 个氨基酸残基组成的小分子蛋白质,因其广泛存在于真核细胞而得名。泛素与底物蛋白质的共价连接是非特异性的,这种连接使底物蛋白带上了泛素标记,称为泛素化(ubiquitination)。泛素化是通过 3 个酶促反应而完成的(图 9-4)。第一个反应是泛素 C-末端的羧基与泛素激活酶(ubiquitin-activating enzyme,E_1)的半胱氨酸通过硫酯键结合,这是一个需要 ATP 的反应,此反应将泛素分子激活。在第二个反应中,泛素分子被转移至泛素结合酶(ubiquitin-conjugating enzyme,E_2)的巯基上。随后,由泛素-蛋白连接酶(ubiquitin-protein ligase,E_3)识别待降解蛋白质,并将活化的泛素转移至蛋白质的赖氨酸的 ε-氨基,形成异肽键(isopeptide bond)。而此泛素分子中赖氨酸的 ε-氨基又可被连接上一个泛素,如此重复反应,多个泛素分子连接形成泛素链(ubiquitin chain)。

蛋白酶体是存在于细胞核和胞质内的 ATP-依赖性蛋白酶,由核心颗粒(core particle,CP)和调节颗粒(regulatory particle)组成。核心颗粒是由 2 个 α 环(每个环有 7 个 α 亚基)和 2 个 β 环(每个环有 7 个 β 亚基)组成的圆柱体,中心形成一个空腔。两个调节颗粒分别位于圆柱形核心颗粒的两端,形成空心圆柱两端的

图 9-3　蛋白质泛素化的 3 步反应

图 9-4　蛋白酶体结构示意图

盖子调节颗粒中的一些亚基可识别、结合待降解的泛素化蛋白,另一些亚基具有 ATP 酶活性。当泛素化的蛋白质与调节颗粒的泛素识别位点结合后,调节颗粒底部的 ATP 酶水解 ATP 获取能量,使蛋白质去折叠,并使去折叠的蛋白质转位进入核心颗粒的中心空腔。每个 β 环中的 β_1、β_2、β_5 亚基具有蛋白酶活性,这三个 β 亚基具有不同的底物特异性,β_1 亚基、β_2 亚基、β_5 亚基分别在酸性残基、碱性残基、疏水性残基之后裂解肽链。因此,这三个亚基可将蛋白质水解成约含 7~9 个氨基酸残基的肽,而胞质中的肽酶(peptidases)将这些肽进一步水解成氨基酸。调节颗粒能释放泛素,泛素并不被降解,因而可重复使用。

框 9-1

Ciechanover A. 等对体内蛋白质降解研究的贡献

1978 年,以色列科学家 Ciechanover A. 和 Hershko A. 从网织红细胞裂解液中分离出两种组分:APF-Ⅰ(active principle fraction Ⅰ)和 APF-Ⅱ。每一组分单独存在时都不具有活性,然而一旦将这两种组分混合,就会引发 ATP 依赖的蛋白质降解。1980 年 Ciechanover A.、Hershko A. 和美国科学家 Rose I. 发表文章指出,APF-Ⅰ 可以以共价键形式与提取物中的许多蛋白质牢固结合,而且

一个靶蛋白能结合多个 APF-I 分子。在随后的研究中证明 APF-I 就是泛素。APF-II 可分成两个亚类即 APF-IIa 和 APF-IIb。APF-IIa 的主要成分是原来被命名的蛋白酶体，而 APF-IIb 含有催化泛素标记底物蛋白的三种酶，即泛素激活酶、泛素结合酶和泛素蛋白连接酶。这些研究揭示了泛素介导的蛋白质降解机制。泛素控制的蛋白质降解具有重要的生理意义，它不仅能够清除错误的蛋白质，而且对细胞生长周期、DNA 复制及染色体结构都有重要的调控作用。Ciechanover A.、Hershko A. 和 Rose I. 因此被授予 2004 年诺贝尔化学奖。

四、非必需氨基酸可在体内通过不同的代谢途径合成

机体可通过不同的代谢途径合成非必需氨基酸，其中一些由代谢中间物合成，少数由必需氨基酸生成。

(一) α-酮戊二酸还原氨化生成谷氨酸

α-酮戊二酸是三羧酸循环的中间产物，也是体内合成谷氨酸的重要原料。谷氨酸脱氢酶（glutamate dehydrogenase）可利用游离氨将 α-酮戊二酸重新氨化生成谷氨酸。此反应不仅催化谷氨酸的生成，而且对其他氨基酸的合成也具有重要意义。

(二) 丙酮酸和草酰乙酸通过转氨基作用转变成丙氨酸和天冬氨酸

丙酮酸通过转氨基作用（transamination）生成 L-丙氨酸，草酰乙酸通过转氨基作用生成 L-天冬氨酸。二者均可从谷氨酸获取氨基，分别由谷丙转氨酶和谷草转氨酶催化（详见本章第三节）。

(三) 谷氨酰胺合成酶利用谷氨酸和游离氨合成谷氨酰胺

此反应与谷氨酸脱氢酶催化的反应都是利用游离氨合成氨基酸。谷氨酸脱氢酶是将游离氨固定成为谷氨酸的氨基，谷氨酰胺合成酶（glutamine synthetase）则是将游离氨转变成酰胺基团。谷氨酰胺合成酶反应伴有 ATP 水解。

L-谷氨酸   谷氨酰胺合成酶   L-谷氨酰胺

NH_4^+

Mg-ATP   Mg-ADP+P_i

(四) 天冬氨酸在天冬酰胺合成酶催化下生成天冬酰胺

细菌的天冬酰胺合成酶可利用游离氨合成天冬酰胺。但哺乳动物的天冬酰胺合成酶(asparagine synthetase)不是利用游离氨,而是从谷氨酰胺获取氨基,因此,在生成天冬酰胺的同时,将谷氨酸酰胺转变成谷氨酸。谷氨酸则通过谷氨酰胺合成酶的作用重新生成谷氨酰胺。

L-天冬氨酸   天冬酰胺合成酶   L-天冬酰胺

Gln   Glu

Mg-ATP   Mg-AMP+PP_i

(五) 利用甘油-3-磷酸可合成丝氨酸

糖酵解途径的中间产物磷酸二羟丙酮脱氢,及甘油三酯分解代谢产生的甘油经磷酸化均可产生的甘油-3-磷酸,经糖酵解的一系列反应可转变为甘油酸-3-磷酸,后者可作为原料合成丝氨酸。首先α-羟基被 NAD^+ 氧化成氧代基团,再经转氨基作用形成磷酸丝氨酸,然后经去磷酸化生成丝氨酸。

D-甘油酸-3-磷酸

NAD^+

$NADH+H^+$

磷酸羟基丙酮酸

α-AA
转氨酶
α-KA

磷酸-L-丝氨酸

H_2O

P_i

L-丝氨酸

（六）甘氨酸在哺乳动物中有多条合成途径

肝细胞胞质中有甘氨酸转氨酶，能催化氨基从谷氨酸转移到乙醛酸，生成甘氨酸。此外，还有两条重要的甘氨酸合成途径：一条由胆碱合成甘氨酸；另一条是丝氨酸在羟甲基转移酶的催化下合成甘氨酸。

（七）脯氨酸可从谷氨酸转变而成

脯氨酸可从谷氨酸生成。在脯氨酸的分解代谢过程中,脯氨酸通过 3 步反应转变成谷氨酸,然后继续分解代谢。而这 3 步反应都是可逆反应,因此,相应的酶亦可催化谷氨酸转变成脯氨酸。

L-谷氨酸

L-谷氨酸-γ-半缩醛

吡咯-5-羧酸

L-脯氨酸

（八）甲硫氨酸分解代谢过程中可产生半胱氨酸

甲硫氨酸(营养性必需氨基酸)分解代谢需要丝氨酸参与,在此过程中,通过巯基与羟基的交换将丝氨酸转变成半胱氨酸。

甲硫氨酸在甲基化反应中提供甲基,同时生成同型半胱氨酸(详见本章第五节)。同型半胱氨酸可重新甲基化生成甲硫氨酸,也可进入分解代谢。在分解代谢过程中,同型半胱氨酸与丝氨酸发生巯基和羟基的交换,生成半胱氨酸和同型丝氨酸。

L-丝氨酸

L-同型半胱氨酸

↓ → H_2O

胱硫醚

↓ → H_2O

L-半胱氨酸

L-同型丝氨酸

（九）苯丙氨酸在苯丙氨酸羟化酶的催化下形成酪氨酸

在体内，苯丙氨酸羟化酶（phenylalanine hydroxylase）催化苯丙氨酸转变为酪氨酸。此酶具有两种活性：酶活性Ⅰ催化 O_2 还原成 H_2O 以及苯丙氨酸转变为酪氨酸，四氢生物蝶呤转变为二氢生物蝶呤提供氢；酶活性Ⅱ催化由 NADPH 提供氢，将二氢生物蝶呤还原，重新生成四氢生物蝶呤。苯丙氨酸羟化酶主要存在于肝等组织中，催化的反应不可逆，故酪氨酸不能转变为苯丙氨酸。苯丙氨酸是一种营养必需氨基酸。当食物中有足够量的苯丙氨酸时，不需提供酪氨酸。反之，膳食中酪氨酸含量充足可以减少苯丙氨酸向酪氨酸的转变。

NADP   NADPH+H^+

酶
Ⅱ

四氢生
物蝶呤   二氢生
物蝶呤

酶
Ⅰ

O_2 → H_2O

L-苯丙氨酸   L-酪氨酸

第三节 氨基酸中氮的代谢

氨基酸中氮的代谢实际上就是氨基或其中氮原子的去向。除了用于合成各种含氮化合物外（详见本章第五节及第十章核苷酸的从头合成），绝大部分氨基酸分子中的氮在氨基酸的分解代谢中以氨的形式被除去。

一、脱氨基是氨基酸分解代谢的起始反应

（一）待分解的氨基酸经转氨酶作用移去 α-氨基

L-氨基酸分解代谢的第一步是经转氨酶（transaminase）催化转氨基作用移去 α-氨基。转氨基作用是指转氨酶将某一氨基酸的 α-氨基转移至另一种 α-酮酸的酮基上，生成相应的氨基酸，原来的氨基酸转变成相应的 α-酮酸。

$$
\begin{array}{c}
\underset{\underset{\text{COOH}}{|}}{\overset{\overset{R_1}{|}}{H-C-NH_2}} \;+\; \underset{\underset{\text{COOH}}{|}}{\overset{\overset{R_2}{|}}{C=O}} \;\underset{}{\overset{\text{转氨酶}}{\rightleftharpoons}}\; \underset{\underset{\text{COOH}}{|}}{\overset{\overset{R_1}{|}}{C=O}} \;+\; \underset{\underset{\text{COOH}}{|}}{\overset{\overset{R_2}{|}}{H-C-NH_2}}
\end{array}
$$

除赖氨酸、脯氨酸、羟脯氨酸外，大多数氨基酸都能通过转氨基作用脱去氨基。在转氨基作用中，α-氨基被转移到另一 α-酮酸而使后者生成其相应的氨基酸，所以并未发生真正的脱氨基作用。转氨基反应是可逆反应，平衡常数大约等于 1。催化转氨基作用的酶是转氨酶，又称氨基转移酶（aminotransferase）；该酶催化的反应实际上是一种氨基酸的分解和另一种氨基酸的合成。转氨基作用并不只限于 α-氨基，鸟氨酸的 δ-氨基也能与 α-酮戊二酸进行转氨基反应，生成谷氨酸和谷氨酸-γ-半醛。

体内存在多种转氨酶，不同氨基酸与 α-酮酸之间的转氨基作用只能由其专一的转氨酶催化，即每一种转氨酶识别一对特定的氨基酸与 α-酮酸。体内有两类重要的转氨酶，一类是谷氨酸转氨酶，另一类是谷丙转氨酶。谷氨酸转氨酶是最重要的转氨酶，催化氨基从氨基酸转移至 α-酮戊二酸生成谷氨酸。

不同的谷氨酸转氨酶将氨基从不同的氨基酸转移至 α-酮戊二酸生成谷氨酸,而谷氨酸则可在氨基酸生物合成过程中作为氨基供体或在氨基酸分解代谢途径中完成脱氨基作用。临床上较为重视两种谷氨酸转氨酶:一个是谷丙转氨酶(glutamate-pyruvate transaminase,GPT),也叫丙氨酸转氨酶(alanine aminotransferase,ALT);另一个是谷草转氨酶(glutamate-oxaloacetate transaminase,GOT),也叫天冬氨酸转氨酶(aspartate aminotransferase,AST),这两种转氨酶在体内广泛存在,催化的反应如下式,但各组织的含量不同(表 9-2)。正常情况下,这些转氨酶主要存在于细胞内。当某些原因使细胞膜通透性增高或细胞破坏时,转氨酶可大量释放入血,造成血清中转氨酶活性明显增高。例如,急性肝炎患者血清 ALT 活性明显增高;心肌梗死患者血清 AST 活性明显上升。临床上可作为疾病诊断和预后预测的参考指标。

谷丙转氨酶在哺乳动物的组织内含量也很高,催化氨基从氨基酸转移至丙酮酸生成丙氨酸。丙氨酸也是谷氨酸转氨酶的底物,因此,进行转氨基作用的各种氨基酸的氨基氮最终都会集中到谷氨酸。

$$
\begin{array}{ccccccc}
CH_3 & & COOH & & CH_3 & & COOH \\
| & & | & & | & & | \\
CHNH_2 & + & (CH_2)_2 & \overset{ALT}{\rightleftharpoons} & C=O & + & (CH_2)_2 \\
| & & | & & | & & | \\
COOH & & C=O & & COOH & & CHNH_2 \\
& & | & & & & | \\
& & COOH & & & & COOH
\end{array}
$$

丙氨酸　　α-酮戊二酸　　　　丙酮酸　　　谷氨酸

$$
\begin{array}{ccccccc}
COOH & & COOH & & COOH & & COOH \\
| & & | & & | & & | \\
CH_2 & + & (CH_2)_2 & \overset{AST}{\rightleftharpoons} & CH_2 & + & (CH_2)_2 \\
| & & | & & | & & | \\
CHNH_2 & & C=O & & C=O & & CHNH_2 \\
| & & | & & | & & | \\
COOH & & COOH & & COOH & & COOH
\end{array}
$$

天冬氨酸　　α-酮戊二酸　　　草酰乙酸　　谷氨酸

表 9-2　正常成人各组织中 AST 及 ALT 活性　　　　　　　　　　(单位:U/g 组织)

组织	AST	ALT	组织	AST	ALT
心	156 000	7 100	胰腺	28 000	2 000
肝	142 000	44 000	脾	14 000	1 200
骨骼肌	99 000	4 800	肺	10 000	700
肾	91 000	19 000	血清	20	16

体内所有转氨酶均有相同的辅基和相同的作用机制,酶促反应的特异性是由酶蛋白决定的,而反应类型则是由辅基决定的。各种转氨酶中的酶蛋白特异性选择底物,而采用同一种辅酶催化转氨基反应。转氨酶的辅酶是维生素 B_6 的磷酸酯,即磷酸吡哆醛(pyridoxal phosphate),它结合于转氨酶活性中心的赖氨酸 ε-氨基上。在转氨基过程中,磷酸吡哆醛是氨基的中间载体,先从氨基酸接受氨基,自身转变成磷酸吡哆胺,同时氨基酸则转变成 α-酮酸;随后,氨基从磷酸吡哆胺转移至另一种 α-酮酸,磷酸吡哆胺恢复成磷酸吡哆醛,而 α-酮酸则生成相应的氨基酸。通过醛式(磷酸吡哆醛)和氨基化形式(磷酸吡哆胺)的可逆转变,磷酸吡哆醛在转氨酶催化的转氨基反应中起着传递氨基的作用。

$$\underset{\text{氨基酸}}{\text{HOOC}-\overset{\overset{\displaystyle H}{|}}{\underset{\underset{\displaystyle R_1}{|}}{C}}-NH_2} + \underset{\text{磷酸吡哆醛}}{O=C\text{(吡啶环)}} \underset{+H_2O}{\overset{-H_2O}{\rightleftharpoons}} \underset{\text{Schiff碱}}{\text{HOOC}-\overset{\overset{\displaystyle H}{|}}{\underset{\underset{\displaystyle R_1}{|}}{C}}-N=C}$$

分子重排

$$\underset{\alpha\text{-酮酸}}{\text{HOOC}-\overset{\displaystyle C=O}{\underset{\underset{\displaystyle R_1}{|}}{}}} + \underset{\text{磷酸吡哆胺}}{H_2N-CH_2} \underset{+H_2O}{\overset{-H_2O}{\longleftarrow}} \underset{\text{Schiff碱异构体}}{\text{HOOC}-C=N-CH_2}$$

（二）L-谷氨酸脱氢酶催化 L-谷氨酸氧化脱氨

L-谷氨酸是哺乳动物组织中唯一能以相当高的速率进行氧化脱氨反应的氨基酸,脱下的氨进一步代谢排出体外。哺乳类动物的大多数组织如肝、肾和脑等广泛存在 L-谷氨酸脱氢酶(L-glutamate dehydrogenase),此酶活性较强,是一种不需氧的脱氢酶,催化 L-谷氨酸氧化脱氨生成 α-酮戊二酸。

$$\underset{\text{谷氨酸}}{\overset{\overset{\displaystyle NH_2}{|}}{\underset{\underset{\displaystyle (CH_2)_2-COOH}{|}}{CH-COOH}}} \underset{NAD(P)^-}{\overset{NAD(P)H+H^+}{\rightleftharpoons}} \underset{}{\overset{\overset{\displaystyle NH}{\|}}{\underset{\underset{\displaystyle (CH_2)_2-COOH}{|}}{C-COOH}}} \overset{H_2O}{\rightleftharpoons} \underset{\alpha\text{-酮戊二酸}}{\overset{\overset{\displaystyle O}{\|}}{\underset{\underset{\displaystyle (CH_2)_2-COOH}{|}}{C-COOH}} + NH_3}$$

谷氨酸脱氢酶催化的反应是可逆反应,谷氨酸和 NH_3 的相对浓度可影响反应方向。一般情况下,反应偏向于谷氨酸的合成,而当谷氨酸浓度高而 NH_3 浓度低时,则偏向于脱氨反应。另外,L-谷氨酸脱氢酶是一个具有 6 个相同亚基的别构酶,GTP 和 ATP 是此酶的变构抑制剂,而 GDP 和 ADP 是变构激活剂。体内能量不足时,谷氨酸脱氢酶被 GDP 和 ADP 激活,从而加速氨基酸脱氨基,使更多的氨基酸进入能量代谢。如果该酶的 GTP 结合位点突变使酶活性持续增高,则可引起一种称为高血胰岛素-高血氨综合征(hyperinsulinism-hyperammonemia syndrome)的遗传性疾病,其特点是血氨升高和低血糖。在哺乳动物,L-谷氨酸脱氢酶存在于肝细胞线粒体基质,是体内唯一既可以利用 NAD$^+$,也可以利用 NADP$^+$ 作为辅酶的酶。NAD$^+$ 主要参与氧化脱氨基反应,而 NADP$^+$ 主要参与氨基还原反应。L-谷氨酸脱氢酶所催化的反应是可逆的,但因生成的氨在体内迅速被处理,所以反应趋向于脱氨基作用。由于该酶分布广、活力强,尤其是和转氨酶有协同作用[即联合脱氨基作用(union deamination)],几乎可催化所有氨基酸的脱氨基作用。所以,它在氨基酸脱氨基作用中,具有特殊的重要意义。

（三）联合脱氨基作用将氨基最终从氨基酸除去并产生氨

体内多种氨基酸都可以通过转氨基作用将氨基转移至 α-酮戊二酸,形成谷氨酸,经谷氨酸的氧化脱氨作用,这些氨基酸中的 α-氨基最终被转变成为氨。转氨基作用和谷氨酸氧化脱氨的结合称为转氨脱氨作用(transdeamination),又称联合脱氨基作用。大多数氨基酸都可经此途径脱去氨基(图 9-5)。

（四）氨基酸通过氨基酸氧化酶催化脱去氨基

肝及肾中含有 L-氨基酸氧化酶(L-amino acid oxidase),L-氨基酸氧化酶属于黄素酶类,其辅基是 FMN 或 FAD。它对丝氨酸、苏氨酸及二羧基氨基酸等均无作用,对其他 L-氨基酸虽有作用,但作用亦很缓慢。所以,氨基酸氧化酶催化的氧化脱氨基作用(oxidative deamination)不是氨基酸的主要脱氨基的方式。

图 9-5　联合脱氨基作用

二、氨在血液中以丙氨酸及谷氨酰胺形式转运

通过联合脱氨基作用所产生的氨,有一小部分可通过谷氨酸脱氢酶催化的反应重新用于合成谷氨酸,并通过转氨基作用再用于其他非必需氨基酸的合成。而大部分氨则通过进一步代谢而排出体外。正常情况下,血氨水平在 47~65μmol/L。氨基酸脱氨基过程中所产生的氨,并不是以游离氨的形式进入血液,各组织中产生的氨是以无毒的方式经血液运输到肝合成尿素,或运至肾以铵盐的形式排出。氨主要以丙氨酸及谷氨酰胺两种无毒形式经血液转运。

（一）丙氨酸-葡萄糖循环将氨以无毒的形式从肌肉运输到肝

肌肉中氨基酸经转氨基作用将氨基转给丙酮酸生成丙氨酸;丙氨酸经血液运到肝。在肝中,丙氨酸通过联合脱氨基作用释放出氨和丙酮酸,前者用于合成尿素,后者经糖异生途径生成葡萄糖。葡萄糖由血液运到肌肉,沿糖酵解途径降解成丙酮酸,又能接受氨基生成丙氨酸。丙氨酸和葡萄糖反复地在肌和肝之间进行氨的转运,这一转运途径称为丙氨酸-葡萄糖循环(alanine-glucose cycle;图 9-6)。

图 9-6　丙氨酸-葡萄糖循环

通过这个循环,将肌肉细胞内产生的氨以无毒的丙氨酸形式运输到肝,同时又为肌肉细胞提供生成丙酮酸所需要的葡萄糖。

(二) 谷氨酰胺是运输氨的重要分子

谷氨酰胺是机体利用谷氨酸和氨合成的非必需氨基酸,又是运输氨的重要分子。在脑和肌肉等组织中,谷氨酰胺合成酶催化氨与谷氨酸合成谷氨酰胺(详见本章第二节),并通过血液运送到肝或肾。在肝、肾细胞中,经谷氨酰胺酶(glutaminase)催化其逆反应,谷氨酰胺水解成谷氨酸和氨。

谷氨酰胺既是氨的解毒产物,又是氨的储存及运输形式。谷氨酰胺在脑中固定和转运氨的过程中起着重要作用,临床上氨中毒的患者可服用或输入谷氨酸盐,通过合成谷氨酰胺而降低游离氨的浓度。

谷氨酰胺还可以提供酰胺基使天冬氨酸转变成天冬酰胺,正常细胞能合成足量的天冬酰胺供蛋白质合成,但白血病患者的细胞却不能或很少合成天冬酰胺,必须从血液中获取。因此,临床上应用天冬酰胺酶(asparaginase)将天冬酰胺水解成天冬氨酸,减少血液中的天冬酰胺,有助于白血病的治疗。

三、在肝脏内合成尿素是机体排泄氨的主要方式

正常情况下,人体内的氨只有小部分在肾以铵盐的形式由尿排出,体内的氨主要在肝合成尿素(urea)。因此,尿素是人体氨基酸中氮代谢的主要终产物。肝中合成释放入血、然后被肾脏清除的尿素占排泄氮的 80%~90%。

(一) 肝细胞通过鸟氨酸循环途径合成尿素

尿素并不是利用氨直接合成,在肝细胞中存在着一个专门合成尿素的循环反应过程,此循环从鸟氨酸开始,通过逐步加入基团而将其转变成精氨酸,然后将精氨酸水解成鸟氨酸和尿素,由此产生尿素,而鸟氨酸又用于下一个循环中。因此,这一循环过程称为鸟氨酸循环(ornithine cycle),又称尿素循环(urea cycle),全过程包括 5 步反应。

1. 在线粒体内 CO_2、NH_3 和 ATP 缩合形成氨基甲酰磷酸 转运到肝细胞内的氨首先被用于合成氨基甲酰磷酸(carbamoyl phosphate),合成反应由氨基甲酰磷酸合成酶 I (carbamoyl phosphate synthase I,CPS I)催化。此酶是一种肝线粒体酶,与谷氨酸脱氢酶协同作用,利用从谷氨酸脱去的氨合成氨基甲酰磷酸。氨基甲酰磷酸的形成需要 2 分子 ATP,碳酸氢盐和 ATP 反应生成羰基磷酸和 ADP,氨置换磷酸根,形成氨基甲酸和磷酸,然后利用第 2 个 ATP 使氨基甲酸磷酸化,形成氨基甲酰磷酸。

CPS I 是尿素循环过程中的起始关键酶,催化不可逆反应。CPS I 是一种别构酶,其变构激活剂是 N-乙酰谷氨酸(N-acetyl glutamic acid,AGA)。AGA 与 CPS I 结合后使其构象改变,增加其对 ATP 的亲和力。

人体组织中有两种类型的氨基甲酰磷酸合成酶:CPS I 参与尿素合成,CPS II 是一种胞质酶。其用

谷氨酰胺而非游离氨作为氨基的供体,参与嘧啶的生物合成(详见第十章)。

2. 在线粒体内氨基甲酰磷酸与鸟氨酸反应生成瓜氨酸　氨基甲酰磷酸是具有高基团转移潜能的中间物。在第 2 步反应中,鸟氨酸氨基甲酰转移酶(ornithine transcarbamoylase,OTC)将氨基甲酰基团转移到鸟氨酸上,生成瓜氨酸并释出无机磷酸。这个反应在线粒体的基质中进行,而随后的反应则是在胞质溶胶中进行。在线粒体内膜存在一种碱性氨基酸转运蛋白,此转运蛋白将瓜氨酸向线粒体外转运,同时将鸟氨酸向线粒体内转运,从而保证整个循环反应过程可以持续进行。

鸟氨酸　氨基甲酰磷酸　　　　　　　　　　　　瓜氨酸

3. 在胞质溶胶中瓜氨酸与天冬氨酸反应生成精氨酸代琥珀酸　瓜氨酸被转运到胞质溶胶后,在精氨酸代琥珀酸合成酶(argininosuccinate synthetase)的催化下,与天冬氨酸缩合生成精氨酸代琥珀酸(argininosuccinate)。这个反应需要 ATP,并涉及瓜氨酰-AMP 中间体的形成。随后,AMP 被天冬氨酸所取代,进一步形成精氨酸代琥珀酸。

瓜氨酸　　　　　天冬氨酸　　　　　　　精氨酸代琥珀酸

4. 在胞质溶胶中精氨酸代琥珀酸裂解成精氨酸和延胡索酸　精氨酸代琥珀酸的裂解是由精氨酸代琥珀酸裂解酶(argininosuccinase)催化,裂解反应产生精氨酸和来自天冬氨酸骨架的延胡索酸。

精氨酸代琥珀酸　　　　　　　精氨酸　　　延胡索酸

由上述反应过程可见,天冬氨酸起着供给氨基的作用,天冬氨酸为尿素合成提供第二个氨基。天冬氨酸又可由草酰乙酸与谷氨酸经转氨基作用生成,而谷氨酸的氨基又可来自体内多种氨基酸。由此可见,多种氨基酸的氨基也可通过转氨基变成天冬氨酸的形式参与尿素的合成。另外,此反应过程中精氨酸代琥珀酸裂解产生的延胡索酸,可经过线粒体三羧酸循环的中间步骤转变成草酰乙酸,后者和谷氨酸之间通过转氨作用可以转运到胞质溶胶中,又重新生成天冬氨酸,进而在精氨酸代琥珀酸合成酶催化的尿素循环反应中作为氮供体,因此将此过程称为连接三羧酸循环与尿素循环的天冬氨酸-

精氨酸代琥珀酸穿梭(aspartate-argininosuccinate shunt)。该穿梭有效地连接了氨基的命运和氨基酸的碳骨架,提供了氨基酸的氨基(尿素循环)和碳骨架处理(三羧酸循环)不同途径之间的代谢连接。这两个循环像两个轮子加上天冬氨酸-精氨酸代琥珀酸穿梭的连接,这三者称为 Krebs 自行车。

5. 在胞质溶胶中精氨酸裂解释放出尿素并再形成鸟氨酸,同时鸟氨酸返回线粒体进入下一轮的鸟氨酸循环   在胞质溶胶中,精氨酸经精氨酸酶(arginase)催化水解,生成尿素和鸟氨酸。线粒体内膜上的载体通过双向转运,在将瓜氨酸从线粒体运出的同时,将鸟氨酸转运进入线粒体,参与瓜氨酸的合成,进入下一轮循环反应中。

尿素作为代谢终产物排出体外,目前尚未发现它在体内有什么其他的生理功能。尿素合成的总反应如下:

$$2HN_3 + CO_2 + 3ATP + 3H_2O \rightleftharpoons H_2N-CO-NH_2 + 2ADP + AMP + 4P_i$$

氨除了主要以尿素形式排出外,还可与谷氨酸反应生成谷氨酰胺,在肾小管上皮细胞中通过谷氨酰胺酶的作用水解成氨和谷氨酸,前者由尿排出,后者被肾小管上皮细胞重吸收而进一步利用。除此之外,氨还可以通过还原性加氨的方式固定在 α-酮戊二酸上而生成谷氨酸;谷氨酸的氨基又可以通过转氨基作用,转移给其他 α-酮酸,生成相应的氨基酸,从而合成某些非必需氨基酸。

尿素合成的各反应步骤及其在细胞中的定位总结见图9-7。从图中可见,尿素分子中2个氮原子的供给途径是不同的,1个来自氨,另1个来自天冬氨酸。天冬氨酸脱去氨基后生成延胡索酸,而后

图 9-7   尿素生成的鸟氨酸循环

者又经三羧酸循环转变为草酰乙酸,进而通过转氨基作用获得由其他氨基酸转移来的氨基,重新生成天冬氨酸。因此,尿素分子中 2 个氮原子的提供形式虽然不同,但都是各种氨基酸分解代谢过程中所脱掉的氨基。此外,尿素合成是一个耗能过程。合成 1 分子尿素需要消耗 4 个高能磷酸键,因此,尿素合成过程不可逆。

框 9-2

鸟氨酸循环的证实过程

　　20 世纪 40 年代,体内通过鸟氨酸循环合成尿素的方式通过核素示踪方法得到了证实。重要的实验证据主要来自四个方面的实验结果:①以含 ^{15}N 的铵盐饲养大鼠,食入的 ^{15}N 大部分以 ^{15}N 尿素随尿排出。用含 ^{15}N 的氨基酸饲养大鼠亦得相同的结果。这说明氨基酸的最终代谢产物是尿素,氨是氨基酸转变成尿素的中间物之一;②用含 ^{15}N 的氨基酸饲养大鼠,自肝提取的精氨酸含 ^{15}N。再用提取的精氨酸与精氨酸酶一起保温,生成的尿素分子中,其两个氮原子都含 ^{15}N,但鸟氨酸不含 ^{15}N;③用第 3、4 及 5 位上含有重氢的鸟氨酸饲养小白鼠,自肝提取的精氨酸亦含有重氢。核素分布的位置和量都与鸟氨酸相同;④用 $H^{14}CO_3^-$ 盐和鸟氨酸与大鼠肝匀浆一起保温,生成的尿素和瓜氨酸的 >C=O 基都含 ^{14}C,且量相等。这些实验结果证明了尿素是通过鸟氨酸循环途径合成。

(二)尿素合成受食物蛋白质和两个关键酶活性的调节

1. 食物蛋白质的摄入量影响尿素的合成　通过食物蛋白质获取的氨基酸,可改变体内氨基酸代谢库中游离氨基酸的量。如果超过体内合成蛋白质的需要,代谢库中的过量氨基酸就会进入分解代谢,产生氨。因此,高蛋白质膳食增加体内氨基酸的量,体内分解代谢的氨基酸多,从而增加尿素合成,尿素可占排出氮的 90%;反之,低蛋白质膳食不会增加体内游离氨基酸的量,因而尿素合成较少。

2. N-乙酰谷氨酸激活 CPS I 启动尿素循环合成　CPS I 是尿素循环启动的关键酶,此酶由 N-乙酰谷氨酸激活。N-乙酰谷氨酸是以谷氨酸和乙酰 CoA 为底物,由 N-乙酰谷氨酸合酶催化合成。体内氨基酸分解代谢增加时,大量的谷氨酰胺作为氨的运输载体被转运到肝细胞内,并在肝细胞内水解产生谷氨酸和氨。因此,在释放氨的同时也导致细胞内的谷氨酸水平升高。谷氨酸和乙酰 CoA 是 N-乙酰谷氨酸合酶的激活剂,谷氨酸增多导致 N-乙酰谷氨酸合酶激活,合成 N-乙酰谷氨酸,进而激活 CPS I,启动鸟氨酸循环合成尿素。

3. 精氨酸代琥珀酸合成酶是尿素合成的限速酶,其活性影响尿素合成　参与尿素合成的酶系中的每一种酶的相对活性相差很大,其中精氨酸代琥珀酸合成酶的活性最低,是尿素合成启动以后的限速酶,增加或降低精氨酸代琥珀酸合成酶的活性,可调节尿素的合成速度。

(三)尿素合成障碍引起高氨血症和氨中毒

1. 血液中的氨有 3 个主要来源

(1)氨基酸脱氨基作用和胺类分解可产生氨:氨基酸脱氨基作用产生的氨是体内氨的主要来源。一些胺类物质也可在胺氧化酶的作用下生成醛类物质并释放氨。这些氨主要以谷氨酰胺和丙氨酸的形式在血液中运输,正常情况下不会增加血液中游离氨的浓度,但如果产生过多,也可能引起血氨升高。

(2)肠道细菌腐败作用产生的氨被吸收入血:蛋白质在肠道细菌作用下进行腐败作用产生氨和胺。另外,血液中尿素渗入肠道,可被细菌尿素酶水解,也产生氨。肠道产氨量较多,每天约 4g。肠内腐败作用增强时,氨的产生量增多。肠道内产生的氨主要在结肠吸收入血,是血氨的主要来源之一。由肠道吸收的氨运输至肝所合成的尿素相当于正常人每天排出尿素总量的 1/4。NH_3 比 NH_4^+ 易于穿过细胞膜而被吸收,在碱性环境中 NH_4^+ 偏向于转变成 NH_3。因此肠道偏碱性时,氨的吸收增强。

临床上对高血氨患者采用弱酸性透析液做结肠透析,而禁止用碱性的肥皂水灌肠,就是为了减少氨的吸收。

（3）经肾排泄的氨可被重新吸收入血:肾小管上皮细胞分泌的氨主要来自谷氨酰胺。谷氨酰胺被运输到肾,在谷氨酰胺酶的催化下水解成谷氨酸和 NH_3。正常情况下,谷氨酸被肾小管上皮细胞重吸收而进一步利用,氨则分泌到肾小管管腔中与尿中的 H^+ 结合成 NH_4^+,以铵盐的形式由尿排出体外,这对调节机体的酸碱平衡起着重要作用。酸性尿有利于肾小管细胞中的氨扩散入尿,但碱性尿则妨碍肾小管细胞中的 NH_3 的分泌,氨被吸收入血,成为血氨的另一个来源。

2. 尿素合成障碍可导致高氨血症　肠道细菌产生的氨被吸收入门静脉血,使门静脉血中氨的水平高于全身他处。健康的肝能迅速地将氨从门静脉血中移走。由肾重吸收入血的氨,也会被肝通过合成尿素而除去。正常生理情况下,血氨的来源和去路保持动态平衡,血氨浓度处于较低的水平。氨在肝中合成尿素是维持这种平衡的关键。如果门静脉血经旁路绕过肝,或肝功能受损,不能将氨基酸脱下的氨转变成尿素时,可导致血氨浓度升高,称为高氨血症（hyperammonemia）。

除肝功能受损外,鸟氨酸循环中的任何一个合成酶遗传缺陷均可引起高氨血症。遗传性缺陷可分为下列 5 型:①1 型血氨过多症,因 CPS I 缺陷引起。②2 型血氨过多症,是一种 X 连锁缺陷病,因鸟氨酸氨基甲酰转移酶缺失所致。③瓜氨酸血症,这是一种罕见的失调,可能属于隐性遗传。一类患者精氨酸代琥珀酸合成酶活性缺失;另一类患者精氨酸代琥珀酸合成酶活性极低,K_m 值是正常人的25 倍。④精氨酸代琥珀酸尿症,伴有精氨酸代琥珀酸裂解酶缺失,是一种罕见的隐性遗传病,以血、脑脊液和尿液中的精氨酸代琥珀酸的水平升高为主要特征。⑤高精氨酸血症,这种尿素合成缺陷者的精氨酸酶水平降低。

3. 血氨浓度过高可导致氨中毒　当肝功能严重损伤时,全身血液中的氨可以上升到中毒的水平（超过 $70\mu mol/L$）。氨对中枢神经系统有剧毒,因此氨中毒的症状包括震颤、谵语、视力模糊,严重病例则出现昏迷和死亡。高血氨毒性的作用机制尚不完全清楚。一般认为至少有 3 种机制可能影响脑的功能:①高血氨可减少脑内 α-酮戊二酸,导致能量代谢障碍。正常情况下,氨进入脑组织后可与脑中的 α-酮戊二酸结合生成谷氨酸,谷氨酸进一步结合氨,生成谷氨酰胺,从而将氨安全地转运出脑。高血氨时,脑中氨的增加可使脑细胞中的 α-酮戊二酸大量减少,导致三羧酸循环减弱、ATP 生成减少,引起大脑功能障碍。②脑星状细胞内谷氨酰胺增多,可导致水分渗入细胞,引起脑水肿。③谷氨酸以及由谷氨酸脱羧产生的 γ-氨基丁酸都是重要的信号分子。过多谷氨酸用于合成谷氨酰胺,可导致脑内谷氨酸和 γ-氨基丁酸减少,影响脑的功能。

第四节　氨基酸碳链骨架的代谢

氨基酸脱氨基后所生成的 α-酮酸（α-keto acid）如何进一步代谢,取决于机体所处的状态,或者是氨基酸脱氨基时所处的微环境以及是否与其他代谢途径相偶联。一般来说,氨基酸的碳链骨架（α-酮酸）可通过三条途径进一步代谢。

一、某些 α-酮酸可直接氨基化而重新形成氨基酸

在机体内的许多生理活动中需要将氨基酸脱去氨基,但氨基酸经脱氨基作用生成的 α-酮酸并不一定进入分解代谢,而是直接氨基化,形成原来的氨基酸,或经过一个循环反应过程后,再重新形成原来的氨基酸。例如,运输氨的丙氨酸-葡萄糖循环过程中由丙氨酸脱氨基产生丙酮酸,经过一系列反应后,最终仍以丙酮酸重新产生丙氨酸;运输胞质溶胶 NADH 进入线粒体的苹果酸-天冬氨酸穿梭过程中,谷氨酸和 α-酮戊二酸相互转变,以及天冬氨酸经转氨基作用产生的草酰乙酸,最终又重新生成天冬氨酸等。这些氨基酸脱氨基形成 α-酮酸,并不进入分解代谢,而是重复产生原有的氨基酸,以完成特定的代谢活动。

NOTES

二、氨基酸脱氨基后的碳链骨架可转变成糖或酮体

氨基酸分解代谢的主要功能之一是补充体内的葡萄糖。在饥饿状态下,机体为补充血液中的葡萄糖,通过分解组织蛋白质而释放出氨基酸,脱氨基后产生的碳链骨架通过进一步分解,产生丙酮酸或三羧酸循环的中间物,后者转变成草酰乙酸以后与丙酮酸均可通过糖异生途径合成葡萄糖。部分氨基酸在分解时可产生乙酰乙酸(即酮体),或产生乙酰 CoA,而乙酰 CoA 在饥饿状态下可在肝细胞用于合成酮体。

各种氨基酸脱氨后产生的 α-酮酸结构差异很大,其代谢途径也不尽相同。但在分解代谢过程中,不同的氨基酸可以产生相同的中间代谢产物(图 9-8)。例如,有 6 种氨基酸可以产生丙酮酸,4 种氨基酸可以产生琥珀酰 CoA,5 种氨基酸可以产生 α-酮戊二酸,4 种氨基酸可以产生乙酰 CoA,5 种氨基酸可以产生乙酰乙酸,2 种氨基酸可以产生草酰乙酸,2 种氨基酸可以产生延胡索酸。

图 9-8 氨基酸分解代谢产生用于合成葡萄糖和酮体的原料

利用氨基酸分解代谢产生能用于合成葡萄糖的中间产物,并非都是通过简单的反应而产生。有些氨基酸可以通过简单的反应即可生成合适的中间产物,但许多氨基酸都需要经过较为复杂的反应才能产生合适的中间产物。如甘氨酸是通过羟甲基转移酶(hydroxymethyl-transferase)催化的反应转变成丝氨酸,进而代谢产生丙酮酸。脯氨酸、精氨酸、组氨酸需要经过 3 步或 5 步反应转变成为谷氨酸,进而脱氨基生成 α-酮戊二酸。

支链氨基酸(缬氨酸、亮氨酸及异亮氨酸)经过相似的分解代谢,缬氨酸代谢产生琥珀酰 CoA;亮氨酸产生乙酰乙酰 CoA 和乙酰 CoA;异亮氨酸产生乙酰 CoA 和琥珀酰 CoA。

酪氨酸在酪氨酸转氨酶催化下,经转氨基而生成对羟苯丙酮酸,后者经过尿黑酸等中间产物进一步转变成乙酰乙酸和延胡索酸。而色氨酸分解最后可产生乙酰乙酰 CoA 及丙酮酸。

经过分解反应后,每种氨基酸的全部或部分碳链骨架可转换为(葡萄)糖(13 种氨基酸)、酮体(2 种氨基酸)或糖/酮体(5 种氨基酸),见表 9-3。能够分解产生乙酰 CoA 和乙酰乙酸的氨基酸即为生

表 9-3　氨基酸生糖及生酮性质的分类

类别	氨基酸
生糖氨基酸	甘氨酸、丝氨酸、缬氨酸、组氨酸、精氨酸、半胱氨酸、脯氨酸、丙氨酸、谷氨酸、谷氨酰胺、天冬氨酸、天冬酰胺、甲硫氨酸
生酮氨基酸	亮氨酸、赖氨酸
生糖兼生酮氨基酸	异亮氨酸、苯丙氨酸、酪氨酸、苏氨酸、色氨酸

酮氨基酸（ketogenic amino acid）。丙酮酸和三羧酸环的中间产物均可转变成磷酸烯醇式丙酮酸，进而经糖异生途径转变成葡萄糖。因此，能产生丙酮酸和三羧酸循环中间物的氨基酸即为生糖氨基酸（glucogenic amino acid）。而有些氨基酸分解后可产生两个产物分子，分别转变成葡萄糖和酮体，因而属于生糖兼生酮氨基酸（glucogenic and ketogenic amino acid）。20 种氨基酸进入分解代谢后，其中除亮氨酸和赖氨酸以外的 18 种氨基酸都可作为糖异生原料用于葡萄糖的合成。因此，氨基酸是机体在短期饥饿状态下合成葡萄糖的主要原料。

三、氨基酸脱氨基后的碳链骨架可彻底氧化分解供能

机体内是不能贮存氨基酸的。在满足蛋白质合成、糖异生以及转化生成其他含氮化合物需要的基础上，多余的氨基酸经脱氨基产生 α-酮酸，后者彻底氧化生成 CO_2 和 H_2O，同时释放能量供生理活动的需要。

如图 9-8 所示，氨基酸分解代谢的中间产物主要有 3 类：一是丙酮酸，可进入线粒体氧化产生乙酰 CoA，进入三羧酸循环而彻底氧化；二是酮体，可直接分解产生乙酰 CoA；三是三羧酸循环的中间产物。第三类产物氧化分解具有共同的途径——通过三羧酸循环中的反应转变成苹果酸，运输到线粒体外，苹果酸在胞质溶胶内经几步反应依次转变成草酰乙酸、磷酸烯醇式丙酮酸、丙酮酸，然后进入线粒体彻底氧化。

通过上述反应，氨基酸氧化降解产生机体所需要的能量。机体由氨基酸产生能量的比例取决于生物的种类和机体的代谢状态。食肉动物进食后，90% 的能量来自氨基酸氧化，而素食动物只有很小部分能量来自氨基酸。一般在下列 3 种代谢情况下，氨基酸才氧化降解：①细胞蛋白质进行正常合成和降解时，蛋白质合成不以蛋白质降解释放出的某些氨基酸为合成原料，这些蛋白质降解产生的氨基酸会进行氧化分解；②食物富含蛋白质，消化产生的氨基酸超过了蛋白质合成的需要，过量的氨基酸在体内被氧化降解；③机体处于饥饿状态或未控制的糖尿病状态时，不能利用或不能合适地利用糖作为能源，细胞的蛋白质被降解用作重要的能源。

第五节　氨基酸代谢转换产生的特殊产物及支链氨基酸代谢

机体内许多重要的生理过程中所需要的含氮化合物可通过氨基酸代谢转换而产生；此外，通过氨基酸的分解代谢还可以产生一些特殊的化学基团，作为化学修饰反应中的修饰基团，或生物合成反应中所需要的结构成分。这些物质或结构成分并不是氨基酸分解代谢的副产品，而是机体依据生理功能的需要、以氨基酸为原料产生这些特殊的含氮化合物或结构成分。这是氨基酸在体内除蛋白质合成和能量代谢之外的另一重要生物学意义。

一、机体利用某些氨基酸产生具有生物活性的胺类化合物

（一）脱羧基反应将氨基酸转变成胺类物质

氨基酸的分解代谢通常始于脱氨基反应。然而，当机体利用氨基酸代谢转换而产生其他含氮化合物时，则以脱羧基反应作为第一步反应。催化脱羧基反应的酶称为脱羧酶（decarboxylase），氨基酸

脱羧酶的辅酶是磷酸吡哆醛,反应如下:

$$\underset{\text{氨基酸}}{HOOC-\overset{R}{\underset{|}{CH}}-NH_2} \xrightarrow[\text{脱羧酶}]{-CO_2} \underset{\text{胺}}{R-CH_2-NH_2} \xrightarrow[\substack{H_2O}]{\substack{O_2 \\ \\ H_2O_2 \\ NH_3}}[\text{单胺氧化酶}] \underset{\text{醛}}{RCHO} \xrightarrow{+1/2O_2} \underset{\text{羧酸}}{RCOOH}$$

氨基酸通过脱羧基作用(decarboxylation)可产生相应的胺类。其中一些胺类本身就是重要的生物活性物质,另一些胺类则通过进一步转变而转变成生物活性物质。在参与特定的生理反应之后,胺类物质可通过肝脏的生物转化作用而被分解。在需要时则重新从氨基酸产生。体内广泛存在胺氧化酶(amine oxidase),将胺氧化成相应的醛、氨和 H_2O_2,此酶属于黄素蛋白。醛类还可以继续氧化成羧酸,羧酸再氧化成 CO_2 和水或随尿排出,从而避免胺类的蓄积。

(二)氨基酸脱羧基可产生重要的生物活性物质

1. 谷氨酸脱羧基生成 γ-氨基丁酸　γ-氨基丁酸(γ-aminobutyric acid,GABA)在脑中的浓度很高,其作用是抑制突触传递。当需要 GABA 时,谷氨酸脱羧酶催化谷氨酸脱羧基生成 GABA,此酶在脑及肾组织中活性很高,反应如下:

$$\underset{\text{L-谷氨酸}}{\overset{COOH}{\underset{|}{\underset{COOH}{\overset{|}{\underset{|}{\overset{(CH_2)_2}{|}}}}}}\overset{|}{CHNH_2}} \xrightarrow[CO_2]{\text{L-谷氨酸脱羧酶}} \underset{\text{γ-氨基丁酸}}{\overset{COOH}{\underset{|}{\underset{CH_2NH_2}{\overset{|}{(CH_2)_2}}}}}$$

γ-氨基丁酸可与 α-酮戊二酸进行转氨基作用,生成琥珀酸半醛,后者再氧化成琥珀酸进入三羧酸循环而被代谢。

2. 组氨酸脱羧基生成组胺　肥大细胞及嗜碱性细胞在过敏反应、炎症性病变部位,以及创伤等情况下产生组胺(histamine)。组胺是一种强烈的血管扩张剂,能增加毛细血管的通透性。组胺可使平滑肌收缩,引起支气管痉挛导致哮喘。组胺还能促进胃黏膜细胞分泌胃蛋白酶原和胃酸。

组胺是通过组氨酸脱羧酶催化组氨酸脱羧基而生成,在体内广泛分布,乳腺、肺、肝、肌及胃黏膜中含量较高,主要存在于肥大细胞中。组胺可经氧化或甲基化而灭活。

$$\underset{\text{组氨酸}}{\underset{HN\diagup N}{\bigcirc}-CH_2-\overset{|}{\underset{NH_2}{CH}}-COOH} \xrightarrow[CO_2]{\text{组氨酸脱羧酶}} \underset{\text{组胺}}{\underset{HN\diagup N}{\bigcirc}-CH_2-CH_2-NH_2}$$

3. 色氨酸经 5-羟色氨酸生成 5-羟色胺　5-羟色胺(5-hydroxytryptamine,5-HT 或称血清素,serotonin)是一种神经递质,在脑的视丘下部、大脑皮层以及神经细胞的突触小泡内含量很高,具有抑制作用,直接影响神经传导。5-羟色胺还存在于胃肠、血小板、乳腺细胞中,具有强烈的血管收缩作用。

5-羟色胺是由色氨酸转变而成。色氨酸首先通过色氨酸羟化酶的作用生成 5-羟色氨酸(5-hydroxytryptophan),然后再由 5-羟色氨酸脱羧酶的作用脱去羧基,生成 5-羟色胺。5-羟色胺经单胺氧化酶的催化作用,生成 5-羟色醛,进一步氧化生成 5-羟吲哚乙酸等随尿排泄。

色氨酸 ⇌（色氨酸羟化酶）5-羟色氨酸

5-羟色氨酸 →（5-羟色氨酸脱羧酶，CO₂）5-羟色胺

4. 利用精氨酸和甲硫氨酸可合成多胺类物质 体内一些多胺（polyamine）类物质具有重要的生物学功能。如精脒（spermidine）及精胺（spermine）是调节细胞生长的重要物质。凡属生长旺盛的组织，如胚胎、再生肝、肿瘤组织或给予生长素后的细胞等，多胺都有所增加。多胺促进细胞增殖的作用可能与其稳定细胞结构、与核酸分子结合、促进核酸及蛋白质的生物合成有关。

精脒和精胺是以精氨酸和甲硫氨酸为原料进行合成的。精氨酸由精氨酸酶水解产生鸟氨酸，后者经鸟氨酸脱羧酶催化脱羧基生成腐胺（putrescine）。腐胺和由甲硫氨酸产生的脱羧基 S-腺苷甲硫氨酸作为原料，由丙胺转移酶催化产生精脒和精胺。鸟氨酸脱羧酶（ornithine decarboxylase）是多胺合成的关键酶。在增殖活跃的细胞中，鸟氨酸脱羧酶的活性较高，多胺含量增加。

$$L\text{-鸟氨酸} \xrightarrow[-CO_2]{\text{鸟氨酸脱羧酶}} H_2N-(CH_2)_4-NH_2 \text{（腐胺）}$$

$$S\text{-腺苷甲硫氨酸（SAM）} \xrightarrow[-CO_2]{\text{SAM脱羧酶}} \text{腺苷}-S-(CH_2)_3-NH_2 \text{（脱羧基SAM）}$$

$$\text{腐胺}+\text{脱羧基SAM} \xrightarrow[-\text{腺苷}-S-CH_3]{\text{丙胺转移酶}} H_2N-(CH_2)_4-NH-(CH_2)_3-NH_2 \text{（精脒）}$$

$$\text{精脒}+\text{脱羧基SAM} \xrightarrow[-\text{腺苷}-S-CH_3]{\text{丙胺转移酶}} H_2N-(CH_2)_3-NH-(CH_2)_4-NH-(CH_2)_3-NH_2 \text{（精胺）}$$

在体内，小部分多胺氧化为 NH_3 及 CO_2，大部分多胺与乙酰基结合随尿排出。目前临床上试用测定患者血或尿中多胺的水平来作为肿瘤辅助诊断及病情变化的生化指标之一。

二、部分氨基酸通过分解代谢可产生一碳单位

（一）一碳单位是由四氢叶酸转运的含有一个碳原子基团的分子结构成分

1. 一碳单位包括多种含一个碳原子的基团 一碳单位（one carbon unit）是指某些氨基酸在分解代谢中产生的含有一个碳原子的基团，包括甲基（—CH₃）、亚甲基（=CH₂）、次甲基（—CH=）、甲酰基（O=CH—）和亚氨基甲基（HN=CH—）。一碳单位是体内合成核苷酸的重要材料。

2. 一碳单位主要由四氢叶酸转运 一碳单位不能游离存在。四氢叶酸（tetrahydrofolic acid, FH_4）是一碳单位的运载体。机体从食物中获得叶酸，经叶酸还原酶催化还原生成二氢叶酸，再由二氢叶酸还原酶催化还原而生成四氢叶酸。四氢叶酸既是一碳单位的运载体，也是一碳单位代谢的辅酶。一碳单位通过四氢叶酸转运而参与代谢。

5,6,7,8-四氢叶酸(FH₄)

$$叶酸 \xrightarrow[\substack{NADPH+H^+ \quad NADP^+}]{二氢叶酸还原酶} 二氢叶酸 \xrightarrow[\substack{NADPH+H^+ \quad NADP^+}]{二氢叶酸还原酶} 四氢叶酸$$

（二）一碳单位主要经氨基酸分解而产生

1. 一碳单位从几种氨基酸特殊分解过程中产生 一碳单位主要来自甘氨酸、丝氨酸、组氨酸和色氨酸的分解代谢。与氨基酸的一般分解代谢过程不同，当体内需要一碳单位时，通过一些特殊的酶（如转移酶、裂解酶、合成酶等）从上述氨基酸的分解过程中获取一碳单位，并将一碳单位转移到四氢叶酸，使其结合在 FH_4 的 N^5、N^{10} 位。FH_4 的 N^5 携带甲基和亚氨甲基，N^5 和 N^{10} 结合亚甲基与次甲基，N^5 或 N^{10} 结合甲酰基。有 4 种氨基酸可通过代谢产生一碳单位：亚甲基由丝氨酸和甘氨酸生成；组氨酸代谢可产生亚氨甲基和次甲基；甲酰基由色氨酸代谢生成，色氨酸经色氨酸加氧酶（tryptophan oxygenase）催化开环，生成一碳单位甲酰基。

$$\underset{丝氨酸}{HO-CH_2-\underset{\underset{NH_2}{|}}{CH}-COOH} + FH_4 \xrightleftharpoons{羟甲基转移酶} \underset{N^5,N^{10}\text{-亚甲基四氢叶酸}}{N^5,N^{10}-CH_2-FH_4} + \underset{甘氨酸}{H_2N-CH_2-COOH}$$

$$\underset{甘氨酸}{H_2N-CH_2-COOH} + FH_4 + NAD^+ \xrightleftharpoons{甘氨酸裂解酶系} \underset{N^5,N^{10}\text{-亚甲基四氢叶酸}}{N^5,N^{10}-CH_2-FH_4} + (NADH, H^+) + NH_3 + CO_2$$

$$\underset{色氨酸}{\text{色氨酸结构式}} -CH_2CHCOOH \longrightarrow \cdots\cdots \underset{犬尿氨酸}{HCOOH} \xrightarrow{FH_4, ATP} \underset{N^{10}\text{-甲酰四氢叶酸}}{N^{10}-CHO-FH_4}$$

2. 四氢叶酸携带的一碳单位（除甲基四氢叶酸以外）可以相互转变 从上面的反应中可以看到，从几种氨基酸的分解代谢过程中并不能直接获得全部的一碳单位。但四氢叶酸所携带的一碳单位可在酶的作用下改变其氧化状态，因而可以通过氧化还原反应而进行相互转换，从而依据机体的需要产生适当的一碳单位。在不同一碳单位的相互转换中（图 9-9），由亚甲基还原生成甲基的反应是不可逆的，其他相互转换反应都可逆，所以除甲基四氢叶酸外，其他一碳单位都可以相互转变。

3. 一碳单位的主要生理功能是参与嘌呤和嘧啶的合成 一碳单位的主要生理功能是作为合成嘌呤及嘧啶的原料，故在核酸生物合成中占有重要地位。例如，N^{10}-CHO-FH_4 提供嘌呤合成时 C-2 与 C-8 的来源，N^5,N^{10}-CH_2-FH_4 提供脱氧胸苷酸（dTMP）合成时甲基的来源（详见第十章）。由此可见，与乙酰 CoA（二碳化合物）在联系糖、脂肪、氨基酸代谢中所起的枢纽作用相类似，一碳单位将氨基酸与核酸代谢密切联系起来。磺胺药及某些抗恶性肿瘤药如甲氨蝶呤（methotrexate，MTX）等也正是分别通过干扰细菌及恶性肿瘤细胞的叶酸、四氢叶酸合成而影响一碳单位代谢与核酸合成，从而发挥其药

图 9-9　各种不同形式一碳单位的转换

理作用的。另外,一碳单位代谢的障碍可造成某些病理情况,例如巨幼细胞贫血等。

三、含硫氨基酸可产生重要的化学修饰基团

(一) 甲硫氨酸是甲基转移的中间载体

1. S-腺苷甲硫氨酸是体内转甲基反应中甲基的直接供体　甲硫氨酸分子中含有 S-甲基,可在腺苷转移酶(adenosyl transferase)的催化下与 ATP 反应,生成 S-腺苷甲硫氨酸(S-adenosyl methionine, SAM)这种与有机四价硫化物结合的甲基是高度活化的,称为活性甲基,SAM 是体内甲基最重要的直接供体。S-腺苷甲硫氨酸在甲基转移酶(methyltransferase)催化下,将甲基转移至其他物质使其甲基化。甲基化反应是体内非常重要的反应,可修饰 DNA 的结构而控制基因表达,修饰非营养物质而使之失活,还可在合成反应中通过加甲基而生成胆碱、肌酸、肉碱以及肾上腺素等生物活性物质。

2. 甲硫氨酸转甲基后可通过甲硫氨酸循环再生　在甲基化反应中,SAM 去甲基后生成 S-腺苷同型半胱氨酸,后者再脱去腺苷生成同型半胱氨酸(homocysteine)。N^5-CH_3-FH_4 甲基转移酶(即甲硫氨酸合成酶)将 N^5-甲基四氢叶酸所携带的甲基转移到同型半胱氨酸,重新生成甲硫氨酸,形成一个循环,称为甲硫氨酸循环(methionine cycle;图 9-10)。此循环的意义是通过 SAM 提供甲基以进行体内甲基化反应,而 N^5-CH_3-FH_4 为同型半胱氨酸提供甲基再生成甲硫氨酸,进而形成甲硫氨酸循环,以进行体内广泛存在的甲基化反应。

在甲硫氨酸循环反应中,虽然同型半胱氨酸接受甲基后可生成甲硫氨酸,但体内不能合成同型半胱氨酸,它只能由甲硫氨酸转变生成,故甲硫氨酸不能在体内合成,必须由食物供给,属于必需氨

图 9-10　甲硫氨酸循环

基酸。

在甲硫氨酸循环中,维生素 B_{12} 是合成甲硫氨酸的 N^5-CH_3-FH_4 甲基转移酶的辅酶。维生素 B_{12} 缺乏时,N^5-CH_3-FH_4 上的甲基不能转移给同型半胱氨酸。这不仅影响甲硫氨酸的合成,同时也妨碍四氢叶酸的再利用。如果大部分四氢叶酸被甲基占据,导致其他一碳单位减少,就会影响核苷酸的合成,进而影响 DNA 的合成,影响细胞的分裂。患者出现巨幼红细胞性贫血。

(二)半胱氨酸代谢产生修饰基团

1. 半胱氨酸可生成牛磺酸　牛磺酸(taurine)是结合型胆汁酸的组成成分之一。脑组织中含有较多牛磺酸,生理作用尚不清楚,可能与脑的发育有关。体内的牛磺酸是由半胱氨酸代谢转变而生成。半胱氨酸先氧化成磺基丙氨酸,再经磺基丙氨酸脱羧酶催化脱羧而成牛磺酸,反应如下:

$$
\begin{array}{ccc}
\underset{\text{L-半胱氨酸}}{\begin{array}{c}CH_2SH\\|\\CH-NH_2\\|\\COOH\end{array}}
\xrightleftharpoons{3[O]}
\underset{\text{磺基丙氨酸}}{\begin{array}{c}CH_2SO_3H\\|\\CH-NH_2\\|\\COOH\end{array}}
\xrightleftharpoons[-CO_2]{\text{磺基丙氨酸脱羧酶}}
\underset{\text{牛磺酸}}{\begin{array}{c}CH_2SO_3H\\|\\CH_2-NH_2\end{array}}
\end{array}
$$

2. 半胱氨酸生成活性硫酸根是体内硫酸根的主要来源　半胱氨酸可以直接脱去巯基和氨基,生成丙酮酸、氨和 H_2S。H_2S 经氧化生成硫酸根。在体内生成的硫酸根,一部分可以无机盐的形式随尿排出体外,一部分由 ATP 活化生成活性硫酸根,即 3′-磷酸腺苷-5′-磷酸硫酸(3′-phosphoadenosine 5′-phosphosulfate,PAPS;图 9-11)。PAPS 化学性质活泼,在肝生物转化中可提供硫酸根使某些物质生成硫酸酯。此外,PAPS 参与硫酸角质素及硫酸软骨素等化合物中硫酸化氨基糖的合成。

图 9-11　PAPS 结构

四、机体利用氨基酸合成其他含氮化合物

(一)以苯丙氨酸和酪氨酸为原料生成儿茶酚胺和黑色素

1. 苯丙氨酸在体内主要通过苯丙氨酸羟化酶的作用转变成为酪氨酸而进一步代谢　尽管少量苯丙氨酸可经转氨基作用生成苯丙酮酸,但这不是苯丙氨酸代谢的主要途径。在本章第二节中已经介绍,苯丙氨酸可经苯丙氨酸羟化酶转变成酪氨酸,苯丙氨酸转变成酪氨酸是苯丙氨酸正常分解代谢或转变成其他物质的主要途径,苯丙氨酸羟化酶主要存在于肝等组织中,催化的反应不可逆。

先天性苯丙氨酸羟化酶缺陷患者,不能将苯丙氨酸羟化成酪氨酸,苯丙氨酸经转氨基作用大量生成苯丙酮酸。大量的苯丙酮酸及其部分代谢产物(苯乳酸及苯乙酸等)由尿中排出,称为苯丙酮尿症(phenylketonuria,PKU)。苯丙酮酸堆积使脑发育障碍,故患者智力低下。PKU 在氨基酸代谢障碍中较为常见。治疗原则是早期发现,供给低苯丙氨酸膳食干预。

2. 酪氨酸可转变为儿茶酚胺和黑色素　机体内的某些神经递质、激素及黑色素可通过酪氨酸的分解代谢而合成。由酪氨酸产生神经递质的反应过程由酪氨酸羟化酶(tyrosine hydroxylase)催化的反应开始。酪氨酸羟化酶是以四氢蝶呤为辅酶的单加氧酶。酪氨酸在肾上腺髓质及神经组织经酪氨酸羟化酶催化生成 3,4-二羟苯丙氨酸(3,4-dihydroxyphenylalanine,DOPA,又称多巴)。通过多巴脱羧酶的作用,多巴转变成多巴胺(dopamine)。多巴胺是一种神经递质,帕金森病(Parkinson disease)患者多巴胺生成减少。在肾上腺髓质,多巴胺的侧链再经 β-羟化生成去甲肾上腺素(norepinephrine),最后甲基化生成肾上腺素(epinephrine)。多巴胺、去甲肾上腺素及肾上腺素统称为儿茶酚胺(catecholamine)。酪氨酸羟化酶是合成儿茶酚胺的关键酶。

由酪氨酸生成黑色素的反应过程则是由酪氨酸酶催化的反应开始。在黑色素细胞中酪氨酸经酪

氨酸酶(tyrosinase)催化,羟化生成多巴,多巴经氧化变成多巴醌,再经脱羧环化等反应,最后聚合为黑色素(melanin)。先天性酪氨酸酶缺乏的患者,因不能合成黑色素,患者皮肤毛发色浅或者是白色,称为白化病(albinism)。患者对阳光敏感,易患皮肤癌。

3. 苯丙氨酸和酪氨酸脱羧羟化产生假性神经递质苯乙醇胺和β-羟酪胺　两种氨基酸在脑内脱羧羟化产生假性神经递质苯乙醇胺和β-羟酪胺(又称章胺),此过程与肠道细菌通过腐败作用产胺类似,前者由苯丙氨酸产生,后者由酪氨酸产生。假性神经递质产量增多可能是肝性脑病的发生的原因之一。

(二)利用色氨酸生成 5-羟色胺、一碳单位、烟酸等

色氨酸分解最后可生成乙酰乙酰 CoA 及丙酮酸,故色氨酸为生糖兼生酮氨基酸。色氨酸除了可转变成 5-羟色胺、一碳单位,还可产生多种作用不明的酸性中间代谢物。少部分色氨酸转变为烟酸,但其合成量少,不能满足机体的需要。在色氨酸代谢过程中,有多种维生素参与(维生素 B_1、B_2、B_6 等),这些维生素缺乏时,可引起色氨酸代谢障碍。

(三) 以氨基酸为原料合成肌酸

肌酸(creatine)的合成是以甘氨酸为骨架,接受精氨酸提供的脒基而生成胍乙酸,进而由 S-腺苷甲硫氨酸提供甲基生成肌酸。肌酸是体内贮存能量的重要化合物。在肌酸激酶(creatine kinase,CK)催化下,肌酸接受 ATP 的高能磷酸基形成肌酸磷酸,贮存能量(图 9-12)。高能磷酸基又可从肌酸磷酸转移至 ADP 形成 ATP,使能量能够被利用。

肌酸与肌酸磷酸的终末代谢产物是肌酸酐(creatinine)。肌酸酐主要在肌肉中通过肌酸或肌酸磷酸的非酶促反应而生成(图 9-12)。肌酸酐随尿排出,正常人排出量较恒定。当肾功能障碍时,肌酸酐排出受阻,血中的浓度升高。血中肌酸酐的测定有助于肾功能不全的诊断。人体内每天都有一定量的肌酸转变成肌酸酐而被排出体外,同时机体又可利用氨基酸重新合成肌酸。

肌酸激酶由两种亚基组成,即 M 亚基(肌型)和 B 亚基(脑型),构成 3 种同工酶:MM、MB 和 BB。它们在体内各组织中的分布不同,MM 主要分布在骨骼肌,MB 主要分布在心肌,BB 主要分布在脑。心肌梗死时,血中 MB 肌酸激酶活性增高,可作为辅助诊断的指标之一。

图 9-12　肌酸代谢

(四) 以氨基酸为原料合成乙醇胺和胆碱

乙醇胺由丝氨酸经脱羧基反应而生成。乙醇胺通过 S-腺苷甲硫氨酸提供甲基,在氮原子上连接 3 个甲基而生成胆碱。乙醇胺和胆碱是体内合成磷脂的重要原料,胆碱还是合成乙酰胆碱(重要的神经递质)的原料。此外,丝氨酸本身也是合成磷脂酰丝氨酸的原料。

(五) 卟啉化合物的合成需要甘氨酸作为原料

血红素的卟啉环是以甘氨酸和琥珀酰 CoA 为原料合成的。血红素是血红蛋白、肌红蛋白、细胞色素、过氧化物酶多种功能蛋白的辅基,可在体内多种细胞内合成。

(六) 以氨基酸为原料合成核苷酸中的碱基骨架

人体基本上不需要从食物中获取核苷酸,因为体内能够从头合成核苷酸。从头合成核苷酸的碱基以氨基酸为主要原料。在嘌呤环和嘧啶环的合成过程中,只有嘌呤环的一个碳原子来自 CO_2,其他碳原子都来源于氨基酸,由甘氨酸和氨基酸分解代谢特殊产物一碳单位提供。除甘氨酸为嘌呤环提供一个氮原子外,嘌呤环和嘧啶环中的氮原子主要由谷氨酰胺和天冬氨酸提供。$N^5,N^{10}\text{-}CH_2\text{-}FH_4$ 则为胸腺嘧啶核苷酸的合成提供甲基。

(七) 精氨酸经一氧化氮合酶催化生成 NO

一氧化氮(NO)的细胞信号转导功能研究近年来受到高度关注,而体内 NO 是由精氨酸经一氧化氮合酶(nitric oxide synthase,NOS)催化生成的。尿素循环中的精氨酸酶则通过水解精氨酸,减少细胞中精氨酸来抑制 NO 的产生。

五、支链氨基酸分解包括转氨、脱羧和彻底氧化三个阶段

支链氨基酸包括亮氨酸、异亮氨酸和缬氨酸,它们都是必需氨基酸。这 3 种氨基酸分解代谢相似,都可分为 3 个阶段:①通过转氨基作用脱去氨基,分别转变为相应的支链 α-酮酸。②线粒体的支链 α-酮酸脱氢酶,催化由亮氨酸、异亮氨酸和缬氨酸演变而来的 α-酮酸氧化脱羧。这种脱氢酶的结构和调节与丙酮酸脱氢酶极其相似,其亚单位均为 α-酮酸脱羧酶、酰基转移酶和二氢硫辛酰脱氢酶。α-酮酸经氧化脱羧基作用,并有辅酶 A 参加,生成相应的脂肪酰 CoA。③脂肪酰 CoA 经 β-氧化过程生成不同的中间产物参与三羧酸循环,其中缬氨酸代谢产生琥珀酰 CoA;亮氨酸产生乙酰乙酰 CoA 和乙酰 CoA;异亮氨酸产生乙酰 CoA 和琥珀酰 CoA(图 9-13)。所以,这三种氨基酸分别是生糖氨基酸、生酮氨基酸及生糖兼生酮氨基酸。虽然多数氨基酸在肝进行分解代谢,但支链氨基酸的分解代谢主要在骨骼肌、脂肪、肾和脑组织中进行,这是由于肝外组织有支链 α-酮酸脱氢酶复合体,而肝中缺乏。支链 α-酮酸脱氢酶复合体缺乏导致枫糖尿症(支链酮酸尿症)。

图 9-13　支链氨基酸的分解代谢

小结

人体的氨基酸主要来自食物蛋白质。在胃和小肠的各种蛋白质水解酶作用下,食物蛋白质被水解成氨基酸和二肽。小肠中的氨基酸载体是氨基酸吸收的重要方式。体内不能合成而必须由食物供应的氨基酸称为必需氨基酸,人体需要的必需氨基酸有 9 种。人体内蛋白质不断更新,也可分解产生氨基酸。机体有两条蛋白质降解途径:一条是溶酶体通过 ATP-非依赖的蛋白酶降解途径;另一条是胞质内的 ATP-依赖的泛素化蛋白酶体降解途径。外源性与内源性的氨基酸组成机体的"氨基酸代谢库",参与体内代谢。氨基酸可作为合成蛋白质的原料,也可通过分解代谢氧化供能,或转变成多种重要的生理活性物质。

体内大多数氨基酸通过脱氨基作用生成氨及相应的 α-酮酸,开始分解过程。在转氨酶的催化下,α-氨基酸的氨基首先转移至 α-酮戊二酸,生成 L-谷氨酸。在 L-谷氨酸脱氢酶的催化下,L-谷氨酸进行氧化脱氨作用,生成氨和 α-酮戊二酸。转氨基与 L-谷氨酸氧化脱氨基的联合脱氨基作用,是体内大多数氨基酸脱氨基的主要方式。由于该过程可逆,因此也是体内合成非必需氨基酸的重要途径。

α-酮酸是氨基酸的碳骨架,除部分可用于再合成氨基酸外,其余的可经过不同代谢途径,汇集于丙酮酸或三羧酸循环中的某一中间产物,如草酰乙酸、延胡索酸、琥珀酸单酰辅酶 A、α-酮戊二酸等,通过它们可以转变成糖即生糖氨基酸,也可继续氧化,最终生成 CO_2、水及能量。有些氨基酸则可转变成乙酰 CoA 或乙酰乙酰 CoA 而形成酮体,即生酮氨基酸。由此可见,在体内,氨基酸、糖及脂类代

谢有着广泛的联系。

　　氨是有毒物质。体内的氨通过葡萄糖-丙氨酸循环、谷氨酰胺等形式转运到肝,大部分经乌氨酸循环合成尿素,排出体外。尿素合成是机体内氨的主要去路,受多种因素的调节,肝功能严重损伤时,可产生高氨血症和肝性脑病。体内小部分氨在肾以铵盐形式随尿排出。

　　氨基酸脱羧可产生胺类物质,胺类物质在体内也有重要的生理作用,如 γ-氨基丁酸、组胺、5-羟色胺、牛磺酸、多胺等。因此,脱羧基作用也是氨基酸的重要代谢途径。

　　某些氨基酸在分解代谢过程中可以产生含有一个碳原子的基团,称为一碳单位,例如甲基、亚甲基、次甲基、甲酰基、亚氨甲基等。四氢叶酸是一碳单位的载体,在其代谢中起着重要作用。一碳单位的主要功能是作为合成嘌呤和嘧啶核苷酸的原料,是联系氨基酸与核苷酸代谢的枢纽。

　　含硫氨基酸有甲硫氨酸和半胱氨酸。甲硫氨酸的主要功能是通过甲硫氨酸循环,提供活性甲基(SAM),除此,还可参与肌酸等代谢。半胱氨酸的自由巯基和许多酶的活性有关,半胱氨酸可转变成牛磺酸,后者是胆汁酸盐的成分。含硫氨基酸分子中的硫在体内最后可转变成 H_2SO_4,部分以钠盐形式自尿中排出,其余转变成活性硫酸根(PAPS)。

(王秀宏)

思考题

　　1. 血氨有哪些来源和去路?

　　2. 氨基酸脱氨基作用有哪些方式? 其中哪一种最重要,为什么?

　　3. 简述体内氨基酸的来源与主要代谢去路。

　　4. 说明尿素形成的机制和意义。

　　5. 丙氨酸、谷氨酸、天冬氨酸如何异生成糖? 1mol 的丙氨酸、谷氨酸、天冬氨酸彻底氧化能生成多少分子的 ATP ?

　　6. 试从氨基酸代谢角度,谈谈如何防治急、慢性肝病引发的血氨升高及肝性脑病?

第十章

核苷酸代谢

【本章要点】

    1. 嘌呤核苷酸的从头合成和补救合成、代谢调节以及分解代谢;

    2. 嘧啶核苷酸的合成代谢及其调节、分解代谢产物;

    3. 体内核苷酸的转化;

    4. 核苷酸代谢障碍与疾病,抗核苷酸代谢物的作用机制。

    生物体内广泛存在的核苷酸主要包括嘌呤核苷酸和嘧啶核苷酸,是多种生命活动所必需的有机小分子。人体内的核苷酸主要由机体自身合成,因此不属于营养必需物质。核苷酸可在体内分解酶系作用下形成特有的降解产物排出体外。本章主要讨论嘌呤核苷酸和嘧啶核苷酸的合成与分解过程,这些反应途径的异常与痛风、乳清酸尿症等临床疾病或综合征的发生密切相关;另外,嘌呤、嘧啶或叶酸类似物通过竞争性机制阻断核苷酸的合成,也已作为抗代谢物成功应用于肿瘤治疗。

第一节　核苷酸代谢概述

一、核苷酸不仅作为合成核酸的原料还具有多种重要的生物学功能

    核苷酸在生物体内的功能归纳见表10-1。这些作用包括:①核苷酸是构成 DNA 和 RNA 的单体分子;②含高能磷酸键的核苷酸是细胞活动的能量形式,如 ATP、GTP;③一些特殊的核苷酸或其衍生物参与代谢和生理功能的调节,如 cAMP 作为细胞内信号转导的第二信使;④某些核苷酸及其衍生物是多种代谢酶和蛋白质发挥作用的辅因子;⑤多种核苷酸衍生物是生物合成过程中的活性中间物。

表 10-1　核苷酸的重要功能举例

功能	核苷酸及其衍生物的种类
核酸合成的前体分子	ATP、GTP、CTP、UTP、dATP、dGTP、dCTP、dTTP
高能化合物	ATP、GTP、CTP、UTP
辅酶组分	FAD、FMN、NAD、NADP、CoA
第二信使	cAMP、cGMP
酶或蛋白质的别构调节	GTP、GDP、AMP、ADP、ATP、dTTP、dCTP、dATP
活性中间物	UDP-葡萄糖(合成糖原);CDP-甘油二酯(合成磷脂);S-腺苷甲硫氨酸(甲基供体)
蛋白质修饰	UDP、GDP(糖基化);ATP(磷酸化)

二、核苷酸的合成代谢有从头合成和补救合成两种途径

    自身内源性合成是体内两种核苷酸的主要来源。核苷酸存在两种不同的合成代谢途径。依据是否需要从合成碱基开始,分为从头合成(de novo synthesis)途径和补救合成(salvage synthesis)途径。

从头合成途径是指由氨基酸、一碳单位和核糖-5-磷酸等简单物质作为原料,经过一系列酶促反应,从头合成嘌呤或嘧啶核苷酸(图 10-1)。嘌呤和嘧啶从头合成的原料来源和合成路线都可通过放射性核素示踪实验确定,这些合成代谢途径的阐明推动了干预核苷酸合成代谢的药物,即抗代谢药物的研究。

图 10-1　嘌呤和嘧啶碱基的元素来源

框 10-1

核苷酸合成代谢机制的阐明催生了抗代谢药物

　　20 世纪 40 年代以后,核苷酸合成代谢的原料和途径逐步得以阐明,随后人们研发了一系列可抑制核苷酸合成代谢的药物。这些药物通过抑制核苷酸的合成,进而抑制 DNA 的合成,成为临床治疗肿瘤的抗代谢药物的主要类别。

　　1947 年,Farber S. 发现叶酸衍生物甲氨蝶呤可以抑制急性白血病的进程。1948 年,Hitchings G. 合成了与次黄嘌呤相似的 6-巯基嘌呤(6-mercaptopurine,6-MP),作为嘌呤核苷酸合成的抑制剂,用于治疗儿童白血病。1953 年,美国 FDA 批准了甲氨蝶呤和 6-MP 作为抗肿瘤药物用于临床。

　　1957 年,Heidelberger C. 设计并合成了抗癌新药 5-氟尿嘧啶(5-fluorouracil,5-FU)。5-FU 在细胞内转变成 5-氟尿嘧啶脱氧核苷酸,是胸苷酸合酶抑制剂,干扰了脱氧尿嘧啶核苷酸向脱氧胸腺嘧啶核苷酸的转变,从而抑制 DNA 的合成,用于治疗消化道癌症和乳腺癌等。

　　补救合成途径是利用体内核苷酸降解产生的游离嘌呤/嘧啶碱或核苷来合成核苷酸。核苷酸的补救合成途径无须从头合成碱基,而是回收利用现成的嘌呤/嘧啶碱或核苷,与从头合成途径相比,其反应过程较为简单,节省能耗。两种途径在人体不同组织中的重要性不同,一般以从头合成途径为主,但体内某些组织/器官缺乏嘌呤核苷酸从头合成的酶系,如脑和骨髓等,因而补救合成途径在这些器官至关重要,此时一旦由于遗传缺失导致补救合成途径受阻,则会导致严重的遗传性疾病。

三、核苷酸的降解产物可在肠道被吸收利用

　　生物体细胞内外广泛存在着不同的核酸酶,可催化多余、异常、外源的 DNA 和 RNA 逐步分解为核苷酸,或进一步分解为碱基、戊糖和磷酸,以维持细胞的正常活动和遗传物质的稳定。

　　膳食中的核酸大部分以核酸-蛋白质复合体的形式存在,先经消化道胃酸的作用消化分解为蛋白质和核酸。核酸进入小肠后,受胰液和肠液中核酸酶和磷酸二酯酶的作用可分解为单核苷酸,进一步被核苷酸酶水解为磷酸和核苷,核苷再水解为碱基和戊糖或戊糖磷酸。核苷酸及其水解产物均可被细胞吸收,通过补救合成途径重新得到利用,但大部分则在肠黏膜细胞中被进一步分解。其中戊糖被吸收后可进入体内的戊糖代谢途径,而大部分嘌呤和嘧啶碱则被分解后随尿液排出(图 10-2)。因此,食物来源的嘌呤和嘧啶碱很少被机体再利用,因而核酸和核苷酸并非人体必需营养物。

图 10-2   核酸的消化过程

四、磷酸核糖焦磷酸处于从头合成和补救合成代谢的中心位置

磷酸核糖焦磷酸（phosphoribosyl pyrophosphate，PRPP）由核糖-5-磷酸在 PRPP 合成酶（PRPP synthetase）催化下生成。PRPP 在嘌呤和嘧啶核苷酸的合成途径中都充当重要中间物。在嘌呤核苷酸从头合成途径中，氨基酸等前体物质在 PRPP 的结构基础上逐步合成肌苷一磷酸（inosine monophosphate，IMP），又称次黄嘌呤核苷酸，再转变得到腺苷一磷酸（AMP）和鸟苷一磷酸（GMP）。在嘧啶核苷酸从头合成途径中，氨基酸等前体物质先形成环状中间物乳清酸，再与 PRPP 结合得到尿苷一磷酸（UMP），其后转变得到胞苷三磷酸（CTP）和脱氧胸苷一磷酸（dTMP）。补救合成途径中嘌呤/嘧啶碱在各种嘌呤/嘧啶磷酸核糖转移酶的催化下与 PRPP 反应生成相应的核苷酸。由此可见，同时参与从头合成和补救合成途径的 PRPP 处于核苷酸合成代谢的中心位置（图 10-3）。

图 10-3   PRPP 处于核苷酸合成代谢的中心位置

第二节   嘌呤核苷酸的合成与分解代谢

一、嘌呤核苷酸的从头合成起始于核糖-5-磷酸

生物体绝大多数细胞都能在胞质溶胶中完成嘌呤核苷酸从头合成的所有反应。人体内从头合成嘌呤核苷酸的主要器官是肝，其次是小肠黏膜和胸腺，而脑、骨髓组织以及红细胞等则无法进行此合成途径。放射性核素掺入实验表明，嘌呤碱的前体分子是氨基酸、CO_2 和甲酰四氢叶酸。嘌呤核苷酸

的从头合成途径从核糖-5-磷酸起始逐步合成嘌呤环,反应步骤复杂,可分为两个阶段:首先合成嘌呤核苷酸的共同前体 IMP,然后由 IMP 转化为 AMP 和 GMP。

（一）嘌呤核苷酸从头合成的最初核苷酸是 IMP

IMP 合成可分为两个阶段共 11 步反应(图 10-4)。第一阶段仅需 1 步反应生成 PRPP,第二阶段经由 10 步反应合成 IMP。

第一阶段,来源于戊糖磷酸途径的核糖-5-磷酸在 PRPP 合成酶(又称 PRPP 激酶)的催化下将 1 分子焦磷酸从 ATP 转移到核糖-5-磷酸的 C-1′ 上,形成 PRPP。PPRP 不仅是嘌呤从头合成过程的首

图 10-4 IMP 的从头合成

个中间物,同时也是嘧啶核苷酸从头合成中所需的核糖-5-磷酸的供体。

第二阶段,从图 10-4 中的反应② 开始,在谷氨酰胺-PRPP 酰胺转移酶(glutamine - PRPP amidotransferase,GPAT)催化下,谷氨酰胺提供酰胺基代替 PRPP 的焦磷酸,形成 5-磷酸核糖胺(5′-phosphoribosylamine,PRA)。此步反应是嘌呤核苷酸从头合成的关键步骤,GPAT 是 IMP 合成中的关键酶。PRA 高度不稳定,其在 pH7.5 条件下的半衰期只有 30 秒。

接着依次进行的是反应③,由 ATP 供能,甘氨酸与 PRA 加合,生成甘氨酰胺核苷酸(glycinamide ribonucleotide,GAR);反应④中 N^{10}-甲酰四氢叶酸的甲酰基转移到 GAR,形成甲酰甘氨酰胺核苷酸(formylglycinamide ribonucleotide,FGAR);反应⑤在 ATP 存在下,FGAR 接受谷氨酰胺的酰胺氮,转变为甲酰甘氨脒核苷酸(formylglycinamidine ribonucleotide,FGAM);反应⑥FGAM 脱水环化成 5-氨基咪唑核苷酸(5-aminoimidazole ribonucleotide,AIR);反应⑦CO_2 掺入并成为嘌呤环上的 C-6,产生 4-羧酸-5-氨基咪唑核苷酸(4-carboxy-5-aminoimidazole ribonucleotide,CAIR);反应⑧天冬氨酸添加到嘌呤环中,缩合得到 N-琥珀酰-5-氨基咪唑-4-甲酰胺核苷酸(N-succinyl-5-aminoimidazole-4-carboxamide ribonucleotide,SAICAR);反应⑨SAICAR 脱去 1 分子延胡索酸,裂解为 5-氨基咪唑-4-甲酰胺核苷酸(5-aminoimidazole-4-carboxamide ribonucleotide,AICAR);反应⑩N^{10}-甲酰四氢叶酸供给甲酰基,使 AICAR 转变为 5-甲酰氨基咪唑-4-甲酰胺核苷酸(5-formylaminoimidazole-4-carboxamide ribonucleotide,FAICAR);最后一步是 FAICAR 脱水环化缩合成 IMP。以上 11 步从头合成 IMP 共消耗 5 个 ATP 分子。

(二)IMP 转变生成 AMP 和 GMP

IMP 虽不是核酸分子的组成单位,却是生成 AMP 或 GMP 的重要中间产物(图 10-5)。AMP 的生成是在 GTP 供能下,由 IMP 和天冬氨酸合成腺苷酸代琥珀酸,随后在裂解酶催化下分解成 AMP 和延胡索酸。GMP 的生成是在 IMP 脱氢酶催化下,IMP 氧化生成黄嘌呤核苷酸(xanthine monophosphate,XMP),XMP 在鸟苷酸合成酶作用下,经氨基化生成 GMP。AMP 和 GMP 再在激酶作用经磷酸化反应,可分别生成相应的 ADP 和 GDP,以及 ATP 和 GTP。

图 10-5　IMP 转变为 AMP 和 GMP

二、嘌呤核苷酸的补救合成有两种方式

嘌呤核苷酸的补救合成过程比较简单,即利用游离嘌呤碱或嘌呤核苷为原料合成嘌呤核苷酸。

（一）嘌呤碱与 PRPP 经磷酸核糖转移酶催化生成嘌呤核苷酸

在相应的磷酸核糖转移酶的催化下,由 PRPP 提供核糖-5-磷酸,腺嘌呤、次黄嘌呤和鸟嘌呤可分别生成 AMP、IMP 和 GMP。两种重要的酶:腺嘌呤磷酸核糖转移酶（adenine phosphoribosyl transferase,APRT）和次黄嘌呤-鸟嘌呤磷酸核糖转移酶（hypoxanthine-guanine phosphoribosyl transferase,HGPRT）参与了此反应。两种酶的底物不同,反应式如下:

$$腺嘌呤 + PRPP \xrightarrow{\text{APRT}} AMP + PPi$$

$$次黄嘌呤 + PRPP \xrightarrow{\text{HGPRT}} IMP + PPi$$

$$鸟嘌呤 + PRPP \xrightarrow{\text{HGPRT}} GMP + PPi$$

嘌呤核苷酸的补救合成途径是脑和骨髓合成核苷酸的唯一途径,这使得 HGPRT 成为补救途径的关键酶。

（二）腺嘌呤核苷经核苷激酶催化产生 AMP

人体内腺嘌呤核苷在腺苷激酶催化下,由 ATP 提供磷酸基团,可合成腺嘌呤核苷酸。

$$腺嘌呤核苷 + ATP \xrightarrow{\text{腺苷激酶}} AMP + ADP$$

生物体内仅存在腺苷激酶,并不存在作用于其他嘌呤核苷的激酶,故嘌呤核苷酸补救合成途径中主要以磷酸核糖转移酶催化的反应为主。同时,体内嘌呤核苷酸可以相互转化。IMP 可以转变成 XMP、AMP 及 GMP,AMP 和 GMP 也可以转变成 IMP。AMP 与 GMP 之间也可以实现相互转变。

三、嘌呤核苷酸的合成代谢受到反馈及交互调节

从头合成是体内嘌呤核苷酸的主要来源。该过程消耗大量原料和能量,因此需要精密的调控体系方可实现营养和能源的节约。该过程中主要涉及反馈调节（图 10-6）。

图 10-6　嘌呤核苷酸从头合成的反馈调节

嘌呤核苷酸从头合成途径中,主要的调控环节是第一步生成 PRPP 的反应和第二步生成 PRA 的反应。催化这两步反应的 PRPP 合成酶和 GPAT 都受到嘌呤核苷酸产物（IMP、AMP、GMP）的负反馈调节。GPAT 是一个大小为 135kD 的别构酶,其单体结构为活性形式,形成二聚体会导致其失活。IMP、AMP 和 GMP 能够促进 GPAT 单体向二聚体过渡,从而抑制该酶活性。另外,PRPP 作为底物则可促进 GPAT 活性,加速 PRA 的产生。因此,嘌呤核苷酸合成过程中,对 PRPP 合成酶的控制比对 GPAT 的调控更为重要。

此外,IMP 转化为 AMP 时需要 GTP,转化为 GMP 时需要 ATP 的作用。GTP 促进 AMP 的生成,ATP 促进 GMP 的生成。过量的 AMP 抑制 AMP 的生成;同样,过量的 GMP 抑制 GMP 的生成。这种

复杂的交互调节结合嘌呤核苷酸的相互转变方式,共同维持 ATP 和 GTP 浓度在不同细胞中的平衡。

嘌呤核苷酸的补救合成途径也存在反馈抑制调节。APRT 和 HGPRT 两种酶活性各自受到他们终产物的调控,APRT 受到 AMP 的反馈抑制,IMP 和 GMP 可竞争抑制 HGPRT 的酶活性,因此,嘌呤核苷酸补救合成途径也可影响从头合成途径。

四、嘌呤核苷酸在人体内的分解代谢终产物是尿酸

细胞内嘌呤核苷酸的分解代谢类似于食物中核苷酸的消化过程。首先细胞内的核苷酸在核苷酸酶的作用下水解成核苷和磷酸;核苷在核苷磷酸化酶的催化下降解得到核糖-1-磷酸和游离的嘌呤碱,核糖-1-磷酸在磷酸核糖变位酶的作用下可转变为核糖-5-磷酸,重新用于核苷酸从头合成或进入其他糖代谢途径。而核苷降解中,腺苷需首先在腺苷脱氨酶(adenosine deaminase,ADA)的作用下,氧化为次黄嘌呤核苷再分解为次黄嘌呤,鸟嘌呤核苷可直接分解为鸟嘌呤。

人体嘌呤核苷酸分解的嘌呤碱可参加补救合成途径获得再利用,而大部分是经过氧化分解途径,最终生成尿酸(uric acid;图 10-7),将随尿液排出体外。次黄嘌呤和鸟嘌呤分别经氧化和脱氨反应生成黄嘌呤,其在黄嘌呤氧化酶(xanthine oxidase)的催化下氧化生成尿酸。嘌呤脱氧核苷酸也通过相同的途径最终降解为尿酸。

嘌呤核苷酸的分解代谢过程主要在肝、小肠和肾中进行,这些器官的黄嘌呤氧化酶活性较高。

图 10-7 嘌呤核苷酸的分解代谢

第三节 嘧啶核苷酸的合成与分解代谢

与嘌呤核苷酸合成途径一样,嘧啶核苷酸也存在从头合成和补救合成两条途径。嘧啶核苷酸的分解则是产生可溶性小分子物质。

一、嘧啶核苷酸的从头合成过程首先生成 6-羧基尿嘧啶

嘧啶环的 C 和 N 原子来自谷氨酰胺、CO_2 和天冬氨酸。与嘌呤核苷酸的从头合成不同,嘧啶核苷酸从头合成途径首先合成的是 6-羧基尿嘧啶,即含有嘧啶环的乳清酸(orotic acid,OA),OA 再与 PRPP 结合成为乳清苷酸(orotidylic acid),又称乳清苷一磷酸(orotidine monophosphate,OMP),最后生成 UMP。肝是合成嘧啶核苷酸的主要器官,反应过程在胞质溶胶和线粒体中进行。CTP 和 dTMP 均可由 UMP 转变而来(图 10-8)。

图 10-8 嘧啶核苷酸的从头合成及其转换

（一）UMP 的从头合成可分为六步反应

UMP 从头合成的六步反应包括：①嘧啶环的合成起始于氨基甲酰磷酸（carbamoyl phosphate，CP）的生成。谷氨酰胺、CO_2 和 ATP 经胞质溶胶中氨基甲酰磷酸合成酶 Ⅱ（carbamoyl phosphate synthetase Ⅱ，CPS-Ⅱ）催化生成 CP，谷氨酰胺的酰胺 N 原子为氮源。氨基甲酰磷酸同时也是尿素合成的原料；但尿素合成是在线粒体中进行的，且由 CPS-Ⅰ 催化的反应（详见第九章），这是两种性质不同的酶。②产生的 CP 在天冬氨酸转氨甲酰酶（aspartate transcarbamoylase，ATCase）催化下，与天冬氨酸结合生成氨基甲酰天冬氨酸。③氨基甲酰天冬氨酸在二氢乳清酸酶催化下脱水环化形成二氢乳清酸（dihydroorotic acid，DHOA）。④DHOA 在二氢乳清酸脱氢酶作用下，脱氢氧化得到 OA。⑤OA 在乳清酸磷酸核糖转移酶（orotate phosphoribosyltransferase，OPRT）催化下与 PRPP 结合，生成 OMP。⑥OMP 在乳清苷酸脱羧酶催化下脱去羧基，形成 UMP。

哺乳动物的嘧啶核苷酸从头合成是多功能酶的典型示例。该过程的前 3 步反应需要的 CPS-Ⅱ、ATCase 和二氢乳清酸酶，这 3 种酶活性是位于同一多功能酶的不同结构域上的，反应在胞质溶胶中完成；催化第四步反应的二氢乳清酸脱氢酶则位于线粒体；催化第五步和第六步反应的 OPRT 和乳清苷酸脱羧酶两种酶也是属于同一肽链构成的双功能酶,此双功能酶亦称为 UMP 合成酶(uridine monophosphate synthetase,UMPS),位于胞质溶胶内。这些多功能酶对高效、均衡地催化嘧啶核苷酸的合成很有益处。

(二) CTP 来源于 UTP 的氨基化

人体内不能从头合成 CTP,而是在核苷三磷酸的水平才转变生成的。UMP 经尿苷酸激酶和核苷二磷酸激酶的连续磷酸化作用,先生成 UTP;UTP 在 CTP 合成酶的催化下,消耗 1 分子 ATP,接受谷氨酰胺的 δ-氨基成为 CTP。

(三) dTMP 来源于 dUMP 的甲基化

体内的 dTMP 则来源于 dUMP。从头合成途径的产物 UMP 磷酸化形成 UDP;UDP 还原生成 dUDP;dUDP 去磷酸生成 dUMP;dUMP 在胸苷酸合酶(thymidylate synthase)作用下,甲基化后生成 dTMP。N^5,N^{10}-亚甲基四氢叶酸作为胸苷酸合酶的辅酶,反应中四氢叶酸(tetrahydrofolic acid,FH_4)氧化生成二氢叶酸(dihydrofolic acid,FH_2),同时其携带的亚甲基形成的甲基被转移到 dUMP 上,生成 dTMP。FH_2 可在二氢叶酸还原酶的作用下重新生成 FH_4,再用于运载一碳单位。由于 dTMP 的生成对于 DNA 合成至关重要,因此二氢叶酸还原酶也是重要的抑制 DNA 合成的药物靶位。

二、嘧啶核苷酸的补救合成途径与嘌呤核苷酸的类似

1. 部分嘧啶碱与 PRPP 可由核糖磷酸转移酶催化生成嘧啶核苷酸　嘧啶磷酸核糖转移酶能利用尿嘧啶、胸腺嘧啶及乳清酸作为底物,与 PRPP 生成相应的嘧啶核苷酸,但不能利用胞嘧啶。

$$嘧啶 + PRPP \xrightarrow{\text{嘧啶磷酸核糖转移酶}} 嘧啶核苷酸 + PPi$$

2. 嘧啶核苷可由嘧啶核苷激酶催化生成嘧啶核苷酸　嘧啶核苷激酶可催化嘧啶核苷转变成嘧啶核苷酸。尿苷激酶(uridine kinase)催化尿嘧啶核苷及胞嘧啶核苷生成 UMP 和 CMP;而胸苷激酶(thymidine kinase)催化脱氧胸苷生成 dTMP,反应分别如下:

$$\begin{matrix} 尿嘧啶核苷 \\ 胞嘧啶核苷 \end{matrix} + ATP \xrightarrow{\text{尿苷激酶}} \begin{matrix} UMP \\ CMP \end{matrix} + ADP$$

$$脱氧胸腺嘧啶 + ATP \xrightarrow{\text{胸苷激酶}} dTMP + ADP$$

嘧啶核苷酸补救合成以核苷激酶催化的反应为主。胸苷激酶的活性与细胞增殖状态密切相关,其在正常肝中活性低、再生肝中活性升高,而恶性肿瘤中也有明显升高,并与肿瘤的恶性程度有关。

三、嘧啶核苷酸的合成代谢同样受到精细调节

虽然 ATCase 是细菌中调节嘧啶核苷酸从头合成过程的关键酶,但是对哺乳动物而言,CPS-Ⅱ则是至关重要的调节酶。这两种酶都受到产物的反馈抑制调节。此外,哺乳动物体内 UMP 合成过程的 2 个多功能酶均受到阻遏和去阻遏这两种方式的调节。

嘌呤和嘧啶核苷酸的合成过程都涉及 PRPP 合成酶,它同时受到来自嘌呤和嘧啶核苷酸合成过程的调控,维持着嘌呤和嘧啶核苷酸合成过程协调、平行地进行。

1. 底物具有去阻遏作用　嘧啶核苷酸代谢过程中底物对催化反应的酶具有去阻遏(激活)作用。如 ATP 可激活 PRPP 合成酶和 CPS-Ⅱ,PRPP 激活 OPRT,它们均可促进嘧啶核苷酸的合成。

2. 产物反馈抑制合成过程　细胞内核苷酸合成过程中主要的 4 种反馈抑制为:①UMP 反馈抑制 CPS-Ⅱ;②UMP 和 CTP 反馈抑制 ATCase;③嘌呤核苷酸合成途径产生的 ADP 和 GDP 反馈抑制 PRPP 合成酶;④CTP 反馈抑制 CTP 合酶。

四、嘧啶核苷酸经分解代谢产生小分子可溶性物质

嘧啶核苷酸首先通过核苷酸酶和核苷磷酸化酶的作用,脱去磷酸及核糖,产生嘧啶碱。胞嘧

啶脱氨基转变为尿嘧啶,尿嘧啶还原为二氢尿嘧啶,再水解开环,最终可彻底分解为与从头合成原料相似的可溶性的小分子物质,如 NH_3、CO_2 及 β-丙氨酸。而胸腺嘧啶则降解为 β-氨基异丁酸(β-aminoisobutyric acid),直接随尿排出体外或进一步分解为 CO_2 和水(图 10-9)。人体内 β-氨基异丁酸的唯一来源是胸腺嘧啶的降解。接受化疗或放疗的癌症患者,其尿液中的 β-氨基异丁酸排出量增多。嘧啶碱的分解代谢主要在肝中进行,其降解产物均具有较好的水溶性。

图 10-9　嘧啶核苷酸的分解代谢

第四节　体内核苷酸的转化

一、脱氧核糖核苷酸由核苷二磷酸还原而生成

DNA 基本组成单位是脱氧核糖核苷酸。脱氧核糖核苷酸的脱氧核糖并非先自行合成,然后与相应碱基和磷酸分子连接的;而是由相应核糖核苷酸在 D-核糖的 C-2′ 处直接还原得到的。除 dTMP 是

从 dUMP 转变而来以外,其他脱氧核糖核苷酸都是在核苷二磷酸(nucleoside diphosphate,NDP)水平上由核糖核苷酸还原酶催化生成的,还原型辅酶Ⅱ(NADPH)是该反应的供氢体。核糖核苷酸还原酶从 NADPH 获得电子时,需要硫氧还蛋白(thioredoxin,Trx)作为电子载体,Trx 分子量为 12kD,所含的巯基在核糖核苷酸还原酶作用下氧化为二硫键。后者再经硫氧还蛋白还原酶(thioredoxin reductase,TR)的催化,重新生成还原型 Trx,由此构成一个复杂的酶体系(图 10-10)。在 DNA 合成旺盛、分裂速度较快的细胞中,核糖核苷酸还原酶体系活性较强。

图 10-10　脱氧核苷二磷酸的合成过程

核糖核苷酸还原酶由 R_1 和 R_2 两个亚基构成,两个亚基结合在一起并有 Mg^{2+} 存在时才能发挥酶活性。该酶具有酶活性调节位点,此位点影响整个酶的活性,ATP 结合时可使酶活化,dATP 可抑制该酶活性。同时该酶还存在底物特异性位点,故又受到底物激活调控(图 10-11)。

图 10-11　核糖核苷酸还原酶的结构

实际上,体内 4 种 NDP(N 可代表 A、G、C、U 任一碱基)都是经上述还原反应生成相应的脱氧核苷二磷酸(deoxyribonucleoside diphosphate,dNDP),再磷酸化得到脱氧核苷三磷酸(deoxyribonucleoside triphosphate,dNTP)。当某个 NDP 在核糖核苷酸还原酶催化下还原成 dNDP 时,需要特定的核苷三磷酸(nucleoside triphosphate,NTP)来促进该反应的发生,同时其他的 NTP 又能抑制该酶的活性(表 10-2),以此维持各种脱氧核糖核苷酸合成反应的平衡进行。

表 10-2　核糖核苷酸还原酶的别构调节

底物	主要激动剂	主要抑制剂
CDP	ATP	dATP、dGTP、dTTP
UDP	ATP	dATP、dGTP、dTTP
ADP	dGTP	dATP
GDP	dTTP	dATP

二、核苷二磷酸和核苷三磷酸可以相互转化

四种核苷一磷酸（ribonucleoside monophosphate，NMP）或脱氧核苷一磷酸（deoxyribonucleoside monophosphate，dNMP）可以分别在特异的核苷一磷酸激酶作用下，由 ATP 供给磷酸基，而转变成 NDP（或 dNDP）。例如 AMP 激酶可以使 AMP 转化为 ADP。

$$AMP + ATP \xrightarrow{\text{AMP 激酶}} ADP + ADP$$

NDP 与 NTP 可在 NDP 激酶的催化下实现相互转变。NDP 激酶的特异性不如 NMP 激酶高，其可以催化所有嘌呤、嘧啶的核糖或脱氧核糖核苷二、三磷酸之间的转化。

第五节　核苷酸代谢与医学的关系

核苷酸是所有的生命活动所必需的小分子，体内的合成代谢和分解代谢途径都比较复杂，需要精细的调控才能适应环境需要。作用在这些途径中的酶的含量或活性异常是一些疾病发生的原因，也是药物作用的靶点。

一、核苷酸代谢障碍可引发多种疾病

（一）多种遗传性疾病与核苷酸代谢缺陷有关

人类的多种遗传性疾病是由核苷酸代谢缺陷引起的。其中 Lesch-Nyhan 综合征和重症联合免疫缺陷这两大严重疾病的相关研究较为深入。

1. HGPRT 缺陷可导致 Lesch-Nyhan 综合征　Lesch-Nyhan 综合征是一种罕见的嘌呤代谢病，属 X 染色体连锁隐性遗传，1964 年由 Lesch M. 和 Nyhan W. L. 报道。临床特征是患儿从 2~3 岁时出现强迫性自身肢体残毁现象，即咬唇、咬臂、咬腿，故又称自毁容貌综合征；还可伴有发育停滞、手足徐动或舞蹈样不自主运动、惊厥等症状；较大的儿童还可出现痛风结节、痛风性关节痛。临床检验可见体液中尿酸含量明显增高，尿中常可发现橘红色的尿酸结晶或尿路结石。

1967 年 Rosenbloom F. M. 鉴定出该病与 *HGPRT* 缺陷有关。*HGPRT* 位于染色体 Xq26-q27.2，编码的 HGPRT 是嘌呤核苷酸补救合成的关键酶。人体内该酶活性不足可产生两个效应：一是导致核酸分解产生的嘌呤核苷不能用于合成核苷酸，只能进入分解代谢，故产生过多的尿酸；二是因补救途径受阻，PRPP 含量增高，激活核苷酸的从头合成，加剧嘌呤堆积。*HGPRT* 缺陷导致核苷酸补救途径的障碍，对脑和骨髓的影响尤为明显，但出现神经系统病变症状的机制尚待进一步研究。

2. 腺苷脱氨酶缺陷引起重症联合免疫缺陷　部分隐性遗传的重症联合免疫缺陷（severe combined immunodeficiency，SCID）遗传病患者存在着 *ADA* 缺陷。*ADA* 位于染色体 20q12-q13.11，该酶在体内催化腺嘌呤核苷和脱氧腺嘌呤核苷转化为次黄嘌呤核苷和脱氧次黄嘌呤核苷。ADA 的缺陷会导致腺嘌呤核苷酸及其二磷酸和三磷酸衍生物的堆积，尤其是 dATP 的堆积。dATP 可直接抑制脱氧核苷酸生成的关键酶核苷酸还原酶的活性，导致脱氧核苷酸的锐减，严重影响 DNA 合成。ADA 有 2 种同工酶，*ADA1* 主要在淋巴细胞表达，其缺陷可致免疫细胞分化增殖障碍，胸腺萎缩；导致 T 细胞和 B 细胞

功能不足,形成联合免疫功能低下。

3. 乳清酸尿症与嘧啶核苷酸代谢异常有关　由于嘧啶核苷酸降解终产物溶解性良好,嘧啶核苷酸代谢相关的疾病相对较少。但如果 UMP 合成反应中的 OPRT 或乳清苷酸脱羧酶(位于染色体 3q13)存在一种或全部缺陷,则会影响 UMP 合成,导致血中乳清酸堆积,出现临床罕见的常染色体隐性遗传性疾病——乳清酸尿症。

由于 UMP 合成减少,CMP 和 dTMP 的合成均受影响,导致 RNA 和 DNA 合成原料不足。生长迟缓、严重贫血、白细胞减少,是 I 型乳清酸尿症患者的常见表现。临床上可采用胞嘧啶核苷和尿嘧啶核苷的补充治疗。其作用在于:一方面通过核苷酸激酶的催化来补充 UMP 的合成;另一方面也可反馈抑制嘧啶从头合成,减少乳清酸等中间物的堆积。Ⅱ 型乳清酸尿症仅涉及乳清苷酸脱羧酶缺陷,症状较轻。

4. 叶酸缺乏可导致新生儿脊柱裂　嘌呤核苷酸的从头合成和胸苷酸合酶均需要 FH_4 作为辅酶携运一碳单位。叶酸的多种衍生物在合成 DNA 前体物质的过程中有重要作用。叶酸缺乏可导致新生儿脊柱裂,其病因在于发育早期神经管功能的不完整或紊乱。多项研究显示,孕妇在妊娠前 3 个月若补充摄入叶酸,则可降低新生儿 70% 的疾病风险。

（二）高尿酸血症可引起痛风

尿酸是人体嘌呤核苷酸降解的唯一最终产物,其水溶性较差。当出现肾中尿酸排泄障碍、嘌呤核苷酸过多合成、摄入过量高嘌呤饮食或肿瘤组织中核苷酸过量降解等原因,可使血浆尿酸水平过高(大于 $420\mu mol/L$),表现为高尿酸血症(hyperuricemia),常伴随高尿酸尿。高尿酸血症可导致临床常见的疾病:痛风(gout)。尿酸盐晶体会沉积于皮下组织,形成痛风石。持续性高尿酸血症可引起痛风性关节炎和关节畸形,原因是尿酸盐结晶沉积于关节等处触发炎症反应,多发于中老年男性。

痛风可能是一种有家族遗传倾向性的多基因病。基因突变涉及嘌呤核苷酸代谢异常的酶包括:HGPRT、PRPP 合成酶、GPAT、葡萄糖-6-磷酸酶和黄嘌呤氧化酶。HGPRT 的缺陷会影响嘌呤核苷酸的补救合成,导致 IMP、GMP、GDP 生成减少,削弱了对 PRPP 合成酶和 GPAT 的抑制作用,导致嘌呤核苷酸从头合成增强。糖原累积疾病中的 von Gierke 症是由于葡萄糖-6-磷酸酶的缺陷导致葡萄糖-6-磷酸转化为葡萄糖的过程受阻,而转向其他分解途径,包括戊糖磷酸途径,故过多生成核糖-5-磷酸,激活 PRPP 合成酶使嘌呤从头合成过剩,最终导致尿酸的过量产生。

临床上使用别嘌呤醇(allopurinol)作为痛风治疗的常规药物。别嘌呤醇是次黄嘌呤的类似物,仅分子结构中 N_7 与 C_8 互换了位置,别嘌呤醇及其代谢物别嘌呤二醇可通过抑制黄嘌呤氧化酶而抑制尿酸的生成。此外,别嘌呤醇可与 PRPP 反应生成别嘌呤核苷酸,一方面消耗 PRPP,另一方面反馈抑制嘌呤核苷酸的从头合成,最终抑制尿酸的生成。

二、抗代谢物的作用主要在于阻断核苷酸合成途径

抗代谢物(antimetabolite)是能与体内代谢酶发生专一性结合,从而干预细胞正常代谢途径的物质。这些物质往往与体内的代谢物(包括合成代谢原料、中间产物、终产物等)在结构上相似,可通过

竞争性抑制的方式干扰或阻断核苷酸的合成代谢,从而进一步阻止核酸以及蛋白质的生物合成。狭义的抗代谢药物是指干扰核酸合成的药物,尤其是阻断核苷酸合成的药物。核苷酸抗代谢物是肿瘤化学治疗的主要药物,也是研究代谢途径的有效工具。

(一)常用抗核苷酸代谢物多为代谢过程重要底物或辅酶的类似物

用于肿瘤治疗的抗核苷酸代谢物主要是嘌呤、嘧啶、氨基酸、核苷和叶酸的类似物(图10-12)。

这些抗代谢物不仅作用于生长代谢旺盛的肿瘤细胞,有效杀伤肿瘤细胞,也同时会作用于体内更新旺盛的正常细胞,如骨髓造血细胞、消化道上皮细胞和毛囊细胞等;故抗代谢药物常引起白细胞、红细胞和血小板减少,厌食、恶心、呕吐及脱发等副作用。

图10-12 常见抗代谢物的结构式及类似代谢物

(二)常见抗代谢物涉及多种作用机制

1. **6-巯基嘌呤是次黄嘌呤类似物** 6-MP的结构类似次黄嘌呤,可反馈抑制PRPP酰胺转移酶从而阻断嘌呤核苷酸的从头合成;它经过磷酸化可生成6-MP核苷酸,抑制IMP向AMP和GMP的转化;同时还能抑制HGPRT活性阻断补救合成途径。主要用于急性淋巴细胞白血病的维持治疗,大剂量对绒毛膜上皮癌亦有较好疗效。

2. **5-氟尿嘧啶是胸腺嘧啶类似物** 5-FU的结构与胸腺嘧啶相似,它在体内可转变为脱氧氟尿嘧啶核苷一磷酸(deoxy fluorouridine monophosphate,FdUMP)和氟尿嘧啶核苷三磷酸(fluorouridine triphosphate,FUTP)。FdUMP是胸苷酸合酶的抑制剂,可使dTMP合成受阻,DNA合成受到影响;FUTP可掺入RNA分子,能有效抑制RNA前体的成熟过程,破坏RNA的功能,从而干扰蛋白质合成。临床上对消化系统肿瘤(食管癌、胃癌、肠癌、胰腺癌、肝癌)和乳腺癌疗效较好。

3. **核苷类似物阿糖胞苷干扰DNA合成** 阿糖胞苷是胞嘧啶阿拉伯糖苷(arabinocytidine),也是一类重要的抗肿瘤药物。阿糖胞苷进入人体后经激酶磷酸化后转为阿糖胞苷二磷酸,抑制胞苷二磷酸还原为脱氧胞苷二磷酸;进一步磷酸化形成的阿糖胞苷三磷酸,是抑制DNA聚合酶的抑制剂。临床上用于治疗成人急性粒细胞性白血病或单核细胞白血病。

4. **甲氨蝶呤是叶酸类似物** 甲氨蝶呤(methotrexate,MTX)与叶酸结构类似,能竞争性抑制二氢叶酸还原酶活性,使FH_2不能还原为FH_4,嘌呤核苷酸和dTMP的合成受阻,从而抑制嘌呤和嘧啶核苷酸的合成,故能干扰蛋白质合成。临床用于治疗儿童急性白血病和绒毛膜上皮癌。

此外,谷氨酰胺等氨基酸也参与核苷酸的合成。氨基酸类似物如重氮丝氨酸(azaserine)及6-重氮-5-氧正亮氨酸(6-diazo-5-oxo-L-norleucine,DON)等,在结构上与谷氨酰胺相似,能有效抑制利用谷氨酰胺作为氨基供体的酶,从而干扰嘌呤、嘧啶核苷酸的合成,但这些药物的毒性太大,不适合临床应用。

小结

生物体内广泛存在的核苷酸是多种生物学活动所必需的有机小分子。人体内的核苷酸主要由机体自身合成,因此不属于营养必需物质。

嘌呤核苷酸和嘧啶核苷酸的合成代谢途径都有从头合成和补救合成两种途径,其中从头合成为主要途径。从头合成途径指的是需要氨基酸、一碳单位和核糖-5-磷酸等作为原料,从头合成嘌呤核苷或嘧啶碱,再合成核苷酸;而补救合成途径则利用体内核苷酸降解产生的游离嘌呤/嘧啶碱或核苷重新合成核苷酸。

PRPP处于核苷酸从头合成和补救合成途径的中心,故PRPP合成酶是所有核苷酸合成的关键调节酶。GPAT是嘌呤核苷酸从头合成途径的关键酶;HGPRT是嘌呤核苷酸补救途径的关键酶;CPS-Ⅱ是嘧啶核苷酸从头合成的关键酶。

嘌呤核苷酸可分解产生磷酸、戊糖和嘌呤碱。人体嘌呤核苷酸分解代谢的终产物为水溶性差的尿酸。嘧啶分解后产生的β-氨基酸可随尿排出或进一步代谢。核苷酸分解代谢产生的中间物如碱基、核苷还可以被重新利用,参加补救合成代谢。

体内的脱氧核糖核苷酸(除脱氧胸苷酸外)通过核糖核苷酸的还原得到,而胸苷酸合酶催化dUMP甲基化为dTMP,FH$_4$是胸苷酸合酶的辅酶。NDP和NTP之间可以实现相互转化。

核苷酸代谢紊乱会引起严重遗传性疾病及痛风等。多种用于肿瘤治疗的抗核苷酸代谢物属于嘌呤、嘧啶、叶酸和氨基酸类似物,可以竞争性抑制核苷酸代谢过程,抑制肿瘤恶性增殖。

(喻　红)

思考题

1. 为何核酸为非营养物质?
2. 进食大量富含核蛋白的食物可促进核苷酸的从头合成吗? 痛风患者为何不宜多食用肉类及海产品食物?
3. 从干扰核苷酸代谢的角度举例不同抗代谢药物的作用机制。

第十一章
非能量物质代谢

【本章要点】
1. 生物转化的概念、意义、反应类型及特点；
2. 胆汁酸的生理功能、分类及胆汁酸肠肝循环的生理意义；
3. 血红素合成的基本原料、过程及调节；
4. 未结合胆红素和结合胆红素的性质差异及三种黄疸类型血、尿及粪的实验室特征。

人体正常的生理功能和生命活动的维持离不开六大经典营养素（糖类、脂质、蛋白质、水、无机盐和维生素）的存在。其中糖类、脂质及蛋白质构成机体的三大能源物质，其提供的能量分别占人体所需总能量（热比）的 60%~70%、20%~30% 和 10%~14%。其他营养素虽不直接提供能量，亦直接或间接参与各种能量代谢途径或代谢速度及方向调控。此外，机体在复杂交互的代谢网络中亦存在诸多与能源物质代谢无直接关联或关联相对较小的非能量物质代谢途径，主要包括生物转化作用，胆汁酸的代谢，血红素的生物合成，胆色素的代谢与黄疸等。

第一节　生物转化作用

一、生物转化作用是对非营养物质的代谢转变

人体正常代谢过程和日常生活或生产过程中，不可避免地产生或接触许多非营养物质，这些物质既不能作为构建组织细胞的成分，又不能作为能源物质；其中一些还对人体有一定的生物学效应或潜在的毒性作用，长期蓄积则对人体有害。机体在排出这些非营养物质之前，需对它们进行代谢处理，使其水溶性提高，极性增强，易于通过胆汁或尿排出，这一过程称为生物转化作用（biotransformation）。体内进行生物转化的非营养物质按其来源有内源性和外源性之分。内源性非营养物质包括体内物质代谢的产物或代谢中间物（如氨、胺类、胆红素等）以及发挥生理作用后有待灭活的各种生物活性物质（如激素、神经递质等）。外源性非营养物质即异源物（xenobiotics），包括药物、毒物、食品添加剂、环境化学污染物等。大约超过 20 万种环境化学物存在，除个别因系水溶性可直接以原形由胆汁或尿排出外，绝大部分因系脂溶性需经生物转化作用才能排出体外。

（一）肝是生物转化作用的主要器官

肝是人体最大的实质性器官，也是体内最大的腺体。成人肝组织约重 1~1.5kg，约占体重的 2.5%。肝具有独特的组织解剖学结构：①具有肝动脉和门静脉双重血液供应。既可从肝动脉获得由肺及其他组织运来的氧和代谢物，又可从门静脉中获得由肠道吸收的各种营养物质，为各种物质在肝的代谢奠定了物质基础。②存在肝静脉和胆道系统双重输出通道。肝静脉与体循环相连，可将肝内的代谢中间物或代谢产物运输到其他组织利用或排出体外；胆道系统与肠道相通，将肝分泌的胆汁排入肠道，同时排出一些代谢废物。③具有丰富的肝血窦。肝动脉和门静脉入肝后经反复分支，形成小叶间动脉及小叶间静脉，最后均进入肝血窦。血窦使肝细胞与血液的接触面积扩大，加之血窦中血流速率减慢，为肝细胞与血液进行充分的物质交换提供了时间保证。④肝细胞含有

丰富的亚细胞器(如内质网、线粒体、溶酶体、过氧化物酶体等)和丰富高活性的酶体系,有些甚至是肝所独有。独特的结构特点,赋予肝复杂多样的生物化学功能。肝不仅在机体糖、脂质、蛋白质、维生素、激素等物质代谢中处于"代谢的中枢"地位,而且还具有生物转化、分泌和排泄等多方面的生理功能。虽然其他组织如肺、肾、肠等具有一定的生物转化功能,但肝是生物转化作用的主要器官。肝生物转化作用的主要生理意义在于提高体内非营养物质的水溶性和极性,使其易于从胆汁或尿排出。

(二)肝的生物转化作用不等于解毒作用

大多数情况下,机体对非营养物质的生物转化可使其生物学活性降低或消除(灭活作用),或使有毒物质的毒性减低或消除,即解毒作用(detoxification)。但生物转化作用并不是绝对地产生"灭活"和"解毒"效应。有些物质经过肝的生物转化作用后,其毒性反而增强或溶解性反而下降,不易排出体外。因此,不能简单地将肝的生物转化作用理解为"解毒作用"。

二、生物转化反应可分为两相反应

生物转化涉及多种酶促反应,但总体上可分为两相反应。第一相反应(氧化、还原、水解)主要是将非营养物质分子中的某些非极性基团转变为极性基团,增加其水溶性和极性,有利于其从胆汁或尿排出体外。有些物质经过第一相反应后水溶性和极性改变不明显,因而尚需第二相反应(结合反应),将非营养物质结合上一些极性更强的物质或基团,以进一步增加其水溶性和极性而易于排泄。

(一)第一相反应包括氧化、还原和水解反应

非营养物质在体内的代谢,首先通过氧化(oxidation)、还原(reduction)和水解(hydrolysis)反应,使分子结构发生改变,极性增强,水溶性增加。

1. 氧化反应是第一相反应中最常见的反应类型　肝细胞含有参与生物转化的各种氧化酶,如单加氧酶系、单胺氧化酶和脱氢酶等。

（1）单加氧酶系是氧化异源物最重要的酶:肝细胞的诸多氧化酶中,最重要的是定位于肝细胞微粒体的细胞色素 P_{450} 单加氧酶(cytochrome P_{450} monooxygenase,CYP)系。单加氧酶系是一个复合物,至少包括两种组分:一种是细胞色素 P_{450}(血红素蛋白);另一种是 NADPH-细胞色素 P_{450} 还原酶(以 FAD 为辅基的黄酶)。该酶催化氧分子中的一个氧原子加到许多脂溶性底物中形成羟化物或环氧化物,另一个氧原子则被 NADPH 还原成水,故该酶又称羟化酶或称混合功能氧化酶(详见第六章)。

$$RH+O_2+NADPH+H^+ \longrightarrow ROH+NADP^++H_2O$$

该酶是目前已知底物最广泛的生物转化酶类,进入人体的异源物约一半以上经此酶系统氧化。迄今已鉴定出 57 种人类编码 CYP 的基因。对异源物进行生物转化的 CYP 主要是 CYP1、CYP2 和 CYP3 家族。其中又以 CYP3A4、CYP2C9、CYP1A2 和 CYP2E1 的含量最多。

单加氧酶系的羟化作用不仅增加药物或毒物的水溶性而利于排出,而且还参与体内许多重要物质的羟化过程,如维生素 D_3 的羟化、胆汁酸和类固醇激素合成过程中的羟化等。然而应该指出的是,有些本来无活性的异源物经氧化后却可转变成有毒或致癌物质。如霉变的谷物、花生等常含有黄曲霉毒素 B_1,经单加氧酶系的作用生成的黄曲霉毒素 2,3-环氧化物,可与 DNA 分子中鸟嘌呤结合,引起 DNA 突变。因此,黄曲霉毒素是致原发性肝癌的重要危险因素。

黄曲霉毒素B₁　　　　　2,3-环氧黄曲霉毒素

DNA-鸟嘌呤

（2）单胺氧化酶氧化脂肪族和芳香族胺类：单胺氧化酶（monoamine oxidase, MAO）属于黄素蛋白，在肝线粒体中活性最高。此酶能够催化胺类氧化脱氨基生成相应的醛，再进一步氧化生成酸，酸再氧化成 CO_2 和 H_2O，或随尿排出。许多内源性胺类（如组胺、5-羟色胺、酪胺等）和外源性胺类（如抗疟药伯氨喹、致幻药麦斯卡林等）都可经此酶进行生物转化。

$$RCH_2NH_2 + O_2 + H_2O \longrightarrow RCHO + NH_3 + H_2O_2$$
$$RCHO + NAD^+ + H_2O \longrightarrow RCOOH + NADH + H^+$$

麦斯卡林　　　　3,4,5-三甲氧基苯乙醛　　3,4,5-三甲氧基苯乙酸

（3）脱氢酶系将乙醇氧化生成乙酸：肝内代谢乙醇的酶主要有醇脱氢酶（alcohol dehydrogenase, ADH）和醛脱氢酶（aldehyde dehydrogenase, ALDH），催化乙醇氧化生成相应的醛和酸：

$$CH_3CH_2OH + NAD^+ \longrightarrow CH_3CHO + NADH + H^+$$
$$CH_3CHO + NAD^+ + H_2O \longrightarrow CH_3COOH + NADH + H^+$$

长期大量饮酒易损伤肝。70kg 体重的成年人每小时可代谢 7~14g 乙醇，超量摄入的乙醇，除经 ADH 和 ALDH 氧化外，还可诱导微粒体乙醇氧化系统（microsomal ethanol oxidizing system, MEOS）的活性。MEOS 是乙醇-P_{450} 单加氧酶，仅在血中乙醇浓度很高时起作用。MEOS 催化乙醇生成乙醛，在大量摄入乙醇时导致体内乙醛大量增加。MEOS 催化反应时可增加肝对 O_2 和 NADPH 的消耗，且还可催化脂质过氧化产生羟乙基自由基，后者可进一步促进脂质过氧化连锁反应，产生大量脂质过氧化物，引发肝细胞氧化损伤。ADH 与 MEOS 的细胞定位及特性见表 11-1。

乙醇经上述两种代谢途径氧化均生成乙醛，后者在 ALDH 的催化下氧化成乙酸。人体肝内 ALDH 活性最高。ALDH 的基因型有正常纯合子、无活性型纯合子和两者的杂合子三型。东方人这三种基因型的分布比例是 45∶10∶45。无活性型纯合子完全缺乏 ALDH 活性，杂合子型部分缺乏 ALDH 活性。此外，东方人群大约有 30%~40% 的人 ALDH 基因有变异，部分 ALDH 活性低，该人群饮酒后乙醛在体内堆积，引起血管扩张、面部潮红、心动过速、脉搏加快等反应。此外，乙醇的氧化使肝胞质溶胶 NADH/NAD⁺ 比值升高，过多的 NADH 可将胞质溶胶中丙酮酸还原成乳酸。严重酒精中毒导致乳酸和乙酸堆积可引起酸中毒和电解质平衡紊乱，还可使糖异生受阻引起低血糖。

表 11-1　ADH 与 MEOS 之间的比较

项目	ADH	MEOS
肝细胞内定位	胞质溶胶	微粒体
底物与辅酶	乙醇、NAD$^+$	乙醇、NADPH、O$_2$
对乙醇的 K_m 值	2mmol/L	8.6mmol/L
乙醇的诱导作用	无	有
与乙醇氧化相关的能量变化	氧化磷酸化释能	耗能

2. 硝基还原酶和偶氮还原酶是第一相反应中的主要还原酶　硝基化合物多见于工业试剂、杀虫剂、食品防腐剂等。偶氮化合物常见于食品色素、化妆品、药物以及纺织与印刷工业,有些可能是前致癌剂。这些化合物分别在微粒体硝基还原酶(nitroreductase)和偶氮还原酶(azoreductase)的催化下,由 NADPH 提供氢,还原生成相应的胺,从而失去其致癌作用。例如,硝基苯经还原反应生成苯胺,后者再在单胺氧化酶的作用下,生成相应的酸。又如,偶氮染料甲基红在偶氮还原酶的催化下,偶氮键断裂,生成邻氨基苯甲酸和 N-二甲基氨基苯胺。

硝基苯　　　　亚硝基苯　　　　羟氨苯　　　　氨基苯

甲基红　　　　　　　　　　　邻氨基苯甲酸　　　N-二甲基氨基苯胺

3. 参与水解反应的主要酶包括酰胺酶、酯酶、糖苷酶和环氧化物水解酶　水解酶(hydrolyase)主要存在于肝细胞内质网和胞质溶胶中,催化酯类、酰胺类、糖苷类化合物及环氧化物的水解,以降低或消除其生物活性。例如,抗结核病药物异烟肼经酰胺酶水解生成异烟酸和肼。

异烟肼　　　　　　　　　　　　异烟酸　　　肼

许多物质经水解后即丧失或减弱其生物活性,通常还要进一步经结合反应才能排出体外。如解热镇痛药阿司匹林(乙酰水杨酸)的生物转化过程,先由酯酶(esterase)水解生成水杨酸,然后是与葡萄糖醛酸的结合反应;也可以水解后先氧化成羟基水杨酸,再与葡萄糖醛酸结合。

乙酰水杨酸　　　　水杨酸　　　　羟基水杨酸　　　葡糖醛酸苷等结合产物

在药物设计时,经常将药物制成其酯类或酰胺类前体,在进入人体后经生物转化的水解反应才能发挥作用,有利于改善药物的性能。如将阿司匹林与氯霉素制成阿司匹林氯霉素酯,口服吸收后在肝中快速水解成阿司匹林与氯霉素,可同时发挥解热和抗菌作用。

(二) 第二相反应是结合反应

非营养物质经第一相反应后,如果其水溶性和极性仍不够大,则需进行第二相反应。有些异源物也可不经过第一相反应而直接进入第二相反应。

结合反应(conjugation reaction)可在肝细胞的微粒体、胞质溶胶或线粒体内进行。凡含有羟基、羧基或氨基等基团的非营养物质(如药物、毒物或激素等),在肝内可与某种极性物质结合,增加其水溶性,使之失去生物学活性或毒性,随后排出体外。常见的结合物或基团包括葡萄糖醛酸、硫酸、乙酰基、甲基、谷胱甘肽及某些氨基酸等,其中以与葡萄糖醛酸(glucuronic acid)结合反应最多见。

1. 葡萄糖醛酸结合是最重要和最普遍的结合反应　尿苷二磷酸葡萄糖(uridine diphosphate glucose, UDPG)可通过 UDPGA 脱氢酶催化、生成尿苷二磷酸葡萄糖醛酸(UDPGA)。UDPGA 作为供体在 UDP-葡萄糖醛酸基转移酶(UDP-glucuronyltransferase, UGT)催化下,将具有多个羟基和可解离羧基的葡萄糖醛酸基转移到非营养物质的极性基团上(如羟基、羧基、氨基等),生成 β-D-葡萄糖醛酸苷,使其毒性降低、易于排出体外。如苯酚、胆红素、吗啡、苯巴比妥类药物等均可在肝与葡萄糖醛酸结合而进行生物转化作用。临床肝病治疗实践中,应用葡萄糖醛酸类制剂(如葡醛内酯)增强肝的生物转化功能,实质上就是促进肝对内、外源性非营养物质的代谢转变。

α-D-UDP-葡糖醛酸　　　异源物　　　　　β-D-葡糖醛酸苷

2. 硫酸结合也是常见的结合反应　3′-磷酸腺苷-5′-磷酸硫酸(PAPS)为活性硫酸供体,在肝内硫酸基转移酶(sulfotransferase, SULT)的催化下,将硫酸根转移到类固醇激素、酚或胺类(如甲状腺素、3-羟吲哚、酪胺等)的羟基上生成硫酸酯,既可增加其水溶性,又可促进其失活。如雌酮在肝内与硫酸结合而失活。严重肝病患者,此种结合作用减弱,导致血中雌酮过多,可使某些局部小动脉扩张出现“蜘蛛痣”或“肝掌”。

雌酮　　　　　　　　　　雌酮硫酸酯

3. **乙酰基化反应是某些含胺异源物的重要代谢途径**　肝细胞胞质溶胶中富含 N-乙酰基转移酶（N-acetyltransferase），催化乙酰 CoA 的乙酰基转移到芳香族胺类化合物（如苯胺、磺胺、异烟肼等）的氨基上，生成相应的乙酰化衍生物。如大部分磺胺类药物在肝中通过乙酰基的结合反应而丧失抑菌功能。但需注意的是，磺胺类药物经乙酰化后，其溶解度并不增加，反而降低，在酸性尿中易于析出，故在服用磺胺类药物时应服用适量小苏打（碳酸氢钠），提高其溶解度，利于随尿排出。

$$H_2N-\!\!\!\!\bigcirc\!\!\!\!-SO_2NHR + CH_3CO{\sim}SCoA \longrightarrow CH_3CO-NH-\!\!\!\!\bigcirc\!\!\!\!-SO_2NHR + HS{\sim}CoA$$

磺胺　　　　　　　　乙酰辅酶A　　　　　　　　　N-乙酰磺胺　　　　　　辅酶A

4. **甲基化反应是代谢内源化合物的重要反应**　肝细胞内含有各种甲基转移酶（methyltransferase），以 S-腺苷甲硫氨酸（SAM）为甲基供体，催化含有羟基、硫基或氨基的化合物的甲基化反应。如烟酰胺甲基化生成 N-甲基烟酰胺。大量服用烟酰胺时，由于消耗甲基，引起胆碱和卵磷脂合成障碍，亦可能成为脂肪肝诱因之一。

$$\text{烟酰胺} + \text{S-腺苷甲硫氨酸} \xrightarrow{\text{甲基转移酶}} \text{N-甲基烟酰胺} + \text{S-腺苷同型半胱氨酸}$$

5. **谷胱甘肽结合反应是细胞自我保护的重要反应**　许多致癌剂、环境污染物、癌症治疗药物以及内源性活性物质含有亲电中心，在谷胱甘肽 S-转移酶（glutathione S-transferase，GST）的催化下，与 GSH 的巯基结合，生成谷胱甘肽结合产物，阻断了这些化合物与 DNA、RNA 或蛋白质结合。肝细胞膜上有依赖 ATP 的谷胱甘肽结合产物输出泵，可将各种谷胱甘肽结合产物排出肝细胞，经胆汁排出体外。

2,3-环氧化物黄曲霉毒素B₁　　　　　　谷胱甘肽结合产物

6. **某些氨基酸可与非营养物质的羧基结合**　有些药物、毒物的羧基被激活成酰基辅酶 A 后，在酰基转移酶催化下可与甘氨酸或牛磺酸结合，生成相应的结合产物。如苯甲酸通过与甘氨酸结合生成马尿酸（苯甲酰甘氨酸），随尿液排出体外。

$$\text{苯甲酸} \left(\bigcirc\!\!\!\!-COOH\right) + CoASH + ATP \longrightarrow \left(\bigcirc\!\!\!\!-COSCoA\right)\text{苯甲酰CoA} + AMP + PP_i$$

苯甲酸　　　　　　　　　　　　　　　苯甲酰CoA

$$\text{苯甲酰CoA} + \text{甘氨酸} \longrightarrow \text{苯甲酰甘氨酸} + CoASH$$

苯甲酰CoA　　　　　　　　　　苯甲酰甘氨酸

三、生物转化反应具有连续性、多样性及双重性的特点

(一)生物转化的第一相与第二相反应往往是连续进行的

非营养物质在体内的生物转化过程是连续进行的。先进行第一相反应,接着进行第二相结合反应,增加其水溶性和极性,最终排出体外。如阿司匹林先水解生成水杨酸,然后与葡萄糖醛酸结合;也可以水解、羟化先转变成羟基水杨酸,再结合葡萄糖醛酸(图 11-1)。

(二)非营养物质可经多种类型反应实现多样性的生物转化

同一种非营养物质可经过不同的生物转化途径,生成不同的代谢产物。如阿司匹林先水解生成水杨酸,即可与甘氨酸结合生成水杨酰甘氨酸,又可与葡萄糖醛酸结合生成葡萄糖醛酸苷,还可以水解、羟化生成羟基水杨酸,再进行多种结合反应(图 11-1)。

图 11-1 阿司匹林的生物转化过程

(三)生物转化反应具有解毒与致毒的双重性

一种物质在体内经过生物转化后,其毒性可能减弱(解毒),也可能增强(致毒),即生物转化具有解毒与致毒的双重性。例如,霉变的谷物、花生的黄曲霉毒素 B_1,经肝微粒体单加氧酶系的作用下生成的黄曲霉毒素 2,3-环氧化物是致癌物质。烟草中含有一种多环芳烃类化合物苯并芘(benzopyrene,BP),其本身并无直接致癌作用,但在人体内肝微粒体单加氧酶系作用下生成环氧化物,后者经环氧化物水解酶(epoxide hydrolase)水解,生成相应的二醇,再经单加氧酶系作用生成苯并芘二醇环氧化合物而具有致癌作用。环氧化物主要通过水解清除或与 GSH 结合。

苯并芘   苯并芘-7,8-二醇   苯并芘二醇环氧化合物

四、生物转化作用受许多因素的调节和影响

肝的生物转化作用不是一成不变的。在不同个体之间,肝的生物转化作用存在着差异,即使是同一个体,在不同状况下,肝的生物转化作用也可能不同。肝的生物转化作用受多种生理、病理和遗传因素等的影响。

(一)多种生理病理和遗传因素可影响生物转化作用

1. 不同年龄体内生物转化能力不同　肝中的生物转化酶有一个发育的过程:新生儿肝生物转化酶系发育尚不完善,对内、外源性非营养物质的转化能力较弱,容易发生药物及毒素中毒。如肝微粒体 UDP-葡萄糖醛酸转移酶活性在出生 5~6 天后才开始升高,1~3 个月后接近成人水平。体内 90% 的氯霉素与葡萄糖醛酸结合后解毒,故新生儿易发生氯霉素中毒,导致"灰色婴儿综合征"。新生儿的高胆红素血症也与葡萄糖醛酸基转移酶的缺乏有关。老年人肝的生物转化能力仍属正常,但其肝血流量及肾的廓清速率下降,导致老年人血浆药物清除率下降。若常规剂量用药,容易导致药物蓄积,药效强且不良反应较大。因此,临床上对新生儿及老年人的用药剂量较成人低,并且许多药物慎用或禁用。

2. 某些生物转化反应存在明显的性别差异　某些生物转化反应存在性别差异。例如女性体内醇脱氢酶活性高于男性,女性对乙醇的代谢处理能力比男性强。氨基比林在男性体内的半衰期约 13.4 小时,而女性则为 10.3 小时,说明女性对氨基比林的转化能力比男性强。妊娠期妇女肝清除抗癫痫药的能力升高,但妊娠晚期妇女的生物转化能力普遍降低。

3. 疾病尤其严重肝病可明显影响生物转化作用　严重肝实质损伤可直接影响肝生物转化酶类的合成。例如严重肝病时微粒体单加氧酶系及 UDP-葡萄糖醛酸转移酶的活性显著降低。肝细胞损害导致 NADPH 合成减少亦影响肝对血浆药物的清除率。肝功能低下对包括药物或毒物在内的许多异源物的摄取、转化发生障碍,药物的治疗剂量与毒性剂量之间的差距减小,容易造成蓄积中毒,故对肝病患者用药应特别慎重。

4. 遗传因素亦可显著影响生物转化酶的活性　遗传变异可引起种群或个体之间存在生物转化的酶类的多态性,导致个体之间生物转化酶类分子结构的不同或酶合成量的差异。变异产生的低活性酶可因影响药物代谢而造成药物在体内的蓄积。相反,变异导致的高活性酶则可缩短药物的作用时间或造成药物代谢毒性产物的增多。目前已知,许多肝生物转化的酶类存在酶活性异常的多态性,如醛脱氢酶、葡萄糖醛酸基转移酶、谷胱甘肽 S-转移酶等。又如,N-乙酰基转移酶 2B 的多态性可造成其活性丢失,从而影响异烟肼等芳香胺的代谢,增加芳香族化合物致癌的危险性。

(二)许多生物转化的酶类是诱导酶

一方面,一些药物或毒物可诱导肝内生物转化相关酶的合成,从而可加速自身的代谢,亦可影响其他异源物的生物转化。如长期服用苯巴比妥可诱导肝微粒体单加氧酶系的合成,加速药物代谢过程,使机体对此类催眠药产生耐药性,同时对氯霉素、非那西丁、氢化可的松等药物的转化能力也极大增强。苯巴比妥还可诱导肝微粒体 UDP-葡萄糖醛酸转移酶的合成,促进游离胆红素与葡萄糖醛酸的结合反应,故临床上可用于治疗新生儿黄疸。有些毒物,如香烟中的苯并芘可诱导肺泡吞噬细胞内羟化酶(属单加氧酶系)的合成,故吸烟者羟化酶的活性明显高于非吸烟者。

另一方面,由于多种物质在体内转化常由同一酶系催化,因此同时服用多种药物时可出现药物之间对同一转化酶系的竞争性抑制作用,使多种药物的生物转化作用相互抑制,可导致某些药物药理作用强度的改变,因此临床上同时服用多种药物时应予注意。例如保泰松可抑制双香豆素类药物的代谢,二者同时服用时保泰松可增强双香豆素的抗凝作用,易发生出血现象。

(三)食物及人体的营养状况对肝生物转化活性也有影响

食物中亦常含有诱导或抑制生物转化酶的物质存在。烧烤食物、甘蓝、萝卜等含有肝微粒体单加氧酶系的诱导物,而食物中的黄酮类则可抑制单加氧酶系的活性。蛋白质的摄入可以增加肝细胞整

体生物转化酶的活性,提高生物转化的效率。饥饿数天,肝谷胱甘肽 S-转移酶(GST)活性明显下降,其参加的生物转化反应水平降低。大量饮酒,因乙醇氧化为乙醛及乙酸,再进一步氧化成乙酰辅酶 A,并产生一定量的 NADH,可使细胞内 NAD^+/NADH 比值降低,从而减少 UDP-葡萄糖转变成 UDP 葡萄糖醛酸,影响肝内葡萄糖醛酸结合转化反应。

第二节 胆汁酸的代谢

胆固醇的主要代谢去路是在肝转变为胆汁酸(bile acid)。肝内生成的胆汁酸在脂质消化、吸收和胆固醇代谢调节方面起重要作用(详见第八章)。胆汁酸实质上亦属于非营养物质,不能彻底分解产生能量或用于其他生物合成的原料,其最终去路是经肠道排泄。

一、胆汁兼具消化和排泄功能

(一)胆汁可分为肝胆汁和胆囊胆汁

胆汁(bile)由肝细胞分泌,通过肝内胆道系统流入并储存于胆囊,再通过胆管系统进入十二指肠,参与膳食中脂类的消化和吸收。正常成人平均每天分泌胆汁 300~700ml,呈黄褐色或金黄色。从肝细胞初分泌的胆汁称肝胆汁(hepatic bile),澄清透明,金黄色,固体成分含量较少。肝胆汁进入胆囊后,胆囊壁上皮细胞吸收其中的水分和无机盐等,并分泌黏液掺入胆汁,使肝胆汁浓缩成为胆囊胆汁(gallbladder bile),呈暗褐色或棕绿色。正常人肝胆汁和胆囊胆汁的部分性质和化学组成百分比见表 11-2。

表 11-2 两种胆汁的部分性质和化学百分组成

项目	肝胆汁	胆囊胆汁
比重	1.009~1.013	1.026~1.032
pH	7.1~8.5	5.5~7.7
水/%	96~97	80~86
固体成分/%	3~4	14~20
无机盐/%	0.2~0.9	0.5~1.1
黏蛋白/%	0.1~0.9	1~4
胆汁酸盐/%	0.5~2	1.5~10
胆色素/%	0.05~0.17	0.2~1.5
总脂质/%	0.1~0.5	1.8~4.7
胆固醇/%	0.05~0.17	0.2~0.9
磷脂/%	0.05~0.08	0.2~0.5

(二)胆汁成分包括消化相关物质和排泄物

胆汁中的成分除水外,主要固体成分是胆汁酸(bile acid),约占固体成分的 50% 左右。胆汁酸是一类含有固醇核的 24 碳羧酸的总称,在胆汁中常以钠盐或钾盐形式存在,又称胆汁酸盐,简称胆盐(bile salt);其次是无机盐、黏蛋白、磷脂、胆固醇、胆色素等。除胆汁酸盐与脂质消化、吸收有关;磷脂与胆汁中胆固醇的溶解状态的维持有关外,其他成分多属排泄物。体内某些代谢产物及进入体内的药物、毒物、重金属盐等异源物,均经肝的生物转化作用后随胆汁排出体外。因此,胆汁既是一种消化液,亦可作为排泄液。

二、胆汁酸促进脂质的消化、吸收和胆固醇排泄

（一）胆汁酸的最重要功能是促进脂质的消化与吸收

　　胆汁酸是较强的乳化剂，其分子内部既含有亲水基团（如羟基、羧基等），又含有疏水基团（如甲基、烃基）。亲水基团均为 α 型，而甲基为 β 型，两类不同性质的基团恰好位于环戊烷多氢菲核的两侧，所以赋予胆汁酸的立体构型具有亲水和疏水两个侧面（图 11-2）。此结构特点使胆汁酸具有较强的界面活性，能降低脂/水界面的表面张力，使脂类乳化成 3~10μm 的细小微团，增加脂类与脂肪酶的附着面积，有利于脂肪的消化。脂类的消化产物又与胆汁酸盐结合，并汇入磷脂等形成直径只有约 20μm 的混合微团，利于通过小肠黏膜的表面水层，促进脂类物质的吸收。

图 11-2　甘氨胆酸的立体构型

（二）胆汁酸的另一重要功能是排泄胆固醇

　　人体内约 99% 胆固醇随胆汁从肠道排出体外。其中 1/3 以胆汁酸形式、2/3 以胆固醇的形式排出体外。胆汁中的胆固醇难溶于水，与胆汁酸及卵磷脂结合形成可溶性的微团以维持胆汁中胆固醇的溶解状态，经胆道转运至肠道排出体外。如果肝合成胆汁酸或卵磷脂的能力下降、消化道丢失胆汁酸过多或肠肝循环中的肝摄取胆汁酸过少，以及排入胆汁中的胆固醇过多（如高胆固醇血症患者），均可造成胆汁酸、卵磷脂与胆固醇比值降低（小于 10∶1），易引起胆固醇从胆汁中析出沉淀，形成胆结石（gallstone）。依据胆固醇含量可将胆结石分为三类：胆固醇结石（cholesterol stone）、黑色素结石（black pigment stone）和棕色素结石（brown pigment stone）。结石中胆固醇含量超过 50% 的称为胆固醇结石，为西方人多见；黑色素结石中一般为 10%~30%，棕色素结石含胆固醇较少，后两者为东方人多见。

（三）胆汁酸对胆固醇的代谢具有重要的负反馈调节作用

　　胆固醇合成的关键酶 HMG-CoA 还原酶和胆汁酸生成的关键酶 7α-羟化酶均为诱导酶，受胆汁酸浓度升高的负反馈抑制作用。因此，胆汁酸可同时抑制胆固醇和胆汁酸的生物合成。胆汁酸还有许多其他生理作用，如增加小肠中多价金属离子（如铁、钙）的溶解度，抑菌作用和刺激黏液分泌，影响大肠黏膜细胞对水和电解质的吸收，促进大肠运动等。

三、胆汁酸有游离型、结合型及初级、次级之分

（一）胆汁酸按其结构可分为游离型胆汁酸和结合型胆汁酸

　　游离型胆汁酸（free bile acid）包括胆酸（cholic acid）、鹅脱氧胆酸（chenodeoxycholic acid）、脱氧胆酸（deoxycholic acid）和少量的石胆酸（lithocholic acid）。上述 4 种游离型胆汁酸的 24 位羧基与甘氨酸或牛磺酸结合的产物称为结合型胆汁酸（conjugated bile acid），主要包括甘氨胆酸（glycocholic acid）、甘氨鹅脱氧胆酸（glycochenodeoxycholic acid）、牛磺胆酸（taurocholic acid）及牛磺鹅脱氧胆酸（taurochenodeoxycholic acid）等。胆汁中所含的胆汁酸以结合型胆汁酸为主（占 90% 以上），其中甘氨胆酸与牛磺胆酸的比例为 3∶1。结合型胆汁酸水溶性较大，形成的结合型胆汁酸盐更稳定，在钙浓度较高的胆囊中和在十二指肠的偶尔酸性条件下均不发生沉淀。

　　胆酸和鹅脱氧胆酸都是含 24 个碳原子的胆烷酸衍生物。两者结构上的差别只是含羟基数不同。胆酸含有 3 个羟基（3α、7α、12α），鹅脱氧胆酸含有 2 个羟基（3α、7α）。脱氧胆酸和石胆酸的结构特点是 C-7 位上无羟基存在。上述部分胆汁酸的结构见图 11-3。

图 11-3　几种主要胆汁酸的结构

（二）胆汁酸按其生成部位及来源可分为初级胆汁酸和次级胆汁酸

1. 初级胆汁酸在肝内生成　肝细胞内，以胆固醇为原料直接合成的胆汁酸称为初级胆汁酸（primary bile acid），包括胆酸和鹅脱氧胆酸及其与甘氨酸或牛磺酸的结合产物。肝细胞内由胆固醇转变为初级胆汁酸的过程很复杂，需经过多步酶促反应完成。胆固醇首先在 7α-羟化酶的催化下，生成 7α-羟胆固醇；再经过 3α（3β-羟基差相异构化为 3α-羟基）及 12α 羟化、加氢还原，最后侧链氧化断裂后形成 24 碳的胆烷酰辅酶 A。24 碳的胆烷酰辅酶 A 即可水解生成游离型初级胆汁酸（胆酸和鹅脱氧胆酸；图 11-4），也可直接与甘氨酸或牛磺酸的结合，生成相应的结合型初级胆汁酸（图 11-5）。

2. 胆固醇 7α-羟化酶是胆汁酸合成的关键酶　调节胆汁酸生成的关键酶是胆固醇 7α-羟化酶，甲状腺素可诱导其合成，因此甲亢患者血浆胆固醇含量降低，而甲减患者血浆胆固醇含量却升高。胆固醇 7α-羟化酶的活性受终产物胆汁酸的负反馈调节，临床上口服药物考来烯胺（阴离子交换树脂）可减少肠道胆汁酸的重吸收，促进肝内胆固醇转化成胆汁酸，从而降低血清胆固醇含量。食物中胆固醇在抑制 HMG-CoA 还原酶合成的同时，诱导胆固醇 7α-羟化酶合成，肝细胞通过这两个酶的协同作用维持肝细胞内胆固醇的水平。

3. 次级胆汁酸是肠道细菌作用的产物　肝细胞合成的初级胆汁酸进入肠道，经肠道细菌酶催化的去结合反应和脱 7α-羟基作用转变为次级胆汁酸（secondary bile acid）。胆酸脱去 7α-羟基，生成脱氧胆酸；鹅脱氧胆酸脱去 7α-羟基生成石胆酸（图 11-6）。这两种游离型次级胆汁酸若经肠肝循环被重吸收进入肝，可与甘氨酸或牛磺酸结合而成为结合型次级胆汁酸。肠道细菌还可将鹅脱氧胆酸转化成熊脱氧胆酸（ursodeoxycholic acid），即将鹅脱氧胆酸 7α-羟基转变为 7β-羟基。熊脱氧胆酸在慢性肝病治疗时具有抗氧化应激作用，可降低肝内胆汁酸潴留所引起的肝损伤，减慢疾病的进程。

图 11-4　游离型初级胆汁酸的生成

图 11-5　结合型初级胆汁酸的生成

图 11-6　游离型次级胆汁酸的生成

四、胆汁酸的肠肝循环有利于机体对胆汁酸的再利用

胆汁酸(包括游离型、结合型、初级及次级)随胆汁经胆总管排入十二指肠,促进脂类的消化、吸收。在肠道内约 95% 以上胆汁酸可被重吸收入血,其余的(约为 5% 石胆酸)随粪便排出。胆汁酸的重吸收有两种方式,以结合型胆汁酸在回肠部位主动重吸收为主,游离型胆汁酸在小肠各部及大肠被动重吸收为辅。这种由肠道重吸收的胆汁酸经门静脉重新回到肝,在肝细胞内游离型胆汁酸可再重新合成为结合型胆汁酸,并同肝新合成的初级结合型胆汁酸一同再随胆汁排入肠道,这一过程称为胆汁酸的肠肝循环(enterohepatic circulation of bile acid;图 11-7)。未被重吸收的胆汁酸主要为石胆酸,其溶解度小,不易被肠黏膜上皮细胞再吸收而随粪便直接排出,所以胆汁中石胆酸的含量甚微。

图 11-7　胆汁酸的肠肝循环

胆汁酸肠肝循环的生理意义在于使有限的胆汁酸重复利用,促进脂类的消化与吸收。正常人每日合成约 1~1.5g 胆固醇,其中约 2/5 (0.4~0.6g)在肝中转变为胆汁酸。机体内胆汁酸储备的总量称为胆汁酸库(bile acid pool)。成人的胆汁酸库共约 3~5g,即使全部倾入小肠也难满足每日正常膳食中脂质消化、吸收的需要。人体每天约进行 6~12 次肠肝循环,从肠道吸收的胆汁酸总量可达 12~32g,借此有效的肠肝循环机制可使有限的胆汁酸库存循环利用,以满足机体对胆汁酸的生理需求。未被重吸收的小部分胆汁酸在肠道细菌的作用下,衍生成多种胆烷酸并由粪便排出。每日仅从粪便中排出约 0.4~0.6g 胆汁酸,与肝细胞合成的胆汁酸量相平衡。

若胆汁酸的肠肝循环被破坏,如腹泻或回肠切除,则胆汁酸不能重复吸收,不仅影响脂类的消化吸收,而且造成胆汁中胆汁酸、卵磷脂与胆固醇比值降低(小于 10∶1),极易形成胆固醇结石。

第三节　血红素的生物合成

血红素(heme)是红细胞的主要成分血红蛋白(hemoglobin,Hb)的辅基,也是其他含血红素蛋白(hemoprotein)如肌红蛋白、细胞色素、过氧化氢酶及过氧化物酶等的辅基。血红素可在体内多种组织细胞内合成。参与血红蛋白组成的血红素则主要在骨髓的幼红细胞和网织红细胞中合成,成熟红细胞不含线粒体,因而不能合成血红素。

一、血红素结构上系铁卟啉类化合物

铁卟啉(iron porphyrins)化合物由卟啉环(porphyrin ring)与 Fe^{2+} 螯合而成。卟啉环为四吡咯环结构,其还原型为卟啉原(porphyrinogen)类化合物,氧化型为卟啉(porphyrin)类化合物,两者结构上的区别在于卟啉环中 4 个吡咯环的连接键桥,前者为甲烯基(—CH_2—)而后者为甲炔基(=CH—)。体内卟啉原类化合物主要包括原卟啉原(protoporphyrinogen)、尿卟啉原(uroporphyrinogen)和粪卟啉原(coproporphyrinogen)。卟啉原类化合物均为无色的,对光敏感且极易氧化为与之相应的有色的

卟啉类化合物,包括原卟啉(protoporphyrin)、尿卟啉(uroporphyrin)和粪卟啉(coproporphyrin)。若血红素合成障碍,导致卟啉类化合物或其前体在体内蓄积,导致排泄增多,所引起的疾病称为卟啉症(porphyria)。临床上主要表现为光敏感、消化系统症状(以腹痛为显著)和精神神经症状三大综合征。

二、血红素生物合成过程复杂并受诸多因素调节

(一) 血红素生物合成过程分为四个阶段

同位素示踪实验表明:血红素合成的基本原料是琥珀酰 CoA、甘氨酸和 Fe^{2+}。整个合成过程在线粒体和胞质溶胶内进行。血红素的生物合成涉及 8 步酶促反应。为了叙述和理解的方便,将血红素的合成过程分为四个阶段。

1. 线粒体内 δ-氨基-γ-酮戊酸(ALA)的生成 起始反应在线粒体内,由源自三羧酸循环的琥珀酰 CoA 与甘氨酸缩合生成 δ-氨基-γ-酮戊酸(δ-aminolevulinate,ALA;图 11-8)。催化此反应的酶是 ALA 合酶(ALA synthase),其辅酶为磷酸吡哆醛,可活化甘氨酸。ALA 合酶是血红素生物合成过程的关键酶,其酶活性受许多因素的调节。

图 11-8 δ-氨基-γ-酮戊酸(ALA)的生成

2. ALA 在胞质溶胶内生成胆色素原 ALA 生成后由线粒体进入胞质溶胶,在 ALA 脱水酶(ALA dehydrase)催化下,2 分子 ALA 脱水缩合生成 1 分子吡咯衍生物胆色素原(porphobilinogen,PBG)(图 11-9)。ALA 脱水酶属于巯基酶,对铅等重金属的不可逆性抑制作用十分敏感,故铅中毒时体内 ALA 升高,但胆色素原不增加。

图 11-9 胆色素原的形成

3. 胆色素原在胞质溶胶内生成尿卟啉原Ⅲ及粪卟啉原Ⅲ 在胞质溶胶中,由尿卟啉原Ⅰ同合酶(uroporphyrinogen Ⅰ cosynthase),又称胆色素原脱氨酶(PBG deaminase)催化,使 4 分子胆色素原脱氨缩合,头尾连接生成 1 分子线状四吡咯(linear tetrapyrrole),再由尿卟啉原Ⅲ同合酶(uroporphyrinogen Ⅲ cosynthase)催化,线状四吡咯环化生成尿卟啉原Ⅲ(uroporphyrinogen Ⅲ,UPGⅢ)。目前所知尿卟啉原Ⅲ同合酶单独存在时并无活性,必须与尿卟啉原Ⅰ同合酶构成稳定的催化复合物协同发挥作用。若无尿卟啉原Ⅲ同合酶存在时,线状四吡咯则自发环化生成尿卟啉原Ⅰ(uroporphyrinogen Ⅰ,UPGⅠ)。两种尿卟啉原的区别在于:UPGⅠ第 7 位侧链是乙酸基(A),第 8 位为丙酸基(P);而 UPGⅢ则与之相反(图 11-10)。正常情况下,UPGⅢ的合成是主要途径,UPGⅠ极少(UPGⅢ:UPGⅠ为 10 000:1)。某些病理情况下(卟啉症),如先天性尿卟啉原Ⅲ同合酶遗传性缺陷,线状四吡咯向 UPGⅢ的转变受阻,生成较多的 UPGⅠ,致使患者尿中可有大量 UPGⅠ的氧化产物尿卟啉Ⅰ的出现。

图 11-10   尿卟啉原Ⅲ的生成
A:乙酸基;P:丙酸基。

框 11-1

卟 啉 症

血红素合成途径的异常导致卟啉或其前体在体内蓄积,称为卟啉症(porphyria)。红细胞和肝是卟啉症代谢异常表达的主要部位。卟啉症有先天性和获得性两大类。目前已知涉及血红素合成 8 步酶促反应中 7 种酶的遗传性缺陷均可致先天性卟啉症(inherited porphyria)。获得性卟啉症(acquired porphyria)则主要指铅或某些药物中毒引起的铁卟啉合成代谢障碍。尽管临床上卟啉症并非常见,但在某些特定情况下如贫血、腹痛、光过敏及神经精神症状及体征的鉴别诊断中,考虑到该病症的存在具有重要意义。结合家族史、血和尿中升高的卟啉或其前体的检测、血红素合成中某些相关酶活性的分析有助于卟啉症的临床诊断。分子生物学技术的进展使得采用适宜的基因探针技术进行某些卟啉症的产前筛选也成为可能。目前卟啉症的治疗多系对症处理。避免服用能诱导细胞色素 P_{450} 的药物。摄食大量糖类或使用羟高铁血红素(hematin)可抑制 ALA 合酶,减少卟啉及其前体的生成。采用 β 胡萝卜素干预以减少有害自由基的产生,可使以光敏反应为主要表现的患者得以缓解。期望未来从基因水平治疗卟啉症亦成为可能。

UPGⅢ进一步经尿卟啉原脱羧酶(uroporphyrinogen decarboxylase)催化,使其 4 个乙酸基(A)脱羧变为甲基(M),从而生成粪卟啉原Ⅲ(coproporphyrinogen Ⅲ,CPGⅢ)(图 11-11)。

4. 粪卟啉原Ⅲ在线粒体内生成血红素   在胞质溶胶中生成的粪卟啉原Ⅲ再进入线粒体,由粪卟啉原Ⅲ氧化脱羧酶催化,使其 2、4 位的丙酸基(P)脱羧脱氢生成乙烯基(V),生成原卟啉原Ⅸ(protoporphyrinogen Ⅸ)。再经原卟啉原Ⅸ氧化酶催化脱氢,使连接 4 个吡咯环的甲烯基氧化成甲炔基,生成原卟啉Ⅸ(protoporphyrin Ⅸ)。原卟啉Ⅸ是血红素的直接前体,在亚铁螯合酶(ferrochelatase),又称血红素合酶(heme synthase)的催化下,与 Fe^{2+} 螯合生成血红素。铅等重金属对亚铁螯合酶有抑制作用。

图 11-11　血红素的生物合成

A：—CH_2COOH；P：—CH_2CH_2COOH；M：—CH_3；V：—CHCH_2。

血红素生成后从线粒体转入胞质溶胶,在骨髓的幼红细胞和网织红细胞中,与珠蛋白结合而成血红蛋白。在肝或其他组织细胞胞质溶胶中与相应蛋白质结合成各种含血红素蛋白。血红素生物合成的全过程见图 11-11。

血红素合成的特点可归结如下：①体内大多数组织均可合成血红素,但主要部位是骨髓(约占85%),其次是肝细胞。成熟红细胞不含线粒体,故不能合成血红素;②血红素合成的基本原料是琥珀酰 CoA、甘氨酸及 Fe^{2+};③ALA 合酶是调节血红素生物合成的关键酶;④血红素合成的起始和终末阶段在线粒体,中间过程则在胞质溶胶中进行。

（二）多种因素影响血红素的生物合成过程

1. ALA 合酶是血红素合成途径的关键酶　ALA 合酶的辅酶是磷酸吡哆醛,维生素 B_6 缺乏可减少血红素的合成。ALA 合酶含量少且半衰期短(约 1 小时),其活性可受到酶结构及酶含量的双重调节。正常情况下,血红素合成后迅速与珠蛋白结合成血红蛋白,并无过多的血红素堆积。如果血红素的合成速度大于珠蛋白的合成速度时,则过多的游离血红素一则可对 ALA 合酶具有变构反馈抑制作用,另则过多的血红素还可被氧化成高铁血红素（hematin）,后者亦是 ALA 合酶的强烈抑制剂,而且可作为辅阻遏因子结合并激活阻遏蛋白,从而抑制 ALA 合酶的合成。睾酮在肝内 5-β 还原酶催化下生成的 5-β 氢睾酮,可诱导 ALA 合酶的合成,从而促进血红素的合成。此外,许多在肝进行生物转化的异源物,如某些药物(巴比妥类、灰黄霉素等)、致癌物、杀虫剂等,可诱导肝细胞微粒体细胞色素 P_{450} 的合成,而后者是这些异源物在肝中进行生物转化所依赖的,结构上亦属含血红素蛋白,其结果造成细胞血红素消耗性增加和血红素代谢池浓度的减少,导致血红素对 ALA 合酶的去阻遏,间接诱导肝 ALA 合酶的合成。

2. ALA 脱水酶与亚铁螯合酶对重金属的抑制敏感　ALA 脱水酶和亚铁螯合酶属于巯基酶,重金属可通过与维持酶活性所必需的巯基作用,敏感的非竞争抑制该酶活性,导致体内卟啉化合物或其前体的堆积,而血红素合成下降,成为重金属中毒的重要血液生化改变。铅中毒患者红细胞内原卟啉水平升高,尿中 ALA 及粪卟啉增加。亚铁螯合酶还需要还原剂(如谷胱甘肽)的协同作用,任何还原条件的中断也会抑制血红素的合成。

3. EPO 是红细胞生成的主要调节剂　促红细胞生成素(erythropoietin,EPO)是由肾合成和分泌的一种糖蛋白(34kD)。缺氧及红细胞减少是诱导肾 *EPO* 基因表达的重要始动因素,它释放入血并运至骨髓,亦可诱导 ALA 合酶的合成,进而促进血红素和血红蛋白的生物合成。EPO 还可促进骨髓原始红细胞的增殖与分化,加速有核红细胞的成熟。因此,EPO 是红细胞生成的主要调节剂。严重肾疾病如慢性肾炎、慢性肾功能不全等伴发的肾性贫血与肾 EPO 合成及分泌减少有关,因此采用基因重组技术获取的 EPO 已成为目前临床上肾性贫血治疗的重要手段之一。

第四节　胆色素的代谢与黄疸

胆色素(bile pigments)是体内铁卟啉类化合物的主要分解代谢产物,包括胆绿素(biliverdin)、胆红素(bilirubin)、胆素原(bilinogen)和胆素(bilin)。这些化合物主要随胆汁排出体外,其中胆红素居于胆色素代谢的中心,是人体胆汁中的主要色素,呈橙黄色。

一、胆红素是铁卟啉类化合物的降解产物

(一)胆红素主要源于衰老红细胞的破坏

机体每日产生 250~350mg 胆红素,其中约 20% 来自肌红蛋白、含血红素酶(如细胞色素、过氧化氢酶、过氧化物酶等)的降解及造血过程中少量红细胞的过早破坏。80% 以上则来自衰老红细胞破坏后释放出的血红蛋白。生理情况下,正常成年人(70kg)每小时有 $(1~2) \times 10^8$ 个红细胞被破坏。衰老的红细胞被肝、脾、骨髓等单核吞噬系统细胞识别并吞噬,每天释放约 6g 血红蛋白(每克血红蛋白约可产生 35mg 胆红素)。释出的血红蛋白随后分解为珠蛋白和血红素。珠蛋白可降解为氨基酸供体内再利用。血红素则由单核吞噬系统细胞降解生成胆红素并释放入血。

(二)血红素加氧酶和胆绿素还原酶催化胆红素的生成

1. 血红素经两步反应生成胆红素　血红素是 4 个吡咯环由甲炔桥(=CH—)连接形成的铁卟啉化合物。在单核吞噬系统细胞中,由微粒体血红素加氧酶(heme oxygenase,HO)催化,使铁卟啉环上的 α 甲炔桥碳原子两侧氧化断裂,甲炔桥的碳转变为 CO,螯合的 Fe^{2+} 氧化为 Fe^{3+} 释出并可再利用。断裂的卟啉环两端的吡咯环被羟化,生成线状四吡咯结构的胆绿素。血红素加氧酶是胆红素生成的关键酶,需要 O_2 和 NADPH 参加,受底物血红素的诱导。

胆绿素进一步在胞质溶胶中活性很强的胆绿素还原酶(biliverdin reductase)催化下,由 NADPH供氢,使甲炔桥(=CH—)还原成甲烯桥(—CH_2—),生成胆红素。上述反应机制如图 11-12 所示。

2. 血红素加氧酶在体内有其特殊的生理作用　迄今已发现人体内存在三种血红素加氧酶同工酶:HO-1、HO-2 和 HO-3。其中 HO-1(32kD)在血红素代谢中具有重要地位。血红素可迅速激活 HO-1 生物合成,以及时清除循环系统中的血红素。HO-1 是诱导酶,主要存在于肝、脾和骨髓等降解

图 11-12 胆红素的生成

P：—CH₂CH₂COOH；M：—CH₃；V：—CH=CH₂。

$P: -CH_2CH_2COOH; M: -CH_3; V: -CH=CH_2$。

衰老红细胞的组织器官。HO-1 可被许多因素诱导（如氧化应激、缺氧、NO、白介素-10、内毒素等），其诱导作用是对细胞的一种重要保护机制。许多疾病均可见 HO-1 的表达增加，如心肌缺血、急性肾衰竭、动脉粥样硬化、败血症、急性胰腺炎、肿瘤等。HO-2（36kD）是组成型酶，不受底物的诱导，在大脑内恒定表达，对大脑起重要的抗氧化作用。HO-3（33kD）与 HO-2 有 90% 的同源性，亦属组成型表达，其功能尚未明晰。血红素加氧酶对机体具有保护作用，该作用是通过其催化生成的产物 CO、胆红素而实现的。HO 氧化血红素时产生的 CO 是机体内源性 CO 生成的主要途径。现代研究显示，低浓度 CO 在体内还发挥类似 NO 作为信息分子和神经递质的作用。CO 作为一种新的气体信息分子，主要通过激活可溶性鸟苷酸环化酶升高胞内 cGMP 含量来介导舒张血管、调节血管张力和血压的效应，借此人们试图通过诱导血红素加氧酶的表达以期达到治疗心血管疾病的目的。CO 激活鸟苷酸环化酶产生的 cGMP，亦可抑制血小板的激活和聚集，从而发挥抗炎作用。此外，CO 还作为下丘脑一种新型神经递质，发挥重要的神经内分泌调节功能。目前，CO 作为新型气体信息分子所介导的诸多生物学效应正为多学科领域所关注。

（三）胆红素具有疏水亲脂特性和一定的抗氧化作用

1. 胆红素的特定空间结构赋予其疏水亲脂的特性 胆红素分子中虽然含有羧基、羰基、羟基和亚氨基等极性基团，但由于这些基团形成分子内氢键，使胆红素分子形成脊瓦状内旋的刚性折叠结构，使极性基团包埋于分子内部，而疏水基团则暴露在分子表面，赋予胆红素以疏水亲脂性质，极易自由透过生物膜进入血液。

2. 胆红素具有抗氧化作用 适宜水平的胆红素是体内强有力的内源性抗氧化剂，可有效清除超氧化物和过氧化自由基，抑制过氧化脂质的产生。例如，氧化应激可诱导脑细胞 HO-2 的表达，从而增加胆红素的量，清除过氧化自由基以抵御氧化应激状态。脑细胞胆红素的抗氧化作用通过胆绿素还原酶循环（biliverdin reductase cycle）实现：胆红素氧化成胆绿素，胆绿素在胆绿素还原酶催化下，利用 NADH 或 NADPH 再还原成胆红素,该循环可使胆红素的作用增强为原来的一万倍。

二、血液中的胆红素主要与清蛋白结合而运输

疏水亲脂性质的胆红素在单核吞噬系统细胞生成后透过细胞膜,直接释放入血。在血液中主要以胆红素-清蛋白复合体形式存在和运输。血浆清蛋白与胆红素的结合,一方面增加了胆红素的水溶性,提高了血浆对胆红素的运输能力;另一方面限制了它自由通透各种细胞膜,避免了其对组织细胞尤其是脑组织造成的毒性作用。正常人血清胆红素含量为 3.4~17.1μmol/L(2~10mg/L),而每 100ml 血浆中的清蛋白能结合 20~25mg 胆红素,故在正常情况下血浆清蛋白结合胆红素的潜力很大,不与清蛋白结合的胆红素甚微。但必须提及的是,胆红素与清蛋白的结合是非特异性、非共价可逆性的。若清蛋白含量明显降低、结合部位被其他物质占据或降低胆红素对结合部位的亲和力,均可促使胆红素从血浆向组织细胞转移。某些有机阴离子(如磺胺药、水杨酸、胆汁酸、脂肪酸等)可与胆红素竞争性地结合清蛋白,使胆红素游离。过多的游离胆红素因系脂溶性,易穿透细胞膜进入细胞,尤其是富含脂类的脑部基底核的神经细胞,干扰脑的正常功能,称为胆红素脑病(bilirubin encephalopathy)或核黄疸(kernicterus)。有黄疸倾向的患者或新生儿生理性黄疸期,应慎用上述药物。因此,血浆清蛋白与胆红素的结合仅起到暂时性的解毒作用,其根本性的解毒依赖肝与葡萄糖醛酸结合的生物转化作用。把这种未经肝结合转化的,在血液中与清蛋白结合运输的胆红素称为未结合胆红素(unconjugated bilirubin)、血胆红素或游离胆红素。胆红素与清蛋白结合后分子量变大,不能透过肾小球滤过随尿排出,故正常人尿中游离胆红素阴性。未结合胆红素因分子内氢键存在,不能直接与重氮试剂(重氮苯磺酸)反应,只有在加入乙醇或尿素等破坏氢键后才能与重氮试剂反应,生成紫红色偶氮化合物,故未结合胆红素又称为间接胆红素(indirect bilirubin)。

三、胆红素在肝细胞中转化为结合型胆红素并分泌入胆小管

(一)胆红素可渗透肝细胞膜而被摄取

血液中胆红素以胆红素-清蛋白复合体的形式运输至肝后,在肝细胞膜血窦域中清蛋白与胆红素分离,脂溶性的胆红素可以自由双向渗透肝细胞膜进入肝细胞。因此,肝细胞进一步处理胆红素的能力决定肝细胞对胆红素的摄取量。

(二)Y 蛋白或 Z 蛋白是胆红素在肝细胞胞质溶胶中的主要载体

胆红素进入肝细胞后,即与胞质溶胶中两种可溶性载体蛋白——Y 蛋白或 Z 蛋白结合。其中 Y 蛋白对胆红素亲和力强,当 Y 蛋白结合饱和时,Z 蛋白的结合才增多。这种结合使胆红素不能反流入血,从而使胆红素不断渗入肝细胞。Y 蛋白可与多种物质结合,故又称"配体蛋白"(ligandin);其在肝细胞内含量丰富,是谷胱甘肽 S-转移酶(GST)家族成员。甲状腺素、磺溴酞钠(BSP,一种诊断用染料)等可与胆红素竞争结合 Y 蛋白,影响胆红素的转运。Y 蛋白是一种诱导蛋白,苯巴比妥可诱导 Y 蛋白的合成。新生儿在出生 7 周后 Y 蛋白才达到正常水平,故临床上可用苯巴比妥治疗新生儿溶血性黄疸。

(三)胆红素在肝细胞内质网中结合葡萄糖醛酸转化为结合胆红素

肝胞质溶胶中胆红素以胆红素-Y 蛋白或胆红素-Z 蛋白形式,运送至滑面内质网进一步转化。在滑面内质网 UDP-葡萄糖醛酸基转移酶(UGT)的催化下,由尿苷二磷酸葡萄糖醛酸(UDPGA)提供葡萄糖醛酸基,胆红素分子的丙酸基与葡萄糖醛酸以酯键结合,生成葡萄糖醛酸胆红素(bilirubin glucuronide)。胆红素分子侧链上 2 个丙酸基的羧基均可与葡萄糖醛酸 C-1 上的羟基结合,结果主要生成双葡萄糖醛酸胆红素(bilirubin diglucuronide;占 70%~80%)和少量单葡萄糖醛酸胆红素(图 11-13),两者均可被分泌入胆汁。也有少量胆红素与硫酸根结合生成硫酸酯。

胆红素经上述肝的生物转化后,其分子内部氢键被破坏,极性和水溶性增强。既有利于随胆汁排出,亦可透过肾小球滤过从尿排出。因此,胆红素与葡萄糖醛酸的结合是肝细胞对有毒性胆红素

的一种根本性的生物转化解毒方式。把这些在肝与葡萄糖醛酸结合转化的胆红素称为结合胆红素（conjugated bilirubin）或肝胆红素。UDP-葡萄糖醛酸基转移酶是诱导酶，苯巴比妥可诱导该酶以及 Y 蛋白的合成，故临床上可用苯巴比妥消除新生儿溶血性黄疸。与葡萄糖醛酸结合的胆红素因分子内不再有氢键，分子中间的甲烯桥不再深埋于分子内部，可以直接与重氮试剂发生反应，故结合胆红素又称为直接胆红素（direct bilirubin）。未结合胆红素与结合胆红素不同理化性质的比较见表 11-3。

图 11-13　人体内的双葡萄糖醛酸胆红素结构

表 11-3　两种胆红素理化性质的比较

理化性质	未结合胆红素	结合胆红素
同义名称	间接胆红素、游离胆红素、血胆红素、肝前胆红素	直接胆红素、肝胆红素
与葡萄糖醛酸结合	未结合	结合
水溶性	小	大
脂溶性	大	小
透过细胞膜的能力及毒性	大	小
能否透过肾小球随尿排出	不能	能

（四）肝细胞向胆小管主动分泌结合胆红素

结合胆红素水溶性强，被肝细胞分泌进入胆管系统，随胆汁排入小肠。此被认为是肝代谢胆红素的限速步骤，亦是肝处理胆红素的薄弱环节。肝细胞向胆小管分泌结合胆红素是一个逆浓度梯度的主动转运过程，定位于肝细胞膜胆小管域的多耐药相关蛋白 2（multidrug resistance-like protein 2, MRP2）是肝细胞向胆小管分泌结合胆红素的转运蛋白。胆红素排泄一旦发生障碍，结合胆红素就可反流入血。对 UDP-葡萄糖醛酸基转移酶具有诱导作用的苯巴比妥等药物对结合胆红素从肝细胞到胆汁的分泌也同样具有诱导作用，可见胆红素的结合转化与分泌构成相互协调的功能体系。血浆中的胆红素通过肝细胞膜的自由扩散、肝细胞质内配体蛋白的运转、内质网的葡萄糖醛酸基转移酶的催化和肝细胞膜的主动分泌等联合作用，不断地被肝细胞摄取、结合转化与排泄，从而不断地得以清除。肝内外堵塞、肝炎、感染等均可导致排泄障碍，结合胆红素可反流入血，使血液中结合胆红素水平增高，尿中胆红素可呈现阳性。

四、胆红素在肠道内转化为胆素原和胆素

（一）胆素原是结合胆红素经肠道细菌作用的产物

结合胆红素随胆汁排入肠道后，在回肠下段或结肠内肠道细菌的作用下，进行水解和还原反应。小肠 β-葡萄糖苷酶（β-glucuronidase）催化结合胆红素脱去葡萄糖醛酸，再逐步还原生成 d-尿胆素原（d-urobilinogen）和中胆素原（mesobilirubinogen, i-urobilinogen）。后者又可进一步还原生成粪胆素原（stercobilinogen, l-urobilinogen），这些物质统称为胆素原。大部分胆素原（80%~90%）随粪便排出体外，在肠道下段，这些无色的胆素原接触空气后分别被氧化为相应的 d-尿胆素（d-urobilin）、i-尿胆素（i-urobilin）和粪胆素（stercobilin, l-urobilin），三者合称胆素（图 11-14）。胆素呈黄褐色，是粪便颜色的主要来源。正常人每日排出总量为 40~280mg。胆道完全梗阻时，胆红素不能排入肠道形成胆素原和形成粪胆素，因此粪便呈灰白色或白陶土色。婴儿肠道细菌稀少，未被细菌作用的胆红素随粪便排出，可使粪便呈胆红素的橙黄色。

图 11-14　胆红素在肠道内的转化

（二）少量胆素原可被肠黏膜重吸收进入胆素原的肠肝循环

生理情况下，肠道中生成的胆素原约有 10%~20% 被肠黏膜细胞重吸收，经门静脉入肝，其中大部分（约 90%）不经任何转变随胆汁再次排入肠腔，形成胆素原的肠肝循环（enterohepatic urobilinogen cycle）。只有小部分（10%）胆素原可以进入体循环经肾小球滤出随尿排出，称为尿胆素原（图 11-15）。正常人每日随尿排出尿胆素原约 0.5~4.0mg，尿胆素原被空气氧化后生成尿胆素，成为尿的主要色素。

临床上将尿胆素原、尿胆素及尿胆红素合称为尿三胆，是黄疸类型鉴别诊断的常用指标。正常人尿中检测不到尿胆红素。尿胆素原的排出受多种因素影响，如胆红素的生成量、肝细胞功能、胆道通畅程度及尿液的 pH。胆红素的来源增多（如溶血性贫血）或减少（如再生障碍性贫血），经肝摄取、转化与排泄入肠道后，转变成胆素原的量也相应增多或减少；经重吸收并进入体循环，随尿排出尿胆素原的量也随之相应变化。在肝功能不良时，受损肝细胞不能使重吸收的胆素原有效地随胆汁排出，则逸入体循环的胆素原增多，尿中排出的尿胆素原因此增加。如肝炎早期，尚未见黄疸之前，就可发现尿胆素原排出增多；当胆道堵塞时，肝内结合胆红素不能顺利随胆汁排入肠道，导致胆素原的形成障碍，尿胆素原的量亦明显降低，甚至呈阴性。同时，由于胆道阻塞后，造成胆汁中的结合胆红素反流入血液，从而使尿胆红素排出量增加；尿液的 pH 酸性时，尿胆素原可生成脂溶性分子，易被肾小管吸收，从而尿中排出量减少，反之，碱性尿可促进尿胆素原的排泄。

图 11-15　胆红素的生成与胆素原的肠肝循环

五、血液胆红素含量增高可出现黄疸

(一) 黄疸是血液胆红素过多导致组织黄染的临床常见体征

正常成人血清胆红素总量为 3.4~17.1μmol/L（2~10mg/L），其中约 80% 是未结合胆红素，其余为结合胆红素。单核吞噬系统细胞产生的胆红素是有毒的脂溶性物质，易透过细胞膜，尤其对富含脂类的神经细胞可造成不可逆损伤。胆红素与血浆清蛋白的结合（未结合胆红素）仅起到暂时性的解毒作用，肝细胞内胆红素与葡醛酸结合（结合胆红素）反应是对胆红素的一种根本性生物转化解毒方式。肝细胞对胆红素有强大的处理能力。正常人每天从单核吞噬细胞系统产生 250~350mg 胆红素，但正常人肝每天可清除 3 000mg 以上的胆红素，因此正常人血清中胆红素的含量甚微。

体内胆红素生成过多，或肝细胞对胆红素的摄取、转化及排泄能力下降等均可引起血浆胆红素含量增多。当血浆胆红素含量超过 17.1μmol/L（10mg/L）称为高胆红素血症（hyperbilirubinemia）。胆红素为橙黄色物质，过多的胆红素可扩散进入组织造成黄染现象，这一体征称为黄疸（jaundice）。由于皮肤、巩膜、指甲床下和上颚等含有较多弹性蛋白，对胆红素有较强的亲和力，故易被黄染。黄疸的程度取决于血浆胆红素的浓度。当血浆胆红素浓度超过 34.2μmol/L（20mg/L）时，肉眼可见皮肤、黏膜及巩膜等黄染，临床上称为显性黄疸（clinical jaundice）。若血浆胆红素在 17.1~34.2μmol/L（10~20mg/L）时，肉眼观察不到皮肤与巩膜等黄染现象，称为隐性黄疸（occult jaundice）。

(二) 黄疸根据病因分为三种类型

临床上常根据黄疸发病原因不同将黄疸分为三类：溶血性黄疸（hemolytic jaundice）、肝细胞性黄疸（hepatocellular jaundice）和阻塞性黄疸（obstructive jaundice）。

1. 溶血性黄疸　又称肝前性黄疸，系各种原因所致红细胞的大量破坏，单核吞噬系统产生胆红素过多，超过了肝细胞摄取、转化和排泄胆红素的能力，造成血液中未结合胆红素浓度显著增高所致。其特征为：①血浆总胆红素、未结合胆红素含量增高；②结合胆红素的浓度改变不大，尿胆红素呈阴性;③因肝对胆红素的摄取、转化和排泄增多,过多的胆红素进入胆道系统,肠肝循环增多,使得粪胆原与粪胆素增加,尿胆原和尿胆素含量亦增多;④伴有其他特征如贫血、脾大及末梢血液网织红细胞增多等;某些药物、疾病(如恶性疟疾、过敏、镰刀型红细胞贫血、蚕豆病等)及输血不当等多种因素均有可引起大量红细胞破坏,导致溶血性黄疸。

框 11-2

蓝光治疗与新生儿溶血性黄疸

约有 50% 的新生儿在出生后 5 天内肉眼可见黄疸,约 2 周内消失,此为新生儿生理性黄疸(neonatal physiological jaundice)。其发生机制主要由于整个分娩期溶血的加速及新生儿发育不完善的肝对胆红素的摄取、结合转化和排泄不力所致。新生儿不仅 UDP-葡萄糖醛酸基转移酶(UGT)活性较低,且该酶底物 UDPGA 的合成亦下降,导致新生儿高未结合型胆红素血症(unconjugated hyperbilirubinemia),并引发新生儿生理性黄疸(溶血性黄疸)。当血清未结合胆红素浓度超过由清蛋白牢固结合的能力时(200~250mg/L),升高的未结合胆红素可透过血脑屏障,并与脑部基底核的脂类结合,产生核黄疸(kernicterus)或称胆红素脑病,严重损伤新生儿的大脑,可导致智力发育迟缓。临床上除了苯巴比妥因可诱导肝内 Y 蛋白及 UGT 的合成而有效地用于治疗新生儿黄疸外,蓝光治疗(phototherapy)亦是治疗新生儿生理性黄疸的有效手段。其机制基于肝内未结合胆红素暴露于 450nm 蓝光下,可发生立体异构变化及分子内氢键的破坏,转化为其极性的衍生物如马来酰亚胺等,利于随胆汁排出,以达到降低血胆红素的目的。

---

2. 肝细胞性黄疸 又称肝原性黄疸,由于肝细胞功能受损,造成其摄取、转化和排泄胆红素的能力降低所致的黄疸。一方面肝摄取胆红素障碍,造成血中未结合胆红素升高;另一方面肝细胞受损肿胀,压迫毛细胆管,造成肝内毛细胆管阻塞,而后者与肝血窦直接相通,使肝内部分结合胆红素反流入血,造成血清结合胆红素亦增高。此外,经肠肝循环入肝的胆素原可经损伤的肝细胞进入体循环,并从尿中排出,使尿胆素原升高。其特征为:①血清未结合胆红素和结合胆红素均升高;②尿胆红素呈阳性。③尿胆素原升高,但若胆小管堵塞严重,尿胆素原反而降低;④粪胆素原含量正常或降低。由于肝功能障碍,结合胆红素在肝内生成减少,粪便颜色可变浅;⑤其他特征如血清丙氨酸转氨酶(ALT)及天冬氨酸氨基转移酶(AST)活性明显升高。肝细胞性黄疸常见于肝实质性疾病如各种肝炎、肝硬化、肝肿瘤及中毒(如三氯甲烷、四氯化碳中毒)等引发的肝损伤。

3. 阻塞性黄疸 又称肝后性黄疸,由各种原因引起的胆管系统阻塞,胆汁排泄通道受阻,使胆小管和毛细胆管内压力增高而破裂,导致结合胆红素反流入血,使得血清结合胆红素明显升高。其特征为:①结合胆红素明显升高,未结合胆红素升高不明显;②大量结合胆红素可从肾小球滤出,所以尿胆红素呈强阳性,尿的颜色加深,可呈茶叶水色;③由于胆管阻塞排入肠道的结合胆红素减少,导致肠道细菌生成胆素原减少,粪便中胆素原及胆素含量降低,完全阻塞的患者粪便可变成灰白色或白陶土色;④其他特征如血清胆固醇和碱性磷酸酶(ALP)活性明显升高等。阻塞性黄疸常见于胆管炎、肿瘤(尤其胰头癌)、胆结石或先天性胆管闭锁等疾病。

各种黄疸血、尿、粪胆色素的实验室检查变化见表 11-4。

表 11-4　各种黄疸血、尿、粪胆色素的实验室检查变化

指标	正常	溶血性黄疸	肝细胞性黄疸	阻塞性黄疸
血清胆红素				
浓度	<10mg/L	>10mg/L	>10mg/L	>10mg/L
结合胆红素	极少	改变不大	↑	↑↑
未结合胆红素	0~8mg/L	↑↑	↑	升高不明显
尿三胆				
尿胆红素	–	–	++	++
尿胆素原	少量	↑	不一定	↓
尿胆素	少量	↑	不一定	↓
粪胆素原	40~280mg/24h	↑	↓或正常	↓或 –
粪便颜色	正常	深	变浅或正常	完全阻塞时白陶土色

注:"–"代表阴性,"++"代表强阳性。

小结

　　生物转化作用是指机体对内、外源性的非营养性物质进行代谢转化,使其水溶性提高,极性增强,易于随胆汁或尿排出的过程。肝是生物转化的主要器官。生物转化过程包括两相:第一相反应包括氧化、还原和水解反应,第二相反应是结合反应。生物转化作用具有连续性、多样性及解毒与致毒双重性的特点。生物转化作用受年龄、性别、疾病、遗传因素、诱导物、食物等因素的影响。

　　胆汁酸是胆汁的主要固体成分,其主要功能是促进脂质的消化、吸收和胆固醇排泄。胆汁酸按其结构可分为游离型胆汁酸和结合型胆汁酸,后者是指游离型胆汁酸分别与甘氨酸和/或牛磺酸的结合产物。按其生成部位及来源又可分为初级胆汁酸和次级胆汁酸。初级胆汁酸以胆固醇为原料合成于肝,包括胆酸和鹅脱氧胆酸。次级胆汁酸是初级胆汁酸在肠道由肠道细菌作用,经去结合反应和脱 7α-羟基作用的产物,包括脱氧胆酸和石胆酸。胆固醇 7α-羟化酶是胆汁酸合成的关键酶。机体通过胆汁酸的肠肝循环使有限的胆汁酸库存重复利用,满足脂质消化、吸收之需。

　　血红素属铁卟啉类化合物,最主要的合成部位是骨髓和肝。血红素合成的基本原料为琥珀酰 CoA、甘氨酸和 Fe^{2+}。血红素合成的起始和终末阶段在线粒体,中间过程则在胞质溶胶中进行。ALA 合酶是血红素生物合成的关键酶,受许多因素的调节。

　　胆色素是铁卟啉类化合物的分解代谢产物,包括胆绿素、胆红素、胆素原和胆素。胆红素主要源于衰老红细胞血红蛋白释放的血红素的降解。血红素加氧酶和胆绿素还原酶催化血红素经胆绿素生成胆红素。胆红素为亲脂疏水性,在血浆中与清蛋白结合而运输,称为未结合胆红素。胆红素在肝与葡萄糖醛酸结合生成水溶性的结合胆红素,由肝细胞分泌随胆汁排入肠道。结合胆红素在肠道细菌的作用下,被水解和还原成无色胆素原。胆素原的大部分在肠道下段遇空气被氧化为黄褐色的粪胆素。少量的胆素原则被肠黏膜重吸收入肝,其中的大部分又以原形重新排入肠道,构成胆素原的肠肝循环,有小部分重吸收的胆素原经体循环入肾随尿排出,称为尿胆素原。其被空气氧化后生成尿胆素。尿胆素原、尿胆素和尿胆红素在临床上合称为尿三胆,是黄疸类型鉴别的常用指标。黄疸是血液胆红素过多导致组织黄染的临床常见体征。黄疸可根据发病原因分为溶血性黄疸、肝细胞性黄疸和阻塞性黄疸三类。各种黄疸均有其独特的血、尿、粪胆色素实验室检查特征。

（王明臣）

思考题

1. 主要针对包括药物在内的异源物的生物转化作用,阐述其对临床上个体化用药有何实际指导意义。

2. 胆汁酸的代谢与胆固醇的代谢有何关联? 其在临床降低胆固醇治疗实践中有何实际应用。

3. 贫血是临床常见的体征,以"血红素的生物合成"这一节所学,分析可能存在的贫血原因及生化机制。

4. 黄疸是临床常见的体征,比较三种黄疸类型产生的可能原因及相应血、尿、粪胆色素实验室特征。

第十二章
代谢的整合与调节

扫码获取
数字内容

【本章要点】

1. 代谢的整体性特征；
2. 代谢的可调节性特征；
3. 三大营养物质的能量代谢和物质转变规律；
4. 肝和肝外组织器官的代谢特点；
5. 细胞、激素、整体水平的代谢调节机制。

人体代谢主要涉及分解代谢与合成代谢，多条代谢途径往往同时进行，例如，消化吸收的营养物质分解供能，分解产生的中间代谢物用于生物合成，非营养物质进行生物转化与排泄等。这些代谢途径并非孤立存在，而是彼此关联、相互交织，整合形成代谢网络。为了适应体内外环境的不断变化，这一代谢网络受到复杂精细的动态调节，以维持细胞内各种物质和能量的供需平衡。

各组织、器官的代谢酶分布有所差异，所以它们的代谢偏好不同，与各自的生理功能相适应。不同的组织、器官代谢之间，通过交换和流通某些代谢物，各取所需，彼此协调配合，维持整体的代谢稳态。

本章着重介绍代谢整体性和可调节性的分子基础、基本规律和功能意义，从细胞水平、组织器官水平和整体水平分析生理、病理条件下的代谢特征及其变化趋势。

框 12-1

代谢研究理论体系的形成和发展

人体代谢最早的研究可追溯至 16 世纪后期，Sanctorius S. 发明人体实时称重椅，观察在饮食、饥饿、排泄、睡眠、工作等行为后的体重变化，形成了不感蒸发（insensible perspiration）的代谢概念萌芽。自 20 世纪初期，现代生物化学实验技术迅速发展，如酶的发现和鉴定、代谢物的放射性核素示踪、层析等，极大地推动了代谢研究理论体系的发展成熟。ATP 循环学说（Lipmann F.，1941年）、电子传递链的发现（Kennedy E. 和 Lehninger A.，1948年）确立了物质代谢与能量代谢的联系。20 世纪上半叶，科学家在解析物质分解与合成代谢的同时，结合酶促反应机制，揭示了底物、代谢产物（包括 ADP 和 ATP）对代谢途径的调节作用。胰岛素（Banting F. G.，1922年）和其他激素的陆续发现、放射免疫分析技术（Schally A. V.，1959年）的发明，促进了激素作用机制研究，奠定了神经-激素在物质代谢调节中的核心地位。同时，别构调节（Monod J.、Wyman J. 和 Changeux J. P.，1965年）和化学修饰（Krebs E. G. 和 Beavo J. A.，1979年）理论，将酶活性调节与以激素为代表的信号途径相联系。至 20 世纪 80—90 年代，信号转导与激素、受体、酶的基因表达相偶联，使代谢网络、细胞信号转导网络与基因表达调控网络有机整合在一起，为当代开展组学研究奠定了基础。

第一节 代谢的整体性和可调节性

人体代谢具有两大基本特征:一是整体性,各条代谢途径相互联系、转化、制约,整合形成代谢网络;二是可调节性,各条代谢途径的关键酶受到精细的动态调节,以不断适应环境变化。这两大代谢特征使细胞能够实时满足能量利用和物质转变的双重需求。

一、代谢是有机联系的统一整体

体内各条代谢途径整合形成代谢网络。这种代谢整合背后的分子基础主要涉及:同类生物化学反应中的某些小分子代谢物,不同代谢途径共用的中间产物,联结合成与分解的两用代谢途径,代谢途径的酶区隔分布。

(一)一些小分子代谢物参与不同代谢途径中的同类生物化学反应

1. **ATP 为耗能反应提供能量**　糖和脂肪是人体最主要的能源物质,它们氧化分解释放出化学能,大多以 ATP 的形式储存和利用。能量代谢与物质代谢是紧密偶联的,合成代谢需要消耗能量,这些能量直接或间接地来自分解代谢所产生的 ATP。因此,ATP 的生成和利用,是将分解代谢与合成代谢整合起来的重要环节。

2. **NADH 和 $FADH_2$ 来源于分解代谢并经氧化磷酸化产能**　三大营养物质糖、脂质、蛋白质氧化分解时,常脱氢生成多种还原当量,其中 NADH 和 $FADH_2$ 在有氧时能进入呼吸链,通过氧化磷酸化生成大量 ATP。通过 NADH 和 $FADH_2$ 的供需平衡,可将各种营养物质的分解利用统筹起来,使之既相互补充,又相互制约。

3. **NADPH 为合成代谢提供还原当量**　在还原性生物合成(reductive biosynthesis)途径中,产物比其前体更具有还原性。例如,利用乙酰 CoA 合成脂肪酸和胆固醇的过程,就属于还原性合成,需要额外提供还原当量。NADPH 是提供还原当量的主要形式,在体内主要由糖分解的戊糖磷酸途径产生。因此,NADPH 是联系氧化与还原反应、整合分解与合成代谢途径的纽带。

4. **活性基团供体常介导基团转移**　除了氢和电子的传递之外,代谢反应还伴随其他多种活性基团的转移,这些活性基团分别由特定种类的载体所携带,形成相应的活性供体,具有各异的生理功能(表 12-1)。由少数种类的活性供体参与复杂多样的代谢反应,既体现了代谢控制的节约高效,也有利于各条代谢途径之间共享资源、彼此联系与制约。

表 12-1　代谢中常见的活性供体或载体

活性供体或载体	所携带基团	功能举例
ATP	高能磷酸键	酶的磷酸化修饰
辅酶 A(CoA)	脂肪酰基	脂肪酸的 β-氧化
脂肪酰基载体蛋白(ACP)	脂肪酰基	脂肪酸的合成
硫胺素焦磷酸	醛基	脱羧反应
生物素	CO_2	羧化反应
四氢叶酸	一碳单位	嘌呤的从头合成
S-腺苷甲硫氨酸(SAM)	甲基	甲基的直接供体
3′-磷酸腺苷-5′-磷酸硫酸(PAPS)	硫酸根	活性硫酸根供体
尿苷二磷酸葡萄糖(UDPG)	葡萄糖	活性葡萄糖单位
尿苷二磷酸葡萄糖醛酸(UDPGA)	葡萄糖醛酸	肝生物转化的结合反应

(二) 共同中间产物是代谢整体性的物质基础

1. 各种代谢物形成各自的代谢池　体内各种代谢物既可以来源于外源性营养物质的分解,也可以来源于内源性生物合成。每一种代谢物无论何种来源,都汇聚形成各自的代谢池(metabolic pool);无论何种代谢去路,均从同一代谢池中消耗这种代谢物。例如,无论是消化吸收的葡萄糖、肝糖原分解的葡萄糖,抑或由非糖物质异生而来的葡萄糖,均汇聚进入共同的血糖代谢池,进而参与氧化供能、储备糖原、合成脂质与蛋白质等各种组织细胞代谢。共享代谢池能够协调代谢物合成与分解的动态平衡,同时也使不同代谢途径之间得以相互联系、相互影响。

2. 不同代谢途径交汇于共同的中间产物　不同代谢途径之间相互交织,处于交汇点的枢纽代谢物是代谢网络形成的关键所在。例如,乙酰 CoA 是整合糖代谢、脂代谢、氨基酸代谢的枢纽分子(图 12-1),其来源有糖分解、脂肪酸 β-氧化、酮体分解、氨基酸分解,其代谢去路有三羧酸循环供能、合成脂肪酸与胆固醇、生成酮体。又如,糖分解与脂肪合成偶联发生,糖分解生成的磷酸二羟丙酮转变为脂肪的甘油骨架,糖分解生成的乙酰 CoA 转变为脂肪酸,因此,通过 2 种共同中间产物——磷酸二羟丙酮和乙酰 CoA,将糖代谢和脂肪代谢整合在一起。

图 12-1　乙酰 CoA 是代谢的枢纽性中间产物

3. 共同中间产物的来源、去路处于动态变化之中　共同中间产物有多个来源和去路,关联多条代谢途径。更为重要的是,这些来源和去路受到有序的动态调节。在饱食、饥饿等不同情况下,共同中间产物会进入不同的代谢途径,其代谢流量和流向也相应发生变化。例如,葡萄糖-6-磷酸是肝内代谢的枢纽性中间产物,在饱食时,其活跃的代谢途径主要是糖酵解、戊糖磷酸途径、合成肝糖原、合成脂质和某些氨基酸,以便产能和储备能源;而在饥饿时,其活跃的代谢途径主要是肝糖原分解、糖异生,以补充血糖,其中糖异生的原料可来自部分生糖氨基酸以及脂肪分解释出的甘油(图 12-2)。由此可见,共同中间产物来源和去路的动态变化,有利于满足多样化的代谢需求,具有灵活性和适应性。

图 12-2　葡萄糖-6-磷酸的来源和去路
实线表示饱食时活跃的途径,虚线表示饥饿时活跃的途径。

(三) 两用代谢途径是代谢整体性的功能基础

体内一些代谢途径既与合成有关,又与分解有关,称为两用代谢途径(amphibolic pathway)。三羧酸循环就是两用代谢途径的典型代表(图 12-3),它有机地联系并整合了各种分解与合成代谢途径,能够根据细胞内的能量和物质供求情况在分解与合成之间灵活地切换其功能角色。能量匮乏时,三羧酸循环是能源物质分解代谢的最终共同产能途径;能量充足时,三羧酸循环又成为三大营养物质相互转变、合成碱基和血红素等重要生物分子的必经之路。因此,两用代谢途径可以看作是整合物质与能量代谢的功能主干线。

图 12-3　三羧酸循环整合分解代谢与合成代谢
实线表示分解代谢,虚线表示合成代谢。

(四) 酶的区隔分布是代谢整体性的亚细胞结构基础

真核细胞被内膜系统分隔,形成诸多相对独立的区域。参与同一代谢途径的一系列酶,存在于特定的区域或亚细胞结构中(表 12-2),这种排布特点称为酶的区隔分布。例如,参与糖酵解的 10 种酶自由分布在胞质溶胶中,这些酶相互独立,能够与反应过程中生成的中间产物发生随机碰撞,使整条代谢途径的序贯反应得以有效进行。

表 12-2　主要代谢途径的酶在细胞内的分布

代谢途径	酶的分布	代谢途径	酶的分布
糖酵解	胞质溶胶	脂肪酸合成	胞质溶胶
三羧酸循环	线粒体	脂肪酸 β-氧化	胞质溶胶、线粒体
戊糖磷酸途径	胞质溶胶	胆固醇合成	内质网、胞质溶胶
糖异生	线粒体、胞质溶胶	磷脂合成	内质网
糖原合成	胞质溶胶	尿素合成	胞质溶胶、线粒体
氧化磷酸化	线粒体	血红素合成	胞质溶胶、线粒体

还有一些酶在共存的亚细胞区域内,形成结构排列更为紧密的多酶复合物,甚至多功能酶。例如,组成丙酮酸脱氢酶复合体的 3 种酶分布于线粒体内,它们按照一定空间排布规律结合在一起,形成多酶复合物,在反应过程中并不将中间产物直接释放到环境介质中,而是使之迅速发生连锁反应生成最终产物。又如,哺乳动物的脂肪酸合酶有 7 种酶活性,分布于胞质溶胶中,这些酶活性以不同结构域的形式整合在一条多肽链上,组成多功能酶。

酶的区隔分布具有重要的生理意义,能够有效保障同一代谢途径中的系列酶促反应连续进行,既提高了反应速率,又便于调控,还能避免不同代谢途径之间相互干扰。

如表 12-2 所示,诸多重要代谢途径的酶存在于线粒体内。因此,在各种亚细胞结构中,线粒体是代谢途径和代谢调节信号的关键整合点。线粒体不仅是氧化磷酸化生成 ATP 的场所,而且是两用代谢途径的重要所在地,担负联系、分流、协调细胞内诸多代谢途径的功能。此外,线粒体还可调节细胞内 Ca^{2+} 浓度、各种活性氧水平等,因此线粒体功能与细胞信号转导、代谢稳态调节、细胞死亡等密切相关。线粒体是整合物质和能量代谢的重要功能场所。

二、代谢受多重因素的动态调节

体内各条代谢途径交织而成的代谢网络并不是静止不变的,而是需要应对体内外环境变化及时作出调整,因此代谢调节是生物适应性的必然要求,其本质是调节关键酶的活性。代谢调节具有复杂的非线性特征,有利于维持代谢稳态。

(一)代谢通过关键酶进行调节

一条代谢途径是由一系列酶序贯催化连锁的酶促反应,其中一个或几个酶调控着整条代谢途径的流量和流向,称为关键酶(key enzyme)。关键酶具有如下特点:①催化反应速度最慢,决定整个代谢途径的总速度;②常催化单向反应,决定整个代谢途径的方向;③通常位于代谢途径的起始处或分支处;④其酶活性受到精细调节。表 12-3 列出一些重要代谢途径的关键酶。通过调节众多的关键酶,使得体内代谢在不同时空条件下,各条代谢途径之间彼此联动和协调,整个代谢网络得以动态调试和灵活变化,从而更好地适应环境。

表 12-3　某些重要代谢途径的关键酶

代谢途径	关键酶
糖原分解	磷酸化酶
糖原合成	糖原合酶
糖酵解	己糖激酶/葡萄糖激酶
	磷酸果糖激酶-1
	丙酮酸激酶
丙酮酸有氧氧化	丙酮酸脱氢酶复合体
	柠檬酸合酶
	异柠檬酸脱氢酶
	α-酮戊二酸脱氢酶复合体
糖异生	丙酮酸羧化酶
	磷酸烯醇式丙酮酸羧激酶
	果糖二磷酸酶-1
	葡萄糖-6-磷酸酶
脂肪酸合成	乙酰 CoA 羧化酶
胆固醇合成	HMG-CoA 还原酶

(二)小分子代谢物和激素可快速引发关键酶活性调节

通过改变关键酶的分子结构,能够快速调节关键酶的活性,主要有两种调节机制:①由小分子代谢物的浓度变化所引发的别构调节(allosteric regulation)。小分子代谢物(可以是底物、产物或中间代谢物)结合在关键酶活性中心以外的部位,改变酶的构象和活性,从而维持体内能量和代谢物的基本供需平衡。②通常由激素水平变化所引发的级联化学修饰(chemical modification)。有些激素能够使一系列酶发生级联的共价修饰反应,从而序贯改变多个酶活性,在这种调节机制中,下游酶是上游酶催化的底物,所以这一连串的酶促化学修饰具有级联放大效应。

(三)代谢调节具有错综复杂的非线性特征

1. 某些代谢物同时参与酶促反应和调节酶活性　代谢网络中经常有一些重要的代谢物身兼数职,一方面是代谢反应的底物、产物或中间代谢物;另一方面还可对代谢途径中的关键酶进行活性调节。例如,乙酰 CoA 既是糖、脂肪、氨基酸分解的产物,也是三羧酸循环、合成脂肪酸、生成酮体的底物,此外还能调节丙酮酸氧化脱羧、糖异生的关键酶活性,即:抑制丙酮酸脱氢酶复合体,激活丙酮酸羧化酶。这种多角色分工使代谢网络及其调节更具复杂性。

2. 同一代谢物可调节多个关键酶　一条代谢途径中某些代谢物的浓度变化,常能够协同调节这条代谢途径中的数个关键酶活性。例如,ATP 是糖分解产能途径中多个关键酶的共同抑制剂,ADP/AMP 则是这些关键酶的激活剂,最终由 ATP/AMP(ADP)比值调控产能的总体速率,从而维持体内的能量供需平衡。此外,某些代谢物还往往联动调节不同代谢途径的多个关键酶活性。例如,柠檬酸既可抑制糖酵解途径的磷酸果糖激酶-1,又可抑制三羧酸循环的柠檬酸合酶,还可激活合成脂肪酸的乙酰 CoA 羧化酶。这种"一对多"的调节模式,体现出特定代谢物对代谢网络联动调节的广泛效应。

3. 不同代谢物可调节同一关键酶　来自不同代谢途径的多种代谢物,可作用于同一个关键酶,有的使之激活,有的使之抑制,这些正负调节效应或叠加或抵消,最终表现为整合后的激活(或抑制)效应。例如,丙酮酸激酶受多种代谢物调节,果糖-1,6-二磷酸可激活此酶,而 ATP 和丙氨酸可抑制此酶,这样就把糖分解、能量供应、氨基酸代谢等诸多因素关联起来,综合决定了丙酮酸激酶的活性控制。这种"多对一"的调节模式,反映出多条代谢途径流量对于代谢网络中特定节点进行集成调节的精细程度。

4. 同工酶可决定不同组织的代谢特异性　不同组织、器官中存在同工酶,同工酶具有酶分子结构、组织分布、理化性质等方面的差异,对不同种类底物的亲和力也有所不同,所以即使对于不同组织中的同一条代谢途径来说,其代谢速率和方向也不尽相同。例如,心肌细胞中的乳酸脱氢酶主要为 LDH_1(H_4 型),与乳酸的亲和力高,其功能是促进乳酸脱氢产生丙酮酸,在心肌细胞内有氧氧化供能;而骨骼肌细胞中的乳酸脱氢酶主要为 LDH_5(M_4 型),与丙酮酸的亲和力高,其功能是使丙酮酸还原生成乳酸,促进糖的无氧氧化。因此,同工酶强化了组织代谢的功能特异性,在组织水平阐明了更为精细的代谢定向调节机制。

(四)代谢调节维持稳态

人体代谢具有极强的适应性,能够通过复杂而灵活的代谢调节机制,维持相对的代谢动力学稳定状态,即为代谢稳态(metabolic homeostasis)。体内外环境变化实时诱发代谢网络中流量的重新分配,当某一代谢途径流量改变时,往往级联式地引发多种代谢物的浓度发生变化,而细胞则通过代谢调节机制对抗这些代谢物的浓度变化,以维持代谢平衡。

例如,从静止状态转变为工作状态时,细胞内的代谢流量可提高两个数量级以上,但细胞内 O_2 和 ATP 的浓度却仍维持相对恒定,其浓度变化不会超过静止状态的 0.5~3 倍。这是因为,工作时虽然组织代谢速率显著提高,但同时耗氧量和 ATP 消耗量也大为增强。与此相反,当缺血、缺氧时,组织代谢速率受到抑制,耗氧量和 ATP 消耗量也随之降低。简而言之,代谢稳态是通过代谢调节而实现的,动态调节的结果是不断达到新的稳态平衡。

三、代谢的整合与调节满足能量利用和物质转变的需要

代谢的整合与调节使细胞内整个代谢网络"牵一发而动全身",尤其是糖、脂质、蛋白质代谢通过共同中间产物紧密联系、相互转化(图 12-4),以实时满足细胞对于能量利用和物质转变两方面的需要。通常一种物质的代谢发生异常时,也可造成其他物质的代谢出现紊乱。例如,糖尿病患者的糖代谢异常,可同时伴发脂代谢、氨基酸代谢的紊乱,乃至水/无机盐代谢紊乱。

(一)糖、脂肪和蛋白质在能量代谢中相互补充、相互制约

糖、脂肪、蛋白质均可在体内氧化分解供能,并且这三大能源物质的产能可相互替代、相互补充、相互制约。通常情况下,人体供能以糖和脂肪为主。这是因为,人摄取的食物主要是糖类(占总热量 50%~70%)和脂肪(占总热量 10%~40%),其中脂肪还可作为体内主要的储能形式,葡萄糖也能以糖原的形式加以储存。餐后,糖是优先利用的能源;而饥饿时,则以脂肪供能为主。

但人体较少分解蛋白质供能。蛋白质是人体的基本组成成分,通常并无多余储存,可供分解利用

图 12-4 糖、脂质、氨基酸代谢途径的相互联系
框内为枢纽性中间代谢物。

的蛋白质数量有限;而且,蛋白质分解释出的氨基酸脱氨,会产生有毒的氨(详见第九章),需进一步在肝内解毒生成尿素并经肾排泄,有可能增大"损肝伤肾"的风险。事实上,在饥饿状态下,体内蛋白质分解后的代谢去路,主要是异生为葡萄糖,以维持血糖稳定,故长期饥饿时因糖异生加强,最终会造成蛋白质分解耗竭而危及生命。为了尽可能节约蛋白质,人体将主要能源从糖类转换成脂肪酸和酮体,这样就能减慢蛋白质的分解速度。

三大能源物质供能的最终共同途径是三羧酸循环和氧化磷酸化,其中任何一种能源物质的分解代谢占优势,常可抑制其他能源物质的分解产能。例如,脂肪供能活跃会抑制糖的分解;其原因是,当脂肪分解增强时,生成的中间产物长链脂肪酰 CoA 增多,可抑制糖酵解的关键酶己糖激酶,从而抑制葡萄糖的分解。又如,糖供能活跃会抑制脂肪酸的分解;其分子机制是,当葡萄糖氧化分解增强、ATP增多时,可抑制异柠檬酸脱氢酶,使线粒体内柠檬酸的浓度升高;过量的柠檬酸经由柠檬酸-丙酮酸循环,从线粒体转移到胞质溶胶,激活乙酰 CoA 羧化酶,促进脂肪酸合成,此时脂肪酸的分解被抑制。

（二）糖和氨基酸是参与物质转变的主要营养物质

1. 糖可转变为脂质而脂质绝大部分不能转变为糖　当摄入的葡萄糖超过体内能量需求时,过剩的葡萄糖除一小部分合成糖原外(详见第七章),大部分会转变为脂肪而储存于脂肪组织。此时因为糖分解活跃,使线粒体内的柠檬酸增多,后者经柠檬酸-丙酮酸循环进入胞质溶胶后,可激活乙酰 CoA 羧化酶,将糖分解的产物乙酰 CoA 羧化生成丙二酸单酰 CoA,进而合成脂肪酸和脂肪(详见第八章)。此外,葡萄糖在体内还能转变为胆固醇、甘油磷脂等其他脂质。由此可见,长期摄入不含脂质的过量高糖膳食,仍然会造成体内脂质合成过多而引起肥胖。

但是,脂肪分解释出的大量脂肪酸不能在体内转变为葡萄糖,这是因为脂肪酸的分解产物乙酰 CoA 不能逆行转变为丙酮酸,故无法进行糖异生。只有脂肪分解释出的少量甘油可转变成磷酸二羟丙酮而进入糖异生途径,转变成葡萄糖。因此,脂肪只有一小部分结构成分(甘油)可以转变为葡萄糖。

需要注意的是,脂肪酸分解代谢能否顺利进行,也在一定程度上依赖糖代谢状况。例如,饥饿时脂肪酸分解,可在肝内转换为酮体,但肝外组织氧化利用酮体仍需通过三羧酸循环,所以当糖代谢发生障碍(如糖尿病)或长期糖供应不足(如不能进食),此时生成的草酰乙酸相对或绝对不足,导致大量酮体无法进入三羧酸循环氧化,从而出现血酮体升高和酮尿。

2. 糖与大多数氨基酸的碳骨架可相互转变　人体蛋白质分解释放的氨基酸,除生酮氨基酸(亮氨酸、赖氨酸)外,都可脱氨基生成相应的 α-酮酸,再经糖异生转变为葡萄糖(详见第九章)。例如,丙氨酸经脱氨基作用生成的丙酮酸,可异生为葡萄糖。精氨酸、组氨酸、脯氨酸先转变成谷氨酸,进一步脱氨基生成 α-酮戊二酸,再经草酰乙酸、磷酸烯醇式丙酮酸异生为葡萄糖。

糖代谢的一些中间代谢物,如丙酮酸、草酰乙酸、α-酮戊二酸等也可经转氨基作用转化为 11 种非必需氨基酸。还有 9 种氨基酸不能由糖的中间代谢物转变而来,包括苏氨酸、甲硫氨酸、赖氨酸、亮氨酸、异亮氨酸、缬氨酸、苯丙氨酸、色氨酸和组氨酸,必须由食物供给(详见第九章)。

3. 氨基酸可转变为脂质而脂质绝大部分不能转变为氨基酸　所有氨基酸均可分解生成乙酰 CoA,进而合成脂肪酸和脂肪。此外,氨基酸分解生成的乙酰 CoA 也可合成胆固醇。某些氨基酸还为磷脂合成提供原料,例如,丝氨酸参与合成磷脂酰丝氨酸;丝氨酸还可脱羧生成乙醇胺,参与合成脑磷脂;乙醇胺再经甲基化生成胆碱,参与合成卵磷脂(详见第八章)。需要注意的是,氨基酸虽然可转变为脂肪和其他脂质,但不是体内脂质物质合成的主要原料。

脂肪分解释出大量脂肪酸和少量甘油。脂肪酸不能转变为氨基酸,这是因为脂肪酸分解的产物乙酰 CoA 不能经糖异生转变为葡萄糖,也就无法通过转氨基作用转变为非必需氨基酸。仅甘油可经糖异生和转氨基作用,进一步转变为某些非必需氨基酸。所以,脂肪分子中除甘油骨架之外,其绝大部分结构成分(脂肪酸)不能转变为氨基酸。此外,胆固醇也不能转变为氨基酸。

4. 戊糖磷酸和某些氨基酸可合成核苷酸　嘌呤碱从头合成途径所需的原料包括甘氨酸、天冬氨酸、谷氨酰胺和特定氨基酸代谢产生的一碳单位;嘧啶碱从头合成途径需以天冬氨酸、谷氨酰胺和一碳单位为原料(详见第十章)。由此可见,氨基酸是体内核苷酸合成的重要氮源和碳源。除此之外,戊糖磷酸是合成核苷酸的另一种原料,主要来自糖分解代谢的戊糖磷酸途径。所以,葡萄糖和某些氨基酸可在体内转变为核苷酸。

第二节　肝在代谢整合与调节中的作用

肝是人体最大的实质性器官,在糖、脂质、氨基酸、维生素、辅酶、激素、药物等代谢方面具有独特的代谢特点,可关联和协调各种物质代谢途径及组织、器官代谢,在维持整体代谢稳态中发挥了核心作用(图 12-5)。与肝相对应,其他组织、器官习惯上称为肝外组织、器官。

图 12-5　肝和重要肝外组织、器官的代谢联系

一、肝是物质代谢的枢纽

肝在物质代谢中处于中心地位,是最重要的人体生化工厂和代谢物资集散地。

(一)肝的组织结构和化学组成决定其代谢中心地位

肝具有特殊的组织结构和化学组成:①肝动脉和门静脉的双重血液供应。通过肝动脉,肝可接受肺输送的 O_2 和其他组织、器官输送的代谢产物;通过门静脉,肝获取从消化道吸收的大量营养物质。②肝静脉和胆道系统的双重输出通道。肝静脉与体循环相连,利于肝内中间代谢物和代谢产物运往肝外组织利用或排出体外;胆道系统与消化道相通,将肝分泌的胆汁排入肠道,也同时排出肝内的一些代谢废物。③丰富的肝血窦。血窦中血流缓慢,使得血液与肝细胞接触的面积大、时间长,有利于物质交换的充分进行。④肝细胞内酶的种类多、含量大,其中有些酶是肝特有的,所以肝还具有一些特殊的代谢功能。以上特点决定了肝在物质代谢中的多功能及枢纽作用。

(二)肝在物质代谢中承担加工、输送、分配的角色

肝的代谢活跃,其耗氧量约占全身耗氧量的 20%,发挥调配与平衡体内代谢物质的重要作用。饱食后,肝将营养物质加工成能源和前体物质输出肝外利用,例如,将葡萄糖储存为肝糖原,同时将葡萄糖转变为脂质,再以 VLDL 运往肝外,还可合成清蛋白等血浆蛋白质输出。饥饿时,肝将脂肪组织中动员释出的脂肪酸转变成酮体,输出到肝外组织利用;还可将脂肪动员释出的甘油、肌组织释出的大量氨基酸等异生为葡萄糖,维持血糖稳定。肝还可合成尿素,转化非营养物质、毒物和药物等,并将代谢废物或转化产物排出体外。

二、肝是调节血糖的主要器官

肝调节血糖的能力很强。饱食后通过合成肝糖原和脂质、分解葡萄糖来降低血糖;饥饿时通过分

解肝糖原、糖异生来升高血糖。

（一）肝糖原分解是血糖的首要补给

肝糖原是餐后葡萄糖的重要储备形式。肝糖原合成在餐后血糖含量较高时活跃进行，这是由肝细胞特异性的转运蛋白和代谢酶所决定的。肝细胞含有葡萄糖转运蛋白2（GLUT2），它与葡萄糖的亲和力较低，所以肝细胞只能在餐后有效摄取血中高浓度的葡萄糖。肝内葡萄糖激酶（glucokinase）的 K_m 为 10mmol/L，远远大于肝外组织己糖激酶（hexokinase）的 K_m，只能在葡萄糖浓度较高时将其转化为葡萄糖-6-磷酸，进而合成肝糖原储备。

肝糖原在饥饿时最先被动用，可迅速分解补充血糖，供肝外组织利用。所以，肝糖原是血糖调节的第一道保障。肝受损可导致糖原的合成与分解障碍；严重肝病患者还可出现耐糖能力下降、餐后高血糖、饥饿时低血糖等症状。

（二）肝糖异生是血糖的后援补给

肝糖原的储量有限，约为 100g，占肝重的 5%~10%。当禁食引起肝糖原耗竭后，肝糖异生作用成为血糖的主要来源，以确保脑等重要器官的能量供应。肝是糖异生的主要器官，可将肌组织蛋白质分解产生的生糖氨基酸、乳酸、脂肪动员释出的甘油等非糖物质转变为葡萄糖。

（三）肝内糖代谢的枢纽是葡萄糖-6-磷酸

葡萄糖-6-磷酸处于肝内糖代谢的中心地位，是糖酵解、糖异生、糖原合成、戊糖磷酸途径的交汇点。餐后，肝内生成的葡萄糖-6-磷酸主要有三条去路：①合成肝糖原；②氧化分解，但不是肝的主要供能方式；而是主要提供乙酰CoA用于脂质合成；③戊糖磷酸途径，为脂质合成等提供NADPH。饥饿时，肝内的葡萄糖-6-磷酸主要来源于两条代谢途径：①肝糖原分解；②糖异生。在这两种情况下，生成的葡萄糖-6-磷酸均发生水解，肝得以输出葡萄糖，补充血糖。

三、肝合成内源性脂质和向肝外供应酮体

肝在脂质的消化吸收、合成、分解和转运中发挥核心作用。餐后肝活跃地合成和转运内源性脂质，饥饿时肝输出酮体能源供肝外利用。

（一）餐后肝活跃合成内源性脂质

肝是脂质合成的主要场所，可活跃地生成内源性脂肪、胆固醇和磷脂等。餐后，肝除了将过剩的葡萄糖合成糖原外，还将糖分解生成的大量乙酰CoA转变成脂肪酸，进而合成脂肪，并以极低密度脂蛋白（VLDL）的形式输出肝外。肝还利用糖及某些氨基酸合成胆固醇、磷脂，这是血液中类脂的主要来源（详见第八章）。肝对维持体内胆固醇平衡至关重要，肝能将胆固醇转变为胆汁酸；绝大部分胆汁酸通过肠肝循环帮助消化吸收外源性脂质，少部分胆汁酸携带一部分胆固醇经由胆道排出，这几乎是体内胆固醇排出的唯一通路。当肝损伤、胆管阻塞、营养不良等状况发生时，可引起脂质消化吸收不良和脂质转运障碍，出现厌油腻、脂肪泻、脂肪肝等。

（二）饥饿时肝生成酮体供应肝外组织

饥饿时，脂肪动员释出脂肪酸。脂肪酸为多数组织供能，但它不能通过血脑屏障，故脑组织不能利用脂肪酸。肝将脂肪酸转换为新的能源形式——酮体，并输出肝外，供脑等器官摄取利用。肝生成酮体，但不能利用酮体。在肝细胞内，脂肪酸先通过 β-氧化生成大量乙酰CoA，其中一部分经三羧酸循环彻底氧化供能，其余大部分乙酰CoA生成酮体后释放入血。酮体是饥饿时肝外组织的重要能源补给，长期禁食后心肌用酮体供能的占比可高达 1/3，脑内酮体供能可达 60%~70%。

（三）肝的能量供应以氧化脂肪酸为主

肝细胞葡萄糖激酶的 K_m 值很大，故肝内糖酵解速度依赖于高底物浓度，只有当葡萄糖浓度较高时才能被肝细胞分解。通常，肝的能量供应主要依赖脂肪酸的 β-氧化。餐后，肝可利用一部分吸收的外源性脂肪酸；饥饿时，肝可摄取脂肪动员释出的内源性脂肪酸。

四、肝内蛋白质的合成与分解代谢旺盛

肝在蛋白质的合成与分解、氨基酸代谢中发挥重要作用。

(一)合成尿素是肝的特有功能

肝细胞线粒体内含有氨基甲酰磷酸合成酶 I 和鸟氨酸氨基甲酰转移酶(详见第九章),所以肝是发生鸟氨酸循环的特异器官,其他组织不能合成尿素。鸟氨酸循环不仅可解除氨毒,还有利于体内氨基酸的更新,这是因为从反应总平衡看,移除氨有利于氨基酸转换反应的进行。严重肝病患者,常出现血氨升高和氨中毒,诱发肝性脑病。

(二)肝调节氨基酸代谢池

肝内参与氨基酸代谢的酶类十分丰富,所以氨基酸的转氨基、脱氨基、转甲基、脱羧基等反应非常活跃。通过这些反应,肝既可进行氨基酸的分解代谢,又可合成非必需氨基酸,还可利用某些氨基酸合成各种含氮化合物,如嘌呤衍生物、嘧啶衍生物(详见第十章)、肌酸、乙醇胺、胆碱(详见第九章)等。所以,肝通过合成与分解蛋白质,动态调整氨基酸代谢池,同时还将糖、脂、氨基酸和核苷酸代谢有机整合起来。

(三)肝合成多数血浆蛋白质

肝合成 90% 以上的血浆蛋白质,并输出肝外。例如,肝合成清蛋白,既维持血浆渗透压,又运输游离脂肪酸、胆红素等物质。肝合成多种载脂蛋白(apo A、apo B、apo C、apo E 等)和脂蛋白代谢酶类(LCAT、HL 等),参与血浆中脂质运输和脂蛋白代谢。肝还合成多种凝血因子、凝血酶原、纤维蛋白原等,调节凝血功能。肝功能受损严重时,患者常出现水肿或腹腔积液,清蛋白/球蛋白比例倒置,凝血障碍等。

五、肝参与多种维生素和辅酶的代谢

肝参与脂溶性维生素的吸收和运输。肝合成的胆汁酸经胆道系统排入肠道,促进吸收脂溶性维生素,此环节若发生障碍则导致脂溶性维生素缺乏。肝合成和分泌视黄醇结合蛋白、维生素 D 结合蛋白,可在血液中结合和运输视黄醇、维生素 D。

多种维生素主要在肝中储存,如维生素 A、维生素 E、维生素 K 和维生素 B_{12},其中肝维生素 A 的含量占体内总量的 95%。肝也是维生素 B_1、维生素 B_2、维生素 B_6、泛酸和叶酸含量较多的器官。

肝还能转化多种维生素。肝将胡萝卜素转化成维生素 A,将维生素 PP 转化为辅酶 I (NAD^+)和辅酶 II ($NADP^+$),将泛酸转变为 CoA,将维生素 B_1 转化为硫胺素焦磷酸,将维生素 D_3 转变为 25-羟维生素 D_3。

可见,肝在维生素的吸收、运输、储存、转化各方面均具有重要作用,由于许多维生素是辅酶的前体,故肝通过整合维生素和辅酶代谢而发挥代谢核心调控作用。

六、肝参与多种激素和药物的灭活

激素起效后必须迅速灭活(inactivation),以保证激素调节功能的正常发挥。肝是多种激素灭活的场所,在肝细胞内,某些激素与葡萄糖醛酸、活性硫酸等发生结合反应而失活。严重肝病可导致激素灭活障碍,使体内雌激素、醛固酮、抗利尿激素等含量升高,患者出现男性乳房女性化、蜘蛛痣、肝掌、水钠潴留等症状。此外,一些药物和毒物也需在肝内进行生物转化,使之极性增大而易于排出体外(详见第十一章)。

第三节 肝外组织、器官的代谢特点和联系

肝外大多数组织、器官满足基本生存需求的代谢框架大体相同,但由于人体组织、器官存在高度

的功能分化,所以不同的组织、器官往往偏好特定的能源物质和代谢途径(表12-4),以适应各自不同的生理需求,也便于使各组织、器官代谢互相补充、互相协调(图12-5)。

表12-4　肝和重要肝外组织、器官的代谢偏好

器官、组织	主要代谢途径	主要代谢底物	主要代谢产物
肝	糖原代谢,糖异生,生物转化,脂肪酸β-氧化,生成酮体,合成脂肪、血浆蛋白质、尿素	乳酸、甘油、氨基酸、脂肪酸、葡萄糖	葡萄糖、酮体、VLDL、HDL、尿素、清蛋白
白色脂肪组织	合成脂肪酸、脂肪,脂肪动员	葡萄糖、CM、VLDL	游离脂肪酸、甘油
脑	糖、酮体的有氧氧化,氨基酸代谢	葡萄糖、酮体、氨基酸	CO_2、H_2O
心肌	有氧氧化	脂肪酸、酮体、乳酸、葡萄糖	CO_2、H_2O
骨骼肌	无氧氧化、有氧氧化	肌糖原、脂肪酸、酮体、葡萄糖	乳酸、CO_2、H_2O
肾	糖异生,代谢调节激素的合成	甘油、乳酸、脂肪酸、酮体、葡萄糖、谷氨酰胺	葡萄糖、铵盐

一、白色脂肪组织是最重要的储能场所

白色脂肪组织储存脂肪并调节代谢,其脂肪储量取决于餐后脂肪合成与饥饿时脂肪动员两方面因素。

(一)餐后白色脂肪组织加强脂肪合成

餐后脂肪组织合成并储存大量脂肪,主要有三种来源:①脂肪细胞摄取糖,将其转变为脂肪。在胰岛素作用下,脂肪细胞通过GLUT4摄取葡萄糖,并将糖分解生成磷酸二羟丙酮和乙酰CoA,进而合成脂肪酸和脂肪。②脂肪细胞摄取内源性脂肪酸,合成脂肪。肝合成的内源性脂肪以VLDL的形式进入血液,脂蛋白脂肪酶(LPL)将VLDL中的脂肪水解,释出的脂肪酸被脂肪细胞摄取,用于合成脂肪。③脂肪细胞摄取外源性脂肪酸,合成脂肪。小肠吸收的外源性脂肪以乳糜微粒的形式进入血液,被LPL水解,释出的脂肪酸被脂肪细胞摄取,用于合成脂肪。

(二)饥饿时白色脂肪组织加强脂肪动员

饥饿时,脂解激素胰高血糖素等分泌增强,通过激活脂肪细胞中的Perilipin-1和激素敏感性脂肪酶(详见第八章),促进脂肪动员,使脂肪分解成脂肪酸和甘油,并释放入血,供其他组织摄取利用。同时肝将脂肪酸转换为酮体,输出肝外利用。所以,饥饿时血中游离脂肪酸水平升高,酮体水平也随之升高。

(三)白色脂肪组织具有内分泌功能

白色脂肪组织除了储存脂肪的功能之外,还具有主动调节代谢的内分泌功能。例如,脂肪细胞可分泌多肽激素,包括瘦素(leptin)、脂连蛋白(adiponectin)等,能够整合调节糖、脂代谢等,缺乏瘦素或脂连蛋白可能引起肥胖(详见本章第四节)。

二、脑偏爱利用葡萄糖供能

脑最重要的代谢特点是高耗氧、高耗能,以葡萄糖作为主要能源。

(一)脑耗氧量大

脑功能复杂,活动频繁,能量消耗多且连续。虽然人脑重量仅占体重2%,但其耗氧量约占静息时全身耗氧总量的20%。

(二)脑以葡萄糖和酮体作为能源

脑组织尤其依赖葡萄糖供能,脑中超过90%的ATP来自糖的有氧氧化。脑内己糖激酶活性高,即使在血糖水平较低时也能有效利用葡萄糖。脑每天消耗的葡萄糖约为120g。由于脑组织几乎无

糖原储存,故脑消耗的葡萄糖主要由血糖供应。如果在极短的时间内,血糖浓度快速下降到特定阈值以下,可能会使脑功能出现不可逆的严重损害。

饥饿时糖供能不足,脑还可利用肝生成的酮体作为能源的补充,饥饿较长时间酮体供能占比能够高达 60%~70%。例如,饥饿第 3 天,脑消耗葡萄糖约 100g/d,消耗酮体约 50g/d;饥饿第 40 天,脑消耗葡萄糖约 40g/d,消耗酮体约 100g/d。

(三) 脑具有特异的氨基酸代谢库

尽管氨基酸可通过血脑屏障,但脑组织中氨基酸的富集量却有限。脑内的游离氨基酸大约 75% 为天冬氨酸、谷氨酸、谷氨酰胺、N-乙酰天冬氨酸和 γ-氨基丁酸,其中谷氨酸含量最多。脑通过特有的氨基酸稳态调节机制,维持特异的氨基酸含量谱。

脑中氨基酸脱氨的主要方式是联合脱氨基作用,一些氨基酸先经转氨基作用生成谷氨酸,再经 L-谷氨酸脱氢酶催化脱去氨基(详见第九章)。

三、心肌的能源选用具有灵活性

心肌泵血需要多种能源作保障,以有氧氧化供能为主。

(一) 心肌的主要供能方式是有氧氧化

心肌有节律地持续舒缩,即使在剧烈运动时,也极少有缺氧情况发生。心肌富含肌红蛋白,利于储氧。心肌还富含细胞色素和线粒体,利于有氧氧化。所以,心肌的供能方式主要依赖有氧氧化。

(二) 心肌常以脂肪酸、酮体和乳酸为能源

心肌偏爱的能量来源是脂肪酸分解,也常利用酮体和乳酸供能,极少利用葡萄糖供能,这种能源选择性具有以下物质基础:①心肌含有硫激酶的几种同工酶,可催化不同长度碳链的脂肪酸进行 β-氧化,所以脂肪酸是心肌优先利用的能源;②脂肪酸分解的中间产物脂肪酰 CoA,强烈抑制糖酵解中的己糖激酶,从而抑制葡萄糖分解;③心肌富含分解酮体的酶类,能够利用肝生成的酮体供能;④心肌富含乳酸脱氢酶(LDH_1),与乳酸的亲和力强,利于乳酸转变成丙酮酸后氧化供能。

心肌对血液中各种营养物质的摄取量受一定域值限制。血中营养物质浓度超过域值越高,被心肌摄取越多。由此可见,心肌仅在餐后不排斥利用葡萄糖,餐后数小时或饥饿时主要利用脂肪酸、酮体,运动中或运动后则可利用乳酸。

四、骨骼肌根据能耗需求切换糖类和脂质能源

骨骼肌的细胞类型和能耗需求不同,其能源选用和供能方式也相对灵活。

(一) 慢肌和快肌的供能方式不同

根据肌收缩的速度不同,骨骼肌分为慢肌和快肌,二者产能方式差异较大。慢肌又称红肌(如长骨肌),耗能多,富含肌红蛋白和细胞色素,主要通过有氧氧化和氧化磷酸化产能。快肌又称白肌(如胸肌),耗能少,主要依赖糖的无氧氧化供能。

(二) 不同能耗需求决定糖脂之间的能源切换

骨骼肌的能源选用与运动强度大小、运动时间长短相匹配。随着运动强度增大,糖类能源的消耗增多,而脂质能源利用减少。可供骨骼肌利用的糖类能源主要来自血糖、肌糖原和肝糖原分解,脂质能源主要来源于脂肪组织释出的脂肪酸以及肝内转换生成的酮体。例如,马拉松长跑时,骨骼肌主要通过脂质能源的有氧氧化供能,而提速冲刺则通过糖类能源的无氧氧化供能。又如,百米赛跑时,骨骼肌主要依赖三方面能量供应:肌组织储存的 ATP 和肌酸磷酸(二者储量均有限,仅够维持 5~6 秒)、无氧氧化肌糖原。此时肌糖原无氧氧化的产物乳酸,通过乳酸循环生成葡萄糖再利用,从而使肝内糖异生与肌内糖的无氧氧化相整合(详见第七章)。

五、肾糖异生调节酸碱平衡

除肝外,肾也可进行糖异生。通常肾的糖异生作用较弱,但长期饥饿时,肾糖异生的能力显著提高,几乎与肝糖异生产生葡萄糖的量相当,同时还可调节体内酸碱平衡(详见第七章)。肾髓质无线粒体,主要靠糖的无氧氧化供能;而肾皮质则主要通过有氧氧化脂肪酸和酮体供能。

第四节   代谢的调节机制

人体为了适应内外环境变化,需要动态地调节各条代谢途径的速率和方向,从整体上统筹和调配各种物质和能量代谢的流量,涉及多个水平的代谢调节机制。通过改变酶的分子结构或浓度而控制酶活性,进而调节相应的代谢途径,这种最基本的方式称为细胞水平代谢调节。微环境中能量和营养状态的变化也可使细胞产生应答而调节代谢。内分泌系统还可通过分泌激素,作用于多个靶器官,整合调节靶细胞内的多条代谢途径,从而形成激素水平代谢调节。诸多激素的分泌进一步受中枢神经系统控制,使激素之间相互协调,从而综合调节机体代谢,最终形成整体水平代谢调节。

一、细胞水平代谢调节的本质是改变关键酶的活性

细胞水平的代谢调节通过调控关键酶活性而实现,有两种调节机制:一种是改变酶的结构,通过别构调节和化学修饰调节酶活性,在数秒或数分钟内即可完成,属于快速调节;另一种是改变酶的浓度,通过控制酶蛋白的合成量和降解量调节酶活性,需要数小时或更长时间才能完成,属于迟缓调节。

(一)别构调节通过供需平衡机制调控关键酶活性

1. 代谢物是酶别构调节的效应剂   代谢途径中有很多关键酶属于别构酶(表 12-5)。一些小分子代谢物可以作为别构效应剂(allosteric effector),通过非共价键结合在酶的调节部位,引起酶分子构象变化,从而改变酶活性。作为别构效应剂的小分子代谢物可以是底物、产物或中间代谢物,对酶的调节效应可以是激活或抑制作用。

表 12-5   重要代谢途径的别构酶及其效应剂

代谢途径	别构酶	别构激活剂	别构抑制剂
糖酵解	己糖激酶		葡萄糖-6-磷酸、长链脂肪酰 CoA
	磷酸果糖激酶-1	果糖-2,6-二磷酸、AMP、ADP	ATP、柠檬酸
	丙酮酸激酶	果糖-1,6-二磷酸	ATP、丙氨酸
丙酮酸氧化脱羧	丙酮酸脱氢酶复合体	AMP、CoA、NAD$^+$	ATP、乙酰 CoA、NADH、脂肪酸
三羧酸循环	柠檬酸合酶	ADP	ATP、柠檬酸、NADH、琥珀酰 CoA
	异柠檬酸脱氢酶	ADP	ATP
	α-酮戊二酸脱氢酶复合体		琥珀酰 CoA、NADH
糖异生	丙酮酸羧化酶	乙酰 CoA	ADP
糖原分解	糖原磷酸化酶(肌)	AMP	ATP、葡萄糖-6-磷酸
	糖原磷酸化酶(肝)		葡萄糖、果糖-1,6-二磷酸、果糖-1-磷酸
脂肪酸合成	乙酰 CoA 羧化酶	柠檬酸、异柠檬酸	长链脂肪酰 CoA
氨基酸代谢	谷氨酸脱氢酶	ADP、GDP	ATP、GTP
嘌呤合成	PRPP 酰胺转移酶	PRPP	IMP、AMP、GMP
嘧啶合成	氨基甲酰磷酸合成酶Ⅱ		UMP

（1）底物别构激活关键酶：一些底物可作为别构激活剂，激活位于其下游的某些关键酶，使相关的代谢途径增强，加快底物的消耗。例如，在丙酮酸脱氢酶复合体的催化下，丙酮酸氧化脱羧生成乙酰 CoA、CO_2 和 NADH。其中 CoA 和 NAD^+ 作为反应底物，可别构激活丙酮酸脱氢酶复合体，促进糖的有氧氧化。又如，果糖-1,6-二磷酸是糖酵解的中间代谢物，它可作为一种远端底物，别构激活丙酮酸激酶，促进糖酵解。

（2）产物别构抑制关键酶：一些产物可作为别构抑制剂，抑制位于其上游的某些关键酶，使相关的代谢途径减弱，称为反馈抑制（feedback inhibition）。这种负反馈调节很常见，有利于节约资源，避免产物过量堆积而造成浪费。例如，葡萄糖-6-磷酸是己糖激酶的反应产物，可反馈抑制此酶的活性，避免葡萄糖过度分解。又如，琥珀酰 CoA 和 NADH 是 α-酮戊二酸脱氢酶复合体的反应产物，它们不仅能够反馈抑制此酶，还可以作为远端产物，别构抑制柠檬酸合酶，增强对三羧酸循环的抑制效果。

（3）中间产物兼有别构抑制和别构激活作用：中间产物的代谢调节效应往往具有双重性，既可以作为反应产物，别构抑制其上游的关键酶，又可以作为反应底物，别构激活其下游的关键酶，这样就能使同一代谢途径中的上下游步调一致，也能使不同代谢途径之间彼此协调。例如，柠檬酸是糖代谢的一种重要中间产物，可双向调节糖、脂代谢中的多个关键酶活性，总的效应是抑制糖的氧化分解，并促进合成脂肪酸。就糖代谢而言，一方面，柠檬酸在线粒体内作为反应产物，直接反馈抑制柠檬酸合酶，减慢三羧酸循环的速率；另一方面，柠檬酸作为远端产物，经柠檬酸-丙酮酸循环转运到胞质溶胶中，别构抑制磷酸果糖激酶-1，减慢上游糖酵解的速率。就脂代谢而言，柠檬酸除了通过柠檬酸-丙酮酸循环，将线粒体内乙酰 CoA 转运到胞质溶胶，为脂肪酸和胆固醇的合成提供原料之外，还可以别构激活乙酰 CoA 羧化酶，加速合成脂肪酸。

2. 别构调节维持代谢物与能量的供需平衡　别构调节的始动因素是小分子代谢物，依据小分子代谢物的浓度变化来调控关键酶活性，这是细胞内代谢调节的基本供需平衡机制，具有重要的生理意义。

（1）别构调节有利于维持代谢物的供需平衡：代谢终产物常通过抑制其代谢途径的关键酶，形成负反馈调节，以免过量生成产物而造成浪费。例如，葡萄糖别构抑制肝中的糖原磷酸化酶，使肝糖原最终分解产生的葡萄糖不至于过多。另外，代谢底物则往往激活其代谢途径的关键酶，加速底物的消耗而避免堆积。例如，葡萄糖-6-磷酸别构激活糖原合酶，让更多的葡萄糖-6-磷酸用于合成糖原。

（2）别构调节有利于维持能量的供需平衡：从广义上讲，AMP、ADP 和 ATP 可以看作反应底物或产物，它们常作为产能途径中多种关键酶的别构效应剂，协调产能与耗能之间的平衡。例如，ATP 通过别构抑制磷酸果糖激酶-1、丙酮酸激酶、丙酮酸脱氢酶复合体、柠檬酸合酶、异柠檬酸脱氢酶等，减慢糖酵解、丙酮酸氧化脱羧、三羧酸循环的速率，防止糖分解产能过剩，从而节约能源。

（3）别构调节可统筹不同代谢途径的流量分配：一些中间产物可抑制某代谢途径的关键酶，同时激活另一代谢途径的关键酶，从而对不同途径的代谢流量进行合理统筹和动态调配。例如，细胞内糖分解产生的葡萄糖-6-磷酸，可别构调节糖代谢多条途径的速率：①别构激活糖原合酶，促进储备肝糖原和肌糖原；②别构抑制肌糖原磷酸化酶，阻止肌糖原分解；③别构抑制己糖激酶，使糖的分解减弱。又如前面提到的柠檬酸别构调节效应，能够使糖酵解、三羧酸循环和脂肪酸合成的速率相互协调和适应。

（二）化学修饰通过级联放大机制调控关键酶活性

1. 化学修饰酶能被可逆的酶促共价修饰　代谢途径中有很多关键酶的活性可通过化学修饰进行调节，称为化学修饰酶。体内上游调节因素如激素，可引发一系列化学修饰酶的序贯激活，由前一个酶催化，使后一个酶的某些氨基酸残基发生特定基团的共价修饰，从而改变酶活性（详见第三章）。

（1）磷酸化/去磷酸化是最常见的化学修饰形式：酶的化学修饰主要有磷酸化/去磷酸化、乙酰化/去乙酰化、甲基化/去甲基化、腺苷化/去腺苷化等多种类型。其中，以磷酸化与去磷酸化最为常见（表 12-6）。酶蛋白分子中丝氨酸、苏氨酸和酪氨酸的羟基是磷酸化/去磷酸化修饰的位点。有的酶磷

表 12-6　磷酸化/去磷酸化修饰对酶活性的调节

酶	化学修饰形式	酶活性改变
糖原磷酸化酶	磷酸化/去磷酸化	激活/抑制
磷酸化酶 b 激酶	磷酸化/去磷酸化	激活/抑制
糖原合酶	磷酸化/去磷酸化	抑制/激活
丙酮酸脱氢酶复合体	磷酸化/去磷酸化	抑制/激活
磷酸果糖激酶-2	磷酸化/去磷酸化	抑制/激活
丙酮酸激酶	磷酸化/去磷酸化	抑制/激活
HMG-CoA 还原酶	磷酸化/去磷酸化	抑制/激活
HMG-CoA 还原酶激酶	磷酸化/去磷酸化	激活/抑制
乙酰 CoA 羧化酶	磷酸化/去磷酸化	抑制/激活
激素敏感性脂肪酶	磷酸化/去磷酸化	激活/抑制

酸化后表现为活性形式,而有的酶脱去磷酸后才有酶活性。

（2）可逆的酶促共价修饰由不同酶催化:酶的化学修饰涉及加、减共价基团的互逆反应,分别由两个不同的酶催化完成。以磷酸化/去磷酸化为例,蛋白激酶(protein kinase,PK)常催化酶的磷酸化修饰,使之接受由 ATP 提供的磷酸基团,形成磷酸酯键;而蛋白磷酸酶(protein phosphatase,PP)则催化酶的去磷酸化修饰,通过水解反应去除磷酸基团(图 12-6)。

图 12-6　酶的磷酸化与去磷酸化修饰

此外,蛋白激酶和蛋白磷酸酶自身的活性强弱,也可直接或间接地被磷酸化/去磷酸化调节,从而形成化学修饰信号的逐级传递。

2. 酶的化学修饰调节具有级联放大效应　化学修饰调节具有重要的生理意义。通常有多个化学修饰酶序贯地发生活化,形成连锁的酶促反应,在每一步酶促反应中,均由一分子催化酶催化多个底物酶分子发生共价修饰,所以有级联放大效应。催化共价修饰的酶自身也常受别构调节和化学修饰调节,并与激素调节偶联,形成由信号分子(激素等)、信号转导分子和效应分子(受化学修饰调节的关键酶)组成的级联反应,使细胞内酶活性调节更精细协调。通过上述级联反应的放大效应,只需少量激素释放即可迅速产生强大的生理效应,以满足机体的需要。

（三）通过改变细胞内酶含量调节关键酶活性

1. 调节酶蛋白的合成量　控制酶蛋白的合成速度可以改变酶含量,从而调节酶活性。酶的底物、产物、激素、药物等因素可引起酶的基因表达变化,产生两种效应。

（1）使酶的合成增多:底物或类似物常作为酶的诱导剂,使一些酶的基因表达增强,如高蛋白质膳食的诱导作用,可以使鸟氨酸循环中一些酶的合成增多。很多药物、毒物促进肝微粒体中单加氧酶或其他一些药物代谢酶的诱导合成,可以使一些毒物解毒,但也能使药物失活而引起耐药。激素也可诱导酶的合成,例如,胰岛素使糖酵解和脂肪酸合成途径中的一些关键酶表达量增多。

（2）使酶的合成减少:代谢产物常作为酶的抑制剂,使一些酶的基因表达减弱。例如,胆固醇合成的关键酶是 HMG-CoA 还原酶,此酶在肝内的合成可被胆固醇所阻遏。但肠黏膜细胞中胆固醇的合成不受胆固醇的影响,因此摄取高胆固醇膳食时,血胆固醇仍有升高的危险。

2. 调节酶蛋白的降解量　控制酶蛋白的降解速度也可改变酶含量,从而调节酶活性。细胞内酶蛋白的降解有两条途径:①由溶酶体(lysosome)介导的非特异性降解;②由泛素-蛋白酶体(proteasomes)系统介导的特异性降解(详见第九章)。凡能影响这两种降解机制的因素,均可主动调节酶蛋白的降解速度,进而调节酶含量。

> **框12-2**
>
> ### 代谢网络与基因表达调控网络的相互作用
>
> 　　事物是普遍联系的,这一哲学原理同样适用于生物化学与分子生物学。近年来研究揭示,代谢网络和基因表达调控网络之间存在复杂的内在联系,以使营养供求状况和细胞行为活动相互协调适应。代谢物和代谢酶是构成代谢网络的分子基础,它们通过多种机制影响基因表达。例如,一些代谢物可作为供体,介导组蛋白/非组蛋白的多种类型修饰,如甲基化(供体为S-腺苷甲硫氨酸)、乙酰化(供体为乙酰CoA)、乳酸酰化(供体为乳酸)、β-羟丁酰化(供体为β-羟丁酰CoA)、琥珀酰化(供体为琥珀酰CoA)等,参与细胞核内的表观遗传调控,控制基因表达,或者参与胞质溶胶中的翻译后修饰,控制蛋白质的活性和定位等。又如,某些代谢物也可作为酶的辅因子,参与表观遗传调控,如一些与去甲基化过程相关的酶活性依赖于α-酮戊二酸;而某些类型的肿瘤中的促癌代谢物2-羟基戊二酸则作为竞争性抑制剂,降低这些去甲基化相关酶的活性。再如,一些代谢酶还可作为转录因子或调节因子,参与DNA复制和修复、转录调控,如甘油醛-3-磷酸脱氢酶、磷酸甘油酸激酶、己糖激酶等。同样的道理,还有一些代谢酶能够以信号转导蛋白作为底物,如丙酮酸激酶、磷酸甘油酸激酶等也具有蛋白激酶的功能,又将代谢网络与细胞信号转导网络关联起来。

二、微环境中能量和营养状态调节细胞合成与分解代谢

　　除了通过代谢调节满足自身的物质和能量需求之外,细胞所处微环境的动态变化也是诱发细胞内代谢调节的重要因素。细胞内存在一些特殊的分子感应器,如AMP激活的蛋白激酶(AMP-activated protein kinase,AMPK)、雷帕霉素靶蛋白复合物1(mechanistic target of rapamycin complex 1,mTORC1),它们能够感知微环境中能量和营养物质的供应状况,调控细胞内合成代谢与分解代谢的动态转换,以维持能量平衡和代谢稳态。

(一)AMPK感受微环境中能量变化而促进分解代谢

　　AMPK是一种在细胞内进行能量代谢调节的蛋白激酶,相当于细胞内的"能量感应器"。AMPK的结构非常保守,是由α、β和γ三种亚基组成的异源三聚体。其中α亚基具有蛋白激酶的催化活性,对底物进行磷酸化修饰;γ亚基具有结合AMP或ATP的调节活性,AMP使之活化,ATP则抑制其活性。

　　AMPK主要在能量匮乏、营养状态不良时被激活,AMP/ATP比值是调控其活性的重要因素。例如,当处于缺血、缺氧等微环境时,细胞出现葡萄糖水平下降、AMP/ATP比值升高等代谢应激状态,AMPK通过两种机制被充分激活:①化学修饰调节机制,在肝激酶B1(liver kinase B1,LKB1)的催化下,AMPK α亚基中的Thr172发生磷酸化修饰而活化,活性可提高为原来的100倍。②别构调节机制,AMP与AMPK γ亚基结合,别构激活AMPK。

　　AMPK活化后,催化众多底物蛋白(包括关键酶、转录因子等)发生广泛的磷酸化反应,一方面激活产能的分解代谢,另一方面抑制耗能的合成代谢,并协调整合骨骼肌、肝、脂肪组织、心等重要器官、组织代谢,最主要的效应是加快分解糖和脂肪酸,以便满足能量供应需求。

　　AMPK调节糖代谢的作用机制主要包括:①促进葡萄糖转运蛋白1(GLUT1)和GLUT4的基因表达及细胞膜定位,促进葡萄糖的摄取;②激活心肌细胞磷酸果糖激酶-2,加速糖酵解;③抑制糖原合酶,阻止合成糖原;④抑制磷酸烯醇式丙酮酸羧激酶等糖异生酶类的基因表达。

AMPK 调节脂代谢的作用机制主要包括：①抑制乙酰 CoA 羧化酶，降低脂肪酸合成的同时，因丙二酸单酰 CoA 生成减少，减弱了对肉碱脂肪酰转移酶 I 的抑制作用，所以脂肪酸分解增强；②抑制脂肪酸合酶 1、脂肪酰 CoA 转移酶，阻止合成脂肪酸和脂肪；③抑制 HMG-CoA 还原酶，降低胆固醇合成。

此外，AMPK 还可抑制蛋白质的合成，主要机制包括：①直接或间接抑制 mTORC1，使蛋白质合成减少；②抑制真核细胞翻译延长因子 2（eukaryotic elongation factor 2，eEF2），抑制翻译的延长过程。

（二）mTORC1 感受微环境中营养状态而促进合成代谢

mTORC1 是由蛋白激酶、支架蛋白、抑制性调节蛋白等至少 5 种组分构成的大分子复合物，它含有特征性的支架蛋白 Raptor。mTORC1 从胞质溶胶转位到溶酶体膜表面对其活化至关重要。

mTORC1 主要在营养状态良好、能量充足时被激活。例如，当处于营养物质丰富、供氧充足等微环境时，细胞出现氨基酸（如亮氨酸、精氨酸、甲硫氨酸）浓度升高、ATP/AMP 比值增大等代谢信号改变，以不同机制诱发 mTORC1 转位活化：①不同的氨基酸信号通过各自的感应器，作用于溶酶体表面复杂的上游调控环节，最终激活 mTORC1；②高 ATP/AMP 比值引起 AMPK 失活，解除 AMPK 对 mTORC1 的抑制作用，导致 mTORC1 活化。

活化后 mTORC1 的总效应为激活合成代谢，抑制分解代谢（如细胞自噬）。mTORC1 对众多底物蛋白进行磷酸化修饰，加快多种物质的生物合成反应：①促进蛋白质的合成。mTORC1 一方面激活核糖体蛋白 S6 激酶 1（ribosomal protein S6 kinase 1，S6K1），另一方面抑制真核细胞翻译起始因子 4E 结合蛋白（eukaryotic initiation factor 4E-binding protein，4EBP），促进翻译的进行。②促进脂类的合成。mTORC1 直接或间接激活与脂质合成相关的转录因子，诱导脂质合成酶类的基因表达。③促进核酸的合成。mTORC1 间接激活氨基甲酰磷酸合成酶 II，使嘧啶合成增多。通过促进上述合成代谢，mTORC1 使细胞在营养和能量供应充足时加快生长。

总之，AMPK 和 mTORC1 是细胞维持能量和营养物质代谢稳态的中心调控分子。当微环境中营养充足时，细胞内 mTORC1 激活而 AMPK 失活，促进合成代谢，以满足细胞生长对生物合成的需求。当细胞处于能量短缺状态时，AMPK 激活而 mTORC1 失活，促进分解代谢，以满足细胞回补能量的基本需求。

三、激素水平的调节在器官代谢层面整合多条代谢途径

激素能与特定组织或细胞（即靶组织或靶细胞）的受体特异结合，通过一系列细胞信号转导反应（详见第二十章），改变代谢网络中多个关键酶的活性和含量，发挥代谢调节效应。激素调节将信号转导网络、基因表达网络与物质代谢网络有机地联系起来，在器官代谢层面实现多条代谢途径的整合与调节。

（一）胰岛素促进糖分解并合成能源储备

胰岛素（insulin）作用的主要靶器官是肝、肌和脂肪组织；总的代谢调节效应是加快血糖利用，促进合成糖原和脂质。

1. 胰岛素调节关键酶活性 餐后胰岛素分泌增多，通过激活蛋白磷酸酶，引起多个关键酶发生去磷酸化修饰，激活或抑制酶活性，从而调节相关代谢途径的流量。下面举例说明胰岛素调节酶活性的作用：①激活磷酸果糖激酶-2，促进糖酵解；②激活丙酮酸脱氢酶复合体，加快糖的有氧氧化；③抑制果糖二磷酸酶-2，减慢糖异生；④激活糖原合酶，加速糖原合成；⑤激活乙酰 CoA 羧化酶，促进脂肪酸合成；⑥激活 HMG-CoA 还原酶，使胆固醇合成增多；⑦抑制激素敏感性脂肪酶，使脂肪动员减少。

2. 胰岛素调节关键酶含量 胰岛素也可改变某些关键酶的基因表达量，从而发挥代谢调节作用。下面举例说明胰岛素调节酶含量的作用：①诱导葡萄糖激酶表达，促进肝糖原的合成；②诱导葡萄糖-6-磷酸脱氢酶表达，使戊糖磷酸途径增强，为脂质合成提供 NADPH；③诱导肝 HMG-CoA 还原酶表达，促进胆固醇的合成；④抑制磷酸烯醇式丙酮酸羧激酶表达，使糖异生减弱；⑤诱导脂蛋白脂肪酶表达，促进从血浆脂蛋白中摄取甘油三酯的脂肪酸，利于脂肪组织合成脂肪储存。

（二）胰高血糖素促进肝糖原输出并分解脂质

胰高血糖素（glucagon）作用的主要靶器官是肝和脂肪组织,总的代谢调节效应是促进肝输出葡萄糖,加快分解脂肪。

1. 胰高血糖素调节关键酶活性　饥饿时胰高血糖素分泌增多,通过激活蛋白激酶 A,引起多个关键酶发生磷酸化修饰,激活或抑制酶活性,从而调节相关代谢途径的流量。下面举例说明胰高血糖素调节酶活性的作用:①抑制磷酸果糖激酶-2 和丙酮酸激酶,减慢糖酵解;②激活果糖二磷酸酶-2,促进糖异生;③激活糖原磷酸化酶,加快肝糖原分解;④抑制糖原合酶,减少肝糖原合成;⑤抑制乙酰CoA 羧化酶,阻止合成脂肪酸;⑥抑制 HMG-CoA 还原酶,减少胆固醇合成;⑦激活激素敏感性脂肪酶,促进脂肪动员。

2. 胰高血糖素调节关键酶含量　胰高血糖素也可改变某些关键酶的基因表达量,从而发挥代谢调节作用。例如,胰高血糖素可诱导磷酸烯醇式丙酮酸羧激酶表达,促进糖异生。

四、整体水平的调节是由神经-内分泌主导的代谢整合调控

神经系统主导调节内分泌器官或细胞释放激素,并整合多种激素的代谢调节效应,协调不同组织、器官的各种物质和能量代谢,由此形成整体水平的代谢调节,以适应餐后、饥饿、营养过剩、应激、肿瘤等生理或病理状态,维持整体代谢平衡。

（一）饥饿-进食循环是整体水平代谢调节的典型例子

1. 膳食组成影响营养物质的代谢平衡　进食不同的膳食成分后,引起体内激素的分泌水平不同,使得相应营养物质的代谢平衡调节也各有差异。

混合膳食经消化吸收后,三大营养物质以葡萄糖、氨基酸和 CM 形式进入血液,引起体内胰岛素水平中度升高,对代谢调节的整体效应是:①饱食后糖被优先利用,各种组织细胞摄取血糖,分解葡萄糖供能;部分葡萄糖在肝内合成肝糖原,在骨骼肌中合成肌糖原;如果吸收的葡萄糖超过机体的糖原储备能力,过剩的葡萄糖则可转换为乙酰 CoA,主要在肝、脂肪组织中合成甘油三酯,其中 VLDL 将肝内脂质运输到脂肪组织等。②食物甘油三酯以 CM 形式运输,大部分输送到脂肪组织、骨骼肌等转换、储存或利用;部分经肝转换为内源性甘油三酯,再由 VLDL 运至肝外。③消化吸收的氨基酸,部分在体内更新合成各种结构蛋白质;部分在肝内合成血浆蛋白质,输出肝外。

高糖膳食摄入过量后,诱发体内胰岛素水平明显升高,胰高血糖素降低,对小肠吸收的葡萄糖进行如下代谢调节:①葡萄糖主要为机体各组织、器官分解供能;②部分葡萄糖在肝合成肝糖原,在骨骼肌中合成肌糖原;③部分葡萄糖在肝、脂肪组织中合成内源性甘油三酯,其中 VLDL 将肝内脂质运送到脂肪等组织。

高蛋白膳食经消化吸收后,使体内胰岛素水平中度升高,胰高血糖素水平升高。二者对代谢的协同调节效应为:①肝糖原分解补充血糖,供应脑组织等;②消化吸收的氨基酸,主要在肝通过丙酮酸异生为葡萄糖,供应脑及其他肝外组织;部分氨基酸转化为乙酰 CoA,合成甘油三酯,供应脂肪组织等肝外组织;还有部分氨基酸直接输送到骨骼肌。

高脂膳食经消化吸收后,使体内胰岛素水平降低,胰高血糖素水平升高,其代谢调节效应为:①肝糖原分解补充血糖,供给脑组织等;②肌组织氨基酸分解,转化为丙酮酸,输送至肝异生为葡萄糖,供应脑等肝外组织;③由小肠吸收的甘油三酯,主要输送到脂肪、肌组织等。脂肪组织在接受吸收的甘油三酯的同时,也部分分解脂肪生成脂肪酸,输送到其他组织。肝还将脂肪酸转换为酮体,供应脑等肝外组织。

2. 空腹时机体代谢特征是肝糖原分解、糖异生和中度脂肪动员　餐后 12 小时以后即为空腹状态。此时体内胰岛素水平降低,胰高血糖素升高,其代谢调节效应为:①血糖供应从肝糖原分解为主过渡到糖异生为主。餐后 2 小时肝糖原即开始分解,6~8 小时分解达到峰值,主要供给脑,兼顾其他组织的需要。餐后 16~24 小时,由于糖原储备面临耗竭,肝糖原分解虽然仍可持续进行,但糖原分解

水平较低,机体主要依赖糖异生补充血糖。②骨骼肌内部分蛋白质分解,补充肝糖异生的原料。③适度脂肪动员提供脂质能源。餐后4小时,脂肪组织即开始分解脂肪,空腹状态下脂肪动员中度增加,释放脂肪酸供应肝、肌等组织分解利用;肝还将脂肪酸转变为酮体,主要供应肌组织。

3. 短期饥饿时,大多数组织由糖供能转换为由脂肪供能 短期饥饿通常指1~3天未进食。由于进食24小时后肝糖原基本耗尽,故短期饥饿使血糖趋于降低,血中的甘油和游离脂肪酸明显增多,氨基酸也增多。此时胰岛素分泌极少,胰高血糖素分泌增加,机体代谢调节呈现如下特点。

(1)糖的氧化供能减少:大多数组织减少对糖的摄取和利用,以节约由糖异生产生的葡萄糖,优先供应脑组织和红细胞。红细胞只能利用糖供能;脑组织用糖量稍有下降,但仍以利用糖供能为主。饥饿第1天,脑消耗葡萄糖约120g,而饥饿第3天则降低至约100g。

(2)大多数组织改用脂质能源:脂肪动员稍晚于肝糖原分解,可释出大量脂肪酸,其中一部分脂肪酸在肝内转换成酮体输出肝外(图12-7)。脂肪酸和酮体成为心肌、骨骼肌等大多数组织的重要供能物质。脑不能利用脂肪酸,但可利用酮体,饥饿第3天,脑消耗酮体约50g。

图 12-7　饥饿时肝生糖、生酮
实线表示活跃的途径,虚线表示减弱的途径。

(3)肝糖异生明显增强:饥饿16~36小时肝糖异生作用增加最多(图12-7),在饥饿第3天肝输出葡萄糖约150g,糖异生原料主要来自氨基酸,部分来自乳酸、甘油。肝是饥饿初期糖异生的主要场所,也有一小部分糖异生在肾皮质进行。

(4)骨骼肌蛋白质分解加强:此过程略迟于脂肪动员加强。肌蛋白质分解增强时,释放入血的氨基酸增多。骨骼肌蛋白质分解产生的氨基酸,大部分转变为丙氨酸和谷氨酰胺释放入血。饥饿第3天,骨骼肌降解约75g蛋白质。

4. 长期饥饿可造成器官损害,甚至危及生命 长期饥饿指未进食3天以上,通常在饥饿4~7天后,机体就发生与短期饥饿不同的代谢变化。

(1)脂肪动员进一步加强:释放的脂肪酸在肝内转换生成大量酮体。脑利用酮体增加,用量超过葡萄糖。饥饿数周后,脑使用酮体能源的比例高达60%~70%,脑内耗糖量减少至约40g/d。此时肌组织以脂肪酸作为主要能源,从而保证将酮体优先供应脑。

(2)蛋白质分解减少:前期体内蛋白质已经被大量消耗用于糖异生,为避免继续分解结构蛋白质而危及生命,故在这一阶段蛋白质分解减弱,释出氨基酸减少,此时氨基酸不再作为糖异生的主要原料,负氮平衡有所改善。饥饿数周后,骨骼肌内蛋白质的消耗量降低至约20g/d。

（3）糖异生明显减少:长期饥饿时肝的糖异生作用明显减弱,以乳酸和甘油作为肝糖异生的主要原料。肾的糖异生作用在饥饿晚期显著增强,约占糖异生总量的40%;饥饿程度加剧时,肾糖异生进一步增多,几乎达到与肝相等。

按理论计算,正常人脂肪储备大约可维持饥饿70天的基本能量需要,而肥胖者脂肪储备可供维持存活长达6~7个月。但由于长期饥饿使脂肪动员增强,大量产生酮体,可能导致酸中毒。再加上蛋白质分解,缺乏维生素、微量元素和蛋白质的补充等,长期饥饿可造成器官损害,甚至危及生命。

（二）应激主要加强机体分解代谢

应激(stress)是指体内外环境刺激因素,如中毒、感染、发热、创伤、疼痛、大剂量运动或恐惧等,诱发机体或细胞作出一系列应对反应。应激反应可以是"一过性"的,也可以是持续性的。在应激状态下,交感神经兴奋,肾上腺髓质、皮质激素分泌增多,血浆胰高血糖素、生长激素水平升高,而胰岛素分泌减少,引起一系列代谢改变。

1. 应激使血糖升高　因肾上腺素、胰高血糖素分泌增加,激活糖原磷酸化酶,故可促进肝糖原分解。同时,肾上腺皮质激素、胰高血糖素又可使糖异生加强;肾上腺皮质激素、生长激素还可使外周组织对糖的利用降低。这些激素的作用均可使血糖升高,充分保证脑和红细胞的能源供给。

2. 应激使脂肪动员增强　血浆游离脂肪酸升高,成为心肌、骨骼肌和肾等组织的主要能量来源。

3. 应激使蛋白质分解增强　骨骼肌释出丙氨酸等增加,氨基酸分解增强,尿素生成和尿氮排出增加,机体呈负氮平衡。

总之,应激时糖、脂质、蛋白质/氨基酸分解代谢增强,合成代谢受到抑制,血中分解代谢中间产物,如葡萄糖、氨基酸、脂肪酸、甘油、乳酸、尿素等含量增加(表12-7)。

表 12-7　应激时机体的代谢改变

内分泌腺/组织	激素及代谢变化	血中分解代谢中间产物含量变化
垂体前叶	促肾上腺皮质激素分泌增加	促肾上腺皮质激素↑
	生长激素分泌增加	生长激素↑
胰腺 α-细胞	胰高血糖素分泌增加	胰高血糖素↑
胰腺 β-细胞	胰岛素分泌抑制	胰岛素↓
肾上腺髓质	去甲肾上腺素/肾上腺素分泌增加	肾上腺素↑
肾上腺皮质	糖皮质激素分泌增加	糖皮质激素↑
肝	糖原分解增加	葡萄糖↑
	糖原合成减少	尿素↑
	糖异生增强	
	脂肪酸 β-氧化增加	
	鸟氨酸循环增强	
骨骼肌	糖原分解增加	乳酸↑
	葡萄糖的摄取利用减少	氨基酸↑
	蛋白质分解增加	
	脂肪酸 β-氧化增强	
脂肪组织	脂肪动员增强	游离脂肪酸↑
	葡萄糖的摄取利用减少	甘油↑
	脂肪合成减少	

（三）肥胖源于长期的能量摄入大于消耗

1. 肥胖是多种重大慢性疾病的危险因素　体内脂肪长期过量蓄积,可引起体重超重（overweight）,甚至肥胖（obesity）。体重指数（body mass index,BMI）是评估人体超重和肥胖的常用方法,BMI=kg（体重）/m²（身高的平方）。24>BMI≥18.5 为正常,28>BMI≥24 为超重,BMI≥28 为肥胖。

肥胖是代谢综合征的重要危险因素。代谢综合征（metabolic syndrome）是一组复杂的糖、脂质、蛋白质代谢紊乱综合征,涉及在代谢上相互关联的多种危险因素组合,包括肥胖（尤其是内脏脂肪堆积）、高血压、血脂/葡萄糖稳态失调、胰岛素抵抗等,患者的血液生物化学指标常表现为高血糖、高血脂、高血胰岛素水平、血浆脂蛋白 LDL 增多和 HDL 减少等。上述危险因素的聚集,会显著增加动脉粥样硬化性心血管疾病、2 型糖尿病和卒中等重大慢性疾病的发病风险。此外,肥胖还与痴呆、脂肪肝、呼吸道疾病和某些肿瘤的发生相关。

2. 多因素引起摄食失控和代谢失衡　较长时间的能量摄入大于消耗导致肥胖,这一过程受遗传、环境、膳食、运动等多种因素影响。例如,正常情况下,脂肪过度蓄积可促进脂肪组织产生反馈信号,作用于摄食中枢,调节摄食行为和能量代谢,不会让机体持续处于能量过剩状态。一旦这个神经-内分泌机制失调,就会引起摄食增多、物质和能量代谢紊乱,导致肥胖。

（1）抑制食欲的激素功能障碍引起肥胖:抑制食欲的激素有瘦素（leptin）、胆囊收缩素（cholecystokinin,CCK）、α-促黑素（细胞激素）（α-melanocyte-stimulating hormone,α-MSH）等。例如,瘦素是脂肪细胞合成的一种多肽激素,由 167 个氨基酸残基组成。脂肪组织体积增加时,刺激瘦素分泌,通过血液循环将其输送至下丘脑弓状核,与瘦素受体结合,抑制食欲和脂肪合成,同时刺激脂肪酸氧化,增加耗能,减少储脂。瘦素还能增加线粒体解偶联蛋白表达,使氧化与磷酸化解偶联,增加产热。此外,瘦素还有间接降低基础代谢率、影响性器官发育与生殖等作用。这一类抑制食欲的激素若发生功能障碍,都可能引起肥胖。

（2）促进食欲的激素功能异常增强引起肥胖:促进食欲的激素有胃生长激素释放素（ghrelin）、神经肽 Y（neuropeptide Y,NPY）等。例如,生长激素释放肽是胃黏膜细胞合成的一种多肽激素,由 28 个氨基酸残基组成,它经血液循环运送至脑垂体,与其受体结合,促进生长激素的分泌。在食欲调节方面,它还能作用于下丘脑神经元,增强食欲。这一类促进食欲的激素若出现功能异常增强,也可能导致肥胖。如普拉德-威利综合征（Prader-Willi syndrome）患者,血中生长激素释放肽极度升高,引起不可控制的强烈食欲,导致极度肥胖。

（3）脂连蛋白缺陷引起肥胖:脂连蛋白（adiponectin）由脂肪细胞合成,是 224 个氨基酸残基组成的多肽激素。它通过增加靶细胞内 AMP,激活 AMPK,使下游效应蛋白发生磷酸化,可促进骨骼肌对脂肪酸的摄取和氧化,抑制肝内脂肪酸合成和糖异生,促进肝、骨骼肌对葡萄糖的摄取和分解。肥胖患者血中脂连蛋白水平显著降低。

（4）胰岛素抵抗导致肥胖:正常情况下,胰岛素作用于下丘脑受体,抑制神经肽 Y 释放、刺激促黑素（细胞激素）产生,从而抑制摄食,增加产热,并通过一定信号途径促进骨骼肌、肝和脂肪组织利用葡萄糖并储备能源。瘦素、脂连蛋白等可增加胰岛素的敏感性,所以,这些胰岛素增敏因子的功能障碍,都可能引起胰岛素抵抗（insulin resistance）,导致肥胖。

总之,肥胖源于代谢失衡,它一旦形成,又反过来加重代谢紊乱。在肥胖形成期,靶细胞对胰岛素敏感,血糖降低,耐糖能力正常。在肥胖稳定期,则表现出高胰岛素血症,组织对胰岛素抵抗,耐糖能力降低,血糖正常或升高。随着肥胖或胰岛素抵抗的程度加重,糖代谢紊乱越来越严重,血糖浓度更高;同时伴有脂代谢异常,表现为血浆总胆固醇和低密度脂蛋白胆固醇（LDL_C）升高,高密度脂蛋白胆固醇（HDL_C）降低,甘油三酯升高等。

小结

　　人体内多种代谢途径同时进行,它们通过某些同类生物化学反应、共同中间产物、两用代谢途径、酶的区隔分布而有机整合在一起,形成相互联系、相互协调和相互制约的代谢网络。这一代谢网络又是不断变化的,各条代谢途径的关键酶活性受到复杂的非线性调节,实时调整不同代谢途径之间的流量分配,动态地适应环境变化。代谢的整体性和可调节性两大特征,有利于维持机体的能量平衡和物质平衡,使三大营养物质既在供能方面相互替代和制约,又在物质转变方面一定程度上相互转化和依存。

　　各种组织、器官代谢各具特色。肝是物质代谢的中枢器官,可调节血糖,协调脂质的合成、分解和转运,调节氨基酸代谢池,合成尿素解毒,转化非营养物质等。肝与肝外组织代谢紧密联系和整合。

　　为适应体内外环境变化,机体主要在细胞水平、激素水平、整体水平三个层次进行代谢调节。在细胞水平,主要调节关键酶活性,既可快速改变酶结构,通过别构调节和化学修饰实现;也可缓慢改变酶浓度,通过控制酶蛋白的合成与降解实现。此外,微环境变化也可诱发细胞代谢调节,如 AMPK 和 mTORC1 能够感应微环境中的能量状态和营养状态,调控细胞内分解代谢与合成代谢的切换方向。在激素水平,对激素敏感的靶组织/靶细胞内的多条代谢途径进行整合调节,通过激素特异受体/信号转导级联反应同时改变多个关键酶活性而实现。在整体水平,主要通过神经-内分泌系统整合各种激素的释放,从整体上对各组织、器官代谢进行统筹协调,维持代谢稳态。

(赵　晶)

思考题

　　1. 假设地震时人被埋在废墟里,有间隔少量吃糖、完全禁食两种行为,哪一种可能使人存活更久? 试分析两种情况下的整体代谢有何差异?

　　2. 列举几种临床上治疗代谢综合征的药物,想一想它们干预了哪些代谢环节? 如何从代谢网络整合的角度解释其疗效和副作用?

第三篇
遗传信息传递

本篇讨论遗传信息的传递及其调节过程,包括真核基因与基因组,DNA、RNA 和蛋白质的生物合成,DNA 损伤与修复,原核、真核生物的基因表达调控及细胞信号转导共计八章内容。

不同生物的基因、基因组大小及特征各不相同,但生物体内的遗传信息传递均遵循"中心法则",即生命体内的三种生物大分子——DNA、RNA 和蛋白质之间的关系。DNA 以半保留复制的方式将亲代细胞的遗传信息高度忠实地传递给子代细胞;DNA 序列中的遗传信息以合成 RNA 的方式被"转录"出来;其中,携带蛋白质一级结构信息的信使 RNA(mRNA),通过"翻译"过程合成蛋白质。1970年 Temin H. 和 Baltimore D. 在研究 RNA 病毒时,发现 RNA 病毒能以 RNA 为模板合成 DNA,称为逆转录,使中心法则得到了进一步完善和补充,对遗传信息传递的理解日益准确。

DNA、RNA、蛋白质的合成过程均由细胞内复杂的大分子复合体负责完成。本篇对于这些过程的叙述主要包括:遗传信息传递基本规律和特点;模板、酶及其他因子,何处、如何起始;链的延长方向和机制,何处、如何终止;以及合成后的加工修饰等。

DNA 的生物合成并不是简单的化学反应,而是通过精密的机制控制的基因组复制过程,是一个生命体内全部遗传信息的忠实复制和传递,是细胞增殖和个体延续(繁衍)的基础。生命体的全部遗传信息都贮存于基因组中,基因组的复杂结构不仅有利于遗传信息的贮存,也是控制遗传信息复制、传递和表达的基础。

生物体内虽有精细的体系保证 DNA 复制过程的保真性,但在复制过程中和复制完成后,DNA 仍会受到各种理化因素的影响从而发生结构的损伤和变异。细胞的 DNA 损伤修复系统则可不同程度修复这些损伤,使结构变异控制在最低程度。

RNA 和蛋白质的生物合成也不是单纯的化学反应,而是遗传信息表达的过程。DNA 中贮存的 RNA 序列信息通过转录过程指导 RNA 的合成。其中信使 RNA(mRNA)作为蛋白质合成的模板,转运 RNA(tRNA)作为氨基酸转运工具,核糖体 RNA(rRNA)以核糖体形式作为蛋白质合成的场所共同参与了蛋白质的生物合成。转录和翻译过程均称为基因表达。

基因表达在体内(细胞内)受到精确调控,本质是调控转录和翻译过程进而改变 RNA 和蛋白质的合成量。细胞内有多种蛋白质和 RNA 参与基因表达过程的调控,蛋白质与 DNA、蛋白质与 RNA、蛋白质与蛋白质之间的相互作用是这些调控的基础。基因表达的调控可发生在转录和翻译过程的各个阶段,呈现多层次、多环节调控特点,以转录起始调控最为重要。真核生物因为有组蛋白和核小体结构,有转录后和翻译后加工过程,使得真核生物的调控过程比原核生物更加复杂。

基因表达调控也是细胞对微环境产生应答的一个重要方面。细胞所处微环境中的信号分子可结合特异性受体,通过细胞内信号转导而调控基因的表达。一系列细胞内信号转导分子有序相互作用,构成了信号转导通路。除了控制细胞运动、调节细胞代谢外,各信号转导通路还可激活不同的转录因子,调控不同的基因表达。

在学习本篇内容时,要理解基因信息传递各过程的基本规律和特点;把握起始、延长和终止过程中大分子复合体的动态变化。各章内容之间密切关联,因此学习时要善于对比联系。将原核生物、真核生物基因信息传递过程进行系统全面的比较学习,如原核生物转录延长过程可以与翻译同步,而真核生物因有核膜隔隔,没有转录与翻译同步现象;将不同过程的分子机制进行比较学习,如 DNA 复制和转录的共同点:都需要解链,合成的方向都是 5′→3′ 方向,都遵循 Watson-Crick 碱基配对原则。当然也不能忽视他们的差别:如 DNA 聚合酶通常具有自我校对能力,RNA 聚合酶没有等。同时还要认识信息传递的复杂性和网络特点,细胞信号转导不仅是调控基因表达的重要机制,也是调节细胞代谢的重要机制,需要与第二篇的内容联系起来。

（解　军）

第十三章

基因与基因组

【本章要点】

1. 基因的结构与功能；

2. 基因组的结构与功能；

3. 人类基因在染色体上的分布特征。

随着人们对遗传学和基因组学复杂性的深入了解,基因的定义也在发生着变化。简而言之,基因(gene)是能够编码蛋白质或 RNA 等具有特定功能产物的、负载遗传信息的基本单位,除了某些以 RNA 为基因组的 RNA 病毒外,通常是指染色体或基因组的一段 DNA 序列。基因包括编码序列(外显子)和单个编码序列间的间隔序列(内含子),以及编码区前后对基因表达具有调控作用的序列。

基因组(genome)是指一种生物体或生物体中单个细胞的一整套完整单倍体的遗传物质及其细胞器中单倍遗传物质的总和,其本质就是 DNA/RNA,基因组代表了一种生物所拥有的全部遗传信息。真核生物如人类基因组包含细胞核染色体(常染色体和性染色体)及线粒体 DNA 所携带的全部遗传信息;原核生物如细菌的基因组则由存在于拟核中的 DNA 及质粒(plasmid)DNA 组成;而病毒(包括噬菌体)的基因组则由 DNA(DNA 病毒)或 RNA(RNA 病毒)组成。1920 年德国科学家 Winkles H. 首先使用基因组一词来描述生物的全部基因和染色体。基因组(GENOME)从"基因(GENe)"和"染色体(chromosOME)"两个词组合而成。

不同生物的基因及基因组的大小和复杂程度各不相同,所贮存的遗传信息量有着巨大的差别,其结构与组织形式上也各有特点。本章重点讨论真核基因与基因组的结构和功能。

第一节　基因的结构与功能

对于大多数生物而言,DNA 是基因的物质基础,基因的功能实际上就是 DNA 的功能,包括:①利用 4 种碱基的不同排列荷载遗传信息。②通过复制将所有的遗传信息稳定、忠实地遗传给子代细胞。在这一过程中为适应环境变化,可能会发生基因突变。③作为基因表达(gene expression)的模板,使其所携带的遗传信息通过各种 RNA 和蛋白质在细胞内有序合成而表现出来。基因的功能通过基因内部及上下游结构中所蕴含的两部分信息而完成:一是可以在细胞内表达为蛋白质或功能 RNA 的编码区(coding region)序列;二是为表达这些基因(即合成 RNA)所需要的启动子(promoter)、增强子(enhancer)等调控区(regulatory region)序列。单个基因的组成结构及一个完整的生物体内基因的组织排列方式统称为基因组构(gene organization)。

一、编码序列编码多肽链和特定的 RNA 分子

基因中 DNA 碱基序列决定一个特定的成熟 RNA 分子的序列,换言之,DNA 的一级结构决定着其转录产物 RNA 分子的一级结构。有些基因通过 mRNA 进一步编码蛋白质多肽链,而相当一部分基因仅表达为一些有特定功能的 RNA,如 rRNA、tRNA 及其他小分子 RNA 等。无论是表达 RNA 还是编码蛋白质,基本原则是基因的序列决定了其表达产物 RNA 及编码产物蛋白质的序列和功能。因

此,基因序列中一个碱基的改变或突变,有可能使基因功能发生重要的变化。这些变化可能是原有功能的丧失,或是新功能的获得。当然,也有的碱基突变不会影响编码产物的序列或功能。

需要指出的是,有些相同的 DNA 序列由于其起始位点的变化或不同的剪接方式可以编码不同的蛋白质多肽链。

二、真核基因的基本结构具有不连续性

基因的基本结构包含编码蛋白质或 RNA 的编码序列(coding sequence)及相关的非编码序列,后者包括单个编码序列间的间隔序列以及编码区两侧对于基因表达具有调控功能的调控序列。原核基因的结构简单,其编码区序列是连续的,而真核基因的结构最突出特点是编码序列不连续,称为断裂基因(split gene)。

> **框 13-1**
>
> ### 断 裂 基 因
>
> 　　1977 年 Roberts R. J. 和 Sharp P. A. 与他们各自的研究小组分别利用腺病毒 *fiber* 和 *hexon* 基因转录生成的 mRNA 与其转录模板 DNA 分子杂交,然后在电镜下观察,发现 *fiber* mRNA-DNA 和 *hexon* mRNA-DNA 杂合分子中,未能与 mRNA 杂交的单链 DNA 均存在着环(loop)结构,即在腺病毒编码序列(外显子)之间存在着非编码的间隔序列(内含子),首次证明断裂基因是真核基因结构的一个基本特征。断裂基因的 DNA 片段在拼接过程中有可能因拼接模式发生改变而产生新的基因,而一些遗传病也可归因于拼接过程中的差错。Roberts R. J. 和 Sharp P. A. 的发现改变了科学家以往对进化的认识,对于现代生物学的基础研究,对肿瘤以及其他遗传性疾病的转化医学研究,具有特别重要的意义。他们也因此荣获 1993 年诺贝尔生理学或医学奖。

如图 13-1 所示,如果将成熟 mRNA 分子序列与基因中表达 RNA 的来源 DNA 序列比较,可以发现来源 DNA 的序列并不是全部都保留在成熟的 mRNA 分子中,有一些区段经过剪接(splicing)被去除。基因中与成熟 mRNA 分子对应的序列称为外显子(exon);位于外显子之间、与 mRNA 剪接过程中被删除部分相对应的间隔序列则称为内含子(intron)。外显子与内含子相间排列,每个基因的内含子数目比外显子要少 1 个。内含子序列和外显子序列同时出现在最初合成 mRNA 前体中,在合成后被剪接(详见第十六章)。如全长为 7.7kb 的鸡卵清蛋白基因有 8 个外显子和 7 个内含子,最初合成的 mRNA 前体与之等长,内含子序列被切除后的成熟 mRNA 分子的长度仅为 1.2kb。不同的基因中外显子的数量不同,少则数个,多则数十个。外显子的数量是描述基因结构的重要特征之一。

原核细胞的基因基本没有内含子。高等真核生物绝大部分编码蛋白质的基因都有内含子,但组蛋白编码基因例外。同时,表达 rRNA 和一些 tRNA 的基因也都有内含子。内含子的数量和大小在很

图 13-1　真核生物断裂基因

大程度上决定了高等真核基因的大小。低等真核生物的内含子分布差别很大,有的酵母的结构基因较少有内含子,有的则较常见。在不同种属中,外显子序列通常比较保守,而内含子序列则变异较大。外显子与内含子接头处有一段高度保守的序列,即内含子 5′-端大多数以 GT 开始,3′-端大多数以 AG 结束,这一共有序列(consensus sequence)是多数真核基因中 RNA 剪接的识别信号。

为方便叙述基因编码序列和其调节序列的关系,人们约定将一个基因的 5′-端称为上游,3′-端称为下游;为标定 DNA 信息的具体位置,将基因序列中开始 RNA 链合成的第一个核苷酸所对应的碱基记为+1,在此碱基上游的序列记为负数,向 5′-端依次为−1、−2 等;在此碱基下游的序列记为正数,向 3′-端依次为+2、+3 等。零不用于标记碱基位置。基因、蛋白质的名称和符号的命名与书写比较复杂,如何正确使用基因、蛋白质的名称格式,在不同的物种中有不同的规则。通常来讲,人类的基因简写名称用斜体,所有的字母用大写,如 *IGF1*(胰岛素样生长因子 1);小鼠、大鼠的基因简写名称用斜体,第一个字母大写,其余小写,如 *Igf1*(胰岛素样生长因子 1);人类、小鼠、大鼠来源蛋白质的简写名称与基因简写名称相同,但不用斜体,并全部大写,如 IGF1。

三、调控序列调节真核基因表达

位于基因转录区前后并与其紧邻的 DNA 序列通常是基因的调控区,又称为旁侧序列(flanking sequence)。真核基因的调控序列远较原核生物复杂,迄今为止对其了解仍很有限。这些调控序列又称顺式作用元件(*cis*-acting element),包括启动子、上游调控元件、增强子、绝缘子、加尾信号和一些细胞信号反应元件等(图 13-2)。

图 13-2　真核基因及其调控序列的一般结构

1. 启动子提供转录起始信号　启动子(promoter)是 DNA 分子上能够介导 RNA 聚合酶结合并形成转录起始复合物的序列。大部分真核基因的启动子位于基因转录起点的上游,启动子本身通常不被转录;但有一些启动子(如编码 tRNA 基因的启动子)的 DNA 序列可以位于转录起始位点的下游,这些 DNA 序列可以被转录。真核生物主要有 3 类启动子(图 13-3),分别对应于细胞内存在的 3 种不同的 RNA 聚合酶和相关蛋白质(详见第十六章),因此现在也有学者按 RNA 聚合酶定义启动子,即 RNA pol Ⅰ启动子、RNA pol Ⅱ启动子和 RNA pol Ⅲ启动子。

(1)Ⅰ类启动子富含 GC 碱基对:具有Ⅰ类启动子的基因主要是转录 rRNA 的基因,由 RNA pol Ⅰ转录。Ⅰ类启动子由核心启动子(core promoter)和上游启动子元件(upstream promoter element,UPE)组成。围绕转录起始位点的核心启动子又称为核糖体起始因子元件(ribosomal initiator element,rInr),上游启动子元件又称上游调控元件(upstream control element,UCE),这两部分组成Ⅰ类启动子,能增强转录的起始。两部分序列都富含 GC 碱基对,只有在转录起始位点处富含 AT 碱基对。

(2)Ⅱ类启动子可由不同序列元件组合组成:具有Ⅱ类启动子的基因主要是能转录出 mRNA 且编码蛋白质的基因和一些非编码 RNA 基因,由 RNA pol Ⅱ转录。Ⅱ类启动子通常是由 TFⅡB 识别序列、TATA 盒(TATA box)、上游调控元件如增强子和起始元件(initiator element,Inr),以及下游启动子元件(downstream promoter element,DPE)和下游核心元件(downstream core element,DCE)等通过不同

图 13-3　真核基因的 3 类启动子

UPE：上游启动子元件（upstream promoter element）；Core element：核心元件；Inr：起
始元件（initiator element）；DPE：下游启动子元件（downstream promoter element）；
Oct：八聚体寡核苷酸结合序列（8-base-pair binding sequence）；PSE：近侧序列元件
（proximal sequence element）。

组合组成。含有 TATA 盒的启动子通常没有 DPE，但常有 DCE。Inr 可以与 TATA 盒或 DPE 组合，在
一个启动子中出现。Inr 的序列高度保守（Py_2CAPy_5，Py 代表任意嘧啶），位于转录起始位点；TATA 盒
的核心序列是 TATAA，决定着 RNA 合成的起始位点；DPE 不含有 TATA 盒序列。有的 Ⅱ 类启动子在
TATA 盒的上游还可存在 CAAT 盒、GC 盒等特征序列，共同组成启动子。

除核心启动子外，还有其他一些调控序列为 RNA pol Ⅱ 的准确、有效转录所必须，包括：启动子近
侧元件（promoter proximal element）和上游激活子序列（upstream activator sequence，UAS）等。

（3）Ⅲ类启动子包括 A 盒、B 盒和 C 盒：具有 Ⅲ 类启动子的基因包括转录 5S rRNA、tRNA、U6
snRNA 等 RNA 分子的基因，由 RNA pol Ⅲ 转录。Ⅲ 类启动子可位于转录起始位点上游或下游。5S
rRNA 基因启动子的 A 盒和 C 盒由中间序列（intermediate element，IE）分隔，位于转录起始位点下游，
称为 5S 内部控制区（internal control region，ICR）。tRNA 基因启动子含有 A 盒与 B 盒，也位于转录起
始位点下游；一些核小 RNA 基因的启动子位于转录起始位点上游。

2. 增强子增强邻近基因的转录　增强子（enhancer）是可以增强真核基因启动子工作效率的顺
式作用元件，是真核基因最重要的调控序列，决定着每一个基因在细胞内的表达水平（详见第十九
章）。这一调控序列能够在相对于启动子的任何方向和位置（上游或下游）上发挥作用，但大部分位于
上游。增强子序列距离所调控基因距离近者达几十个碱基对，远的可达几千个碱基对。通常数个增
强子序列形成一簇，有时增强子序列也可位于内含子之中。不同的增强子序列结合不同的调节蛋白。

3. 沉默子是负调节元件　沉默子（silencer）是可抑制基因转录的特定 DNA 序列，当其结合一些
反式作用因子时，对基因的转录起阻遏作用，使基因沉默。

4. 绝缘子是异染色质扩散的屏障　绝缘子（insulator）是基因组上对转录调控起重要作用的一种
元件，可位于增强子或沉默子与启动子之间，阻止他们对启动子的增强或抑制作用；亦可位于活化基
因与异染色质（heterochromatin）之间，保护基因不受附近染色质环境（如异染色质）的影响。特异的

转录因子如酵母 RAP1 蛋白和脊椎动物细胞中 CTCF（CCCTC-binding factor）蛋白结合于绝缘子而发挥调控作用。绝缘子可能是通过影响染色质的三维结构如 DNA 发生弯曲或形成环状结构来阻碍增强子对启动子的作用。

第二节　基因组的结构与功能

病毒、原核生物以及真核生物所贮存的遗传信息量有着巨大的差别,其基因组的结构与组织形式也各有特点,包括基因组中基因的组织排列方式以及基因的种类、数目和分布等。

一、原核基因组贮存于拟核和质粒中

原核生物的基因组结构相对简单,主要存在于拟核 DNA 中。与真核生物的基因组结构相比,原核生物的拟核 DNA 中基因组结构特点如下：①通常仅由一条环状双链 DNA 组成。原核生物基因组 DNA 与蛋白质结合,但并不形成像真核细胞核里那样的染色体结构,这种结合所形成的结构习惯上仍称为染色体。细菌染色体 DNA 在细胞内形成一个致密区域,即类核。②基因组中只有一个复制起点,具有操纵子结构(详见第十六章)。③基因基本上是连续的,没有内含子,转录后不需要进行剪接。④基因组中重复序列很少,编码蛋白质的结构基因多为单拷贝基因;编码 rRNA 的基因往往是多拷贝基因,有利于核糖体的快速组装,进而快速进行蛋白质的翻译合成以适应环境变化。⑤基因组中具有多种功能的识别区域,如复制起始区、复制终止区、转录启动区和终止区等。这些区域往往具有特殊的序列,并且含有反向重复序列（inverted repeat,IR）。⑥基因组中存在可移动的 DNA 序列,包括插入序列和转座子等。

某些原核生物基因组中还存在质粒等其他携带遗传物质的 DNA。质粒是细菌内一种自我复制的环状双链 DNA 分子,能稳定地独立存在,并传递给子代。质粒所携带的遗传信息能赋予细菌特定的遗传性状,如耐药性质粒带有耐药基因,可以使宿主细胞获得耐受相应抗生素的能力。质粒常含有抗生素抗性基因,经过人工改造后的质粒是重组 DNA 技术中常用的载体。质粒对宿主细胞的生存不是必需的,宿主细胞离开了质粒依旧能够存活。

二、真核基因组贮存于染色体、线粒体、叶绿体中

真核生物的基因组庞大,具有以下结构特点：①真核基因组中基因的编码序列所占比例远小于非编码序列。人的基因组约 3 100Mb,蛋白质编码基因的编码序列约占 1.5%,内含子占 25.9%;在一个蛋白质编码基因的全部序列中,编码成熟 mRNA 的序列平均占 5%。②高等真核生物基因组含有大量的重复序列,可以占到全基因组的 80% 以上,在人的基因组中重复序列达到 50% 以上。这些重复序列主要是微卫星 DNA（microsatellite DNA,约占全基因组 3%）和基因组上广泛分布的重复序列（genome-wide repeat,约占全基因组 44%）。③真核基因组中存在多基因家族和假基因。人类基因组约有 2 万个编码蛋白质的基因,存在着约 1.5 万个基因家族。在一个基因家族中,还存在假基因（pseudogene）。④人的基因组中,大约 60% 的基因转录后发生可变剪接,80% 的可变剪接使蛋白质的序列发生改变。⑤真核基因组 DNA 与蛋白质结合形成染色体,储存于细胞核内,除配子细胞外,体细胞的基因组为二倍体（diploid）,即有两份同源的基因组。⑥真核基因组 DNA 包含线粒体基因组 DNA、叶绿体基因组 DNA。

人类基因组包含了细胞核单倍染色体 DNA（常染色体和性染色体）及单拷贝线粒体 DNA 所携带的所有遗传物质,其组成如图 13-4 所示。

1. 真核基因组中存在大量重复序列　真核细胞基因组存在着大量重复序列。人类基因组中,重复序列占将近一半的基因组长度。重复序列的长度不等,短的仅含两个碱基,长的多达数百乃至上千个碱基。重复序列有多种分类方法,根据重复序列的分布方式可以分为串联重复序列（tandemly

图13-4   人的基因组构成

repeat sequence）和散在重复序列（interspersed repeat sequence）；根据重复序列的重复频率，可以分为高度重复序列（highly repetitive sequence）、中度重复序列（moderately repetitive sequence）和单拷贝序列（single copy sequence）或低度重复序列等3种。

（1）高度重复序列的重复频率为 $10^3 \sim 10^7$：高度重复序列是真核基因组中存在的短核苷酸重复序列，长度为 5~500bp，不编码蛋白质或 RNA。在人类基因组中，高度重复序列约占基因组长度的 20%。高度重复序列按其结构特点分为反向重复序列和卫星 DNA（satellite DNA）。前者由两个相同顺序的互补拷贝在同一 DNA 链上反向排列而成，反向重复的单位长度约为 300bp 或略短，其总长度约占人的基因组的 5%，多数是散在而非群集于基因组中。卫星 DNA 是真核细胞染色体具有的高度重复核苷酸序列，一般由 2~10bp 的重复单位成串排列，在人类基因组中可占 10% 以上。卫星 DNA 主要存在于染色体的着丝粒区，通常不被转录。

高度重复序列的功能主要为：①参与复制水平的调节。反向重复序列常存在于 DNA 复制起点区的附近，是一些蛋白质（包括酶）的结合位点。②参与基因表达的调控。高度重复序列可以转录到核内不均一 RNA 分子中，而有些反向重复序列可以形成发夹结构，有助于稳定 RNA 分子。③参与染色体配对。如 α 卫星 DNA 成簇样分布在染色体着丝粒附近，可能与染色体减数分裂时染色体配对有关。

（2）中度重复序列的重复频率为 $10 \sim 10^4$：中度重复序列通常占整个单倍体基因组的 1%~30%。少数在基因组中成串排列在一个区域，大多数与单拷贝基因间隔排列。转座子（transposon）是构成中度重复序列的重要成分。依据重复序列的长度，中度重复序列可分为以下两种类型。

1）短散在重复序列平均长度约为 70~300bp：短散在重复序列（short interspersed repeat sequence）是以散在方式分布于基因组中的较短重复序列，与平均长度约为 1 000bp 的单拷贝序列间隔排列。如 *Alu* 家族、*Hinf* 家族等属于这种类型的中度重复序列。

Alu 家族是哺乳类动物（包括人）基因组中含量最丰富的一种短分散片段中度重复序列，平均每 4~6kb DNA 就有一个 *Alu* 序列，在单倍体人类基因组中重复约 50 万次，约占人的基因组的 10%。*Alu* 家族每个成员的长度约 300bp，由于每个单位长度中有一个限制性内切酶 *Alu* 的切点（AG↓CT），将其切成长 130bp 和 170bp 的两段，因而命名为 *Alu* 序列（或 *Alu* 家族）。*Alu* 成员之间约有 87% 的序列一致性。

2）长散在重复序列平均长度约为 6 000~7 000bp：长散在重复序列（long interspersed repeat sequence）是以散在方式分布于基因组中的较长重复序列，与平均长度为 13 000bp（个别可达到数万个碱基对）的单拷贝序列间隔排列，常具有转座活性。

中度重复序列在基因组中所占比例在不同种属之间差异很大，在人的基因组中约为 20%。这些序列大多不编码蛋白质，其功能可能类似于高度重复序列。真核生物基因组中的 rRNA 基因也属于中度重复序列。与其他中度重复序列不同，各重复单位中的 rRNA 基因都是相同的。rRNA 基因通常集中成簇存在，而不是分散于基因组中，这样的区域称为 rDNA 区，如染色体的核仁组织区（nucleolus organizer region）即为 rDNA 区。人类的 rRNA 基因位于 13、14、15、21 和 22 号染色体的核仁组织区，每个核仁组织区平均含有 50 个 rRNA 基因的重复单位；5S rRNA 基因似乎全部位于 1 号染色体（1q42-43）上，每个单倍体基因组约有 1 000 个 5S rRNA 基因。此外，真核生物基因组中的 tRNA 基因也属于中度重复序列。

（3）单拷贝序列在单倍体基因组中只出现 1 次或数次：单拷贝序列又称低度重复序列，大多数编码蛋白质的基因属于这一类。在基因组中，单拷贝序列的两侧往往为散在分布的重复序列。单拷贝序列编码的蛋白质在很大程度上体现了生物的各种功能，因此针对这些序列的研究对医学实践有特别重要的意义。近年来，人们发现微 RNA（microRNA，miRNA）和长非编码 RNA（long non-coding RNA，lncRNA）的序列也是单拷贝序列。此外，单拷贝序列还包括一些无（或未知）功能的序列，以及突变的基因或假基因。

2. 真核基因组中存在大量的多基因家族与假基因 真核基因组的另一结构特点是存在多基因家族（multigene family）。多基因家族是指由某一祖先基因经过重复和变异所产生的一组结构相似、功能相关的基因。在细菌或病毒基因组中，80% 以上的基因是具有独特结构或功能的基因，但在人的基因组中，这类基因不足 20%。

多基因家族大致可分为两类：一类是基因家族成簇地分布在某一条染色体上，它们可同时发挥作用，合成某些蛋白质，如组蛋白基因家族就成簇地集中在第 7 号染色体长臂 3 区 2 带到 3 区 6 带区域内。另一类是一个基因家族的不同成员成簇地分布于不同染色体上，这些不同成员编码一组功能上紧密相关的蛋白质，如人类珠蛋白基因家族分为 α-珠蛋白和 β-珠蛋白两个基因簇，他们分别位于第 16 号和第 11 号染色体。一些 DNA 序列相似，但功能不一定相关的若干个单拷贝基因或若干组基因家族可以被归为基因超家族（gene superfamily），例如免疫球蛋白基因超家族、*RAS* 基因超家族。一个多基因家族中可有许多个基因，根据结构与功能的不同又可以分为亚家族（subfamily），例如人的小 G 蛋白中属 *RAS* 基因超家族约有 50 多个成员，根据其序列同源性程度又可进一步分为 *RAS*、*RHO* 和 *RAB* 三个主要的亚家族。

人的基因组中存在假基因，以 ψ 来表示。假基因是基因组中存在的一段与正常基因非常相似但一般不能表达的 DNA 序列。这类基因可能曾经有过功能，但在进化中获得一个或几个突变，造成了序列上的细微改变从而阻碍了正常的转录和翻译，使它们不能再正常编码蛋白质产物。假基因根据其来源可以分为经过加工的假基因和未经过加工的假基因两种类型，前者没有内含子，后者含有内含子。人们推测，经过加工的假基因的来源可能是基因转录生成的成熟 mRNA 经逆转录产生 cDNA，再整合到染色体 DNA 中去，便有可能成为假基因。经过加工的假基因通常缺少正常基因表达所需的调节序列，没有内含子，但可能会有残存的 3′-端多聚腺苷酸序列；在假基因形成过程中，还可能会发生缺失、倒位或点突变等变化，从而使假基因不能表达。未加工的假基因来源于多拷贝和单拷贝基因的突变或者基因的不完全复制；这种类型假基因的结构与正常基因的功能基因相似，仍可保留内含子。人的基因组中大约有 1.9 万个假基因，其中约 2 000 个为核糖体蛋白的假基因。人们曾认为假基因是没有功能的，但有证据表明，假基因可以通过不同方式发挥对基因表达的调节作用。有些内源性 siRNA 来源于假基因的转录产物；假基因的转录产物虽不能翻译为正常的多肽链，但可以影响其同源功能基因的表达。此外，加工假基因还可能因为整合在基因组的特定位点而以一种组织特异性的方式得到表达。

3. 真核基因组存在独立于染色体外的基因组 线粒体普遍存在于植物细胞和动物细胞的细胞质中，是细胞内的一种重要细胞器，是生物氧化的场所，一个细胞可拥有数百至上千个线粒体。线粒体 DNA（mitochondrial DNA，mtDNA）的结构与原核生物 DNA 的结构类似，是环状分子。并不是所有的真核细胞均有线粒体，如蛔虫成虫阶段体细胞内没有线粒体；植物根系根部顶端的根冠细胞，是一层高度木质化的细胞，其细胞内没有线粒体，只有少部分根冠细胞会有少量的线粒体。线粒体基因组能够单独进行复制、转录及合成蛋白质，但这并不意味着线粒体基因组的遗传完全不受核基因的控制。线粒体自身结构和生命活动都需要核基因的参与并受其控制。

人的线粒体基因组全长 16 569bp，共编码 37 个基因（图 13-5），包括 13 个编码构成呼吸链多酶体系的一些多肽的基因、22 个编码 mt-tRNA 的基因、2 个编码 mt-rRNA（16S 和 12S）的基因。

叶绿体是植物细胞中由双层膜围成且含有叶绿素能进行光合作用的细胞器。叶绿体间质中悬浮有由膜囊构成的类囊体，内含叶绿体 DNA（chloroplast DNA，cpDNA）。高等植物叶绿体的 DNA 为双链闭合环状分子，其长度随生物种类的不同而不同，约为 120~217kb，相当于噬菌体基因组的大小，每个叶绿体中通常有十几个拷贝。叶绿体具

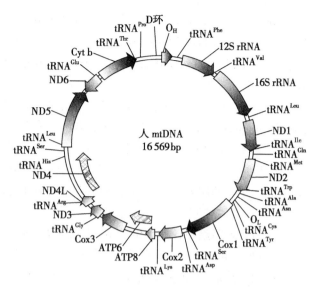

图 13-5   人的线粒体基因组

有独立基因组，被认为是内共生起源的细胞器。叶绿体基因组中的基因数多于线粒体基因组中的基因数，叶绿体基因组 DNA 主要用于编码与光合作用密切相关的一些蛋白质和一些核糖体蛋白。高等植物的叶绿体基因组的长度各异，但均有的两段 10~24kb 长度的 DNA 序列即 IRA 和 IRB，它们互呈反向重复序列。这两段反向重复序列之间发生重组，形成了一段短的单拷贝序列（short single copy，SSC），把 IRA 和 IRB 连接起来，基因组的其余部分则是长的单拷贝序列（long single copy，LSC）。叶绿体基因组同线粒体基因组一样，都是细胞里相对独立的一个遗传系统。叶绿体基因组可以自主地进行复制，但同时需要细胞核遗传系统提供遗传信息。并不是所有的植物细胞中都含有叶绿体。

三、人的染色体基因组上分布着绝大多数基因

真核生物基因组 DNA 与蛋白质结合，以染色体的方式存在于细胞核内。不同的真核生物具有不同的染色体数目。

1. 人的基因在染色体上的分布特征   人类基因组的染色体 DNA 包括 22 对常染色体及 1 对性染色体的 DNA，不同染色体的大小在 46~250Mb 之间（图 13-6）。其中，最长的染色体是第 1 号染色体，约 248.96Mb，含有 5 485 个确定的基因；最小的是第 21 号染色体，约 46.71Mb，含有 679 个基因。一

图 13-6   人染色体大小示意图

些遗传性疾病如阿尔茨海默病、肌萎缩侧索硬化和唐氏综合征等的相关基因,均位于第 21 号染色体。

　　值得注意的是基因在染色体上并不是均匀分布。其中基因密度最大的是第 19 号染色体,平均每百万碱基有 42 个基因;密度最小的是 Y 染色体,平均每百万碱基只有将近 10 个基因。人类基因组中存在无基因的"沙漠区",即在 500kb 区域内,没有任何蛋白质编码基因的序列。这种"沙漠区"约占人类基因组的 20%。这种基因分布是如何形成的、有何意义,目前尚不清楚。

　　2. 人类基因组中有约 2 万个蛋白质编码基因　　通过基因组测序,人们对数种生物的基因组大小和所含有的基因数量已有所了解。一般而言,在进化过程中随着生物体复杂程度的增加,基因组大小或基因的数量也会随之增加。但是决定生物复杂性的因素较多,除了基因组大小和基因数以外,基因密度(gene density)对生物复杂性的影响也不容忽视。基因密度是指每一百万个碱基长度的序列中所有的平均基因数。例如,人的基因组最大,复杂程度也最高,但所含的基因数量并不是最多。根据美国国家生物技术信息中心(National Center for Biotechnology Information)2022 年 4 月公布的数据,人类染色体基因组的大小为 3.1×10^9bp,基因和假基因 59 265 个,其中蛋白质编码基因 20 024 个,非蛋白质编码基因 21 894 个;mRNA 130 164 条;非编码 RNA 47 906 条(NCBI Homo sapiens Annotation Release 110,2022 年 4 月 6 日)。人类基因组的基因密度较低,因为基因组中存在大量调控序列、转座子和内含子等,这些序列使人类基因能够更为有效地发挥功能。

小结

　　基因是能够编码蛋白质或 RNA 等具有特定功能产物的、负载遗传信息的基本单位,除了某些以 RNA 为基因组的 RNA 病毒外,通常是指染色体或基因组的一段 DNA 序列。

　　基因的基本结构包含编码蛋白质或 RNA 的编码序列及相关的非编码序列,后者包括单个编码序列间的间隔序列以及编码区前后对基因表达具有调控作用的序列。原核基因的结构简单,其编码序列是连续的,而真核基因的结构最突出特点是编码序列不连续,称为断裂基因。

　　基因组是指一个生物体内所有遗传信息的总和。真核基因组的特点包括:基因编码序列在基因组中所占比例小于非编码序列,高等真核生物基因组含有大量的重复序列,存在多基因家族和假基因,具有可变剪接,真核基因组 DNA 与蛋白质结合形成染色体,储存于细胞核内。

　　线粒体 DNA 是核外遗传物质,可以独立编码线粒体中的一些蛋白质。人的线粒体基因组全长 16 569bp,共编码 37 个基因。

　　人类基因组中有约 2 万个蛋白质编码基因,分布在 22 对常染色体及 1 对性染色体,但并不是均匀分布。

(汤立军)

思考题

　　1. 如何理解断裂基因及其意义?
　　2. 何谓启动子、增强子、沉默子、绝缘子?
　　3. 试述原核生物与真核生物基因组的结构特点。
　　4. 试述生物体基因组大小及基因数量与其复杂程度的关系。

第十四章

DNA 的生物合成

【本章要点】

1. DNA 复制的基本特征；
2. DNA 复制过程需要的酶和蛋白质辅因子；
3. 真核生物和原核生物 DNA 复制的异同；
4. 线粒体 DNA 的 D 环复制；
5. 逆转录发现的意义。

生物体内或细胞内进行的 DNA 合成主要包括 DNA 复制、DNA 修复合成和逆转录合成 DNA 等过程。DNA 复制（DNA replication）是以 DNA 为模板的 DNA 合成，是基因组的复制过程。在这个过程中，亲代 DNA 作为合成模板，按照碱基配对原则合成子代 DNA 分子，其化学本质是脱氧核苷酸的酶促聚合反应。DNA 的忠实复制以碱基配对规律为分子基础，酶促修复系统可以校正复制中可能出现的错误。原核生物和真核生物 DNA 复制的规律和过程非常相似，但具体细节上有许多差别，真核生物 DNA 复制过程和参与的分子更为复杂和精致。本章主要讨论 DNA 复制和 DNA 的逆转录合成，DNA 的修复将在第十五章叙述。

第一节　DNA 复制的基本特征

DNA 复制的主要特征包括：半保留复制（semi-conservative replication）、双向复制（bidirectional replication）和半不连续复制（semi-discontinuous replication）。DNA 复制具有高保真性（high fidelity）。

一、DNA 以半保留方式进行复制

DNA 生物合成的半保留复制规律是遗传信息传递机制的重要发现之一。在复制时，亲代双链 DNA 解开为两股单链，各自作为模板（template），按碱基配对规律合成与模板序列互补的子代 DNA 链。

以亲代 DNA 为模板合成子代 DNA，亲代 DNA 在子代 DNA 中的存留有 3 种可能性：全保留式、半保留式或混合式（图 14-1a）。1958 年，Messelson M. 和 Stahl F. W. 用实验证实自然界的 DNA 复制方式是半保留式。他们利用细菌可利用 NH_4Cl 作氮源合成 DNA 的特性，将细菌在含 $^{15}NH_4Cl$ 的培养基中培养若干代（每一代约 20 分钟），让细菌 DNA 几乎全部是含 ^{15}N 的"重"DNA；再将细菌放回普通的 $^{14}NH_4Cl$ 培养基中培养，新合成的 DNA 则有 ^{14}N 的掺入；提取不同培养代数的细菌 DNA 做密度梯度离心分析，因 ^{15}N-DNA 和 ^{14}N-DNA 的密度不同，DNA 因此形成不同的致密带。结果表明，细菌在"重"培养基中生长繁殖时合成的 ^{15}N-DNA 是一条高密度带；转入普通培养基培养 1 代后得到 1 条中密度带，提示其为 ^{15}N-DNA 链与 ^{14}N-DNA 链的杂交分子；在第二代时可见中密度和低密度 2 条带，表明它们分别为 ^{15}N-DNA 链/^{14}N-DNA 链、^{14}N-DNA 链/^{14}N-DNA 链组成的分子（图 14-1b）。随着在普通培养基中培养代数的增加，低密度带增强，而中密度带保持不变。这一实验结果证明，亲代 DNA 复制后，以半保留形式存在于子代 DNA 分子中。

半保留复制规律的阐明，对于理解 DNA 的功能和物种的延续性有重大意义。依据半保留复制的

图 14-1　证明 DNA 半保留复制的经典实验

（a）DNA 复制方式的 3 种可能性；（b）¹⁵N 标记 DNA 实验证明半保留复制假设。

方式，子代 DNA 保留了亲代的全部遗传信息，这一特征通过 DNA 碱基序列代与代之间的高度一致性体现（图 14-2）。

　　遗传的保守性是相对而不是绝对的，自然界还存在着普遍的变异现象。遗传信息的相对恒定是物种稳定的分子基础，但并不意味着同一物种个体与个体之间没有区别。例如病毒是简单的生物，流感病毒就有很多不同的毒株，不同毒株的感染方式、毒性差别可能很大，在预防上有相当大的难度。又如，地球上曾有过的人口和现有的几十亿人，除了单卵双胞胎之外，两个人之间不可能有完全一样的 DNA 分子组成（基因型）。在强调遗传恒定性的同时，不应忽视其变异性。

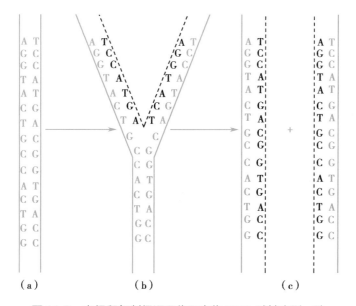

图 14-2　半保留复制保证子代和亲代 DNA 碱基序列一致

（a）母链 DNA；（b）复制过程形成的复制叉；（c）两个子代细胞的双链 DNA，实线链来自母链，虚线链是新合成的子链。

二、DNA 复制从起点双向进行

细胞的增殖有赖于基因组复制而使子代得到完整的遗传信息。原核生物基因组是环状 DNA,只有一个复制起点(replication origin, *ori*)。复制从起点开始,向两个方向进行解链,进行的是单点起始双向复制(图 14-3a)。复制中的模板 DNA 形成 2 个延伸方向相反的开链区,称为复制叉(replication fork)。复制叉指的是正在进行复制的双链 DNA 分子所形成的 Y 形结构,其中,已解旋的两条模板单链以及正在进行合成的新链构成了 Y 形的头部,尚未解旋的 DNA 模板双链构成了 Y 形的尾部(图 14-3b)。

（a）原核生物环状DNA的单点起始双向复制

（b）真核生物DNA的多点起始双向复制

图 14-3   DNA 复制的起点和方向

真核生物基因组庞大而复杂,由多条染色体 DNA 组成,全部染色体 DNA 均需复制,每条染色体 DNA 又有多个起点,呈多起点双向复制特征(图 14-3b)。每个起点产生两个移动方向相反的复制叉,复制完成时,复制叉相遇并汇合连接。从一个 DNA 复制起点起始的 DNA 复制区域称为复制子(replicon)。复制子是含有一个复制起点的能够独立完成复制过程的功能单位。高等生物有数以万计的复制子,复制子间长度差别很大,约在 13~900kb 之间。

三、DNA 复制以半不连续方式进行

DNA 双螺旋结构的特征之一是两条链的反向平行,一条链为 5′→3′ 方向,其互补链是 3′→5′ 方向。DNA 合成酶只能催化 DNA 链从 5′→3′ 方向的合成,故子链沿着模板复制时,只能从 5′→3′ 方向延伸。在同一复制叉上,解链方向只有一个。此时一条子链的合成方向与解链方向相同,可以边解链,边合成新链;而另一条链的复制方向则与解链方向相反。因此,两条新链合成的方式具有不同的特点。1968 年,冈崎(Okazaki R.)利用电子显微镜结合放射自显影技术观察到,复制过程中会出现一些较短的新 DNA 片段,后人证实这些片段只出现于同一复制叉的一股链上。由此提出,子代 DNA 合成是以半不连续的方式完成的,从而克服 DNA 空间结构对 DNA 新链合成的制约。

目前认为,在 DNA 复制过程中,沿着解链方向生成的子链 DNA 的合成是连续进行的,这股链称前导链(leading strand)。另一股链复制的方向与解链方向相反,不能连续延长,必须待模板链解开至足够长度,逐段地从 5′→3′ 生成引物并复制子链。延长过程中,模板被打开一段,起始合成一段子链;再打开一段,再起始合成另一段子链,这一通过不连续复制合成的链称后随链(lagging strand)。前导链连续复制而后随链不连续复制的方式称半不连续复制(图 14-4)。在引物生成和子链延长上,后随链都比前导链迟一些,因此,两条互补链的合成是不对称的。

沿着后随链的模板链合成的新 DNA 片段被命名为冈崎片段（Okazaki fragment）。真核冈崎片段长度为 100~200 个核苷酸残基，而原核冈崎片段长度是 1 000~2 000 个核苷酸残基。复制完成后，这些不连续片段经过去除引物，填补引物留下的空隙，连接成完整的 DNA 长链。

图 14-4　DNA 的半不连续复制

四、DNA 复制具有高保真性

DNA 复制具有高保真性，其错配概率约为 10^{-10}。"半保留复制"确保亲代和子代 DNA 分子之间信息传递的高保真性。高保真的 DNA 聚合酶遵守严格的碱基配对原则是保证复制保真性的机制之一；另外，体内复制叉的复杂结构提高了复制的准确性。DNA 聚合酶的核酸外切酶活性和校读功能以及复制后修复系统（光复活修复、剪切修复、重组修复，详见第十五章）对错配的协同纠正作用，进一步提高了复制的保真性。

细菌复制酶有多个错误修复系统。真核细胞有许多 DNA 聚合酶，复制酶以高保真度运作。复制酶有复杂的结构，不同亚基具有不同功能（表 14-1）。除了 β 酶，修复酶都有低保真度，修复酶的结构相对简单。

表 14-1　真核生物 DNA 聚合酶功能和结构

DNA 聚合酶	功能	结构
	高保真的复制酶	
α	核复制	350kD 四聚体
δ	后随链	250kD 四聚体
ε	前导链	350kD 四聚体
γ	线粒体复制	200kD 二聚体
	高保真的修复酶	
β	碱基切除修复	39kD 单体
	低保真的修复酶	
ζ	碱基损伤旁路	
η	胸腺嘧啶二聚体旁路	单体
ι	减数分裂相关	单体
κ	碱基替换与缺失	单体

第二节　DNA 复制的酶学和拓扑学变化

DNA 复制是酶促核苷酸聚合反应，底物是 dATP、dGTP、dCTP 和 dTTP，总称 dNTP；N 代表 4 种碱基的任一种。dNTP 底物有 3 个磷酸基团，最靠近脱氧核糖的称为 α-P，向外依次为 β-P 和 γ-P。在聚合反应中，α-P 与子链末端脱氧核糖的 3′-OH 连接。

模板是指解开呈单链的 DNA 母链，遵照碱基互补规律，指引子链合成以及子链延长的方向。引物提供 3′-OH 末端使 dNTP 可以依次聚合。由于底物的 5′-P 是加合到延长中的子链（或引物）3′-端脱氧核糖（或核糖）的 3′-OH 基，生成磷酸二酯键，因此新链的延长只可沿 5′→3′ 方向进行。脱氧核苷酸之间生成 3′,5′-磷酸二酯键而逐一聚合，是复制的基本化学反应（图 14-5），可简示为：

图 14-5 复制过程中脱氧核苷酸的聚合

$(dNMP)_n + dNTP \rightarrow (dNMP)_{n+1} + PPi$。

一、DNA 聚合酶催化脱氧核苷酸间的聚合

DNA 聚合酶全称是依赖 DNA 的 DNA 聚合酶(DNA-dependent DNA polymerase),简称 DNA pol,是 1958 年由 Kornberg A. 在 *E.coli* 中首先发现的。他从 100kg 细菌沉渣中提取仅 0.5g 纯酶,在试管内加入模板 DNA、dNTP 和引物,该酶可催化新链 DNA 生成。这一结果直接证明了 DNA 是可以复制的,是继 DNA 双螺旋确立后的又一重大发现。当时将此酶称为复制酶(replicase),在发现其他种类的 DNA pol 后,Kornberg A. 发现的 DNA 聚合酶称为 DNA pol I。

(一)原核生物有 3 种 DNA 聚合酶

大肠埃希菌经人工处理和筛选,可培育出基因变异菌株。DNA pol I 基因缺陷的菌株,经实验证明同样可进行 DNA 复制。从变异菌株中相继提取到的其他 DNA pol 被分别称为 DNA pol II 和 DNA pol III。这三种聚合酶都有 5′→3′ 延长脱氧核苷酸链的聚合酶活性及 3′→5′ 核酸外切酶活性。

DNA pol III 的聚合反应比活性远高于 pol I,每分钟可催化多至 10^5 次聚合反应,因此 DNA pol III 是原核生物复制延长中真正起催化作用的酶。DNA pol III 是由 10 种(17 个)亚基组成的不对称异聚合体(图 14-6),由 2 个核心酶、1 个 γ-复合物和 2 对 β 亚基构成。核心酶由 α、ε、θ 亚基共同组成,主要作用是合成 DNA,有 5′→3′ 聚合活性;ε 亚基是复制保真性所必需的;两侧的 β 亚基发挥夹稳模板链,并有使酶沿模板滑动的作用;其余的 7 个亚基统称 γ-复合物,包括 γ、δ、δ′、ψ、χ 和 2 个 τ,有促进全酶组装至模板上及增强核心酶活性的作用。

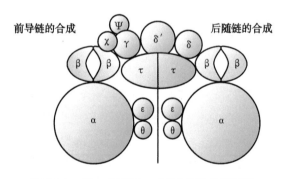

图 14-6 *E.coli* DNA pol III 全酶的分子结构

DNA pol I 的二级结构以 α-螺旋为主,只能催化延长约 20 个核苷酸,说明它不是复制延长过程中起主要作用的酶。DNA pol I 在活细胞内的功能主要是对复制中的错误进行校对,对复制和修复中出现的空隙进行填补。

用特异的蛋白酶可以将 DNA pol I 水解为 2 个片段:小片段共 323 个氨基酸残基,有 5′→3′ 核酸外切酶活性;大片段共 604 个氨基酸残基,称 Klenow 片段,具有 DNA 聚合酶活性和 3′→5′ 核酸外切酶活性。Klenow 片段是实验室合成 DNA 和进行分子生物学研究常用的工具酶。

DNA pol II 基因发生突变,细菌依然能存活,可推想它是在 pol I 和 pol III 缺失情况下暂时起作用的酶。DNA pol II 对模板的特异性不高,即使在已发生损伤的 DNA 模板上,它也能催化核苷酸聚合。因此认为,DNA pol II 参与 DNA 损伤的应急状态修复。

DNA 聚合酶的发现

　　Kornberg A. 因 DNA 聚合酶的发现,与他以前的导师 Ochoa S.(发现了 RNA 合成机制),共同获得了 1959 年的诺贝尔生理学或医学奖。在获奖 10 年之后,人们才知道,他所发现的 DNA 聚合酶并非细菌真正用于复制 DNA 的酶,在细胞内执行这个任务的是另一种新发现的酶——DNA 聚合酶Ⅲ。Kornberg A. 发现的酶是 DNA 聚合酶Ⅰ,在 DNA 复制中起校对和填补空隙的作用。非常有趣的是,DNA 聚合酶Ⅲ是他的次子(加州大学旧金山分校的生物化学教授)在哥伦比亚大学读书时发现的。Kornberg 家族是"科学之家",Kornberg A. 的长子(斯坦福大学的 Kornberg R. D.)由于在真核生物转录酶结构研究中成绩卓越,获得了 2006 年的诺贝尔化学奖;Kornberg A. 的妻子也是他的实验助手,他们对酶的研究情有独钟,共发现了 30 多种酶。

(二)常见的 5 种真核细胞 DNA 聚合酶

　　真核细胞中至少有 15 种 DNA 聚合酶,其中 5 种常见的真核生物 DNA 聚合酶是 pol α、pol β、pol γ、pol δ 和 pol ε,它们在功能上与原核细胞的比较见表 14-2。

表 14-2　原核细胞和真核细胞 DNA 聚合酶的比较

原核细胞(以 *E.coli* 为例)	真核细胞	功能
Ⅰ		去除 RNA 引物,填补复制中的 DNA 空隙,DNA 修复和重组
Ⅱ		复制中的校对,DNA 修复
	β	DNA 修复
	γ	线粒体 DNA 合成
Ⅲ	ε	前导链合成
	α	引物酶
	δ	后随链合成

　　在真核生物的 DNA 链延长中起催化作用的主要是 DNA pol δ,相当于原核生物的 DNA pol Ⅲ;此外它还有解旋酶的活性。至于高等生物中是否还有独立的解旋酶和引物酶,目前还未能确定。但是,在病毒感染培养细胞(Hela/SV40)的复制体系中,发现 SV40 病毒的 T 抗原有解旋酶活性。DNA pol α 催化新链延长的长度有限,但它能催化 RNA 链的合成,因此认为它具有引物酶活性。DNA pol β 复制的保真度低,可能是参与 DNA 复制应急修复的酶。DNA pol ε 与原核生物的 DNA pol Ⅰ相类似,在复制中起校读、修复和填补引物缺口的作用。DNA pol γ 是线粒体 DNA 复制的酶(详见本章第五节)。

二、DNA 聚合酶的碱基选择和校对功能实现复制的保真性

　　DNA 复制的保真性是遗传信息稳定传代的保证。生物体至少有 3 种机制实现保真性:①遵守严格的碱基配对规律;②聚合酶在复制延长中对碱基的选择功能;③复制出错时有即时的校对功能。

(一)复制的保真性依赖正确的碱基选择

　　DNA 复制保真的关键是正确的碱基配对,而碱基配对的关键又在于氢键的形成。G 和 C 以 3 个氢键、A 和 T 以 2 个氢键维持配对,错配碱基之间难以形成氢键。除化学结构限制外,DNA 聚合酶对碱基配对具有选择作用。

　　DNA pol Ⅲ是在原核生物 DNA 链延长中起催化作用的酶。利用"错配"实验发现,DNA pol Ⅲ对

NOTES

核苷酸的掺入（incorporation）具有选择功能。例如，用 21 聚腺苷酸 poly（dA）21 作模板，poly（dT）20 作复制引物，可以观察到引物 3′-OH 端连上的是否为胸苷酸（T）。尽管反应体系中 4 种核苷酸都存在，第 21 位也只会出现 T。但若只向反应体系加单一种的 dNTP 作底物，就"迫使"引物在第 21 位延长中出现错配。用柱层析技术可以把 DNA pol Ⅲ 各个亚基组分分离，然后再重新组合。如果重新组合的 DNA pol Ⅲ 不含 ε 亚基，复制过程出现错配的频率较高，说明 ε 亚基的功能是执行碱基选择。

嘌呤的化学结构能形成顺式和反式构型。嘌呤若要与相应的嘧啶形成氢键配对，则应处于反式构型；若要形成嘌呤-嘌呤配对，其中一个嘌呤则必须旋转 180°，形成反式构型。DNA pol Ⅲ 对嘌呤的不同构型表现出不同的亲和力，由此实现其选择功能。

前已述及，DNA pol Ⅲ 以 α、ε 和 θ 亚基为核心酶组成较大的不对称二聚体。核心酶中，α 亚基有 5′→3′ 聚合酶活性，ε 亚基有 3′→5′ 核酸外切酶活性以及碱基选择功能。θ 亚基未发现有催化活性，可能起维系二聚体的作用。对各亚基功能的深入研究认为：在核苷酸聚合之前或在聚合时，酶就可以控制碱基的正确选择。

（二）聚合酶中的核酸外切酶活性在复制中辨认切除错配碱基并加以校正

原核生物的 DNA pol Ⅰ、真核生物的 DNA pol δ 和 DNA pol ε 的 3′→5′ 核酸外切酶活性都很强，可以在复制过程中辨认并切除错配的碱基，对复制错误进行校正，此过程又称错配修复（mismatch repair）。

以 DNA pol Ⅰ 为例（图 14-7），图中的模板链是 G，新链错配成 A 而不是 C。DNA pol Ⅰ 利用其 3′→5′ 外切酶活性水解错配的 A，同时利用 5′→3′ 聚合酶活性补回正确配对的 C，复制可以继续下去，这种功能称为校对（proofreading）。实验也证明：如果是正确的配对，3′→5′ 外切酶活性是不表现的。DNA pol Ⅰ 还有 5′→3′ 外切酶活性，实施切除引物、切除突变片段的功能。

图 14-7   DNA pol Ⅰ的校对功能
（a）DNA pol Ⅰ利用外切活性切除错配碱基，并用其聚合活性掺入正确配对的底物；（b）碱基配对正确时，DNA pol Ⅰ并不表现外切酶活性。

三、复制中的解链伴有 DNA 分子拓扑学变化

DNA 分子的碱基埋在双螺旋内部，只有解成单链，才能发挥模板作用。Watson J. 和 Crick F. 在建立 DNA 双螺旋结构模型时曾指出，生物细胞如何解开 DNA 双链是理解 DNA 复制机制的关键。目前已知，DNA 的解链由多种酶和蛋白质分子共同完成。

（一）多种酶参与 DNA 解链和稳定单链状态

复制起始时，需多种酶和辅助的蛋白质因子（表 14-3），共同解开并理顺 DNA 双链，且维持 DNA 分子在一段时间内处于单链状态。

表 14-3   参与原核生物复制中 DNA 解链的相关蛋白质

蛋白质（基因）	通用名	功能
DnaA（dnaA）	—	辨认复制起始点
DnaB（dnaB）	解旋酶	解开 DNA 双链
DnaC（dnaC）	—	运送和协同 DnaB
DnaG（dnaG）	引物酶	催化 RNA 引物生成
SSB	单链结合蛋白/DNA 结合蛋白	稳定已解开的单链 DNA
拓扑异构酶	拓扑异构酶Ⅱ又称促旋酶	解开超螺旋

大肠埃希菌(*Escherichia coli*,*E.coli*)结构简单,繁殖速度快,是较早用于分子遗传学研究的模式生物。对大肠埃希菌变异株进行分析,可以阐明各种基因的功能。早期发现的与 DNA 复制相关的基因被命名为 *dnaA*、*dnaB*、…、*dnaX* 等,分别编码 DnaA、DnaB、…、DnaX 等蛋白分子。

DnaB 的作用是利用 ATP 供能来解开 DNA 双链,为解旋酶(helicase)。*E.coli* DNA 复制起始的解链是由 DnaA、DnaB、DnaC 共同起作用而发生的。

DNA 分子只要碱基配对,就会有形成双链的倾向。单链结合蛋白(single stranded binding protein,SSB)具有结合单链 DNA 的能力,维持模板的单链稳定状态并使其免受胞内广泛存在的核酸酶降解。SSB 作用时表现协同效应,保证 SSB 在下游区段的继续结合。可见,它不像聚合酶那样沿着复制方向向前移动,而是不断地结合、脱离。

(二) DNA 拓扑异构酶改变 DNA 超螺旋状态

DNA 拓扑异构酶(DNA topoisomerase),简称拓扑酶。拓扑酶广泛存在于原核及真核生物,分为 I 型和 II 型两种,最近还发现了拓扑酶 III。原核生物拓扑异构酶 II 又称促旋酶(gyrase),真核生物的拓扑酶 II 有几种不同亚型。

"拓扑"一词,在物理学上是指物体或图像作弹性移位而保持物体原有的性质。DNA 双螺旋沿轴旋绕,复制解链也沿同一轴反向旋转,复制速度快,旋转达 100 次/秒,造成复制叉前方的 DNA 分子打结、缠绕、连环。闭环状态的 DNA 也会按一定方向扭转形成超螺旋(图 14-8)。用一橡皮圈沿相同方向拧转,可体会这种状态。复制中的 DNA 分子也会遇到这种超螺旋及局部松弛等过渡状态,需要拓扑酶作用以改变 DNA 分子的拓扑构象,理顺 DNA 链结构来配合复制进程。

拓扑酶既能水解,又能连接 DNA 分子中磷酸二酯键(图 14-9),可在将要打结或已打结处切口,下游的 DNA 穿越切口并作一定程度旋转,把结打开或解松,然后旋转复位连接。在复制中主要有两类拓扑酶用于松解超螺旋结构。拓扑酶 I 切断 DNA 双链中的一股,使 DNA 分子在解链旋转中不致

图 14-8 复制过程正超螺旋的形成

(a)代表螺旋一端固定,通过自由旋转不形成超螺旋结构;(b)代表两端固定,螺旋局部解开后,形成一个超螺旋;(c)蛋白质分子参与 DNA 复制过程,在其前方形成正超螺旋,在其后方形成负超螺旋。

打结,适当时候又把切口封闭,使 DNA 变为松弛状态,这一反应无须 ATP。拓扑酶 Ⅱ 可在一定位置上,切断处于正超螺旋状态的 DNA 双链,使超螺旋松弛,然后利用 ATP 供能,松弛状态 DNA 的断端在同一酶的催化下连接恢复。这些作用均可使复制中的 DNA 解开螺旋、连环,或解连环,达到适度盘绕。母链 DNA 与新合成链也会互相缠绕,形成结状或连环状结构,该过程也需拓扑异构酶 Ⅱ 的参与。DNA 复制过程中解旋与复制同时进行,所以复制全过程都需要拓扑酶的参与。

图 14-9　拓扑酶的作用方式
(b)把(a)局部放大经拓扑酶 Ⅰ 作用,两个环变为一个环。

四、DNA 连接酶连接复制中产生的单链缺口

DNA 连接酶(DNA ligase)连接 DNA 链 3′-OH 末端和另一 DNA 链的 5′-P 末端,两者之间生成磷酸二酯键,从而将两段相邻的 DNA 链连成完整的链。连接酶的催化作用需要消耗 ATP。实验证明:连接酶只能连接双链中的单链缺口,它并没有连接单独存在的 DNA 单链或 RNA 单链的作用。复制中的后随链是分段合成的,产生的冈崎片段之间的缺口,要靠连接酶接合。图 14-10 显示连接酶的催化作用,图的上部说明其作用于互补双链上一股不连续 DNA 链;图的下部显示 DNA 连接酶的催化作用。

图 14-10　DNA 连接酶的作用
(a)连接酶连接双链 DNA 上单链的缺口;(b)被连接的缺口放大,是连接酶催化的反应。

DNA 连接酶不但在复制中起最后接合缺口的作用,在 DNA 修复、重组中也发挥、同样的作用。如果 DNA 两股都有单链缺口,只要缺口前后的碱基互补,连接酶也可将其连接。因此它也是基因工程的重要工具酶之一。

第三节　原核生物 DNA 复制过程

原核生物染色体 DNA 和质粒等都是共价环状闭合的 DNA 分子,复制过程具有共同的特点,但并非绝对相同,下面以大肠埃希菌 DNA 复制为例,了解原核生物 DNA 复制的过程和特点。

一、复制起始过程形成引发体

起始是复制中较为复杂的环节,在此过程中,各种酶和蛋白质因子在复制起始点处装配引发体,形成复制叉并合成 RNA 引物。

（一）DNA 复制的开始是在固定起始点解链

1. 复制有固定起始点　复制不是在基因组上的任何部位随机起始。*E.coli* 上有一个固定的复制起始点，称为 *oriC*，跨度为 245bp，碱基序列分析发现这段 DNA 上有 3 个 13bp 正向重复序列（GATCTNTTNTTTT）和 2 对 9bp 反向重复序列（TTATNCANA）（图 14-11）。上游的正向重复序列称为识别区；下游的反向重复序列碱基以 A、T 为主，称为富含 AT 区（AT rich）。DNA 双链中，AT 间的配对只有 2 个氢键维系，故富含 AT 的部位容易发生解链。

图 14-11　原核生物的复制起始部位及解链

2. DNA 解链需多种蛋白质参与　DNA 解链过程由 DnaA、DnaB、DnaC 三种蛋白质共同参与完成。DnaA 蛋白是同四聚体，负责辨认并结合 *oriC* 的正向重复序列（AT 区）。随后，几个 DnaA 蛋白互相靠近，形成 DNA 蛋白质复合体结构，促使 AT 区的 DNA 进行解链。DnaB 蛋白（解旋酶）在 DnaC 蛋白的协同下，与 DNA 链结合并沿解链方向移动，使双链解开至足够用于复制的长度，并且逐步置换出 DnaA 蛋白。此时，复制叉已初步形成。

SSB（单链结合蛋白）此时结合到 DNA 单链上，在一定时间内使复制叉保持适当的长度，利于核苷酸依据模板掺入。

3. 解链过程中需要 DNA 拓扑异构酶　解链是一种高速的反向旋转，其下游势必发生打结现象。拓扑酶 II 通过切断、旋转和再连接的作用，实现 DNA 超螺旋的转型，即把正超螺旋变为负超螺旋。实验证明：负超螺旋 DNA 比正超螺旋 DNA 有更好的模板作用。

（二）合成引物和形成引发体

复制起始过程需要先合成引物（primer），引物是由引物酶催化合成的短链 RNA 分子。

母链 DNA 解成单链后，不会立即按模板序列将 dNTP 聚合为 DNA 子链。这是因为 DNA pol 不具备催化两个游离 dNTP 之间形成磷酸二酯键的能力，只能催化核酸片段的 3′-OH 末端与 dNTP 间的聚合。为此，复制起始部位合成的引物只能是 RNA，引物酶属于 RNA 聚合酶。短链引物 RNA 为 DNA 的合成提供 3′-OH 末端，在 DNA pol 催化下逐一加入 dNTP 而形成 DNA 子链。

引物酶是复制起始时催化 RNA 引物合成的酶，它不同于催化转录的 RNA 聚合酶（详见第十六章）。利福平（rifampicin）是转录用 RNA pol 的特异性抑制剂，而引物酶对利福平不敏感。

在 DNA 双链解链基础上，形成了 DnaB、DnaC 蛋白与 DNA 复制起点相结合的复合体，此时引物酶进入，形成含有解旋酶 DnaB、DnaC、引物酶（即 DnaG 蛋白）和 DNA 的复制起始区域共同构成的复合结构，称为引发体（primosome）。引发体的蛋白质组分在 DNA 链上的移动需由 ATP 供给能量。在适当位置上,引物酶依据模板的碱基序列,从 5′→3′ 方向催化 NTP(不是 dNTP)的聚合,生成短链的 RNA 引物(图 14-12)。

引物长度约为十几个至几十个核苷酸不等。引物合成的方向也是从 5′-端至 3′-端。已合成的引物必然留有 3′-OH 末端,此时就可进入 DNA 的复制延长。在 DNA pol III 催化下,引物末端与新配对进入的 dNTP 生成磷酸二酯键。新链每次反应后亦留有 3′-OH,复制就可进行下去。

DNA复制的启动需要多种酶参与,包括解旋酶、单链结合蛋白和引物酶

图 14-12　起始复合物和复制叉的生成

二、复制延长过程在 DNA 聚合酶催化下进行

复制中 DNA 链的延长在 DNA pol 催化下进行。原核生物催化延长反应的酶是 DNA pol III。底物 dNTP 的 α-磷酸基团与引物或延长中的子链上 3′-OH 反应后,dNMP 的 3′-OH 又成为链的末端,使下一个底物可以掺入。复制沿 5′→3′ 延长,指的是子链合成的方向。前导链沿着 5′→3′ 方向连续延长,后随链沿着 5′→3′ 方向呈不连续延长。

在同一个复制叉上,前导链的复制先于后随链,但两链是在同一 DNA pol III 催化下进行延长的。这是因为后随链的模板 DNA 可以折叠或绕成环状,进而与前导链正在延长的区域对齐,如图 14-13 所示,由于后随链做 360° 的绕转,前导链和后随链的延长方向和延长点都处在 DNA pol III 核心酶的催化位点上。解链方向就是酶的前进方向,即复制叉向待解开片段伸展的方向。因为复制叉上解开的模板单链走向相反,所以其中一股出现不连续复制的冈崎片段。

DNA 复制延长速度相当快。以 E.coli 为例,营养充足、生长条件适宜时,细菌 20 分钟即可繁殖一代。E.coli 基因组 DNA 全长约 3 000kb,依此计算,每秒能掺入的核苷酸达 2 500 个。

三、复制终止过程包括引物切除、填补空缺和切口连接

复制的终止过程包括引物切除、填补空缺和切口连接。原核生物基因是环状 DNA,复制是双向复制,从起始点开始各进行 180°,同时在终止点汇合。

由于复制的半不连续性,在后随链上出现许多冈崎片段。每个冈崎片段上的引物是 RNA 而不是 DNA。复制的完成还包括去除 RNA 引物以及用 DNA 填补 RNA 引物所留下的空隙,最后把 DNA 片段连接成完整的子链。这一过程用图 14-14 加以说明。实际上此过程在子链延长中已陆续进行,不需要等到所有片段复制终止后再开始。

引物的水解需靠细胞核内的 RNA 酶,水解后留下空隙(gap)。空隙的填补由 DNA pol I 而不是 DNA pol III 催化,从 5′→3′ 以 dNTP 为原料生成与引物长度相等的 DNA 链。dNTP 的掺入依赖于 3′-OH 末端,因此需要在原引物相邻的子链片段所提供的 3′-OH 继续延伸,就是说,由后复制的片段延长以填补先复制片段的引物空隙。填补至足够长度后,最后留下相邻的 3′-OH 和 5′-P 的缺口(nick)由连接酶连接。按照这种方式,所有的冈崎片段在环状 DNA 上连接成完整的 DNA 子链。前导链也有引物水解后的空隙,在环状 DNA 最后复制的 3′-OH 末端继续延长,即可填补该空隙并形成完整的闭环结构,从而完成基因组 DNA 的复制过程。

图 14-13 同一复制叉上前导链和后随链由相同的
DNA pol 催化延长
(a)DNA pol Ⅲ 的核心酶和 β 亚基;(b)、(c)、(d)分
别是后随链的先复制片段、正在复制片段、未复制的
片段。图中实线代表母链,虚线代表子链。

图 14-14 子链中的 RNA 引物被取代
齿状线代表引物。

第四节 真核生物基因组 DNA 复制和调控

真核生物的基因组复制在细胞分裂周期的 DNA 合成期(S 期)进行。细胞周期进程在体内受微环境中的增殖信号、营养条件等诸多因素影响,多种蛋白质因子和酶控制细胞进入 S 期的时机和 DNA 合成的速度。真核生物 DNA 合成的基本机制和特征与原核生物相似,但是由于基因组庞大及核小体的存在,反应体系、反应过程和调节都更为复杂。本节重点介绍真核生物 DNA 复制的进展。

一、真核生物 DNA 复制基本过程和原核生物相似

对于参与真核生物 DNA 复制过程的酶、蛋白调节因子及基本过程,本部分只概括介绍,可参照原核生物复制过程进行对比学习。

(一) 真核生物复制的起始与原核生物基本相似

真核生物 DNA 分布在许多染色体上,各自进行复制。每个染色体有上千个复制子,复制的起始点很多。复制有时序性,即复制子以分组方式激活而不是同步启动。转录活性高的 DNA 在 S 期早期就进行复制。高度重复的序列如卫星 DNA、连接染色体双倍体的中心体(centrosome)和线性染色体两端的端粒(telomere)都是在 S 期的最后才复制的。

真核生物复制起始点比 *E.coli* 的 *oriC* 短。酵母 DNA 复制起始点含 11bp 富含 AT 的核心序列:A(T)TTTATA(G)TTTA(T),称自主复制序列(autonomous replication sequence,ARS)。把 ARS 克隆至基因工程载体如质粒上,可以启动其他外源基因的复制。

真核生物复制起始过程也包含打开复制叉、形成引发体和合成 RNA 引物三个阶段。目前已知的真核生物 DNA 复制叉蛋白质的主要类型及其功能见表 14-4。

表 14-4　真核生物 DNA 复制叉蛋白质的主要功能

蛋白质	功能
RPA	单链 DNA 结合蛋白,激活 DNA 聚合酶,使解旋酶容易结合 DNA
PCNA	激活 DNA 聚合酶和 RFC 的 ATPase 活性
RFC	有依赖 DNA 的 ATPase 活性,结合于引物-模板链,激活 DNA 聚合酶,促使 PCNA 结合于引物-模板链
pol α/引发酶	合成 RNA-DNA 引物
pol δ/ε	DNA 复制,核苷酸切除修复,碱基切除修复
FEN1	核酸酶,切除 RNA 引物
RNase HⅠ	核酸酶,切除 RNA 引物
DNA 连接酶Ⅰ	连接冈崎片段
DNA 解旋酶	DNA 双螺旋解链,参与组装引发体
拓扑异构酶	去除负超螺旋(使解旋酶容易解旋),去除复制叉前方产生的正超螺旋

1. DNA 聚合酶 α/引发酶复合物合成 RNA-DNA 引物　人 DNA 聚合酶 α(pol α)分子由 4 个亚基(p180、p70、p58、p48)组成,可能所有真核生物均有类似的亚基。其中,p180 是催化亚基,p48 具有引发酶活性,p58 是维持 p48 的稳定性和活性所必需的,而 p70 则与引发体组装有关。pol α/引发酶复合物是唯一能合成 RNA 引物的酶。pol α/引发酶的引发反应比较特殊:首先合成 RNA 引物,再利用其 DNA 聚合酶活性将引物延伸,产生起始 DNA(initiator DNA,iDNA)短序列,形成 RNA-DNA 引物。之后,pol α/引发酶脱离模板链 DNA,由其他 DNA 聚合酶利用 RNA-DNA 引物合成前导链和后随链。

2. 复制蛋白 A 促进双螺旋 DNA 解旋并激活 pol α/引发酶　复制蛋白 A(replication protein A,RPA)是单链 DNA 结合蛋白,以异源三聚体形式存在。其结构特征和功能与 *E.coli* 单链 DNA 结合蛋白 SSB 相似。

RPA 可促使双螺旋 DNA 进一步解旋,在一定条件下激活 pol α/引发酶活性,并且为 pol δ 依赖复制因子 C(replication factor C,RFC)和增殖细胞核抗原(proliferating cell nuclear antigen,PCNA)合成 DNA 所必需。RPA p70 亚基可结合 pol α/引发酶亚基;RPA 三聚体与 SV40 T 抗原(SV40 T antigen,TAg)结合。这些相互作用是组装引发体复合物所必需的。RPA 还参与 DNA 重组和修复。

3. 复制因子 C 促进三聚体 PCNA 结合引物-模板链　真核生物复制因子 C(RFC)含有 5 个亚基(p140、p40、p38、p37、p36)。RFC 大亚基 p140 负责结合 PCNA,它的 N-端具有 DNA 结合活性。3 个小亚基(p40、p37 和 p36)组成稳定的核心复合物,具有依赖 DNA 的 ATPase 活性,但只有 p140 存在时,其 ATPase 活性才能被 PCNA 激活。p38 可能在 p140 和核心复合物之间起连接作用。

RFC 的主要作用是促使同源三聚体 PCNA 环形分子结合引物-模板链或双螺旋 DNA 的切口。RFC 的这一功能是 pol δ 在模板 DNA 链上组装、形成具有持续合成能力全酶所必需的。RFC 还具有 DNA 夹子加载蛋白的功能——将环形 DNA 夹子 PCNA 装到 DNA 模板上。

4. 增殖细胞核抗原促进 pol δ 持续合成的能力　PCNA 分子为同源三聚体,尽管氨基酸序列在种属间保守性并不高,但酵母和人 PCNA 的三维结构几乎相同,即形成闭合环形的“DNA 夹子”。所以,PCNA 是真核生物 DNA 聚合酶的可滑动 DNA 夹子。

通过 RFC 介导,PCNA 三聚体装载于 DNA,并可沿 DNA 滑动。当 DNA 合成完成时,RFC 还能将 PCNA 三聚体从 DNA 上卸载。所以,PCNA 是 pol δ 的进行性因子,在 DNA 复制中使 pol δ 获得持续合成能力。PCNA 上述功能与其自身结构有关:PCNA 内表面的某些氨基酸残基是激活 pol δ 所必需的,而外表面(包括 N-端、C-端和结构域连接环)若干区域可与 pol δ、RFC 相互作用。

PCNA 可与许多蛋白质分子结合,例如核酸酶 FEN1、DNA 连接酶Ⅰ、CDK 抑制蛋白 p21 和

GADD45、核苷酸切除修复蛋白 XPG、DNA（胞嘧啶-5）甲基转移酶、错配修复蛋白 MLH1 和 MSH2，以及细胞周期蛋白 D 等。与各种蛋白质的广泛相互作用提示，PCNA 是协调 DNA 复制、修复、表观遗传和细胞周期调控的核心因子。PCNA 也能激活 pol ε，pol ε 负责 DNA 前导链的复制、DNA 的修复。

5. pol δ 负责 DNA 后随链的复制和 DNA 损伤修复 pol δ 分子是异源二聚体（p125 和 p50）。p125 是催化亚基，具有 DNA 聚合酶活性和 3′→5′ 核酸外切酶活性，其 N-端区与 PCNA 相互作用。PCNA 能够激活哺乳动物 p125 的 DNA 聚合酶活性，但 p50 必须存在。在小鼠和果蝇中先后发现不依赖 PCNA 的 pol δ。pol δ 在 DNA 合成过程中参与 DNA 后随链的合成，而在 DNA 损伤修复中则参与核苷酸切除修复和碱基切除修复。

6. FEN1 和 RNase HI 与冈崎片段 5′-端的 RNA 引物切除有关 FEN1（flap endonuclease 1）是一种特异切割具有"冒边"或"盖子"（flap）结构的 DNA 内切酶。人和小鼠 FEN1 分子为一条多肽链，具有核酸内切酶和 5′→3′ 核酸外切酶活性。FEN1 可特异地去除冈崎片段 5′-端的 RNA 引物，这一过程还需要其他因子如 PCNA、解旋酶 Dna2 参与。如果 DNA 双螺旋的一端发生解旋，一条链的 5′-端因部分序列游离而形成盖子结构，FEN1 即表现内切酶活性，有效地切割盖子结构分支点，释放未配对片段。如果 DNA（或 RNA）的 5′-端序列完全互补，没有盖子结构，FEN1 就通过 5′→3′ 核酸外切酶活性降解 DNA（或 RNA）。

RNase HI 是核酸内切酶，在冈崎片段成熟时参与切除 5′-端 RNA 引物，具有特殊的底物特异性，其底物 RNA 连接在 DNA 链的 5′-端（像冈崎片段中那样），但切割后在 DNA 链的 5′-端残留一个核糖核苷酸，这个核苷酸再被 FEN1 切除。

7. Waga S. 和 Lewin B. 等提出真核复制叉模型 该模型总结了参与真核复制叉的主要分子及其在复制起始阶段的主要功能（图 14-15）。每个复制叉有 1 个 pol α/引发酶复合物和 2 个 pol δ 复合物，前者合成 RNA-DNA 引物，而后者功能类似于 *E.coli* DNA pol Ⅲ：即一个 pol δ 复合物负责合成前导链（目前已证明前导链由 pol ε 合成），另一个 pol δ 复合物合成后随链。

RFC 识别引物 iDNA 的 3′-端并去除 pol α/引发酶，然后 PCNA 结合 DNA 并引入 pol δ。核酸酶 RNase HI 和 FEN1 负责切除成熟冈崎片段 5′-端的 RNA 引物，然后 pol δ（或 pol ε）负责填补冈崎片段

图 14-15 真核生物 DNA 复制叉模型

之间的空隙，最后由 DNA 连接酶I连接缺口。RPA 的功能类似于 *E.coli* 的 SSB 蛋白。另外，解旋酶对于复制叉的形成和移动必不可少。拓扑异构酶对于释放复制叉前进时产生的扭曲应力十分重要。

（二）真核生物复制中 DNA 链的延长发生 DNA 聚合酶 α/δ 转换

DNA pol δ 和 DNA pol α 都具有解旋酶和引物酶活性，前者延长核酸链长度的能力远比后者大，对模板链的亲和力也是 DNA pol δ 较高。现在认为 DNA pol α 主要负责催化合成引物。在复制叉及引物生成后，DNA pol δ 通过 PCNA 的协同作用，逐步取代 DNA pol α，在 RNA 引物的 3′-OH 基础上继续合成后随链（图 14-16）。真核生物是以复制子为单位各自进行复制的，所以引物和后随链的冈崎片段都比原核生物的短。和后随链合成一致，前导链的延长发生 DNA 聚合酶 α/ε 转换。

实验证明，真核生物的冈崎片段长度大致与一个核小体（nucleosome）所含 DNA 碱基数（135bp）或其若干倍相等。可见后随链的合成到核小体单位之末时，DNA pol δ 会脱落，DNA pol α 再引发下游引物合成，引物的引发频率是相当高的。DNA pol α 与 DNA pol δ 之间的转换频率高，PCNA 在全过程也要多次发挥作用。以上描述实际是真核生物复制子内后随链的起始和延长交错进行的复制过程。前导链的连续复制，亦只限于半个复制子的长度。当后随链延长了一个或若干个核小体的长度

图 14-16　真核生物 DNA 聚合酶转换和后随链合成

后,要重新合成引物。

真核生物 DNA 合成,就酶的催化速率而言,远比原核生物慢,估算为 50dNTP/s。但真核生物是多复制子复制,总体速度是不慢的。原核生物复制速度与其培养(营养)条件有关。真核生物在不同器官、组织,不同发育时期和不同生理状况下,复制速度相差较大。

（三）切除 RNA 引物有两种机制

冈崎片段的成熟过程是指将不连续合成产生的短冈崎片段转变成长的无间隙 DNA 产物,这一过程包括切除 RNA 引物、填补间隙、连接两个 DNA 片段等。目前已知切除 RNA 引物有以下两种机制。

1. 通过双核酸酶切割　在后随链成熟过程中,切除冈崎片段 5′-端 RNA 引物依赖两种核酸酶(RNase H I 和 FEN1)。具体步骤是:首先 RNase H I 切割连接在冈崎片段 5′-端的 RNA 片段,在 RNA-DNA 引物连接点旁留下 1 个核糖核苷酸,然后 FEN1 切除最后这个核糖核苷酸(图 14-17a)。

2. 通过解旋再切割　Dna2 解旋酶具有依赖 DNA 的 ATPase、3′→5′ 解旋酶活性,其解旋作用可以使前一个冈崎片段的 5′-端引物形成盖子结构,再由 FEN1 的内切酶活性切除(图 14-17b)。不仅冈崎片段 5′-端的 RNA 引物被切除,由 pol α 合成的 iDNA 也可能在 Dna2 解旋酶的解旋作用下被新生的冈崎片段所置换,然后被 FEN1 切除,形成的空隙由 pol δ 或 pol ε 负责填补,这两种酶的 3′→5′ 核酸外切酶活性将增强复制的准确性,维持细胞基因组的完整。

（四）真核生物 DNA 合成后需要立即组装成核小体

真核生物 DNA 不是游离存在的,而是与组蛋白组装形成核小体结构。复制后的染色质 DNA 需要重新装配,原有组蛋白及新合成的组蛋白结合到复制叉后的 DNA 链上,使 DNA 合成后立即组装成核小体。核小体的破坏仅局限在紧邻复制叉的一段短的区域内,复制叉的移动使核小体破坏;但是随

图 14-17 切除 RNA 引物的两种机制

着复制叉向前移动,核小体又在子链上迅速形成了。

在真核生物细胞的 S 期(DNA 复制的时期),用等量已有的和新合成的组蛋白混合物装配染色质的途径称作复制-偶联途径(replication-coupled pathway)。其基本过程是复制时复制叉向前移行,前方核小体组蛋白八聚体解聚形成(H3-H4)₂四聚体和 2 个 H2A-H2B 二聚体,产生的已有的(H3-H4)₂四聚体和 H2A-H2B 二聚体与新合成的同样的四聚体和二聚体在复制叉后约 600bp 处与两条子链随机组装成新的核小体。核小体形成需要一种辅因子 CAF-1 的参与。CAF-1 系由 5 个亚基组成的分子量为 238kD 的复合蛋白,被 PCNA 招募到复制叉上。CAF-1 作为同组蛋白结合的分子伴侣,控制单个组蛋白或组蛋白复合体的释放以及与 DNA 的结合。CAF-1 把复制和核小体组装连接起来,保证了在 DNA 复制后立即组装核小体。

二、真核生物 DNA 复制的调节更为精确复杂

真核生物 DNA 复制调节主要发生在复制起始和末端,而且与细胞周期密切相关。

(一) 细胞周期调控蛋白控制 DNA 复制的起始

真核生物的细胞周期分为四个时期。其中,前面三个时期 G₁、S 和 G₂ 为细胞间期,占细胞周期的大部分,主要执行细胞正常的代谢。M 期很短暂,为细胞分裂期,即母细胞分裂为两个子细胞。在细胞周期中,细胞从前一个细胞时期进入下一个细胞时期,必须准备有足够的物质和原料。否则,细胞必须停止在前一个细胞时期,以防止 DNA 复制和细胞分裂紊乱。因此,细胞必须检查所有的条件是否满足其进入到下一个细胞时期的需要。细胞周期存在一些检查位点(checkpoint),可防止在细胞周期的上一个时期还没完全完成时过早进入到下一个时期。细胞周期中至少有两个检查位点,一个存在于 G₁ 期,另一个存在于 G₂ 期,主要由细胞周期蛋白(cyclin)和细胞周期蛋白依赖激酶(cyclin-dependent kinase,CDK)来控制。

1. 细胞周期蛋白和 CDK 调控 DNA 复制所需的酶和相关蛋白质 在一些因子的作用下,细胞周期蛋白的基因被激活而合成周期蛋白,细胞周期蛋白结合 CDK,此后 CDK 可以被磷酸化或去磷酸化。CDK 被激活后可以进一步在细胞核中激活相关的因子,促使 DNA 复制相关的酶和蛋白质的合成。

2. 细胞周期蛋白和 CDK 调控复制起点激活并保证每个细胞周期中 DNA 只能复制一次 真核染色体复制仅仅出现在细胞周期的 S 期,而且只能复制一次。染色体任何一部分的不完全复制,均可能导致子代染色体分离时发生断裂和丢失。不适当的 DNA 复制也可能产生严重后果,如增加基因组中基因调控区的拷贝数,从而可能在基因表达、细胞分裂、对环境信号的应答等方面产生灾难性缺陷。

真核细胞 DNA 复制的起始分两步进行,即复制基因的选择和复制起点的激活,这两步分别出现于细胞周期的特定阶段。复制基因(replicator)是指 DNA 复制起始所必需的全部 DNA 序列。复制基

因的选择出现于 G_1 期,在这一阶段,基因组的每个复制基因位点均组装前复制复合物(pre-replicative complex,pre-RC),又称复制许可因子(replication licensing factor,RLF)。复制起点的激活仅出现于细胞进入 S 期以后,这一阶段将激活 pre-RC,募集若干复制基因结合蛋白和 DNA 聚合酶,并起始 DNA 解旋。在真核细胞中,这两个阶段相分离可以确保每个染色体在每个细胞周期中仅复制一次。

在复制基因的选择阶段(G_1 期)将组装 pre-RC。pre-RC 由 4 种类型的蛋白质组成,它们按顺序在每个复制基因位点进行组装(图 14-18)。首先,由复制起点识别复合物(origin recognition complex,ORC)识别并结合复制基因。然后,ORC 至少募集两种解旋酶加载蛋白 Cdc6 和 Cdt1。最后,这 3 种蛋白质一起募集真核细胞解旋酶 Mcm2-7。

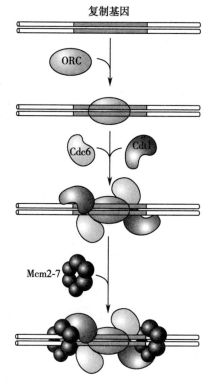

复制基因

Mcm2-7

图 14-18 前复制复合物(pre-RC)的形成

真核细胞通过 CDK 严格控制 pre-RC 的激活。pre-RC 在 G_1 期形成,但复制起点 DNA 不会立即解旋或募集 DNA 聚合酶,因为 pre-RC 只能在 S 期被 CDK2 激活并起始复制。在 S 期,细胞周期蛋白 A 和 CDK2 结合,使 pre-RC 磷酸化,从而被激活。pre-RC 磷酸化导致在复制起点组装其他复制因子并起始复制,这些复制因子包括 3 种 DNA 聚合酶。3 种 DNA 聚合酶在复制起点的组装顺序是,首先结合 pol δ 和 pol ε,然后是 pol α/引发酶。这一顺序确保在第一个 RNA 引物合成之前,3 种 DNA 聚合酶均存在于复制起点。pre-RC 在被激活后,或其所结合的 DNA 被复制后即发生解体。

(二)端粒酶参与解决染色体末端复制问题

真核生物 DNA 复制与核小体装配同步进行,复制完成后随即组合成染色体并从 G_2 期过渡到 M 期。染色体 DNA 是线性结构。复制中冈崎片段的连接,复制子之间的连接,都易于理解,因为都可在线性 DNA 的内部完成。

染色体两端 DNA 子链上最后复制的 RNA 引物,去除后留下空隙。剩下的 DNA 单链母链如果不填补成双链,就会被核内 DNase 酶解。某些低等生物作为少数特例,染色体经多次复制会变得越来越短(图 14-19)。早期的研究者们在研究真核生物复制终止时,曾假定有一种过渡性的环状结构帮助染色体末端复制的完成,后来一直未能证实这种环状结构的存在。然而,染色体在正常生理状况下复制,是可以保持其应有长度的。

端粒(telomere)是真核生物染色体线性 DNA 分子末端的结构。形态学上,染色体 DNA 末端膨大成粒状,这是因为 DNA 与 DNA 结合蛋白紧密结合,像两顶帽子那样盖在染色体两端,因而得名。在某些情况下,染色体可以断裂,这时,染色体断端之间会发生融合或断端被 DNA 酶降解。但正常染色体不会整体地互相融合,也不会在末端出现遗传信息的丢失。可见,端粒在维持染色体的稳定性和 DNA 复制的完整性中有着重要的作用。DNA 测序发现端粒结构的共同特点是富含 T、G 短序列的多次重复。如仓鼠和人类端粒 DNA 都有(TnGn)x 的重复序列,重复达数十至上百次,并能反折成二级结构。

20 世纪 80 年代中期发现了端粒酶。1997 年,人类端粒酶基因被克隆成功并鉴定了酶由三部分组成:约 150nt 的端粒酶 RNA(human telomerase RNA,hTR)、端粒酶协同蛋白 1(human telomerase associated protein 1,hTP1)和端粒酶逆转录酶(human telomerase reverse transcriptase,hTRT)。可见该酶兼有提供 RNA 模板和催化逆转录的功能。

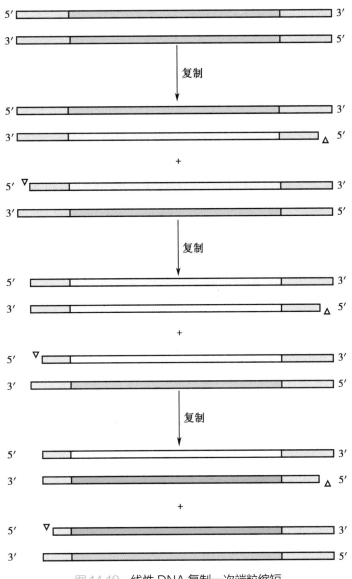

图 14-19　线性 DNA 复制一次端粒缩短

　　复制终止时,染色体端粒区域的 DNA 确有可能缩短或断裂。端粒酶通过一种称为爬行模型 (inchworm model;图 14-20)的机制维持染色体的完整。其作用靠 hTR(AnCn)x 辨认及结合母链 DNA(TnGn)x 的重复序列并移至其 3′-端,开始以逆转录的方式复制延伸母链;延伸至足够长度后, 端粒酶脱离母链,随后 RNA 引物酶以母链为模板合成引物,招募 DNA pol,以母链为模板,在 DNA pol 催化下填充子链,最后引物被切除。

　　研究发现,培养的人成纤维细胞随着培养传代次数增加,端粒长度逐渐缩短。生殖细胞端粒长于 体细胞,成年人细胞端粒比胚胎细胞端粒短。据上述的实验结果,至少可以认为在细胞水平,老化是 和端粒酶活性下降有关的。当然,生物个体层面的老化,受多种环境因素和体内生理条件的影响,不 能简单地归结为某单一因素的作用。

　　此外,在增殖活跃的肿瘤细胞中发现端粒酶活性增高;但在临床研究中也发现某些肿瘤细胞的端 粒比正常同类细胞显著缩短。可见,端粒酶活性不一定与端粒的长度成正比。端粒和端粒酶的研究, 在探究肿瘤学发病机制、寻找治疗靶点上,已经成为一个重要的研究领域。

三、DNA 复制遵循时序调控

　　真核生物 DNA 复制遵循特定的时间顺序称为复制时序(replication timing,RT),哺乳动物控制复制时序的碱基序列约 400~800kb,称为复制域(replication domain)。复制时序与基因组架构的生成和转录功能密切关联,复制时序的缺陷将导致染色体浓缩、姐妹染色体聚集和基因组不稳定性,并和转录等基因表达调控异常及一些疾病相关。

细胞学研究表明,早期 DNA 复制位点分散于细胞核浆,晚期 DNA 复制位点极为贴近细胞核纤层和核仁。利用高通量染色质捕获技术(HiC)在分子水平揭示了两个主要的被分隔开的染色质相互作用位点 A 和 B 的存在,A 和 B 位点分别关联复制时序的早期和晚期。HiC 也检测到存在调节染色质自身相互作用的 DNA 区域,称为拓扑相关区域(topologically associating domain,TAD),A 和 B 位点分别由数个邻近的 TAD 组成,特定的 TAD 可以改变复制时序和 A、B 位点分布。TAD 结构和 A、B 位点的生成在细胞有丝分裂时被拆分,在细胞周期 G₁ 早期又重建。最近的研究在 16 号染色体上发现了三种不连续的特定序列 TAD,这种顺式作用元件被命名为早期复制控制原件(early replication control element,ERCE),这些原件具有增强子和启动子的功能,敲除这些顺式作用元件损害了 TAD 空间结构,导致了染色质复制时序从早期向晚期转换并发生了 A、B 位点位移,丧失了转录功能,进一步揭示了调控复制时序的特定功能序列的存在。

然而,目前仍不清楚该 ERCE 调节 DNA 早期复制的具体机制,也不清楚晚期复制的区域是否也存在类似的顺式调节元件。另外,早期 DNA 复制区域内必然存在 DNA 复制起点,DNA 复制起点是否存在特定顺式作用元件,ERCE 与 DNA 复制起始位点存在怎样的调控关系,仍然有待进一步阐明。

图 14-20　端粒酶催化作用的爬行模型

四、真核生物线粒体 DNA 按 D 环方式复制

D-环复制(D-loop replication)是线粒体 DNA(mitochondrial DNA,mtDNA)的复制形式,复制时需合成引物。mtDNA 为闭合环状双链结构,第一个引物以内环为模板延伸;至第二个复制起始点时,又合成另一个反向引物,以外环为模板进行反向的延伸;最后完成两个双链环状 DNA 的复制(图 14-21)。因复制时呈字母 D 形状而得名,D 环复制的特点是复制起始点不在双链 DNA 同一位点,内、外环复制有时序差别。

真核生物的 DNA pol γ 是线粒体催化 DNA 复制的 DNA 聚合酶。20 世纪 50 年代以前,只知道 DNA 存在于细胞核染色体。后来在细菌染色体外也发现有能进行自我复制的 DNA,例如质粒,此后

就利用质粒作为基因工程的常用载体。真核生物细胞器线粒体,也发现存在 DNA。人类的 mtDNA 已知有 37 个基因。线粒体的功能是进行生物氧化和氧化磷酸化,其中 13 个 mtDNA 基因编码 ATP 合成有关的蛋白质和酶,其余 24 个基因转录为 tRNA(22 个)和 rRNA(2 个),参与线粒体蛋白质的合成。

mtDNA 容易发生突变,损伤后的修复又较困难。mtDNA 的突变与衰老等自然现象有关,也和一些疾病的发生有关。因此,mtDNA 的突变与修复成为医学研究中引起广泛兴趣的问题。mtRNA 翻译时,使用的遗传密码和通用的密码有一些差别。

图 14-21　进行中的 D 环复制

(a)第一个引物在第一起始点上合成;(b)延长至第二起始点,合成第二引物。

第五节　逆 转 录

双链 DNA 是大多数生物的遗传物质,某些病毒的遗传物质是 RNA。原核生物的质粒以及真核生物的线粒体 DNA 都是染色体外存在的 DNA,这些非染色体基因组采用特殊的方式进行复制。

一、逆转录病毒的基因组 RNA 以逆转录机制复制

逆转录病毒(retrovirus)的基因组是 RNA 而不是 DNA,其基因组信息复制时,信息流动方向(RNA→DNA)与转录过程(DNA→RNA)相反,因而称为逆转录(reverse transcription),这是一种特殊的核酸复制方式。1970 年,Temin H. 和 Baltimore D. 分别从 RNA 病毒中发现能催化以 RNA 为模板合成双链 DNA 的酶,称为逆转录酶(reverse transcriptase),全称是依赖 RNA 的 DNA 聚合酶(RNA dependent DNA polymerase)。

从单链 RNA 到双链 DNA 的生成可分为三步:首先是逆转录酶以病毒基因组 RNA 为模板,催化 dNTP 聚合生成 DNA 互补链,产物是 RNA/DNA 杂化双链(duplex)。然后,杂化双链中的 RNA 被逆转录酶中有 RNase 活性的组分水解,被感染细胞内的 RNase H(H=Hybrid)也可水解 RNA 链。RNA 分解后剩下的单链 DNA 再用作模板,由逆转录酶催化合成第二条 DNA 互补链(图 14-22)。逆转录酶有三种活性:RNA 或 DNA 作模板的 dNTP 聚合活性和 RNase 活性,发挥功能时需 Zn^{2+} 作为辅因子。合成反应也按照 5′→3′ 延长的规律进行。有研究发现,病毒自身的 tRNA 可用作复制引物。

按上述方式,RNA 病毒在细胞内复制成双链 DNA 的前病毒(provirus)。前病毒保留了 RNA 病毒全部遗传信息,并可在细胞内独立繁殖。在某些情况下,前病毒基因组通过基因重组(recombination),插入到细胞基因组内,并随宿主基因一起复制和表达,这种重组方式称为整合(integration)。前病毒独立繁殖或整合,都可成为致病的原因。

二、逆转录的发现发展了中心法则

逆转录酶和逆转录现象是分子生物学研究中的重大发现。中心法则认为:DNA 的功能兼有遗传信息的传代和表达,因此 DNA 处于生命活动的中心位置。逆转录现象说明:至少某些生物,RNA 同样兼有遗传信息传代与表达功能。这是对传统的中心法则的补充和发展。

对逆转录病毒的研究,拓宽了 20 世纪初已注意到的病毒致癌理论,至 20 世纪 70 年代初,从逆转录病毒中发现了癌基因。至今,癌基因研究仍是病毒学、肿瘤学和分子生物学的重大课题。人类免疫缺陷病毒(human immunodeficiency virus,HIV)也是 RNA 病毒,有逆转录功能。

分子生物学研究还应用逆转录酶作为获取基因工程目的基因的重要方法之一,此法称为 cDNA 法。在人类这样庞大的基因组 DNA(3.1×10^9 bp)中,要选取其中一个目的基因,有相当大难度。对

图 14-22　逆转录酶催化的 cDNA 合成

（a）逆转录病毒细胞内复制。病毒的 tRNA 可作为 cDNA 第二链合成的引物；（b）试管内合成 cDNA。单链 cDNA 的 3′-端能形成发夹状的结构作为引物，在大肠埃希菌 DNA pol Ⅰ 片段（Klenow 片段）作用下，合成 cDNA 的第二链。

RNA 进行提取、纯化，相对较为可行。取得 RNA 后，可以通过逆转录方式在试管内操作。用逆转录酶催化 dNTP 在 RNA 模板指引下的聚合，生成 RNA/DNA 杂化双链。用酶或碱把杂化双链上的 RNA 除去，剩下的 DNA 单链再作第二链合成的模板。在试管内以 DNA pol Ⅰ 的大片段，即 Klenow 片段催化 dNTP 聚合。第二次合成的双链 DNA，称为互补 DNA（complementary DNA，cDNA）。cDNA 就是编码蛋白质的基因，通过转录又得到原来的模板 RNA。现在已利用该方法建立了多种不同种属和细胞来源的含所有表达基因的 cDNA 文库，方便人们从中获取目的基因。

小结

　　DNA 复制是指 DNA 基因组的扩增过程。在这个过程中，以亲代 DNA 作为合成的模板，按照碱基配对原则合成子代分子。复制需要多种酶和蛋白辅因子的参与。细胞内的 DNA 复制有半保留性、半不连续性和双向性等特征。

　　原核生物 DNA 的复制过程包括起始、延长和终止。起始是将 DNA 双链解开形成复制叉。复制中 DNA 链的延长由引物或延长中的子链提供 3′-OH，供 dNTP 掺入生成磷酸二酯键，延长中的子链有前导链和后随链之分，复制产生的不连续片段称为冈崎片段。复制的终止需要去除 RNA 引物，填补留下的空隙并连接片段之间的缺口，使其成为连续的子链。

　　真核生物基因组 DNA 复制发生于细胞周期的 S 期，其过程与原核生物相似，但更为复杂和精致。真核生物复制起始也是打开复制叉，形成引发体和合成 RNA 引物，多种蛋白质参与此过程。复制的延长发生 DNA 聚合酶 α/δ 转换，复制终止有两种机制切除 RNA 引物。复制与核小体装配同步进行。真核生物 DNA 复制调控主要发生在复制起始和末端，细胞周期调控蛋白控制 DNA 复制的起始，确保每个染色体在每个细胞周期中仅复制一次。端粒酶延伸端粒 DNA 解决染色体末端复制问题。

　　非染色体基因组采用特殊的方式进行复制。D 环复制是真核生物线粒体 DNA 的复制方式。逆转录是 RNA 病毒的复制形式。逆转录现象的发现,加深了人们对中心法则的认识,拓宽了 RNA 病毒致癌、致病的研究。在基因工程操作上,还可用逆转录酶制备 cDNA。

(高国全)

思考题

1. 在 DNA 生物合成研究领域,哪些研究成果曾经获得诺贝尔奖? 结合所学的知识分析获奖原因。

2. 哪些常用的分子生物学技术利用了 DNA 聚合酶的活性,请举例并说明原理。

第十五章

DNA 损伤与修复

【本章要点】

1. 导致 DNA 损伤的主要因素及损伤类型；

2. DNA 损伤的直接修复；

3. DNA 损伤的切除修复；

4. DNA 双链断裂的重组修复；

5. 跨损伤 DNA 合成。

储存在 DNA 中的遗传信息对于细胞的存活和繁殖至关重要，DNA 的完整性和稳定性是维持生物物种稳定性的最主要因素。然而，DNA 不断受到放射、感染、氧化和复制等内、外环境因素的影响，遗传信息的改变不可避免。各种内外因素所导致的生物体 DNA 组成与结构的变化称为 DNA 损伤（DNA damage）。DNA 损伤的化学性质多样而复杂。未修复的 DNA 损伤不仅可以导致细胞周期停滞、凋亡，还会累积基因组突变，对遗传信息的忠实传递及自身生存产生威胁。生物体进化出了 DNA 损伤应答（DNA damage response，DDR），这是一种复杂的信号转导途径，能够感知 DNA 损伤，并将这种信息传递给细胞，在触发"检查点"控制之前修复受损的 DNA，以维持基因组的完整性和稳定性。人体内约 10^{13} 个细胞，每个细胞每天都会发生数万个 DNA 损伤。这些损伤可以阻断基因组复制和转录，如果 DDR 不能修复或修复不正确，会导致突变或更大规模的基因组畸变，可能影响体细胞功能甚至生存，对生殖细胞则可能影响到后代。因此，在进化过程中生物体获得的一整套相当完善的修复系统，可使 DNA 损伤得到最大限度的修复，是生物体能够保持遗传稳定性的关键。DNA 突变并不是全部能被完全修复，在生物进化中突变是与遗传相对立统一而普遍存在的现象。从这个意义上讲，DNA 损伤亦是生物进化的必要条件，正因为如此，生物才会有变异、有进化。

第一节 DNA 损伤的因素和类型

一、多种因素通过不同机制导致 DNA 损伤

导致 DNA 损伤的因素通常可分为内部因素和外部因素。内部因素主要包括正常代谢过程中产生的有毒生物活性分子，DNA 复制过程发生的碱基错配，以及 DNA 本身的不稳定性等。外部因素包括电离辐射、紫外线、水解或热破坏、化学毒物、药物、病毒感染、植物以及微生物的代谢产物等。需要注意的是，外部因素是通过内部因素引发 DNA 损伤的，因此内部因素与外部因素对 DNA 的损伤作用不能截然分开。

（一）内部因素诱发 DNA 分子"自发"损伤

1. 复制导致 DNA 序列错误 以 DNA 为模板按 Watson-Crick 碱基配对进行 DNA 复制是严格而精确的事件，但也不是完全不发生错误。碱基的异构互变、4 种 dNTP 间比例的不平衡等均可能引起复制过程中的碱基错配。原核和真核的 DNA 聚合酶广泛具有校读功能，绝大多数错配的碱基会被 DNA 聚合酶的校读功能所纠正，但依然不可避免有极少数的错配碱基被保留下来，校正后的错配率

约为 $1/10^{10}$。

复制错误还表现为片段的缺失或插入。真核细胞染色体上广泛分布的 DNA 短片段重复序列,在复制过程可能出现"打滑"现象,使新生成 DNA 重复序列的拷贝数发生变化。DNA 重复片段长度的高度多态性,在遗传性疾病研究、法医鉴定等方面有重大价值。亨廷顿病、脆性 X 综合征、肌强直性营养不良等神经退行性疾病均属于此类。

2. 自发化学变化导致 DNA 损伤　DNA 结构自身的不稳定性使得生物体内 DNA 分子可由于各种原因发生变化,是 DNA 自发性损伤中最频繁和最重要的因素。

(1)碱基异构体的互变导致碱基错配:DNA 分子中的碱基存在多种互变异构体,可以自发地相互变化(如烯醇式与酮式碱基间的互变),能够引起碱基配对的氢键发生改变,可使 A 与 C 配对、T 与 G 配对等。如果这些配对发生在 DNA 复制时,就会造成子代 DNA 序列的错误变化。

(2)碱基的脱氨基作用导致错误碱基引入:碱基的环外氨基有时会自发脱落,导致 C 变成 U、A 变成次黄嘌呤(H)、G 变成黄嘌呤(X)。复制过程中 U 与 A 配对、H 和 X 都与 C 配对,就会导致子代与亲代 DNA 序列不同的错误性损伤。

(3)碱基脱落损害 DNA 的结构和功能:当 DNA 受热或所处环境的 pH 发生改变时,连接碱基和核糖之间的糖苷键可自发发生水解,可使嘌呤和嘧啶从 DNA 链的核糖磷酸骨架上脱落下来,其中以脱嘌呤最为普遍。

(4)碱基修饰导致 DNA 结构改变甚至链断裂:机体代谢过程中的副产物 O_2^-、H_2O_2 等活性氧(reactive oxygen species,ROS)可以直接作用于碱基,产生胸腺嘧啶乙二醇、羟甲基尿嘧啶、8-羟基脱氧鸟嘌呤等碱基修饰物,甚至产生 DNA 链的断裂。此外,体内还可以发生 DNA 的甲基化等结构变化。

(二)物理、化学、生物等外部因素可导致 DNA 损伤

最常见的导致 DNA 损伤的外部因素,包括物理因素、化学因素和生物因素等。这些因素导致的 DNA 损伤各有特点。

1. 电离辐射和紫外线等物理因素导致 DNA 损伤　物理因素中最常见的是来自太阳光的电离辐射和紫外线,能诱导每个细胞每天 10^5 个 DNA 损伤。根据作用原理的不同,通常将电磁辐射分为电离辐射和非电离辐射。α 粒子、β 粒子、X 射线等属电离辐射;紫外线和波长长于紫外线的电磁辐射则属非电离辐射。

(1)电离辐射直接造成 DNA 损伤:电离辐射可以直接和间接引起被照射穿透组织发生电离,DNA 直接吸收电离辐射能量而造成损伤。电离辐射还可以作用于 DNA 周围其他分子(主要是水分子)产生具有高反应的自由基,发挥间接破坏作用。这些作用最终可导致 DNA 分子发生碱基氧化修饰、碱基环结构破坏与脱落、DNA 链交联或 DNA 链断裂等多种变化。肿瘤放射治疗就是利用电离辐射损伤 DNA 而使肿瘤细胞分裂增殖停止,甚至死亡。

(2)短波长紫外线照射损伤 DNA:紫外线(ultraviolet,UV)按波长可分为 UVA(400~320nm)、UVB(320~290nm)和 UVC(290~100nm)3 种。260nm 左右的紫外线波长正好在 DNA 和蛋白质等生物大分子的吸收峰附近,容易导致这些生物大分子损伤。大气臭氧层可吸收 320nm 以下的大部分 UV,一般不会造成地球上生物的损害。近年来由于环境污染,臭氧层的破坏日趋严重,UV 对生物的影响越来越成为公众所关心的重要健康问题。

当 DNA 受到波长为 260nm 左右的紫外线照射时,同一条链上相邻的嘧啶(相邻的两个 T,或两个 C;或 C、T 间)可以通过环丁基环共价连接形成二聚体,其中最容易形成的是胸腺嘧啶二聚体结构(TT;图 15-1)。二聚体的形成可使 DNA 双螺旋产生弯曲和扭结,阻碍复制与转录的正常进行。另外,紫外线还会导致 DNA 链间的其他交联或链的断裂等损伤。

2. 许多化学因素导致 DNA 损伤　化学因素对 DNA 损伤的认识最早源于对化学武器杀伤力的研究。引起 DNA 损伤的化学因素种类繁多,主要包括自由基、碱基类似物、碱基修饰物、烷基化剂和嵌入染料等。许多肿瘤化疗药物也是通过诱导碱基改变、单链或双链 DNA 断裂等 DNA 损伤,阻断

图 15-1　胸腺嘧啶二聚体的形成

DNA 复制或 RNA 转录而抑制肿瘤细胞增殖。因此,对 DNA 损伤及肿瘤细胞死亡机制的认识,将有助于肿瘤化疗药物的研发。

（1）自由基通过直接作用损伤 DNA:自由基是指最外层轨道带有未配对电子的原子、原子团或分子。尽管自由基在化学反应过程中存在时间极为短暂,但化学性质异常活跃。自由基可与 DNA 分子直接相互作用,可造成 DNA 分子上的碱基与核糖氧化、碱基缺失、DNA 链断裂,以及与蛋白质交联等多种类型的 DNA 损伤。

（2）碱基类似物通过掺入 DNA 合成而损伤 DNA:碱基类似物是一类与 DNA 正常碱基结构类似的人工合成化合物,通常被用作促突变剂或抗肿瘤药物,如 5-溴尿嘧啶（5-BU）、5-氟尿嘧啶（5-FU）等。由于与正常碱基结构的相似性,在 DNA 复制时,碱基类似物可取代正常碱基掺入到 DNA 链中,而干扰 DNA 复制。

（3）碱基修饰剂导致各种类型的 DNA 损伤:与碱基类似物不同,碱基修饰剂作为诱变剂,能够直接对 DNA 链中碱基的某些基团进行修饰,改变碱基的化学结构和化学性质。碱基修饰剂主要有脱氨基剂（deaminating agent）、羟化剂（hydroxylating agent）和烷化剂（alkylating agent）三种类型。脱氨基剂能使碱基上的氨基脱落下来,从而改变碱基的结构和配对性质,进而改变 DNA 的结构。如亚硝酸有氧化脱氨作用,可使 C 和 A 脱氨后分别产生 U 和 H,使 C：G 转换成 A：T,A：T 转换成 G：C,进而改变碱基序列。羟化剂,如羟胺（hydroxylamine）能使 C 的氨基羟化,变成羟化胞嘧啶,不再同 G 配对,而同 A 配对,使 G：C 转换成 A：T。烷化剂如氮芥、硫芥、二乙基亚硝胺等是一类亲电子的化合物,很容易与生物大分子的亲核位点发生反应。烷化剂可使 DNA 发生碱基的烷基化、碱基脱落、DNA 链断裂、DNA 链交联等各种类型的损伤。

（4）嵌入性染料诱导 DNA 双链错位:溴化乙啶、吖啶橙等染料可直接插到 DNA 分子碱基对中,导致碱基对间的距离增大,极易导致 DNA 两条链发生错位,在 DNA 复制过程中往往引发核苷酸的缺失、移码或插入突变。

物理因素和化学因素造成的 DNA 损伤的情况如图 15-2 所示。

3. 生物因素诱发 DNA 损伤　诱发 DNA 损伤的生物因素主要包括一些病毒,如麻疹病毒、风疹病毒、疱疹病毒等。另外,一些真菌代谢产生的毒素也有诱发 DNA 损伤的作用。如黄曲霉菌代谢产生的黄曲霉毒素（aflatoxin）是代谢活化的致癌物,其中黄曲霉毒素 B_1 致癌效果最强。

二、DNA 损伤有多种类型

DNA 分子中的碱基、核糖与磷酸二酯键等都是 DNA 损伤因素作用的靶点,DNA 分子结构的任何

图 15-2　物理和化学因素对 DNA 的损伤

异常变化均称为 DNA 损伤。根据 DNA 分子结构变化的不同,DNA 损伤类型可分为碱基损伤和链损伤两大类。

(一) DNA 碱基损伤可改变碱基的性质

1. 糖苷键断裂导致碱基丢失　糖苷键断裂造成无碱基位点。脱嘌呤是普遍的碱基丢失类型,黄曲霉毒素可以加剧脱嘌呤。嘧啶的 N-糖苷键较为稳定,丢失概率只有嘌呤的 1/20。无碱基位点不稳定,容易发生 β-消除反应而造成单链断裂。

2. 脱氨基反应导致碱基转换　含有氨基的碱基自发或者在某些化学试剂(如亚硝酸)作用下发生脱氨基反应,使 A 转换为 I,C 转换为 U,G 转换为 X。碱基脱氨作用在单链发生的频率远高于双链,所有在复制、转录和重组过程中的瞬时单链状态会加剧这种损伤,并在修复前产生突变效果。在所有碱基中,5-甲基胞嘧啶脱氨频率最高,而且产生的 G∶T 碱基对由作用较慢的错配修复纠正。脊椎动物的 CpG 胞嘧啶约有 70%~80% 被甲基化,由其脱氨产生的 G≡C 到 A=T 碱基转换占人类遗传疾病点突变的 1/3。

3. 自由基导致碱基修饰　最常见的碱基修饰是烷基化修饰。碱基的许多位点容易被烷基化,G 的 N^7 位点容易被烷基化,但该位点烷基化不改变碱基的配对性质;A 的 N^3 位点也非常容易烷基化,导致不能与其他任何碱基配对,阻碍 DNA 复制。G 的 O^6 位也可被烷基化修饰,改变碱基的配对性质,从而导致突变。另外,具有氧化活性的氧自由基可造成 DNA 分子中嘌呤和嘧啶碱基的氧化修饰。

4. 碱基性质变化导致复制时碱基错配　碱基类似物的掺入、碱基修饰剂的作用可改变碱基的性质,导致 DNA 序列中的错误配对。酮与烯醇式结构的互变异构在碱基中自发存在,导致 DNA 复制过程中产生一定比例的自发碱基错配。另外,用于 RNA 合成的 U 也可以代替 T 掺入 DNA 合成中,导致错配。

(二) DNA 链损伤可能影响染色体高级结构

1. DNA 损伤可导致 DNA 发生单链或双链断裂　DNA 断裂可以发生在 DNA 单链或双链上,细胞中的单链断裂(single-strand break,SSB)能迅速以另一互补单链为模板重新合成,很容易修复;而双链断裂(double-strand break,DSB)在原位修复的概率很小,通常会导致突变。

2. DNA 损伤可导致 DNA 链发生共价交联　DNA 双螺旋链中的一条链上的碱基与另一条链上

的碱基以共价键相连接,称为 DNA 链间交联(DNA interstrand cross-linking)。顺铂、丝裂霉素等抗肿瘤药物导致链之间发生交联,阻滞 DNA 复制。DNA 分子中同一条链中的两个碱基以共价键相连接,称为 DNA 链内交联(DNA intrastand cross-linking)。紫外线照射后导致同一条 DNA 链中相邻的嘧啶之间形成的嘧啶二聚体就是 DNA 链内交联的典型例子。另外,紫外线照射还可诱发 DNA 分子与蛋白质以共价键相互结合,称为 DNA-蛋白质交联(DNA protein cross-linking)。嘧啶二聚体的形成和DNA-蛋白质交联可以造成 DNA 复制阻滞或者导致突变,是强烈阳光照射可能引发皮肤癌的原因。

实际上,DNA 的损伤非常复杂,一种损伤因素往往可同时引起几种类型的损伤,最常见的复合性DNA 损伤中主要包括碱基结构破坏、糖基结构破坏、链断裂等。DNA 损伤效应的大小和类型与损伤因素的剂量及细胞所处的周期状态有关,可导致 DNA 模板发生碱基置换、插入和缺失、链的断裂等变化,并可能影响染色体高级结构。碱基置换包括转换和颠换:DNA 链中嘌呤被另一种嘌呤取代,或嘧啶被另一种嘧啶取代,称为转换;而嘌呤被嘧啶取代或反之,称为颠换。碱基置换在 DNA 复制时可引起碱基错配,导致基因突变。碱基的插入和缺失则可能引起基因移码突变,往往造成基因信息错乱,使基因表达产物发生质变,对细胞的功能造成不同程度的影响。

第二节 DNA 损伤应答

为了抵御外界及内在因素诱导 DNA 损伤带来的威胁,细胞内进化出一种非常保守的 DDR 机制。DDR 是一种复杂的信号转导途径,包括专门的"感知"蛋白(sensor)能够感知 DNA 损伤,"传感"蛋白(transducer)募集后续的"效应"蛋白(effector),监测和传递损伤信号,并形成包括修复机制、细胞周期检查点及基因表达调控等效应的应答机制。

生物主要通过 DNA 损伤修复和细胞凋亡两种机制来保护其正常的生理功能和稳定的遗传性状。处于细胞周期进程中的细胞,当感知蛋白发现了 DNA 损伤,立即启动快速修复机制对其进行处理,修复后继续完成细胞周期;如果不能修复,则启动更多的成员进行复杂而缓慢的修复,同时启动细胞周期检测点使周期进程暂停,以便使细胞有充足的时间来修复损伤。如果损伤严重不能修复,则启动凋亡机制,使该细胞进入程序性死亡。在特殊情况下,细胞周期必须完成,即使此时DNA 不能完全复原,细胞可以进行容错修复,保证 DNA 复制和细胞分裂的继续进行,但代价是保留了异常的 DNA(图 15-3)。

图 15-3 DNA 损伤应答

一、DNA 损伤感知蛋白识别各种类型 DNA 损伤

受损 DNA 的存在会对生物体的生存构成威胁。细胞表达各种 DNA 损伤感知蛋白(DNA damage sensor),识别所有类型的 DNA 损伤,包括受损的碱基、DNA 交联、单链断裂和双链断裂等。多种蛋白质参与识别 DNA 损伤,取决于损伤的类型。特定的 DNA 糖苷酶或 DNA 错配修复蛋白 MutS 同源物(MutS homolog 2 and 6,MSH2/6)识别并去除受损的碱基。DNA 链共价交联由着色性干皮病(xeroderma pigmentosum,XP)基因产物 XPA/XPC 所识别。单链断裂被复制蛋白 A(replication protein A,RPA)

识别,进而将 9-1-1(RAD9-RAD1-HUS1)复合物招募至 DNA 断裂点。双链断裂在细胞周期 S 期被
MRE11/RAD50/NBS1(MRN 复合体)识别,在 G₁ 期被 Ku70-Ku80 异二聚体识别。哺乳动物细胞中的
关键 DDR 信号成分是蛋白激酶 ATM 和 ATR,它们分别被双链 DNA 断裂和 RPA 包被的单链 DNA 招
募和激活。

二、细胞内存在多种 DNA 损伤修复途径

　　DNA 损伤修复(repair of DNA damage)是指纠正 DNA 两条单链间错配的碱基、清除 DNA 链上受
损的碱基或糖基、修补 DNA 断裂,恢复 DNA 正常结构的过程。DNA 损伤修复是机体维持 DNA 结构
完整性与稳定性,保证生命延续和物种稳定的重要环节。

　　细胞内存在多种 DNA 损伤修复途径:直接修复(direct repair)、碱基切除修复(base excision
repair,BER)、核苷酸切除修复(nucleotide excision repair,NER)、错配修复(mismatch repair,MMR)、同
源重组(homologous recombination,HR)修复、非同源末端连接(non-homologous end joining,NHEJ)或
跨损伤 DNA 合成(translesion DNA synthesis,TLS),如图 15-4 所示。需要特别注意的是,一种 DNA 损
伤可通过多种途径来修复,而一种修复途径也可同时参与多种 DNA 损伤的修复过程。修复系统的数
量和多样性既反映了 DNA 修复对细胞存活的重要性,也反映了 DNA 损伤来源的多样性。

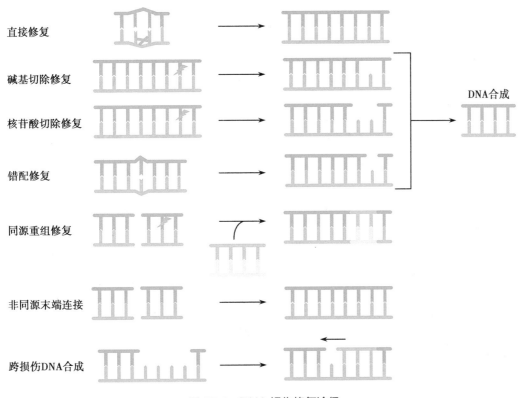

图 15-4　DNA 损伤修复途径

(一)某些 DNA 损伤可以被直接修复

　　1. DNA 光裂合酶直接修复嘧啶二聚体　　有些类型的 DNA 损伤是在不去除碱基或核苷酸的情
况下直接修复的,最典型的例子是 DNA 光裂合酶(DNA photolyase)利用吸收光产生的能量来直接修
复嘧啶二聚体(图 15-5)。光裂合酶修复反应需要产生自由基,通常含有两种辅因子作为光吸收剂:一
种是 FADH₂(所有生物);另一种是叶酸(大肠埃希菌和酵母)。人类和其他胎盘哺乳动物中没有发现
DNA 光裂合酶。

　　2. O^6-甲基鸟嘌呤-DNA 甲基转移酶直接修复甲基化 DNA　　在烷化剂存在下形成的 O^6-甲基鸟

图 15-5   胸腺嘧啶二聚体的光裂合修复

嘌呤是一种常见且高度诱变的损伤产物。在复制过程中 O^6-甲基鸟嘌呤倾向于与 T 而不是 C 配对，因此导致 G≡C 到 A=T 突变。O^6-甲基鸟嘌呤的直接修复是由 O^6-甲基鸟嘌呤-DNA 甲基转移酶将甲基从核苷酸转移到自身肽链的半胱氨酸残基上进行的（图 15-6）。一次甲基转移事件会使自身永久甲基化，从而使 O^6-甲基鸟嘌呤-DNA 甲基转移酶在这一途径中失活。因此，严格来说这种甲基转移酶不是一种酶。消耗整个蛋白质分子来纠正单个受损碱基再次生动体现了 DNA 完整性维持的重要性。

图 15-6   烷基化碱基的直接修复

3. DNA 嘌呤插入酶在无嘌呤位点直接插入嘌呤碱基   糖苷酶可水解 DNA 链上受损嘌呤碱基，生成无嘌呤位点。在 DNA 嘌呤插入酶催化下游离嘌呤碱基与 DNA 无嘌呤部位可以重新生成糖苷键而直接插入嘌呤碱基。无嘌呤位点的直接修复作用具有很强的专一性。

4. 部分 DNA 单链断裂可被直接修复   DNA 连接酶能够催化 DNA 双螺旋结构中一条链上缺口处的 5′-磷酸基团与相邻片段的 3′-羟基之间形成磷酸二酯键，从而直接参与部分 DNA 单链断裂的修复，如电离辐射所造成的单链切口。

（二）切除修复是最普遍的 DNA 损伤修复方式

切除修复（excision repair）是生物界最普遍的一种 DNA 损伤修复方式。它并不局限于某种特殊原因造成的损伤,而是使用相同的机制和一套修复蛋白一般性识别和纠正 DNA 链及 DNA 双螺旋结构的变化,修复一系列性质各异的损伤。依据识别损伤机制的不同,又分为碱基切除修复和核苷酸切除修复两种类型。另外,错配修复也可被看作是碱基切除修复的一种特殊形式。

图 15-7　切除修复

　　1. 个别碱基损伤可通过碱基切除系统修复　碱基切除修复(base excision repair,BER)依赖于生物体内的一类特异 DNA 糖苷酶,它们能识别常见的 DNA 损伤,并通过水解糖苷键去除受损碱基形成无嘌呤位点(apurinic site)或无嘧啶位点(apyrimidinic site),统称为 AP 位点,也称为无碱基位点(abasic site)。另外,DNA 中 N-糖苷键的缓慢自发水解也可形成 AP 位点。例如,在大多数细胞中发现的尿嘧啶 DNA 糖苷酶,可以特异性地从 DNA 中去除 C,自发脱氨基产生的 U。这种糖苷酶不能去除 RNA 中的 U 或 DNA 中的 T。大多数细菌只有一种尿嘧啶 DNA 糖苷酶,而人类至少有 4 种类型,这表明了从 DNA 中去除 U 的重要性。其他 DNA 糖苷酶识别并去除各种受损的碱基,包括甲酰胺基嘧啶和 8-羟基鸟嘌呤(均由嘌呤氧化产生)、次黄嘌呤(由腺嘌呤脱氨基产生)和烷基化碱基,如 3-甲基腺嘌呤和 7-甲基鸟嘌呤。在一些生物体中还鉴定出可识别嘧啶二聚体等其他损伤的糖苷酶。

　　BER 过程包括:①识别水解:DNA 糖苷酶特异性识别 DNA 链中受损的碱基,并在碱基和脱氧核糖骨架之间切割,产生 AP 位点。②切除:AP 核酸内切酶在 AP 位点附近将 DNA 链的磷酸二酯键切开,然后去除包括 AP 位点的一段 DNA,形成缺口。切口相对于 AP 位点的位置(5′ 或 3′)取决于 AP 核酸内切酶的类型。③合成:DNA 聚合酶在缺口处以另一条链为模板修补合成互补序列。④连接:由 DNA 连接酶将切口重新连接,DNA 恢复正常结构(图 15-8)。

　　2. 造成 DNA 螺旋结构变形的 DNA 损伤通常由核苷酸切除系统修复　核苷酸切除修复(nucleotide excision repair,NER)是生物生存至关重要的 DNA 损伤修复途径。与 BER 不同,NER 系统并不识别

图 15-8　单个碱基的切除修复

具体的损伤,而是识别损伤 DNA 双螺旋的扭曲结构。NER 包括 4 个与 BER 相似的步骤:①由一个酶系统识别 DNA 损伤部位;②在损伤两侧切开 DNA 链,去除两个切口之间的一段受损寡核苷酸;③在 DNA 聚合酶作用下,以另一条链为模板,合成一段新的 DNA,填补缺损区;④由 DNA 连接酶连接,完成损伤修复。

切除核酸酶(excinuclease)是一种多亚单位酶,在 DNA 扭曲的两侧分别水解一个磷酸二酯键,产生两个切口。术语"切除核酸酶"用于描述这种酶复合物产生两处核酸内切口的独特能力,将这种活性与标准核酸内切酶的活性区分开来。在大肠埃希菌和其他细菌中,酶系统水解 DNA 损伤处 3′ 侧的第 5 个磷酸二酯键和 5′ 侧的第 8 个磷酸二酯键,取决于病变涉及一个还是两个碱基,生成 12~13 个核苷酸的片段。在人类和其他真核生物中,酶系统水解 DNA 损伤处 3′ 侧的第 6 个磷酸二酯键和 5′ 侧的第 22 个磷酸二酯键,产生 27~29 个核苷酸的片段。

在大肠埃希菌中,关键的切除核酸酶是 ABC 酶复合物,包含 UvrA、UvrB 和 UvrC 三个亚单位。UvrA 和 UvrB 蛋白的复合物(A_2B)扫描 DNA 并结合到病变部位。然后 UvrA 二聚体解离,留下 UvrB-DNA 复合物;然后 UvrC 蛋白与 UvrB 结合,UvrB 在病变 3′ 侧的第 5 个磷酸二酯键处切开,UvrC 在 5′ 侧的第 5 个磷酸二酯键处进行切割;产生的 12~13 个核苷酸片段被 UvrD 解旋酶除去。由此产生的缺口由 DNA 聚合酶 I 和 DNA 连接酶填补。

真核生物 NER 的机制与细菌非常相似,但真核生物 NER 需要更多蛋白质参与。人类 NER 需要大约 30 多种蛋白质的参与,修复过程如下:①XPC 和 XPE 识别结合在损伤 DNA 部位;②XPB、XPD 发挥解旋酶的活性在受损 DNA 周围形成一个凸起;③XPG 与 XPF 构象发生变化,在增殖细胞核抗原(proliferating cell nuclear antigen,PCNA)的协助下,分别在凸起受损部位的 3′-端和 5′-端发挥核酸内切酶活性,切除并释放受损的寡核苷酸;④聚合酶 δ 或 ε 修补合成缺损区 DNA 片段;⑤由 DNA 连接酶完成缝隙的连接。

哺乳动物细胞中,从正在转录基因的模板链上切除某些病变(如紫外线诱导的嘧啶二聚体)比从另一条链上切除更快。这一过程称为转录偶联修复(transcription-coupled repair,TCR),并被定义为 NER 的子途径。科凯恩综合征蛋白复合物(Cockayne syndrome protein complex,CSA/CSB)参与停滞在 DNA 损伤处 RNA 聚合酶 II 的识别和修复因子的招募,促发含有损伤 DNA 片段的切除修复。TCR 通过防止 RNA 聚合酶 II 在 DNA 损伤处的长期停滞,确保转录的迅速恢复。

框 15-1

遗传性 XP

遗传性 XP 是由匈牙利裔的皮肤科教授 Kaposi M. 与其岳父,于 1870 年在他们合著的皮肤病教材中最先描述的。遗传性 XP 患者的皮肤对阳光极度敏感,易受照射损伤,可在幼年时罹患皮肤癌,同时伴有智力发育迟缓,神经系统功能紊乱等症状。Cleaver J. E. 等首先发现,遗传性 XP 是由于患者对紫外线照射造成的皮肤细胞的 DNA 损伤的切除修复缺陷所致。后来经细胞融合技术进一步发现,遗传性 XP 患者的皮肤细胞与大鼠的体细胞融合后所形成的杂种细胞会重新获得 DNA 损伤切除修复的能力,从而可幸免于紫外线照射所造成的损伤;而且某些来自遗传性 XP 患者的成纤维细胞经相互融合后也会重新获得上述能力。这些现象提示,遗传性 XP 具有多型性,而且各型之间互补。以往曾有 7 种互补型(A、B、C、D、E、F、G)被发现,而与之相对应的 DNA 损伤核苷酸切除修复缺陷相关基因分别被命名为 *XPA、XPB、XPC、XPD、XPE、XPF* 和 *XPG* 等。

表 15-1　人类遗传性 XP 相关的 DNA 损伤核苷酸切除修复途径缺陷基因

基因名称	基因的染色体定位	编码蛋白大小/aa	编码蛋白细胞定位	编码蛋白的主要功能
XPA	9q22.3	273	细胞核	可能结合受损 DNA,为切除修复复合体其他因子到达 DNA 受损部位指示方向
XPB	2q21	782	细胞核	在受损核苷酸切除修复中,发挥解旋酶的功能
XPC	3p25	940	细胞核	可能是受损 DNA 识别蛋白
XPD	19q13.3	760	细胞核	转录因子 TFⅡH 的一个亚单位,与 XPB 一起,在受损核苷酸切除修复中,发挥解旋酶的功能
XPE	11q12-13 11p11-12	1 140 427	细胞核	主要结合受损 DNA 嘧啶二聚体处
XPF	16p13.12	905	细胞核	结构专一性 DNA 修复核酸内切酶,在 DNA 损伤切除修复中,在受损 DNA 核苷酸的 5′ 端切口
XPG	13q33	1 186	细胞核	镁依赖的单链核酸内切酶,在 DNA 损伤切除修复中,在受损核苷酸的 3′ 端切口

3. 复制产生的错配碱基对由碱基错配修复系统校正　错配修复(mismatch repair,MMR)系统几乎总是纠正新合成的子链,以反映模板母链中的信息。如何区分母链和子链是 MMR 过程中面临的主要问题。大多数细菌或真核生物的链区分机制尚不清楚,但在大肠埃希菌和一些密切相关的细菌物种,主要通过 DNA 甲基化区分母链和子链。Dam 甲基化酶催化所有 GATC 序列内 A 在 N^6 位置上甲基化,新合成子链中 GATC 序列的瞬时未甲基化状态允许子链与母链区分。如果两条链都没有甲基化,就会以任意一条链为模板进行修复;如果两条链都在 GATC 序列甲基化,错配很少被修复。

大肠埃希菌中参与 MMR 的蛋白包括 Mut(mutase)H、MutL、MutS、DNA 解旋酶、单链 DNA 结合蛋白(single stranded DNA binding protein,SSB)、核酸外切酶(Ⅰ、Ⅹ、Ⅶ或 RecJ 核酸酶)、DNA 聚合酶Ⅲ,以及 DNA 连接酶等 10 余种蛋白成分,在链识别或修复过程中发挥作用。MutS 识别错配序列,MutH 识别 GATC 序列。MutL 在错配处与 MutS 形成复合物。错配两侧的 DNA 穿过 MutL-MutS 复合体,形成一个 DNA 环,使得复合物沿着 DNA 同时向两个方向移动,直到遇到结合在半甲基化 GATC 序列上的 MutH 蛋白。MutH 切割该序列中 G 的 5′ 侧未甲基化链。然后,由 UvrD 解旋酶,SSB 和核酸外切酶组成的复合物将未甲基化 DNA 链从该点向错配位点水解。最后由 DNA 聚合酶Ⅲ和 DNA 连接酶催化完成修补、连接,恢复 DNA 正确的碱基配对。当错配在切割位点的 5′ 侧时,核酸外切酶Ⅰ、核酸外切酶Ⅹ(两者都在 3′→5′ 方向降解 DNA 链)或核酸外切酶Ⅶ(在任一方向上降解单链 DNA)负责未甲基化 DNA 链的水解。当错配在切割位点的 3′ 侧时,核酸外切酶是核酸外切酶Ⅶ或 RecJ 核酸酶(在 5′→3′ 方向降解单链 DNA)。

错配可能发生在 GATC 序列的 1 000 或更多个碱基对处。这种长度 DNA 链的降解和替换需要大量 dNTP,以修复单个错配的碱基。就能量消耗而言,错配修复对于大肠埃希菌来说代价非常大,这再次体现了基因组完整性对细胞的重要性。

真核细胞也有 MMR 系统,现已发现多种与大肠埃希菌 MutS、MutL 高度同源蛋白质参与 MMR,但尚未发现 MutH 同源蛋白。从酵母到人类的大多数真核生物中,MutS 的同源物主要是 MSH2(MutS 同源物)、MSH3 和 MSH6。单碱基对错配通常由 MSH2 和 MSH6 异二聚体结合,较长的错配(2~6bp)可以由 MSH2 和 MSH3 异二聚体,或者由两种类型异二聚体串联结合。MutL 的同源物,主要是 MLH1(MutL homolog)和 PMS1(post-meiotic segregation)的异二聚体,结合并稳定 MSH 复合物。真核生物 MMR 的许多细节仍有待研究。特别是新合成 DNA 链是如何识别的尚不清楚,尽管研究表明这个过程不涉及 GATC 序列。

表 15-2   人类错配修复途径成员的一般情况

基因名称	染色体定位	mRNA（核苷酸）/个	蛋白质（氨基酸）/个	主要功能	细胞定位	组织分布
MLH1	3p21.3	2 484	756	错配修复	细胞核	大肠、乳腺、肺、脾、睾丸、前列腺、甲状腺、胆囊、心脏
MLH3	14q24.3	4 895	1 453	错配修复	细胞核	广泛，尤多见于消化道上皮
PMS1	2q31-33	3 121	932	错配修复	细胞核	与 MLH1 组织分布一致
PMS2	7p22	2 859	862	错配修复	细胞核	与 MLH1 组织分布一致
MSH2	2p22-21	3 181	934	错配修复	细胞核	广泛，在肠道表达多限于隐窝
MSH3	5q11-12	3 187	1 137	错配修复	细胞核	在非小细胞肺癌和造血系统恶性肿瘤中表达减少
MSH4	1p31	3 085	936	染色体重组	细胞核	睾丸、卵巢
MSH5	6p21.3	2 883	834	染色体重组	细胞核	广泛，尤在睾丸、胸腺和免疫系统中高表达
MSH6	2p16	4 263	1 360	错配修复	细胞核	—

（三）DNA 双链断裂需要重组修复

DNA 双链断裂会导致大的染色体区域丢失，是最危险的 DNA 损伤类型。在哺乳动物细胞分裂过程中，电离辐射、活性氧、DNA 复制错误和核酶无意切割等导致每个细胞每天大约产生 10 个 DNA 双链断裂。这些病理性双链断裂，以及在 V（D）J 重组和免疫球蛋白重链类别转换过程中发生的生理性双链断裂，需要一种更为复杂的重组修复机制来完成。重组修复机制可分为同源重组修复和非同源末端连接。

1. 同源重组修复是一种忠实修复 DNA 双链断裂的途径   作为核心的 DNA 损伤修复方式之一，同源重组（homologous recombination，HR）修复主要发生在细胞周期的 S 和 G$_2$ 期，是维持基因组完整性、确保遗传信息高保真传递的一种 DNA 修复机制。如果复制叉在一个模板链的断裂附近遇到正在修复的受损位点，复制叉的一个臂由于双链断裂而在 DNA 损伤的地方停止或崩溃。HR 通常是针对复制叉的重建，步骤包括：①5′-末端加工（5′-end processing）：断裂处的 5′-末端链被降解，产生 3′-单链。②单链入侵（strand invasion）：3′-单链 DNA 入侵同源 DNA，与互补链配对，形成一个 DNA 分支结构。③分支迁移（branch migration）：DNA 分支结构移动，形成类似 X 的交叉结构。Holliday R. 首先假设该结构的存在，因此称为 Holiday 中间体（Holliday intermediate）。④Holiday 中间体的剪切和连接：Holliday 中间体被一类特殊的核酸酶切割，随后连接而重建复制叉。复制子重新装载到重建的复制叉上，复制继续。

在大肠埃希菌中，5′-末端加工是由 RecBCD 核酸酶/解旋酶进行的。RecBCD 酶与断裂 DNA 末端结合并沿着双螺旋向内移动，在与 ATP 水解偶联的反应中解链并降解 DNA。RecB 和 RecD 亚单位是解旋酶马达，RecB 沿一条链 3′→5′ 移动，RecD 沿另一条链 5′→3′ 移动。当 RecC 亚单位与 chi 序列（5′-GCTGGTGG）相互作用时，酶的活性发生变化：3′-末端链的降解速率下降，但 5′-末端链的降解速率增加。这样产生的 3′-单链，用于随后的同源重组过程。大肠埃希菌基因组上分布 1 009 个 chi 序列，重组频率在 chi 位点 1 000bp 内较高，随着与 chi 序列距离的增加而减弱。

重组酶 RecA 蛋白的活性形式是一种有序的右手螺旋蛋白细丝,由数千个亚单位在 DNA 上协同组装而成。RecBCD 酶直接充当 RecA 加载分子,促进 SSB 包覆单链 DNA 上 RecA 螺旋丝组装。RecA 螺旋丝主要沿 5′→3′ 方向组装和分解。RecA 蛋白促进同源重组的中心步骤,包括 DNA 链入侵步骤。RuvAB 复合物促进分支迁移过程。而一旦 Holliday 中间体形成后,特殊核酸酶 RuvC 负责其切割,产生的切口随后被 DNA 连接酶填平。随后,PriA、PriB、PriC 和 DnaT 四种蛋白质与 DnaC 一起将 DnaB 解旋酶重新组装到复制叉,DnaG 引物酶合成 RNA 引物,DNA 聚合酶重新装载到 DnaB 上,重启 DNA 合成。这个过程称为起始点非依赖性复制重启(origin-independent restart of replication)。在一个称为复制原点独立重启的过程中,PrA、PrB、PriC 和 DnaT,以及 DnaB、DnaC 和 DnaG 的组合称为复制重启引发体(replication restart primosome)。

　　酵母菌等真核生物参与 HR 的蛋白质结构和功能与大肠埃希菌相应的蛋白相似。例如,Rad51 蛋白相当于 RecA,MRX(或 Rad50、Rad58 和 Rad60)蛋白相当于 RecBCD。真核生物 DNA 重组修复过程见图 15-9。

图 15-9　真核生物 DNA 重组修复过程

2. 非同源末端连接是哺乳动物细胞 DNA 双链断裂的一种修复方式　双链断裂有时会发生在 HR 不可行时,如在细胞周期中没有复制发生和姊妹染色单体不存在的阶段。非同源末端连接(non-homologous end joining,NHEJ)是哺乳动物细胞 DNA 双链断裂的另一种修复方式,顾名思义,即两个 DNA 分子的末端不需要同源性就能连接起来。NHEJ 是所有真核生物中双链断裂修复的重要途径,在整个细胞周期中都可以对双链断裂进行修复,在一些细菌中也可检测到。与同源重组修复不同,NHEJ 重组修复的 DNA 链同源性不高,修复的 DNA 序列中可存在一定的错误。NHEJ 是一个诱变过程,酵母基因组较小,对遗传信息丢失的耐受性相对较低。因此,酵母大多数双链断裂是通过 HR 修复的,只有少数是由 NHEJ 修复的。对于拥有巨大基因组的哺乳动物细胞来说,发生错误的位置可能并不在必需基因上,这样依然可以维持受损细胞的存活。

　　连接前两个 DNA 末端之间可以发生多少瞬时碱基配对,即末端之间的微同源性程度影响 NHEJ。一些 DNA 末端可以仅需要 DNA 连接酶即可连接在一起,但大多数双链断裂有两个不相容的 DNA 末端,不允许直接连接,需要聚合酶或核酸酶的作用。双链断裂首先被 Ku70-Ku80 异源二聚体识别。

Ku 蛋白在几乎所有真核生物中都是保守的,并作为一种分子支架来组装其他蛋白质成分。与 DNA 断端结合的 Ku70-Ku80 随后招募 DNA 依赖的蛋白激酶(DNA-dependent protein kinase,DNA-PK)-核酸酶 Artemis 复合物。DNA-PK 发生自我磷酸化并磷酸化 Artemis。磷酸化使 Artemis 发挥核酸内切酶功能,可以去除 DNA 末端可能存在的 5′-或 3′-单链或发夹结构的功能。然后,在解旋酶的作用下 DNA 末端被分离,来自两个不同末端的链在遇到短互补区的位置退火。DNA pol μ 或 DNA pol λ 填充小的 DNA 间隙。最后,X 射线修复交叉互补基因 4(x-ray cross complementation group 4,XRCC4)、XRCC4 样因子(XRCC4 like factor,XLF)和 DNA 连接酶Ⅳ组成的复合物封闭缺口。

DNA 末端不是由 NHEJ 随机连接的。NHEJ 的重要性随着基因组的复杂性而增加,哺乳动物细胞减数分裂以外的大多数双链断裂由这一过程修复。NHEJ 的缺陷导致对电离辐射敏感性的增加和淋巴细胞的消融。

(四)跨损伤 DNA 合成是一种低保真性修复方式

当 DNA 双链发生大范围的损伤时,互补链本身受损或缺失,或在 DNA 复制过程中,双链已经解开形成复制叉,致使前述方式无法对 DNA 损伤进行有效修复。在这些情况下,细胞可以诱导一个或多个应急途径,跨过损伤部位先进行复制,再设法修复。而根据损伤部位跨越机制的不同,这种跨越损伤 DNA 的修复又被分为重组修复与跨损伤 DNA 合成两种不同类型。在没有模板链的情况下,精确修复所需的信息必须来自独立的同源染色体。因此,修复系统涉及同源基因重组。在某些条件下,容易出错的跨损伤 DNA 合成(translesion DNA synthesis,TLS)途径被激活。在缺乏模板链的病变部位,适当的碱基配对通常是不可能的,通过 TLS 途径进行的 DNA 修复明显不太准确,并可能导致高突变率,因此这种跨病变复制容易出错。

在大肠埃希菌中,容易出错的 TLS 是对广泛 DNA 损伤诱发细胞应激反应的一部分,这种反应称为 SOS 应答。一些 SOS 蛋白,如 UvrA 和 UvrB 蛋白,通常存在于细胞中,但是作为 SOS 应答的一部分被诱导到更高的水平(图 15-10)。UmuD 蛋白在 SOS 过程中被切割成更短的形式,称为 UmuD′,它与 UmuC 和 RecA 形成复合物(UmuD′/2UmuC/RecA),形成特殊的 DNA 聚合酶,即 DNA 聚合酶V,可以允许复制通过许多通常会阻碍复制的 DNA 损伤。SOS 应答也诱导另一种 DNA 聚合酶,即 DNA pol Ⅳ。细菌 DNA pol Ⅳ 和 DNA pol V 缺乏核酸外切酶的校对功能,并且具有比其他 DNA 聚合酶更开放的活性位点,可以容纳受损模板。这些酶介导的复制过程中碱基选择的保真度可降为原来的 1/100,将总复制保真度降低到 1/1 000 个核苷酸的误差。由 DNA pol Ⅳ 和 DNA pol V 介导复制产生的突变杀死一些细胞,并在其他细胞中产生有害突变,但它至少允许一些突变子细胞存活,是一个物种为克服不可逾越复制障碍而付出的生物代价。

哺乳动物也有许多低保真度 TLS 聚合酶家族。然而,大多数酶在 DNA 修复中也有特殊功能,因此,这些酶的存在并不一定转化为不可接受的突变负担。例如,在所有真核生物中发现的 DNA pol η(eta)主要通过跨越 TT 二聚体促进跨病变合成,在跨越相邻两个 T 残基时优先插入两个 A 残基。另外,DNA pol η 合成的 DNA 长度较短(通常为一个核苷酸)。因此,DNA pol η 活性引起的突变频率很少。真核细胞其他几种低保真度聚合酶,包括 DNA pol β、DNA pol ι(iota)和 DNA pol λ,在 BER 中具有特殊作用。这些酶除了具有聚合酶活性外,还具有 5′-脱氧核糖磷酸裂解酶活性。在糖苷酶去除碱基和 AP 核酸内切酶切割骨架后,这些聚合酶去除 AP 位点并填补非常短的间隙。

此外,DDR 除启动上述修复途径以修复损伤之外,还诱导其他的途径将损伤的后果降至最低。比如,DDR 激活细胞周期检查点,在损伤干扰复制之前,为 DNA 损伤的修复提供充足的时间,然后诱导修复基因的转录和翻译,促进损伤修复,使细胞能够安全进入新一轮的细胞周期。如修复失败或能力不足,DDR 还可以激活凋亡机制,诱导严重受损细胞发生凋亡,在整体上维持生物体基因组的稳定(图 15-11)。

图 15-10　SOS 修复中 LexA-RecA 操纵子的作用机制

图 15-11　DNA 损伤应答途径

BER：碱基切除修复；MMR：错配修复；NER：核苷酸切除修复；TLS：跨损伤 DNA 合成；NHEJ：非同源末端连接；HR：同源重组修复。

第三节　DNA 损伤和修复的意义

遗传物质世代稳定相传是维持物种稳定的最主要因素；但是，如果遗传物质绝对一成不变，那么生物就失去了进化的基础，也就不会有新的物种出现。DNA 损伤会引起基因的突变，从而改变遗传特征，在生物进化过程可以提供更多选择，有些有利于物种生成，使生物进化，对生物进化有积极的意义（图 15-12）。因此生命和生物多样性依赖于 DNA 损伤或突变与损伤修复之间的良好的动态平衡。

图 15-12　DNA 损伤应答结局

一、DNA 损伤具有双重效应

DNA 损伤可能造成两种生物学后果：一是 DNA 发生永久性的改变即突变，可能改变基因的编码序列或者基因的调控序列。二是 DNA 分子的改变导致复制和转录障碍，使细胞功能出现障碍，重则死亡。基因突变可以发生在体细胞，也可以发生在生殖细胞。发生在生殖细胞的基因突变可通过受精卵将突变遗传信息代代相传，并在子代所有细胞中存在这种改变。发生在体细胞的基因突变不会传递给子代，但可传给由突变细胞分裂所形成的子细胞，在局部形成突变细胞群体。通常认为肿瘤就是体细胞突变的结果。

（一）DNA 突变是进化的分子基础

对独立个体而言，DNA 损伤通常都是有害的。但从长远的生物进化史来看，有的突变是有益突变，使个体更有生存优势，导致这个突变有较大概率可以保存并在种群中扩散。当种群都有这个有利突变时，一定程度上可以说这个种群发生了进化。可以说突变是物种进化的源动力，物种进化的根本原因就是基因突变的不断发生所造成的，不理想的突变会在自然选择过程被淘汰，而对物种有利的突变则会被累积下去。没有 DNA 突变就没有如今物种丰富的生物世界。

（二）有些 DNA 突变只改变基因型

有些 DNA 突变没有可察觉的表型改变，并且这种现象也非常普遍。只有基因型改变的突变形成 DNA 的多态性。医学领域可利用 DNA 多态性分析技术用于个体识别、亲子鉴定、器官移植的配型、个体对某些疾病的易患性分析等。

（三）DNA 突变是某些疾病发病的分子基础

某些 DNA 突变会导致一些疾病，包括遗传病、肿瘤等有遗传倾向的疾病。有些遗传病的遗传缺陷已明确：如地中海贫血是血红蛋白基因突变，血友病是凝血因子基因突变等。有些疾病具有遗传倾向，如高血压、糖尿病、肿瘤等，均是多种基因与生活环境因素共同作用的结果。

（四）有些 DNA 突变导致死亡

若对生命过程至关重要的基因发生突变,可导致细胞甚至个体的死亡;而人类常利用这种特性来消除有害的病原微生物。

二、DNA 损伤修复缺陷可导致多种疾病发生

细胞中 DNA 损伤的生物学后果,主要取决于 DNA 损伤程度和细胞修复能力。如果损伤得不到及时正确的修复,就可能导致细胞功能异常乃至死亡,继而引发疾病(表 15-3)。DNA 损伤和很多疾病的发病直接相关,理解突变形成的分子机制有助于预测并且评估引发癌症和其他遗传性疾病的突变,对于癌症和多种疾病的治疗提供新思路和希望。

表 15-3　DNA 损伤修复缺陷相关的人类疾病

疾病	相关疾病或表型	修复途径缺陷
着色性干皮病	皮肤癌、黑色素瘤	核苷酸切除修复
遗传性非息肉性结肠癌	结肠癌、卵巢癌	错配修复 转录偶联修复
遗传性乳腺癌	乳腺癌、卵巢癌	同源重组修复
布卢姆综合征	白血病、淋巴瘤	非同源末端连接重组修复
范科尼贫血	再生障碍性贫血、白血病、生长迟缓	重组跨越损伤修复
柯凯恩综合征	视网膜萎缩、侏儒、耳聋、早衰、对 UV 敏感	核苷酸切除修复、转录偶联修复
缺硫性毛发营养不良病	毛发易断、生长迟缓	核苷酸切除修复

（一）DNA 损伤修复缺陷可导致肿瘤发生

肿瘤的一个基本特征是基因组不稳定。人类基因组中有 130 多个基因编码专门参与 DNA 修复的蛋白质。在许多情况下,这些蛋白质功能的丧失导致基因组不稳定和肿瘤发生的概率增加。大多数致癌物通过产生 DNA 损伤和引起突变而致病。此外,遗传性 DNA 损伤修复缺陷患者通常易患癌症。众多研究表明,DNA 损伤→DNA 修复异常→基因突变→肿瘤发生是贯穿肿瘤发生发展过程的始动环节。DNA 损伤可导致原癌基因激活或抑癌基因失活,而某些原癌基因激活或抑癌基因失活引起细胞异常增殖会引发 DNA 复制压力和持续的 DNA 损伤形成。癌基因与抑癌基因的表达失衡是细胞恶变的重要分子机制。参与 DNA 修复的多种基因具有抑癌基因的功能,目前已发现这些基因在多种肿瘤中发生突变而失活。*MLH1* 和 *MSH2* 在人类遗传性非息肉性结肠癌(HNPCC)中发生突变,导致 MMR 和转录偶联修复缺陷,造成细胞基因组的不稳定性,引起原癌基因激活,诱发细胞恶变。抑癌基因 *BRCA1*、*BRCA2* 在 70% 的家族遗传性乳腺癌和卵巢癌病例中发生突变而失活。BRCA2 的关键作用之一是将人类重组酶 RAD51 装载到双链断裂位点的 DNA 上。除了 DNA 修复,BRCA1 和 BRCA2 在转录调节、细胞生长调控和基因组完整性保护中也发挥重要作用。

（二）DNA 损伤修复缺陷可导致神经退行性病变

基于以下因素,神经元容易累积 DNA 损伤,与阿尔茨海默病、亨廷顿病和帕金森病等神经退行性疾病相关:①神经元通常表现出较高的线粒体呼吸和活性氧产生,对线粒体和细胞核 DNA 造成损伤;②分化神经元细胞替代能力有限,这可能导致受损但不可替代的终末分化神经元的累积;③处于 G_0 期的神经细胞不能通过 HR 修复 DSB,而必须使用易出错的 NHEJ;④DNA 氧化损伤可以阻滞神经元严重依赖转录过程。因此,DNA 损伤可能导致神经元重要基因转录异常,导致细胞功能障碍或凋亡。

（三）DNA 损伤修复缺陷与某些人类遗传性疾病密切相关

人类 NER 的遗传缺陷会导致多种严重遗传性疾病,其中研究最清楚的是遗传性着色性干皮病(xeroderma pigmentosum,XP)。至少七种不同 NER 编码蛋白质(XPA 到 XPG)中任何基因的缺陷都

可以导致遗传性 XP。NER 是人类嘧啶二聚体的唯一修复途径，所以遗传性 XP 患者对阳光极度敏感，照射后出现红斑、水肿，继而出现色素沉着、干燥、角化过度，甚至会出现黑色素瘤、基底细胞癌、鳞状上皮癌及棘状上皮瘤等。大多数遗传性 XP 患者同时伴有智力发育迟缓、神经系统功能紊乱等症状，这可能是由于无法修复神经元高氧化代谢引起的某些损伤。具有不同临床表现的遗传性 XP 患者存在明显的遗传异质性，表现为不同程度的核酸内切酶缺乏引发的切除修复功能缺陷，所以患者的肺、胃肠道等器官在受到有害环境因素刺激时，有较高的肿瘤发生率。在对遗传性 XP 的研究中还发现一些患者虽具有明显的临床症状，但在 UV 辐射后的核苷酸切除修复中却没有明显的缺陷表型，将其定名为"XP 变种"（XP variant，XPV）。这类患者的细胞在培养中表现出对 UV 辐射的轻微增高的敏感性，变种的切除修复功能正常，但复制后修复功能有缺陷。

此外，柯凯恩综合征、缺硫性毛发营养不良病、范科尼贫血等遗传性疾病的病因也与 NER 系统基因缺陷有关。

共济失调-毛细血管扩张症（ataxia telangiectasia，AT）是一种常染色体隐性遗传病，主要影响机体的神经系统、免疫系统与皮肤。AT 患者的细胞对射线及拟辐射的化学因子（如博来霉素等）敏感，具有极高的染色体自发畸变率，以及对辐射所致 DNA 损伤修复的缺陷。患者的肿瘤发病率相当高。AT 的发生与在 DNA 损伤的信号转导网络中起关键作用的 ATM 分子的突变有关。

（四）DNA 损伤修复缺陷可引发免疫性疾病

免疫系统发育过程中发生的基因组重排涉及 DDR 因子，这意味着 DDR 缺陷会导致免疫缺陷。例如，NHEJ 因子的突变导致 B 细胞和 T 细胞免疫缺陷，而 AT 和 NBS 患者（分别在 ATM 和 NBS1 中有缺陷）容易发生致命的感染。此外，许多 B 细胞和 T 细胞来源的淋巴瘤和白血病可能是由异常 V(D)J 重组引起的。

（五）DNA 损伤修复缺陷与衰老的进展有关

从 DNA 修复功能的比较研究发现，寿命长的动物如象、牛等 DNA 损伤修复能力较强；寿命短的动物如小鼠、仓鼠等 DNA 损伤的修复能力较弱。有证据表明，衰老的部分原因是积累的 DNA 损伤。首先，包括人类在内哺乳动物的细胞核和线粒体基因组中，各种内源性 DNA 损伤会随着年龄的增长而积累。这可能不仅反映了正在进行的 DNA 损伤诱导，也反映了随着时间的推移 DNA 修复能力的下降。其次，遗传性 DDR 缺陷的患者通常表现出过早衰老的特征。另外，在各种生物中的研究表明，生长激素和胰岛素样生长因子 1（insulin like growth factor 1，IGF1）信号在调节寿命中起作用，值得注意的是，DNA 损伤反应抑制该信号通路。

（六）DNA 损伤修复缺陷与人类不孕相关

人类不孕是一个重要的问题，在西方国家大约有 20% 的男性受到影响。由于减数分裂重组涉及 DSB，某些 DDR 缺陷似乎可能导致人类不孕。事实上，在人类精子发生过程中很容易检测到 DDR 信号，各种遗传性 DDR 缺乏症的特征是不孕或低生育力。因此，很大一部分人类不孕可能是由 DDR 缺陷引起的。

DNA 修复功能先天性缺陷的患者免疫系统常有缺陷，主要是 T 淋巴细胞功能缺陷。随着年龄的增长，细胞的 DNA 修复功能逐渐衰退，如果同时发生免疫监视功能障碍，便不能及时清除癌细胞，从而导致发生肿瘤。因此，DNA 损伤修复缺陷与衰老、免疫和肿瘤等均是紧密关联的。

（七）DNA 损伤修复缺陷可引发代谢综合征

代谢综合征是一种相对常见的疾病，其特征是葡萄糖代谢异常、胰岛素抵抗和动脉粥样硬化。ATM 缺陷患者通常表现出胰岛素抵抗和葡萄糖不耐受，而 ATM 突变的杂合子或纯合子小鼠表现出与代谢综合征和动脉粥样硬化相关的特征。此外，DDR 调节的激酶靶向参与葡萄糖代谢和胰岛素-AKT 激酶信号网络的多种底物。因此，尽管 DDR 和代谢综合征之间的某些联系可能是间接的，但是 DDR 有可能直接调节与代谢综合征相关的能量代谢和血管生理学的某些方面。

小结

DNA 损伤是指各种体内外因素导致的 DNA 组成与结构变化,主要有碱基或戊糖基的破坏、碱基错配、DNA 单链或双链断裂、DNA 链共价交联等多种表现形式。

细胞内在因素,如 DNA 复制中的错配、DNA 结构本身的不稳定性、机体代谢产生的某些代谢物等,均可诱发 DNA 的"自发"损伤。体外环境中的物理因素(电离辐射、紫外线)、化学因素(自由基、碱基类似物、碱基修饰剂、嵌入性染料)和生物因素等也可损伤 DNA。

DNA 损伤具有双重生物学效应。各种因素诱发的 DNA 结构改变是生物进化的基础;同时 DNA 损伤也可使细胞功能出现障碍,与多种疾病,如遗传病、肿瘤等相关。

生物存在 DNA 损伤修复机制,可以纠正碱基的错配,清除 DNA 链上的损伤,恢复 DNA 的正常结构。这一机制对于维持 DNA 结构的完整性与稳定性,保证生命延续和物种稳定至关重要。细胞有直接修复、切除修复、重组修复和跨越损伤修复等多种 DNA 损伤修复途径。一种 DNA 损伤可通过多种途径修复,一种修复途径也可参与多种 DNA 损伤的修复。DNA 损伤修复的缺陷与肿瘤、衰老、免疫疾病等密切相关。

(王华芹)

思考题

1. 有很多突变,对于野生型基因是隐性的,也就是说,在一个含有野生型与突变型基因的二倍体细胞中,只有野生型的特性才能够得到表达。请根据基因突变的理论,解释这一事实。

2. 在 20 世纪 90 年代,研究人员证明了 *BRCA1* 和 *BRCA2* 为遗传性乳腺癌和卵巢癌的易感基因,分别位于第 17 号和第 13 号染色体上。两者与细胞周期调控、胚胎生长发育、DNA 损伤修复和转录调控等生命活动有关。请分析 *BRCA2* 突变如何参与家族遗传性乳腺癌和卵巢癌的发生。

第十六章
RNA 的生物合成

【本章要点】

1. 转录的概念、特点及其与复制之间的异同点；
2. 原核生物和真核生物 RNA 聚合酶的组成、种类和差别；
3. 原核生物的转录过程；
4. 真核生物的转录过程及转录后加工；
5. 真核生物非编码 RNA 的生物合成；
6. 病毒基因组 RNA 复制的主要特点。

RNA 生物合成（RNA biosynthesis）是生物体以核酸（DNA 或 RNA）分子为模板、以核糖核苷酸（NTP）为底物合成多核苷酸链（核糖核酸）的过程。RNA 生物合成不是简单的代谢反应，而是传递遗传信息的酶促反应过程。其中，以 DNA 为模板合成 RNA 的过程称为转录（transcription），是基因表达与调控的关键环节。RNA 是 DNA 和蛋白质之间传递遗传信息的重要中介，通过基因转录，从功能上把 DNA 和蛋白质两种生物大分子衔接起来。而在以 RNA 为遗传物质的生物（RNA 病毒）中，RNA 的生物合成又是遗传信息复制的过程。本章介绍原核生物、真核生物以及病毒 RNA 合成的主要机制和特点。

第一节　RNA 合成概述

生物体内的 RNA 生物合成是非常复杂的过程，但都具有共同的、最基本的特征，即依赖模板的存在。RNA 生物合成对模板的依赖，既是 RNA 生物合成的重要特点，也是遗传信息能够忠实传递的关键机制。

一、RNA 合成有 DNA 依赖和 RNA 依赖两种方式

RNA 生物合成是以 DNA 或 RNA 单链为模板，4 种核糖核苷三磷酸（ATP、GTP、UTP 和 CTP）为原料，由酶催化合成 RNA 分子的过程。在生物界，RNA 合成有两种方式，即分别利用 DNA 或 RNA 为模板的合成方式。模板不同，RNA 合成的性质就不一样。RNA 合成可以是基因表达的过程，也可以是基因复制的过程。

（一）依赖 DNA 的 RNA 合成是转录

生物体以 DNA 为模板合成 RNA 的过程称为转录（transcription），意指将 DNA 的碱基序列转抄为 RNA 的碱基序列。DNA 是遗传信息的载体，DNA 分子上的遗传信息是决定蛋白质氨基酸序列的原始模板，而 mRNA 是蛋白质合成的直接模板。任何 DNA 分子中的遗传信息都必须首先按照碱基互补配对原则转变为单链 RNA 分子，才可能进行表达，这个过程就是转录。

转录是以单链 DNA 为模板，在 DNA 依赖的 RNA 聚合酶催化下合成 RNA。转录产物包括编码蛋白质的 mRNA 以及一些非编码 RNA（non-coding RNA，ncRNA），如 tRNA、rRNA、snRNA、miRNA 等。转录的 RNA 产物（原核生物 mRNA 除外）通常要经过一系列加工和修饰才能成为成熟的 RNA 分子。

以 DNA 为模板的复制和转录都是酶促的核苷酸聚合过程,有许多相似之处。这两个过程都以 DNA 为模板,都需依赖 DNA 的聚合酶,聚合过程都是核苷酸之间生成磷酸二酯键,都从 5'→3' 方向延长多核苷酸链,都遵从碱基互补配对规律,但又有区别(表 16-1)。

表 16-1　以 DNA 为模板的复制和转录的区别

项目	复制	转录
模板	两股链均复制 全部基因组被复制	仅模板链转录 任一种细胞内仅部分基因转录
原料	dNTP	NTP
酶	DNA 聚合酶	RNA 聚合酶
产物	模板半保留的子代双链 DNA	mRNA,tRNA,rRNA 等单链 RNA
配对	A-T,G-C	A-U,T-A,G-C
引物	需要 RNA 引物	不需要

(二) 依赖 RNA 的 RNA 合成是 RNA 复制

一些 RNA 病毒只有 RNA 基因组,即其基因组完全由 RNA 构成,不含 DNA,它们在宿主细胞中以病毒的单链 RNA 为模板合成 RNA,这种 RNA 合成方式称为 RNA 复制(RNA replication),是一种 RNA 依赖的 RNA 合成(RNA-dependent RNA synthesis)。

二、DNA 依赖的 RNA 合成具有高度选择性

DNA 复制是整个基因组 DNA 的合成;与复制不同,转录的一个重要特点是具有高度选择性,不是将 DNA 序列全部转录为 RNA 分子。

(一) 转录是基因表达过程的第一阶段

遗传信息通过基因表达进行传递,基因表达往往包括基因转录和翻译的过程。转录是基因表达的第一步。基因组 DNA 中,只有一部分序列是基因,只有这些序列可以进行转录。因此,转录对 DNA 模板是有选择性的。另外,在任意时间点上都只是部分基因发生转录,基因组中有一部分 DNA 甚至从不被转录。基因转录具有高度选择性,表现为在生长发育的不同阶段和不同环境条件下细胞转录的基因不同。此外,同一基因产物在不同的组织、器官中的表达水平也可能不同。

(二) 转录以一条 DNA 链为模板链

与复制时 DNA 两条链均可作为模板不同,转录只能以双链 DNA 分子中的一股单链为模板。在基因中,DNA 的一条链含有 RNA 的序列信息,其碱基序列与该基因转录产物 mRNA 的序列基本相同(仅 T 代替 U),称为有意义链(sense strand)或编码链(coding strand)。与之互补的另一条 DNA 链则作为模板转录出 RNA,称为模板链(template strand;图 16-1)。为避免烦琐和便于查对基因序列,文献或数据库列出的碱基序列通常是编码链。

不同基因的模板链在 DNA 分子中并不是固定在某一股链上;对同一条 DNA 单链而言,在某个基因区段可作为模板链,而在另一个基因区段则可能是编码链(图 16-1)。例如在腺病毒中大多数编码基因以一条 DNA 链为模板,少数编码基因则以另一条互补的 DNA 链为模板。不在同一 DNA 链上的模板链,其转录方向相反。

(三) 一次转录涉及的 DNA 序列为一个转录单位

在每一次转录中,DNA 序列中所蕴含的信号可以控制转录的起始和终止,从而限定进行转录的 DNA 区段。一次转录所涉及的 DNA 区段称为一个转录单位(transcriptional unit)。在真核细胞中,一个转录单位通常是单个基因,由一个结构基因和相应的顺式调控元件组成,其转录初级产物是单顺反子(monocistron),即只含有一个可读框。而在原核细胞中,一个转录单位则可以含有多个连续的结构

图 16-1 DNA 模板及转录产物

基因,其转录初级产物是多顺反子(polycistron),即含有多个可读框。

三、RNA 聚合酶催化 RNA 的合成

RNA 的生物合成属于酶促反应,由 RNA 聚合酶(RNA polymerase,RNA pol)催化完成,合成方向 $5' \rightarrow 3'$,核苷酸间的连接方式为 $3',5'$-磷酸二酯键。但仅有 RNA pol、模板、底物(NTP)还不足以完成转录过程,RNA pol 进行转录时还需要其他蛋白质因子以及 Mg^{2+} 和 Mn^{2+} 作为辅基等。

框 16-1

RNA 聚合酶的发现

早在 1955 年,Grunberg-Manago M. 和 Ochoa S. 就已报道分离出了催化合成 RNA 的酶,尽管人们随后发现他们分离得到的酶是多聚核苷磷酸化酶,但是他们发现的酶在 Nirenberg M. 和 Matthaei J. H. 合成第一个遗传密码子中发挥了重要作用。Ochoa S. 因阐明 RNA 生物合成机制而获得了 1959 年诺贝尔生理学或医学奖。1959 年,美国科学家 Hurwitz J. 在大肠埃希菌的抽提液中分离得到了 RNA 聚合酶。与此同时,Weiss S. B. 在大鼠肝细胞核提取物中也发现了参与 RNA 合成的物质。他们发现,提纯的 RNA 聚合酶在体外能够以 DNA 为模板,在加入 ATP、GTP、CTP、UTP 及 Mg^{2+} 等后合成 RNA,合成的 RNA 与 DNA 模板链完全互补。

(一) RNA 聚合酶不需要引物而直接启动 RNA 链的合成

DNA 依赖的 RNA pol 催化 RNA 的转录合成,其化学机制与 DNA 的复制合成相似。RNA pol 通过在 RNA 的 3′-OH 端加入核苷酸,延长 RNA 链而合成 RNA。3′-OH 在反应中是亲核基团,攻击进入的核苷三磷酸的 α-磷酸,并释放出焦磷酸,总的反应可以表示为:$(NMP)_n + NTP \rightarrow (NMP)_{n+1} + PPi$。

RNA 聚合酶和双链 DNA 结合时活性最高,但是只以双链 DNA 中的一股 DNA 链为模板。新加入的核苷酸以碱基配对原则和模板的碱基互补。

复制中 DNA 聚合酶在启动 DNA 链延长时需要 RNA 引物存在;而转录时 RNA 聚合酶能够直接启动转录起点处的两个核苷酸间形成磷酸二酯键(图 16-2),因而 RNA 链的起始合成不需要引物。

(二) 原核生物只有一种 RNA 聚合酶

原核生物只有一种 RNA 聚合酶,催化合成 mRNA、tRNA 和 rRNA。大肠埃希菌(E.coli)的 RNA 聚合酶是目前研究得比较透彻的分子。这是一个分子量达 450kD、由 5 种亚基 α(2 个 α)、β、β′、ω 与 σ 组成的六聚体蛋白质。各主要亚基及功能见表 16-2。

图 16-2　DNA 依赖的 RNA 聚合酶催化 RNA 合成的机制

表 16-2　大肠埃希菌 RNA 聚合酶组分

亚基	分子量/kD	亚基数目/个	功能
α	36.5	2	决定哪些基因被转录
β	150.6	1	催化聚合反应
β′	155.6	1	结合 DNA 模板,双螺旋解链
ω	11.0	1	β′ 折叠和稳定性;募集 σ 亚基
σ	70.2	1	辨认起始点,结合启动子

　　大肠埃希菌 RNA pol 的 5 个亚基(ααββ′ ω)组成核心酶(core enzyme)。核心酶催化 RNA 合成,但不具有起始转录的能力,只有加入了 σ 亚基的酶才能在 DNA 的特定起始点上起始转录。σ 亚基与核心酶组成全酶(holoenzyme)。σ 亚基的功能是辨认转录起始位点,细胞内的转录起始需要全酶。转录延长阶段则仅需核心酶。

　　其他原核生物的 RNA pol 在结构和功能上均与大肠埃希菌相似。抗生素利福平(rifampicin)或利福霉素可以特异抑制原核生物的 RNA pol,成为抗结核菌治疗的药物。它专一性地结合 RNA 聚合酶的 β 亚基。若在转录开始后才加入利福平,仍能发挥其抑制转录的作用,这说明 β 亚基在转录全过程都起作用。

(三) 真核生物主要有 3 种 RNA 聚合酶

　　真核生物具有 3 种主要的 RNA 聚合酶,分别是 RNA 聚合酶 I (RNA pol I)、RNA 聚合酶 II (RNA pol II)和 RNA 聚合酶 III (RNA pol III)。此外,2005 年在植物中还发现了 RNA pol IV 和 RNA pol V 的存在,它们主要负责转录产生 siRNA。

　　1. 真核生物 RNA 聚合酶由多个亚基组成　所有真核生物的 RNA pol 都有 2 个不同的大亚基和十几个小亚基。3 种真核生物 RNA pol 都具有核心亚基,与大肠埃希菌 RNA pol 的核心酶的各亚基间有一些序列同源性。最大的亚基(160~220kD)和另一大亚基(128~150kD)分别与大肠埃希菌 RNA pol 的 β′ 和 β 相似。

酵母的 RNA pol Ⅰ 和 RNA pol Ⅲ 各有 2 个不同的亚基,与大肠埃希菌 RNA pol 的 α 亚基有一定同源性;酵母的 RNA pol Ⅱ 有 2 个相同的亚基,与大肠埃希菌 RNA pol 的 α 亚基也有一定同源性。除核心亚基外,3 种真核生物 RNA pol 具有数个共同小亚基。另外,每种真核生物 RNA pol 各自还有 3~7 个特有的小亚基。这些小亚基的作用尚不完全清楚,但是,每一种亚基对真核生物 RNA pol 发挥正常功能都是必需的。

2. 真核生物 RNA 聚合酶不能直接与启动子序列结合　真核生物 RNA 聚合酶Ⅰ、Ⅱ、Ⅲ 都不能直接与各自的启动子结合,而是依赖于称为转录因子的蛋白质的帮助才能与启动子结合,起始转录。

介导 RNA 聚合酶Ⅰ、Ⅱ、Ⅲ 的转录起始的启动子不同,相应地分为Ⅰ类启动子、Ⅱ类启动子、Ⅲ类启动子(详见第十三章)。因此,3 种 RNA 聚合酶所需转录因子也不一样。转录因子是按照其辅助的 RNA 聚合酶分类的,如 RNA 聚合酶Ⅱ 的转录因子称为 TFⅡA、TFⅡB 等,RNA 聚合酶Ⅲ 的转录因子称为 TFⅢA、TFⅢB 等。

3. 真核生物的 3 种 RNA 聚合酶催化产生不同的 RNA　3 种 RNA 聚合酶所识别的启动子不同(详见第十三章),因而所介导转录的基因类型不同,催化产生不同的 RNA。

RNA pol Ⅰ 位于细胞核的核仁(nucleolus),催化合成 rRNA 前体,rRNA 前体再加工成 28S、5.8S 及 18S rRNA。RNA pol Ⅲ 位于核内,催化合成 tRNA、5S rRNA 和一些核内小 RNA(snRNA)。

RNA pol Ⅱ 在核内转录生成核内不均一 RNA(hnRNA),然后加工成 mRNA 并输送给胞质的蛋白质合成体系。mRNA 是细胞中寿命最短、最不稳定的一类 RNA,需经常重新合成。在此意义上可以说,RNA pol Ⅱ 是真核生物中最活跃、最重要的酶。此外,RNA pol Ⅱ 还合成一些具有重要的基因表达调节作用的非编码 RNA,如长链非编码 RNA(lncRNA)、微 RNA(miRNA)和 piRNA(与 Piwi 蛋白相作用的 RNA)等。

真核细胞的 3 种 RNA 聚合酶不仅在功能和理化性质上不同,而且对一种毒蘑菇含有的环八肽毒素——α-鹅膏蕈碱(α-amanitin)的敏感性也不同(表 16-3)。

表 16-3　真核生物的 RNA 聚合酶

种类	Ⅰ	Ⅱ	Ⅲ
转录产物	rRNA 的前体 45S rRNA	mRNA 前体 hnRNA,lncRNA,piRNA,miRNA	tRNA,5S rRNA snRNA
对 α-鹅膏蕈碱的反应	耐受	敏感	高浓度下敏感
细胞内定位	核仁	核内	核内

第二节　原核生物的转录过程

原核生物的转录过程可分为转录起始、转录延长和转录终止三个阶段。转录起始的信号由位于转录起始位点上游的启动子序列所控制,通过 RNA 聚合酶对启动子的特异识别和结合来启动转录。转录的终止由 DNA 上的终止子控制。

一、RNA 聚合酶结合到 DNA 的启动子上起始转录

(一)原核生物启动子是 RNA 聚合酶识别与结合的位点

原核生物启动子是 RNA pol 识别与结合的 DNA 序列,也是控制转录的关键部位。原核生物是以 RNA pol 全酶结合到启动子上而启动转录的,其中由 σ 亚基辨认起始点,其他亚基相互配合。

启动子结构的阐明回答了转录从哪里起始这一问题,是转录机制研究的重要发现。研究中采用了一种巧妙的方法,即 RNA 聚合酶保护法。在实验中,先将提取的 DNA 与提纯的 RNA 聚合酶混合温育一定时间,再加入核酸内切酶 DNase Ⅰ 进行反应。结果显示,大部分 DNA 链被核酸酶水解为核

苷酸,但一个 40~60bp 的 DNA 片段被保留下来;这段 DNA 没有被水解,是因为 RNA 聚合酶结合在上面,因而受到保护。受保护的 DNA 位于转录起始位点的上游,并最终被确认为是被 RNA 聚合酶辨认和紧密结合的区域,是转录起始调节区(图 16-3)。

图 16-3　RNA 聚合酶保护法研究转录起始区

图下部为受酶保护的 DNA 区段放大图,图下方框为–35 区段和 –10 区段的共有序列(Pribnow 盒)。

对数百个原核生物基因操纵子转录上游区段进行的碱基序列分析,证明 RNA 聚合酶保护区存在共有序列。以开始转录的 5′-端第一位核苷酸位置为+1,即转录起点(transcription start site,TSS;或 initiator),用负数表示其上游的碱基序号,发现 –35 和 –10 区 A-T 配对比较集中。–35 区的最大共有序列是 TTGACA。–10 区的共有序列是 TATAAT,是 1975 年由 Pribnow D. 首先发现的,故称为 Pribnow 盒(Pribnow box)。–35 与 –10 区相隔 16~18 个核苷酸,–10 区与转录起点相距 6 或 7 个核苷酸。A-T 配对相对集中,表明该区段的 DNA 容易解链,因为 A-T 配对只有两个氢键维系。比较 RNA pol 结合不同区段测得的平衡常数,发现 RNA pol 结合在 –10 区比结合在 –35 区更为牢固。

(二) RNA pol 全酶介导转录起始

转录起始就是 RNA pol 在 DNA 模板的转录起始区装配形成转录起始复合物,打开 DNA 双链,合成一段短的核苷酸链并成功离开启动子的过程。转录起始过程需要全酶,由全酶中的 σ 亚基辨认起始点,延长过程的核苷酸聚合仅需核心酶催化。转录起始过程中,形成的转录起始复合物中包含有 RNA pol 全酶、DNA 模板和与转录起点配对的核苷三磷酸(NTPs)。

1. RNA pol 全酶识别并结合启动子　起始阶段的第一步是由 RNA pol 全酶识别并结合启动子,σ 亚基首先辨认的 DNA 区段是 –35 区的 TTGACA 序列,在这一区段,酶与模板的结合松弛;当 σ 亚基识别结合 –10 区的 TATAAT 序列后,全酶跨过了转录起点,形成与模板的稳定结合。此时形成的是闭合转录复合体(closed transcription complex),其中的 DNA 仍保持完整的双链结构。

2. 形成开放起始复合物　起始的第二步是 DNA 双链打开,闭合转录复合体成为开放转录复合体(open transcription complex)。开放转录复合体中 DNA 分子接近 –10 区域的部分双螺旋解开后转录开始(图 16-4)。无论是转录起始或延长阶段,DNA 双链解开的范围都只在 17bp 左右,这比复制中形成的复制叉小得多。

3. 催化第一个磷酸二酯键形成　起始的第三步是第一个磷酸二酯键的形成。转录起始不需要引物,两个与模板配对的相邻核苷酸,在 RNA pol 催化下生成磷酸二酯键。转录起点配对生成的 RNA 的第一位核苷酸,也是新合成的 RNA 分子的 5′-端,总是 GTP 或 ATP。当 5′-GTP 与第二位的 NTP 聚合生成磷酸二酯键后,仍保留其 5′-端 3 个磷酸基团,生成聚合物是 5′-pppGpN-OH-3′,其 3′-端的游离羟基,可以接收新的 NTP 并与之聚合,使 RNA 链延长下去。RNA 链的 5′-端结构在转录延长阶段一直保留,至转录完成。

4. 转录起始会发生流产式起始的现象

转录进入延长阶段前,RNA pol 不从启动子上脱离,而是重复合成长度小于 10nt 的 RNA 分子,并将这些短片段从复合体中释放而终止转录,这一过程称为流产式起始(abortive initiation)。该现象可能与 RNA pol 和启动子的结合强度有关,被认为是启动子校对(promoter proofreading)的过程。当成功合成

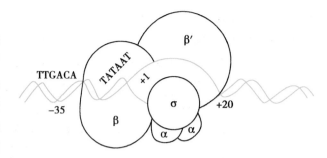

图 16-4   原核生物 RNA 聚合酶全酶起始转录

一条长度超过 10nt 的核苷酸链后,RNA pol 离开启动子,转录进入延长阶段,此过程称为启动子解脱(promoter escape)或启动子清除(promoter clearance)。

二、RNA pol 核心酶延长 RNA 链

第一个磷酸二酯键生成后,转录复合物的构象发生改变,σ 亚基从转录起始复合体中脱落,RNA pol 核心酶离开启动子,转录进入延长阶段。

(一) RNA pol 核心酶催化 RNA 链延伸

在 RNA 链延伸阶段,仅有 RNA pol 的核心酶留在 DNA 模板上,并沿 DNA 链不断前移,催化 RNA 链的延长。实验证明,σ 亚基若不脱落,RNA pol 则停留在起始位置,转录不继续进行。化学计量又证明,每个原核细胞,RNA pol 各亚基比例为 α:β:β′:σ=4 000:2 000:2 000:600,σ 亚基的量在胞内明显比核心酶少。在体外进行的 RNA 合成实验也证明,RNA 的生成量与核心酶的加入量成正比;开始转录后,产物量与 σ 亚基加入与否无关。脱落后的 σ 亚基又可再形成另一全酶,反复使用。

(二) DNA 分子在转录过程中只是局部解链状态

RNA 链延长时,核心酶会沿着模板 DNA 链移动。聚合反应局部前方的 DNA 双链不断解链,核心酶移过的区段又重新恢复双螺旋结构。核心酶可覆盖 40bp 以上的 DNA 区段,但转录解链范围约 17bp。RNA 链延长过程中的解链和再聚合可视为一个 17bp 左右的解链区在 DNA 上的动态移动,其外观类似泡状,称转录泡(transcription bubble)。

在解链区局部(图 16-5),RNA pol 的核心酶催化着模板指导的 RNA 链延长,转录产物 3′-端会有一小段暂时与模板 DNA 保持结合状态,形成 8bp 的 RNA-DNA 杂合双链(hybrid duplex)。随着 RNA 链不断生长,5′-端脱离模板向转录泡外伸展。从化学结构看,DNA/DNA 双链结构比 DNA/RNA 形成的杂化双链稳定。核酸的碱基之间有 3 种配对方式,其稳定性是:G≡C>A=T>A=U。GC 配对有 3

图 16-5   大肠埃希菌的转录泡局部结构示意图

个氢键,是最稳定的;AT 配对只在 DNA 双链形成;AU 配对可在 RNA 分子或 DNA/RNA 杂化双链上形成,是 3 种配对中稳定性最低的。所以已转录完毕的局部 DNA 双链,就必然会复合而不再打开。根据这些道理,也就易于理解转录泡为什么会形成,而转录产物又是为什么可以向外伸出了。

观察图 16-5 中的转录泡局部,可概括出转录延长的以下特点:①核心酶负责 RNA 链延长反应;②RNA 链从 5′-端向 3′-端延长,新的核苷酸都是加到 3′-OH 上;③对 DNA 模板链的阅读方向是 3′-端向 5′-端,合成的 RNA 链与之呈反向互补,即酶沿着模板链的 3′→5′ 方向或沿着编码链的 5′→3′ 方向前进;④合成区域存在着动态变化的 8bp 的 RNA-DNA 杂合双链;⑤模板 DNA 的双螺旋结构随着核心酶的移动发生解链和再复合的动态变化。

三、原核生物的转录与翻译同时进行

在电子显微镜下观察原核生物的转录产物,可看到像羽毛状的图形(图 16-6)。进一步分析表明,在同一个 DNA 模板分子上,有多个转录复合体同时在进行着 RNA 的合成;在新合成的 mRNA 链上还可观察到结合在上面的多个核糖体,即多聚核糖体(polysome)。结论是,在原核生物 RNA 链的转录合成尚未完成,蛋白质的合成已经将其作为模板开始进行翻译了。转录和翻译的同步进行在原核生物是较为普遍的

图 16-6　原核生物转录和翻译同步现象示意图

现象,保证了转录和翻译都以高效率运行,满足它们快速增殖的需要。真核生物有核膜,将转录和翻译过程分隔在细胞内的不同区域,因此没有这种转录和翻译同步现象。

四、转录终止有依赖 ρ 因子和非依赖 ρ 因子两种方式

RNA pol 在 DNA 模板上停顿下来不再前进,转录产物 RNA 链从转录复合体上脱落下来,就是转录终止。原核生物基因转录的终止由终止子(terminator)控制。终止子是结构基因下游的一段序列,当终止子序列转录到 RNA 分子后,可使 RNA 形成特殊的结构,导致 RNA pol 的移动停止。原核生物基因的终止子有两种类型,一种直接终止转录,另一种则需要依赖一种蛋白质因子(ρ 或 Rho)的协助才能终止转录。因此,原核生物的转录终止分为依赖 ρ 因子与非依赖 ρ 因子两大类。

（一）转录终止依赖 ρ 因子

用 T4 噬菌体 DNA 进行体外转录实验,发现一些基因的体外转录产物比在细胞内转录出的产物要长。这说明某些基因的转录终止子并不足以终止转录,同时也说明细胞内的某些因子可能协助终止转录。1969 年,Roberts R. J. 在 T4 噬菌体感染的大肠埃希菌中发现了能控制转录终止的蛋白质,命名为 ρ 因子。体外转录体系中加入 ρ 因子后,转录产物长于细胞内的现象不复存在。

ρ 因子是由相同亚基组成的六聚体蛋白质。ρ 因子能结合 RNA,又以对 poly C 的结合力最强,但对 poly dC/dG 组成的 DNA 的结合能力就低得多。在依赖 ρ 因子的转录终止过程中,产物 RNA 的 3′-端会依照 DNA 模板,产生较丰富而且有规律的 C 碱基。ρ 因子正是识别产物 RNA 上这一终止信号,并与之结合。结合 RNA 后的 ρ 因子和 RNA pol 都可发生构象变化,从而使 RNA pol 的移动停顿,ρ 因子中的解旋酶活性使 DNA/RNA 杂化双链拆离,RNA 产物从转录复合体中释放(图 16-7),转录终止。

（二）转录终止不依赖 ρ 因子

这一类的转录终止依赖于 RNA 产物 3′-端的特殊结构,不需要蛋白质因子的协助,即非依赖 ρ 因子的转录终止。这一类基因转录终止子的序列特点(编码链)是有一段富含 G-C 序列的回文区,后面跟着一连串的 T。当终止子的序列转录到 RNA 分子后,这段回文序列使 RNA 分子形成发夹(茎-环)

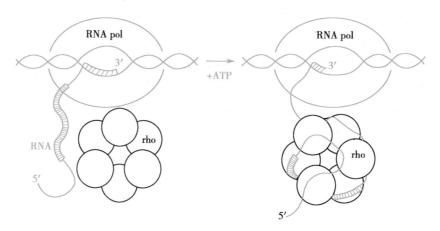

图 16-7　依赖 ρ 因子的转录终止

RNA 链上条纹线处代表富含 C 的 ρ 因子结合区段;ρ 因子结合 RNA(图右侧部分)
发挥其 ATP 酶及解旋酶活性。

结构,在 RNA 分子 3′-端有一连串的 U(约有 6 个)。
这种由发夹结构和一连串 U 组成的特殊结构就是
非依赖 ρ 因子的转录终止信号(图 16-8)。

如图 16-8 所示,这种二级结构是阻止转录继
续向下游推进的关键。其机制可从两方面理解:其
一,RNA 分子形成的茎-环结构可能改变 RNA pol
的构象。RNA pol 不但覆盖转录延长区,也覆盖新
合成 RNA 链的 3′-端区段,包括 RNA 的茎-环结构。
酶的构象改变导致酶-模板结合方式的改变,使酶
不再向下游移动,于是转录停止。其二,转录复合
体(酶-DNA-RNA)上形成的局部 RNA/DNA 杂化短
链以 rU∶dA 的碱基配对最不稳定,RNA 链上的多
个连续 U 可促使 RNA 链从模板上脱落,转录终止。

图 16-8　非依赖 ρ 因子的转录终止模式

第三节　真核生物 mRNA 的转录及加工

真核生物基因转录的基本过程和一些基本机制与原核生物转录相似,但机制更为复杂。真核生
物主要有 3 种 RNA 聚合酶,蛋白质编码基因由 RNA pol Ⅱ 转录,而不编码蛋白质的各种非编码 RNA
则可分别由 3 种 RNA 聚合酶转录产生。本节重点阐述真核生物蛋白质编码基因的转录和加工,以及
真核基因转录的一些共同机制,非编码 RNA 生物合成的特点在第四节介绍。

一、真核生物基因转录需要染色质结构调整和转录因子协助

(一)染色质结构调整是真核基因转录的必要条件

真核生物的染色质是由 DNA 与组蛋白、非组蛋白和少量 RNA 及其他物质结合而形成,具有核小
体结构。染色质的高级结构是以核小体为基本结构单位经过进一步的盘绕、折叠而成。这种结构特
性决定了真核基因转录与原核基因转录的差异。

1. 染色质结构是控制真核基因转录的重要因素　存在于直径大于 30nm 的染色质纤维压缩状态
下的 DNA 区段不能转录,即处于"非活化的基态"。在真核细胞中,约 10% 的染色质比其他染色质结
构更紧密,这种形式的染色质就是异染色质,是没有转录活性的;其他结构松散的染色质是常染色质。

转录活性高的基因都位于结构较松散的常染色质中,而不具有转录活性的基因都位于结构紧密的异染色质中。

组成核小体核心的组蛋白(H2A、H2B、H3、H4)都是富含赖氨酸和精氨酸的碱性蛋白质,它们外露在核小体核心外的氨基末端能与包绕其外的基因组 DNA 结合,使基因启动子区不能暴露、不能与蛋白质调节因子相互作用。因此,由组蛋白和基因组 DNA 两部分组成的染色质结构实际上起着阻遏基因转录的作用。

2. 真核基因转录需要对染色质结构进行调整 染色质紧密的超螺旋结构限制了转录因子与 DNA 的接近与结合,从而抑制了真核细胞基因的转录过程。真核基因的转录首先需要基因所处的染色质环境的活化或去阻遏,如染色质去凝聚、核小体变成开放式的疏松结构,以利于染色质 DNA 暴露,与特异转录因子结合从而启动转录;也就是说,真核细胞染色质结构调整是转录的必要条件。

转录相关的染色质结构改变称为染色质重塑(chromatin remodeling)。在开放状态的染色质结构形成过程中,依赖 ATP 的染色质重塑复合物(ATP-dependent chromatin remodeling complex)起着重要作用。这些复合物能够改变染色质的结构,激活或抑制基因转录(详见第十九章)。当需要基因转录时,染色质的结构必须是松散的,有利于激活因子、转录因子与 DNA 元件的相互作用,从而激活转录。

此外,组蛋白的末端共价修饰如乙酰化、磷酸化、甲基化等也可以影响组蛋白与 DNA 双链的亲和性,改变染色质的疏松或凝聚状态,进而影响转录因子与启动子的结合,实现对转录起始的调控。

(二) 转录因子与 RNA 聚合酶协同介导转录起始

真核基因的转录过程同样可分为起始、延长和终止三个阶段。但与原核生物不同,真核基因的转录起始和延长过程都需要众多相关的蛋白质因子参与。

1. 真核生物 RNA 聚合酶需要转录因子协助识别和结合启动子 真核基因的转录起始位点上游都有特异的 DNA 序列控制转录,包括启动子、启动子上游元件、增强子等,统称为顺式作用元件(详见第十三章)。真核生物 RNA 聚合酶并不能直接识别和结合这些元件。转录起始需要特定的转录因子协助 RNA pol 对起始点上游 DNA 序列进行辨认和结合,生成转录起始前复合体(preinitiation complex,PIC)。能直接或间接识别和结合启动子及其上游调节序列等顺式作用元件的蛋白质称为转录因子(transcription factor,TF),其中直接或间接结合 RNA 聚合酶,为转录起始前复合体装配所必需,又称为通用转录因子(general transcription factor,GTF)或基础转录因子(basal transcription factor)。真核生物中不同的 RNA pol 需要不同的基础转录因子配合来完成转录的起始。

2. 基础转录装置决定转录起始位点 真核细胞 RNA 聚合酶启动转录时需要通用转录因子辅助,才能形成具有活性的转录复合体。3 种 RNA 聚合酶各自有一套通用转录因子。这些通用转录因子和 RNA 聚合酶组成转录任何启动子所需的基础转录装置(basal transcription apparatus)。转录起始时,由于 RNA pol 不直接识别和结合模板的起始区,而是依靠转录因子识别并结合起始序列,故基础转录装置决定了转录起始位点。

> **框 16-2**
>
> **真核生物转录过程的阐明**
>
> 在发现了原核生物中的 RNA 聚合酶后,科学家们逐渐推导出了真核生物的转录过程,但一直不清楚转录的具体细节。直到 2001 年美国科学家 Kornberg R. D. 在《科学》杂志上发表了第一张 RNA 聚合酶的全动态晶体图片,才解决了这一难题。Kornberg 小组利用 X 射线和计算机技术测算并描绘出 RNA 聚合酶中各原子的真正位置,构建出了真核生物转录机构整个活动的晶体图片。Kornberg R. D. 因此获得了 2006 年诺贝尔化学奖。有趣的是,他的父亲 Kornberg A. 找到了 DNA 复制所需的 DNA 聚合酶,与 Ochoa S. 分享了 1959 年诺贝尔生理学或医学奖。

3. 特异转录因子协助调节转录效率　特异转录因子(specific transcription factor, STF)是在特定类型的细胞中高表达，并对一些基因的转录进行时空特异性调节的转录因子(详见第十九章)。与远隔调控序列如增强子等结合的转录因子是主要的特异转录因子。例如，属于特异转录因子的可诱导因子(inducible factor)是与增强子等远端调控序列结合的转录因子。它们只在某些特殊生理或病理情况下才被诱导产生，如 MyoD 在肌肉细胞中高表达，HIF-1 在缺氧时高表达。可诱导因子在特定的时间和组织中表达而影响转录。此外，还有与启动子上游元件如 GC 盒、CAAT 盒等顺式作用元件结合的转录因子，称为上游因子(upstream factor)，如 Sp1 结合到 GC 盒上，C/EBP 结合到 CAAT 盒上。这些转录因子调节通用转录因子与 TATA 盒的结合、RNA pol 在启动子的定位及起始复合物的形成，从而协助调节基因的转录效率。真核基因的调控元件与通用转录因子、特异转录因子的对应关系见图 16-9。

图 16-9　真核基因调控元件与通用转录因子、特异转录因子的对应关系

图中所示为真核基因中发挥顺式调控作用的启动子和调控元件与发挥反式作用的通用转录因子 GTF 和特异转录因子 STF 的对应关系(CTF:CAAT box 转录因子;Inr:initiator，起始子; DPE:downstream promoter element，下游启动子元件)。

4. 不同转录因子的搭配启动特定基因的转录　人类编码蛋白质的基因估计有 2 万个左右，为了保证转录的准确性，不同基因的转录起始需要不同的转录因子参与。转录因子是蛋白质，也需要基因为它们编码。生物信息学估算人类细胞中大约有 2 000 个转录因子，那么，有限的转录因子如何才能调控数量庞大的基因呢? 一般认为，数个转录因子(主要是可诱导因子和上游因子等)之间互相作用，再与基础转录因子、RNA pol 搭配而有针对性地结合、转录相应的基因。可诱导因子和上游因子常常通过辅激活因子或中介子与基础转录因子、RNA pol 结合，但有时可不通过它们而直接与基础转录因子、RNA pol 结合。转录因子的相互辨认结合，恰如儿童玩具七巧板那样，搭配得当就能拼出多种不同的图形，这就是拼板理论(piecing theory)。因此，人类基因虽数以万计，但需要的转录因子可能几百个就能满足表达不同类型基因的需要。目前不少实验都支持这一理论。

二、RNA 聚合酶Ⅱ催化 mRNA 的合成

真核细胞 RNA 聚合酶Ⅱ负责蛋白质编码基因的转录，RNA 聚合酶Ⅱ启动转录所需要的通用转录因子包括 TFⅡA、TFⅡB、TFⅡD、TFⅡE、TFⅡF、TFⅡH，在真核生物进化中高度保守，它们在转录起始中的作用见表 16-4。

(一) RNA pol Ⅱ与通用转录因子协同组成转录起始复合物

RNA 聚合酶Ⅱ及其通用转录因子结合Ⅱ类启动子时，关键是识别启动子中的 TATAAA(TATA 盒)共有序列。TFⅡD 是识别 TATA 盒的关键转录因子，不是单一蛋白质，而是由 TATA 结合蛋白(TATA-binding protein, TBP)和 8~10 个 TBP 相关因子(TBP-associated factor, TAF)共同组成的复合物。TBP 结合一个 10bp 长度 DNA 片段，刚好覆盖 TATA 盒，而含有 TAFs 的 TFⅡD 则可覆盖一个 35bp 或者更长的区域。

表 16-4　参与 RNA pol II 转录的 TF II 的作用

转录因子	功能
TF II D	TBP 亚基结合 TATA 盒
TF II A	辅助 TBP-DNA 结合
TF II B	稳定 TF II D-DNA 复合物,结合 RNA pol
TF II E	解旋酶,结合 TF II H
TF II F	促进 RNA pol II 结合及作为其他因子结合的桥梁
TF II H	解旋酶,作为蛋白激酶催化 CTD 磷酸化

生成具有转录活性的转录起始前复合体,即闭合转录复合体的步骤(图 16-10)主要包括:①由 TF II D 中的 TBP 识别 TATA 盒,并在 TAFs 的协助下结合到启动子区,然后 TF II B 与 TBP 结合,同时 TF II B 也能与 DNA 的 TF II B 识别序列结合,TFIIA 可以稳定与 DNA 结合的 TF II B-TBP 复合体;②TF II B-TBP 复合体与 RNA pol II-TF II F 复合体结合,可降低 RNA pol II 与 DNA 的非特异部位的结合,协助 RNA pol II 靶向结合启动子;③TF II E 和 TF II H 加入,形成闭合复合体,装配完成。

图 16-10　真核 RNA 聚合酶 II 与通用转录因子的作用过程

(二) RNA pol II 的 CTD 结构在转录中起重要作用

RNA pol II 由 12 个亚基组成,其最大亚基的羧基端有一段由 7 个氨基酸残基(Tyr-Ser-Pro-Thr-Ser-Pro-Ser)组成的共有重复序列,称为羧基末端结构域(carboxyl-terminal domain,CTD)。RNA pol I 和 RNA pol III 中都没有 CTD 结构。所有真核生物的 RNA pol II 都具有 CTD,只是其中的 7 个氨基酸共有序列的重复程度不同。酵母 RNA pol II 的 CTD 有 27 个重复共有序列,其中 18 个与上述 7 个氨基酸共有序列完全一致;哺乳类动物 RNA pol II 的 CTD 有 52 个重复共有序列,其中 21 个与上述 7 个氨基酸共有序列完全一致。CTD 对于维持 RNA pol Ⅱ 的活性是必需的。体内外实验均证明,CTD 的可逆磷酸化在真核生物转录起始和延长阶段发挥重要作用。去磷酸化的 CTD 在转录起始中发挥作用,当 RNA pol Ⅱ 完成转录启动,离开启动子时,CTD 的许多 Ser 和一些 Tyr 残基必须被磷酸化,为其他在转录延长阶段发挥作用的蛋白质提供识别或定位信号。

(三) TFⅡE 和 TFⅡH 介导的 DNA 解链促进 RNA 聚合酶Ⅱ向前移动

当 RNA pol Ⅱ 与 TFⅡB-TBP、TFⅡF 形成复合体结合到启动子区,此时 THⅡE 进入复合体并招募 THⅡH 到闭合复合体。TFⅡH 具有解旋酶(helicase)活性,能使转录起始位点附近的 DNA 双螺旋解开,使闭合复合体成为可转录复合体(开放复合体)。TFⅡH 还具有激酶活性,它的一个亚基能使 RNA pol Ⅱ 的 CTD 磷酸化。还有一种使 CTD 磷酸化的蛋白质是周期蛋白依赖性激酶 9(cyclin-dependent kinase 9,CDK9)。CTD 磷酸化能使开放复合体的构象发生改变,启动转录。CTD 磷酸化在转录延长期也很重要,而且影响转录后加工过程中转录复合体和参与加工的酶之间的相互作用。

当转录起始复合物合成了一段含有 30 个左右核苷酸的 RNA 时,TFⅡE 和 TFⅡH 释放,RNA pol Ⅱ 进入转录延长期。

(四) 转录延长过程中形成转录泡

RNA 聚合酶Ⅱ的结构研究显示,在形成有活性的转录复合体过程中伴随着其构象的改变。闭合的复合体包含完整的、直线型的双链启动子 DNA;开放的复合体则包含一段解链的启动子 DNA,即形成转录泡。TFⅡE 和 TFⅡH 负责引入负超螺旋和解螺旋的启动子 DNA,提供转录的模板。TBP 使启动子 DNA 弯曲缠绕在聚合酶和 TFⅡB 的 C 末端结构域。TFⅡB 的 N 末端结构域则引导 DNA 在聚合酶表面定位,通过在保守的 TATA 盒至转录起始位点间的直线移动,使转录起始位点与酶的活性中心并列排布。通过 TFⅡH 的 ATP 酶亚基和解旋酶亚基引入负超螺旋,热力学上的解旋产生了一个瞬时的转录泡,并被 TFⅡF 捕获。此时 DNA 弯曲 90°,下降到 RNA pol Ⅱ 的中央裂隙中,RNA 开始合成。在链延伸过程中,转录泡处形成 DNA-RNA 杂交分子。

(五) 转录延长过程需要移动核小体

真核生物基因组 DNA 在双螺旋结构的基础上,与多种组蛋白组成核小体(nucleosome)高级结构。RNA pol 的前移处处都遇上核小体。通过体外转录实验可以观察到转录延长中核小体移位和解聚现象。

用含核小体结构的 DNA 片段作模板,进行体外转录分析。从 DNA 电泳图像观察,DNA 能保持约 200bp 及其倍数的阶梯形电泳条带。据此认为,核小体只是发生了移位。但在用培养细胞的转录实验中则观察到,组蛋白中含量丰富的精氨酸发生了乙酰化,DNA 分子上还出现了 AMP 生成 ADP,再形成多聚 ADP 的现象。前者降低正电荷,后者减少负电荷。核小体组蛋白-DNA 的结构的稳定是靠碱性氨基酸提供正电荷和核苷酸磷酸根上的负电荷来维系的。据此推论:核小体在转录过程可能发生解聚和重新装配(图 16-11)。

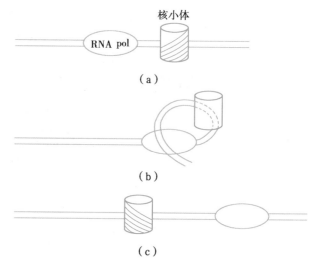

图 16-11　真核生物转录延长中的核小体移位
(a)RNA pol 前移将遇到核小体;(b)原来绕在组蛋白上的 DNA 解聚及弯曲;(c)一个区段转录完毕,核小体移位。

(六) 真核生物蛋白质编码基因转录没有固定的终止位点

RNA 聚合酶Ⅱ的转录没有明确的终止信号,转录通过最后一个外显子后,RNA 聚合酶Ⅱ继续向下游转录几千个碱基,没有固定的终止部位。

　　真核生物的转录终止，是和转录后修饰密切相关的。例如，真核生物 mRNA 所特有的聚腺苷酸 [poly(A)] 尾结构，是在转录后才加上的，因为在 DNA 模板链上并未找到相应的聚胸苷酸 [poly(dT)]。目前认为，RNA polⅡ所催化的 hnRNA 的转录终止是与 poly(A) 尾的形成同时发生的。

　　在结构基因的编码链下游常有一组共同序列 AATAAA，再远处的下游还有相当多的 GT 序列。这些序列就是转录终止与修饰的相关信号，称为修饰点（图 16-12a）。RNA polⅡ所催化的转录会越过这一修饰点并将其转录下来，转录产物中与修饰点所对应的序列会被特异的核酸酶识别并切断，随即由 poly(A) 聚合酶在断端的 3′-OH 延伸，加上 poly(A) 尾结构。断端下游的 RNA 虽继续转录，但很快被 RNA 酶降解（图 16-12b）。相应地，RNA 聚合酶从转录复合体中释放（图 16-12c）。

图 16-12　真核生物的转录终止及加尾修饰

　　转录的错误发生率（10^{-5}~10^{-4}）比复制的错误发生率（10^{-10}~10^{-9}）要高几个数量级。但在基因表达过程中，单个基因可以转录出许多 RNA 拷贝，这些 RNA 最终会被降解和替换，所以转录产生的错误 RNA 远没有复制所产生的错误 DNA 对细胞的影响大。

三、真核生物 mRNA 由 hnRNA 经转录后加工成为成熟分子

　　真核生物转录生成的 RNA 分子是初级 RNA 转录物（primary RNA transcript），几乎所有的初级 RNA 转录物都要经过加工（processing），才能成为具有功能的成熟的 RNA。加工主要在细胞核中进行。RNA polⅡ在核内转录生成 RNA，需要进行 5′-端和 3′-端（首、尾部）的修饰以及剪接（splicing），才能成为成熟的 mRNA，被转运到核糖体，指导蛋白质翻译。

（一）前体 mRNA 在 5′-端加上"帽"结构

　　RNA polⅡ转录产生的前体 mRNA（precursor mRNA）也称为初级 mRNA 转录物、核内不均一 RNA（hnRNA）或杂化核 RNA。大多数真核 mRNA 的 5′-端有 7-甲基鸟嘌呤的帽结构。RNA polⅡ催化合成的新生 RNA 在长度达 25~30 个核苷酸时，其 5′-末端的核苷酸就与 7-甲基鸟嘌呤核苷通过不常见的 5′,5′-三磷酸连接键相连（图 16-13）。

　　加帽过程由加帽酶（capping enzyme）和甲基转移酶（methyltransferase）催化完成（图 16-13）。加帽酶有两个亚基，分别具有磷酸酶和鸟苷酸转移酶（guanyly transferase）活性。首先，新生 RNA 的 5′-端核苷酸的 γ-磷酸被磷酸酶水解，在鸟苷酸转移酶的作用下与另一个 GTP 分子的 5′-端结合，形成 5′,5′-三磷酸结构；然后由 S-腺苷甲硫氨酸（SAM）先后提供甲基，使加上去的鸟嘌呤的 N^7 和原新生 RNA 的 5′-端核苷酸的核糖 2′-O 甲基化。5′-端的帽结构可以使 mRNA 免遭核酸酶的攻击，也能与帽

结合蛋白质复合体(cap-binding complex of protein)结合,并参与 mRNA 和核糖体的结合,启动蛋白质的生物合成(详见第十七章)。

(二)前体 mRNA 在 3′-端特异位点断裂并加上多聚腺苷酸尾结构

除了组蛋白的 mRNA 外,真核生物的 mRNA 在 3′-端都有 poly(A)尾结构,约含 80~250 个腺苷酸。如前所述,poly(A)尾并非由 DNA 模板转录而来,是由 poly(A)聚合酶催化生成的。前体 mRNA 上的断裂点也是聚腺苷酸化(polyadenylation)的起始点。容易发生断裂的碱基顺序通常是 A>U>C>G,因此大多数前体 mRNA 的断裂位点是 A,断裂位点前一个碱基通常是 C,CA 断裂位点通常称为 poly(A)位点。断裂点的上游 10~30nt 有 AAUAAA 信号序列,是高度保守的特异性 poly(A)信号,与 RNA 的断裂和 poly(A)的加入密切相关。断裂点的下游 20~40nt 有富含 G 和 U 的序列,这是保守性差的 poly(A)信号,有富含 U(U-rich)和富含 GU(GU-rich)两种类型,二者可同时存在或单独存在于 poly(A)信号中。

图 16-13　真核 mRNA 的 5′-帽结构及加帽过程

一般认为,poly(A)的长度不是固定的。真核生物在胞质内出现的 mRNA,其 poly(A)长度为 100~200 个核苷酸之间。mRNA 的 poly(A)尾会随着时间不断缩短。随着 poly(A)缩短,其翻译活性逐步下降。因此推测,poly(A)的有无和长短,是维持 mRNA 作为翻译模板的活性以及增加 mRNA 本身稳定性的因素。

前体 mRNA 分子的断裂和 poly(A)尾的形成过程十分复杂,需要多种蛋白质参与其中(图 16-14)。其主要步骤和重要分子有:①由 4 个亚基组成的断裂与聚腺苷酸化特异因子(cleavage and polyadenylation specificity factor,CPSF)结合 AAUAAA 信号序列,形成不稳定的复合体;②至少有另外 3 种蛋白质参与前体 mRNA 的断裂,即断裂激动因子(cleavage stimulatory factor,CStF)、断裂因子Ⅰ(cleavage factorⅠ,CFⅠ)和断裂因子Ⅱ(CFⅡ)与 CPSF-RNA 复合体结合;③CStF 与断裂点下游富含 G 和 U 的序列相互作用形成稳定的多蛋白复合体;④多聚腺苷酸聚合酶[poly(A)polymerase,PAP]加入到多蛋白复合体,前体 mRNA 在断裂点断裂,随即断裂产生的游离 3′-OH 进行多聚腺苷酸化。在加入大约前 12 个腺苷酸时,速度较慢,随后快速加入腺苷酸,完成多聚腺苷酸化。多聚腺苷酸化的快速期有一种多聚腺苷酸结合蛋白Ⅱ[poly(A)binding proteinⅡ,PABPⅡ]参与。PABPⅡ和慢速期已合成的多聚腺苷酸结合,加速多聚腺苷酸聚合酶的反应速度。当 poly(A)尾足够长时,PABPⅡ还可使多聚腺苷酸聚合酶停止作用。

(三)前体 mRNA 通过剪接除去内含子序列

真核细胞的核内出现的初级转录物的分子量往往比在胞质内出现的成熟 mRNA 大几倍,甚至大数十倍。成熟 mRNA 来自 hnRNA,而 hnRNA 和 DNA 模板链可以完全配对。hnRNA 中被剪接去除的核酸序列是与内含子对应的序列(详见第十三章),而最终出现在成熟 mRNA 分子中,作为模板指导蛋白质翻译的序列是与外显子对应的序列。去除初级转录物上的内含子序列,将外显子序列连接为成熟 RNA 的过程称为 mRNA 剪接(mRNA splicing)。

以鸡的卵清蛋白基因为例说明 mRNA 剪接:卵清蛋白的基因有 8 个外显子和 7 个内含子(图 16-15),全长为 7.7kb。图中蓝色并用数字表示的部分是外显子,其中 L 是前导序列;用字母表示的白色部分是内含子。初级转录物即 hnRNA 的长度等于基因的外显子与内含子长度之和,内含子序列也转录于初级转录物中。剪接后,成熟的 mRNA 分子仅为 1.2kb,为 386 个氨基酸编码。

1. 内含子在剪接接口处剪除　RNA 的剪接部位必须十分精确,一个核苷酸的滑移可能导致剪接位点 3′-端后面整个读码框的移位,导致 mRNA 编码完全不同的氨基酸序列。因此,正确的剪接位点必须有明确的标志。大多数内含子都以 GU 为其 5′-端的起始,而其末端则是 AG-OH-3′。5′-GU⋯AG-OH-3′ 称为剪接接口(splicing junction)或边界序列,也称为剪接部位(splicing site)。

2. 剪接包括两步转酯反应　mRNA 前体中的内含子以所谓"套索"(lariat)状结构的形式被切除。内含子的 5′-端 G 和分支点 A 以 2′,5′-磷酸二酯键相连成"套索"状结构,并被切除,同时两个外显子接合。这个剪接过程包括两步转酯反应(transesterification reaction;图 16-16):第一

图 16-14　真核 mRNA 3′-末端多聚腺苷酸化过程

步转酯反应是将内含子的 5′-磷酸与外显子 1 的 3′-OH 之间的酯键转变为内含子的 5′-磷酸与分支点 A 的 2′-OH 之间的 2′,5′-磷酸二酯键;第二步转酯反应是将外显子 2 的 5′-磷酸与内含子 3′-OH 之间的酯键转变为外显子 2 的 5′-磷酸与外显子 1 的 3′-OH 之间的酯键,并释出"套索"状结构的内含子,外显子 1 和外显子 2 接合。在这两步反应中磷酸二酯键的数目并没有改变,因此剪接反应本身不需要消耗能量。

3. 剪接体是内含子的剪接场所　mRNA 前体的剪接发生在剪接体(spliceosome)。剪接体是一种超大分子(supramolecule)复合体,由 5 种核内小 RNA(snRNA)与多种蛋白质装配而成。这 5 种 snRNA 分别称为 U1、U2、U4、U5 和 U6,长度范围在 100~300 个核苷酸,分子中的碱基以尿嘧啶含量最为丰富,因而以 U 做分类命名。每一种 snRNA 分别与多种蛋白质结合,形成 5 种核小核糖核蛋白颗粒(small nuclear ribonucleoprotein particle,snRNP)。真核生物从酵母到人类,snRNP 中的 RNA 和蛋

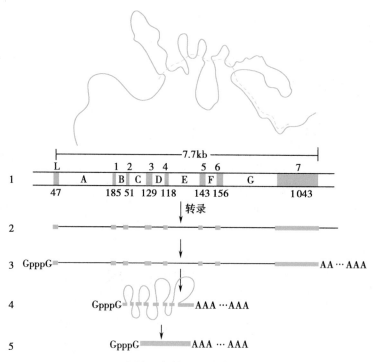

图 16-15　卵清蛋白基因及其转录、转录后修饰

白质都高度保守。各种 snRNP 在内含子剪接过程中先后结合到 hnRNA 上，使内含子形成套索并拉近上、下游外显子。剪接体的装配需要 ATP 提供能量。

剪接的发生需要剪接体与 mRNA 前体适当部位结合，这个过程是从 U1 snRNP 识别 5′-剪接部位起始的。由于 U1 snRNA 包含有能与内含子 5′-剪接部位附近序列互补的高保守的 6 个核苷酸序列，U1 snRNP 首先结合到 mRNA 前体分子的该区域；U2 snRNA 含有能与包括分支点 A 在内的部分序列互补（虽然这个 A 不是配对碱基），U2 snRNP 能结合到内含子的该区域（图 16-17）。

U4 snRNP 和 U6 snRNP 因其中的 snRNAs 能碱基互补配对，形成复合体，再加上 U5 snRNP，形成 U4/U5/U6 复合体。U4/U5/U6 复合体和先期已与 mRNA 前体分子结合的 U1 snRNP、U2 snRNP 装配成无活性的剪接体；再通过内部的重排，U1 snRNP 和 U4 snRNP 被排除出剪接体，U6 snRNP 与内含子 5′-剪接部位和 U2 snRNP 结合，无活性的剪接体转变为有活性的剪接体。然后，

图 16-16　剪接过程的两次转酯反应

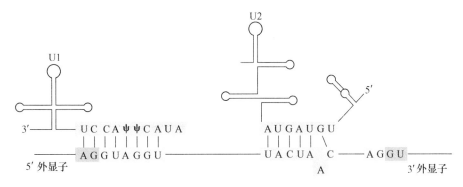

图 16-17　U1 snRNP 和 U2 snRNP 分别与 5′-剪接位、分支点 A 附近特异序列结合

发生第一次转酯化反应,产生"套索"中间物和切开的 5′-外显子;此后剪接体催化第二次转酯化反应,通过上述两步转酯化反应完全切除内含子,连接外显子;切除的内含子很快被降解(图 16-18)。snRNA 以 snRNP 的形式参与剪接体的组装,但剪接体中起催化作用的是其所含的 RNA 组分。近期的研究证明结合金属离子的 U6 催化剪接反应。

4. 前体 mRNA 分子的加工有剪切和剪接两种模式　前体 mRNA 分子的加工除上述剪接外,还有一种剪切(cleavage)模式。剪切指的是剪去某些内含子后,在上游的外显子 3′-端直接进行多聚腺苷酸化,不进行相邻外显子之间的连接反应。剪接是指剪切后又将相邻的外显子片段连接起来,然后进行多聚腺苷酸化。

5. 前体 mRNA 分子可发生选择性剪接　许多前体 mRNA 分子经过加工只产生一种成熟的 mRNA,翻译成相应的一种多肽;有些则可剪切或/和剪接加工成结构有所不同的 mRNA,这一现象称为选择性剪接或可变剪接(alternative splicing)。也就是说,这些真核生物前体 mRNA 分子的加工可能具有 2 个以上的加多聚腺苷酸的断裂和多聚腺苷酸化的位点或 3′-剪接部位,因而可采取剪切(图 16-19a)或/和选择性剪接(图 16-19b)形成不同的 mRNA。选择性剪接现象的存在提高了有限的基因数目的利用,是增加生物蛋白质多样性的机制之一。

例如,果蝇发育过程中的不同阶段会产生 3 种不同形式的肌球蛋白重链,这是由于同一肌球蛋白重链的前体 mRNA 分子通过选择性剪接机制,产生 3 种不同形式的 mRNA。同一种前体 mRNA 分子在大鼠甲状腺产生降钙素(calcitonin,CT),而在大鼠脑产生降钙素-基因相关肽(calcitonin-gene related peptide,CGRP),是由于两种机制都参与了加工过程(图 16-20)。

图 16-18　剪接体的组装及剪接过程

(四) mRNA 编辑是对基因的编码序列进行转录后加工

有些基因的蛋白质产物的氨基酸序列与基因的初级转录物序列并不完全对应,mRNA 上的一些序列在转录后发生了改变,称为 RNA 编辑(RNA editing)。

图 16-19 真核细胞基因前体 mRNA 的选择性剪接

图 16-20 大鼠降钙素基因转录产物的选择性剪接

例如,人类基因组上只有 1 个载脂蛋白 B(apolipoprotein B,apoB)基因,转录后发生 RNA 编辑,编码产生的 apoB 蛋白却有 2 种,一种是 apoB100,由 4 536 个氨基酸残基构成,在肝细胞合成;另一种是 apoB48,含 2 152 个氨基酸残基,由小肠黏膜细胞合成。这两种 apoB 蛋白都是由 *apoB* 基因产生的 mRNA 所编码,然而小肠黏膜细胞存在一种胞嘧啶核苷脱氨酶(cytosine deaminase),能将 *apoB*

基因转录生成的 mRNA 的第 2 153 位氨基酸的密码子 CAA（编码 Gln）中的 C 转变为 U，使其变成终止密码子 UAA，因此 apoB48 的 mRNA 翻译在第 2 153 个密码子处终止（图 16-21）。RNA 编辑作用说明，基因的编码序列经过转录后加工，是可有多用途分化的，因此也称为分化加工（differential RNA processing）。

人肝细胞 5′– C A A C U G C A G A C A U A U A U G A U A C A A U U U G A U C A G U A U –3′
（apoB100）   — Gln — Leu — Gln — Thr — Tyr — Met — Ile — Gln — Phe — Asp — Gln — Tyr —

人肠上皮细胞 — C A A C U G C A G A C A U A U A U G A U A U A A U U U G A U C A G U A U
（apoB48）   — Gln — Leu — Gln — Thr — Tyr — Met — Ile — Stop

氨基酸残基数   2 146   2 148   2 150   2 152   2 154   2 156

图 16-21 apoB 基因的 mRNA 在肝和肠黏膜编码不同多肽链

第四节 真核生物非编码 RNA 的生物合成

真核细胞内的非编码 RNA 也以 DNA 为模板转录生成，分别有 3 种 RNA 聚合酶负责转录。转录及加工过程的基本机制相同，但也有许多不同的特点。非编码 RNA 的类型很多，本节介绍这些非编码 RNA 的转录与加工的主要特点。

一、组成型非编码 RNA 主要由 RNA pol I 和 RNA pol III 合成

组成型非编码 RNA（详见第二章）的基因主要含有 I 类和 III 类启动子（见表 16-3），因此，主要由 RNA pol I 和 RNA pol III 催化转录产生组成型非编码 RNA，转录后也需要经过加工才能产生成熟的 RNA 分子。

（一）rRNA 分别由 RNA pol I 和 RNA pol III 转录并经加工产生

1. RNA pol I 转录合成 45S rRNA 前体 真核生物的 45S rRNA 前体由 rRNA 基因编码、RNA pol I 催化合成，在核仁中加工产生组成核糖体的 18S、28S 和 5.8S rRNA；而核糖体的另一组分 5S rRNA 则来源于 RNA pol III 催化合成的单独的转录产物。

RNA pol I 结合的启动子是 I 类启动子。含有 I 类启动子的基因主要是 rRNA 的基因。这类基因有成百上千个拷贝，每一个拷贝都具有相同的序列，具有相同的启动子序列（但在不同的物种之间差异很大）。

人类 rRNA 基因的启动子包括核心元件（core element）和上游调控元件（upstream control element，UCE）两部分，前者位于 –45~+20，转录起始的效率很低，后者位于 –156~–107，能增强转录的起始，两部分序列都富含 GC 碱基对。两个元件之间的距离非常重要，距离过远或过近都会降低转录起始效率。

RNA pol I 的转录因子有上游结合因子（upstream binding factor，UBF）和选择因子 1（selectivity factor 1，SL1）。SL1 由 4 个亚基组成，其中 1 个是 TATA 盒结合蛋白（TATA box binding protein，TBP），另 3 个是特异性辅助 RNA pol I 转录的 TBP 结合因子（TBP-associated factors，TAFs）。转录起始时先由 UBF 与核心元件及 UCE 中的 GC 丰富序列结合，使这两部分靠拢，然后 SL1 加入并与 UBF 结合，随后 RNA 聚合酶 I 与 SL1 中的 TBP 结合形成起始复合并起始转录（图 16-22）。

2. 真核 rRNA 前体经过剪切形成不同类别的 rRNA 真核细胞的 rRNA 基因（rDNA）属于冗余基因（redundant gene）族的 DNA 序列，即染色体上一些相似或完全一样的纵列串联基因（tandem gene）单位的重复。属于冗余基因族的还有 5S rRNA 基因、组蛋白基因、免疫球蛋白基因等。不同物种基因组可有数百或上千个 rDNA，每个基因又被不能转录的基因间隔（gene spacer）分段隔开。可转录片段为 7~13kbp，间隔区也有若干千碱基对大小，这些基因间隔不是内含子。rDNA 位于核仁内，每个基因各自为一个转录单位。

真核生物细胞核内都可发现一种 45S 的转录产物,它是 3 种 rRNA 的前身。45S rRNA 通过一种所谓"自剪切"机制,在核仁小 RNA(small nucleolar RNA,snoRNA)以及多种蛋白质分子组成的核仁小核糖核蛋白(small nucleolar ribonucleoprotein,snoRNP)的参与下,通过逐步剪切成为成熟的 18S、5.8S 及 28S 的 rRNA(图 16-23)。前体 rRNA 的加工除自剪切外,通常还涉及核糖 2′-OH 的甲基化修饰。rRNA 成熟后,就在核仁上装配,与核糖体蛋白质一起形成核糖体,输送到胞质。生长中的细胞,其 rRNA 较稳定;静止状态的细胞,其 rRNA 的寿命较短。

图 16-22　RNA pol I 的转录起始

(二) tRNA 由 RNA pol Ⅲ 转录并经剪切、剪接和碱基修饰等加工产生

1. RNA pol Ⅲ 转录合成 tRNA　RNA pol Ⅲ 识别和起始转录的启动子是Ⅲ类启动子,含有Ⅲ类启动子的基因包括 *5S rRNA、tRNA、U6 snRNA、7SL RNA、7SK RNA* 等。

tRNA 基因的启动子包括 A 盒和 B 盒两部分,分别位于 +10~+20 和 +50~+60 的区域。转录起始时,先由转录因子ⅢC(TFⅢC)识别并结合 B 盒,同时延伸到 A 盒,随后 TFⅢB 结合在转录起始位点周围,RNA pol Ⅲ 就位,形成起始复合物并起始转录(图 16-24)。

2. 真核生物前体 tRNA 的加工包括剪切、剪接和碱基修饰等　真核生物的大多数细胞有 40~50 种不同的 tRNA 分子。编码 tRNA 的基因在基因组内都有多个拷贝。前体 tRNA 分子需要多种转录后加工才能成为成熟的 tRNA。

以酵母前体 tRNA^{Tyr} 分子为例,加工主要包括以下变化:①酵母前体 tRNA^{Tyr} 分子 5′-端的 16 个核苷酸前导序列由 RNase P 切除;②氨基酸臂的 3′-端 2 个 U 被核糖核酸内切酶 RNase Z 切除,有时核糖核酸外切酶 RNase D 等也参与切除过程,再由核苷酸转移酶加上特有的 CCA 末端;③茎-环结构中

图 16-23　真核前体 rRNA 转录后的剪切

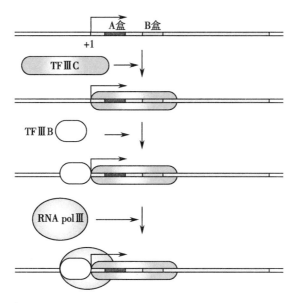

图 16-24　RNA pol Ⅲ的转录起始过程

的一些核苷酸碱基经化学修饰为稀有碱基,包括:某些嘌呤甲基化生成甲基嘌呤,某些尿嘧啶还原为二氢尿嘧啶(DHU),尿嘧啶核苷转变为假尿嘧啶核苷(ψ),某些腺苷酸脱氨成为次黄嘌呤核苷酸(Ⅰ)等;④通过剪接切除茎-环结构中部 14 个核苷酸的内含子。前体 tRNA 分子必须折叠成特殊的二级结构,剪接反应才能发生,内含子一般都位于前体 tRNA 分子的反密码子环(图 16-25)。

图 16-25　前体 tRNA 的剪接

(三) 一些内含子 RNA 具有自我剪接和催化功能

1982 年美国科学家 Cech T. R. 和他的同事发现四膜虫(Tetrahymena)编码 rRNA 前体的 DNA 序列含有间隔内含子序列,他们在体外用从细菌纯化得到的 RNA 聚合酶转录从四膜虫纯化的编码 rRNA 前体的 DNA,结果在没有任何来自四膜虫的蛋白质的情况下,rRNA 前体能准确地剪接去除内含子。这种由 RNA 分子催化自身内含子剪接的反应称为自剪接(self-splicing)。随后,在其他原核生物以及真核生物的线粒体、叶绿体的 rRNA 前体加工中,亦证实了这种剪接。

一些噬菌体的 mRNA 前体及细菌 tRNA 前体也发现有这类自身剪接的内含子,并被称之为Ⅰ型内含子(group Ⅰ intron)。Ⅰ型内含子以游离的鸟嘌呤核苷或鸟嘌呤核苷酸作为辅因子完成剪接。鸟嘌呤核苷或鸟嘌呤核苷酸的 3′-OH 与内含子的 5′-磷酸共同参与转酯反应。这种转酯反应与前述的 mRNA 内含子剪接的转酯反应类似,不过参与反应的不是分支点 A 的 2′-OH,切除的内含子是线状,而不是“套索”状。

某些线粒体和叶绿体的 mRNA 前体和 tRNA 前体还有另一类自身剪接的内含子,称为Ⅱ型内含子。这类内含子的剪接与前面介绍的前体 mRNA 内含子剪接相同,但是没有剪接体参与(图 16-26)。

图 16-26   I 型和 II 型内含子的剪切

自身剪接内含子的 RNA 具有催化功能,是一种核酶(ribozyme)。

二、调控型非编码 RNA 的种类及合成复杂多样

调控型非编码 RNA(ncRNA)的种类复杂多样(详见第二章),在真核细胞内也都是通过转录和加工而产生的。下面重点介绍它们在真核细胞内的合成过程。

(一)长链非编码 RNA 主要由 RNA pol II 转录

长链非编码 RNA 主要由 RNA pol II 转录而生成,结构类似于 mRNA,但通常不编码蛋白质。lncRNA 可从不同的 DNA 序列转录产生,包括蛋白质编码基因、假基因以及蛋白质编码基因之间的基因组 DNA 序列。

1. 从蛋白质编码基因反向转录产生 lncRNA   在蛋白质编码基因内,都有一个主要启动子(major promoter)。RNA pol II 结合到主要启动子,转录产生的是 mRNA。在一些蛋白质编码基因内,还存在次要启动子(minor promoter)。次要启动子可位于蛋白质编码基因内的不同位点,其控制的转录方向与主要启动子控制的转录方向可能相同,也可能相反。RNA pol II 结合到次要启动子,转录产生的 RNA 不能编码蛋白质,是长链非编码 RNA。

2. 由假基因转录生成 lncRNA   基因组中的大部分假基因都是不能转录的。然而,有许多假基因是可以转录的,如抑癌基因 *PTEN*、肾上腺类固醇羟化酶基因(*P450c21A*)、*GAPDH* 基因、*OCT4* 基因的相应假基因,都可以转录。由于假基因的编码序列中存在突变,转录产生的 RNA 并不能进一步翻译产生功能蛋白,所以这些 RNA 都是非编码 RNA。

3. 从蛋白质编码基因间序列转录产生 lncRNA   虽然 lncRNA 可以从蛋白质编码基因的 DNA 序列转录产生,但大部分 lncRNA 是从蛋白质编码基因之间的基因组 DNA 序列转录产生。蛋白质编码基因在基因组中所占的比例非常低,但基因组 DNA 的大部分序列都是可以转录的,甚至有研究推测 90% 的基因组 DNA 序列都是可转录的。因此,大部分 lncRNA 可能具有自身的基因。不过,目前了解甚少。

(二)短链非编码 RNA 的合成复杂多样

1. miRNA 由 RNA pol II 转录合成   据估计,人类基因组中大约有 1 500 个 miRNA 的编码基因,

其合成过程大致可以分成五个阶段(图 16-27):①miRNA 基因由 RNA polⅡ催化转录,产生初级转录物——pri-miRNA。②pri-miRNA 经过一种 RNaseⅢ内切酶 Drosha 剪切之后,形成长约 70nt 具有发夹结构的前体 miRNA(pre-miRNA)。③pre-miRNA 通过 RanGTP/Exportin-5 转运到细胞质中。④在细胞质中,另一种 RNaseⅢ内切酶 Dicer 从发夹结构前体的一条臂上切割得到 20~25nt 的 miRNA:miRNA* 双链。⑤这种双链分子与 Argonaute(AGO)家族的蛋白质结合,形成 miRNA 诱导沉默复合体(miRNA-induced silencing complex,miRISC),其中的 miRNA* 被降解,miRNA 则被保留在 miRISC 中,最终成为成熟的单链 miRNA。

2. siRNA 由 Dicer 从双链 RNA 切割而成 siRNA 由细胞内的双链 RNA(dsRNA)加工而产生,可来源于病毒感染、转座子转录或外源性导入。这些 dsRNA 在特定情况下通过一定酶切机制,转变为 21~23nt 的短双链 RNA。双链 siRNA 的一条链称为向导链(guide strand),另一条链称为乘客链(passenger strand)。其中向导链与 Argonaute2(AGO2)蛋白组装形成 RNA 诱导沉默复合物(RISC)。人体内有八种 Argonaute 蛋白,其中四种属于 Argonaute 亚类,即 AGO1-4,另外四种属于 Piwi 亚类,即 hPiwi1-4。向导链 RNA 利用所携带的序列信息识别互补的同源靶 RNA 分子。siRNA 和 AGO2 复合物具有序列特异的 RNA 内切酶活性,定点切割完全互补配对的靶 mRNA,引发其降解。

siRNA 和 miRNA 都可以介导基因表达抑制,这种作用称为 RNA 干扰(RNA interference,RNAi)。RNAi 可通过降解特异 mRNA,在转录后水平对基因表达进行调节,是生物体本身固有的一种对抗外源基因侵害的自我保护现象。它能识别、清除外源 dsRNA 或同源单链 RNA,提供了一种防御

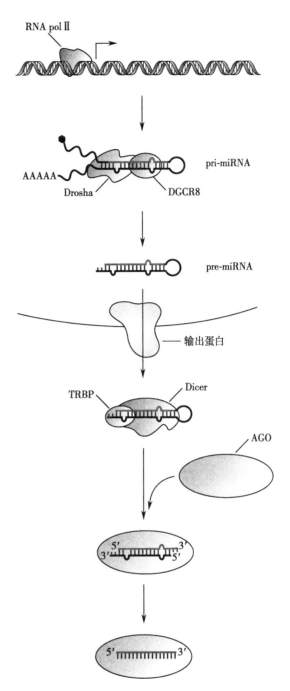

图 16-27 miRNA 的产生及 miRISC 的组装

外源核酸入侵的保护措施。siRNA 和 miRNA 都属于非编码小分子 RNA,它们具有一些共同的特点:均由 Dicer 切割产生;长度都在 22 个碱基左右;都与 RISC 形成复合体,与 mRNA 作用而引起基因沉默。它们之间的差异见表 16-5。

此外,由于外源 dsRNA 导入细胞后也可以引起与其同源的 mRNA 降解,进而抑制相应基因的表达,RNAi 技术被广泛应用于功能基因组研究。

3. piRNA 由 Piwi 蛋白切割产生 piRNA 是长度为 24~30nt 的单链 RNA,它和 Argonaute 的 Piwi 亚家族成员结合形成 piRNA 复合物(piRC)来调控基因沉默途径,主要存在于哺乳动物的生殖细胞和干细胞中。piRNA 的生成不依赖 Dicer,而由 Piwi 蛋白切割产生。piRNA 对生成配子细胞和维持生殖干细胞稳定性都有重要作用。

表 16-5　siRNA 和 miRNA 的差异比较

项目	siRNA	miRNA
前体	内源或外源长双链 RNA 诱导产生	内源发夹结构产物的转录产物
结构	双链分子	单链分子
功能	降解 mRNA	阻遏其翻译
靶 mRNA 结合	需要完全互补	不需要完全互补
生物学效应	抑制转座子活性和病毒感染	发育等过程的调节

第五节　病毒基因组 RNA 复制的主要特点

自然界中的绝大多数生物都是以 DNA 作为遗传物质携带遗传信息,而在一些 RNA 病毒中,遗传物质则是 RNA。在这些病毒的整个生命周期中并不涉及 DNA 的作用,作为遗传物质的 RNA 是通过复制(而不是转录)过程产生的。

一、大多数 RNA 病毒的基因组是单链 RNA 分子

绝大多数生物的基因组是 DNA,只有少数病毒基因组是 RNA。大多数 RNA 病毒的基因组是单链 RNA 分子,如单链 RNA 噬菌体、脊髓灰质炎病毒(poliovirus)、鼻病毒(rhinovirus)的基因组。少数病毒的基因组是双链 RNA 分子,如呼肠孤病毒(reovirus)。根据单链 RNA 基因组与其 mRNA 序列之间的异同,可分为正链 RNA(positive-strand RNA)和负链 RNA(negative-strand RNA),正链 RNA 与 mRNA 序列一致,负链 RNA 与 mRNA 序列互补,它们在复制过程中各有不同的特点。

二、许多病毒基因 RNA 复制利用宿主翻译系统合成有关酶和蛋白质

病毒基因组 RNA 包含病毒携带的全部遗传信息,基因组 RNA 复制是以病毒全长 RNA 分子为模板,在真核细胞中合成一套同样的 RNA 分子。要完成这个复制过程,病毒需要利用宿主的转录、翻译系统识别、转录病毒基因组序列,并翻译出多种与复制有关的酶和蛋白质。例如,合成能够特异识别并复制病毒 RNA 的 RNA 聚合酶。正链 RNA 病毒基因组携带有编码复制酶(RNA 依赖的 RNA 聚合酶)的基因,病毒 RNA 可直接作为 mRNA 附着到宿主细胞核糖体上,翻译出此复制酶,使病毒能以 RNA 为模板合成新的 RNA 分子。负链 RNA 病毒基因组进入寄主细胞后不能直接作为 mRNA,而先要以负链 RNA 为模板利用病毒体自身所携带的 RNA 依赖的 RNA 聚合酶合成与负链 RNA 互补的正链 RNA,再以此正链 RNA 作为 mRNA 合成病毒蛋白和酶,并以正链 RNA 为模板合成互补的负链基因组 RNA。

此外,真核细胞中还发现了带 RNA 基因组的亚病毒,他们需辅助病毒才能完成其基因组的复制。

三、多数 RNA 病毒可利用 RNA 复制酶合成 RNA

除逆转录病毒外,其他 RNA 病毒都是在宿主细胞内以病毒的单链 RNA 为模板合成 RNA,这种 RNA 依赖的 RNA 合成又称为 RNA 复制。催化 RNA 复制的酶是 RNA 依赖的 RNA 聚合酶(RNA-dependent RNA polymerase,RDRP),也称为 RNA 复制酶(RNA replicase),由病毒的 RNA 编码。RNA 复制酶只能复制病毒 RNA,不能以 DNA 为模板合成 RNA。

以 RNA 噬菌体为例,大多数 RNA 噬菌体的 RNA 复制酶由 4 个亚基组成,其中一个亚基是由 RNA 噬菌体复制酶基因编码的,是复制酶的活性部位。另外 3 个亚基是延长因子 Tu、延长因子 Ts 和 S1 蛋白(核糖体 30S 小亚基的一种蛋白质),都由宿主细胞自身的基因编码,参与宿主细胞蛋白质合成。这 3 种蛋白质可能在协助复制酶定位和结合病毒 RNA 的 3'-端的过程中起作用。RNA 依赖

的 RNA 合成的化学反应过程、机制与依赖于 DNA 的 RNA 合成是相同的,合成的方向也是从 5′→3′,
RNA 复制酶不具有校正功能。RNA 复制酶只特异地识别并复制病毒 RNA,而对宿主 RNA 不进行
复制。

 小结

　　RNA 合成包括转录和 RNA 复制。

　　转录是在 DNA 依赖的 RNA 聚合酶催化下,以 DNA 为模板、4 种 NTP 为原料合成与模板互补
的 RNA 的过程,其合成方向是 5′→3′。转录是基因表达的第一步,具有高度选择性。

　　原核生物只有一种 RNA pol,根据是否包含 σ 亚基可分为全酶(ααββ′ωσ)和核心酶(ααββ′ω)。
转录起始时,σ 亚基辨认启动子,以全酶形式结合并启动转录,核心酶延长 RNA 链,延长阶段可见转
录泡现象,有 ρ 因子依赖或非依赖两种转录终止方式。利福霉素可特异性抑制原核生物 RNA pol 的
活性,临床上用作抗结核分枝杆菌药物。

　　真核生物至少有 3 种 RNA pol,RNA pol Ⅰ催化 rRNA 前体的合成,RNA pol Ⅱ催化 mRNA 和
snRNA 合成,RNA pol Ⅲ催化 tRNA 和 5S rRNA 等的合成。转录起始时,RNA pol 不直接结合模板,
需依靠众多的转录因子,形成 PIC,延长阶段无转录与翻译同步现象,可见核小体移位和解聚,转录终
止和加尾修饰同时进行。

　　真核细胞 3 种 RNA 聚合酶的初级转录产物都需要经过加工才能成为成熟 RNA。前体 mRNA
的转录后加工包括首尾修饰和剪接,还可通过选择性剪接、RNA 编辑等产生多种 mRNA 分子。前体
tRNA 的转录后加工包括剪切、剪接、3′-端添加 CCA、碱基修饰和各种稀有碱基的生成。有些真核生
物的 rRNA、tRNA 和 mRNA 前体含有自身剪接内含子,这类内含子的剪接不需要蛋白质参与,内含
子自身的 RNA 具有催化剪接的功能。

　　RNA 病毒的基因组完全由 RNA 构成,它们在宿主细胞中以病毒的单链 RNA 为模板合成
RNA,这种依赖于 RNA 的 RNA 合成方式称为 RNA 复制。病毒基因组 RNA 有正、负链之分,其复
制过程不同。

(周珏宇)

 思考题

　　1. 简述 RNA 的生物合成知识在临床医学中有哪些潜在的应用?

　　2. 从整个遗传信息传递的过程来看,为什么转录生成错误的 RNA 远没有复制产生错
误的 DNA 对细胞的影响大?

　　3. 简述真核生物转录后加工的基本过程和意义。

第十七章
蛋白质的生物合成

【本章要点】

1. 蛋白质生物合成体系;
2. 蛋白质的生物合成过程;
3. 蛋白质的翻译后加工和靶向输送;
4. 蛋白质功能相关的化学修饰;
5. 蛋白质生物合成与医学。

细胞内的蛋白质合成,即蛋白质的生物合成(protein biosynthesis),以 mRNA 为信息模板来合成多肽链。在这一过程中,核苷酸序列"语言"被解读转换为与之截然不同的氨基酸序列"语言",因此又被形象地称为翻译(translation)。多肽链合成后,还需要经过复杂的翻译后加工修饰才能成为成熟的有功能的蛋白质,并被正确地靶向输送至特定的亚细胞区域或分泌至细胞外,才能发挥其特定的功能。

第一节　蛋白质生物合成体系

蛋白质生物合成是细胞最为复杂的生命活动过程之一。蛋白质生物合成体系非常复杂,除了作为合成原料的氨基酸之外;还需要 mRNA 作为模板,tRNA 作为氨基酸的"运载工具",以及氨基酸与 mRNA 之间的分子"适配器"、核糖体作为蛋白质合成的场所,有关的酶和蛋白质因子等参与反应,ATP 和 GTP 提供反应所需能量。

一、mRNA 是蛋白质合成的信息模板

mRNA 是指导多肽链合成的直接模板,而 mRNA 的核苷酸序列"抄录"自基因组 DNA,因此指导多肽链合成的真正序列信息实际源于基因组 DNA。mRNA 或基因组 DNA 中的核苷酸序列作为遗传信息,决定多肽链中的氨基酸序列。核苷酸序列与氨基酸序列之间的对应关系是以遗传密码(genetic code)的形式来实现的。

(一)遗传密码的基本单位是三联体密码子

遗传密码是指 mRNA 或 DNA 中编码蛋白质的序列信息。从数学的排列组合观点来看,mRNA 或 DNA 中的核苷酸均仅有四种,而蛋白质中的常见氨基酸有 20 种,因此至少需要三个核苷酸对应一个氨基酸,则有 64(4^3)种组合,才能满足编码 20 种氨基酸的要求。这就是美籍俄裔理论物理学家 Gamow G. 于 1954 年提出的三联体密码子假说。后续研究证实,遗传密码的基本单位确实是核苷酸三联体,称为三联体密码子(triplet codon),简称密码子(codon)。如表 17-1 所示,四种核苷酸一共组成 64 个密码子。其中 61 个编码 20 种用于肽链合成的氨基酸;另有 3 个不编码任何氨基酸,而作为肽链合成的终止密码子(termination codon;stop codon)。此外,编码甲硫氨酸的密码子(AUG),还是肽链合成的起始信号,故也称为起始密码子(initiator codon)。

表 17-1　遗传密码表

第一个核苷酸（5′端）	第二个核苷酸				第三个核苷酸（3′端）
	U	C	A	G	
U	苯丙氨酸	丝氨酸	酪氨酸	半胱氨酸	U
	苯丙氨酸	丝氨酸	酪氨酸	半胱氨酸	C
	亮氨酸	丝氨酸	终止信号	终止信号	A
	亮氨酸	丝氨酸	终止信号	色氨酸	G
C	亮氨酸	脯氨酸	组氨酸	精氨酸	U
	亮氨酸	脯氨酸	组氨酸	精氨酸	C
	亮氨酸	脯氨酸	谷氨酰胺	精氨酸	A
	亮氨酸	脯氨酸	谷氨酰胺	精氨酸	G
A	异亮氨酸	苏氨酸	天冬酰胺	丝氨酸	U
	异亮氨酸	苏氨酸	天冬酰胺	丝氨酸	C
	异亮氨酸	苏氨酸	赖氨酸	精氨酸	A
	*甲硫氨酸	苏氨酸	赖氨酸	精氨酸	G
G	缬氨酸	丙氨酸	天冬氨酸	甘氨酸	U
	缬氨酸	丙氨酸	天冬氨酸	甘氨酸	C
	缬氨酸	丙氨酸	谷氨酸	甘氨酸	A
	缬氨酸	丙氨酸	谷氨酸	甘氨酸	G

注:* 位于 mRNA 起始部位的 AUG 为肽链合成的起始信号。作为起始信号的 AUG 具有特殊性,在原核生物中此种密码子代表甲酰甲硫氨酸,在真核生物中代表甲硫氨酸。

准确地讲,多肽链的氨基酸序列是由 mRNA 的编码区即可读框(open reading frame,ORF)所规定的。可读框,也称开放阅读框,是由很多密码子连续串联排列组成的一段编码区,第一个为起始密码子,最后一个为终止密码子。多肽链合成时,翻译机器就是从起始密码子开始"阅读",直至最后的终止密码子,按照各密码子的排列顺序,将其依序解读为相应的氨基酸序列而合成多肽链。真核生物 mRNA 为单顺反子,仅含有一个 ORF,故仅编码一条多肽链。原核生物 mRNA 为多顺反子,往往含有两个或多个 ORF,编码多条多肽链。

框 17-1

破译遗传密码

从 1953 年提出遗传密码问题到 1966 年破译全部遗传密码,其间经历了从抽象的理论分析到具体的实验研究的过程。遗传密码的破译及蛋白质合成机制的阐明是分子生物学领域中极具挑战性的课题和最为激动人心的发现之一。

1953 年,DNA 双螺旋发现者 Crick F. 和 Watson J. 在他们发表的"DNA 结构的生物学意义"一文中提出:"碱基的排列顺序就是携带遗传信息的密码"。

1954 年,美籍俄裔理论物理学家 Gamow G. 看到该论文后,开始思考遗传密码问题,并提出三联体密码子假说。Crick F. 等人又于 1961 年 12 月发表题为"蛋白质遗传密码的一般性质"的论文,对该学说进行了完善并根据大量实验证据进行了深入演绎推理。

1961 年 5 月,年轻的美国生化学家 Nirenberg M. W. 及德国化学家 Matthaei J. 发现在无细胞蛋白质合成体系中加入多聚尿嘧啶核苷酸(poly U)后,可合成多聚苯丙氨酸,提示 UUU 是编码苯丙氨酸的密码子。该发现在当年夏天于莫斯科召开的第五届国际生化大会上轰动全场，成为破译遗传密码的一项里程碑式实验。其后，Nirenberg M. W. 和美籍巴基斯坦裔生化学家 Khorana H. G. 等人又不断改进实验方法和设计，分别采用不同的同聚核苷酸和异聚核苷酸破译了多个密码子。经过多位科学家近 5 年的共同努力，于 1966 年最终破译了全部 64 个密码子。

1968 年，Nirenberg M. W.、Khorana H. G. 以及另一位美国生化学家 Holley R. W. 因为在蛋白质合成方面的贡献共同荣获当年诺贝尔生理学或医学奖。Holley R. W. 的突出贡献是分离并测定了首个氨基酸与 mRNA 之间的"适配器"分子，即酵母丙氨酸 tRNA 的结构。

（二）遗传密码具有五个基本特点

1. 遗传密码阅读是从 5′-端至 3′-端（方向性） 组成密码子的各碱基在 mRNA 序列中的排列具有方向性。翻译时的阅读方向只能从 5′-端至 3′-端，即从 mRNA 的起始密码子 AUG 开始，按 5′→3′ 的方向逐一阅读，直至终止密码子。mRNA 可读框中从 5′-端到 3′-端排列的核苷酸顺序决定了肽链中从 N-端到 C-端的氨基酸排列顺序（图 17-1a）。

2. 遗传密码须连续阅读（连续性） mRNA 的密码子之间没有间隔核苷酸。从起始密码子开始，密码子被连续阅读，直至终止密码子出现。由于密码子的连续性，在可读框中发生插入或缺失 1 个或 2 个碱基的基因突变，都会引起 mRNA 的阅读框发生移动，称为移码（frame shift），使后续的氨基酸序列大部分被改变（图 17-1b），其编码的蛋白质彻底丧失功能，称之为移码突变（frame-shift mutation）；如同时连续插入或缺失 3 个碱基，则只会在蛋白产物中增加 1 个或缺失 1 个氨基酸，但不会导致阅读框移位，对蛋白质的功能影响相对较小。

图 17-1　遗传密码的方向性、连续性与移码突变
（a）氨基酸的排列顺序对应于 mRNA 序列中密码子的排列顺序；（b）核苷酸插入导致移码突变。

3. 一个氨基酸可由多个密码子编码（简并性） 64 个密码子中有 61 个编码氨基酸，而氨基酸只有 20 种，因此有的氨基酸可由多个密码子编码，这种现象称为简并性（degeneracy）。例如，UUU 和 UUC 都是苯丙氨酸的密码子，UCU、UCC、UCA、UCG、AGU 和 AGC 都是丝氨酸的密码子。密码子 AUG 具有特殊性，不仅代表甲硫氨酸；如果位于 mRNA 起始部位，它还代表肽链合成的起始密码子。

为同一种氨基酸编码的各密码子称为简并性密码子，也称同义密码子。多数情况下，同义密码子的前两位碱基相同，仅第三位碱基有差异，即密码子的特异性主要由前两位核苷酸决定，如苏氨酸的密码子是 ACU、ACC、ACA、ACG。这意味着第 3 位碱基的改变往往不改变其密码子编码的氨基酸，合成的蛋白质具有相同的一级结构。因此，遗传密码的简并性具有重要的生物学意义，它在某种程度上

降低了有害突变的出现频率,而且也可以使基因组 DNA 的碱基组成有较大的变动余地,利于物种稳定性的保持。

4. 密码子第 3 位碱基与反密码子的第 1 位碱基不遵循严格碱基配对(摆动性)　mRNA 中的密码子能够与 tRNA 的反密码子通过碱基互补配对而相互识别结合。这种碱基配对有时并不严格遵循 Watson-Crick 碱基配对原则,出现摆动(wobble)现象。此时 mRNA 密码子的第 1 位和第 2 位碱基(5′→3′)与 tRNA 反密码子的第 3 位和第 2 位碱基(5′→3′)之间仍为 Watson-Crick 配对,而反密码子的第 1 位碱基与密码子的第 3 位碱基配对存在碱基配对摆动现象。

如某种 tRNA 上的反密码子第 1 位碱基为次黄嘌呤(I),则可分别与 mRNA 分子中的密码子第 3 位的 A、C 或 U 配对;反密码子第 1 位的 U 可分别与密码子第 3 位的 A 或 G 配对;反密码子第 1 位的 G 可分别与密码子第 3 位的 C 或 U 配对(图 17-2)。由此可见,摆动配对能使一种 tRNA 识别 mRNA 序列中的多种简并性密码子。

5. 所有生物使用同一套遗传密码(通用性)
除个别例外,从细菌到人类都使用着同一套遗传密码,这就是遗传密码的通用性。这一方面为地球上的生物来自同一起源的进化论提供了有力依据,另外也为在基因工程研究中利用细菌等生物来制造人类蛋白质提供了依据。虽然遗传密码是通用的,但仍有个别例外。例如,对于哺乳

图 17-2　密码子与反密码子的识别方式与摆动配对
tRNA 携带异亮氨酸,其反密码子的第 1 位 G 既可以识别 mRNA 密码子第 3 位的 C,也可以识别 U,同时也显示了密码子与反密码子的识别方式。

类动物的线粒体基因组来讲,有些密码子编码方式不同于通用遗传密码,如 UAG 不代表终止信号而代表色氨酸,CUA、AUA 编码有所不同,此外终止密码子亦不一样。

二、tRNA 具有运载工具和分子"适配器"的双重作用

鉴于核苷酸序列与氨基酸序列不能直接匹配的问题,DNA 双螺旋发现者之一 Crick F. 于 1956 年提出了"适配器假说",或称"连接物假说"(adaptor hypothesis),认为在氨基酸与模板 mRNA 之间必然存在一个分子"适配器",并指出该分子应该是不同于模板 RNA 的另一类 RNA 分子。该分子后被证实就是 tRNA。

tRNA 在蛋白质合成中具有重要作用。其结构中有两个关键部位,即氨基酸接受臂和反密码子环。这就赋予了 tRNA 作为蛋白质合成原料即氨基酸的搬运工具以及作为 tRNA 和 mRNA 之间分子"适配器"的双重角色。

(一) tRNA 是氨基酸的运载工具

tRNA 分子中的一个关键功能部位就是位于其倒 L 形结构一端的氨基酸接受臂,能够结合氨基酸,氨基酸与氨基酸接受臂的-CCA 末端的腺苷酸 3′-羟基通过酯键连接。存在于胞质溶胶中的作为肽链合成原料的各种氨基酸都需要先与相应的 tRNA 结合,形成各种氨酰 tRNA(aminoacyl-tRNA),再被运载至核糖体,方可用于多肽链的合成。因此,tRNA 可以说是蛋白质合成原料即氨基酸的运载工具或载体。

1. 氨酰 tRNA 合成酶催化氨基酸的活化并与 tRNA 连接　参与肽链合成的氨基酸需要与相应的 tRNA 结合,形成各种氨酰 tRNA,这也称为氨基酸的活化。该过程是由氨酰 tRNA 合成酶(aminoacyl-tRNA synthetase)所催化的耗能反应,每个氨基酸活化需消耗 2 个来自 ATP 的高能磷酸键。总反应式如下:

$$氨基酸 + tRNA + ATP \longrightarrow 氨酰\,tRNA + AMP + PPi$$

该反应过程的主要步骤包括:①氨酰 tRNA 合成酶催化 ATP 分解为焦磷酸与 AMP;②AMP、酶、氨基酸三者结合为中间复合体(氨酰-AMP-E),其中氨基酸的羧基与磷酸腺苷的磷酸基团以酐键相连,成为活化的氨基酸;③活化氨基酸与 tRNA 分子的 3′-CCA 末端(氨基酸接受臂)上的腺苷酸的核糖 2′ 或 3′ 位的游离羟基以酯键结合,形成相应的氨酰 tRNA(图 17-3)。

图 17-3   氨酰 tRNA 的形成

2. 氨酰 tRNA 合成酶保证氨基酸和 tRNA 之间的正确连接   已知用于蛋白质合成的常见氨基酸有 20 种,而已发现的 tRNA 则多达数十种。一种氨基酸通常可与 2~6 种对应的 tRNA 特异性结合,与密码子的简并性相适应。能负载同一种氨基酸的不同 tRNA 称为同工 tRNA(isoacceptor tRNA)。反过来讲,一种 tRNA 只能转运一种特定的氨基酸。不同的 tRNA 的命名采用右上标的不同氨基酸的三字母代号,如 tRNA^{Tyr} 表示这是一种专门转运酪氨酸的 tRNA。

因为用于蛋白质合成的模板 mRNA 中的密码子不能直接识别与其对应的氨基酸,而只能通过与 tRNA 中反密码子的碱基互补配对相互识别。因此,氨基酸与相应 tRNA 的准确连接对于蛋白质的保真至关重要。这主要由氨酰 tRNA 合成酶的高度专一性和校对活性实现。

首先,氨酰 tRNA 合成酶具有高度专一性。每一种氨酰 tRNA 合成酶既能特异性地识别其特异的底物氨基酸,又能辨认应该结合该种氨基酸的一组同工 tRNA,从而保证这些同工 tRNA 与特定氨基酸的正确结合。

其次,氨酰 tRNA 合成酶还有校对活性(proofreading activity),能将错误结合的氨基酸水解释放,即将任何错误的氨酰-AMP-E 复合物或氨酰 tRNA 的酯键水解,再换上与密码子相对应的氨基酸,改正反应的任一步骤中出现的错配,保证氨基酸和 tRNA 结合反应的误差小于 10^{-4}。

3. 肽链合成的起始需要特殊的起始氨酰 tRNA   无论是原核生物还是真核生物,编码甲硫氨酸(Met)的密码子同时又都作为起始密码子。目前已知,尽管同样都携带着 Met,但结合在起始密码子处的 Met-tRNA^{Met},与结合可读框内部的 Met 密码子的 Met-tRNA^{Met} 在结构上是有差别的,是两种不同的 tRNA。结合于起始密码子的属于专门的起始氨酰 tRNA。在原核生物,起始氨酰 tRNA 是 fMet-tRNA^{fMet},其中的 Met 被甲酰化,成为 N-甲酰甲硫氨酸(N-formyl methionine,fMet)。在真核生物,具有起始功能的是 tRNA$_i^{Met}$(initiator-tRNA),它与 Met 结合后,参与形成翻译起始复合物,识别 mRNA 的起始密码子 AUG。Met-tRNA$_i^{Met}$ 和 Met-tRNA$_e^{Met}$ 可分别被起始或延长过程起催化作用的酶和蛋白质因子识别。

(二) tRNA 是氨基酸与 mRNA 分子之间的分子"适配器"

除了氨基酸结合部位,tRNA 上另一重要功能部位是位于其倒 L 形结构另一端的反密码子环。tRNA 凭借反密码子与 mRNA 上的密码子通过碱基互补配对作用相互识别结合。不同的 tRNA 特异性地与特定氨基酸结合,而后在核糖体通过其反密码子与 mRNA 模板上的密码子配对结合,从而使不同的氨基酸按照 mRNA 模板中不同的密码子依序装配出相应的多肽链,这就解决了氨基酸无法直接与蛋白质合成模板 mRNA 中的密码子匹配的问题。形象地说,tRNA 不仅是氨基酸的运载工具,而且还是连接氨基酸与 mRNA 密码子之间的分子"适配器"(adaptor)。

近年来研究发现,成熟 tRNA 或 tRNA 前体经核糖核酸酶在特定位置上切割产生一类新的非编码 RNA,称为 tRNA 来源的小 RNA(tRNA-derived small RNA,tsRNA),在细胞应激、核糖体生物合成、表观遗传信息跨代传递等过程中具有重要作用。

三、核糖体是蛋白质合成的场所

合成肽链所需要的 mRNA 与 tRNA 结合、肽键形成等过程全部是在核糖体(详见第二章)上完成的。生物体细胞内核糖体数量相当多,每个原核细胞约有 2×10^4 个核糖体,而每个真核细胞所含核糖体的数目达到 $10^6 \sim 10^7$。核糖体(ribosome)类似于一个移动的多肽链"装配厂",沿着模板 mRNA 链从 5′-端向 3′-端移动。在此期间,携带着各种氨基酸的 tRNA 分子依据密码子与反密码子配对关系快速进出其中,为延长的肽链提供氨基酸原料;肽链合成完毕,核糖体立刻离开 mRNA 分子。

原核生物和真核生物的核糖体上均有 A 位、P 位和 E 位这 3 个重要的功能部位(图 17-4)。A 位结合氨酰 tRNA,称氨酰位(aminoacyl site);P 位结合肽酰 tRNA,称肽酰位(peptidyl site);E 位是排出位(exit site),由此释放已经卸载了氨基酸的 tRNA。A 位和 P 位由大小亚基共同参与形成,E 位则主要限于大亚基。此外,核糖体上还有很多与起始因子、延长因子、释放因子及与各种酶相结合的位点,核糖体大亚基还具有肽酰转移酶及 GTP 酶活性。

图 17-4　蛋白质生物合成体系的关键组分

四、蛋白质合成体系还需要能量、酶类和蛋白质因子

蛋白质生物合成需要由 ATP 和 GTP 提供能量,需要 Mg^{2+}、肽酰转移酶(或称转肽酶)、氨酰 tRNA 合成酶等多种酶参与反应,从起始、延长到终止的各阶段还需要核糖体以外的其他多种蛋白质因子(表 17-2、表 17-3)。这些因子有:①起始因子(initiation factor,IF),原核生物和真核生物的起始因子分别用 IF 和 eIF 表示;②延长因子(elongation factor,EF),原核生物与真核生物的延长因子分别用 EF 和 eEF 表示;③终止因子(termination factor),又称释放因子(release factor,RF),原核生物与真核生物的释放因子分别用 RF 和 eRF 表示。

表 17-2　原核生物肽链合成所需要的蛋白质因子

种类	生物学功能
起始因子	
IF1	占据核糖体小亚基 A 位,防止 A 位结合其他氨酰 tRNA
IF2	具有 GTP 酶活性,促进 fMet-tRNA^{fMet} 与小亚基结合
IF3	结合小亚基,防止大小亚基过早结合;增强 P 位结合 fMet-tRNA^{fMet} 的特异性
延长因子	
EF-Tu	具有 GTP 酶活性,促进氨酰 tRNA 进入 A 位,结合并分解 GTP
EF-Ts	EF-Tu 的调节亚基
EF-G	有转位酶活性,促进肽酰 tRNA 由 A 位移至 P 位;促进 tRNA 卸载与释放

续表

种类	生物学功能
释放因子	
RF1	特异识别终止密码子 UAA 或 UAG;诱导肽酰转移酶转变为酯酶
RF2	特异识别终止密码子 UAA 或 UGA;诱导肽酰转移酶转变为酯酶
RF3	介导 RF1 及 RF2 与核糖体的相互作用

表 17-3　真核生物肽链合成所需要的蛋白质因子

种类	生物学功能
起始因子	
eIF1	结合于小亚基 E 位,促进 eIF2-tRNA-GTP 复合物与小亚基相互作用
eIF1A	细菌 IF1 同源,防止 tRNA 过早结合于 A 位
eIF2	GTP 酶,促进起始 Met-tRNA^{Met} 与小亚基结合
eIF2B	最先与小亚基结合的起始因子;促进后续步骤
eIF3	最先与小亚基结合的起始因子;促进后续步骤
eIF4A	eIF-4F 复合物成分;有 RNA 解旋酶活性,解除 mRNA 二级结构,使其与小亚基结合
eIF4B	结合 mRNA,协助 mRNA 扫描定位起始密码子 AUG
eIF4E	eIF4F 复合物成分,识别结合 mRNA 的 5′-帽结构
eIF4G	eIF4F 复合物成分,结合 eIF4E 和 PABP
eIF5	促进其他起始因子从小亚基解离,以便大小亚基结合
eIF5B	细菌 IF1 同源 GTP 酶,在最终核糖体组装前促进起始因子解离
延长因子	
eEF1α	与原核 EF-Tu 功能相似
eEF1βγ	与原核 EF-Ts 功能相似
eEF2	与原核 EF-G 功能相似
释放因子	
eRF	识别所有终止密码子

第二节　蛋白质的生物合成过程

　　与 DNA 和 RNA 的生物合成类似,蛋白质的生物合成过程,也称肽链合成过程,包括起始、延长和终止三个基本阶段。广义而言,之前的氨基酸活化和随后的翻译后加工也同样归属于蛋白质的生物合成过程,这两个阶段对于蛋白质合成的准确性和蛋白质产物的功能尤其重要。

一、原核生物蛋白质合成包括起始、延长和终止三个基本阶段

(一)起始阶段形成翻译起始复合物

　　翻译的起始是指 mRNA、起始氨酰 tRNA 与核糖体结合而形成翻译起始复合物(translation initiation complex)的过程。原核生物翻译起始复合物的形成需要 30S 小亚基、mRNA、fMet-tRNA^{fMet} 和 50S 大亚基,还需 3 种 IF、GTP 和 Mg^{2+}。主要包括三个步骤(图 17-5)。

　　1. 核糖体小亚基结合 IF1、IF3 和 mRNA　IF3 首先结合到核糖体 30S 小亚基上,防止大亚基和

图 17-5 原核生物翻译起始复合物的装配

小亚基的提早不成熟结合。IF1 与小亚基的 A 位结合,避免起始氨酰 tRNA 提早进入 A 位。然后,核糖体小亚基准确结合于 mRNA 的起始密码子上游附近,从而利于准确识别可读框的起始密码子 AUG,而不会结合内部的 AUG,正确地翻译出编码蛋白。保证这一结合准确性的机制是,各种 mRNA 的起始密码子 AUG 上游约 8~13 个核苷酸处,存在一段由 4~9 个核苷酸组成的共有序列-AGGAGG-,可被 16S rRNA 通过碱基互补而精确识别。这段序列称为核糖体结合位点(ribosomal binding site,RBS)。该序列于 1974 年由 Shine J. 和 Dalgarno L. 发现,故此也称为 Shine-Dalgarno 序列,简称为 SD 序列(图 17-6)。此外,mRNA 上邻近 RBS 上游,还有一段短核苷酸序列,可被小亚基蛋白 rpS-1 识别并结合。通过上述 RNA-RNA、RNA-蛋白质相互作用,小亚基可以准确定位 mRNA 上的起始密码子 AUG。

图 17-6 原核生物 mRNA 的 SD 序列

2. 核糖体小亚基结合 IF2-GTP 和 fMet-tRNA^{fMet} fMet-tRNA^{fMet} 与结合了 GTP 的 IF2 一起,识别并结合对应于小亚基 P 位的 mRNA 的起始密码子 AUG 处。此时,A 位被 IF1 占据,不与任何氨酰 tRNA 结合。

3. 核糖体大亚基结合形成翻译起始复合物 结合于 IF2 的 GTP 被水解,释放的能量促使 3 种 IF 释放,大亚基与结合了 mRNA、fMet-tRNA^{fMet} 的小亚基结合,形成由完整核糖体、mRNA、fMet-tRNA^{fMet} 组成的 70S 翻译起始复合物。

如前所述,核糖体上存在着 3 个 tRNA 结合位点,分别称为氨酰位(A 位)、肽酰位(P 位)和排出位(E 位)。在肽链合成时,新的氨酰 tRNA 先进入的是 A 位,形成肽键后移至 P 位。但是在翻译起始复合物装配时,结合起始密码子 AUG 的 fMet-tRNA^{fMet} 直接结合至核糖体 P 位,A 位空留,且对应于起始密码子 AUG 后一个密码子,为新的氨酰 tRNA 的进入及肽链延长做好了准备。

(二)延长阶段通过三步循环反应合成肽链

延长阶段是将 mRNA 的遗传密码转变为多肽链的氨基酸序列的过程。延长阶段包括进位、成肽和转位三个步骤,不断重复,每循环 1 次;肽链上即可增加 1 个氨基酸残基(图 17-7)。延长反应需要翻译起始复合物、氨酰 tRNA、延长因子和 GTP 等参与。

1. 氨酰 tRNA 进入 A 位(进位) 又称注册,是指与 A 位上的 mRNA 密码子相对应的氨酰 tRNA 进入 A 位,此步骤需要 GTP、Mg^{2+}、延长因子 EF-Tu 和 EF-Ts。EF-Tu 与 GTP、氨酰 tRNA 结合形成复合物,运达至 A 位。随后氨酰 tRNA 的反密码子与 mRNA 第二个密码子结合,伴随着 GTP 分解,EF-Tu 以 EF-Tu-GDP 复合物形式离开核糖体。另一个延长因子 EF-Ts 催化 GTP 置换 GDP 再生成 EF-Tu-GTP 复合物,为结合下一个氨酰 tRNA 做准备。因此 EF-Tu 的作用是促进氨酰 tRNA 与 A 位结合,而

图 17-7　原核生物的肽链延长过程

EF-Ts 则促进 EF-Tu 的再利用。

2. 肽酰 tRNA 形成于 A 位（成肽）　在肽酰转移酶（peptidyl transferase）催化下，P 位 fMet-tRNA^{fMet} 的甲酰甲硫氨酰转移到 A 位的氨酰 tRNA 的 α-氨基，形成第一个肽键。肽酰转移酶属于核酶，化学本质是 RNA，在原核生物为 23S rRNA，在真核生物为 28S rRNA。肽酰转移酶活性位于 P 位和 A 位的连接处，靠近 tRNA 的氨基酸臂。成肽后，二肽酰 tRNA 占据核糖体 A 位，而卸载了氨基酸的 tRNA 仍在 P 位。

3. 肽酰 tRNA 转移至 P 位（转位）　转位酶（translocase）即 EF-G 和 GTP 结合到核糖体上，通过水解 GTP 供能，使核糖体向 mRNA 的 3′-端移动一个密码子的距离，使下一个密码子准确定位在 A 位。原来在 P 位上的空载 tRNA 移位到 E 位，之后从 E 位排出。原来在 A 位上的二肽酰 tRNA 移位到 P 位，空出的 A 位准备接受第三个氨酰 tRNA。

随后，通过"进位-成肽-转位"循环，核糖体在 mRNA 上从 5′-端向 3′-端方向移动，依序解读 mRNA 遗传密码，从 N-端向 C-端合成肽链。

GTP 的水解在翻译过程中具有重要作用，在肽链延长阶段，每生成 1 个肽键，需要水解 2 分子 GTP（进位与转位各 1 分子）获得能量，即消耗 2 个高能磷酸键。EF-Tu 和 EF-G 均属于 G 蛋白家族，具有 GTP 酶（GTPase）活性，其结合 GTP 后与核糖体作用，激活 GTP 酶活性，水解 GTP 为 GDP。而它们结合 GDP 的形式，则变为无活性的构象，与核糖体分离。因为氨基酸活化生成氨酰 tRNA 已消耗了 2 个高能磷酸键，所以蛋白合成过程中，每生成 1 个肽键，至少消耗 4 个高能磷酸键。

（三）终止阶段释放新生肽链

当核糖体 A 位出现终止密码子，即转入终止阶段。终止阶段涉及合成好的肽链被水解释放，以及核糖体与 tRNA 从 mRNA 上脱落下来。该过程需要终止密码子和释放因子，还需要核糖体释放因子（ribosome releasing factor，RRF）帮助核糖体与 mRNA 解离。

在大肠埃希菌中，当 mRNA 上的终止密码子（UAA、UAG、UGA）移至核糖体 A 位时，释放因子识别终止密码子，进入 A 位。其中，RF1 识别 UAA 和 UAG；RF2 识别 UAA 和 UGA；RF3 不识别终止密码子,其作用是刺激 RF1 和 RF2 的活性。当释放因子与 A 位终止密码子识别结合后,核糖体的肽酰转移酶活性转变成酯酶活性,水解 P 位的肽酰 tRNA 中连接 tRNA 和肽链之间的酯键,肽链释放。随后释放因子、mRNA 和 tRNA 纷纷脱离核糖体,核糖体分解为大、小亚基,重新参与蛋白质合成(图 17-8)。

图 17-8 原核生物的肽链合成的终止阶段

在细胞内合成蛋白质时,通常一个 mRNA 分子同时附着 10~100 个核糖体,即形成 mRNA 和多个核糖体的"念珠状"聚合物,称为多聚核糖体(polyribosome;图 17-9)。多聚核糖体中的核糖体数量视其所附着的 mRNA 大小而定。例如,血红蛋白珠蛋白链的 mRNA 分子较小,只能附着约 5 个核糖体;肌球蛋白多肽链(重链)的 mRNA 分子较大,可附着约 60 个核糖体。这些核糖体依次结合起始密码子并沿 5'→3' 方向读码移动,同时进行肽链合成,而脱落下来的亚基又可重新投入核糖体循环的翻译过程。这样可大大提高翻译效率,每个核糖体每秒可翻译约 40 个密码子,即每秒可以合成一条由 40 个氨基酸残基组成的多肽链,以氨酰 tRNA 合成酶为主的保真系统确保了高效、快速合成多肽的错误频率低于万分之一。更重要的

图 17-9 多聚核糖体

是,多聚核糖体可减轻细胞核的负荷,减少基因拷贝数,减轻基因转录的压力。

二、真核生物蛋白质合成过程比原核生物更为复杂

真核生物的翻译和转录不偶联。真核生物的 mRNA 前体在细胞核内合成,经加工修饰为成熟的 mRNA,再从核内转运至细胞质,进入蛋白质合成过程。而原核生物的翻译与转录是偶联的,其 mRNA 常在自身合成尚未结束时已被利用,开始翻译。

真核生物的蛋白质生物合成过程和机制与原核生物相似,也包括起始、延长和终止三个基本阶段,但涉及更多的蛋白质因子和更复杂的步骤。

(一)真核生物与原核生物蛋白质合成的主要差别在起始阶段

与原核生物相比,真核生物翻译起始所需起始因子更多(至少有 12 种),过程更复杂,且 mRNA 的

NOTES

5′-帽和 3′-poly（A）尾均为正确起始所必需。此外，起始氨酰 tRNA 为未甲酰化的甲硫氨酰 tRNA（即 Met-tRNA$_i^{Met}$），且其先于 mRNA 结合小亚基，与原核生物的装配顺序不同。具体步骤如图 17-10 所示。

图 17-10　真核生物翻译起始复合物的装配

1. 核糖体小亚基结合 eIF1A、eIF3、eIF1 和 Met-tRNA$_i^{Met}$　eIF1A 和 eIF3 与原核起始因子 IF1 和 IF3 功能相似，与核糖体小亚基结合，可阻止 tRNA 结合 A 位，并防止大亚基和小亚基过早结合。eIF1 结合于 E 位，GTP-eIF2 与起始氨酰 tRNA（即 Met-tRNA$_i^{Met}$）结合，随后 eIF5 和 eIF5B 加入，形成 43S 前起始复合物。

2. 核糖体小亚基结合 eIF4F 复合物和 mRNA　eIF4F 复合物由 eIF4E（结合 mRNA 5′-帽）、eIF4A（具有 ATPase 及 RNA 解旋酶活性）和 eIF4G（连接蛋白）组成。eIF4F 复合物介导 mRNA 与 43S 前起始复合物的结合。eIF4G 结合 eIF3 和 eIF4E，为 43S 前起始复合物和 mRNA 结合提供连接。eIF4G 还与 mRNA 末端的多聚腺苷酸结合蛋白［poly（A）binding protein，PABP］结合，使 mRNA 形成环状结构，便于基因表达在翻译水平的调控（图 17-11）。mRNA 与 eIF4F 复合物及 43S 前起始复合物结合后，形成 48S 起始复合物，此复合物通过 eIF-4A 水解 ATP 供能，从 mRNA 5′-端向 3′-端移动扫描并定位起始密码子。这种寻找起始密码子的方式不同于原核细胞依赖 mRNA 的 SD 序列。

3. 核糖体大亚基结合形成翻译起始复合物　随后大亚基加入，起始因子释放，翻译起始复合物形成。此过程需要 eIF5 和 eIF5B 参与，eIF5 促使 eIF2 发挥 GTPase 活性，水解与之结合的 GTP 生成 eIF2-GDP，使得 eIF2-

图 17-11　真核生物翻译起始复合物中 mRNA 的环化

GDP 与起始 tRNA 的亲和力减弱。eIF5B 是原核 IF2 的同源物,通过水解与之结合的 GTP,促进 eIF2-GDP 与其他起始因子解离。

然而,有些 mRNA 的翻译起始并不依赖其 5′-帽结构,在翻译起始时,核糖体可被 mRNA 上的内部核糖体进入位点(internal ribosome entry site,IRES)直接招募至翻译起始处,这一过程需要多种蛋白质如 IRES 反式作用因子(IRES *trans*-acting factor,ITAF)、eIF4GI 等的协助。

(二)真核生物与原核生物的延长过程相似

真核生物的肽链延长机制与原核生物相似。真核生物的延长因子 eEF1α、eEF1βγ 和 eEF2,功能分别对应于原核生物的 EF-Tu、EF-Ts 和 EF-G。此外,在真核生物,新的氨酰 tRNA 进入 A 位后会产生别构效应,导致空载 tRNA 从 E 位排出。

(三)真核生物终止阶段仅有一种释放因子 eRF 参与

真核生物仅有一种释放因子 eRF,3 种终止密码子均可被其识别。

此外,哺乳动物类等真核生物线粒体具有一套独立的蛋白质合成体系,用于合成线粒体的某些多肽和蛋白质。该体系类似于原核生物蛋白质合成体系。

第三节　蛋白质的翻译后加工和靶向输送

最初从核糖体释放出来的多肽链一般不具备生物活性。因此,新生多肽链从核糖体释放后需要经历翻译后加工的过程才能变为成熟蛋白质。另外,在细胞质合成的蛋白质还必须准确地输送到其发挥功能的亚细胞区域或分泌到细胞外。

一、翻译后加工使新生肽链成为成熟的有功能的蛋白质

新生肽链并不具有生物活性,它们必须正确折叠形成具有生物活性的三维空间结构,有的需形成必需的二硫键,有的需经过亚基的聚合形成具有四级结构的蛋白质。除此以外,许多蛋白质在翻译后还需经过蛋白水解作用切除一些肽段或氨基酸残基,或对某些氨基酸残基的侧链基团进行化学修饰等处理后,才能成为有活性的成熟蛋白质。这一过程称为翻译后加工(post-translational processing)。

新生肽链的加工修饰有些在肽链合成过程中进行,即共翻译(co-translational),但绝大多数加工修饰发生在肽链合成完成后,即翻译后(post-translational),故一般都统称为翻译后加工。

(一)一级结构的加工修饰涉及肽链水解和共价修饰

在蛋白质一级结构层次进行的加工主要有:肽链的氨基或羧基末端的水解切除、前体蛋白质的水解加工,氨基酸残基的共价化学修饰等。这些加工修饰可以直接控制蛋白质的活性,对于蛋白质在细胞内发挥生物学功能具有重要作用。

此处重点介绍前两种加工方式,共价修饰在本章第四节中介绍。

1. 合成后肽链的末端被水解切除　新生肽链的 N-端的甲硫氨酸残基,在肽链离开核糖体后,大部分即由特异的蛋白水解酶切除。原核细胞中约半数成熟蛋白质的 N-端经脱甲酰基酶切除 *N*-甲酰基而保留甲硫氨酸,另一部分被氨基肽酶(aminopeptidase)水解而去除 *N*-甲酰甲硫氨酸。真核细胞分泌型蛋白和跨膜蛋白的前体的 N-端都有一段 13~36 个氨基酸残基(以疏水氨基酸残基为主)的肽段,称为信号肽(signal peptide),这些信号肽在蛋白质成熟过程中需要被切除。有些情况下,C-端的氨基酸残基也可被酶切除;从而使其蛋白质呈现特定功能。

2. 肽链中肽键水解　某些无活性的蛋白质前体可经蛋白酶水解,生成具有活性的蛋白质。如胰岛素原被酶解而生成胰岛素,多种蛋白酶原经裂解而活化成蛋白酶(详见第五章)。有的多肽链经水解可以产生数种小分子活性肽。如阿黑皮素原(pro-opiomelanocortin,POMC)可被水解而生成促肾上腺皮质激素、β-促脂解素、α-促黑激素、促皮质素样中叶肽、γ-促脂解素、β-内啡肽、β-促黑激素、γ-内啡肽及 α-内啡肽等 9 种活性物质(图 17-12)。但绝大多数肽链在细胞质合成后,经过正确折叠形成

图 17-12　POMC 的水解修饰

POMC 的水解位点由 Arg-Lys、Lys-Arg 或 Lys-Lys 序列构成,用数字 1~7 表示。各活性物质下方括号内的数字为其在 POMC 中对应的氨基酸编号(将 ACTH 的 N-端第一位氨基酸残基编为 1 号)。

蛋白质,并准确地到达其发挥功能的亚细胞区域或分泌到细胞外,发挥蛋白质的生物功能。

(二) 蛋白质空间构象的形成涉及肽链折叠和亚基聚合

蛋白质的功能依赖于空间结构。因此,新生肽链合成后需要在一些酶或蛋白质的参与下进行正确折叠,才能形成具有生物活性的三维构象。结构较为复杂的蛋白质还涉及亚基的聚合和辅基连接。

1. 新生肽链的折叠需要分子伴侣参与　细胞中大多数天然蛋白质的折叠都不是自发完成的。肽链在合成时,还未折叠的肽段有许多疏水基团暴露在外,具有分子内或分子间聚集的倾向,使蛋白质不能形成正确的空间构象。这种结构混乱的肽链集合体产生过多对细胞有致命的影响。因此,肽链的折叠过程是在其他酶或蛋白质的辅助下快速完成的。这些辅助性蛋白质可以指导新生肽链按特定方式正确折叠,它们称为分子伴侣(molecular chaperone)。

分子伴侣的主要作用:①封闭待折叠肽链暴露的疏水区段;②创建一个隔离的环境,可以使肽链的折叠互不干扰;③促进肽链折叠和去聚集;④遇到应激刺激,使已折叠的蛋白质去折叠。

分子伴侣并不能加快肽链折叠反应的速度,只是通过消除不正确折叠,增加功能性蛋白质折叠产率而促进天然蛋白质折叠。许多分子伴侣是 ATP 酶,能提供水解 ATP 产生的自由能。分子伴侣可逆地与未折叠肽段的疏水部分结合,随后松开,如此重复进行可防止错误的聚集发生,使肽链正确折叠。分子伴侣也可识别并结合错误聚集的肽段,使之解聚后,再诱导其正确折叠。

细胞内分子伴侣可分为两大类,一类为核糖体结合性分子伴侣,包括触发因子和新生链相关复合物;另一类为非核糖体结合性分子伴侣,包括热激蛋白、伴侣蛋白等。鉴于篇幅所限,此处仅以热激蛋白、伴侣蛋白为例,简要介绍它们在多肽链折叠中的作用。此外,真核生物的肽链折叠机制尚有待阐明,故此处仅以大肠埃希菌中的两种常见的折叠为例予以介绍。

(1) 热激蛋白 HSP 可促进肽链折叠:热激蛋白(heat shock protein, HSP)亦称为热休克蛋白。属于应激反应性蛋白,高温刺激可诱导其合成。在蛋白质翻译后加工过程中,HSP 可促进需要折叠的肽链折叠为有天然空间构象的蛋白质。各种生物都有相应同源蛋白质。

以大肠埃希菌为例,大肠埃希菌中参与蛋白质折叠的热激蛋白包括 HSP70、HSP40 和 Grp E。HSP70 由基因 *dnaK* 编码,故 HSP70 又称为 DnaK 蛋白。它有两个功能域(图 17-13):一个是 N-端的

图 17-13　HSP70 辅助肽链折叠

ATP 酶结构域,能结合和水解 ATP;另一个是 C-端的肽链结合结构域。辅助肽链折叠需要这两个结构域的相互作用及 HSP40(亦称 DnaJ)和 GrpE 辅助。在 ATP 存在下,DnaJ 和 DnaK 的相互作用可抑制肽链的聚集,GrpE 则作为核苷酸交换因子控制 DnaK 的 ATP 酶活性。

HSP 促进肽链折叠的基本过程称为 HSP70 反应循环,其具体步骤如图 17-13 所示。首先,DnaJ 与未折叠或部分折叠的肽链结合,将肽链导向 DnaK-ATP 复合物,激活 DnaK 的 ATP 酶,使 ATP 水解,形成稳定的 DnaJ-DnaK-ADP-肽链复合物;接着,在 GrpE 的作用下,ATP 与 ADP 交换,复合物解离,释放出完全折叠的蛋白质或部分折叠的肽链,其中部分折叠的肽链可进入新一轮 HSP70 反应循环,最后完全折叠。

人类的 HSP 蛋白家族可存在于胞质溶胶、内质网腔、线粒体、细胞核等部位,涉及多种细胞保护功能:如使线粒体和内质网蛋白质保持未折叠状态而转运、跨膜,再折叠成功能构象;通过上述类似机制,避免或消除蛋白质变性后因疏水基团暴露而发生的不可逆聚集,以利于清除变性或错误折叠的肽链中间物。

(2)伴侣蛋白 GroEL 和 GroES 为肽链折叠提供微环境:伴侣蛋白(chaperonin)是分子伴侣的另一个家族,代表性成员如大肠埃希菌的 GroEL 和 GroES,其主要作用是为非自发性折叠肽链提供能折叠形成天然空间构象的微环境。估计大肠埃希菌细胞中约 10%~20% 的蛋白质折叠需要这一家族成员的辅助。

GroEL 是由 14 个相同亚基组成的多聚体,可形成一桶状空腔,顶部是空腔的出口;GroES 是由 7

个相同亚基组成的圆顶状复合物,可作为 GroEL 桶的盖子。需要折叠的肽链进入 GroEL 的桶状空腔后,GroES 可作为"盖子"瞬时封闭 GroEL 出口。封闭后的桶状空腔提供了能完成该肽链折叠的微环境,消耗大量 ATP,帮助肽链在密闭的 GroEL 空腔内折叠(图 17-14)。折叠完成后,形成了天然空间构象的蛋白质被释放,GroEL-GroES 复合物被再利用,尚未完全折叠的肽链可进入下一轮循环,重复以上过程,直到形成天然空间构象。

图 17-14 GroEL-GroES 复合物作用原理

2. 二硫键的形成和脯氨酸处的正确折叠需要特定异构酶参与 参与组成肽链的 20 种氨基酸中,有一些结构特殊的氨基酸(如半胱氨酸、脯氨酸)对于蛋白质正确空间构象的形成非常重要。含有这些氨基酸残基的肽链的正确折叠还需要特定异构酶的参与,这些异构酶本质上也属于分子伴侣。

目前,已发现有两种此类异构酶,一种是蛋白质二硫化物异构酶(protein disulfide isomerase,PDI),另一种是肽酰-脯氨酸顺反异构酶(peptidylprolyl isomerase,PPI)。前者催化错配的二硫键断裂并形成正确的二硫键连接,使蛋白质形成热力学稳定的天然构象,从而帮助肽链内或肽链之间二硫键的正确形成;后者可促进肽酰-脯氨酸间形成的顺反两种异构体之间的转换,使多肽在各脯氨酸弯折处形成正确折叠,是蛋白质三维构象形成的限速酶。

3. 亚基聚合形成功能性蛋白质复合物 生物体内的许多功能性蛋白质是由 2 条以上肽链构成的蛋白质。多聚体的肽链之间通过非共价键维持一定的空间构象,有些还需与辅基结合才能形成具有活性的蛋白质。由 2 条以上肽链构成的蛋白质的各个亚基相互聚合时所需要的信息蕴藏在肽链的氨基酸序列之中,而且这种聚合过程往往又有一定顺序,前一步骤常可促进后一聚合步骤的进行。成人血红蛋白由 2 条 α 链、2 条 β 链及 4 个血红素分子组成。合成好的 α 链从核糖体上自行释放,与尚未从核糖体释放的 β 链相结合,与 β 链同时离开核糖体,形成游离的 αβ 二聚体。此二聚体再与线粒体内生成的两个血红素相结合,最后才形成一个由 4 条肽链和 4 个血红素构成的有功能的血红蛋白分子。

二、蛋白质合成后被靶向输送至细胞特定部位

蛋白质合成后还需要被输送到合适的亚细胞部位才能行使各自的生物学功能。其中,有的蛋白质驻留于胞质溶胶,有的被运输到细胞器或镶嵌入细胞膜,还有的被分泌到细胞外。蛋白质合成后在细胞内被定向输送到其发挥作用部位的过程称为蛋白质的靶向输送(protein targeting)或蛋白质分选(protein sorting)。

蛋白质的亚细胞定位信息存在于其自身结构中,所有靶向输送的蛋白质一级结构中都存在分选信号(表 17-4),可引导蛋白质转移到细胞的适当靶部位。这类序列统称为信号序列(signal sequence),是决定蛋白质靶向输送特性的最重要元件。这些序列有的在肽链的 N-端,有的在 C-端,有的在肽链内部;有的输送完成后切除,有的保留。通过对信号序列的分析,现代生物信息学可以从基

因的结构推测其编码的蛋白质在细胞内的可能位置。

蛋白质的转运方式可分为两大类:一类是细胞内的蛋白质合成与转运同时发生,即翻译转运同步;另一类是蛋白质从核糖体上释放后才发生转运,属翻译后转运。

表 17-4　蛋白质细胞亚组分分选信号

蛋白质种类	信号序列	结构特点
分泌型蛋白质和膜蛋白质	信号肽	15~30 个氨基酸残基,位于 N-端,中间为疏水性氨基酸残基
核蛋白质	核定位信号	4~8 个氨基酸残基组成,位于内部,含 Pro、Lys 和 Arg,典型序列为 K-K/R-X-K/R
内质网蛋白质	内质网滞留信号	C-端的 Lys-Asp-Glu-Leu(KDEL)
核基因组编码的线粒体蛋白质	前导肽	20~35 个氨基酸,位于 N-端
溶酶体蛋白质	溶酶体靶向信号	甘露糖-6-磷酸(Man-6-P)

(一)分泌型蛋白质在内质网加工转运

分泌型蛋白质的合成与转运同时发生。它们的 N-端都有信号肽(signal peptide)结构,由数十个氨基酸残基组成。信号肽具有以下共性:①N-端有带正电荷的碱性氨基酸残基;②中段为疏水核心区,主要含疏水的中性氨基酸;③C-端由一些极性相对较大、侧链较短的氨基酸残基组成,邻近有可被信号肽酶(signal peptidase)裂解的位点(图 17-15a)。信号肽可以被细胞质中的信号识别颗粒(signal recognition particle,SRP)所识别。SRP 是由 7SL-RNA 和 6 种不同的多肽链组成的 RNA-蛋白质复合体。

含有信号肽的多肽的翻译转运机制(图 17-15b)和步骤包括:①在核糖体上合成时,信号肽部分位于 N-端首先被合成,并被 SRP 所捕捉,SRP 随即结合到核糖体上;②内质网膜上有 SRP 的受体(亦称为 SRP 对接蛋白),借此受体,SRP-核糖体复合体被引导到内质网膜上;③在内质网膜上,肽转位复合物(peptide translocation complex)形成跨内质网膜的蛋白质通道,正在合成的肽链穿过内质网膜孔进入内质网;④SRP 脱离信号肽和核糖体,肽链继续延长直至完成;⑤信号肽在内质网内被信号肽酶切除;⑥肽链在内质网中折叠形成最终构象,随内质网膜"出芽"形成的囊泡转移至高尔基复合体,最后在高尔基复合体中被包装进分泌小泡,转运至细胞膜,再分泌到细胞外(图 17-15c)。

(二)定位于内质网的蛋白质 C-端含有滞留信号序列

内质网中含有多种帮助新生肽链折叠成天然构型的蛋白质,如分子伴侣等。与分泌型蛋白质一样,需要停留在内质网中执行功能的蛋白质,先经粗面内质网上的附着核糖体合成并进入内质网腔,然后随囊泡输送到高尔基复合体。由于内质网定位的蛋白质肽链的 C-端含有滞留信号序列,在高尔基复合体中的内质网蛋白质通过这一滞留信号序列与内质网上相应受体结合,随囊泡输送回内质网。

(三)大部分线粒体蛋白质在胞质溶胶合成后,靶向输入线粒体

线粒体虽然含有 DNA、核糖体、mRNA 及 tRNA 等,可以进行蛋白质的生物合成,但绝大部分线粒体蛋白质是由细胞核基因组的基因编码,在胞质溶胶中的游离核糖体上合成后释放,靶向输送到线粒体中。90% 以上的线粒体蛋白质以其前体形式在胞质溶胶合成后输入线粒体,如氧化磷酸化相关蛋白质等,其中大部分蛋白质定位于基质,其他定位于内膜、外膜或膜间隙。

线粒体基质定位的蛋白质前体的 N-端有由 20~35 个氨基酸残基构成的信号序列,有时也称为前导肽序列,富含丝氨酸、苏氨酸及碱性氨基酸残基。线粒体基质蛋白质的靶向输送过程是:①新合成的线粒体蛋白质与热激蛋白或线粒体输入刺激因子结合,以稳定的未折叠形式转运至线粒体外膜;②通过信号序列识别,结合线粒体外膜的受体复合物;③在热激蛋白水解 ATP 和跨内膜电化学梯度的动力共同作用下,蛋白质穿过由外膜转运体和内膜转运体共同构成的跨膜蛋白质通道,进入线粒体基质;④蛋白质前体被蛋白酶切除信号序列,在分子伴侣作用下折叠成有功能构象的蛋白质。

图 17-15　分泌型蛋白质的加工与转运

（a）信号肽结构,带阴影的字母为碱性氨基酸残基区域,带下划线的部分为疏水性氨基酸残基区域；
（b）信号肽引导合成中的核糖体和多肽至内质网；（c）囊泡形成和转运。

　　输送到线粒体内膜和膜间隙的蛋白质除了上述前导肽外,还含有另一段信号序列,其作用是引导蛋白质从基质输送到线粒体内膜或穿过内膜进入膜间隙。

（四）质膜蛋白质由囊泡靶向转运至细胞膜

　　定位于细胞质膜的蛋白质的靶向跨膜机制与分泌型蛋白质相似。不过,质膜蛋白质的肽链并不完全进入内质网腔,而是锚定在内质网膜上,通过内质网膜“出芽”而形成囊泡。随后,跨膜蛋白质随囊泡转移到高尔基复合体加工,再随囊泡转运至细胞膜,最终与细胞膜融合而构成新的质膜。

　　不同类型的跨膜蛋白质以不同的形式锚定于膜上。例如,单跨膜蛋白质的肽链中除 N-端的信号序列外,还有一段由疏水性氨基酸残基构成的跨膜序列,即终止转移序列,是跨膜蛋白质在膜上的嵌入区域。当合成中的肽链向内质网腔导入时,疏水的终止转移序列可与内质网膜的脂双层结合,从而

使导入中的肽链不再向内质网腔内转移,形成一次性跨膜的锚定蛋白质。多次跨膜蛋白质的肽链中因有多个信号序列和多个终止转移序列,可在内质网膜上形成多次跨膜。

(五) 细胞核蛋白质由核输入因子运载,经核孔入核

细胞核内含有多种蛋白质,如参与 DNA 复制、转录的各种酶及蛋白质因子等。它们都是在胞质溶胶中合成后经核孔进入细胞核的。所有被靶向输送的细胞核蛋白质其肽链内都含有特异的核定位信号(nuclear localization signal, NLS)。

细胞核蛋白质的靶向输送需要核输入因子(nuclear importin)αβ 异二聚体和低分子量 G 蛋白 Ran。核输入因子 αβ 异二聚体可作为细胞核蛋白质的受体,识别并结合 NLS 序列。细胞核蛋白质的靶向输送过程如图 17-16 所示:①胞质溶胶中合成的细胞核蛋白质与核输入因子 αβ 异二聚体结合形成复合物,并被导向核孔;②Ran 水解 GTP 释能,细胞核蛋白质-核输入因子复合物通过耗能机制经核孔进入细胞核基质;③核输入因子 β 和 α 先后从上述复合物中解离,移出核孔而被再利用,细胞核蛋白质定位于细胞核内,NLS 位于肽链内部,不被切除。

图 17-16　细胞核蛋白质的靶向输送

生物体蛋白质历经肽链合成的起始、延长与终止及其加工和靶向输送后发挥生物学功能;其后,在特定的时空条件下被降解。蛋白质的生物合成及其降解是几乎所有生命活动的基础。

第四节　蛋白质功能相关的化学修饰

蛋白质的翻译后加工修饰有多种形式,氨基酸残基的共价化学修饰就是其中最为常见的一种。这种翻译后化学修饰是对蛋白质进行共价加工的过程,由专一的酶催化,特异性地在蛋白质的一个或多个氨基酸残基上以共价键方式加上相应的化学基团或分子。修饰的位置包括蛋白质的 N 末端、C 末端和氨基酸残基的侧链基团。这种翻译后修饰并不仅仅是一种简单的表面上的“化妆”或“装饰”,它对于调节蛋白质的溶解度、活性、稳定性、亚细胞定位以及介导蛋白质之间的相互作用均具有重要作用。

　　尽管蛋白质的翻译后化学修饰种类繁多,但目前机制相对清楚的仅仅是其中的一小部分。常见的修饰有磷酸化、糖基化、乙酰化、甲基化、脂基化、泛素化和SUMO化修饰等(表17-5)。

表17-5　常见的翻译后化学修饰方式

修饰方式	修饰物	供体	氨基酸残基	酶
磷酸化修饰	磷酸	ATP、GTP	Ser, Thr, Tyr	磷酸化:蛋白激酶 去磷酸化:蛋白磷酸酶
糖基化修饰	单糖/聚糖	UDP-活化单糖	N-连接:Asn-X-Ser/Thr; O-连接:Ser/Thr	糖基转移酶、糖苷酶
乙酰化修饰	乙酰基	乙酰辅酶A	Lys	乙酰化:HAT 去乙酰化:HDAC
甲基化修饰	甲基	SAM	Lys, Arg	甲基化:PKMT,PRMT 去甲基化:LSD1
脂基化修饰	棕榈酰基 法尼基	棕榈酰辅酶A 法尼基焦磷酸	Cys	棕榈酰化:PAT 法尼基化:法尼基转移酶 去棕榈酰化:硫酯酶
泛素化修饰	泛素	泛素	Lys	泛素化:E1,E2,E3 去泛素化:去泛素酶
SUMO化修饰	SUMO	SUMO	Lys	SUMO化:E1,E2,E3 去SUMO化:SUP

一、磷酸化修饰由蛋白激酶和蛋白磷酸酶催化

　　蛋白质的磷酸化修饰是最常见的翻译后化学修饰方式。这种修饰方式由Krebs E. G.和Fischer E. H.于1955年发现,两人也因其在蛋白质磷酸化调节机制方面的研究所做出的巨大贡献而共同获得1992年的诺贝尔生理学或医学奖。

(一)蛋白质磷酸化由蛋白激酶催化完成

　　蛋白质磷酸化(protein phosphorylation)是由蛋白激酶催化、将ATP或GTP的γ位磷酸基转移到底物蛋白的特定氨基酸残基上的过程。在磷酸化反应中,由于蛋白质氨基酸侧链加入了一个带有强负电的磷酸基团,发生酯化作用,从而改变了蛋白质的构象、活性及其与其他分子相互作用的性能。大部分细胞中至少有30%的蛋白质被可逆的磷酸化和去磷酸化修饰所调控。

　　蛋白激酶(protein kinase,PK)是目前已知最大的蛋白家族,约有500多种。所有蛋白激酶都有一个非常保守的催化核心和多种调控模式。催化核心由250~300个氨基酸残基组成。催化核心以外的区域往往与PK的酶活性调节和亚细胞定位有关,但没有进化同源性。大多数蛋白激酶表现出一定的底物特异性,但并不是绝对的。一种蛋白质可以是几种蛋白激酶的底物,同样一种蛋白激酶可以有多种底物。

　　底物蛋白中能够与磷酸结合的基团主要是酪氨酸、丝氨酸、苏氨酸残基侧链的羟基。这些氨基酸在蛋白质分子中数量很多,但并不是所有的残基的侧链羟基都可与磷酸基团结合。在蛋白质分子中,通常是一个或数个酪氨酸、丝氨酸或苏氨酸残基被磷酸化,特定位点的磷酸化是由蛋白激酶的特异性所决定的。

　　根据底物的磷酸化位点可将蛋白激酶分为3大类:①蛋白质丝氨酸/苏氨酸激酶(protein serine/threonine kinase),是一大类特异性催化蛋白丝氨酸和/或苏氨酸残基磷酸化的激酶家族。②蛋白质酪氨酸激酶(protein tyrosine kinase,PTK),是一类特异性催化蛋白质酪氨酸残基磷酸化的激酶家族,分为受体型PTK和非受体型PTK。③双重底物特异性蛋白激酶(double specific protein kinase,

NOTES

DSPK），这类激酶可以使底物蛋白的酪氨酸、丝氨酸或苏氨酸残基磷酸化。这些蛋白激酶的特点将在第二十章介绍。

（二）蛋白质去磷酸化由蛋白磷酸酶催化完成

蛋白质磷酸化的逆过程是去磷酸化，由蛋白磷酸酶（protein phosphatase，PP）催化，将磷酸基从蛋白质上除去，故称为蛋白质去磷酸化（protein dephosphorylation）。蛋白磷酸酶的数量远远少于蛋白激酶数目，与蛋白激酶相比，其底物特异性低。根据磷酸化的氨基酸残基不同，可将蛋白磷酸酶分为两类：①蛋白质丝氨酸/苏氨酸磷酸酶。将磷酸化的丝氨酸和/或苏氨酸残基去磷酸化的蛋白磷酸酶有 PP1、PP2A、PP2B、PP2C、PPX 等，其亚细胞定位各有侧重，均有亚型。PP1 主要存在于细胞质（其中 PP1A 位于糖原产生的区域，PP1G 位于肌质网，PP1M 位于肌丝，PP1N 位于细胞核）；PP2A 主要存在于细胞质，少数在线粒体和细胞核；PP2C 主要存在于细胞质；PPX 存在于细胞核和中心体。②蛋白质酪氨酸磷酸酶。目前已发现有 30 多种蛋白质酪氨酸磷酸酶，其中 1/3 是跨膜的蛋白质酪氨酸磷酸酶，类似受体分子；大部分（约 2/3）则位于胞质，为非受体型蛋白质酪氨酸磷酸酶。这两类酶除高度保守的催化亚单位外，非催化区氨基酸序列有很大区别。

（三）蛋白质磷酸化修饰的生物学作用

蛋白质的磷酸化修饰是生物体内普遍存在的一种调节方式，几乎涉及所有生命活动过程。从其直接分子效应来讲，它能直接增强或减弱被修饰蛋白的酶活性或其他活性，改变其亚细胞定位，改变其与其他蛋白质或生物分子的相互作用。借此作用，蛋白质的磷酸化修饰在细胞信号转导、神经活动、肌肉收缩以及细胞增殖、分化和凋亡等生理和病理过程中均起重要作用。例如：激素等细胞外信号分子与受体结合后，可激活细胞内蛋白激酶，后者可磷酸化细胞内一系列底物蛋白，从而引发一系列生物学效应。此外，在物质代谢调节、DNA 损伤修复等过程中，关键酶的活性也大都是通过蛋白质磷酸化和去磷酸化而进行调节的。

二、糖基化修饰使蛋白质成为糖蛋白

生物体内约 1/3 蛋白质为糖蛋白，如许多细胞外蛋白质（如抗体、红细胞生成素等）、定位在细胞膜上的膜蛋白以及溶酶体蛋白质等。糖蛋白正是由新合成的蛋白质经糖基化修饰而生成（详见第三章第一节）。

三、乙酰化修饰由乙酰基转移酶和去乙酰化酶催化

乙酰化也是细胞内蛋白质修饰的一种重要形式。细胞内许多蛋白质都可以发生乙酰化修饰。

（一）蛋白质乙酰化由乙酰基转移酶催化完成

蛋白质乙酰化（protein acetylation）是指在乙酰基转移酶的催化下，将乙酰基团转移到底物蛋白的赖氨酸残基侧链上的过程。乙酰辅酶 A 是乙酰基团的供体。当底物蛋白发生乙酰化修饰时，乙酰化会中和赖氨酸残基的正电荷，从而影响底物蛋白的构象和功能（图 17-17）。例如，组蛋白中的赖氨酸残基的乙酰化修饰，是调控基因表达的重要方式。催化组蛋白中赖氨酸乙酰化的酶是组蛋白乙酰基转移酶（histone acetyltransferase，HAT）家族。目前已知，人的 HAT 家族有多个亚家族，至少包括 15 个成员，其中以 PCAF、p300 和 CBP 最具特征性，作用最强。

（二）蛋白质去乙酰化由去乙酰化酶催化完成

蛋白质乙酰化的逆反应过程由蛋白质去乙酰化酶催化完成，称为蛋白质去乙酰化（protein deacetylation）。例如，催化组蛋白赖氨酸残基去乙酰化的酶是组蛋白去乙酰化酶（histone deacetylase，HDAC）家族。根据其功能及序列同源性，分为 3 类：第一类主要包括 HDAC1、HDAC2 和 HDAC3；第二类主要包括 HDAC4、HDAC5 和 HDAC6；第三类有 7 个成员（SIRT1 至 SIRT7）。前两类酶的辅因子为 Zn^{2+}，第三类则为依赖 NAD^+ 的去乙酰化酶。

图 17-17   赖氨酸残基的乙酰化和甲基化修饰

（三）蛋白质乙酰化的生物学作用

早在 40 多年前,科学家最先发现组蛋白的乙酰化修饰。随后,又陆续发现更多的非组蛋白如转录因子 p53 和 E2F1 等也被乙酰化修饰。目前认为,组蛋白的乙酰化主要参与染色质结构的重塑和转录激活,而转录因子等非组蛋白的乙酰化则参与调节转录因子与 DNA 的结合,影响蛋白质之间的相互作用及蛋白质的稳定性。近年来,也发现乙酰化可以修饰代谢酶,由此调节代谢酶的活性及代谢通路。

四、甲基化修饰由甲基转移酶和去甲基化酶催化

蛋白质的甲基化同其他翻译后修饰过程一样,机制复杂,在生命调控过程中地位重要。

（一）蛋白质甲基化由甲基转移酶催化完成

蛋白质甲基化(protein methylation)是指在甲基转移酶催化下,甲基由 S-腺苷甲硫氨酸转移至相应蛋白质的过程。甲基虽然不能明显改变整个氨基酸的电荷,只是替代了氨基上的氢原子,但却减少了氢键的形成数量,而且甲基的加入增加了空间阻力,进而影响底物蛋白质与其他蛋白质的相互作用。

催化蛋白质甲基化的酶是甲基转移酶,包括蛋白质赖氨酸甲基化酶(protein lysine methyltransferase,PKMT)和蛋白质精氨酸甲基化酶(protein arginine methyltransferase,PRMT),分别催化底物蛋白在赖氨酸(图 17-17)或精氨酸侧链氨基上进行甲基化。另外,也有在天冬氨酸或谷氨酸侧链羧基上进行甲基化形成甲酯的形式,由其他酶催化完成。

（二）蛋白质去甲基化由去甲基化酶催化完成

与磷酸化和乙酰化修饰不同,蛋白质的甲基化修饰的可逆性在研究早期存在较大争议。但近年来陆续发现,细胞内确实有相应的去甲基化酶催化去甲基化过程,如赖氨酸特异性去甲基化酶 LSD1 以及可以将甲基化的精氨酸转化为瓜氨酸的肽酰精氨酸脱亚氨酶 4(peptidyl arginine deiminase 4,PADI4)等。

（三）蛋白质甲基化的生物学作用

蛋白质甲基化修饰可产生多种不同的效应,包括影响蛋白质之间的相互作用、蛋白质和 RNA 之间的相互作用、蛋白质的定位、RNA 加工、细胞信号转导等。如组蛋白甲基化可影响异染色质形成、基因印记和转录调控。组蛋白 H3K9、H3K27 和 H4K20 的甲基化与染色体的钝化过程有关;而 H4K9 的甲基化可能与大范围的染色质水平的抑制有关;H3K4、H3K36 和 H3K79 位点的甲基化与染色体转录激活过程有关;组蛋白 H3R2、H3R4、H3R17 和 H3R26 位点精氨酸甲基化修饰可以增强转录。

五、脂基化修饰包括棕榈酰化和法尼基化等多种类型

脂基化蛋白中特定的脂基化修饰可帮助这类蛋白在细胞膜上定位,并进一步协助该蛋白发挥其生物学功能。

NOTES

（一）蛋白质脂基化有多种类型

蛋白质脂基化（protein lipidation）是在酶的催化下，疏水性的脂肪酰基或类异戊二烯基团（isoprenoid group）被共价连接至蛋白质分子上的过程。这些疏水性基团通常与蛋白质分子中半胱氨酸残基侧链基团中的巯基通过共价键相连。常见的修饰包括棕榈酰化（palmitoylation）、法尼基化（farnesylation）和四异戊二烯化（geranylgeranylation）等，分别由棕榈酸酰基转移酶（palmitoyl acyltransferase，PAT）、法尼基转移酶（farnesyl transferase）和四异戊二烯转移酶（geranylgeranyl transferase）催化完成。

蛋白质脂基化修饰基本上都是不可逆过程，只有棕榈酰化修饰是可逆的。棕榈酸和半胱氨酸残基之间的硫酯键可以被硫酯酶（thioesterase）催化破坏。

（二）蛋白质脂基化的生物学作用

蛋白质的脂基化引入了疏水性基团，能够增强蛋白质在细胞膜上的亲和性，有些蛋白质分子常同时发生棕榈酰化和法尼基化修饰，可使其与生物磷脂膜具有更好的相溶性，将蛋白质锚定在细胞膜上。此外，被脂基化修饰的蛋白质分子在介导细胞信号转导方面尤其具有重要作用，此外也与蛋白质的亚细胞定位、蛋白质的转运、蛋白质之间的相互作用以及蛋白质的稳定性等有关。蛋白质脂基化异常与肿瘤等疾病的发生发展密切相关，法尼基转移酶和棕榈酰基转移酶的靶向抑制剂对肿瘤细胞的生长具有明显的抑制作用。

六、泛素化修饰主要介导异常和短寿蛋白质的蛋白酶体途径降解

泛素（ubiquitin）是一个由 76 个氨基酸残基组成的小分子蛋白质。蛋白质的泛素化修饰包括三种：①单泛素化修饰，即底物蛋白质上仅连接一个泛素分子，此时泛素的 C 末端羧基与底物蛋白质的赖氨酸残基的 ε-氨基形成异肽键，该修饰的主要功能是调节细胞内吞后的运输、炎症和 DNA 修复等过程；②多重单泛素化修饰，即一个底物蛋白质分子上有多个赖氨酸残基连接上单个泛素分子，主要功能是对膜上要除去的膜蛋白进行标记以改变其定位，还参与信号转导；③多聚泛素化修饰，即连接到底物蛋白质分子上的泛素分子本身的赖氨酸残基又发生泛素化修饰，由此使多个泛素分子连接在一起，该修饰主要介导异常和短寿蛋白质在细胞质中通过 ATP-依赖的泛素化蛋白酶体途径被选择性降解（详见第九章第二节）。

七、类泛素化修饰最常见的是 SUMO 化修饰

泛素发现后，科学家又陆续发现了一些与之结构和功能类似的小分子蛋白，称为类泛素或泛素样蛋白（ubiquitin-like protein，UBL），包括小泛素相关修饰物（small ubiquitin related modifier，SUMO）、NEDD 和 ISG15 等。

与泛素的作用方式类似，类泛素蛋白也可以作为蛋白质修饰物，在特定酶的催化下，与底物蛋白共价结合，这就是蛋白质的类泛素化修饰（ubiquitin-like modification），包括 SUMO 化修饰和 NEDD 化修饰等。与前述的磷酸化和乙酰化等蛋白质修饰方式不同，泛素化修饰和类泛素化修饰的修饰物不是磷酸和乙酰基等"小"的化学基团，而是"大"的小分子蛋白质。

此处仅着重介绍 SUMO 化修饰。

（一）SUMO 的结构与泛素有所不同

SUMO 蛋白分布广泛，存在于从酵母到人的各种真核生物细胞中。人 SUMO 家族包括 SUMO1、SUMO2、SUMO3 和 SUMO4 四个成员，其分子量均在 12kD 左右，约含 100 个氨基酸残基。SUMO 与泛素的一级结构相似度很低，如 SUMO1 仅有约 18% 的序列与泛素相同。但 SUMO 与泛素的三维结构极为相似，即一个 β-折叠缠绕一个 α-螺旋的球状折叠，而且参与反应的 C-端双 Gly 残基位置也十分相似。不同的是 SUMO 的 N-端还含有一个约 10~25 个氨基酸残基的柔韧延伸，而泛素无此结构；二者的表面电荷分布也不同，这提示它们可能具有不同的功能。

（二）SUMO 化修饰与泛素化修饰过程类似

与泛素化修饰类似，SUMO 化修饰也依赖 ATP，需要 E1、E2 和 E3 三种酶参与。SUMO E1 活化酶是一种含 SAE1 和 SAE2 两个亚基的异二聚体。SUMO E2 结合酶仅有一种，即 Ubc9。SUMO E3 连接酶有多种，包括 PIAS 家族的 PIAS1 和 PIAS3，以及核孔蛋白 RanBP2 等。

首先，由 SUMO E1 活化酶催化，消耗 1 分子 ATP，使 SUMO 通过其 C 末端的甘氨酸残基与 SAE2 亚基中的半胱氨酸残基形成硫酯键相连。然后，SUMO 被转移至 SUMO E2 结合酶即 Ubc9，同样与 Ubc9 中的半胱氨酸残基以硫酯键相连。Ubc9 催化使 SUMO 的 C 末端的甘氨酸残基与底物蛋白的赖氨酸残基通过异肽键相连，Ubc9 通常和一个特异性的 SUMO E3 连接酶一起发挥催化作用。被 SUMO 化修饰的底物蛋白赖氨酸残基通常出现于一种特殊的序列模式中，即 Ψ-K-X-D/E（Ψ 代表疏水性氨基酸，K 是 SUMO 修饰的赖氨酸，X 代表任意氨基酸，D 为天冬氨酸，E 为谷氨酸）。SUMO E2 结合酶 Ubc9 能够与该序列结合从而决定了 SUMO 化修饰底物的选择性。

SUMO 化修饰是可逆的，去 SUMO 化修饰由 SUMO 特异性蛋白酶（SUMO-specific protease，SUP）催化水解异肽键，从而释放 SUMO（图 17-18）。

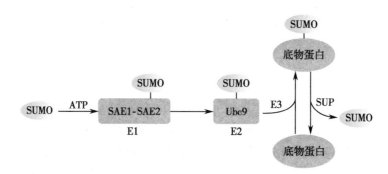

图 17-18　蛋白质的 SUMO 化修饰

（三）SUMO 化修饰具有调节转录等多种生物学作用

SUMO 的分子结构及修饰过程都与泛素类似，但二者功能完全不同。SUMO 化修饰可参与转录调节、核转运、维持基因组完整性及信号转导等多种细胞内活动，是一种重要的多功能蛋白质翻译后修饰方式。目前发现的 SUMO 化修饰的底物蛋白已超过 120 余种，绝大部分属于核蛋白。但近年来发现一些非核蛋白及外来蛋白也可以发生 SUMO 化修饰，说明该修饰在细胞核外也发挥了重要作用。

1. **SUMO 化的核内底物多数都是转录调节因子或共调节因子**　在哺乳动物中，SUMO 化对许多转录因子产生负调控作用，包括转录因子 ELK、SP3、SREBP、STAT1、SRF、c-Myb、C/EBP；此外，对转录共激活因子 p300 以及雄激素受体和孕激素受体也可起到负性调控的作用。但 SUMO 也可通过热激蛋白 HSF1、HSF2 和 β-catenin 活化因子 TCF4 对转录激活起正性调控作用。

2. **SUMO 参与维持基因组的完整性及调节染色体凝集与分离**　SUMO 结合对于维持高度有序的染色质结构及协助染色体分离都有一定的作用。研究发现，裂殖酵母若缺失 SUMO 连接虽然可以存活，但长势很差，对 DNA 损伤剂非常敏感，发生染色体丢失和畸形有丝分裂的频率也大大增加。

3. **SUMO 参与 DNA 修复过程**　SUMO E3 连接酶 MMS21/NSE2 能催化 SMC5/6 复合体 SUMO 化修饰，参与 DNA 双链断裂的修复，若此 E3 连接酶功能丧失则会引起 DNA 损伤敏感性增高。

4. **SUMO 可拮抗泛素的作用，以增加蛋白质的稳定性**　SUMO 可与泛素竞争结合底物蛋白的同一赖氨酸结合位点，从而达到阻止蛋白降解的作用。如在正常情况下，转录因子 NF-κB 在胞质中与抑制物 IκBα 结合处于非活性状态，在外界刺激作用下，IκBα 发生泛素化随之被蛋白酶体降解，从而使 NF-κB 进入细胞核，激活靶基因转录。而 SUMO 可与泛素竞争结合 IκBα 的同一赖氨酸位点，使之免受泛素-蛋白酶体系统的降解。

5. SUMO 可调节蛋白质的核质转运及信号转导 RanGAP1 是第一个被发现的 SUMO 的重要底物。SUMO 化的 RanGAP1 具有活化小 GTP 酶蛋白 Ran 的重要功能。因为 Ran 是核孔复合体中的重要成分,具有控制蛋白质核质转运的功能,RanGAP1 的 SUMO 化便成了 Ran 发挥核质转运功能不可缺少的条件。

八、不同翻译后修饰过程相互协调、相互影响

在体内,各种翻译后修饰过程不是孤立存在的。在很多细胞活动中,需要各种翻译后修饰的蛋白质共同作用。

(一) 在细胞信号转导的过程中存在多种蛋白质翻译后修饰

细胞外信号分子与膜受体结合,将细胞所处环境的刺激信号导入细胞内,首先被活化的是一些脂基化修饰的蛋白质,信号经由这些蛋白质向下游传递。在信号传递的过程中,信号转导蛋白被依次激活。而许多蛋白质激活的方式是蛋白质磷酸化修饰。其中,许多信号转导蛋白本身就是蛋白激酶,通过磷酸化修饰而被激活,进而又将下游分子磷酸化。在大多数的信号转导过程中,脂基化蛋白是一系列蛋白质磷酸化修饰的开端,这些磷酸化修饰过程又分别受到特定的蛋白激酶调节,是细胞信号转导过程中的主体。

(二) 一种蛋白质可以有一种以上的翻译后修饰

在 RNA 聚合酶Ⅱ控制的基因表达过程中,磷酸化和糖基化修饰对 RNA 聚合酶Ⅱ起到了不同的作用。RNA 聚合酶 C-端是高度糖基化区域,聚合酶从进入细胞核到与转录因子相互作用的过程中,蛋白质会迅速并且完全发生去糖基化,同时发生磷酸化。这说明 RNA 聚合酶只有在非磷酸化时,才可能有大量的乙酰葡萄糖基团,并且磷酸化和糖基化是分别在核膜的内、外两侧发生。糖基化同磷酸化的作用位点可能相同,并影响 RNA 聚合酶的磷酸化程度。

组蛋白可以同时被甲基化和乙酰化共同修饰。组蛋白上乙酰化和甲基化的主要作用位点是组蛋白 H3 和 H4 末端保守的赖氨酸残基。组蛋白乙酰化修饰贯穿整个细胞周期,而甲基化修饰多发生在 G_2 期以及异染色质组装过程。有实验显示,组蛋白末端赖氨酸的乙酰化和甲基化具有修饰的特殊关联性,这种关联性可能具有对抗或者协同的生物学功能。

第五节 蛋白质生物合成与医学

生物体内蛋白质的合成和加工是一个十分复杂的过程,任何一个环节发生错误都可能导致疾病的发生。由于蛋白质的生物合成对于细胞的存活和增殖不可或缺,因此很多抗生素以及一些毒素或生物活性物质正是通过干扰原核生物或真核生物的蛋白质生物合成而发挥其作用。

一、蛋白质生物合成与疾病发生密切相关

细胞内蛋白合成的直接信息模板是 mRNA,mRNA 的序列信息则"抄录"自基因组 DNA。因此,编码序列如果发生突变,就有可能造成蛋白质一级结构中关键氨基酸残基的改变,造成蛋白质结构和功能异常,进而导致疾病发生。如典型的蛋白质分子病镰状细胞贫血,往往就是因为编码人的珠蛋白基因出现单个碱基突变,从而导致珠蛋白 β 亚基第 6 位氨基酸残基由谷氨酸改变为缬氨酸。

蛋白质生物合成过程的异常与一些疾病也密切相关。例如,总体来讲,恶性肿瘤细胞的蛋白质合成速率明显高于正常细胞。

此外,多肽链的正确折叠对于蛋白质形成正确的空间构象和执行其功能也至关重要。因此,蛋白质合成后的加工修饰如蛋白质折叠异常,会导致蛋白质空间构象异常,进而也可引起相应的疾病如阿尔茨海默病、帕金森病等,故此类疾病被统称为蛋白质空间构象病。

二、一些抗生素和毒素通过干扰和抑制蛋白质生物合成而发挥作用

蛋白质生物合成是许多药物和毒素的作用靶点。这些药物或毒素可以通过阻断原核或真核生物蛋白质合成体系中某组分的功能，从而干扰和抑制蛋白质生物合成过程。原核生物与真核生物的翻译过程既相似又有差别，这些差别在临床医学中有重要应用价值。如抗生素能杀灭细菌但对真核细胞无明显影响，可以蛋白质生物合成所必需的关键组分作为研究新的抗菌药物的靶点。某些毒素也作用于基因信息传递过程，对毒素作用原理的了解，不仅能研究其致病机理，还可从中发现寻找新药的途径。

(一) 许多抗生素通过抑制肽链生物合成发挥作用

某些抗生素 (antibiotics) 可抑制细胞的蛋白质合成，仅仅作用于原核细胞蛋白质合成的抗生素可作为抗菌药，抑制细菌生长和繁殖，预防和治疗感染性疾病。作用于真核细胞的蛋白质合成的抗生素可以作为抗肿瘤药物 (表 17-6)。

表 17-6　常用抗生素抑制肽链生物合成的原理与应用

抗生素	作用位点	作用原理	应用
伊短菌素、密旋霉素	原核、真核核糖体小亚基	阻碍翻译起始复合物的形成	抗病毒药
四环素、土霉素	原核核糖体小亚基	抑制氨酰 tRNA 与小亚基结合	抗菌药
链霉素、新霉素、潮霉素	原核核糖体小亚基	改变构象引起读码错误，影响肽链延长	抗菌药
氯霉素、林可霉素、红霉素	原核核糖体大亚基	抑制肽酰转移酶，阻断肽链延长	抗菌药
嘌呤霉素	原核、真核核糖体	使肽酰基转移到它的氨基上，之后脱落	抗肿瘤药
放线菌酮	真核核糖体大亚基	抑制肽酰转移酶、阻断肽链延长	医学研究
夫西地酸、微球菌素	EF-G	抑制 EF-G、阻止转位	抗菌药
壮观霉素	原核核糖体小亚基	阻止转位	抗菌药

1. 有些抗生素抑制肽链合成起始　伊短菌素 (edeine) 和密旋霉素 (pactamycin) 引起 mRNA 在核糖体上错位而阻碍翻译起始复合物的形成，对所有生物的蛋白质合成均有抑制作用。伊短菌素还可以影响起始氨酰 tRNA 的就位和 IF3 的功能。晚霉素 (everninomicin) 结合于 23S rRNA，阻止 fMet-tRNA^{fMet} 的结合。

2. 很多抗生素抑制肽链延长

(1) 四环素等抗生素干扰进位：四环素 (tetracycline) 和土霉素 (terramycin) 特异性结合 30S 亚基的 A 位，抑制氨酰 tRNA 的进位。粉霉素 (pulvomycin) 可降低 EF-Tu 的 GTP 酶活性，从而抑制 EF-Tu 与氨酰 tRNA 结合；黄色霉素 (kirromycin) 阻止 EF-Tu 从核糖体释出。

(2) 氨基糖苷类抗生素引起读码错误：氨基糖苷 (aminoglycoside) 类抗生素能与 30S 亚基结合，影响翻译的准确性。例如，链霉素 (streptomycin) 与 30S 亚基结合，改变 A 位上氨酰 tRNA 与其对应的密码子配对的精确性和效率，使氨酰 tRNA 与 mRNA 错配；潮霉素 B (hygromycin B) 和新霉素 (neomycin) 能与 16S rRNA 及 rpS12 结合，干扰 30S 亚基的解码部位，引起读码错误。这些抗生素均能使延长中的肽链引入错误的氨基酸残基，改变细菌蛋白质合成的忠实性。

(3) 氯霉素等抗生素影响成肽：氯霉素 (chloramphenicol) 可结合核糖体 50S 亚基，阻止由肽酰转移酶催化的肽键形成；林可霉素 (lincomycin) 作用于 A 位和 P 位，阻止 tRNA 在这两个位置就位而抑制肽键形成；大环内酯类 (macrolide) 抗生素如红霉素 (erythromycin) 能与核糖体 50S 亚基中肽链排出通道结合，阻止新生肽链从核糖体大亚基中排出，从而阻止肽键的进一步形成；嘌呤霉素 (puromycin) 的结构与酪氨酰 tRNA 相似，在翻译中可取代酪氨酰 tRNA 而进入核糖体 A 位，中断肽链

合成;放线菌酮(cycloheximide)特异性抑制真核生物核糖体肽酰转移酶的活性。

（4）有些抗生素影响转位:夫西地酸(fusidic acid)、硫链丝菌肽(thiostrepton)和微球菌素(microccin)抑制EF-G的酶活性,阻止核糖体转位。壮观霉素(spectinomycin)结合核糖体30S亚基,阻碍小亚基变构,抑制EF-G催化的转位反应。

（二）某些毒素抑制真核生物蛋白质合成

某些毒素可通过干扰真核生物的蛋白质合成而呈现毒性。白喉毒素(diphtheria toxin)是真核细胞蛋白质合成的抑制剂,能在肽链延长阶段阻断蛋白质合成。它作为一种修饰酶,可使eEF2发生ADP-核糖基化修饰,生成eEF2-腺苷二磷酸核糖衍生物,使eEF2失活,从而抑制蛋白质的合成(图17-19)。

蓖麻毒素(ricin)是蓖麻籽中所含的植物糖蛋白,由A、B两条肽链组成,两链间由一个二硫键连接。A链是一种蛋白酶,可作用于真核生物核糖体大亚基的28S rRNA,催化其中特异腺苷酸发生脱嘌呤基反应,使28S rRNA降解而致核糖体大亚基失活;B链对A链的毒性发挥具有重要的促进作用,B链上的半乳糖结合位点也是毒素发挥毒性作用的活性部位。

图17-19　白喉毒素的作用原理

小结

蛋白质的生物合成,又称翻译,是由tRNA携带和转运特定的氨基酸,在核糖体上按照mRNA所提供的编码信息合成具有特定序列多肽链的过程。

mRNA是蛋白质合成的信息模板。mRNA的编码区即可读框中,从5′-端到3′-端的核苷酸三联体密码子的排列顺序决定了肽链中从N-端到C-端的氨基酸序列。遗传密码具有通用性、方向性、连续性、简并性和摆动性的特点。tRNA是氨基酸的转运工具,由氨酰tRNA合成酶催化氨基酸与tRNA的特异连接并由此活化;tRNA也是衔接氨基酸与mRNA的分子适配器,它通过其反密码子与mRNA的密码子相互识别。rRNA与多种蛋白质组成核糖体,是蛋白质生物合成的场所。

蛋白质生物合成过程包括起始、延长和终止三个基本阶段。之前的氨基酸活化和随后的翻译后加工也同样归属于蛋白质的生物合成过程。起始阶段是在各种翻译起始因子的协助下,核糖体、起始氨酰tRNA和mRNA在起始密码子处装配成翻译起始复合物。肽链延长包括进位、成肽和转位三步循环反应,每循环一次,肽链延长一个氨基酸残基,该过程需要多种延长因子和GTP等参与。当mRNA链上的终止密码子到达核糖体A位,释放因子即结合核糖体,肽链脱落,mRNA释放,核糖体大小亚基分开,肽链合成终止。

新生肽链还需经历折叠、翻译后加工修饰才能形成具有正确三维空间结构的有活性的成熟蛋白质,并依靠信号肽等序列信息完成在细胞内的靶向定位。蛋白质的生物合成与医学密切相关。蛋白质生物合成过程的异常参与疾病的发生发展;不少抗生素通过抑制蛋白质生物合成而发挥其杀菌或抑菌作用;白喉毒素等也通过抑制蛋白质生物合成而发挥其生物活性。

（卜友泉）

思考题

1. 如果把人的 mRNA 导入原核生物细胞中,欲使其作为模板正确、高效地指导合成相应的蛋白质产物,那么其序列需要做何改造?

2. 结合真核生物基因的转录和蛋白质合成过程,试分析,如果真核生物基因中单个碱基发生改变,对其最终表达的蛋白质终产物的活性和功能有何影响?

3. 蛋白质一级结构序列中个别氨基酸残基的化学修饰,为什么会对其蛋白质的功能产生显著影响?

第十八章
原核生物基因表达调控

扫码获取
数字内容

【本章要点】

1. 基因表达与基因表达调控的概念；
2. 操纵子的概念；
3. 乳糖操纵子、色氨酸操纵子及阿拉伯糖操纵子的组成及转录调控机制；
4. 原核生物基因表达转录后水平调控；
5. 原核生物基因表达翻译水平调控。

细胞内蕴藏遗传信息的整套基因组决定生物个体的遗传和表型。基因表达（gene expression）就是基因转录和翻译的过程，其产物包括各类RNA、多肽/蛋白质等。基因表达调控（regulation of gene expression）则是指在内外因素信号刺激或适应环境变化过程中，细胞内的相关特定因素调节和控制特定基因表达的规律及其作用机制。总体而言，在遗传信息传递的各个水平上均可进行基因表达调控。一般在转录起始水平的调控效率最高，有的调控则发生在转录后以及蛋白翻译水平等。基因表达调控在细胞适应环境、维持自身增殖等方面均具有重要的生物学意义。对基因表达调控的深入研究可以认识人类如何从一个只具有一套遗传基因组的受精卵细胞逐步发育成为具有不同形态和功能的多细胞、多组织和多器官的复杂个体。同样也可以解释同一个体中不同组织细胞虽然拥有相同的遗传信息，却产生各自特异蛋白质的原因。

原核生物一般为单细胞个体，受环境因素的影响更直接，效应更显著。其主要原因是原核生物的转录和翻译过程是偶联的，且mRNA降解快、半衰期短。原核细胞中也含有全套遗传信息，但并非所有基因均同时表达。随着环境的变化，细胞内的基因可以有规律选择性、程序性、适度地表达，以适应环境，发挥其生理功能。不同的基因对环境信号的应答也不相同。在特定环境信号或特定因素刺激下，有些基因的表达开放或增强，有些基因的表达则关闭或下降，这也就是所谓的调控。原核生物（如细菌）可以根据外界环境因素变化即时调整自身的基因表达，使其生长和繁殖处于较佳状态。原核生物基因表达调控主要在转录水平，其次是翻译水平。

第一节　原核生物基因表达特点

原核生物与真核生物的基因表达有许多共同之处，也有一些不同的特点。原核生物具备两个独有的特点：原核生物的基因组中，通常是数个甚至十几个结构基因共同组成一个转录单位，同时转录；另一个特点是，原核生物基因的转录和翻译是偶联进行的。

一、操纵子是原核生物的转录单位

原核生物基因组中，除少数基因外，大多数功能相关结构基因都以操纵子（operon）的形式组成转录单位（图18-1）。操纵子由调控区与信息区组成，上游是调控区，包括启动子（promoter）、操纵元件（operator）以及其他元件；下游是信息区，由串联在一起的2个以上功能相关结构基因组成；最后是转录终止子。在操纵子的邻近有一个阻遏蛋白基因，编码阻遏蛋白，其功能是结合和封闭操纵子中的操

图 18-1　操纵子的基本结构

纵元件,控制操纵子的转录。

一个操纵子是一个转录单位,而基因表达的转录调控也是以操纵子为单元进行的。在基因转录过程中,RNA 聚合酶识别并结合启动子序列,启动转录,将操纵子中的所有结构基因转录生成一条 mRNA 分子,该 mRNA 分子含有操纵子中各个功能相关的结构基因序列,因而作为模板指导几条多肽链的合成。在基因表达调控中,控制 RNA 聚合酶与一个操纵子的启动子的结合,就可以控制该操纵子中所有结构基因的表达。

二、原核生物中 mRNA 的转录、翻译和降解偶联进行

在细菌中,转录和翻译在细胞内的同一部位进行,这两个过程是紧密联系、同时进行的(图 18-2)。RNA 聚合酶结合到 DNA 模板上开始转录,并沿着 DNA 移动,合成 RNA;一旦转录开始,核糖体就会结合到 mRNA 的 5′-端并开始翻译。当 mRNA 的合成尚在进行时,许多核糖体结合到 mRNA 上同时进行翻译,并随着 mRNA 的延伸而向前移动。转录结束后,核糖体会继续移动,直到翻译结束。mRNA 则会从 5′-端开始,迅速降解。mRNA 的合成、被核糖体用于翻译以及随后的降解都是迅速、连续进行的。一个 mRNA 分子只能生存几分钟或更短的时间。

细菌的转录和翻译以相似的速度进行。在 37℃ mRNA 的转录以大约 40 个氨基酸/秒的速度进行,翻译则是以大约 15 个氨基酸/秒的速度进行,两者的速度很接近。对于一个含有 5 000 核苷酸的 mRNA(编码一个约 180kD 的蛋白质),转录和翻译大约需要 2 分钟。当一个基因开始表达,其 mRNA 通常于 2.5 分钟左右出现在细胞内,而相应的蛋白质在随后约 0.5 分钟出现。

图 18-2　细菌中 mRNA 的转录、翻译和降解同时进行

细菌的翻译效率非常高,大部分 mRNA 的翻译都是由数量众多、紧密排列的核糖体完成。例如 *trp* mRNA,每分钟约起始 15 次转录,所产生的 15 个 mRNA 分子,每一个在降解之前都会由约 30 个核糖体进行翻译。

大部分细菌 mRNA 都非常不稳定,开始转录后 1 分钟左右就开始降解,常常是 3′-端转录尚未完成,5′-端已开始降解。mRNA 的稳定性对其编码的蛋白质的产量有很大的影响。其稳定性通常以半衰期表示,每一种 mRNA 都有其半衰期,细菌 mRNA 的平均半衰期约为 2 分钟。

三、mRNA 所携带的信息差别很大

细菌 mRNA 所编码的蛋白质数量有很大差异。少数 mRNA 只带有一个结构基因的信息(编码一个蛋白质),称为单顺反子 mRNA(monocistronic mRNA);大部分 mRNA 都是从操纵子转录而成,带有编码几个甚至十几个蛋白质的序列信息,这种 mRNA 是从几个首尾相连的功能相关结构基因(存在于一个操纵子中)一次转录而成,称为多顺反子 mRNA(polycistronic mRNA)。

在多顺反子 mRNA 中,各个编码区之间存在间隔序列,间隔序列的长度有很大差异。在细菌中,

这种间隔序列可以长达 30 个核苷酸,但也可以很短,在前一编码区的终止密码子和后一编码区的起始密码子之间可以少至 1~2 个核苷酸,有的顺反子甚至可以发生重叠,一个编码区的最后一个核苷酸即为下一个编码区的第一个核苷酸。

大部分多顺反子 mRNA 中的各个顺反子的翻译起始是独立发生的。在这些多顺反子 mRNA 中,每一个编码区之前都有一个核糖体结合位点。大部分情况下,核糖体独立地结合于每个顺反子之前,开始翻译。当一个蛋白质翻译结束,核糖体的亚基就会解离而离开 mRNA。翻译一个特定顺反子的核糖体的数量取决于其起始位点的效率。

在细菌的某些 mRNA 中,邻近顺反子的翻译是直接连锁在一起的。这类 mRNA 中的顺反子之间的间隔序列非常短,当核糖体完成一个顺反子的翻译时,已经接近下一个顺反子的起始密码子,可以启动下一个顺反子的翻译。

第二节　原核生物基因表达的转录水平调控

基因表达的基本内容是 RNA 合成(转录)与加工和蛋白质合成(翻译)与加工,这些反应是通过蛋白质与核酸的相互作用而精确进行的,如 RNA 聚合酶和转录因子、延长因子与 DNA 的相互作用,核糖体和翻译起始因子、终止因子与 mRNA 的相互作用等。所谓基因表达调控,实际上就是调节和控制上述蛋白质与核酸相互作用的过程。调控的分子机制实际上是蛋白质与蛋白质之间、蛋白质与核酸之间的相互作用。因此,了解与调控相关的核酸和蛋白质的结构特点及相互作用的特点有助于了解基因表达调控的基本机制。

一、转录调控以特定的 DNA 序列和蛋白质结构为基础

(一)特定的 DNA 序列是转录起始调控的结构基础

在基因内、外都有一些特定的 DNA 序列,与结构基因表达调控相关,能够被基因调控蛋白特异性识别和结合,这些特定的 DNA 序列称为顺式作用元件(cis-acting element),亦称为顺式调控元件;在原核生物中主要是启动子、操纵元件(阻遏蛋白结合位点)、正调控蛋白结合位点、增强子等。

大肠埃希菌的启动子区长约 40~60bp,在转录起始位点(+1)的上游有两个共有序列,即-10 区和 -35 区(图 18-3)。操纵元件紧接在启动子下游,是阻遏蛋白识别和结合的一小段 DNA 序列,通常与启动子有部分重叠。正调控蛋白结合位点是正调控蛋白识别和结合的 DNA 序列,如大肠埃希菌的分解代谢物基因活化蛋白(catabolite gene activator protein,CAP)结合位点。CAP 蛋白只有结合到相应的 DNA 序列,才能对基因转录产生正向调控作用。细菌中也存在可称为增强子的 DNA 元件,特定的蛋白质可与这种元件结合并激活基因转录,而这些元件的位置并不影响其功能。

图 18-3　大肠埃希菌的启动子区

(二)调控蛋白具有结合 DNA 所需的结构特征

在原核生物细胞中存在一些能够与顺式作用元件特异性结合、对基因表达的转录起始过程有调控作用的蛋白质,对基因表达有激活作用的蛋白质称为激活蛋白或正调控蛋白,对基因表达有抑制作用的蛋白质称为阻遏蛋白。

蛋白质对特异 DNA 序列的识别与结合可通过各种特定结构进行。通过 DNA-蛋白质相互作用分析,现已鉴定出多种结合特异 DNA 序列的蛋白质结构模体(structural motif),例如最常见的原核调节蛋白中的螺旋-转角-螺旋(helix-turn-helix,HTH)和真核调节蛋白的锌指结构(zinc finger)。这些结构是蛋白质与 DNA 序列特异结合的结构模体,通常与 DNA 大沟接触,但也有例外,例如大肠埃希菌的整合宿主因子通过其结构中所含的反平行 β 伸展选择性地与 DNA 小沟相互作用,细菌组蛋白样蛋白通过环状 β 折叠结构与 DNA 小沟结合。

在 *lac* 阻遏蛋白、CAP 激活蛋白、*trp* 阻遏蛋白以及 λ 阻遏蛋白等基因转录调控蛋白中,都有一个类似的结构模体,即 HTH 结构。不同蛋白质因子的 HTH 结构并不完全一样,但与各自靶位点的结合都如同锁与钥匙一样匹配(图 18-4)。

图 18-4　原核生物调控蛋白的特征性螺旋-转角-螺旋(HTH)结构

二、特定蛋白质与 DNA 结合后控制转录起始

(一)σ 因子和启动子决定转录是否能够起始

启动子是 RNA 聚合酶特异性识别和结合的部位。启动子有方向性,位于转录起始位点上游,本身并不被转录。每一个基因和操纵子都具有启动子,不同启动子的序列具有较高的同源性,但并不完全相同。

1. 启动子决定转录方向　RNA 转录产物的序列信息储存于结构基因中一条 DNA 链上,此链为有意义链(sense strand),即编码链(coding strand),其核苷酸序列与 RNA 相同(只是 DNA 中的 T 在 mRNA 中为 U)。编码链的互补链是合成 RNA 的模板(即模板链)。一个基因的 DNA 双链的碱基对的顺序数,是按照编码链的上、下游方向确定的。转录启动时,σ 因子识别并结合 –35 区和 –10 区,全酶结合 DNA 后覆盖的区域是 –40~+20。转录起始位点是在 σ 因子结合区的下游,开始合成 RNA 后,RNA 聚合酶的核心酶只能向编码链的下游移动,即沿着模板链的 3′→5′ 方向移动。因此,启动子决定着转录的方向(图 18-5)。如果启动子倒转了方向(详见本节"倒位蛋白调控"),RNA 聚合酶的移动

图 18-5　启动子及其与转录的关系

也随之倒转方向,原来转录的结构基因就不再被转录。

2. 启动子序列影响转录起始效率　大肠埃希菌启动子中,在 –35 区和 –10 区的两个序列称为共有序列(consensus sequence)或一致性序列(图 18-6)。这两个序列中各碱基的出现频率为:–35: $T_{80}T_{82}G_{78}A_{65}C_{54}A_{95}$;–10: $T_{80}A_{95}T_{45}A_{60}A_{50}T_{96}$(下角标数字表示核苷酸在所有启动子中出现的频率)。

	–35区		–10区		RNA转录起点
trp	TTGACA	N17	TTAACT	N7	A
tRNA^{Tyr}	TTTACA	N16	TATGAT	N7	A
lac	TTTACA	N17	TATGTT	N6	A
recA	TTGATA	N16	TATAAT	N7	A
Ara BAD	CTGACG	N16	TACTGT	N6	A
共有序列	TTGACA		TATAAT		

图 18-6　大肠埃希菌启动子的共有序列及 5 个操纵子的 –10 和 –35 区序列

一般来说,强启动子(转录起始效率高)的序列与上述序列最接近,弱启动子(基因表达较少量的 mRNA)则与上述序列相差较大,这种调控作用与 σ 因子的作用有关。识别大肠埃希菌启动子中共有序列的 σ 因子主要是 $σ^{70}$ 亚单位。启动子序列与上述序列越接近,$σ^{70}$ 与之结合的能力越强。

3. σ 因子控制特定基因的表达　σ 因子与 RNA 聚合酶的核心酶紧密结合,在转录起始阶段,合成 8~10 个核苷酸,σ 因子随即解离,核心酶进入 RNA 延伸阶段。游离的 σ 因子本身并不直接结合特定的 DNA。不同的 σ 因子可以竞争结合 RNA 聚合酶的核心酶。环境变化可诱导产生特定的 σ 因子,从而打开一套特定的基因。如 $σ^{32}$ 因子就是一个较典型的例子。

$σ^{32}$ 由大肠埃希菌的 *rpoH*(或 *HtpR*、*hin*)基因编码,分子质量为 32kD,控制热激蛋白基因的表达。$σ^{32}$ 的合成属于温度诱导型,30℃生长条件下,$σ^{32}$ 的含量为在每个细胞中大约有 50 个拷贝;温度升高(如 42℃)时,4~6 分钟内就会增加到原来的 17 倍,随后又逐渐下降,大约 15 分钟后,稳定在原来的 5 倍左右。$σ^{32}$ 的温度诱导合成的调控发生在翻译水平。在低温或稳定生长状态下,*rpoH* mRNA 的翻译处于被阻遏状态,当温度突然升高时,阻遏被解除,开始大量翻译合成,$σ^{32}$ 浓度增加,导致热激蛋白的大量合成,产生热应激反应。几分钟后,大肠埃希菌基本适应高温环境,$σ^{32}$ 的合成减少。

$σ^{32}$ 对热激蛋白基因表达的调控发生在转录水平。与通常的启动子相比,大多数热激蛋白基因的共有序列有类似的 –35 区序列,但 –10 区序列完全不同,而且两个共有序列中间的间隔序列较短,不能被 $σ^{70}$-RNA 聚合酶识别,只能被 $σ^{32}$-RNA 聚合酶识别。热应激发生时,由于游离的 $σ^{32}$ 浓度的大量增加,与 $σ^{70}$ 竞争结合 RNA 聚合酶的核心酶,形成大量的 $σ^{32}$-RNA 聚合酶,进而与热激蛋白基因的启动子结合,大量转录 mRNA,合成热激蛋白。当大肠埃希菌适应热环境,进入稳定生长状态时,$σ^{32}$ 减少,$σ^{70}$-RNA 聚合酶重新增多,又可以启动正常基因的表达。

(二)阻遏蛋白结合操纵元件对转录起始进行负调控

阻遏蛋白是一类在转录水平对基因表达产生负调控作用的蛋白质。阻遏蛋白主要通过抑制开放启动子复合物(open promoter complex)的形成而抑制基因的转录。阻遏蛋白与 DNA 结合后,RNA 聚合酶仍有可能与启动子结合,但不能形成开放起始复合物,不能启动转录;这种作用称为阻遏(repression),特定的信号分子与阻遏蛋白结合,使阻遏蛋白失活,从 DNA 上脱落下来,称为去阻遏或脱阻遏(derepression)。

阻遏蛋白都可以与特定信号分子结合而发生变构,在不同构象时,阻遏蛋白或者与 DNA 结合,或者与 DNA 解离。在可诱导型操纵子中,信号分子使阻遏蛋白从 DNA 释放下来,解除对转录的抑制作用;在可阻遏型操纵子中,信号分子使阻遏蛋白结合 DNA,抑制转录。在两种情况下,阻遏蛋白结合于 DNA 后都是抑制转录,这种类型的基因表达调控称为负调控。

1. 乳糖操纵子是可诱导型操纵子　大肠埃希菌的乳糖操纵子(*lac* operon)的结构基因 *lac*Z、Y、A 分别编码 β-半乳糖苷酶(β-galactosidase)、半乳糖苷通透酶(β-galactoside permease,也称乳糖通透酶)和半乳糖苷乙酰化酶(galactoside acetylase),加上调控元件 P(启动子)、O(操纵元件),以及 CAP 结合位点,构成乳糖操纵子。

RNA 聚合酶全酶中的 σ 亚基识别并结合在 –35 区和 –10 区,全酶覆盖着 –40~+20 的区段。与操纵子相邻的 *I* 基因编码产生阻遏蛋白。阻遏蛋白为四聚体,每个亚基相同。在没有乳糖的条件下,阻遏蛋白能与操纵元件结合。操纵元件具有回文序列,位于 –7~+28 区段,与启动子有部分重叠(见图 18-3)。阻遏蛋白与操纵元件结合后,抑制结构基因的转录。

乳糖操纵子是一种典型的可诱导操纵子。当有乳糖存在时,一小部分乳糖可生成异乳糖(allolactose,即半乳糖和葡萄糖以 β-1,6-糖苷键相连,而乳糖分子中是 β-1,4-糖苷键)。阻遏蛋白的每个亚基能与一分子异乳糖结合,使阻遏蛋白的构象发生改变,变构后的阻遏蛋白不能与操纵元件结合,不能阻止开放的启动子复合物的形成,RNA 聚合酶开始转录结构基因(图 18-7)。如果阻遏蛋白已经结合操纵元件,异乳糖也能结合阻遏蛋白而使之与 DNA 解离。虽然异乳糖是诱导基因表达的因子,但常称乳糖为诱导剂(inducer)。在实验中常用的诱导剂是异丙基硫代半乳糖苷(isopropyl thiogalactoside,IPTG),IPTG 是乳糖和异乳糖的类似物,能诱导乳糖操纵子的表达,但本身不进行代谢。

图 18-7　乳糖操纵子阻遏蛋白的负调控作用

框 18-1

Jacob F. 与乳糖操纵子、别构调节和反馈调节理论

很早就已发现,在含有乳糖和葡萄糖的混合培养基中,大肠埃希菌首先利用葡萄糖维持生长;一旦葡萄糖消耗殆尽,细菌生长呈短暂停止后又进入增殖。原来是细菌在后期开启了 β-半乳糖苷酶基因表达;该酶可以水解乳糖成半乳糖和葡萄糖,所以细菌重新获得碳源而继续增殖。为什么早期 β-半乳糖苷酶基因不表达,而在葡萄糖用完后才表达呢? 1960 年,法国生物学家 Jacob F.(1920—2013)和 Monod J.(1910—1976)提出了著名的乳糖操纵子模型,并首次使用

"operon"和"operator"等术语,揭示了β-半乳糖苷酶基因先期阻遏、后期激活的道理。他们还提出了小分子化合物 cAMP 对激活蛋白的别构激活理论,以及反馈调节理论。自那以后,生物调节、基因表达调控研究成了生物学最热门的领域和前沿。Jacob F. 和 Monod J. 由于他们的理论创新而获得 1965 年诺贝尔生理学或医学奖。Jacob F. 于 1996 年被遴选为法国科学院院士,并获得刘易斯·托马斯科学写作奖。

2. 色氨酸操纵子是可阻遏操纵子 大肠埃希菌中色氨酸操纵子(*trp* operon)是一种典型的可阻遏操纵子。色氨酸操纵子的结构基因 *trpE*、*trpD*、*trpC*、*trpB*、*trpA* 编码 5 种酶,在色氨酸合成代谢过程中发挥作用。第一个结构基因(*trpE*)之前还有编码前导 mRNA 的前导序列(*trpL*),以及启动子(P)和操纵元件(O)等调控元件。色氨酸操纵子表达的调控有两种方式,一种通过阻遏蛋白的调控;另一种是通过转录衰减作用(attenuation)。以下介绍阻遏蛋白的作用。

色氨酸操纵子的阻遏蛋白是一种由两个亚基组成的二聚体蛋白质,是色氨酸操纵子上游的 *trpR* 基因的产物。无色氨酸时,该阻遏蛋白不能与操纵元件结合,对转录无抑制作用;细胞内有较大量的色氨酸时,阻遏蛋白与色氨酸形成复合物后能与操纵元件结合,抑制转录(图 18-8)。

图 18-8 色氨酸操纵子阻遏蛋白的负调控作用

(三)激活蛋白结合正调控元件对转录起始进行正调控

1. 正调控蛋白可结合启动子邻近序列进行调控 与负调控相反,一些调控蛋白结合于特异 DNA 序列后可促进基因的转录,这种基因表达调控的方式称为正调控。大肠埃希菌中的一些弱启动子结合 RNA 聚合酶的作用很弱,对于这些启动子来说,正调控作用是很重要的。转录的激活是通过一种激活蛋白结合于邻近的特异 DNA 序列,该蛋白可与 RNA 聚合酶作用,促进转录的启动。

大肠埃希菌的分解代谢物基因活化蛋白(CAP)是一种正调控蛋白,可将葡萄糖饥饿信号传递给许多操纵子,使细菌在缺乏葡萄糖的环境中可以利用其他碳源。CAP 本身的活性是由 cAMP 激活的。cAMP 结合于 CAP,诱导 CAP 发生构象改变,使之能够结合于特定的 DNA 序列(图 18-9),激活邻近基因的转录。cAMP 水平降低时,cAMP 与 CAP 解离,CAP 转回到无活性的构象,并与 DNA 解离,这将关闭与葡萄糖以外其他糖代谢相关的操纵子。由于 CAP 的作用依赖于 cAMP,因此,也将 CAP 称为 cAMP 受体蛋白(cAMP receptor protein,CRP)。

共有序列
　　　　　　　　　　　　　　　　　　　　　　　　　　　　　　　-35　　　　　　　　　　　　　　　-10　　　+1
5'-AATTAATGTGAGTTAGCTCACTCATTAGGCACCCCAGGCTTTACATTTATGCTTCCGGCTCGTATGTTGTGTGGAATT-3'
3'-TTAATTACACTCAATCGAGTGAGTAATCCGTGGGGTCCGAAATGTAAATACGAAGGCCGAGCATACAACACACCTTAA-5'

图 18-9 乳糖操纵子的 CAP 结合位点

2. 激活蛋白结合增强子可远距离进行转录起始正调控 谷氨酰胺合成酶基因（*glnA*）启动子被含有 σ^54 的 RNA 聚合酶全酶所识别。σ^54 全酶可以稳定地结合 *glnA* 的启动子，但是不能打开转录起始部位的 DNA 双链、形成开放的起始复合物，所形成的只是闭合起始复合物（closed initiation complex），不能转录。在启动子的上游长度大于 100bp 处，有两个 ntrC 蛋白结合位点（增强子），正向影响谷氨酰胺合成酶基因的表达。

ntrC 蛋白是大肠埃希菌氮代谢基因的激活蛋白，其自身活性可通过磷酸化和去磷酸化而被调节。非磷酸化的 ntrC 蛋白也可以与 DNA 上的 ntrC 蛋白结合位点结合，但对转录没有调控作用。当磷酸化的 ntrC 结合于上述位点，或结合在位点上的 ntrC 蛋白被磷酸化，即可发挥调控功能，启动转录。ntrC 蛋白有一个 ATP 酶活性结构域，通过水解 ATP 提供能量，提高 RNA 聚合酶解开 DNA 螺旋的能力，形成开放起始复合物（open initiation complex），然后开始转录（图 18-10）。

图 18-10   ntrC 蛋白对转录的正调控作用

ntrC 蛋白的调控活性由 ntrB 蛋白控制。ntrB 蛋白既具有激酶活性，使 ntrC 磷酸化，又具有磷酸酶活性，使 ntrC 蛋白去磷酸化。ntrB 蛋白的活性由 PⅡ蛋白调控，两者结合时，ntrB 蛋白以磷酸酶活性为主；两者解离时，ntrB 蛋白则以激酶活性为主。当谷氨酰胺缺乏时，细胞内 α-酮戊二酸/谷氨酰胺的比值增高，可使尿苷酸化酶（uridylate enzyme）激活。该酶催化 UMP 与 PⅡ蛋白结合，使 PⅡ蛋白与 ntrB 蛋白解离，导致 ntrB 蛋白的激酶活性增高，将 ntrC 磷酸化，进而激活谷氨酰胺合成酶基因的表达。

三、原核基因表达的转录过程可通过不同模式进行调控

（一）去阻遏和正调控机制对转录起始进行双重调控

在大肠埃希菌的许多操纵子中，基因的转录不是由单一因子调控的，而是通过负调控因子和正调控因子进行复合调控的。比较典型的是一些与糖代谢有关的操纵子。

细菌通常优先以葡萄糖作为能源，当培养环境中有葡萄糖时，即使加入乳糖、阿拉伯糖等其他糖，细菌也不利用这些糖，不产生代谢这些糖的酶，直到葡萄糖消耗完毕，代谢其他糖的酶才会根据相应的糖是否存在而被诱导产生。这种现象称为"葡萄糖效应"。这是由于葡萄糖代谢产物能抑制细胞腺苷酸环化酶和激活磷酸二酯酶的活性，结果使细胞内 cAMP 水平降低。当葡萄糖耗尽时，细胞内 cAMP 水平升高，即可通过 CAP 调控其他操纵子的表达。CAP 和其他因子形成的复合调控作用，在乳糖操纵子和阿拉伯糖操纵子研究得较清楚。

1. 乳糖操纵子受阻遏蛋白和 CAP 的双重调节 启动子、操纵元件和 CAP 结合位点共同构成乳糖操纵子的调控区（图 18-11）。在没有乳糖的条件下，由 *I* 基因表达的阻遏蛋白能与操纵元件结合。由于操纵元件与启动子有部分重叠（图 18-11），阻遏蛋白与操纵元件结合后，抑制结构基因的转录。但是阻遏蛋白的抑制作用并不是绝对的，偶有阻遏蛋白与操纵元件解聚，因此每个细胞中都会有少量的半乳糖苷酶、通透酶存在。

当有乳糖存在时，乳糖经通透酶作用进入细胞，经β-半乳糖苷酶催化，转变成半乳糖和葡萄糖。β-

图 18-11　乳糖操纵子调控的机制

半乳糖苷酶还可催化一小部分乳糖转变成异乳糖,异乳糖与阻遏蛋白结合,使阻遏蛋白构象改变而与操纵元件解离,解除阻遏作用。

　　lac 操纵子中的 *lac* 启动子是弱启动子,其−35 区序列与共有序列相差甚远,RNA 聚合酶与之结合的能力很弱,只有 CAP 结合到启动子上游的 CAP 结合位点后(图 18-11),促进 RNA 聚合酶与启动子结合,才能有效转录。乳糖操纵子的转录起始是由 CAP 和阻遏蛋白两种调控因子来控制的。在这种调控作用中,CAP 起正调控作用。从图 18-11 中可见,CAP 和阻遏蛋白这两种因素,可因葡萄糖和乳糖的存在与否而有 4 种不同的组合。

　　(1)环境中有葡萄糖而无乳糖时的调控状态:此时无诱导剂存在,阻遏蛋白与 DNA 结合;由于葡萄糖的存在,CAP 也不能发挥正调控作用,基因处于关闭状态。

　　(2)环境中葡萄糖和乳糖都不存在时的调控状态:在没有葡萄糖存在的情况下,可形成 cAMP-CAP 复合物。但由于没有诱导剂,阻遏蛋白的负调控作用使基因仍然处于关闭状态。

　　(3)环境中葡萄糖和乳糖都存在时的调控状态:乳糖的存在可诱导去阻遏。但由于葡萄糖的存在使细胞内 cAMP 水平降低,cAMP-CAP 复合物不能形成,CAP 不能结合到 CAP 结合位点上,RNA 聚合酶虽然可以与启动子结合,但转录水平不高,基因处于低表达状态。

　　(4)环境中无葡萄糖有乳糖时的调控状态:此时 CAP 可以发挥正调控作用,阻遏蛋白由于诱导剂的存在而失去负调控作用,RNA 聚合酶与启动子高效结合,启动高效转录,基因处于高表达状态。

2. AraC 的别构调节使阿拉伯糖操纵子调控更精细 阿拉伯糖操纵子（*ara* operon）含有 3 个结构基因（B、A、D），分别编码异构酶（isomerase）、激酶（kinase）、表位酶（epimerase），催化阿拉伯糖转变为木酮糖-5-磷酸，后者进入戊糖磷酸途径。其调控区由启动子（P_{BAD}）和起始区（araI）以及操纵元件（O）组成。*C* 基因是调节基因，编码调控蛋白 AraC，该基因的启动子（P_C）与 *ara* 操纵子的操纵元件（araO$_1$）重叠。此外在 *C* 基因内存在着 AraC 蛋白的结合位点 araO$_2$（图 18-12）。CAP 结合位点位于 P_{BAD} 上游约 200bp 处，但仍能发挥调控作用。调控蛋白 AraC 能与 araO$_1$、araO$_2$ 和 araI 结合。

（a）阿拉伯糖操纵子的结构

（b）阿拉伯糖操纵子的调控

1. 无AraC蛋白

2. 有AraC蛋白和葡萄糖，有或无阿拉伯糖

3. 有AraC蛋白，无葡萄糖和阿拉伯糖

4. 有AraC蛋白，无葡萄糖，有阿拉伯糖

图 18-12　阿拉伯糖操纵子的转录起始调控

ara 操纵子的基因表达调控中,CAP 蛋白主要起去阻遏作用,而不是正调控作用。其调控作用依赖 AraC 蛋白的存在,而基因表达抑制或激活的诱导因素是葡萄糖和阿拉伯糖(图 18-12)。

(1)环境中无 AraC 蛋白时的调控状态:如果没有 AraC 蛋白,无论阿拉伯糖是否存在,*ara* 操纵子都不能表达。此时 RNA 聚合酶可以结合 *C* 基因的启动子,启动 *C* 基因表达,产生 AraC 蛋白。

(2)环境中有 AraC 蛋白和葡萄糖,有或无阿拉伯糖时的调控状态:AraC 结合到 araO$_1$、araO$_2$ 和 araI。AraC 结合到 araO$_1$,可产生阻遏效应,抑制 *C* 基因表达。而 AraC 蛋白同时结合于 araI 和 araO$_2$,则可将两个位点拉在一起,使 DNA 形成一个环,这是一种阻遏型构象,此时 AraC 不能结合阿拉伯糖,*ara* 操纵子处于关闭状态。因此,在未结合阿拉伯糖时,AraC 可发挥负调控作用。由于葡萄糖代谢的影响,细胞内 cAMP 水平很低,CAP 未活化,不能结合 DNA,阿拉伯糖操纵子中的 CAP 结合位点是空的。

(3)环境中有 AraC 蛋白,无葡萄糖和阿拉伯糖时的调控状态:在无葡萄糖的情况下,细胞内 cAMP 水平升高,形成有活性的 cAMP-CAP 复合物。该复合物结合到 CAP 结合位点,可以改变结合的 AraC 蛋白的构象,导致 DNA 的 araI 位点和 araO$_2$ 位点分离,使环解开,阻遏状态解除。但此时无阿拉伯糖存在,未结合阿拉伯糖的 AraC 蛋白不能激活操纵子的转录。

(4)环境中有 AraC 蛋白,无葡萄糖,有阿拉伯糖时的调控状态:此时阻遏状态被 cAMP-CAP 复合物解除,阿拉伯糖与 AraC 蛋白结合,使 AraC 蛋白别构激活,从而促进 RNA 聚合酶与启动子结合,启动转录。在阿拉伯糖的作用下,结合于 araI 的 AraC 蛋白发挥正调控作用。

AraC 蛋白与 araO$_2$ 结合之后失去结合阿拉伯糖的能力,cAMP-CAP 复合物打破环化阻遏构象,阿拉伯糖结合 AraC 蛋白后激活转录,这些作用都是很确定的。通过重组技术删除 araO$_2$ 后,在没有 CAP 和 cAMP、只有 AraC 蛋白和阿拉伯糖的条件下,结构基因的启动子即可启动转录。CAP 和阿拉伯糖都可以使 AraC 蛋白经受别构调节,因而具有不同的活性。*ara* 操纵子这种操作机制可对环境变化提供快速而可逆的反应,比 *lac* 操纵子复杂而又精细。

(二)色氨酸操纵子有阻遏和衰减两种负调控机制

大肠埃希菌的色氨酸操纵子的 5 个结构基因编码合成色氨酸所需的酶。上游调控区由前导肽基因、启动子和操纵元件组成。转录调控区上游还有调节基因 R 编码阻遏蛋白。*trp* 操纵子是一种阻遏型操纵子,无色氨酸时,阻遏蛋白不能与操纵元件结合,对转录无抑制作用;细胞内有较大量的色氨酸时,阻遏蛋白与色氨酸(诱导物)形成复合物后能与操纵元件结合,抑制转录(见图 18-8)。

trp 操纵子的另一个调控方式是转录衰减作用。细菌中的 mRNA 转录和蛋白质翻译合成是偶联在一起的。这一特点使细菌的一些操纵子中的特殊序列能被用来控制转录。这些特殊的序列称为衰减子(attenuator),位于一些操纵子中第一个结构基因之前的前导序列中,是一段能减弱转录作用的序列。*trp* 操纵子的衰减子位于结构基因 E 和操纵元件(O)之间的前导序列(leader sequence)中(图 18-13),距离 E 基因上游约 30~60 个核苷酸。

前导序列和其他结构基因能转录产生具有 6 700 个核苷酸的全长多顺反子 mRNA。从前导序列转录的是前导 mRNA(140 个核苷酸)。这一段 mRNA 中有 4 段特殊的序列(图 18-13),片段 1 和 2、2 和 3、3 和 4 能配对形成发夹结构,而形成发夹能力的强弱依次为片段 1 和 2>片段 2 和 3>片段 3 和 4。这 4 个片段形成何种发夹结构,是由前导序列转录物的翻译过程所控制的。在完全没有蛋白质合成时,形成片段 1 和 2 与片段 3 和 4 两个发夹结构,片段 3 和 4 所形成的发夹结构之后紧接着寡聚尿嘧啶,这是不依赖于 ρ 因子的转录终止信号,转录在此终止,后面的结构基因不能转录。

前导 mRNA 的编码区(含片段 1)有 14 个密码子,其中含有两个相邻的色氨酸密码子。这两个相邻的色氨酸密码子以及原核生物中转录与翻译的偶联是产生衰减作用的基础。当细胞内进行蛋白质合成时,前导序列转录不久核糖体就与前导 mRNA 结合,并翻译前导肽序列。如果细胞内有较高浓度的色氨酸,核糖体翻译可通过片段 1,并到达片段 2。因遇到翻译终止密码,核糖体在到达片段 3 之前便从 mRNA 上脱落。在这种情况下,片段 1 和 2 与片段 2 和 3 之间都不能形成发夹结构,而只

图18-13   衰减子对色氨酸操纵子转录的影响

有片段3和4形成发夹结构,即形成转录终止信号,从而导致RNA聚合酶作用停止。如果细胞内没有色氨酸时,色氨酰tRNA缺乏,核糖体就停止在两个相邻的色氨酸密码子的位置上,片段1和2之间不能形成发夹结构,而片段2和3之间可形成发夹结构,因此,片段3和4不能形成转录终止信号,后面的基因得以转录(图18-13)。

色氨酸操纵子中的操纵元件和衰减子可以起双重负调节作用。衰减子可能比操纵元件更灵敏,只要色氨酸增多,即使不足以诱导阻遏蛋白结合操纵元件,也足以使大量的mRNA提前终止。反之,当色氨酸减少时,即使失去了诱导阻遏蛋白的阻遏作用,但只要还可以维持前导肽的合成,仍继续阻止转录。这样可以保证尽可能充分地消耗色氨酸,使其合成维持在满足需要的水平,防止色氨酸堆积和过多地消耗能量。同时,这种机制也使细菌能够优先将环境中的色氨酸消耗完,然后开始自身合成。

色氨酸操纵子 L 基因的翻译产物中具有相邻的色氨酸残基这一现象,在具有衰减调节作用的 pheA、his、leu、thr 等操纵子中也存在。显然,这类操纵子要比 lac 操纵子和 ara 操纵子调控更精确、有效,是基因进化的结果。

(三) DNA 片段倒位和阻遏蛋白的协同作用

倒位蛋白(inversion protein)是一种位点特异性的重组酶(site-specific recombination enzyme)。关于倒位蛋白调控基因表达的作用,沙门氏菌的两种抗原基因的表达调控是一个典型的例子。沙门氏菌的H1和H2鞭毛蛋白分别由两个基因编码。在 H2 基因所在的操纵子中,还有一个编码 H1 基因阻遏蛋白的基因。当 H2 基因表达时,同时转录翻译出 H1 基因的阻遏蛋白,使 H1 基因关闭(图18-14)。在 H2 结构基因的上游有一个1 000bp的DNA片段,可以发生位点特异性倒位(site specific inversion)。H2 基因的启动子就包含在这一片段内。当倒位基因 hin 表达时,其表达产物(倒位蛋白)可使上述片段倒位,启动子的方向转向基因的上游,不能启动 H2 基因的转录。在这种情况下,H2 基因关闭,H1 基因则因失去阻遏蛋白而开始表达,产生 H1 鞭毛蛋白。这种倒位重组的发生频率很低,大约在 10^5 次细胞分裂中才发生一次。因此,在一个细菌克隆中以表达一种鞭毛抗原为主。

图 18-14 DNA 片段倒位对基因表达的调控作用

四、原核基因表达也可在转录后水平进行调控

典型的转录后调控的例子是基因 *rpoS*（RNA 聚合酶 σ 因子）mRNA 的调控。该基因编码 7 个大肠埃希菌 σ 因子之一的 σ^{38}。细胞在特定的应激状态下使用这一特异性因子，如进入稳定期（因营养缺乏导致的不生长状态），需要 σ^{38} 来转录大量的应激反应基因。在大多数情况下，*rpoS* mRNA 没有翻译，是因为其编码区上游与一个大的发夹结构结合，进而抑制了核糖体结合。在应激条件下，特殊功能的小 RNA DsrA 被诱导，与 *rpoS* mRNA 中的一条发夹链配对，破坏发夹链，核糖体结合相应的结合位点，从而开始 *rpoS* 的翻译（图 18-15a）。另一种小 RNA OxyS 在氧化应激条件下被诱导，可能通过配对和阻断 mRNA 上的核糖体结合位点来抑制 *rpoS* 的翻译（图 18-15b）。与 rpoS RNA 相比，OxyS 针对不同类型的应激（氧化损伤）作出反应，它的任务是防止不必要的修复途径蛋白的表达。DsrA 和 OxyS 等都是相对较小的细菌 RNA 分子（小于 300 个核苷酸），称为 sRNAs（small RNAs）。所有 sRNAs 的功

图 18-15 sRNAs 通过反式作用机制调控细菌 mRNA 的功能

能都需要一种称为 Hfq 的蛋白质,这是一种 RNA 伴侣,可以促进 RNA-RNA 配对。以这种方式调节的已知细菌基因数量较少。

第三节   原核生物基因表达的翻译水平调控

翻译水平的调控是原核生物基因表达调控的另一个重要层次。基因表达可在翻译水平控制蛋白质的产量和类型。如乳糖操纵子转录后产生一条 mRNA 分子作为翻译的模板,但 3 个顺反子所翻译产生的蛋白质的量并不相同,因为乳糖代谢对 3 种酶的需要量并不相同;转座酶在细菌细胞内只是以极低水平表达;而翻译终止因子在细胞内只需足量即可。这些蛋白质的表达量都可在翻译水平进行控制。另外,当不需要基因产物时,不仅需要立即停止转录,而且需要立即停止蛋白质合成,这需要通过适当的翻译控制机制才能实现。本节介绍 4 种类型的调节作用。需要强调的是,并不是每一个基因的表达都受到所有这些调控作用的影响,一个基因的表达中可能只存在其中一种或几种类型的调控作用。

一、SD 序列决定翻译起始效率

(一) SD 序列的碱基序列影响翻译起始的效率

在多顺反子 mRNA 中,每一个可读框都有一个起始密码子 AUG,在 AUG 上游都有一个 SD 序列。核糖体可以直接结合到 mRNA 上的任何一个 SD 序列,并从其后的 AUG 开始翻译。

在翻译的起始阶段,fMet-tRNA^{fMet}-IF-2·GTP 三元复合物、核糖体 30S 小亚基和 mRNA 结合形成起始复合物,在此复合物中,mRNA 的起始密码子和 fMet-tRNA^{fMet} 必须准确地定位于 30S 亚基上的正确部位,由于有 IF-1 和 IF-2 这两种起始因子的协助,不同的 mRNA 都能结合 30S 亚基并起始翻译,但 SD 序列与核糖体结合的效率却有很大差异,SD 序列与 AUG 之间的距离对复合物形成的速率也有很大的影响。

不同的 SD 序列有一定的差异,其核心序列是六个嘌呤(AGGAGG)或其中部分序列。SD 序列与核糖体小亚基中 16S rRNA 3′-端的序列互补(图 18-16),当 mRNA 与小亚基结合时,SD 序列与 16S rRNA 3′-端的互补序列配对结合,使起始密码子定位于翻译起始部位。16S rRNA 中与 SD 序列互补部位的序列是固定不变的,而不同 mRNA 或同一 mRNA 上不同可读框上游的 SD 序列却是不同的。不同 SD 序列与 16S rRNA 结合的效率是不同的,这意味着核糖体与不同 SD 序列结合、起始翻译的效率是不同的。SD 序列与 16S rRNA 之间配对的碱基数目越多,亲和力越高,核糖体与 mRNA 结合,起

图 18-16   SD 序列及其与 16S rRNA 的配对结合

始翻译的效率就越高。

SD 序列与起始密码子之间的距离也影响 mRNA 翻译起始效率。SD 序列位于起始密码子 AUG 上游,不同的可读框上游的 SD 序列与起始密码子之间的距离是不同的(图 18-16),这使得起始密码子在翻译起始部位定位的精确度不同,因而翻译的起始效率也不相同。在研究重组白细胞介素-2(IL-2)原核表达载体时发现,在 *lac* 启动子控制的表达元件中,SD 序列距 AUG 为 7 个核苷酸时,IL-2 表达最高,而间隔 8 个核苷酸时,IL-2 表达水平可降低为原来的 1/500。说明 SD 序列与 AUG 的间距显著地影响 IL-2 的基因在大肠埃希菌中表达效率。

此外,某些蛋白质与 SD 序列的结合也会影响 mRNA 与核糖体的结合,从而影响蛋白质的翻译。

(二)SD 序列的定位影响翻译起始的效率

在某些 mRNA 分子中,核糖体结合位点(SD 序列)可位于一个二级结构(茎-环)中,使核糖体无法结合,只有打破茎-环结构,核糖体才能结合。

红霉素可通过结合到细菌核糖体 23S rRNA 上的一个特定位点而结合于核糖体,抑制蛋白质合成。红霉素抗性的细菌中携带有一个质粒,该质粒编码一种酶,称为红霉素甲基化酶(erythromycin methylase),但该酶并不是使红霉素甲基化,而是将 23S rRNA 上红霉素结合位点的一个腺嘌呤甲基化,阻止红霉素的结合,从而产生红霉素抗性。

红霉素甲基化酶的 mRNA 的结构类似于色氨酸操纵子转录产生的 mRNA,含有前导 mRNA,编码前导肽。在 mRNA 中有 4 个特殊的序列(图 18-17),序列 1 和 2、2 和 3、3 和 4 分别可以互补结合,形成发夹结构。没有红霉素时,核糖体合成前导肽,使序列 1 和 2 不能参与形成发夹结构,而序列 3 和 4 则形成发夹结构;红霉素甲基化酶编码区的核糖体结合位点(SD 序列)位于序列 3 和 4 形成的茎-环结构中,不能与核糖体结合,因此,不能合成红霉素甲基化酶。有红霉素存在时,红霉素与核糖体结合,使合成前导肽的核糖体停止移动,只影响序列 1,导致序列 2 和 3 形成发夹结构,序列 4 则游离,因而 SD 序列可结合核糖体,翻译出红霉素甲基化酶。

图 18-17 红霉素甲基化酶 mRNA 的翻译调控

无红霉素时,可能有很低水平的翻译。因为,核糖体通过序列 1 时,序列 2 和 3 可能短暂形成发夹结构而使序列 4 在短时间内游离,表达微量的红霉素甲基化酶,产生少量对红霉素抗性的核糖体。当有红霉素存在时,这些有抗性的核糖体可以完成甲基化酶基因的翻译。

二、mRNA 的稳定性是决定翻译产物量的重要因素

细菌 mRNA 通常很不稳定,利用一个 mRNA 分子进行的翻译只能持续几分钟。mRNA 的降解速度是翻译调控的另一个重要机制。蛋白质合成速率的快速改变,不仅是因为 mRNA 不断合成以及 mRNA 合成与蛋白质翻译偶联,更重要的是,许多细菌 mRNA 降解速度很快。大肠埃希菌的许多 mRNA 在 37℃时的平均半衰期大约为 2 分钟,很快被酶解,这意味着,诱导基因表达的因素一旦消失,蛋白质的合成就会迅速停止。

细菌的生理状态和环境因素都会影响 mRNA 的降解速度。另外,mRNA 的一级结构和次级结构对 mRNA 的稳定性也有很大影响,一般在其 5′-端和 3′-端的发夹结构可保护其不被外切酶迅速水解。mRNA 的 5′-端与核糖体结合,可明显提高其稳定性。

不同操纵子转录出的 mRNA 分子的平均寿命是不同的,有些 mRNA 编码的蛋白质是持续存在的,mRNA 也较稳定。mRNA 的稳定与其序列和结构有关。如 RNaseⅢ识别一种特殊的发夹结构,将其裂解,使 RNA 能够被其他 RNA 酶降解。而这种发夹结构可能是其他 RNA 酶所不能破坏的。如果这种发夹结构被保护,mRNA 的寿命就延长了。有些特殊的调控蛋白可以结合这种发夹结构,调节 mRNA 的稳定性。

细菌 mRNA 的降解是由核酸内切酶和核酸外切酶共同完成的。核酸内切酶是通过识别特定的核苷酸序列,沿 5′→3′ 方向将 mRNA 一段一段切下(尾随最后一个核糖体的移动),核酸外切酶则将小段的 RNA 沿 3′→5′ 方向将核苷酸一个一个切下。

细菌中有 12 种核糖核酸酶,其中核糖核酸酶 E(RNase E)是一种内切酶,该酶可通过一个特定的内切酶位点从初级转录物加工 rRNA,也参与 mRNA 的降解,可以是许多 mRNA 降解过程中第一个参与裂解的酶。

多聚腺苷酸化在细菌的一些 mRNA 在起始降解中发挥作用。poly(A)多聚酶在细菌中是与核糖体相关联的,可将 10~40 个腺苷酸(A)加到一些 mRNA 的 3′-末端。这种短的 poly(A)可作为核酸酶的结合位点而发挥作用,这种作用与真核细胞 mRNA 的 poly(A)的作用完全不同。

细菌 mRNA 的降解可能涉及多酶复合物的催化作用,其中包括核糖核酸酶 E、PNPase 和一个解旋酶(helicase)。RNase E 具有两种功能,其 N-端结构域具有核酸内切酶的活性,C-端结构域则是将其他组分联系在一起。实际上,RNase E 发挥的是起始切割作用,然后将核酸片段传递给复合物中的其他组分进一步将其降解。

三、翻译产物可对翻译过程产生反馈调节效应

有些 mRNA 编码的蛋白质,本身就是在蛋白质翻译过程中可对自身的翻译产生调控作用的因子。

(一)核糖体蛋白控制自身多顺反子 mRNA 的翻译

在细菌中,每个核糖体含有约 50 种不同的蛋白质,必须以同样的速率合成,而且合成这些蛋白质的速率是与细胞增殖相适应的。生长条件的改变,可以导致所有核糖体组分的迅速增加或降低,翻译水平调控在这些协调控制中起着关键作用。50 种核糖体蛋白的基因分布在几个不同的操纵子(如 β-操纵子、str-操纵子、α-操纵子、S10-操纵子)中,最大的操纵子可含有 11 个基因。这些操纵子在转录水平是可调控的。但是,如果把额外的操纵子导入细菌,mRNA 量会相应增加,但蛋白质的合成几乎不变,这是因为核糖体蛋白合成的控制主要是在翻译水平进行。每个操纵子转录的 mRNA 所编码的蛋白质中都有一种蛋白(或两种蛋白形成的一个复合物)可以结合到多顺反子上游的一个特定部位,阻止核糖体结合和起始翻译。几个连续的基因在 mRNA 上是连锁的,可被同时打开或关闭(图 18-18)。

(二)翻译终止因子 RF2 调节自身的翻译

RF2 识别终止密码子 UGA 和 UAA,RF1 识别终止密码子 UAG 和 UAA。RF2 的 mRNA 不是一个连续的可读框,前面 25 个氨基酸与后面 315 个氨基酸不是同一阅读框,两个编码区之间是一个终止

图 18-18 核糖体蛋白控制自身多顺反子 mRNA 的翻译

密码子 UGA 和一个 C(UGAC)。RF1 不能识别 UGA,该终止密码子是由 RF2 自身识别的。当有 RF2 时,RF2 的 mRNA 翻译到第 25 个氨基酸时,即其后的 UGA 处将肽链释放(不成熟的多肽)。没有 RF2 时,在 UGA 处不能释放 25 肽,却会慢慢发生阅读框移动,以 GAC 形成了第 26 个密码子,继续翻译,直至出现终止密码子 UAG,在 RF1 的作用下释放完整的 RF2。

四、小分子反义 RNA 参与调节蛋白质合成

小分子 RNA 调控翻译的作用,主要介绍两种类型。

(一)小分子 RNA 参与基因表达产物类型转换的调控

大肠埃希菌渗透压调节基因 *ompR* 的产物 OmpR 蛋白,在不同的渗透压时具有不同的构象,分别结合渗透压蛋白 *ompF* 和 *ompC* 基因的调控区。在低渗环境下,OmpR 蛋白对 *ompF* 基因的表达起正调控作用(图 18-19),对 *ompC* 基因无调控作用;在高渗条件下,OmpR 蛋白发生构象改变,对 *ompC* 基因的表达起正调控作用,对 *ompF* 基因无调控作用。

当环境渗透压由低渗转为高渗时,不仅 *ompF* 基因的转录停止,已经转录出来的 mRNA 的翻译也被抑制。此抑制物不是蛋白质,而是一种小分子 RNA(约 170 个核苷酸),它的碱基顺序恰好与 ompF-mRNA 的 5′-末端附近的顺序互补,故叫 mRNA 干扰性互补 RNA(mRNA interfering complementary RNA,micRNA)。由于 micRNA 能与 ompF-mRNA 特异结合,阻碍其翻译,从而抑制 *ompF* 基因的表达。micRNA 的基因也受 OmpR 蛋白调控,与 *ompC* 基因同时被激活转录。

(二)小分子 RNA 参与维持极低水平的基因表达

在细菌中有一种 Tn10 转座酶,以极低的水平存在于细胞内。一种小分子的 RNA 阻遏物在翻译水平上严格限制着 Tn10 转座酶基因的表达。

Tn10 转座酶基因由 pIN 启动子控制,RNA 阻遏物的基因由 pOUT 启动子控制。两个启动子方向相反,交叉进行转录,使得基因转录效率很低。两个转录区有 35 个碱基重叠(图 18-20)。因此,两个基因的转录物中有 35 个碱基是互补的,互补区覆盖了 Tn10 转座酶 mRNA 的翻译起始区,因而可以干扰翻译,其结果是转座酶的表达效率非常低。

图 18-19   大肠埃希菌渗透压调节中 micRNA 的调节作用

图 18-20   小分子 RNA 在翻译水平的调控作用

小结

　　基因表达调控是指细胞内的特定因素控制特定基因的表达,即启动或停止基因的转录和翻译;或调节特定基因的表达水平,即在转录水平调控细胞内特定 mRNA 的量,或在翻译水平控制特定蛋白质的量。原核生物基因表达的调控主要发生在转录水平,其次发生在翻译水平。

　　转录水平调控主要涉及启动子、σ 因子、阻遏蛋白、正调控蛋白、衰减子等多种因素。对基因转录的调控主要是控制 RNA 聚合酶结合启动子的能力以及形成开放起始复合物的能力。不同的 σ 因子引导 RNA 聚合酶的核心酶结合不同基因的启动子,选择表达特定的基因。负调控机制主要通过阻遏蛋白抑制 RNA 聚合酶结合启动子和形成开放起始复合物,正调控机制则是通过特定的蛋白质结合 DNA 后,促进 RNA 聚合酶结合启动子和形成开放起始复合物。原核生物的大部分操纵子都受正、负调控机制进行双重调控,不同的诱导因素分别激活正、负调控机制,使得特定的基因只能在特定的条件下启动转录。衰减子可依据原核细胞生命活动的特点,将某些基因的转录控制在很低的水平。此外,原核基因表达也可在转录后水平进行调控。

翻译水平的调控是原核生物基因表达调控的另一个重要层次。翻译水平的调控涉及 SD 序列、mRNA 的稳定性以及翻译产物的调控作用。主要调控机制是控制核糖体与 mRNA 模板的结合,控制核糖体沿 mRNA 模板移动的能力,控制 mRNA 模板的数量等。

（刘　戟）

思考题

1. 请说明大肠埃希菌中的色氨酸操纵子的表达是如何进行调控的。
2. 请简述乳糖操纵子的结构及调控机制。
3. 举例说明原核生物基因表达调控的诱导与阻遏,正调控与负调控作用。
4. B 基因编码的蛋白是 A 基因转录的阻遏蛋白,请问在 B 基因突变体中,A 基因是否能够转录? 若 B 基因产物是 A 基因表达的激活因子,那么其突变结果又会有何不同?

第十九章

真核生物基因表达调控

【本章要点】

1. 真核生物基因表达的染色质水平调控机制；
2. 真核生物基因表达的转录水平调控机制；
3. 真核生物基因表达的转录后水平调控机制；
4. 真核生物基因表达的翻译水平调控机制。

与原核生物基因表达调控（详见第十八章）相比，真核生物基因表达调控的环节更多，机制更复杂。包括人体在内，由单一受精卵产生的多细胞生物由众多各不相同的细胞组成，这些细胞的多样性表型是发育过程中精确基因表达调控的结果。多细胞生物几乎所有类型的细胞均含有相同的基因组，但每种细胞根据自身的特点，依时空特异性，与环境因素相呼应，只表达其中的部分基因，从而发挥完全不同的生物学功能，以满足各种生命活动的需要。可见，对基因表达调控的了解是认识生命体不可或缺的重要内容。本章着重阐述真核生物基因表达的染色质水平调控、转录调控、转录后调控以及翻译调控。关于翻译后水平的调控（包括肽链合成后的加工、靶向输送、蛋白质的化学修饰以及降解等）已分别在第十七章、第三章和第九章中进行了阐述，此处不再赘述。

第一节　真核生物基因表达的染色质水平调控

DNA 以染色质形式组装在细胞核内，其所携带遗传信息的表达首先会受到染色质结构的制约，因此，染色质水平的调控是真核生物基因表达调控的重要环节。染色质水平调控的主要机制是对组蛋白和 DNA 进行修饰；通过各种修饰的组合，影响染色质的结构，从而控制特定染色质区域内基因的表达。

一、常染色质区内的基因具有转录活性

真核细胞间期细胞核中的染色质按其基因是否具有转录活性可分为常染色质（euchromatin）和异染色质（heterochromatin）。位于常染色质区内的基因具有转录活性，而位于异染色质区内的基因无转录活性。具有转录活性的常染色质又称为活性染色质（active chromatin）。

由于活性染色质结构松弛，所以对核酸酶 DNase Ⅰ 敏感。在具有转录活性的基因中，有转录调节蛋白结合的 DNA 序列比无转录调节蛋白结合的 DNA 序列更能抵抗 DNase Ⅰ 的消化，因此，当用 DNase Ⅰ 处理活性染色质 DNA 时，会出现一些超敏感位点（hypersensitive site），这些位点位于基因的 5′-或 3′-侧翼转录调控区的转录调节蛋白结合位点旁侧的"裸"DNA 中。另外，在活性染色质区域还会发生诸如组蛋白修饰、CpG 岛的 DNA 甲基化修饰等，这些均属染色质水平的基因表达调控范畴，是表观遗传（epigenetics）的重要内容。

二、组蛋白修饰改变染色质活性

在真核细胞中，核小体是染色质的主要结构元件，四种组蛋白（H2A、H2B、H3 和 H4 各两个分子）

组成的八聚体构成核小体的核心区(core particle),其外面盘绕着 DNA 双螺旋链。每个组蛋白的氨基端都会伸出核小体外,形成组蛋白尾巴(图 19-1)。这些尾巴可以形成核小体间相互作用的纽带,同时也是发生组蛋白修饰的位点。每个核小体之间连续的 DNA 再结合 1 个组蛋白 H1,形成串珠样结构。

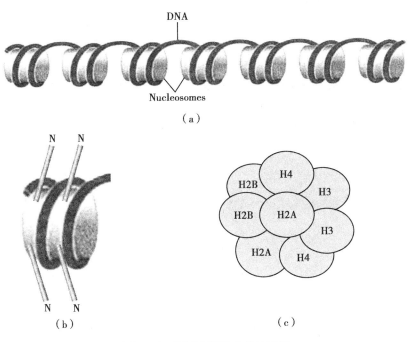

图 19-1　组蛋白及核小体的结构

(a)组蛋白与 DNA 组成的核小体;(b)组蛋白的氨基端伸出核小体,形成组蛋白尾巴;(c)四种组蛋白组成的八聚体。

(一) 各种组蛋白均可发生特异的化学修饰

组蛋白可发生不同的化学修饰,包括乙酰化(acetylation)、磷酸化(phosphorylation)、甲基化(methylation)、泛素化(ubiquitination)、多聚 ADP-核糖基化[poly(ADP-ribosyl)ation]等。这些不同的化学修饰以及各种修饰在时间、空间上的组合与其生物学功能的关系被视为一种重要的标志或语言,称为组蛋白密码(histone code)。相同组蛋白的氨基酸残基的乙酰化与去乙酰化、磷酸化与去磷酸化、甲基化与去甲基化等,以及不同组蛋白的氨基酸残基的上述各种修饰之间既可相互协同,又可相互拮抗,形成了一个复杂的调节网络。

(二) 组蛋白修饰改变染色质转录活性

位于转录活跃区域染色质中的组蛋白的特点是:①富含赖氨酸残基的 H1 组蛋白含量降低;②H2A-H2B 组蛋白二聚体的不稳定性增加,使它们容易从核小体核心中被置换出来;③组蛋白 H3、H4 可发生乙酰化、磷酸化、泛素化等修饰。这些都使得核小体的结构变得松弛而不稳定,从而降低核小体蛋白对 DNA 的亲和力,便于基因转录。

1. 组蛋白修饰参与调节染色质重塑　组蛋白特异性位点的化学修饰,可引发染色质结构改变,即染色质重塑(chromatin remodeling;有时又称核小体重塑),进而影响相关基因的转录。染色质重塑需要特异的染色质重塑复合体(chromatin remodeling complex)。染色质重塑复合体是调节染色质结构的蛋白复合体,这些复合体结合到染色质上,可使染色质结构发生改变。目前已知的染色质重塑复合体主要有两类,即 ATP 依赖的染色质重塑复合体和染色质共价修饰复合体;前者利用 ATP 水解的能量以非共价方式调节染色质结构,而后者主要通过给组蛋白或 DNA 加上或去掉共价修饰物来调节染色质结构。

组蛋白修饰常发生在组蛋白中带正电荷的碱性氨基酸(赖氨酸、精氨酸、组氨酸)残基部位。一般

NOTES

来说,乙酰化修饰能够中和组蛋白尾巴上碱性氨基酸残基的正电荷,减弱组蛋白与带负电荷的DNA之间的结合,选择性地使某些染色质区域的结构从紧密状态变为松散状态,以利于转录因子与DNA结合,从而开放某些基因的转录,增强其表达水平。而组蛋白甲基化修饰通常不会在整体上改变组蛋白尾巴的电荷,但是能够增加其碱性度和疏水性,从而增强其与DNA的亲和力。乙酰化和甲基化修饰都是通过改变组蛋白尾巴与DNA之间的相互作用来发挥基因表达调控功能的,但乙酰化和甲基化修饰往往又是相互排斥的。组蛋白的磷酸化修饰在细胞有丝分裂和减数分裂期间染色体浓缩以及基因转录激活过程中发挥重要的调节作用。

2. 组蛋白H3和H4的化学修饰对染色质活性的影响极为重要　组蛋白H3和H4的乙酰化、磷酸化和甲基化修饰对染色质结构和功能的影响总结于表19-1。组蛋白修饰影响基因表达的机制包括两种相互包容的理论,即组蛋白修饰直接影响染色质或核小体的结构,以及化学修饰募集了其他调控基因转录的蛋白质,为其他功能分子与组蛋白的结合搭建了一个平台。

表19-1　组蛋白H3和H4的化学修饰对染色质结构与功能的影响

组蛋白	氨基酸残基位点	化学修饰类型	功能
H3	K4	甲基化	激活
H3	K9	甲基化	染色质浓缩
H3	K9	甲基化	DNA甲基化所必需
H3	K9	乙酰化	激活
H3	S10	磷酸化	激活
H3	K14	乙酰化	防止K9的甲基化
H3	K79	甲基化	端粒沉默
H4	R3	甲基化	激活或抑制[#]
H4	K5	乙酰化	装配
H4	K12	乙酰化	装配
H4	K16	乙酰化	核小体装配
H4	K16	乙酰化	Fly X激活

注:[#]不同的酶催化产生不同的效应。

发挥调节组蛋白共价修饰作用的一些蛋白质分子,如组蛋白乙酰基转移酶(histone acetyltransferase,HAT)和组蛋白去乙酰化酶(histone deacetylase,HDAC),在染色质水平的基因表达调控中具有重要作用。HAT催化组蛋白发生乙酰化修饰,促使染色质结构变得松弛,从而有利于基因转录,故称为转录共激活因子(coactivator);而HDAC促进组蛋白的去乙酰化,抑制基因转录,故称为转录共抑制因子(corepressor)。

三、有转录活性的基因启动子区甲基化程度低

真核细胞DNA分子中的胞嘧啶碱基约有5%被甲基化修饰为5-甲基胞嘧啶(5-methylcytosine)。胞嘧啶碱基的甲基化修饰常发生在基因上游调控序列的CpG岛富含区。调控区CpG岛甲基化修饰的范围、程度通常与基因的表达水平成反比关系。处于活性染色质区、呈现转录活性状态的基因的CpG岛序列一般总是低甲基化的;而不表达或处于低表达水平的基因的CpG岛序列则总是高甲基化的。实际上,DNA分子中胞嘧啶碱基的甲基化修饰是一个动态过程。DNA甲基转移酶(DNA methyltransferase,DNMT)或甲基化酶(methylase)催化甲基与胞嘧啶的共价结合,而去甲基化酶(demethylase)则负责去除5-甲基胞嘧啶上的甲基。DNA甲基化对基因转录的抑制作用需要甲基化CpG结合蛋白(methyl-CpG-binding protein,MBP)的参与。

DNA 分子中胞嘧啶的甲基化与去甲基化修饰在真核生物基因的表达调控中发挥着重要作用。基因组印记（genomic imprinting）是 DNA 甲基化修饰调控基因表达的一个典型例证。基因组印记是指源于父母双方同一等位基因的选择性差异表达的现象（即一个基因的活性由其亲本来源决定）。来自父系和母系的等位基因在通过精子和卵子传递给子代时，原有的源于亲代的甲基化印记被全部消除，在配子形成过程中产生新的甲基化修饰模式，使得等位基因具有不同的表达特性。例如，*H19* 在由母本而非父本提供时表达，而 *Igf2*（insulin like growth factor 2）则在由父本而非母本提供时才表达。基因组印记不仅参与调控胚胎的生长发育、分化和存活，也与某些遗传病及肿瘤（特别是小儿肿瘤）的发生有关。

四、非编码 RNA 参与调控染色质结构

如上所述，染色质的结构变化包括结构重塑、组蛋白修饰、DNA 修饰等，这些结构变化是影响基因转录的关键因素之一。除蛋白质（包括酶）外，非编码 RNA（non-coding RNA，ncRNA），特别是长链非编码 RNA（long non-coding RNA，lncRNA）也密切参与调控染色质结构的变化。

（一）lncRNA 促进形成致密的染色质结构

lncRNA 可通过与 DNA 相互作用或与染色质蛋白相互作用而结合到染色质上，并进一步募集调控染色质结构的蛋白质，改变染色质的结构和活性。染色质重塑复合体并不能直接与染色质结合，而是通过 lncRNA 与染色质结合。lncRNA 结合于染色质上，并募集特定的染色质重塑复合体，后者可使染色质结构发生改变，通过形成致密的染色质结构而形成基因沉默区（图 19-2）。

图 19-2　lncRNA 促进形成致密的染色质结构

（二）lncRNA 通过募集染色质重塑复合体调控组蛋白修饰

lncRNA 募集的染色质重塑复合体中的一些酶，实际上就是催化组蛋白化学修饰的酶，因而能够通过调节组蛋白化学修饰而调控基因表达。

1. lncRNA 介导组蛋白修饰酶与染色质的结合　染色质重塑复合体中具有酶活性的蛋白质（如组蛋白修饰酶）并没有 DNA 结合域，但具有 RNA 结合域，通过与 lncRNA 结合而被募集至染色质上，从而调控组蛋白的化学修饰，进而调控相应基因的表达。例如，在 X 染色体上，lncRNA XIST（X-inactive specific transcript）通过其分子中的重复 A 区域（repeat A region，RepA）与多梳抑制性复合体 2（polycomb repressive complex 2，PRC2）中的 EZH2 和 SUZ12 组分相互作用，将 PRC2 募集到一条 X 染色体，修饰产生大量的 H3K27 三甲基化，从而导致 X 染色体失活。

2. lncRNA 可结合不同的染色质重塑复合体　lncRNA 分子较大,分子中形成的蛋白质结合位点不止一个。因此,有的 lncRNA 可以与两种以上的染色质重塑复合体结合。例如,在哺乳类动物细胞中,lncRNA HOTAIR 的 5′-端可结合 PRC2 复合体,3′-端可结合 LSD1/CoREST 复合体,从而将两种复合体同时募集到染色质的 *HOXD* 位点,使该位点的 H3K27 甲基化、H3K4 去甲基化,从而使位于该位点的基因沉默。

3. 一种染色质重塑复合体可被不同 lncRNA 募集至不同位点　一种染色质重塑复合体可与多种 lncRNA 结合,而 lncRNA 则决定该染色质重塑复合体与染色质结合的具体位点。也就是说,一种染色质重塑复合体可以被不同的 lncRNA 募集至不同的染色质位点,调控不同基因的表达。例如,PRC2 与 HOTAIR 结合后,可靶向抑制 *HOXD* 位点的基因表达;而 PRC2 与 lncRNA Kcnq1ot1 结合后,则会靶向抑制 *KCNQ1* 的表达。

(三) 微 RNA 可间接影响组蛋白修饰

有些微 RNA(micro RNA,miRNA)可影响表观遗传调控蛋白质的表达,从而间接影响基因表达的表观遗传调控(如组蛋白修饰),因而这些 miRNA 也称为 epi-miRNA。例如,miR-1、miR-140 和 miR-29b 可直接靶向组蛋白去乙酰化酶 4 基因(*HDAC4*),抑制 HDAC4 的表达;miR-449a 则可结合 *HDAC1* mRNA 的 3′-UTR,抑制 HDAC1 的表达。

(四) ncRNA 参与调控 DNA 甲基化

ncRNA 可通过不同的机制调节 DNA 的甲基化水平,从而调节基因的表达。

1. lncRNA 可促进 DNA 甲基化　lncRNA 可通过调控组蛋白化学修饰而调控 DNA 的甲基化状态。例如,G9a 是一种组蛋白甲基转移酶,可催化 H3K9 二甲基化和三甲基化。甲基化的 H3K9 可与 HP1 蛋白结合,后者可募集 DNMT,促进 DNA 甲基化。因此,当 lncRNA 将 G9a 募集至特定的染色质区域后,不仅可使该区域的组蛋白发生甲基化,也可导致该区域的 DNA 发生甲基化。

2. miRNA 可通过调控 *DNMT* 的表达而调控 DNA 甲基化　miRNA 调控 *DNMT* 表达的机制包括:①直接抑制 *DNMT* 的表达。例如,*DNMT3a* 和 *DNMT3b* 都是 miR-29 家族(miR-29a、miR-29b 和 miR-29c)的直接靶基因。因此,miR-29 家族的成员可通过直接抑制 *DNMT3a* 和 *DNMT3b* 的表达而影响 DNA 甲基化。②间接抑制 *DNMT* 的表达。例如,转录因子 Sp1 是 *DNMT1* 的转录激活因子,而 *Sp1* 是 miR-29b 的靶基因,因此,miR-29 也可间接抑制 *DNMT1* 的表达,进而影响 DNA 的甲基化。③间接促进 *DNMT* 的表达。当 miRNA 的靶基因是 *DNMT* 的转录抑制因子时,miRNA 则可间接促进 *DNMT* 的表达。例如,RBL2 是 *DNMT3a* 和 *DNMT3b* 转录的抑制因子,而 *RBL2* 是 miR-290 的靶基因。因此,miR-290 可通过下调 RBL2 表达而促进 *DNMT3* 的表达,进而影响 DNA 的甲基化。

第二节　真核生物基因表达的转录水平调控

真核生物基因表达调控的环节很多,相对而言,转录起始是真核生物基因表达调控最重要的环节。参与转录调控的因素主要是顺式作用元件和转录因子,而顺式作用元件和转录因子对转录的调控作用都包括正调控和负调控作用。不同顺式作用元件和转录因子的组合可将基因的转录活性控制在不同的水平。

一、顺式作用元件是调控转录起始的 DNA 序列

在真核生物基因的转录调控区,含有能调控同一条核苷酸链上的基因表达的 DNA 序列,即顺式作用元件(*cis*-acting element),包括启动子(promoter)、增强子(enhancer)、沉默子(silencer)和绝缘子(insulator)。这些顺式作用元件是控制基因转录的基本要素,参与调控基因转录的蛋白质需要结合至特定的顺式作用元件,方可发挥调节基因转录的功能。

(一) 启动子的序列组成决定参与调控转录的蛋白质因子及其组合

真核生物基因启动子通常含有若干具有独立转录调控功能的 DNA 序列元件,每个元件长约 7~30bp。其中,核心启动子元件是保证 RNA 聚合酶起始转录所必需的、最小的 DNA 序列。Ⅱ类启动子中最典型的核心元件是 TATA 盒(TATA box),通常位于转录起始位点(transcription start site,TSS)上游 −30~−25bp 处,共有序列为 TATAAAA,是基础转录因子 TFⅡD 的识别和结合位点,控制着基因转录起始的准确性与频率。上游启动子元件包括 CAAT 盒(GGCCAATCT)、GC 盒(GGGCGG)、八联体元件(ATTTGCAT)以及距 TSS 更远的上游元件,相应的蛋白质因子通过结合这些元件调节转录起始的频率,从而影响转录效率。

有些启动子不含 TATA 盒,主要包括:①富含 GC 的启动子。最初发现于管家基因,一般含有数个分离的 TSS,对基础转录活化具有重要作用。②既无 TATA 盒,又无 GC 富含区的启动子。这类启动子有一个或多个 TSS,其转录活性大多很低或根本没有转录活性,主要在胚胎发育、组织分化或再生过程中发挥作用。

不同基因启动子元件的组成和数量是不同的,从而使得不同基因的表达调控也各不相同。如 SV40 早期基因的启动子由 TATA 盒和 GC 盒组成,组蛋白 H2B 基因的启动子由 TATA 盒、CAAT 盒和八联体元件组成,胸苷激酶基因的启动子由 TATA 盒、GC 盒、八联体元件和 CAAT 盒组成(图 19-3)。GC 盒、CAAT 盒、八联体元件在各个基因中的数量也不相同,因此,参与这些基因转录调控的蛋白质因子也相应形成了不同的组合。

图 19-3　不同基因中启动子元件的不同组合

(二) 增强子能提高启动子的活性

增强子是指可增强基因启动子工作效率的顺式作用元件,其可被特定转录激活因子识别和结合,转录激活因子只有在结合增强子后,才能发挥增强转录的作用。

同启动子一样,增强子也由若干短序列功能元件组成。增强子中的功能元件是特异转录因子结合 DNA 的核心序列,其长度为 8~12bp,以单拷贝或多拷贝串联形式存在。从功能上讲:一方面,没有启动子,增强子则根本无法发挥作用,因此,增强子发挥作用需要有启动子存在;而另一方面,没有增强子,启动子往往不能表现活性或活性很低。增强子的作用主要是提高启动子的活性。

增强子的作用特点主要包括:①增强子对启动子没有严格的专一性,同一增强子可以增强不同类型启动子的转录活性。②增强子的位置并不固定,既可位于启动子的上游,也可位于启动子的下游,有的还可位于内含子中。增强子可以远离 TSS 起作用(数百至数千个碱基对),甚至在某些情况下可以调控 30kb 以外基因的转录。③增强子发挥作用与其序列的正反方向无关,增强子的序列颠倒后仍能起作用。④有些增强子与启动子在结构上相互连续,甚至交错而不能区分。在文献中,有时将这类兼含启动子和增强子功能的基因转录调控结构也称作“启动子”(广义启动子);为了区分,将只含有 RNA 聚合酶结合位点和 TSS 的序列称为微(小)启动子(minimal promoter)或核心启动子。⑤增强子常具有组织或细胞特异性,其活性的发挥由这些细胞或组织中特异性转录激活因子来决定,因此,增强子及其相关的特异性转录激活因子决定了基因的时空特异性表达。

(三) 沉默子可负性调控转录起始

沉默子是指位于某些真核生物基因转录调控区中的、可降低或关闭基因启动子转录活性的一段 DNA 序列(通常数百碱基对),其作用与增强子相反。作为基因表达的负性调控元件,沉默子一方面能够促进局部染色质形成致密结构,从而阻止转录激活因子与 DNA 的结合;另一方面能够同反式作用因子结合,阻断增强子及反式激活因子的作用,从而抑制基因的转录活性。

有的沉默子与增强子相似，由多个功能元件构成，不同的元件和特异蛋白质因子结合后协同产生复杂的阻遏模式；同时，沉默子的作用也不受序列方向的影响，亦可远距离发挥调控功能。此外，基因转录调控区中的某些顺式作用元件有时作为增强子发挥作用，有时又有沉默子样作用，这主要取决于细胞内所存在的 DNA 结合蛋白的性质，这样的 DNA 序列仍属增强子，不属沉默子。

（四）绝缘子可防止基因转录受邻近区域调控因素的影响

绝缘子是染色质中相邻转录活性区的边界序列，它将染色质隔离成不同的转录结构域，使其一侧基因的表达免受邻近区域调控元件的影响。绝缘子作为一种转录调控元件，当其位于增强子和启动子之间时，可以阻断增强子对启动子的调控作用。这也许可以解释为什么增强子会受到约束而只作用于特定启动子。一般而言，多数增强子可调控其附近的任何启动子，而绝缘子则可限制增强子对启动子不加选择的作用，从而使增强子只作用于特定启动子。

染色质结构中的异染色质区域可进行扩展和传播，通过延伸致密结构区域，使更多的基因被抑制。在异染色质延伸过程中，绝缘子可以充当异染色质传播的屏障，当绝缘子位于活性基因和异染色质之间时，可使启动子保持活性，保护活性基因免受邻近异染色质沉默效应的影响。有的绝缘子可同时具有阻断增强子和屏障异染色质的作用，而有的绝缘子则只具有其中一种功能。绝缘子的上述作用提高了基因转录调控的时空准确性。

二、转录激活因子可激活或促进转录起始

在真核细胞中，能直接结合或间接作用于基因启动子、形成具有 RNA 聚合酶活性的动态转录复合体的蛋白质因子，统称为转录因子（transcription factor，TF）。以反式作用方式调节基因转录的 TF 称为反式作用因子（*trans*-acting factor），以顺式作用方式调节基因转录的 TF 称为顺式作用蛋白（*cis*-acting protein；图 19-4），前者占 TF 的大多数，后者仅占 TF 的一小部分。

依据功能特点，可将 TF 分为三类：①通用 TF（general TF）或基本 TF（basal TF）：这些 TF 直接或间接结合 RNA 聚合酶，是转录起始前复合体装配所必需的；②序列特异性 TF：指特异性识别和结合顺式作用元件的 TF，包括转录激活因子（transcription activator）和转录抑制因子（transcription repressor）；③辅助 TF：指自身不与 DNA 结合，而是通过蛋白质相互作用连接 TF 和基础转录装置（basal

图 19-4　反式作用因子和顺式作用蛋白调节基因转录的作用方式

蛋白质 A 由基因 A 表达，通过结合基因 B 的顺式作用元件而调节基因 B 的转录，这是反式作用因子介导的反式调节作用。蛋白质 B 由基因 B 表达，通过结合自身基因的顺式作用元件而调节自身基因的转录，这是顺式作用蛋白介导的顺式调节作用。

transcription apparatus)的蛋白质,包括共激活因子和共抑制因子。

框 19-1

关键转录因子可以改变一个细胞的命运

2006 年日本京都大学 Yamanaka S. 课题组在 *Cell* 杂志上报道了诱导多能干细胞(induced pluripotent stem cell,iPS cell)的研究。他们把 Oct3/4、Sox2、c-Myc 和 Klf4 这四种转录因子的基因克隆在病毒载体,然后引入小鼠成纤维细胞,发现可诱导细胞核重新编程并使细胞发生转化,产生的细胞在形态、基因表达、表观遗传修饰状态、细胞倍增能力、类胚体和畸形瘤生成能力、分化能力等方面都与胚胎干细胞相似,因此称其为 iPS 细胞。2007 年 11 月,Yamanaka S. 课题组和美国 Thompson J. 的实验室几乎同时报道,利用这种技术诱导人的皮肤纤维细胞成为 iPS 细胞。2012 年 10 月 8 日,Yamanaka S. 与英国发育生物学家 Gurdon J. B. 因在细胞核重新编程研究领域的杰出贡献而获得诺贝尔生理学或医学奖。

(一)转录激活因子包含 DNA 结合结构域和转录激活结构域

典型的转录激活因子含有 DNA 结合结构域(DNA-binding domain,DBD)和转录激活结构域(transcription-activating domain,TAD)、蛋白质-蛋白质相互作用结构域以及核输入信号结构域等。DBD 的主要作用是结合 DNA,并将 TAD 带到基础转录装置的邻近区域;TAD 通过与基础转录装置相互作用而激活转录;蛋白质-蛋白质相互作用结构域介导 TF 之间以及 TF 与其他蛋白质之间的相互作用,最常见的是二聚化结构域;核输入信号一般是转录因子中富含精氨酸和赖氨酸残基的区段。

1. DBD 多具有特定的蛋白质模体　常见的蛋白质模体主要有以下几种:①锌指(zinc finger)模体:是一类含 Zn^{2+} 的形似手指的蛋白质模体。每个重复的"指"状结构约含 23 个氨基酸残基,形成包括 1 个 α-螺旋和两个反向平行的 β-折叠的二级结构。每个 β-折叠上有 1 个半胱氨酸残基,而 α-螺旋上有两个组氨酸或半胱氨酸残基,这 4 个氨基酸残基与二价 Zn^{2+} 之间形成配位键(图 19-5)。一个 TF 分子可有多个这样的锌指重复单位,每个单位可将其指部深入 DNA 双螺旋的大沟内,接触 5 个核苷酸。例如,与 GC 盒结合的人成纤维细胞内的转录因子 Sp1 中就有 3 个锌指重复结构。②碱性亮氨酸拉链(basic leucine zipper,bZIP)模体:其特点是在 C-端的氨基酸残基序列中,每隔 6 个氨基酸残基有 1 个疏水性的亮氨酸残基。当 C-端形成 α-螺旋结构时,肽链每旋转两周就出现 1 个亮氨酸残基,并且都出现在 α-螺旋的同一侧。这样的两条肽链能借助疏水力形成二聚体,形同拉链一样(图 19-6)。该二聚体的 N-端是富含碱性氨基酸残基的区域,可借助其正电荷与 DNA 骨架上带负电荷的磷酸基团结合。③碱性螺旋-环-螺旋(basic helix-loop-helix,bHLH)模体:其特点是两个 α-螺旋间由一条短肽段形成的环连接,其中一个 α-螺旋的 N-端富含碱性氨基酸残基,负责与 DNA 结合(图 19-7)。bHLH 模体通常以二聚体形式存在,而且两个 α-螺旋的碱性区之间的距离大约与 DNA 双螺旋的一个螺距(3.4nm)相近,从而使两个 α-螺旋的碱性区刚好分别嵌入 DNA 双螺旋的大沟内。

2. 常见的 TAD 主要有三类　根据氨基酸残基的组成特点,可将 TAD 分为三类:①酸性激活结构域(acidic

图 19-5　锌指模体的结构

C:半胱氨酸残基;H:组氨酸残基;F:苯丙氨酸残基;L:亮氨酸残基;Y:酪氨酸残基。

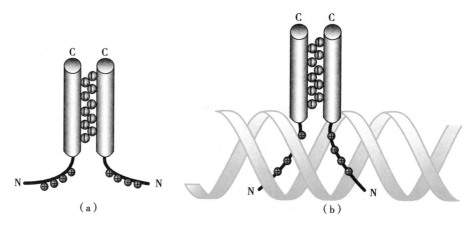

图 19-6   bZIP 模体的结构

（a）bZIP 模体的结构示意图；（b）bZIP 模体与 DNA 结合的示意图。两个 α-螺旋上的亮氨酸残基彼此接近，形成了类似拉链的结构，而富含碱性氨基酸残基的区域与 DNA 骨架上的磷酸基团结合。

activation domain）：是一段富含酸性氨基酸残基的保守序列，常形成带负电荷的 β-折叠；②富含谷氨酰胺的结构域（glutamine-rich domain）：其 N-端的谷氨酰胺残基含量可高达 25% 左右；③富含脯氨酸的结构域（proline-rich domain）：其 C-端的脯氨酸残基含量可高达 20%~30%。

（二）转录激活因子结合 DNA 元件后激活或促进转录起始

转录激活因子发挥作用的两个基本前提为：一是本身被激活，激活方式包括化学修饰（如磷酸化等）、阻遏蛋白释放等；二是与特异的顺式作用元件结合，转录激活因子需要通过结合特异的顺式作用元件而激活转录。

转录激活因子激活或促进基因转录起始的作用由 TAD 介导，主要方式有两种：①通过与

图 19-7   bHLH 模体的结构

（a）独立的 bHLH 模体的结构示意图；（b）bHLH 模体二聚体与 DNA 结合的示意图。两个 α-螺旋的碱性区分别嵌入 DNA 双螺旋的大沟内。

通用 TF 相互作用而发挥转录调控功能。例如，某些含有酸性激活结构域的 TF 可通过与 TFⅡD 相互作用协助转录起始复合物的组装，从而促进转录。②通过共激活因子而起作用。共激活因子含有 TAD，但不能结合 DNA，因此，能结合顺式作用元件而没有 TAD 的激活因子可通过结合共激活因子而起作用。共激活因子的作用机制基本相同，即通过蛋白质间的非共价结合而发挥作用。共激活因子不能直接与 DNA 结合，其调控基因转录的特异性由能结合 DNA 的转录激活因子决定。

三、转录抑制因子可抑制转录起始

转录抑制因子抑制转录起始的机制复杂多样，此处主要介绍如下两类机制。

（一）某些转录抑制因子可通过干扰基础转录装置而发挥抑制作用

作用于基础转录装置的转录抑制作用常导致整个转录的彻底终止，许多转录抑制因子就是通过与基础转录装置结合而发挥转录抑制作用的，其主要作用方式有如下 3 类。

1. 修饰 RNA 聚合酶Ⅱ的羧基末端结构域   某些转录抑制因子可在转录起始过程中对 RNA 聚合

酶Ⅱ大亚基的羧基末端结构域（carboxyl-terminal domain，CTD）进行糖基化和去磷酸化修饰，而在转录延长过程中对 CTD 进行磷酸化和去糖基化修饰。通过对 CTD 修饰的时效和程度上的调整，转录抑制因子可达到抑制转录的目的。例如，Srb10 是一种细胞周期蛋白依赖性激酶，可通过磷酸化 CTD 而抑制一系列与分化、减数分裂、糖代谢等相关基因的转录。

2. 抑制 TATA 结合蛋白与 DNA 的结合 有些转录抑制因子可通过与 TATA 结合蛋白（TATA-binding protein，TBP）相互作用而阻止 TBP 与 TATA 盒结合，从而抑制基础转录装置的装配。然而这种抑制作用可能是基因特异性的，因为 RNA 聚合酶Ⅱ转录的某些基因并不含有 TATA 盒或是不需要 TBP 的作用。

3. 抑制通用 TF 之间的相互作用 如甲状腺激素受体（thyroxin receptor，TR）被配体激活后可作为转录激活因子与 TFⅡB 结合，但无配体存在时，TR 可以直接与 TBP 结合，从而干扰 TBP-TFⅡA 或 TBP-TFⅡA-TFⅡB 复合体的形成；MDM2（murine double mimute 2）可通过结合 TFⅡE 和 TBP 而直接干扰转录。

（二）某些转录抑制因子可通过抑制转录激活因子的功能而发挥抑制作用

某些转录抑制因子可通过调节转录激活因子的活性及定位来抑制转录，其主要作用方式有如下 4 种。

1. 阻止转录激活因子入核 转录激活因子必须入核才能发挥调控基因转录的作用。某些转录抑制因子可在胞质中与转录激活因子结合，并掩盖后者的核输入信号结构域，从而阻止其入核。例如，转录激活因子 NF-κB（nuclear factor kappa B）的核输入信号结构域可被其抑制蛋白 IκB 覆盖，从而阻碍 NF-κB 的核转位，进而使 NF-κB 靶基因的转录受到抑制。

2. 与转录激活因子竞争 DNA 结合位点 某些转录抑制因子与转录激活因子有相同或重叠的 DNA 结合区域，从而与转录激活因子竞争结合 DNA 位点。例如，AP-1（activator protein-1）通常是一个转录激活因子，但是它却能抑制视黄酸诱导的骨钙素基因的转录，这是由于它与视黄酸受体的 DNA 结合位点存在着交叠，因而可通过阻碍视黄酸受体与相应 DNA 位点的结合来发挥转录抑制作用。

3. 封闭转录激活因子的 TAD 即使转录激活因子已经结合于 DNA 元件（如增强子），某些转录抑制因子也可与转录激活因子结合并封闭其 TAD，从而阻止其发挥功能，这种抑制作用通常称为屏蔽效应（masking）。

4. 促进转录激活因子的降解 某些转录抑制因子可通过对转录激活因子进行特殊修饰而调节后者的稳定性，从而促进后者的降解。例如，MDM2 蛋白可促使转录激活因子 p53 泛素化，引发 p53 核输出，从而加速其降解，进而抑制 p53 的促转录功能。

四、RNA 聚合酶Ⅱ CTD 的磷酸化促进转录延长

真核细胞 RNA 聚合酶Ⅱ大亚基的 CTD 是一段共有的 7 个氨基酸残基（YSPTSPS）的重复序列。所有真核细胞 RNA 聚合酶Ⅱ都具有 CTD，只是重复序列的重复次数不同，而 RNA 聚合酶Ⅰ和Ⅲ则没有 CTD。CTD 的磷酸化改变在转录起始和延长过程中发挥了重要作用。

（一）催化 CTD 磷酸化的激酶有多种

CTD 的磷酸化可由多种激酶催化，这些激酶主要包括：①细胞周期蛋白依赖性激酶（cyclin-dependent kinase，CDK）：主要是 CDK7 和 CDK9。在转录起始期，CDK7 可使 CTD 中的 S5 和 S7 磷酸化；而在转录延长期，则需要一个称为 P-TEFb（positive transcription elongation factor b）的激酶复合体来使 CTD 磷酸化。P-TEFb 由 CDK9 和 cyclin T 组成，CDK9 能使 CTD 中的 S2 和 T4 磷酸化。除 CDK9 外，在一些基因的转录延长期也发现 CDK12 可使 S2 磷酸化。②Plk3（polo-like kinase 3）：能使 CTD 中的 T4 磷酸化。③酪氨酸激酶 Abl1 和 Abl2：可使 CTD 中的酪氨酸残基磷酸化。

(二) CTD 磷酸化修饰的动态变化密切调控 RNA 聚合酶 II 在转录进程中的作用

去磷酸化的 CTD 在转录起始中发挥作用,当 RNA 聚合酶 II 完成转录启动后,在 CDK7 的作用下,CTD 中的 S5 和 S7 发生磷酸化,导致 RNA 聚合酶 II 的构象发生改变,进而离开启动子,沿 DNA 模板催化转录进行。进入转录延长期后,Rtr1(regulator of transcription 1;可能间接结合其他磷酸酶)和 Ssu72(在脯氨酰异构酶 Pin1 的辅助下)使 CTD 中磷酸化的 S5 和 S7 去磷酸化,而 CDK9 则使 CTD 中的 S2/T4 磷酸化(CDK12 也可使 S2 磷酸化),直到进入转录终止期,再由 FCP1(TF II F-associated CTD phosphatase 1)使 CTD 中磷酸化的 S2/T4 去磷酸化,最终使 CTD 回到非磷酸化状态,RNA 聚合酶 II 进入新的催化转录循环周期(图 19-8)。因此,CTD 磷酸化修饰的动态变化可密切调控 RNA 聚合酶 II 在转录循环周期中的作用。

图 19-8   CTD 磷酸化的动态变化对 RNA 聚合酶 II 在转录进程中的调控作用
RNA pol II:RNA polymerase II,RNA 聚合酶 II。

五、RNA 聚合酶 II CTD 的进一步磷酸化可挽救不成功的转录起始

在某些基因的启动子上,当 RNA 聚合酶 II 开始转录时,会进行得不顺利,RNA 聚合酶 II 在前进了一小段距离后便终止转录,已转录出的小段 RNA 会被迅速降解,这种现象称为流产起始(abortive initiation)。通过 CTD 的进一步磷酸化修饰,可以防止流产起始,挽救不成功的起始,使不成功的转录起始能够继续下去并进入到转录延长期。

在 CDK7 使 CTD 的 S5 和 S7 磷酸化的基础上,P-TEFb 激酶复合体中的 CDK9 可作用于 CTD 的 S2,使 CTD 进一步磷酸化,从而使转录得以继续。另外,P-TEFb 还可调节延长抑制因子 DSIF(DRB sensitivity-inducing factor)和 NELF(negative elongation factor)的活性。当转录起始后,DSIF 和 NELF 结合于 RNA 聚合酶 II,阻止转录的延长。为了克服这种阻力,P-TEFb 使这两个因子磷酸化,从而使其从 RNA 聚合酶 II 复合体上脱离,使转录得以延长。在昆虫和人类中,大约有 1/3 基因的 RNA 聚合酶 II 在 TSS 下游会发生流产性转录起始,这种转录暂停的现象被认为是机体在进化过程中或适应更多外界刺激时,为了获得更快速或更多协同转录调节的一种机制。

第三节   真核生物基因表达的转录后水平调控

真核生物基因转录产生的大分子前体 mRNA,需经正确加工后才能转变为成熟 mRNA,并最终定位于细胞质而执行功能。多种因素参与调控 mRNA 的加工、转运、细胞质定位以及稳定性等。

一、加帽酶和脱帽酶以及其他蛋白质参与调控 mRNA 5′-端加帽和脱帽

加帽酶(capping enzyme)的鸟苷酸转移酶结构域与 S5 位点磷酸化的 RNA 聚合酶 II 的 CTD 结合后,可促进 mRNA 5′-端帽结构的形成。在胞核中,已加帽的 mRNA 与帽结合复合体(cap binding complex,CBC)结合,从而促进 mRNA 的核输出。到达胞质后,真核细胞翻译起始因子 4E(eukaryotic translation initiation factor 4E,eIF-4E)取代 CBC,形成 eIF-4E-5′-帽-RNA 复合体,该复合体与核糖体亚

基相互作用,从而促进翻译装置的起始和再循环。

由于翻译起始依赖 mRNA 5'-端帽结构的存在,因此,脱帽便成为抑制 mRNA 翻译的重要机制。mRNA 的脱帽受脱帽酶和其他多种蛋白质的调控。脱帽酶由脱帽蛋白1(decapping protein 1,DCP1)和 DCP2 组成,其中 DCP2 为催化亚基,DCP1 主要起提高 DCP2 功能的作用。带帽 mRNA 经脱帽形成 5'-单磷酸 mRNA,后者可激活具有 5'→3' 核酸外切酶活性的 Xrn1p(exoribonuclease 1),从而使 mRNA 降解。

除脱帽酶外,大多数 mRNA 的高效脱帽还需要其他多种蛋白质的参与,包括脱帽必需和非必需蛋白质:①mRNA 脱帽所必需的蛋白质:主要有两类,一类是 mRNA 特异结合蛋白 PUF(Pumilio/Fem-3-binding factor),能与 mRNA 结合并控制脱帽速率;另一类是在由无义介导的 mRNA 降解(nonsense-mediated mRNA decay,NMD)所诱导的快速脱帽中所必需的 UPF1(up-frameshift protein 1)、UPF2 和 UPF3 蛋白。②参与脱帽但并不是必需的蛋白质:主要包括 Lsm(Sm like protein)1~7 形成的复合体、Pat1p/Mrt1p 和 Dhh1p,三者可通过相互作用而促进脱帽。同时,Dhh1p 还可通过与 DCP1 相互作用而促进脱帽。另外,EDC1P(enhancer of decapping protein 1)、EDC2P 和 EDC3P 等蛋白质也能促进脱帽。

除上述促进脱帽的蛋白质外,也有一些蛋白质可抑制脱帽过程,如 poly(A)结合蛋白Ⅰ[poly(A)binding protein Ⅰ,PABP Ⅰ]可显著抑制脱帽的发生。此外,翻译起始复合物的成员(如 eIF-4E)也能抑制脱帽。这些抑制脱帽的机制可促进 mRNA 的翻译。

二、RNA 聚合酶Ⅱ的 CTD 参与调控 mRNA 转录后加工

RNA 聚合酶ⅡCTD 的磷酸化和去磷酸化修饰在 mRNA 的转录后加工过程中发挥重要调节功能(图 19-9),主要包括:①当 mRNA 的 5'-端刚被合成时,就被加帽酶修饰,使 mRNA 免遭核酸酶的攻击。S5 磷酸化的 CTD 与加帽酶的鸟苷酸转移酶结构域结合,可促进 5'-帽结构的形成。②在前体 mRNA 的剪接过程中,S2 磷酸化而 S5 去磷酸化的 CTD 可募集多种剪接因子;包括识别 5'-剪接位点的 PRP40(pre-mRNA-processing protein 40),识别 3'-剪接位点的 U2AF(U2 auxiliary factor)和识别剪接分支点下游序列的 PSF[polypyrimidine tract-binding protein(PTB)-associated splicing factor]等,这些剪接因子都可直接与磷酸化的 CTD 结合,加速剪接过程。③在 3'-端加 poly(A)尾过程中,CTD 可结合多种 3'-端加工因子,促进 3'-端加尾修饰。例如,S2 磷酸化的 CTD 可募集 3'-端加工因子,如 CStF50(cleavage stimulatory factor 50)、CPSF160(cleavage and polyadenylation specificity factor 160)等。因此,S2 磷酸化的 CTD 在前体 mRNA 3'-端加 poly(A)尾的修饰中发挥着重要作用。

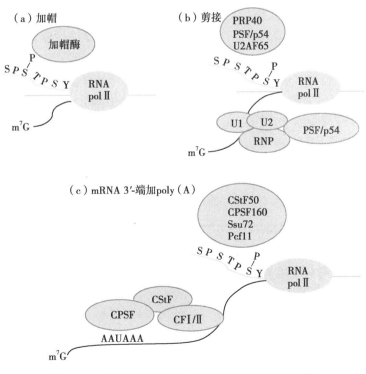

图 19-9　CTD 磷酸化对 mRNA 转录后加工的调节
RNA pol Ⅱ:RNA polymerase Ⅱ,RNA 聚合酶Ⅱ。

三、调控元件和调控因子参与调控前体 mRNA 的剪接

通过剪接可使前体 mRNA 转变为成熟 mRNA,该过程受到多种因素的调控。如前面提到了 RNA 聚合酶Ⅱ大亚基的 CTD 参与前体 mRNA 的剪接调控过程。此处主要介绍选择性剪接(又称可变剪接)的调控。

选择性剪接的调控机制与剪接位点的选择及相关剪接因子密切相关。剪接位点的选择受到许多反式作用因子和存在于前体 mRNA 中的顺式作用元件的调控。根据顺式作用元件在前体 mRNA 中的位置以及对剪接的作用,将其分为外显子剪接增强子或沉默子(exonic splicing enhancer or silencer,ESE 或 ESS)和内含子剪接增强子或沉默子(intronic splicing enhancer or silencer,ISE 或 ISS)。反式作用因子可通过识别剪接增强子或剪接沉默子而对不同的剪接位点进行选择。

(一)调控元件可调控选择性剪接

ESE 多位于前体 mRNA 分子中被调节的剪接位点附近,有助于吸引剪接因子结合到剪接位点上。ESE 位置的变更可使剪接活性发生很大改变,甚至可转变为负调控元件。最常见的 ESE 是一类富含嘌呤核苷酸的序列,如果蝇 *dsx* 第四外显子序列中的 ESE,可通过加强较弱的 3′-剪接位点的作用而促进上游内含子序列的剪切。

(二)调控因子可调控选择性剪接

剪接调控因子主要有 SR(serine/arginine-rich)蛋白家族、hnRNP(heterogeneous nuclear ribonucleoprotein)家族、TIA-1(T cell intracellular antigen-1)、PTB、SF2/ASF(splicing factor 2/alternative splicing factor)等。

剪接调控因子可以促进或抑制在特定剪接位点发生剪接,从而选择性地保留或除去外显子或内含子序列。不同的剪接调控因子通过不同的机制影响剪接:①SR 蛋白可与富含嘌呤的剪接增强子结合,从而促进 U1 和 U2 snRNP(small nuclear ribonucleoprotein)与剪接位点的结合,并募集 U4/U6/U5 snRNP 三聚体到剪接体上,对特定位点的剪接产生促进作用。②hnRNP 蛋白通常识别剪接沉默子,抑制剪接位点的选择和利用,从而抑制特定位点的剪接。如 hnRNP A1 可结合前体 mRNA,从而使 U1 snRNP 只能结合远端较强的 5′-剪接位点,而不能结合近端较弱的 5′-剪接位点。③PTB 也是一种剪接负调控因子,能与 U2AF 竞争结合多聚嘧啶区域,对 5′-及 3′-剪接位点均起负调控作用,并可通过包裹外显子使其不被剪接体识别和结合,从而使该外显子不被剪接。④SF2/ASF 是一种可变剪接因子,其水平的增加可促进 U2AF65 与 3′-剪接位点保守区结合,而 hnRNP A1 水平的增加则可抑制这种结合,也就是说,剪接因子的相对浓度是影响选择性剪接发生的重要因素之一。

除上述常见的剪接调节因子外,还有一些特异性剪接因子只在特定组织或特定的发育阶段起作用,如果蝇的 SXL(sex-lethal)蛋白(类似 hnRNP 蛋白)。SXL 与 *Tra* mRNA 前体中的多聚嘧啶区结合后,可阻遏 U2AF 与多聚嘧啶区的结合,迫使 U2AF 选择下游较弱的 3′-剪接位点,从而导致 *Tra* 只在雌性个体中表达,最终决定了果蝇的性别分化。

四、poly(A)信号和多种蛋白质因子参与调控 mRNA 3′-端加尾

poly(A)尾是在转录后加到 mRNA 上的,加尾过程受 poly(A)信号以及多种蛋白质因子的调控。

(一)poly(A)信号由多个元件组成

poly(A)信号包括剪切位点(cleavage site)、AAUAAA 序列、富含 GU 的下游序列(downstream element,DSE)以及辅助序列(auxiliary sequence;图 19-10)。辅助序列是一些可以增强或减弱 3′-端加尾修饰的序列,最常见的是位于 AAUAAA 序列上游的增强序列(upstream of the AAUAAA element,USE)。USE 通常富含 U,但在不同物种间,USE 没有保守的特定序列。

图 19-10 poly(A)信号的组成

（二）多种蛋白质因子和某些序列元件可促进 poly（A）尾的形成

poly（A）是前体 mRNA 在核内由 poly（A）聚合酶［poly（A）polymerase，PAP］催化生成的，在该过程中，多种蛋白质因子和某些序列元件发挥正性调控作用。

1. 多种蛋白质因子可促进 poly（A）尾的形成　在 poly（A）形成过程中，除了 CPSF、CStF、剪切因子Ⅰ（cleavage factorⅠ，CFⅠ）及 CFⅡ识别和结合 poly（A）信号、剪切前体 RNA、协同 PAP 启动 poly（A）形成外，还有其他蛋白质影响 poly（A）的聚合过程，主要包括：①RNA 聚合酶Ⅱ：其大亚基的 CTD 可促进 3'-端加尾修饰。②PABPⅡ：可与慢速期加入的多聚腺苷酸结合，通过调节 CPSF 和 PAP 之间的相互作用而加速 PAP 催化反应的速度，使 AMP 快速加入。当 poly（A）足够长时，PABPⅡ又可使 PAP 停止作用，从而控制 poly（A）尾的长度。③U2AF65：可结合于最后一个内含子的 3'-端剪接位点的多聚嘧啶区，通过在 poly（A）位点募集异源二聚体剪切因子 CFIm（cleavage factor Im）59/25 而促进最后一个内含子的剪切和多聚腺苷酸化，从而促进 poly（A）尾的生成。

2. 某些序列元件可促进 poly（A）尾的形成　例如，前体 mRNA 剪切位点附近的 USE 和 DSE 通常可提高剪切效率，从而促进 poly（A）尾的生成。USE 可作为结合位点来募集辅助或必需的加工因子；DSE 可通过结合调节因子而促进断裂尾部的形成。

（三）有些蛋白质因子可抑制 poly（A）尾的形成

抑制 poly（A）尾形成的蛋白质因子主要包括：①多聚腺苷酸化因子（polyadenylation factor）：多聚腺苷酸化装置的组装依赖 CPSF 和 CStF 与 poly（A）信号序列的结合，而多聚腺苷酸化因子可通过识别和结合 poly（A）信号序列而竞争抑制 CPSF-CStF-RNA 复合体的形成。大多数情况下，多聚腺苷酸化因子通过直接结合于 DSE 来阻止 CStF 与 DSE 的结合，进而使剪切反应受阻，从而抑制 poly（A）尾的形成。②PTB：PTB 可通过直接竞争 CStF 的 DSE 结合位点而抑制 mRNA 3'-端 poly（A）尾的形成。此外，如果 PTB 与 USE 结合，则可促进 3'-端的加工，因为 PTB 可增加另一个结合于 DSE 区的 3'-端加工因子 hnRNP H 与 RNA 的结合活性，然后由 hnRNP H 募集 CStF 或 PAP 而促进 3'-端加工反应。也就是说，PTB 对 poly（A）的生成具有双向调节作用。③U1A（U1 snRNP A）等剪接因子：U1A 通常结合于 poly（A）剪切位点下游的两个富含 G/U 的区域之间，从而抑制 CStF64 与富含 G/U 区和 poly（A）位点断裂区的结合，导致多聚腺苷酸化的位点发生改变。同时，U1A 具有 PAP 调节蛋白结构域，能抑制 PAP 的活性。有的剪接因子可结合于 AAUAAA 的上游，从而封闭加 poly（A）尾的位点。此外，U1 snRNP 的 U170K 亚基和富含丝氨酸/精氨酸的蛋白 U2AF65 及 SRp75，都有和 U1A 类似的 PAP 调节蛋白结构域，也能抑制 PAP 的活性，进而抑制 poly（A）尾的形成。④引起靶蛋白转位的 CSR1（cellular stress response 1）和 IRBIT（IP3R-binding protein released with inositol 1,4,5-triphosphate）蛋白：CSR1 可通过与 CPSF73 相互作用，诱导 CPSF73 从细胞核转位至细胞质，从而抑制 poly（A）化的发生。IRBIT 可与 PAP 及 CPSF 的 hFip1（human factor 1 interacting with PAP）亚基结合，从而抑制 poly（A）尾的形成，并导致 hFip1 转位至胞质。

五、多种序列元件和蛋白质因子参与调控 mRNA 的转运及细胞质定位

mRNA 在细胞核内完成转录和加工后，经核孔运输到细胞质，进而在正确的时间定位至正确的地点，随后作为模板用于蛋白质的生物合成。mRNA 在核输出及胞质运输过程中，均以核糖核蛋白（ribonucleoprotein，RNP）复合体的形式进行。在到达目标区域后，其锚定也需相关的蛋白质因子参与。因此，在 mRNA 的转运及定位过程中，mRNA 分子中的某些序列元件及与之结合的蛋白质因子必不可少。调节 mRNA 定位的序列元件可为相应蛋白质因子提供识别和结合位点。大多数与 mRNA 定位相关的序列元件位于 3'-UTR，一个可能的原因是这些区域对翻译无太大的干扰。但有的元件也可位于 5'-UTR，甚至位于编码序列中。

（一）mRNA 的核输出需要运送载体与核孔复合体相互作用

含有 9 种以上蛋白质的外显子连接复合体（exon junction complex，EJC）对 mRNA 的核输出具有

重要作用。EJC 通过识别剪接复合体而结合于前体 RNA，经剪接后，EJC 仍保留在外显子-外显子连接处。EJC 含有一组 RNA 输出因子（RNA export factor，REF）家族的蛋白。REF 蛋白与转运蛋白（称为 TAP 或 Mex）结合，形成复合体；而 TAP/Mex 可直接与核孔相互作用，从而将 mRNA 携带出核。可见，REF 和 TAP/Mex 是 mRNA 出核的关键蛋白质。当 mRNA 到达细胞质后，TAP/Mex 便与 REF 解离，从复合体中释放出来。

（二）调节 mRNA 定位的蛋白质因子可识别并结合 mRNA 分子中的定位元件

调节 mRNA 定位的蛋白质因子可作为中介分子，在与 mRNA 分子中的定位元件结合后，可使 mRNA 与马达蛋白结合（或通过其他蛋白质间接结合到马达蛋白上），从而介导 mRNA 的运输。mRNA 的定位信号序列也叫邮政编码（zip code），因此，与之结合的蛋白质因子也称为邮政编码结合蛋白（zip code binding protein，ZBP）。根据结合 mRNA 的结构域的不同，可将 ZBP 分为 3 类：①核内不均一 RNP 样蛋白（hnRNP-like protein）：具有 mRNA 识别结构域；②ZBP-1 样蛋白（ZBP-1-like protein）：具有 mRNA 识别结构域和 KH（K-homology）结构域；③双链 mRNA 结合蛋白：具有双链 RNA 结合结构域。

六、多种因素参与调控 mRNA 的稳定性

mRNA 的稳定性（即 mRNA 的半衰期）可显著影响基因表达。mRNA 半衰期的微弱变化可在短时间内使 mRNA 的丰度发生上千倍的改变，因此，调节 mRNA 的稳定性是调节基因表达的重要机制之一。参与调控 mRNA 稳定性的因素复杂多样，以下简要介绍几种主要调节因素。

（一）mRNA 自身的某些序列可调控 mRNA 稳定性

参与调控 mRNA 稳定性的自身序列主要包括：①5′-端帽结构，帽结构可保护 mRNA 5′-端免受磷酸酶和核酸酶的水解，并能提高 mRNA 的翻译活性。②5′-UTR，其序列过长或过短、GC 含量过高或存在复杂的二级结构等因素时，都可导致 mRNA 稳定性的改变，也会阻碍 mRNA 与核糖体的结合，从而降低翻译效率。③编码区，有些 mRNA 的编码区序列突变后，其半期可延长至正常转录本的 3 倍以上。④poly（A）尾，能抑制 3′→5′ 核酸外切酶对 mRNA 的降解，从而增加 mRNA 的稳定性。去除 poly（A），可使 mRNA 的半衰期大幅下降。通常在 poly（A）尾剩下不足 10 个 A 时，mRNA 便开始降解，因为少于 10 个 A 的序列长度无法与结合蛋白稳定结合。⑤3′-UTR，由 3′-UTR 中的稳定子序列（即反向重复序列）形成的茎-环结构具有增强 mRNA 稳定性的作用；而 3′-UTR 中的不稳定子序列，即 AU 富含元件（AU-rich element，ARE）可降低 mRNA 的稳定性，加速 mRNA 降解。ARE 在哺乳动物 mRNA 的 3′-UTR 中普遍存在，其核心序列通常是 AUUUA。ARE 启动 mRNA 降解的机制是：先激活某一特异性核酸内切酶切割转录本，使之脱去 poly（A）尾，从而使 mRNA 对核酸外切酶的敏感性增加，进而发生降解过程。

（二）mRNA 结合蛋白可调控 mRNA 稳定性

影响 mRNA 稳定性的 RNA 结合蛋白（RNA binding protein，RBP）主要包括：①帽结合蛋白（CBP），主要有两种，一种存在于细胞质中，即 eIF-4E；另一种是存在于细胞核内的蛋白复合体，即帽结合蛋白复合体（CBC）。两种 CBP 以不同的方式识别和结合帽结构，从而调控 mRNA 的稳定性。②编码区结合蛋白，一些能与 mRNA 编码区结合的蛋白质也能调控 mRNA 的稳定性，如 p70 蛋白与 c-Myc mRNA 的编码区结合后，可防止 mRNA 降解；而竞争性 RNA 与 p70 蛋白结合后，则会促进 c-Myc mRNA 编码区暴露，导致 mRNA 被核酸酶降解。③3′-UTR 结合蛋白，这类蛋白质可增加 mRNA 的稳定性。④PABP，在哺乳类动物细胞中，PABP 与 poly（A）结合形成复合体后，可保护 mRNA 不被迅速降解。然而在酵母细胞中，PAPB-poly（A）复合体却可启动 poly（A）的降解，因为在酵母细胞中 PABP 具有激活 poly（A）-RNase 复合体的活性。

（三）翻译产物可调控 mRNA 稳定性

有些 mRNA 的稳定性受自身翻译产物的调控。如在 S 期，组蛋白 mRNA 的合成达到高峰，所翻

译出的大量组蛋白与新合成的 DNA 组装成核小体。随着基因组 DNA 复制的变缓和终止,组蛋白基因的转录和翻译也减慢和停止,此时,已合成的组蛋白 mRNA 在基因组 DNA 合成结束后剩余组蛋白的作用下被迅速降解,推测可能是由于组蛋白与组蛋白 mRNA 3′-端结合后,改变了组蛋白 mRNA 的稳定性所致。

(四) NMD 系统可降解异常的 mRNA

真核 mRNA 的质量受到严密监控,异常的 mRNA 将被监督系统发现并降解,这种降解是 mRNA 稳定性调控的重要内容。异常 mRNA 的降解途径主要有 NMD、无终止降解、非正常停滞降解、核糖体延伸介导的降解等。此处着重介绍 NMD。

NMD 是真核生物细胞质中广泛存在的、保守的 mRNA 质量监视系统,可降解异常的 mRNA,如含有提前终止密码子(无义突变)、移码突变、剪接不完全(含部分内含子)、3′-UTR 过长的 mRNA,避免产生异常蛋白质(当然,NMD 系统也可降解约 1/3 自然生成的选择性剪接 mRNA)。NMD 异常与肿瘤的发生、发展密切相关。

mRNA 分子被 NMD 系统感知"无义"(即提前出现的翻译终止密码子)的关键在于可读框内第一终止密码子与最后两个外显子交界处的空间关系。若终止密码子位于最后两个外显子交界处下游(3′-端),则 mRNA 降解不会发生;若终止密码子提前出现在最后两个外显子交界处上游(5′-端),则 mRNA 可被 NMD 系统发现而被降解(图 19-11)。关于 NMD 的一种可能作用模式是:mRNA 前体经核内剪接后,某种蛋白质结合在 mRNA 外显子交界处,称为标记物,出核后的 mRNA 分子仍位于核周边,NMD 相关蛋白、核糖体与 mRNA 结合,翻译开始。首次翻译仅仅是为了评估 mRNA 的质量,判断其是否适合作为模板。只有通过检测的 mRNA 分子才能离开核周边扩散到细胞质,开始真正的翻译,否则,会被迅速降解。

图 19-11 NMD 系统对 mRNA 的降解

(五) 某些 ncRNA 可促进 mRNA 降解

某些 ncRNA 可通过促进 mRNA 降解而降低 mRNA 稳定性,进而下调相应蛋白质的表达。当然,也有的 ncRNA 可通过抑制 mRNA 降解而增强其稳定性。此处仅着重介绍三种 ncRNA(lncRNA、miRNA 和 siRNA)促进 mRNA 降解的作用。

1. 某些 lncRNA 可促进 mRNA 降解 一些 lncRNA 可通过影响特定 RBP 与 mRNA 的结合而改变 mRNA 的稳定性。

（1）某些 lncRNA 可募集特定蛋白质因子而促进 mRNA 降解：*Alu* 元件是人类基因组 DNA 中最常见的重复序列。在一些 mRNA 的 3′-UTR 中存在 *Alu* 元件，而一些 lncRNA 中也含有 *Alu* 元件。mRNA 3′-UTR 中的 *Alu* 元件与 lncRNA 中的 *Alu* 元件通过不完全碱基配对的方式结合，可产生 Staufen 1 蛋白结合位点。因此，这些 lncRNA 称为 1/2-sbsRNA（1/2-Staufen 1-binding site lncRNA）。Staufen 1 是一种结合双链 RNA 并促进其降解的蛋白质。1/2-sbsRNA 与靶 mRNA 结合产生 Staufen 1 蛋白结合位点，从而可以募集 Staufen 1 蛋白，促进靶 mRNA 的降解。

（2）某些 lncRNA 可竞争结合 RNA 稳定蛋白而促进 mRNA 降解：细胞内的许多 mRNA 通过结合特定的 RBP 而保持其稳定性。例如，TDP-43（一种 RBP）是 *CDK6* mRNA 的稳定蛋白。DNA 损伤可诱导 lncRNA gadd7 表达，后者可竞争结合 TDP-43，使 TDP-43 不能结合 *CDK6* mRNA，从而加速 *CDK6* mRNA 的降解，降低 CDK6 的水平，导致细胞周期停滞。

2. miRNA 和 siRNA 可促进 mRNA 降解　miRNA 和 siRNA 可影响 mRNA 的稳定性，其作用主要是通过引导相应 RNA 诱导的沉默复合体（RNA-induced silencing complex，RISC）与靶 mRNA 结合，促进 mRNA 降解。

（1）miRNA 可通过增强脱腺苷化作用而促进 mRNA 降解：miRNA 通过与 Argonaute（AGO）等蛋白质结合，形成 miRNA 诱导的沉默复合体（miRNA-induced silencing complex，miRISC）。随后，miRNA 利用部分与靶 mRNA 互补的序列将 miRISC 引导到靶 mRNA 分子并与靶 mRNA 结合。miRISC 主要与靶 mRNA 的 3′-UTR 结合，当然，有些 miRISC 也可与 5′-UTR（甚至可读框）结合。高效靶向 mRNA 需要 miRNA 种子区的 6~8 个核苷酸与靶 mRNA 的序列连续配对（即种子区与 mRNA 的靶序列完全互补），种子区以外的序列则不一定与靶 mRNA 的序列互补结合。miRISC 结合靶 mRNA 后，可增强脱腺苷酶（deadenylase）CCR4-NOT 复合体催化的脱腺苷化作用（图 19-12）。mRNA 的脱腺苷化由 GW182 蛋白介导。GW182 蛋白的 N-端部分与 AGO 蛋白结合，而其 C-端部分则与 PABP 相互作用，募集 CCR4-NOT 复合体，去除 poly（A）尾，从而促进 mRNA 降解。

（2）接近完全互补的 miRNA 促进 AGO2 蛋白剪切 mRNA：虽然 miRNA 主要以不完全互补的方式与靶 mRNA 结合，并通过各种机制抑制蛋白质合成，但如果 miRNA 与 mRNA 的靶序列接近或几乎完全互补，miRISC 中的 AGO2 则可发挥核酸内切酶的作用，将 mRNA 切断，导致 mRNA 降解。

（3）siRNA 促进 mRNA 降解：当 mRNA 分子存在与 siRNA 完全互补的序列时，siRNA 可引导相应 RISC 与靶 mRNA 分子结合，使 AGO2 裂解靶 mRNA 分子，从而导致 mRNA 降解。

图 19-12　miRISC 促进脱腺苷化作用和抑制翻译作用

框 19-2

RNA 干扰现象的发现

科学家们最早在植物中发现了 dsRNA 诱导的 RNA 沉默现象。1995 年，Guo S. 和 Kemphues

K. 在线虫中利用反义 RNA 技术特异性地阻断 *par-1* 表达的同时, 在对照实验中给线虫注射正义 RNA 以期观察到基因表达的增强, 但发现二者都同样抑制了 *par-1* 的表达。后来, Fire A. 和 Mello C. C. 等通过实验阐明了这一反常现象: 将反义 RNA 和正义 RNA 同时注射到线虫比单独注射反义 RNA 或正义 RNA 能够更有效地诱导基因转录后沉默。由此推断, 反义 RNA 和正义 RNA 形成的 dsRNA 触发了高效的基因转录后沉默机制并极大降低了靶 mRNA 水平。这一现象称为 RNA 干扰(RNA interference, RNAi)。1998 年, 他们将其研究成果发表在 *Nature* 期刊上。这一发现揭示了 dsRNA 剪切靶 RNA 的原理。为此, Fire A. 和 Mello C. C. 荣获了 2006 年度诺贝尔生理学或医学奖。

(六) 多种其他因素可调控 mRNA 稳定性

除上述调控因素外, 其他许多因素(包括激素、病毒、核酸酶、离子等)也能影响 mRNA 的稳定性。如雌激素可提高两栖动物卵黄蛋白原 mRNA 的稳定性; 生长激素有助于催乳素 mRNA 的稳定; 单纯疱疹病毒可通过加速降解宿主细胞的 mRNA 来获得足够的核糖体与病毒 RNA 偶联, 合成病毒所需要的蛋白质; 参与 poly(A)降解的 RNase(与其他真核 RNase 不同, 需要蛋白质-RNA 复合体作为底物)可通过降解 poly(A)而降低 mRNA 的稳定性; 铁离子的水平可影响转铁蛋白受体 mRNA 的稳定性等。

第四节　真核生物基因表达的翻译水平调控

在翻译水平上, 目前发现的一些调节点主要在翻译起始和延长阶段, 尤其是翻译起始阶段。翻译水平的调控主要是通过蛋白质与 mRNA 相互作用, 或干预蛋白质与 mRNA 的相互作用来实现。调控作用不仅涉及多种蛋白质, 也与 mRNA 的结构和分子中的特定序列元件有关。

一、翻译起始因子的磷酸化可调控翻译起始

翻译起始的快慢在很大程度上决定着蛋白质翻译的速率, 而真核翻译起始因子(eIF)的磷酸化修饰可调控翻译起始。

(一) eIF-2α 亚基的磷酸化抑制翻译起始

eIF-2 由 α、β、γ 三个亚基组成, 是典型的 GTP 结合蛋白, 主要参与甲硫氨酰-起始 tRNA(Met-tRNAi)的进位过程。eIF-2 通过与 GTP 和 Met-tRNAi 结合形成 Met-tRNAi/eIF-2/GTP 三元复合体, 该复合体与核糖体小亚基结合后, 再结合 mRNA 的 5′-端并逐步向 3′-端移动扫描。当起始密码子 AUG 被识别时, GTP 被 eIF-2 水解成 GDP, 而 eIF-2 自身发生构象变化而失活, 与 GDP 一起从小亚基上被释放出来。随后大亚基结合上去, 形成完整的核糖体, 肽链翻译开始。

失活的 eIF-2 与 GDP 结合得十分紧密, 需要结合鸟苷酸交换因子(guanine nucleotide exchange factor, GEF, 又称 eIF-2B)后才能将 GDP 释放, 进而结合新的 GTP, 实现 eIF-2 的循环利用(图 19-13a)。然而, 当与 GDP 结合的 eIF-2 的 α 亚基被磷酸化时(由 cAMP 依赖性蛋白激酶催化), eIF-2 不但不能释放 GDP, 而且与 GEF 之间的结合也异常紧密, 致使 eIF-2 及数目有限的 GEF 再利用受到抑制, 从而使蛋白质翻译速率大大降低(图 19-13b)。在哺乳动物细胞中, eIF-2 活性的调节十分重要。例如, 生长期细胞是非生长期细胞(G_0 期)蛋白质翻译速率的 5 倍, 细胞由生长期进入 G_0 期的部分机制涉及 eIF-2 的磷酸化调节; 血红素对珠蛋白合成的调节是因血红素能抑制 cAMP 依赖性蛋白激酶的活化, 从而防止或减少了 eIF-2α 亚基的磷酸化(即防止或减少了 eIF-2 的失活), 进而促进了蛋白质的合成; 在病毒感染细胞中, 细胞抗病毒机制之一就是通过双链 RNA 激活一种蛋白激酶, 使 eIF-2 的 α 亚基磷酸化, 从而抑制蛋白质翻译的起始。

图 19-13　eIF-2 启动蛋白质翻译的循环利用及其磷酸化调节机制

(二) eIF-4E 的磷酸化激活翻译起始

eIF-4E 为帽结合蛋白,其与 mRNA 帽结构的结合是翻译的限速步骤。磷酸化修饰可增加 eIF-4E 的活性(磷酸化 eIF-4E 与帽结构的结合能力是非磷酸化 eIF-4E 的 4 倍),从而提高翻译效率。另外, eIF-4E 结合蛋白(eIF-4E binding protein,4E-BP;包括 4E-BP1、4E-BP2 和 4E-BP3)可通过与 eIF-4E 结合而抑制 eIF-4E 的活性;而 4E-BP 的磷酸化可降低其与 eIF-4E 的亲和力,使 eIF-4E 得以释放,从而升高 eIF-4E 的活性,加速翻译起始。胰岛素及其他一些生长因子均可增加 eIF-4E 的磷酸化,从而加速翻译,促进细胞生长。同时,胰岛素还可通过激活相应的蛋白激酶而使 4E-BP 磷酸化,致使 4E-BP 与 eIF-4E 解离,从而活化 eIF-4E。

二、某些 RBP 可通过与 mRNA 的 5′-UTR 或 3′-UTR 结合抑制翻译

有些 RBP 为翻译阻遏蛋白,在这些 RBP 中,有的可通过与 mRNA 的 5′-UTR 结合而抑制翻译起始;而有的则可与 3′-UTR 中的特异位点结合,干扰 3′-端 poly(A)尾与 5′-端帽结构之间的联系,从而抑制翻译起始。例如,铁反应元件(iron response element,IRE)结合蛋白(IRE-binding protein,IRE-BP)作为特异的 RBP,可通过与铁蛋白 mRNA 5′-UTR 中的 IRE 结合而抑制翻译起始。当细胞内可溶性铁离子的浓度呈低水平时,IRE-BP 处于活化状态,通过结合 IRE 而阻碍 40S 小亚基与 mRNA 5′-端起始部位结合,从而抑制铁蛋白的翻译起始。当细胞内可溶性铁离子的浓度升高时,铁离子结合 IRE-BP,使之失活,IRE-BP 从 mRNA 5′-UTR 中的 IRE 上脱落,蛋白质翻译抑制被解除,翻译速率增加上百倍(图 19-14)。此外,IRE-BP 还以类似的机制调节 ALA 合酶(血红素合成的关键酶)的翻译起始。

三、mRNA 可通过 5′-AUG 调控翻译起始效率

近 90% 的真核细胞 mRNA 是从 5′-端帽结构下游第一个 AUG 密码子开始翻译的,因为该密码子被核糖体小亚基首先扫描到;但第一个 AUG 上、下游的邻近序列对翻译起始效率也会有一定影响。当不利于起始密码子扫描/识别情况出现时,核糖体小亚基可能无视第一个 AUG 而滑向第二个 AUG,甚至第三个 AUG,这种现象称为遗漏扫描(leaky scanning)。由于遗漏扫描现象的发生,一条 mRNA 分子模板有时可以翻译出两个以上的相关蛋白质。在某些情况下,细胞会通过遗漏扫描机制调节相关蛋白质翻译的相对丰度。

有些 mRNA 分子,在其正常的起始密码子 AUG 的上游往往有一个或多个 AUG,这些 AUG 不是

图 19-14　IRE-BP 对铁蛋白翻译的负性调节

正常可读框的起始密码子,称为 5′-AUG。如果核糖体从 5′-AUG 开始翻译,翻译后会很快遇到终止密码子而释放出一条无功能的多肽链。核糖体也可略过 5′-AUG,而从正常起始密码子 AUG 开始翻译,产生完整的多肽链。5′-AUG 存在的意义可能在于起调节作用,使正常的翻译产物维持在较低水平。

真核细胞内还存在另一种特殊的 mRNA,其翻译起始点不是 AUG,而是远离 mRNA 5′-端的一段特异序列,又称内部核糖体进入位点(internal ribosome entry site,IRES)。在一些极端情况下,在同一 mRNA 分子上,从 AUG 和从 IRES 开始的翻译可以同时进行。偏爱使用 IRES 的情况主要见于正常翻译过程受到限制,整体蛋白质合成能力降低,而从 IRES 开始的翻译未受影响。例如,当真核细胞进入 M 期时,由于翻译起始因子 eIF-4E 的周期性去磷酸化,与 mRNA 5′-端帽结构的结合能力显著降低,正常的翻译难以顺利进行,整体蛋白质翻译速率下降到仅为间期时的 25%。此时,细胞启动从 IRES 开始的蛋白质翻译,从而维持 M 期所需蛋白质的合成。

四、多种 ncRNA 可调控翻译

现有研究表明,miRNA、lncRNA、piRNA(Piwi-interacting RNA)、环状 RNA 等多种 ncRNA 均可参与调控翻译过程,此处主要介绍 miRNA 和 lncRNA 对翻译的调控作用。

(一) miRISC 通过结合靶 mRNA 抑制翻译

miRNA 的主要功能是调控翻译,而且以负调控作用为主;但 miRNA 并不是通过与 mRNA 的简单互补结合而抑制翻译,而是通过与蛋白质结合形成 miRISC 而对翻译过程产生抑制作用。

miRISC 抑制 mRNA 翻译的主要机制如下:①直接抑制 mRNA 的翻译。miRISC 可抑制 eIF-4E 的活性,从而抑制翻译起始。miRISC 也可与核糖体相互作用,使肽链合成反应停止(见图 19-12)。②通过将 mRNA 引入 P 小体(processing body)而阻止翻译。miRISC 结合靶 mRNA 后,可聚集于胞质中的 P 小体内(见图 19-12)。在 P 小体中,mRNA 的翻译被完全抑制。P 小体中含有抑制翻译的蛋白质、促进 mRNA 脱腺苷化和脱帽的蛋白质以及促进 mRNA 降解的蛋白质;因此,P 小体可抑制翻译或将靶 mRNA 降解。然而,有些 P 小体也可暂时储存 mRNA,在一定条件下,储存于 P 小体内的 mRNA 可被释放,重新进入翻译过程。

P 小体是一种动态变化的膜包裹性结构,蛋白质和 mRNA 可以进入或脱离 P 小体。P 小体的大小及数量与细胞内的翻译活性有关。在 P 小体内存在大量的 AGO 蛋白、GW182 蛋白、miRNA 和受抑制的 mRNA。GW182 蛋白是介导 miRISC 和 mRNA 参与组成 P 小体的关键蛋白,沉默 GW182 表达可导致 P 小体的消失。

（二）lncRNA 可调控翻译

lncRNA 调控翻译的机制复杂多样,有的 lncRNA 可抑制翻译,而有的 lncRNA 则可促进翻译。

1. 某些 lncRNA 可抑制翻译　lncRNA 除了通过促进 mRNA 降解而抑制翻译外,还可以通过其他机制抑制翻译。

（1）lncRNA 抑制翻译相关蛋白质与 mRNA 的结合:在翻译前起始复合物的组装过程中,eIF-4E 结合 mRNA 的 5′-端帽结构,然后介导 mRNA 与 40S 小亚基、起始因子/起始 tRNA 复合物的结合,形成翻译起始复合体。这一组装过程还需要 PABP 的共激活作用。某些 lncRNA 可通过直接结合 eIF-4E 而抑制其功能。例如,lncRNA BC1 3′-端的茎-环结构可直接与 eIF-4E 结合,而 BC1 序列中富含 A 的区域则可与 PABP 结合,从而抑制 eIF-4E 和 PABP 与 mRNA 结合,进而抑制翻译起始复合物的组装。

（2）lncRNA 结合 mRNA 并募集翻译阻遏蛋白:有些可作为翻译阻遏蛋白的 RBP 可结合双链 RNA。当某些 mRNA 能够形成链内的局部双链时,这些阻遏蛋白便可结合 mRNA 而抑制翻译。一些 lncRNA 可通过互补序列与靶 mRNA 结合,形成双链结构,从而可被特定的翻译阻遏蛋白识别并结合。例如,在 *CTNNB1* mRNA(编码 β-catenin)和 *JUNB* mRNA(编码 JunB)的编码区和 UTR 中,有几处序列与 lncRNA-p21 互补,故 lncRNA-p21 可与之结合形成局部双链。翻译阻遏蛋白 Rck 和 Fmrp 可识别 lncRNA-p21 与 mRNA 之间形成的双链结构并与之结合。因此,lncRNA-p21 可通过募集 Rck 和 Fmrp 而抑制 *CTNNB1* mRNA 和 *JUNB* mRNA 的翻译。

2. 某些 lncRNA 可促进翻译　lncRNA 对翻译的调控并不只是抑制作用,有些 lncRNA 对翻译具有促进作用,其促进翻译的主要机制如下。

（1）lncRNA 通过促进 mRNA 与核糖体的相互作用而促进翻译:有些 lncRNA 与 mRNA 的 5′-端结合时,可促进 mRNA 与核糖体的相互作用,从而促进翻译。例如,lncRNA AS-*UCHL1* 是以泛素羧基端水解酶 L1(ubiquitin carboxy-terminal hydrolase L1,UCHL1)基因反向转录而产生的,由于转录区部分重叠,使得 AS-*UCHL1* 与 *UCHL1* mRNA 在 5′-端互补(即两个 RNA 分子可在 5′-端互补结合;图 19-15)。AS-*UCHL1* 的 3′-端序列中有一个 SINEB2 元件,该元件可通过促进核糖体与 *UCHL1* mRNA 的结合而促进翻译起始,而且更容易形成多聚核糖体,从而提高蛋白质翻译效率。除了 AS-*UCHL1*,其他具有相同结构特点的 lncRNA(如 AS-*UXT*)也可以促进相应靶 mRNA 的翻译活性(图 19-15）。

图 19-15　*UCHL1* 和 *UXT* 及与之部分重叠的 AS 基因的转录

AS:antisense。

虽然 AS-*UCHL1* 的转录有可能干扰 *UCHL1* 的转录,而实际上,AS-*UCHL1* 的短暂表达对 *UCHL1* mRNA 水平的影响不大,但却可以大幅度增强 UCHL1 蛋白的合成。

（2）lncRNA 通过结合 mRNA 而阻断 miRNA 的抑制作用:lncRNA 与 mRNA 的互补结合可能封闭 miRNA 的识别位点,从而阻断 miRNA 对翻译的抑制作用。例如,从 β 淀粉样裂解酶 1(BACE1)的基因可反义转录出 lncRNA *BACE1*-AS。*BACE1*-AS 一方面可与 *BACE1* mRNA 互补结合,防止 RNA 酶降解 *BACE1* mRNA,从而增强该 mRNA 的稳定性,促进翻译;另一方面,在 *BACE1* mRNA 中有 miR-485-5p 的识别位点,而 *BACE1*-AS 与含有 miR-485-5p 识别位点的区域完全互补,能够抑制 miR-485-5p 引导 miRISC 结合 *BACE1* mRNA,从而阻断 miRNA 介导的翻译抑制效应,最终促进 *BACE1* mRNA 的翻译。

（3）lncRNA通过吸附miRNA而促进翻译：miRNA通过识别靶mRNA的部分互补序列而引导miRISC与靶mRNA结合，进而抑制mRNA的翻译。在一些lncRNA中，也存在与miRNA互补的序列，因此，这些lncRNA能够竞争性结合miRNA，使miRNA不能抑制相应靶mRNA的翻译。除了发挥"海绵"效应吸附miRNA外，有些lncRNA与miRNA结合后还可加速miRNA的降解。

有的lncRNA含有多种miRNA的识别位点，因而可结合多个miRNA，从而促进多种mRNA的翻译。例如，lncRNA HULC含有多种miRNA的识别位点，其可通过结合相应miRNA而消除miRNA对靶mRNA的翻译抑制效应。除吸附多种miRNA外，HULC还可促进其中一些miRNA（如miR-372和miR-613）的降解。有些lncRNA识别的miRNA较少，调控的靶基因也较少。如lncRNA linc-MD1主要结合miR-133和miR-135，相应地促进*MAML1* mRNA和*MEF2C* mRNA的翻译。

有些假基因转录产生的lncRNA也可结合miRNA，从而使亲本基因的翻译水平升高。例如，假基因*PTENP1*的亲本基因是抑癌基因*PTEN*，由*PTENP1*转录产生的lncRNA中的一段序列与*PTEN* mRNA的3'-UTR序列高度同源，因而可以结合许多靶向*PTEN* mRNA 3'-UTR的miRNA（如miR-17、miR-21、miR-214、miR-19、miR-46），从而促进*PTEN* mRNA的翻译。

小结

真核生物基因表达调控的环节比原核生物基因更多，机制更复杂，主要包括染色质水平调控、转录调控、转录后调控、翻译调控和翻译后调控（关于翻译后调控见前述有关章节）。

染色质水平的调控是真核生物基因表达调控的重要环节。染色质结构的改变（即染色质重塑）需要特异的染色质重塑复合体。位于常染色质区内的基因具有转录活性，而组蛋白修饰可改变染色质活性；DNA的甲基化修饰通常可抑制基因的转录活性；ncRNA也参与调控染色质结构（如：lncRNA可促进形成致密的染色质结构；可通过募集染色质重塑复合体而调控组蛋白修饰；可促进DNA甲基化；而miRNA可间接影响组蛋白修饰，可通过调控*DNMT*的表达而调控DNA甲基化）。

转录起始的调控是真核生物基因表达调控的最重要环节。顺式作用元件是调控转录起始的DNA序列，包括启动子、增强子、沉默子和绝缘子。转录激活因子通过结合顺式作用元件而激活转录，可通过与通用TF相互作用而促进转录；没有TAD的激活因子则可通过结合含有TAD的共激活因子而发挥促转录功能。转录抑制因子可通过干扰基础转录装置、抑制转录激活因子的功能等机制而抑制基因转录起始。RNA聚合酶Ⅱ CTD的磷酸化修饰密切调控着转录进程，CTD的进一步磷酸化可挽救一些不成功的转录起始。

转录后调控包括对mRNA的加工修饰、转运、细胞质定位以及稳定性等多个方面的调控。加帽酶可促进mRNA加帽，mRNA的脱帽受脱帽酶和其他多种蛋白质的调控；RNA聚合酶Ⅱ的CTD可促进mRNA加帽、剪接、加poly（A）尾等转录后加工过程；mRNA的剪接、转运及细胞质定位均受到诸多调控元件和蛋白质因子的调控；mRNA 3'-端加尾受poly（A）信号和多种蛋白质因子的调节；mRNA的稳定性受自身的某些序列、RBP、翻译产物、NMD系统、ncRNA等诸多因素的调控。

翻译调控点主要在翻译起始和延长阶段，尤其是翻译起始阶段。翻译起始因子的磷酸化可调节蛋白质翻译；某些RBP可结合mRNA的5'-或3'-UTR而抑制翻译；mRNA可通过5'-AUG调控翻译起始效率；ncRNA也参与调控翻译（如miRNA通过形成miRISC而结合靶mRNA，进而抑制翻译；lncRNA调控翻译的机制复杂多样，有的lncRNA可抑制翻译，而有的则可促进翻译）。

（何凤田）

思考题

1. 请说明真核生物与原核生物基因转录调控特点的异同。

2. 简要说明 DNA 甲基化与肿瘤的关系。

3. 已知血管紧张素Ⅱ（angiotensin Ⅱ，AngⅡ）可调控巨噬细胞移动抑制因子（macrophage migration inhibitory factor，MIF）的表达，且该调控作用可能与转录因子 AP-1（activator protein-1）有关。试运用真核生物基因表达调控的知识，简要说明研究 AngⅡ通过 AP-1 调控 MIF 表达的策略。

4. 已知 B 细胞活化因子（B-cell activation factor，BAFF）mRNA 的 3′-UTR 中有 miR-30 的结合位点。试从 miRNA 调控基因表达的角度，简述 miR-30 通过调节 BAFF 表达而抗类风湿性关节炎（rheumatoid arthritis，RA）的研究策略。

5. 通常情况下，基因的转录激活需要形成转录起始复合物。试运用真核生物基因转录调控的知识，说明转录起始复合物形成过程中调节要素的组成及其作用。

第二十章

细胞信号转导

扫码获取
数字内容

【本章要点】

1. 细胞信号转导的概述及分子组成；

2. 受体介导的细胞信号转导类别；

3. 多条不同生物学效应的重要信号转导通路；

4. 细胞信号转导的基本规律和复杂性；

5. 细胞信号转导异常与疾病。

高等生物所处的环境无时无刻不在变化，机体在功能上的协调统一至关重要。为此，生物体的新陈代谢活动除物质和能量的动态转变之外，还存在着信息流（information flow）用以控制物质流和能量流的有序运行。信息流构成了一个完善的细胞通信（cell communication）系统。在细胞通信系统中，细胞感受信号，通过检测、放大、整合细胞内外多种分子的作用，使细胞的代谢速度与方向、基因转录、基因复制、细胞分裂等行为发生改变。这种针对外源信息所发生的细胞应答反应的全过程称为信号转导（signal transduction），其最终目的是保证机体在整体上对外界环境的变化产生最为适宜的反应。阐明细胞信号转导的机制，对于认识各种细胞在整个生命过程中的增殖、分化、代谢及死亡等诸方面的表现和调控方式，进而理解各种生命活动的本质具有重大的理论意义；同时对于在分子水平认识各种疾病的发病机制，建立新的诊断与治疗手段亦具有重要的实用价值。

> **框 20-1**
>
> ### 信号转导概念的形成
>
> 1969 年，为解释细胞如何接收信号并在细胞内播散信号，Rodbell M. 在一次学术会议前与著名的内分泌学家和生物化学家 Hechter S. 在交谈中形成了"signal transduction"的概念框架。在接下来的会议上，Rodbell M. 提出了一个三步模型来描述细胞信号传递的基本步骤："discriminator-transducer-amplifier"。他以"discriminator"定义能够识别外源信号的细胞表面受体，"amplifier"则是腺苷酸环化酶所起的作用。Rodbell M. 推断在"discriminator（receptor）"和"amplifier（enzyme）"之间应该存在着另一个开关分子，他将之称为"transducer"，而此时 G 蛋白尚没有被发现。Rodbell M. 正确地描述了后来称之为"cell signaling"概念中的基本步骤。1994 年，Rodbell M. 和发现 G 蛋白的 Gilman A. 分享了诺贝尔生理学或医学奖。

第一节　细胞信号转导概述

信号转导是细胞通信的最主要环节，指的是细胞通过内部多种分子相互作用引起的序贯反应，将来自细胞外的信息传递到细胞内各种效应分子的过程。细胞所感受的环境信息包括物理和化学信号（chemical signaling）两大类。物理信号包括光、压力、温度、机械触碰等，化学信号更是种类繁多且复杂，是多细胞生物体内调节细胞活动的主要信号。本章仅讨论机体内环境中的化学信号及细胞对化学信号的反应过程。细胞化学通信的全过程包括：①特定的细胞释放信息物质；②信息物质经扩散或血液循环到达靶细胞；③信息物质与靶细胞的受体专一性结合；④受体对信号进行转换并启动靶细胞内信号传递系统；⑤靶细胞内的相关分子序贯变化产生应答，进而改变细胞行为。

一、细胞外化学信号有可溶型和膜结合型两种形式

细胞间的化学信号包括蛋白质和肽类、氨基酸及其衍生物、类固醇激素、脂类衍生物和气体分子等。化学信号通信的建立是生物为适应环境而不断变异、进化的结果。单细胞生物可直接从外界环境接收信息；而多细胞生物中的单个细胞则主要接收来自其他细胞的信号，或所处微环境的信息。最原始的通信方式是细胞与细胞间通过孔道进行的直接物质交换，或者是通过细胞表面分子相互作用实现信息交流，这种调节方式至今仍然是高等动物细胞分化、个体发育及实现整体功能协调、适应的重要方式之一。但是，相距较远细胞之间的功能协调必须有可以远距离发挥作用的信号。

（一）可溶型信号分子作为游离分子在细胞间传递

多细胞生物中，细胞通过分泌作用释放出可溶型信号分子。根据可溶型信号分子的溶解特性将其分为脂溶性化学信号和水溶性化学信号两大类；而根据其在体内的作用距离，则可分为内分泌（endocrine）信号、旁分泌（paracrine）信号和神经递质（neural transmitter）三大类（表 20-1）。有些旁分泌信号还作用于发出信号的细胞自身，称为自分泌（autocrine）。

表 20-1　可溶型化学信号分子的分类

项目	神经突触分泌	内分泌		旁分泌及自分泌
化学信号的名称	神经递质	激素		细胞因子
作用距离	纳米（nm）	米（m）		微米（μm）
受体位置	质膜	质膜或胞内		质膜
举例	乙酰胆碱	胰岛素、甲状腺素、生长激素		表皮生长因子、白细胞介素、神经生长因子

（二）膜结合型信号分子需要细胞间接触才能传递信号

每个细胞质膜的外表面都存在众多蛋白质、糖蛋白、蛋白聚糖和糖脂等分子。细胞之间可经由这些分子所具有的特殊结构，相互识别、相互作用来传递信息，促使对方发生各种功能变化。这种细胞通信方式称为膜表面分子接触通信（contact signaling by plasma membrane bound molecule）。属于这一类通信的有相邻细胞间黏附因子的相互作用、T 淋巴细胞与 B 淋巴细胞表面分子的相互作用等。

二、细胞经由受体接收细胞外信号

只有通过受体（receptor），细胞才能接收信号。受体通常是细胞膜上或细胞内能识别外源化学信号并与之结合的蛋白质分子，个别糖脂也具有受体作用。能够与受体特异性结合的分子称为配体（ligand）。可溶型和膜结合型信号分子都属于配体。

（一）受体有细胞内受体和膜受体两种类型

依据细胞内位置，受体可分为细胞内受体和细胞表面受体（图 20-1）。前者包括位于细胞质或细胞核内的受体，其相应配体都是脂溶性信号分子，如类固醇激素、甲状腺素、视黄酸等。水溶性信号分子和膜结合型信号分子（如生长因子、细胞因子、水溶性激素分子、黏附分子等）不能直接进入靶细胞，其受体位于靶细胞的细胞质膜表面。

（二）受体结合配体并转换信号

受体识别配体并与之结合，是细胞接收外源信号的第一步反应。受体有两个方面的作用：一是识别外源信号分子并与之结合；二是转换配体信号，使之成为细胞内分子可识别的信号，并传递至其他分子引起细胞应答。

图 20-1　水溶性和脂溶性化学信号的转导

　　1. 细胞内受体能够直接传递信号　接收脂溶性化学信号的细胞内受体大部分属于转录因子,与进入细胞的信号分子结合后,可以直接调控基因表达。事实上,细胞内部的异常化学变化(如 DNA 损伤、ATP 不足等细胞应激反应)也可视为产生化学信号,接收这些信号的信号感受分子在广义上亦可称为受体。这些分子可以直接激活效应分子或通过一定的信号转导通路激活效应分子。

　　2. 膜受体识别细胞外信号分子并转换信号　膜受体识别并结合细胞外信号分子,将细胞外信号转换成为能够被细胞内分子识别的信号,通过信号转导通路将信号传递至效应分子,引起细胞的应答。

（三）受体与配体的相互作用具有共同的特点

　　受体在膜表面和细胞内的分布可以是区域性的,也可以是散在的,其作用都是识别和接收外源信号。受体与配体的相互作用有以下特点:

　　1. 受体与配体的相互作用具有高度专一性　受体选择性地与特定配体结合,这种选择性是由分子的空间构象所决定的。受体与配体的特异性识别和结合保证了调控的准确性。信号分子与受体的专一结合取决于各自的分子结构。受体的氨基酸序列及其空间结构、糖化修饰、脂类修饰等都对受体与信号分子的特异性结合具有决定性影响。信号分子与受体结合的专一性很强,但是并不绝对排斥交叉结合的存在。在机体内,存在着一些不同配体共用一个受体的现象。这种相对选择性为机体对外源信号控制的代偿性和有效性提供了基础。

　　2. 受体与配体的相互作用具有高亲和力　体内化学信号的浓度非常低。受体与信号分子的亲和力一般高于酶与底物、抗原与抗体相互作用的亲和力,这就保证了很低浓度的信号分子即可起到充分的调控作用。

　　3. 受体与配体的相互作用具有可饱和性　一个靶细胞的受体数目是有限的。当全部受体均为配体占据时,再提高配体的浓度,也不会增加细胞的效应,这充分体现了细胞对外源环境变化的自身保护作用。每个细胞的受体数目并非一成不变,而是处于动态调节中。尤其是细胞外信号分子浓度增加时,可以导致相应受体的表达下调,起到对细胞的保护作用。细胞对信号反应发生“脱敏”(desensitization),即高剂量和长时间的信号分子刺激可以诱导细胞对同一信号耐受,其机制之一就是调节细胞中的受体数目。

　　4. 受体与配体的相互作用具有可逆性　受体与配体以非共价键结合,当生物效应发生后,配体即与受体解离。配体与受体结合的可逆性使细胞在外源信息分子浓度下降后,可以迅速终止针对该信息所发生的变化,受体也可恢复到原来的状态再次接收配体信息。

三、细胞内信使构成信号通路并形成复杂网络

细胞内的信号转导过程是由复杂的网络系统完成的。这一网络系统的结构基础是一些关键的蛋白质分子和一些小分子活性物质,其中的蛋白质分子常称为信号转导分子(signal transducer),小分子活性物质常称为第二信使(second messenger)。参与信号转导的蛋白质和小分子都属于细胞内信使,两者的作用相互依存,缺一不可。

在细胞中,多种信号转导分子依次相互识别、相互作用,有序转换和传递信号。由一组分子完成的序贯变化称为信号转导通路(signal transduction pathway)。每一条信号转导通路都由多种信号转导分子所组成,不同分子间有序地相互作用,上游分子引起下游分子的数量、分布或活性状态变化,从而使信号向下游传递。信号转导分子相互作用的机制构成了信号转导的基本机制。

由一种受体分子转换的信号,可通过一条或多条信号转导通路进行传递;而不同类型受体分子转换的信号,也可通过相同的信号转导通路进行传递。不同的信号转导通路之间又存在着广泛的交联互动(cross talking),形成了复杂的信号转导网络(signal transduction network;图 20-2)。信号转导通路和网络的形成是动态过程,随着信号的种类和强度而不断变化。

信号转导分子:介导信号在细胞内传递的所有分子
信号转导通路:信号转导分子的序贯反应
信号转导网络:信号转导通路交叉形成的调控系统

图 20-2　细胞信号转导基本方式示意图

在高等动物体内,细胞通信的全过程都具有网络调节特点。如一种细胞因子或激素的作用会受到其他细胞因子或激素的影响,或协同,或拮抗。发出信号的细胞又受到其他细胞信号的调节。细胞外信号分子的产生及其调控、细胞内信号转导网络在多层次上形成复杂的网络系统。网络调节使得机体内的细胞因子或激素的作用都具有相当程度的冗余和代偿性,单一缺陷并不一定会导致对机体的严重损害。

第二节　主要的信号转导分子及其作用方式

细胞外的信号经过受体转换,通过细胞内一些蛋白质分子和小分子活性物质进行传递。受体和这些信号转导分子传递信号的基本方式包括:①改变胞内信号转导及效应蛋白质分子的构象;②改变信号转导和效应蛋白分子的亚细胞定位;③信号转导分子蛋白质复合体的形成或解聚;④改变第二信使的细胞内浓度或分布等。

一、GTP 结合蛋白是许多信号通路的分子开关

信号转导通路中有许多信号转导分子通过分子间的相互作用被激活,或激活下游分子。这些信号转导分子主要包括 G 蛋白和衔接蛋白等。

G 蛋白是鸟苷酸结合蛋白(guanine nucleotide-binding protein, G protein)的简称。G 蛋白之所以能够成为信号转导通路的开关,是因其存在结合 GTP 和结合 GDP 这两种分子形式,因而可处于不同的构象。G 蛋白结合 GDP 时处于无活性状态;GDP 被 GTP 取代时,G 蛋白成为活化形式,能够与下游分子结合,并通过别构效应激活下游分子,使相应信号通路开放。G 蛋白既可以结合 GTP,本身又具有GTP 酶活性,可将 GTP 水解为 GDP,分子又回到非活化状态,使下游信号通路关闭。

目前已知的 G 蛋白主要有两大类。第一类是与七跨膜受体相结合的 G 蛋白,第二类是低分子量G 蛋白(21kD),它们都是多种细胞信号转导通路的开关。

(一)三聚体 G 蛋白是 G 蛋白偶联受体介导的信号通路的开关

异源三聚体 G 蛋白以 αβγ 三聚体的形式存在于细胞质膜内侧,每一种亚基都有多种亚型,不同亚型的组合形成了开关的多样性。这一类 G 蛋白直接接收 G 蛋白偶联受体(G protein-coupled receptor,GPCR)的信号,并激活如腺苷酸环化酶、磷脂酶等各种酶或离子通道等效应分子,通过产生的 cAMP 等第二信使,激活下游蛋白激酶信号通路,进而改变细胞的各种功能。

三聚体 G 蛋白中的 α 亚基负责与受体结合,并以活性形式改变下游效应分子的活性状态。α 亚基存在多个功能位点,包括受体结合部位、βγ 亚基结合部位、GDP 或 GTP 结合部位、下游效应分子相互作用部位等。α 亚基还具有 GTP 酶活性,可促使分子回到非活性状态。在细胞内,β 和 γ 亚基始终形成紧密结合的二聚体,其主要作用是与 α 亚基形成复合体并定位于质膜内侧。受体的活化可使 α 亚基与 βγ 亚基分离,信号终止后又恢复三聚体状态(图 20-3)。βγ 亚基也可以独立作用于某些下游效应分子。

图 20-3 三聚体 G 蛋白作为 GPCR 信号通路开关

(二)低分子量 G 蛋白是多种信号转导通路的开关分子

细胞内有多种信号转导通路利用一类 21kD 左右的低分子量 G 蛋白作为信号开关分子。低分子量 G 蛋白与异源三聚体 G 蛋白一样,具有 GTP 酶活性,故亦称为低分子量 GTP 酶(small GTPase)。RAS 是第一个被发现的低分子量 G 蛋白,因此这类蛋白质称为 RAS 超家族 GTP 酶(RAS superfamily GTPase)。目前已知的 RAS 家族成员已超过 50 种,在细胞内分别参与不同的信号转导通路。例如,位于蛋白激酶 MAPKKK 上游的 RAS 分子,在接收上游信号转导分子的信号时,会转变为 GTP 结合形

式,可启动下游的蛋白激酶级联反应。

在细胞中存在一些专门控制低分子量 G 蛋白活性的调节因子(图 20-4)。其中,有的可增强其活性,如鸟嘌呤核苷酸交换因子(guanine nucleotide exchange factor,GEF),促进 G 蛋白结合 GTP 而将其激活;有的可以降低其活性,如 GTP 酶活化蛋白(GTPase activating protein,GAP)等,可促进 G 蛋白将 GTP 水解成 GDP。这些低分子量 G 蛋白调节分子都是细胞内重要的信号转导分子。

图 20-4　低分子量 G 蛋白活性的调节因子的作用

二、蛋白激酶广泛参与细胞信号通路的构成

许多信号转导分子都是酶。依据其转导信号的方式,作为信号转导分子的酶主要有两大类,一是催化蛋白质化学修饰的酶类,如蛋白激酶、蛋白磷酸酶等;二是催化小分子信使生成和转化的酶,如腺苷酸环化酶、鸟苷酸环化酶、磷脂酶 C、磷脂酶 D 等。蛋白激酶是细胞信号转导通路中最广泛存在的酶。

(一)可逆磷酸化是细胞信号转导通路的重要开关

可逆磷酸化是生物进化中形成的最主要的蛋白质分子活性调节方式,因而也成为细胞内各种信号通路的主要开关。蛋白激酶(protein kinase,PK)和蛋白磷酸酶(protein phosphatase,PP)共同负责催化蛋白质的可逆性磷酸化修饰(图 20-5)。

各种蛋白质的磷酸化修饰对其活性的影响是不同的,有些修饰可提高活性,有些则降低其活性。同一种蛋白质分子中不同位点的氨基酸残基磷酸化对其活性的影响亦不相同,有的位点磷酸化使之激活,有的位点磷酸化则可使之失活。例如,蛋白质酪氨酸激酶 SRC 的第 527 位酪氨酸(Y527)的磷酸化使之处于无活性状态,而其第 416 位酪氨酸(Y416)的磷酸化则是其活化所必需的。无论蛋白质的磷酸化对于其下游分子的作用是正调节还是负调节,蛋白质的去磷

图 20-5　蛋白质的可逆磷酸化作为信号转导通路的开关
上游信号激活蛋白激酶(PK)或蛋白磷酸酶,这些酶可使细胞内其他的蛋白质分子,包括蛋白激酶发生可逆磷酸化修饰,磷酸化而活化的蛋白激酶又可作用在下游的底物蛋白质,通过磷酸化修饰改变它们的活性。

酸化都将对蛋白激酶所引起的变化产生衰减或终止效应。

需要指出的是,尽管可逆磷酸化是细胞信号转导通路开关的主要方式,但是其他蛋白质化学修饰方式亦控制着信号通路的方向和速率。这些修饰方式包括蛋白质的泛素化、甲基化、乙酰化、脂肪酰化等。

(二) 不同蛋白激酶构成多种形式的信号转导通路

蛋白激酶是催化 ATP 的 γ-磷酸基转移至靶蛋白的特定氨基酸残基上的一类酶。蛋白激酶种类繁多,迄今已发现近千种。主要的几类蛋白激酶见表 20-2。目前对蛋白质丝氨酸/苏氨酸激酶(protein serine/threonine kinase)和蛋白质酪氨酸激酶(protein tyrosine kinase, PTK)类的结构与功能研究较多,而其他蛋白激酶受限于研究工具,其结构和功能尚不清楚。

细胞内几乎所有的信号转导通路中,都有蛋白激酶的参与。有的通路以蛋白质丝氨酸/苏氨酸激酶为主而构成,有的则以蛋白质酪氨酸激酶为主。

表 20-2　蛋白激酶的分类

蛋白激酶	磷酸基团的受体
蛋白质丝氨酸/苏氨酸激酶	丝氨酸/苏氨酸羟基
蛋白质酪氨酸激酶	酪氨酸的酚羟基
蛋白质组氨酸/赖氨酸/精氨酸激酶	咪唑环、胍基、ε-氨基
蛋白质半胱氨酸激酶	巯基
蛋白质天冬氨酸/谷氨酸激酶	酰基

(三) 细胞内蛋白质磷酸化大部分由蛋白质丝氨酸/苏氨酸激酶催化

生物体内的蛋白质磷酸化有 90% 发生在丝氨酸或苏氨酸残基上,所以蛋白质丝氨酸/苏氨酸激酶在信号转导通路中具有重要作用。这些蛋白激酶包括受环核苷酸调控的蛋白激酶 A 和蛋白激酶 G、受甘油二酯/Ca^{2+}调控的蛋白激酶 C、受 Ca^{2+}/钙调蛋白调控的 Ca^{2+}/CaM-蛋白激酶、受三磷酸磷脂酰肌醇调控的蛋白激酶 B、受丝裂原激活的蛋白激酶(mitogen activated protein kinase, MAPK)。前几类酶将在介绍第二信使的下游信号转导分子时讨论,这里仅以 MAPK 为例,介绍蛋白质丝氨酸/苏氨酸激酶在信号通路构成中的作用。

不同蛋白激酶分子的逐级序贯磷酸化并激活是细胞信号转导通路的重要特征。MAPK 级联激活是多种信号通路的中心环节,可将膜受体接收的信号转导至核内以控制基因表达,是细胞生长、分化和应激反应的共同信号通路。

位于 MAPK 分子上游的两级信号转导分子也是蛋白激酶,分别称为 MAPK 激酶(MAP kinase kinase, MAPKK)和 MAPKK 激酶(MAP kinase kinase kinase, MAPKKK)。细胞未受刺激时,这些激酶处于无活性状态。当细胞受到生长因子信号或其他刺激时,经由受体、信号转导分子被依次活化。活化的 MAPKKK 使 MAPKK 磷酸化而将其激活,MAPKK 再促进 MAPK 的磷酸化修饰而将其激活,从而形成逐级磷酸化的级联激活反应(图 20-6)。激活的 MAPK 转移至细胞核内,使一些转录因子发生磷酸化,改变细胞内基因表达状态。此外,MAPK 也可以将一些其他的酶修饰激活。

哺乳动物存在多个 MAPK 亚家族,最重要的有 ERK(extracellular regulated kinase)、JNK/SAPK(c-jun N-terminal kinase/stress-activated protein kinase)和 p38 MAPK 等。ERK 参与细胞增殖与分化的调控,多种生长因子受体、营养相关因子受体等都需要 ERK 的活化来完成信号转导过程。JNK 家族是细胞对各种应激原诱导的信号进行转导的关键分子,参与细胞对辐射、渗透压、温度变化等的应激反应。p38 MAPK 亚家族介导炎症、凋亡等应激反应。

(四) 蛋白质酪氨酸激酶转导细胞增殖与分化信号

蛋白质酪氨酸激酶(PTK)催化蛋白质分子中的酪氨酸残基磷酸化。酪氨酸磷酸化修饰的蛋白

图 20-6 MAPK 的磷酸化及活化示意图

MAPK 家族成员活化需要分子中一个 Thr-X-Tyr 模体中的 Tyr 和 Thr 残基同时磷酸
化,这 2 个残基的磷酸化是由 MAPKK 单独完成的,MAPKK 具有双功能激酶作用。
MAPK 被激活后转移至细胞核内,使一些转录因子发生磷酸化,改变细胞内基因表
达状态。另外,MAPK 也可以使一些其他的酶发生磷酸化,使之活性改变。

质大部分对细胞增殖具有正向调节作用,无论是生长因子作用后正常细胞的增殖、恶性肿瘤细胞的增
殖,还是 T 细胞、B 细胞或肥大细胞的活化都伴随着瞬间发生的多种蛋白质分子的酪氨酸残基的磷酸
化。以 PTK 为靶位的小分子抑制剂已经作为抗肿瘤药物用于临床。

1. 部分膜受体具有 PTK 功能 许多生长因子的受体本身具有 PTK 活性,称为受体型 PTK。它
们在结构上均为单跨膜蛋白质,其胞外部分为配体结合区,中间有跨膜区,细胞内部分含有 PTK 的
催化结构域。受体型 PTK 与配体结合后形成二聚体,同时激活其酶活性,使受体胞内部分的酪氨酸
残基磷酸化(自身磷酸化)。磷酸化的受体募集含有 SH2 结构域的信号分子,从而将信号传递至下游
分子。

2. 细胞内有多种非受体型的 PTK 这些 PTK 本身并不是受体,而是作为受体和效应分子之间
的信号转导分子。有些 PTK 是直接与受体结合,由受体激活而向下游传递信号;有些则是存在于胞
质溶胶或细胞核中,由其上游信号转导分子激活,再向下游传递信号。非受体型 PTK 的主要作用见
表 20-3。

(五)蛋白磷酸酶衰减或终止蛋白激酶诱导的效应

蛋白磷酸酶在细胞内催化磷酸化的蛋白质发生去磷酸化,与蛋白激酶共同构成了蛋白质活性的
调控系统。蛋白磷酸酶的分类也是依据其所作用的氨基酸残基。目前已知的蛋白磷酸酶包括蛋白质
丝氨酸/苏氨酸磷酸酶和蛋白质酪氨酸磷酸酶两大类。有少数蛋白磷酸酶具有双重作用,可同时除去
酪氨酸和丝氨酸/苏氨酸残基上的磷酸基团。

各种蛋白激酶和蛋白磷酸酶在细胞内仅仅选择性作用于有限的底物分子,它们的催化作用专一
性及其在细胞内的分布特异性决定了信号转导通路的差异性和精确性。

表 20-3　非受体型 PTK 的主要作用

基因家族名称	举例	细胞内定位	主要功能
SRC 家族	SRC、FYN、LCK、LYN	存在于质膜内侧常与受体结合	接收受体传递的信号发生磷酸化而激活,通过催化底物的酪氨酸磷酸化向下游传递信号
ZAP70 家族	ZAP70、SYK	与受体结合存在于质膜内侧	接收 T 淋巴细胞的抗原受体或 B 淋巴细胞的抗原受体的信号
TEC 家族	BTK、ITK、TEC 等	存在于胞质溶胶	位于 ZAP70 和 SRC 家族下游接收 T 淋巴细胞的抗原受体或 B 淋巴细胞的抗原受体的信号
JAK 家族	JAK1、JAK2、JAK3 等	与一些白细胞介素受体结合存在于质膜内侧	介导白细胞介素受体活化信号
核内 PTK	ABL、WEE	细胞核	参与转录过程或细胞周期调节

三、第二信使的浓度和分布变化是重要的信号转导方式

很多小分子的化学物质可以作为外源信号在细胞内的信使,对相应靶分子的活性进行调节。它们在上游信号转导分子的作用下可以发生浓度的迅速上升或者下降,进而使其相应的靶分子(蛋白质分子)的活性增高或降低,从而使信息向信号通路的下游传递,因而称为细胞内小分子信使,亦称为第二信使(second messenger)。

(一) 第二信使分子具有共同特点

细胞内作为第二信使的分子一般具有 5 个特点:①不属于物质和能量代谢途径中的核心代谢物;②在细胞中的浓度或亚细胞部位的分布可以迅速地改变;③作为别构效应剂作用于相应的靶分子;④其结构类似物可模拟细胞外信号对细胞功能的影响;⑤阻断该分子变化的药物可阻断细胞对外源信号的反应。

环腺苷一磷酸(cyclic AMP, cAMP)、环鸟苷酸(cyclic GMP, cGMP)、甘油二酯(diacylglycerol, DAG)、三磷酸肌醇(inositol 1,4,5-triphosphate, IP_3)、磷脂酰肌醇-3,4,5-三磷酸(phosphatidylinositol 3,4,5-triphosphate, PIP_3)、Ca^{2+} 等都是典型的细胞内第二信使。此外,细胞内还存在其他一些小分子如神经酰胺、一氧化氮等也可以视作第二信使。

> **框 20-2**
>
> ### 第二信使的发现
>
> 20 世纪 40—50 年代,美国生物化学家 Sutherland E. 及其同事在 *J Biol Chem* 杂志上连续发表了 4 篇研究论文,阐述了肾上腺素和胰高血糖素升高血糖的机制。主要发现均围绕着肝细胞中参与糖原分解的一种磷酸化酶的磷酸化调控。这一系列论文的第四篇在 1956 年发表,第一次揭示了 cAMP 的存在和作用。他们在不含激素的肝细胞匀浆中分离到一种热稳定因子,该因子可导致磷酸化酶激活,加速糖原分解,这种因子后来被鉴定为 cAMP。随后,腺苷酸环化酶和磷酸二酯酶先后被鉴定,明确了 cAMP 的生成与水解过程。1965 年,Sutherland E. 正式提出第二信使学说,即激素是"第一信使",cAMP 作为激素在细胞内的"第二信使"。Sutherland E. 在 1971 年获得了诺贝尔生理学或医学奖。

(二) 第二信使在细胞内的产生依赖于可调节的酶促反应

具有酶活性的信号转导分子被其上游分子激活后,催化产生相应第二信使,使其含量迅速增高。这是信号转导的一种重要方式,主要的第二信使及其相关酶促反应见图 20-7。

图 20-7　第二信使环核苷酸的产生和水解

第二信使的浓度变化是传递信号的重要机制,其浓度在细胞接收信号后变化非常迅速,可以在数分钟内被检测出来。而细胞内存在相应的水解酶,可迅速将它们清除,使信号迅速终止,细胞回到初始状态,再接收新的信号。只有当其上游分子(酶)持续被激活,才能使它们持续维持在一定的浓度。

(三) 环核苷酸是重要的细胞内第二信使

目前已知的细胞内环核苷酸类第二信使有 cAMP 和 cGMP 两种。

1. cAMP 和 cGMP 的上游信号转导分子是相应的核苷酸环化酶　cAMP 的上游分子是腺苷酸环化酶(adenylate cyclase, AC)。AC 是膜结合的糖蛋白,哺乳类动物组织来源的 AC 至少有 8 型同工酶。cGMP 的上游分子是鸟苷酸环化酶(guanylate cyclase, GC),GC 有两种形式,一种是膜结合型的受体分子;另一种存在于细胞质。细胞质中的 GC 含有血红素辅基,可直接受一氧化氮(NO)和相关化合物激活。

2. 磷酸二酯酶催化环核苷酸水解　细胞中存在多种催化环核苷酸水解的磷酸二酯酶(phosphodiesterase, PDE)。在脂肪细胞中,胰高血糖素在升高 cAMP 水平的同时会增加 PDE 活性,促进 cAMP 的水解,这是调节 cAMP 浓度的重要机制。PDE 对 cAMP 和 cGMP 的水解具有相对专一性。

3. 环核苷酸在细胞内调节蛋白激酶活性　cAMP 的下游分子是蛋白激酶 A(protein kinase A, PKA)。PKA 属于丝氨酸/苏氨酸蛋白激酶类,是由 2 个催化亚基(C)和 2 个调节亚基(R)组成的四聚体。R 亚基抑制 C 亚基的催化活性。cAMP 特异性结合 R 亚基,使其别构,从而释放出游离的、具有催化活性的 C 亚基(图 20-8)。

cGMP 的下游分子是蛋白激酶 G(protein kinase G, PKG)。PKG 是由相同亚基构成的二聚体。与 PKA 不同,PKG 的调节结构域和催化结构域存在于同一个亚基内。PKG 在心肌及平滑肌收缩调节方面具有重要作用。

4. 蛋白激酶并非 cAMP 和 cGMP 的唯一靶分子　环核苷酸作为别构效应剂还可以作用于细胞内其他非蛋白激酶类分子。一些离子通道可以直接受 cAMP 或 cGMP 的别构调节。例如,视杆细胞膜上富含 cGMP-门控阳离子通道,cGMP 的结

图 20-8　cAMP 激活 PKA 而升高血糖作用机制示意图

合使其开放;同样,嗅觉细胞内的 cAMP 增高时可使核苷酸-门控钙通道开放。

(四)脂类也可衍生出胞内第二信使

1. 磷脂酰肌醇激酶和磷脂酶催化生成第二信使　磷脂酰肌醇激酶(phosphatidylinosital kinase, PIK)催化磷脂酰肌醇的磷酸化。根据肌醇环的磷酸化羟基位置不同,这类激酶有 PI3K、PI4K、PIP4K 和 PIP5K 等。而磷脂酰肌醇特异性磷脂酶 C(phosphatidyl inositol-specific phospholipase C,PI-PLC)可将磷脂酰肌醇-4,5-二磷酸(phosphatidyl inositol-4,5-diphosphate,PIP$_2$)分解成为 DAG 和 IP$_3$。磷脂酰肌醇激酶和磷脂酶催化产生第二信使如图 20-9 所示。

图 20-9　磷脂酶和磷脂酰肌醇激酶催化第二信使的生成

PI:磷脂酰肌醇;PI3K:磷脂酰肌醇 3-激酶;PI4K:磷脂酰肌醇 4-激酶;PIP4K:磷脂酰肌醇磷酸 4-激酶;PIP5K:磷脂酰肌醇磷酸 5-激酶。

2. 脂类第二信使作用于相应的靶蛋白分子　DAG 是脂溶性分子,生成后仍留在质膜上。IP$_3$ 是水溶性分子,可在细胞内扩散至内质网或肌质网膜上,并与其受体结合。Ca^{2+} 通道是 IP$_3$ 的受体,结合 IP$_3$ 后开放,促进细胞钙库内的 Ca^{2+} 迅速释放,细胞中局部 Ca^{2+} 浓度迅速升高。DAG 和 Ca^{2+} 在细胞内的靶分子之一是蛋白激酶 C(protein kinase C,PKC)。

(五)钙离子可以激活信号转导相关的酶类

1. 钙离子在细胞中的分布具有明显的区域特征　细胞外液游离钙浓度远高于细胞内钙浓度,而细胞内的 Ca^{2+} 则有 90% 以上储存于细胞内钙库(内质网和线粒体内),胞质溶胶内的钙浓度很低。如果细胞质膜或细胞内钙库的 Ca^{2+} 通道开启,可引起细胞外钙的内流或细胞内钙库的钙释放,使胞质溶胶内 Ca^{2+} 浓度急剧升高。而 Ca^{2+} 进入胞质溶胶后,又可再经细胞质膜及钙库膜上的钙泵(Ca^{2+}-ATP 酶)返回细胞外或细胞内钙库,维持细胞质内的低钙状态。

2. 钙离子的下游信号转导分子是钙调蛋白　钙调蛋白(calmodulin,CaM)是一种钙结合蛋白,分子中有 4 个结构域,每个结构域可结合 1 个 Ca^{2+}。胞质溶胶中 Ca^{2+} 浓度低时,钙调蛋白不易结合 Ca^{2+};随着胞质溶胶中 Ca^{2+} 浓度增高,钙调蛋白可结合不同数量的 Ca^{2+},形成不同构象的 Ca^{2+}/CaM 复合物。钙调蛋白本身无活性,形成 Ca^{2+}/CaM 复合物后则具有调节功能,可调节钙调蛋白依赖性蛋白激酶的活性。

3. 钙调蛋白不是钙离子的唯一靶分子　除了钙调蛋白,Ca^{2+} 还结合 PKC、AC 和 cAMP-PDE 等多种信号转导分子,通过别构效应激活这些分子。

(六)NO 等小分子也具有信使功能

细胞内一氧化氮(nitric oxide,NO)合酶可催化精氨酸分解产生瓜氨酸和 NO。NO 可通过激活鸟苷酸环化酶、ADP-核糖转移酶和环氧化酶等传递信号。除了 NO 以外,CO 和 H$_2$S 的第二信使作用近年来也得到证实。

四、信号转导的根本机制是蛋白质分子的构象变化调节

许多蛋白质信号转导分子可通过构象变化而在有活性和无活性两种状态之间进行转换,这些分子经上游蛋白质分子或小分子信使作用而激活,激活后又可激活其下游分子或产生新的小分子信使。信号转导通路中上游分子别构激活下游分子的模式主要有以下几种。

(一) 配体结合并激活受体

脂溶性信号分子进入细胞后,作为配体与受体结合,使受体构象变化,暴露出 DNA 结合部位,从而能够与 DNA 结合,发挥转录因子作用。水溶性信号分子与细胞膜表面受体结合后,也是通过诱导受体蛋白质构象改变而将其激活。

(二) 酶分子通过共价修饰别构激活下游转导分子

许多蛋白质信号转导分子可经共价修饰而发生构象改变,从而在有活性和无活性两种状态之间转换。蛋白激酶将磷酸基团转移到这些蛋白质分子中的丝氨酸、苏氨酸或酪氨酸残基的羟基上(磷酸化),使其构象改变而引起活性的改变。

(三) 第二信使结合并激活下游分子

第二信使都没有酶活性,一般是直接结合其下游分子,作为别构效应剂引起所结合的蛋白质分子的别构而将其激活。如 cAMP 激活 PKA,cGMP 激活 PKG 等。

(四) 上游蛋白质分子结合并激活下游蛋白质分子

许多蛋白质信号转导分子也可通过别构调节的方式结合并激活下游蛋白质分子。在这种调节中,上游蛋白质分子激活后才能与下游蛋白质分子相互作用。其机制为:一是上游分子激活后形成或暴露出相互作用部位;二是共价修饰后产生特定结合位点,如某些蛋白质磷酸化后产生结合位点,从而能够与下游蛋白质分子中的相应结构域结合。

五、细胞信号转导通路和网络的结构基础是蛋白质复合体

细胞信号转导通路的结构基础是依靠蛋白质相互作用而形成的蛋白质复合体(protein complex)。在信号转导过程中,上游分子与下游分子的相互作用并不总是一对一地进行。有时需要几种分子结合在一起,才能发生相互作用,或产生更强的作用。几种信号转导分子结合形成的复合体称为信号转导复合体(signaling complex,或 signalsome)。信号转导复合体的形成是一个动态过程,针对不同外源信号,可聚集形成不同成分的复合体。信号转导复合体形成的基础是蛋白质相互作用。

(一) 蛋白质相互作用结构域是信号转导分子相互作用的结构基础

细胞内蛋白质相互作用的结构基础是各种蛋白质分子中存在的蛋白质相互作用结构域(protein interaction domain)。蛋白质相互作用结构域大部分由 50~100 个氨基酸残基构成,目前已经确认的蛋白质相互作用结构域超过 40 种。它们的特点是(图 20-10):①一种信号分子中可含有两种以上的蛋白质相互作用结构域,因此可同时结合两种以上的其他信号分子。②同一类蛋白质相互作用结构域可存在于不同的分子中。这些结构域的一级结构不同,因此选择性结合下游信号分子。③这些结构域没有催化活性。

图 20-10　信号转导分子中蛋白质相互作用结构域的分布及作用
图上方为蛋白质相互作用结构域在 4 个不同种类蛋白质中的分布,下方为几种结构域可识别和结合的结构。

蛋白质相互作用结构域是通过相应的结合位点而介导蛋白质分子间的相互作用。例如,一个蛋白质分子中有 SH2 结构域,另一个蛋白质分子经磷酸化作用而产生 SH2 结合位点,两个蛋白质分子就可以通过 SH2 结构域和 SH2 结合位点相互作用(表 20-4)。

表 20-4 蛋白质相互作用结构域及其识别模体举例

结构域名称	缩写	存在分子种类	识别模体
Src homology 2	SH2	蛋白激酶、磷酸酶、衔接蛋白等	含磷酸化酪氨酸模体
Src homology 3	SH3	衔接蛋白、磷脂酶、蛋白激酶等	富含脯氨酸模体
Pleckstrin homology	PH	蛋白激酶、细胞骨架调节分子等	磷脂衍生物
Protein tyrosine binding	PTB	衔接蛋白、磷酸酶	含磷酸化酪氨酸模体

随着对蛋白质复合体的重要性认识的逐步深入,相互作用组(interactome)已经被作为生命科学研究的重要内容而提出。相互作用组指的是个体和细胞存在的一套完整的大分子物理的和遗传的相互作用模式,包含了稳定和瞬时的蛋白质-蛋白质相互作用。

(二) 衔接蛋白和支架蛋白连接信号通路与网络

信号转导复合体的形成需要衔接蛋白(adaptor protein)和支架蛋白(scaffolding protein)。衔接蛋白的功能是特异性地介导信号蛋白质分子之间或蛋白质与脂类分子之间的相互结合;因此,衔接蛋白往往是信号转导复合体的核心成分。

1. 衔接蛋白连接信号转导分子 衔接蛋白是信号转导通路中不同信号转导分子之间的接头,通过连接上游信号转导分子和下游信号转导分子而形成信号转导复合体。大部分衔接蛋白含有 2 个或 2 个以上的蛋白质相互作用结构域。例如衔接蛋白 NCK 就是由 1 个 SH2 结构域和 3 个 SH3 结构域构成的衔接蛋白,通过 SH2 和 SH3 结构域结合多种分子,将信号通路中的上下游分子组织在一起(图 20-11)。

2. 支架蛋白保证特异和高效的信号转导 支架蛋白一般是分子量较大的蛋白质,可同时结合同一信号转导通路中的多个信号转导分子。信号转导分子结合在支架蛋白上的意义是:①保证相关信号转导分子容纳于一个隔离而稳定的信号转导通路内,避免与其他不需要的信号转导通路发生交叉反应,以维持信号转导通路的特异性;②增加调控复杂性和多样性。

图 20-11 衔接蛋白 NCK 的结构域和相互作用分子
可与 NCK 相结合的蛋白质种类分别以箭头指向相应结构域。

第三节 受体介导的细胞信号转导的主要类别

不同信号转导分子的特定组合及有序相互作用,构成了不同的信号转导通路。因此,信号转导研究的关键是阐明各种信号转导通路中信号转导分子的基本组成、相互作用及引起的细胞应答。信号转导通路从信号分子与受体相互作用起始。受体可分为胞内受体和膜受体两大类,其中膜受体又有离子通道受体、G 蛋白偶联受体和酶偶联受体等三类。尽管每一类型的受体种类繁多,但同一类型的受体所介导的信号转导通路常有许多共同之处。

一、位于细胞内的受体大部分属于转录因子

固醇类激素及维生素 A、维生素 D 等脂溶性化学信号的受体存在于细胞内,大部分属于转录因子,可以直接结合在一些基因的调控区,改变转录速度。具体作用将在本章第五节叙述。

二、膜离子通道型受体将化学信号转变为电信号

离子通道型受体(ion-channel receptor)是一类自身为离子通道的受体,通道的开放或关闭直接受化学配体(主要的配体为神经递质)的控制。离子通道是由寡聚体形成的孔道,每个单体都有 4 个跨膜区段。图 20-12a 显示了作为离子通道受体典型代表的乙酰胆碱受体的结构模式。乙酰胆碱结合受体并改变其构象,从而控制离子通道的开放(图 20-12b)。

图 20-12　离子通道受体将化学信号转变为电信号
(a)离子通道型受体结构示意图;(b)乙酰胆碱受体作用示意图。

离子通道型受体可以是阳离子通道,如乙酰胆碱、谷氨酸和五羟色胺的受体;也可以是阴离子通道,如甘氨酸和 γ-氨基丁酸的受体。离子通道受体信号转导的作用是改变细胞膜电位,这类受体引起的细胞应答主要是去极化或超极化。

三、膜 G 蛋白偶联受体通过 G 蛋白和小分子信使介导信号转导

神经递质、肽类激素、趋化因子、外源性刺激(味、光等)等细胞外信号可以通过 G 蛋白偶联受体(G protein-coupled receptor,GPCR)传递信号。GPCR 在结构上均为单体蛋白质,氨基端位于细胞膜外表面,羧基端在细胞膜内侧,完整的肽链反复跨膜 7 次,因此又称为七跨膜受体。由于肽链反复跨膜,在膜外侧和膜内侧形成了几个环状结构,它们分别负责接收外源信号(化学、物理信号)的刺激和细胞内的信号传递,其细胞质部分可以与三聚体 G 蛋白相互作用。此类受体通过 G 蛋白向下游传递信号,因此称为 G 蛋白偶联受体(图 20-13)。

图 20-13　GPCR 结构示意图

七次跨膜受体关键信号转导分子——G 蛋白的发现

自发现第二信使 cAMP 后,腺苷酸环化酶(AC)活化的详细机制成为当时最引人入胜的生物化学研究领域。Rodbell M. 在 1969 年首先证明了 AC 本身不是外源信号的受体,接着发现 GTP 为 AC 活化所必需。1971 年,Gilman A. G. 分离到一种细胞株,该细胞株含有正常的肾上腺素受体和 AC,但是却不能在肾上腺素作用下发生 cAMP 的升高。经细胞膜成分重组,他们发现一种新的 GTP 结合蛋白质为此信号转导所必需,并最终纯化了该蛋白质,进而证明了 G 蛋白是受体与 AC 之间的信号中介分子,由此开辟了认识细胞内近千种 G 蛋白偶联受体信号转导机制的先河。Gilman A. G. 和 Rodbell M. 也因此分享了 1994 年诺贝尔生理学或医学奖。

前已述及,由 α、β、γ 亚基组成三聚体 G 蛋白是信号转导通路的重要开关分子。目前已经发现了 20 余种 α 亚基,β 和 γ 亚基亦有数种,从而可以产生多种不同组合的三聚体,形成功能不同的 G 蛋白。不同的 G 蛋白可与不同的下游分子组成信号转导通路。尽管 GPCR 介导的信号传递可通过不同的途径产生不同的效应,但信号转导通路的基本模式大致相同,主要包括以下几个步骤或阶段(图 20-14)。

图 20-14　GPCR 介导信号通路的基本模式

1. 配体结合并激活受体　细胞外信号分子结合 GPCR,通过别构调节作用将其激活。当细胞外信号分子的浓度降至一定水平,即与受体解离,受体恢复到无活性状态,停止传递信号。GPCR 的配体以小分子化学物质(如肾上腺素)和寡肽类(如胰高血糖素)为主,结合界面相对较小,配体和受体间的结合较易受到小分子化学物质干预,胞外区的多个环状结构也为小分子的别位结合并干扰受体的作用提供了结构基础。因此,GPCR 是理想的小分子化学药物作用靶点,许多临床上使用的心血管系统药物针对的即是 GPCR。

2. G 蛋白激活/失活循环　活化的受体进一步作用于与其结合在一起的 G 蛋白,G 蛋白通过 GTP/GDP 结合转换进入有活性和无活性状态的循环,称为 G 蛋白激活失活循环(G-protein activation/deactivation cycle)。如果细胞外配体信号持续存在,活化受体就可以不断地激活 G 蛋白,向下游传递信号。

3. G 蛋白激活下游效应分子　活化的 G 蛋白,主要是 α 亚基,可激活其下游的效应分子。不同种类的 α 亚基激活不同的效应分子,如 AC、PLC 等效应分子都是由不同的 G 蛋白所激活的(表 20-5)。

表 20-5　哺乳动物细胞中的 G 蛋白 α 亚基种类及效应举例

G 蛋白种类	效应分子及其变化	第二信使及其变化	靶分子及其变化
α_s	AC 活化↑	cAMP↑	PKA 活性↑
α_i	AC 活化↓	cAMP↓	PKA 活性↓
α_q	PLC 活化↑	Ca^{2+}、IP_3、DAG↑	PKC 活性↑
α_t	cGMP-PDE 活性↑	cGMP↓	Na^+通道关闭

注:PDE,phosphodiesterase,磷酸二酯酶。

有的 α 亚基可以激活腺苷酸环化酶,称为 α_s(s,即 stimulate);有的 α 亚基可以抑制腺苷酸环化酶,称为 α_i(i,即 inhibit)。

4. 产生第二信使或改变其分布　G 蛋白的效应分子向下游传递信号的主要方式是催化第二信使的产生,如 AC 催化产生 cAMP,PLC 催化产生 DAG 和 IP$_3$。有些效应分子还可以通过对离子通道的调节改变 Ca^{2+} 在细胞内的分布,其效应与 IP$_3$ 的效应相似。

5. 第二信使激活蛋白激酶　第二信使作用于相应的靶分子(主要是蛋白激酶),使之构象改变而激活。

6. 蛋白激酶激活效应蛋白质　蛋白激酶通过磷酸化作用激活一些与代谢相关的酶、与基因表达相关的转录因子以及一些与细胞运动相关的蛋白质,从而产生各种细胞应答反应。

四、膜的酶偶联受体主要通过蛋白质化学修饰和相互作用传递信号

许多膜受体介导的信号转导依赖酶活性,故称为酶偶联受体(enzyme-linked receptor)。这些受体中有些自身就是酶,另外一些受体虽无固有催化活性,但是需要直接依赖酶的催化作用,作为信号传递的第一步反应。这一类受体大多只有 1 个跨膜区段的糖蛋白,故亦称为单跨膜受体。酶偶联受体种类繁多,自 1981 年发现第一个具有蛋白酪氨酸激酶(PTK)活性的生长因子受体以来,陆续发现多种具有 PTK 活性的受体,后来又发现了一些具有其他催化活性的受体(表 20-6),但是仍然以具有PTK 活性和与 PTK 偶联的受体居多。

表 20-6　各种具有其他催化活性的受体

英文名	中文名	举例
receptors tyrosine kinase(RTK)	受体型蛋白质酪氨酸激酶	表皮生长因子受体、胰岛素受体等
tyrosine kinase-coupled receptor(TKCR)	蛋白质酪氨酸激酶偶联受体	干扰素受体、白细胞介素受体、T 细胞抗原受体等
receptors tyrosine phosphatase(RTP)	受体型蛋白质酪氨酸磷酸酶	CD45
receptors serine/threonine kinase(RSTK)	受体型蛋白质丝氨酸/苏氨酸激酶	转化生长因子 β 受体、骨形成蛋白受体等
receptors guanylate cyclase(RGC)	受体型鸟苷酸环化酶	心房钠尿肽受体等

单跨膜受体主要接收生长因子和细胞因子的信号,调节细胞内蛋白质的功能和表达水平、调节细胞增殖和分化等。因此,基因表达调节是单跨膜受体的重要效应。此类受体介导的信号转导主要调节蛋白质的功能和表达水平,很多通过蛋白质分子间的相互作用激活细胞内蛋白激酶。

蛋白激酶偶联受体介导的信号转导通路较复杂。细胞内的蛋白激酶有许多种,不同蛋白激酶的组合形成不同的信号转导通路,具体作用模式也有差别。但蛋白激酶偶联受体介导的信号转导通路的基本模式大致相同,主要包括以下几个阶段。

1. 胞外信号分子与受体结合　这一类受体所结合的配体主要是生长因子、细胞因子等蛋白质分子。与 GPCR 相比,酶偶联受体与配体间的结合界面较大,用小分子化学物质进行干预的难度大,因此需要使用单克隆抗体等方可阻止配体的结合。故抑制受体-配体结合的专一性高选择性药物主要是抗体类药物,小分子化学药物主要针对的是这一类受体的胞内区,尤其是激酶活性结构域。由于不同受体的激酶活性结构域相似性较大,因此这类药物的专一性受到一定限制。

2. 第一个蛋白激酶被激活　这一步反应是"蛋白激酶偶联受体"名称的由来。但是,"偶联"却有两种形式:有的受体本身具有蛋白激酶活性,此步骤是激活受体胞内结构域的蛋白激酶活性;有些受体本身没有蛋白激酶活性,此步骤是受体通过蛋白质-蛋白质相互作用激活直接与受体结合着的蛋

白激酶。

3. 序贯激活下游信号转导分子　通过蛋白质-蛋白质相互作用或蛋白激酶的磷酸化修饰作用，有序地激活下游信号转导分子，完成信号传递。大部分信号传递是激活一些特定的蛋白激酶，有些是级联激活。蛋白激酶通过磷酸化修饰激活代谢途径中的关键酶、转录调节中的反式作用因子等，影响代谢途径、基因表达、细胞运动、细胞增殖等细胞行为。

第四节　以调节蛋白质活性为主要效应的信号转导通路

环境中的信号经细胞受体接收并转导后，会导致一系列细胞内分子功能及细胞行为的调整。有些信号分子可诱导细胞内代谢改变或效应蛋白质活性改变，反应较为迅速，但持续时间较短，如肾上腺素、胰高血糖素、胰岛素等信号分子，诱导的主要效应是代谢调节酶的化学修饰导致的代谢速度改变。有些信号分子刺激细胞后则需要一定时间才能产生效应，如表皮生长因子，诱导的主要效应是基因表达谱变化导致的细胞增殖速度与分化方向的改变。前者主要激活第二信使相关通路，如 GPCR 信号通路和胰岛素受体介导的 PI3K-AKT 通路等；而后者则主要与酶偶联受体信号通路有关。当然，上述两类信号分子诱导的效应之间并无严格界限，GPCR 通路和 PI3K-AKT 通路同样也可以影响基因表达，调控细胞增殖与分化。本节主要介绍 GPCR 介导的 3 条主要通路和 PI3K-AKT 信号通路。

许多细胞外信号分子与其受体结合后，可通过 G 蛋白传递信号，但由于 G 蛋白种类不同，传入细胞内的信号也不一样。这是因为不同的 G 蛋白与不同的下游分子组成了不同的信号转导通路。

一、cAMP 可激活 PKA 传递信号

此类信号转导通路中的细胞外信号分子包括胰高血糖素、肾上腺素、促肾上腺皮质激素等。激素与受体结合后激活 G 蛋白，GTP 结合形式的活化 α 亚基激活腺苷酸环化酶（AC）。AC 催化产生小分子信使 cAMP；cAMP 结合 PKA，通过别构调节作用激活 PKA（图 20-15）。

PKA 通过磷酸化作用激活或抑制各种效应蛋白质，产生多种细胞效应。其中最主要的是对物质代谢的调节。PKA 可通过磷酸化作用调节十几种代谢关键酶的活性，对不同的代谢途径发挥调节作用，如激活磷酸化酶 b 激酶、激素敏感性脂肪酶、胆固醇酯酶，促进糖原、脂肪、胆固醇酯的分解代谢；抑制乙酰 CoA 羧化酶、糖原合酶等，抑制脂肪合成和糖原合成。

需要指出的是，尽管 cAMP-PKA 通路的主要效应是代谢调节，但 PKA 也参与基因表达的调控（详见本章第五节）。PKA 还可通过磷酸化作用激活离子通道，调节细胞膜电位，参与脑的认知、记忆等功能。

二、IP₃/DAG 激活 PKC 传递信号

此类信号转导通路中的细胞外信号分子包括促甲状腺素释放激素、去甲肾上腺素、抗利尿激素等。与激素结合的受体激活 G 蛋白，活化的 α 亚基激活 PLC。PLC 水解膜组分 PIP_2，生成 DAG 和 IP_3。IP_3 与内质网或肌质网上的 IP_3 受体（Ca^{2+} 通道）结合，促进 Ca^{2+} 释放入胞质溶胶。Ca^{2+} 可与胞质溶胶内的 PKC 结合并聚集至质膜。DAG 生成后仍留在质膜上，当结合有 Ca^{2+} 的 PKC 聚集到质膜时，DAG、磷脂酰丝氨酸与 Ca^{2+} 共同作用于 PKC 的调节结构域，使 PKC 别构而暴露出活性中心。PKC 通过磷酸化作用激活各种功能蛋白质，调节物质代谢、基因表达等生理活动（见图 20-15）。

三、Ca²⁺/钙调蛋白激活相关蛋白激酶

Ca^{2+} 浓度升高后，除了可与 DAG 协同激活 PKC 以外，还可以形成信号转导的另一条途径，即 Ca^{2+}/钙调蛋白（CaM）依赖的蛋白激酶途径。此信号转导通路不是一条完全独立的途径，Ca^{2+} 浓度升高可由不同信号引起，但最终形成一条独特的信号转导通路（图 20-16）。

图 20-15　cAMP-PKA 和 IP₃/DAG-PKC 信号通路　　图 20-16　Ca²⁺/CaM 依赖的蛋白激酶信号通路

　　G 蛋白偶联受体至少可通过 3 种途径引起细胞内 Ca²⁺浓度升高：①某些 G 蛋白可以直接激活细胞质膜上的钙通道；②PKA 通过磷酸化作用激活钙通道；③IP₃ 和 PKC 亦可以促使胞质溶胶钙浓度升高。

　　胞质溶胶 Ca²⁺浓度升高后，增加 Ca²⁺/CaM 复合物的含量。Ca²⁺/CaM 复合物的下游信号分子是钙调蛋白依赖性蛋白激酶。钙调蛋白依赖性蛋白激酶属于蛋白质丝氨酸/苏氨酸激酶；如肌球蛋白轻链激酶（MLCK），磷酸化酶激酶（PHK），钙调蛋白依赖性激酶（CAL-PK）Ⅰ、Ⅱ、Ⅲ等。这些激酶可激活各种效应蛋白质，在运动、物质代谢、神经递质的合成、细胞分泌和分裂等多种生理过程中发挥重要的作用。

四、PI3K 激活 AKT 传递信号

　　PI3K-AKT 信号通路是胰岛素受体的主要下游通路，在此通路中，PI3K 催化产生第二信使 PIP₃，PIP₃ 激活蛋白质丝氨酸/苏氨酸激酶 AKT。胰岛素受体（insulin receptor，IR）属于受体型蛋白质酪氨酸激酶，结合胰岛素后活化，催化胰岛素受体底物-1（insulin receptor substrate，IRS-1）磷酸化，IRS-1 激活磷脂酰肌醇 3-激酶（phosphatidylinositide 3-kinase，PI3K），催化第二信使磷脂酰肌醇-3,4,5-三磷酸（phosphatidylinositol 3,4,5-triphosphate，PIP₃）的产生。

　　PIP₃ 位于细胞膜内，可以被蛋白质中的 PH 结构域所识别，因此可以在细胞膜上募集含有 PH 结构域的磷酸肌醇依赖的激酶 1（phosphoinositide-dependent kinase-1，PDK1）和 AKT。PDK1 依次将 AKT 的 Thr308 和 Ser473 位点磷酸化，磷酸化激活的 AKT 进一步使糖原合酶激酶-3（glycogen synthase kinase 3，GSK3）、mTOR（mammalian target of rapamycin）等下游分子磷酸化，从而调节葡萄糖转运、糖原合成、蛋白质合成等代谢过程（图 20-17）。PTEN 则是 PI3K 信号通路的重要负调节因子。PI3K 在调节胰岛素敏感性、缓解胰岛素抵抗及抑制糖异生过程中都起了重要作用。

图 20-17　胰岛素介导的 PI3K-AKT 通路在糖稳态中的作用

糖原合酶是 GSK3 的底物,GSK3 又是 AKT 的底物。糖原合酶和 GSK3 都属于磷酸化修饰会使其
失活的分子。存在胰岛素时,AKT 处于活化状态,可促使 GSK3 磷酸化而失活,糖原合酶的磷酸化
减少,糖原合酶活性增强,糖原合成增加。

第五节　以调控基因表达为主要效应的信号转导通路

几乎基因表达的所有环节均会受到环境变化信号的影响,细胞内外信号可通过信号转导通路控制染色质结构重塑、转录因子激活/失活、翻译调控分子激活/失活,以及非编码 RNA 分子的表达等,从而对细胞内的基因表达进行调控。这些调控作用属于细胞信号转导-基因表达调控的偶联(from receptor to nucleus)机制问题,是当前分子生物学的热点研究领域。限于篇幅,本章主要讨论转录水平的调节信号。

一、细胞通过改变基因表达状态适应细胞内外环境

化学信号传递的许多中间环节和终点效应都涉及基因表达的调节控制。表 20-7 列举了一些典型的细胞间化学信号影响基因转录的例证。

细胞的基因表达模式不仅受到细胞外信号的控制,对于细胞内的各种分子改变也十分敏感。细胞代谢产生的活性氧、细胞内 DNA 损伤、细胞内低氧等变化均可以被细胞内的一些分子所感受,进而在细胞内引发信号转导,最后也会导致相关转录因子的活性、含量或亚细胞定位发生改变,引起相关的基因表达改变,协调细胞功能以平衡所遭遇的应激变化。例如,低氧诱导因子(hypoxia-inducible factor,HIF)可在细胞低氧等应激条件下活化,调节多种基因的表达。

二、细胞内存在控制基因表达的信号转导网络

细胞信号转导网络是实现信号转导与基因表达调控的基本机制。基因表达调控的主要元素,如染色质、各种转录因子及转录辅因子、miRNA(microRNA)、翻译起始因子等都受到经由受体介导的信号转导通路的控制。

表 20-7　细胞间化学信号影响基因转录调节的典型例证

信号分子	代表性信号通路	代表性基因表达变化	相应细胞功能变化
胰岛素	PI3K-AKT	下调葡萄糖-6-磷酸酶;下调磷酸烯醇式丙酮酸激酶	抑制肝组织糖原分解和糖异生
血管紧张素Ⅱ	SRC-Arrestin	上调转录因子 c-FOS	心肌细胞过度增殖导致心肌肥厚
表皮生长因子	RAS-MAPK	上调转录因子 c-FOS	细胞增殖
血管内皮生长因子	PLCγ-IP$_3$-Ca^{2+}	上调环氧化酶-2(COX-2)	内皮细胞增殖;增加前列腺素合成,扩张血管
转化生长因子β	SMAD	抑制 c-MYC 的表达,上调 p15 的表达	细胞周期阻滞
WNT	β-catenin-Axin	上调细胞周期素 D2、c-MYC	细胞增殖
雌激素	ERα-ERE	上调细胞周期素 D1、黄体酮受体、c-MYC、血管内皮生长因子	细胞增殖

注:c-MYC,属于原癌基因的一种转录因子;p15,一种 CDK 抑制蛋白。

(一)信号转导通路在转录水平调控基因的表达

细胞内众多的组织特异性或可调控的转录因子接收受体传递的信号,依据细胞分工和功能的需求实现基因表达的时空特异性。图 20-18 显示了转录因子可受不同信号调节。转录因子直接受细胞内多种信号分子的调节,其中重要的调节方式之一是可逆磷酸化修饰,在信号转导通路中广泛存在的蛋白激酶在这一调节中的作用至关重要。

(二)信号转导网络在转录后水平调控基因的表达

无论是在转录后水平,还是在翻译水平,miRNA 对基因表达的负性调节作用都是对转录调节的重要补充,

图 20-18　接收细胞信号诱导的转录因子分类

并使调节更为精细。miRNA 的含量受到细胞各种信号转导通路和网络的控制,是细胞外信号对基因表达进行转录后调控的重要中介分子。这一研究领域发展迅速,对其调控网络的认识刚刚起步。

基因表达的翻译过程同样处于细胞信号转导网络的控制之下。翻译起始复合物中的一些重要成分,如 eIF-4F 复合物的形成受到 PI3K-AKT-mTOR 通路的控制;其他翻译起始因子的磷酸化也受到细胞中相应信号通路的调节。

三、核受体超家族分子直接调节靶基因的转录

脂溶性的化学信号的受体蛋白质有的位于细胞核内,有的位于细胞质中,但是大多为 DNA 结合蛋白,具有转录因子活性,直接调节细胞的基因表达,因此称为核受体(nuclear receptor,NR)。核受体是人体中含量最丰富的转录调节因子之一,它们在新陈代谢、性别决定与细胞分化、生殖发育和稳态的维持等方面发挥着重要的功能。酵母中没有核受体,提示核受体在细胞间通信进化中出现较晚。

（一）核受体超家族大多具有转录因子结构

典型的核受体由 A/B、C、D、E 和 F（从 N-端到 C-端）等 5 个区域组成（图 20-19）：N-端结构域（A/B 结构域）为转录激活域，是整个分子可变性最高的部分，其长度从 50 个到 500 个氨基酸不等；C 结构域为 DNA 结合域（DNA binding domain，DBD），是最保守的区域；E 结构域是配体结合域（ligand binding domain，LBD），位于羧基端，是最大的结构域，其保守性仅次于 DBD；D 结构域是铰链区，起连接 DBD 和 LBD 两个结构域的作用，核定位信号 NLS 亦位于铰链区。

图 20-19　核受体调节基因表达的作用机制

（二）配体类型或结构域是核受体分类的依据

根据受体的配体类型，核受体超家族可以分为类固醇激素受体、非类固醇激素受体和孤儿核受体（配体尚未确定）等。国际药理学会和受体命名与药物分类联合会于 1999 年提出了核受体的系统命名原则。该原则根据 DNA 结合结构域（C 结构域）和配体结合结构域（E 结构域）在不同核受体间的同源性进行命名。目前共计分为 6 个亚家族，28 个组别。核受体的名称用 NRxyz 来表示。其中 NR 表示核受体；x 代表亚家族，用阿拉伯数字表示；y 代表亚家族中的组别，用英文字母表示；z 代表组别中的成员，用阿拉伯数字表示。例如，人的甲状腺素受体（TR）属于第 1 亚家族 A 组中的第一个成员，因此称为 NR1A1。

（三）核受体作为转录因子直接调节靶基因的表达

位于细胞内的受体与相应脂溶性信号分子结合后，可与 DNA 上的顺式作用元件结合，在转录水平调节基因表达。有些配体可直接与其位于细胞核内的受体相结合，形成激素-受体复合物，有些则先与其在细胞质内的受体相结合，然后以激素-受体复合物的形式穿过核孔进入核内。

在无信号存在时，受体往往与具有抑制其作用的蛋白质分子，如热激蛋白（heat shock protein，Hsp）形成复合体，阻止受体向细胞核的移动及其与 DNA 的结合。当激素信号与受体结合后，受体构象发生变化，导致热激蛋白解离，暴露出受体的核内转移部位及 DNA 结合部位，激素-受体复合物向核内转移，并结合于其靶基因邻近的激素应答元件（hormone response element，HRE）上，进而改变基因表达状态(图 20-19)。

核受体介导的基因转录调节因其各自特异的基因识别序列而具有特异性。不同的激素-受体复合物结合于不同的顺式作用元件——激素应答元件(表 20-8)。结合于激素应答元件的激素-受体复合物再与位于启动子区域的基础转录因子及其他的转录调节分子作用,从而开放或关闭其下游基因。

表 20-8   激素应答元件举例

激素举例	受体所识别的 DNA 特征序列
肾上腺皮质激素	5′ AGAACAXXXTGTTCT3′ 3′ TCTTGTXXXACAAGA5′
雌激素	5′ AGGTCAXXXTGACCT3′ 3′ TCCAGTXXXACTGGA5′
甲状腺素	5′ AGGTCATGACCT3′ 3′ TCCAGTACTGGA5′

(四)核受体介导的基因表达调控信号需要辅调节因子

核受体介导的基因转录调节还依赖于其他一些辅因子。1995 年,Onate S. A. 等报道了第一个类固醇激素辅激活因子-1(steroid hormone receptor superfamily coactivator 1,SRC-1);同年,辅抑制因子(nuclear receptor corepressor,N-CoR)也被发现。由此,不仅加深了对核受体的基因表达调节作用的认识,而且推动了整个基因转录调控领域的发展。目前,已经发现了近 300 种辅调节因子,参与核受体和其他转录因子的转录调节作用。辅调节因子自身没有 DNA 结合能力,也不参加 RNA 聚合酶Ⅱ起始复合物的构成,但是通过结合于核受体等转录因子,影响染色质的局部结构,在转录调控过程中发挥重要的作用。

四、转录因子可作为膜受体介导的信号通路的关键效应靶分子

水溶性化学信号的受体位于细胞膜表面,本身不具有直接作用于基因表达调节因子的功能;然而细胞外信号作用后,细胞大多会发生基因表达的变化,这些变化需要复杂的信号转换并最终在转录因子或转录调节分子的活性和含量上体现出细胞信号转导的效应。在三类重要的膜受体中,除离子通道型受体外,G 蛋白偶联受体和单跨膜的酶偶联受体所介导的信号通路都直接有基因表达调节分子作为最终效应分子,相关的信号转换引起基因表达谱的改变,实现细胞间信号对细胞功能的调节。

(一)受体可直接作用于转录因子

有的膜受体直接激活的信号转导分子就属于转录因子,如广泛参与分化、迁移等多种细胞活动的转化生长因子 β(transform growth factor β,TGFβ)基因超家族的受体。TGFβ 受体介导的信号转导通路中最重要的信号转导分子是具有转录因子功能的 SMAD 分子,因而此通路称为 SMAD 通路。

SMAD 家族是最早被证实的 TGFβ 受体激酶的底物。SMAD 的名称取自果蝇的 *Mad* 基因和线虫的 *Sma* 基因。细胞内至少有 9 种 SMAD 分子存在,各自负责 TGFβ 家族不同成员的信号转导。

TGFβ 受体的特征是自身具有蛋白质丝氨酸激酶结构域,主要有Ⅰ型和Ⅱ型受体,激活后都具有丝氨酸/苏氨酸蛋白激酶活性。TGFβ 受体介导的信号转导基本步骤是:①TGFβ 同时结合 2 个Ⅰ型受体和 2 个Ⅱ型受体,形成异源四联复合物,Ⅱ型受体被激活,其激酶活性将Ⅰ型受体磷酸化并活化;②膜相关蛋白 SARA(SMAD anchor for receptor activation)结合 SMAD2 和 SMAD3,并提呈给活化的Ⅰ型受体;③受体将 SMAD2 和 SMAD3 磷酸化;④磷酸化的 SMAD2 和 SMAD3 与 SMAD4 形成三聚体转移至细胞核内,结合于 SMAD 结合元件,调节相应基因的转录速度(图 20-20),最后引起细胞行为改变。

(二)第二信使可以通过蛋白激酶激活转录因子

第二信使可以通过作用于相应的蛋白激酶,改变转录调节因子的磷酸化状态而调节基因表达。

图 20-20 转录因子 SMAD 直接被受体激活

例如,PKA 对转录因子 cAMP 应答元件结合蛋白(cAMP response element binding protein,CREB)具有调节作用。在 cAMP-PKA 通路,活化的 PKA 催化亚基可以进入细胞核内,催化 CREB 的第 113 位丝氨酸残基的磷酸化(图 20-21)。磷酸化的 CREB 在基因组中结合到特定的顺式作用元件,即 cAMP 应答元件(cAMP response element,CRE)上。磷酸化修饰还增强了 CREB 与属于转录共激活因子的 CREB 结合蛋白(CREB-binding protein,CBP)的相互作用,与 CREB 结合后的 CBP 再作用于 TFⅡB 等通用转录因子,促进转录起始复合物的组装,增强了 CREB 的靶基因(如糖异生通路所需酶的编码基因)的转录,保证了代谢调节的需求。

(三)受体经由细胞内蛋白激酶激活转录因子

单跨膜受体的信号转导通路大多会经由蛋白激酶相关的信号转导通路改变转录因子的活性,这里以 JAK-STAT 通路和 NF-κB 通路为例介绍。

图 20-21 转录因子 CREB 接收 G 蛋白偶联受体信号

1. JAK 通过 STAT 传递信号　干扰素、白细胞介素等细胞因子的受体自身没有激酶结构域,而是与蛋白质酪氨酸激酶 JAK(Janus kinase)结合在一起。受体与配体结合后,激活 JAK,催化受体自身和胞内底物磷酸化。JAK 的底物是一种特殊的转录因子,称为信号转导及转录激活蛋白(signal transducer and activator of transcription,STAT)。STAT 既是信号转导分子,又是转录因子。磷酸化的 STAT 分子形成二聚体后进入细胞核,调控相关基因的表达,改变靶细胞的增殖与分化。JAK-STAT 通路是细胞因子信息内传最重要的信号转导通路之一。

细胞内有数种 JAK 和数种 STAT 的亚型存在,不同的受体可与不同的 JAK 和 STAT 组成信号通路,分别转导不同细胞因子的信号。例如,γ 干扰素(interferon γ,IFN-γ)激活 JAK-STAT1 途径的主要步骤如图 20-22 所示:①IFN-γ 结合受体并诱导受体聚合和激活;②受体将 JAK1/JAK2 激活,JAK1 和 JAK2 位置上相邻,可相互磷酸化;③JAK 将 STAT1 磷酸化,使其产生 SH2 结合位点,磷酸化的 STAT 分子彼此间通过 SH2 结合位点和 SH2 结构域结合而二聚化,并从受体复合物中解离;④磷酸化的 STAT 同源二聚体转移到核内,作为转录因子调控基因的转录。

图 20-22　JAK-STAT 信号转导通路

2. 激活的 NF-κB 调控基因转录　NF-κB(nuclear factor kappa-light-chain-enhancer of activated B cells)是重要的炎症和应激反应信号相关的转录因子。肿瘤坏死因子受体、白介素 1β 受体等重要的促炎性细胞因子受体家族所介导的主要信号转导通路之一是 NF-κB 通路(图 20-23)。NF-κB 最初作为 B 淋巴细胞中免疫球蛋白 κ 轻链基因转录所需的核内转录因子被发现,后来证明 NF-κB 是一种几乎存在于所有细胞的转录因子,广泛参与机体防御反应、组织损伤和应激、细胞分化和凋亡以及肿瘤生长等过程。

NF-κB 是由 p50 和 p65 两个亚单位以不同形式组合形成的同源或异源二聚体,在体内发挥生理功能的主要是 p50-p65 二聚体。NF-κB 的结构包括 DNA 结合区、蛋白质二聚化区和核定位信号。IκB 激酶(inhibitor-κB kinase,IKK)是这一信号通路的关键转导分子。静止状态下,NF-κB 在细胞质内与 NF-κB 抑制蛋白(inhibitor-κB,IκB)结合成无活性的复合物。受体激活时,IKK 被活化,IKK 催化 IκB 的磷酸化,导致 IκB 与 NF-κB 解离,NF-κB 得以活化和释放。活化的 NF-κB 转位进入细胞核,作用于相应的增强子元件,影响多种细胞因子、黏附因子、免疫受体、急性时相蛋白和应激反应蛋白基因的转录。

(四) 信号转导分子转位进入细胞核调控转录因子

膜受体信号通路中的信号转导分子在接收上游的序贯激活信号后,有的可以转位进入细胞核(如 MAPK),在细胞核内再作用于转录因子。这些信号转导分子是基因表达的重要调节信号。这里以

图 20-23 NF-κB 信号转导通路

RAS-MAPK 通路为例。

RAS-MAPK 通路是多种受体型蛋白质酪氨酸激酶（receptor tyrosine kinase，RTK）的共同信号通路，主要接收各种生长因子信号。受体结合配体后，发生自我磷酸化（autophosphorylation），经历低分子量 G 蛋白活化、蛋白激酶级联活化等信号转换，最终 MAPK 进入细胞核内，通过对转录因子进行化学修饰而调节基因表达，实现对细胞增殖和分化的调控。

RAS-MAPK 通路的主要特点是具有 MAPK 级联激活反应。在不同的细胞中，MAPK 通路的成员组成及诱导的细胞应答有所不同。MAPK 至少有 12 种，分属于ERK 家族、p38 MAPK 家族、JNK家族。这 3 条信号转导通路的组成和信号转导的细胞内效应见图20-24。

最为经典的 RAS-MAPK 通路是在表皮生长因子（epidermal growth factor，EGF）受体的信号转导机制研究中被发现的。这些研究逐步揭示了构成该信号通路的关键信号转导分子，其中关于低分子量 G 蛋白、蛋白质相互作用结构域（SH2、SH3）等作用的发现，奠定了理解酶偶联受体的信号转导机制的基础。

图 20-24 主要的 MAPK 信号转导通路

　　EGF 是多肽分子，具有促进创伤后表皮愈合等作用。EGF 受体（EGFR）是一典型的 RTK，分子质量约 170kD。该受体的信号转导过程如图 20-25 所示：①受体形成二聚体改变构象，PTK 活性增强，通过自我磷酸化作用将受体胞内区数个酪氨酸残基磷酸化。②酪氨酸残基磷酸化的 EGFR 产生了可被 SH2 结构域所识别和结合的位点，含有 1 个 SH2 结构域和 2 个 SH3 结构域的生长因子受体结合蛋白 2（growth factor receptor-bound protein 2，GRB2）作为衔接分子结合到酪氨酸磷酸化的受体上。③GRB2 通过募集 SOS 而激活 RAS（低分子量 G 蛋白）。SOS 含有可以被 GRB2 的 SH3 识别和结合的模体结构，结合到 GRB2 后被活化。SOS 是 RAS 的正调节因子，促进 RAS 的 GDP 释放和 GTP 结合。④活化的 RAS（Ras-GTP）引起 MAPK 级联活化。活化的 RAS 作用于其下游分子 RAF，使之活化。RAF 是 MAPK 磷酸化级联反应的第一个分子（属于 MAPKKK），作用于 MEK（属于 MAPKK），磷酸化的 MEK 再作用于 ERK1（属于 MAPK），至此完成了 MAPK 的三级磷酸化及激活过程。⑤转录因子磷酸化。活化的 ERK 转位至细胞核。一些转录调控因子是 ERK 的底物，在其作用下发生磷酸化，进而影响靶基因表达水平，调节细胞对外来信号产生生物学应答。

图 20-25　EGFR 介导的信号转导过程

　　上述 RAS-MAPK 通路是 EGFR 的主要信号通路之一。此外，许多单跨膜受体也可以激活这一信号通路，甚至 G 蛋白偶联受体也可以通过一些调节分子作用在这一通路上。由于 EGFR 的胞内段存在着多个酪氨酸磷酸化位点，因此除 GRB2 外，还可募集其他含有 SH2 结构域的信号转导分子，连接 PLC-IP$_3$/DAG-PKC 通路、PI3K 等其他信号通路。

第六节　细胞信号转导的基本规律和复杂性

　　细胞中众多的细胞外信号和细胞内信号转导网络的复杂程度仍然是人们难以想象的。然而，生命活动的运行始终都有着一定的规律，从目前的信号转导机制中，亦可以归纳出其运行特点。

一、各种细胞信号转导机制具有共同的基本规律

（一）细胞信号的快速传递和终止涉及许多双向反应

　　对于外源信息的反应信号的发生和终止十分迅速，即可以迅速满足功能调整的需要，已经产生的信号又可及时终止以便细胞恢复常态。信号的传递和终止实际上就是信号转导分子的数量、分布、活

性转换的双向反应。如 AC 催化生成 cAMP 而传递信号，磷酸二酯酶则将 cAMP 迅速水解为 5′-AMP 而终止信号传递。以 Ca^{2+} 为细胞内信使时，Ca^{2+} 可以从其贮存部位迅速释放，然后又通过细胞 Ca^{2+} 泵作用迅速恢复初始状态。对于蛋白质信号转导分子，则是通过与上、下游分子的迅速结合与解离而传递信号或终止信号传递，或者通过磷酸化作用和去磷酸化作用在活性状态和无活性状态之间转换而传递信号或终止信号传递。

(二) 细胞信号在转导过程中被逐级放大

细胞在对外源信号进行转换和传递时，许多变化都属于酶促反应。这些信号的转导大都具有信号逐级放大的信号瀑布 (signaling cascade) 效应，或称级联放大 (cascade amplification) 效应，以保证细胞反应的敏感性。G 蛋白偶联受体介导的信号转导过程和蛋白激酶偶联受体介导的 MAPK 通路都是典型的级联反应过程。

(三) 细胞信号转导通路既有通用性又有专一性

细胞信号转导通路具有一定的通用性，亦称为信号会聚 (signal convergence)，指的是不同信号产生相同或者类似生物学效应的现象。细胞内许多信号转导分子和信号转导通路常常被不同的受体共用，而不是每一个受体都有专用的分子和通路。信号转导通路的通用性使得细胞内有限的信号转导分子可以满足多种受体信号转导的需求。另外，不同的细胞含有不同受体，而同样的受体在不同细胞又可利用不同的信号转导通路，同一信号转导通路在不同细胞中的最终效应蛋白质又有所不同。因此，配体-受体-信号转导通路-效应蛋白质可以有多种不同组合模式，而一种特定组合决定了一种细胞对特定的细胞外信号分子的专一性应答。

(四) 细胞信号转导通路具有网络化

不同信号转导通路之间存在广泛的信号交联互动，导致信号发散 (signal divergence)，即一种信号可以产生多种不同的生物学效应的现象。信号发散的原因是一种信号往往可以激活多条信号转导通路。这是细胞内信号转导通路网络化的体现和必然结果。

二、细胞信号转导复杂且具有多样性

配体-受体-信号转导分子-效应蛋白质并不是以一成不变的固定组合构成信号转导通路的，细胞信号转导是复杂的，且具有多样性。这种复杂性和多样性反映在以下几个方面。

(一) 受体与信号转导通路有多样性组合

一种受体并非只能激活一条信号转导通路，例如，有些受体自身磷酸化后产生多个与其他蛋白质相互作用的位点，可以激活几条信号转导通路。如血小板衍生生长因子 (PDGF) 的受体激活后，可激活 SRC 激酶活性，结合 GRB2 并激活 RAS，激活 PI3K 及 PLCγ，因而同时激活多条信号转导通路而引起复杂的细胞应答反应。

一条信号转导通路也不是只能由一种受体激活，如多种受体都可以激活 PI3K 通路和 RAS-ERK 通路等。

(二) 一条信号通路可同时调节多个转录激活因子

细胞行为的改变绝非一个基因产物所能决定，因此信号通路中的信号转导分子对于转录因子的调控具有群体效应，一个信号转导分子可以作用于多种底物，直接或间接地激活或抑制一群功能相关联的转录因子，促进所有相关基因的表达变化。

例如 PI3K-AKT 通路上的蛋白激酶 AKT1 可作用于众多底物，产生有利于细胞存活的综合效应。一方面，AKT1 可以催化转录因子 FOXO3A 磷酸化，使之滞留在细胞质，关闭那些不利于细胞存活的 FOXO3A 的靶基因；另一方面，AKT1 可以通过 IKK 激活 NF-κB，增加细胞存活相关基因的表达。通过对不同转录因子的调节，产生高效的细胞存活效应。此外，AKT1 还可以催化细胞凋亡相关分子 BAD 和 caspase-9 等的磷酸化，使其失去促凋亡活性。

（三）一条信号转导通路中的功能分子可影响和调节其他通路

例如,GPCR 主要促进第二信使产生而调节代谢,因而 GPCR 一般是在分化成熟的组织细胞参与信号转导。但 GPCR 在某些增殖细胞中也可表达。在这些细胞中,G 蛋白的 βγ 二聚体可激活 SRC 或 SRC 激酶(如 FYN、LYN 和 YES 等蛋白质酪氨酸激酶),后者使 SHC 的酪氨酸残基磷酸化,形成 SH2 结合位点,从而与 GRB2 结合形成 SHC-GRB2 复合物,通过 SOS、RAS 激活 MAPK 通路,调控细胞增殖所需基因的转录。

再如,RAS-ERK 通路转导的信号可促进细胞增殖,而 SMAD 通路转导的信号则抑制细胞增殖。对于正常上皮细胞,作为维持细胞稳态的 TGFβ 占主导地位,并对抗由生长因子经 RAS 通路激活的增殖反应。然而,当大量的生长因子(如 EGF、HGF)刺激细胞或 RAS 持续激活后,RAS-ERK 通路持续活化,ERK1/2 可将 SMAD2/3 等分子的特定位点磷酸化,使 SMAD2/3 向核内聚集的能力减弱,从而削弱了 SMAD 传递信号的作用。此时增殖成为细胞的主要行为。

（四）不同信号转导通路可协同调节基因表达并参与调控相同的生物学效应

细胞所处的微环境是非常复杂的,存在着多种化学信号。细胞对这些信号的应答必然是整合式的,综合各种信号给出最适宜的功能改变。为此,多条信号通路可以作用于共同的下游转录因子。例如,肿瘤坏死因子 α、IL-1β、Toll 样受体(TLR)、B 淋巴细胞抗原受体(BCR)等多种受体介导的信号转导,都可以激活转录因子 NF-κB 通路。

细胞上皮间质转换(epithelial-to-mesenchymal transition,EMT)是肿瘤转移的重要机制,与其关系最为密切的转录因子之一是 Snail。Snail 可以被 RAS-MAPK、PI3K-AKT、JAK-STAT、SMAD、NF-κB、HIF-1α 等多条信号通路所激活或上调。激活这些信号通路的生长因子、促炎性细胞因子等,可协同增强 EMT 相关基因的表达,从而促进肿瘤转移。

TGFβ 受体信号通路中的 SMAD2/3/4 分子,进入细胞核后,除直接作用在它们的靶基因以外,还可以与数十种其他转录因子相互作用,形成新的复合体共同协调靶基因的表达。

趋化因子是体内一类能够诱导特定细胞趋化运动的分子。趋化因子受体是一类表达于不同类型细胞上的 GPCR。然而趋化因子可以通过不同的信号转导通路传递信号,如激活 PKA 通路;调节细胞内 Ca^{2+} 浓度;G 蛋白 βγ 亚单位和磷酸酪氨酰肽协同作用可激活 PI3K 通路、MAPK 通路,还可以激活 JAK-STAT 通路。虽然这些信号通路不同,但都参与调控细胞趋化运动。

（五）不同信号通路可拮抗基因表达调控效应

功能相近的化学信号可经不同信号通路协同调节一种转录因子的活性,而功能上相拮抗的信号分子则可以经由不同的信号通路相互拮抗基因表达变化。

例如,ERK、JNK 和 p38 MAPK 信号转导通路的激活,可抑制糖皮质激素受体(glucocorticoid receptor,GR)所产生的基因表达调节效应。其中,JNK 可以直接使 GR 的 246 位丝氨酸磷酸化,抑制 GR 的功能。p38 MAPK 则通过直接或间接磷酸化非受体蛋白质,如转录辅激活因子,来发挥对 GR 的抑制作用。再如,上述调控 EMT 的 Snail 在被多种信号通路激活或上调的同时,也会受到其他一些通路的抑制,如雌激素受体(estrogen receptor,ER)通路就可抑制 Snail 的基因表达。

（六）细胞内的特殊事件也可以启动信号转导通路或调节信号转导通路

一些特殊的细胞内事件也可以在细胞内启动信号转导通路;如 DNA 损伤、活性氧(ROS)、低氧状态等,可通过激活特定的分子而启动信号转导通路。这些通路可以与细胞外信号分子共用部分转导通路,共用一些信号分子;也可以是一些特殊的通路(如凋亡信号转导通路)。

第七节　细胞信号转导异常与疾病

阐明细胞信号转导机制对于认识生命活动的本质具有重要的理论意义,同时也为医学的发展带来了新的机遇和挑战。细胞信号转导机制研究在医学发展中的意义主要体现在两个方面,一是对发病机制的深入认识,二是为新的诊断和治疗技术提供靶位。目前,人们对细胞信号转导机制及细胞信号转导异常与疾病关系的认识还相对有限,该领域研究的不断深入将为新的诊断和治疗技术提供更多的依据。

一、细胞信号转导异常及其与疾病的关系具有多样性

细胞信号转导异常主要表现在两个方面,一是信号不能正常传递,二是细胞信号通路异常地处于持续激活或高度激活的状态,从而导致细胞功能的异常。引起细胞信号转导异常的原因是多种多样的,基因突变、细菌毒素、自身抗体和应激等均可导致细胞信号转导的异常。细胞信号转导异常可以局限于单一通路,亦可同时或先后累及多条细胞信号转导通路,造成信号转导网络失衡。

细胞信号转导异常在疾病中的作用亦表现为多样性,既可以作为疾病的直接原因,引起特定疾病的发生;亦可参与疾病的某个环节,导致特异性症状或体征的产生。疾病时的细胞信号转导异常可涉及受体、胞内信号转导分子等多个环节。在某些疾病,可因细胞信号转导途径的某个环节原发性损伤引起疾病的发生;而细胞信号转导途径的改变也可继发于某种疾病的病理过程,其功能紊乱又促进了疾病的进一步发展。

二、细胞信号转导异常可发生在两个层次

细胞信号转导异常的原因和机制虽然很复杂,但基本上可从两个层次来认识,即受体功能异常和细胞内信号转导分子的功能异常。

(一)异常激活和失能受体

1. 异常激活受体　在正常情况下,受体只有在结合外源信号分子后才能激活,并向细胞内传递信号。但基因突变可导致异常受体的产生,不依赖外源信号的存在而激活细胞内的信号通路。如EGF受体只有在结合EGF后才能激活MAPK通路,但 *erb-B* 癌基因表达的变异型EGF受体则不同,该受体缺乏与配体结合的胞外区,而其胞内区则处于活性状态,因而可持续激活MAPK通路。

在某些条件下,受体基因可因某些因素的调控作用而过度表达,使细胞表面呈现远远多于正常细胞的受体数量。在这种情况下,外源信号所诱导的细胞内信号转导通路的激活水平会远远高于正常细胞,使靶细胞对外源信号的刺激反应过度。

外源信号异常也可导致受体的异常激活。如自身免疫性甲状腺病中,患者产生针对促甲状腺激素(TSH)受体的抗体。TSH受体抗体分为两种,其中一种是刺激性抗体,与TSH受体结合后能模拟TSH的作用,在没有TSH存在时也可以激活TSH受体。

2. 异常失能受体　受体分子数量、结构或调节功能发生异常变化时,可导致受体失能。如胰岛素受体异常可包括:①受体合成减少或结构异常的受体在细胞内分解加速导致受体数量减少;②受体与配体的亲和力降低,如精氨酸735突变为丝氨酸(R735S)可导致受体与胰岛素亲和力下降;③受体PTK活性降低,如甘氨酸1008突变为缬氨酸(G1008V)可致胞内区PTK结构域异常,从而使之磷酸化酪氨酸残基的能力减弱。在这些情况下,受体均不能正常传递胰岛素的信号。

自身免疫性疾病中产生的自身抗体,也可能导致特定受体失活。如前述自身免疫性甲状腺病中产生的TSH受体的两种抗体中,有一种是阻断性抗体。这种抗体与TSH受体结合后,阻止受体与TSH结合,从而减弱或抑制TSH受体信号。

(二)异常激活和失活信号转导分子

细胞内信号转导分子可因各种原因而发生功能的改变。如果其功能异常激活,可持续向下游传递信号,而不依赖外源信号及上游信号转导分子的激活。如果信号转导分子失活,则导致信号传递的中断,使细胞失去对外源信号的反应性。

1. 异常激活细胞内信号转导分子　细胞内信号转导分子的结构发生改变,可导致其激活并维持在活性状态。如三聚体G蛋白的α亚基201位精氨酸被半胱氨酸或组氨酸所取代,或227位谷氨酰

胺被精氨酸取代时,可致其失去 GTP 酶活性,因而通路处于持续激活状态。此外,霍乱毒素的 A 亚基进入小肠上皮细胞后,可直接结合 G 蛋白的 α 亚基,使其发生 ADP-核糖化修饰,抑制其 GTP 酶活性,导致 α 亚基持续激活。小分子 G 蛋白 RAS 的 12 位甘氨酸、61 位谷氨酰胺被其他氨基酸取代时,亦可导致 RAS 的 GTP 酶活性降低,使其处于持续活化状态。

2. 异常失活细胞内信号转导分子　细胞内信号转导分子含量降低或结构改变,可导致信号通路的抑制。例如,基因突变可导致 PI3K 的 p85 亚基表达下调或结构改变,使 PI3K 不能正常激活或不能达到正常激活水平,因而不能正常传递胰岛素信号。在假性甲状旁腺功能减退症中,甲状旁腺激素信号通路中 G 蛋白的 α 亚基编码基因的起始密码子突变为 GTG,使得核糖体只能利用第二个 ATG(第 60 位密码子)起始翻译,产生 N-端缺失了 59 个氨基酸残基的异常 α 亚基,从而使 G 蛋白不能向下游传递信号。

三、细胞信号转导异常可导致疾病的发生

异常的信号转导可使细胞获得异常功能或者失去正常功能,从而导致疾病的发生,或影响疾病进程。本节主要通过一些具体的例子说明较典型的信号转导异常与疾病的关系。

(一)信号转导异常导致细胞获得异常功能或表型

1. 细胞获得异常的增殖能力　正常细胞的增殖在体内受到严格控制。机体通过生长因子调控细胞的增殖能力。当 *erb-B* 癌基因异常表达时,细胞不依赖 EGF 的存在而持续产生活化信号,从而使细胞获得持续增殖的能力。MAPK 通路是调控细胞增殖的重要信号转导通路,*RAS* 基因突变时,使 RAS 处于持续激活状态,因而使 MAPK 通路持续激活,这是肿瘤细胞持续增殖的重要机制之一。

2. 导致细胞异常分泌　生长激素(GH)的功能是促进机体生长。GH 的分泌受下丘脑 GH 释放激素和生长抑素的调节,GH 释放激素通过激活 G 蛋白、促进 cAMP 水平升高而促进分泌 GH 的细胞增殖和分泌功能;生长抑素则通过降低 cAMP 水平抑制 GH 分泌。当 α 亚基由于突变而失去 GTP 酶活性时,G 蛋白处于异常的激活状态,垂体细胞分泌功能活跃。GH 的过度分泌,可刺激骨骼过度生长,在成人引起肢端肥大症,在儿童引起巨人症。

3. 改变细胞膜的通透性　霍乱毒素的 A 亚基使 G 蛋白处于持续激活状态,持续激活 PKA。PKA 通过将小肠上皮细胞膜上的蛋白质磷酸化而改变细胞膜的通透性,Na^+ 通道和氯离子通道持续开放,造成水与电解质的大量丢失,引起腹泻和水电解质紊乱等症状。

(二)信号转导异常导致细胞正常功能缺失

1. 失去正常的分泌功能　如 TSH 受体的阻断性抗体可抑制 TSH 对受体的激活作用,从而抑制甲状腺素的分泌,最终可导致甲状腺功能减退。

2. 失去正常的反应性　慢性长期儿茶酚胺刺激可导致 β-肾上腺素能受体(β-AR)表达下降,并使心肌细胞失去对肾上腺素的反应性,细胞内 cAMP 水平降低,从而导致心肌收缩功能不足。

3. 失去正常的生理调节能力　胰岛素受体异常是一个最典型的例子。由于细胞受体功能异常而不能对胰岛素产生反应,不能正常摄入和贮存葡萄糖,从而导致血糖水平升高。抗利尿激素(ADH)的受体位于远端肾小管或集合管上皮细胞膜,属于 G 蛋白偶联受体。该受体激活后,通过 cAMP-PKA 通路使微丝、微管的蛋白质磷酸化,促进位于胞质溶胶内的水通道蛋白向集合管上皮细胞管腔侧膜移动并插入膜内,增加对水的通透性,管腔内水进入细胞,并按渗透梯度转移到肾间质,使肾小管腔内尿液浓缩。基因突变可导致 ADH 受体合成减少或受体胞外环结构异常,不能传递 ADH 的刺激信号,集合管上皮细胞不能有效进行水的重吸收,导致肾性尿崩症的发生。

四、细胞信号转导分子是重要的药物作用靶位

随着细胞信号转导机制研究的深入,尤其是对于各种疾病过程中的信号转导异常的不断认识,必将为发展新的疾病诊断和治疗手段提供了更多的机会。在研究各种疾病病理过程中发现的信号转导

分子结构与功能的改变,为新药的筛选和开发提供了靶位,由此产生了信号转导药物这一概念。信号转导分子的激动剂和抑制剂是信号转导药物研究的出发点,尤其是各种蛋白激酶的抑制剂更是被广泛用作母体药物进行抗肿瘤新药的研发。

　　一种信号转导干扰药物是否可以用于疾病的治疗而又具有较小的副作用,主要取决于两点:一是它所干扰的信号转导通路在体内是否广泛存在,如果该通路广泛存在于各种细胞内,其副作用则很难控制;二是药物自身的选择性,对信号转导分子的选择性越高,副作用就越小。基于上述两点,人们一方面正在努力筛选和改造已有的化合物,以发现具有更高选择性的信号转导分子的激动剂和抑制剂,同时也在努力了解信号转导分子在不同细胞的分布情况。这些努力已经使得一些药物得以用于临床,特别是在肿瘤治疗领域。

小结

　　细胞通信和细胞信号转导是机体内一部分细胞发出信号,另一部分细胞接收信号并将其转变为细胞功能变化的过程。细胞信号转导的相关分子包括细胞外信号分子、受体、细胞内信号转导分子。

　　细胞外化学信号有可溶型和膜结合型两种形式。可溶型化学信号可分为脂溶性化学信号和水溶性化学信号两大类,其受体分别位于细胞内和细胞质膜。受体可以分为细胞内受体和膜表面受体两大类。膜受体又有离子通道型受体、G 蛋白偶联受体和酶偶联受体三个亚类。受体的功能是结合配体并将信号导入细胞。受体与配体的相互作用具有高度专一性、高亲和力、可饱和性、可逆性等 4 个特点。

　　各种信号转导分子的特定组合和序贯反应构成了不同的信号转导通路和网络,这些通路和网络的结构基础是蛋白质复合体。信号转导分子通过引起下游分子的数量、分布或活性状态变化而传递信号。第二信使以浓度和分布的迅速变化为主而传递信号,蛋白质信号转导分子通过蛋白质的相互作用和构象改变而传递信号。

　　细胞内的脂溶性信号受体大部分属于转录因子,可以直接结合在一些基因的调控区,改变转录速度。膜离子通道受体将化学信号转变为电信号,膜 G 蛋白偶联受体通过 G 蛋白和小分子信使介导信号转导,膜的酶偶联受体主要通过蛋白质化学修饰和相互作用传递信号。

　　细胞内以调节代谢或蛋白质活性为主要效应的重要信号转导通路有 cAMP-PKA、IP_3/DAG-PKC、Ca^{2+}/CaM 依赖的蛋白激酶和 PI3K-AKT 等。

　　细胞内存在复杂的控制基因表达的信号转导网络。核受体超家族分子属于转录因子,调节靶基因的转录,激素-受体复合物可结合于各种顺式作用元件,开启或关闭其靶基因。转录因子也可作为膜受体介导的信号通路的关键效应靶分子,由受体直接激活,或由第二信使通过蛋白激酶激活,或经由细胞内蛋白激酶激活。

　　信号的传递和终止、信号转导过程中的级联放大效应、信号转导通路的通用性和专一性、信号转导通路的网络化形成了细胞信号转导的基本规律。

　　受体或细胞内信号转导分子的数量或结构改变,可导致信号转导通路的异常激活或失活,从而使细胞产生异常功能或失去正常功能,导致疾病的发生或影响疾病的进程。

（黄　建）

思考题

　　1. 一种受体为什么可以同时激活几条信号转导通路?

2. 当外源信号分子刺激细胞时,细胞内信号传递和终止的双向反应是否同时发生? 为什么?

3. 在 GPCR 介导的信号通路中,为什么会存在 G 蛋白循环这一反应? 有何意义?

4. 蛋白质分子中有许多含有羟基的氨基酸残基,作为信号转导分子的蛋白激酶在修饰底物时,是将底物蛋白分子的所有含羟基的氨基酸残基都磷酸化,还是只将一个(或某几个)氨基酸残基磷酸化?

第四篇
分子生物学与分子医学

医学科学的发展,是人类同疾病及影响健康的一切不利因素进行不间断斗争的经验总结和循序提高的过程。如今,主导 21 世纪生命科学前沿的分子生物学的发展已经引领现代医学进入了分子医学时代。分子生物学理论和技术在医学实践中的应用日益广泛,是当代医学生需要掌握的新知识体系。

基因和疾病的关系是医学的重大问题之一,人类的多种疾病都与基因的结构、功能或表达异常有关。要阐明疾病发生的分子机制和进行有效的诊断与防治,均需首先揭示基因的结构与功能。基因的活动是分子水平生命活动的核心内容,也是医学研究的核心内容之一。现代医学研究,是包括整体水平、细胞水平、分子水平的全方位研究,在多个层次发现和阐明疾病发生发展的机制,寻找疾病诊断和治疗的分子靶点。因此,在医学研究中,对基因的研究是必不可少的内容。

对基因功能的研究包括对基因的结构与表达调控的研究,结构研究包括对基因一级结构、转录起点、编码序列、调控序列、基因拷贝数的分析,表达调控研究则主要分析转录和翻译的相关机制及调控因素。通过这些研究可了解基因的正常功能,认识基因表达对细胞功能和表型影响的分子机制;而对基因正常功能的认识和了解,又是研究疾病相关基因的基础。疾病相关基因能够导致疾病发生,或影响疾病的发生发展。通过研究基因在什么情况下可导致或影响疾病的发生,不但可以详尽地了解疾病病因和发病机制,而且可开发新的特异性诊断和干预技术。

对基因的研究需要许多复杂的实验技术,依赖于分子生物学技术体系的建立和发展。分子生物学技术体系不是简单的实验方法组合,而是与分子生物学理论体系相辅相成的理论和技术的组合。了解分子生物学技术所涉及的相关理论、原理及其用途,不仅是应用分子生物学技术进行科学研究的基础,也可加深对分子生物学理论体系的认识和理解,对于深入认识疾病的发生和发展机制,理解和应用基于分子生物学的新的诊断和治疗方法很有帮助。本篇介绍一些在医学研究中应用广泛的分子生物学技术,包括常用的基本技术和基因操作的基本知识,以及基因分析、基因功能研究和基因克隆与表达的有关知识和研究策略;这些知识是从事医学科学研究,掌握医学各学科研究进展,了解分子生物学在临床医学中的应用所必备的基础知识。

对基因正常功能的认识、对疾病相关基因的了解,以及分子生物学技术的发展,是建立基因诊断和基因治疗手段的基础。人类大多数疾病都与基因变异或基因异常表达相关,从基因水平了解病因及疾病的发病机制,可在基因水平采用针对性的手段对疾病进行诊断,矫正疾病紊乱状态。基因治疗虽然还存在技术瓶颈问题,但在一些遗传病、恶性肿瘤、病毒性疾病等方面已取得了重要进展。

生物遗传信息的传递和表达具有整体性。体内各基因的功能和表达调控都不是孤立的,而是相互关联的。因此,在了解各个基因的功能及其表达调控的基础上,需要进行整体性研究。基因组学、转录物组学、蛋白质组学是对基因结构、功能及其表达的整体性认识和研究。组学是基于组群和集合的认识论,而系统生物学是一种更高层面的集合,是组学网络与生物表型的整合;系统生物医学则是应用系统生物学原理与方法整合研究生命活动的本质、规律,揭示疾病发生发展的分子网络及其调控机制,发展基于系统生物学理论的疾病预防、预警、诊断、治疗新方法。系统生物医学的发展必将驱动新一轮医学科学革命。

(张晓伟)

第二十一章
常用的分子生物学技术

【本章要点】

1. 分子杂交与印迹技术的概念和原理；
2. DNA 印迹、RNA 印迹、蛋白质印迹和 PCR 技术的原理及应用；
3. 经典 DNA 测序技术（双脱氧链终止法和化学裂解法）的原理；
4. 现代测序技术的优势及其在医学领域的应用；
5. 生物芯片技术的原理及应用；
6. 生物大分子之间（蛋白质-蛋白质，蛋白质-DNA，蛋白质-RNA）相互作用的研究方法与技术。

分子生物学理论研究的突破与分子生物学技术的产生和发展息息相关，可以说两者是科学与技术相互促进的最好例证，即理论上的发现为新技术的产生提供思路，而新技术的产生又为证实原有理论和发展新理论提供有力工具。另外，基因研究是分子医学研究的核心领域，围绕基因的功能和基因表达调控（包括信号转导）的各种实验研究中，都需要利用 DNA 操作，以及 DNA-蛋白质和蛋白质-蛋白质之间相互作用的实验技术。因此，了解分子生物学技术原理及其用途，对于加深理解现代分子生物学的基本理论和研究现状，深入认识疾病的发生和发展机制，理解和应用基于分子生物学的新的诊断和治疗方法极有帮助。为此本章介绍目前分子生物学中的一些常用技术及其在医学中的应用。

第一节　分子杂交与印迹技术

不同单链核酸分子通过碱基互补序列结合就称为分子杂交（molecular hybridization）。印迹（blotting）是将待检测的生物大分子转移到固定基质上，再通过分子杂交，使其得到显现的过程。通过印迹技术不仅能够检测 DNA 或 RNA 分子，还能够利用抗原、抗体相互识别结合的特点，对蛋白质分子进行检测。分子杂交和印迹技术是分子生物学研究中应用最为广泛的实验技术。

一、分子杂交和印迹技术的原理是碱基互补或抗原抗体的特异结合

不同来源的单链核酸分子之间的结合，并不要求两条核酸单链的碱基顺序完全互补，只要彼此之间有一定程度的互补顺序就可以形成双链杂交分子。利用这一原理，用已知序列的单链核酸片段作为探针（probe），即可检测各种不同来源的样品中同源基因或同源序列，以及基因的表达情况。核酸探针既可以是人工合成的寡核苷酸片段，也可以是基因组 DNA 片段、cDNA 全长或部分片段，还可以是 RNA 片段。常用放射性核素、生物素或荧光染料来标记探针。在硝酸纤维素（nitrocellulose，NC）膜杂交反应中，标记探针的序列如果与 NC 膜上的核酸序列互补，就可以结合到膜上的相应 DNA 或 RNA 区带，经放射自显影或其他检测手段就可以判定膜上是否有互补的核酸分子存在。

蛋白质分子之间的"杂交"主要是基于抗原抗体之间的特异结合。进行蛋白质检测时，作为"探针"的是特异性识别待检测蛋白（又称靶蛋白）的抗体（一抗），可以直接将这种抗体偶联某种酶（如碱性磷酸酶、辣根过氧化物酶等）或生物素，或将识别一抗的抗体（二抗）偶联酶或生物素，利用二抗检测"一抗"，最后通过显色反应来显示靶蛋白的存在以及量的多少。蛋白质印迹需要将蛋白质样品通

过聚丙烯酰胺凝胶电泳分离,再将蛋白质转移到 NC 膜或其他膜上。

印迹技术是利用各种物理方法将电泳凝胶中的生物大分子,如 DNA、RNA 或蛋白质等转移并固定在 NC 膜上,膜上分子的位置与其在凝胶中的位置对应,即形成"印迹",然后用带有标记的核酸探针或抗体与膜上的待测分子进行杂交结合,依据标记物的特性进行相应的显色,显现出待测分子(核酸或蛋白质)的区带。

二、分子杂交和印迹技术包括多种技术方法

通常将 DNA 印迹技术称为 Southern blotting,RNA 印迹技术称为 Northern blotting,蛋白质印迹技术称为 Western blotting。这些方法都涉及将待测分子经过凝胶电泳分离并转移到 NC 膜等固相支持物。另外也有其他方法进行转印,称为斑点印迹(dot blotting)。此外,还可在细胞或组织水平对 DNA 或 RNA 进行原位杂交,包括组织原位杂交、细胞染色体 DNA 原位杂交、菌落原位杂交以及根据分子杂交原理发展起来的芯片技术等,都是常用的分子杂交技术。

(一) DNA 印迹可用于多种 DNA 相关分析

DNA 印迹杂交技术(Southern 印迹)的基本操作过程如图 21-1 所示,包括:①待检测 DNA 样品的制备和基因探针的标记;②待检测 DNA 样品在琼脂糖凝胶中进行电泳分离;③将凝胶电泳的 DNA 经 NaOH 处理变性为单链,并从凝胶中转移、固定到合适的固相支持物如 NC 膜或尼龙膜上;④以带标记的探针与膜上 DNA 杂交,然后进行显影或显色,检测目的 DNA 的存在。

利用 DNA 印迹法可进行克隆基因的酶切图谱分析、基因组中某一基因的定性及定量分析、基因突变分析及限制性片段长度多态性(restriction fragment length polymorphism,RFLP)分析等。此外,还可以对进行基因拷贝数分析。如果基因拷贝数发生变化(增多或减少),但基因序列没有改变,可以根据基因序列合成探针,探测染色体中能与探针结合的 DNA 序列。根据检测信号的有无、强弱对样品进行定性、定量分析,从而计算出基因的拷贝数。

(二) RNA 印迹可用于基因转录的定性和相对定量分析

基因表达的一级产物是 RNA 分子,RNA 水平的变化可以反映基因转录水平的变化。一

图 21-1　DNA 印迹的操作过程

般情况下,利用 RNA 印迹(Northern 印迹)等技术,对不同组织来源的 RNA 进行定性杂交检测,就可以确定特定基因的组织分布情况以及确定基因的表达时相。

RNA 印迹技术是定性分析 mRNA 的方法。如果对不同样本总 RNA 或 mRNA 定量后再进行杂交反应,也可以相对定量分析特定 RNA 的表达水平。RNA 印迹法的基本程序与 DNA 印迹法相似,只是被检测的对象是 RNA。不同的是,DNA 印迹法是在电泳后将 DNA 分子变性,RNA 印迹法则是在电泳分离前用甲基氢氧化银、乙二醛或甲醛(更常用)使 RNA 变性,使 RNA 分子在电泳中仅依据分子量的大小而分离;此外,所有操作均应避免 RNA 酶的污染。尽管 RNA 印迹法有很多优点,但由于需要对 RNA 进行电泳分离,增加了 RNA 降解的机会,因此,操作技巧成为实验成功与否的关键因素之一。自从 RT-PCR 技术出现以后,对 RNA 的初步分析多倾向于采用 RT-PCR。

(三)蛋白质印迹可用于蛋白质的定性和相对定量分析

蛋白质在聚丙烯酰胺凝胶电泳之后从凝胶中转移并固定到膜材料上,再利用特异性抗体对膜上的靶分子进行检测,称为蛋白质印迹(Western blotting),又称免疫印迹(immunoblotting)、Western 印迹。蛋白质印迹技术用于检测样品中特异性蛋白质的存在,细胞中特异蛋白质的半定量分析以及蛋白质分子的相互作用研究等。

除上述 3 种基本印迹技术外,还有一些方法可用于核酸和蛋白质的分析。例如,可以不经电泳分离而直接将样品点在 NC 膜上用于杂交分析,这种方式称为斑点印迹;将多种已知序列的 DNA 排列在一定大小的尼龙膜或其他支持物上,用于检测细胞或组织样品中的核酸种类,这种技术称为 DNA 芯片技术(详见本章第四节)。

(四)原位杂交可用于基因及其表达产物的定位分析

利用组织切片或细胞涂片直接进行杂交分析,称为原位杂交(*in situ* hybridization,ISH)。原位杂交是进行基因及其表达产物定位分析的一种技术,基本原理是利用标记的核酸分子探针与组织、细胞或染色体上待测 DNA 或 RNA 结合,经一定的检测手段将待测核酸在组织、细胞或染色体上的位置显示出来。原位杂交必须具备 3 个重要条件:组织、细胞或染色体的固定,具有能与待测特定片段互补的核苷酸序列(探针),以及与探针结合的标记物。

框 21-1

原位杂交技术的发明

原位杂交技术是由分子生物学、细胞生物学结合免疫组织化学技术而建立的一项专门技术。最早的原位杂交技术于 1969 年由美国耶鲁大学的 Gall J. G. 和 Pardue M. L. 报道。他们用爪蟾核糖体基因探针与其卵母细胞内的核酸杂交,进行了染色体定位;用小鼠卫星 DNA 作为探针,将其定位于染色体的着丝点。1970 年 Buongiorno-Nardelli M. 和 Amaldi F. 利用同位素标记的核酸探针在组织切片中进行了定位分析。进入 80 年代,原位杂交技术已被大量用于单拷贝基因在染色体上的定位检测,包括:人的 β 珠蛋白基因和胰岛素基因在第 11 号染色体上的定位,人的生长激素基因在第 17 号染色体长臂的定位等。此后,原位杂交技术因其高度的灵敏性和准确性而被广泛应用到基因定位、性别鉴定和基因图谱的构建等研究领域。

---

1. DNA 荧光原位杂交可检测染色体、细胞和组织原位的 DNA 或 RNA 荧光原位杂交(fluorescence *in situ* hybridization,FISH)是用特殊荧光素标记核酸(DNA)探针,在染色体、细胞和组织切片标本上进行 DNA 杂交,对检测细胞内 DNA 或 RNA 的特定序列是否存在非常有效。由于多色荧光标记技术的发展,目前可用不同荧光染料同时进行多重原位杂交,使分辨率有显著提高。

2. 通过原位杂交技术可以确定特定基因的表达定位 研究基因在不同组织或不同时相的表达情况时,不仅需要明确其表达水平,还需要进一步确定它的表达定位。除了利用 RNA 印迹等方法来确定特定基因的表达产物——RNA 的组织分布以及相对表达水平(丰度)外,还可以利用 RNA 寡核苷酸探针,采用原位杂交技术进一步确定特定基因的细胞、亚细胞表达定位。其基本原理是:在细胞或组织结构保持不变的条件下,用标记的已知 RNA 核苷酸片段,与细胞或组织中的靶 RNA 分子杂交,所形成的杂交体经显色反应后,在光学显微镜或电子显微镜下观察其细胞内相应的 mRNA、rRNA 和 tRNA 分子。RNA 原位杂交与 DNA 原位杂交的主要区别有:①使用的探针不同。RNA 原位杂交中多采用 RNA 或寡核苷酸探针,特异性更强。②检测的目的不同。RNA 原位杂交检测和分析主要为内源性基因,包括细胞内固有基因、异常基因和变异基因的表达变化。DNA 原位杂交多用于外源性基因插入的检测。

第二节　聚合酶链式反应

聚合酶链式反应(polymerase chain reaction,PCR)是一种在体外特异性扩增已知 DNA 片段的方法。扩增 DNA 片段的前提是已知该 DNA 序列,在待扩增 DNA 片段两端设计引物,由耐热 DNA 聚合酶(如 *Taq* 酶)催化,通过循环扩增的方式,使产物达到指数倍增的效果。对于未知序列,可以借助同源序列和简并引物来设计引物。美国国立生物技术信息中心(National Center for Biotechnology Information,NCBI)的 GenBank 数据库为全世界科研人员免费提供海量核酸序列,使得人们进行的 PCR 反应日益便捷,从而成为获得目的基因的首选。

框 21-2

DNA 聚合酶与 PCR 技术

DNA 聚合酶 I 是美国科学家 Kornberg A.(获 1959 年诺贝尔生理学或医学奖)在 1956 年从大肠埃希菌中分离得到的,具有 3′→5′ 和 5′→3′ 核酸外切酶活性,以及 5′→3′ 脱氧核苷酸聚合酶活性。1970 年代初,Klenow H. 发现用枯草杆菌素处理大肠埃希菌 DNA 聚合酶 I 后生成两个片段,其中的大片段(Klenow fragment)保存了 DNA 聚合酶活性和 3′→5′ 核酸外切酶活性,但没有 5′→3′ 核酸外切酶活性,这个片段又称为 Klenow 聚合酶,被广泛应用于分子生物学实验中。但此酶不耐高温,所以不适合高温变性的聚合酶链式反应(PCR)。1971 年,Kleppe K. 等人运用 DNA 变性/复性进行 DNA 修复复制;1987 年,Mullis K. B. 建立了现代意义上的 PCR 技术,由于最初使用的不是耐高温的 DNA 聚合酶,这一技术的应用受到极大限制。目前广泛应用的耐热 DNA 聚合酶(简称 *Taq* DNA 聚合酶,最适温度 75~80℃)是于 1976 年从温泉耐热菌中分离得到的,非常适用于 PCR 反应。随着 *Taq* DNA 聚合酶的应用和发展,PCR 技术在生物科学和临床医学中得以广泛应用,成为分子生物学研究的最重要技术之一。Mullis K. B. 也因此获得了 1993 年诺贝尔化学奖。

一、PCR 技术的原理类似于 DNA 的天然复制过程

DNA 片段的体外扩增是模拟了 DNA 在细胞内的天然复制过程,是在模板 DNA、引物和四种脱氧核糖核苷酸存在的情况下,依赖于 DNA 聚合酶的一种酶促合成反应。在 PCR 反应中,DNA 聚合酶以单链 DNA 为模板,通过人工合成的寡核苷酸引物与单链 DNA 模板中的一段互补序列结合,DNA 聚合酶将脱氧单核苷酸加到引物 3′-OH 末端,使引物沿模板 5′→3′ 方向延伸,合成一条新的 DNA 互补链。PCR 反应依赖于与靶序列两端互补的特异性寡核苷酸引物,由变性—退火—延伸三个基本反应步骤构成一个循环。首先,以高温将双链 DNA 变性,解离成为单链,为下一轮反应做准备;其次,单链模板 DNA 与引物的低温退火(复性),引物与模板 DNA 单链的互补序列配对结合;第三,在 *Taq* DNA 聚合酶的作用下,合成一条新的与模板 DNA 链互补的半保留复制产物,即延伸。经过变性—退火—延伸这三个步骤的重复循环,在每一个循环合成出来的半保留复制产物又可成为下次循环的模板。

因此,在 2~3 小时内就能将待检测的目的基因扩增几百万倍(图 21-2)。

图 21-2 　PCR 技术的原理示意图

二、利用 PCR 技术分析基因及其表达产物

　　PCR 技术的最大特点是可以对极其微量的待检测 DNA 片段进行扩增。通过特异性引物的设计,以及退火温度的把握,可以使 PCR 反应具有很好的特异性。PCR 反应尤其在微量样品检测中有很大优势。例如,应用 PCR 方法可以对单个细胞、单根毛发或微量血迹进行 DNA 检测。此外,利用 PCR 方法可以快速简便地从 cDNA 文库或基因组文库中获得序列相似的新基因片段或新基因,可以设计引物在体外对目的基因片段进行嵌合、缺失和点突变改造等。

　　PCR 技术诞生之后,衍生出许多新型的 PCR 技术,其中逆转录 PCR(reverse transcription PCR,RT-PCR)就是一种广泛应用的 PCR 衍生形式。RT-PCR 是将 RNA 的逆转录与 PCR 扩增技术相结合,以 mRNA 为模板逆转录合成互补 DNA(complementary DNA,cDNA),再以 cDNA 为模板进行特异性PCR 扩增。RT-PCR 广泛应用于基因表达检测(详见第二十三章)和分子(DNA)诊断(详见第二十五章)。由于指数级扩增,故可以检测极低拷贝数的 RNA,且可相对定量。

三、利用 PCR 技术可以进行实时、定量分析

　　实时定量 PCR(real-time quantitative PCR,RT-qPCR)技术是在 PCR 反应体系中加入荧光基团,利用荧光信号积累实时监测整个 PCR 进程,使每一个循环变得"可见",最后通过 C_t 值和标准曲线对样品中的 DNA(cDNA)的起始浓度进行定量的方法。C_t 值是指样品的荧光信号到达设定的荧光域值时所经历的循环数。当进行 PCR 反应时,如果固定循环数,荧光信号与模板数成正比;但当固定荧光信号值后,模板数则与循环数成反比。每个模板的 C_t 值与该模板的起始拷贝数的对数存在线性关系,起始拷贝数越多,C_t 值越小。利用已知起始拷贝数的标准品可绘制标准曲线,其纵坐标是 C_t 值,横坐标是起始拷贝数的对数。只要获得未知样品的 C_t 值,即可从标准曲线上计算出该样品的起始拷贝数。

实时定量 PCR 是目前确定样品中 DNA（或 cDNA）拷贝数最敏感、最准确的方法。

根据是否使用探针，可将实时定量 PCR 分为非探针和探针两类。非探针类实时定量 PCR 与常规 PCR 的主要不同之处在于加入了能与双链 DNA 结合的荧光染料，由此来实现对 PCR 过程中产物量的全程监测。最常用的荧光染料为 SYBR Green，它能结合到 DNA 双螺旋小沟区域。该染料处于游离状态时，荧光信号强度较低，一旦与双链 DNA 结合之后，荧光信号强度大大增强（约为游离状态的 1 000 倍），而荧光信号的强度和结合的双链 DNA 的量成正比。因此，该荧光染料可用来实时监测 PCR 产物量的多少。由于非探针类实时定量 PCR 成本低廉，近年来得到快速发展，技术日趋完善，从而也得到了大量应用。

与非探针类实时定量 PCR 相比，探针类实时定量 PCR 不是通过向反应体系中加入的荧光染料产生荧光信号，而是通过使用探针来产生荧光信号。探针除了能产生荧光信号用于监测 PCR 进程之外，还能和模板 DNA 待扩增区域结合，因此大大提高了 PCR 的特异性。目前，常用的探针类实时 PCR 包括 *Taq*Man 探针法、分子信标（molecular beacons）探针法和荧光共振能量转移（fluorescence resonance energy transfer，FRET）探针法等。

1. **利用 *Taq*Man 探针法实时、定量分析样品 DNA 含量**　在该类实时 PCR 系统中，在常规正向和反向引物之间，增加了一条能与模板 DNA 特异性结合的 *Taq* Man 探针（图 21-3）。探针的 5′-端有一个荧光报告基团（reporter，R），3′-端有一个荧光淬灭基团（quencher，Q）。没有扩增反应时，探针保持完整，R 和 Q 基团同时存在于探针上，无荧光信号释放。随着 PCR 的进行，*Taq* DNA 聚合酶在链延伸过程中遇到与模板结合着的荧光探针，其 5′→3′ 核酸外切酶就会将该探针逐步切断，R 基团一旦与 Q 基团分离，便产生荧光信号。后者被荧光监测系统接收，用于数据分析。

图 21-3　*Taq* Man 探针法实时定量 PCR 基本原理

2. **利用分子信标探针法实时、定量分析样品 DNA 含量**　与 *Taq* Man 探针法相似，探针的两端分别标记有 R 基团和 Q 基团，但不同的是，分子信标探针是一种呈发夹结构的茎-环寡核苷酸探针，即其两端的核苷酸序列互补配对。探针在没有与靶序列杂交时会形成发夹状态，此时 R 基团和 Q 基团靠近，荧光几乎完全淬灭。探针与靶序列杂交后，发夹展开，R 基团与 Q 基团分开，荧光得以恢复，荧光检测系统即可接收到 R 基团的荧光信号。

3. 利用 FRET 探针法实时、定量分析样品 DNA 含量　FRET 探针又称双杂交探针或者 Light Cycle 探针，其由两条能与模板 DNA 互补且相邻的特异探针组成（距离 1~5bp），上游探针的 3′-端标记荧光供体基团，相邻下游探针的 5′-端标记 Red640 荧光受体基团。当复性时，两探针同时结合在模板上，荧光供体基团和 Red640 荧光受体基团紧密相邻，激发供体产生的荧光能量被 Red640 基团吸收（即发生 FRET），于是可检测到 Red640 发出的荧光。当变性时，两探针游离，两荧光基团距离远，检测不到 Red640 的荧光。因此，FRET 探针法检测的是实时信号，是可逆的，这是 *Taq* Man 探针法无法做到的。其原因是 *Taq* Man 探针属水解类探针，一旦 R 基团被水解离开 Q 基团后，就一直游离于反应体系中可被检测，所以 *Taq* Man 探针法检测的是累积荧光，是不可逆的。两方法相比，FRET 探针法在突变分析、SNP 基因分型等方面更具有优势。

实时定量 PCR 最大的优点是克服了常规 PCR（也称为终点 PCR 法）进入平台期或饱和期后才进行定量的较大误差，而实现 DNA/RNA 的精确定量，因此在分子生物学，特别是医学临床检验及研究方面有着重要的意义，目前已经在肿瘤、病毒或病原微生物的感染和遗传病的诊断中得到广泛的应用。

四、PCR 结合免疫沉淀扩增可检测与蛋白质结合的 DNA 序列

染色质免疫共沉淀（chromatin immunoprecipitation，ChIP）是结合了 PCR 和免疫沉淀两种技术而发展起来的，在利用抗体结合特定的染色质蛋白，并利用免疫共沉淀方法获得结合该蛋白的 DNA 后，可利用 PCR 方法对该蛋白结合的 DNA 进行分析，这是研究体内 DNA 与蛋白质相互作用的重要方法（详见本章第五节）。

第三节　DNA 测序技术

对绝大部分生物而言，基因就是一段特定的 DNA 序列。因此，DNA 序列测定（DNA sequencing）是分析基因结构的核心技术。1975—1977 年，双脱氧链终止法和化学裂解法测定 DNA 序列的技术几乎同时问世。后来，PCR 技术、荧光标记技术出现，人们将 DNA 序列测定与 PCR、荧光标记结合，发展为 DNA 自动测序技术，为后来人类基因组计划的大规模自动测序法奠定了基础。

一、经典 DNA 测序技术有双脱氧链终止法和化学裂解法

（一）Sanger 双脱氧链终止法利用 2′,3′-双脱氧核苷酸掺入终止聚合反应

Sanger 双脱氧法是在 DNA 聚合酶催化下，以单链或双链 DNA 为模板，采用 DNA 引物引导新链 DNA 的合成。DNA 链中的核苷酸以 3′,5′-磷酸二酯键相连接，2′-脱氧核苷三磷酸（dNTP）是合成 DNA 的底物，但如果在底物中加入 2′,3′-双脱氧核苷三磷酸（dideoxyribonucleoside triphosphate，ddNTP），当 ddNTP 掺入到新生链中，由于 ddNTP 没有 3′-OH，不能再与其他 dNTP 上的磷酸基团形成 3′,5′-磷酸二酯键，造成新生链的延伸在此终止，通过聚丙烯酰胺凝胶电泳就可分辨出具有特定末端不同长短的 DNA 片段（图 21-4）。

以该法为基础，Sanger 后来对它进行了许多改进，使之更适合实际操作。其中一个重要改进是利用单链 DNA 噬菌体载体将随机打断的 DNA 片段分别测序，再拼成完整 DNA。该法在积累数据方面迅速、简便，利用限制性酶 *Mbo* I 获得的人类线粒体 DNA 中最大的片段（2 771 个核苷酸）就是用这种方法测得的。自 PCR 技术出现后，Sanger 法有了进一步的改进，采用 4 种不同荧光素标记的 ddNTP，在一个 PCR 反应体系中对 DNA 序列进行分析，从而使 DNA 测序走向了全自动化，而自动化测序已成为当今 DNA 序列分析的主流。

图 21-4   Sanger 双脱氧法测序原理

（二）Maxam-Gilbert 化学裂解法利用化学试剂裂解修饰碱基

Maxam-Gilbert 化学裂解法是将待测 DNA 片段 3′-或 5′-端进行放射性同位素标记,然后将标记后的 DNA 片段分成 4 组,每组用不同的化学试剂处理,造成碱基的特异性切割,使各组分别形成以特异性碱基为结尾的长度不同的 DNA 片段,4 组产物经变性聚丙烯酰胺凝胶电泳及放射自显影后便可以读出样品的序列。化学修饰包括对特定碱基进行不完全甲基化修饰;对修饰碱基进行不同程度的处理使其从糖环上脱落;用嘌呤或嘧啶特异性的裂解试剂处理修饰碱基,使其 3′-和 5′-磷酸二酯键断裂,最后得到一组长度不等的末端标记核苷酸分子。

化学裂解法有以下几个优点:所测序列是原待测 DNA 分子(Sanger 法所测的是模板 DNA 的拷贝);可以分析诸如甲基化等 DNA 修饰的情况;可以通过化学保护及修饰干扰实验来研究 DNA 二级结构及蛋白质与 DNA 的相互作用。由于化学修饰法操作比较烦琐,在 DNA 序列分析中最常用的方法还是 Sanger 双脱氧链终止法;但在特殊试验中,双脱氧链终止法不能替代化学裂解法。

二、现代测序技术迅速发展

伴随着 PCR 技术和荧光标记技术的出现,新的 DNA 自动测序技术得到迅速的发展和广泛应用,第二代和第三代测序技术相继诞生。

（一）焦磷酸测序是基于聚合原理并结合发光技术的测序方法

焦磷酸测序(pyrosequencing)技术于 1996 年由瑞典科学家 Ronaghi M. 等发明,适用于对短到中等长度(通常<400bp)的 DNA 样品进行高通量筛选分析。它也基于聚合原理,但与 Sanger 双脱氧链终止法不同,它不是通过双脱氧核苷三磷酸的掺入使合成终止,而是依赖于焦磷酸盐的释放。释放的焦磷酸盐在 ATP 硫酸化酶(ATP sulfurylase)的作用下形成 ATP;ATP 在荧光素酶(luciferase)的催化下与荧光素结合形成氧化荧光素,每一个 dNTP 的掺入都与一次荧光信号释放相偶联,通过检测荧

光的释放和强度,便可实时测定 DNA 序列。焦磷酸测序技术具有快速、准确、灵敏度高和自动化的特点,其不足是测定序列较短。

(二)循环芯片测序称为第二代测序技术

循环芯片测序(cyclic-array sequencing)的基本原理是对 DNA 芯片样品重复进行 DNA 模板变性、退火杂交和延伸的聚合反应,通过设备观察并记录测序循环中释放的荧光信号,确定 DNA 序列。目前常用的第二代测序技术平台有 454 技术、Solexa 技术和 SOLiD 技术等。

第二代测序技术最主要的优势是可实现高通量分析;其缺点一是可靠读取的序列短,二是由于在测序前要通过 PCR 对待测片段进行扩增,增加了测序的错误率。

(三)单分子实时测序称为第三代测序技术

针对第二代测序技术存在的问题,新近发展的第三代测序技术通过增加荧光的信号强度和提高仪器的灵敏度等方法,可以实现单分子序列分析,无须 PCR 扩增,并继承了高通量筛选的优点,如 HeliScope 单分子测序技术和 SMRT 技术。最近提出的纳米孔单分子测序技术,则是利用不同碱基产生的电信号进行测序。

第三代测序有效地将序列读取长度提高到数千个碱基,减少了测序后的拼接工作量;可以实现对未知基因组、RNA 和甲基化修饰 DNA 的测序。

现代测序技术的快速进步极大促进了人全基因组测序、转录物组测序(RNA-seq)、DNA-蛋白质相互作用,即染色质免疫共沉淀测序(ChIP-seq)等在医学研究和实践中的应用,为医学进入大数据时代提供了核心技术支撑。

三、DNA 测序技术在医学领域具有广泛的应用价值

DNA 测序技术在医学领域的使用日益广泛和深入。DNA 测序在医学研究、临床实践及法医学中的应用十分广泛。

(一)鉴定疾病相关基因

通过人群大样本分析,确定单基因遗传病和多基因变异相关疾病的单核苷酸多态性(SNP)位点、基因结构变异、基因拷贝数变异等,鉴定出可用于复杂性疾病易感性预警或早期诊断的疾病标志物,并将这些单一基因或多个基因的变异检测用于临床诊断。这些变异的发现还将指导治疗靶点的确认和药物研发。

(二)检测基因突变

DNA 测序技术可用于检测肿瘤组织的染色体畸变、癌基因和抑癌基因突变位点、融合基因、染色体拷贝数变化等,为肿瘤分子分型和治疗敏感性监测提供依据。

随着新测序技术的进步和完善,高通量 DNA 测序越来越多地应用于肿瘤基因组学研究领域。目前,高通量 DNA 测序已应用于临床肿瘤学,以推进癌症的个性化治疗。高通量 DNA 测序可用于识别新的或罕见的基因突变位点,检测基因易位、倒置、插入或删除等变异,检测基因拷贝数的变化,确定家族性癌基因突变携带者,为肿瘤的靶向治疗和预后提供分子基础。

(三)建立个人 SNP 位点与疾病易感性的联系

利用 DNA 测序技术,进行个人基因组分析,在大数据平台发展的基础上,建立个人 SNP 位点与疾病易感性、药物敏感性和耐受性以及其他诸多表型之间的联系。

SNP 是定义个体对各种疾病的易感性和对药物反应的风险的关键。高通量筛选可对特定靶区的多态基因型进行测序和随后的 SNP 识别。测序技术的最新进展使得对人群样本中的遗传变异进行全面分类成为可能。通过这种技术,研究人员可以快速、简便地将基因组中的遗传差异与表型联系起来,为后续研究打下良好基础。这可能有助于更好地进行人群层面的疾病分型和鉴定,以及个人层面的诊断和个性化治疗和预防。

（四）检测病原微生物

DNA 测序技术可用于病原微生物检测,确定病原微生物的分子分型,为抗病毒或细菌感染治疗提供依据。

病原微生物是导致交叉感染性疾病甚至重大传染性疾病传播的重要因素之一,准确检测病原微生物,确定病原微生物的分子分型,对于感染性或传染性疾病的有效防御和精准诊疗具有十分重要的意义。几乎所有的传染病病原体都含有 DNA 或 RNA 基因组,这使得测序成为病原体检测的一种有吸引力的方法。近年来,世界范围内传染病发生了新的变化,疑似感染病例的增加和传播速度的快速增长,给传染病的诊疗带来了严峻的挑战。对于微生物感染的诊断,与传统的病原诊断方法相比,第二代和第三代 DNA 测序具有更快、更准确、高通量的优势,在传染病的快速检测和诊断中发挥着越来越重要的作用。高通量 DNA 测序技术已用于疫情管理,如分子病病例的发现,病原体的鉴定和监测,病原体的分型,以及确定病原体从动物到人类的传播途径等。随着测序技术的不断发展和病原微生物数据库的不断完善,传染病检测和流行病学调查会更加准确、快速,为传染病患者提供精准的靶向治疗。

（五）用于产前筛查与诊断

DNA 测序技术可用于产前筛查与诊断,确定胎儿染色体是否异常,将染色体异常的筛查覆盖率大大提高。

孕妇血浆中含有胎儿释放的游离 DNA（cell free fetal DNA,cffDNA）片段,通过对孕妇外周血中的 cffDNA 片段进行简单计数及全基因组测序,可以检测胎儿染色体是否异常。目前这一基于母体外周血检测的无创产前 DNA 检测技术主要应用于:胎儿染色体非整倍体疾病检测（如唐氏综合征）,性染色体非整倍体疾病的检测（如特纳综合征）,染色体微重复微缺失综合征的检测,单基因疾病的检测。随着测序数据量及测序深度的加大、成本的降低,无创产前 DNA 检测有望成为临床一线筛查方案。

（六）用于司法鉴定

DNA 测序在法医学领域具有特殊意义。该技术极大提高了 DNA 鉴定的敏感性和准确性,在各类案件中作为司法证据的重要性愈加凸显。DNA 测序在亲子鉴定中亦具有重要价值。

DNA 测序在法医遗传学领域有着悠久的历史。目前 DNA 测序技术在法医学中的应用主要有预测种族背景和外观特征的 SNP 分析,用于个体鉴定和亲属关系分析的短串联重复序列（STR）技术、对男性进行个体识别的 Y 染色体分析（Y-STR）、mtDNA 全基因组分析、微生物群落的分析及对表观遗传的分析。DNA 测序技术为个人识别及寻找亲人提供科学依据,为刑事侦查提供方向,为司法审判提供证据,在法医学领域具有广阔的应用前景。

第四节　生物芯片技术

生物芯片包括基因芯片、蛋白质芯片和组织芯片等。生物芯片技术是在 20 世纪末发展起来的规模化生物分子分析技术,目前已被应用于生命科学的众多领域,包括基因表达检测、基因突变检测、基因诊断、基因组作图和新基因发现、功能基因组学以及蛋白质组学研究等多个方面。

一、基因芯片可大规模监测基因表达水平

研究基因功能的最好方式之一是监测基因在不同组织、不同发育阶段以及不同健康状况机体中表达的变化,而大规模监测基因表达的最好方法之一是基因芯片（gene chip）技术,又称为 DNA 微阵列（DNA microarray）技术或 DNA 芯片（DNA chip）技术。利用这种技术可以同时测定成千上万个基因的转录活性。基因芯片技术是通过在固相支持物上原位合成（in situ synthesis）寡核苷酸或者直接将大量预先制备的 DNA 探针以显微打印的方式有序地固化于支持物表面,然后与待测的荧光标记样品杂交,通过对杂交信号的检测分析,得出样品的遗传信息（基因序列及表达）。根据芯片上固定的

探针不同,基因芯片主要包括:cDNA 芯片(cDNA chip)和寡核苷酸微阵列(oligo microarray)。基因芯片可在同一时间内分析大量的基因功能,高密度基因芯片可以在 1cm² 面积内排列数万个基因用于分析,实现了基因信息的大规模检测。

(一)利用 DNA 芯片技术可进行高通量基因转录活性的分析

基因芯片特别适用于分析不同组织的细胞或同一细胞不同状态下的基因差异表达情况,其原理是基于双色荧光探针杂交。该系统将两个不同来源样品的 mRNA 在逆转录合成 cDNA 时,用不同的荧光分子(如正常样品用红色,肿瘤样品用绿色)进行标记(图 21-5),标记的 cDNA 等量混合后与基因芯片进行杂交,在两组不同的激发光下进行检测,获得两个不同样品在芯片上的全部杂交信号。呈现绿色荧光信号的位点代表该基因只在肿瘤组织表达,呈现红色荧光信号的位点代表该基因只在正常组织表达,呈现两种荧光互补色(黄色)信号的位点则表明该基因在两种组织中均有表达。

图 21-5　基因芯片检测流程示意图

1. cDNA 芯片又称 cDNA 微阵列　cDNA 微阵列(cDNA microarray)技术的基本原理与核酸分子杂交方法相似,不同的是,cDNA 微阵列是在一个微小的基片(硅片、玻片、塑料片等)表面集成了大量的分子识别探针。此类芯片又称 cDNA 芯片(cDNA chip)。cDNA 芯片技术的主要技术流程包括:芯片设计和制备、待测样品与芯片的杂交和杂交信号的检测。

利用 cDNA 芯片可以同时定量监测大量基因的表达水平,阐述基因功能,探索疾病原因及机制,发现可能的诊断及治疗靶基因等。但由于在 cDNA 芯片中每个探针是 cDNA 片段或基因的一段 PCR 产物,可以同任何具有同源序列的样品形成杂交体,这种探针设计很难特异性区分诸如 RNA 剪接体、重叠基因和具有较高同源序列的基因家族中不同成员,因此在应用时需引起注意。

2. 寡核苷酸芯片又称寡核苷酸微阵列　寡核苷酸芯片(oligo chip)又称为寡核苷酸微阵列(oligo microarray),这项技术是利用基因特异的寡核苷酸片段为探针,每个基因一般都有 10~20 个相对应的探针,通常每个基因还有一个对应的错配探针使其能够检测低丰度的靶序列,以保证基因表达检测的特异性和灵敏性。因此,利用寡核苷酸芯片可以更好地检测基因的表达情况,尤其针对低丰度基因表达水平变化的检测具有高度的灵敏性。

(二)染色质免疫共沉淀与芯片技术结合检测蛋白质-DNA 相互作用

染色质免疫共沉淀与芯片技术结合形成了染色质免疫共沉淀-芯片(chromatin immunoprecipitation-chip,ChIP-on-chip)技术,也称为基因组范围的定点结合分析(genome-wide location analysis)。

1. ChIP-on-chip 是染色质免疫共沉淀与芯片技术的结合　ChIP-on-chip 基本原理是在 ChIP 的基础上,特异性地富集目的蛋白结合的 DNA 片段,解交联后对目的片段进行纯化、扩增和荧光标记,再用于芯片分析(图 21-6)。通过芯片数据的分析,可以进行特定反式因子靶基因的高通量筛选,有利于确定全基因组范围内染色质蛋白的分布模式以及组蛋白修饰情况,为高通量筛选已知蛋白质的未知 DNA 靶点和研究反式作用因子在基因组上的分布提供了一个非常有效的工具。

超声波打碎

甲醛处理使细胞内蛋白质和DNA交联

特异性抗体免疫沉淀

目的DNA片段纯化、扩增

荧光标记和芯片检测

芯片数据分析

图21-6　染色质免疫共沉淀与芯片技术基本原理

2. ChIP-on-chip 适于 DNA-核蛋白相互作用及表观遗传学研究　ChIP-on-chip 可用于高通量筛选与已知蛋白质相结合的未知 DNA 靶点,即确定任何一个特定转录因子的靶基因群以及研究反式作用因子在整个基因组上的分布情况。ChIP-on-chip 技术也是大规模研究顺式作用元件调控信息的必要工具。目前 ChIP-on-chip 技术研究主要集中在两个领域:第一,确定转录因子及其作用位点。由 ChIP-on-chip 获得的数据,可以直接用于生物信息学分析,更直接地识别转录因子结合元件。第二,确定基因表观遗传修饰,应用于表观遗传学研究。表观遗传学的主要研究内容包括甲基化修饰、组蛋白修饰和染色质重塑等。ChIP-on-chip 技术可以提供编码序列中 DNA 甲基化分布模式的信息:CpG 岛表达序列标签芯片,可以显示基因组内 CpG 甲基化和组蛋白修饰之间的联系,因此可以同时研究基因表达、DNA 甲基化和组蛋白乙酰化。

二、蛋白质芯片和组织芯片是基因芯片的进一步发展

如何研究众多基因在生命过程中所担负的功能,是生命科学研究中的重要课题,生物芯片技术的发展为此提供了强有力的技术平台。在基因芯片的基础上,人们建立、发展了蛋白质芯片和组织芯片等。

(一)蛋白质芯片技术是研究蛋白质组学的有力工具

蛋白质芯片(protein chip)是将高度密集排列的蛋白质分子作为探针点阵固定在固相支持物上,当与待测蛋白样品反应时,可捕获样品中的靶蛋白,再经检测系统对靶蛋白进行定性和定量分析。蛋白质芯片的基本原理是蛋白质分子间的亲和反应,例如抗原-抗体或受体-配体之间的特异性结合。最常用的探针蛋白是抗体。在用蛋白质芯片检测时,首先要将样品中的蛋白质标记上荧光分子,经过标记的蛋白质一旦结合到芯片上,就会产生特定的信号,通过激光扫描系统来检测信号。

蛋白质芯片目前主要有两类。第一类是蛋白质检测芯片,是将成千上万种蛋白质如抗原、抗体、受体或酶等在固相载体表面高度密集排列,构成探针蛋白点阵;然后依据蛋白质分子间相互作用的原理与待测样品杂交,实现高通量的检测和分析。第二类是蛋白质功能芯片,其本质就是微型化凝胶电泳板,样品中的待测蛋白质在电场作用下,通过芯片上的微孔道进行分离;然后利用质谱仪进行分析,对待测蛋白质进行功能检测。

蛋白质芯片技术具有快速和高通量等特点,它可以对整个基因组水平的上千种蛋白质同时进行分析,是蛋白质组学研究的重要手段之一,已广泛应用于蛋白质表达谱、蛋白质功能、蛋白质间的相互作用的研究。在临床疾病的诊断和新药开发的筛选上也有很大的应用潜力。

(二) 组织芯片以形态学为基础进行高通量检测基因表达信息

组织芯片(tissue chip),又称组织微阵列(tissue microarray),是基因芯片和蛋白质芯片的发展和延伸,利用成百上千的处于自然或病理状态下的组织标本,同时研究一个或多个特定基因及其表达产物。组织芯片是将数十个、数百个乃至上千个小的组织标本集成在一张固相载体上(通常是载玻片),形成微缩组织切片。以形态学为基础,在组织切片上高通量获取基因的表达信息。组织芯片一般可分为正常组织芯片、疾病组织芯片和胚胎组织芯片3种类型。1998年Kononen J.等构建了世界上第一块组织芯片,同时对数以百计甚至上千例的肿瘤标本进行研究。目前该技术已经广泛应用于肿瘤病理学等方面的研究,主要集中在肿瘤的病因学、肿瘤诊断和鉴别诊断、肿瘤标志物的筛选、肿瘤治疗和预后评估等方面,已作为临床病理学研究的一个标准平台。

组织芯片技术可以与其他很多常规技术相结合。如与免疫组化、核酸原位杂交、荧光核酸原位杂交和原位PCR等相结合;与基因芯片相结合,可以组成从RNA到蛋白质水平的完整基因表达分析系统;与蛋白质芯片相结合,可以组成免疫组化细胞表型检测分析系统。其特点是能在细胞水平定位基因、基因转录以及表达产物的生物学功能三个水平进行检测。

第五节　生物大分子相互作用研究技术

生物大分子之间可相互作用并形成各种复合物。所有的重要生命活动,包括DNA的复制、转录、蛋白质的合成与分泌、信号转导和代谢等,都是由这些复合物所介导或指导完成的。研究细胞内各种生物大分子的相互作用方式,分析各种蛋白质、蛋白质-DNA、蛋白质-RNA复合物的组成和作用方式是理解生命活动基本机制的基础。有关的研究技术发展迅速,本节选择性介绍部分方法的原理和用途。

一、蛋白质相互作用研究技术用于分析蛋白质之间的相互作用

目前常用的研究蛋白质相互作用的技术包括酵母双杂交、各种亲和分离分析(亲和色谱、免疫共沉淀、标签融合蛋白沉淀等)、荧光共振能量转移(fluorescence resonance energy transfer,FRET)效应分析、噬菌体显示系统筛选等。以下简要介绍标签融合蛋白(tagged fusion protein)结合实验和酵母双杂交系统(yeast two-hybrid system)。

(一) 标签融合蛋白结合实验可分析蛋白质直接相互作用

标签融合蛋白结合实验是一个基于亲和色谱原理的、分析蛋白质体外直接相互作用的方法。该方法利用一种带有特定标签(tag)的纯化融合蛋白作为钓饵,在体外与待检测的纯化蛋白或含有此待测蛋白的细胞裂解液温育,然后用可结合蛋白标签的琼脂糖珠将融合蛋白沉淀回收,洗脱液经电泳分离并染色。如果两种蛋白有直接的结合,待检测蛋白将与融合蛋白同时被琼脂糖珠沉淀(pull-down),经电泳分离可见到相应条带(图21-7)。

目前最常用的标签是谷胱甘肽S-转移酶(glutathione S-transferase,GST),有各种商品化的载体用于构建GST融合基因,并在大肠埃希菌中表达为GST融合蛋白。利用GST与还原型谷胱甘肽的结合作用,可以用共价偶联了还原型谷胱甘肽的琼脂糖珠一步纯化GST融合蛋白。另一个常用的易于用常规亲和色谱方法纯化的标签分子是可以与镍离子琼脂糖珠结合的6个连续排列组氨酸(6×His)标签融合蛋白。

标签融合蛋白结合实验主要用于证明两种蛋白质分子是否存在直接物理结合,分析两种分子结合的具体结构部位及筛选细胞内与融合蛋白相结合的未知分子。

图 21-7　标签融合蛋白结合实验流程示意图

(二) 酵母双杂交系统探测蛋白质-蛋白质的相互作用

酵母双杂交系统是研究蛋白质间相互作用的一种非常有效的方法。此系统是利用报告基因检测两个蛋白质之间是否存在相互作用，可以用来研究两个蛋白质之间是否存在相互作用以及作用的位点/结构域；还可以用已知或已有的蛋白质筛选与其存在特异性相互作用的蛋白质。因此，寻找与靶蛋白相互作用的新蛋白成为其最广泛和最有价值的应用之一。

1. 酵母双杂交系统利用报告基因的表达探测蛋白质之间的相互作用　真核基因转录因子通常含有两个功能相对独立的结构域，即 DNA 结合域（binding domain, BD）和转录激活结构域（activation domain, AD），其转录激活作用需要这两个结构域共同完成。酵母双杂交系统就是利用这一特点，将可能存在相互作用的 A 蛋白和 B 蛋白分别与 BD 或 AD 构成杂合蛋白，在酵母中进行表达；如果 A 蛋白能结合 B 蛋白，就可以将 BD 和 AD 在空间上拉近，联结为一个整体，BD 和 AD 共同激活报告基因表达，报告基因的表达产物通常是某种酶，通过酶催化的反应，能够显而易见地观察到报告基因的表达（图 21-8）。常见的报告基因包括 β-半乳糖苷酶基因（lac Z）、二氢叶酸还原酶（dihydrofolate reductase, DHFR）基因和荧光素酶基因等。

在酵母双杂交系统研究体系中有两个载体：含 DNA 结合结构域（BD）编码序列的载体和含转录激活结构域（AD）编码序列的载体。编码一个蛋白的基因与 BD 编码序列重组连接，表达融合蛋白 A-BD；编码另一个蛋白基因与 AD 编码序列重组连接，表达融合蛋白 B-AD。将激活结构域融合基因转入已经带有结合结构域融合基因的酵母细胞中,如果两蛋白间存在相互作用,则会驱动报告基因(如 lac Z)表达,报告基因所编码的蛋白产物(β-半乳糖苷酶)催化其底物发生转化(蓝色代谢产物),从而可分析蛋白质间的结合作用。

2. 酵母双杂交系统可鉴定/分离新的相互作用蛋白及其编码基因　分析已知蛋白质之间的相互作用和分离新的与已知蛋白质相互作用的配体及其编码基因,是目前酵母双杂交系统最主要的应用。可采用不同组织、器官、细胞类型和分化时期的材料构建 cDNA 文库,然后与 DNA 结合结构域载体重组,

图 21-8　酵母双杂交系统基本原理

转入酵母细胞进行表达,用已知蛋白为诱饵(bait)蛋白,寻找与其相互作用的新配体及其编码基因。

酵母双杂交系统还可应用于确定两个已知具有相互作用的蛋白质之间的作用位点或结构域,发现影响或抑制它们相互作用的因素,例如,利用基因修饰改变某个氨基酸后,观察是否会影响它们之间的相互作用。应用酵母双杂交系统还可以筛选药物的作用靶点,以及药物对蛋白质之间相互作用的影响。如果某种相互作用与疾病发生密切相关,发现能够阻断这些蛋白之间相互作用的药物,就可能达到预防或治疗的目的。

3. 酵母双杂交系统是建立哺乳动物双杂交系统的基础　哺乳动物双杂交系统(mammalian two-hybrid system)是在酵母双杂交系统上建立起来的一个类似而又具有不同特点的系统,可以更好地用于研究蛋白质间的相互作用。该系统比酵母双杂交系统更为快速、简便,在转染 48 小时内即可得到结果,且在哺乳动物细胞内能更好模拟体内的蛋白质-蛋白质相互作用。因此,哺乳动物双杂交系统可作为酵母双杂交系统的有效辅助手段。

哺乳动物双杂交系统也是一种基因水平上研究蛋白质相互作用的体内分析方法。哺乳动物细胞提供了一个更类似于生理环境的蛋白质合成、加工及反应环境,蛋白质可以进行正常的翻译后修饰,有利于发现比较弱的蛋白质间相互作用。当细胞接受某些生理、病理刺激后,蛋白质相互作用的变化可以得到体现,而这些可能在酵母中得不到正确的反应。因此,利用这一系统,可以得到动态的蛋白质相互作用信息。在此系统中,一种载体含有 GAL4 DNA 结合结构域,与蛋白 A 构成融合蛋白,另一载体含有单纯疱疹病毒 VP16 蛋白的激活结构域,是真核基因的转录激活因子,蛋白 B 与其构成融合蛋白。此外,还有一个可被调控的报告基因载体共同转染细胞。氯霉素乙酰转移酶(chloramphenicol acetyltransferase,CAT)和荧光素酶都是常用的报告基因。CAT 是由大肠埃希菌 cat 基因编码的,它能够催化乙酰基团从乙酰辅酶 A 转移到氯霉素分子上,导致一到两个羟基发生乙酰化作用,从而使其失去活性。当表达融合蛋白的载体与报告载体(CAT)共同转染哺乳动物细胞系时,报告质粒含有 gal4 启动子,其序列中存在着 GAL4 结合位点,cat 基因位于其下游。只有当两个融合蛋白发生相互作用,gal4 启动子才能被激活,cat 报告基因表达水平方能增高。

二、蛋白质-DNA 相互作用分析技术用于检测基因表达及其调控机制

蛋白质与 DNA 相互作用是基因表达及其调控的基本机制。分析各种转录因子所结合的特定 DNA 序列及基因的调控序列所结合的蛋白质,是阐明基因表达调控机制的主要研究内容。酵母单杂

交技术、电泳迁移率变动分析和染色质免疫共沉淀技术都是常用的研究蛋白质与 DNA 相互作用的技术。

（一）酵母单杂交技术可在相对天然条件下确定并筛选 DNA 结合蛋白

酵母单杂交（yeast one-hybrid）技术是 1993 年由 Li J. 等从酵母双杂交系统发展而来，是体外分析 DNA 与细胞内蛋白质相互作用的一种方法，通过对酵母细胞内报告基因表达状况的分析，来鉴别 DNA 结合位点并发现潜在的结合蛋白基因。

酵母的 GAL4 蛋白是一种转录因子，含有 DNA 结合结构域（BD）和转录激活结构域（AD）。BD 结合 DNA，AD 可与 RNA 聚合酶或转录因子 TFⅡ相互作用，提高 RNA 聚合酶的活性。如果将 GAL4 的 DNA 结合结构域置换为其他蛋白，只要这种蛋白能与目的基因相互结合，就可以通过 GAL4 的转录激活结构域激活 RNA 聚合酶，从而启动对下游报告基因的转录（图 21-9）。酵母单杂交技术由两个质粒组成：一是设计携带编码"靶蛋白"的文库质粒，使文库蛋白编码基因置换酵母转录因子 GAL4 的 DNA 结合结构域并表达"靶蛋白"；二是构建含有报告基因的报告质粒。报告基因含有我们感兴趣的目的基因启动子，下游结构基因受目的基因启动子调控，可有多种选择，如：*lac Z*、*DHFR* 和荧光素酶基因等。在实验中，首先将报告质粒转入酵母，产生带有报告基因的酵母报告株；再将文库质粒转入报告株。如果"靶蛋白"与目的基因启动子存在相互作用，便可通过 GAL4 转录激活域激活 RNA 聚合酶，启动报告基因的转录，同时将表达"靶蛋白"的基因筛选出来。理论上，在酵母单杂交系统中，任何目的基因都可捕获能够与其特异结合的蛋白。

图 21-9　酵母单杂交技术基本原理

酵母单杂交技术的应用主要在 3 个方面。一是确定 DNA-蛋白质之间是否存在相互作用；二是对已经证实的具有相互作用的 DNA 结合蛋白的结合结构域及核苷酸序列进行定位；最后一个方面，也是最重要的一点，鉴别 DNA 结合位点，并发现潜在的与其结合的蛋白及其编码基因。由于经酵母单杂交体系筛选得到的蛋白质是在相对天然条件下有结合功能的蛋白质，比通过其他体外技术获得的结果更能体现基因表达调控的真实情况，而且无须复杂的蛋白质分离纯化操作，所以在生物医学领域得到了很好的应用。

（二）电泳迁移率变动分析可鉴定蛋白质与特定核酸序列的相互作用

电泳迁移率变动分析（electrophoretic mobility shift assay，EMSA）或称凝胶迁移变动分析（gel shift assay），最初用于研究 DNA 结合蛋白与相应 DNA 序列间的相互作用，可用于定性和定量分析，已经成为研究转录因子作用的经典方法。目前这一技术也被用于研究 RNA 结合蛋白和特定 RNA 序列间的相互作用。

DNA 结合蛋白与特定 DNA 探针片段的结合会增大其分子量，在凝胶中的电泳速度慢于游离探针，即表现为条带相对滞后（图 21-10）。在实验中预先用放射性核素或生物素标记待检测的 DNA 探针，再将标记好的探针与细胞核提取物温育一定时间，使其形成 DNA-蛋白质复合物，然后将温育后的反应液进行非变性（不加 SDS，以免形成的复合物解离）聚丙烯凝胶酰胺电泳，最后用放射自显影等技术便显示出标记 DNA 探针的条带位置。

如果细胞核提取物中不存在能结合标记探针 DNA 的蛋白质，那么所有标记探针都将集中出现在凝胶的前沿(底部),如有 DNA-蛋白质复合物的形成,标记探针 DNA 条带就将出现在较靠近凝胶顶部的位置。为证明所检测到的 DNA-蛋白质复合物的特异性,可以加入足量的未标记探针,这些未标记探针将与标记探针竞争特异结合的蛋白质,原有的滞后 DNA-蛋白质复合物条带将消失。用于竞争的未标记探针也称为竞争 DNA(competitor DNA)或冷探针(cold probe)。

图 21-10　凝胶迁移率变动分析示意图

(三)染色质免疫共沉淀技术可揭示蛋白质与 DNA 在染色质环境下的相互作用

真核生物的基因组 DNA 以染色质的形式存在。因此,研究蛋白质与 DNA 在染色质环境下的相互作用是阐明真核生物基因表达机制的重要途径。染色质免疫共沉淀(chromatin immunoprecipitation,ChIP)技术是目前可以研究体内 DNA 与蛋白质相互作用的主要方法。ChIP 是结合了 PCR 和免疫沉淀两种技术而发展起来的,它的基本原理是在活细胞状态下用甲醛固定蛋白-DNA 复合物,并将其随机切断为一定长度范围内的染色质小片段(200~2 000bp,多为 600bp 左右),然后通过特异的抗原-抗体反应沉淀此复合体,特异性地富集与目的蛋白结合的 DNA 片段,通过对目的片段的纯化和 PCR 扩增及检测,从而获得蛋白质与 DNA 相互作用的信息(图 21-11)。ChIP 能真实、完整地反映结合在 DNA 序列上的调控蛋白,是目前确定与特定蛋白质结合的基因组区域或确定与特定基因组区域结合的蛋白质的最好方法。ChIP 不仅可以检测体内反式因子与 DNA 的动态作用,还可以用来研究组蛋白的各种共价修饰与基因表达的关系。

将 ChIP 和芯片技术结合在一起建立的 ChIP 芯片(ChIP-on-chip)技术,可在全基因组范围筛选与特定蛋白质相结合的 DNA 序列,即鉴定特定核蛋白的 DNA 结合靶点(详见本章第四节)。

图 21-11　染色质免疫共沉淀技术基本原理

三、蛋白质-RNA 相互作用可采用酵母三杂交系统进行分析

酵母三杂交系统是用于分析体内蛋白质和 RNA 间相互作用关系的一种技术。实际上,三杂交系统原理应用广泛,可用于任何联系两种蛋白质的第三种分子的鉴定。这里仅就三杂交系统原理在蛋白质-RNA 相互作用研究中分析和应用进行讨论。

(一)用于蛋白质-RNA 相互作用分析的酵母三杂交系统需要杂交 RNA

酵母三杂交系统在很大程度上与酵母双杂交系统的原理一致,不同之处在于酵母三杂交系统需要构建一个杂交 RNA 分子。在实验中,首先构建两个重组表达质粒,一个质粒表达一个已知的 RNA 结合蛋白(蛋白 A)与某一转录因子(如 LexA)的 DNA 结合结构域的重组蛋白(蛋白 A-BD),另一个质粒表达待测的 RNA 结合蛋白(蛋白 B)与转录激活结构域的重组蛋白(蛋白 B-AD)。其次,需要构建一个含有蛋白 A 结合位点和蛋白 B 结合位点的杂合 RNA。两个 RNA 结合蛋白通过与杂合 RNA 结合而连接到一起,蛋白 A 可借助融合蛋白的 DNA 结合结构域与报告基因启动子结合,蛋白 B 则通过与其融合的转录激活结构域激活报告基因的表达(图 21-12)。酵母三杂交系统提供了快速、多用的体内检测 RNA-蛋白质间相互作用的新方法。

图 21-12　酵母三杂交基本原理

(二)酵母三杂交系统应用范围广泛

应用酵母三杂交系统可进行与特定蛋白质结合的未知 RNA 的筛选;确定 RNA-蛋白质相互作用的结构域;鉴定、分离能够识别具有重要生理功能 RNA 的 RNA 结合蛋白。酵母三杂交系统也存在一定的局限性,在下述情况下不适于利用它来进行 RNA 和蛋白质的相互作用研究:需要辅因子才能与 RNA 相结合的蛋白质,而这种辅因子在酵母细胞核内不存在;需要修饰或者转录后加工才能与蛋白质相结合的 RNA,而这种修饰或转录后加工在酵母细胞中不能完成;在细胞核中可能会被切断的 RNA 等。

随着 RNA 组学(RNomics)的提出和兴起,蛋白质与 RNA 的相互作用得到了越来越多的关注。人类非编码 RNA 的种类及其生物学功能、RNA 介导的基因时空表达和转录后加工,以及 RNA 与细胞分化和疾病发生的关系等领域都有许多重大问题亟待解决。酵母三杂交系统作为一种高通量双向筛选技术平台,必将会在这些领域的研究中发挥重要的作用。

值得强调是,如果已知两种蛋白质均可分别与第三种蛋白质相互作用,而已知的两种蛋白质又不能直接相互作用,采用相应的酵母三杂交系统可以分析、鉴定两个已知蛋白质分子之间的桥梁分子,因此酵母三杂交系统有广泛的应用潜力。

小结

分子杂交是在分子生物学研究中应用最为广泛的实验技术之一。印迹技术是利用各种物理方法将电泳凝胶中的生物大分子,如 DNA、RNA 或蛋白质等转移并固定在固定基质上,经过分子杂交和

放射自显影或其他检测技术显现杂交分子。

核酸分子杂交的基本原理是利用核酸分子之间可以通过碱基互补配对、通过变性-复性形成杂交分子。其中，Southern blotting 的检测对象是 DNA，可用于多种 DNA 相关分析；Northern blotting 的检测对象是 RNA，可用于分析基因转录水平的变化；原位杂交可以确定基因在染色体的定位，以及特定基因在细胞、组织及胚胎的表达定位。蛋白质分子之间的"杂交"是基于抗原抗体之间特异的免疫反应，称为 Western blotting。

原位杂交是利用分子杂交技术来确定基因在染色体上定位的一类技术，主要是指荧光原位杂交（FISH），通过原位杂交技术可以确定特定基因的表达定位。

聚合酶链式反应（PCR）是一种在体外特异扩增已知 DNA 片段的方法。RT-PCR 广泛应用于基因表达的检测，例如遗传病、癌症的诊断，传染性病原体的检测。实时定量 PCR 技术是目前确定样品中 DNA（或 cDNA）拷贝数最敏感、最准确的方法，可分为非探针类和探针类实时定量 PCR，后者又包括 *Taq*Man 探针法、分子信标探针法和荧光共振能量转移探针法等。PCR 技术是结合免疫沉淀反应发展出来的染色质免疫共沉淀（ChIP）技术，是研究体内 DNA 与蛋白质相互作用的方法。

DNA 测序依据的原理是 Sanger 双脱氧链终止法和 Maxam-Gilbert 化学裂解法的基本原理。自动化测序已成为当今 DNA 序列分析的主流。

生物芯片包括基因芯片、蛋白质芯片和组织芯片等。基因芯片主要包括：cDNA 芯片和寡核苷酸芯片。基因芯片技术可用于同时分析大量基因的功能，实现基因信息的大规模检测。染色质免疫共沉淀与芯片技术（ChIP-on-chip）结合用于高通量筛选与已知蛋白质相结合的未知 DNA 靶点，确定基因的表观遗传修饰。芯片技术还包括蛋白质芯片和组织芯片等，是进行蛋白质组学研究的有力工具。

研究蛋白质相互作用的技术包括标签融合蛋白结合实验和酵母双杂交系统等。标签融合蛋白结合实验是分析蛋白质体外直接相互作用的方法，常用的标签有谷胱甘肽 S-转移酶和组氨酸（6×His）标签蛋白。酵母双杂交系统可以用来研究两个蛋白质之间是否存在相互作用。

研究蛋白质与 DNA 相互作用的技术包括酵母单杂交技术、电泳迁移率变动分析和染色质免疫共沉淀技术等。此外，利用酵母三杂交系统可以研究蛋白质与 RNA 间的相互作用。

（张晓伟）

思考题

1. 分子杂交和印迹技术在医学领域有哪些应用价值？
2. 总结 PCR 及其衍生技术在医学领域的应用。
3. 酵母双杂交系统在检测蛋白质相互作用时，存在哪些优势和局限性？

第二十二章
DNA 重组与重组 DNA 技术

【本章要点】

1. DNA 重组的分子过程；
2. DNA 重组的主要方式；
3. 同源重组的分子机制；
4. 转座的分子机制；
5. 重组 DNA 技术的基本原理；
6. 重组 DNA 技术的操作流程。

DNA 重组（DNA recombination）是不同 DNA 分子经断裂、再连接，通过 DNA 片段的交换并重新组合，形成新的 DNA 分子过程。DNA 重组是自然界生物体内基因变异和生物进化或演变的分子基础。重组 DNA 技术（recombinant DNA technology）是在体外将两个或两个以上 DNA 分子重新组合，并在适当宿主中复制扩增，形成新 DNA 分子的过程。重组 DNA 技术通过组合不同来源的 DNA 序列信息，产生可能从未存在过的遗传修饰生物体，从而提供了探究生命运行奥秘的分子水平操作方案。同时重组 DNA 技术也已成为生命科学研究和研发蛋白质类药物与疫苗等生物医药产品的基础。

第一节 自然界的 DNA 重组

DNA 分子结构的稳定性，使其成为绝大多部分生物的遗传物质。DNA 分子也可变异和流动，这两种特性与 DNA 重组关系密切。生物体内或生物体间都可发生 DNA 重组，这是生物群体的遗传多样性的主要源泉。DNA 重组方式主要有同源重组、位点特异性重组、转座重组和基因编辑等，其中 DNA 的同源重组是最基本的重组方式。

一、同源重组是 DNA 重组的最基本方式

同源重组（homologous recombination，HR）是指发生在两个同源序列的 DNA 单链或双链分子之间或分子之内片段互换的过程，也称作基本重组（general recombination）。形成 Holliday 连接/交叉（Holliday juncture/junction）是同源重组的重要标志，由此提出的 Holliday 模型、Meselson Radding 模型、双链断裂修复（DSBR）模型、依赖合成链退火（SDSA）模型和单链退火（SSA）模型等，很好地解释了同源重组的分子机制。

（一）Holliday 模型是同源重组的经典模型

在同源重组过程中，双链 DNA 断裂可诱发断裂处的 5′-端的一小段序列降解，对应的 ssDNA（single-stranded DNA），3′-ssDNA 通过完全或高度碱基互补方式侵入同源染色体 DNA 的双链之间，形成十字形的 Holliday 连接，或称 Holliday 交叉的结构（图 22-1）。随后在 Holliday 连接的基础上，3′-ssDNA 以同源序列为模板延伸合成新链，以此修复缺失序列。由于过程中经历了 Holliday 连接，故将这种同源重组方式称作 Holliday 模型。

在 Holliday 模型中，同源重组主要经历 4 个关键步骤：①联会：两个染色体的局部同源 DNA 整齐

图 22-1　同源重组的 Holliday 模型

排列。②形成 Holliday 连接中间体（intermediate）：其中一个染色体在同源 DNA 局部双链断裂,经断端局部修剪后形成 3'-ssDNA 突出端,3'-ssDNA 与另一染色体 DNA 同源链交叉。③分支移动（branch migration）：以 Holliday 连接为支点,移动产生 DNA 的异源双链（heteroduplex）。④拆分（resolution）：Holliday 连接中间体被切开,经连接修复形成两个双链重组的 DNA。由于切开 Holliday 连接中间体的方式不同,可产生 2 种重组体（图 22-1）：一种是在异源双链区两侧来自同一染色体 DNA 的重组体,称作片段重组体（patch recombinant）；另一种是在异源双链区的两侧来自不同染色体 DNA 的重组体,称作拼接重组体（splice recombinant）。这两种拆分方式被认为是随机发生的,是自然界遗传物质多样性的基础；也是人为同源重组时筛选鉴定的重要内容。

（二）RecBCD 途径介导了细菌中的同源重组

　　细菌主要利用 RecBCD 途径中的 RecBCD 复合物、RecA 蛋白和 RuvC 蛋白对双链断裂 DNA 进行修复,是实现同源重组的分子机器。RecBCD 复合物有三种功能：依赖 ATP 的核酸外切酶活性,可被 ATP 增强的核酸内切酶活性和需要 ATP 的解旋酶活性。RecA 是一种单链 DNA 结合蛋白,可与 ssDNA 结合形成 RecA-ssDNA 复合物。RuvC 是专一性识别 Holliday 连接的核酸内切酶。

　　RecBCD 途径介导同源重组的基本过程：①RecBCD 复合物结合到 DNA 双链断裂处,然后利用 ATP 水解提供的能量解旋双链 DNA 并沿着 DNA 链滑行；②当 RecBCD 复合物滑行至 Chi 位点（5'-GCTGGTGG-3'）时,DNA 链被切割,多个 RecA 蛋白装载到解链的 3'-端单链上,形成 RecA-ssDNA 复合物；③RecA-ssDNA 复合物找到同源染色体上相同或相似序列并侵入,形成 Holliday 连接中间体；④RuvC 蛋白专一性识别 Holliday 连接,切开 Holliday 连接中间体（图 22-2）,最终通过 DNA 连接酶的连接形成 DNA 片段重组体或拼接重组体（见图 22-1）。

（三）同源重组具有重要的生物学意义

同源重组在真核生物、原核生物及病毒中都具有保守性，已成为通用的生物学机制。供体 DNA 通过同源重组水平转移入受体生物基因组中。细菌间 DNA 转移可通过细胞与细胞的直接接触，以 RecBCD 途径将外源 DNA 同源重组入宿主基因组。两个相似病毒感染同一宿主细胞时，通过同源重组就可使两种病毒交换基因，产生病毒变种。同源重组缺陷与人类癌症关系密切，例如，抑癌基因 *BRCA1* 和 *BRCA2* 是人体内介导同源重组的重要分子，其缺陷或突变引起的同源重组率降低，是个体发生乳腺癌和卵巢癌易感性增加的重要机制。还有，基因打靶（gene targeting）、基因编辑（gene editing）等技术，就是基于同源重组原理，定向改变生物体的遗传性状，制备得到特定模式生物。

二、位点特异性重组是发生在 DNA 特异位点间的整合

位点特异性重组（site-specific recombination），也称保守位点特异性重组（conservative site-specific recombination），是指利用位点特异性重组酶（site-specific recombinase）识别及结合特定 DNA 短序列（位点），引发位点侧翼 DNA 序列间片段互换的过程。

图 22-2　细菌 RecBCD 途径介导的 DNA 同源重组

（一）位点特异性重组酶有两种类型

位点特异性重组酶有酪氨酸重组酶和丝氨酸重组酶两种类型。虽然二者催化的基本化学反应相同，但引发的 DNA 重组方式有所不同。

1. 酪氨酸重组酶介导一条链交换　酪氨酸重组酶（tyrosine recombinase），也称整合酶（integrase），能在特异位点序列上切割一条 DNA 链，并利用酶蛋白的酪氨酸基团形成类似 Holliday 连接的一条链交换，以此可直接切除跨越两个重组位点的 DNA 片段，也可使跨越的 DNA 片段发生整合或方向倒转。例如，来自 P1 噬菌体的 Cre 重组酶能使两个不同 DNA 之间在位点处发生整合，或同一分子内位于相同方向（正向重组）或相反方向（反向重复）两位点之间的 DNA 片段发生移除或倒转（图 22-3）。

2. 丝氨酸重组酶介导双链交换　丝氨酸重组酶（serine recombinase），也称整合酶、解离酶

图 22-3　Cre 重组酶介导的位点特异性重组

（resolvase）或倒转酶（invertase），如 γδ 解离酶和 Tn3 解离酶。这类酶可同时切割交错排列在 2bp 位点上的四条 DNA 链，通过酯交换反应使 DNA 的 5′-磷酸和酶蛋白丝氨酸残基（S10）的羟基形成 DNA-蛋白质的酯键，从而引起 DNA 链的交换。

（二）基因组整合、抗原相变和基因重排是位点特异性重组的经典例子

位点特异性重组广泛发生于病毒、细菌及真核生物中，在基因表达调控、细胞分化、生物体发育中的程序性 DNA 重排，以及一些病毒和质粒 DNA 复制过程的基因整合或切除中发挥重要的作用。

1. λ 噬菌体 DNA 整合入宿主染色体　λ 噬菌体 DNA 整合入宿主 DNA，就是发生在 λ 噬菌体 DNA（环状）的 *attP* 和宿主染色体 DNA 的 *attB* 位点之间的位点特异性重组。参与该整合过程的主要分子有：整合酶（Int）和整合宿主因子（IHF）将 *attP* 和 *attB* 位点拉近，然后在 Xis 蛋白参与下，将 λ 噬菌体 DNA 插入到宿主染色体 DNA 中（图 22-4）。

2. 倒转酶调控鼠伤寒杆菌鞭毛抗原相变　细菌的位点特异性重组是基因表达的一种有效调控方式。例如，鼠伤寒杆菌鞭毛抗原 H1 和 H2 的相变（phase variation），就是通过位点特异性重组来控制的（图 22-5）。*H2* 上游有两个启动子：一个负责启动编码倒转酶的 *hin*，另一个负责启动编码 H2 和 H1 阻遏蛋白的多顺反子，两个启动子外侧是两个方向相反的重组位点 hix（长度 14bp）。当 *hin* 基因表达产生的倒转酶催化 H 片段发生位点特异性重组，结果 H 片段倒转，启动子失效，从而阻断了 *H2* 基因所在操纵子的表达。

3. 免疫球蛋白的多样性是基因重排的结果　B 细胞产生的免疫球蛋白（immunoglobulin，Ig）由两条轻链（L 链）和两条重链（H 链）组成，它们分别由三个独立的基因簇编码，其中两个基因簇负责编码 L 链（κ 和 λ），一个基因簇负责编码 H 链。决定 L 链的基因簇上有 L、V、J、C 四类基因片段，其中 L 代表前导片段（leader segment），V 代表可变片段（variable segment），J 代表连接片段（joining

图 22-4　λ 噬菌体 DNA 位点特异性重组整合入宿主染色体 DNA

图 22-5　伤寒杆菌 H 片段位点特异性重组调控 H2 基因表达

segment），C 代表恒定片段（constant segment）。决定 H 链的基因簇上有 L、V、D、J、C 五类基因片段，其中 D 代表多样性片段（diversity segment）。

　　每一个免疫球蛋白的基因都是通过 H 链基因的 V-D-J 重组和 L 链基因的 V-J 重组形成的，这种 V（D）J 重组是发生在基因簇上 V、D、J 片段两端特异位点序列上的位点特异性重组。在 V 片段下游、J 片段上游和 D 片段两侧都有保守的重组信号序列（recombination signal sequence，RSS），RSS 由保守的七核苷酸回文序列（CACAGTG）和富含 A 的九核苷酸序列（ACAAAAACC）组成，中间为固定长度的间隔序列（一般为 12~23 个核苷酸）。

　　参与免疫球蛋白基因重排的重组酶有 RAG1（recombination-activating gene 1）和 RAG2。在 V（D）J 重组过程中，RAG1 负责识别 RSS 上的九核苷酸序列，并与 RAG2 共同形成联会复合物，在七核苷酸序列位置切割 DNA。重组酶通过识别 RSS 将位于 RSS 中间的 V、D 或 J 片段移除，图 22-6 显示以位点特异性重组移除 D3 片段的过程。V（D）J 重组的结果是：V、D、J 各保留一个片段并连接在一起，其余片段被重组酶移除，从而形成编码一个特定免疫球蛋白（图 22-7）。

图 22-6 免疫球蛋白编码基因 D3 片段的移除过程

图 22-7 免疫球蛋白编码基因的 V（D）J 重组

T 细胞抗原受体（T cell receptor，TCR）多样性，也是通过类似的基因重排产生的。

三、转座是由插入序列和转座子介导的 DNA 移位或重排

大多数基因在基因组内的位置是固定的，但有些基因可以从一个位置移动到另一位置。这些可移动的 DNA 序列包括插入序列（insertion sequences，IS）和转座子（transposon，Tn）。由插入序列和转座子介导的基因移位或重排称为转座重组（transpositional recombination）或转座（transposition）。

框 22-1

转座子的发现

早在 20 世纪 50 年代,美国遗传学家 McClintock B. 发表了她对玉米籽粒颜色遗传分析的结论,认为存在一种跳跃基因(jumping gene)控制着籽粒的颜色,这些因子可以在染色体上移动,控制着某些基因的表达。20 世纪 70 年代,Shapiro J. 用大肠埃希菌操纵子突变株进行杂交分析后,才确认转座子的存在。1983 年,已经 81 岁的 McClintock B. 因她 30 多年前发现"跳跃基因"而获诺贝尔生理学或医学奖。

McClintock B. 长时间在退隐中孤独地追寻真理,犹如科学界的神话故事。那么,为什么 McClintock B. 的成就一直受到漠视,要经过如此漫长的岁月才被接受与肯定呢?主要是她的发现触犯了当时生物学家一直认为的"染色体是稳定的"信条,直到新技术方法的验证。

(一)最简单的转座由插入序列介导

典型的插入序列是长度为 750~1 500bp 的 DNA 片段,其两端是 9~41bp 的反向重复序列(inverted repeat,IR),外侧是 4~12bp 的正向重复序列(direct repeat,DR),中间是转座酶(transposase)的编码序列,后者的表达产物可引起转座。

插入序列转座的结果有保守性转座(conservative transposition)和复制性转座(duplicative transposition)两种形式,前者是指插入序列从原位迁至新位;后者是指插入序列先原位复制,然后将复本迁移至新位(图 22-8)。

图 22-8　插入序列结构特点及转座

(二)转座子由多个元件组成

转座子(Tn)的结构与插入序列类似,两侧是反向重复序列(IR),中间是转座酶编码基因;与插入序列不同的是,转座子还含有抗生素抗性基因或编码其他蛋白质的基因,而且许多转座子的侧翼序列本身就是插入序列。例如,转座子 Tn10 含有四环素抗性基因和两个相同的插入序列 IS10L 和 IS10R;转座子 Tn3 含有转座酶、β-内酰胺酶及阻遏蛋白的编码基因(图 22-9)。

Tn 普遍存在于原核和真核细胞中,不但可以在一条 DNA 上移动,也可以从一条 DNA 跳到另一条 DNA 上,甚至从一个细胞进入另一个细胞。Tn 在移动过程中,DNA 链经历断裂及再连接的过程,可能导致某些基因开启或关闭,引起插入突变、新基因生成、染色体畸变及生物进化。

图 22-9　细菌的可移动元件

（a）IS：转座酶编码基因两侧连接 IR（箭头所示）；（b）转座子 Tn3：含有转座子酶、β-内酰胺酶及阻遏蛋白编码基因；（c）转座子 Tn10：含两个插入序列 IS10 和四环素抗性基因（tet^R）。

四、原核细胞可通过接合、转化和转导方式进行 DNA 转移或重组

原核细胞可通过接合、转化和转导方式，在细菌与细菌、细菌与病毒或细菌与质粒之间进行遗传物质的转移或重组。其他方式，如通过成簇规律间隔短回文重复（clustered-regularly interspaced palindromic repeats，CRISPR）/Cas 系统，进行 DNA 整合，从而从病毒获得 DNA 片段作为获得性免疫，将在第二十五章基因编辑中介绍。

1. 通过菌毛等接触转移质粒的过程就是接合　接合（conjugation）是细菌与细菌通过菌毛相互接触引起质粒 DNA 从一个细菌进入另一个细菌的过程。通过接合在细菌之间转移的质粒一般都比较大，如 F 因子（F factor）。F 因子是决定细菌表面性菌毛的一种质粒，当 F⁺ 细菌与 F⁻ 细菌接触时，两种细菌通过性菌毛形成连接桥，这时质粒 DNA 一条链断裂，有单链切口的质粒 DNA 单链通过菌毛连接桥进入 F⁻ 细菌，然后，两条单链质粒 DNA 在各自宿主细胞中作为模板合成互补链，重新形成双链 DNA。

2. 宿主直接获取外源 DNA 的过程就是转化　转化（transformation）是细菌主动获取或通过外力获取外源 DNA 并使其遗传性状发生改变的过程。例如，溶菌所产生的 DNA 片段，可作为外源 DNA 被另一细菌摄取；随后，受体菌通过重组机制将外源 DNA 整合到其基因组中，从而获得新的遗传性状。自然条件下，外源 DNA 大片段很难进入细胞，所以转化效率极低。

3. 通过病毒转移 DNA 的过程就是转导　转导（transduction）是病毒从一个细胞（供体）进入另一个细胞（受体）时引起供体和受体之间 DNA 转移或基因重组的过程。自然状态下最常见的例子是噬菌体介导的转导，包括普遍性转导和特异性转导。

（1）普遍性转导可以转导供体染色体的任何部分到受体细胞中：普遍性转导（generalized transduction）是供体菌染色体 DNA 片段被包装入噬菌体颗粒，并随着噬菌体感染进入受体菌中，进而与受体菌染色体 DNA 发生重组。

（2）特异性转导只转移特定基因：特异性转导（specialized transduction）是噬菌体 DNA 整合到供体菌染色体 DNA 中，当解离时将位于噬菌体 DNA 侧翼的供体菌染色体 DNA 的一部分也一并切下来，并包装入噬菌体颗粒中，当噬菌体再次感染受体菌时，供体菌染色体 DNA 也一并进入受体菌，并整合到受体菌染色体 DNA 中。由于特异性转导的供体菌染色体 DNA 只限于噬菌体 DNA 整合位点的侧翼序列，因此也称限制性转导（restricted transduction）。

第二节　重组 DNA 技术

重组 DNA 技术，又称基因工程（genetic engineering）、分子克隆（molecular cloning）或 DNA 克隆

（DNA cloning）技术,是体外将两种或两种以上DNA片段连接或重组形成一个重组DNA分子,并在体内进行克隆扩增的过程。这个过程主要包括:利用各种工具酶在体外将目的DNA片段与能自主复制的遗传元件(又叫载体)连接或重组到一起,形成重组DNA分子,进而利用载体在体内使目的DNA片段随同载体一起复制、扩增及克隆化(图22-10)。在克隆目的基因后,就可大量制备该基因表达产物。现在,重组DNA技术几乎可以随心所欲地分离、分析及操作基因,已成为生物制药、基因诊断与基因治疗等方面的核心技术。

图22-10 重组DNA技术的基本过程

一、重组 DNA 技术涉及多类工具酶

在重组 DNA 技术中,获得目的 DNA 片段,并与载体正确连接是不同来源 DNA 片段形成重组DNA 分子的核心步骤。该过程是通过工具酶扩增目的 DNA 片段、切割和连接不同来源 DNA 片段实现的。可见,工具酶是 DNA 分子操作的重要工具。

(一)几种常用的工具酶实现 DNA 扩增、切割和连接等过程

在重组 DNA 技术中,一般根据操作 DNA 的需要选择合适的工具酶。例如,对目的 DNA(target DNA)进行处理时,需限制性核酸内切酶(restriction endonuclease)切割 DNA,以便准确插入同样切割的载体。表 22-1 中列出一些常用的工具酶及其基本功能特性。

表 22-1　重组 DNA 技术中常用的工具酶

工具酶	功能特性
限制性核酸内切酶 （restriction endonuclease）	大多数Ⅱ型酶识别双链 DNA 上的特异性回文序列,切割双链 DNA 的 3′,5′-磷酸二酯键,使双链 DNA 断裂
DNA 连接酶 （DNA ligase）	催化 DNA 中相邻 5′-磷酸基和 3′-羟基之间形成磷酸二酯键,封合 DNA 切口或链接两个 DNA 分子或片段
逆转录酶 （reverse transcriptase）	RNA 依赖的 DNA 聚合酶,用于:①合成 cDNA;②替代 DNA 聚合酶Ⅰ进行末端填补、标记或 DNA 序列分析
Taq DNA 聚合酶 （*Thermus aquaticus* DNA polymerase）	具有 5′→3′ 聚合和 5′→3′ 外切活性,热稳定,最适反应温度（75~80℃）时,掺入 dNTP 速度为 35~100nt/（s·酶分子）。用于:DNA 特定片段体外扩增
DNA 聚合酶Ⅰ （DNA polymerase Ⅰ）	具有 5′→3′ 聚合、3′→5′ 外切和 5′→3′ 外切活性。用于:①合成 DNA 链;②缺口平移法制作高比活性探针;③DNA 序列分析;④填补双链 DNA 的 3′-末端
Klenow 片段 （Klenow fragment）	又名 DNA 聚合酶Ⅰ大片段,具有完整 DNA 聚合酶Ⅰ的 5′→3′ 聚合、3′→5′ 外切活性,而无 5′→3′ 外切活性。常用于 cDNA 第二链合成,双链 DNA 3′-端标记等
末端转移酶 （terminal transferase）	在 3′-羟基末端进行同质多聚物加尾
多聚核苷酸激酶 （polynucleotide kinase）	催化多聚核苷酸 5′-羟基末端磷酸化,或标记探针
碱性磷酸酶 （alkaline phosphatase）	水解核酸末端磷酸基

（二）限制性核酸内切酶可以识别并切割 DNA 特异序列

限制性核酸内切酶（restriction endonuclease,RE）,简称为限制性内切酶或限制酶,是一类核酸水解酶,能识别双链 DNA 分子中的特异序列并裂解 3′,5′-磷酸二酯键。除极少数 RE 来自绿藻外,绝大多数来自细菌,与相伴存在的甲基化酶共同构成细菌的限制-修饰体系（restriction modification system）,形成细菌的先天性免疫,限制外源 DNA 的入侵,保护自身 DNA 的完整,对细菌遗传性状的稳定具有重要意义。

1. 限制性内切酶可分为四大类型　目前已报道了超过 3 600 种细菌的 43 600 种限制性内切酶,已有近 300 种商品化。根据亚基组成、切割位置、序列特性和辅因子的不同,可分为四大类型:Ⅰ型和Ⅲ型均为复合功能酶,同时具有限制和 DNA 修饰两种作用,这两型酶不在所识别的位点切割 DNA;Ⅳ型酶识别修饰的 DNA,通常为甲基化的 DNA。由于Ⅱ型限制性内切酶能识别 DNA 双链内部的特异序列并精确切割 DNA,成为重组 DNA 技术中的"分子手术刀"。

Smith H. O. 和 Nathane D. 提出了限制性内切酶以细菌属名与种名相结合的命名法,已广为采用,即:①第一个字母是酶来源的细菌属的词首字母,用大写斜体;②第二及第三个字母是细菌种的词首字母,用小写斜体;③第四个字母（有时无）,表示分离出该酶的细菌的特定菌株,用大写或小写;④罗马数字表示该酶发现的先后顺序。例如 *Eco*R Ⅰ的命名:*E=Escherichia*,埃希氏菌属;*co=coli*,大肠埃希菌菌种;R=RY13,菌株名;Ⅰ=在相应菌株中第一个被分离到的内切酶。

2. Ⅱ型限制性内切酶的特点是识别与切割在同一位点　Ⅱ型限制性内切酶能识别特异性序列位点并在该位点切割双链 DNA,形成黏端或平端,表 22-2 列举了一些常用酶及其基本特性。

（1）识别位点的序列特征为回文结构:Ⅱ型限制性内切酶的识别位点一般是 6 个或 4 个碱基对序列,有些是 8 个或 8 个以上。大多数序列为回文序列（palindrome）,即反向重复序列,是指在两条核苷酸链中,从 5′→3′ 的两条链序列完全一致。例如,*Eco*R Ⅰ的识别序列在两条链上从 5′→3′ 均为 GAATTC。

表 22-2 常用Ⅱ型限制性内切酶的基本特性

Ⅱ型限制性内切酶	识别序列（5'→3'）及切点（↓）	其他特点
*Bam*H I	G↓GATCC CCTAG↑G	5'-突出黏端，与 *Bgl*Ⅱ是同尾酶
Bgl I	GCCNNNN↓NGGC CGGN↑NNNNCCG	识别序列是 8 个以上，N 为任意碱基
*Bgl*Ⅱ	A↓GATCT TCTAG↑A	5'-突出黏端，与 *Bam*H I 是同尾酶
*Eco*R I	G↓ATATC CTATA↑G	5'-突出黏端
*Eco*R V	GAT↓ATC CTA↑TAG	平端
*Hea*Ⅲ	GG↓CC CC↑GG	平端，与 *Hpa*Ⅲ和 *Msp* I 是同裂酶
Hind Ⅲ	A↓AGCTT TTCGA↑A	5'-突出黏端
*Hpa*Ⅱ	C↓CGG GGC↑C	5'-突出黏端，与 *Hea*Ⅲ和 *Msp* I 是同裂酶
Kpn I	GGTAC↓C C↑CATGG	3'-突出黏端
Mlu I	A↓CGCGT TGCGC↑A	5'-突出黏端
Msp I	C↓CGG GGC↑C	5'-突出黏端，与 *Hea*Ⅲ和 *Hpa*Ⅱ是同裂酶
Nco I	C↓CATGG GGTAC↑C	5'-突出黏端
Not I	GC↓GGCCGC CGCCGG↑CG	5'-突出黏端
Pst I	CTGCA↓G G↑ACGTC	3'-突出黏端
*Sac*Ⅱ	CCGC↓GG GG↑CGCC	3'-突出黏端
Sal I	G↓TCGAC CAGCT↑G	5'-突出黏端
Sma I	CCC↓GGG GGG↑CCC	平端，与 *Xma* I 是同裂酶
Sph I	GCATG↓C CG↑TACG	3'-突出黏端
Xba I	T↓CTAGA AGATC↑T	5'-突出黏端
Xho I	C↓TCGAG GAGCT↑C	5'-突出黏端
Xma I	C↓CCGGG GGGCC↑C	5'-突出黏端，与 *Sma* I 是同裂酶

（2）切割可产生三种末端：多数Ⅱ型限制性内切酶是错位切割双链 DNA，产生 5′- 或 3′- 单链突出的末端，称为黏性末端（sticky end），简称黏端。也有一些酶从中间切割识别位点序列，产生两条链平齐的末端，称为钝性末端（blunt end），简称钝端或平端。

（3）同尾酶切割后产生相同黏端：有些Ⅱ型限制性内切酶所识别的序列虽不完全相同，但切割 DNA 双链后，可产生相同的黏端，这样的酶彼此互称同尾酶（isocaudarner），所产生的相同黏端称为配伍末端（compatible end）。例如，BamH I（G′GATCC）和 Bgl Ⅱ（A′GATCT）在切割不同序列后，可产生相同的 5′- 黏端，即配伍末端（5′-GATC-3′）。配伍末端可共价连接，连接后的序列一般不再被两个酶中的任何一个识别和切割，即消除了酶切位点。

（4）同裂酶识别同一序列：有些Ⅱ型限制性内切酶来源不同，但能识别同一序列（切割位点可相同或不同），这样的酶互称同裂酶（isoschizomer）或异源同工酶。例如，BamH I 和 Bst I 能识别并在相同位点切割同一 DNA 序列（5′-G↓GATCC-3′）；Xma I 和 Sma I 虽能识别相同序列（5′-GGGCCC-3′），但切割位点不同，前者的切点在识别序列的第一个核苷酸后（5′-G↓GGCCC-3′），而后者的切点则在序列的中间。同裂酶为 DNA 操作增加了酶的选择余地。

二、自主复制、插入位点及筛选标志是重组 DNA 技术中常用载体必备特性

载体（vector）是能携带目的 DNA 片段，并在宿主细胞中复制和/或表达的 DNA 分子，一般具备自主复制起始位点、单一酶切位点或整合位点及筛选标志。按功能可将载体分为克隆载体和表达载体两大类，目前商品化的载体往往兼具两方面功能。

（一）克隆载体是可以扩增外源 DNA 的载体

克隆载体（cloning vector）是能携带外源 DNA 在宿主细胞中复制扩增的 DNA 分子。能够作为克隆载体的 DNA 分子包括质粒、噬菌体、人工染色体 DNA 等，其中最常用的是质粒。

1. 克隆载体的基本特性是具有复制起点、筛选标志和插入位点　克隆载体一般具备如下基本特性：①具有自主复制起点，应至少有一个复制起点（replication origin，ori），使其能在宿主细胞中复制扩增。②筛选标志（selection marker），至少应有一个用于筛选载体是否存在于宿主细胞中的标志，如抗生素耐药基因可以赋予含载体的宿主细胞具有抵抗这种抗生素的特性。③单一酶切位点或整合位点，载体上一般都构建一段含多个整个载体序列中唯一的限制性内切酶位点的核苷酸序列，用于外源 DNA 片段的插入，称作多克隆位点（multiple cloning sites，MCS）；也可以根据同源重组或转座重组的原理，在载体上构建同源臂或转座位点序列，供外源 DNA 插入。

2. 常用质粒克隆载体都以 pBR322 为基础　质粒是最常用的载体，最早用作克隆载体的是 pBR322。pBR322 具有两个抗生素筛选标志基因（amp^R 和 tet^R）、3 个单酶切位点，其中 2 个分别位于 amp^R 和 tet^R 内部，赋予了该载体可用于外源 DNA 插入失活方式的筛选（图 22-11）。以 pBR322 为基础改造的质粒载体有许多，例如 pUC 系列质粒。下面简介几种具有代表性的质粒载体。

（1）pUC18 可进行蓝白筛选：pUC18 是具有代表性的 pBR322 衍生的克隆载体，含质粒复制起点（ori）、氨苄西林抗性基因（amp^R）及多克隆位点（图 22-12）。可以将外源 DNA 片段插入到载体的多克隆位点，转化后利用氨苄西林进行载体的筛选。多克隆位点是构建在 β- 半乳糖苷酶（β-gal）α 亚基 N- 端 146 个氨基酸残基的 lac Z′ 编码序列内部。这一构建使质粒在插入外源 DNA 片段后，可通过蓝白筛选获得重组子。

蓝白筛选是利用跨越多克隆位点的 Lac Z′ 编码序列与宿主菌 α- 互补（α-complement）实现的（图 22-13）。β-gal-α 与受体菌编码的 ω 亚基（lac Z-ω）可以互补结合，发挥 β- 半乳糖苷酶（β-gal）的活性，故称作 α- 互补。α- 互补一旦形成即可催化底物 X-gal（5- 溴 -4- 氯 -3- 吲哚 -β-D- 半乳糖苷）产生蓝色产物，菌落变蓝。由于外源 DNA 片段插入位于载体 Lac Z′ 内部的多克隆位点，lac Z′ 表达的产物丧失 β-gal-α 功能，不能发生 α- 互补，在 X-gal 存在情况下菌落呈白色。因此，蓝色菌落代表载体中 Lac Z′ 的编码序列完好，没有插入外源 DNA 片段，白色菌落则表明载体插入了外源 DNA 片段。

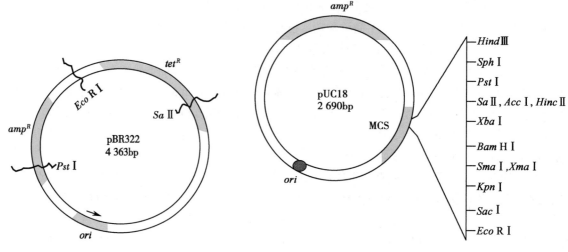

图 22-11 pBR322 质粒图谱

图 22-12 pUC18 质粒图谱

图 22-13 α-互补蓝白筛选机制

（2）pGEM-3Z 兼体外转录功能：pGEM-3Z 克隆载体的主干部分来源于 pUC18，但对多克隆位点区域进行了改造，主要是将噬菌体的启动子 Sp6 和 T7 序列加在了 *Lac Z'* 的两端。这一构建使 pGEM-3Z 具备了体外转录（transcription in vitro）特性（图 22-14）。

体外转录是利用外源 DNA 插入位点两端的启动子，在试管中加入启动子特异性 RNA 聚合酶（RNA pol）实现的。如将外源 DNA 插入 pGEM-3Z 多克隆后，线性化质粒，然后利用 Sp6 或 T7 RNA pol 在体外转录合成 RNA。图 22-14 所示即利用 pGEM-3Z 质粒的 T7 启动子进行体外转录。

（3）T-A 克隆载体可直接进行 PCR 产物的克隆：*Taq* DNA pol 在催化 DNA 合成时，当四种脱氧核糖核酸（4×dNTPs）都存在时，优先在新合成的 DNA 的 3′-端加一个不配对的 A。T-A 克隆载体就是根据 PCR 产物的这一特性而设计的，该载体一般是在线性质粒的 3′-端添加一个不配对的 T（胸腺嘧

图 22-14　pGEM-3Z 质粒图谱及体外转录

啶脱氧核糖核苷酸），以便与 PCR 产物 3′-端未配对的 A（腺嘌呤脱氧核糖核苷酸）互补。例如，pMT-18T 是在 pUC18 质粒的基础上构建的一种 T-A 克隆质粒载体。

3. 质粒以外的其他克隆载体　其他克隆载体包括噬菌体、酵母人工染色体、黏粒等。用作克隆载体的噬菌体 DNA 有 λ 和 M13 噬菌体 DNA。经 λ 噬菌体 DNA 改造成的载体系统有 λgt 系列（插入型载体，适用于 cDNA 克隆）和 EMBL 系列（置换型载体，适用于基因组 DNA 克隆）。经改造的 M13 载体有 M13mp 系列，特性是在 M13 的外源 DNA 插入区构建了 *Lac Z′*，使其具有蓝白筛选功能。

此外，为增加克隆载体插入外源 DNA 的容量，还设计有柯斯质粒（又称黏粒，cosmid）、细菌人工染色体（bacterial artificial chromosome，BAC）和酵母人工染色体（yeast artificial chromosome，YAC）载体等。

（二）表达载体能表达外源 DNA

表达载体（expression vector）是能携带外源 DNA 在宿主细胞中表达的 DNA 分子。一般来说，表达载体除了具备克隆载体的必备条件外，还具备用于外源 DNA 在宿主细胞中表达的重要元件，如启动子和终止子组成的完整转录单位。根据宿主细胞的不同，可将表达载体分为原核表达载体和真核表达载体。

1. 原核表达载体用于在原核细胞中重组表达外源 DNA　原核表达载体（prokaryotic expression vector）是指能携带外源 DNA 在原核细胞中表达的载体，以质粒表达载体最常用。原核表达载体除含有克隆载体的必备元件外，还跨越多克隆位点构建了原核基因转录单位操纵子的基础转录调控元件，如启动子、终止子及核糖体结合位点 SD 序列（Shine-Dalgarno sequence），将任何结构基因插入到多克隆位点，都成为操纵子的一部分，在启动子控制下转录和翻译插入外源 DNA（图 22-15）。

已有多种不同表达框架的商品化原核质粒表达载体。以乳糖操纵子为表达框架的载体结构特点是：启动子和终止子跨越多克隆位点，外源 DNA 就可插入启动子和终止子之间，由乳糖操纵子的调控元件控制转录，在乳糖或 IPTG 等诱导剂存在下，外源基因产物即可表达。其他调控元件如阻遏蛋白编码基因（*Lac I*）位于载体的合适位置，可

图 22-15　原核表达载体结构示意图

通过编码阻遏蛋白参与外源基因表达的调控。常用的 pET 系列质粒载体就是这样一类原核表达质粒载体,例如:pET28a+载体(图 22-16)。

图 22-16　pET28a+质粒载体图谱及诱导表达方式

pET28a+及其宿主细胞是一个配套的表达系统,在载体的表达框架上利用 T7 噬菌体启动子(P_{T7})替换了乳糖操纵子启动子(P_{Lac}),而在受体菌基因组中用 T7 RNA pol 编码基因替换了乳糖操纵子中的结构基因,从而实现了间接诱导外源基因表达的目的。由图 22-16 可以看出,当诱导剂乳糖或 IPTG 存在时,受体基因组上乳糖操纵子的启动子被激活,诱导 T7 RNA pol,然后 T7 RNA pol 作为诱导剂使载体上的外源基因诱导表达。由于 P_{T7} 是强启动子,以这种载体与宿主细胞调控元件互换及配合的方式,可实现外源基因高效表达的目的。

2. 真核表达载体用于在真核细胞中重组表达外源 DNA　真核表达载体(eukaryotic expression vector)除了具备克隆载体的基本条件(多克隆位点、复制起点及筛选标志)外,还具有真核基因的基础转录调控元件[包括启动子、增强子、poly(A)加尾信号等],真核细胞的复制起始序列、真核细胞的筛选标志等,从而使外源 DNA 能在真核细胞中诱导表达或自主表达。

由于真核生物基因的转录调控机制比较复杂,外源 DNA 的转录调控元件一般来自真核病毒。例如,pRC/CMV 质粒是一种用于哺乳类细胞的真核表达载体,载体的基本框架来自 pBR322 质粒,含有原核复制起点和筛选标志 amp^R 基因;载体的大部分是根据真核病毒的转录调控元件、复制起始序列等构建的:用于外源 DNA 表达的启动子(P_{CMV})来自巨细胞病毒,用于载体在哺乳细胞中筛选的新霉素耐药基因调控元件来自 SV40 病毒(图 22-17)。由于这类载体构建时是在原核细胞中完成复制扩增的,再导入真

图 22-17　pRc/CMV 真核质粒表达载体图谱

核细胞中表达,因此又称为穿梭载体(shuttle vector)。

根据真核细胞的不同,真核表达载体主要有酵母表达载体、昆虫表达载体和哺乳类细胞表达载体。

酵母是最简单的单细胞真核生物,但用于酵母的质粒表达载体一般不需要真核病毒转录调控元件,可以采用酵母2μm质粒。2μm质粒存在于酵母的细胞核中,可独立于酵母染色体进行复制,常被用于构建酵母质粒表达载体。一般来说,酵母的质粒表达载体也设计成穿梭载体。

三、重组DNA克隆基本流程主要包括五个步骤

重组DNA的体外构建有两种方法,一种是酶切-连接法,另一种是体外重组法。酶切-连接法是DNA克隆的典型过程,包括五个步骤:目的DNA的分离获取(分)、载体的选择与构建(选)、目的DNA与载体的酶切连接(连)、重组DNA导入宿主细胞(转)、重组体的筛选与鉴定(筛),以及克隆化与规模化制备表达产物。体外重组法大体也需经过上述步骤,主要区别是形成重组DNA是利用重组酶将目的DNA与载体以同源重组或转座方式实现的。

(一)多种方法可以获得目的DNA

分离获取目的DNA的方法主要包括:PCR法、化学合成法、化学合成-PCR搭接法等,其中PCR法是最常用、最方便及最灵活的方法。

1. PCR法可以高效特异扩增目的DNA PCR是运用 *Taq* DNA聚合酶高效特异地体外扩增DNA的方法,可以采用基因组DNA或mRNA为模板,直接合成目的DNA片段。使用PCR法的前提是:至少需要知道待扩增目的DNA两端的序列,以便设计目的DNA的引物。PCR方法的最大优势就是可以在引物序列的5'-端加合适的酶切位点、拟突变的核苷酸、特殊元件序列等,用于重组DNA构建时的酶切连接,突变目的DNA或重组。

2. 化学合成法就是直接化学合成目的DNA 化学合成法是获取小分子肽类编码DNA序列的最简单方法,一般可根据小肽的氨基酸序列推导出相应的编码序列,然后化学合成该序列,再设计两条完全互补的单链引物,经等量退火即可形成双链DNA。化学合成前往往根据宿主使用其偏爱密码子优化编码序列,以提高后续的表达产量。

3. 化学合成-PCR搭接法可以获得融合或长链的目的DNA 化学合成法与PCR法相结合也是一种获取目的DNA的实用方法,可用于不易获取标本的目的DNA合成或人工设计目的DNA的合成。基本流程是:根据基因序列设计贯穿目的DNA全长的多条引物,并使相邻序列的引物之间有15~18个核苷酸互补配对;以PCR搭接方式经多轮PCR获取目的DNA(图22-18)。

4. 文库筛选扩增法通常是利用PCR从文库中扩增,获得目的DNA 从基因组文库和cDNA文库中通过筛选可以获取目的DNA。由于PCR技术的出现和广泛应用,出现了一种PCR-cDNA文库,即以cDNA为模板,利用工具酶在cDNA末端加尾,然后采用一对靶向加尾序列的通用引物扩增cDNA片段,并将经PCR扩增后的片段插入到载体中。PCR-cDNA文库筛选方法

图22-18 化学合成-PCR搭接法获取目的DNA片段

的优点是可以将丰度低的 mRNA 扩增出来。文库筛选法在某种情况下仍然是获得目的 DNA 的有效方法。

5. 其他一些方法也可以获得目的 DNA　此外,利用酵母单杂交系统可获取 DNA 结合蛋白的编码 DNA 序列,利用酵母双杂交系统可获取特异性相互作用蛋白质的编码 DNA 序列。

(二) 选择合适载体和插入目的 DNA

重组 DNA 技术中所用的载体一般都是商品化的,操作者需要在众多载体中选择出适合目的 DNA 克隆的载体,并根据载体上的酶切位点或序列位点对载体进行一些操作,以便适合目的 DNA 片段的插入或整合。

1. 选择载体主要有两点　选择载体的要素主要有两点:一是了解载体的基本结构和功能元件,二是明确选用载体的目的。

选择合适载体一般应遵循如下基本原则:①明确实验对象,包括目的 DNA 片段的大小、来源或其他重要信息。如果是利用 PCR 获取的目的 DNA 片段,可以选择 T-A 克隆质粒载体;如果目的 DNA 片段很大,超出质粒载体的容纳能力,可以选择病毒载体或更大载量的载体,如黏粒。②明确实验目的。如果只需单纯对 DNA 片段进行克隆扩增,选择克隆载体即可;如果需要表达克隆基因的编码产物,需要选择表达载体。③清楚载体容量。不同载体携带外源 DNA 片段的能力可能不同,一般质粒载体的容量较小,病毒载体的容量较大(表 22-3)。④确定克隆方式。如果采用酶切-连接法,应考虑载体上的酶切位点;如果采用同源重组法,应考虑载体上的同源位点序列。

表 22-3　不同载体的克隆容量及宿主细胞

载体	插入 DNA 片段大小	宿主细胞
质粒	<5~10kb	细菌,酵母
λ 噬菌体载体	~20kb	细菌
黏粒	~50kb	细菌
BAC	~400kb	细菌
YAC	~3Mb	酵母

2. 适当处理载体为插入目的 DNA 做准备　选择到合适的载体后,还要对载体进行适当的处理,如利用适当的内切酶将载体线性化或构建合适的同源重组臂序列。

(1) 酶切载体有两种方式:单酶切和双酶切。

1) 单酶切产生相同末端:就是选择一种合适的限制性内切酶切割载体 DNA。如果选择能产生黏端的内切酶切割载体,线性载体 DNA 就有互补的黏端,在合适条件下容易互补结合重新环化,因此,单酶切后的线性载体应放在低温环境中减少分子运动速率,从而减少黏端的碰撞机会。另外,可以采用碱性磷酸酶将线性载体 5′-末端的磷酸基团切除,使两个黏端之间即使互补结合也不能形成磷酸二酯键,从而降低线性载体自身环化的概率。

2) 双酶切可以实现定向克隆:就是采用两种合适的限制性内切酶切割载体 DNA。双酶切的载体 DNA 自身环化率低,一般不需要用碱性磷酸酶对末端进行处理。如果目的 DNA 的两端也同样双酶切,就可让外源 DNA 定向插入载体。这种使目的 DNA 按特定方向插入载体的克隆方法称为定向克隆(directional cloning)。

(2) 在载体上构建重组位点序列:DNA 体外重组也可以不依赖限制性内切酶,而是利用载体上的特定重组位点和重组酶将外源 DNA 片段插到载体上或从一个载体移到另一个载体上。因此,利用特定 DNA 序列之间可以在重组酶作用下发生位点重组或同源重组的原理,在载体上构建重组位点序列。基本思路是:用酶切连接法在载体的合适位置构建特定重组位点,使线性化后的载体末端至少有 15~18bp 的重组位点序列,并以此作为载体平台提供特异性重组的载体系统。Gateway 系统就是一种

以 λ 噬菌体 *attP* 位点和大肠埃希菌基因组 DNA 的 *attB* 位点之间点特异性重组为基本原理的商品化载体系统。

（三）目的 DNA 插入载体可以通过连接或重组的方式

目的 DNA 需要借助载体才能在合适的宿主细胞中扩增和/或表达,因此,将目的 DNA 片段插入载体是 DNA 重组的重要过程。目的 DNA 与载体的重组有两种方法:一种是连接法,另一种是非连接性重组法。

1. 目的 DNA 连接入载体　目的 DNA 与载体的连接有两种方式:黏端连接和平端连接,其中黏端连接效率比较高,但平端连接可为 DNA 重组提供更宽泛的选择空间。

（1）目的 DNA 黏端连接入载体:黏端连接（cohesive end ligation）是指 DNA 片段和线性载体末端的互补单链之间碱基配对形成氢键,然后 DNA 连接酶在单链缺口处催化形成磷酸二酯键,从而将 DNA 片段与载体连接起来。

1）单一相同黏端连接易出现自连,而且需要鉴定插入方向:如果目的 DNA 序列两端和线性载体两端为同一限制酶（或同裂酶,或同尾酶）切割所致,那么所产生的黏端完全相同。这种单一相同黏端连接时,会有三种连接结果:载体自连、载体与目的 DNA 连接以及 DNA 片段自连（图 22-19）。可见,这种连接存在如下缺点:容易出现载体自身环化、目的 DNA 双向插入载体（即正向和反向插入）和多拷贝现象,从而给后续筛选增加了困难。采用碱性磷酸酶预处理线性载体 DNA,使之 5′-端去磷酸化,可有效减少载体自身环化。目的 DNA 如果反向插入载体,虽不影响基因克隆,但却影响外源基因的表达。

图 22-19　单酶切的黏性末端连接

2）不同黏端连接可以实现定向克隆:如果用两种不同的限制酶分别切割载体和目的 DNA,即可实现定向克隆。定向克隆也可通过一端为平端,另一端为黏端的连接方式来实现。定向克隆有效避免了载体自连以及 DNA 片段的反向插入和多拷贝现象。

3）通过其他措施产生黏端进行连接:常用的在末端为平端的目的 DNA 片段制造黏端的方法有:①人工接头法:化学合成法获得含有限制酶切点的平端双链寡核苷酸接头（adaptor 或 linker）,将此接头连接在目的 DNA 的平端上,然后用相应的限制酶切割人工接头产生黏端,进而连接到载体上;②加同聚物尾法:用末端转移酶将某单一核苷酸（如 dC）逐一加到目的 DNA 的 3′-端,形成同聚物尾（如同聚 dC 尾）;同时又将与之互补的另一核苷酸（如 dG）加到载体 DNA 的 3′-端,使载体和目的 DNA 的末端形成互补的单链同聚物尾,因而可高效地连接到一起;③PCR 法:针对目的 DNA 的 5′- 端和 3′-端,设计一对特异引物,在每条引物的 5′-端分别加上不同的限制酶位点,然后以目的 DNA 为模板,经 PCR 扩增便可得到带有引物序列的目的 DNA,再用相应限制酶切割 PCR 产物,产生黏端,随后便可与带有相同黏端的线性载体进行有效连接。另外,PCR 产物可直接与 T 载体连接,此即 T-A 克隆。

（2）平端连接效率低:若目的 DNA 两端和线性载体两端均为平端,则二者之间也可在 DNA 连接酶的作用下进行连接,但连接效率较低。为了提高连接效率,可采用提高连接酶用量、延长连接时间、降低反应温度、增加 DNA 片段与载体的物质的量之比等措施。平端连接同样存在载体自身环化、目的 DNA 双向插入和多拷贝现象等缺点。

（3）黏-平端连接也是定向克隆：黏-平端连接是指目的 DNA 和载体之间通过一端为黏端、另一端为平端的方式进行连接。以该方式连接时，目的 DNA 被定向插入载体（定向克隆）。该连接方式的连接效率介于黏端和平端连接之间。

2. 通过 DNA 重组实现目的 DNA 与载体连接 利用特定 DNA 序列之间可以在重组酶作用下发生位点重组或同源重组的原理，在载体和片段之间构建重组序列，并以位点特异性重组的方式将 DNA 片段插入载体的特定位置，基本思路是：①构建或购买一种具有特殊序列末端的线性载体。②采用 PCR 法扩增目的 DNA 片段，但所用引物除了含有 DNA 片段特异性序列外，还需要在 5′-端加上 15bp 的延伸序列，这段延伸序列与载体末端序列是同源序列。用这对引物扩增目的 DNA 片段，获得两端有与载体末端相同同源序列的 DNA 片段。③用重组酶使 DNA 片段与线性载体之间发生位点特异性重组，实现不用酶切-连接的基因克隆方法。

（四）重组 DNA 转入宿主细胞

将目的 DNA 片段与载体重组连接后，重组 DNA 需要导入合适的宿主细胞才能复制扩增。这里涉及两个概念：①转化（transformation）：将重组 DNA 分子导入原核细胞（如大肠埃希菌）中的过程；②转染（transfection）：将重组 DNA 分子导入真核细胞的过程。无论是转化还是转染都是将 DNA 分子导入宿主细胞（host cells）。

1. 重组 DNA 转化大肠埃希菌 大肠埃希菌是 DNA 重组技术中最常用的宿主细胞，一般是经过一定改造使其具有适合重组 DNA 扩增或表达的特性。大肠埃希菌作为宿主细胞，与其他细胞一样有其特定的基因型和表型，基因型（genotype）是指细胞基因组上所具有的特定基因，表型（phenotype）是指基因表达后所赋予细胞的生理学表现。基因型和表型也在一定程度上代表了细胞的某些特性。

（1）用作宿主的大肠埃希菌有多种特性标识：基因工程一般用一些符号对大肠埃希菌的基因型或表型进行标记，主要标识有：①基因野生型，基因符号的右上标记 $^+$，如 his^+；②基因突变型，基因符号的右上方标记 $^-$，如 his^-；③表型有无，一般以"+"代表有，"−"代表缺失；④特殊表型标记，如氨苄西林抗性标记为 amp^R；⑤缺失的基因标记为"Δ"，比如用 $pro AB$ 代替了 lac，标记为 $\Delta(lac\text{-}pro AB)$；⑥融合基因，用"$\Phi$"表示，如 $\Phi(his D\text{-}lac Z)9953$。

（2）宿主需具备的基本条件：作为宿主细胞的大肠埃希菌一般应具备如下条件：①限制性缺陷，即外切酶和内切酶活性缺陷，如 $rec B^-$、$rec C^-$、hsd^-；②重组整合缺陷，即细胞本身的重组酶基因失活，如 $rec A^-$，以防重组 DNA 与其染色体 DNA 发生重组整合；③感染寄生缺陷，即细胞丧失在人体等宿主中生存的能力；④具有较高的转化效率，如大肠埃希菌处于感受态细胞（competent cells）时，即细胞膜通透性增加时容易接受外源 DNA；⑤具有与载体选择性标记互补的表型。

（3）常用大肠埃希菌具有多种基本特性：大肠埃希菌有许多优点使其成为基因工程最常用的宿主细胞，主要包括：①遗传背景清楚；②载体-受体系统比较完备；③细胞生长周期短，对数生长期的倍增时间约 20 分钟；④重组 DNA 稳定。然而，大肠埃希菌可以产生结构复杂、种类繁多的、对组织细胞有毒性的活性物质，典型的如内毒素；因此，用大肠埃希菌制备的重组 DNA 在用于真核细胞或人体前需要去除内毒素。

（4）根据载体选择合适的大肠埃希菌：大肠埃希菌的选择依据是载体上的一些重要结构元件，包括复制起点、抗性基因等。有些菌株是特定载体的宿主细胞，而有些菌株则具有通用性。例如，pET 原核质粒表达载体的宿主细胞是大肠埃希菌 BL21（DE3），因为载体上供外源基因表达的乳糖操纵子中的启动子 P_{Lac} 被换成了 T7 RNA 聚合酶能够识别和结合的启动子 P_{T7}，相应地，细胞基因组上乳糖操纵子的结构基因被换成了编码 T7 RNA 聚合酶的基因，因而使载体与宿主细胞之间形成一种互补关系。当用乳糖诱导外源基因表达时，实际上细胞先启动 T7 RNA 聚合酶的表达，然后由 T7 RNA 聚合酶启动外源基因的表达（见图 22-16）。由此可见，这类载体只有在与之配套的宿主细胞中才能发挥其功能。另外，大肠埃希菌有 DNA 腺嘌呤甲基化酶（DNA adenine methylase，dam）和 DNA 胞嘧啶甲基化酶（DNA cytosine methylase，dcm），有时可导致重组 DNA 的甲基化修饰。

2. 重组DNA转染真核细胞　常用的转染方法包括:化学方法,如磷酸钙共沉淀法、脂质体融合法等;物理方法,如显微注射法、电穿孔(electroporation)法等。

3. 感染(infection)就是以病毒为载体导入外源DNA的过程　是指以病毒颗粒作为外源DNA运载体导入宿主细胞的过程。例如,以噬菌体、逆转录病毒、腺病毒等DNA作为载体构建的重组DNA分子,经包装形成病毒颗粒后进入宿主细胞。

(五)利用载体与目的基因特性筛选克隆化的重组体

将转入重组DNA的宿主细胞克隆扩增,依据细胞克隆对重组DNA筛选,就可制备单克隆重组DNA。单克隆细胞是指来源于一个细胞通过无性繁殖产生的细胞群。利用单克隆细胞制备的重组DNA就是一个克隆的重组DNA分子。细胞克隆化的方法有两种:一种是有限稀释法,另一种是集落扩增法。有限稀释法是将细胞悬液进行稀释,然后种植到培养板孔中,一般从理论上保证每孔细胞数平均0.4个,一旦板孔中长出细胞集落,即可认为是一个细胞克隆,多用于真核细胞的克隆化。集落扩增法是在平板培养基上划线接种细胞,从而获得单个集落,即一个克隆,多用于原核细胞的克隆化。含重组DNA的克隆筛选可采用遗传标志筛选法、序列特异性筛选法、亲和筛选法等。

1. 借助载体筛选标志进行筛选　载体的遗传标志可以赋予宿主细胞特殊的表型或生长特性,也成为筛选重组DNA的方法。

(1)利用抗生素抗性标志筛选:将含有某种抗生素抗性基因的载体转化宿主细胞后,将细胞在含有相应抗生素的培养基中培养,无载体转入的细胞将被杀死,生长的细胞即是含有载体的细胞。至于细胞中的载体是否为含有目的DNA的重组载体,尚需进一步鉴定。

(2)利用基因的插入失活/插入表达特性筛选:针对某些带有抗生素抗性基因的载体,当外源DNA插入某一抗性基因后,便可使该抗性基因失活。借助该抗性标志及载体上的其他标志,便可筛选出带有重组载体的克隆。例如pBR322质粒含有amp^R和四环素抗性(tet^R)两个抗性基因,如将外源DNA插入tet^R基因序列中,便可使tet^R失活,经相应重组载体转化的细菌只能在含有氨苄青霉素的培养基上生长,而不能在含有四环素的培养基上生长(图22-20)。

图22-20　插入失活筛选重组DNA

利用基因的插入表达也可筛选带有重组载体的克隆。例如,质粒pTR262携带来自λ噬菌体的CI基因,该基因在正常情况下表达产生阻遏蛋白,从而使tet^R基因不能表达。当在CI基因中插入外源DNA后,将导致CI基因失活,从而使tet^R基因去阻遏而表达。如果细菌内含有插入表达的重组体,则可在含有四环素的培养基上生长。

(3)利用标志补救筛选:标志补救(marker rescue)是指当载体上的标志基因在宿主细胞中表达时,通过互补宿主细胞的相应缺陷而使细胞在相应选择培养基中存活。利用该策略可初步筛选带有载体的重组子。例如,S. cerevisiae酵母菌株因trp1基因突变而不能在缺少色氨酸的培养基上生长;当转入带有功能性trp1基因的载体后,转化子则能在色氨酸缺陷的培养基上生长。标志补救也可用于外源基因导入哺乳类细胞后的阳性克隆的初筛。例如,当把带有二氢叶酸还原酶基因(dhfr)的真核表达载体导入dhfr缺陷的哺乳类细胞后,则可使细胞在无胸腺嘧啶的培养基中存活,从而筛选出带有载体的克隆（DHFR 可催化二氢叶酸还原成四氢叶酸,后者可用于合成胸腺嘧啶）。要确定是否为带有重组载体的阳性克隆,还需进一步鉴定。利用 α 互补筛选携带重组质粒的细菌也是一种标志补救选择方法（见图 22-13）。

（4）利用噬菌体的包装特性进行筛选:λ 噬菌体的一个重要遗传特性就是其在包装时对 λ DNA 大小有严格要求。只有重组 λ DNA 的长度达到其野生型长度的 75%~105% 时,方能包装形成有活性的噬菌体颗粒,进而在培养基上生长时呈现清晰的噬斑;而不含外源 DNA 的单一噬菌体载体 DNA 因其长度太小而不能被包装成有活性的噬菌体颗粒,故不能感染细菌形成噬斑。根据此原理,可初步筛选出带有重组 λ 噬菌体载体的克隆。

2. 借助目的 DNA 特异性筛选重组体 根据序列特异性进行筛选的方法包括酶切法、DNA 测序法、PCR 法、核酸杂交法等。

（1）酶切法筛选重组体:针对初筛为阳性的克隆,提取重组 DNA,以合适的限制性内切酶进行消化,经琼脂糖凝胶电泳判断有无 DNA 片段的插入及插入片段的大小。同时,根据酶切位点在插入片段内部的不对称分布,可用该方法鉴定 DNA 片段的插入方向;也可用多种限制性内切酶制作和分析插入片段的酶切图谱。

（2）DNA 测序法筛选重组体:该法是最准确的鉴定目的 DNA 的方法。针对已知序列,通过 DNA 测序可明确具体序列和阅读框的正确性;针对未知 DNA 片段,可揭示其序列,为进一步研究提供依据。

（3）PCR 法筛选重组体:利用序列特异性引物,用 PCR 可鉴定出含目的 DNA 的阳性克隆。如果利用克隆位点两侧序列设计引物进行 PCR,再结合序列分析,便能可靠地证实插入片段的方向、序列和阅读框的正确性。

（4）核酸杂交法筛选重组体:该方法可直接筛选和鉴定含有目的 DNA 的克隆。常用方法是菌落或噬斑原位杂交法,其基本过程是:将转有外源 DNA 的菌落或噬斑影印到硝酸纤维素膜上,使细菌裂解所释放的 DNA 吸附在膜上;将膜与标记的核酸探针杂交;检测探针信号确定含重组 DNA 的克隆。根据核酸探针标记物的不同,可通过放射自显影、化学发光、酶作用于底物显色等方法来显示探针的存在位置,也就是阳性克隆存在的位置。

3. 亲和筛选法筛选重组体 亲和筛选法的前提是重组 DNA 进入宿主细胞后能够表达出其编码产物。常用的亲和筛选法的原理是基于抗原-抗体反应或配体-受体反应。一般做法与上述菌落或噬斑原位杂交相似,只是被检测的靶分子换成吸附于硝酸纤维素膜上的蛋白质,检测探针换为标记的抗体/抗原或配体/受体。

四、克隆基因的表达有多种体系

经上述分、选、连、转、筛五个步骤,便完成了 DNA 克隆过程,获得了特异序列的基因组 DNA 或 cDNA 克隆,这是进行重组 DNA 技术操作的基本目的之一。此外,采用重组 DNA 技术还可进行目的基因的表达,实现生命科学研究、医药或商业目的,这是基因工程的最终目标。基因表达涉及正确的基因转录,mRNA 翻译及适当的转录后、翻译后加工过程,这些过程的进行在不同的表达体系是不同的。

基因工程的表达体系一般可分为两类:原核表达体系和真核表达体系。前者多采用大肠埃希菌作为克隆基因表达的宿主细胞,后者的宿主细胞种类较多,包括酵母细胞、昆虫细胞及哺乳类细胞等。

（一）原核表达体系由原核表达载体和原核细胞组成

原核表达体系由原核表达载体和原核细胞组成。原核表达载体通常是细菌的质粒,也可以是噬菌体,是克隆基因能否表达的关键;大肠埃希菌（*E. coli*）是原核表达体系中最常用的宿主细胞。

1. 原核表达载体决定表达产物形式 原核表达载体可分为非融合型表达载体、融合型表达载体和分泌型表达载体。

（1）非融合型表达载体不携带任何载体上的序列信息：非融合型表达载体不为外源基因提供起始密码子和终止密码子，外源基因的 5′-端应有起始密码子，3′-端应有终止密码子，从而保证表达出来的蛋白质不携带任何载体上的序列信息。用此载体时可直接将自带起始密码子和终止密码子的外源基因直接克隆入多克隆酶切位点，不需要考虑酶切位点与阅读框架的关系。

（2）融合型表达载体表达产物为融合蛋白：融合型表达载体一般在多克隆位点的上游和/或下游设计了一段含起始密码子和/或终止密码子的小肽编码基因，外源基因插入到小肽编码基因的下游或上游，或之间；并按载体提供的起始密码子进行阅读，表达产物一般在 N-端和/或 C-端带有载体信息编码的一段肽。用这类载体表达的重组蛋白一般属于融合蛋白。例如，pET28a 原核质粒表达载体（见图 22-16）。

（3）分泌型表达载体通常将重组蛋白分泌到周间隙：分泌型表达载体是在启动子和多克隆酶切位点之间设计了一段分泌用的小肽编码序列，外源基因被克隆到这段分泌小肽编码区的下游，在某种意义上说，这种载体类似于融合表达载体，只是融合部分能将外源基因编码产物分泌到细胞外，大肠埃希菌的分泌型表达载体通常是将重组蛋白分泌到周间隙中。例如，pET26b 原核质粒表达载体。

2. 外源基因在原核细胞中表达受多种因素影响　外源基因在原核细胞中能否表达除了与外源基因的完整性有关外，还与基因表达调控元件如启动子、终止子等是否完整以及载体与宿主细胞是否配套有关。下面简述几种影响因素。

（1）外源基因本身影响表达：外源基因在下列几方面出现问题可影响基因表达。①翻译框架内缺乏起始密码子和/或终止密码子，导致外源基因结构不完整；②外源基因插入融合表达载体时导致阅读框架位移；③外源基因插入载体时方向错误。

（2）宿主细胞与表达载体不匹配：表达载体上的重要元件（如启动子）一般是根据特定宿主细胞设计的，如果宿主细胞与其不匹配，即使外源基因被正确插入到表达载体中也不能得到表达。例如，pET28a 原核质粒表达载体（见图 22-16），在多克隆酶切位点的上游是 T7 噬菌体来源的 RNA 聚合酶（T7 RNA pol）识别并结合的启动子序列，与之配套的宿主基因组上的乳糖操纵子中的结构基因被 T7 RNApol 的编码基因所替换，乳糖或乳糖类似物可诱导宿主细胞产生 T7 RNA pol。如果宿主细胞不能表达 T7 RNA pol，导入 pET28a 表达载体就不能表达外源基因。

（3）SD 序列位置不合适：起始密码子与其上游 SD 序列之间的距离对翻译效率的影响很大（详见第十八章）。如果采用融合表达载体，SD 序列与起始密码子之间的距离已经被固定；如果采用非融合表达载体，一定要使 SD 序列处于最合适的位置。

（4）启动子与密码子有偏爱性：表达载体上启动子的强弱可直接影响外源基因的表达水平，外源基因密码子的选择也对表达水平影响很大。偏爱性密码子是指宿主细胞中有丰富的与之相配的 tRNA，选择偏爱性密码子会增加外源基因的表达量。

3. 原核表达体系存在几个缺点　*E. coli* 表达体系是目前最常用的原核表达体系，但在实际应用中尚有一些不足之处：①由于缺乏转录后加工机制，*E. coli* 表达体系只能表达克隆的 cDNA，不宜表达真核基因组 DNA；②由于缺乏适当的翻译后加工机制，*E. coli* 表达体系表达的真核蛋白质不能形成适当的折叠或进行糖基化修饰；③表达的蛋白质常常形成不溶性的包涵体（inclusion body），欲使其具有活性尚需进行复杂的变性-复性处理；④很难在 *E. coli* 表达体系表达大量的可溶性蛋白。

（二）真核表达体系按宿主细胞分为多种系统

真核表达体系是由真核表达载体和真核宿主细胞组成的。真核表达载体上的表达框架是根据真核基因的转录单位构建的，包括真核启动子、加尾信号和加帽信号等。根据宿主细胞的不同，真核表达体系可分为酵母表达系统、昆虫表达系统、哺乳类细胞表达系统等。

1. 酵母表达系统可对重组蛋白翻译后修饰　酵母是最简单的单细胞真核生物，在某些方面与原核细胞相似，诸如：繁殖速度快、培养和发酵等操作比较简单。多数酵母细胞内有一内源性 2μm 质粒，能在酵母细胞中稳定地自主复制，成为构建酵母质粒载体的重要元件，多数酵母表达质粒载体是利用酵母 2μm 质粒上的复制起始位点和自主复制序列（ARS 片段）与细菌质粒片段重组构建而成的。除此之外，酵母又具备真核细胞的特点，能对重组蛋白进行一定程度的翻译后修饰，因此，可以解决原核表达系统不能解决的一些问题。

酵母表达系统是由表达载体及其宿主酵母组成的。表达载体可以是含酵母 2μm 的质粒载体，也可以是酵母人工染色体或根据其他原理构建的载体。酵母表达系统可根据酵母种属不同分为毕赤酵母表达系统、酿酒酵母表达系统、汉逊酵母表达系统等，下面仅简单介绍毕赤酵母表达系统。

毕赤酵母为甲醇型酵母，即能在以甲醇为唯一碳源的培养基上生长的酵母，遗传背景尚不十分清楚。毕赤酵母表达系统是由表达载体及其宿主毕赤酵母组成的，表达载体通常为整合型质粒，通过同源重组整合入酵母染色体中，从而使外源基因可以稳定传代。另外，毕赤酵母表达系统还具有如下特点：①高表达量，表达载体一般采用强启动子，如果能促使载体以多拷贝方式整合到宿主染色体中可进一步提高重组蛋白的表达产量；②高分泌性，毕赤酵母分泌蛋白的能力强；③高实用性，毕赤酵母对重组蛋白的糖基化修饰更接近高等真核生物，同时可对重组蛋白进行胞内表达或分泌表达，也适于高密度发酵，利于工业化生产。然而，毕赤酵母表达系统也有不足，诸如发酵周期长，由于密码子偏爱性问题容易导致转录提前终止，有些重组蛋白过度糖基化等，因此，在应用过程中需对这些问题加以注意。

2. 昆虫杆状病毒表达系统是最常用的昆虫表达系统　昆虫是高等真核生物，能对蛋白质进行翻译后修饰加工。昆虫细胞具有生长速度快、不需 CO_2 和/或血清、易于悬浮培养并高水平表达外源蛋白等特点。昆虫表达系统是以昆虫细胞为宿主细胞的真核表达系统，昆虫杆状病毒表达系统是最常用的昆虫表达系统。

杆状病毒表达系统是以 Sf9 和 Sf21 细胞系及家蚕为表达宿主、昆虫杆状病毒（baculovirus）为表达载体的昆虫表达系统。杆状病毒表达载体是指移除杆状病毒的多角体蛋白（polyhedrin）大部分编码序列后的病毒 DNA，通过转递质粒以同源重组或转座原理将外源基因从质粒转移到病毒 DNA 上，从而使外源基因位于多角体蛋白编码基因的启动子下游。当重组病毒 DNA 被转入宿主细胞后可包装成病毒颗粒，并随着病毒的复制扩增而表达重组蛋白。

3. 哺乳类细胞表达系统适于表达结构复杂且需要精确修饰的功能性蛋白　哺乳类细胞表达系统是由真核表达载体及其宿主哺乳类细胞组成的。哺乳类细胞是指来源于哺乳动物的细胞，种类很多，其中：中国仓鼠卵巢细胞（Chinese hamster ovary cell，CHO cell）是目前应用最广的哺乳类细胞基因表达的宿主细胞；非洲绿猴肾细胞系 CV-1 经 SV40 基因组 DNA 转化后所得的 COS 细胞是广泛用于哺乳类细胞基因的瞬时表达。

哺乳类细胞表达外源基因通常有两种方式，一种是稳定表达，另一种为瞬时表达。稳定表达（stable expression）是在重组表达载体转入宿主细胞后，先进行克隆筛选，获得稳定表达外源基因的细胞并建立细胞株，这种细胞通常在其基因组上已经整合了外源基因，然后再用克隆化的转染细胞进行外源基因的稳定表达。瞬时表达（transient expression）是指表达载体进入宿主细胞后直接启动外源基因的表达，由于外源基因并没有与宿主染色体发生整合，只能在细胞中短暂存留，因此，这种方式的外源基因表达也是短暂的。

哺乳类细胞表达系统的优势在于：表达的外源蛋白更精确地折叠成正确构象，能进行复杂的糖基化修饰加工，能准确地定位表达，从而使表达产物在分子结构、理化特性和生物学活性等方面最接近于天然高等生物蛋白质。因此，哺乳类细胞表达系统适于表达结构复杂且需要精确修饰的功能性蛋白。

第三节　重组 DNA 技术在医学中的应用

重组 DNA 技术已广泛应用于生命科学和医学研究、疾病诊断与防治、法医学鉴定、物种修饰与改造等诸多领域,在生物制药领域尤其突出。

一、重组 DNA 技术已广泛应用于生物制药

世界上第一个基因工程药物是利用重组 DNA 技术在大肠埃希菌中表达的重组人胰岛素。基因工程制药已经成为当今医药发展的一个重要方向,已成为 21 世纪的支柱产业之一,目前上市的基因工程药物已逾百种,表 22-4 列出了部分药物和疫苗。

重组 DNA 技术还可用于改造传统的制药工业,例如使用该技术可改造制药所需要的工程菌种或创建新的工程菌种,从而提高抗生素、维生素、氨基酸等药物的产量。

表 22-4　经重组 DNA 技术制备的部分蛋白质/多肽类药物与疫苗

产品名称	主要功能
组织纤溶酶原激活剂	抗凝血,溶解血栓
凝血因子Ⅷ、凝血因子Ⅸ	促进凝血,治疗血友病
粒细胞-巨噬细胞集落刺激因子	刺激白细胞生成
促红细胞生成素	促进红细胞生成,治疗贫血
多种生长因子	刺激细胞生长与分化
生长素	治疗侏儒症
胰岛素	治疗糖尿病
多种干扰素	抗病毒,抗肿瘤,免疫调节
多种白细胞介素	免疫调节,调节造血
肿瘤坏死因子	杀伤肿瘤细胞,免疫调节,参与炎症
骨形态发生蛋白	修复骨缺损,促进骨折愈合
超氧化物歧化酶	清除自由基,抗组织损伤
单克隆抗体	利用其结合特异性进行诊断,肿瘤靶向治疗
乙肝疫苗	预防乙型肝炎
重组 HPV 衣壳蛋白(L1)	预防 HPV 感染
口服重组 B 亚单位霍乱菌苗	预防霍乱
重组新型冠状病毒疫苗	预防新型冠状病毒感染重症乃至死亡

二、重组 DNA 技术已成为生物医学研究的重要基础

医学研究的很多方面依赖于重组 DNA 技术。已利用重组 DNA 技术研制出各种癌症、糖尿病、肥胖、心脏病、衰老和关节炎等人类疾病的遗传修饰动物模型,用于疾病发生发展和干预治疗的研究。利用重组 DNA 技术研制的遗传修饰细胞,可用于基因替代治疗/靶向治疗,如改造 T 淋巴细胞,让其携带嵌合抗原受体(chimeric antigen receptor,CAR),从而实现靶向治疗疾病。

 小结

自然界中的 DNA 至少可采用三种方式发生重组,即同源重组、位点特异性重组和转座重组。同源重组是发生在相同或相似 DNA 之间的互换过程,Holliday 连接是互换中间产物,可产生片段重组体和拼接重组体。位点特异性重组是发生在序列同源性较低的一种 DNA 链间的互换,条件性基因打靶所用的 Cre/loxP 系统就是位点特异性重组的应用,免疫球蛋白基因重排也是位点特异性重组的

结果。转座重组是指染色体上 DNA 片段从一个位置移动到另一位置的过程,插入序列是最简单的转座子。

　　重组 DNA 技术是目的 DNA 插入载体并随载体在宿主细胞中复制扩增或表达的一种方法,主要过程包括:目的 DNA 的获取、载体的选择和准备、目的 DNA 与载体的体外连接或重组、重组体 DNA 导入宿主细胞、重组 DNA 的克隆筛选。限制性核酸内切酶是重组 DNA 技术中最常用的工具酶,可以在 DNA 特定位点水解 3′,5′-磷酸二酯键,形成黏性末端或平头末端,DNA 片段的末端特性直接影响 DNA 连接的方式,如黏端连接、平端连接、黏端-平端连接。酶切-连接是 DNA 体外重组最常用的方法,利用重组酶也可在体外使目的 DNA 与载体以同源重组或位点重组的方式组合成重组 DNA。重组 DNA 不仅用于目的 DNA 片段的克隆扩增,也可利用表达载体在合适的宿主细胞中表达外源基因产物。原核表达体系多采用大肠埃希菌作为宿主细胞,真核表达体系有酵母表达系统、昆虫表达系统、哺乳类细胞表达系统等。

　　重组 DNA 技术已经成为现代医药产业的新兴技术,一批利用重组 DNA 技术生产的蛋白质、抗体、多肽和疫苗等已上市。

（王梁华）

思考题

　　1. 总结引起生物体基因组 DNA 不稳定的原因及方式。联系 DNA 损伤修复,思考基因组是如何维持稳定的?

　　2. 位点特异性重组已成为基因工程中条件性(时空特异)表达的重要基础,请查阅文献,了解进展,体会设计的策略。

　　3. 重组 DNA 技术为操作 DNA 提供了技术平台,针对人类基因组中的一个基因序列,如何能成功地用大肠埃希菌表达系统将其编码产物表达出来?

　　4. 是否可以设计一个全功能(如克隆与表达、原核细胞与真核细胞等都适用)的载体? 阐述理由。

第二十三章
基因结构与功能分析

【本章要点】

 1. 基因序列结构比对分析技术；

 2. 转录起始位点、启动子、增强子的分析技术；

 3. 基因表达水平分析技术；

 4. 生物信息学预测基因功能；

 5. 基因功能鉴定。

  人类的多种疾病都与基因的结构或功能异常有关，因此，要阐明疾病发生的分子机制和进行有效的诊断与防治，均需首先揭示基因的结构与功能。DNA 序列测定可解析基因一级结构；基因转录起始位点及其启动子的分析有助于揭示基因的转录特征；基因编码序列的分析有助于揭示 mRNA 的结构特点；基因拷贝数及其表达产物的分析有助于揭示基因功能改变的原因。基因功能获得和/或缺失策略以及随机突变筛选策略是鉴定基因功能的常用手段。早期分析基因结构的方法是将基因序列从基因组文库或 cDNA 文库筛选出来，经克隆、测序后确定基因的结构。随着基因和基因组数据库的建立，现在可以对基因序列通过各种数据库进行检索、比对，对基因结构进行预测，同时结合分子生物学实验操作验证预测，或可通过实验获得新发现，补充与更新数据库。

第一节 基因序列结构的生物信息学检索和比对分析

  对基因序列进行生物信息学（bioinformatics）分析，可以从简单的基因序列中获得尽可能多的信息，如基因序列的编码区、调控区及其在染色体上的定位；并可对基因表达产物的结构和功能进行预测。随着各种数据库的诞生和发展，生物信息学分析技术已经具备强大的功能，甚至衍生出电子克隆基因的新技术，如在电脑中对基因序列进行检索、比对、拼接及结构分析和预测等。生物信息学数据库已经成为分析基因结构的重要手段，灵活运用不同数据库及软件工具可达到分析基因、基因组及其他生物信息的目的。目前有很多序列比对软件工具及数据库可供学习者和专业工作者在相关网站查询。

  常用的国际三大核酸数据库：美国国立生物技术信息学中心（National Center for Biotechnology Information，NCBI）的遗传序列数据库（genetic sequence database，GenBank）、日本 DNA 数据库（DNA Data Bank of Japan，DDBJ）和英国 Hinxton Hall 的欧洲分子生物学实验室数据库（European Molecular Biology Laboratory，EMBL）。

  作为国际核酸序列数据库成员之一，NCBI 以 GenBank 核酸序列数据库为基础，提供多功能数据检索及分析工具。如基本局部序列比对检索工具（Basic Local Alignment Search Tool，BLAST）是可以对核酸数据库进行相似性比较的分析工具，其中 BLASTn 是根据核酸序列搜索相似性较高的核酸序列的工具，尤其适用于对新 DNA 序列和表达序列标签（expressed sequence tag，EST）的分析；tBLASTn 是根据蛋白质序列检索核酸序列的工具，可用于寻找数据库中没有标注的编码序列；tBLASTx 是以核酸序列检索同源核酸序列的工具，特别适于分析 EST。BLAST 程序可以迅速与公开数据库进行相似性比较,其比较结果以一种对相似性进行统计后的得分来表示,得分越接近零相似性越高。又如 NCBI 的数据库检索查询系统 Entrez。Entrez 是一种综合生物信息数据库的检索系统,既可以检索 GenBank 中的核酸数据,也可以检索来自 GenBank 或其他数据库中的蛋白质序列数据、蛋白质三维结构数据、基因组图谱数据以及 PubMed 的 Medline 文献数据等。

一、通过数据库进行基因序列的同源性检索及比对

利用数据库可对不同基因的核酸序列进行相似性比对,比较两条核酸序列之间(双序列比对)或多序列之间(多序列比对)的相似性,并对相似性序列的碱基及氨基酸对应位置关系进行分析。相似性(similarity)和同源性(homology)是两个不同的概念。相似性是被比较的序列之间相同碱基所占比例的大小,而同源性是被比较序列来源于一共同祖先序列的可能性,相似性高的序列可能是同源序列。利用相似性搜索比对可以在两条 mRNA 序列中寻找可读框架,或通过多序列比对确定基因家族新成员,或对基因进化进行分析并绘制进化系统树,或拼接发现新基因。

1. 通过两条核酸序列的比对进行相似性搜索 在获得一个基因或 DNA 序列后,需要对其进行生物信息学分析,从而判断序列的正确性或变异情况。采用 PCR 或逆转录 PCR(reverse transcription PCR,RT-PCR)将目的基因提取出来,经克隆测序后,将测序获得的序列放在 GenBank 数据库中进行两两比对。

PCR 引物序列也需要比对。Primer-BLAST 是一套用于设计及分析 PCR 引物的工具。一般来说,首先根据模板设计引物序列,然后利用 Primer-BLAST 分析两条引物序列与模板序列的匹配程度,并在目标数据库中比对引物与其他序列之间的匹配性,保证选取特异性序列作为引物。这套分析工具也可以在没有模板序列的情况下在数据库中分析引物的最佳匹配模板序列。

2. 通过多条核酸序列的比对进行相似性搜索 利用核酸序列相似性搜索比对,可以根据一个特征性序列在数据库中寻找家族中的其他成员,并依此进行多序列比对。例如,利用病毒癌基因 *v-sis* 在数据库中进行相似性搜索比对,结果发现与其具有同源性的序列是哺乳动物细胞血小板衍生因子(platelet-derived growth factor,PDGF)的编码基因序列,并依此确定了细胞癌基因 *c-sis*。

基于表达序列标签(expressed sequence tag,EST)在数据库中进行相似性搜索,是拼接新基因序列的一种有效方法。EST 一般是从 cDNA 克隆中通过随机挑取克隆并测序后所获得的 DNA 序列,长度一般在 200~500bp 左右。基于已知的 EST 序列在 GenBank 的 EST 数据库中进行 BLAST 比对,由于不同 EST 序列之间可能存在部分序列重叠现象,对具有一定同源性的 EST 序列进行比较分析,并将旁侧序列进行人工拼接,并反复在数据库中搜索比对,然后将拼接后的基因序列在基因数据库中比对,可能发现新基因序列。

利用同源性比对的方法,可以从数据库中提取与检测序列有一定同源性的序列,并可利用 cDNA 与基因组序列的特征性,根据遗传密码子和内含子的 GT…AG 序列原则,可以对同源的基因组序列中的内含子、外显子进行注释,也可以推测基因的起始密码子位置。

二、利用基因数据库查找基因序列

利用基因数据库可以查找已知的基因序列,也可以查找未知的基因序列,无论哪种需求,都有一种以上的策略供选择。

(一)利用基因数据库检索/比对已知的基因序列

这是一种目标明确的搜索过程,可根据已掌握的信息在 GenBank 上进行查找。基本策略为:①根据基因的 ID 号进行查找。如果在文献中了解感兴趣的基因,而且文献亦提供了该基因在 GenBank 中的 ID 号,可到网页上直接通过"Search"下拉框找到 Nucleotide,将 GenBank ID 号输入检索框中即可查找。②根据基因的名称进行查找。多数文献不会提供基因在 GenBank 中的 ID 号,但都会提供基因的名称,以基因的名称作为关键词即可在 GenBank 中进行查找。如果利用基因的来源叠加关键

词,可以缩窄查找范围。③利用全基因序列进行查找。很多情况下,待查找的基因序列已经获得,例如,采用 PCR 扩增获得某一基因,并进行测序分析,但需要确定所获得基因序列是否与数据库中的序列完全一致,在这种情况下,可以直接采取两两比对的方法,即先将基因序列从数据库中查找出来,然后利用 BLAST 分别将数据库中的基因序列和测序获得的基因序列输入相应框中即可。

(二) 对未知基因序列检索需要选择查找线索

如果在实验研究中获得了一段 DNA 序列,但并不知道属于哪个基因,可以此 DNA 序列作为"检索探针",在数据库中查找相关序列。在这种情况下,选择作为查找的线索非常重要。有以下方法可用于未知基因序列的查找:①通过 EST 进行电子克隆。利用相似性搜索,在 EST 数据库中找到具有一定同源序列的 EST,然后根据各 EST 序列之间的重叠部分延长序列,继续在数据库中进行搜寻,如此反复,最后经过聚类分析等可以获得 EST 所代表的基因序列。②利用不同生物基因数据库进行同源性比对。查找一段 DNA 序列所代表的未知基因序列,可以将其输入不同基因数据库中进行搜索比对,可能由于不同种属基因存在一定同源性的关系提供一些线索,然后再寻找线索进行定向搜索。③通过预测查找基因序列。假如一段 DNA 序列的推导产物与某个已知蛋白质序列有较高的相似性,可能预示这个 DNA 片段是基因的外显子;在一段 DNA 序列上含有密码子的可读框架,说明这段 DNA 极有可能是基因的编码序列。

三、将基因序列定位到染色体(定位分析)

在以一个新认识或新发现的基因为研究对象(目的基因)时,可利用不同生物基因组数据库,根据"基因非编码区的进化一般比编码区快"这一事实,通过对不同种属已知基因序列的同源性比对,以编码序列有高度同源性的特性进行基因作图及基因定位,从而确定目的基因在染色体中的位置。目的基因一旦被定位到动物染色体的某一特定区域,即可根据这个区域得到一些相关的信息,并将这些信息移植到人或其他生物的相关染色体区域。

将目的基因序列定位到染色体的某一位置后,可根据基因组图谱对其上下游的基因进行浏览,通过观察相应区域上下游基因对目的基因进行精确定位。具体操作是:先进入基因组数据库对目的基因序列进行 BLAST 搜索,然后通过 "Genome view" 观察基因组结构,最后点击相应染色体区域进行定位分析。

第二节　基因结构的分析

对一个新基因的了解,不仅需要通过序列测定了解一级结构,还要确定基因的具体结构,包括启动子、转录起始位点、编码序列等。对基因结构的了解有助于揭示基因的转录特征、mRNA 的结构特点,有利于深入研究基因表达调控的分子机制。因此,对基因结构的分析是基因研究的重要内容之一。

一、通过实验和数据库分析基因转录起始位点

基因的转录起始位点(transcription start site,TSS)是开始转录 RNA 的位点,也是基因结构的重要特性。有关转录起始位点的精确位置信息以及它们的表达水平对于鉴定基因可能的上游启动子位置和理解转录调节是非常重要的。本节主要介绍真核生物结构基因转录起始位点的鉴定方法。

(一) 基因转录起始位点位于起始子序列内

Ⅱ类启动子一般由核心元件(core element)和上游启动子元件(upstream promoter element,UPE)组成,其中核心元件主要包括 TATA 盒(TATA box)和转录起始位点。转录起始位点是指与 mRNA 第一个碱基相对应的 DNA 序列。不同基因的转录起始位点一般没有同源序列,但 mRNA 的第一个碱基倾向于 A(+1),侧翼序列一般为嘧啶(Py),由此组成 Py2CAPy5(其中 Py 代表嘧啶)的序列特征,这

一区域被称作起始子(initiator,Inr),位于基因的 –3~+5 区域。RNA 聚合酶启动基因转录时,Inr 是不可或缺的,Inr 对于启动子的强弱和起始位点的选择是非常重要的。

(二)对基因转录起始位点序列进行分析与鉴定

利用 mRNA 提供模板合成 cDNA,通过克隆、扩增及测序的方法,可对基因转录起始位点序列进行分析鉴定。

1. cDNA 克隆直接测序鉴定转录起始位点   利用真核 mRNA 特有的 3′-端 poly(A)尾,通过 Oligo(dT)引导合成第一链 cDNA;然后利用逆转录酶特有的末端转移酶活性,在第一链 cDNA 的末端加上 poly(C)尾,以 Oligo(dG)引导合成第二链 cDNA,将双链 cDNA 克隆到合适的载体中,通过对 cDNA 克隆的 5′-端进行测序分析即可确定基因的转录起始位点序列(图 23-1)。

图 23-1   cDNA 克隆测序

2. cDNA 末端快速扩增技术鉴定转录起始位点   cDNA 末端快速扩增技术(rapid amplification of cDNA ends,RACE)是一种基于 PCR 从低丰度的基因转录本中快速扩增 cDNA 的 5′-端和 3′-端的方法。其中锚定 PCR(anchored PCR)就是一种主要用于分析具有可变末端 DNA 序列的方法。锚定 PCR 也是先合成 cDNA,然后用末端转移酶在 3′ 可变区末端加上一个 poly(G)尾,并根据已知的部分基因序列设计一个引物,另一条引物靶向 poly(G)尾,利用这两条引物进行 PCR 扩增,靶向 poly(G)尾的引物可以将扩增产物的一个末端固定,从而实现用已知的部分基因序列得到完整 cDNA 末端序列的目的(图 23-2)。

3. 连续分析基因转录起始位点   在 RACE 的基础上,通过在转录本 5′-端引入一个特殊的Ⅱ型限制性核酸内切酶识别位点,实现了基因 5′-端短片段串联连接产物一次测序分析多个基因转录起始位点的目的,其中 5′-端连续分析基因表达(5′-end serial analysis of gene expression,5′-SAGE)和帽分

图 23-2   传统 RACE 的基本流程

析基因表达（cap analysis gene expression，CAGE）就是两种能连续分析基因转录起始位点的方法。

（1）5′-SAGE 用于分析基因转录起始位点：5′-SAGE 是在 PCR 过程中将 *Mme* I 酶切位点引物 cDNA 的 5′-端通过酶切和连接获得不同短片段重复序列，并对重复序列进行测序获得大量片段序列信息，不同序列的短片段代表不同基因的转录起始位点。

5′-SAGE 需要在 RNA 上首先去除 5′-磷酸和帽结构，然后将含有 *Mme* I 和另一种用于后续短片段连接的内切酶（如 *Xho* I）识别位点的寡核苷酸接头连接到 RNA 的 5′-端，以随机引物进行第一链 cDNA 的合成，然后以生物素标记的 PCR 引物进行 PCR 扩增（图 23-3）。在获得 PCR 产物后，需要用 *Mme* I 和 *Xho* I 处理 PCR 产物，从而产生 *Xho* I 黏性末端的 20bp 短片段，用连接酶将所产生的短片段

图 23-3　5′-SAGE 的基本流程

连接成串联重复序列,最后进行测序分析。根据 5'-末端序列信息,在基因组数据库中通过同源性比对,实现将 20bp 碱基序列与基因组序列直接对应分析。

（2）CAGE 用于分析基因转录起始位点:CAGE 的基本流程(图 23-4)与 5'-SAGE 非常相似,不同的是,CAGE 不需要在 RNA 上加接头,而是用 Oligo(dT) 引物先进行第一链 cDNA 的合成,然后通过捕获帽结构,将含有 Mme I 和另一内切酶位点如 $XmaJ$ I 的接头加到单链全长 cDNA 的 3'-末端,并以接头为模板进行第二链 cDNA 的合成;用 Mme I 消化双链 cDNA,然后将含有第三种内切酶如 Xba I 的接头连接到短双链 cDNA 的另一端,PCR 扩增短双链 cDNA;用 $XmaJ$ I 和 Xba I 切割 PCR 产物,纯化后进行连接,并对连接体进行测序分析。

图 23-4　CAGE 的基本流程

4. 利用数据库搜索转录起始位点 利用对寡核苷酸帽法构建的全长 cDNA 文库 5′-端测序所得的数据信息,目前已建立了一个转录起始位点数据库(DataBase of Transcription Start Stites,DBTSS)。在此基础上,通过将寡核苷酸帽法和大量平行测序技术相结合,开发了一种 TSS 测序法,从而实现了一次测试可产生 1×10^7 TSS 数据。

利用数据库资源可以为基因转录起始位点的鉴定提供重要参考,随着实验数据的不断积累,数据库资源必将成为分析基因表达及调控以及确定转录起始位点的重要工具。

二、通过实验和生物信息学方法分析启动子结构和功能

启动子是基因的重要结构成分(详见第十三章),启动子的结构和功能直接影响基因的表达水平(详见第十九章),因此,分析启动子的结构和功能就成为基因表达调控领域中的重要内容。

(一)采用实验结合信息检索策略分析启动子结构

分析启动子核苷酸的序列组成主要以其特征性的共有序列和所处位置为线索。尽管各个基因的启动子序列不尽相同,但都有一定的共有序列单元,如约 10%~20% 的真核蛋白质编码基因的启动子都含有 TATA 盒(TATA box),这一区域通常距离转录起始位点很近,能与 TATA 结合蛋白结合。因此,研究启动子结构的方法除了传统的启动子克隆法外,还可以利用核酸与蛋白质相互作用的检测方法进行研究;另外,利用数据库对启动子进行预测也是启动子结构的研究方法。

1. 利用 PCR 技术克隆启动子 最简单的方法就是根据基因的启动子序列,设计一对引物,然后以 PCR 法扩增启动子,测序分析启动子的碱基序列。

2. 利用核酸-蛋白质相互作用研究启动子

(1)用电泳迁移率变动实验研究启动子:电泳迁移率变动实验(electrophoretic mobility shift assay,EMSA)是利用结合蛋白质的 DNA 片段在聚丙烯酰胺凝胶或琼脂糖凝胶中迁移滞后的特点,研究核酸-蛋白质相互作用的一种方法(详见第二十一章)。在分析某个基因的启动子区域是否存在特定的转录因子结合位点时,可采用生物信息学方法进行预测,然后采用 EMSA 进行鉴定。

(2)用染色质免疫共沉淀技术鉴定启动子:染色质免疫共沉淀(chromatin immuno precipitation,ChIP)技术(详见第二十一章)可确定特定的蛋白质在细胞内与特异性 DNA 序列的结合。此方法也可以鉴定转录因子是否与基因的启动子结合。

(3)采用足迹法揭示启动子中潜在的调节蛋白结合位点:EMSA 和 ChIP 技术通常是鉴定特定的转录因子与启动子区域的结合。如果结合位点的 DNA 序列并不清楚,这两个方法并不能用于鉴定 DNA 序列。采用足迹法则可以鉴定启动子区域中的转录因子结合位点的具体序列。

足迹法(footprinting)是利用 DNA 电泳条带连续性中断的图谱特点,判断与蛋白质结合的 DNA 区域。这种方法需要对被检测的 DNA 进行切割消化。根据切割 DNA 试剂的不同,足迹法可分为酶足迹法和化学足迹法。

足迹法的基本原理(图 23-5):将含有待分析的(启动子)双链 DNA 片段进行单链末端标记,并与核抽提物(含核蛋白)进行体外结合反应,然后利用酶(如 DNase Ⅰ)或化学法随机切割 DNA,而被蛋白质结合的 DNA 区段则被保护,通过控制反应时间产生一系列长短不同的 DNA 片段,经变性电泳分离后,即可形成以相差一个核苷酸的 DNA 梯度条带。因为被结合蛋白结合的区域未被消化,从而在凝胶电泳的感光胶片图像上出现无条带的空白区域(足迹)。对照未经结合反应的 DNA 序列标志,即可判断蛋白质结合区的 DNA 精确序列。如果根据生物信息学检索已经获得潜在的特异调节蛋白结合位点信息,在进行结合反应时,不是加入核抽提物,而是纯化了的转录因子,利用足迹法则很容易确定结合转录因子的 DNA 序列。

3. 采用生物信息学方法预测启动子 目前已经累积了很多完整真核生物基因组的序列信息。对基因组注释工作之一就是界定、描绘启动子,因此,启动子的预测就显得非常重要。预测启动子是发现新基因或因其他方面漏掉基因的有效方法,也可以指导实验研究工作。

（1）利用结构特性预测启动子区域:启动子存在于基因的上游区域,该区域含有调控基因激活或抑制的序列。对启动子进行结构解析或描述(定义)时应包括3个部分:①核心启动子(core promoter):即实际结合转录装置(transcription apparatus)的区域,典型的区域是转录起始位点(TSS)上游 –35 区域以内;②近端启动子(proximal promoter):是含有几个调控元件的区域,其范围一般涉及 TSS 上游几百个碱基;③远端启动子(distal promoter):范围涉及 TSS 上游几千个碱基,含有增强子(enhancer)和沉默子(silencer)的调控元件。

启动子区域的其他结构特征包括 GC 含量、CpG 比率、转录因子结合位点(transcription factor binding site)密度,也可用于协助鉴定启动子。

（2）利用启动子数据库和启动子预测算法定义启动子:用于启动子预测的数据库有多种,比如,真核启动子数据库(eukaryotic promoter databases,EPD),主要预测真核 RNA 聚合酶Ⅱ型启动子,数据库中的所有启动子数据信息都经过实验证实;转录调控区数据库(transcription regulatory regions database,TRRD)数据来源于已发表的科学论文。这些数据库主要通过计算机识别、判断及分析,在数据库中寻找启动子的特异性特征结构。然而,有些结构特征是有种属特异性的,比如 TATA 盒在

dsDNA

单链末端标记

DNA结合蛋白

DNase I 切割
(控制反应时间)

长短不同的片段
蛋白质结合区不被酶切

变性凝胶电泳

M 无蛋白 蛋白-DNA

蛋白质结合区

对空白区域相应的DNA进行克隆和测序,并对照未经结合反应的DNA序列标志,即可鉴定蛋白质结合区的DNA序列

图 23-5   DNase I足迹法的基本原理

酵母启动子中的出现频率非常高,而在哺乳动物和植物启动子中并不经常出现;另外,有些数据库本身的数据是根据特定种属建立的,比如植物顺式调控 DNA 元件数据库(plant *cis*-acting regulatory DNA element,PLACE)是根据文献中植物顺式作用元件相关数据资料建立的模体数据库,从而限制了数据库的应用。

根据启动子的共有序列进行预测可以鉴定一定数量的启动子,比如人类基因组中含有 TATA 盒的启动子约有 5%~30%,但显然是有限的。有研究根据长的、伸展 DNA 的一些特性预测核心启动子,比如简易启动子预测程序(easy promoter prediction program)是利用 DNA 的 GC 含量等结构特征预测基因组中的核心启动子,这些结构特征包括 GC 序列特征、DNA 理化特性、DNA 变性值、蛋白质诱导的 DNA 可变形性、DNA 双链解离能量等,其中 TSS 附近的 GC 含量是启动子的一个重要特征,因此,DBTSS 资源也成为启动子预测的辅助工具。

（二）采用实验方法分析启动子功能

启动子是控制基因转录的 DNA 序列。由于启动子区域的顺式作用元件在基因的特异性表达中发挥了重要作用,因此,可以通过连接报告基因研究启动子的功能。

1. 分析启动子功能需要报告基因   报告基因(reporter gene)可提供一种在细胞培养条件下或动物、植物体内作为筛选标志的易检测信号,因而是研究启动子功能的有效手段。

（1）常用的报告基因:常用的报告基因有荧光蛋白基因、荧光素酶(luciferase)基因(*luc*)。水母

绿色荧光蛋白（green fluorescent protein，GFP）编码基因是最常用的一种报告基因，其编码的 GFP 能在蓝色光源照射下发出绿光。荧光素酶编码基因编码的荧光素酶能催化荧光素（luciferin）发光。编码红色荧光蛋白（red fluorescent protein）的 *dsRed* 基因及编码 β-半乳糖苷酶（β-galactosidase）的 *lac Z* 基因也是常用的报告基因，其中 β-半乳糖苷酶可以使细菌在含 X-gal 培养基中生长时变成蓝色。

（2）利用报告基因研究启动子功能：研究启动子功能时，将荧光蛋白或酶的编码基因（结构基因）重组连接到拟研究的启动子序列的下游，构建成报告基因的表达载体，可通过荧光蛋白或酶的表达水平来检测其启动子的活性。这是研究启动子功能的重要方法，启动子捕获就是利用报告基因研究启动子功能的一种技术。

2. 利用报告基因可分析启动子活性或捕获启动子

（1）利用荧光素酶系统分析启动子的转录激活能力：在生物学研究中，荧光素酶常被作为一种报告蛋白用来评价启动子的转录活性。将荧光素酶的结构基因与拟研究的启动子序列重组连接，构建报告基因，使荧光素酶结构基因的转录完全受控于这个启动子。将含有报告基因的质粒（报告质粒）转染到合适的细胞中，当培养液中含有荧光素时，荧光素酶催化荧光素发光。荧光素酶系统也可以在动物体内研究启动子的活性，通过给荧光素酶基因阳性动物注射荧光素，就可以用敏感的偶联电荷设备照相机（charge-couple device camera，CCD camera）观测动物体内的发光情况。

（2）利用报告基因捕获启动子序列：启动子捕获技术（promoter trapping）是利用启动子捕获载体（promoter trap vector）筛选获取含有启动子的 DNA 序列。启动子捕获载体通常含有一个报告基因（结构基因）及其上游的多克隆酶切位点。将待检测的 DNA 片段插入载体，使其处于报告基因上游，如果 DNA 序列中含有启动子元件，当将重组载体导入合适的宿主细胞后，报告基因即可表达。利用启动子捕获载体构建启动子捕获文库，即将酶切产生的基因组 DNA 片段随机插入启动子捕获载体上，通过检测报告基因的表达，可筛选获得含有启动子的 DNA 片段。

启动子捕获载体可以研究已知启动子活性位点，在构建启动子捕获载体时，可以通过缺失突变将不同长短的启动子序列插入报告基因上游，构建含不同长度启动子片段的转化菌，经诱导后观察报告基因的表达水平，从而判断启动子的重要功能元件。

三、通过实验和生物信息学方法分析增强子结构和功能

增强子（enhancer）是 DNA 上一小段可与蛋白质（反式作用因子：*trans*-acting factor）结合的区域，具有激活、增强启动子转录的作用，其作用与方向、位置、距离无关，部分增强子具有组织特异性，只会提高某种组织的基因进行转录。分析增强子的结构和功能是基因表达调控领域中的重要内容，本节针对增强子的结构分析和功能分析策略进行简要介绍。

（一）采用实验结合信息检索策略分析增强子结构

1. 比较基因组学分析识别增强子 比较基因组学是通过不同物种基因组的比较，进而发现在不同物种间高度保守的 DNA 序列。但与编码基因序列比较，增强子的保守性较差，因此基于保守性预测增强子的效率较低。

2. 利用核酸与蛋白质相互作用研究增强子

（1）用染色质免疫共沉淀技术鉴定增强子：染色质免疫共沉淀（chromatin immuno precipitation，ChIP）技术（详见第二十一章）可针对转录因子结合位点、活性增强子相关联因子或组蛋白修饰进行检测，例如转录因子，染色质重塑因子，组蛋白修饰 H3K27ac、H3K4me1 等。具体方法如下：

1）利用 ChIP 技术识别转录因子结合位点：近期研究者发现，一些调控细胞谱系分化的转录因子（如 MyoD）可以通过形成蛋白复合体，同时结合远端增强子和靶基因启动子，产生染色质环结构，从而精准调控下游基因表达。因此，研究者可以通过 ChIP 技术来识别转录因子的远端结合位点，进而推断鉴定增强子。

2）利用组蛋白修饰识别增强子：组蛋白修饰反映了增强子三种状态，即待发（primed）、准备

（poised）和活化（active）。活化增强子通常有 H3K27ac、H3K4me1 修饰，静态增强子（poised enhancer）一般有 H3K4me1 和 H3K27me3 修饰。由于 H3K4me1 修饰与三种状态均有关联，故可以用 H3K4me1 修饰作为增强子的标记之一。

3）利用增强子特异因子进行增强子识别：例如组蛋白乙酰转移酶 EP300 结合位点常用于预测增强子。

（2）基于 DNA 甲基化检测技术鉴定有活性的增强子：DNA 甲基化（DNA methylation）是指在 DNA 甲基转移酶的催化下 DNA 序列特定碱基共价结合一个甲基基团，DNA 甲基化通常发生在 CpG（胞嘧啶-磷酸-鸟嘌呤）位点，胞嘧啶在 DNA 甲基转移酶的催化下结合一个甲基基团转化为 5-甲基胞嘧啶。通过增强子 DNA 甲基化修饰，可以在不改变增强子 DNA 序列的情况下影响增强子的活性。增强子 DNA 序列高甲基化会导致增强子 RNA（eRNA）表达下降，相反，低甲基化可促进 eRNA 的表达；因此，增强子序列 CpG 位点的甲基化成为增强子活性预测的标志物。

（3）基于 DNase-seq、ATAC-seq 技术鉴定有活性的增强子：染色质开放性（chromatin accessibility）是指真核生物染色质 DNA 在核小体或转录因子等蛋白与其结合后，对其他蛋白能否再结合的开放程度。这一特性反映了染色质转录活跃程度，可以提供大量的基因表达调控信息。非活性增强子通常由未修饰的核小体紧密包裹，导致不能和转录因子或聚合酶结合。当增强子激活的时候，局部染色质就会被如 H3K4me1 修饰而变得松散，从而能够与转录因子等结合。当增强子与某些转录因子结合后，就会被充分激活，局部染色质将完全开放，使染色质具有可接近性。当前测染色质开放性主要有脱氧核糖核酸酶 I 超敏位点测序 DNase-seq 和 ATAC-seq 技术（图 23-6）。由于增强子位于染色质开放区域，利用 DNase-seq 和 ATAC-seq 技术可以在全基因组范围内测染色质开放区域，进行增强子预测。

图 23-6　ATAC-seq 技术的基本原理

3. 基于染色体构象捕获技术鉴定有活性的增强子　染色质构象（chromatin conformation）对于真核细胞来说就是基因组在细胞核中展开的结构。染色体构象捕获技术（chromosome conformation capture）最早源于 2002 年 Dekker 等人开发的基于近端连接（proximity ligation）的染色质相互作用检测技术，通过捕获细胞周期间期的染色质相互作用频率，统计出染色质位置间的相对空间距离，实现对特定基因组位置间的染色质构象检测。2009 年由 Dekker 等人开发的高通量染色体构象捕获（high-throughput chromosome conformation capture，Hi-C；图 23-7）技术能够同时检测全基因组范围内的染色质相互作用，备受重视和广泛使用。

染色体构象捕获技术使用甲醛交联 DNA 与蛋白，而后用限制性核酸内切酶切割基因组。之后 Hi-C 实验中加入带有生物素（biotin）标记的脱氧核苷酸对由酶切得到的黏性末端进行补平，在进行了近端连接、蛋白消化、DNA 纯化和随机打断后，使用带有链霉亲和素（streptavidin）的磁珠对带有生

图 23-7 高通量染色体构象捕获技术的基本原理

物素标记的 DNA 连接产物进行捕获,最后用捕获到的 DNA 片段进行文库构建和测序。将测序结果比对回参考基因组,每一对连接产物两端所比对回的基因组位置即发生了染色质相互作用的位点。

将基因组以固定长度划窗作为横纵坐标,将 Hi-C 数据填入其中,即可得到染色质相互作用矩阵,从而能够计算出染色质不同位置在空间中的距离关系。设计算法通过增强子与启动子之间的染色质相互作用关系、H3K27ac 等增强子相关组蛋白修饰信号、增强子 RNA 等,可以实现在全基因组范围内鉴定有活性的增强子。

4. 采用生物信息学方法预测增强子 界定和描绘增强子是基因组注释工作的重要步骤之一,对深入研究基因结构与功能具有积极的指导意义。

(1)增强子所具有的结构和功能特性:增强子通常为 50~1 500bp 的基因组区域,可以位于距基因启动子 1Mb(1 000 000bp)以外的位置,也可以位于转录起始位点的上游或下游。增强子具有以下几个特性:①增强子位于染色质开放区域,需要和启动子区域形成三维环状结构才能发挥作用;②增强子的活性受转录因子、DNA 序列甲基化修饰及核小体中组蛋白修饰等调控;③一小部分增强子还与 CCCTC 结合因子(CCCTC binding factor,CTCF)和内聚蛋白结合,这些内聚蛋白被认为能稳定增强子与其目标启动子之间的相互作用。

此外,以下几种特殊的增强子结构也值得注意:①超级增强子(super enhancer,SE):多个具有转录活性的增强子串联而成 8~20kb 的片段,能结合更多的转录因子以及转录辅因子,具有更多的转录活性相关组蛋白修饰,可以强力驱动相关基因的表达,对转录因子表达水平的变化更敏感。②阴影增强子(shadow enhancer):控制相同目标基因并驱动重叠时空表达模式的两个或多个增强子的组合,可以有助于驱动细胞核内转录中心的形成,也可以缓冲人类疾病相关的非编码区突变对基因表达的影响。③发育增强子(developmental enhancer):后生动物胚胎发生的特定阶段介导特定细胞类型中基因表达的开/关模式。它们通常整合多个信号和调节决定因素以实现精确的时空表达。这样的增强子可以映射到离它们调节的基因很远的地方——可达 1Mb 以上。

(2)利用增强子数据库和增强子预测算法定义增强子:用于增强子预测的数据库有多种,包括:①DNA 元件百科全书(encyclopedia of DNA element,ENCODE),收录了大量 ChIP-seq 数据,其中 H3K4me1、H3K27ac 等分子的 ChIP-seq 数据均可用来挖掘特定细胞或组织的增强子。②超增强子队列算法(rank ordering of super-enhancers algorithm,ROSE),可以从 ChIP-seq 信号中鉴定出增强子。③超增强子数据库(super-enhancer database,SEdb),提供了和超级增强子相关的表观遗传注释信息。④超增强子数据库(super-enhancer archive,SEA),该数据库数据来源于 GEO、EBI 等公共数据资源中的 H3K27ac ChIP-seq 数据。

(二)采用实验方法分析增强子功能

1. 基于报告基因分析 评估一个给定序列作为增强子的潜力的最常用方法是报告分析。用最

NOTES

小的启动子驱动报告基因是这种报告分析系统的典型结构。最小启动子本身不足以驱动报告基因的表达，将待测序列插入检测系统，通过测定报告基因活性来评估待测序列的增强子潜力。报告分析可精确揭示增强子在不同时空的活性变化，是综合评估关键生命阶段基因功能及生物表型的强大工具。

为了增加增强子报告分析的可扩展性，目前已经开发了许多大规模平行报告分析方法（massively parallel reporter assay，MPRA）。这些分析进一步拓展了传统的以质粒为基础的系统，将大量的测试序列引入到可接受的细胞系中利用下一代测序（NGS）识别具有增强子活性的序列，同时允许分析成千上万个序列。

然而，所有报告分析都不能具体地将增强子与其目标基因联系起来，也不能准确地反映其内源性位点的原生染色质结构。此外，细胞类型或条件特异性增强子可能只在选择性的细胞环境中激活或只与特定的启动子一起激活。因此，在其内源性位点上对序列进行功能表征的分析，对于理解增强子生物学也是极其重要的。

2. 基于基因编辑技术研究增强子功能　尽管报告分析可以识别有增强子活性的区域，而增强子捕获可以识别可能受调控元件影响的区域，但这两种方法都不能解决适当基因表达区域的必要性。为此，需要在其基因组环境中对假定的增强子进行干扰。

通过基因编辑技术可以在活细胞内对增强子进行靶向插入、敲除或修饰，进而探究增强子的功能和作用机制。目前常用的基因编辑技术为聚集规则间隔短回文重复序列（clustered regularly interspaced short palindromic repeat，CRISPR）技术，通过 CRISPR 靶向识别切割基因的特性对增强子的活性进行靶向调控，进而研究增强子的功能。Cas9 核酸内切酶与 gRNA 融合，gRNA 可将 Cas9 蛋白靶向到目标位点进行切割。基于基因编辑技术构建靶向人增强子关键区的 CRISPR-Cas9 重组质粒，可实现目标增强子序列的定向敲除，便于增强子功能的预测和深入研究。

四、通过实验和数据库分析编码序列结构

编码序列（coding sequence）有两种含义：一是指结构基因编码成熟 RNA 的序列（外显子），二是指编码蛋白质的序列（即转录为 mRNA 中的可读框）。以 mRNA 为模板构建 cDNA 文库是研究基因结构的重要手段，并以此为基础出现了多种用于研究基因结构的方法。以下对编码序列的分析策略做简单介绍。

（一）编码序列具有结构特征

编码序列具有一些特征性序列，如可读框、蛋白质翻译的起始密码子和终止密码子，而且真核基因的外显子和内含子之间有特殊序列等，这些都为编码序列的鉴定提供了线索。

1. 编码序列含有可读框　合成蛋白质的直接模板是 mRNA，因此，密码子是在 mRNA 水平上定义的。相应地，将 DNA 中的对应序列也称作密码子，结构基因中含有与可读框（open reading frame，ORF）对应的序列。一般来说，ORF 的存在，尤其较长序列中存在连续的 ORF，通常提示基因序列的存在。

分析一段 DNA 序列中是否存在 ORF，从理论上说，一般需要对双链 DNA 序列的 6 种阅读框架进行分析，每一条链分析 3 种阅读框架，从起始密码子到终止密码子的最长序列通常可以被确定为ORF，尤其是原核基因。

2. 真核基因内含子与外显子交界区有 mRNA 选择性剪接序列特征　mRNA 的选择性剪接（alternative splicing）是指基因外显子转录产物 RNA 以不同方式进行切割再连接的过程。一般情况下，真核基因的内含子在与外显子交界区域有共有序列——在内含子的 5′-端有 GU 序列，3′-端有 AG 序列。另外，在接近内含子 3′-端还有一个分叉点，这个分叉点总是 A，其周围序列在不同生物可能不一样，比如，脊椎动物多为 CURAY（其中 R 代表嘌呤，Y 代表嘧啶），而酵母为 UACUAAC。

3. 基因外显子的序列包括 3 部分　即能够被翻译成蛋白质的编码区、5′-非翻译区（5′-UTR）和3′-非翻译区（3′-UTR）。5′-UTR 中有作为蛋白质翻译起始重要元件的 Kozak 序列，3′-UTR 位于终止

密码子下游,含有 poly(A)尾的加尾信号 AATAAA 序列。

Kozak 序列由起始密码子 AUG 及其周围序列组成,将起始密码子 AUG 的第一个碱基标记为 +1 位,+4 位的偏好碱基一般为 G。但不同生物基因的 Kozak 序列可能不同,比如,脊椎动物基因的 Kozak 序列为 gccRccAUGG(其中 R 一般为嘌呤),酵母基因的 Kozak 序列为 aAaAaAAUGUCu。一般认为,+4 和 -6 位碱基对蛋白质的翻译起始非常重要,在意大利东南部的一个家庭发现 β-球蛋白 mRNA 中 Kozak 序列的 -6 位 G 变成了 C,使血红蛋白的球蛋白比例出现错误,β 链减少而 α 链相对过剩,导致地中海贫血的发生。

(二)确定和分析基因编码区序列及结构

基因的编码序列是指能编码氨基酸序列的核苷酸序列。以 mRNA 为模板,逆转录合成 cDNA,并对 cDNA 进行克隆测序或构建 cDNA 文库,是最早分析编码序列的方法。目前根据基因编码序列的结构特征,微点阵技术、交联免疫沉淀技术以及数据库搜索比对等也成为编码序列的分析手段。

1. 用 cDNA 文库分析编码序列　构建 cDNA 文库,通过 cDNA 文库筛选可以分析基因组中的编码序列,确定编码序列的结构或发现新基因。

cDNA 文库是包含某一组织细胞在一定条件下所表达的全部 mRNA 经逆转录而合成的 cDNA 序列的克隆群体,它以 cDNA 片段的形式贮存着该组织细胞的基因表达信息。经典 cDNA 文库的构建一般采用 Oligo(dT)为逆转录引物,在逆转录酶的催化下,以 mRNA 为模板合成 cDNA 的第一链,并在第二链合成后将接头加到 cDNA 末端,连接到适当的载体中,经过分析、扩增及鉴定后获得 cDNA 文库。

cDNA 文库是否能提供基因完整的序列和功能信息,有赖于文库中重组 cDNA 片段的长度。全长 cDNA 文库一般可以通过 mRNA 的结构特征进行判断,即 5'-UTR、编码序列和 3'-UTR,其中编码序列是以起始密码子开头、终止密码子结尾的可读框。

以 cDNA 文库作为编码序列的模板,利用 PCR 法即可将目的基因的编码序列提取出来。若按基因的保守序列合成 PCR 引物,可从 cDNA 文库中克隆未知基因的编码序列,还可通过分析 PCR 产物观察 mRNA 的不同拼接方式。

为了高效率提取未知基因的编码序列,可以采用 RACE(rapid amplification of cDNA end)法,即以 mRNA 内很短的一段序列即可扩增与其互补的 cDNA 末端序列为线索,经过多次扩增及测序分析,最终可以获得基因的全部编码序列。

也可以采用核酸杂交的方法从 cDNA 文库中获得特定基因编码序列的 cDNA 克隆,这种方法为寻找同源基因编码序列提供了可能。根据其他生物的基因序列合成一段 DNA 探针,然后以核酸杂交法筛选 cDNA 文库,并对阳性克隆的 cDNA 片段进行序列分析。

2. 用 RNA 间接分析法确定编码序列　分析选择性剪接是一项具有挑战性的工作。通常情况下,选择性剪接的转录产物可以通过 EST 序列的比较进行鉴定,但这种方法需要进行大量的 EST 序列测定,而且大多数 EST 文库来源于非常有限的组织,组织特异性剪接变异体很可能丢失。高通量分析 RNA 剪接的方法主要有 3 种:基于 DNA 微点阵分析、交联免疫沉淀(cross-linking and immunoprecipitation,CLIP)和体外报告基因测定法。

在 DNA 微点阵分析中,常用的是代表外显子的 DNA 阵列(如 Affymetrix 外显子微阵列)或外显子/外显子交界的 DNA 片段阵列(如 ExonHit 或 Jivan 阵列)。以 cDNA 为探针,通过微点阵技术平台筛选 RNA 剪接体,以此为线索可以确定基因的编码序列。

采用 CLIP 检测 RNA 剪接体,首先用紫外线将蛋白质和 RNA 交联在一起,再用蛋白质特异性抗体将蛋白质-RNA 复合物沉淀析出,分析蛋白质结合的 RNA 序列,即可确定 RNA 的剪接位点,以此为线索即可推导基因编码序列和内含子交界区序列。

利用报告基因也可以检测 RNA 剪接体,即将报告基因克隆到载体中,使 RNA 剪接成为活化报告基因的促成因素,通过分析报告基因的表达水平,即可推测克隆片段的 RNA 剪接情况,以此为线索即可分析基因的编码序列。

3. 利用数据库分析编码序列　将各种方法所获得的 cDNA 片段的序列在基因数据库中进行同源性比对,通过染色体定位分析、内含子/外显子分析、ORF 分析及表达谱分析等,可以明确基因的编码序列,并可对其编码产物的基本性质如跨膜区、信号肽序列等进行分析。

随着基因数据库的信息量的增大,利用有限序列信息即可通过相似性搜索获得全长基因序列,使用 NCBI 的 ORF Finder 软件或 EMBOSS 中的 getorf 软件进行 ORF 分析,并根据编码序列和非编码序列的结构特点,确定基因的编码序列。

第三节　基因表达的分析策略

研究基因功能和基因表达调控,则必须要检测基因的表达水平。基因表达分析在医学研究中几乎是必不可少的实验技术。由于基因表达包括转录和翻译,而基因表达的调控既可发生在转录水平,也可发生在翻译水平,基因表达分析通常需要同时在 mRNA 水平和蛋白质水平进行检测。

框 23-1

基因表达研究技术策略的演绎和进化

在遗传信息传递中心法则确立(1968 年)前后的数年间,科学家们只能通过测定代谢酶活性,或采用同位素标记结合原位杂交、凝胶电泳、放射自显影分析基因表达。20 世纪 80 年代中期以后,以 DNA 印迹(Southern E. M. 等,1975 年)为基础衍生了 RNA 印迹(Stark G. 等,1977年)和蛋白印迹(Stark G.,Towbin H. 等,1979 年),并成为分析特异基因表达的常规技术。DNA 克隆技术(Berg P. 等,1973 年)推动了基因组 DNA 和 cDNA 分离、鉴定;1980—1990 年,已有大量基因表达序列标签(EST)积累;20 世纪 90 年代初,各种 DNA、EST、mRNA 数据库应运而生。DNA 聚合酶链式反应(PCR;Mullis K. B. 等,1986 年)与数据库检索相结合,通过合成特异引物检测基因表达几乎取代了先前的 RNA 印迹。随着人类基因组序列草图的发布(2001 年),为了适应基因功能诠释和从“组学”水平揭示基因表达谱的需要,各种生物芯片(包括寡核苷酸、DNA 和蛋白质芯片)技术、高通量筛选技术应运而生,结合转基因、基因敲除/敲入和基因编辑技术,基因表达及功能分析技术策略日趋成熟。

一、通过检测 mRNA 分析基因转录活性

基因表达分析分为封闭性系统和开放性系统研究策略。封闭性系统研究方法如 DNA 微阵列、RNA 印迹、实时定量 PCR 等方法,其应用范围仅限于已测序的物种,只能研究已知的基因。开放性系统研究方法如差异显示 PCR、双向基因表达指纹图谱、分子索引法、随机引物 PCR 指纹分析等,可以发现和分析未知的基因。这里主要介绍已知基因的常用表达分析方法。

(一)聚合酶链式反应是常用的 mRNA 检测方法

1. 逆转录 PCR(reverse transcription PCR,RT-PCR)可用于 mRNA 定性或半定量分析　逆转录 PCR(详见第二十一章)可对基因表达水平进行半定量分析;但逆转录 PCR 更多的是用于定性分析,即确定一个基因在细胞中或组织中是否表达。

2. 实时定量 PCR(real time quantitative PCR,RT-qPCR)常用于 mRNA 的定量分析　实时定量 PCR(详见第二十一章)是定量分析 mRNA 的主要方法。采用实时定量 PCR 进行检测分析,能够较准确地反应基因表达在转录水平的变化。

(二)基于杂交原理的方法检测 mRNA 表达

1. RNA 印迹可用于分析 mRNA 表达及验证 cDNA 新序列　RNA 印迹(详见第二十一章)是

鉴定 mRNA 转录本、分析其大小的标准方法。RNA 印迹不适合高通量分析,但是对于通过差异显示 RT-PCR 或 DNA 微阵列等技术获得的差异表达的 mRNA,可用 RNA 印迹来验证;尤其对于新克隆的 cDNA 序列,以其为探针对组织或细胞的 mRNA 制备(即 RNA 样品)进行 RNA 印迹分析,可确定与之互补的 mRNA 的真实存在(cDNA 克隆的正确性)。此外,RNA 印迹还可以用于 mRNA 差异表达的半定量分析,需要其他探针与非调控的管家基因产物杂交使结果标准化。

2. 核糖核酸酶保护测定用于 mRNA 定量及剪接分析 核糖核酸酶保护测定(ribonuclease protection assay,RPA)是一种基于杂交原理分析 mRNA 的方法,既可对 mRNA 进行定量分析又可研究其结构特征。RPA 分析原理见图 23-8,该技术需要利用含特异序列 DNA 的质粒为模板,经体外转录,制备 RNA 探针(RNA probe);将 RNA 探针与样品 RNA 杂交后,采用核糖核酸酶(核糖核酸酶 A 及 T1,只水解单链 RNA)处理,去除多余游离的探针,将水解物回收,进行测序胶(sequencing gel)电泳分析,显示对应探针大小的 RNA 片段。

图 23-8 核糖核酸酶保护测定原理示意图

RNA 剪接可以直接影响基因的表达,使一个基因表达多种编码产物(多肽链),是导致基因功能多样化的一个原因。RPA 技术可对 RNA 分子的末端以及内含子的交界进行定位,确定 RNA 的剪接途径,是分析转录后 RNA 剪接的基本技术。

3. 原位杂交可对 mRNA 表达进行区域定位 原位杂交(in situ hybridization,ISH)可对细胞或组织中表达的 mRNA 进行定位,也可作为定量分析的补充。该技术主要用于组织中的基因表达分析,有较高的稳定性、较广泛的靶点和组织适用性。

二、通过蛋白质检测分析基因表达的翻译水平特征

蛋白质是结构基因表达的最终产物,是体内真正发挥生物学作用的物质,蛋白质的质和量的变化直接影响基因的功能,对蛋白质表达进行定性、定量及定位分析至关重要。

(一)采用特异性抗体经蛋白印迹可直接测定基因编码多肽

蛋白印迹(详见第二十一章)多用于对细胞或组织总蛋白质中特异蛋白质进行定性和半定量分

析。基本过程:蛋白质样品的制备、SDS-PAGE分离、蛋白质转膜、特异抗体(一抗)与膜上的蛋白质抗原印迹杂交,结合偶联可检测标记信号的二抗(商品试剂盒中多采用偶联辣根过氧化物酶的二抗),最后与酶的底物反应而显影、成像,经扫描后获取免疫印迹信息。

(二)酶联免疫吸附测定可用于定量分析蛋白质表达

酶联免疫吸附测定(enzyme-linked immunosorbent assay,ELISA)也是一种建立在抗原-抗体反应基础上的蛋白质分析方法。该方法是预先将样品包被在支持体上,然后顺序结合(即"吸附")特异抗体(一抗)及与酶连接的第二抗体(也可预先包被抗体,"吸附"抗原),再进行酶-底物反应。反应后用酶标仪测定,记录数据。

(三)免疫组织化学技术可对组织/细胞蛋白质表达进行定位分析

免疫组织化学(immunohistochemistry)技术与免疫细胞化学(immunocytochemistry)技术原理相同,是利用标记的特异性抗体通过抗原-抗体反应和显色反应,在组织或细胞原位检测特定抗原(即目标蛋白质)的方法,简称为免疫组化实验。近年由于荧光标记抗体的广泛应用,这两种方法又被统称为免疫荧光法(immunofluorescence),可应用荧光(倒置)显微镜或激光共聚焦显微镜(confocal microscopy)对靶分子进行定性、定量和定位分析,激光共聚焦显微镜还可进行断层成像,是在蛋白质水平分析基因表达的直观方法。

(四)流式细胞术用于分析表达特异性蛋白质的阳性细胞

流式细胞术(flow cytometry)在细胞水平分析特定蛋白质表达的基本原理也是抗原-抗体反应,它利用荧光标记抗体与抗原的特异性结合,经过流式细胞仪分析荧光信号,从而根据细胞表达特定蛋白质的水平对某种蛋白质阳性细胞(即特异基因表达的细胞)作出判断。流式细胞术可以检测活细胞或用甲醛固定的细胞,广泛用于细胞表面和细胞内分子表达水平的定量分析。

三、高通量筛选技术成为基因表达研究的有力工具

高通量筛选(high throughput screening,HTS)技术是在大量核酸、多肽信息累计(即资料库)基础上,采用微板作为分子载体,制作集成"芯片",以自动化操作系统进行分子杂交的实验过程。因为快捷、灵敏,信息量大,适合大规模操作,故称"高通量"。高通量筛选技术适合"组学"(omics)研究,更适合生命活动过程相关的基因表达谱分析。

(一)基因芯片和高通量筛选技术可在基因水平高通量分析基因表达

1. 基因芯片已成为基因表达谱分析的常用方法 基因表达谱分析是目前基因芯片应用最多的一个方面,主要采用cDNA芯片,基因表达谱芯片便于对不同状态(如生理和病理条件)下的基因表达谱进行比较,揭示转录物组(transcriptome)差异表达的规律,对探索发病机制、评价治疗效果、筛选药物靶标具有重要意义。

"微阵列实验最小信息量标准"(minimum information about a microarray experiment,MIAME)最先由Brazma等提出,后经包括瑞士联邦材料科学与技术研究所等在内的国际协作组修正,确立了生物芯片标准化的概念,使世界各地研究室的芯片实验数据可以为所有的研究者共享。同时,美国国家生物信息学中心(NCBI)和欧洲生物信息学研究所(EBI)也建立了GEO和公共数据库,接收、储存全球研究者根据MIAME标准提交的生物芯片数据,使研究人员可以下载感兴趣的芯片原始数据。目前基因芯片分析的重点已不再停留在单纯的基因表达谱描述和差异表达基因的筛选上,开始转向对基因芯片信息的深度挖掘,以获得更多的生物学解释上。

2. 高通量筛选技术是新一代基因表达谱的分析方法 高通量筛选技术可以一次对几十万到几百万个DNA片段进行序列测定,快速获得转录物组或基因组的全貌,称为深度测序(deep sequencing)。在RNA水平,高通量筛选技术可以对RNA片段进行扫描、定量与鉴定,对全基因组进行广谱表达研究。已被广泛应用于小分子RNA或长非编码RNA(lncRNA)研究。测序能轻易地解决芯片技术在检测小分子时遇到的技术难题(短序列,高度同源),而且小分子RNA短序列正好配合了高通量筛选

的长度,同时测序可发现新的小分子 RNA。

(二)蛋白质芯片和质谱分析可在蛋白质水平高通量筛选基因表达

1. 蛋白质芯片技术有多种形式和用途　蛋白质芯片(protein chip)是对蛋白质表达和功能进行高通量分析的技术,根据芯片制作方法和用途不同,分为蛋白质检测芯片和蛋白质功能芯片两大类。蛋白质检测芯片包括抗体芯片、抗原芯片、配体芯片、碳水化合物芯片等,将具有高度亲和特异性的探针分子(如单克隆抗体)固定在基片上,用以识别生物样品溶液中的目标多肽;蛋白质功能芯片可用来研究蛋白质修饰、蛋白质-蛋白质/DNA-蛋白质/RNA-蛋白质,以及蛋白质与脂质、蛋白质与药物、酶与底物、小分子-蛋白质等的相互作用。

2. 蛋白质芯片可用于蛋白质表达谱分析　与基因芯片类似,采用蛋白质芯片可以检测组织/细胞来源的样品中蛋白质的表达谱;其精确程度、信息范畴取决于芯片上已知多肽的信息多寡。由于多肽合成昂贵,蛋白质来源受限,加之蛋白质操作技术难,使蛋白质芯片的应用受到限制。

3. 质谱分析可用于蛋白质表达谱的分析和鉴定　比较和鉴定蛋白质表达谱以往多采用双向聚丙烯酰胺凝胶电泳结合质谱技术,又称二维电泳(two-dimensional electrophoresis,简称 2-D 电泳),可同时分离成百上千的蛋白质,其原理是根据蛋白质分子的等电点和分子质量分离蛋白质。电泳后经染色,既可对不同样品中蛋白质的表达谱进行比较,还可从凝胶中切下特定蛋白质斑点,经胰蛋白酶消化后得到短肽片段,利用质谱(mass spectrum)技术进行定性分析,对差异表达的蛋白质进行鉴定。伴随着质谱相关技术的快速发展,近年来人们已经可以使用质谱分析对蛋白质翻译后修饰、蛋白质相互作用进行高通量研究。

第四节　生物信息学在预测基因功能中的应用

生物信息学分析可以获得与基因功能相关的重要信息,具有方便、快捷和经济等优点。研究者可利用该方法首先对目的基因功能进行初步推测,再制定实验室研究方案,目前生物信息学分析方法已成为基因功能研究的常用方法。

一、利用生物信息学方法进行基因功能注释

基因组研究的重点已从传统的序列基因组学转向功能基因组学,基因组功能注释(genome annotation)是功能基因组学的主要任务,包括应用生物信息学方法高通量地注释基因组所有编码产物的生物学功能。目前该领域已经成为后基因组时代的研究热点之一。

(一)通过序列比对预测基因功能

基因或蛋白质在序列水平上的相似性,预示着它们的同源性,或具有相同的功能。目前,NCBI 等公共数据库中已经保存了来自上千个物种的核酸和蛋白质的序列信息,对这些序列信息的相关性分析可以由序列比对来完成。

将目的 DNA 或蛋白质序列与已知的 DNA 或蛋白质序列数据库进行比对,搜索与目的序列高度同源且功能已知的基因或蛋白质,利用已知基因和蛋白质预测目的基因和蛋白质的功能。BLAST 是进行序列比对的基本工具,可将一条查询序列与一个数据库进行比对,找到数据库中与输入的查询序列相匹配的项。BLAST 是一个程序家族,其中包括许多有特定用途的程序,见表 23-1。

(二)分析基因芯片数据

基因芯片检测结果提供了包括基因功能、信号通路和基因的相互作用等信息。处理和分析这些信息最常用的方法有:差异表达分析(又称基因表达差异分析)和聚类分析。

差异表达分析是识别两个条件下表达差异显著的基因,即一个基因在两个条件中的表达水平,在排除各种偏差后,其差异具有统计学意义。常用的分析方法有 3 类:①倍数分析,计算每个基因在两个条件下的表达比值;②统计分析中的 t 检验和方差分析,通过计算表达差异的置信度来分析差异

表 23-1　BLAST 序列数据库搜索程序家族

程序	查询序列类型	数据库类型	注
BLASTn	DNA	DNA	—
BLASTp	蛋白质	蛋白质	—
BLASTx	DNA	蛋白质	将待搜索的核酸序列按 6 个阅读框翻译成蛋白质序列,然后与数据库中的蛋白质序列比对
TBLASTn	蛋白质	DNA	将数据库中的核酸序列按 6 个阅读框翻译成蛋白质序列,然后与待搜索的蛋白质序列比对
TBLASTx	DNA	DNA	无论是待搜索的核酸序列还是数据库中的核酸序列,都按 6 个阅读框翻译成蛋白质序列,然后比对

是否具有统计学意义;③建模方法,通过确定两个条件下的模型参数是否相同来判断表达差异的显著性。

　　聚类分析所依据的基本假设是若组内基因具有相似的表达模式,则它们可能具有相似的功能,例如受共同的转录因子调控的基因,或者产物构成同一个蛋白复合体的基因,或参与相同调控路径的基因。因此,在具体应用中可按照相似的表达谱对基因进行聚类,从而预测组内未知基因的功能。目前已经有很多种聚类的方法应用到基因芯片的研究当中,如层次聚类(hierarchical clustering)、K 均值聚类(K-means clustering)、自组织映射(self-organizing map)、主成分分析(principal component analysis,PCA)等。

(三) 通过分析蛋白质结构预测蛋白质功能

　　在氨基酸序列整体同源性不明显的情况下,分析蛋白质的功能域可为预测基因功能提供重要的信息。目前已通过多序列比对将蛋白质的同源序列收集在一起,确定了大量蕴藏于蛋白质结构中的保守区域或序列,如结构域(domain)和模体(motif),这些共享结构域和保守模体通常与特定的生物学活性相关,反映了蛋白质分子的一些重要功能。运用蛋白质序列模体搜索工具预测蛋白质功能,可利用现有的蛋白质家族的模体数据库,通过搜索该数据库,确定查询序列是否具有可能的序列模体,判断该序列是否属于一个已知的蛋白质家族;最后根据该蛋白质家族的已知功能预测未知蛋白质功能。常用的模体数据库有 INTERPROSCAN、PROSITE、SMART 等。

二、利用生物网络全面系统地了解基因的功能

　　生物功能不是单纯由一个或几个基因控制,而是由生物体内众多的分子(如 DNA、RNA、蛋白质和其他小分子物质等)共同构成的复杂生物网络实现的。当前生物学面临的巨大挑战之一是了解生物体内复杂的相互作用网络以及它们的动态特征,这需要大量相关数据的积累,基因芯片、蛋白质芯片等大规模数据采集技术加快了这一进程。目前人们已经利用生物技术和信息技术建立了多种生物网络数据库和网站,为研究者提供了基因调控、信号转导、代谢途径、蛋白质相互作用等方面的信息。

(一) 利用生物网络研究基因调控

　　细胞内一个基因的表达既影响其他的基因,又受其他基因的影响,基因之间相互作用构成一个复杂的调控网络。基因调控网络研究是利用生物芯片等高通量技术所产生的大量基因表达谱数据,以及蛋白质-DNA 相互作用等信息,结合实验室研究结果,用生物信息学方法构建基因调控模型,对某一物种或组织的基因表达关系进行整体性研究,推断基因之间的调控关系,揭示支配基因表达和功能的基本规律。表 23-2 列举了一些常用的基因转录调控数据库。

表 23-2　常用基因转录调控数据库

数据库	描述
EPD 真核生物启动子数据库	包含已被实验证明的转录起始位点和组织特异性等启动子的一般信息
TFD 转录因子数据库	是转录因子及其特性的专门数据库,收集有关多肽相互作用的信息
TRANSFAC 数据库	提供转录因子结构、功能、序列、DNA 结合谱以及分类,还包括基因的转录因子结合位点的信息
TRRD 转录调控区数据库	收集了关于真核基因整个调控区分级结构和基因表达模式的信息
Cistrome DB	收录了 30 451 人和 26 013 只小鼠的转录因子、组蛋白修饰和染色质可及性样本,是研究 ChIP-seq 和 DNase-seq 的数据库,包括转录因子调控的基因、详细的数据注释和来源数据集的信息
TRRUST	人工注释的转录调控网络数据库,不仅包含转录因子对应的靶基因,也包含了转录因子间的调控关系,并且提供的 TF-target 互作信息中,包含 800 个人类 TF 和 828 只小鼠 TF 的 8 444 个和 6 552 个 TF 目标调节关系,还提供调节模式(激活或抑制)的信息

(二)利用生物网络研究信号转导

细胞内各种信号通路之间存在相互联系和交叉调控,形成了信号转导网络。信号转导网络研究是期望通过建立细胞信号转导过程的模型,找出参与此过程的蛋白质间的相互作用关系,阐明其在基因调控、疾病发生中的作用。生物信息学方法利用已知数据和生物学知识进行通路推断,可以帮助阐释信号分子作用机制,辅助实验设计,节省大量的人力、物力。有关信号转导通路的网上数据库资源较多,表 23-3 中给出了该领域较常用的信号通路数据库。

表 23-3　常用信号通路数据库

数据库	描述
Reactome	生物核心通路及反应的挖掘知识库
PID	从其他数据库导入及文献挖掘的人信号通路数据库
STKE	参与信号转导的分子及其相互作用关系的信息
AfCS	参与信号通路的蛋白质相互作用和信号通路图
DOQCS	细胞信号通路的量化数据库,提供反应参数及注释信息
SigPath	提供细胞信号通路的量化信息
WikiPathways	收录了超过 20 个物种的通路,其中人类的有 800 多个通路,包含 7 500 种基因,以及超过 1 000 个代谢产物
KEGG	收录了 700 个以上的物种的代谢、信号转导、基因调控、细胞改变过程的通路
Gene Ontology	收录细胞组成、分子功能、生物过程三个方面的共 43 699 个项目、7 838 790 个注释、1 559 422 个基因产物
BioCarta Pathway	收录了多个物种的 120 000 多条信息,包括常见的代谢途径、信号转导途径以及其他生化途径

(三)利用生物网络研究代谢途径

代谢网络处于生物体的功能执行阶段,其结构组成方式反映了生物体的功能构成。代谢网络将细胞内所有生化反应表示为网络形式,反映了代谢活动中所有化合物及酶之间的相互作用。通过基因组注释信息可以识别出编码催化生物体内生化反应的酶的基因,结合相关的酶反应数据库可预测物种特异的酶基因、酶,以及酶催化反应,产生很多代谢数据库。可以方便地检索某一生物代谢网络中的代谢反应,见表 23-4。

表 23-4　常用代谢网络数据库

数据库	描述
KEGG	包括了 700 个以上物种的代谢、信号转导、基因调控、细胞改变过程的通路
BioCyc	包括了 260 个物种的代谢通路及基因组数据
PUMA2	存放了预先计算的超过 200 个物种的代谢通路信息
BioSilico	整合信息的数据库,提供对多个代谢数据库的访问
HMDB	人类代谢研究的标准代谢组学资源,包含代谢物、生物学作用、生理浓度、疾病相关性、化学反应、代谢途径和参考光谱
MetaboLights	代谢物组学实验和衍生信息的数据库,涵盖代谢物结构、参考光谱以及它们的生物学作用、位置和浓度,以及代谢实验的实验数据
Metabolomics Workbench	代谢物组学元数据和实验数据的公共存储库,用于集成、分析、跟踪、存储和传播来自各种代谢物组学研究的大量数据,包括跨越 20 多个不同物种的质谱和核磁共振波谱数据

(四) 利用生物网络研究蛋白质相互作用

从某种程度上可以说,细胞进行的生命活动,是蛋白质在一定条件下相互作用的结果,若蛋白质相互作用网络被破坏或稳定性丢失,会引起细胞功能障碍。阐明蛋白质相互作用的完整网络结构有助于从系统的角度加深对细胞结构和功能的认识。近年来各种预测蛋白质相互作用的计算方法被不断提出,将这些方法与实验方法结合,挖掘出了蛋白质相互作用网络中更多的相互作用节点,目前已有多个蛋白质相互作用的数据库应运而生,可用来研究蛋白质相互作用的生物学过程,见表 23-5。

表 23-5　常用蛋白质相互作用网络数据库

数据库	描述
BIND	提供参与通路的分子的序列和相互作用信息
DIP	专门存放实验确定的蛋白质之间相互作用的数据;既包括经典实验手段,也包括高通量实验手段确定的蛋白质相互作用数据
STRING	存储实验确定的和预测得到的蛋白质相互作用数据,并对各种预测方法得到的结果,准确性地给出相应的权重
MIPS	包括酵母和哺乳动物的 PPI,可靠性高,作为准 "金标准" 使用
Yeast Interactome	综合多种来源的由酵母双杂交系统确定的酵母 PPI 数据集,利用基因表达信息、蛋白亚细胞定位信息以及已知的各种知识对其进行验证,形成高可信度的相互作用数据

第五节　基因的生物学功能鉴定

截止到 2022 年,在人类基因组中发现了 20 024 个蛋白质编码基因和 21 894 个非蛋白质编码基因;mRNA 130 164 条,非编码 RNA 47 906 条。探索基因组中功能未知的基因的作用已成为 "后基因组时代" 研究的主要任务内容。生物信息学利用已知数据和生物学知识可进行合理推断,但基因功能最终仍需要通过实验进行鉴定。通常采用基因功能获得和/或基因功能缺失的策略,观察基因在细胞或生物个体中的作用,鉴定基因的功能。伴随基因工程技术、实验动物模型的快速发展,加快了人们对基因的生物学功能的认识,也加快了基因技术的临床转化研究及应用。

一、采用功能获得策略鉴定基因的功能

功能获得策略是将目的基因直接导入某一细胞或个体中,使细胞获得该基因的表达或更高水平

的表达,通过细胞或个体生物性状的变化来研究基因的功能。常用的方法有转基因和基因敲入技术等。

（一）用转基因技术获得基因功能

转基因技术（transgenic technology）是指将外源基因导入受精卵或胚胎干细胞（embryonic stem cell），即 ES 细胞,外源基因通过随机重组插入细胞染色体 DNA,然后将受精卵或胚胎干细胞植入受体动物的子宫,使得外源基因能够随细胞分裂遗传给后代。

1. 转基因动物可在整体水平研究基因的功能 转基因动物（transgenic animal）是指应用转基因技术培育出的携带外源基因并能稳定遗传的动物。基本制作过程（图 23-9）包括:转基因表达载体的构建,外源基因的导入,转基因动物的获得和鉴定,转基因动物品系的建立,以及外源基因表达的鉴定。通过观察分析特定的生物学表型,可以确定基因在生物体内的功能。

图 23-9 转基因动物制作原理示意图

2. 转基因技术在不断完善 转基因动物模型仍存在一些亟待解决的问题,包括:外源基因插入宿主基因组是随机的,可能产生插入突变,破坏宿主基因组功能;外源基因在宿主染色体上整合的拷贝数不等;整合的外源基因遗传丢失而导致转基因动物症状的不稳定遗传等。

目前,科学家已经采取了多种方法完善转基因技术。例如,为了基因表达精确调控,在构建转基因表达载体时,选择只在特定的细胞类型或特定时期才启动基因表达的启动子,使外源基因获得时空特异性表达。可调控的基因表达系统也是一种常被使用的方法,例如四环素调控系统,可使动物体内外源基因的表达受诱导剂（四环素）调控,通过加入诱导剂,实现对外源基因表达时间及水平的控制。将具有组织特异性的启动子应用于四环素调控系统,可实现以时空特异的方式调控所转基因的表达。

目前转基因动物所涉及的转基因片段长度大多在几十个千碱基对以下,但也需要进行大片段 DNA、多基因或基因簇的转基因。克隆大片段 DNA 常应用酵母人工染色体（yeast artificial chromosomes,YAC）、细菌人工染色体（bacterial artificial chromosome,BAC）等,可获得 200kb 以上的大 DNA 片段,能携带包含完整的基因或多个基因,以及基因的所有外显子和附近的染色体调控区,为目的基因提供与其在正常染色体上一致的环境,保证了转基因在正常细胞中的时空表达。

（二）基因敲入可以实现基因的定向插入

基因敲入（gene knock-in）是通过同源重组的方法,用某一基因替换另一基因,或将一个设计好的基因片段插入到基因组特定位点,使之表达并发挥作用。通过基因敲入可以研究特定基因在体内的功能;也可以与之前基因的功能进行比较;或将正常基因引入基因组中置换突变基因以达到靶向基因治疗的目的。

　　基因敲入是基因打靶技术的一种,基因打靶技术是 20 世纪 80 年代下半叶发展起来的一种按预期方式准确改造生物遗传信息的实验手段。除基因敲入,基因打靶还包括基因敲除、点突变、缺失突变、染色体组大片段删除等。

　　基因打靶的原理和基本步骤如图 23-10 所示:首先,从小鼠囊胚分离出未分化的胚胎干细胞,然后利用细胞内的染色体 DNA 与导入细胞的外源 DNA 在相同序列的区域内发生同源重组的原理,用含有正-负筛选标记的打靶载体,对胚胎干细胞中的特定基因实施"打靶",之后将"中靶"的胚胎干细胞移植回小鼠囊胚。移植进去的中靶胚胎干细胞进入囊胚胚层,与囊胚一起分化发育成相应的组织和器官,最后产生出具有基因功能缺陷的"嵌合鼠"。由于中靶的胚胎干细胞保持分化的多能性,因此它可以发育成为嵌合鼠的生殖细胞,使得经过定向改造的遗传信息可以代代相传。

图 23-10　基因打靶的原理示意图

二、采用功能失活策略鉴定基因的功能

基因功能研究的功能失活策略是将细胞或个体的某一基因功能部分或全部失活,然后观察细胞生物学行为或个体遗传性状表型的变化,以此来鉴定基因的功能。常用的方法主要有基因敲除和基因沉默技术。

(一)基因敲除技术可以使基因的功能完全缺失

基因敲除(gene knock-out)技术属于基因打靶技术的一种,其操作步骤和原理与基因打靶技术相同。基因敲除技术是利用细胞染色体DNA可以与导入的外源DNA在相同序列的区域发生同源重组的现象,在ES细胞中定点破坏内源基因,然后利用ES细胞发育的多能性,获得带有预定基因缺陷的杂合子,通过遗传育种,最终获得目的基因缺陷的纯合个体。1987年,Thompsson首次建立了完整的ES细胞基因敲除的小鼠模型,此后基因敲除技术得到进一步的发展和完善,目前该技术已经成为研究基因功能最直接、最有效的方法之一。

基因敲除策略的应用还受到很多限制,例如:有些重要的靶基因被敲除后会引起胚胎早期死亡,无法分析该基因在胚胎发育晚期和成年期的功能;某些基因在不同的细胞类型中执行不同功能,完全敲除会导致突变小鼠出现复杂的表型,很难判断异常的表型是由一种细胞引起的,还是由多种细胞共同引起的。条件性基因打靶(conditional gene targeting)系统的建立使得对基因靶位时间和空间上的操作更加明确,可达到对任何基因在不同发育阶段和不同器官、组织的选择性敲除。

以Cre/loxP系统为代表的条件敲除的原理如图23-11所示:Cre重组酶属于位点特异性重组酶,介导两个34bp的loxP位点之间的特异性重组,使loxP位点间的序列被删除。重组酶介导的条件性基因打靶通常需要两种小鼠:一种是在特定阶段、特定组织或细胞中,表达Cre重组酶的转基因小鼠;一种是在基因组中引入了loxP位点的小鼠,即靶基因或其重要功能域片段被两个loxP位点锚定的小鼠。该小鼠在与Cre重组酶转基因小鼠交配后,Cre基因表达产生的Cre重组酶就会介导靶基因两侧的loxP间发生切除反应,结果将一个loxP和靶基因切除。由于可以控制Cre重组酶在特定阶段、特定组织或细胞中表达,使得Cre介导的重组可以发生在特定的阶段、组织或细胞中,导致这些组织或细胞中的靶基因在特定的阶段被删除,而其他组织或细胞中由于Cre不表达,靶基因不会被删除。

图 23-11　Cre/loxP 系统作用原理示意图

条件性基因打靶的优势在于克服了重要基因被敲除所导致的早期致死,并能客观、系统地研究基因在组织器官发生、发育以及疾病发生、治疗过程中的作用和机制。但这一技术亦存在一些缺点,如费用太高、周期较长,而且许多基因在剔除后并未产生明显的表型改变,可能是这些基因的功能为其他基因代偿所致。

(二)基因沉默可以使基因的功能部分缺失

这里所讲的基因沉默(gene silencing)是指由外源基因导入引起的生物体内的特定基因不表达或表达受抑制的现象。目前最常用的基因沉默技术包括 RNA 干涉(RNA interference,RNAi)和反义寡核苷酸(antisense oligonucleotide,ASON)。

1. RNA 干涉可用来研究基因的功能　RNAi 是指双链 RNA 介导同源序列的 mRNA 特异性降解而导致的转录后基因沉默。目前利用 RNAi 能够在短时间内高效、特异地抑制靶基因表达的特点来研究基因的功能,已成为功能基因组学的热点之一。

图 23-12　RNAi 的作用机制示意图

RNAi 的作用机制如图 23-12 所示:外源双链 RNA(dsRNA)可直接被导入细胞,或者通过转基因、病毒感染等方式导入细胞,整合到基因组中获得表达;各种来源的 dsRNA 被核酸酶 RNaseⅢ家族中特异识别 dsRNA 的 Dicer 酶,以一种 ATP 依赖的方式逐步切割成长约 21~23 个核苷酸的双链小干扰 RNA;siRNA 主要与 AGO2 蛋白结合形成复合体,称 RNA 诱导的沉默复合体(RNA-induced silencing complex,RISC),RISC 定位到靶 mRNA 上,并在距离 siRNA 3′-端 12 个碱基的位置切割 mRNA。

目前有 5 种方法可用于制备 siRNA:化学合成法、体外转录法、长链 dsRNA 的 RNaseⅢ体外消化法、siRNA 表达载体法和 siRNA 表达框架法。前 3 种方法是在体外制备然后导入到细胞中;后两种方法则是基于具有合适启动子的载体或转录元件,在哺乳动物或细胞中转录生成。目前多采用 RNA 聚合酶Ⅲ启动子构建 siRNA 的表达载体或表达框架,常用的 RNA 聚合酶Ⅲ的启动子有人、鼠 U6 启动子,人 H1 启动子。

将 siRNA 导入特定细胞,可在细胞水平上研究基因的功能;也可以通过转基因的方法,在动物体内实现特异、稳定、长期地抑制靶基因的表达,从而在整体水平上研究基因的功能。若将 RNAi 技术与 Cre/loxP 重组系统以及基因表达调控系统相结合,建立转基因动物模型,不仅具有稳定、可遗传、可诱导等特点,而且无须使用胚胎干细胞技术和基因打靶技术;与基因敲除相比具有简单、易操作、周期短等优势,已被广泛用于基因功能的研究。然而,该技术可能对靶基因的相似序列发生作用,导致脱靶(off-targeting)效应,还可能诱导干扰素和其他细胞因子的表达。

2. 反义寡核苷酸也可以引发基因沉默　反义寡核苷酸是指能与 mRNA 互补配对的 RNA 分子,长度 20 个核苷酸左右。反义寡核苷酸引发基因沉默的机制是通过与靶 mRNA 互补结合后以位阻效应抑制靶 mRNA 的翻译,或者通过与双链 DNA 结合形成三股螺旋而抑制转录,或者也激活细胞内的 Dicer 酶进入 RNA 干涉途径而降解靶 mRNA。由于反义寡核苷酸技术简便易行,已成为研究基因功能的方法之一。

三、采用随机突变筛选策略鉴定基因的功能

利用转基因、基因敲除等技术从特定基因的改造到整体动物表型分析是一种"反向遗传学"研究策略,而从异常表型到特定基因突变的随机突变筛选策略则是基于"正向遗传学"的一种研究策略。

随机突变筛选策略首先通过物理诱变、化学诱变或生物技术产生大量的基因组 DNA 突变。其中乙基亚硝基脲(ENU)诱变是近年研究基因功能的新手段。ENU 是一种化学诱变剂,通过对基因组 DNA 碱基的烷基化修饰,诱导 DNA 在复制时发生错配产生突变。它主要诱发单碱基突变,造成单个基因发生突变(双突变的情况非常少),近于人类遗传性疾病的基因突变。ENU 的突变效率非常高,可以达到 0.2%,是其他突变手段的 10 倍左右。ENU 处理后雄鼠精子基因组发生点突变,使后代小鼠可能出现突变表型,经筛选及遗传试验即可得到突变系小鼠。通过对突变系小鼠的深入研究,对突变基因定位及位置候选法克隆突变碱基就会得到突变基因的功能信息。

基因捕获(gene trapping)技术是一种产生大规模随机插入突变的便利手段,对于揭示基因序列功能有重要的应用价值。基因捕获的基本过程是:将含报告基因的 DNA 载体随机插入基因组,产生内源基因失活突变,通过报告基因的表达,提示插入突变的存在及内源基因的表达特点。利用基因捕获可建立一个携带随机插入突变的 ES 细胞库,每一种 ES 细胞克隆中含有不同的突变基因,ES 细胞克隆经囊胚注射发育为基因突变动物模型,通过对动物模型的表型分析鉴定突变基因的功能。基因捕获技术可减少构建特异打靶载体及筛选染色体组文库的工作时间及费用,可同时对基因序列、基因表达以及基因功能进行高效研究。

随机突变筛选策略能够获得功能基因研究的新材料及人类遗传性疾病的新模型,这种"表型驱动"的研究方式可能成为功能基因组研究最有前景的手段。

小结

分析基因的结构可以从两方面入手:实验检测和数据库搜索比对,基本依据都是基因的结构特征。笼统地说,基因是由编码序列和非编码序列组成的,编码序列是指能编码成熟 mRNA 的 DNA 序列(即外显子序列),其中也含有可读框,而非编码序列(内含子)与编码序列(外显子)之间具有的结构特征成为在基因组水平上预测基因的重要标志之一,也是利用 cDNA 推导基因的标志性结构。另外,启动子及转录起始位点是基因所特有的结构,是分析基因结构的重要靶点。分析启动子的结构和功能主要依据启动子本身的特点,即含有能被转录因子识别及结合的位点。II 型启动子一般位于结构基因上游,能在适当条件下启动其下游结构基因的转录,因此,核酸-蛋白质相互作用的检测方法可用于启动子的结构研究,报告基因也是研究启动子活性的重要手段。基因的转录起始位点(TSS)是 mRNA 合成的起点,所以沿着 mRNA 的 5′-端序列寻找就成为研究 TSS 的主要策略,一些分析方法基本上都是建立在 cDNA 的基础上的。

基因表达分析是一项策略性很强的工作。基因表达分析主要从 RNA 和蛋白质水平上进行。用于分析基因表达的技术很多,根据实验目的和条件选择最佳的实验方法是关键。

生物信息学具有方便、快捷和经济的优点,充分利用已知数据和生物学知识,可以得到与目的基因功能有关的重要信息,预测其功能,进而制订正确的实验研究方案。

从生物体内整体水平对基因功能进行研究,是鉴定基因功能的最终解决方案。应用不同技术建立的模式生物是基因功能研究必不可少的工具,基因功能研究采用的各种方法都有各自的特点和局限性;结合基因功能获得和失活技术,从正反两个方面验证基因功能,是目前最佳的研究策略。

(彭小忠)

思考题

1. 举例一项可以高通量研究蛋白质与 DNA 相互作用的技术。
2. 从遗传学的角度思考,如何研究一个基因在细胞或个体中的功能?

第二十四章

疾病相关基因及其鉴定

扫码获取
数字内容

【本章要点】

1. 基因与疾病的关系；
2. 基因突变的类型及其致病机制；
3. 单基因病与多基因病的遗传特点；
4. 癌基因与抑癌基因在肿瘤发生中的作用；
5. 鉴定疾病相关基因的原则与常用方法。

基因与疾病的关系是医学的重大问题之一，疾病相关基因的鉴定也是医学分子生物学最重要的领域。鉴定疾病相关基因，不但可以详尽地了解基因的功能、疾病病因和发病机制，而且可开发新的特异诊断和干预技术，因而一直以来都是生物医学工作者关注的重点。2003 年人类基因组计划的完成，极大地促进了对常见病、多发病的基因鉴定。目前，疾病相关基因的鉴定已有相当成熟的研究策略，研究成果也以相关数据库的形式得到了广泛应用。美国国立生物技术信息中心（National Center for Biotechnology Information，NCBI）的 GenBank 是基因序列的数据库，载录了每个基因所有序列的信息，可作为基因异常检测的重要参考。人类孟德尔遗传在线（Online Mendelian Inheritance in Man，OMIM）数据库是以互联网为基础的孟德尔遗传疾病数据平台，详细记载了遗传疾病与相关基因异常的最新信息，成为研究者和医学遗传学工作者的重要工具。

第一节　基因与疾病的关系

17 世纪，荷兰科学家 Leeuwenhoek A. 和 Graaf A. 发现了精子和卵子的存在，使人们初步认识到女性和男性都具备传递疾病性状的能力。18—19 世纪，不少科学家和医生开始对遗传性疾病进行研究，其中较为著名的有通过遗传家谱来研究多趾症和白化病的法国科学家 Maupertuis P. 和研究不同疾病的遗传模式并率先开展遗传咨询的英国医生 Adams J.。然而，直到 20 世纪，随着分子生物学研究的发展，人们才在分子水平逐步揭示了基因在疾病发生发展以及遗传中的作用。

> 框 24-1
>
> ### 遗传性疾病的早期认识
>
> 在古希腊希波克拉底之前，人们已经认识到某些疾病会在家庭中传递。1 500 年前，人们已经注意到了"血友病"的遗传现象，《犹太法典》中记载着对那些"易出血者"的男性家属免行割礼。18 世纪，Pierre Louis Maupertuis 研究了多趾/指及皮肤和毛发缺乏色素者（白化病）的家系，指出这两种疾病有不同的遗传方式。1859 年，Boedeker 首先诊断了尿黑酸尿症，这是最早报道的先天性代谢疾病。

一、人类所有疾病均与基因异常直接或间接相关

以现代医学遗传学的观点来看,人类几乎所有的疾病都与基因或基因组异常直接或间接相关,都是遗传因素和环境因素相互作用的结果。为方便讨论,将影响疾病发生发展的基因,统称为疾病相关基因(disease related gene)。

（一）疾病相关基因主要有致病基因和易感基因两类

依据基因变异在疾病发生发展中的作用,疾病相关基因主要有两类。

1. 致病基因是孟德尔遗传病的疾病相关基因　如果某个基因型和一种疾病的表型呈现直接对应的因果关系,即该基因异常是导致该病发生的直接原因,那么该基因就属于致病基因(causative gene)。这类疾病主要是单基因病,即传统的遗传性疾病,环境因素的影响较小,疾病在群体中的发生遵从孟德尔遗传定律,故亦称之为孟德尔遗传病。

对已确定的单基因病致病基因的统计发现,按表达产物蛋白质的功能,可分为酶、调节蛋白、受体、转录因子、细胞内基质、细胞外基质、跨膜转运体、离子通道、细胞信号转导分子、激素、细胞外转运体、免疫球蛋白、未知基因等类别。这些蛋白质编码基因在单基因病致病机制中贡献的程度并不相同。平均来说,酶、调节蛋白、受体以及转录因子等类型基因对单基因病的发生贡献率的总和高达60%左右,酶类基因在很多代谢过程中起到至关重要的作用,其疾病发生贡献率大于30%。

2. 易感基因是多基因病中的疾病相关基因　多基因病中,遗传因素表现为2个以上基因的"微效作用"的相加,或者多基因间的相互作用,遗传因素和环境因素均起一定作用。如在肿瘤、心血管疾病、代谢性疾病、自身免疫性疾病中,单一基因的变异仅增加对疾病的易感性,这类基因称为疾病易感基因(susceptibility gene)。

（二）基因与疾病并不总是简单的对应关系

基因与疾病的关系,并非总是一个基因导致一种疾病这样简单的对应关系。一个基因可参与不同疾病的发病过程,多个基因可参与同一疾病的发病过程;即基因参与疾病发病机制具有复杂性和异质性。此外,某些被冠以疾病名称的基因并不是只有致病作用而无其他功能的基因,如"白化病基因""肺癌基因"等,正常人也有这些基因,只不过基因型不同。

同时,人类疾病的发生和发展既受疾病相关基因的影响,也受环境因素的影响。疾病相关基因对疾病的影响程度决定了人体对相应疾病的遗传易感性。遗传因素在特定疾病发病中作用的大小称为遗传度。遗传度达到100%时,表明在发病过程中遗传因素起到了决定性作用,单基因病一般属于这种类型。当遗传度在50%~100%,则表明遗传因素在发病过程中起到重要作用,而环境因素也参与了致病过程。当遗传度在50%以下,则表明环境因素在发病过程中起到的作用比遗传因素更大,多基因病大多属于这种类型。

二、基因和基因组异常具有多种类型

基因异常一般可分为结构异常和表达异常两种。结构异常可能发生在基因组DNA的所有区段。其中分布广泛且不引起异常表型的变异包括单核苷酸多态性(single nucleotide polymorphism,SNP)、短串联重复序列(short tandem repeat,STR)和拷贝数目变异(copy number variation,CNV)等,它们可用作遗传标记(genetic marker),在疾病相关基因的定位和克隆中有重要的作用。

基因和基因组异常可导致截然不同的表型和生物学效应。有一些异常不影响或基本不影响蛋白质活性,不表现明显的性状变化,与遗传病无直接联系,称为中性突变(neutral mutation)。有些异常的发生则可严重影响蛋白质活性,从而直接影响生命的维系,这种突变称为致死突变(lethal mutation)。确定基因型和疾病表型的关系是医学遗传学研究的核心内容之一。

（一）染色体畸变能导致严重的临床疾病

1. 染色体数目畸变可引起遗传综合征　包括整倍性改变(如单倍体、多倍体)和非整倍性改变

(如亚二倍体、超二倍体、嵌合体等)。染色体数目的异常增多或丢失一般可导致多系统性的严重紊乱,表现为不同的遗传综合征,如18三体综合征、21三体综合征等。

2. 染色体结构畸变可导致胚胎死亡　染色体结构畸变包括染色体的缺失、重复、易位、倒位、环状染色体、双着丝粒染色体和等臂染色体。人体胚胎如有严重的染色体结构异常,可直接导致妊娠的终止。

(二) 单个核苷酸的改变有多种常见类型

1. 点突变是单个核苷酸的改变　DNA链中单个碱基的变异称为点突变(point mutation),又称碱基替换(substitution),嘌呤之间或嘧啶之间的替换称为转换(transition),嘌呤与嘧啶之间的替换称为颠换(transversion)。

发生在蛋白质编码区的单核苷酸突变分为同义突变(samesense mutation)、错义突变(missense mutation)和无义突变(nonsense mutation)。同义突变是指碱基替换并未改变密码子对应的氨基酸(密码子的简并性),从而不影响对应的蛋白质结构与功能。错义突变是指碱基的改变使密码子及对应的编码氨基酸发生改变,影响蛋白质的氨基酸序列,可能影响蛋白质的结构与功能。无义突变指碱基的改变使得相应氨基酸的密码子变成终止密码子,多肽链合成提前终止,最终表达截短的多肽(truncated peptide)。

如果单个核苷酸的变异对表型影响不明显,且在人群中出现的频率达1%以上,这种单个核苷酸的变异就称为单核苷酸多态性(SNP),它是普遍存在于人类基因组中的序列变异,在人类基因组大约每300bp有一个SNP位点。

2. 插入和缺失能够导致移码突变　核苷酸插入到DNA链中或者从DNA链丢失称为DNA的插入或缺失。这种插入/缺失如果导致突变位点之后的三联体密码阅读框发生改变,则使得插入或缺失部位之后的所有密码子都随之发生变化,产生异常的多肽链,即所谓移码突变(frame-shift mutation;图24-1)。

图 24-1　移码突变可能对编码产物产生严重影响

(三) 多个核苷酸序列的改变包括多种类型

DNA中可能出现小片段(十几、数十个或数百个核苷酸)的插入、缺失或重排。基因重排(gene rearrangement)指不同基因片段以不同方向和衔接模式排列组合形成新的转录单位。基因重排是一种重要的基因变异方式,有可能导致基因的异常激活或失活。人类基因组中还存在着大小不等的DNA大片段的拷贝数目变异(CNV),包括大片段的重复(duplication)和缺失,与之对应的是基因所编码的蛋白质的数量变化。

(四) 动态突变能够导致遗传早现

上述三种突变均为静态突变,在世代传递中保持相对稳定状态。有些突变常随世代的传递而扩大,称作动态突变(dynamic mutation),通常表现为短串联重复序列(STR)拷贝数的增加。STR若存在于编码序列,则其拷贝数的增加可导致表达产物异常,如Huntington病(亨廷顿舞蹈症)患者存在

Huntington（*HTT*）基因 5′ 端 CAG 重复序列的拷贝数增加，且随代际传递，拷贝数增加越来越严重，呈现逐代递增的突变累积效应，称为遗传早现。

框 24-2

亨廷顿舞蹈症

亨廷顿舞蹈症（HD）又称慢性进行性舞蹈病，以舞蹈样动作伴进行性认知、精神障碍和痴呆为主要特征。中年多发，起病隐匿，进展缓慢，患者常在发病 15~20 年内死亡。该病为 4 号染色体短臂 4p16.3 的 *Huntington*（*HTT*）基因突变所致，*HTT* 基因的 5′ 端 CAG 重复序列在正常人群中重复次数小于 26 次；27~35 个 CAG 重复次数为遗传不稳定范围；36~39 个 CAG 重复次数是不完全外显的，可能导致亨廷顿舞蹈症；40 个及以上 CAG 重复次数为完全外显。由于该病是常染色体显性遗传病，且发病较晚，当患者发现患有该疾病时，往往已将致病基因传给了下一代，因此，有家族病史的年轻人，应该尽早做相应基因检测及遗传咨询，避免遗传下一代。

三、基因异常可导致表达产物的质/量变化而引起疾病

基因异常对表型的影响通过两种主要途径实现：一是影响产物的组成或结构，二是影响产物的表达水平。

（一）基因突变可导致表达产物结构异常

不同类型的基因突变可通过不同方式导致表达产物的结构异常，从而引起疾病发生。例如错义突变如发生在蛋白质的活性中心，可导致其功能丧失。无义突变可导致表达出来的多肽链截短，从而丧失正常功能。移码突变使得密码子错乱，其表达产物可能与正常基因产物存在很大差异。突变若位于基因内含子与外显子交界处则可影响 mRNA 剪接和正常基因表达。产物结构异常既可导致产物功能的障碍，形成丧失功能（loss of function）的突变，也可导致产物形成一定功能，导致获得功能（gain of function）的突变。

（二）基因突变可导致表达产物水平异常

基因表达产物过多或过少，往往对于维持细胞的正常代谢和生命活动都是不利的，严重时就会导致疾病的发生。通过影响基因表达产物水平的改变，而导致严重疾病发生的几种常见分子机制如下。

1. 单倍型不足导致基因表达水平降低　单倍型不足（haplotype insufficiency）是指某个基因的两个等位基因中的一个拷贝发生突变或缺失，另一个拷贝的表达产物不足以维持正常的细胞功能需要。如常染色体显性遗传病家族性高胆固醇血症的患者，若存在 LDL 受体基因的杂合突变，则 LDL 受体表达水平降低 50%，与正常个体相比，血中胆固醇水平显著升高，心血管疾病风险大大升高。

2. 显性负性效应影响正常产物功能　显性负性效应（dominant negative effect）指一对等位基因中因其中一个发生突变或丢失所致的另一个正常等位基因的功能活性丧失。显性负性效应一般出现在编码复合体蛋白的基因中。例如在成骨不全症患者中 *COL1A1* 基因编码三股螺旋亚基组成的 I 型胶原，该基因单个位点突变形成的异常亚基可与其余的正常亚基结合，使最终形成的三股螺旋胶原蛋白功能异常。

3. 杂合性缺失在肿瘤中出现较多　杂合性缺失（loss of heterozygosity, LOH）是位于一对同源染色体上相同基因座位的两个等位基因中的一个（或其中部分核苷酸片段）发生缺失，使该基因失去原有的杂合性状（图 24-2）。LOH 是肿瘤遗传易感性的主要机制之一。

4. 剂量效应是癌基因致病的机制之一　基因拷贝数增加是使基因功能增强的主要机制之一。在肿瘤发生过程中，细胞某些原癌基因的拷贝数异常增加，从而使原癌基因功能增强，促进细胞的增殖，导致癌症发生。如小细胞肺癌细胞株中存在 *L-MYC*、*N-MYC* 和 *C-MYC* 基因拷贝数的增加，其中尤以 *C-MYC* 基因的扩增更为明显，其拷贝数增加了数十倍甚至 200 倍之多。

图 24-2 杂合性缺失理论示意图

第二节 单基因病和多基因病

基因异常导致的疾病主要可分为单基因病、多基因病、染色体病、体细胞遗传病、线粒体遗传病五大类。其中染色体病导致的病理缺陷不可逆且尤为严重，常常直接导致自发流产。体细胞疾病发生在体细胞中，疾病表型一般不具有遗传性。线粒体疾病则呈现母系遗传模式。本节主要介绍单基因病和多基因病。

一、单基因病的致病基因可按孟德尔遗传模式传递

单基因病又称为孟德尔遗传病，包括常染色体遗传病和性染色体遗传病两大类。

（一）常染色体基因异常可导致常染色体显性或隐性遗传病

常染色体显性和隐性遗传病具有不同的致病机制和遗传模式。

1. **常染色体显性遗传病是常染色体上，一对等位基因其中之一发生突变即可导致的疾病** 患病个体具有一个正常等位基因和一个突变等位基因，为该基因位点的杂合子。患者子代的患病率为50%，常染色体显性疾病呈现出垂直的遗传模式，且男性或女性的患病可能性几乎一致（图24-3）。研究常染色体遗传病患者的遗传家谱时，需要考虑到表型异质性的影响。不同个体对疾病异常的表型程度存在差异，即外显率（penetrance）的差异。临床表现未见异常的个体依然可能携带并将常染色体显性突变遗传给子代。有些常染色体显性性状的表达可能受到性别的影响，如斑秃几乎只有男性才患病，其遗传模式非常类似于 X 染色体隐性遗传病。因此要同时考虑影响表达的因素以及外显率的差异。

2. **常染色体隐性遗传病是常染色体上，一对等位基因都发生突变才导致的疾病** 该类疾病患者的一对等位基因均携带突变，如果两个等位基因突变完全相同，则为纯合子。通常患者的父母表型正常，均携带一个正常和一个突变的等位基因型，其子代的患病概率为25%，但家族其他成员患病率较低，因此常染色体隐性遗传病的遗传模式呈现出水平传递的方式（图24-4）。近亲婚配可大大提高常染色体隐性遗传病的发病率。

图 24-3　以轴后型多趾症患者家谱为例显示常染色体显性遗传病的遗传模式
疾病受累者用绿色阴影表示。

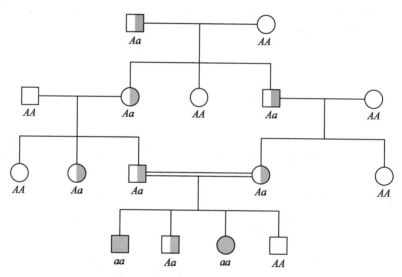

图 24-4　以白化病患者家谱为例显示常染色体隐性遗传病的遗传模式
该家谱中受累个体的父母双亲用两条杠表示,疾病受累个体用绿色阴影表
示,携带者只显示一半阴影。

(二) 性染色体疾病是由性染色体上的基因突变引起的

性染色体异常所致疾病与性别有关,呈现伴性遗传模式。性染色体异常疾病分为 X 连锁显性遗传病、X 连锁隐性遗传病以及 Y 连锁遗传病。

1. 在 X 连锁显性遗传病中带有致病基因的女性杂合子即可发病　致病基因位于 X 染色体上,故不出现男传男的现象,女性发病率略高。患者双亲之一必有一人患有此疾病。该类疾病可以连续几代遗传,但患者的正常子女不会有致病基因再传给后代。女性患者与正常男子结婚后,生育的子女患病率为 50%;男性患者与正常女性结婚,生育的女儿都是患者,儿子则不患病。该类疾病主要有脆性 X 综合征、肯尼迪病等。此外男性的疾病严重程度一致,但女性存在 X 染色体失活现象,故患病情况迥异(图 24-5)。

2. 在 X 连锁隐性遗传病中带有致病基因的女性杂合子不发病　女性在两条 X 染色体都缺陷的情况下才发病,且由于女性的 X 染色体失活现象,往往女性隐性纯合缺陷基因携带者不发病或发病较轻。男性只携带一条 X 染色体,为半合子(hemizygote),一旦男性遗传到一条缺陷的 X 染色体就会患病(图 24-6)。因此该类疾病的特点是:男性患病率远高于女性;男性患者若与不携带致病基因的纯

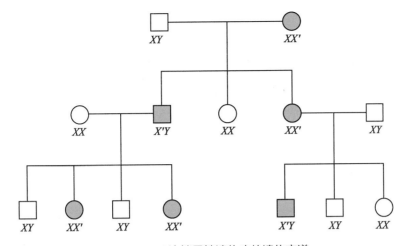

图 24-5　X-连锁显性遗传病的遗传家谱
疾病受累个体用实心绿色阴影表示，携带疾病等位基因的 X 染色体用 X' 表示。

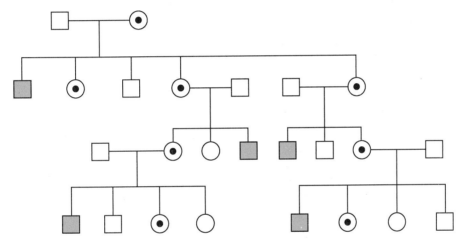

图 24-6　X-连锁隐性遗传病的遗传家谱
疾病受累个体用实心绿色阴影表示，杂合子携带者用点表示。

合子健康女性结婚，生育的子女不出现该疾病，而女儿都是致病基因的携带者；女性患者与健康男性结婚，则生育的女儿中 1/2 为携带者，儿子中有 1/2 的患者；近亲结婚者其子女患病概率增加。血友病、葡萄糖-6-磷酸脱氢酶缺乏症和迪谢内肌营养不良（Duchenne muscular dystrophy，DMD）等均属于该类疾病。

3. Y 连锁遗传病的致病基因位于 Y 染色体上　疾病单纯呈现男传男的遗传模式（图 24-7）。

二、多基因病涉及多个基因和多种因素

很多常见疾病是多个基因和多种因素共同作用的结果，称为多基因病或多因子病，又称复杂疾病。

（一）多基因病常由多种因素导致

很多常见疾病中，可能参与疾病发生发展的分子事件极其复杂，环境等各种因素都与疾病的发生存在一定联系。遗传上，多基因病中通常有多个遗传位点参与疾病的发病过程，呈现微效作用；遗传模式不遵循孟德尔遗传规律，但患者近亲人群患病率远高于一般人群。研究多基因病时，一般用该病先证者同胞患病率与同一群体该病总患病率之比值（即 λ 值）来表示遗传作用的程度，λ 大于 3 就被认为遗传因素起着肯定的作用。双生子分析在确定常见多基因病的遗传因素方面，起着难以替代的

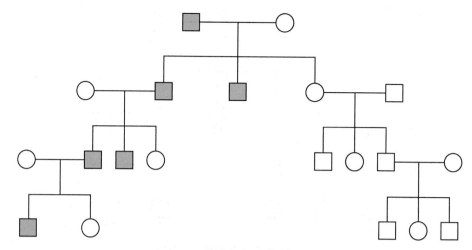

图 24-7 Y-连锁遗传病的遗传家谱
疾病受累个体用实心绿色阴影表示,其传递方式为男传男。

作用。对于单基因病而言,同卵双生子群体共同患病的可能性是 100%,而对于多基因病而言,一般小于 100% 但高于异卵双生子和同胞群体的患病率。

（二）许多常见病属于多基因病

1. 糖尿病与多种代谢相关基因异常有关 糖尿病主要分为 4 大类,1 型、2 型、妊娠糖尿病以及特殊类型,其中 2 型糖尿病占 95%;2 型糖尿病中遗传因素占发病因素的 90%。同卵双生子患 2 型糖尿病的一致率达 58%~91%,目前鉴定得到的候选易感基因超过 30 种,包括胰岛素分泌及相关基因（*KCNJ11*、*ABCC8* 等基因）,葡萄糖代谢相关基因（*GCK*、*SLC30A8* 等基因）,脂肪代谢相关基因（*PPARG*、*LIPC* 等基因）。患 1 型糖尿病主要因为胰岛素自身免疫反应引起 β 细胞分泌胰岛素功能缺陷,遗传因素在其发病中的重要性约占 50%,至少已鉴定出 20 余个候选基因,其中 *HLA* 基因是最重要的易感基因,可解释 40%~50% 的 1 型糖尿病的遗传易感性。

2. 原发性高血压是常见的多基因病 高血压包括单基因遗传性高血压和原发性高血压两类。单基因遗传性高血压包括醛固酮增多症、盐皮质激素增多症、Liddle 综合征等,分别由醛固酮合成酶基因、11β-羟化醇脱氢酶Ⅱ基因、肾脏远曲小管上皮钠通道基因突变所致。而原发性高血压发病机制较为复杂且不明确,目前发现与之发病相关的易感基因主要包括肾素-血管紧张素系统、水盐代谢、儿茶酚胺-肾上腺素能系统及血管调节相关功能的基因。

3. 类风湿性关节炎是慢性炎症性多基因病 类风湿性关节炎（rheumatoid arthritis,RA）为代表的慢性炎症性免疫疾病属于多基因病,研究发现,*PADI4*、*IRF1*、*HLA*、*TRAF1* 等多个基因位点都与 RA 致病存在关联。

三、疾病相关基因与疾病表型之间存在异质性和复杂性

关于基因与疾病的关系,遗传学注重分析基因型与表型(疾病)的关联;生物化学则研究蛋白质结构和功能的异常与发病机制的关系;分子生物学探索基因结构和功能异常与发病机制之间的联系。三者相互联系促进理解基因和疾病关系的复杂性。

（一）基因型与疾病表型关系具有高度复杂性

同一疾病相关基因可具有不同类型的结构异常,不同疾病相关基因能够引起同一疾病;同时,疾病表型还受其他因素的影响,从而表现出复杂性。

1. 基因异常存在高度异质性 除了少数疾病由基因单个位点发生特定突变导致之外,多数疾病的致病基因突变往往发生在不同的位点,涉及多种不同类型的结构异常。疾病的致病基因常常不止一个。诱导基因突变的机制也十分多样化,如自发突变、环境诱导、转座效应、二次突变等。

2. 基因异常与疾病表型关系存在高度复杂性 不同基因型异常可能导致同一疾病表型,疾病表型的严重程度与发生异常的基因型数量以及不同的类型也有关联。同一种基因突变可导致一种或多种不同的表型,其程度也具有异质性;甚至有些疾病以综合征形式的表型呈现。基因型与疾病表型之间的关系也可受到表观遗传效应影响,某些不涉及基因序列改变的基因修饰型(表观基因型)能够影响疾病表型。

(二)基因印记异常能够导致疾病

基因印记(gene imprinting)或基因组印记(genomic imprinting)现象指父母双方来源的等位基因或染色体片段呈现出不同的表达状态。印记的等位基因或染色体片段是失活的,母系印记即母亲来源的等位基因不进行表达。印记基因的任何突变都不会导致疾病表型,未发生印记的等位基因一旦发生突变,则直接导致了该基因的失活,由此导致印记相关疾病的发生。印记具有以下重要特点:可遗传性,即生殖细胞中产生的印记在细胞分裂过程中一直保留,后代可从双亲遗传印记;印记基因在基因组中非随机分布,某些印记基因聚集成簇。

(三)表观遗传异常能够参与疾病发生

表观遗传(epigenetics)是指不改变基因结构而影响基因表达和表型的遗传修饰。表观遗传现象包括染色体高级结构的变化(染色质和核小体修饰、解体等的染色质活化过程),基因组 DNA 与组蛋白的重新装配,不同凝聚态异染色质结构,核心组蛋白的修饰(乙酰化、磷酸化、甲基化、泛素化、SUMO 化、生物素化等多种形式),基因组 DNA 甲基化以及依赖于 ATP 的染色质重塑复合物形成等。表观遗传在亲代与子代间具有可遗传性,可引起可逆性基因沉默,可影响遗传学过程,且其中 DNA 甲基化以及组蛋白修饰这两种表观遗传修饰形式可相互协作,共同参与基因表达调控。

(四)某些疾病相关基因在进化过程中充当复杂角色

疾病相关基因的产生原因,可以用 1809 年生物学家 Larmarck J. B. 提出的"用进废退"进化论观点来解释。例如,北欧发病率很高的囊性纤维化病致病基因的杂合子携带者,在遭受霍乱杆菌和伤寒杆菌毒素的作用下,其体液以及氯离子的流失程度与普通个体相比大大减少,使得携带者不易发生脱水的生命危险,因而可天然地抵御痢疾。此外,严重血红蛋白疾病如地中海贫血和镰状细胞贫血虽然是众所周知的不幸顽疾,但此类患者的红细胞较小,不利于疟原虫寄生,因而不易受到致命高发的疟疾侵害。这些疾病相关基因型本身可能是在抵御某地域长年肆虐的大规模致命疾病侵袭的过程中逐渐进化获得的,在较长的历史时期体现了足够的进化优势,因而稳定地遗传给了后代。

第三节 基因异常与肿瘤

正常机体中,细胞增殖在两类基因的编码产物调控之下有序地进行,一类是正向调节信号,促进细胞的生长和增殖,阻碍细胞的终末分化,支持细胞存活;另一类为负向调节信号,抑制增殖,促进分化和细胞凋亡。这两类信号在细胞内的效应相互拮抗,维持平衡。但在环境信号刺激下,细胞在生长发育过程中,生长增殖与死亡的信号调控异常,导致其恶性改变,甚至肿瘤的发生(图 24-8)。本节重点阐述癌基因和抑癌基因的基本概念,以及基因异常参与肿瘤发生发展的作用机制。

一、癌基因的异常活化是细胞发生恶性转化的重要原因

癌基因(oncogene)是基因组内正常存在的基因,其编码产物通常参与细胞增殖的正向调控信号通路,在功能上促进细胞的增殖和生长。癌基因发生突变或表达异常导致其异常活化是细胞发生恶性转化(癌变)的重要原因。

(一)癌基因表达产物是细胞增殖的正向调节因子

癌基因一般指所有能编码生长因子、生长因子受体、细胞内信号转导分子以及与生长增殖有关的转录因子的基因,癌基因及其表达产物是细胞维持正常生理功能的重要组成部分,其本身的表达产物

图 24-8　环境信号对细胞增殖与分化的影响

在正常条件下并不具有致癌活性,癌基因异常活化才与肿瘤发生有关。

(二)癌基因可按照来源与功能进行分类

癌基因可根据来源和基因产物功能分成不同类型。

1. 按照癌基因的来源可分为细胞癌基因和病毒癌基因　癌基因本就存在于生物的正常基因组中,因此又称为细胞癌基因(cellular oncogene,c-onc)或原癌基因(proto-oncogene,pro-onc),而病毒中存在的癌基因称为病毒癌基因(virus oncogene,v-onc)。

(1)细胞癌基因在正常细胞中存在:细胞癌基因在进化上高度保守,从单细胞酵母、无脊椎生物到脊椎动物乃至人类的正常细胞中普遍存在。细胞癌基因的表达产物对细胞正常生长、繁殖、发育和分化都起到了精确的调控作用。在某些因素(如射线、有害化学物质等)的刺激之下,这类基因结构发生异常或表达失去调控,则会导致细胞过度增殖,部分细胞发生恶变从而形成肿瘤。表 24-1 显示的是已知的几种常见人类细胞癌基因。

表 24-1　已知的几种常见人类细胞癌基因

细胞癌基因名称	基因编码产物
SIS	PDGF-2(生长因子)
HST	FGF(生长因子)
INT-2	FGF 同类物(生长因子)
ERBB	EGF(蛋白酪氨酸激酶类生长因子)受体
HER-2	EGF 受体类似物
FMS、KIT	M-CSF、SCF 受体
SRC、ABL	作为与膜结合的蛋白酪氨酸激酶,介导受体下游的信号转导过程
TRK	细胞内蛋白酪氨酸激酶,介导细胞内信号转导
RAF	细胞内蛋白丝氨酸/苏氨酸激酶,参与 MAPK 通路
RAS	作为与膜结合的 GTP 结合蛋白,参与 MAPK 通路
CDK4	周期蛋白依赖性激酶
MYC	DNA 结合蛋白,参与下游增殖相关靶基因的活化过程
FOS、JUN	核内转录因子,促进增殖相关基因表达

注:PDGF,platelet-derived growth factor,血小板源性生长因子;FGF,fibroblast growth factor,成纤维细胞生长因子;EGF,epidermal growth factor,表皮生长因子;M-CSF,macrophage colony-stimulating factor,巨噬细胞集落刺激因子;SCF,stem cell factor,干细胞因子。

NOTES

许多细胞癌基因在结构上具有相似性，功能上互相关联，属于不同的基因家族。下面介绍几个重要的癌基因家族。

1）*SRC* 基因家族：包括 *SRC*、*ABL*、*LCK* 等多个基因。*SRC* 最初是在引起肉瘤（sarcoma）的病毒中发现的，病毒基因名为 *src*。该基因家族的产物具有蛋白酪氨酸激酶活性，激活后介导细胞增殖的促进过程。这个家族基因突变导致其异常活化是肿瘤发生的重要机制。

2）*RAS* 基因家族：包括 *H-RAS*、*K-RAS*、*N-RAS* 等多个基因。*RAS* 基因编码的蛋白产物是低分子量 G 蛋白，其突变导致 GTP 酶活性丧失，使得 *RAS* 基因始终以 GTP 结合形式存在，处于持久活化状态，导致细胞内增殖信号通路的持续激活。*H-RAS* 基因最初在 Harvey 大鼠肉瘤中克隆得到。*K-RAS* 基因突变在 81% 胰腺癌患者的肿瘤组织中都可检测到，是恶性肿瘤中的常见基因突变。

3）*MYC* 基因家族：包括 *C-MYC*、*N-MYC*、*L-MYC* 等多个基因。*MYC* 基因最初在禽骨髓细胞瘤病毒中被发现并由此命名。该家族的基因编码核内转录因子，有直接调节其下游靶基因转录水平的作用。MYC 下游的靶基因涉及多种编码细胞增殖信号的分子，因此，细胞内 MYC 含量的升高可促进细胞的增殖过程。

（2）病毒癌基因来源于逆转录病毒：癌基因最早是在逆转录病毒中发现的。1911 年，Francis Peyton Rous 医生首次提出病毒可能引发肿瘤的理论，该理论在 20 世纪 50 年代得到实验证实，该病毒被命名为罗氏肉瘤病毒（Rous sarcoma virus，RSV）。在 RSV 的机制研究中，Martin G. S. 比较了具备或不具备转化特性的 RSV 基因组序列，发现了特殊的基因 *src*，将该基因导入正常细胞可导致其恶性转化。此后，人们又陆续在其他逆转录病毒中发现了可使宿主患肿瘤的基因。为了加以区别，存在于病毒中的致癌基因以 *v*-前缀辅助命名，如病毒来源的 *src* 基因标记为 *v-src*。目前已发现的病毒癌基因有几十种。

1979 年，Bishop J. M. 和 Varmus H. 发现正常宿主细胞本身也存在 *SRC* 基因，并证实 RSV 本身携带的 *src* 基因来源于被其感染的宿主细胞。RSV 感染宿主后，以病毒 RNA 为模板，在逆转录酶的催化下合成双链 DNA，随着病毒 DNA 随机整合到宿主细胞基因组内，通过基因重排或同源重组，可将细胞中的原癌基因 *SRC* 导入 RSV 基因组内，使得 RSV 转变为携带 *SRC* 基因的病毒，由此获得了致癌能力（图 24-9）。虽然病毒癌基因来源于宿主细胞，但是整合重组过程中，其结构发生了许多变化，如内含子缺失、编码区截短及突变等。这些变化使得病毒癌基因对细胞的恶性转化能力较细胞内原癌基因明显增强。

图 24-9　病毒癌基因来源于宿主细胞
□ 随机片段　■ 原癌基因片段

2. 按照癌基因的功能不同可将其分为四类　原癌基因编码的蛋白质参与细胞增殖、分化与生长调控过程的各个环节（图 24-10）。根据它们各自的功能，可分为四类。

（1）细胞外生长因子是肿瘤靶向治疗的靶点：生长因子能够促进细胞增殖，它们作用于细胞膜上的受体，经各种信号通路，引发一系列细胞增殖相关基因的转录激活。生长因子的过量表达，可持续作用于相应的细胞，造成大量正向生长信号的输入，从而使细胞增殖出现失控。目前已知的与恶性肿瘤的发生和发展有关的生长因子有 PDGF、EGF、TGF-β、FGF、IGF-1 等。

以表皮生长因子（EGF）为例，许多恶性肿瘤如非小细胞肺癌、乳腺癌等均出现 EGF 过度表达。EGF 还参与肿瘤的血管生成，因此，其异常活化会促进肿瘤的发生。EGF 促进肿瘤发生的重要机制就是通过活化 RAS-MAPK 通路，使癌基因 *c-FOS* 活化。c-FOS 蛋白可与 c-JUN 蛋白结合形成 AP-1，

细胞外

细胞外生长因子

跨膜生长因子受体

细胞质

细胞内信号转导分子

细胞核

核内转录因子

图 24-10   四类癌基因参与细胞增殖的信号转导

这是一种在肿瘤细胞中广泛存在的高度活化的异源二聚体转录因子,能促进肿瘤的发生发展。异常活化的生长因子常常可作为肿瘤治疗的潜在药物靶点。

(2)跨膜生长因子受体参与肿瘤发生:跨膜生长因子受体接收细胞外的生长信号并将其转入细胞内。跨膜生长因子受体的细胞内结构域往往具有酪氨酸特异性的蛋白激酶活性。受体型蛋白酪氨酸激酶通过多种信号通路(如 MAPK、PI3K-AKT 通路等)加速增殖信号在细胞内的转导过程。*HER2* 基因编码一种跨膜生长因子受体,作为表皮生长因子受体 EGFR 家族成员,具有蛋白酪氨酸激酶活性,能激活下游信号通路,从而促进细胞增殖和抑制细胞凋亡。30% 的乳腺癌中 *HER2* 基因有发生扩增或过度表达的现象,其表达水平与治疗后的复发率以及不良预后效应显著相关。

(3)多种细胞内信号转导分子为癌基因:生长信号传入细胞内,通过各种信号转导通路将信号转导至核内,激活增殖相关基因的表达,促进细胞的生长。这些细胞内信号转导通路中的许多成员都是癌基因的产物,如非受体酪氨酸激酶 SRC、ABL、蛋白丝氨酸/苏氨酸激酶 RAF、低分子量 G 蛋白 RAS 等。

(4)核内转录因子能够促进细胞增殖:核内的转录因子也有部分是癌基因的表达产物,通过与靶基因的顺式作用元件相结合,直接促进参与细胞增殖过程的靶基因转录。

二、抑癌基因的异常失活可导致细胞恶性增殖

早在 20 世纪 20 年代,Boveri T. 就提出正常细胞中存在特异的抑制细胞增殖的因素,并认为与染色体有关,肿瘤细胞若失去该抑制性成分则获得无限增殖能力。经过半个世纪的研究,人们发现了抑癌基因。20 世纪 60 年代,Harris H. 开创了杂交细胞的致癌性研究,将肿瘤细胞株与正常细胞融合得到杂交细胞,或将导入了正常细胞染色体的肿瘤细胞接种到动物体内,结果并不产生肿瘤,提示了正常细胞中肿瘤抑制基因的存在。

(一)抑癌基因表达产物是细胞增殖的负向调节因子

抑癌基因(anti-cancer gene)又称肿瘤抑制基因(tumor suppressor gene),是负向调控细胞生长和增殖的基因,该基因产物的失活可导致细胞过度的生长和增殖,最终导致癌变的结局,而恢复其活性或导入该基因片段可抑制细胞的恶性增殖。抑癌基因与癌基因相互制约,其动态平衡是维持细胞增殖在合理调控下稳定进行的要素。

(二)常见抑癌基因的编码产物功能多样

抑癌基因编码产物的主要功能包括诱导细胞分化、维持基因组稳定、触发或诱导细胞凋亡等一系

列细胞生长的负向调控过程。常见的抑癌基因编码产物和相关功能见表24-2。

表 24-2　常见抑癌基因编码产物及其功能

基因名称	基因编码产物及其功能
TP53	转录因子 p53,参与细胞周期的负向调节,以促进 DNA 损伤后的修复
RB	转录因子 p105^{RB},DNA 结合蛋白,参与细胞周期的负向调节
PTEN	参与磷脂类信使的去磷酸化过程,抑制 PI3K-AKT 通路
P16	p16 蛋白,参与细胞周期检查点的负向调控
P21	抑制 CDK1、CDK2、CDK4、CDK6
APC	G 蛋白,细胞黏附与信号转导
DCC	表面糖蛋白(细胞黏附分子)
NF1	GTP 酶激活剂
NF2	连接膜与细胞骨架的蛋白
VHL	转录调节蛋白,E3 泛素连接酶活性
WT1	转录因子

1. RB 基因参与细胞周期负性调节　在家族性视网膜母细胞瘤(retinoblastoma,Rb)的研究中发现,视网膜母细胞瘤患者外周血细胞以及皮肤成纤维细胞染色体的 13q14 位点存在缺失,并且只有当视网膜母细胞中该基因的两个基因拷贝均出现缺失时才发生癌变。在后续的分子杂交实验帮助下,终于将该候选基因成功克隆分离鉴定,得到抑癌基因 RB,这是人类初次对抑癌基因的成功探索。RB 蛋白参与细胞周期的调节,与转录因子 E2F 结合,抑制细胞从 G_1 期进入 S 期,当其被磷酸化后可释放转录因子 E2F,从而促进 S 期所必需的 Cyclin 蛋白(细胞周期蛋白)、CDK 蛋白的转录,使细胞从 G_1 期进入 S 期。RB 基因的失活将导致细胞恶性增殖,除了可导致视网膜母细胞瘤外,还参与骨肉瘤、小细胞肺癌、乳腺癌等多种肿瘤的发生,说明 RB 基因的肿瘤抑制作用具有一定的广泛性。

2. TP53 基因参与 DNA 的修复　TP53 基因一般认为是目前人类肿瘤中突变最为广泛的抑癌基因,50%~60% 的人类各系统肿瘤中都发现 TP53 基因突变现象。人的 TP53 基因编码蛋白为 p53,具有转录因子活性。正常状态下,细胞内 p53 蛋白含量很低,因为其半衰期只有 20~30 分钟,所以一般方法很难检测,在细胞增殖与生长过程中,其含量可升高为原来的 5~100 倍以上。野生型 p53 蛋白在维持细胞的正常生长、抑制其恶性增殖中起到重要作用,称为基因组卫士。p53 在细胞内时刻监控着染色体 DNA 的完整性,一旦 DNA 遭到损伤,p53 将与特定基因的 DNA 序列结合,起到转录因子作用,激活 P21 等相关基因的转录,使得细胞停止于 G_1 期;并且可以抑制解链酶的活性,与复制因子 A 相互作用,参与 DNA 的复制与修复过程。一旦修复失败,p53 即启动凋亡过程诱导细胞自杀,阻止有癌变倾向的突变细胞的生成,从而防止肿瘤的发生。

3. APC 基因与 Wnt 信号通路关系密切　APC(adenomatous polyposis coli)基因是另一个研究较为广泛的抑癌基因,它在 85% 的结肠癌中发生缺失或功能失活现象。APC 蛋白直接参与 Wnt 信号通路,精确调控该信号通路的活化程度,APC 基因发生突变后,可导致 Wnt 信号通路的异常活化。

4. VHL 基因与蛋白的泛素化降解有关　VHL(Von Hippel-Lindau)基因也是一类抑癌基因,编码 pVHL 蛋白,发挥抑癌作用。pVHL 蛋白是 E3 泛素连接酶家族成员,可将靶蛋白泛素化而促进其降解过程,对正常机体条件下清除蛋白质的异常堆积具有重要作用。VHL 基因失活包括突变、甲基化、杂合性丢失等多种不同机制,其功能缺失与小细胞肺癌、宫颈癌、肾透明细胞癌关系密切。

5. PTEN 基因是细胞信号转导的调节基因　磷酸酶张力蛋白同源物(phosphatase and tensin homolog)PTEN 基因是具有双特异性磷酸酶活性的抑癌基因,其编码产物 PTEN 能够将三磷酸磷脂酰肌醇(PIP_3)水解为 PIP_2,从而抑制 PI3K-AKT 信号通路,对细胞生长过程起负向调节作用。

同一抑癌基因的异常在不同类型的肿瘤中均可检测到,说明抑癌基因的失活可能以共同的致病机制参与不同肿瘤的发生发展中。

三、基因异常参与肿瘤发生发展的作用机制

肿瘤的发生发展是一个循序渐进的过程,多个基因相互作用组成信号网络,控制着肿瘤的各个发展时期。在肿瘤发生发展过程中,有几十种甚至上百种基因的表达异常,各个基因在网络中发挥作用,总有某些基因处于关键节点,主宰肿瘤细胞的命运,这些基因可成为肿瘤治疗的靶点。

(一)癌基因被多种机制活化

细胞癌基因在物理、化学及生物因素作用下发生突变;表达产物的质和量变化,时空特异性表达水平发生改变,都有可能使得细胞脱离正常的信号调控,获得不受控制的异常增殖能力而发生恶性转化。从正常的癌基因转变为使细胞具有转化能力的癌基因的过程称为癌基因的活化。导致癌基因活化的机制主要有四种。

1. 点突变能够导致癌基因激活 癌基因可发生点突变,从而改变表达产物的氨基酸组成,造成结构的变异。如在膀胱癌中,*H-RAS* 基因中的第 12 位密码子由 GGC 突变为 GTC,使得表达产物 RAS 的第 12 个氨基酸由甘氨酸突变为缬氨酸,使其丧失 GTP 酶的活性,始终以与 GTP 结合的活性形式存在。

2. 获得外源强启动子或强增强子能够使癌基因功能增强 逆转录病毒基因组中长末端重复序列(long terminal repeat,LTR)内有强启动子或增强子元件,当其感染细胞时,可随机整合到宿主细胞的基因组中。如果这类强启动子或强增强子恰好整合到癌基因区域,该癌基因就受到病毒来源启动子或增强子的控制而过表达。禽白血病病毒(avian leukosis virus,ALV)引起鸡淋巴瘤,就是因为该病毒 LTR 序列整合到宿主 *C-MYC* 基因附近,LTR 中强启动子使得 *C-MYC* 基因的表达增强为原来的 30~100 倍。

3. 染色体易位能够导致癌基因异常表达 染色体易位可使原来没有活化的癌基因转位到强启动子或强增强子的附近而发生活化。例如人伯基特淋巴瘤细胞中,位于 8 号染色体上的 *C-MYC* 基因易位到 14 号染色体的免疫球蛋白重链基因的启动子附近并有效连接起来,导致 *C-MYC* 基因在这个高活性启动子作用下大量表达。

4. 基因扩增导致癌基因拷贝数增加 癌基因可通过基因扩增使得基因拷贝数升高几十甚至上千倍,导致基因的过表达。例如小细胞肺癌中 *C-MYC* 基因的扩增和乳腺癌中 *HER2* 基因的扩增都在肿瘤发展中起到重要作用。

(二)抑癌基因失活有两种主要机制

单倍型不足和二次打击是造成抑癌基因失活的重要机制。当抑癌基因的两个拷贝中的一个等位基因发生突变或缺失,另一个拷贝的表达产物不足以维持正常细胞功能的需要时,则发生单倍型不足的情况,造成抑癌基因活性降低。二次打击是指抑癌基因先后发生两次突变,使得两个等位基因均失活,导致肿瘤的发生。1971 年,Knudson A. 根据视网膜母细胞瘤的发生,提出了"二次打击"理论:亲代的 1 个等位基因或生殖细胞已经发生一次突变(一次打击),子代再次发生突变可使得另一个正常等位基因也丢失,由此引起癌变。视网膜母细胞瘤癌变是由抑癌基因 *RB* 突变或缺失引起,2 个等位基因都发生缺失或者突变才致癌。

(三)基因组不稳定性在肿瘤细胞中较为常见

在基因组水平上,基因组不稳定性是肿瘤细胞的重要特点。基因组不稳定性包括各种基因的单核苷酸突变,微卫星的动态变化,基因组拷贝数的变异、基因扩增、重排、缺失,染色体杂合性或纯合性丢失,以及其他表观基因组效应等。在肿瘤中,经常还存在 DNA 损伤修复基因失活的情况,各种微小的基因突变可轻易地积累,并达到影响基因组稳定性的地步。

（四）肿瘤中存在多种类型的表观遗传异常

肿瘤的表观遗传致病机制主要表现为肿瘤细胞 DNA 甲基化发生异常。

1. 恶性肿瘤的基因组 DNA 呈现广泛的低甲基化状态　基因组中 5-甲基胞嘧啶含量明显降低。低甲基化作用主要发生在卫星序列、重复序列、中心粒区域和原癌基因中，其后果是增加染色体不稳定性和非整倍体、转座子激活和原癌基因激活。

2. 肿瘤细胞基因组 CpG 岛的甲基化程度增高　CpG 岛的甲基化程度增高呈现出离散分布的局部高甲基化，在直肠癌、膀胱癌、前列腺癌、结肠癌、肺癌、乳腺癌、睾丸癌、脑癌、白血病中均有报道。某些抑癌基因可因 CpG 岛的特异性高甲基化而不能表达或表达水平极低。

3. 肿瘤细胞中常出现基因印记丢失的情况　在某些儿童肿瘤中，如肾母细胞瘤、小儿生殖细胞肿瘤中，发现 *IGF-2* 的基因印记丢失。*IGF-2* 基因位点位于染色体 11p15 区，存在母系基因印记，正常情况下只有单个拷贝表达。在儿童肿瘤细胞中，甲基化修饰的印记基因 *IGF-2* 发生了去甲基化，两个等位基因均得到表达，基因印记效应丢失，使得基因呈现过表达的情况。

第四节　鉴定疾病相关基因的原则

鉴定疾病相关基因是研究遗传病发生机制的基础，也为疾病的治疗带来希望。目前疾病相关基因的定位、克隆及鉴定过程，多选用"疾病表型→基因→基因产物"的思路进行研究，也就是从确认疾病的表型开始。遗传性疾病表型的出现，必然是由于基因组内致病基因的异常引起的；而出现异常的基因在基因组中具有一定的位点。该位点与个体中广泛存在的 DNA 分子标记之间必然有一定的联系，通过 DNA 标记与该位点之间的连锁分析和关联分析就能不断缩小疾病相关基因的定位区间，确定候选基因；最终进行细致分析，阐明基因功能及其与疾病的关系。

一、鉴定疾病相关基因的关键是确定疾病表型和基因间的实质联系

正确的诊断是鉴定疾病相关基因的基础。对于一些多基因病，有必要进行进一步的分类，以减少检测样本的疾病异质性。在此基础上，需要确定遗传因素是否在疾病发病中有作用及其作用程度。在遗传因素作用较小的疾病中，成功鉴定并克隆疾病相关基因的可能性很小。如果确定遗传因素在疾病中具有重要作用，就可进一步确定存在于人类基因组中决定疾病表型的基因，确定该基因的基因组位点（locus）以及该位点和基因组其他位点的联系。

二、鉴定疾病相关基因需要多学科、多途径的交叉与综合

鉴定疾病相关基因是一项艰巨的系统工程（图 24-11），需要多学科的紧密配合，针对不同疾病采用不同的策略。首先通过对不同疾病家系的连锁分析，可粗略地将疾病的基因定位于某个染色体的特定区段上，此时确切的基因尚不明了。随着对某些疾病发病机制的研究，进一步阐明疾病相关蛋白质的生物化学和细胞生物学特征，对区段内的基因进行研究，确定候选基因，并以此为切入点，寻找基因结构的异常，确定基因 DNA 序列碱基突变及其导致蛋白质结构或表达异常的分子机制，最终克隆疾病相关基因。此外，疾病动物模型对于疾病相关基因的克隆也具有重要帮助。对不同疾病动物模型的研究，可以确定导致实验动物异常表型的基因，进而鉴定人类的同源基因在疾病中的作用。借助生物信息数据库中有关的基因序列信息，亦可极大地促进疾病相关基因的克隆效率。

三、确定候选基因是鉴定疾病相关基因的关键目标

许多途径能够达到最终鉴定疾病相关基因的目的，这些方法以找到候选基因（candidate gene）为共同核心目标。当某基因的典型特征（如基因产物）提示了其导致特定遗传疾病的可能性，则可视为候选基因。确定候选基因常用的策略是首先找出候选染色体区域，然后在此区域内鉴定候选基因。

图 24-11   疾病相关基因鉴定的策略概述

在候选区域内预测可能的候选基因需要重复、逐个排除等较大的工作量，才能最终确定候选基因异常以及该异常和疾病的联系。人类基因组计划的完成提供了人类所有基因的信息，大大加速了候选基因的鉴定过程。在有些情况下，也可不依赖染色体位置，直接根据候选基因功能特征或疾病特点进行候选基因的鉴定。目前已经鉴定出的人类疾病相关基因达 4 670 个（OMIM，2022 年），部分疾病相关基因见表 24-3。

表 24-3   定位并克隆鉴定得到的疾病相关基因举例

疾病名称	染色体位置	基因/表达产物
α_1-抗胰蛋白酶缺乏症	14q	丝氨酸蛋白酶抑制剂
α-珠蛋白生成障碍性贫血	16p	血红蛋白的 α-珠蛋白组分
β-珠蛋白生成障碍性贫血	11p	血红蛋白的 β-珠蛋白组分
软骨发育不全	4p	成纤维细胞生长因子受体 3
多囊性肾病	16p	多囊蛋白 1 膜蛋白组分
	4p	多囊蛋白 2 膜蛋白组分
	6p	纤维囊蛋白可能的受体
白化病		
Ⅰ 型	11q	酪氨酸酶
Ⅱ 型	15q	酪氨酸转运子
阿尔茨海默病（老年痴呆）	14q	早老素 1
	1q	早老素 2
	19q	载脂蛋白 E
	21q	β 样淀粉蛋白前体
肌萎缩侧索硬化	21q	超氧化物歧化酶 1
Angelman 综合征	15q	泛素蛋白连接酶 E3A
共济失调性毛细血管扩张症	11q	细胞周期控制蛋白

续表

疾病名称	染色体位置	基因/表达产物
家族性乳腺癌	17q	BRCA1 肿瘤抑制基因/DNA 修复蛋白
	13q	BRCA2 肿瘤抑制基因/DNA 修复蛋白
	22q	CHEK2 DNA 修复蛋白
家族性恶性黑色素瘤	9p	周期蛋白依赖性激酶抑制剂(肿瘤抑制基因)
	12q	周期蛋白依赖性激酶 4

第五节 鉴定疾病相关基因的策略和方法

鉴定疾病相关基因需要先对疾病相关基因的染色体位置以及结构异常进行精细分析。

一、疾病相关基因的定位需要借助各种遗传标记

基因定位是基因鉴定和克隆的基础,主要目的是明确基因在染色体的确切位置或位置范围(通常体现为其与染色体上特定遗传标记的线性排列顺序和距离),以便克隆该基因的序列并进行后续的结构分析。定位时通常需要借助染色体的物理图谱。物理图谱是以特定的 DNA 序列为界标来展示的染色体图,它能反映生物基因组中基因或标记间的实际距离,图上界标之间的距离是以物理长度即核苷酸对的数目如 bp、kb、Mb 等来表示的。这些特定的 DNA 序列可以是多态性遗传标记,如 SNP、STR、CNV 等;也可以是非多态的已知位置序列,如序列标记位点(sequence-tagged site,STS)、表达序列标签(expressed sequence tag,EST)和特定的基因序列等。将基因定位在物理图谱的特定位置或范围内,即完成了疾病相关基因的定位。

二、定位克隆是鉴定疾病相关基因的经典策略

根据疾病相关基因在染色体上的大体位置,鉴定克隆疾病相关基因,称为定位克隆(positional cloning)。

经典的基因定位克隆策略大体上可以分成四个步骤:①通过家系连锁分析或染色体异常等数据,确定基因在染色体上的位置;②通过染色体步移(chromosome walking)、染色体区带显微切割等技术,获得基因所在区段的克隆重叠群(contig),绘制出更精细的染色体图谱,包括用邻近的标记作为探针在基因组文库中筛选重叠克隆;③确定含有候选基因的染色体片段;④从这些片段中进一步筛选目的基因,并作突变检测验证和功能分析。通过以上几步即可对目标基因进行定位和克隆。由于人类基因组计划的完成,大大简化了基因克隆的过程,第②、③步可用生物信息学的方法替代,直接使用第①步中获得的结果在人类基因组数据库中检索并获取相应的序列信息,并在该序列中进行第④步的筛选与鉴定。

三、非定位克隆策略以疾病相关基因的功能/表型等为出发点

非定位克隆策略包括功能克隆、表型克隆及采用位点非依赖的 DNA 序列信息和动物模型来鉴定和克隆疾病相关基因。

(一)从已知蛋白质的功能和结构出发克隆疾病相关基因

对疾病性状的基本生化缺陷进行分析,有时能够直接推测影响疾病的蛋白质功能,从而在此基础上鉴定蛋白质编码基因,称为功能克隆(functional cloning)。该方法采用的是从蛋白质到 DNA 的研究路线,由于研究技术的限制,在 20 世纪 80 年代以前,功能克隆几乎是致病基因克隆的唯一方法。白化病、苯丙酮尿症及镰状细胞贫血都是采用这种策略完成的致病基因克隆。

1. 依据蛋白质的氨基酸序列信息鉴定克隆疾病相关基因　如果疾病相关的蛋白质在体内表达丰富,可分离纯化得到一定纯度的足量蛋白质,就可用质谱或化学方法进行氨基酸序列分析,获得全部或部分氨基酸序列信息,并使用该序列信息在数据库中进行检索,确定候选基因及其序列。

2. 用蛋白质的特异性抗体鉴定疾病相关基因　有些疾病相关的蛋白质在体内含量很低,难以纯化得到足够纯度的蛋白质用于氨基酸序列测定;但是少量低纯度的蛋白质仍可用于免疫动物获得特异性抗体,用以鉴定基因。获得的抗体可用于直接结合正在翻译过程中的新生肽链,此时会获得同时结合在核糖体上的 mRNA 分子,最终克隆未知基因。特异性抗体也可用来筛查可表达的 cDNA 文库,筛选出可与该抗体反应的表达蛋白质的阳性克隆,进而可获得候选基因。此外,也可利用患者自体的血清对重组的 cDNA 文库进行筛选,以分离得到疾病相关抗原基因。

功能克隆是对单基因病进行疾病相关基因克隆的策略,其技术瓶颈在于特异功能蛋白质的确认、鉴定及其纯化都相当困难。对于多基因病而言,微量表达的基因产物在研究中难以获得,因而几乎不能用于多基因病的基因分离。

(二) 从疾病的表型差异出发鉴定疾病相关基因

表型克隆(phenotype cloning)是疾病相关基因克隆领域中一个新的策略。该策略建立在对疾病表型和基因结构或基因表达的特征有所认识的基础上,将表型与基因结构或基因表达特征联系起来,直接分析不同表型个体在 DNA 结构或表达特征上的差异,从而确定致病基因。依据 DNA 或 mRNA 的改变与疾病表型的关系,可有几种策略。

1. 鉴定表型与基因结构关系是常用的表型克隆策略　比较不同表型个体,即患者基因组 DNA 与正常人类基因组 DNA 的不同,直接对产生变异的 DNA 片段进行克隆,而不需要基因的染色体位置或基因产物的其他信息。基因组错配筛选(genome mismatch scanning)、代表性差异分析(representative difference analysis,RDA)等技术在早期比较常用,随测序技术的发展,目前则可采用直接的基因组测序技术对患者与正常人序列进行比较。

2. 比较已知基因表达差异能够对候选基因进行确认　如果高度怀疑某种疾病是由于某个特殊的已知基因所致,可通过比较患者和正常对照个体之间该基因表达的差异来确定该基因是否为该疾病相关基因。常用分析方法有 RT-PCR 及 RT-qPCR 等。

3. 比较未知基因表达差异能够发现候选基因　可通过比较疾病和正常组织中的所有 mRNA 的表达种类和含量间的差异,从而克隆疾病相关基因。这种差异可能源于基因结构改变,也可能源于表达调控机制的改变。常用的技术有 mRNA 差异显示(mRNA differential display,mRNA-DD)、抑制消减杂交(suppressive substractive hybridization,SSH)、基因表达系列分析(serial analysis of gene expression,SAGE)、cDNA 微阵列(cDNA microarray)等。近年来,转录物组测序(transcriptome sequencing)技术能够对组织中所有 RNA 序列同步进行高通量检测,已成为检测基因表达差异的常用技术。

(三) 采用位点非依赖的 DNA 序列信息辅助克隆疾病相关基因

随着人类基因组计划和多种模式生物基因组测序的完成、生物信息学的发展、计算机软件的开发应用和互联网的普及,人们可以通过已获得的序列与数据库中核酸序列及蛋白质序列进行同源性比较,或对数据库中不同物种间的序列比较分析、拼接,预测新的全长基因等,进而通过实验证实,从组织细胞中克隆该基因,这就是所谓的电子克隆(in silico cloning)。

人类新基因克隆大都是从同源 EST 分析开始的。在人类 EST 数据库中,能够通过 BLAST(Basic Local Alignment Search Tool)序列比对分析找出与已知基因 cDNA 序列高度同源的 EST,并通过进一步的蛋白序列比对和结构域分析,推测新基因的功能。

电子克隆充分利用网络资源,可大大提高克隆新基因的速度和效率。由于数据库的不完善、错误信息的存在及分析软件的缺陷,电子克隆往往难以真正地克隆基因,而只作为一种辅助手段。

(四) 使用动物模型帮助鉴定疾病相关基因

人类的部分疾病可以借助相应的动物模型进行研究。具有动物某种疾病表型的突变基因与其相似人类疾病相关基因很可能存在于人染色体的同源区域。此外,当疾病相关基因在动物模型上已完成鉴定,可以采用对基因组序列的生物信息学分析,结合荧光原位杂交技术定位同源基因。肥胖相关的瘦素基因(leptin gene)*LEP* 的克隆就是一个成功例证。小鼠和人的瘦素基因有84%的同源性。利用突变的肥胖近交系小鼠通过定位克隆分离得到了位于小鼠6号染色体的瘦素基因,依据小鼠瘦素基因侧翼标记,将人的瘦素基因定位于人染色体7q31区。

四、鉴定疾病相关基因常需要多种方法的联合应用

鉴定疾病相关基因的方法有多种,既有经典的遗传学和细胞生物学方法,也有新兴的基因组学方法,根据研究具体情况选择,但往往要联合应用。

(一)连锁分析是定位单基因病致病基因的常用方法

同源染色体上的等位基因若以完整单位的形式进行分离,背离自由组合定律时,即发生连锁现象(图24-12)。两位点在同一条 DNA 链上物理位置越接近,减数分裂中越有可能一起分离而不发生重组,即两个位点连锁。连锁分析(linkage analysis)即利用连锁的原理研究致病基因与参考位点(遗传标记)的关系。在分析中,若致病基因与某些遗传标记存在连锁,则认为致病基因位于遗传标记所在的区域内。连锁分析的优点是无须细致了解致病基因结构及其分子机制,适用于大多数由未知的基因缺陷引起的单基因病的基因鉴定,也是过去在不了解致病基因的情况下进行单基因病基因诊断的一种有效手段。利用该手段,人们成功地诊断和分析包括镰状细胞贫血、β-地中海贫血、亨廷顿舞蹈症和囊性纤维化等多种人类单基因病。

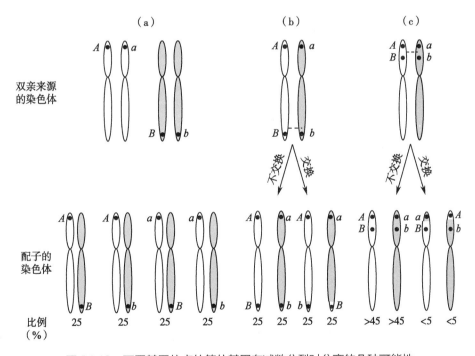

图24-12　不同基因位点的等位基因在减数分裂时分离的几种可能性
(a)两个位点分别在不同的染色体上;(b)两个位点在同一条染色体上,但是距离甚远,在减数分裂过程中自由组合;(c)位点紧密相邻,发生连锁现象。

连锁分析后,利用遗传标记找到病患共享的染色体区域,实现基因定位,再将正常人和患者的相应序列进行比较,从而识别出致病基因和突变,并进行致病基因的确认与验证(图24-13)。这种鉴定疾病相关基因的方法的局限性在于:目标基因只能定位于染色体上很大的区域内。只有通过观察足够多的重组交换才能获得有效信息,因而精确分析的前提是拥有大量家系或者大型家系。近年来,在存在患病同胞对的核心家系中,采用血缘同一(identity by descent,IBD)原理,定位了许多疾病相关基

因。此外,对于涉及多个位点和环境因素的多基因病来说,不符合孟德尔遗传特点,因此致病基因并不总是与特定标记连锁,需要其他手段才能有效定位。

（二）关联分析是研究多基因病未知基因的常用方法

在多基因病研究中,常在人群中研究特定等位基因型与疾病的关系,而不考虑疾病遗传方式。与对照组相比,某个基因座的特异等位基因频率在患者中显著增高或降低,则称这个等位基因与疾病关联。候选基因关联分析(association study)即观察候选基因异常与疾病性状在人群中的统计学关系,通常采用病例对照研究或队列研究的形式开展。

在无特定候选基因的情况下,可进行全基因组关联分析(genome-wide association study,GWAS),通过扫描整个基因组观察哪些基因与疾病表型间存在关联,将这些不同的遗传变异与某些性状联系起来,由于不存在特定的候选基因,GWAS 通常扫描的是全基因组中大量密集存在的 SNP 位点与疾病表型的关联。GWAS 具体操作中,需要收集大量正常与患病个体基因组 DNA 的标本,利用高通量芯片检测其 SNP 序列,之后在计算机上进行生物信息学分析,确定相应的 SNP 基因型与疾病的关系(图 24-14)。该方法已成功鉴定了常见多基因病的多种基因位点,不仅有效简化了常见病的易感基因鉴定过程,而且为研究疾病的发病机制和干预靶点提供了极有价值的信息。

图 24-13　利用连锁分析研究疾病相关基因的技术路线示意图

图 24-14　GWAS 技术路线示意图

（三）高通量筛选同时适用于单基因病和多基因病的疾病相关基因研究

在第二代测序技术基础上发展起来的全基因组测序(whole genome sequencing,WGS)和全外显子组测序(whole exome sequencing,WES)技术能够同时对患者的全部基因组或外显子区域进行 DNA 测序,并通过生物信息学方法比较其与正常个体的序列差异,从而筛选可能的致病基因,是目前最有效的鉴定疾病相关基因的技术手段。由于基因组序列改变在人群中广泛存在,因此高通量筛选往往在患者中筛查到大量基因变异,需要对其进行进一步的分析和鉴定,方能确定疾病的候选基因和致病突变。

（四）染色体原位杂交是在细胞水平定位基因的常用方法

染色体原位杂交(in situ hybridization,ISH)是核酸分子杂交技术在基因定位中的应用,也是一种直接进行基因定位的方法。其主要步骤是获得组织培养的分裂中期细胞,将染色体 DNA 变性,与带有标记的互补 DNA 探针杂交,显影后可将基因定位于某染色体及染色体的某一区段(图 24-15)。如

图 24-15　使用原位杂交的方法将 DNA 片段定位到染色体特异区段的过程

果用荧光染料标记探针,即为荧光原位杂交(fluorescence *in situ* hybridization,FISH)。1978 年首次用 α 及 β 珠蛋白基因的 cDNA 为探针,与各种不同的人/鼠杂种细胞进行杂交,从而将人 α 及 β 珠蛋白基因分别定位于第 16 号和第 11 号染色体上。这种染色体原位杂交技术特别适用于那些不被转录的重复序列,如利用原位杂交技术将卫星 DNA 定位于染色体的着丝粒和端粒附近。这些重复序列很难用其他方法进行定位。

（五）染色体异常可提示疾病相关基因定位的重要信息

对于已知与染色体异常直接相关的疾病来说,染色体异常本身就成为疾病定位克隆的位置信息。如果细胞学观察的染色体异常与某一基因所表达的异常同时出现,即可将该基因定位于这一染色体的异常区域内,从而直接获得基因的正确位置,而无须进行连锁分析。在一些散发性、严重的显性遗传病中,难以获取家系进行连锁分析,染色体变异分析是获得候选基因的唯一方法。诸如多囊肾、巨肠症、进行性假肥大性肌营养不良基因的定位在很大程度上借助于染色体的异常核型表现。

 小结

疾病相关基因是影响疾病发生发展的基因。依据其变异在疾病发生发展中的作用,疾病相关基因可分为致病基因和易感基因。致病基因的结构或表达的异常可成为疾病发生的直接原因,而易感基因的变异仅增加机体对疾病的易感性。

人类基因组及基因可在多种因素的影响下发生各种变异,包括染色体畸变、单个核苷酸改变、多个核苷酸序列的改变、动态突变等,有些变异不会影响表型,而多数变异可导致异常的表型,引起疾病。

基因异常对表型的影响通过两种主要途径实现:一是影响其产物的组成或结构,二是影响产物的表达水平。基因异常的生物学效应可分为功能丧失和功能获得两种情况。基因表达产物过多或过少对于维持细胞的正常代谢和生命活动都是不利的,严重时就会导致疾病的发生。

癌基因是基因组内正常存在的基因,其编码产物通常参与细胞增殖的正向调控信号通路,在功能上促进细胞的增殖和生长。存在于正常细胞中的癌基因称为细胞癌基因或原癌基因,病毒中存在的癌基因称为病毒癌基因。癌基因表达四类蛋白:细胞外生长因子、跨膜生长因子受体、细胞内信号转

NOTES

导分子、核内转录因子。癌基因发生突变或表达异常导致其异常活化是细胞发生恶性转化的重要原因。从原癌基因转变为具有促进细胞恶性转化的致癌基因的过程称为原癌基因活化。原癌基因活化主要有点突变、启动子或增强子获得、染色体易位和基因扩增等机制。

抑癌基因(肿瘤抑制基因)是负向调控细胞生长和增殖的基因,此类基因产物的失活可导致细胞异常的生长和增殖,最终导致癌变的结局,而恢复其活性或导入该基因片段可抑制细胞的恶性表型。抑癌基因与癌基因相互制约,其动态平衡是维持细胞增殖在合理调控下稳定进行的要素。

鉴定疾病相关基因的关键是确定疾病基因型和表型间的实质联系,多选用"疾病表型→基因→基因产物"的思路进行研究,其主要目标是确定候选基因。疾病相关基因的鉴定和克隆需要多种方法的联合应用,采取非染色体定位的基因功能鉴定和定位克隆两类策略。前者包括功能克隆、表型克隆及采用位置非依赖的 DNA 序列信息和动物模型来鉴定和克隆疾病相关基因;后者则是采用包括连锁分析、关联分析、原位杂交法及染色体异常来定位疾病相关基因,确定其在染色体上的位置,并进行基因的克隆与突变鉴定。近年来,全基因组测序技术和全外显子组测序技术在致病基因鉴定中的作用越来越突出。

(尚丹丹)

思考题

1. 基因与疾病的关系有哪几种? 如何描述?
2. 人类基因的变异有哪些类型? 如何对表型产生影响?
3. 癌基因与抑癌基因在肿瘤发生中有何作用? 机制是什么?
4. 鉴定疾病相关基因的常用策略有哪些? 分别适用于何种类型的遗传性疾病?

第二十五章
基因诊断与基因治疗

扫码获取
数字内容

【本章要点】

1. 基因诊断的概念；
2. 基因诊断的目标分子及常用技术；
3. 基因治疗的概念与基本策略；
4. 基因转移技术的途径；
5. 基因治疗的基本程序；
6. 尚待解决的基因诊断与治疗问题。

多数疾病与内源性基因的结构和功能异常或外源性基因的入侵相关。利用多种分子生物学技术，从基因角度探讨疾病的发生、发展机制，实现在基因水平上的疾病诊断及针对性的矫正治疗，已成为现代分子医学发展的重要方向。基因诊断与基因治疗已在遗传病、恶性肿瘤、感染性疾病等多方面得到了广泛应用或取得了重要进展。

第一节　基因诊断的基础与策略

基因诊断（gene diagnosis）是利用多种分子生物学和分子遗传学的技术，分析内源性基因（DNA或RNA）是否异常，或检测特定外源性基因是否存在，进而对疾病做出诊断的方法。针对特定基因的诊断具有特异性高、灵敏度高、早期诊断、取样方便、应用广泛等特点。

> **框 25-1**
>
> ### 基因诊断始于 DNA 分子杂交
>
> 基因诊断诞生于 20 世纪 70 年代。美国加州大学旧金山分校华裔科学家 Kan Y. W. 在世界上首次成功利用 DNA 分子杂交技术完成了针对 α-珠蛋白生成障碍性贫血（α-地中海贫血）的产前基因诊断。首先通过羊膜腔穿刺术从羊水中分离并培养成纤维细胞，并提取 DNA，再利用放射性互补的核酸序列进行分子杂交，对比正常人及阳性患者样本的杂交结果，最终实现对于 α-珠蛋白生成障碍性贫血的产前诊断。随着科学技术的进步，尤其是基因克隆、基因扩增技术的发展，基因诊断的相关技术日趋成熟。人类基因组计划的完成及愈来愈多致病基因的发现，也极大地促进了基因诊断在遗传病、感染性疾病、肿瘤等临床重大疾病，以及法医学鉴定、分子流行病学等方面的广泛应用。

一、基因诊断的目标分子是 DNA 或 RNA

（一）基因诊断属于分子诊断

基因诊断是针对 DNA 或 RNA 的分子诊断。检测的基因包括内源性基因（即机体自身的基因）和外源性基因（如病毒、细菌的基因等）两大类；前者主要分析基因结构或表达是否正常，后者则是对感染的病原体基因进行定性及定量分析。

（二）基因诊断的待检样品来源广泛

临床上可用于基因诊断的样品包括血液、组织块、精液、唾液、尿液、羊水/绒毛、毛发（含毛囊）、细胞、微生物等。基因诊断所需的样品量一般相对较少，体现出较高的灵敏度。需要基于诊断目的和疾病特点，选择合适的检测样品和目标分子。在开展胎儿 DNA 诊断时，还可从母亲外周血中直接提取胎儿细胞或胎儿 DNA 进行检测。针对各种 RNA 的检测，需保证样品的新鲜度，可通过逆转录方式将其转换为 cDNA 进行保存。

（三）基因诊断可用于单基因病、多基因病及感染性疾病的诊断

遗传性疾病的发生多是由于机体内一个或多个特定基因突变导致的相应蛋白质结构异常及功能丧失。例如，α-珠蛋白和 β-珠蛋白生成障碍性贫血即是由于 α-珠蛋白和 β-珠蛋白基因突变，不能正常表达珠蛋白，导致红细胞的数量和质量发生变化，进而表现出贫血。很多复杂疾病具有明显的家族倾向性，其致病基因尚未明了，但与某种遗传标记显著相关。心血管疾病、糖尿病、高血压、自身免疫性疾病、肿瘤等疾病的发生、发展均存在机体多个易感基因结构和功能的改变。感染性疾病的特点则是在患者体内常常存在外源性致病病原体的遗传物质。基因诊断的目的是通过检测这些内源性基因的结构和表达异常，以及外源性基因的表达状态，分析其与人体生理状态或疾病的关系，进而对相关疾病做出诊断。

二、基因诊断可采用多种分子生物学技术

基因诊断始于 DNA 分子杂交。常用的基因诊断技术包括：核酸分子杂交、聚合酶链式反应（polymerase chain reaction，PCR）及衍生技术、单链构象多态性（single-strand conformation polymorphism，SSCP）、限制性片段长度多态性（restriction fragment length polymorphism，RFLP）、基因测序、基因芯片等。这些技术可单独或者联合应用。

（一）核酸分子杂交存在多种形式

核酸分子杂交技术在基因诊断中占有重要地位，基本原理是以带有某种标记的核酸单链作为探针，按照碱基互补配对原则，在特定条件下与互补的核酸单链退火形成双链杂交体，从而对于待测样品中靶序列进行定性和相对定量分析，最终实现基因诊断。以下重点介绍基因诊断中的常用杂交技术，其中部分技术主要用于实验室的基础研究，尚未广泛应用于疾病的基因诊断。

1. DNA 印迹检测 DNA 异常　　DNA 印迹又称为 Southern 印迹（Southern blotting），是针对基因组 DNA 异常进行的检测；适用于基因缺失型突变、限制性酶切图谱、限制性片段长度多态性等分析。

2. RNA 印迹分析 RNA 特点　　RNA 印迹又称为 Northern 印迹（Northern blotting），是针对特定 RNA 分子的含量及其大小进行的鉴定；适用于相关疾病机制的基础研究和部分实验诊断。

3. 斑点印迹用于检测固定在滤膜载体上的核酸　　斑点印迹（dot blotting）首先将 DNA 或 RNA 样品以点状方式固定至滤膜载体上，再加入标记的核酸探针进行杂交；可用于基因组中特定基因及表达产物的定性和定量分析。斑点杂交可在同一张膜上同时检测多个样品；方法简便、快速、灵敏、样品用量少，适用于临床的基因诊断。斑点杂交可根据杂交结果推算出杂交阳性的拷贝数；但特异性不高，容易出现假阳性结果。

4. 反向斑点印迹用于基因点突变的检测　　反向斑点印迹（reverse dot blotting，RDB）首先将多种特异性寡核苷酸探针固定至滤膜载体上，针对待测靶基因进行多个特定位点的 PCR 扩增及生物素等标记；再将两者进行杂交。经过一次杂交可同时筛查出样品 DNA 中的多种突变。考虑到寡核苷酸中的碱基错配对杂交分子稳定性的影响，可人工设计并合成针对正常和突变位点的等位基因特异性寡核苷酸（allele specific oligonucleotide，ASO）探针，提高检测点突变结果的可靠性。反向斑点印迹在遗传病的基因诊断、病原微生物的鉴定分型、乙型肝炎病毒耐药、癌基因的点突变分析等领域具有良好的应用前景。

5. **原位杂交用于细胞或组织中核酸的直接检测** 原位杂交(*in situ* hybridization,ISH)是针对已知位点设计特定标记的核酸探针,直接与细胞或组织切片中的DNA/RNA进行杂交,再检测杂交信号,从而对组织细胞中的核酸进行定性、定位和相对定量分析的技术。荧光原位杂交(fluorescence *in situ* hybridization,FISH)是一种安全有效的非放射性原位杂交技术,可检测DNA在细胞核或染色体上的分布及特定基因在细胞中的表达情况,还可检测某种细菌或病毒等外源性基因是否存在于组织、细胞中。FISH荧光探针比放射性探针更稳定,不需要特殊的安全防护和污物处理措施;多彩FISH可以在同一个核中显示不同的颜色,从而同时检测两种或多种序列;应用不同的FISH探针可以显示某一物种的全部基因或某一染色体、染色体片段及单拷贝序列。

6. **夹心杂交是一种特异性较高的固相杂交** 夹心杂交(sandwich hybridization)首先针对位于待测靶基因序列上两个相邻但不重叠的DNA片段(A、B片段)设计捕获探针(未标记的A片段)和检测探针(标记的B片段);再将捕获探针吸附于固相支持物上,与靶基因序列A部分杂交;经漂洗去除杂质后加入标记的检测探针,与靶基因序列B部分杂交;最后进行杂交信号的检测(图25-1)。夹心杂交的优点是特异性较高,定量准确,且对核酸样品纯度要求不高。

图25-1 夹心杂交示意图

(二)聚合酶链式反应衍生出多种用于基因诊断的相关技术

目前已存在多种基于聚合酶链式反应(PCR)的衍生技术,可以满足基因诊断的多种用途。

1. **RT-PCR可对mRNA进行半定量分析** 逆转录PCR(reverse transcription PCR,RT-PCR)是通过将低丰度的mRNA进行成倍扩增后再进行检测。如果设立一定的RNA竞争性参考标准,可对特定mRNA水平进行半定量分析,评估样品中mRNA的表达水平。

2. **RT-qPCR可对mRNA进行定量分析** 实时定量PCR(real time quantitative PCR,RT-qPCR)的主要优点是在封闭状态下实时检测扩增产物,有效降低由产物污染导致的假阳性,提高样品检测的准确率。

3. **原位PCR可在单个细胞中进行PCR** 原位PCR(*in situ* PCR)是首先对细胞涂片或组织切片中的单个细胞进行PCR扩增,再利用特异探针进行原位杂交。细胞制备过程是原位PCR的关键步骤。通常是以1%~4%多聚甲醛固定细胞,并用蛋白酶K进行消化处理。PCR的变性步骤不能破坏细胞结构,需防止扩增过程中组织变干燥,还要防止短片段PCR扩增产物的胞外扩散。

4. **固相锚定PCR以结合在固相基质上的cDNA为扩增模板** 固相锚定PCR(solid-anchored PCR)是以耦合于固相基质(如琼脂糖、聚丙烯酰胺、磁珠、乳胶等)上的特异性寡核苷酸链为引物合成cDNA,实现cDNA与固相基质的共价结合。结合在固相基质上的cDNA可直接或经修饰后作为模板进行PCR扩增。以Oligo(dT)为引物合成的附着于固相基质上的cDNA包含了与cDNA文库相似的序列信息,故又称为固相文库。在PCR过程中改变缓冲液或引物组成十分方便,只需洗涤固相基质,然后将其重悬于不同的PCR反应混合液中。固相锚定PCR适用于高度特异性的单链DNA探针制备、PCR产物单链的自动化序列分析、PCR产物的自动化临床检验。

5. **多重PCR可同时扩增不同序列** 多重PCR(multiple PCR)是在一次PCR反应中加入多对引物,实现对于同一DNA样品中不同序列的同时扩增。引物设计时需保证各对引物所扩增的产物序列长短不一,便于通过电泳方法进行区分。通过分析PCR产物中不同长度序列的扩增结果,判断特定基因片段的缺失或突变。

（三）单链构象多态性检测 DNA 突变位点与多态性

单链构象多态性（single-strand conformation polymorphism，SSCP）检测是一种通过单链 DNA 空间构象的差异性来进行 DNA 突变位点和多态性检测的方法。在非变性条件下，DNA 分子可自身折叠形成一定的空间构象，该构象有赖于单链 DNA 分子中的碱基序列。DNA 分子中的碱基变异常可导致空间构象的改变，表现出电泳迁移率的变化。将样品 DNA 与正常 DNA 对比，通过观察条带位置差异来判断特定 DNA 序列中是否存在不同碱基。SSCP 分析常与 PCR 联用，称为 PCR-SSCP。首先将待测 DNA 片段进行 PCR 扩增，使双链 DNA 变性成单链 DNA，再进行聚丙烯酰胺凝胶电泳分离。

（四）RFLP 技术检测限制性内切酶的识别位点改变

基因组中存在着许多限制性核酸内切酶位点，当用某种或几种限制性核酸内切酶对某一段基因消化时，会产生大小不同的特定片段，即为限制性片段。在同种生物的不同个体中存在的不同长度限制性片段类型称为限制性片段长度多态性（restriction fragment length polymorphism，RFLP）。如果由于缺失、重排或核苷酸置换致使 DNA 分子中原有某种限制性内切酶的识别位点发生改变，其又与某种遗传性疾病基因相关，则可对相应序列进行 PCR 扩增后以相应的内切酶切割 DNA 片段，再利用琼脂糖或聚丙烯酰胺凝胶电泳进行产物分离，通过与正常人的限制性酶谱比较分析是否发生位点变异，进而推断是否患有此种遗传病。

（五）基因测序直接检测基因结构变异

许多单/多基因遗传病、恶性肿瘤以及各种细菌性/病毒性疾病与基因结构变异相关。经过各种 PCR 技术的扩增后进行基因测序，可直接对相关疾病做出较为确切的诊断。此外，不断发展的高通量筛选技术，如全基因组测序（whole genome sequencing，WGS）和全外显子组测序（whole exome sequencing，WES）等，有助于复杂疾病的致病基因筛选与鉴定。

（六）基因芯片成为基因诊断的有力工具

生物芯片中的基因芯片本质上是一种核酸分子杂交技术，为临床医学提供了一种直接、高效的疾病诊断工具，已在基因表达谱分析、基因突变检测、遗传病产前诊断、感染性疾病诊断等多方面广泛应用。基于应用目的，基因芯片主要存在两大类：①诊断芯片，主要分析与特定疾病密切相关的基因变化；如肝癌、糖尿病等的诊断用基因芯片。②检测芯片，主要检测特定的核酸序列；如检疫芯片、病原体检测芯片等。

三、结合诊断目的制定相应的基因诊断策略

在进行基因诊断时，需要根据检测目的制定合理的诊断策略。首先确定候选基因，判断相关基因是否属于已知基因，或分析突变位点是否已有证据支持；然后再设计相应的基因诊断方案。基因诊断的技术路线包括直接诊断途径和间接诊断途径。

（一）直接诊断途径是针对致病基因结构及表达异常的直接检测

直接诊断途径即直接通过检测基因的点突变、基因重排、基因转录水平表达异常来对疾病做出基因诊断。采用直接诊断途径的必要条件包括：①被检基因的突变类型与疾病发病存在直接的因果关系；②被检基因的正常结构已被确定；③被检基因的突变位点固定且已知。

1. 点突变的诊断存在两种情况　根据点突变所导致的限制性内切酶位点的不同改变状态，需要采用不同的基因诊断策略。

（1）有的点突变可导致限制性内切酶位点的丢失或新增：当 DNA 出现单个核苷酸的取代或少数几个核苷酸的缺失或插入时，若发生某一限制性酶切位点的丢失或新增，则可直接采用限制性片段长度多态性技术，或对 DNA 进行 PCR 扩增后再进行限制性片段长度多态性分析。

（2）有的点突变不能导致限制性内切酶位点的改变：绝大多数的基因点突变并不能改变限制性酶切位点。例如，β-珠蛋白生成障碍性贫血的基因缺陷多由 β-珠蛋白基因点突变所致，目前已知的 β-珠蛋白基因点突变类型不低于 170 种，其中在中国人群中常见的有 27 种，但这些突变大多数不足

以导致限制性酶切位点的丢失或增加。针对非限制性酶切位点改变的基因点突变,常采用 PCR-ASO 斑点印迹、反向斑点印迹、等位基因特异 PCR(allele specific-PCR,AS-PCR)等技术进行诊断。

2. 核酸分子杂交或 PCR 方法可检测基因重排 基因重排(或 DNA 重排)可影响一个或多个基因的功能,与遗传病的发生密切相关。针对 DNA 重排的基因诊断可设计一系列缺失区域相对应的探针,进行 DNA 印迹、斑点印迹、原位杂交等核酸分子杂交检测。正常个体的 DNA 样品可检测到杂交信号,而患者的 DNA 样品会因缺失这段区域而不能结合探针,检测不到杂交信号。另外,还可采用多重 PCR 技术等多种 PCR 方法同时检测基因中的多个区段,发现新的基因重排位点。

3. 多种方法可直接检测基因的表达异常 基因的表达存在复杂的调控机制。除转录水平调控外,基因的表达还受到转录后水平、翻译水平等层次上的调控。对于与特定基因表达水平异常密切相关的疾病,可直接检测特定基因的转录水平、转录产物 RNA 的结构特点及表达量情况。基因表达异常诊断的对象主要是 mRNA,与针对 DNA 的基因诊断方法相比,其检测范围大为缩小。

(1)相对定量分析 mRNA 有赖于内参 cDNA:首先利用 PCR 技术扩增目的与内参 cDNA 片段,再通过光密度扫描 PCR 产物,计算出目的基因与内参基因的扩增产物片段的相对比例,获得 mRNA 的相对含量。

(2)绝对定量分析 mRNA 有赖于标准 cDNA:首先基于 RT-PCR 和竞争性 PCR 技术,通过点突变构建标准 cDNA,其 5′-端和 3′-端序列与待测 mRNA 相似,但长度相差约 100bp。然后将标准 cDNA 稀释成不同的递减浓度,再在不同稀释度的反应管中分别加入等量的待测 mRNA,利用共同的引物进行竞争性 PCR。当待测 mRNA 的扩增产物量相当于相应标准管 cDNA 时,待测 mRNA 浓度便等于此标准管 cDNA 浓度。

(3)PCR 和基因测序技术可分析 mRNA 特点:首先通过分析 RT-PCR 产物电泳条带的长度和大小可获得突变基因中外显子或编码序列的插入和缺失的信息;然后采用基因测序技术可对基因插入和缺失的范围或 mRNA 剪接加工的缺陷做出判断。

4. 动态突变遗传病存在三核苷酸的重复拷贝 在一些神经性肌肉系统相关的遗传性疾病中发现存在三核苷酸重复序列的过度扩增,拷贝数会随着世代传递而不断增多,称为动态突变(dynamic mutation)。常见的动态突变遗传病及相关的重复的核苷酸序列见表 25-1。

表 25-1 动态突变遗传病

疾病种类	重复的核苷酸序列	突变区域
脆性 X 综合征	CGG	5′-UTR
萎缩性肌强直	CTG	3′-UTR
亨廷顿舞蹈症	CAG	编码区
小脑脊髓共济失调	CAG	编码区
马查多-约瑟夫病	CAG	编码区
脊髓延髓性肌萎缩	CAG	编码区

除脆性 X 综合征存在极少数缺失和点突变外,其他的动态突变遗传病均是因为重复序列拷贝数的异常增多所致,并且正常人、携带者和患者的拷贝数依次增多,各有一定范围,一般不重叠。因此针对动态突变遗传病的基因诊断较容易,可直接利用 PCR 及聚丙烯酰胺凝胶电泳对受检者的三核苷酸重复拷贝数进行检测。

(二)间接诊断途径是利用多态性遗传标记进行连锁分析

间接诊断途径并不对疾病基因进行直接诊断,而是借助与致病基因关联的遗传标记进行连锁分析(linkage analysis),进而对疾病做出间接诊断。采用间接诊断途径的常见情况包括:①致病基因未知,或未能克隆成功,或基因序列尚未确定;②基因突变位点不明确;③虽已知致病基因,但片段较长,不易全面分析,无法设计 PCR 引物,也无法制备特异性的基因探针。DNA 多态性是指个体间同一染色体的相同位置上 DNA 序列存在一定的差异或变异,且人群中出现的任一变异频率大于 1%,导致群体中的 DNA 分子存在至少两种不同的基因型。在人类基因组序列中平均每 200~300 个碱基对就可能出现一个多态性位点,这些多态性位点可作为遗传标记与致病基因连锁。通过对于这些多态性位点的分析可间接对疾病进行基因诊断。

1. RFLP 是进行连锁分析的一种标志   人类基因组中仅约 10% 的碱基可发生限制性酶切位点的改变。这种改变可能是某个限制性内切酶识别位点的缺失或新限制性内切酶位点的出现。以特定的限制性内切酶消化 DNA 可产生不同长度的酶解片段,故可进行限制性片段长度多态性位点检测,并将其与变异基因进行连锁分析。进行 RFLP 连锁分析的必要条件:①突变必须导致限制性酶切位点的改变;②父母健在,可进行 DNA 检测,且均为变异基因的杂合子携带者;③子代中必须有一个患者为变异基因的纯合子。

2. 连锁分析可基于单个多态位点   针对特定的单个多态位点可进行特定疾病的连锁分析。例如,以正常 β-珠蛋白基因的 DNA 片段作为探针,分别与经 *Hpa* I 酶消化的正常人和镰状细胞贫血患者的 DNA 进行分子杂交;正常人 β-珠蛋白基因出现一个长度为 7.6kb 的 DNA 片段,镰状细胞贫血患者(纯合子)的异常 β-珠蛋白基因则与一个较长的(13kb)DNA 片段连锁,杂合子则会同时产生这两条片段。

3. 单体型分析针对一组多态性位点   单体型(haplotype)是指存在于一条染色体上某一区域内的两个或两个以上多态性位点的特定组合或排列,即构成该染色体或某区域基因 DNA 的"单体型"。可以同时采用多种限制性内切酶对目的 DNA 进行酶解分析,从而获得一组多态性位点,增加遗传信息含量,即为单体型分析。在基因诊断中可确定与待测遗传病基因相关的某一特定单体型,其与疾病基因的突变连锁,可作为该疾病的遗传标记。

4. 连锁分析可基于重复序列长度多态性   除上述限制性酶切位点多态性外,真核基因组 DNA 中还普遍存在一种由重复序列串联重复次数差异而出现的多态性,称为"重复序列长度多态性"。这种多态性的特点是按首尾相接的方式将相同核心序列串联排列,形成具有高度多态性的特殊 DNA 序列,称为可变数目串联重复序列(variable number of tandem repeat,VNTR),又称为小卫星 DNA。不同个体核心序列的串联重复次数不同,因而 VNTR 长度存在个体间差异。不同的 VNTR 位点其核心序列组成也有差异。

正常人群中还有一类约 2~6bp 的较短核心序列,常以 10~50 次重复串联的方式存在于相应结构基因的侧翼区或非编码区,称为短串联重复序列(short tandem repeat,STR),又称为微卫星 DNA。STR 是限制性片段长度多态性之后的第二代遗传标记。研究发现,特殊的核苷酸重复序列长度改变与脆性 X 综合征、肌强直性营养不良、脊髓延髓性肌萎缩和亨廷顿舞蹈症等多种遗传性疾病相关。

第二节 基因诊断的应用及问题

基因诊断可以实现针对特定疾病的相关基因分型鉴定、基因突变检测,以及基因拷贝数或表达产物的定量分析等,已在许多重大疾病(如遗传病、感染性疾病、肿瘤等)的早期诊断、产前筛查、疗效判断、预后评估、用药指导、法医学鉴定、分子流行病学、器官移植等多方面得到广泛应用。

一、针对致病基因的检测助力遗传病的诊断

基因诊断最早应用于遗传病的诊断。通过直接及间接诊断途径可在基因水平上对血红蛋白病、血友病、苯丙酮尿症、杜氏肌肉营养不良症等各种单基因遗传病做出诊断。

(一)血红蛋白病针对血红蛋白结构或珠蛋白肽链量异常进行诊断

血红蛋白病(hemoglobinopathy)是人类遗传病中研究得最为透彻的分子病,也是临床最常见的单

基因遗传病之一。血红蛋白病是由血红蛋白的结构改变或合成异常所导致,主要包括异常血红蛋白病和珠蛋白生成障碍性贫血两大类。

1. 镰状细胞贫血可采用多种方法进行检测　镰状细胞贫血是一种遗传性异常血红蛋白病,其常见突变为 β-珠蛋白基因第 6 个密码子发生 A-T 的单点突变,从而导致血红蛋白 β 亚基发生 Glu-Val 的氨基酸突变。通过限制性酶切图谱、PCR-RFLP、基因测序技术可以实现镰状细胞贫血的早期诊断和产前筛查。

（1）核酸内切酶 *Mst*II 可获得 β-珠蛋白基因的限制性酶切图谱:首先以限制性核酸内切酶 *Mst*II(识别序列为 CCTGAGG)消化基因组 DNA 后,与 β-珠蛋白基因探针杂交,再利用凝胶电泳分析产生片段。正常人的 β-珠蛋白基因(CCTGAGGAG)可产生 1.15kb 与 0.20kb 两个片段;而镰状细胞贫血患者的 β-珠蛋白基因(CCTGTGGAG)因 *Mst*II 酶切位点的缺失而不被切割,故仅检测到 1.35kb 的片段。

（2）PCR-RFLP 可分析 β-珠蛋白基因第 6 密码子区域:首先针对 β-珠蛋白基因第 6 密码子区域的 110bp 片段进行 PCR 扩增,然后经限制性内切酶 *Mst*II 消化后进行凝胶电泳分析。正常人的扩增产物经 *Mst*II 消化可产成 54bp 与 56bp 两个片段,检测到两条电泳条带;镰状细胞贫血患者的扩增片段不被酶切,仅检测到一条 110bp 的条带;杂合子则可检测到 54bp、56bp 和 110bp 三条条带。

（3）基因测序技术可分析 β-珠蛋白基因突变:直接对 β-珠蛋白基因进行序列测定,检测第 6 密码子区域是否发生 A-T 的单点突变。

2. β-珠蛋白生成障碍性贫血可采用 PCR 和分子杂交等进行诊断　β-珠蛋白生成障碍性贫血多由 β-珠蛋白基因不同类型的点突变(包括单个碱基的替换、插入或缺失)所引发,极少数与基因缺失相关。针对 β-珠蛋白基因的点突变检测是此类贫血基因诊断的重点。常用的检测技术包括 PCR-RFLP、PCR-ASO、等位基因特异 PCR(AS-PCR)、反向斑点印迹和基因测序等。

（1）PCR-RFLP 检测 β-珠蛋白基因突变:位于 β-珠蛋白基因第 17 位碱基的 β17A→T 突变在中国人群中比较常见。首先利用 PCR 方法扩增 β-珠蛋白基因的–140 至+473 之间的 613bp DNA 片段,再以 *Mae*I 酶切扩增产物后进行电泳分析。野生基因(βA)可产生 445bp、114bp、54bp 三个片段;而发生 β17A→T 突变时会生成一个新的 *Mae*I 酶切位点(CAAG→C↓TAG),导致 445bp 片段又被酶解为 72bp 与 373bp 两个片段。

（2）PCR-ASO 检测 β-珠蛋白基因突变:通过 PCR 结合 ASO 探针斑点印迹技术也可检测已知 β-珠蛋白基因的突变。首先设计两对引物,其中第一对引物在 β-珠蛋白基因的–140 至+473 间扩增出 613bp DNA 片段,包含中国人群常见的 15 种突变类型中的 14 种,第二对引物在 β-珠蛋白基因的+952 至+1 374 间扩增出 423bp 片段,可用于第 15 种突变(IVS-II654)的检测;然后将两对引物加入同一反应管中进行扩增;再将合成的各种突变和相应正常的寡核苷酸探针成对点样至尼龙膜上后,最后将 PCR 产物分别与标记的 ASO 探针进行杂交分析。若两个等位基因均含有相应的点突变时,则仅与突变探针杂交;若两个等位基因均不含突变,则仅与正常探针杂交;若一个等位基因带有突变而另一个正常时,则与两种探针均可杂交。

（3）AS-PCR 检测 β-珠蛋白基因突变:首先分别设计 3′-端碱基只与正常或突变模板配对特异 PCR 引物,再以待检 DNA 样品为模板进行 PCR 扩增。如果利用突变引物可以获得特异性扩增带,表明该检测的 DNA 模板存在突变,反之则表明没有这种突变。

（4）反向斑点印迹检测 β-珠蛋白基因突变:基于反向斑点印迹(RDB)也可对 β-珠蛋白生成障碍性贫血患者家系进行基因诊断。如图 25-2 所示:(a)第一张杂交膜上固定有中国人群中常见的 6 种点突变探针,分别为野生和突变各 6 对特异性 ASO 探针;(b)第二张杂交膜显示正常人的 RDB 结果;(c)第 3~9 张杂交膜则为一个 β-珠蛋白生成障碍性贫血患者家系的 RDB 结果,其中父亲为 41/42 突变杂合子,母亲为 654 突变杂合子,患儿为 41/42 和 654 双重突变杂合子。

（5）基因测序分析 β-珠蛋白基因突变:β-珠蛋白生成障碍性贫血具有较大的遗传异质性,可直接

图 25-2 反向斑点印迹进行 β-珠蛋白基因突变分析示意图

对患者 β-珠蛋白基因进行基因测序,获得确切的突变位点,还可检测到稀有或罕见的突变类型。

(二)甲型血友病通常需先检查基因倒位再进行遗传标记连锁分析

血友病(hemophilia)是一组以遗传性凝血功能障碍为特点的血液疾病,主要存在四种类型,即甲型(凝血因子Ⅷ缺乏症)、乙型(凝血因子Ⅸ缺乏症)、丙型(凝血因子ⅩⅠ缺乏症)和血管性假血友病。以下重点介绍甲型血友病的基因诊断。甲型血友病是由于 FⅧ倒位、突变等异常所导致,故针对 FⅧ的检测有助于患者家系中血友病携带者的鉴定,以及未出生胎儿的血友病产前诊断。

1. DNA印迹分析FⅧ倒位 约40%的重型血友病患者FⅧ存在大片段的 DNA 倒位现象。因此,在对重型血友病家系进行基因诊断时,首先考虑基于 DNA 印迹的FⅧ倒位分析。利用 Nco I、Dra I 或 Bcl I 等内切酶消化基因组 DNA(酶切位点位于交换点两侧),与带标记的特异探针杂交,再进行相关 DNA 条带分析。正常人存在 21.5kb、16kb、14kb 三个 DNA 条带;1 型倒位患者的条带显示为 20kb、17.5kb、14kb;2 型倒位患者的条带显示为 20kb、16kb、15.5kb;一些重型甲型血友病家系中可能存在其他异常带型。

2. 连锁分析检测FⅧ的可能突变 FⅧ点突变是轻、中型甲型血友病的主要病因。由于 FⅧ点突变较多,很难检测每一位甲型血友病患者的点突变情况,所以 DNA 多态性连锁分析成为甲型血友病基因诊断的常用手段。当存在先证者,且先证者的母亲为该突变位点的杂合子时,可依赖 FⅧ内部或旁侧的多态性标记进行连锁分析。

(1)连锁分析基于 RFLP:针对中国人群,已报道多个 FⅧ多态性位点,如外显子 18 中的 Bcl I 位点、内含子 22 中的 Xha I 位点等。近年来多采用 PCR 结合 Bcl I 和 Xha I 的酶谱检测,或基于这两个限制性片段长度多态性的 ASO 探针杂交技术来进行 RFLP 连锁分析。

(2)连锁分析基于 STR:在 FⅧ中发现多个微卫星序列,如内含子 13 中的(CA)n 和内含子 22 中的(GT)n、(AG)n 等,故可通过 STR-PCR 技术进行基因诊断。

(3)连锁分析基于 VNTR:中国人群 FⅧ外侧 DS52(st14-1)的 VNTR 与 FⅧ紧密连锁,相距约 2Mb,且以 60bp 为一重复单位,重复单位中含有 Taq I 酶切位点,故可通过 DNA 印迹、PCR 技术进行检测。

二、针对标志基因的检测辅助恶性肿瘤的临床诊断

大多数人类肿瘤组织中都可检测到癌基因或抑癌基因的缺失或点突变,且有些基因或相关表达产物的改变可作为特定肿瘤的标志物,如甲胎蛋白(AFP)可视为原发性肝癌诊断的标志物之一。目前已鉴定出一些与特定肿瘤密切相关的基因,如 RB(视网膜母细胞瘤)、WT1(肾母细胞瘤、1 型神经纤维瘤)、BRCA(乳腺癌)、APC(结肠癌)等。常见的肿瘤基因诊断技术包括 PCR、PCR-SSCP、基因测序、

限制性片段长度多态性分析、斑点印迹、基因芯片等。

（一）多种技术可实现原癌基因和抑癌基因的检测

有些原癌基因和抑癌基因的结构变异或功能异常存在于多种人类肿瘤组织中。针对这些基因变异的检测，常可评估某种肿瘤疾病的易感性，有助于特定肿瘤的临床诊断。

1. RAS 在人类肿瘤中最易被激活　不同 RAS 原癌基因在不同肿瘤中存在优势激活现象。例如，胰腺癌、结肠癌、肺癌以 K-RAS 突变为主，其中 K-RAS 第 12 位密码子突变是由编码甘氨酸的 GGT 突变为 TGT、GTT 或 GAT，少数突变为 GCT。急性淋巴细胞白血病、慢性淋巴细胞白血病等血液系统肿瘤以 N-RAS 突变为主；泌尿系统肿瘤则以 H-RAS 突变为主。因此，针对 RAS 突变的检测有助于相关肿瘤的诊断。常用的检测技术包括：针对 H-RAS 第 12 位密码子点突变部位进行 PCR 扩增后再进行 SSCP 分析；直接针对 N-RAS 点突变位点进行基因测序；利用寡核苷酸探针杂交检测 H-RAS 第 12 位密码子点突变。

2. TP53 在多数肿瘤中发生点突变　约 50% 以上的肿瘤都存在 TP53 突变，以点突变多见，也存在少量插入或缺失突变，其基因表达产物也可出现异常。抑癌基因 TP53 的突变、活性丧失与肿瘤的形成密切相关。

（1）基因测序分析 TP53 突变：可直接对 DNA 片段进行 TP53 测序，分析突变位点。目前常见的 TP53 突变包括：①移码突变：157 位密码子 GTC→GATC、199 位密码子 GGA→TGGA、200 位密码子 AAT→TAAT；②错义突变：159 位密码子 GCC→CCC、153 位密码子 CCC→CGC、198 位密码子 GAA→TAA。

（2）PCR-SSCP 检测 TP53 突变：针对突变频率最高的外显子 5~8 特异保守区设计相应引物，进行巢式 PCR；以一对引物进行第一轮 PCR 扩增 2.9kb 片段，再分别以 5、6、7、8 外显子引物进行第二轮扩增；最后通过 SSCP 对扩增的 DNA 片段进行分析，确定是否存在碱基改变。

（3）PCR-RFLP 分析 TP53 突变：当突变导致 TP53 特定酶切位点的消失或增加时，可进行 PCR-RFLP 分析。

（二）针对肿瘤相关基因变异的检测有助于特定肿瘤的诊断

某些肿瘤相关基因的变异可相对特异性地发生在某一类肿瘤。这种情况下，该变异基因常可作为这类肿瘤的辅助诊断指标。

1. BRCA 变异检测有助于乳腺癌的诊断　5%~10% 的乳腺癌患者具有家族遗传性。乳腺癌基因（breast cancer gene）BRCA 属于抑癌基因，主要包括 BRCA1 和 BRCA2，在乳腺癌高危家族中常发生基因突变。与乳腺癌发生密切相关的 BRCA1 突变分布于整个编码序列中，未发现明显的突变簇或突变热点。70% 的缺失或插入导致 BRCA1 编码序列的移码和翻译提前终止。BRCA1 在 N-端的截短，与乳腺癌和卵巢癌的高风险相关；而在 C-端截短则主要与乳腺癌高风险有关。30%~40% 的散发性乳腺癌存在 BRCA2 的杂合性缺失，常导致截短蛋白产物的出现。

由于没有明显的 BRCA1 突变簇或热点，可采用基因测序、PCR-SSCP 等进行分析。针对 BRCA2 结构的变异分析，可采用荧光原位杂交（FISH）等技术进行检测。

2. 检测 APC 变异可能预测结肠癌的发生　癌症发生、发展的不同阶段涉及不同的基因变异。结肠癌的形成是多基因参与的过程。例如，结肠癌发生过程中第一个发生突变的为结肠腺瘤（adenomatous polyposis coli）基因 APC。生殖细胞中 APC 突变及其后体细胞中 APC 另一个等位基因的突变，可导致遗传性腺瘤样息肉综合征的发生，若不及时治疗，最终可发展为结肠癌。原癌基因 K-RAS 的突变也是结肠癌发展过程的早期事件。在结肠癌发展的后期，TP53 发生突变；染色体 18q 的杂合性缺失导致 DCC 等抑癌基因的失活。除癌基因与抑癌基因外，DNA 修复基因的突变也与结肠癌的发生相关。如生殖细胞中 hMSH2、hMLH1、hPMS1 或 hPMS2 的突变导致的 DNA 错配修复缺陷与遗传性非息肉性结肠癌的发生密切相关。许多结肠癌患者还存在微卫星不稳定性现象。

APC 包含 15 个外显子，常见的突变发生在外显子 7、8、10、11。APC 突变发生在多数结肠癌的早期,故对腺瘤样息肉患者进行 *APC* 及产物的检测,有助于结肠癌的早期诊断。可以通过基因测序进行 *APC* 的突变分析。

三、DNA 指纹分析是法医学个体识别的核心技术

基因诊断在法医学领域发挥了重要作用。基于短串联重复序列(STR)的 DNA 指纹分析技术可有效地进行生物个体认定,已成为刑侦样品鉴定、犯罪嫌疑人排查、亲子关系鉴定和个体间亲缘关系确定的重要手段。DNA 芯片技术也可以快速、简便地搜寻和分析 DNA 多态性。

(一)多态性遗传标记具有个体特异性

利用人类染色体上小卫星 DNA 的核心序列为探针进行限制性片段长度多态性分析时,可检测到很多高度可变区,并获得相应的图谱;这些图谱就如同人类指纹一样具有高度的个体特异性,故称为 DNA 指纹分析(DNA fingerprinting)。基于 VNTR 的 DNA 指纹分析技术需要的样品量多,图谱谱带易丢失。当 VNTR 核心序列较长时,杂合子不同长度等位基因片段(尤其是相差 200kb 以上)的 PCR 扩增效率不一致,会产生深浅不一的两条谱带,甚至只有一条谱带,无法得到正确的分析结果。

作为普遍存在于人类基因组中的第二类遗传标记,STR 在法医物证应用方面表现出更大的优势:①STR 仅为 2~6bp 的核心序列串联重复,针对 STR 位点的 PCR 扩增成功率和灵敏度都很高,对降解检材的扩增分型也十分有效;②通过在同一反应体系中同时扩增几个 STR 位点,可提高有限样品的利用率和检验效率;③STR 位点突变率低、电泳易分离、对检材的质和量要求低。

框 25-2

DNA 指纹分析给法医学带来革命性变化

1984 年,英国莱斯特大学的科学家 Jeffreys A. J. 以人类染色体上小卫星 DNA 的核心序列为探针,与 DNA 酶切片段杂交,在 X 射线胶片上意外发现多个长度不等的杂交带图纹。这些图纹同人类指纹一样对于个体是高度特异的,故称为"DNA 指纹"。一系列"DNA 指纹"组成"DNA 指纹图谱",可用于个体识别,具有稳定的遗传性和高度的特异性。DNA 指纹分析技术给法医学领域带来革命性的变化。1989 年美国国会批准 DNA 指纹分析技术作为法庭物证分析手段。目前,基于 PCR 扩增的 DNA 指纹分析技术具有快速、灵敏的特点,已成为法医学个体识别的核心技术。

(二)DNA 指纹分析是法医学个体识别的核心技术

当生物样品中提取的 DNA 足量且结构完整时,可以直接进行传统的 DNA 指纹分析,但通常情况下法医物证检材是微量的,需要进行特异性片段的 PCR 扩增。首先针对若干个特定基因位点,如 STR、人类白细胞抗原位点等,设计相应的 PCR 引物,再对微量血痕、精液、唾液和毛发等样品中的待测 DNA 样本进行 PCR 扩增,最后通过 PCR 产物的带型比较即可做出判断。如图 25-3 所示,针对 STR 位点 D13S317 的 PCR 扩增产物带型分析,发现 3 个子女基因型的一个等位基因来自父亲,另外一个等位基因来自母亲。

图 25-3　STR 等位基因在家族中遗传示意图

四、针对外源性基因的检测有助于感染性疾病的诊断

在病毒、细菌、真菌等类型的感染性疾病中,特定的病原体生物侵入人体,致使人体内存在外源性的病原体基因。无须分离或培养获得病原体,直接利用PCR及衍生技术对特定组织或细胞中这些外源性基因的保守序列进行特异性检测,能够在早期对感染性疾病做出临床诊断。例如,目前市面上已存在很多针对新型冠状病毒等不同病原体的商品化核酸检测试剂盒。利用反向斑点印迹(RDB)可用于检测耐药相关的基因突变,例如RDB法可以检测乙型肝炎病毒拉米夫定耐药的相关突变酪氨酸-甲硫氨酸-天冬氨酸-天冬氨酸(YMDD)位点突变。另外,利用已知病原生物的全部或部分基因组序列,将其保守或特异序列集成在一块芯片上,即可快速、简便地检测出病原体,从而实现疾病基因携带者检查、病毒亚型判断或传染性疾病的快速筛查。基因诊断已广泛用于各型病毒性肝炎病毒、冠状病毒、真菌、弓形虫、支原体、衣原体等多种入侵病原体的临床检测。

五、基因诊断存在技术困难和伦理问题

基于多种分子生物学和分子遗传学的技术,基因诊断通过检测机体内源性基因的结构、表达异常,对单/多基因遗传病、肿瘤等特定疾病做出诊断;通过检测外源性病原体基因的存在状态,对是否患有特定感染性疾病进行判断。尽管基因诊断已在多个领域获得重大进展,但在具体实施或推广过程中仍然存在很多问题或难点,主要包括技术上的困难及伦理问题。

基因诊断对于疾病的适用范围有赖于诊断技术的进步和人们对其发病机制的探索程度。尽管基因诊断已广泛应用于镰状细胞贫血、β-珠蛋白生成障碍性贫血、血友病的诊断以及法医学鉴定等方面,但由于很多疾病的发病机制复杂,具有很大的异质性,并不存在或尚未找到可供基因诊断的有效切入点。针对同一疾病的不同基因诊断技术各有利弊,需要根据具体情况进行选择。有的基因诊断结果假阳性较高,须结合临床症状、影像检查、生化诊断、病理检测等信息进行综合评估。部分基因诊断技术的实施费用较高以及部分人对特定疾病的早期基因筛查意识淡薄也在一定程度上影响了基因诊断的推广、应用。随着基因测序技术的不断发展,更多与疾病密切相关的基因变异会被人们所认识;相应的基因诊断技术也将不断进步,体现出更为经济、可靠、有效的临床应用价值。

此外,基因诊断可在基因水平上对于机体将来是否可能患有某种疾病进行预估,实现易感人群的患病筛选。这种预测性基因诊断具有一定的指导意义,但也带来了一系列的问题。例如,基因诊断有助于评估夫妻双方是否携带有某种遗传病的致病基因,从而指导婚育。如果产前基因诊断结果显示胎儿携带有某种致病基因,提示出生后患相应疾病的概率较大。基因诊断并不能取代临床医学诊断,部分致病基因的携带也仅仅是一种对发病概率的预判。随着基因诊断的普及,基因歧视和基因隐私保护问题也需要愈加重视。

第三节　基因治疗的基础与策略

基因诊断技术的发展为从基因分子水平干预和校正相关基因疾病提供了理论基础。基因操作技术的成熟为基因导入人体提供了必要的条件,基因治疗由此应运而生,并发展成为当前医学分子生物学最重要的研究领域之一。作为一种新的治疗手段,基因治疗为许多疑难病症的治疗带来了希望,但同时还存在着许多问题尚待解决。

一、目的基因导入体细胞治疗特定疾病

基因治疗(gene therapy)主要是指体细胞基因治疗,通过基因转移(gene transfer)技术,直接或间接将目的基因导入疾病受累靶器官或细胞,使其发挥生物学效应,从而实现治疗疾病的目的。基因转移技术是指利用物理、化学或者生物学方法,将基因或核酸片段在不同物种之间或者同种生物的不同

个体、细胞之间进行传递与交流。基因治疗的基本策略主要包括基因置换、基因增强、基因干扰、基因编辑、自杀基因治疗及基因免疫治疗等。

基因治疗融合了分子生物学和细胞生物学的多项技术。现代基因治疗手段很多,可以将外源正常基因转移至病变细胞以取代缺陷基因,产生正常基因表达的产物;可以采用干扰技术抑制细胞内某些致病基因的异常表达;还可以将特定治疗或经过修饰的基因导入正常细胞,使体内表达特定基因的产物,以达到治疗疾病的目的。从研究进程来看,基因治疗包括实验室基础研究和已批准方案的临床实施。基因治疗的应用范围逐渐拓展,最初是针对遗传病和肿瘤,现在已经扩展到感染性疾病、心血管系统疾病和神经系统疾病等。

二、针对目的基因制定相应的治疗策略

(一)基因置换可用于基因缺陷的校正

基因置换(gene replacement)是将特定的目的基因导入特定的细胞,通过定位重组,以导入的正常基因置换基因组内原有的缺陷基因。基因置换的目的为纠正缺陷基因,将缺陷基因的异常序列进行矫正,对缺陷基因的缺陷部位进行精确的原位修复,并不涉及基因组的任何改变。在体外细胞实验研究中,可基于基因同源重组技术实现基因置换。

(二)基因增强可用于基因缺陷的校正

基因增强(gene augmentation)是通过导入外源基因使靶细胞表达其本身不表达的基因。基因增强存在两种类型:一是针对特定的缺陷基因导入其相应的正常基因,使导入的正常基因整合到基因组中,而细胞内的缺陷基因并未除去,通过导入正常基因的表达产物,补偿缺陷基因的功能;二是向靶细胞中导入靶细胞本来不表达的基因,利用其表达产物达到治疗疾病的目的。例如,将细胞因子基因导入肿瘤细胞进行表达,即属于这一类型。

(三)基因干扰可抑制特定基因的表达

基因干扰(gene interference)是指采用特定的方式抑制某个基因的表达,或者通过破坏某个基因的结构而使之不能表达,以达到治疗疾病的目的。此类基因治疗常通过核酶、miRNA 和 siRNA 等抑制过度表达的癌基因或病毒基因。

1. 核酶可干扰特定基因表达　天然核酶(ribozyme)多为单一的 RNA 分子,具有自剪切作用。但核酶也可以由两个 RNA 分子组成,只要两个 RNA 分子通过互补序列相结合,形成锤头状的二级结构(3 个螺旋区),并能组成核酶的核心序列,就可在锤头状核酶结构右上方产生剪切反应(图 25-4a)。

图 25-4　**核酶的结构和作用机制**
(a)核酶的二级与三级结构;(b)核酶的作用机制。

在这种情况下,组成核酶的两个RNA分子中,带有被剪切位点的RNA分子实际上是被剪切的靶分子,而与之结合的RNA分子虽然只是构成了核酶的一部分(图25-4b),但实际上是作为一个酶在起作用,这种RNA分子也称为核酶。在基因治疗时,利用这种核酶分子结合到靶RNA分子中的适当部位,形成锤头状核酶结构,将靶RNA分子切断,通过破坏靶RNA分子达到治疗疾病的目的。核酶具有较稳定的空间结构,不易受到RNA酶的攻击,核酶在切断mRNA后,又可从杂交链上解脱下来,重新结合和切割其他mRNA分子。

2. 反义RNA可干扰特定基因表达　反义RNA(antisense RNA)技术是通过反义RNA与细胞中mRNA特异结合而调控其翻译。反义RNA具有安全性高、设计和制备方便、存在剂量调节效应等特点,并能直接作用于一些RNA病毒。反义RNA主要面临两个问题:特异性转移问题以及进入靶细胞前的降解问题。反义RNA技术的发展已经不再局限于反义RNA自身的特性,而是可以让反义RNA带上其他活性,从而使受体介导的反义RNA技术在基因治疗方面更具优势。例如:用硫代磷酸核苷酸代替通常的核苷酸,可以增强反义RNA的抗降解作用。设计出具有核酶活性的反义RNA,不仅可以阻断特定mRNA的翻译,而且能通过核酶活性来切割mRNA分子。

3. miRNA和siRNARNA干扰技术可干扰特定基因表达　miRNA和siRNA均可沉默靶基因。这两类非编码小RNA皆通过与互补序列结合,导致mRNA降解,既可抑制基因功能,又不产生突变的生物体,因此利用miRNA或siRNA开展基因治疗研究极有潜力。

(四)基因编辑可纠正基因结构异常

基因编辑(gene editing)是利用多种基因工程手段对基因组的特定目标基因进行靶向突变、表达沉默、碱基编辑、定点插入等。基因编辑技术发展迅速,目前已存在多种基于不同核酸酶的基因编辑系统,如巨型核酸酶、锌指核酸酶(zinc finger nuclease,ZFN)、转录激活因子样效应物核酸酶(transcription activator-like effector nuclease,TALEN)和成簇规律间隔短回文重复(clustered regularly interspaced short palindromic repeat,CRISPR)等。其中CRISPR是一种可保护细菌和古细菌细胞不受病毒侵害的适应性防御系统,可通过表达与入侵病毒基因组序列相匹配的小分子RNA来识别病毒基因组,进而利用表达的CRISPR相关核酸酶(Cas酶家族)将其切割。基于CRISPR的这种特点,开发出一系列CRISPR-Cas基因编辑技术,可以实现对于不同物种基因组目的基因的靶向编辑。

这里以在非细菌细胞中应用较为广泛的CRISPR-Cas9系统进行简要机制介绍。如图25-5所示,CRISPR-Cas9系统主要包括可以切断靶基因的Cas9核酸酶和引导Cas9核酸酶靶向特定位点的单链导向RNA(single guide RNA,sgRNA)分子。sgRNA是基于细菌中CRISPR序列改造而成的高效靶基因识别序列,其可结合Cas9核酸酶,又可与靶基因组间隔序列邻近基序(protospacer adjacent motif,PAM)附近的目标序列形成碱基互补配对。在Cas9核酸酶的DNA切割作用下,靶基因外显子区基因序列发生双链断裂(double-strand break,DSB),引起具有高错配率的非同源末端连接(non-homologous end joining,NHEJ)修复,出现由于移码突变所导致的靶基因沉默现象。当存在供体DNA模板分子

图25-5　CRISPR-Cas9原理示意图
HR,同源重组;NHEJ,非同源末端连接;PAM,间隔序列邻近基序;sgRNA,单链导向RNA。

时,则可通过同源重组(homologous recombination,HR)修复机制实现对于特定位点的基因修饰。

此外,胞嘧啶碱基编辑器(cytidine base editor,CBE)、腺嘌呤碱基编辑器(adenine base editor,ABE)、糖基化酶碱基编辑器(glycosylase base editor,GBE)等一系列技术的出现可以实现对于特定基因的单碱基编辑,且并不依赖双链断裂所诱导的 NHEJ 或 HR 修复机制。以 CBE 为例,它是将胞嘧啶去氨基酶与酶切活性缺陷的 Cas9 蛋白融合表达,在 sgRNA 的引导下,融合蛋白靶向基因组特定序列再基于胞嘧啶去氨基酶活性,最终实现从 C 到 T 的单碱基转换。

通过对于不同核酸酶、碱基修饰酶等的系列基因工程改造,基因编辑系统在降低脱靶效应、提高编辑效率及精准度、扩展适应范围等方面不断优化。基因编辑技术已成功实现对于不同物种基因组的定点修饰,能够纠正基因结构异常,具有治疗单基因遗传病、血液病、肿瘤等疾病的良好应用前景。

(五)自杀基因用于治疗恶性肿瘤

自杀基因(suicide gene)治疗恶性肿瘤的基本原理是将"自杀"基因转移入宿主细胞中,这种基因编码的酶能使无毒性的药物前体转化为细胞毒性代谢物,诱导靶细胞产生"自杀"效应,从而达到清除肿瘤细胞的目的。

自杀基因通常来自病毒或细菌。胸苷激酶/丙氧鸟苷(thymidine kinase/ganciclovir,TK/GCV)是目前研究最多的自杀基因系统。单纯疱疹病毒 1 型胸苷激酶基因编码的胸苷激酶(thymidine kinase,TK),可特异性地将无毒的核苷类似物丙氧鸟苷(ganciclovir,GCV)转变成毒性 GCV 三磷酸,后者能抑制 DNA 聚合酶活性,阻止 DNA 合成,导致细胞死亡(图 25-6)。肿瘤细胞的消除还有赖于旁观者效应(bystander effect),即转导自杀基因的细胞可以影响周边没有被转导的肿瘤细胞。旁观者效应显著增强了自杀基因对肿瘤细胞的杀伤作用,在很大程度上弥补了基因转导效率低的问题,对恶性肿瘤的治疗具有重要的意义。

图 25-6 自杀基因的作用机制

(六)基因免疫治疗增强机体抵抗肿瘤的能力

基因免疫治疗是通过多种手段从不同角度增强机体肿瘤微环境针对肿瘤的抵抗能力。例如,将抗癌免疫增强细胞因子或 *MHC* 导入肿瘤组织;对于免疫细胞进行基因修饰后,增强其清除肿瘤的能力。

三、基因治疗的基本程序涉及多个环节

基因治疗的基本程序主要包括目的基因的选择、基因转移载体的选择、基因治疗靶细胞的选择、治疗基因的导入、治疗基因表达检测及基因治疗临床试验审批等。

(一)目的基因的选择至关重要

基因治疗的首要问题是目的基因的选择。必须清楚疾病的具体发病机制,方能根据病因有针对

性地选择目的基因。对于基因缺陷导致的遗传性疾病,一般采用野生型的正常基因作为靶基因;对于非遗传性疾病,则有多种治疗策略可供选择,不同的策略又可以选择不同的目的基因。一般需要将目的基因克隆进入合适的表达载体中,再将表达载体转移至靶细胞中。

(二)两大类基因转移载体可供选择

目的基因必须先进入细胞才能表达和发挥作用,而如何将外源基因导入靶细胞是基因治疗的一个关键因素。在基因治疗中,通常把基因转移的运载媒介称为载体(vector)。基因转移的载体常可分为两大类,即病毒载体和非病毒载体。

1. 病毒载体可介导基因转移 病毒载体介导的基因转移效率较高,是使用最多的基因治疗载体。目前已存在可用于基因转移的多种病毒载体,如逆转录病毒载体、慢病毒载体、腺病毒载体、腺相关病毒载体、疱疹病毒载体等。

(1)逆转录病毒载体用于基因转移:逆转录病毒是一种 RNA 病毒,其感染颗粒是由包装蛋白包装的。逆转录病毒前病毒的结构主要有以下特点(图 25-7a):①两端各有一长末端重复序列(long terminal repeat,LTR),由 U3、R 和 U5 三部分组成。LTR 是病毒 DNA 整合进入细胞基因组 DNA 过程中的关键性结构;在 U3 内有增强子和启动子;U3 和 U5 两端分别有病毒整合序列;在 R 内有 poly(A)加尾信号。②病毒有三个结构基因:*gag*,编码核心蛋白和种属特异性抗原;*pol*,编码逆转录酶;*env*,编码病毒外壳或包膜糖蛋白。③在 5′-端 LTR 下游有一段病毒包装所必需的序列 ψ 及剪接供体位点和剪接受体位点。

用于基因治疗的逆转录病毒载体系统由两部分组成:①逆转录病毒基因组为缺陷型,保留了病毒的包装信号 ψ,而缺失病毒的包装蛋白基因;它可以克隆并表达外源治疗基因,但不能自我包装成有增殖能力的病毒颗粒。②辅助细胞株(如 PA317 等),是由另一种缺陷型逆转录病毒(即带有全套病毒包装蛋白基因,但缺失包装信号 ψ 的逆转录病毒)感染构建而成。该细胞株能合成包装蛋白,用于逆转录病毒载体包装,但本身却不能包装成辅助病毒颗粒。将上述两部分结合使用,即可产生携带治疗基因、只有一次感染能力的重组逆转录病毒颗粒。用它们感染靶细胞后,可将治疗基因带入宿主细胞并发挥治疗作用(图 25-7b)。

逆转录病毒载体的主要缺点就在于其随机整合,有插入突变、激活癌基因的潜在危险;同时,逆转录病毒载体的容量较小,只能容纳 7kb 以下的外源基因。

(2)慢病毒载体用于基因转移:慢病毒(lentivirus)载体是在 HIV-1(人类免疫缺陷 1 型病毒)基

图 25-7　基因治疗的逆转录病毒载体系统
LTR:长末端重复序列。
(a)逆转录病毒前病毒的结构;(b)包装示意图。

础上构建的整合型基因转移载体。与一般的逆转录病毒载体相比,其对分裂细胞和非分裂细胞均具有感染能力,但其病毒载体的容量仍然有限。

(3)腺病毒载体用于基因转移:腺病毒(adenovirus,AV)属 DNA 病毒,可引起人上呼吸道和眼部上皮细胞的感染。人的腺病毒共包含 50 多个血清型,其中 C 亚类的 2 型和 5 型腺病毒在人体内为非致病病毒,适合作为基因治疗载体。腺病毒载体不会整合到染色体基因组,因此不会引起宿主染色体结构的破坏,安全性相对较高;而且对 DNA 包被量大、基因转染效率高,此外对静止或慢分裂细胞都具有感染作用,故可用细胞范围广。在构建携带外源 DNA 的重组腺病毒时,需要将腺病毒基因组质粒和已插入外源 DNA 的穿梭质粒共转染至 293T、PERC6 等细胞系,基于 loxp 位点,在重组酶 Cre 作用下,外源目的基因被重组入腺病毒基因组中。腺病毒载体的缺点是基因组较大,载体构建过程较复杂;由于治疗基因不整合到染色体基因组,故易随着细胞分裂或死亡而丢失,不能长期表达。此外,该病毒的免疫原性较强,注射到机体后很快会被机体的免疫系统排斥。

(4)腺相关病毒载体用于基因转移:腺相关病毒(adeno-associated virus,AAV)是一类单链线状 DNA 缺陷型病毒。AAV 不能独立复制,只有在辅助病毒如腺病毒、单纯疱疹病毒、痘苗病毒存在的条件下才能进行复制。AAV 载体是一类正在研究的新型安全载体,它对人类无致病性。其中一种 B19 病毒可以高效定位整合至人 19 号染色体的特定区域 19q13.4 中,并能较稳定地存在。这种靶向整合可以避免随机整合可能带来的抑癌基因失活和原癌基因激活的潜在危险性,而且外源基因可以持续稳定表达,并可受到周围基因的调控,兼具逆转录病毒载体和腺病毒载体两者的优点。AAV 载体的主要缺点是容量小(只能容纳 5kb 以下的外源 DNA 片段)、感染效率低、可能引起免疫排斥。

2. 非病毒载体可介导基因转移   非病毒载体法所用的表达载体主要是重组表达质粒。与病毒载体介导的基因转移相比,具有下列优点:①制备质粒 DNA 重组体的技术比较容易;②排除病毒载体潜在的致癌性;③基因直接注射法可反复使用,而病毒载体则可能诱导体内免疫应答,致使反复治疗效果下降。

(1)脂质体用于基因转移:基本原理是利用阳离子脂质体单体与 DNA 混合后,可以自动形成包埋外源 DNA 的脂质体,然后与细胞一起孵育,即可通过细胞内吞作用将外源 DNA(目的基因)转移至细胞内(图 25-8)。此外,与纳米技术融合的脂质纳米颗粒还可实现对于 mRNA 等核酸分子的基因转移。

图 25-8   脂质体介导的基因转移示意图

(2)受体介导用于基因转移:将 DNA 片段与有细胞或组织亲和性的配体偶联,可使 DNA 具有靶向性。这种偶联通常通过多聚阳离子,如多聚赖氨酸来实现。多聚阳离子与配体共价连接后,又通过电荷相互作用与带负电荷的 DNA 结合,将 DNA 包围,只留下配体暴露于表面。这样形成的复合物可被带有特异性受体的靶细胞有效吞饮,从而将外源 DNA 导入靶细胞。

(3)细菌载体用于基因转移:去除感染能力的细菌亦可以用作基因转移载体。例如,利用基因编辑等技术将治疗基因整合至肠道细菌载体中,构建基因工程菌株,再通过口服方式进入肠道,最终使治疗基因在体内发挥作用。与病毒载体相比,细菌载体在成本、安全性、基因承载量等方面具有一定优势。

（4）直接注射法实现基因转移:这一方法简单,不需烦琐的操作,而直接将裸露 DNA 注入动物肌肉或某些组织器官内,利用某些细胞直接摄取裸露 DNA 的能力将表达载体摄入细胞内。但通常细胞直接摄取 DNA 的能力比较低,导致基因转移效率非常低。

（5）多种其他方法可用于基因转移:非病毒载体介导的基因转移系统还包括磷酸钙共沉淀法、电穿孔法、DEAE-葡聚糖法、细胞显微注射以及基因枪颗粒轰击等多种物理、化学方法。这些转移方法的效率差异较大,有的需要特殊的仪器,只适合体外基因转移,在基因治疗中极少使用。各种基因转移方法的特点归纳于表 25-2 中。

表 25-2　各种基因转移方法比较

类型	方法	主要优点	主要缺点
病毒载体	逆转录病毒	稳定整合,易操作	仅转染分裂细胞,有插入突变风险
	慢病毒	稳定整合,可转染分裂及非分裂细胞	载体容量受限
	腺病毒	安全性高,易制备	短暂表达,可诱导免疫反应
	腺相关病毒	定点整合,无致病性	难制备,容量较小
非病毒载体	脂质体介导	易制备,操作简便	转导效率低,短暂表达
	受体介导	组织特异靶向性	易降解,表达水平较低
	直接注射	安全性高,操作简便	转移效率低
	磷酸钙共沉淀	易制备	转移效率低
	细胞显微注射	特异细胞靶向性	操作复杂,表达效率差异大

（三）多种基因治疗靶细胞可供选择

基因治疗的靶细胞包括生殖细胞和体细胞两大类;但是为了避免后代持续出现损害,国际上禁止针对生殖细胞的基因治疗。在现有的技术条件下,基因治疗仅限于针对体细胞的操作,基因治疗所引起的基因型的改变只存在于某一类体细胞,因此只影响受治疗个体的当代,而不会遗传给后代。目前基因治疗常选择的靶细胞主要包括以下几种。

1. 造血细胞是基因治疗的最重要靶细胞　很多遗传病都与造血细胞相关,同时,骨髓移植术在传统治疗中已很成熟,这使得造血细胞成为最重要的基因治疗靶细胞。其中,骨髓造血细胞是研究使用最多的基因转移受体细胞。作为基因治疗的靶细胞,造血干细胞的特点是具有向各系血细胞分化的潜能,同时增殖能力强、便于移植操作。但其缺点是数量少,分离和培养难度大。

2. 血管内皮细胞可实现特定基因的分泌　血管内皮细胞分布广泛,既可感应血液中的各种信号,又具有分泌活性,能将导入的靶基因产物直接分泌到血液中。以血管内皮细胞作为基因治疗的靶细胞具有一定优势。

3. 肌肉细胞可通过直接注射法导入基因　由于骨骼肌细胞具有特殊的与细胞外直接相通的 T 管系统,因此有利于通过直接注射法将治疗基因导入细胞。肌细胞中溶酶体和 DNA 酶含量比较低,直接注射的外源质粒基因,可以在肌肉细胞中保留比较长的时间。此外,骨骼肌细胞中的成肌细胞寿命长、容易分离培养、对逆转录病毒载体转染效率高等特点,使其成为重要的基因治疗的靶细胞。

4. 皮肤成纤维细胞可作为基因转移的靶细胞　皮肤成纤维细胞的优点在于容易分离采集,可在体外扩增培养,易于移植等。移植后的皮肤可以持续存在于小鼠模型中。另外,皮肤成纤维细胞对逆转录病毒敏感。利用逆转录病毒载体向皮肤成纤维细胞中转移基因的效率达到 50%。在人成纤维细胞中已经成功表达出多种具有生物活性的蛋白,包括嘌呤核苷磷酸酶、腺苷脱氨酶、葡萄糖脑苷脂酶等。

5. 免疫细胞是基因治疗的有效靶细胞　T、NK、NKT 等免疫细胞具有易采集、可在体外扩增培养、易于移植等优点。同时利用多种基因转移方法可高效导入特定靶基因,方便回输体内,增强其抗肿瘤、抗感染等免疫功能,发挥特定的靶向治疗作用。

6. 肝细胞是基因治疗的重要细胞　肝脏是人体最大的实质代谢器官。许多肝脏中特异表达的基因的突变都会导致遗传病的发生。肝细胞具有一定的分裂能力,便于在体外进行扩增培养。作为基因治疗的受体细胞,肝细胞还可以在异位发挥作用。

7. 肿瘤细胞便于实现基因转移　肿瘤细胞分裂能力旺盛,且绝大多数的基因转移方法均可以高效地将靶基因导入细胞中,干扰肿瘤的生物学行为。肿瘤细胞作为重要的受体细胞,成为基因治疗的热点之一。

8. 其他细胞亦可用于基因治疗　许多实质器官细胞(如心肌细胞和脾细胞)也是基因治疗的常见靶细胞。但一般需要借助活检或外科手术才能获得实质器官细胞,体外培养和移植也较为困难。

(四) 将治疗基因导入人体主要存在两种途径

如图 25-9 所示,按基因转移途径,基因治疗可分为两类:一类称为 *ex vivo*(间接体内)基因治疗;先提取患者的特定靶细胞,在体外利用逆转录病毒载体等不同方式导入外源基因,经体外增殖、筛选、药物处理等操作后,再将经过基因修饰的阳性细胞输回患者体内。例如:传统的嵌合抗原受体 T 细胞免疫疗法(chimeric antigen receptor T-cell immunotherapy,CAR-T)即先提取患者 T 细胞,在体外利用基因编辑等技术使 T 细胞表达嵌合抗原受体,经细胞培养扩增及相应筛选后重新输回患者体内,以靶向攻击特定肿瘤细胞。另一类称为 *in vivo*(直接体内)基因治疗,是利用病毒或非病毒载体,将外源基因直接导入患者体内。例如,将无复制能力的、含外源基因的腺相关病毒直接应用于患者体内;或将脂质体包埋或裸露 DNA 直接注射到患者体内。间接体内的方法比较经典、安全,同时治疗效果比较容易控制,但操作步骤多,技术较复杂,不容易推广;直接体内的方法操作简便,容易推广。虽然直接体内的方法目前尚不成熟,未能彻底解决疗效短、免疫排斥以及安全性等问题,但仍是基因转移方法的重点研究方向。

图 25-9　基因转移的两种途径

(五) 检测治疗基因的有效表达很重要

治疗基因导入靶细胞的转染效率通常较低,在间接体内基因治疗过程中,需要通过载体上的标记基因(如新霉素磷酸转移酶基因、潮霉素抗性基因等)筛选细胞,获得可稳定表达目的基因的细胞,再回输机体达到治疗效果。例如,多数表达载体中含有新霉素磷酸转移酶基因,其表达产物可使新霉素类药物失活。因此在细胞培养液中加入新霉素类药物后,表达新霉素磷酸转移酶基因的转染细胞能够抵抗新霉素类药物,而非转染细胞无法存活,便被清除。此外,还需利用 RT-qPCR、RNA 印迹、蛋白质印迹等多种技术对筛选出的转染细胞进行靶基因的表达鉴定,再通过一系列的动物相关实验来检测治疗基因及表达产物对动物模型的治疗效果及其他潜在影响。

（六）基因治疗的临床试验审批很严格

把基因治疗方案用于人体必须经过专门机构的审批与监督,完成严格的审批程序。美国是最早开展基因治疗的国家,每个临床基因治疗方案的实施均须通过几个机构的审查;简言之,先通过地方伦理小组和生物安全小组审查,再呈送国立卫生研究院的重组 DNA 顾问委员会下属的人类基因治疗分委会,审查后呈送顾问委员会,再送交食品与药物管理局审批。在我国,基因治疗方案的实施也须通过国家药品监督管理局的审批,监管和审批制度也在不断完善中。

第四节　基因治疗的应用及问题

世界上第一个正式被批准可进行基因治疗的疾病是先天性腺苷脱氨酶（adenosine deaminase,ADA）缺乏症。1990 年美国 Blaese R. M. 博士成功地将正常人的 ADA 基因植入 ADA 缺乏症患者的淋巴结内,完成世界上首例基因治疗试验。此后,基因治疗在临床上的试验一直在审慎地进行。

一、基因治疗具备治疗单基因遗传病的良好应用前景

对遗传病进行基因治疗研究必须符合以下要求:①在 DNA 水平明确其发病原因及机制;②必须是单基因遗传病,而且属于隐性遗传;③该基因的表达不需要精确调控;④该基因能在一种便于临床操作的组织细胞（如皮肤细胞、骨髓细胞等）中表达并发挥其生理作用;⑤该遗传病不经治疗将有严重后果（如不治疗难以存活等）。可供选择并符合上述条件的遗传病非常有限。目前,基因治疗在 ADA 缺乏症、苯丙酮尿症（phenylketonuria,PKU）、血友病等单基因遗传病中具有良好的应用前景。例如,ADA 缺乏症是一种常染色体隐性遗传性代谢缺陷性疾病,患者体内 T 和 B 淋巴细胞代谢产物累积,从而抑制 DNA 合成,对淋巴细胞产生毒性作用,造成 T 和 B 细胞功能缺陷。ADA 主要在未成熟的造血细胞中表达,而且只需少量 ADA（如正常量的 5%~10%）即可缓解症状。在鼠和猴体内成功进行 ADA 基因治疗试验的基础上,美国科研人员于 1990 年进行了 ADA 缺乏症的第一例基因治疗并获得成功,并在 1992 年又成功进行了第二例基因治疗。苯丙酮尿症主要是由于苯丙氨酸羟化酶（phenylalanine hydroxylase,PAH）基因突变导致肝内苯丙氨酸羟化酶缺乏,进而使苯丙氨酸不能转变为酪氨酸而产生的病症。针对发生特定突变的 PAH 致病基因,可采用基因置换或基因增强策略校正基因缺陷,也可采用基因编辑策略纠正基因结构异常,但目前尚无获批的基因治疗实施方案。在动物实验中,采用逆转录病毒为载体,将 PAH 的 cDNA 成功地转移至新生小鼠肝细胞并获得较高水平的表达。

二、基因治疗具有改善恶性肿瘤及感染性疾病的潜力

恶性肿瘤基因治疗研究主要集中在以下几个方面:①通过基因置换和基因增强,导入多种抑癌基因以抑制癌症的发生、发展和转移;②抑制癌基因的活性,通过干扰癌基因的转录和翻译,发挥抑癌作用;③增强肿瘤细胞的免疫原性,通过对肿瘤组织进行细胞因子修饰,刺激免疫系统产生对肿瘤细胞的溶解和排斥反应;④通过导入"自杀基因"杀死肿瘤细胞。

病毒感染性疾病的基因治疗主要集中在两个方面:①调节机体免疫应答。如将细胞因子（如干扰素、白介素等）基因导入机体免疫细胞,增强机体的细胞和体液免疫应答,促进机体清除病毒感染细胞和游离病毒;也可以将能够诱导机体产生保护性免疫应答的病毒抗原基因直接导入机体,诱导机体产生保护性抗体,并引发特异性的细胞免疫应答,产生对野生型病毒的防御作用。②抑制病毒复制。可以利用基于反义 RNA、miRNA、siRNA 以及核酶等的基因干扰技术,抑制病毒基因组的复制和蛋白质合成。

三、基因治疗存在尚待解决的问题

(一) 基因治疗尚存在安全性和技术问题

美国一位鸟氨酸氨甲酰基转移酶部分缺失症患者在宾夕法尼亚大学接受基因治疗 4 天后,因发热、凝血功能障碍而死亡。针对这一事件,2000 年美国食品与药品监督管理局和美国国立卫生研究院公布两项新措施:①制定基因治疗临床试验检查计划;②定期开办基因治疗安全性专题研讨会。目前,世界各国对基因治疗产品、方法的安全性与质量控制都采取了严格的措施和周密的临床前研究与评估。

很多基因治疗手段尽管在细胞及动物实验中获得了较为理想的测试结果,但以具有明显异质性的不同个体为实施对象时,这种基因治疗是否还有效,或是否会产生其他的副作用就成为了主要问题。例如,人工改造的病毒载体整合至人体细胞中是否会激活自身其他致病基因或不良的机体应答反应? 很多基因治疗也仅在个别患者中有所应用。这就要求基因治疗还要经历大量并长期的临床试验,要求有足够的受试人群及相对较长时间的追踪随访和预后评估。

同时,基因治疗在基因调控元件选择、安全高效载体的构建和转移手段、靶细胞选择、“去个性化治疗”等环节还存在着很多亟待解决的技术问题。

首先,必须选择合适的 DNA 顺式作用元件,以确保治疗基因导入细胞后的高效表达及有效调控。不同基因的表达调控机制虽存在共性,但也存在独特的性质,需要深入开展系统的和有针对性的基础理论研究。其次,目前所用的各种载体及相应转移技术还不是十分完善,均存在影响实际应用的明显缺点。基因转移载体的安全性保证及临床规模化生产仍然是一个挑战。

另外,对于不同的疾病而言,其主要累及的细胞类型是不同的,治疗基因在不同类型细胞中的表达水平也存在明显差异。只有选择合适的细胞作为靶细胞,才能取得良好的效果。目前的基因治疗为了避免免疫排斥反应,治疗的靶细胞均来自患者体内,并且需要针对每一个患者设计一套独一无二的治疗方案,使得基因治疗带有鲜明的个性化标签。只有去除这种个性化后,基因治疗才能成为经济有效的具有普适性的治疗手段。

(二) 基因治疗尚存在社会和伦理问题

与基因诊断一样,基因治疗同样面临一系列的社会和伦理问题。理论上,生殖细胞和体细胞均可作为基因治疗的实施对象。但基于生殖细胞的基因治疗有可能永久地改变个体后代的遗传特性,而这种改变充满不确定和不可控性。纠正生殖细胞的遗传缺陷面临极大的伦理学问题,故针对人类生殖细胞的基因治疗被不同国家的法律所禁止。造血细胞、血管内皮细胞、免疫细胞等体细胞已成为目前基因治疗的可选靶细胞。基于体细胞的基因治疗也必须通过不同级别的伦理审查委员会和国家卫生管理部门等的批准,在严格的专业监管和法律约束下谨慎进行,还须获得受试者的知情同意,保护受试者的权益,注重隐私保护,做好科普宣传,消除公众疑虑。

尽管体细胞基因治疗是被允许的,但还是有很多引发争议之处。例如,随着基因治疗的广泛应用,若通过基因诊断发现个体存在与肿瘤、遗传病、药物耐受等相关的潜在致病基因突变,是否有必要或法律允许通过基因置换、基因编辑等技术纠正基因缺陷,预防潜在的发病风险? 接受基因治疗的患者常存在可遗传的基因缺陷,对于是否接受基因治疗,常面临两难抉择。患者渴望通过基因治疗消除痛苦、治愈疾病,但是要考虑基因治疗的安全性、疗效的不确定性、公众的接受度、治疗费用等一系列问题。

作为一种新兴的具有极大潜力的治疗手段,基因治疗给遗传病、肿瘤、感染性疾病提供治愈的可能,甚至为神经退行性变性疾病和心血管疾病等与衰老相关的慢性疾病提供有效的解决方案。随着人类基因组计划的完成和功能基因组学的实施,以及基因功能的逐步阐明,人类将能了解自身全部基因的功能及调控机制。不同学科间的深度交叉融合,基因诊断与治疗技术的不断发展,国家伦理审批程序、质量监测体系、医疗法制的逐步完善,均有助于上述问题的有效解决,促进我国基因治疗事业健康有序的长足发展。

小结

　　基因诊断属于分子诊断,是利用多种分子生物学技术,分析内源性基因(即机体自身的基因)是否异常,或检测特定外源性基因(如病毒、细菌基因等)是否存在,进而对疾病做出诊断的方法。基因诊断的待检样品来源广泛,目标分子为 DNA 或 RNA。基因诊断技术主要有核酸分子杂交、PCR、SSCP、RFLP、基因测序、基因芯片等,这些方法可单独或者联合应用。在进行基因诊断时,需要根据检测目的制订合理的诊断策略。基因诊断的技术路线包括直接和间接诊断途径。直接诊断途径可检测致病基因结构及表达异常;间接诊断途径则是利用多态性遗传标记进行连锁分析。基因诊断在遗传病、感染性疾病、肿瘤等的早期诊断、疗效判断、预后评估,以及法医学鉴定、分子流行病学等方面得到广泛应用。

　　基因治疗主要是体细胞基因治疗,即通过基因转移技术,直接或间接将目的基因导入疾病受累靶器官或细胞,使其发挥生物学效应,从而实现治疗疾病的目的。基因治疗的基本策略主要包括基因置换、基因增强、基因干扰、基因编辑和自杀基因治疗等。基因治疗基本程序主要包括目的基因的选择、基因转移载体的选择、基因治疗靶细胞的选择、治疗基因的导入、治疗基因表达检测及临床试验审批等。按基因转移途径,基因治疗主要分为间接体内和直接体内两大类。基因治疗在遗传病、恶性肿瘤、感染性疾病等方面具有广泛的应用前景,但也存在尚待解决的安全性、技术、社会和伦理等一系列问题。

(杨　洁)

思考题

　　1. 一个新生儿的尿液发出霉臭味,检测足跟血的苯丙氨酸值为 385μmol/L,初步判断为苯丙酮尿症(PKU)。请设计至少 3 种基因诊断方案,并提出可能的基因治疗策略。

　　2. 与其他诊疗方式相比,基因诊断与基因治疗具有什么样的优势与不足? 如何看待在基因诊断与基因治疗过程中已经出现或可能出现的问题?

第二十六章

组学与系统生物医学

【本章要点】

1. 基因组学、转录物组学、蛋白质组学、代谢物组学、糖组学和脂组学的基本概念及主要内容；
2. 系统生物医学的基本内涵及其发展；
3. 分子医学、精准医学、转化医学的概念及其与现代医学科学发展的关系；
4. 组学与系统生物医学的实际运用。

21 世纪以来，生命科学进入了空前的"大数据（big data）"时代。生命科学研究模式亦发生了重大转变，其主要标志就是生命科学及其相关学科正从"微观"（实验生物科学）向"宏观"[组学（omic science，omics）和系统生物学（systems biology）]方向发展。

生物的遗传信息传递具有方向性和整体性。组学和系统生物学是基于组合或集群的认识论，注重事物和过程之间的相互联系，即整体性。遗传学将转录物组学、蛋白质组学和代谢物组学归于基因组学领域的功能基因组学范畴内，而生物信息学则将所有这些组学并列。本章按照遗传信息传递的方向性和生物信息学分类，将组学按基因组学、转录物组学、蛋白质组学、代谢物组学等层次加以叙述。系统生物学是一种更高层面的整合研究，实则为组学网络与生物表型的统一（图 26-1）。系统生物医学（systems biomedicine）则是应用系统生物学原理与方法整合研究生命活动的本质、规律，揭示疾病发生发展的分子网络及其调控机制，发展基于系统生物学理论的疾病预防、预警、诊断、治疗新方法。系统生物医学的发展必将驱动新一轮医学科学革命。

框 26-1

组学与系统生物学的演绎

生物学中心法则（1968 年）确立了遗传信息传递的方向性和整体性，1990 年后相继崛起的各种组学则是从 DNA→RNA→蛋白质→生物学效应的各个环节对这种传递规律整体性的具体揭示。在结构基因组学研究开始至人类基因组计划完成（2003 年）期间，生命科学研究已经在酝酿从单纯揭示基因组结构转向功能诠释；与此同时，随着转录、翻译水平整体性分析技术的不断涌现并与生物信息学、计算生物学等结合，不但促进了以人类基因组计划实施为基础的结构基因组学的研究进程，还极大地推动了功能基因组学的发展。自 21 世纪初，基因组学、转录物组学、蛋白质组学和代谢物组学研究策略与各种专业领域主流方向相结合，使组学研究扩展至各个领域，并逐渐形成了一门整合的大科学，即系统生物学。系统生物学试图揭示不同环境或状态下生物表型与全基因组网络调节之间的联系，以解释生命科学的根本问题，如生命的发生、繁殖、存活与死亡，以及生物进化的机制与规律等。在这一大背景下，现代医学科学正酝酿着一场颠覆性的变革，系统生物医学的深入发展有望从整体和网络水平突破对疾病的传统认识，从而彻底改变和革新现有的临床诊疗模式。

图 26-1 组学与系统生物学的基本框架

第一节 基因组学

基因组（genome）是指一种生物体或生物体中单个细胞的一整套完整单倍体的遗传物质及其细胞器中单倍遗传物质的总和，其本质就是 DNA/RNA，基因组代表了一种生物所拥有的全部遗传信息。基因组学（genomics）是阐明整个基因组结构、功能以及基因之间相互作用的科学。根据研究目的不同而分为结构基因组学（structural genomics）、比较基因组学（comparative genomics）和功能基因组学（functional genomics）。结构基因组学通过基因作图和序列测定，揭示基因组全部 DNA 序列及其组成；比较基因组学通过生物基因组之间的比较与鉴定，发现同源基因或差异基因，为研究生物进化提供依据；功能基因组学则利用结构基因组学所提供的信息，分析和鉴定基因组中所有序列（包括编码和非编码序列）的功能。

一、结构基因组学揭示基因组序列信息

结构基因组学就是通过基因作图和大规模序列测定等方法，解析生命个体 DNA 的序列和结构，并定位编码基因及重要调控基因在染色体上的位置。其成果主要体现为 4 个基因组图谱，即遗传图谱（genetic map）、物理图谱（physical map）、转录图谱（transcription map）和序列图谱（sequence map），如图 26-2 所示。

1. 基因作图绘制遗传图谱、物理图谱和转录图谱 高等生物染色体 DNA 很长，不能直接进行测序，必须先将基因组 DNA 进行分解、标记，使之成为可操作的较小结构区域，这一过程称为基因作图。

遗传图谱又称连锁图谱（linkage map）。遗传作图就是确定连锁的遗传（分子）标志（或位点）在一条染色体上的排列顺序以及它们之间的相对遗传距离，用厘摩尔根（centi-Morgan，cM）标示，当两个遗传标志之间的重组值为 1% 时，图距即为 1cM。单核苷酸多态性（single nucleotide polymorphism，SNP）是一种最常见的可遗传变异，也是基因组中最为稳定的变异，它最大限度地代表了不同个体之间的遗传差异，因而成为现今最常用的遗传标志。

物理图谱是在遗传作图基础上绘制的更详细的基因组图谱。物理作图以物理尺度（bp 或 kb）标示遗传标志在染色体上的实际位置和它们之间的距离。最常见的物理图谱为限制性酶切图谱（restriction enzyme map），就是将限制性酶切位点标定在 DNA 分子的相对位置。

转录图谱又称为 cDNA 图或表达图（expression map），是一种以表达序列标签（expressed sequence tag，EST）为标志绘制的分子遗传图谱。通过从 cDNA 文库中随机挑取的克隆进行测序所获得的部分 cDNA 的 5′- 或 3′- 端序列称为 EST，一般长 300~500bp 左右。将 mRNA 逆转录合成的 cDNA 片段作为探针与基因组 DNA 进行分子杂交，标记转录基因，绘制出可表达基因的转录图谱。利用这一方法，

图 26-2　遗传图谱、物理图谱、转录图谱和序列图谱示意图
遗传图谱标示了遗传/分子标志间的相对距离,以 cM 标示;物理图谱标示了遗传/分子标志间的绝对距离,以 kb 标示;转录图谱则是以 EST 作为遗传/分子标志绘制的基因表达谱图;序列图谱为 DNA 碱基排列顺序。

可以绘制出人体所有组织、细胞以及不同发育阶段的全基因组转录图谱。

2. 基因组文库构建和大规模测序绘制序列图谱　在基因作图的基础上,通过细菌人工染色体(bacterial artificial chromosome,BAC)克隆系的构建和鸟枪法测序(shotgun sequencing),就可完成全基因组的测序工作。

BAC 载体是一种装载较大片段 DNA 的克隆载体系统,用于基因组文库构建。全基因组鸟枪法测序是直接将整个基因组分解成不同大小的 DNA 片段,构建 BAC 文库,然后对文库进行随机测序,最后运用生物信息学方法将测序片段拼接成全基因组序列(图 26-3),此称为基因组组装(genome assembly)。

图 26-3　BAC 文库的构建与鸟枪法测序流程示意图

人类基因组计划（human genome project，HGP）的主要任务是阐明人类基因组的特征，在整体上破译遗传信息。通过基因组作图和大规模序列测定，HGP 获得了 1cM 精度的遗传图谱，测定了基因组中 99% 的 DNA 序列。目前已清楚，人类基因组大小为 3.1×10^9bp，已鉴定出蛋白质编码基因 2 万余个，绝大多数分布在 23 对染色体 DNA 上，少数分布在线粒体 DNA 上。线粒体 DNA 含 37 个编码基因，其中 13 个编码蛋白质；其余 24 个基因中，22 个编码 tRNA，2 个编码 rRNA。

二、比较基因组学鉴别基因组的相似性和差异性

比较基因组学是在基因组序列的基础上，通过与已知（模式）生物基因组的比较，鉴别基因组的相似性和差异性，一方面可为阐明物种进化关系提供依据，另一方面可根据基因的同源性预测相关基因的功能。在医学上，比较基因组学可通过比较模式生物与人类基因组之间编码序列和结构的同源性，揭示基因功能，阐明疾病发生、发展的分子机制。

比较基因组学可在物种间和物种内进行，前者称为种间比较基因组学，后者则称为种内比较基因组学，两者均可采用 BLAST 等序列比对工具。

1. 种间比较基因组学阐明物种间基因组中的同源基因 种间不同生物基因组在组成和序列等方面具有相似性与差异性。例如，两种生物的亲缘关系越近，它们的基因组相关性就越高，即基因序列大部分相同或相似，这些基因称为种间同源基因（orthologous gene）。以模式生物基因组为参考，通过基因序列和结构同源性或相似性比对，可以定位其他物种基因组中的同源基因。此外，对多种生物基因组进行序列比较，还可明确物种在系统发生树中的进化地位，从而进一步发展基于比较基因组学的分子进化理论。

2. 种内比较基因组学阐明群体内基因组结构的变异和多态性 同种群体内各个体基因组存在大量的变异和多态性，这种基因组序列的差异构成了不同个体与群体对疾病的易感性和对药物、环境因素等反应性差异的分子遗传学基础。SNP 最大限度地代表了不同个体之间的遗传差异，对于定位人群突变基因、发现人类疾病相关基因、鉴定特定遗传病人群中含有的罕见致病基因等具有十分重要的意义，是开展个体化医疗的重要基础。基因拷贝数多态性（copy number polymorphism，CNP）或拷贝数变异（copy number variation，CNV）与个体的疾病易感性、药物的疗效和副作用等相关。正常表型的人群中，不同个体间在某些基因的拷贝数存在差异，一些人丢失了大量的基因拷贝，而另一些人则拥有额外、延长的基因拷贝。CNP 的平均长度为 465kb，平均 2 个个体间存在 11 个 CNP 的差异，其中半数以上的 CNP 在多个个体中重复出现。

三、功能基因组学探讨基因的活动规律

功能基因组学的主要研究内容包括基因组的表达、基因组功能注释、基因组表达调控网络及机制的研究等。它从整体水平上研究一个生命个体、同一组织或细胞在同一时间或同一条件下所表达基因的种类、数量、功能，或同一个体、组织、细胞在不同状态下基因表达的差异。它可以同时对多个表达基因或蛋白质进行研究，使得生物学研究从以往的单一（少数）基因或单一（少数）蛋白质分子研究转向多个（集群式）基因或蛋白质的系统研究。

1. 全基因组扫描可以鉴定 DNA 序列中的基因 这项工作以人类基因组 DNA 序列数据库为基础，加工和注释人类基因组的 DNA 序列，进行新基因预测、蛋白质功能预测及疾病基因的发现。主要采用计算机技术进行全基因组扫描，鉴定内含子与外显子之间的衔接，寻找全长可读框（ORF），确定 RNA 和蛋白质编码序列。

2. BLAST 等程序可用于搜索同源基因 同源基因在进化过程中来自共同的祖先，因此通过核苷酸或氨基酸序列的同源性比较，就可以推测基因组内相似基因的功能。这种同源搜索涉及序列比较分析，NCBI 的 BLAST 程序是基因同源性搜索和比对的有效工具。每一个基因在 GenBank 中都有一个序列访问号（accession number），在 BLAST 界面输入 2 条或多条访问号，就可实现一对或多对序

列的比对。

3. 系列基于分子-细胞-动物模型的实验用于基因功能的验证   可设计一系列包括分子、细胞、器官/类器官和整体动物模型的实验来验证基因的功能,常用的细胞和动物层面体内实验包括转基因、基因过表达、基因敲除、基因敲减或基因沉默等,实验结果结合所观察到的表型变化即可验证基因功能。由于生命活动的重要功能基因在进化上是保守的,因此可以采用合适的模式生物进行相关的实验。

4. 采用转录物组和蛋白质组技术描述基因表达模式   基因的表达包括转录和翻译过程,研究基因的表达模式及调控需借助转录物组学和蛋白质组学相关技术与方法(详见本章第二、三节)。

四、DNA 元件百科全书识别人类基因组所有功能元件

HGP 提供了人类基因组 99% 的序列信息,并定位了大部分 RNA/蛋白质编码基因。如何解密这些序列信息内涵的生物学功能,特别是还有 98% 左右的非 RNA/蛋白质编码序列的功能,仍然是一项十分繁重的任务,这就是 DNA 元件百科全书(encyclopedia of DNA element,ENCODE)计划要解决的问题。

1. ENCODE 是 HGP 的延续与深入   若要全面理解生命体的复杂性,必须全面确定基因组中各个功能元件及其作用。在此背景下,美国于 2003 年 9 月启动了 ENCODE 计划。ENCODE 计划的目标是识别人类基因组的所有功能元件,包括蛋白质编码基因、各类 RNA 编码序列、转录调控元件、介导染色体结构和动力学的元件,以及其他有待明确的功能性序列。ENCODE 的Ⅲ期研究进一步拓展了研究内容,涵盖 RNA 转录、染色质结构与修饰、DNA 甲基化、染色质环化、转录因子结合位点以及 RNA 结合蛋白等(图 26-4),其目的是完成人类基因组中所有功能元件的注释,帮助我们更精确地理解人类的生命过程和疾病的发生、发展机制。

图 26-4   ENCODE 计划的研究对象和策略

2. ENCODE 已取得重要阶段性成果   根据 ENCODE 计划联盟有关 1 640 组覆盖整个人类基因组的数据分析报告:人类基因组的大部分序列(80.4%)具有各种类型的功能,而并非之前认为的大部分是"垃圾"DNA;人类基因组中有 399 124 个区域具有增强子样特征,70 292 个区域具有启动子样特征;非编码功能元件富含与疾病相关的 SNP,大部分疾病的表型与转录因子相关。这些发现有助于深入理解基因表达调控的规律,并发现和鉴定出一大批与疾病相关的遗传学风险因子。近期 ENCODE 还分别从人类和小鼠基因组中鉴定出 926 535 个和 339 815 个顺式调节元件,分别覆盖其基因组的 7.9% 和 3.4%。

第二节　转录物组学

转录物组(transcriptome)指一个生命单元所能转录出来的全部转录本(转录物),包括 mRNA、rRNA、tRNA 和其他非编码 RNA。因此,转录物组学(transcriptomics)是在整体水平上研究细胞编码基因(编码 RNA 和蛋白质)转录情况及转录调控规律的科学。与基因组相比,转录物组最大的特点是具有组织特异性,并受到内外多种因素的调节,因而是动态可变的。这同时也决定了它最大的魅力在于揭示不同物种、不同个体、不同细胞、不同发育阶段和不同生理病理状态下的基因差异表达的信息。

一、转录物组学全面分析基因表达谱

转录物组学是基因组功能研究的一个重要部分,它上承基因组,下接蛋白质组,其主要内容为大规模基因表达谱分析和功能注释。

大规模表达谱或全景式表达谱(global expression profile)是生物体(组织、细胞)在某一状态下基因表达的整体状况。长期以来,基因功能的研究通常采用基因的差异表达方法,效率低,无法满足大规模功能基因组研究的需要。利用近年来开发的整体性基因表达分析技术,可以同时监控成千上万个基因在不同状态(如生理、病理,发育不同时期,诱导刺激等)下的表达变化,从而推断基因间的相互作用,揭示基因与疾病发生、发展的内在关系。

二、转录物组研究采用整体性分析技术

任何一种细胞在特定条件下所表达的基因种类和数量都有特定的模式,称为基因表达谱,它决定着细胞的生物学行为。而转录物组学就是要阐明生物体或细胞在特定生理或病理状态下表达的所有种类的 RNA 及其功能。微阵列(microarray)、基因表达系列分析(serial analysis of gene expression,SAGE)和大规模平行信号测序(massively parallel signature sequencing,MPSS)等技术可用于大规模转录物组研究。

1. **微阵列是大规模基因组表达谱研究的主要技术**　微阵列或 DNA 芯片(详见第二十一章第四节)可以同时测定成千上万个基因的转录活性,甚至可以对整个基因组的基因表达进行对比分析,因而成为基因组表达谱研究的主要技术。

2. **SAGE 在转录物水平研究细胞或组织基因表达模式**　SAGE 的基本原理是用来自 cDNA 3′-端特定位置 9~10bp 长度的序列所含有的足够信息鉴定基因组中的所有基因。可利用锚定酶(anchoring enzyme,AE)和位标酶(tagging enzyme,TE)这两种限制性内切酶切割 DNA 分子的特定位置(靠近 3′-端),分离 SAGE 标签,并将这些标签串联起来,然后对其进行测序。这种方法可以全面提供生物体基因表达谱信息;还可用来定量比较不同状态下,组织或细胞的所有差异表达基因。

3. **MPSS 是以序列测定为基础的基因表达谱高通量分析新技术**　MPSS 的原理是采用能够特异识别每个转录因子信息的序列信号(sequence signature;16~20bp)来定量地大规模平行测定相应转录因子的表达水平;也就是将 mRNA 一端测出的一个包含 10~20bp 的特异序列信号用作检测指标,每一序列信号在样品中的频率(拷贝数)就代表了与该序列信号相应的基因表达水平。MPSS 所测定的基因表达水平是以计算 mRNA 拷贝数为基础的,是一个数字表达系统。只要将目的样品和对照样品分别进行测定,通过统计分析,就能测定表达水平较低、差异较小的基因,而且不必预先知道基因的序列。

三、转录物组测序和单细胞转录物组分析是转录物组学的核心任务

目前,转录物组学的核心任务侧重于大规模转录物组测序和单细胞转录物组分析两个方面。

1. **高通量转录物组测序是获得基因表达调控信息的基础**　转录物组测序即 RNA 测序(RNA

sequencing,RNA-seq),其研究对象为特定细胞在某一功能状态下所能转录出来的所有 RNA。基于高通量筛选平台的 RNA-seq 技术能够在单核苷酸水平对任意物种的整体转录活动进行检测,在分析转录本的结构和表达水平的同时,还能发现未知转录本和低丰度转录本,发现基因融合,识别可变剪切位点和 SNP,提供全面的转录物组信息。

2. 单细胞转录物组有助于解析单个细胞行为的分子基础　不同类型的细胞具有不同的转录物组表型,并决定细胞的最终命运。从理论上讲,转录物组分析应该以单细胞为研究模型,这样有助于解析单个细胞的行为、机制以及与机体的关系等的分子基础。单细胞测序可解决用全组织样本测序无法解决的细胞异质性问题,尤其适用于存在高度异质性的干细胞及胚胎发育早期的细胞群体。与活细胞成像系统相结合,单细胞转录物组分析更有助于深入理解细胞分化、细胞重编程及转分化等过程以及相关的基因调节网络。单细胞转录物组分析在临床上可以连续追踪疾病基因表达的动态变化,监测病程变化,预测疾病预后。

此外,近年来兴起的空间转录物组学(spatial transcriptomics)不仅提供了全面的转录物组信息,同时还提供了详细的空间信息,帮助我们更好地识别转录位置和对单个细胞进一步地深入认识和解读。

> **框 26-2**
>
> ### 空间单细胞转录物组学是单细胞分析后的下一波浪潮
>
> 基因表达具有时间和空间特异性。时间特异性通常可以通过对不同时间点的样本使用单细胞转录物组测序技术进行解析;然而,空间特异性信息常常难以获得。常规的转录物组测序和单细胞转录物组分析无法还原细胞所处的真实位置信息,而传统的原位杂交技术又很难实现高通量检测。
>
> 近年来发展的空间转录物组学技术(spatial transcriptomic technology)不仅提供了转录物组信息,同时还能提示转录位置。空间转录物组学为基因表达提供了丰富的空间背景。通过成像和测序技术的结合,空间转录物组学可以绘制组织特定转录物存在的位置,从而指示特定基因的表达位点。

第三节　蛋白质组学

蛋白质是生命活动的主要执行者。蛋白质组(proteome)是指细胞、组织或机体在特定时间和空间上表达的所有蛋白质。蛋白质组学(proteomics)以所有这些蛋白质为研究对象,分析细胞内动态变化的蛋白质组成、表达水平与修饰状态,理解蛋白质之间的相互作用与联系,并在整体水平上阐明蛋白质调控的活动规律,故又称为全景式蛋白质表达谱(global protein expression profile)分析。

一、蛋白质组学研究细胞内所有蛋白质的组成及其活动规律

蛋白质组学的研究主要涉及两个方面:一是蛋白质组表达模式的研究,即结构蛋白质组学(structural proteomics);二是蛋白质组功能模式的研究,即功能蛋白质组学(functional proteomics)。由于蛋白质的种类和数量总是处在一个新陈代谢的动态过程中,同一细胞的不同周期,其所表达的蛋白质类型是不同的;同一细胞在不同的条件(正常、疾病或外界环境刺激)下,所表达的蛋白质类型也是不同的。以上动态变化增加了蛋白质组研究的复杂性。

(一)蛋白质鉴定是蛋白质组学的基本任务

1. 蛋白质种类和结构鉴定是蛋白质组研究的基础　细胞在特定状态下表达的所有蛋白质都是蛋白质组学的研究对象。一般利用二维电泳和多维色谱并结合生物质谱、蛋白质印迹、蛋白质芯片等

技术,对蛋白质进行全面的种类和结构鉴定研究。

2. 翻译后修饰的鉴定有助于蛋白质功能的阐明　很多 mRNA 表达产生的蛋白质要经历翻译后修饰如磷酸化、泛素化、糖基化、烷基化等过程。翻译后修饰是蛋白质功能调控的重要方式,因此,研究蛋白质翻译后修饰对阐明蛋白质的功能具有重要意义。

(二) 蛋白质功能确定是蛋白质组学的根本目的

1. 各种蛋白质均需要鉴定其基本功能特性　蛋白质功能研究包括蛋白质定位研究,基因过表达/基因敲除(敲减)技术分析蛋白质活性。此外,分析酶活性和确定酶底物,细胞因子的生物学作用分析,配基-受体结合分析等也属蛋白质功能研究范畴。

2. 蛋白质相互作用研究是认识蛋白质功能的重要内容　细胞中的各种蛋白质分子往往形成蛋白复合物,共同执行各种生命活动。蛋白质-蛋白质相互作用是维持细胞生命活动的基本方式。要深入研究所有蛋白质的功能,理解生命活动的本质,就必须对蛋白质-蛋白质相互作用有一个清晰的了解,包括受体与配体的结合、信号转导分子间的相互作用及其机制等。目前研究蛋白质相互作用常用的方法有酵母双杂交系统、亲和层析、免疫共沉淀、蛋白质交联、荧光共振能量转移等(详见第二十一章第五节)。

二、二维电泳/液相分离和质谱技术是蛋白质组研究的常用技术

目前常用的蛋白质组研究主要有两条技术路线。一是基于二维(双向)凝胶电泳(two-dimensional gel electrophoresis,2-DE)分离为核心的研究路线:混合蛋白首先通过 2-DE 分离,然后进行胶内酶解,再用基质辅助激光解吸附离子化(matrix-assisted laser desorption ionization,MALDI)质谱(mass spectroscopy,MS)进行鉴定,称为 2-DE-MALDI-MS 技术路线。二是基于液相色谱(liquid chromatography,LC)分离为核心的技术路线:混合蛋白先进行酶解,经色谱或多维色谱分离后,对肽段进行电喷雾离子化(electrospray ionization,ESI)质谱分析以实现蛋白质的鉴定,称为 LC-ESI-MS 技术路线。质谱是研究路线中不可缺少的技术。

(一) 2-DE-MALDI-MS 根据等电点和分子量分离鉴定蛋白质

1. 2-DE 是分离蛋白质组的有效方法　2-DE 是分离蛋白质组最基本的方法,其基本原理是蛋白质在高压电场作用下先进行等电聚焦(isoelectric focusing,IEF)电泳,利用蛋白质分子的等电点不同使蛋白质得以分离;随后进行 SDS-聚丙烯酰胺凝胶电泳(SDS-PAGE),使依据等电点分离的蛋白质再按分子量大小再次进行分离(图 26-5)。目前 2-DE 的分辨率可达到 10 000 个蛋白质点。

2. MALDI-MS 鉴定 2-DE 胶内蛋白质点　MS 是通过测定样品离子的质荷比(m/z)来进行成分和结构分析的方法。2-DE 胶内蛋白质点的鉴定常采用 MALDI 技术。MALDI 作为一种离子源,通常用飞行时间(time of flight,TOF)作为质量分析器,所构成的仪器称为 MALDI-TOF-MS。MALDI 的基本原理是将样品与小分子基质混合共结晶,当用不同波长的激光照射晶体时,基质分子所吸收能量转移至样品分子,形成带电离子并进入 MS 进行分析,飞

一维电泳
等电聚焦　　pI 渐降

IEF 胶条置于
SDS 凝胶上

二维电泳
SDS-PAGE　　Mr 渐降

———— pI 渐降 ————→

图 26-5　蛋白质组的 2-DE 示意图
一维:IEF;二维:SDS-PAGE。Mr:分子量(道尔顿)。

行时间与 $(m/z)^{1/2}$ 成正比。MALDI-TOF-MS 适合微量样品（$10^{-15}\sim10^{-12}$mol）的分析。

利用质谱技术鉴定蛋白质主要通过两种方法：①肽质量指纹图谱（peptide mass fingerprinting，PMF）和数据库搜索匹配。蛋白质经过酶解成肽段后，获得所有肽段的分子质量，形成一个特异的 PMF 图谱，通过数据库搜索与比对，便可确定待分析蛋白质分子的性质。②肽段串联质谱（MS/MS）的信息与数据库搜索匹配。通过 MS 技术获得蛋白质一段或数段多肽的 MS/MS 信息（氨基酸序列）并通过数据库检索来鉴定该蛋白质。混合蛋白质酶解后的多肽混合物直接通过（多维）液相色谱分离，然后通过 MS 进行分析。质谱仪通过选择多个肽段离子进行 MS/MS 分析，获得有关序列的信息，并通过数据库搜索匹配进行鉴定（图 26-6）。

（二）LC-ESI-MS 通过液相层析技术分离鉴定蛋白质

基于 LC-ESI-MS 的蛋白质组研究技术通常称为鸟枪法（shotgun）策略（图 26-7）。其特点是组合多种蛋白质或肽段分离手段，首选不同的层析技术，实现蛋白质或多肽的高效分离，并与 MS/MS 技术结合，实现多肽序列的准确鉴定。

1. 层析技术分离肽混合物 从组织中提取的目标蛋白质混合物首先进行选择性酶解，获得肽段混合物，然后进行二维液相分离。一维液相分离一般采用强阳离子交换层析，利用肽段所带电荷数差异进行分离；二维液相分离常常选择纳升级反相层析，利用肽段的疏水性差异进行分离。

2. 电喷雾离子化质谱鉴定肽段 在肽段鉴定中，纳升级液相层析（nano-LC）常与 ESI-MS 相连。ESI 的基本原理是利用高电场使 MS 进样端的毛细管柱流出的液滴带电，带电液滴在电场中飞向与其

图 26-6 基于 2-DE-MALDI-MS 的蛋白质组分析技术路线
MS 谱获得蛋白质的 PMF；MS/MS 可测定蛋白质的部分氨基酸序列。

图 26-7 基于 LC-ESI-MS 的蛋白质组分析技术

所带电荷相反的电势一侧。液滴在飞行过程中变得细小而呈喷雾状,被分析物离子化成为带单电荷或多电荷的离子,使被分析物得以鉴定。Nano-LC-ESI-MS 可以实现对复杂肽段混合物的在线分离、柱上富集与同步序列测定,一次分析可以鉴定的蛋白质数目超过 1 000 个,而结合多维层析分离技术,可以利用鸟枪法一次实验鉴定上万个蛋白质。

第四节　代谢物组学

细胞内的生命活动大多发生于代谢层面,因此代谢产物的变化更直接地反映了细胞所处的环境,如营养状态、药物作用和环境影响等。代谢物组学(metabolomics)就是测定一个生物/细胞中所有的小分子(Mr≤1 000Da)代谢产物组成,描绘其动态变化规律,建立系统代谢图谱,并确定这些变化与生物过程的联系。

一、代谢物组学的任务是分析生物/细胞代谢产物的全貌

代谢产物按分析目标、类型分为:①代谢物靶标分析(metabolite target analysis):对某个或某几个特定组分进行分析。②代谢谱分析(metabolic profiling analysis):对一系列预先设定的目标代谢产物进行定量分析。如某一类结构、性质相关的化合物或某一代谢途径中所有代谢产物或一组由多条代谢途径共享的代谢产物进行定量分析。③代谢物组学:对某一生物或细胞所有代谢产物进行定性和定量分析。④代谢指纹分析(metabolic fingerprinting analysis):不分离鉴定具体单一组分,而是对代谢产物整体进行高通量的定性分析。

代谢物组学主要以生物体液为研究对象,如血样、尿样等,另外还可采用完整的组织样品、组织提取液或细胞培养液等进行研究。血样中的内源性代谢产物比较丰富,信息量较大,有利于观测体内代谢水平的全貌和动态变化过程。尽管尿样所含的信息量相对有限,但样品采集不具损伤性。

二、核磁共振、色谱及质谱是代谢物组学的主要分析工具

由于代谢产物的多样性,常需采用多种分离和分析手段,其中,核磁共振(nuclear magnetic resonance,NMR)、色谱及质谱(MS)等技术是最主要的分析工具(图 26-8)。

1. NMR　NMR 是当前代谢物组学研究中的主要技术。代谢物组学中常用的 NMR 谱是氢谱(^{1}H-NMR)、碳谱(^{13}C-NMR)及磷谱(^{31}P-NMR)。

2. MS　按质荷比(m/z)进行各种代谢产物的定性或定量分析,可得到相应的代谢产物谱。

3. **色谱-质谱联用技术**　这种联用技术使样品的分离、定性、定量一次完成,具有较高的灵敏度和选择性。目前常用的联用技术包括气相色谱-质谱(GC-MS)联用和液相色谱-质谱(LC-MS)联用。

图 26-8　代谢物组学研究的技术系统及手段

三、代谢物组学在生物医学领域具有广阔的应用前景

代谢物组学所关注的是代谢循环中小分子代谢产物的变化情况及其规律,反映的是内、外环境刺激下,细胞、组织或机体的代谢应答变化。与基因组学和蛋白质组学相比,代谢物组学与临床的联系

更为紧密。疾病导致体内病理生理过程变化,可引起代谢产物发生相应的改变。因此,开展疾病代谢物组研究可以提供疾病(如某些肿瘤、肝脏疾病、遗传性代谢病等)诊断、预后和治疗的评判标准,并有助于加深对疾病发生、发展机制了解;利用代谢物组学技术可以快速检测毒物和药物在体内的代谢产物和对机体代谢的影响,有利于判定毒物、药物的代谢规律,为深入阐明毒物中毒机制和发展个体化用药提供理论依据;利用代谢物组学技术对代谢网络中的酶功能进行有效的整体性分析,可以发现已知酶的新活性并发掘未知酶的功能;最后,由于代谢物组学分析技术具有整体性、分辨率高等特点,可广泛应用于中药作用机制、复方配伍、毒性和安全性等方面的研究,为中药现代化提供技术支撑。

第五节　糖组学与脂组学

生物体内的生物大分子除了核酸和蛋白质以外,还包括大量结构类型丰富、功能多样的糖(糖缀合物)和脂(脂缀合物),它们一方面作为生命体的重要组成成分,另一方面也参与了生命活动过程的各个环节。因此,要深入了解生命的复杂规律,就必须有“基因组-蛋白质组-糖组/脂组”的整体观念,这样才有可能揭示生物体全部基因功能,从而为重大疾病发生、发展机制的进一步阐明和有效控制,以及疾病预测、新的诊断标记物的筛选及药物靶标的发现提供依据。

一、糖组学研究生命体聚糖多样性及其生物学功能

生物界丰富多样的聚糖类型覆盖了有机体所有细胞,它们不仅决定细胞的类型和状态,也参与了细胞的许多生物学行为,如细胞发育、分化,肿瘤转移,微生物感染,免疫应答等。糖组学(glycomics)侧重于糖链组成及其功能的研究,其主要研究对象为聚糖,具体内容包括研究糖与糖之间、糖与蛋白质之间、糖与核酸之间的联系和相互作用。糖组学是基因组学和蛋白质组学等的后续和延伸。

(一)糖组学分为结构糖组学与功能糖组学两个分支

糖组(glycome)指单个生命个体或细胞的全部聚糖,糖组学则对糖组(主要针对糖蛋白)进行全面的分析研究,包括结构和功能两方面内容;因此可将其分为结构糖组学(structural glycomics)和功能糖组学(functional glycomics)两个分支。糖组学的内容主要涉及个体或细胞的全部糖蛋白结构分析,确定编码糖蛋白的基因和蛋白质糖基化的机制。因此,糖组学主要回答4个方面的问题:①什么基因编码糖蛋白,即基因信息;②可能糖基化位点中实际被糖基化的位点,即糖基化位点信息;③聚糖结构,即结构信息;④糖基化功能,即功能信息。

(二)色谱分离、质谱分析和糖微阵列技术是糖组学研究的主要技术

1. 色谱分离与质谱分析是糖组学研究的基本技术　色谱分离与质谱分析是糖组学研究的核心技术,被广泛地应用于糖蛋白的系统分析。通过与蛋白质组数据库结合使用,这种方法能系统地鉴定可能的糖蛋白和糖基化位点。

具体策略包括如下几个步骤:①凝集素亲和层析-1(用于糖蛋白分离):依据待分离糖蛋白的聚糖类型,单独或串联使用不同的凝集素;②蛋白质消化:将分离得到的糖蛋白用蛋白酶Ⅰ消化以生成糖肽;③凝集素亲和层析-2(用于糖肽分离):采用与步骤①相同的凝集素柱从消化液中捕集目的糖肽;④HPLC纯化糖肽;⑤序列分析、质谱和解离常数测定;⑥数据库搜索和聚糖结构分析,以获得相关遗传和糖基化信息;然后使用不同的凝集素柱进行第二和第三次循环,捕集其他类型的糖肽,以对某个细胞进行较全面的糖组学研究。其中凝集素亲和层析亦称为糖捕获(glyco-catch)。

2. 糖微阵列技术可用于糖组鉴定与表征　糖微阵列技术是生物芯片的一种,是将带有氨基的各种聚糖共价连接在包被有化学反应活性表面的玻璃芯片上,一块芯片上可排列200种以上的不同糖结构,几乎涵盖了全部末端糖的主要类型。糖微阵列技术可广泛用于糖结合蛋白的糖组分析,以对生物个体产生的全部蛋白聚糖结构进行系统鉴定与表征。但目前可用于微阵列的糖数量还非常有限,糖微阵列技术有待进一步地发展。

3. 借助生物信息学检索糖组结构类型　糖蛋白糖链研究的信息处理、归纳分析以及糖链结构检索都要借助生物信息学来进行。目前这方面的数据库和网络包括 CFG、KEGG 和 CCSD 等。

（三）糖组学与肿瘤的关系密切

目前，2-DE 已经成功地用于鉴定糖蛋白差异。已报道有多种血清糖蛋白可作为肾细胞癌、乳腺癌、结/直肠癌等的标记物；糖基化改变普遍存在于肿瘤的发生、发展过程中，分析糖基化修饰对于深入研究肿瘤的发生机制及诊断治疗有着重要的价值；糖基化差异也可用于构建特异的多糖类癌症疫苗，以发展新的免疫治疗策略。

与基因组学和蛋白质组学研究相比，糖组学的研究还处于起步阶段。阻碍糖组学迅速发展的原因主要是糖链本身结构的复杂性和研究技术的限制。但不管如何，糖组学作为基因组学和蛋白质组学的重要补充，将对人类在对生命本质深层次理解的进程中发挥越来越重要的作用。

二、脂组学揭示生命体脂质多样性及其代谢调控

生命体脂质具有化学多样性和功能多样性的特点，其代谢与多种疾病的发生、发展密切相关，很多疾病都与脂代谢紊乱有关，如糖尿病、肥胖症、癌症等。因此，脂质的分析量化对研究疾病发生机制和诊断治疗，以及医药研发有非常重要的生物学意义。脂组学（lipidomics）就是对生物样本中脂质进行全面系统的分析，从而揭示其在生命活动和疾病中发挥的作用。

（一）脂组学是代谢物组学的一个分支

脂组学的研究内容为生物体内的所有脂质分子，并以此为依据推测与脂质作用的生物分子的变化，揭示脂质在各种生命活动中的重要作用机制。通过研究脂质提取物，可获得脂组（lipidome）的信息，了解在特定生理和病理状态下脂质的整体变化。因此，脂组学实际上是代谢物组学的重要组成部分。

脂组学的研究有以下优势：①只研究脂质物质及其代谢物。脂质物质在结构上的共同点决定了样品前处理及分析技术平台的搭建较为容易，而且可以借鉴代谢物组学的研究方法。②脂组学数据库的建立和完善速度较快，并能建立与其他组学的网络联系。③脂质组分析的技术平台可用于代谢物组学的研究并促进其发展。

（二）分离、鉴定和数据库检索是脂组学研究的三大步骤

1. 脂质一般采用有机溶剂萃取分离　脂质主要从细胞、血浆、组织等样品中提取。由于脂质物质在结构上有共同特点，即有极性的头部和非极性的尾部。所以，采用三氯甲烷、甲醇及其他有机溶剂的混合提取液，能够较好地溶出样本中的脂质物质。

2. 色谱/质谱技术常用于脂质鉴定　随着分析技术的不断发展，脂类的分析方法也在不断地改进。总体而言，大部分的分析技术都能用来分析脂质，包括脂肪酸、磷脂、神经鞘磷脂、甘油三酯和类固醇等。常规的技术有薄层色谱（TLC）、气相色谱-质谱联用（GC-MS）、电喷雾质谱（ESI/MS）、液相色谱-质谱联用（LC/MS）、高效液相色谱-芯片-质谱联用（HPLC-Chip/MS）、超高效液相色谱-质谱联用（UPLC/MS）、超高效液相色谱-傅里叶变换质谱联用（UPLC/FT-MS）等。

3. 脂质数据库的建设促进了脂组学的发展　随着脂组学的迅速发展，相关数据库也逐步建立。现有数据库能够查询脂质结构、质谱信息、分类及实验设计、实验信息等，其功能也越来越完善。数据库的建立无疑成为推动脂组学自身发展的良好工具。国际上最大的数据库 LIPID Maps 是由美国国立综合医学研究所（National Institute of General Medical Sciences，NIGMS）组织构建的，它包含了脂质分子的结构信息、质谱信息、分类信息、实验设计等。数据库包含了游离脂肪酸、甘油酯、甘油磷脂、鞘磷脂、胆固醇酯等八个大类近 50 000 种脂类的结构信息。

（三）脂组学促进脂质生物标志物的发现和疾病诊断

发现疾病相关的诊断标志物是进行疾病诊断的关键。脂组学所提供的方法能够监测患者与正常人之间的脂质变化，从中找到差异较大的脂质化合物，作为疾病早期诊断的指标。科学家定量研究

了卵巢癌患者和良性卵巢瘤患者血清中各种胆固醇及脂蛋白的含量变化,结果表明:以载脂蛋白 A I (apoA-I)和游离胆固醇(FC)为诊断指标排除卵巢瘤的正确率高达 95.5%,综合 apoA-I、FC、高密度脂蛋白游离胆固醇(HDLFC)、高密度脂蛋白总胆固醇(HDLTC)、apoB 及高密度脂蛋白-3(HDL$_3$)片段诊断卵巢癌的准确率达到 97.0%。另有证据报道溶血磷脂酸在卵巢癌的诊断中表现出高度的敏感性和特异性,能够作为早期诊断卵巢癌及术后随访的生物标志物。

总之,脂组学从脂代谢水平研究疾病的发生、发展过程的变化规律,寻找疾病相关的脂生物标志物,进一步提高疾病的诊断效率,以及疾病的治疗都提供更为可靠的依据。脂组学能够在一定程度上促进代谢物组学的发展,并通过代谢物组学技术的整合运用,建立与其他组学之间的关系,最终实现医学科学的整体进步。

第六节　系统生物医学及其应用

20 世纪的生命科学经历了由宏观到微观、由表型描述到分子功能的发展过程,因此又称为还原科学(reductionistic science),其发展方向就是分子生物学。21 世纪的生命科学研究强调系统性,特别强调分子与行为(表型)的统一,从而衍生出一门整合科学(integrative science),即系统生物学。系统生物学采用了生物分子(DNA、RNA、蛋白质等)大规模分析、数学建模、计算生物学和生物信息学等规模化、系统化与高通量技术,也包括理论生物学和系统控制论的原理与方法。

HGP 的完成极大地促进了医学科学的发展,在这一大背景下,系统生物医学应运而生。目前,系统生物医学理论与技术已在疾病的预测、预警、预防,疾病的分子分型诊断,疾病的个体化治疗,以及新药的合理设计和开发中显现出越来越重要的作用。

一、系统生物医学是以整体性研究为特征的一门整合科学

系统生物医学应用系统生物学原理与方法研究人体(包括动物和细胞模型)生命活动的本质、规律以及疾病发生发展机制,实际上就是系统生物学的医学应用研究。

(一)系统生物医学强调机体组成要素和表型的整体性

系统生物医学从全方位、多层次(分子、细胞器、细胞、组织、器官、个体/基因型、环境因子、种群、生态系统)的角度,整体性揭示健康人体或患者(也包括模式生物)在某一特定条件下所有组成成分(基因、mRNA、蛋白质等)的构成以及这些组分间的相互关系及其效应。以往的实验生物学仅关心个别或一批基因和蛋白质,系统生物医学则不同,它要研究人体/细胞内所有的基因、蛋白质,特别是所有生物分子间的相互关系及其导致的生物学效应。显然,系统生物医学是以整体性研究为特征的一门整合科学。

(二)系统生物医学将极大地推动现代医学科学的发展

系统生物医学使生命科学由描述式的科学转变为定量描述和预测的科学,改变了 21 世纪医学科学的研究策略与方法,并将对现代医学科学的发展起到巨大的推动作用。当前系统生物医学理论与技术已经在预测医学(predictive medicine)、预防医学(preventive medicine)和个性化医学(personalized medicine)中得到应用,如应用代谢物组学的生物指纹预测冠心病患者的危险程度和肿瘤的诊断以及治疗过程的监测;应用基因多态性图谱预测患者对药物的应答,包括毒副作用和疗效。再如,表型组学的细胞芯片和代谢物组学的生物指纹将广泛用于新药的发现和开发,使新药的发现过程由高通量逐步发展为高内涵(high-content)。未来的治疗不再依赖于单一药物,而是使用一组药物(系统药物)的协调作用来控制病变细胞的代谢状态,以减少药物的副作用,维持疾病治疗的最大效果。

二、分子医学是发展现代医学科学的重要基础

分子医学(molecular medicine)就是从分子水平整体阐述疾病状态下基因组的结构、表达产物、功

能及其表达调控规律,发展现代高效预测、预防、诊断和治疗手段。疾病基因组学、转录物组学、蛋白质组学、代谢物组学等是开展分子医学的基础。

1. 疾病基因组学阐明发病的分子基础　疾病基因(或疾病相关基因)以及疾病易感性的遗传学基础是疾病基因组学研究的两大任务。定位克隆(positional cloning)技术的发展极大地推动了疾病基因或疾病相关基因的发现和鉴定,该技术将疾病相关基因位点定位于某一染色体区域后,根据该区域的基因、EST 或模式生物所对应的同源区的已知基因等有关信息,直接进行基因突变筛查,从而可确定疾病相关基因(详见第二十四章)。

SNP 是疾病易感性的重要遗传学基础,例如,APOE 基因单个碱基变异与阿尔茨海默病(Alzheimer disease,AD)的发生相关,趋化因子受体基因 CCR5 中一个单纯缺失突变会导致对 HIV 的抗性等。疾病基因组研究在全基因组 SNP 制图基础上,筛选和鉴定与疾病相关的 SNP,从而阐明各种疾病易感人群的遗传学背景,为疾病的诊断和治疗提供新的理论基础。

2. 药物基因组学揭示遗传变异对药物效能和毒性的影响　药物基因组学(pharmacogenomics)是功能基因组学与分子药理学的有机结合。药物基因组学以药物效应和安全性为目标,研究各种基因突变与药效及安全性的关系。正因为药物基因组学是研究基因序列变异及其对药物不同反应的科学,所以也是研究高效/特效药物的重要途径,可为患者或特定人群寻找合适的药物。

药物基因组学广泛应用遗传学、基因组学、蛋白质组学和代谢物组学信息来预测患病人群对药物的反应,从而指导临床试验和药物开发过程。不断涌现的各种生物分析技术,如基因变异检测技术、SNP 高通量扫描技术、药物作用显示技术、基因分型研究技术等,为药物基因组学的进一步发展提供了技术支撑。药物基因组学使药物治疗模式由诊断定向治疗转为基因定向治疗。

3. 疾病转录物组学阐明疾病发生机制并推动新诊治方式的进步　疾病转录物组学是通过比较研究正常和疾病条件下,或疾病不同阶段基因表达的差异情况;从而为阐明复杂疾病的发生发展机制,筛选新的诊断标志物,鉴定新的药物靶点,发展新的疾病分子分型技术,以及开展个体化治疗提供理论依据。

例如,外周血转录物组谱可作为冠状动脉疾病(coronary artery diseases,CAD)诊断与病程、预后判定的生物标志物。CardioDx 发展了基于 23 个基因表达谱的诊断试剂盒 Corus CAD,适用于早期阻塞性 CAD 的诊断。再如,近年研究表明,多种疾病(包括肿瘤)与 miRNA 密切相关,检测血清中 miRNA 表达谱可指示某些疾病的发生。目前已有 HBV、心脏疾病(包括急性冠脉综合征、急性心肌梗死、高血压、心力衰竭等)、2 型糖尿病和肝癌等的血清 miRNA 作为诊断标记物的报道。此外,miRNA 还可作为某些疾病治疗的潜在靶点,例如针对 miRNA-182 的反义寡聚核苷酸可以用于黑色素瘤肝转移的治疗。

4. 疾病蛋白质组学可发现和鉴别药物新靶点　药物作用靶点的发现与验证是新药发现阶段的重点和难点,成为制约新药开发速度的瓶颈。近年来,随着蛋白质组研究技术的不断进步,蛋白质组学在药物靶点的发现应用中,亦显示出越来越重要的作用。

疾病相关蛋白质组学研究可以发现和鉴定在疾病条件下表达异常的蛋白质,这类蛋白质可作为药物候选靶点。疾病相关蛋白质组学还可对疾病发生的不同阶段进行蛋白质变化分析,发现一些疾病不同时期的蛋白质标志物,不仅对药物发现具有指导意义,还可形成未来诊断学、治疗学的理论基础。许多疾病与信号转导异常有关,因而信号分子和途径可以作为治疗药物设计的靶点。在信号传递过程中涉及数十或数百个蛋白质分子,蛋白质-蛋白质相互作用发生在细胞内信号传递的所有阶段。而且,这种复杂的蛋白质作用的串联效应可以完全不受基因调节而自发地产生。通过与正常细胞作比较,掌握与疾病细胞中某个信号途径活性增强或丧失有关的蛋白质分子的变化,将为药物设计提供更为合理的靶点。

5. 医学代谢物组学提供新的疾病代谢物标志物　代谢物组学经过 20 余年的发展,方法正日趋成熟,其应用已逐步渗透到生命科学研究领域的多个方面,在医学科学中亦日益彰显出其强有力的潜能。

与基因组学和蛋白质组学相比,代谢物组学研究侧重于代谢物的组成、特性与变化规律。通过对某些代谢产物进行分析,并与正常人的代谢产物比较,可发现和筛选出疾病新的生物标志物,对相关疾病作出早期预警,并发展新的、有效的疾病诊断方法。例如通过代谢物组学的研究,证实血清中VLDL、LDL、HDL 和胆碱的含量/比值可以判断心脏病的严重程度;血清中脂蛋白颗粒的组成,如脂肪酸侧链的不饱和度、脂蛋白分子之间相互作用的强度(而不是脂类的绝对含量)是影响高血压患者收缩压的主要因素;通过比较患者与正常人尿样中嘌呤和嘧啶化合物图谱,能够实现绝大多数核苷酸相关代谢遗传疾病的诊断。

三、精准医学是实现个体化医学的重要手段

精准医学(precision medicine)的目的就是全面推动个体基因组研究,依据个人基因组信息"量体裁衣"式(tailored)制订最佳的个性化治疗方案,以期达到疗效最大化和副作用最小化。

精准医学分为短期和长期两个目标。短期目标就是癌症治疗。癌症是常见的疾病,其全球发病率和死亡率逐年上升,而目前临床上尚缺乏有效的、针对性强的治疗方法。精准医学希望通过个体基因组研究,发现和鉴定与癌症发生发展相关的基因和调控因子,发掘新的肿瘤标志物,发展新的肿瘤分子分型技术,开展基于个体基因组的个体化治疗方法与技术。长期目标是健康管理。随着科技的进步,精准医学将其优势拓展到健康和医疗的各个方面,从而提升对疾病风险评估,疾病发生、发展和转归机制的认识,以及疾病最佳治疗方案的制订与实施。

我国于 2016 年正式启动国家重点研发计划"精准医学研究"重点专项,按照全链条部署、一体化实施的原则,部署新一代临床用生命组学技术研发,大规模人群队列研究,精准医学大数据的资源整合、存储、利用与共享平台建设,疾病防诊治方案的精准化研究,精准医学集成应用示范体系建设等五大研究任务。

四、转化医学是加速基础研究实际应用的重要路径

转化医学(translational medicine)强调以临床问题为导向,开展基础-临床联合攻关,将基因组学等各种分子生物学研究成果迅速有效地转化为可在临床实际应用的理论、方法、技术和药物。转化医学的核心是要在实验室和病床(bench to bedside;简称 B2B)之间架起一条快速通道。

转化医学产生的背景主要基于以下几个方面:①基础研究与临床问题解决之间严重脱节;②疾病谱的转变使医疗成本大大增加;③基础科学研究积累大量数据的意义需要解析;④基础研究和药物开发及医学实践三者需要整合。因此,围绕以临床问题为导向、开展医学科学实践,是解决医学根本性问题的有效途径,这也是转化医学的根本目的。

转化医学的目标就是将生命科学和生物技术及相关的现代科学技术整合,转变现有的医学模式,推动医疗改革,提高人民的健康水平和生活质量;从而达到更精确的预警与诊断,更有效的干预和治疗,降低发病率,推迟发病平均年龄,提高治愈率,减少重症患者,以及降低医疗的综合成本。

 小结

生物遗传信息的传递具有方向性和整体性的特点。组学从组合或集群的角度检视遗传信息传递链中各类分子(DNA、RNA、蛋白质、代谢产物等)的结构与功能以及它们之间的联系。按照生物遗传信息流方向,可将组学分为基因组学、转录物组学、蛋白质组学、代谢物组学等层次。

基因组学是阐明整个基因组结构、功能以及基因之间相互作用的科学。主要研究内容包括结构基因组学、比较基因组学和功能基因组学。结构基因组学的主要任务是基因组作图和序列测定;比较基因组学通过不同生物基因组之间的比较,研究基因组的功能及其进化关系;功能基因组学利用结

构基因组所提供的信息,分析基因组中所有基因(包括编码和非编码序列)的功能;ENCODE 计划是 HGP 的延续与深入,其主要目的是识别人类基因组中所有的功能元件,特别是非编码序列的功能和转录调控元件。

转录物组学在整体水平上研究生命单元所能转录出来的全部转录本(包括 mRNA 和所有非编码 RNA)的转录情况及转录调控规律。转录物组受到内外多种因素的调节,因而是动态可变的。

蛋白质组学以细胞、组织或机体在特定时间和空间上表达的所有蛋白质为研究对象,分析细胞内动态变化的蛋白质组成、表达水平与修饰状态,揭示蛋白质之间的相互作用及其调控规律。二维电泳和多维色谱是分离蛋白质组的有效方法,生物质谱是蛋白质组鉴定的主要工具。

代谢物组学的主要任务就是测定一个生物所有小分子(Mr≤1 000Da)代谢物产物的组成,描绘其动态变化规律,建立系统代谢图谱,并确定这些变化与基因、转录、蛋白质层面以及生物过程的联系。

糖组学主要研究对象为聚糖,重点研究糖与糖之间、糖与蛋白质之间、糖与核酸之间的联系和相互作用。脂组学是对生物样本中脂质进行全面系统的分析并从代谢水平阐明与生命过程的有机联系。

系统生物医学应用系统生物学原理与方法研究人体(包括模式动物)生命活动的本质、规律以及疾病发生发展机制,并在此基础上发展新的高效的预测、预防、诊断和治疗方法。

各种组学和系统生物医学的不断发展及其原理/技术与医学、药学等领域交叉,产生了分子医学、精准医学、转化医学等现代医学概念。现代医学科学将从整体水平突破对疾病的传统认识,改变和革新现有的诊断、治疗模式。

(焦炳华)

思考题

1. 查阅 DNA 元件百科全书(ENCODE)计划的提出和研究进展,简述该计划给生命科学研究带来的影响。

2. 以癌症基因组图谱(The Cancer Genome Atlas,TCGA)计划为例,简述基因组学研究对医学基础与临床研究的启示?

参 考 文 献

［1］周春燕,药立波. 生物化学与分子生物学. 9 版. 北京:人民卫生出版社,2018.

［2］焦炳华. 现代生命科学概论. 北京:科学出版社,2014.

［3］田余祥. 生物化学. 4 版. 北京:高等教育出版社,2020.

［4］张晓伟,史岸冰. 医学分子生物学. 3 版. 北京:人民卫生出版社,2020.

［5］韩骅,高国全. 医学分子生物学实验技术. 4 版. 北京:人民卫生出版社,2020.

［6］吕社民,边惠洁,左伋. 人体分子与细胞. 2 版. 北京:人民卫生出版社,2021.

［7］左伋. 医学遗传学. 7 版. 北京:人民卫生出版社,2018.

［8］NELSON D L,COX M M,HOSKINS A A.Lehninger Principles of Biochemistry.8th ed.New York:W.H.Freeman and Company,2021.

［9］RODWELL V W,BENDER D A,BOTHAM K M,et al. Harper's Illustrated Biochemistry. 31th ed. New York: McGraw-Hill Companies,2018.

［10］RIDGWAY N D,MCLEOD R S. Biochemistry of Lipids,Lipoproteins and Membranes. 7th ed. Elsevier,2021.

［11］BERG J M,TYMOCZKO J L,GATTO G J,et al. Biochemistry. 9th ed. New York:W. H. Freeman and Company,2019.

［12］BAYNES J W,DOMINICZAK M H. Medical Biochemistry. 5th ed. Amsterdam:ELSEVIER,2019.

［13］STRACHAN T,READ A. Human Molecular Genetics. 5th ed. New York:Taylor & Frances group,2018.

［14］CRAIG N L,GREEN R,STORZ G,et al. Molecular Biology-Principles of Genome Function. 3rd ed. London: Oxford University Press,2021.

［15］KREBS J E,GOLDSTEIN E S,KILPATRICK S T. Lewin's Genes XII. Bolingbrook:Jones & Bartlett Learning, 2018.

［16］GREEN M R,SAMBROOK J. Molecular Cloning:A Laboratory Manual. 4th ed. New York:Cold Spring Harbor Laboratory Press,2012.

［17］WEAVER R F. Molecular Biology. 5th ed. New York:McGraw Hill Higher Education,2011.

［18］CRAIG N L,GREEN R,STORZ G,et al. Molecular Biology-Principles of Genome Function. 3rd ed. London: Oxford University Press. 2021.

［19］李刚,昌增益. 国际生物化学与分子生物学联盟增设第七大类酶:易位酶. 中国生物化学与分子生物学报,2018,34(12):I-II.

［20］GAI X,XIN D,WU D,et al. Pre-ribosomal RNA reorganizes DNA damage repair factors in nucleus during meiotic prophase and DNA damage response. Cell Res,2022,32(3):254-268.

［21］LIU G,LIN Q,JIN S,et al. The CRISPR-Cas toolbox and gene editing technologies. Molecular Cell,2022,82(2): 333-347.

［22］WASSING I E,ESASHI F. RAD51:Beyond the break. Seminars in Cell & Developmental Biology,2021,113: 38-46.

［23］CEJKA P,SYMINGTON L S. DNA End Resection:Mechanism and Control. Annual Review of Genetics,2021,

55:285-307.

[24] TIAN X,ZHOU B. Strategies for site-specific recombination with high efficiency and precise spatiotemporal resolution. Journal of Biological Chemistry,2021,296:100509.

[25] OUDELAAR A M,HIGGS D R. The relationship between genome structure and function. Nature reviews. Genetics,2021,22(3):154-168.

[26] JOLLY S M,GAINETDINOV I,JOURAVLEVA K,et al. Thermus thermophilus Argonaute Functions in the Completion of DNA Replication. Cell,2020,182(6):1545-1559.e18.

[27] BONILLA B,HENGEL S R,GRUNDY M K,et al. RAD51 Gene Family Structure and Function. Annual Review of Genetics,2020,54:25-46.

[28] ISHINO Y. Studies on DNA-related enzymes to elucidate molecular mechanisms underlying genetic information processing and their application in genetic engineering. Bioscience Biotechnology and Biochemistry,2020,84(9):1749-1766.

[29] CLAUSSNITZER M,CHO J H,COLLINS R,et al. A brief history of human disease genetics. Nature,2020,577(7789):179-189.

[30] SNYDER M P,GINGERAS T R,et al. Perspectives on ENCODE. Nature,2020,583(7818):693-698.

[31] JIAOSIMA,CHAKRABORTY A,DILEEP V,et al. Identifying cis Elements for Spatiotemporal Control of Mammalian DNA Replication. Cell,2019,176(4):816-830.e18.

[32] WASSERMAN M R,SCHAUER G D,AO'DONNELL M E,et al. Replication Fork Activation Is Enabled by a Single-Stranded DNA Gate in CMG Helicase. Cell,2019,178(3):600-611.e16.

[33] GOTO Y,AKAHORI R,YANAGI I. Challenges of Single-Molecule DNA Sequencing with Solid-State Nanopores. Adv Exp Med Biol,2019,1129:131-142.

[34] SCHOENFELDER S,FRASER P. Long-range enhancer-promoter contacts in gene expression control. Nature reviews. Genetics,2019,20(8):437-455.

[35] JOHANNE M M,ANTONY M C. Integrating DNA damage repair with the cell cycle. Current Opinion in Cell Biology,2018,52:120-125.

[36] Lambert S A,Jolma A,Campitelli L F,et al. The Human Transcription Factors. Cell,2018,172(4):650-665.

名 词 释 义

3′,5′-磷酸二酯键（phosphodiester bond）　一个磷酸与相邻核苷酸的 3′ 羟基和 5′ 羟基分别形成磷酸酯键，将核苷酸分子连接形成核酸链。

5′-AUG　有些 mRNA 分子，在其正常的起始密码子 AUG 的上游往往有一个或多个 AUG，这些 AUG 不是正常可读框（ORF）的起始密码子，称为 5′-AUG。如果核糖体从 5′-AUG 开始翻译，翻译后会很快遇到终止密码子而释放出一条无功能的多肽链。5′-AUG 存在的意义是对正常翻译产物的水平进行调节。

5′-帽结构（5′-cap structure）　真核生物 mRNA 的 5′ 末端在转录后加工过程中形成的特殊结构，可以与帽结合蛋白形成复合体，具有维持 mRNA 稳定、协同 mRNA 转运和促进翻译起始等作用。

DNA 变性（DNA denaturation）　在特定变性因素作用下，DNA 双链解离为单链的过程。

DNA-蛋白质交联（DNA protein cross-linking）　DNA 分子与蛋白质以共价键的形式结合在一起，称为 DNA-蛋白质交联。

DNA 聚合酶（DNA polymerase）　指以单链 DNA 为模板，dNTP 为原料，按 5′→3′ 方向催化 DNA 链不断聚合延伸的酶，称 DNA 聚合酶。

DNA 链间交联（DNA interstrand cross-linking）　指 DNA 双螺旋链中的一条链上的碱基与另一条链上的碱基以共价键的形式结合在一起。

DNA 链内交联（DNA intrastrand cross-linking）　DNA 双螺旋链中的同一条链内的两个碱基以共价键结合，称为 DNA 损伤链内交联。紫外线照射后形成的嘧啶二聚体就是 DNA 损伤链内交联的典型例子。

DNA 损伤（DNA damage）　各种内外因素所导致的生物体 DNA 组成与结构的变化。

DNA 印迹（Southern blotting）　将待检测 DNA 样品在琼脂糖凝胶中进行电泳分离，然后经 NaOH 处理变性为单链，并从凝胶中转移、固定到合适的固相支持物如 NC 膜或尼龙膜上，以带标记的探针与膜上 DNA 杂交，然后进行显影或显色，检测目的 DNA 的存在。

DNA 元件百科全书（encyclopedia of DNA element，ENCODE）　ENCODE 的主要研究内容就是识别人类基因组所有功能元件，特别是非编码序列的功能和转录调控元件，也包括介导染色体结构和动力学的各个元件。

DNA 指纹分析（DNA fingerprinting）　利用人类染色体上小卫星 DNA 的核心序列为探针进行 RFLP 分析时，可检测到很多高度可变区，并获得相应的图谱；这些图谱就如同人类指纹一样具有高度的个体特异性，故称为 DNA 指纹分析。基于 VNTR 和 STR 的 DNA 指纹分析技术可用于法医学的个体识别。

DNA 重组（DNA recombination）　指不同 DNA 分子经断裂、再连接，通过 DNA 片段的交换并重新组合，形成新的 DNA 分子过程。包括同源重组、特异位点重组和转座重组等类型，广泛存在于各类生物，是自然界生物体内基因变异和生物进化或演变的分子基础。体外通过人工 DNA 重组可获得重组体 DNA，是基因工程中的关键步骤。

D-环复制（D-loop replication）　线粒体 DNA 的复制形式。mtDNA 为闭合环状双链结构，D 环复制的特点是复制起始点不在双链 DNA 同一位点，内、外环复制有时序差别，复制中呈字母 D 形状而得名。

***ex vivo* 基因治疗**　间接体内基因治疗，是首先提取患者的特定靶细胞，在体外利用逆转录病毒载体等不同方式导入外源基因，经体外增殖、筛选、药物处理等操作后，再将经过基因修饰的阳性细胞输回患者体

内,达到基因治疗的目的。

G 蛋白偶联受体(G protein-coupled receptor)　亦称七跨膜受体;一类重要的细胞表面受体,具有 7 个跨膜 α-螺旋,并直接与异源三聚体 G 蛋白偶联结合。

HMG-CoA 还原酶(HMG-CoA reductase)　在胆固醇生物合成过程中,催化 HMG-CoA 还原成甲羟戊酸,是细胞胆固醇合成的关键酶。

***in vivo* 基因治疗**　直接体内基因治疗,是通过病毒、非病毒载体等多种方式,将外源基因直接导入患者体内。例如,将无复制能力的、含外源基因的腺相关病毒直接应用于患者体内;或将脂质体包埋或裸露 DNA 直接注射到患者体内,达到基因治疗的目的。

MAPK 途径(MAPK pathway)　以丝裂原激活的蛋白激酶(MAPK)为代表的信号转导途径称为 MAPK 途径,其主要特点是具有 MAPK 级联反应。

P/O 比值(P/O ratio)　是指氧化磷酸化过程中,每消耗 0.5mol O_2 所需磷酸的物质的量。P/O 比值也等于一对电子通过呼吸链传递给氧原子所能生成的 ATP 分子数。

RNA 复制(RNA replication)　由 RNA 依赖的 RNA 聚合酶(RNA-dependent RNA polymerase)催化合成 RNA 的过程,常见于病毒,是逆转录病毒以外的 RNA 病毒在宿主细胞以病毒的单链 RNA 为模板合成 RNA 的途径。

RNA 干涉(RNA interference)　一种进化上保守的抵御转基因或外来病毒侵犯的防御机制。将与靶基因的转录产物 mRNA 存在同源互补序列的双链 RNA 导入细胞后,能特异性地降解该 mRNA,从而产生相应的功能表型缺失。

RNA 剪接(RNA splicing)　转录后加工形式之一;初级 RNA 转录物切除内含子,连接外显子。

RNA 聚合酶(RNA polymerase)　以 DNA 或 RNA 为模板,以 5′-三磷酸核苷为原料催化合成 RNA 的酶。

RNA 印迹(Northern blotting)　将待检测 RNA 样品用甲基氢氧化银、乙二醛或甲醛处理,使 RNA 变性,然后在琼脂糖凝胶中进行电泳分离,并从凝胶中转移、固定到合适的固相支持物如 NC 膜或尼龙膜上,以带标记的探针与膜上 RNA 杂交,然后进行显影或显色,检测目的 RNA 的存在。

SD 序列(Shine-Dalgarno sequence)　是原核生物 mRNA 起始密码子 AUG 上游附近的一段保守序列,可被原核生物核糖体的 16S rRNA 通过碱基互补而精确识别结合。因 Shine J. 和 Dalgarno L. 两人发现该序列的功能而得名。

SH2 结构域(SH2 domain)　是可与某些蛋白质(如受体酪氨酸激酶)的磷酸酪氨酸残基紧密结合的蛋白质结构域,启动信号转导通路中的多蛋白质复合物的形成。

Warburg 效应(Warburg effect)　在氧供应(充足)的情况下,细胞中葡萄糖仍以无氧氧化为主,而有氧氧化则受到抑制,该现象称为 Warburg 效应,通常发生在肿瘤和增殖活跃的细胞中。

α-互补(α-complement)　*Lac Z′* 基因编码的 β-半乳糖苷酶(β-gal)α 肽链与受体菌编码的 β-半乳糖苷酶 ω 亚基互补结合,发挥 β-半乳糖苷酶的活性。将外源基因插入跨越多克隆位点的 *Lac Z′* 基因中,可以实现重组子的蓝白筛选。

癌基因(oncogene)　是细胞基因组内正常存在的基因,其编码产物通常作为正调控信号促进细胞的增殖和生长,包括编码生长因子、生长因子受体、细胞内生长信号传递分子、转录因子等的基因。癌基因突变或表达异常是细胞恶性转化的重要原因。

氨基酸代谢库(amino acid metabolic pool)　食物蛋白质经消化而被吸收的氨基酸与体内组织蛋白质降解产生的氨基酸及体内合成的非必需氨基酸混在一起,分布于体内参与代谢。

巴斯德效应(Paster effect)　有氧氧化抑制无氧氧化的现象。

斑点印迹(dot blotting)　不经电泳分离而直接将样品点在 NC 膜上用于杂交分析;可用于核酸和蛋白质的分析。

半保留复制(semi-conservative replication)　一种 DNA 复制方式;在 DNA 复制产生的子代 DNA 分子中,一条链来自亲代 DNA 模板链,另一条链为新合成的链。

半不连续复制（semi-discontinuous replication）　DNA 的复制方式；在以 DNA 双链为模板合成新的 DNA 链过程中，一条链的合成是连续的，而另一条链的合成是不连续的。

报告基因（reporter gene）　表达产物易于被鉴定的基因。将其编码序列和基因表达调节序列或目的基因相融合形成嵌合基因，用以反映基因表达效率。常用作报告基因的有氯霉素乙酰转移酶基因、β-葡糖醛酸糖苷酶基因、萤火虫酶基因和绿色荧光蛋白基因等。

必需氨基酸（essential amino acid）　人体自身不能合成，只能从食物蛋白质中获取的氨基酸，包括缬氨酸、异亮氨酸、亮氨酸、苏氨酸、甲硫氨酸、赖氨酸、苯丙氨酸、色氨酸和组氨酸。

必需脂肪酸（essential fatty acid）　人体自身不能合成，必须由食物提供的脂肪酸。

标志补救（marker rescue）　是指当载体上的标志基因在宿主细胞中表达时，通过互补宿主细胞的相应缺陷而使细胞在相应选择培养基中存活。

表达序列标签（expressed sequence tag，EST）　从互补 DNA（cDNA）分子所测得部分序列的短片段 DNA。通常 200~500bp，从互补 DNA 文库所得到的许多表达序列标签集合组成表达序列标签数据库，代表在一定的发育时期或特定的环境条件下，特定的组织细胞基因表达的序列。可用于验证基因在特定组织中的表达，推导全长互补 DNA 序列，或作为标签标志基因组中的特殊位点以确定基因的位置等。

表达载体（expression vector）　用于介导特定基因在靶细胞中表达的 DNA 分子，含有增强子和启动子等调控序列，用于引导所携带外源基因的有效表达，即转录和翻译。

表型克隆（phenotype cloning）　基于对疾病表型和基因结构或基因表达的特征联系已经有所认识的基础上，来分离鉴定疾病相关基因。

别构调节（allosteric regulation）　某些化合物与酶活性中心外的部位非共价可逆结合，引起酶构象改变，从而改变酶的催化活性。

核内不均一 RNA（heterogeneous nuclear RNA，hnRNA）　未成熟的 mRNA 前体，由于尚未完成内含子剪接与 3′ 末端剪切加工，其长度不均匀，故而得名。

不需氧脱氢酶（anaerobic dehydrogenases）　催化底物脱氢而又不以氧作为直接受氢体的酶。这类酶催化的反应并不将氢（H^+e^-）直接传递给 O_2，而是使氢活化并传递给辅酶或辅基，生成还原型辅酶或辅基，这些还原型产物再进行质子/电子的传递。

操纵子（operon）　由调控区与信息区组成，上游是调控区，包括启动子（promoter）、操纵元件（operator）以及其他元件；下游是信息区，由串联在一起的 2 个以上结构基因组成；最后是转录终止子。

层析（chromatography）　又称色谱法。此法是将待分离蛋白质溶液（流动相）经过一个固态物质（固定相），根据溶液中待分离的蛋白质颗粒大小、电荷多少及亲和力等，使待分离的蛋白质组分在两相中反复分配，并以不同速度流经固定相，从而达到分离蛋白质的目的。

插入序列（insertion sequence，IS）　能在基因（组）内部或基因（组）间改变自身位置的一段 DNA 序列。通常是转座子的一种，只携带与自身转座有关的编码基因。

长散在核元件（long interspersed nuclear elements，LINEs）　以散在方式分布于基因组中的较长的重复序列，重复序列长度在 1 000bp 以上，常具有转座活性，又称为长散在重复序列（long interspersed repeat sequence）。

超螺旋（superhelix；supercoil）　如果双链 DNA 在空间上受到拓扑学结构约束，两条单链相互盘绕的圈数不可变，当实际盘绕圈数与稳定双螺旋所需圈数不匹配时，就会形成超螺旋。超螺旋可分为正超螺旋和负超螺旋，是一种常见的 DNA 三级结构。

超滤（ultra-filtration）　应用正压或离心力使蛋白质溶液透过有一定截留分子量的超滤膜，达到分离和浓缩蛋白质溶液的目的。

沉降系数（sedimentation coefficient，S）　用于表示蛋白质在离心场中行为的数值，使用 Svedberg 单位（$1S=10^{-13}$ 秒）。S 与蛋白质的密度和形状相关。

沉默子（silencer）　是可抑制基因转录的特定 DNA 序列，当其结合一些反式作用因子时，对基因的转录起阻遏作用,使基因沉默。

重组 DNA 技术(recombinant DNA technology) 是指在体外,将两个或两个以上 DNA 分子重新组合,并在适当宿主中复制扩增,形成新 DNA 分子的过程。

初级胆汁酸(primary bile acid) 由肝细胞以胆固醇为原料合成的胆汁酸及其与甘氨酸或牛磺酸的结合产物,包括胆酸、鹅脱氧胆酸、甘氨胆酸、牛磺胆酸、甘氨鹅脱氧胆酸和牛磺鹅脱氧胆酸。

初级转录物(primary transcript) 转录后加工前的 RNA 即刻转录产物。

次级胆汁酸(secondary bile acid) 初级胆汁酸经肠道细菌作用产生的胆汁酸及其结合产物,包括脱氧胆酸、石胆酸、甘氨脱氧胆酸、牛磺脱氧胆酸、熊脱氧胆酸等。

错义突变(nonsense mutation) DNA 点突变引起密码子改变,编码错误氨基酸。

代谢(metabolism) 活细胞内的全部化学反应,几乎全部是酶促反应,分为合成代谢与分解代谢。

代谢物组学(metabolomics) 代谢物组学就是测定一个生物/细胞中所有的小分子代谢产物的组成和丰度,描绘其动态变化规律,建立系统代谢图谱,并确定这些变化与生物过程的有机联系。

代谢综合征(metabolic syndrome) 一组复杂的糖、脂质、蛋白质代谢紊乱综合征,涉及在代谢上相互关联的多种危险因素组合,包括肥胖(尤其是内脏脂肪堆积)、高血压、血脂/葡萄糖稳态失调、胰岛素抵抗等。

单核苷酸多态性(single nucleotide polymorphism,SNP) 同一物种不同个体的等位基因同一位点上,单个核苷酸存在差别的现象。

单拷贝序列(single copy sequences) 在单倍体基因组中,只出现一次或数次的核苷酸序列,大多数编码蛋白质的基因属于这一类。

单链构象多态性(single-strand conformation polymorphism,SSCP) 在非变性条件下,DNA 分子可自身折叠形成一定的空间构象,该构象有赖于单链 DNA 分子中的碱基序列。DNA 分子中的碱基变异常可导致空间构象的改变,表现出电泳迁移率的变化。将样品 DNA 与正常 DNA 对比,通过观察条带位置差异来判断特定 DNA 序列中不同碱基是否存在。

胆固醇逆向转运(reverse cholesterol transport,RCT) 新生 HDL 从肝外组织细胞获取胆固醇并在血浆 LCAT、apoA、apoD 及 CETP、PTP 共同作用下,胆固醇被酯化、转移至内核和与 VLDL 甘油三酯交换,新生双脂层盘状 HDL 逐步膨胀为单脂层球状 HDL,颗粒逐步增大、密度逐渐减小,形成 HDL_3,最终转变为成熟的富含胆固醇的 HDL_2。VLDL 在转变为 LDL 后,与成熟 HDL_2 一起经血液运输至肝,分别与肝细胞膜表面 LDLR、LRP 或 SR-BI 结合,被肝细胞摄取降解,其中的胆固醇酯被分解为胆固醇或转化成胆汁酸,通过胆汁排出体外。这种将肝外组织多余胆固醇运输至肝分解转化排出体外的过程就是胆固醇逆向转运途径。

胆汁酸的肠肝循环(enterohepatic circulation of bile acid) 在肝细胞合成的初级胆汁酸,随胆汁进入肠道并转变为次级胆汁酸。肠道中约 95% 胆汁酸可经门静脉被重吸收入肝,并与肝新合成的胆汁酸一起再次被排入肠道,构成胆汁酸的肠肝循环。

蛋白激酶(protein kinase) 将 ATP 或其他核苷三磷酸的 γ-磷酸基转移给靶蛋白的 Ser、Thr、Tyr、Asp 或 His 的侧链的一类酶,调节蛋白质的活性或其他性质。

蛋白聚糖(proteoglycan) 以聚糖含量为主,由糖胺聚糖共价连接于不同核心蛋白形成的糖缀合物。

蛋白质变性(denaturation of protein) 在某些物理和化学因素作用下,维系蛋白质空间结构的次级键(有时也包括二硫键)断裂,使其有序的空间结构变成无序的结构,从而导致其理化性质的改变和生物活性的丧失。

蛋白质复性(renaturation of protein) 若蛋白质变性程度较轻,去除变性因素后,有些蛋白质仍可恢复或部分恢复其原有的构象和功能。

蛋白质构象病(protein conformational diseases) 在一级结构不变的情况下,若蛋白质的折叠发生错误,构象发生改变所导致的疾病。

蛋白质印迹(Western blotting) 蛋白质在聚丙烯酰胺凝胶电泳之后,从胶中转移并固定到膜材料上,再利用特异性抗体对膜上的靶分子进行检测,也称为 Western 印迹。

蛋白质组学（proteomics） 蛋白质组学以细胞、组织或机体在特定时间和空间上表达的所有蛋白质为研究对象，分析细胞内动态变化的蛋白质组成、表达水平与修饰状态，揭示蛋白质之间的相互作用及其调控规律。

氮平衡（nitrogen equilibrium；nitrogen balance） 机体吸收氮和排泄氮之间的（差异）关系。

等电点（isoelectric point，pI） 指在某一特定 pH 的溶液中，氨基酸或蛋白质解离成阳离子和阴离子的趋势及程度相等，呈电中性，此时溶液的 pH。

低密度脂蛋白受体（LDL receptor） 广泛分布于体内各组织、细胞表面，能特异地识别和结合 LDL，主要生理功能是摄取降解 LDL 并参与维持细胞内胆固醇平衡。

底物水平磷酸化（substrate level phosphorylation） 含有高能键的化合物作为反应底物时，在反应过程中可直接将其高能键转移给 ADP（或 GDP）生成 ATP（或 GTP），这种不依赖电子传递链的 ADP 或其他核苷二磷酸的磷酸化反应称为底物水平磷酸化。

底物循环（substrate cycle） 分别由不同的酶催化糖酵解和糖异生过程中互逆的单向反应，这种反应物互变称为底物循环。

第二信使（second messenger） 环腺苷一磷酸（cAMP）、环鸟苷酸（cGMP）、甘油二酯（DAG）、三磷酸肌醇（IP_3）、磷脂酰肌醇-3,4,5-三磷酸（PIP_3）、Ca^{2+} 等可以作为外源信息在细胞内传递的信号转导分子，又称细胞内小分子信使。

电泳（electrophoresis） 通过蛋白质在电场中泳动而达到分离各种蛋白质的技术。

定位克隆（positional cloning） 仅根据疾病相关基因在染色体上的大体位置，鉴定克隆疾病相关基因。

定向克隆（directional cloning） 目的 DNA 按特定方向插入载体的克隆方法。

动态突变（dynamic mutation） 又称为不稳定三核苷酸重复序列突变，由于基因组中编码序列或侧翼序列的三核苷酸串联重复拷贝数增加，且随着世代的传递重复次数不断增加，导致某些遗传病的发生，称之为动态突变。

端粒及端粒酶（telomere and telomerase） 由特殊 DNA 即短的 TG 丰富区重复序列及蛋白质组成，覆盖在染色体两个末端的特殊结构称为端粒，对保护染色体及维持染色体线性长度有重要意义。端粒酶是由特殊 RNA 及蛋白质组成的复合体，能以自身的 RNA 为模板，催化端粒的延伸。

短串联重复序列（short tandem repeat，STR） 正常人群中有一类约 2~6bp 的较短核心序列，常以 10~50 次重复串联的方式存在于相应结构基因的侧翼区或非编码区，称为 STR。STR 是 RFLP 之后的第二代遗传标记。通过 STR-PCR 技术可进行基因诊断。

短散在核元件（short interspersed nuclear elements，SINEs） 以散在方式分布于基因组中的较短的重复序列，重复序列平均长度约为 300~500bp，与平均长度约为 1 000bp 的单拷贝序列间隔排列。又称为短散在重复序列（short interspersed repeat sequence）。

断裂基因（split gene；interrupted gene） 由若干个编码区（外显子）和非编码区（内含子）互相间隔开，但又连续镶嵌而成；去除非编码区再连接后，可翻译出一条完整多肽链，该基因称为断裂基因。

多胺（polyamine） 由鸟氨酸、S-腺苷甲硫氨酸等衍生的聚阳离子化合物，包括腐胺、精胺和精脒；具有调节细胞分裂、生长等作用。

多功能酶（multifunctional enzyme） 在一条肽链上含有多个活性部位，每个活性部位都是一种催化不同化学反应的酶。

多基因家族（multigene family） 指由某一祖先基因经过重复和变异所产生的一组在结构上相似、功能上相关的基因。

多聚腺苷酸尾或多 A 尾［poly（A）-tail］ 转录后加工过程中在 mRNA 的 3′ 末端形成的多聚腺苷酸结构，具有维持 mRNA 稳定、协同 mRNA 转运和促进翻译起始等作用。

多克隆位点（multiple cloning sites，MCS） 载体上一般都构建一段含多个单一限制性内切酶位点的核苷酸序列，用于外源 DNA 片段的插入。

多酶体系（multienzyme system） 由几种催化功能不同的酶彼此聚合而成的多酶复合物。

多顺反子 mRNA（polycistronic mRNA） 细菌大部分 mRNA 都是从操纵子转录而成，带有编码几个甚至十几个蛋白质的序列信息，这种 mRNA 是从几个首尾相连的结构基因（存在于一个操纵子中）一次转录而成，称为多顺反子 mRNA。

二级结构（secondary structure） 组成蛋白质的肽链的主链的局部空间构象，也就是肽链主链骨架原子的相对空间位置，不涉及氨基酸残基侧链的构象。

翻译（translation） 以 mRNA 为模板，将 mRNA 分子中的遗传信息解读转换为氨基酸序列的蛋白质合成过程。

翻译后加工（post-translational processing） 新生肽链转变成为有特定空间构象和生物学功能的成熟蛋白质的过程，包括肽链的折叠、二硫键的形成、亚基聚合、肽链的水解、某些氨基酸残基侧链基团的化学修饰等。

反密码子（anticodon） tRNA 中由 3 个相邻的核苷酸组成的特定序列，与 mRNA 分子中编码氨基酸的密码子互补配对。

反式作用因子（trans-acting factor） 通过直接结合或间接作用于 DNA、RNA 等核酸分子，对基因表达发挥不同调节作用（激活或抑制）的蛋白质分子。

反向重复序列（inverted repeat sequence） 由两个相同顺序的互补拷贝在同一 DNA 链上反向排列而成，反向重复的单位长度约为 300bp 或略短，其总长度约占人类基因组的 5%，多数是散在，而非群集于基因组中。

反义寡核苷酸（antisense oligonucleotide） 人工合成的、与靶基因或信使核糖核酸（mRNA）某一区段互补的核酸片段。可以通过碱基互补原则结合于靶基因或 mRNA 上，从而封闭基因的表达。包括反义脱氧核糖核酸（DNA）和反义核糖核酸（RNA），其来源有人工合成和体内表达两类。

反应活性氧类（reactive oxygen species, ROS） 主要指 O_2 得到单电子的还原产物，包括超氧阴离子（$\cdot O_2^-$）、羟自由基（$\cdot OH$）、过氧化氢（H_2O_2）及其衍生的 $\cdot HO_2 \cdot$ 等。这些未被完全还原的氧分子，化学性质非常活泼，氧化性远远大于 O_2，合称为反应活性氧类。

泛醌（ubiquinone） 又称辅酶 Q（coenzyme Q, CoQ 或 Q），是一种脂溶性醌类化合物，其结构中异戊二烯单位的数目因物种而异，人体内的 Q 是 10 个异戊二烯单位连接的侧链，用 Q_{10} 表示。Q 侧链的疏水特性使其能够在线粒体内膜中自由扩散；Q 结构中的苯醌部分可进行双电子、单电子的传递，通过等量接受和释放 H^+ 与电子传递氢原子。

泛素（ubiquitin） 一种高度保守的小分子多肽，在细胞内蛋白质的 ATP-依赖的蛋白酶体降解途径中，特异泛素化酶催化下，几个泛素分子串联地共价结合靶蛋白的赖氨酸残基。

分子伴侣（molecular chaperone） 一类协助细胞内分子组装和协助蛋白质折叠的蛋白质。

分子医学（molecular medicine） 从分子水平阐述疾病状态下基因组的结构、功能及其表达调控规律，发展现代高效预测、预防、诊断和治疗手段。

复性（renaturation） 在去除变性因素后，变性的核酸分子通过碱基互补配对重新形成双链的过程。

冈崎片段（Okazaki fragment） 在 DNA 不连续复制过程中合成的、短的单链 DNA 片段，后被连接成完整的 DNA 后随链。

高度重复序列（highly repetitive sequence） 真核基因组中存在的有数千到几百万个拷贝的 DNA 重复序列。这些重复序列的长度为 6~200bp，不编码蛋白质或 RNA。

高尿酸血症（hyperuricemia） 尿酸是人体嘌呤核苷酸降解的唯一最终产物，其水溶性较差。当出现嘌呤核苷酸合成与摄入过多、肾中尿酸排泄障碍，或肿瘤组织中核苷酸过量降解等原因，可使血浆尿酸水平过高（大于 $420\mu mol/L$），表现为高尿酸血症，其可导致临床上痛风性关节炎和关节畸形。

还原当量（reducing equivalent） 将 1mol 的氢原子（含 1 个质子和 1 个电子）称为 1 个还原当量。机体代谢途径产生的 $NADH+H^+$、$FADH_2$ 等都是还原当量，是具有还原性的电子载体，以辅因子的方式传递氢。

核苷酸的补救合成(salvage synthesis of nucleotide)　利用体内生物分子降解产生的中间代谢产物,如游离碱基或核苷,合成嘌呤核苷酸和嘧啶核苷酸的过程;是与从头合成不同的途径。

核苷酸的从头合成(*de novo* synthesis of nucleotide)　利用简单前体分子如氨基酸、一碳单位、核糖-5-磷酸等合成嘌呤核苷酸和嘧啶核苷酸的代谢途径。

核苷酸的抗代谢物(antimetabolite of nucleotide)　是指一些嘌呤、嘧啶、叶酸或某些氨基酸的结构类似物,他们以竞争性抑制或以假乱真等方式干扰或阻断核苷酸的合成代谢,从而进一步抑制核酸合成和蛋白质的生物合成,可抑制细胞增殖。

核苷酸切除修复(nucleotide excision repair,NER)　DNA切除修复的一种。在一系列酶的作用下,将DNA分子中受损伤部分寡核苷酸切除,并以完好的那条链为模板,合成和连接得到正常序列,使DNA恢复原来的正常结构。

核酶(ribozyme)　具有生物催化活性的RNA。20世纪80年代,美国科学家Cech T. R.和Altman S.分别发现四膜虫rRNA的自我剪接功能和RNase P的RNA组分具有剪切活性,证实核酶的存在。这一发现极大地拓展了人类对酶的认知。

核酸杂交(nucleic acid hybridization)　不同来源的核酸分子如果存在序列上的相似性,在经过变性和复性后,不同来源的单链通过碱基互补配对结合在一起,形成杂合分子的现象。

核小RNA(small nuclear RNA,snRNA)　细胞核内的小RNA,在mRNA、tRNA和rRNA的剪接反应中去除内含子过程发挥作用。

核小体(nucleosome)　染色质的基本组成单位,由DNA盘绕在组蛋白形成的八聚体核心后形成,在电子显微镜下呈现串珠状结构。

核心启动子元件(core promoter element)　真核生物基因启动子中介导基因转录起始的最小的一段连续DNA序列。RNA聚合酶Ⅱ识别的启动子通常包含转录起始位点及其上游或下游约35个核苷酸的序列,大小约为40个核苷酸。含有TATA盒、起始子(Inr)、TFⅡB识别元件(BRE)和核心启动子下游元件(DPE)等序列模块。

化学修饰调节(chemical modification regulation)　一些酶分子中的某些基团可在其他酶的催化下,共价结合某些化学基团,同时又可在另一种酶的催化下,将已结合在酶分子上的这些化学基团除去,从而引起酶分子构象的改变而影响酶的活性。

黄疸(jaundice)　血浆胆红素高于正常水平时扩散进入组织造成黄染的体征。

回文结构(palindrome)　双链DNA中的互补链核苷酸序列以相同方向配对,即呈反向重复,因此,从5′→3′的两条链序列完全一致。

活性染色质(active chromatin)　具有转录活性的常染色质称为活性染色质。因活性染色质结构松弛,故对核酸酶DNase Ⅰ敏感。

基因(gene)　一段含有特定遗传信息的核苷酸序列(大多数生物中是DNA序列,少数是RNA序列),能够编码功能产物多肽或RNA。

基因编辑(gene editing)　利用多种基因工程手段对基因组的特定目标基因进行靶向突变、表达沉默、碱基编辑、定点插入等。目前已存在多种基于不同核酸酶的基因编辑系统,如巨型核酸酶、ZFN、TALEN和CRISPR等。基因编辑技术可实现对于不同物种基因组的定点修饰,纠正基因结构异常,用于基因治疗。

基因表达(gene expression)　指基因的转录和翻译的过程。

基因表达调控(regulation of gene expression)　指在内外界环境因素信号刺激或适应环境变化过程中,细胞内的相关特定因素调节和控制(regulation and control)特定基因表达的规律及其作用机制。

基因捕获(gene trap)　鉴别选择已插入基因内的转基因插入片段的方法。常用的办法是将基因组序列片段插入到基因捕获载体(不带调控元件,但含可供筛选的抗性基因、酶基因编码序列等)中,从所构建的文库中捕捉能表达的基因。

基因超家族(gene superfamily)　一些DNA序列相似,但功能不一定相关的若干个单拷贝基因或若干组基因家族总称。

基因干扰（gene interference）　指采用特定的方式抑制某个基因的表达，或者通过破坏某个基因的结构而使之不能表达，以达到治疗疾病的目的。

基因家族（gene family）　基因组中存在的许多来源于同一个祖先，结构和功能相似的一组基因。同一家族的这些基因的外显子具有相关性。

基因芯片（gene chip）　通过在固相支持物上原位合成寡核苷酸或者直接将大量预先制备的 DNA 探针以显微打印的方式有序地固化于支持物表面，然后与待测的荧光标记样品杂交，通过对杂交信号的检测分析，得出样品的遗传信息（基因序列及表达）。根据芯片上固定的探针不同，基因芯片主要包括 cDNA 芯片（cDNA chip）和寡核苷酸芯片（oligo chip）。

基因亚家族（gene subfamily）　一个多基因家族中可有多个基因，根据结构与功能的不同又可以分为亚家族。如小 G 蛋白中属 *RAS* 超家族约有 50 多个成员，根据其序列同源性程度又可进一步分为 *RAS*、*RHO* 和 *RAB* 三个主要的亚家族。

基因增强（gene augmentation）　通过导入外源基因使靶细胞表达其本身不表达的基因，是基因治疗的策略之一。

基因诊断（gene diagnosis）　利用多种分子生物学和分子遗传学的技术，分析内源性基因及其表达产物（DNA、RNA 和蛋白质）是否异常，或检测特定外源性基因是否存在，进而对疾病做出诊断的方法。

基因治疗（gene therapy）　主要是体细胞基因治疗，通过基因转移技术，直接或间接将目的基因导入疾病受累靶器官或细胞，使其发挥生物学效应，从而实现治疗疾病的目的。基因治疗的基本策略主要包括基因置换、基因增强、基因干扰和自杀基因治疗等。

基因置换（gene replacement）　将特定的目的基因导入特定的细胞，通过定位重组，以导入的正常基因置换基因组内原有的缺陷基因，是基因治疗的策略之一。

基因组（genome）　指一种生物体或生物体中单个细胞的一整套完整单倍体的遗传物质及其细胞器中单倍遗传物质的总和。

基因组构（gene organization）　单个基因的组成结构及一个完整的生物体内基因的组织排列方式统称为基因组构。

基因组学（genomics）　基因组学是阐明整个基因组结构、结构与功能的关系以及基因之间相互作用的科学。

基因组注释（genome annotation）　为基因组 DNA 序列加注基因结构及功能信息的过程。主要包括编码基因和非编码区的鉴定以及基因功能的注释。

激素敏感性脂肪酶（hormone sensitive lipase，HSL）　主要催化脂肪动员第二步，水解甘油二酯，生成甘油一酯和脂肪酸。

极低密度脂蛋白（very low density lipoprotein，VLDL）　肝细胞合成的甘油三酯在肝细胞内质网与载脂蛋白 B100、C 等及磷脂、胆固醇组装成的一种脂蛋白，由肝细胞分泌入血，主要功能是运输内源性甘油三酯。

假基因（pseudogene）　基因组中存在的一段与正常基因非常相似但一般不能表达的 DNA 序列。

剪接体（spliceosome）　在真核 mRNA 前体剪接中，由核小 RNAs（snRNA 如 U1、U2、U4、U5 和 U6 等）和蛋白质组成的复合体。

碱基堆积力（base stacking interaction）　层叠排列的碱基平面之间通过电子云的相互作用形成的作用力，它与氢键共同构成双螺旋结构主要的稳定因素。

碱基切除修复（base excision repair，BER）　DNA 切除修复的一种。在 DNA 糖基化酶的作用下，从 DNA 中除去损伤的碱基，形成去嘌呤或去嘧啶位点，统称为 AP 位点。AP 核酸内切酶切除包括 AP 位点核苷酸在内的小片段 DNA，由 DNA 聚合酶 I 和 DNA 连接酶完成修复。

酵母单杂交（yeast one-hybrid）　由酵母双杂交系统发展而来，是体外分析 DNA 与细胞内蛋白质相互作用的一种方法，通过对酵母细胞内报告基因表达状况的分析，来鉴别 DNA 结合位点并发现潜在的结合蛋白基因。

酵母双杂交系统（yeast two-hybrid system）　研究蛋白质间相互作用的一种方法。此系统是利用报告基因检测两个蛋白质之间是否存在相互作用，以及作用的位点/结构域；还可以用已知或已有的蛋白质筛选与其存在特异性相互作用的蛋白质。因此，常用于寻找与靶蛋白相互作用的新蛋白。

接合（conjugation）　指细菌与细菌通过菌毛相互接触引起质粒 DNA 从一个细菌进入另一细菌的过程。

结构域（domain）　分子量较大蛋白质的肽链形成在三级结构层次上的局部折叠区域。

结合胆红素（conjugated bilirubin）　胆红素在肝细胞内与葡萄糖醛酸结合生成的胆红素，为水溶性，可从尿中排出。

解链温度（melting temperature，T_m）　在核酸变性过程中，紫外吸收的增加值达到最大增加值一半时的温度为解链温度。在解链温度时，50% 的双链解离为单链。

解偶联剂（uncoupler）　可使氧化与磷酸化反应分离（即解偶联），电子能够经呼吸链正常传递，复合体的质子泵作用虽建立了跨内膜的质子浓度差，但由此储存的能量不能使 ADP 磷酸化合成 ATP。其基本机制是质子不经过 ATP 合酶回流至基质来驱动 ATP 的合成，而是经过其他途径进入基质，因而 ATP 的合成受到抑制。

精准医学（precision medicine）　全面推动个体基因组研究，依据个人基因组信息"量体裁衣"式制订最佳的个性化治疗方案，以期达到疗效最大化和副作用最小化。

竞争性抑制作用（competitive inhibition）　抑制剂与底物共同竞争与酶的活性中心结合，从而抑制酶的活性。

聚合酶链式反应（polymerase chain reaction，PCR）　是一种在体外特异性地扩增已知 DNA 片段的方法。在待扩增 DNA 片段两端设计引物，由耐热 DNA 聚合酶（如 *Taq* 酶）催化，通过循环扩增的方式，使产物达到指数倍增的效果。

聚糖（glycan）　由单糖通过糖苷键聚合而成的寡糖或多糖。

绝缘子（insulator）　是基因组上对转录调控起重要作用的一种元件，可以阻碍增强子对启动子的作用，或者保护基因不受附近染色质环境（如异染色质）的影响。

可变剪接（alternative splicing）　又称选择性剪接，同一前体 mRNA 分子，可以在不同的剪接位点发生剪接反应，生成不同的 mRNA 分子，最终产生不同的蛋白质分子的 RNA 剪切方式。

可变数目串联重复序列（variable number of tandem repeat，VNTR）　真核基因组 DNA 中普遍存在一种由重复序列串联重排次数差异而出现的多态性，称为"重复序列长度多态性"。这种多态性的特点是按首尾相接的方式将相同核心序列串联排列，形成具有高度多态性的特殊 DNA 序列，即为 VNTR。

可读框（open reading frame，ORF）　也称开放阅读框，是 mRNA 分子中自第一个起始密码子开始，至最后一个终止密码子结束，由一组连续的不重叠的密码子串联排列组成的一段编码区。可读框决定相应多肽链的氨基酸序列。

连锁分析（linkage analysis）　根据基因在染色体上呈直线排列，不同基因相互连锁成连锁群的原理，应用被定位的基因与同一染色体上另一基因或遗传标记相连锁的特点进行定位。

两用代谢途径（amphibolic pathway）　既与合成代谢有关，又与分解代谢有关的某些代谢途径，如三羧酸循环。

卵磷脂：胆固醇脂肪酰转移酶（lecithin：cholesterol acyl transferase，LCAT）　催化 HDL 中卵磷脂 2 位上的脂肪酰基转移至游离胆固醇的 3 位羟基上，使位于 HDL 表面的胆固醇酯化，促成 HDL 成熟及胆固醇逆向转运。

酶（enzyme）　具有催化作用的蛋白质。

酶的必需基团（essential group）　酶分子中那些与酶的活性密切相关的基团。

酶的别构调节（allosteric regulation of enzyme）　小分子代谢物与某些酶活性中心以外的部位以非共价键可逆结合，引起酶的构象改变，从而改变酶活性。

酶的化学修饰（chemical modification of enzyme）　酶蛋白肽链上的一些基团可在其他酶的催化下，共价结合或者脱去某些化学基团，如磷酸化与去磷酸化等，从而改变酶活性。

（酶）活性中心（active center）　酶分子中能与底物特异地结合并催化底物转变为产物的具有特定三维结构的区域。

（酶）专一性（specificity）　一种酶只作用于一种或一类化合物，或一种化学键，催化一定的化学反应并产生一定的产物的特性。

酶偶联受体（enzyme-linked receptor）　自身具有酶活性，或者自身没有酶活性，但与酶分子结合存在的一类受体，如生长因子和细胞因子的受体；亦称单次跨膜受体。

酶原（zymogen）　无活性的酶的前体。

米氏常数（Michaelis constant，K_m）　v 等于 V_{max} 一半时的 [S]。

密码子（codon）　mRNA 中由 3 个相邻的核苷酸组成的特定序列，是遗传密码的基本单位；共有 64 个，包括 61 个编码氨基酸的密码子（包括起始密码子）和 3 个终止密码子。

模体（motif）　几个具有二级结构的肽段在空间上相互接近，形成一个有规则的二级结构组合，又称为超二级结构（super-secondary structure）。

内含子（intron）　在基因中位于外显子之间的 DNA 序列，又称间插序列。内含子序列可以被转录到前体 RNA 中，然后经过剪接被去除，最终不存在于成熟 mRNA 分子中。

逆转录（reverse transcription）　指以 RNA 为模板，按照碱基配对原则，在逆转录酶的作用下，催化合成 DNA 的过程。

逆转录-PCR（reverse transcription PCR，RT-PCR）　是一种广泛应用的 PCR 衍生形式。RT-PCR 是将 RNA 的逆转录与 PCR 扩增技术相结合，以 mRNA 为模板逆转录合成互补 DNA（complementary DNA，cDNA），再以 cDNA 为模板进行特异性 PCR 扩增。RT-PCR 广泛应用于基因表达检测和分子（DNA）诊断。

鸟氨酸循环（ornithine cycle）　肝中利用氨合成尿素的代谢途径，又称为尿素循环。

葡萄糖效应　细菌通常以葡萄糖作为优先能源，当环境中有葡萄糖的时候，即使加入乳糖、阿拉伯糖等其他糖类，细菌也不利用这些糖类，直至葡萄糖消耗殆尽，其他糖类的代谢酶才会相应被诱导产生，此现象称为"葡萄糖效应"。

启动子（promoter）　是 RNA 聚合酶特异性识别和结合的 DNA 序列，RNA 聚合酶与之结合后，可启动基因的转录，但启动子本身并不被转录。启动子有方向性，位于转录起始位点上游，但有一些启动子（如编码 tRNA 基因的启动子）的 DNA 序列位于转录起始位点下游，这些 DNA 序列可以被转录。

起始子（initiator）　一种基因产物能与复制子中的某个复制位点发生特异作用，导致新一轮 DNA 复制过程的启动。也可指核酸的转录或翻译的起始点。

去阻遏　阻遏蛋白失活或者变构，从 DNA 操纵元件上脱落下来，不再影响 RNA 聚合酶的转录，称为去阻遏。

染色质免疫共沉淀（chromatin immunoprecipitation，ChIP）　研究体内 DNA 与蛋白质相互作用的主要方法。ChIP 是结合了 PCR 和免疫沉淀两种技术而发展起来的，它的基本原理是在活细胞状态下用甲醛固定蛋白质-DNA 复合物，并将其随机切断为一定长度范围内的染色质小片段（200~2 000bp，多为 600bp 左右），然后通过特异的抗原-抗体反应沉淀此复合体，特异性地富集与目的蛋白结合的 DNA 片段，通过对目的片段的纯化和 PCR 扩增及检测，从而获得蛋白质与 DNA 相互作用的信息。

染色质免疫共沉淀-芯片技术（chromatin immunoprecipitation-chip，ChIP-on-chip）　在 ChIP 的基础上，特异性地富集目的蛋白结合的 DNA 片段，解交联后对目的片段进行纯化、扩增和荧光标记，再用于芯片分析。通过芯片数据的分析，可以进行特定反式因子靶基因的高通量筛选，有利于确定全基因组范围内染色质蛋白的分布模式以及组蛋白修饰情况，为高通量筛选已知蛋白质的未知 DNA 靶点和研究反式作用因子在基因组上的分布提供了一个非常有效的工具。

染色质重塑（chromatin remodeling）　指通过动态调整真核细胞染色质的结构使 DNA 可以被转录调节

蛋白结合,从而调控转录的过程。该过程主要通过组蛋白共价修饰和核小体的移位来完成。染色质重塑需要特异的染色质重塑复合体(ATP 依赖的染色质重塑复合体和染色质共价修饰复合体)参与。

乳糜微粒(chylomicron,CM) 由小肠黏膜细胞利用从消化道摄取的食物脂肪酸再合成甘油三酯后,组装形成的一种脂蛋白,经淋巴系统吸收入血;功能是运输外源性甘油三酯和胆固醇。

乳酸循环(lactate cycle) 肌组织中的葡萄糖经无氧氧化产生乳酸,经血液运输至肝,在肝内异生为葡萄糖,后者经血液再运送至肌,由此构成的循环称为乳酸循环,又称 Cori 循环。

三级结构(tertiary structure) 整条肽链中全部氨基酸残基的相对空间位置。

上游启动子元件(upstream promoter element,UPE) 真核基因启动子的组成成分。位于启动复合物组装位点的上游。

生物氧化(biological oxidation) 生物体内发生的所有氧化还原反应的统称。

生物转化(biotransformation) 机体对内、外源性的非营养性物质进行代谢转化,使其水溶性提高,极性增强,易于随胆汁或尿排出的过程。

实时定量 PCR(real-time quantitative PCR,real-time qPCR) 在 PCR 反应体系中加入荧光基团,利用荧光信号积累实时监测整个 PCR 进程,使每一个循环变得"可见",最后通过 C_t 值和标准曲线对样品中的DNA(cDNA)的起始浓度进行定量的方法。

受体(receptor) 细胞膜上或细胞内能识别外源化学信号并与之结合的蛋白质分子(少数为糖脂分子)。受体可识别外源信号分子并与之结合、转换配体信号,使之成为细胞内分子可识别的信号,并传递至其他分子引起细胞应答。

双螺旋结构(double helix) 两条 DNA 单链通过碱基互补配对在空间上所形成的右手双螺旋结构。

顺式作用元件(*cis*-acting element) 指调控同一条核苷酸链上的基因表达的 DNA 序列,包括启动子、增强子、沉默子、绝缘子、一些细胞信号反应元件等。

四级结构(quaternary structure) 蛋白质分子中各个亚基的空间排布及亚基接触部位的布局和相互作用。

肽单元(peptide unit) 由参与形成肽键的 4 个原子(CO、O、N、H)和 2 个相邻的 C_α 原子($C_{\alpha 1}$、$C_{\alpha 2}$)构成的同一平面。

肽键(peptide bond) 由一个氨基酸的羧基与另一个氨基酸的氨基脱去一分子水反应生成的酰胺键。

糖胺聚糖(glycosaminoglycan,GAG) 由二糖单位重复连接而成的杂多糖,不分支。二糖单位中一个糖胺(*N*-乙酰葡糖胺或 *N*-乙酰半乳糖胺),另一个是糖醛酸(葡糖醛酸或艾杜糖醛酸)。

糖蛋白(glycoprotein) 糖类分子与蛋白质分子共价结合形成的蛋白质。

糖酵解(glycolysis) 细胞在胞质溶胶中分解葡萄糖生成丙酮酸的过程,包含 10 步反应,此过程中伴有少量 ATP 的生成;是糖无氧氧化和有氧氧化的共同起始通路。

糖密码(sugar code) 每一聚糖都有一个独特的能被单一蛋白质阅读,并与蛋白质相结合的三维空间构象(语言),即糖密码。

糖生物学(glycobiology) 研究糖类及其衍生物的结构、代谢以及生物学功能,探索糖链的生物信息机制与生命现象关系的专门领域。

糖无氧氧化(anaerobic oxidation) 在缺氧情况下,葡萄糖经一系列酶促反应生成丙酮酸进而还原生成乳酸的过程,可生成少量 ATP。

糖形(glycoform) 蛋白质部分相同,因糖链的结合位置、糖基数目、糖基序列不同,而产生的不同的糖蛋白分子形式,这种糖蛋白聚糖结构的不均一性称为糖形。

糖异生(gluconeogenesis) 由非糖化合物(如生糖氨基酸、乳酸、甘油等)转变成葡萄糖或糖原的过程称为糖异生。

(糖)有氧氧化(aerobic oxidation) 在有氧条件下,葡萄糖彻底氧化生成二氧化碳和水的反应过程称为有氧氧化,是糖分解生成 ATP 的主要途径,1mol 葡萄糖彻底氧化分解可以生成 30mol 或 32mol ATP。

糖原（glycogen） 动物体内糖的储存形式,主要储存在肝和肌中。肝糖原可维持血糖,肌糖原主要为肌收缩快速供能。

糖缀合物（glycoconjugate） 指糖与蛋白质、脂质等分子以共价键相互连接而形成的复合物;是糖蛋白、蛋白聚糖、肽聚糖、糖脂及脂多糖的统称。

糖组学（glycomics） 糖组学研究生物体所有聚糖或聚糖缀合物的组成、结构及其功能,具体内容包括糖与糖之间、糖与蛋白质之间、糖与核酸之间的联系和相互作用,以阐明聚糖的生物学功能以及与细胞、生物个体表型的联系。

条件性基因打靶（conditional gene targeting） 在特定的时间和空间条件对某个基因进行修饰的过程;即对某个基因的修饰限定于某些特定类型的细胞,或发育的某一特定阶段。

铁硫中心（iron-sulfur center） 是铁（Fe）离子通过与无机硫（S）原子及铁硫蛋白中半胱氨酸残基的SH连接而成。铁硫中心有多种形式,可以是单个 Fe 离子与 4 个半胱氨酸残基的 SH 相连,也可以是 2 个、4个 Fe 离子通过与无机 S 原子及半胱氨酸残基的 SH 连接,形成 Fe_2S_2、Fe_4S_4。铁硫中心通过 $Fe^{2+} \rightleftarrows Fe^{3+}+e^-$ 的可逆反应,每次传递一个电子。

通用转录因子（general transcription factor） RNA 聚合酶介导基因转录时所必需的一类辅助蛋白质,帮助聚合酶与启动子结合并起始转录,对所有基因都是必需的。

同工酶（isoenzyme） 催化的化学反应相同,但酶分子的结构、理化性质乃至免疫学性质不同的一组酶。

同切点酶（isoschizomer） 识别 DNA 链上相同序列但切割位点不同的限制性核酸内切酶,也称异源同工酶。

同尾酶（isocaudarner） 识别 DNA 链上不同序列但切割后产生相同黏端的限制性核酸内切酶,所产生的相同黏端称为配伍末端（compatible end）。

同义突变（nonsense mutation） DNA 点突变引起密码子改变,但不改变编码氨基酸。

同源重组（homologous recombination） 发生在两个同源序列的 DNA 单链或双链分子之间或分子之内片段互换的过程,也称作基本重组（general recombination）。

酮体（ketone body） 脂肪酸在肝经有限氧化分解后转化形成的中间产物,包括乙酰乙酸、β-羟基丁酸和丙酮。酮体经血液运输至肝外组织氧化利用,是肝向肝外输出能量的一种方式。

外显子（exon） 基因组 DNA 中出现在成熟 RNA 分子上的核苷酸序列。外显子被内含子隔开,转录后经加工被连接在一起,生成成熟的 RNA 分子。信使核糖核酸（mRNA）是一种成熟 RNA 分子,其所携带的信息指导多肽链的生物合成。

微粒体乙醇氧化系统（microsomal ethanol oxidizing system,MEOS） 是乙醇-P_{450} 单加氧酶,仅在血中乙醇浓度很高时被诱导,其催化的产物是乙醛。

微量元素（microelement） 微量元素是指人体每日需要量小于 100mg 的化学元素,主要包括铁、碘、铜、锌、锰、硒、氟、钼、钴、铬等。微量元素的主要功能是作为酶的辅因子发挥其生理作用。

维生素（vitamin） 维生素是一类人体内不能合成或合成量甚少,必须由食物供给的小分子有机物,按其溶解性质的不同,可分为脂溶性维生素和水溶性维生素。维生素的主要功能是调节人体物质代谢和维持正常生理功能等。

维生素 C（vitamin C） 属水溶性维生素,是许多羟化酶的辅因子,直接影响某些氨基酸、胆固醇、胶原的代谢;是水溶性抗氧化剂,缺乏时可引起坏血病。

卫星 DNA（satellite DNA） 真核细胞染色体具有的高度重复核苷酸序列,主要存在于染色体的着丝粒区,通常不被转录,在人类基因组中可占 10% 以上。由于其碱基组成中 GC 含量少,具有不同的浮力密度,在氯化铯密度梯度离心后呈现出与大多数 DNA 有差别的"卫星"条带。

未结合胆红素（unconjugated bilirubin） 在血浆中主要与清蛋白结合而运输的胆红素,为脂溶性,不能经尿排出,易透过细胞膜产生毒性作用。

位点特异性重组（site-specific recombination）　也称保守位点特异性重组（conservative site-specific recombination），是指利用位点特异性重组酶（site-specific recombinase）识别及结合特定 DNA 短序列（位点），引发同源性较低 DNA 序列间片段互换的过程。

无碱基位点（abasic site）　DNA 上受损伤的碱基被一种特异的 DNA-糖基化酶除去，形成的无嘌呤或无嘧啶位点，统称为 AP 位点，这些位点在内切酶的作用下可形成 DNA 链断裂。

无义介导的 mRNA 降解（nonsense-mediated mRNA decay,NMD）　是真核生物细胞质中广泛存在的、保守的 mRNA 质量监视系统，可降解异常的 mRNA，如含有提前终止密码子（无义突变）、移码突变、剪接不完全（含部分内含子）、3′-UTR 过长的 mRNA，避免产生异常蛋白质。

无义突变（nonsense mutation）　DNA 点突变使编码氨基酸的密码子突变为终止密码，导致编码肽链提前终止的突变。

戊糖磷酸途径（pentose phosphate pathway）　葡萄糖经过氧化反应和基团转移反应生成戊糖磷酸和 NADPH 的分解代谢过程，是不产能的葡萄糖分解代谢途径。

稀有碱基（rare base）　RNA 分子中除 A、G、C 和 U 外的一些碱基，包括次黄嘌呤、假尿嘧啶、双氢尿嘧啶以及甲基化修饰的嘌呤和嘧啶，在转录后加工过程中由正常碱基转变而成。

系统生物学（systems biology）　研究一个生物系统中所有组成成分（基因、mRNA、蛋白质等）的构成，以及在特定条件下这些组分间的相互关系及其导致的生物学效应。

系统生物医学（systems biomedicine）　应用系统生物学原理与方法研究人体（包括动物和细胞模型）生命活动的本质、规律以及疾病发生发展机制，实际上就是系统生物学的医学应用。

细胞色素 P_{450} 单加氧酶（cytochrome P_{450} monooxygenase,CYP）　存在于肝细胞微粒体，催化氧分子中的一个氧原子加到底物分子上（羟化），另一个氧原子被 NADPH 还原成水的一类酶，由细胞色素 P_{450} 和细胞色素 P_{450} 还原酶组成；又称羟化酶（hydroxylase）或混合功能氧化酶（mixed functional oxidase）。

细胞通信（cell communication）　由一些细胞发出信号，而另一些细胞则接收信号并将其转变为自身功能变化，这一过程称为细胞通信。

酰基载体蛋白（acyl carrier protein,ACP）　脂肪酸生物合成过程中脂肪酰基的载体，脂肪酸生物合成的所有反应均在该载体蛋白上进行。

限制性核酸内切酶（restriction endonuclease,RE）　简称为限制性内切酶或限制酶，是一类核酸水解酶，能识别双链 DNA 分子内部的特异位点并裂解 3′,5′-磷酸二酯键。

限制性片段长度多态性（restriction fragment length polymorphism,RFLP）　在同种生物的不同个体中，存在的不同长度限制性片段类型。如果由于缺失、重排或核苷酸置换致使 DNA 分子中原有某种限制性内切酶的识别位点发生改变，其又与某种遗传性疾病基因相关。PCR 扩增后以相应的内切酶切割此 DNA 片段，再利用琼脂糖或聚丙烯酰胺凝胶电泳进行产物分离，通过与正常人的限制性酶谱比较分析是否发生位点变异，进而推断是否患有此种遗传病。

信号序列（signal sequence）　又称信号肽，是决定新合成蛋白质的靶向输送的一段特征性氨基酸序列，通常位于新生肽链的 N-端。

信号转导（signal transduction）　指外源信息引发细胞内多种分子相互作用的一系列有序反应，将细胞外信息传递到细胞内各种效应分子。

血脂（plasma lipid）　血浆中脂类物质的总称，它包括甘油三酯、胆固醇、胆固醇酯、磷脂和游离脂肪酸等。临床上常用的血脂指标是空腹的血脂水平，主要包括甘油三酯和胆固醇。

亚基（subunit）　在 2 条或多条肽链组成的蛋白质分子中，每一条具有完整的三级结构的多肽链。

盐析（salting-out）　将硫酸铵、硫酸钠或氯化钠等加入蛋白质溶液，中和蛋白质表面电荷并破坏水化膜，导致蛋白质在水溶液中的稳定性因素被去除而沉淀。

氧化呼吸链（oxidative respiratory chain）　又称呼吸链（respiratory chain）。在线粒体内膜中，参与电子传递（即氧化还原反应）的一系列酶复合体各组分，按一定顺序排列，形成一个连续传递电子/质子的反应链，称为电子传递链（electron transfer chain）。由于此体系需要消耗氧，与需氧细胞的呼吸过程有关，故又称为氧化呼吸链或呼吸链。

氧化磷酸化（oxidative phosphorylation） NADH 和 $FADH_2$ 通过线粒体呼吸链被氧化生成水的过程伴随着能量的释放，驱动 ADP 磷酸化生成 ATP。即 NADH 和 FADH2 的氧化过程与 ADP 磷酸化过程相偶联，释放的能量用于生成 ATP。氧化磷酸化是体内产生 ATP 的主要方式。

一级结构（primary structure） 以肽键连接的所有氨基酸残基的排列顺序。

胰脂酶（pancreatic lipase） 由胰腺合成并分泌至小肠腔、消化食物脂肪的一种脂酶，能特异水解甘油三酯 1、3 位酯键，生成 2-甘油一酯及 2 分子脂肪酸。

移码突变（nonsense mutation） DNA 的插入或缺失突变引起密码子读码框发生位移，影响突变位点后所有编码氨基酸序列。

抑癌基因（anticancer gene） 也称肿瘤抑制基因（tumor suppressor gene），是调节细胞正常生长和增殖的基因。当这些基因不能表达，或者当它们的产物失去活性时，细胞就会异常生长和增殖，最终导致细胞癌变。反之，若导入或激活它则可抑制细胞的恶性表型。

荧光原位杂交（fluorescence *in situ* hybridization，FISH） 用特殊荧光素标记核酸（DNA）探针，在染色体、细胞和组织切片标本上进行 DNA 杂交，对检测细胞内 DNA 或 RNA 的特定序列是否存在非常有效。

应激（stress） 体内外环境刺激因素，如中毒、感染、发热、创伤、疼痛、大剂量运动或恐惧等，诱发机体或细胞作出一系列一过性或持续性的应对反应。

诱导 可诱导基因在特定环境中表达增强的过程。

诱导契合假说（induced-fit hypothesis） 酶与底物相互接近时，其结构相互诱导、相互变形和相互适应，进而结合成酶-底物复合物的过程。

原位杂交（*in situ* hybridization，ISH） 利用组织切片或细胞涂片直接进行杂交分析，称为原位杂交。

载体（vector） 是指能携带目的 DNA 片段并在宿主细胞中复制和（或）表达的 DNA 分子，一般具备自主复制起始位点、单一酶切位点或整合位点及筛选标志。

载脂蛋白（apolipoprotein） 脂蛋白中的主要蛋白质，分为 A、B、C、D、E 等几大类，在血浆中起运载脂质的作用，还能识别脂蛋白受体，调节血浆脂蛋白代谢酶的活性。

增强子（enhancer） 指可增强基因启动子工作效率的顺式作用元件，其能在相对于启动子的任何方向和任何位置（上游或下游）都发挥作用。在酵母细胞中，增强子称为上游激活序列。

增色效应（hyperchromic effect） 在核酸解链过程中，双螺旋内部的碱基暴露出来，其紫外吸收光度随之增加的现象。

正协同效应（positive cooperative effect） 一个亚基与其配体结合后，能促进此寡聚体中另一个亚基与配体的结合能力。

脂蛋白（lipoprotein） 血浆脂蛋白是脂质与载脂蛋白结合形成的复合体，一般呈球形，表面为载脂蛋白、磷脂、胆固醇的亲水基团，这些化合物的疏水基团朝向球内，内核为甘油三酯、胆固醇酯等疏水脂质。血浆脂蛋白是血浆脂质的运输和代谢形式。

脂蛋白脂肪酶（lipoprotein lipase，LPL） 分布于骨骼肌、心肌及脂肪等组织毛细血管内皮细胞表面的一种脂肪酶，能水解 CM 和 VLDL 中的甘油三酯，释放出甘油和游离脂肪酸供组织细胞摄取利用。

脂肪动员（fat mobilization） 指储存在白色脂肪细胞内的脂肪，在脂肪酶作用下逐步水解，释放游离脂肪酸和甘油，供其他组织、细胞氧化利用的过程。

脂肪酰 CoA:胆固醇脂肪酰转移酶（acyl-CoA:cholesterol acyltransferase，ACAT） 分布于细胞内质网，能将脂肪酰 CoA 上的脂肪酰基转移至游离胆固醇的 3 位羟基上，使胆固醇酯化储存在胞质溶胶中。

脂肪组织甘油三酯脂肪酶（adipose triglyceride lipase，ATGL） 主要催化脂肪在脂肪细胞内分解的第一步，分解甘油三酯，生成甘油二酯及脂肪酸。

脂组学（lipidomics） 脂组学研究生物体内所有脂质分子的组成与结构，并以此为依据推测与脂质作用的生物分子的变化,揭示脂质在各种生命活动中的重要作用。

质粒(plasmid) 是广泛存在于包括细菌和酵母在内的多种微生物中的、独立于宿主细胞染色体外的、能自主复制和稳定遗传的 DNA 分子,通常为环状双链的超螺旋结构。

中度重复序列(moderately repetitive sequence) 真核基因组中重复数十至数千次的核苷酸序列,通常占整个单倍体基因组的 1%~30%。少数在基因组中成串排列在一个区域,大多数与单拷贝基因间隔排列。

中性突变(neutral mutation) 有一些突变不影响或基本不影响蛋白质活性,不表现明显的性状变化,与遗传病无直接联系,称为中性突变。

转导(transduction) 是指病毒从一个细胞(供体)进入另一个细胞(受体)时引起供体和受体之间 DNA 转移或基因重组的过程。

转化(transformation) 是指细菌主动获取或通过外力获取外源 DNA 并使其遗传性质发生改变的过程。

转化医学(translational medicine) 强调以临床问题为导向,开展基础-临床联合攻关,将基因组学等各种分子生物学研究成果迅速、有效地转化为可在临床实际应用的理论、方法、技术和药物。

转录后加工(post-transcriptional processing) 初级 RNA 转录产物的酶促反应过程;使 RNA 前体转变为有功能的 RNA 的过程。

转录偶联修复(transcription-coupled repair,TCR) 与基因转录过程偶联,依赖 RNA 聚合酶 II 的核苷酸切除修复机制。TCR 优先切除修复 DNA 转录链上的损伤。

转录起始位点(transcription start site,TSS) DNA 序列中开始进行 RNA 转录的位置。

转录物组学(transcriptomics) 转录物组学系统研究细胞基因转录情况及转录调控规律,研究对象覆盖细胞所能转录出来的所有 RNA。

转录因子(transcription factor) 指直接结合或间接作用于基因启动子,形成具有 RNA 聚合酶活性的动态转录复合体的蛋白质因子,包括通用转录因子、序列特异转录因子、辅助转录因子等。

转染(transfection) 将重组 DNA 分子导入真核细胞的过程。

转座重组(transpositional recombination) 即转座(transposition),由插入序列和转座子介导的基因移位或重排。

转座子(transposon,Tn) 能将自身或其拷贝插入基因组新位置的 DNA 序列,一般属于复合型转座子(composite Tn),有一个中心区域,两边是插入序列(IS),除有与转座有关的编码基因外,还携带其他基因如抗生素抗性基因等。

自杀基因(suicide gene) 通常来自病毒或细菌,其可用于治疗恶性肿瘤,基本原理是将“自杀”基因转移入宿主细胞中,这种基因编码的酶能使无毒性的药物前体转化为细胞毒性代谢物,诱导靶细胞产生“自杀”效应,从而达到清除肿瘤细胞的目的。

阻遏蛋白 在操纵子的邻近有一个阻遏蛋白基因,可编码阻遏蛋白。阻遏蛋白的功能是结合和封闭操纵子中的操纵元件,抑制操纵子的转录。

组蛋白密码(histone code) 指构成核小体的组蛋白的共价修饰,包括乙酰化、甲基化、磷酸化、泛素化、糖基化、ADP-核糖基化、羰基化等,其可导致遗传密码出现不同的解读,产生表观遗传效应,扩展 DNA 遗传密码的信息。

中英文名词对照索引